VOLUME 2

Halliday & Resnick

FUNDAMENTOS DE FÍSICA

DÉCIMA SEGUNDA EDIÇÃO

Gravitação, Ondas e Termodinâmica

O GEN | Grupo Editorial Nacional – maior plataforma editorial brasileira no segmento científico, técnico e profissional – publica conteúdos nas áreas de ciências exatas, humanas, jurídicas, da saúde e sociais aplicadas, além de prover serviços direcionados à educação continuada e à preparação para concursos.

As editoras que integram o GEN, das mais respeitadas no mercado editorial, construíram catálogos inigualáveis, com obras decisivas para a formação acadêmica e o aperfeiçoamento de várias gerações de profissionais e estudantes, tendo se tornado sinônimo de qualidade e seriedade.

A missão do GEN e dos núcleos de conteúdo que o compõem é prover a melhor informação científica e distribuí-la de maneira flexível e conveniente, a preços justos, gerando benefícios e servindo a autores, docentes, livreiros, funcionários, colaboradores e acionistas.

Nosso comportamento ético incondicional e nossa responsabilidade social e ambiental são reforçados pela natureza educacional de nossa atividade e dão sustentabilidade ao crescimento contínuo e à rentabilidade do grupo.

VOLUME 2

Halliday & Resnick

FUNDAMENTOS DE FÍSICA

DÉCIMA SEGUNDA EDIÇÃO

Gravitação, Ondas e Termodinâmica

JEARL WALKER
CLEVELAND STATE UNIVERSITY

Tradução e Revisão Técnica
Ronaldo Sérgio de Biasi, Ph.D.
Professor Emérito do Instituto Militar de Engenharia – IME

- Data do fechamento do livro: 21/11/2022

- **Atendimento ao cliente: (11) 5080-0751 | faleconosco@grupogen.com.br**

- Traduzido de
FUNDAMENTALS OF PHYSICS INTERACTIVE EPUB, TWELFTH EDITION

ISBN: 9781119773511

LTC | LIVROS TÉCNICOS E CIENTÍFICOS EDITORA LTDA.
Uma editora integrante do GEN | Grupo Editorial Nacional
Travessa do Ouvidor, 11
Rio de Janeiro – RJ – CEP 20040-040
www.grupogen.com.br

- Capa: Jon Boylan
- Imagem da capa: © ERIC HELLER/Science Source
- Editoração eletrônica: Edel
- Ficha catalográfica

CIP-BRASIL. CATALOGAÇÃO NA PUBLICAÇÃO
SINDICATO NACIONAL DOS EDITORES DE LIVROS, RJ

H691f
12. ed.
v. 2

Halliday, David, 1916-2010
Fundamentos de física : gravitação, ondas e termodinâmica / David Halliday, Robert Resnick, Jearl Walker ; revisão técnica e tradução Ronaldo Sérgio de Biasi. - 12. ed. - Rio de Janeiro : LTC, 2023.
(Fundamentos de física ; 2)

Tradução de: Fundamentals of physics
Apêndice
Inclui índice
ISBN 9788521637233

1. Física. 2. Gravitação. 3. Ondas (Física). I. Resnick, Robert, 1923-2014. II. Walker, Jearl, 1945-. III. Biasi, Ronaldo Sérgio de. IV. Título. V. Série.

CDD: 531
22-79994 CDU: 531

Meri Gleice Rodrigues de Souza - Bibliotecária - CRB-7/6439

SUMÁRIO GERAL

VOLUME 1

VOLUME 2

VOLUME 3

VOLUME 4

SUMÁRIO

MATERIAL SUPLEMENTAR

Este livro conta com os seguintes materiais suplementares:

Material restrito a docentes cadastrados:

- Aulas em PowerPoint
- Testes Conceituais
- Testes em PowerPoint
- Respostas das Perguntas (conteúdo em Inglês)
- Respostas dos Problemas (conteúdo em Inglês)
- Manual de Soluções (conteúdo em Inglês)
- Ilustrações da obra em formato de apresentação.

Material livre, mediante uso de PIN:

- Calculadoras (Manuais das Calculadoras Gráficas TI-86 & TI-89)
- Ensaios de Jearl Walker
- Simulações de Brad Trees
- Soluções de problemas em vídeo
- Problemas resolvidos
- Animações
- Vídeos de Demonstrações de Física.

O acesso ao material suplementar é gratuito. Basta que o leitor se cadastre e faça seu *login* em nosso *site* (www.grupogen.com.br), clique no *menu* superior do lado direito e, após, em Ambiente de Aprendizagem. Em seguida, insira no canto superior esquerdo o código PIN de acesso localizado na segunda orelha deste livro.

O acesso ao material suplementar online fica disponível até seis meses após a edição do livro ser retirada do mercado.

Caso haja alguma mudança no sistema ou dificuldade de acesso, entre em contato conosco (gendigital@grupogen.com.br).

PREFÁCIO

A pedido dos professores, aqui vai uma nova edição do livro-texto criado por David Halliday e Robert Resnick em 1963, que usei quando cursava o primeiro ano de Física no MIT. (Puxa, parece que foi ontem!) Ao preparar esta nova edição, tive a oportunidade de introduzir muitas novidades interessantes e reintroduzir alguns tópicos que foram elogiados nas minhas oito edições anteriores. Seguem alguns exemplos.

Entertainment Pictures/Zuma Press

Figura 10.39 Qual era a força de tração T exercida sobre o tendão de Aquiles quando o corpo de Michael Jackson fazia um ângulo de 45° com o piso no vídeo musical *Smooth Criminal*?

Evgeniy Skripnichenko/123RF

Figura 10.7.2 Qual é a força adicional que o tendão de Aquiles precisa exercer quando uma pessoa está usando sapatos de salto alto?

Sergii Gnatiuk/123 RF

Figura 9.65 As quedas são um perigo real para esqueitistas, pessoas idosas, pessoas sujeitas a convulsões e muitas outras. Muitas vezes, elas se apoiam em uma das mãos ao cair, fraturando o punho. Que altura inicial resulta em uma força suficiente para causar a fratura?

Bloomberg/Getty Images

Figura 34.5.4 Na espectroscopia funcional em infravermelho próximo (fNIRS) do cérebro, o paciente usa um capacete com lâmpadas LED que emitem luz infravermelha. A luz chega à camada externa do cérebro e pode revelar que parte do cérebro é ativada por uma atividade específica, como jogar futebol ou pilotar um avião.

Fermilab/Science Source

Figura 28.5.2 A terapia com nêutrons rápidos é uma arma promissora no combate a certos tipos de câncer, como o da glândula salivar. Como, porém, acelerar os nêutrons, que não possuem carga elétrica, para que atinjam altas velocidades?

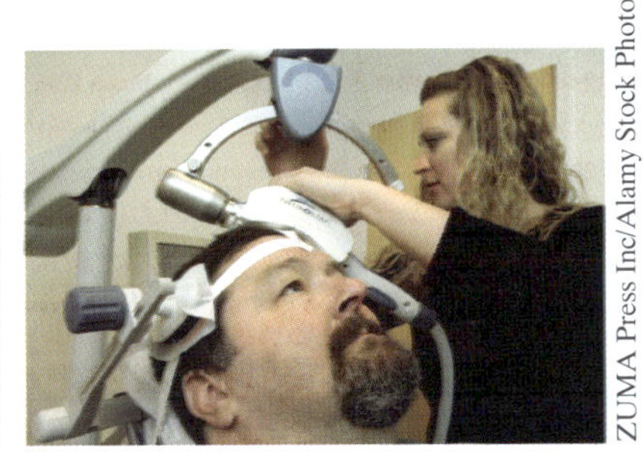

ZUMA Press Inc/Alamy Stock Photo

Figura 29.63 A doença de Parkinson e outros problemas do cérebro podem ser tratados por estimulação magnética transcraniana, na qual campos magnéticos pulsados produzem descargas elétricas em neurônios cerebrais.

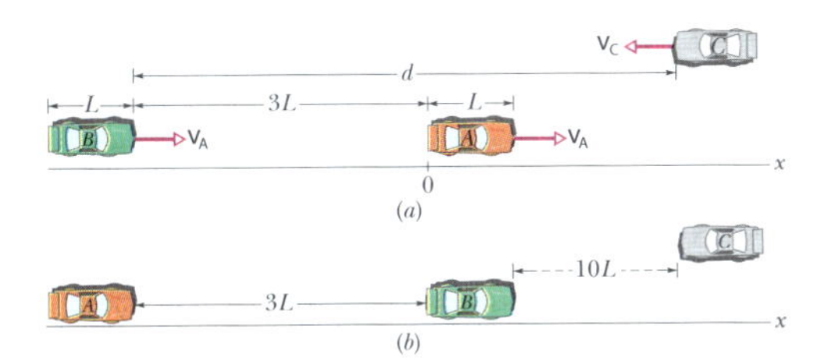

Figura 2.37 Como o carro autônomo B pode ser programado para ultrapassar o carro A sem correr o risco de se chocar com o carro C?

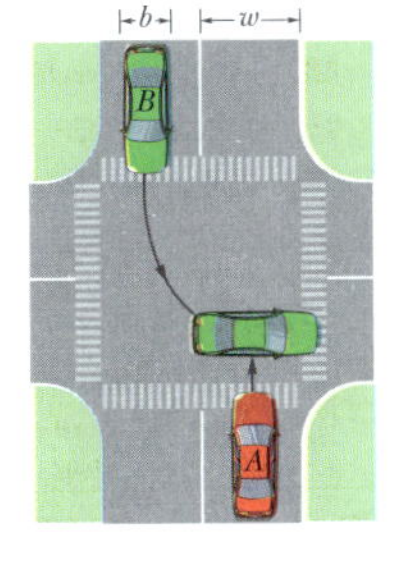

Figura 4.39 Em uma esquerda de Pittsburgh, o carro verde entra em movimento pouco antes de o sinal abrir e tenta passar na frente do carro vermelho enquanto ele ainda está parado. Em uma reconstituição de um acidente, quanto tempo antes de o sinal abrir o carro vermelho começou a fazer a curva?

Tracy Fox/123 RF

Figura 9.6.4 O tipo mais perigoso de colisão entre dois carros é a colisão frontal. Em uma colisão frontal de dois carros de massas iguais, qual é a redução percentual do risco de morte de um dos motoristas se ele estiver acompanhado de um passageiro?

Além disso, são apresentados problemas que tratam de temas como:

- A detecção remota de quedas de pessoas idosas;
- A ilusão de que uma bola rápida de beisebol sobe depois de ser lançada;
- A possibilidade de golpear uma bola rápida de beisebol mesmo sem poder acompanhá-la com os olhos;
- O efeito squat, que faz com que o calado de um navio aumente quando ele está se movendo em águas rasas;
- O perigo de não ver um ciclista que se aproxima de um cruzamento;
- A medida do potencial de uma tempestade elétrica usando múons e antimúons;

e muito mais.

O QUE HÁ NESTA EDIÇÃO

- Testes, um para cada módulo;
- Exemplos;
- Revisão e resumo no fim dos capítulos;
- Quase 300 problemas novos no fim dos capítulos.

Quando estava elaborando esta nova edição, introduzi diversas novidades em áreas de pesquisa que me interessam, tanto no texto como nos novos problemas. Seguem algumas dessas novidades.

Reproduzi a primeira imagem de um buraco negro (pela qual esperei durante toda a minha vida) e abordei o tema das ondas gravitacionais (assunto que discuti com Rainer Weiss, do MIT, quando trabalhei em seu laboratório alguns anos antes que ele tivesse a ideia de usar um interferômetro para detectá-las).

Escrevi um exemplo e vários problemas a respeito de carros autônomos, nos quais um computador precisa calcular os parâmetros necessários, por exemplo, para ultrapassar com segurança um carro mais lento em uma estrada de mão dupla.

Discuti novos métodos de tratamento do câncer, entre eles o uso de elétrons Auger-Meitner, cuja origem foi explicada por Lise Meitner.

Li milhares de artigos de Medicina, Engenharia e Física a respeito de métodos para examinar o interior do corpo humano sem necessidade de cirurgias de grande porte. Aqui estão três exemplos:

(1) Laparoscopia usando pequenas incisões e fibras óticas para ter acesso a órgãos internos, o que permite ao paciente deixar o hospital em algumas horas em vez de dias ou semanas, como acontecia no caso das cirurgias tradicionais.

(2) Estimulação magnética transcraniana usada para tratar depressão crônica, doença de Parkinson e outros problemas do cérebro por meio da aplicação de campos magnéticos pulsados por uma bobina colocada nas proximidades do couro cabeludo com o objetivo de produzir descargas elétricas em neurônios cerebrais.

(3) Magnetoencefalografia (MEG), um exame no qual os campos magnéticos criados no cérebro de uma pessoa são monitorados enquanto a pessoa executa uma tarefa específica, como ler um texto. Durante a execução da tarefa, pulsos elétricos são produzidos entre células do cérebro. Esses pulsos produzem campos magnéticos que podem ser detectados por instrumentos extremamente sensíveis chamados SQUIDs.

AGRADECIMENTOS

Muitas pessoas contribuíram para este livro. Sen-Ben Liao do Lawrence Livermore National Laboratory, James Whitenton, da Southern Polytechnic State University, e Jerry Shi, do Pasadena City College, foram responsáveis pela tarefa hercúlea de resolver todos os problemas do livro. Na John Wiley, o projeto deste livro recebeu o apoio de John LaVacca e Jennifer Yee, os editores que o supervisionaram do início ao fim e também à Editora-chefe Sênior Mary Donovan e à Assistente Editorial Samantha Hart. Agradecemos a Patricia Gutierrez e à equipe da Lumina por juntarem as peças durante o complexo processo de produção. Agradecemos também a Jon Boylan pelas ilustrações e pela capa original; a Helen Walden pelos serviços de copidesque e a Donna Mulder pelos serviços de revisão.

Finalmente, nossos revisores externos realizaram um trabalho excepcional e expressamos a cada um deles nossos agradecimentos.

Maris A. Abolins, *Michigan State University*
Jonathan Abramson, *Portland State University*
Omar Adawi, *Parkland College*
Edward Adelson, *Ohio State University*
Nural Akchurin, *Texas Tech*
Yildirim Aktas, *University of North Carolina-Charlotte*
Barbara Andereck, *Ohio Wesleyan University*
Tetyana Antimirova, *Ryerson University*
Mark Arnett *Kirkwood Community College*
Stephen R. Baker, *Naval Postgraduate School*
Arun Bansil, *Northeastern University*
Richard Barber, *Santa Clara University*
Neil Basecu, *Westchester Community College*
Anand Batra, *Howard University*
Sidi Benzahra, *California State Polytechnic University, Pomona*
Kenneth Bolland, *The Ohio State University*
Richard Bone, *Florida International University*
Michael E. Browne, *University of Idaho*
Timothy J. Burns, *Leeward Community College*
Joseph Buschi, *Manhattan College*
George Caplan, *Wellesley College*
Philip A. Casabella, *Rensselaer Polytechnic Institute*
Randall Caton, *Christopher Newport College*
John Cerne, *University at Buffalo, SUNY*
Roger Clapp, *University of South Florida*
W. R. Conkie, *Queen's University*
Renate Crawford, *University of Massachusetts-Dartmouth*
Mike Crivello, *San Diego State University*
Robert N. Davie, Jr., *St. Petersburg Junior College*
Cheryl K. Dellai, *Glendale Community College*
Eric R. Dietz, *California State University at Chico*
N. John DiNardo, *Drexel University*
Eugene Dunnam, *University of Florida*
Robert Endorf, *University of Cincinnati*
F. Paul Esposito, *University of Cincinnati*
Jerry Finkelstein, *San Jose State University*
Lev Gasparov, *University of North Florida*
Brian Geislinger, *Gadsden State Community College*
Corey Gerving, *United States Military Academy*
Robert H. Good, *California State University-Hayward*
Michael Gorman, *University of Houston*
Benjamin Grinstein, *University of California, San Diego*
John B. Gruber, *San Jose State University*
Ann Hanks, *American River College*
Randy Harris, *University of California-Davis*
Samuel Harris, *Purdue University*
Harold B. Hart, *Western Illinois University*
Rebecca Hartzler, *Seattle Central Community College*
Kevin Hope, *University of Montevallo*
John Hubisz, *North Carolina State University*
Joey Huston, *Michigan State University*
David Ingram, *Ohio University*
Shawn Jackson, *University of Tulsa*
Hector Jimenez, *University of Puerto Rico*
Sudhakar B. Joshi, *York University*
Leonard M. Kahn, *University of Rhode Island*
Sudipa Kirtley, *Rose-Hulman Institute*
Leonard Kleinman, *University of Texas at Austin*
Rex Joyner, *Indiana Institute of Technology*
Michael Kalb, *The College of New Jersey*
Richard Kass, *The Ohio State University*
M.R. Khoshbin-e-Khoshnazar, *Research Institution for Curriculum Development and Educational Innovations (Tehran)*
Craig Kletzing, *University of Iowa*
Peter F. Koehler, *University of Pittsburgh*
Arthur Z. Kovacs, *Rochester Institute of Technology*
Kenneth Krane, *Oregon State University*
Hadley Lawler, *Vanderbilt University*
Priscilla Laws, *Dickinson College*
Edbertho Leal, *Polytechnic University of Puerto Rico*
Vern Lindberg, *Rochester Institute of Technology*
Peter Loly, *University of Manitoba*
Stuart Loucks, *American River College*
Laurence Lurio, *Northern Illinois University*
Stuart Loucks, *American River College*
Laurence Lurio, *Northern Illinois University*
James MacLaren, *Tulane University*
Ponn Maheswaranathan, *Winthrop University*
Andreas Mandelis, *University of Toronto*
Robert R. Marchini, *Memphis State University*
Andrea Markelz, *University at Buffalo, SUNY*
Paul Marquard, *Caspar College*
David Marx, *Illinois State University*

Dan Mazilu, *Washington and Lee University*
Jeffrey Colin McCallum, *The University of Melbourne*
Joe McCullough, *Cabrillo College*
James H. McGuire, *Tulane University*
David M. McKinstry, *Eastern Washington University*
Jordon Morelli, *Queen's University*
Eugene Mosca, *United States Naval Academy*
Carl E. Mungan, *United States Naval Academy*
Eric R. Murray, *Georgia Institute of Technology, School of Physics*
James Napolitano, *Rensselaer Polytechnic Institute*
Amjad Nazzal, *Wilkes University*
Allen Nock, *Northeast Mississippi Community College*
Blaine Norum, *University of Virginia*
Michael O'Shea, *Kansas State University*
Don N. Page, *University of Alberta*
Patrick Papin, *San Diego State University*
Kiumars Parvin, *San Jose State University*
Robert Pelcovits, *Brown University*
Oren P. Quist, *South Dakota State University*
Elie Riachi, *Fort Scott Community College*
Joe Redish, *University of Maryland*
Andrew Resnick, *Cleveland State University*
Andrew G. Rinzler, *University of Florida*
Timothy M. Ritter, *University of North Carolina at Pembroke*
Dubravka Rupnik, *Louisiana State University*
Robert Schabinger, *Rutgers University*
Ruth Schwartz, *Milwaukee School of Engineering*
Thomas M. Snyder, *Lincoln Land Community College*
Carol Strong, *University of Alabama at Huntsville*
Anderson Sunda-Meya, *Xavier University of Louisiana*
Dan Styer, *Oberlin College*
Nora Thornber, *Raritan Valley Community College*
Frank Wang, *LaGuardia Community College*
Keith Wanser, *California State University Fullerton*
Robert Webb, *Texas A&M University*
David Westmark, *University of South Alabama*
Edward Whittaker, *Stevens Institute of Technology*
Suzanne Willis, *Northern Illinois University*
Shannon Willoughby, *Montana State University*
Graham W. Wilson, *University of Kansas*
Roland Winkler, *Northern Illinois University*
William Zacharias, *Cleveland State University*
Ulrich Zurcher, *Cleveland State University*

APRESENTAÇÃO À 12ª EDIÇÃO

Fundamentos de Física chega à 12ª edição amplamente revisto e atualizado, incluindo recursos didáticos inéditos para atender às necessidades do novo estudante, ao mesmo tempo em que preserva a vanguarda no ensino de Física iniciada há mais de 60 anos, com a publicação da 1ª edição, em 1960, com o título *Física para Estudantes de Ciência e Engenharia*.

Naquela época, publicada com páginas em preto e branco e com alguns problemas ao final de cada capítulo, a obra iniciou sua trajetória de sucesso, tornando-se uma das principais referências bibliográficas para um amplo e fiel público de professores e estudantes mundo afora. É um clássico já traduzido em 18 idiomas, tendo impactado milhões de leitores.

Por sua didática e conteúdo de excelência, em 2002 foi eleito "o melhor livro introdutório de Física do século XX" pela American Physical Society (APS Physics).

Destinada ao ensino da Física para os mais diversos cursos de graduação em Ciências Exatas, a obra cobre toda a matéria necessária às disciplinas de Física 1 à Física 4. Para facilitar o ensino-aprendizagem, é dividida em quatro volumes que abarcam os grandes temas: Volume 1 – Mecânica; Volume 2 – Gravitação, Ondas e Termodinâmica; Volume 3 – Eletromagnetismo; Volume 4 – Ótica e Física Moderna.

Permeiam a estrutura do livro recursos já conhecidos e aprimorados nesta 12ª edição, sobre os quais o professor Jearl Walker comenta em seu inspirado Prefácio. É essencial destacar que esta nova edição apresenta recursos didáticos *on-line* inéditos e instigantes, voltados à melhor aplicação e fixação do conteúdo.

Conectado com o mundo dinâmico e em constantes transformações, ***Fundamentos de Física*** mantém o compromisso de promover e ampliar a experiência dos leitores durante o processo de aprendizagem. Todas as novidades foram cuidadosamente construídas sobre os pilares de sua célebre metodologia de ensino.

Destaca-se, ainda, a iconografia incluída nas principais seções desta obra, que busca facilitar a identificação de alguns dos recursos didáticos apresentados e que podem ser acessados no Ambiente de aprendizagem do GEN.

Os professores também encontram materiais estratégicos e exclusivos, que podem ser utilizados como apoio para ministrar a disciplina.

Veja, a seguir, como usar o seu ***Fundamentos de Física***.

A todos, boa leitura e bom proveito!

Todos os capítulos apresentam a seção "**Objetivos do Aprendizado**" no início de cada módulo, para que o estudante identifique, de antemão, os conceitos e as definições que serão apresentados na sequência.

CAPÍTULO 1

Medição

1.1 MEDINDO GRANDEZAS COMO O COMPRIMENTO

Objetivos do Aprendizado

Depois de ler este módulo, você será capaz de ...

...entais do SI.

...itar as unidades mais usados no SI.

1.1.3 Mudar as unidades nas quais uma grandeza (comprimento, área ou volume, no caso) é expressa, usando o método de conversão em cadeia.

1.1.4 Explicar de que forma o metro é definido em termos da velocidade da luz no vácuo.

Ideias-Chave

- A física se baseia na medição de grandezas físicas. Algumas grandezas físicas, como comprimento, tempo e massa, foram escolhidas como grandezas fundamentais e definidas a partir de um padrão; a cada uma dessas grandezas foi associada uma unidade de medida, ... segundo e quilograma. Outras grandezas físicas são definidas a partir das grandezas fundamentais e seus padrões e unidades.
- O sistema de unidades mais usado atualmente é o Sistema Internacional de Unidades (SI). As três grandezas fundamentais que aparecem na Tabela 1.1.1 são usadas nos primeiros capítulos deste livro. Os padrões para essas unidades foram definidos através de acordos internacionais. Esses padrões são usados em todas as medições, tanto as que envolvem grandezas fundamentais como as que envolvem grandezas definidas a partir das grandezas fundamentais. A notação científica e os prefixos da Tabela 1.1.2 são usados para simplificar a apresentação dos resultados de medições.
- Conversões de unidades podem ser realizadas usando o método da conversão em cadeia, no qual os dados originais são multiplicados sucessivamente por fatores de conversão de diferentes unidades e as unidades são manipuladas como grandezas algébricas até que restem apenas as unidades desejadas.
- O metro é definido como a distância percorrida pela luz em certo intervalo de tempo especificado com precisão.

O que É Física?

A ciência e a engenharia se baseiam em medições e comparações. Assim, precisamos de regras para estabelecer de que forma as grandezas devem ser medidas e comparadas, e de experimentos para estabelecer as unidades para essas medições e comparações. Um dos propósitos da física (e também da engenharia) é projetar e executar esses experimentos.

Assim, por exemplo, os físicos se empenham em desenvolver relógios extremamente precisos para que intervalos de tempo possam ser medidos e comparados com exatidão. O leitor pode estar se perguntando se essa exatidão é realmente necessária.

As "**Ideias-Chave**" trazem um breve resumo do que deve ser assimilado. Nas palavras do autor Jearl Walker, "funcionam como a lista de verificação consultada pelos pilotos de avião antes de cada decolagem".

O ícone identifica que, naquele ponto, está disponível uma "**Solução de Problema em Vídeo**". A ideia é aprender os processos necessários para a resolução de um tipo específico de problema por meio de um exemplo típico.

Se você introduzir um fator de conversão e as unidades indesejáveis *não* desaparecerem, inverta o fator e tente novamente. Nas conversões, as unidades obedecem às mesmas regras algébricas que os números e variáveis.

O Apêndice D apresenta fatores de conversão entre unidades de SI e unidades de outros sistemas, como as que ainda são usadas até hoje nos Estados Unidos. Os fatores de conversão estão expressos na forma "1 min = 60 s" e não como uma razão; cabe ao leitor escrever a razão ...eta.

1.1

Comprimento (BT) 1.1

Em 1792, a recém-fundada República da França criou um novo sistema de pesos e medidas. A base era o metro, definido como um décimo milionésimo da distância entre o polo norte e o equador. Mais tarde, por questões práticas, esse padrão foi abandonado e o metro passou a ser definido como a distância entre duas linhas finas gravadas perto das extremidades de uma barra de platina-irídio, a **barra do metro padrão**, mantida no Bureau Internacional de Pesos e Medidas, nas vizinhanças de Paris. Réplicas precisas da barra foram enviadas a laboratórios de padronização em várias partes do mundo. Esses **padrões secundários** foram usados para produzir outros padrões, ainda mais acessíveis, de tal forma que, no final, todos os instrumentos de medição de comprimento estavam relacionados à barra do metro padrão a partir de uma complicada cadeia de comparações.

O ícone (BT) indica que há uma "**Simulação de Brad Trees**", que pode ser acessada para complementar a aprendizagem do tema em destaque. Esse tipo de simulação ajuda a desvendar de forma visual conceitos desafiadores da disciplina, permitindo ao estudante ver a Física em ação.

Média e Velocidade Escalar Média

Uma forma compacta de descrever a posição de um objeto é desenhar um gráfico da posição x em função do tempo t, ou seja, um gráfico de $x(t)$. [A notação $x(t)$ representa uma função x de t e não o produto de x por t.] Como exemplo simples, a Fig. 2.1.2 mostra a função posição $x(t)$ de um tatu em repouso (tratado como uma partícula) durante um intervalo de tempo de 7 s. A posição do animal tem sempre o mesmo valor, $x = -2$ m.

A Fig. 2.1.3 é mais interessante, já que envolve movimento. O tatu é avistado em $t = 0$, quando está na posição $x = -5$ m. Ele se move em direção a $x = 0$, passa por

"**Vídeos de Demonstrações de Física**" sempre estarão disponíveis quando o leitor encontrar este ícone ao longo do texto.

Entropia no Mundo Real: Refrigeradores

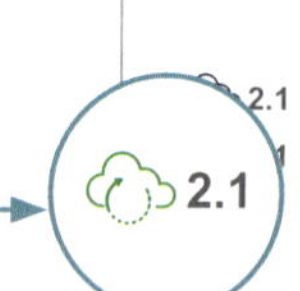

O **refrigerador** é um dispositivo que utiliza trabalho para transfe... ...ma fonte fria para uma fonte quente por meio de um processo cíclico. No... ...dores domésticos, por exemplo, o trabalho é realizado por um compressor elétrico, que transfere energia do compartimento onde são guardados os alimentos (a fonte fria) para o ambiente (a fonte quente).

Os aparelhos de ar-condicionado e os aquecedores de ambiente também são refrigeradores; a diferença está apenas na natureza das fontes quente e fria. No caso dos aparelhos de ar-condicionado, a fonte fria é o aposento a ser resfriado e a fonte quente (supostamente a uma temperatura mais alta) é o lado de fora do aposento. Um aquecedor de ambiente é um aparelho de ar-condicionado operado em sentido inverso para aquecer um aposento; nesse caso, o aposento passa a ser a fonte quente e recebe calor do lado de fora (supostamente a uma temperatura mais baixa).

O ícone remete a "**Problemas Resolvidos**". Trata-se de questões que reforçam o aprendizado por meio de problemas isolados, mas que, a critério do professor, podem ser associadas a um problema do livro, proposto como dever de casa. É preciso ter em mente que os Problemas Resolvidos não são simplesmente repetições de problemas do livro com outros dados e, portanto, não fornecem soluções que possam ser imitadas às cegas sem uma boa compreensão do assunto.

As "**Animações**" são identificadas pelo ícone . Com esse conteúdo, os estudantes podem visualizar de modo dinâmico como a Física acontece na vida real, para muito além das páginas do livro.

2.1

esse ponto em $t = 3$ s e continua a se deslocar para maiores valores positivos de x. A Fig. 2.1.3 mostra também o movimento do tatu por meio de desenhos das posições do animal em três instantes de tempo. O gráfico da Fig. 2.1.3 é mais abstrato, mas revela com que rapidez o tatu se move.

Na verdade, várias grandezas estão associadas à expressão "com que rapidez". Uma é a **velocidade média** $v_{méd}$, que é a razão entre o deslocamento Δx e o intervalo de tempo Δt durante o qual esse deslocamento ocorreu:

$$v_{méd} = \frac{\Delta x}{\Delta t} = \frac{x_2 - x_1}{t_2 - t_1}. \quad (2.1.2)$$

O **ícone de estrela** destaca um conteúdo importante, que merece a atenção do estudante.

Em 1967, a 13ª Conferência Geral de Pesos e Medidas adotou como padrão de tempo um segundo baseado no relógio de césio:

Um segundo é o intervalo de tempo que corresponde a 9.192.631.770 oscilações da luz (de um comprimento de onda especificado) emitida por um átomo de césio 133.

Os relógios atômicos são tão estáveis, que, em princípio, dois relógios de césio teriam que funcionar por 6000 anos para que a diferença entre as leituras fosse maior que 1 s.

Teste 2.5.1

(a) ...arremessa uma bola verticalmente para cima, qual é o sinal do deslocamento da bola durante a subida, desde o ponto inicial até o ponto mais alto da trajetória? (b) Qual é o sinal do deslocamento durante a descida, desde o ponto mais alto da trajetória até o ponto inicial? (c) Qual é a aceleração da bola no ponto mais alto da trajetória?

"**Testes**" são questões de reforço para o aluno verificar, por meio de exercícios, o aprendizado até aquele determinado ponto do conteúdo.

Revisão e Resumo

...ição A *posição x* de uma part... um eixo *x* mostra a que distância a p... encontra da **origem**, ou ponto zero, do eixo. A posição pode ser positiva ou negativa, dependendo do lado em que se encontra a partícula em relação à origem (ou zero, se a partícula estiver exatamente na origem). O **sentido positivo** de um eixo é o sentido em que os números que indicam a posição da partícula aumentam de valor; o sentido oposto é o **sentido negativo**.

Deslocamento O *deslocamento* Δx de uma partícula é a variação da posição da partícula:

$$\Delta x = x_2 - x_1. \tag{2.1.1}$$

O deslocamento é uma grandeza vetorial. É positivo, se a partícula se desloca no sentido positivo do eixo *x*, e negativo, se a partícula se desloca no sentido oposto.

Velocidade Média Quando uma partícula se desloca de uma posição x_1 para uma posição x_2 durante um intervalo de tempo $\Delta t = t_2 - t_1$, a *velocidade média* da partícula durante esse intervalo é dada por

$$v_{\text{méd}} = \frac{\Delta x}{\Delta t} = \frac{x_2 - x_1}{t_2 - t_1}. \tag{2.1.2}$$

O sinal algébrico de $v_{\text{méd}}$ indica o sentido do movimento ($v_{\text{méd}}$ é uma grandeza vetorial). A velocidade média não depende da distância que uma partícula percorre, mas apenas das posições inicial e final.

Em um gráfico de *x* em função de *t*, a velocidade média em um intervalo de tempo Δt é igual à inclinação da linha reta que une os

em que Δx e Δt são definidos pela Eq. 2.1.2. A velocidade instantânea (em um determinado instante de tempo) é igual à inclinação (nesse mesmo instante) do gráfico de *x* em função de *t*. A **velocidade escalar** é o módulo da velocidade instantânea.

Aceleração Média A *aceleração média* é a razão entre a variação de velocidade Δv e o intervalo de tempo Δt no qual essa variação ocorre.

$$a_{\text{méd}} = \frac{\Delta v}{\Delta t}. \tag{2.3.1}$$

O sinal algébrico indica o sentido de $a_{\text{méd}}$.

Aceleração Instantânea A *aceleração instantânea* (ou, simplesmente, **aceleração**), *a*, é igual à derivada primeira da velocidade $v(t)$ em relação ao tempo ou à derivada segunda da posição $x(t)$ em relação ao tempo:

$$a = \frac{dv}{dt} = \frac{d^2x}{dt^2}. \tag{2.3.2, 2.3.3}$$

Em um gráfico de *v* em função de *t*, a aceleração *a* em qualquer instante *t* é igual à inclinação da curva no ponto que representa *t*.

Aceleração Constante As cinco equações da Tabela 2.4.1 descrevem o movimento de uma partícula com aceleração constante:

$$v = v_0 + at, \tag{2.4.1}$$
$$x - x_0 = v_0 t + \tfrac{1}{2}at^2, \tag{2.4.5}$$
$$v^2 = v_0^2 + 2a(x - x_0), \tag{2.4.6}$$
$$x - x_0 = \tfrac{1}{2}(v_0 + v)t, \tag{2.4.7}$$
$$x - x_0 = vt - \tfrac{1}{2}at^2. \tag{2.4.8}$$

A seção "**Revisão e Resumo**", disponível em todos os capítulos, sintetiza, de forma objetiva, os principais conceitos apresentados no texto, antes de o aluno passar à prática com perguntas e problemas.

Problemas

F Fácil M Médio D Difícil

CVF Informações adicionais di...is no e-book *O Circo Voador da Física*, de Jearl Walker, LTC Editora, Rio de Janeiro, 2008.

CALC Requer o uso de derivadas e/ou integrais

BIO Aplicação biomédica

Módulo 1.1 Medindo Grandezas como o Comprimento

1 F A Terra tem a forma aproximada de uma esfera com $6{,}37 \times 10^6$ m de raio. Determine (a) a circunferência da Terra em quilômetros, (b) a área da superfície da Terra em quilômetros quadrados e (c) o volume da Terra em quilômetros cúbicos.

2 F O *gry* é uma antiga medida inglesa de comprimento, definida como 1/10 de uma linha; *linha* é uma outra medida inglesa de comprimento, definida como 1/12 de uma polegada. Uma medida de comprimento usada nas gráficas é o *ponto*, definido como 1/72 de uma polegada. Quanto vale uma área de 0,50 gry² em pontos quadrados (pontos²)?

3 F O micrômetro (1 μm) também é chamado *mícron*. (a) Quantos mícrons tem 1,0 km? (b) Que fração do centímetro é igual a 1,0 μm? (c) Quantos mícrons tem uma jarda?

4 F As dimensões das letras e espaços neste livro são expressas em termos de pontos e paicas: 12 pontos = 1 paica e 6 paicas = 1 polegada. Se em uma das provas do livro uma figura apareceu deslocada de 0,80 cm em relação à posição correta, qual foi o deslocamento (a) em paicas e (b) em pontos?

5 F Em certo hipódromo da Inglaterra, um páreo foi disputado em uma distância de 4,0 furlongs. Qual é a distância da corrida (a) em varas e (b) em cadeias? (1 furlong = 201,168 m, 1 vara = 5,0292 m e 1 cadeia = 20,117 m.)

6 M Atualmente, as conversões de unidades mais comuns podem ser feitas com o auxílio de calculadoras e computadores, mas é importante que o aluno saiba usar uma tabela de conversão como as do Apêndice D. A Tabela 1.1 é parte de uma tabela de conversão para um sistema de medidas de volume que já foi comum na Espanha; um volume de 1 fanega equivale a 55,501 dm³ (decímetros cúbicos). Para completar a tabela, que números (com três algarismos significativos) devem ser inseridos (a) na coluna de cahizes, (b) na coluna de fanegas, (c) na coluna de cuartillas e (d) na coluna de almudes? Expresse 7,00 almudes (e) em medios, (f) em cahizes e (g) em centímetros cúbicos (cm³).

Tabela 1.1 Problema 6

	cahiz	fanega	cuartilla	almude	medio
1 cahiz =	1	12	48	144	288
1 fanega =		1	4	12	24
1 cuartilla =			1	3	6
1 almude =				1	2
1 medio =					1

7 M Os engenheiros hidráulicos dos Estados Unidos usam frequentemente, como unidade de volume de água, o *acre-pé*, definido como o volume de água necessário para cobrir 1 acre de terra até uma profundidade de 1 pé. Uma forte tempestade despejou 2,0 polegadas de chuva em 30 min em uma cidade com uma área de 26 km². Que volume de água, em acres-pés, caiu sobre a cidade?

8 M A Ponte de Harvard, que atravessa o rio Charles, ligando Cambridge a Boston, tem um comprimento de 364,4 smoots mais uma orelha. A unidade chamada "smoot" tem como padrão a altura de Oliver Reed Smoot, Jr., classe de 1962, que foi carregado ou arrastado pela ponte para que outros membros da sociedade estudantil Lambda Chi Alpha pudessem marcar (com tinta) comprimentos de 1 smoot ao longo da ponte. As marcas têm sido refeitas semestralmente por membros da sociedade, normalmente em horários de pico, para que a polícia não possa interferir facilmente. (Inicialmente, os policiais talvez tenham se ressentido do fato de que o smoot não era uma unidade fundamental do SI, mas hoje parecem conformados com a brincadeira.) A Fig. 1.1 mostra três segmentos de reta paralelos medidos em smoots (S), willies (W) e zeldas (Z). Quanto vale uma distância de 50,0 smoots (a) em willies e (b) em zeldas?

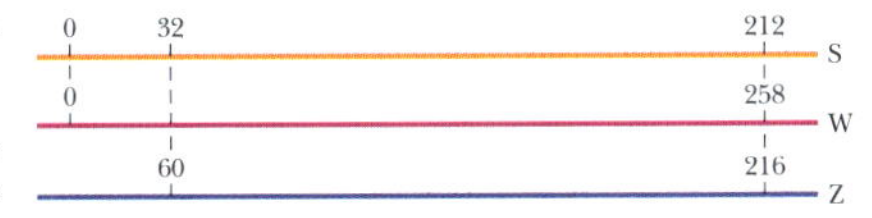

Figura 1.1 Problema 8.

9 M A Antártica é aproximadamente semicircular, com raio de 2000 km (Fig. 1.2). A espessura média da cobertura de gelo é 3000 m. Quantos centímetros cúbicos de gelo contém a Antártica? (Ignore a curvatura da Terra.)

Figura 1.2 Problema 9.

Módulo 1.2 Tempo

10 F Até 1913, cada cidade do Brasil tinha sua hora local. Atualmente, os viajantes acertam o relógio apenas quando a variação de tempo é igual a 1,0 h (o que corresponde a um fuso horário). Que distância, em média, uma pessoa deve percorrer, em graus de longitude, para passar de um fuso horário a outro e ter de acertar o relógio? (*Sugestão*: A Terra gira 360° em aproximadamente 24 h.)

A seção "**Problemas**", que aparece ao final de cada capítulo, vem acompanhada de legendas especiais que facilitam a identificação do grau de complexidade de cada questão.

F Fácil M Médio D Difícil

Os ícones a seguir indicam quais recursos podem ser utilizados como apoio à resolução das questões.

CVF Informações adicionais disponíveis no e-book "O Circo Voador da Física", de Jearl Walker.

CALC Requer o uso de derivadas e/ou integrais

BIO Aplicação biomédica

CAPÍTULO 12

Equilíbrio e Elasticidade

12.1 EQUILÍBRIO

Objetivos do Aprendizado

Depois de ler este módulo, você será capaz de ...

12.1.1 Conhecer a diferença entre equilíbrio e equilíbrio estático.

12.1.2 Conhecer as condições do equilíbrio estático.

12.1.3 Saber o que é o centro de gravidade e qual é a relação entre o centro de gravidade e o centro de massa.

12.1.4 Dada uma distribuição de partículas, calcular as coordenadas do centro de gravidade e do centro de massa.

Ideias-Chave

- Dizemos que um corpo rígido em repouso está em equilíbrio estático. Se um corpo está em equilíbrio estático, a soma vetorial das forças externas que agem sobre o corpo é zero:

$$\vec{F}_{\text{res}} = 0 \quad \text{(equilíbrio de forças).}$$

Se todas as forças estão no plano xy, essa equação vetorial é equivalente a duas equações para as componentes x e y:

$$F_{\text{res},x} = 0 \quad \text{e} \quad F_{\text{res},y} = 0 \quad \text{(equilíbrio de forças).}$$

- Se um corpo está em equilíbrio estático, a soma vetorial dos torques externos que agem sobre o corpo também é zero:

$$\vec{\tau}_{\text{res}} = 0 \quad \text{(equilíbrio de torques).}$$

Se todas as forças estão no plano xy, todos os torques são paralelos ao eixo z e essa equação vetorial é equivalente a uma equação para a componente z:

$$\tau_{\text{res},z} = 0 \quad \text{(equilíbrio de torques).}$$

- A força gravitacional atua simultaneamente sobre todos os elementos de massa do corpo. O efeito total pode ser calculado imaginando que uma força gravitacional total equivalente $\vec{F}_g$ age sobre o centro de gravidade do corpo. Se a aceleração gravitacional $\vec{g}$ é a mesma para todos os elementos do corpo, o centro de gravidade coincide com o centro de massa.

O que É Física?

As obras civis devem ser estáveis, apesar das forças a que são submetidas. Um edifício, por exemplo, deve permanecer estável, mesmo na presença da força da gravidade e da força do vento; uma ponte deve permanecer estável, mesmo na presença da força da gravidade e dos repetidos solavancos que recebe de carros e caminhões.

Um dos objetivos da física é conhecer o que faz com que um objeto permaneça estável na presença de forças. Neste capítulo, examinamos os dois aspectos principais da estabilidade: o *equilíbrio* das forças e torques que agem sobre objetos rígidos e a *elasticidade* dos objetos não rígidos, uma propriedade que determina o modo como objetos desse tipo se deformam. Quando usada corretamente, essa física é assunto de artigos em revistas de física e de engenharia; quando usada incorretamente, é assunto de manchetes de jornal e pendências judiciais.

Equilíbrio

Considere os seguintes objetos: (1) um livro em repouso sobre uma mesa, (2) um disco de metal que desliza com velocidade constante em uma superfície sem atrito, (3) as pás de um ventilador de teto girando e (4) a roda de uma bicicleta que se move em uma estrada retilínea com velocidade constante. Para cada um desses objetos,

1. O momento linear $\vec{P}$ de centro de massa é constante.
2. O momento angular $\vec{L}$ em relação ao centro de massa, ou em relação a qualquer outro ponto, também é constante.

Dizemos que esses objetos estão em **equilíbrio**. Os dois requisitos para o equilíbrio são, portanto,

$$\vec{P} = \text{constante} \quad \text{e} \quad \vec{L} = \text{constante} \qquad (12.1.1)$$

Figura 12.1.1 Pedra em equilíbrio. Embora a sustentação pareça precária, a pedra está em equilíbrio estático.

Neste capítulo, vamos tratar de situações em que as constantes na Eq. 12.1.1 são nulas, ou seja, vamos tratar principalmente de objetos que não se movem, nem em translação nem em rotação, no sistema de referência em que estão sendo observados. Dizemos que esses objetos estão em **equilíbrio estático**. Dos quatro objetos mencionados no início deste módulo, apenas um — o livro em repouso sobre a mesa — está em equilíbrio estático.

A pedra da Fig. 12.1.1 é outro exemplo de um objeto que, pelo menos no momento em que foi fotografado, está em equilíbrio estático. Ele compartilha essa propriedade com um número incontável de outras estruturas, como catedrais, casas, mesas de jantar e postos de gasolina, que permanecem em repouso por um tempo indefinido.

Como foi discutido no Módulo 8.3, se um corpo retorna ao mesmo estado de equilíbrio estático após ter sido deslocado pela ação de uma força, dizemos que o corpo está em equilíbrio estático *estável*. Um exemplo é uma bola de gude colocada no fundo de uma vasilha côncava. Se, por outro lado, uma pequena força é suficiente para deslocar o corpo de forma permanente, dizemos que o corpo está em equilíbrio estático *instável*.

Uma Peça de Dominó. Suponha, por exemplo, que equilibramos uma peça de dominó com o centro de massa na vertical em relação a uma aresta de apoio, como na Fig. 12.1.2*a*. O torque em relação à aresta de apoio devido à força gravitacional $\vec{F}_g$ que age sobre o dominó é zero porque a linha de ação de $\vec{F}_g$ passa pela aresta. Assim, o dominó está em equilíbrio. Evidentemente, basta uma pequena força para romper o equilíbrio. Quando a linha de ação de $\vec{F}_g$ é deslocada para um dos lados da aresta de apoio (como na Fig. 12.1.2*b*), o torque produzido por $\vec{F}_g$ faz o dominó girar até atingir uma posição de equilíbrio diferente da anterior. Assim, o dominó da Fig. 12.1.2*a* está em uma situação de equilíbrio estático instável.

O caso do dominó da Fig. 12.1.2*c* é diferente. Para que o dominó tombe, a força tem que fazê-lo girar além da posição de equilíbrio da Fig. 12.1.2*a*, na qual o centro de massa está acima de uma aresta de apoio. Uma força muito pequena não é capaz de derrubar este dominó, mas um piparote com o dedo certamente o fará. (Se arrumarmos vários dominós em fila, um piparote no primeiro poderá provocar a queda de toda a fila.) CVF

Um Cubo. O cubo de brinquedo da Fig. 12.1.2*d* é ainda mais estável, já que o centro de massa tem que ser muito deslocado para passar além de uma aresta de apoio. Um simples piparote não faz o cubo tombar. (É por isso que nunca se vê alguém derrubar uma fileira de cubos.) O operário da Fig. 12.1.3 tem algo em comum tanto com o dominó como com o cubo: Paralelamente à viga, os pontos extremos de contato dos pés com a viga estão afastados e o operário está em equilíbrio estável; perpendicularmente à viga, os pontos extremos de contato estão muito próximos e o operário está em equilíbrio instável (e à mercê de uma rajada de vento).

A análise do equilíbrio estático é muito importante para os engenheiros. Um engenheiro projetista precisa identificar todas as forças e torques externos a que uma estrutura pode ser submetida e, por meio de um projeto benfeito e uma escolha

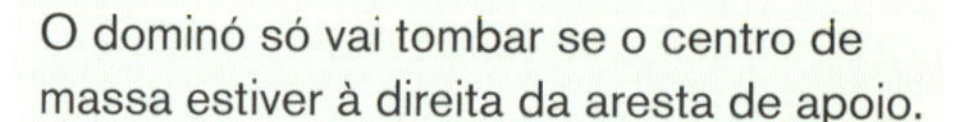

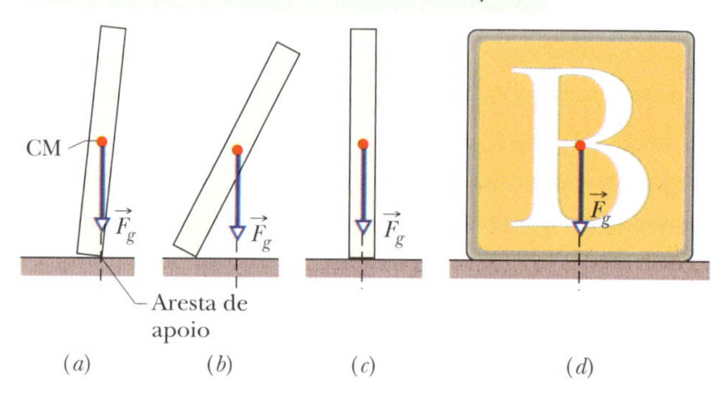

Figura 12.1.2 (*a*) Dominó equilibrado em uma aresta, com o centro de massa verticalmente acima da aresta. A linha de ação da força gravitacional $\vec{F}_g$ a que o dominó está submetido passa pela aresta de apoio. (*b*) Se o dominó sofre uma rotação, ainda que pequena, a partir da orientação de equilíbrio, $\vec{F}_g$ produz um torque que aumenta a rotação. (*c*) Um dominó apoiado no lado estreito está em uma situação um pouco mais estável do que a do dominó mostrado em (*a*). (*d*) Um cubo é ainda mais estável. BT 12.1

adequada de materiais, assegurar que a estrutura permaneça estável sob o efeito das cargas. Uma análise desse tipo é necessária, por exemplo, para garantir que uma ponte não vai desabar em um dia de ventania e que o trem de pouso de um avião vai resistir a uma aterrissagem forçada.

Figura 12.1.3 Operário de pé em uma viga está em equilíbrio estático, mas sua posição é mais estável na direção paralela à viga que na direção perpendicular.

Condições de Equilíbrio

O movimento de translação de um corpo é descrito pela segunda lei de Newton para translações (Eq. 9.3.6).

$$\vec{F}_{\text{res}} = \frac{d\vec{P}}{dt}. \tag{12.1.2}$$

Se o corpo está em equilíbrio para translações, ou seja, se $\vec{P}$ é uma constante, $d\vec{P}/dt = 0$, e temos

$$\vec{F}_{\text{res}} = 0 \quad \text{(equilíbrio de forças).} \tag{12.1.3}$$

O movimento de rotação de um corpo é descrito pela segunda lei de Newton para rotações (Eq. 11.7.4).

$$\vec{\tau}_{\text{res}} = \frac{d\vec{L}}{dt}. \tag{12.1.4}$$

Se o corpo está em equilíbrio para rotações, ou seja, se $\vec{L}$ é uma constante, $d\vec{L}/dt = 0$, e temos

$$\vec{\tau}_{\text{res}} = 0 \quad \text{(equilíbrio de torques).} \tag{12.1.5}$$

Assim, os requisitos para que um corpo esteja em equilíbrio são os seguintes:

1. A soma vetorial das forças externas que agem sobre o corpo deve ser nula.
2. A soma vetorial dos torques externos que agem sobre o corpo, medidos em relação a *qualquer* ponto, deve ser nula.

Esses requisitos, obviamente, valem para o equilíbrio *estático*. Entretanto, valem também para o caso de equilíbrio mais geral no qual $\vec{P}$ e $\vec{L}$ são constantes, mas diferentes de zero.

As Eqs. 12.1.3 e 12.1.5, como qualquer equação vetorial, são equivalentes, cada uma, a três equações independentes, uma para cada eixo do sistema de coordenadas:

Equilíbrio de forças	Equilíbrio de torques	
$F_{\text{res},x} = 0$	$\tau_{\text{res},x} = 0$	
$F_{\text{res},y} = 0$	$\tau_{\text{res},y} = 0$	(12.1.6)
$F_{\text{res},z} = 0$	$\tau_{\text{res},z} = 0$	

Equações Principais. Vamos simplificar o problema considerando apenas situações nas quais as forças que agem sobre o corpo estão no plano xy. Isso significa dizer que os torques que agem sobre o corpo tendem a provocar rotações apenas em torno de eixos paralelos ao eixo z. Com essa suposição, eliminamos uma equação de força e duas equações de torque das Eqs. 12.1.6, ficando com

$$\vec{F}_{\text{res},x} = 0 \quad \text{(equilíbrio de forças).} \tag{12.1.7}$$

$$\vec{F}_{\text{res},y} = 0 \quad \text{(equilíbrio de forças).} \tag{12.1.8}$$

$$\vec{\tau}_{\text{res},z} = 0 \quad \text{(equilíbrio de torques).} \tag{12.1.9}$$

Aqui, $\vec{\tau}_{\text{res},z}$ é o torque resultante que as forças externas produzem em relação ao eixo z ou em relação a *qualquer* eixo paralelo ao eixo z.

Um disco metálico que desliza no gelo com velocidade constante satisfaz as Eqs. 12.1.7, 12.1.8 e 12.1.9 e está, portanto, em equilíbrio, *mas não está em equilíbrio estático.* Para que o equilíbrio seja estático, o momento linear $\vec{P}$ do disco deve ser zero, ou seja, o disco deve estar em repouso em relação ao gelo. Assim, existe um outro requisito para o equilíbrio estático:

3. O momento linear $\vec{P}$ do corpo deve ser nulo.

Teste 12.1.1

A figura mostra seis vistas superiores de uma barra homogênea sobre a qual duas ou mais forças atuam perpendicularmente à maior dimensão da barra. Se os módulos das forças são ajustados adequadamente (mas mantidos diferentes de zero), em que situações a barra pode estar em equilíbrio estático?

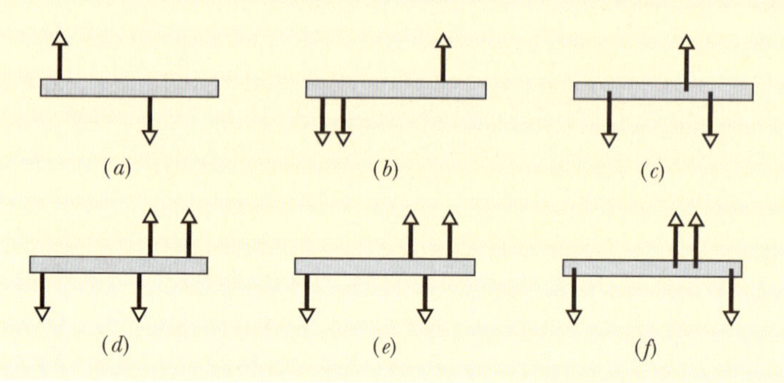

Centro de Gravidade

A força gravitacional que age sobre um corpo é a soma vetorial das forças gravitacionais que agem sobre todos os elementos (átomos) do corpo. Em vez de considerar todos esses elementos, podemos dizer o seguinte:

A força gravitacional $\vec{F}_g$ age efetivamente sobre um único ponto de um corpo, o chamado **centro de gravidade** (CG) do corpo.

A palavra "efetivamente" significa que, se as forças que agem sobre os elementos do corpo fossem de alguma forma desligadas e uma força $\vec{F}_g$ aplicada ao centro de gravidade fosse ligada, a força resultante e o torque resultante (em relação a qualquer ponto) seriam os mesmos.

Até agora, supusemos que a força gravitacional $\vec{F}_g$ era aplicada ao centro de massa (CM) do corpo. Isso equivale a supor que o centro de gravidade coincide com o centro de massa. Lembre-se de que, para um corpo, de massa M, a força $\vec{F}_g$ é igual a $M\vec{g}$ em que $\vec{g}$ é a aceleração que a força produziria se o corpo estivesse em queda livre. Na demonstração a seguir, provamos que

Se $\vec{g}$ é igual para todos os elementos de um corpo, o centro de gravidade (CG) do corpo coincide com o centro de massa (CM).

A hipótese anterior é aproximadamente verdadeira para os objetos comuns, já que $\vec{g}$ varia muito pouco na superfície terrestre e diminui apenas ligeiramente com a altitude. Assim, no caso de objetos como um rato ou um boi, podemos supor que a força gravitacional age no centro de massa. Após a demonstração a seguir, passaremos a usar essa hipótese.

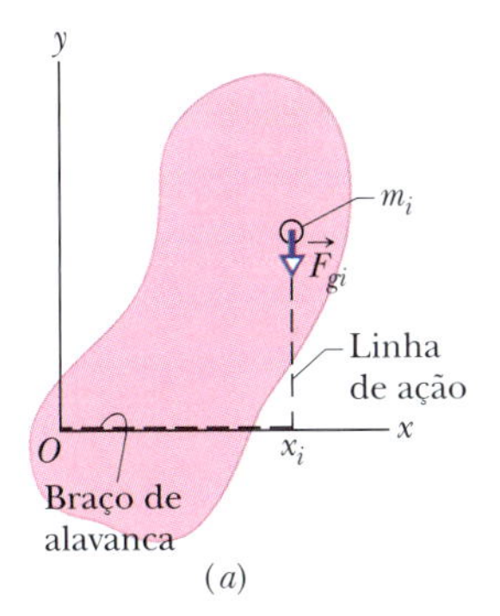

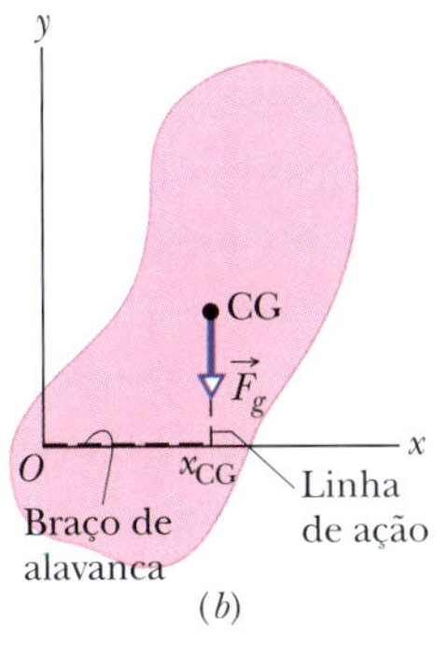

Figura 12.1.4 (*a*) Elemento de massa m_i em um corpo de dimensões finitas. A força gravitacional $\vec{F}_{gi}$ a que o elemento está submetido tem um braço de alavanca x_i em relação à origem O do sistema de coordenadas. (*b*) Dizemos que a força gravitacional $\vec{F}_g$ a que um corpo está submetido age sobre o centro de gravidade (CG) do corpo. Neste caso, o braço de alavanca de $\vec{F}_g$ é x_{CG} em relação à origem O.

Demonstração

Vamos considerar primeiro os elementos do corpo. A Fig. 12.1.4*a* mostra um corpo, de massa M, e um dos elementos do corpo, de massa m_i. Uma força gravitacional $\vec{F}_g$ age sobre o elemento e é igual a $m_i\vec{g}_i$. O índice de $\vec{g}_i$ significa que $\vec{g}_i$ é a aceleração da gravidade *na posição do elemento i* (ela pode ser diferente para outros elementos).

Na Fig. 12.1.4*a*, cada força $\vec{F}_{gi}$ produz um torque τ_i sobre o elemento *i* em relação à origem O, com braço de alavanca x_i. Usando a Eq. 10.6.3 ($\tau = r_\perp F$), podemos escrever o torque τ_i na forma

$$\tau_i = x_i F_{gi}. \tag{12.1.10}$$

O torque resultante para todos os elementos do corpo é, portanto,

$$\tau_{res} = \sum \tau_i = \sum x_i F_{gi}. \tag{12.1.11}$$

Vamos agora considerar o corpo como um todo. A Fig. 12.1.4*b* mostra a força gravitacional $\vec{F}_g$ atuando no centro de gravidade do corpo. A força produz um torque τ sobre o corpo em relação a O, com um braço de alavanca x_{CG}. Usando novamente a Eq. 10.6.3, podemos escrever o torque na forma

$$\tau = x_{CG} F_g. \tag{12.1.12}$$

Como a força gravitacional $\vec{F}_g$ a que o corpo está submetido é igual à soma das forças gravitacionais $\vec{F}_{gi}$ que agem sobre todos os elementos, podemos substituir F_g por ΣF_{gi} na Eq. 12.1.12 e escrever

$$\tau = x_{CG} \sum F_{gi}. \tag{12.1.13}$$

Acontece que o torque produzido pela aplicação da força $\vec{F}_g$ ao centro de gravidade é igual ao torque resultante das forças $\vec{F}_{gi}$ aplicadas a todos os elementos do corpo. (Foi assim que definimos o centro de gravidade.) Assim, τ na Eq. 12.1.13 é igual a τ_{res} na Eq. 12.1.11. Combinando as duas equações, podemos escrever

$$x_{CG} \sum F_{gi} = \sum x_i F_{gi}.$$

Substituindo F_{gi} por $m_i g_i$, obtemos

$$x_{CG} \sum m_i g_i = \sum x_i m_i g_i. \tag{12.1.14}$$

Vamos agora usar uma ideia-chave: Se as acelerações g_i para todos os elementos são iguais, podemos cancelar g_i na Eq. 12.1.14 e escrever

$$x_{CG} \sum m_i = \sum x_i m_i. \tag{12.1.15}$$

Como a soma Σm_i das massas dos elementos é a massa M do corpo, podemos escrever a Eq. 12.1.15 como

$$x_{CG} = \frac{1}{M} \sum x_i m_i. \tag{12.1.16}$$

O lado direito da Eq. 12.1.16 é a coordenada x_{CM} do centro de massa do corpo (Eq. 9.1.4). Chegamos, portanto, à igualdade que queríamos demonstrar. Se a aceleração da gravidade é a mesma para todos os elementos de um corpo, as coordenadas do centro de massa e do centro de gravidade são iguais:

$$x_{CG} = x_{CM}. \tag{12.1.17}$$

12.2 ALGUNS EXEMPLOS DE EQUILÍBRIO ESTÁTICO

Objetivos do Aprendizado

Depois de ler este módulo, você será capaz de ...

12.2.1 Aplicar as condições de força e de torque para o equilíbrio estático.

12.2.2 Saber que uma escolha criteriosa da origem (em relação à qual os torques serão calculados) pode simplificar os cálculos, eliminando uma ou mais forças desconhecidas da equação do torque.

Ideias-Chave

- Dizemos que um corpo rígido em repouso está em equilíbrio estático. Se um corpo está em equilíbrio estático, a soma vetorial das forças externas que agem sobre o corpo é zero:

$$\vec{F}_{\text{res}} = 0 \quad \text{(equilíbrio de forças).}$$

Se todas as forças estão no plano xy, essa equação vetorial é equivalente a duas equações para as componentes x e y:

$$F_{\text{res},x} = 0 \quad \text{e} \quad F_{\text{res},y} = 0 \quad \text{(equilíbrio de forças).}$$

- Se um corpo está em equilíbrio estático, a soma vetorial dos torques externos que agem sobre o corpo também é zero:

$$\vec{\tau}_{\text{res}} = 0 \quad \text{(equilíbrio de torques).}$$

Se todas as forças estão no plano xy, todos os torques são paralelos ao eixo z, e essa equação vetorial é equivalente a uma equação para a componente z:

$$\tau_{\text{res},z} = 0 \quad \text{(equilíbrio de torques).}$$

Alguns Exemplos de Equilíbrio Estático 12.2

Neste módulo são discutidos vários problemas que envolvem o equilíbrio estático. Em cada um desses problemas, aplicamos as equações do equilíbrio (Eqs. 12.1.7, 12.1.8 e 12.1.9) a um sistema constituído por um ou mais objetos. As forças envolvidas estão todas no plano *xy*, o que significa que os torques são paralelos ao eixo *z*. Assim, ao aplicarmos a Eq. 12.1.9, que estabelece o equilíbrio dos torques, escolhemos um eixo paralelo ao eixo *z* como referência para calcular os torques. Embora a Eq. 12.1.9 seja satisfeita para *qualquer* eixo de referência, certas escolhas simplificam a aplicação da equação, eliminando um ou mais termos associados a forças desconhecidas.

Teste 12.2.1

A figura mostra uma vista de cima de uma barra homogênea em equilíbrio estático. (a) É possível determinar o módulo das forças desconhecidas $\vec{F}_1$ e $\vec{F}_2$ equilibrando as forças? (b) Se você está interessado em determinar o módulo da força $\vec{F}_2$ usando uma equação de equilíbrio de torques, onde você deve colocar o eixo de rotação para eliminar $\vec{F}_1$ da equação? (c) Se o módulo de $\vec{F}_2$ é 65 N, qual é o módulo de $\vec{F}_1$?

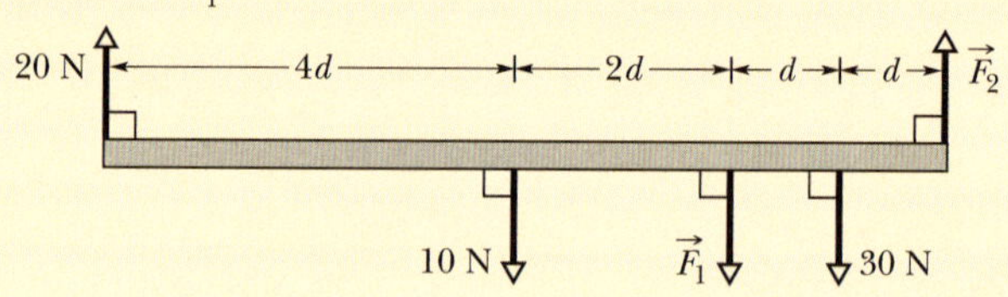

Exemplo 12.2.1 Equilíbrio de uma viga horizontal 12.3 12.1

Na Fig. 12.2.1*a*, uma viga homogênea, de comprimento L e massa m = 1,8 kg, está apoiada em duas balanças. Um bloco homogêneo, de massa M = 2,7 kg, está apoiado na viga, com o centro a uma distância $L/4$ da extremidade esquerda da viga. Quais são as leituras das balanças?

IDEIAS-CHAVE

A melhor tática para resolver *qualquer* problema de equilíbrio estático consiste em, antes de mais nada, definir claramente o sistema a ser analisado e a desenhar um diagrama de corpo livre no qual apareçam todas as forças externas que agem sobre o sistema. Nesse caso, vamos escolher o sistema como a viga e o bloco tomados em conjunto. As forças que agem sobre o sistema são mostradas no diagrama de corpo livre da Fig. 12.2.1*b*. (Escolher o sistema exige experiência, e frequentemente existe mais de uma escolha adequada.) Como o sistema está em equilíbrio estático, podemos usar as equações de equilíbrio de forças (Eqs. 12.1.7 e 12.1.8) e a equação de equilíbrio de torques (Eq. 12.1.9).

Cálculos: As forças normais exercidas pelas balanças sobre a viga são $\vec{F}_e$ do lado esquerdo e $\vec{F}_d$ do lado direito. As leituras das balanças que desejamos determinar são iguais aos módulos dessas forças. A força gravitacional $\vec{F}_{g,viga}$ a que a viga está submetida está aplicada ao centro de massa e é igual a $m\vec{g}$. Analogamente, a força gravitacional $\vec{F}_{g,bloco}$ a que o bloco está submetido está aplicada ao centro de massa e é igual a $M\vec{g}$. Para simplificar a Fig. 12.2.1*b*, o bloco foi representado por um ponto da viga e $\vec{F}_{g,bloco}$ foi desenhada com a origem na viga. (Esse deslocamento do vetor $\vec{F}_{g,bloco}$ ao longo da linha de ação não altera o torque produzido por $\vec{F}_{g,bloco}$ em relação a qualquer eixo perpendicular à figura.)

Como as forças não possuem componentes *x*, a Eq. 12.1.7 ($F_{res,x} = 0$) não fornece nenhuma informação. No caso das componentes *y*, a Eq. 12.1.8 ($F_{res,y} = 0$) pode ser escrita na forma

$$F_e + F_d - Mg - mg = 0. \qquad (12.2.1)$$

Como a Eq. 12.2.1 contém duas incógnitas, as forças F_e e F_d, precisamos usar também a Eq. 12.1.9, a equação de equilíbrio dos torques. Podemos aplicá-la a *qualquer* eixo de rotação perpendicular ao plano da Fig. 12.2.1. Vamos escolher um eixo de rotação passando pela extremidade esquerda da viga. Usaremos também nossa regra geral para atribuir sinais aos torques: Se um torque tende a fazer um corpo inicialmente em repouso girar no sentido horário, o torque é negativo; se o torque tende a fazer o corpo girar no sentido anti-horário, o torque é positivo. Finalmente, vamos escrever os torques na forma $r_\perp F$, em que o braço de alavanca $r_\perp$ é 0 para $\vec{F}_e$, $L/4$ para $M\vec{g}$, $L/2$ para $m\vec{g}$ e L para $\vec{F}_d$.

Podemos agora escrever a equação do equilíbrio ($\tau_{res,z} = 0$) como

$$(0)(F_e) - (L/4)(Mg) - (L/2)(mg) + (L)(F_d) = 0,$$

o que nos dá

$$F_d = \tfrac{1}{4}Mg + \tfrac{1}{2}mg$$
$$= \tfrac{1}{4}(2{,}7\text{ kg})(9{,}8\text{ m/s}^2) + \tfrac{1}{2}(1{,}8\text{ kg})(9{,}8\text{ m/s}^2)$$
$$= 15{,}44\text{ N} \approx 15\text{ N}. \qquad \text{(Resposta)}$$

Explicitando F_e na Eq. 12.2.1 e substituindo os valores conhecidos, obtemos

$$F_e = (M + m)g - F_d$$
$$= (2{,}7\text{ kg} + 1{,}8\text{ kg})(9{,}8\text{ m/s}^2) - 15{,}44\text{ N}$$
$$= 28{,}66\text{ N} \approx 29\text{ N}. \qquad \text{(Resposta)}$$

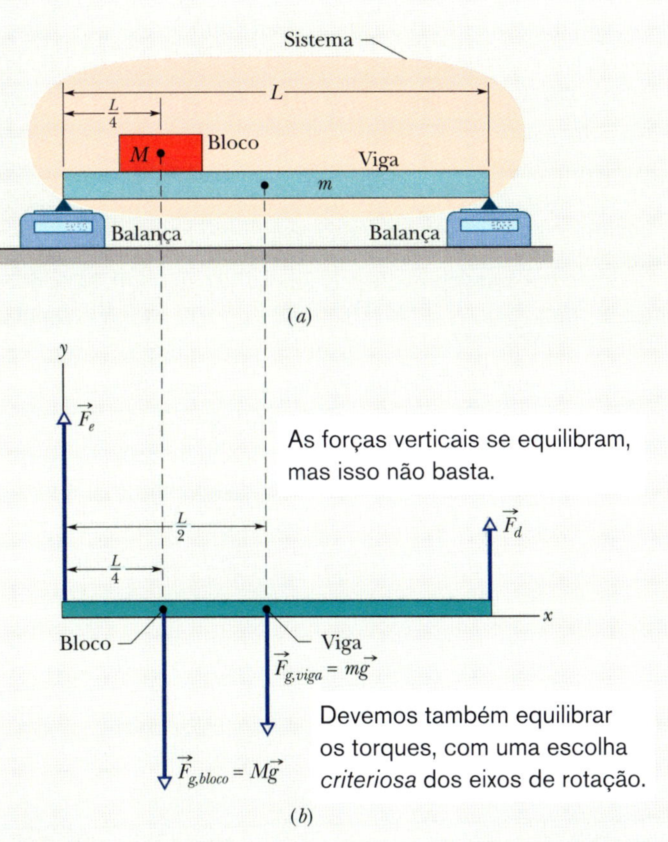

Figura 12.2.1 (*a*) Viga de massa *m* sustenta um bloco de massa *M*. (*b*) Diagrama de corpo livre, mostrando as forças que agem sobre o sistema *viga + bloco*.

Observe a estratégia usada na solução: Quando escrevemos uma equação para o equilíbrio das componentes das forças, esbarramos em duas incógnitas. Se tivéssemos escrito uma equação para o equilíbrio de torques em torno de um eixo *qualquer*, teríamos esbarrado nas mesmas duas incógnitas. Entretanto, como escolhemos um eixo que passava pelo ponto de aplicação de uma das forças desconhecidas, $\vec{F}_e$, a dificuldade foi contornada. Nossa escolha eliminou $\vec{F}_e$ da equação do torque, permitindo que obtivéssemos o módulo da outra força, F_d. Em seguida, voltamos à equação do equilíbrio de forças para calcular o módulo da outra força.

Exemplo 12.2.2 Equilíbrio de uma lança de guindaste 

A Fig. 12.2.2*a* mostra um cofre, de massa $M = 430$ kg, pendurado por uma corda presa a uma lança de guindaste de dimensões $a = 1{,}9$ m e $b = 2{,}5$ m. A lança é composta por uma viga articulada e um cabo horizontal. A viga, feita de material homogêneo, tem massa *m* de 85 kg; as massas do cabo e da corda são desprezíveis. (a) Qual é a tração T_{cabo} do cabo? Em outras palavras, qual é o módulo da força $\vec{T}_{cabo}$ exercida pelo cabo sobre a viga?

IDEIAS-CHAVE

O sistema neste caso é apenas a viga; forças a que a viga está submetida são mostradas no diagrama de corpo livre da Fig. 12.2.2*b*. A força exercida pelo cabo é $\vec{T}_{cabo}$. A força gravitacional que age sobre a viga está aplicada ao centro de massa (situado no centro da viga) e foi representada pela força equivalente $m\vec{g}$.

A componente vertical da força que a dobradiça exerce sobre a viga é $\vec{F}_v$ e a componente horizontal é $\vec{F}_h$. A força exercida pela corda que sustenta o cofre é $\vec{T}_{corda}$. Como a viga, a corda e o cofre estão em repouso, o módulo de $\vec{T}_{corda}$ é igual ao peso do cofre: $T_{corda} = Mg$. Posicionamos a origem O de um sistema de coordenadas xy na dobradiça. Como o sistema está em equilíbrio estático, as equações de equilíbrio podem ser usadas.

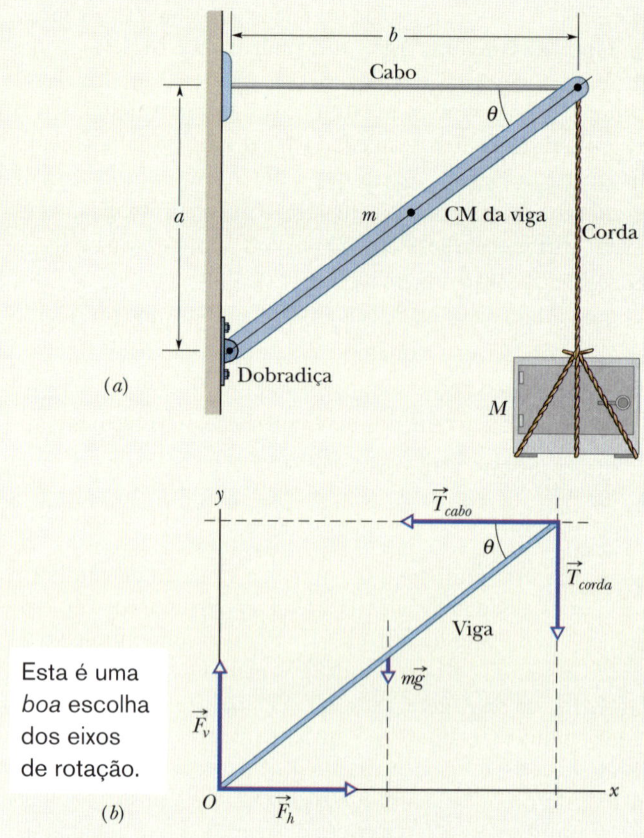

Figura 12.2.2 (*a*) Um cofre está pendurado em uma lança de guindaste composta por uma viga homogênea e um cabo de aço horizontal. (*b*) Diagrama de corpo livre da viga.

Cálculos: Vamos começar pela Eq. 12.1.9 ($\tau_{res,z} = 0$). Note que o enunciado pede o módulo da força $\vec{T}_{cabo}$, mas não os módulos das forças $\vec{F}_h$ e $\vec{F}_v$ que agem sobre a dobradiça no ponto O. Para eliminar $\vec{F}_h$ e $\vec{F}_v$ do cálculo do torque, basta determinar os torques em relação a um eixo perpendicular ao papel passando pelo ponto O. Nesse caso, $\vec{F}_h$ e $\vec{F}_v$ têm braços de alavanca nulos. As linhas de ação de $\vec{T}_{cabo}$, $\vec{T}_{corda}$ e $m\vec{g}$ estão indicadas por retas tracejadas na Fig. 12.2.2*b*. Os braços de alavanca correspondentes são a, b e $b/2$.

Escrevendo os torques na forma $r_\perp F$ e usando nossa regra para os sinais dos torques, a equação de equilíbrio $\tau_{res,z} = 0$ se torna

$$(a)(T_{cabo}) - (b)(T_{corda}) - (\tfrac{1}{2}b)(mg) = 0. \qquad (12.2.2)$$

Substituindo T_{corda} por Mg e explicitando T_{cabo}, obtemos

$$T_{cabo} = \frac{gb(M + \frac{1}{2}m)}{a}$$
$$= \frac{(9{,}8\ \text{m/s}^2)(2{,}5\ \text{m})(430\ \text{kg} + 85/2\ \text{kg})}{1{,}9\ \text{m}}$$
$$= 6.093\ \text{N} \approx 6.100\ \text{N}. \qquad \text{(Resposta)}$$

(b) Determine o módulo F da força exercida pela dobradiça sobre a viga.

IDEIA-CHAVE

Agora precisamos conhecer F_h e F_v para combiná-las e calcular F. Como já conhecemos T_{cabo}, vamos aplicar à viga as equações de equilíbrio de forças.

Cálculos: No caso do equilíbrio na horizontal, escrevemos $F_{res,x} = 0$ como

$$F_h - T_{cabo} = 0, \qquad (12.2.3)$$

e, portanto,
$$F_h = T_{cabo} = 6.093\ \text{N}.$$

No caso do equilíbrio na vertical, escrevemos $F_{res,y} = 0$ como

$$F_v - mg - T_{corda} = 0.$$

Substituindo T_{corda} por Mg e explicitando F_v, obtemos

$$F_v = (m + M)g = (85\ \text{kg} + 430\ \text{kg})(9{,}8\ \text{m/s}^2)$$
$$= 5.047\ \text{N}.$$

De acordo com o teorema de Pitágoras, temos:

$$F = \sqrt{F_h^2 + F_v^2}$$
$$= \sqrt{(6.093\ \text{N})^2 + (5.047\ \text{N})^2} \approx 7.900\ \text{N}. \qquad \text{(Resposta)}$$

Note que F é bem maior que a soma dos pesos do cofre e da viga, 5.000 N, e que a tração do cabo horizontal, 6.100 N.

Exemplo 12.2.3 Equilíbrio de uma escada

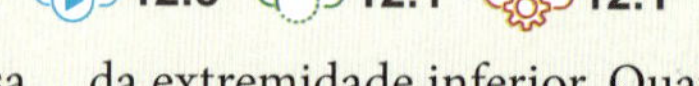

Na Fig. 12.2.3*a*, uma escada de comprimento $L = 12$ m e massa $m = 45$ kg está encostada em um muro liso (sem atrito). A extremidade superior da escada está a uma altura $h = 9{,}3$ m acima do piso no qual a escada está apoiada (existe atrito entre a escada e o piso). O centro de massa da escada está a uma distância $L/3$ da extremidade inferior. Um bombeiro, de massa $M = 72$ kg, sobe na escada até que seu centro de massa esteja a uma distância $L/2$ da extremidade inferior. Quais são, nesse instante, os módulos das forças exercidas pelo muro e pelo piso sobre a escada?

IDEIAS-CHAVE

Para começar, escolhemos nosso sistema como o conjunto bombeiro-escada e desenhamos o diagrama de corpo livre da

Fig. 12.2.3*b*. Como o sistema está em equilíbrio estático, as equações de equilíbrio de forças e de torques (Eqs. 12.1.7 a 12.1.9) podem ser usadas.

Cálculos: Na Fig. 12.2.3*b*, o bombeiro está representado por um ponto no meio da escada. O peso do bombeiro é representado pelo vetor equivalente $M\vec{g}$ que foi deslocado ao longo da linha de ação para que a origem coincidisse com o ponto que representa o bombeiro. (Como o deslocamento não altera o torque produzido por $M\vec{g}$ em relação a eixos perpendiculares à figura, não afeta a equação de equilíbrio dos torques que será usada a seguir.)

Como não há atrito entre a escada e o muro, a única força exercida pelo muro sobre a escada é a força horizontal $\vec{F}_m$. A força $\vec{F}_p$ exercida pelo piso sobre a escada tem uma componente horizontal $\vec{F}_{px}$, que é uma força de atrito estática, e uma componente vertical $\vec{F}_{py}$, que é uma força normal.

Para aplicarmos as equações de equilíbrio, vamos começar com a Eq. 12.1.9 ($\tau_{\text{res},z} = 0$). Para escolher o eixo em relação ao qual vamos calcular os torques, note que temos forças desconhecidas ($\vec{F}_m$ e $\vec{F}_p$) nas duas extremidades da escada. Para eliminar, digamos, $\vec{F}_p$ dos cálculos, colocamos o eixo no ponto *O*, perpendicular ao papel (Fig. 12.2.3*b*). Colocamos também a origem de um sistema de coordenadas *xy* em *O*. *Uma escolha criteriosa da origem do sistema de coordenadas pode facilitar consideravelmente o cálculo dos torques.* Podemos calcular os torques em relação a *O* usando qualquer uma das Eqs. 10.6.1 a 10.6.3, mas a Eq. 10.6.3 ($\tau = r_\perp F$) é a mais fácil de usar neste caso.

Para determinar o braço de alavanca $r_\perp$ de $\vec{F}_m$, desenhamos a linha de ação do vetor (reta horizontal tracejada da Fig. 12.2.3*c*); $r_\perp$ é a distância perpendicular entre *O* e a linha de ação. Na Fig. 12.2.3*c*, $r_\perp$ está no eixo *y* e é igual à altura *h*. Também desenhamos linhas de ação para $M\vec{g}$ e $m\vec{g}$ e constatamos que os braços de alavanca das duas forças estão no eixo *x*. Para a distância *a* mostrada na Fig. 12.2.3*a*, os braços de alavanca são *a*/2 (o bombeiro está no ponto médio da escada) e *a*/3 (o CM da escada está a um terço do comprimento a partir da extremidade inferior), respectivamente. Os braços de alavanca de $\vec{F}_{px}$ e $\vec{F}_{py}$ são nulos porque a origem está situada no ponto de aplicação das duas forças.

Com os torques escritos na forma $r_\perp F$, a equação de equilíbrio $\tau_{\text{res},z} = 0$ assume a forma

$$-(h)(F_m) + (a/2)(Mg) + (a/3)(mg) + (0)(F_{px}) + (0)(F_{py}) = 0. \tag{12.2.4}$$

(Lembre-se da nossa regra: um torque positivo corresponde a uma rotação no sentido anti-horário, e um torque negativo corresponde a uma rotação no sentido horário.)

Aplicando o teorema de Pitágoras ao triângulo retângulo formado pela escada, o muro e o piso na Fig. 12.2.3*a*, obtemos:

$$a = \sqrt{L^2 - h^2} = 7{,}58 \text{ m}.$$

Assim, a Eq. 12.2.4 nos dá

$$F_m = \frac{ga(M/2 + m/3)}{h}$$

$$= \frac{(9{,}8 \text{ m/s}^2)(7{,}58 \text{ m})(72/2 \text{ kg} + 45/3 \text{ kg})}{9{,}3 \text{ m}}$$

$$= 407 \text{ N} \approx 410 \text{ N}. \qquad \text{(Resposta)}$$

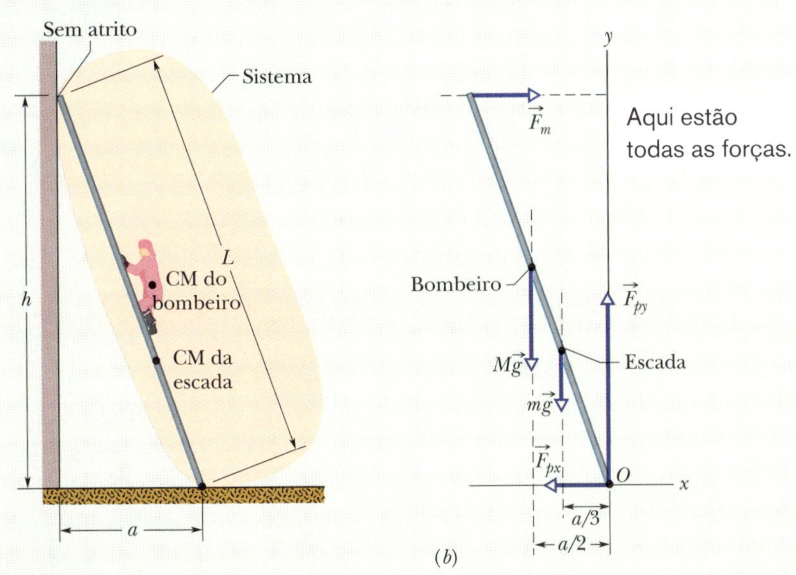

Figura 12.2.3 (*a*) Um bombeiro sobe metade de uma escada que está encostada em uma parede sem atrito. O piso no qual a escada está apoiada tem atrito. (*b*) Diagrama de corpo livre, mostrando as forças que agem sobre o sistema *bombeiro + escada*. A origem *O* de um sistema de coordenadas é colocada no ponto de aplicação da força desconhecida $\vec{F}_p$ (cujas componentes $\vec{F}_{px}$ e $\vec{F}_{py}$ aparecem na figura). (*A Figura 12.2.3 continua na página seguinte.*)

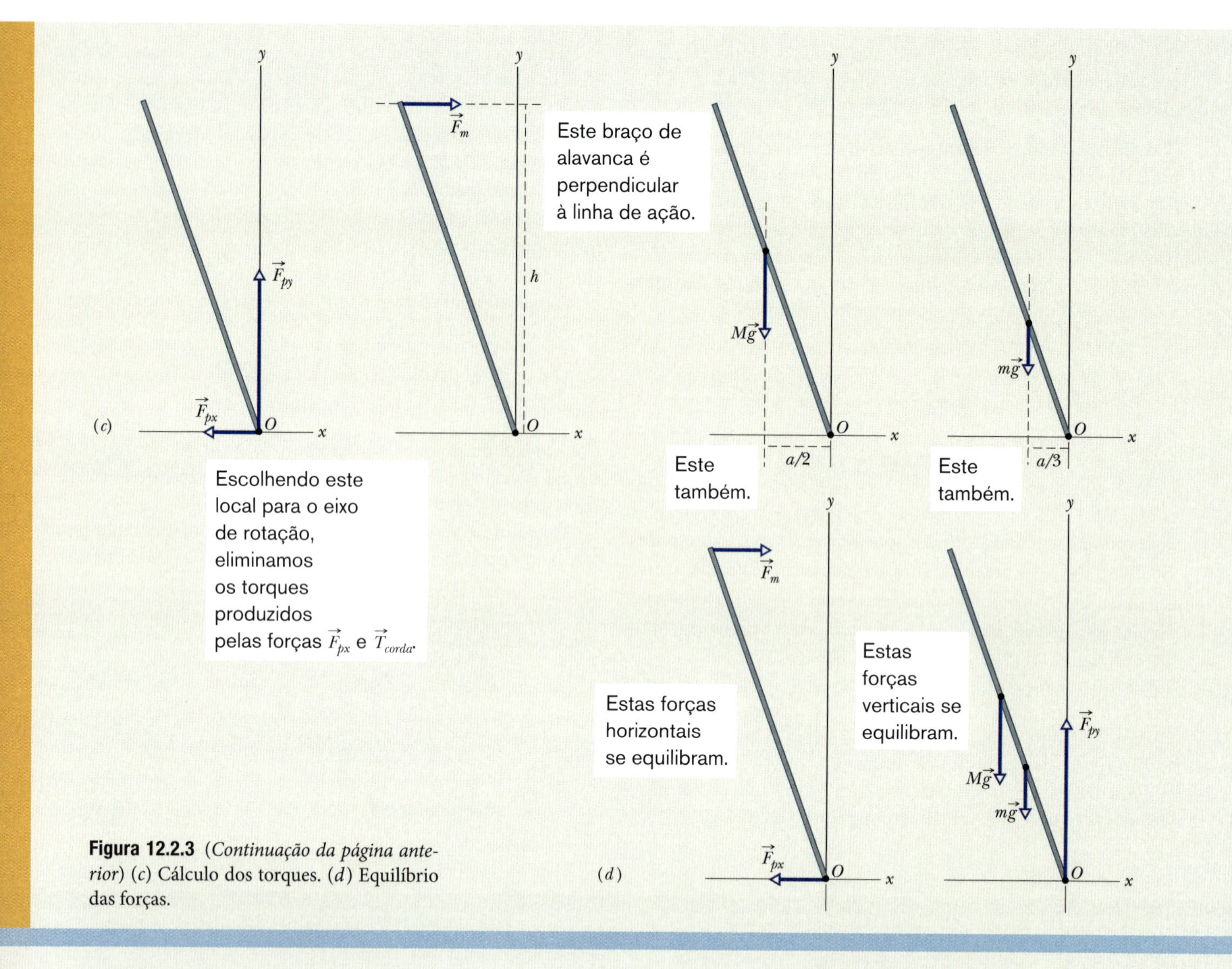

Figura 12.2.3 (*Continuação da página anterior*) (*c*) Cálculo dos torques. (*d*) Equilíbrio das forças.

Para determinar a força exercida pelo piso, usamos as equações de equilíbrio de forças e a Fig. 12.2.3*d*. A equação $F_{res,x} = 0$ nos dá

$$F_m - F_{px} = 0,$$

e, portanto, $$F_{px} = F_m = 410 \text{ N}. \quad \text{(Resposta)}$$

A equação $F_{res,y} = 0$ nos dá

$$F_{py} - Mg - mg = 0,$$

e, portanto, $$F_{py} = (M + m)g = (72 \text{ kg} + 45 \text{ kg})(9{,}8 \text{ m/s}^2)$$
$$= 1.146{,}6 \text{ N} < 1.100 \text{ N}. \quad \text{(Resposta)}$$

Exemplo 12.2.4 Escalando uma chaminé

Na Fig. 12.2.4, uma alpinista de massa $m = 55$ kg parou para descansar enquanto escalava uma chaminé, apoiando apenas os ombros e os pés nas paredes de uma fissura de largura $w = 1{,}0$ m. Seu centro de massa está a uma distância horizontal $d = 0{,}20$ m da parede na qual os ombros estão apoiados. Uma força de atrito estático $\vec{f}_1$ age sobre os pés da alpinista com um coeficiente de atrito estático $\mu_1 = 1{,}1$. Uma força de atrito estático $\vec{f}_2$ age sobre seus ombros com um coeficiente de atrito estático $\mu_2 = 0{,}70$. Para descansar, a alpinista gostaria de minimizar a força horizontal que exerce sobre as paredes. O mínimo acontece quando os pés e os ombros estão prestes a escorregar. (a) Qual é a força mínima horizontal que a alpinista deve aplicar às paredes?

IDEIAS-CHAVE

Para começar, escolhemos a alpinista como nosso sistema. Como ela está em equilíbrio estático, podemos escrever uma equação de equilíbrio de forças para as forças horizontais e outra para as forças verticais. Além disso, a soma dos torques em relação a qualquer eixo de rotação deve se anular.

Cálculos: A Fig. 12.2.4 mostra as forças que agem sobre a alpinista. As únicas forças horizontais são as forças normais $\vec{F}_N$ que as paredes exercem sobre seus pés e seus ombros. As forças verticais são as forças de atrito estático $\vec{f}_1$ e $\vec{f}_2$, que apontam para cima, e a força gravitacional $\vec{F}_g$, de módulo mg, cujo ponto de aplicação é o centro de massa da alpinista. De acordo com a

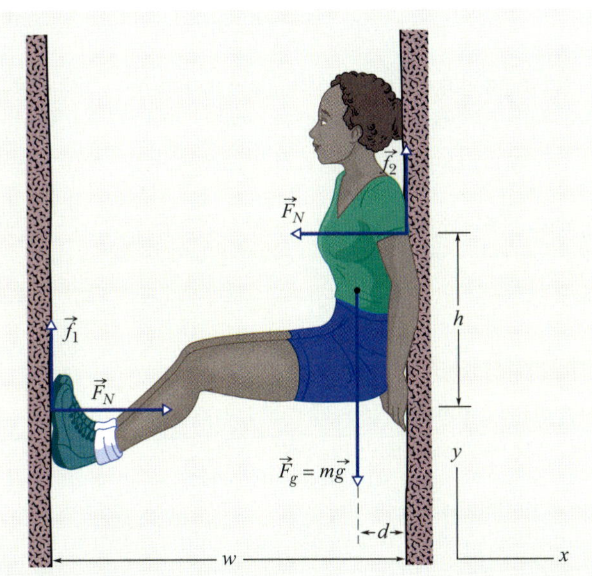

Figura 12.2.4 Forças que agem sobre uma alpinista que está descansando em uma chaminé rochosa. As forças verticais $\vec{f}_1$ e $\vec{f}_2$ que as paredes da chaminé exercem sobre a alpinista dependem da força normal $\vec{F}_N$.

equação de equilíbrio de forças $F_{\text{tot},x} = 0$, as duas forças normais têm o mesmo módulo e sentidos opostos. Estamos interessados em determinar o módulo F_N dessas duas forças, que é também o módulo das forças que a alpinista exerce sobre as paredes.

A equação de equilíbrio das forças verticais, $F_{\text{tot},y} = 0$ nos dá

$$f_1 + f_2 - mg = 0.$$

Queremos que tanto os pés como os ombros da alpinista estejam prestes a escorregar. Isso significa que as forças de atrito estático devem estar com seu valor máximo $f_{x,\text{máx}}$. De acordo com o Módulo 6.1, esses valores máximos são

$$f_1 = \mu_1 F_N \quad \text{e} \quad f_2 = \mu_2 F_N.$$

Substituindo essas expressões na equação de equilíbrio das forças verticais e explicitando a força normal F_N, obtemos:

$$F_N = \frac{mg}{\mu_1 + \mu_2} = \frac{(55\text{ kg})(9{,}8\text{ m/s}^2)}{1{,}1 + 0{,}70} = 299\text{ N} \approx 300\text{ N}.$$

Assim, a força mínima horizontal que a alpinista deve aplicar às paredes é aproximadamente 300 N.

(b) Para essa força, qual deve ser a distância vertical h entre os pés e os ombros para que a alpinista fique estável?

Cálculos: Agora devemos equilibrar os torques exercidos sobre a alpinista. Podemos escrever os torques na forma $r_\perp F$, em que $r_\perp$ é o braço de alavanca da força F. Podemos escolher qualquer eixo de rotação, mas uma escolha bem-feita pode facilitar nosso trabalho. Vamos escolher um eixo que passe pelos ombros da alpinista. Nesse caso, os braços de alavanca das forças que agem sobre os ombros da alpinista (a força normal e a força de atrito) são nulos. A força de atrito $\vec{f}_1$, a força normal $\vec{F}_N$ que age sobre os pés da alpinista e a força gravitacional $\vec{F}_g$ têm braços de alavanca w, h e d, respectivamente.

Lembrando nossa regra a respeito dos sinais dos torques e dos sentidos de rotação correspondentes, podemos agora escrever a equação de equilíbrio do torque $\tau_{\text{tot}} = 0$:

$$-(w)(f_1) + (h)(F_N) + (d)(mg) + (0)(f_2) + (0)(F_N) = 0.$$

Explicitando h, fazendo $f_1 = \mu_1 F_N$ e substituindo os símbolos por valores numéricos, todos conhecidos, temos:

$$h = \frac{f_1 w - mgd}{F_N} = \frac{\mu_1 F_N w - mgd}{F_N} = \mu_1 w - \frac{mgd}{F_N}$$

$$= (1{,}1)(1{,}0\text{ m}) - \frac{(55\text{ kg})(9{,}8\text{ m/s}^2)(0{,}20\text{ m})}{299\text{ N}}$$

$$= 0{,}739\text{ m} \approx 0{,}74\text{ m}.$$

Se h for maior *ou* menor que 0,74 m, a alpinista terá de exercer uma força maior que 299 N sobre as paredes para se manter estável. Essa é uma das vantagens de saber um pouco de física na hora de escalar uma montanha. Quando você precisa descansar, pode evitar o erro que alguns novatos cometem ao manter os pés muito longe ou muito perto dos ombros. Sabendo que existe uma distância "ideal" entre os ombros e os pés, você pode procurar a posição que exige menos esforço e, com isso, garantir um bom descanso.

12.3 ELASTICIDADE

Objetivos do Aprendizado

Depois de ler este módulo, você será capaz de ...

12.3.1 Explicar o que é uma estrutura indeterminada.

12.3.2 No caso de forças de tração e compressão, usar a equação que relaciona tensão à deformação e ao módulo de Young.

12.3.3 Saber a diferença entre limite elástico e limite de ruptura.

12.3.4 No caso de forças de cisalhamento, usar a equação que relaciona tensão à deformação e ao módulo de cisalhamento.

12.3.5 No caso de forças hidrostáticas, usar a equação que relaciona a pressão hidrostática à deformação e ao módulo de elasticidade volumétrico.

Ideias-Chave

- Três módulos de elasticidade são usados para descrever o comportamento elástico (deformação) de objetos submetidos a forças. A deformação (variação relativa de comprimento) está relacionada à tensão aplicada (força por unidade de área) por um módulo de elasticidade, segundo a relação geral

$$\text{tensão} = \text{módulo de elasticidade} \times \text{deformação}.$$

- Quando um objeto é submetido a uma força de tração ou de compressão, a relação tensão-deformação assume a forma

$$\frac{F}{A} = E\frac{\Delta L}{L},$$

em que $\Delta L/L$ é a deformação do objeto, F é o módulo da força $\vec{F}$ responsável pela deformação, A é a área da seção reta à qual a força $\vec{F}$ é aplicada (perpendicularmente à seção reta) e E é o módulo de Young do objeto. A tensão é dada por F/A.

- No momento em que um objeto é submetido a uma força de cisalhamento, a relação tensão-deformação assume a forma

$$\frac{F}{A} = G\,\frac{\Delta x}{L},$$

em que $\Delta x/L$ é a deformação do objeto, Δx é o deslocamento de uma das extremidades do objeto na direção da força $\vec{F}$ aplicada e G é o módulo de cisalhamento do objeto. A tensão é dada por F/A.

- No momento em que um objeto é submetido a uma força hidrostática, a relação tensão-deformação assume a forma

$$p = B\,\frac{\Delta V}{V},$$

em que p é a pressão hidrostática, $\Delta V/V$ é a deformação do objeto e B é o módulo de elasticidade volumétrico do objeto.

Estruturas Indeterminadas

Para resolver os problemas deste capítulo, temos apenas três equações independentes à disposição, que são, em geral, duas equações de equilíbrio de forças e uma equação de equilíbrio de torques em relação a um eixo de rotação. Assim, se um problema tem mais de três incógnitas, não podemos resolvê-lo.

Considere o caso de um carro assimetricamente carregado. Quais são as forças, todas diferentes, que agem sobre os quatro pneus? O problema não pode ser resolvido usando os métodos discutidos até o momento, pois temos apenas três equações independentes para trabalhar. Da mesma forma, podemos resolver o problema de equilíbrio para uma mesa de três pernas, mas não para uma de quatro pernas. Problemas como esses, nos quais existem mais incógnitas que equações, são chamados **indeterminados**.

No mundo real, por outro lado, sabemos que existem soluções para problemas indeterminados. Se apoiarmos os pneus de um carro nos pratos de quatro balanças, cada balança fornecerá uma leitura definida, e a soma das quatro leituras será o peso do carro. O que está faltando em nossos esforços para obter as forças por meio de equações?

O problema está no fato de que supusemos implicitamente que os corpos aos quais aplicamos as equações do equilíbrio estático são perfeitamente rígidos, ou seja, não se deformam ao serem submetidos a forças. Na verdade, nenhum corpo é totalmente rígido. Os pneus de um carro, por exemplo, se deformam facilmente sob a ação de uma carga até que o carro atinja uma posição de equilíbrio estático.

Todos nós já passamos pela experiência de ocupar uma mesa bamba em um restaurante, a qual normalmente nivelamos introduzindo um calço de papel dobrado debaixo de uma das pernas. Se colocássemos um elefante no centro de uma dessas mesas (sem o calço), e a mesa não quebrasse, as pernas da mesa se deformariam como os pneus de um carro. Todas as pernas tocariam o piso, as forças normais do piso sobre as pernas da mesa assumiriam valores definidos (e diferentes), como na Fig. 12.3.1, e a mesa não ficaria mais bamba. Naturalmente, nós (e o elefante) seríamos imediatamente

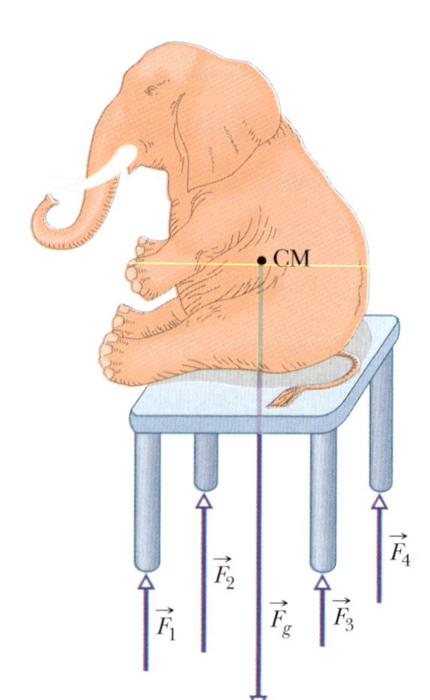

Figura 12.3.1 A mesa é uma estrutura indeterminada. As quatro forças a que as pernas da mesa estão sujeitas diferem em módulo e não podem ser calculadas usando apenas as leis do equilíbrio estático.

expulsos do restaurante, mas, em princípio, como podemos calcular os valores das forças em situações como essa, em que existem deformações?

Para resolver problemas de equilíbrio indeterminado, precisamos suplementar as equações de equilíbrio com algum conhecimento de *elasticidade*, o ramo da física e da engenharia que descreve como corpos se deformam quando são submetidos a forças.

Teste 12.3.1

Uma barra horizontal homogênea pesando 10 N está pendurada no teto por dois fios que exercem forças $\vec{F}_1$ e $\vec{F}_2$ sobre a barra. A figura mostra quatro configurações diferentes dos fios. Que configurações são indeterminadas (ou seja, tornam impossível calcular os valores numéricos de $\vec{F}_1$ e $\vec{F}_2$)?

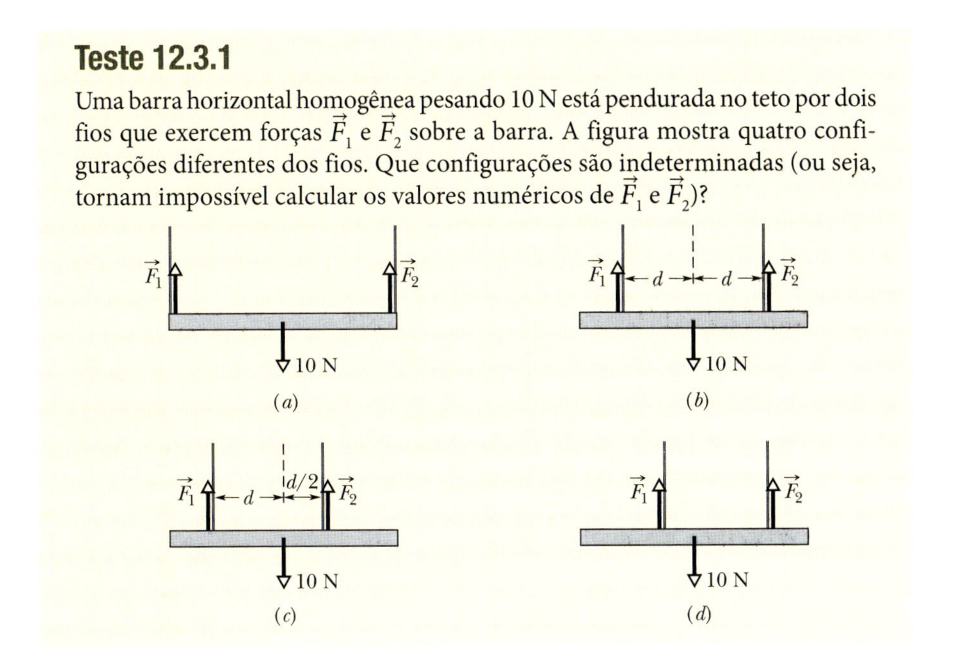

Elasticidade

Quando muitos átomos se juntam para formar um sólido metálico, como, por exemplo, um prego de ferro, os átomos ocupam posições de equilíbrio em uma *rede cristalina* tridimensional, um arranjo repetitivo no qual cada átomo está a uma distância de equilíbrio bem definida dos vizinhos mais próximos. Os átomos são mantidos unidos por forças interatômicas, representadas por pequenas molas na Fig. 12.3.2. A rede é quase perfeitamente rígida, o que é outra forma de dizer que as "molas interatômicas" são extremamente duras. É por essa razão que temos a impressão de que alguns objetos comuns, como escadas de metal, mesas e colheres, são indeformáveis. Outros objetos comuns, como mangueiras de jardim e luvas de borracha, são facilmente deformados. Nesses objetos, os átomos *não formam* uma rede rígida como a Fig. 12.3.2, mas estão ligados em cadeias moleculares longas e flexíveis, que estão ligadas apenas fracamente às cadeias vizinhas.

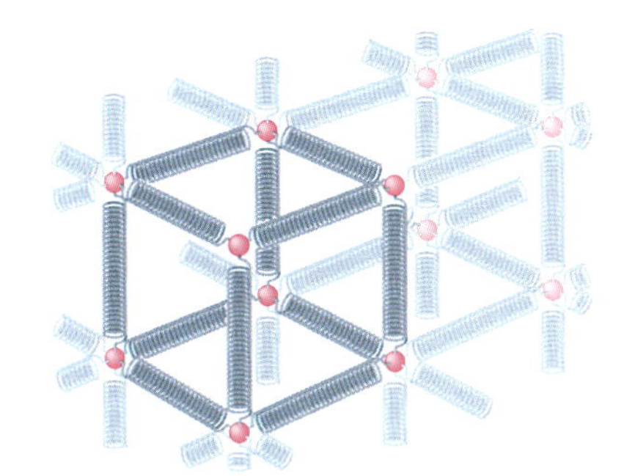

Figura 12.3.2 Os átomos de um sólido metálico estão dispostos em uma rede regular tridimensional. As molas representam forças interatômicas.

Todos os corpos "rígidos" reais são, na verdade, ligeiramente **elásticos**, o que significa que podemos mudar ligeiramente as suas dimensões puxando-os, empurrando-os, torcendo-os ou comprimindo-os. Para você ter uma ideia das ordens de grandeza envolvidas, considere uma barra de aço vertical, de 1 m de comprimento e 1 cm de diâmetro, presa no teto de uma fábrica. Se um carro compacto for pendurado na extremidade inferior da barra, ela esticará apenas 0,5 mm, o que corresponde a 0,05% do comprimento original. Se o carro for removido, o comprimento da barra voltará ao valor inicial.

Se dois carros forem pendurados na barra, ela ficará permanentemente deformada, ou seja, o comprimento não voltará ao valor inicial quando a carga for removida. Se três carros forem pendurados na barra, ela arrebentará. Imediatamente antes da ruptura, o alongamento da barra será menor do que 0,2%. Embora pareçam pequenas, deformações dessa ordem são muito importantes para os engenheiros. (Se a asa de um avião vai se partir ao sofrer uma pequena deformação é, obviamente, uma questão importante.)

Três Formas. A Fig. 12.3.3 mostra três formas pelas quais as dimensões de um sólido podem ser modificadas por uma força aplicada. Na Fig. 12.3.3*a*, um cilindro é

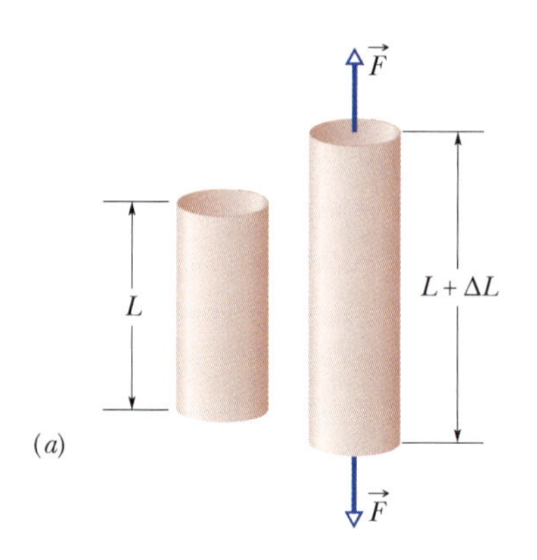

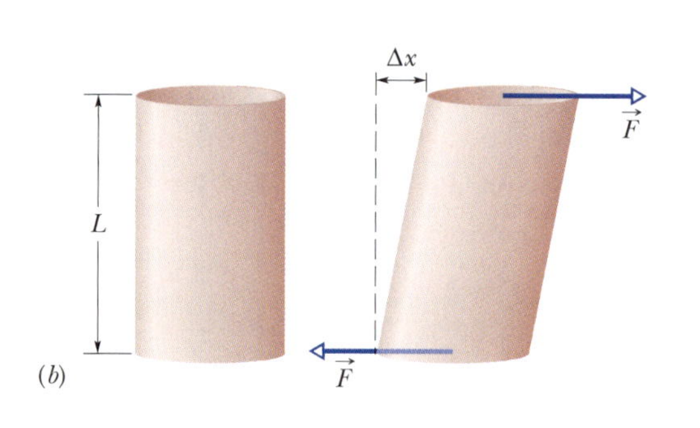

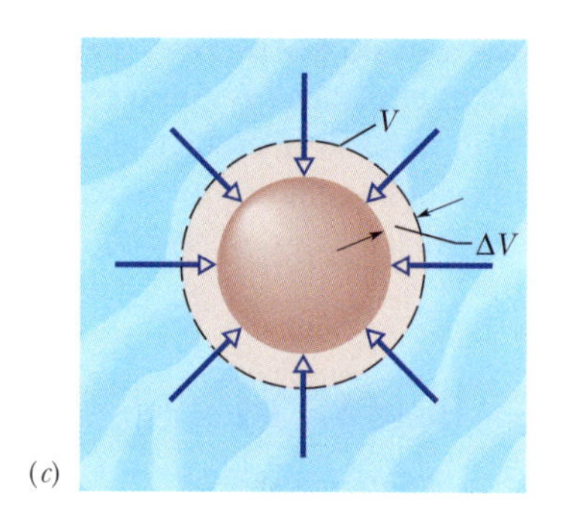

Figura 12.3.3 (*a*) Um cilindro submetido a uma *tensão trativa* sofre um alongamento ΔL. (*b*) Um cilindro submetido a uma *tensão de cisalhamento* sofre uma deformação Δx, semelhante à de uma pilha de cartas de baralho. (*c*) Uma esfera maciça submetida a uma *tensão hidrostática* uniforme aplicada por um fluido sofre uma redução de volume ΔV. Todas as deformações estão grandemente exageradas.

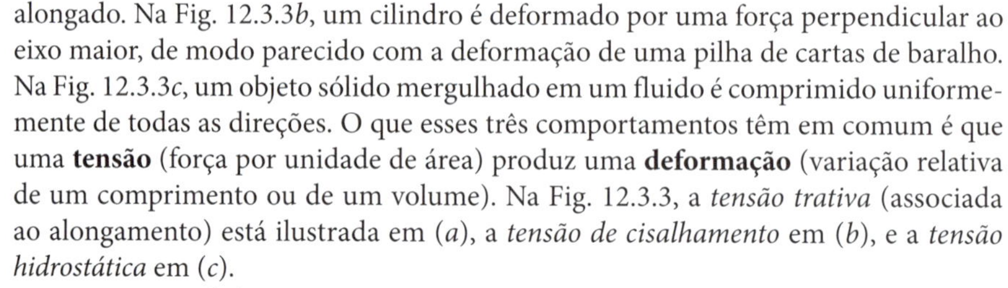

alongado. Na Fig. 12.3.3*b*, um cilindro é deformado por uma força perpendicular ao eixo maior, de modo parecido com a deformação de uma pilha de cartas de baralho. Na Fig. 12.3.3*c*, um objeto sólido mergulhado em um fluido é comprimido uniformemente de todas as direções. O que esses três comportamentos têm em comum é que uma **tensão** (força por unidade de área) produz uma **deformação** (variação relativa de um comprimento ou de um volume). Na Fig. 12.3.3, a *tensão trativa* (associada ao alongamento) está ilustrada em (*a*), a *tensão de cisalhamento* em (*b*), e a *tensão hidrostática* em (*c*).

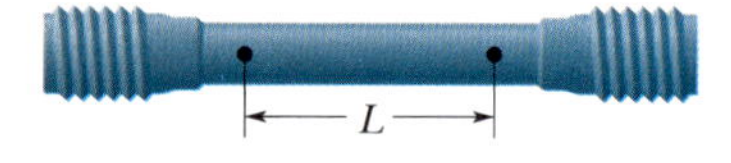

Figura 12.3.4 Corpo de prova usado para obter uma curva tensão-deformação como a da Fig. 12.3.5. A variação ΔL que ocorre em um trecho L do corpo de prova é medida em um ensaio de tensão-deformação.

As tensões e deformações assumem formas diferentes nas três situações da Fig. 12.3.3, mas, para uma larga faixa de valores, tensão e deformação são proporcionais. A constante de proporcionalidade é chamada **módulo de elasticidade**. Temos, portanto,

$$\text{tensão} = \text{módulo de elasticidade} \times \text{deformação}. \qquad (12.3.1)$$

Em um teste-padrão de propriedades elásticas, a tensão trativa aplicada a um corpo de prova de forma cilíndrica, como o da Fig. 12.3.4, é lentamente aumentada de zero até o ponto em que o cilindro se rompe e, ao mesmo tempo, a deformação é medida. O resultado é um gráfico tensão-deformação como o da Fig. 12.3.5. Para uma larga faixa de tensões aplicadas, a relação tensão-deformação é linear e o corpo de prova recupera as dimensões originais quando a tensão é removida; é nessa faixa que a Eq. 12.3.1 pode ser usada. Se a tensão ultrapassa o **limite elástico** S_y da amostra, a deformação se torna permanente. Se a tensão continua a aumentar, o corpo de prova acaba por se romper, para um valor de tensão conhecido como **limite de ruptura** S_u.

Limite de ruptura
Ruptura
Limite elástico
Faixa de deformação permanente
Faixa linear (de comportamento elástico)
Tensão (F/A)
0
Deformação $(\Delta L/L)$

Figura 12.3.5 Curva tensão-deformação de um corpo de prova de aço como o da Fig. 12.3.4. O corpo de prova sofre uma deformação permanente quando a tensão atinge o *limite elástico* e se rompe quando a tensão atinge o *limite de ruptura* do material.

Tração e Compressão

No caso de uma tração ou de uma compressão, a tensão a que o objeto está submetido é definida como F/A, em que F é o módulo da força aplicada perpendicularmente a uma área A do objeto. A deformação é a grandeza adimensional $\Delta L/L$ que representa a variação fracionária (ou, às vezes, percentual) do comprimento do corpo de prova. Se o corpo de prova é uma barra longa e a tensão não ultrapassa o limite elástico, não só a barra como um todo, como qualquer trecho da barra, experimenta a mesma deformação quando uma tensão é aplicada. Como a deformação é adimensional, o módulo de elasticidade da Eq. 12.3.1 tem dimensões da tensão, ou seja, força por unidade de área.

O módulo de elasticidade das tensões de tração e de compressão é chamado **módulo de Young** e representado pelo símbolo E. Substituindo as grandezas da Eq. 12.3.1 por símbolos, obtemos a seguinte equação:

$$\frac{F}{A} = E\frac{\Delta L}{L}. \qquad (12.3.2)$$

A deformação $\Delta L/L$ de um corpo de prova pode ser medida usando um instrumento conhecido como *extensômetro* (Fig. 12.3.6), que é colado no corpo de prova e cujas propriedades elétricas mudam de acordo com a deformação sofrida.

Mesmo que os módulos de Young de um material para tração e compressão sejam quase iguais (o que é comum), o limite de ruptura pode ser bem diferente, dependendo do tipo de tensão. O concreto, por exemplo, resiste muito bem à compressão, mas é tão fraco sob tração que os engenheiros tomam precauções especiais para que o concreto usado nas construções não seja submetido a forças de tração. A Tabela 12.3.1 mostra o módulo de Young e outras propriedades elásticas de alguns materiais.

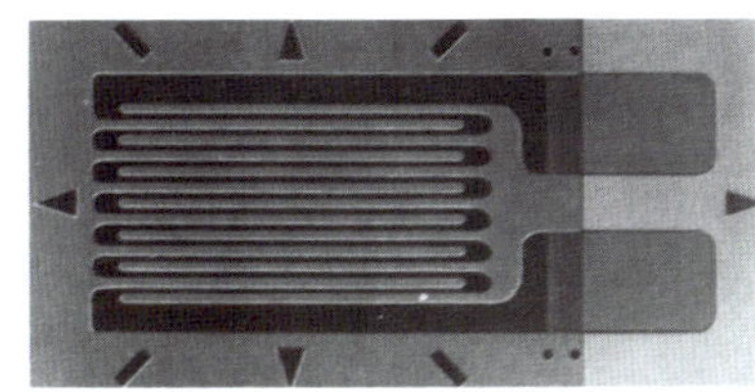
Cortesia de Micro Measurements, Raleigh, NC, uma marca do Vishay Precision Group.

Figura 12.3.6 Extensômetro de 9,8 mm por 4,6 mm usado para medir deformações. O dispositivo é colado no corpo cuja deformação se deseja medir e, então, sofre a mesma deformação que o corpo. A resistência elétrica do extensômetro varia com a deformação, permitindo que deformações de até 3% sejam medidas.

Cisalhamento (BT) 12.4

No caso do cisalhamento, a tensão também é uma força por unidade de área, mas o vetor força está no plano da área e não da direção perpendicular a esse plano. A deformação é a razão adimensional $\Delta x/L$, em que Δx e L são as grandezas mostradas na Fig. 12.3.3*b*. O módulo de elasticidade correspondente, que é representado pelo símbolo G, é chamado **módulo de cisalhamento**. No caso do cisalhamento, a Eq. 12.3.1 assume a forma

$$\frac{F}{A} = G\frac{\Delta x}{L}. \tag{12.3.3}$$

As tensões de cisalhamento exercem um papel importante no empenamento de eixos e na fratura de ossos.

Tensão Hidrostática

Na Fig. 12.3.3*c*, a tensão é a pressão p que o fluido exerce sobre o objeto, e, como veremos no Capítulo 14, pressão é força por unidade de área. A deformação é $\Delta V/V$, em que V é o volume original do corpo de prova e ΔV é o valor absoluto da variação de volume. O módulo correspondente, representado pelo símbolo B, é chamado **módulo de elasticidade volumétrico** do material. Dizemos que o corpo de prova está sob *compressão hidrostática* e a pressão pode ser chamada *tensão hidrostática*. Para essa situação, a Eq. 12.3.1 pode ser escrita na forma

$$p = B\frac{\Delta V}{V}. \tag{12.3.4}$$

O módulo de elasticidade volumétrico é $2{,}2 \times 10^9$ N/m² para a água e $1{,}6 \times 10^{11}$ N/m² para o aço. A pressão no fundo do Oceano Pacífico, na sua profundidade média de aproximadamente 4.000 m, é $4{,}0 \times 10^7$ N/m². A compressão fracionária $\Delta V/V$ da água produzida por essa pressão é 1,8%; a de um objeto de aço é apenas 0,025%. Em geral, os sólidos, com suas redes atômicas rígidas, são menos compressíveis que os líquidos, nos quais os átomos ou moléculas estão mais frouxamente acoplados aos vizinhos.

Tabela 12.3.1 Propriedades Elásticas de Alguns Materiais

Material	Massa Específica ρ (kg/m³)	Módulo de Young E (10^9 N/m²)	Limite de Ruptura S_r (10^6 N/m²)	Limite de Elasticidade S_e (10^6 N/m²)
Aço[a]	7.860	200	400	250
Alumínio	2.710	70	110	95
Vidro	2.190	65	50[b]	-
Concreto[c]	2.320	30	40[b]	-
Madeira[d]	525	13	50[b]	-
Osso	1.900	9[b]	170[b]	-
Poliestireno	1.050	3	48	-

[a]Aço estrutural (ASTM-A36).
[b]Para compressão.
[c]De alta resistência.
[d]Pinho.

Exemplo 12.3.1 Tensão e deformação de uma barra 12.4

Uma das extremidades de uma barra de aço, de raio $R = 9{,}5$ mm e comprimento $L = 81$ cm está presa a um torno, e uma força $F = 62$ kN (uniforme, perpendicular à seção reta) é aplicada à outra extremidade. Quais são a tensão, o alongamento ΔL e a deformação da barra?

IDEIAS-CHAVE

(1) Como a força é perpendicular à seção reta, a tensão é a razão entre o módulo F da força aplicada e a área A da seção reta. Essa razão é o lado esquerdo da Eq. 12.3.2.
(2) O alongamento ΔL está relacionado à tensão e ao módulo de Young por meio da Eq. 12.3.2 ($F/A = E\Delta L/L$). (3) A tensão é a razão entre o alongamento e o comprimento inicial L.

Cálculos: Para determinar a tensão, escrevemos

$$\text{tensão} = \frac{F}{A} = \frac{F}{\pi R^2} = \frac{6{,}2 \times 10^4\ \text{N}}{(\pi)(9{,}5 \times 10^{-3}\ \text{m})^2}$$
$$= 2{,}2 \times 10^8\ \text{N/m}^2. \qquad \text{(Resposta)}$$

Como o limite elástico do aço estrutural é $2{,}5 \times 10^8$ N/m², a barra está perigosamente próxima do limite elástico.

O valor do módulo de Young do aço é dado na Tabela 12.3.1. De acordo com a Eq. 12.3.2, o alongamento é

$$\Delta L = \frac{(F/A)L}{E} = \frac{(2{,}2 \times 10^8\ \text{N/m}^2)(0{,}81\ \text{m})}{2{,}0 \times 10^{11}\ \text{N/m}^2}$$
$$= 8{,}9 \times 10^{-4}\ \text{m} = 0{,}89\ \text{mm}. \qquad \text{(Resposta)}$$

A deformação é, portanto,

$$\frac{\Delta L}{L} = \frac{8{,}9 \times 10^{-4}\ \text{m}}{0{,}81\ \text{m}}$$
$$= 1{,}1 \times 10^{-3} = 0{,}11\%. \qquad \text{(Resposta)}$$

Exemplo 12.3.2 Nivelando uma mesa bamba 12.5

Uma mesa tem três pernas com 1,00 m de comprimento e uma quarta perna com um comprimento adicional $d = 0{,}50$ mm, que faz com que a mesa fique ligeiramente bamba. Um cilindro de aço, de massa $M = 290$ kg, é colocado na mesa (que tem massa muito menor que M), comprimindo as quatro pernas sem envergá-las e fazendo com que a mesa fique nivelada. As pernas são cilindros de madeira com uma área da seção reta $A = 1{,}0$ cm²; o módulo de Young é $E = 1{,}3 \times 10^{10}$ N/m². Qual é o módulo das forças que o chão exerce sobre as pernas da mesa?

IDEIAS-CHAVE

Tomamos a mesa e o cilindro de aço como nosso sistema. A situação é a da Fig. 12.3.1, exceto pelo fato de que agora temos um cilindro de aço sobre a mesa. Se o tampo da mesa permanece nivelado, as pernas devem estar comprimidas da seguinte forma: Cada uma das pernas mais curtas sofreu o mesmo encurtamento (vamos chamá-lo de ΔL_3), e, portanto, está submetida à mesma força F_3. A perna mais comprida sofreu um encurtamento maior, ΔL_4, e, portanto, está submetida a uma força F_4 maior que F_3. Em outras palavras, para que a mesa esteja nivelada, devemos ter

$$\Delta L_4 = \Delta L_3 + d. \qquad (12.3.5)$$

De acordo com a Eq. 12.3.2, podemos relacionar uma variação do comprimento à força responsável pela variação usando a equação $\Delta L = FL/AE$, em que L é o comprimento original. Podemos usar essa relação para substituir ΔL_4 e ΔL_3 na Eq. 12.3.5. Observe que podemos tomar o comprimento original L como aproximadamente o mesmo para as quatro pernas.

Cálculos: Fazendo essas substituições e essa aproximação, podemos escrever:

$$\frac{F_4 L}{AE} = \frac{F_3 L}{AE} + d. \qquad (12.3.6)$$

Não podemos resolver a Eq. 12.3.6 porque ela contém duas incógnitas, F_4 e F_3.

Para obter uma segunda equação envolvendo F_4 e F_3, podemos definir um eixo vertical y e escrever uma equação de equilíbrio para as componentes verticais das forças ($F_{\text{res},y} = 0$) na forma

$$3F_3 + F_4 - Mg = 0, \qquad (12.3.7)$$

em que Mg é o módulo da força gravitacional que age sobre o sistema. (*Três* das quatro pernas estão submetidas a uma força $\vec{F}_3$.) Para resolver o sistema de Eqs. 12.3.6 e 12.3.7 para, digamos, calcular F_3, usamos primeiro a Eq. 12.3.7 para obter $F_4 = Mg - 3F_3$. Substituindo F_4 por seu valor na Eq. 12.3.6, obtemos, depois de algumas manipulações algébricas,

$$F_3 = \frac{Mg}{4} - \frac{dAE}{4L}$$
$$= \frac{(290\ \text{kg})(9{,}8\ \text{m/s}^2)}{4}$$
$$- \frac{(5{,}0 \times 10^{-4}\ \text{m})(10^{-4}\ \text{m}^2)(1{,}3 \times 10^{10}\ \text{N/m}^2)}{(4)(1{,}00\ \text{m})}$$
$$= 548\ \text{N} \approx 5{,}5 \times 10^2\ \text{N}. \qquad \text{(Resposta)}$$

Substituindo esse valor na Eq. 12.3.7, obtemos:

$$F_4 = Mg - 3F_3 = (290\ \text{kg})(9{,}8\ \text{m/s}^2) - 3(548\ \text{N})$$
$$\approx 1{,}2\ \text{kN}. \qquad \text{(Resposta)}$$

É fácil mostrar que, quando o equilíbrio é atingido, as três pernas curtas estão com uma compressão de 0,42 mm e a perna mais comprida está com uma compressão de 0,92 mm.

Revisão e Resumo

Equilíbrio Estático Quando um corpo rígido está em repouso, dizemos que ele se encontra em **equilíbrio estático**. A soma vetorial das forças que agem sobre um corpo em equilíbrio estático é zero:

$$\vec{F}_{res} = 0 \quad \text{(equilíbrio de forças).} \qquad (12.1.3)$$

Se todas as forças estão no plano xy, a equação vetorial 12.1.3 é equivalente a duas equações para as componentes:

$$F_{res,x} = 0 \quad \text{e} \quad F_{res,y} = 0 \quad \text{(equilíbrio de forças).} \qquad (12.1.7, 12.1.8)$$

No caso de um corpo em equilíbrio estático, a soma vetorial dos torques externos que agem sobre o corpo em relação a *qualquer* ponto também é zero, ou seja,

$$\vec{\tau}_{res} = 0 \quad \text{(equilíbrio de torques).} \qquad (12.1.5)$$

Se as forças estão no plano xy, todos os torques são paralelos ao eixo z e a Eq. 12.1.5 é equivalente a uma equação para a única componente diferente de zero:

$$\tau_{res,z} = 0 \quad \text{(equilíbrio de torques).} \qquad (12.1.9)$$

Centro de Gravidade A força gravitacional age separadamente sobre cada elemento de um corpo. O efeito total de todas essas forças pode ser determinado imaginando uma força gravitacional equivalente $\vec{F}_g$ aplicada ao **centro de gravidade** do corpo. Se a aceleração da gravidade $\vec{g}$ é a mesma para todos os elementos do corpo, a posição do centro de gravidade coincide com a do centro de massa.

Módulos de Elasticidade Três **módulos de elasticidade** são usados para descrever o comportamento elástico (ou seja, as deformações) de objetos submetidos a forças. A **deformação** (variação relativa do comprimento ou de volume) está linearmente relacionada à **tensão** (força por unidade de área) por meio de um módulo de elasticidade apropriado, de acordo com a relação geral

$$\text{tensão} = \text{módulo de elasticidade} \times \text{deformação}, \qquad (12.3.1)$$

Tração e Compressão Quando um objeto é submetido a uma *força de tração* ou a uma *força de compressão*, a Eq. 12.3.1 é escrita na forma

$$\frac{F}{A} = E\frac{\Delta L}{L}, \qquad (12.3.2)$$

em que $\Delta L/L$ é a deformação de alongamento ou compressão do objeto, F é o módulo da força $\vec{F}$ responsável pela deformação, A é a área de seção reta à qual a força $\vec{F}$ é aplicada (perpendicularmente a A, como na Fig. 12.3.3*a*) e E é o **módulo de Young** do objeto. A tensão é F/A.

Cisalhamento Quando um objeto é submetido a uma *força de cisalhamento*, a Eq. 12.3.1 é escrita como

$$\frac{F}{A} = G\frac{\Delta x}{L}, \qquad (12.3.3)$$

em que $\Delta x/L$ é a deformação de cisalhamento do objeto, Δx é o deslocamento de uma das extremidades do objeto na direção da força $\vec{F}$ aplicada (como na Fig. 12.3.3*b*) e G é o **módulo de cisalhamento** do objeto. A tensão é F/A.

Tensão Hidrostática Quando um objeto é submetido a uma *força hidrostática* devido à pressão exercida pelo fluido no qual ele está submerso, a Eq. 12.3.1 é escrita na forma

$$p = B\frac{\Delta V}{V}, \qquad (12.3.4)$$

em que p é a pressão (*tensão hidrostática*) que o fluido exerce sobre o objeto, $\Delta V/V$ (*deformação*) é o valor absoluto da variação relativa do volume do objeto produzida por essa pressão, e B é o **módulo de elasticidade volumétrico** do objeto.

Perguntas

1 A Fig. 12.1 mostra três situações nas quais a mesma barra horizontal está presa a uma parede por uma dobradiça em uma das extremidades e por uma corda na outra. Sem realizar cálculos numéricos, ordene as situações de acordo com o módulo (a) da força que a corda exerce sobre a barra, (b) da força vertical que a dobradiça exerce sobre a barra e (c) da força horizontal que a dobradiça exerce sobre a barra, começando pela maior.

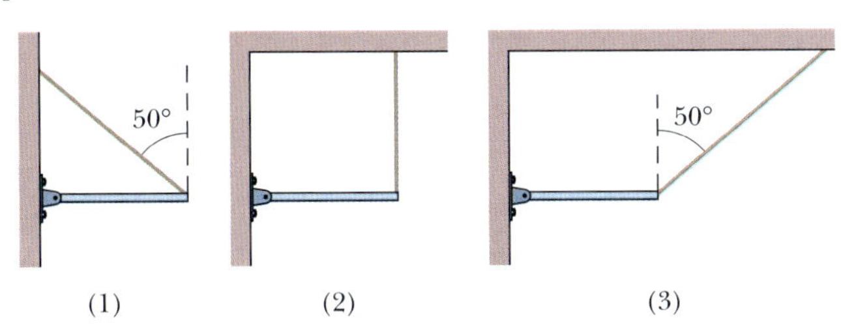

Figura 12.1 Pergunta 1.

2 Na Fig. 12.2, uma trave rígida está presa a dois postes fixos em um piso. Um cofre pequeno, mas pesado, é colocado nas seis posições indicadas, uma de cada vez. Suponha que a massa da trave seja desprezível em comparação com a do cofre. (a) Ordene as posições de acordo com a força exercida pelo cofre sobre o poste A, começando pela maior tensão compressiva e terminando com a maior tensão trativa; indique em qual das posições (se houver alguma) a força é nula. (b) Ordene as posições de acordo com a força exercida sobre o poste B.

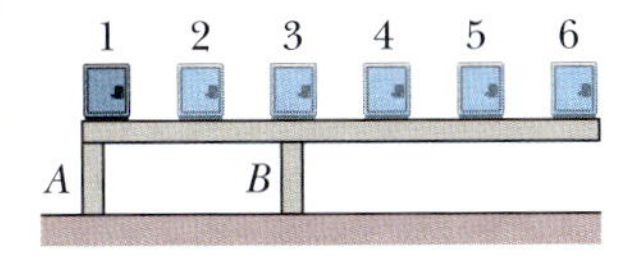

Figura 12.2 Pergunta 2.

3 A Fig. 12.3 mostra quatro vistas superiores de discos homogêneos em rotação que estão deslizando em um piso sem atrito. Três forças, de módulo F, $2F$ ou $3F$, agem sobre cada disco, na borda, no centro ou no ponto médio entre a borda e o centro. As forças giram com os discos e, nos "instantâneos" da Fig. 12.3, apontam para a esquerda ou para a direita. Quais são os discos que estão em equilíbrio?

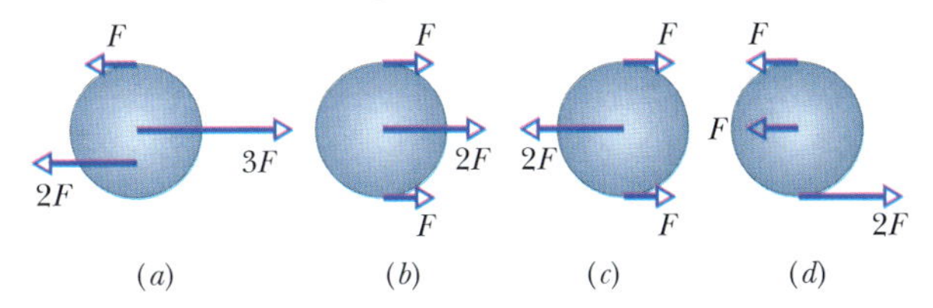

Figura 12.3 Pergunta 3.

4 Uma escada está apoiada em uma parede sem atrito e não cai, por causa do atrito com o piso. A base da escada é deslocada em direção à parede. Determine se a grandeza a seguir aumenta, diminui ou permanece a mesma (em módulo): (a) a força normal exercida pelo chão sobre o piso; (b) a força exercida pela parede sobre a escada; (c) a força de atrito estático exercida pelo piso sobre a escada; (d) o valor máximo $f_{s,máx}$ da força de atrito estático.

5 A Fig. 12.4 mostra um móbile de pinguins de brinquedo pendurado em um teto. As barras transversais são horizontais, têm massa desprezível, e o comprimento à direita do fio de sustentação é três vezes maior que o comprimento à esquerda do fio. O pinguim 1 tem massa $m_1 = 48$ kg. Quais são as massas (a) do pinguim 2, (b) do pinguim 3 e (c) do pinguim 4?

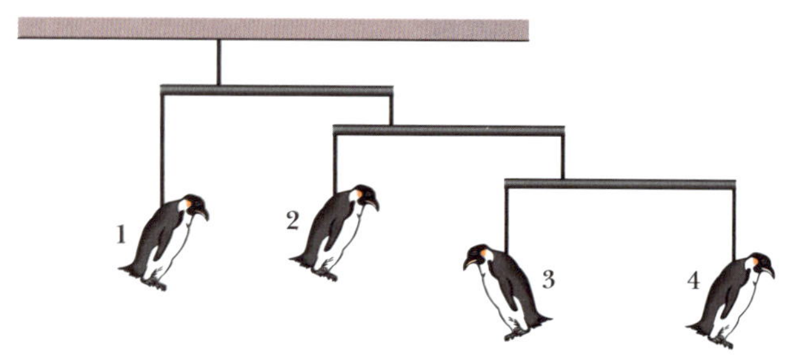

Figura 12.4 Pergunta 5.

6 A Fig. 12.5 mostra a vista superior de uma barra homogênea sobre a qual agem quatro forças. Suponha que foi escolhido um eixo de rotação passando pelo ponto O, que foram calculados os torques produzidos pelas forças em relação a esse eixo e verificou-se que o torque resultante é nulo. O torque resultante continuará a ser nulo se o eixo de rotação escolhido for (a) o ponto A (situado no interior da barra), (b) o ponto B (situado no prolongamento da barra) ou (c) o ponto C (ao lado da barra)? (d) Suponha que o torque resultante em relação ao ponto O não seja nulo. Existe algum ponto em relação ao qual o torque resultante se anula?

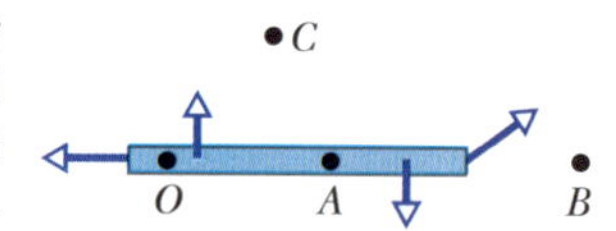

Figura 12.5 Pergunta 6.

7 Na Fig. 12.6, uma barra estacionária AC, de 5 kg, é sustentada de encontro a uma parede por uma corda e pelo atrito entre a barra e a parede. A barra homogênea tem 1 m de comprimento e $\theta = 30°$. (a) Onde deve ser posicionado um eixo de rotação para determinar o módulo da força $\vec{T}$ exercida pela corda sobre a barra a partir de uma única equação? Com essa escolha de eixo e considerando positivos os torques no sentido anti-horário, qual é o sinal (b) do torque τ_p exercido pelo peso sobre a barra e (c) do torque τ_c exercido pela corda sobre a barra? (d) O módulo de τ_c é maior, menor ou igual ao módulo de τ_p?

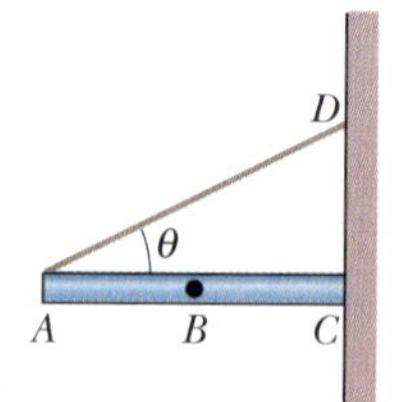

Figura 12.6 Pergunta 7.

8 Três cavalinhos estão pendurados no arranjo (em repouso) de polias ideais e cordas de massa desprezível da Fig. 12.7. Uma corda se estende do lado direito do teto até a polia mais baixa à esquerda, dando meia-volta em todas as polias. Várias cordas menores sustentam as polias e os cavalinhos. São dados os pesos (em newtons) de dois cavalinhos. Qual é o peso do terceiro cavalinho? (*Sugestão*: Uma corda que dá meia-volta em torno de uma polia puxa-a com uma força total que é igual a duas vezes a da tração da corda.) (b) Qual é a tração da corda T?

Figura 12.7 Pergunta 8.

9 Na Fig. 12.8, uma barra vertical está presa a uma dobradiça na extremidade inferior e a um cabo na extremidade superior. Uma força horizontal $\vec{F}_a$ é aplicada à barra, como mostra a figura. Se o ponto de aplicação da força é deslocado para cima ao longo da barra, a tração do cabo aumenta, diminui ou permanece a mesma?

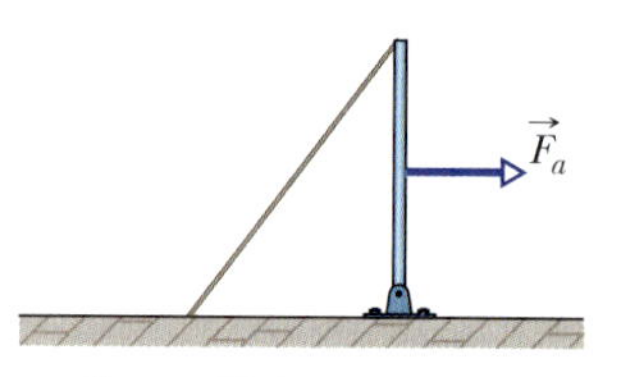

Figura 12.8 Pergunta 9.

10 A Fig. 12.9 mostra um bloco horizontal suspenso por dois fios, A e B, que são iguais em tudo, exceto no comprimento que tinham antes que o bloco fosse pendurado. O centro de massa do bloco está mais próximo do fio B que do fio A. (a) Calculando os torques em relação ao centro de massa do bloco, determine se o módulo do torque produzido pelo fio A é maior, igual ou menor que o módulo do torque produzido pelo fio B. (b) Qual dos fios exerce mais força sobre o bloco? (c) Se os fios passaram a ter comprimentos iguais depois que o bloco foi pendurado, qual dos dois era inicialmente mais curto?

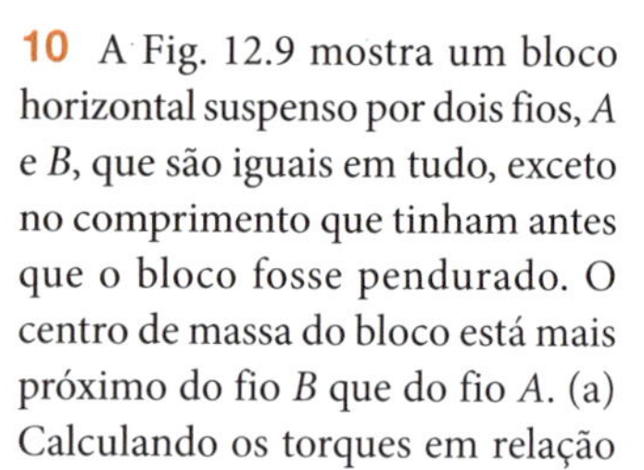

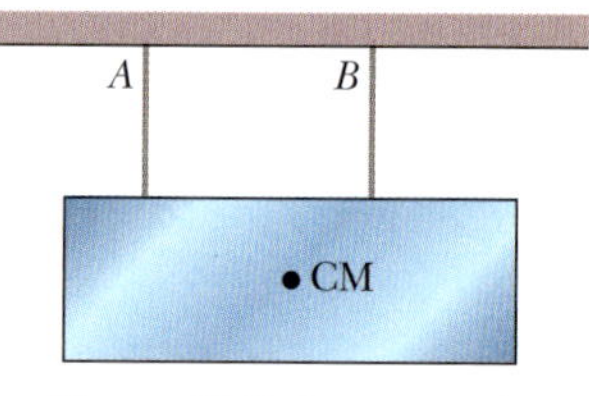

Figura 12.9 Pergunta 10.

11 A tabela mostra o comprimento inicial de três barras e a variação de comprimento das barras quando elas são submetidas a uma força de tração. Ordene as barras de acordo com a deformação sofrida, começando pela maior.

	Comprimento Inicial	Variação de Comprimento
Barra A	$2L_0$	ΔL_0
Barra B	$4L_0$	$2\Delta L_0$
Barra C	$10L_0$	$4\Delta L_0$

12 Sete pesos estão pendurados no arranjo (em repouso) de polias ideais e cordas de massa desprezível da Fig. 12.10. Uma corda comprida passa por todas as polias, e cordas menores sustentam as polias e os pesos. São dados os pesos (em newtons) de todos os pesos, exceto um. (a) Qual é o peso que falta? (*Sugestão*: Uma corda que dá meia-volta em torno de uma polia puxa-a com uma força total que é igual a duas vezes a da tração da corda.) (b) Qual é a tração da corda T?

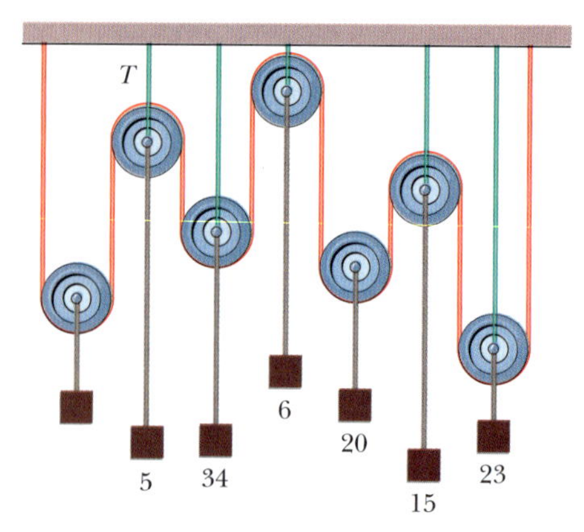

Figura 12.10 Pergunta 12.

Problemas

F Fácil **M** Médio **D** Difícil **CALC** Requer o uso de derivadas e/ou integrais

CVF Informações adicionais disponíveis no e-book *O Circo Voador da Física*, de Jearl Walker, LTC Editora, Rio de Janeiro, 2008. **BIO** Aplicação biomédica

Módulo 12.1 Equilíbrio

1 F Como a constante g é praticamente a mesma em todos os pontos da maioria das estruturas, em geral supomos que o centro de gravidade de uma estrutura coincide com o centro de massa. Neste exemplo fictício, porém, a variação da constante g é significativa. A Fig. 12.11 mostra um arranjo de seis partículas, todas de massa m, presas na borda de uma estrutura rígida, de massa desprezível. A distância entre partículas vizinhas da mesma borda é 2,00 m. A tabela a seguir mostra o valor de g (em m/s²) na posição de cada partícula. Usando o sistema de coordenadas mostrado na figura, determine (a) a coordenada x_{CM} e (b) a coordenada y_{CM} do centro de massa do conjunto. Em seguida, determine (c) a coordenada x_{CG} e (d) a coordenada y_{CG} do centro de gravidade do conjunto.

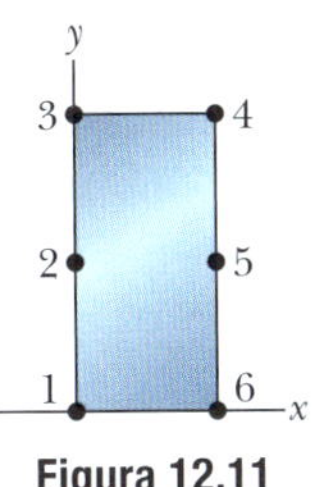

Figura 12.11 Problema 1.

Partícula	g	Partícula	g
1	8,00	4	7,40
2	7,80	5	7,60
3	7,60	6	7,80

Módulo 12.2 Alguns Exemplos de Equilíbrio Estático

2 F A distância entre os eixos dianteiro e traseiro de um automóvel é de 3,05 m. A massa do automóvel é de 1.360 kg e o centro de gravidade está situado 1,78 m atrás do eixo dianteiro. Com o automóvel em terreno plano, determine o módulo da força exercida pelo solo (a) sobre cada roda dianteira (supondo que as forças exercidas sobre as rodas dianteiras são iguais) e (b) sobre cada roda traseira (supondo que as forças exercidas sobre as rodas traseiras são iguais).

3 F Na Fig. 12.12, uma esfera homogênea de massa $m = 0{,}85$ kg e raio $r = 4{,}2$ cm é mantida em repouso por uma corda, de massa desprezível, presa a uma parede sem atrito a uma distância $L = 8{,}0$ cm acima do centro da esfera. Determine (a) a tração da corda e (b) a força que a parede exerce sobre a esfera.

Figura 12.12 Problema 3.

4 F A corda de um arco é puxada pelo ponto central até que a tração da corda fique igual à força exercida pelo arqueiro. Qual é o ângulo entre as duas partes da corda?

5 F Uma corda, de massa desprezível, está esticada horizontalmente entre dois suportes separados por uma distância de 3,44 m. Quando um objeto pesando 3.160 N é pendurado no centro da corda, ela cede 35,0 cm. Qual é a tração da corda?

6 F Um andaime com 60 kg de massa e 5,0 m de comprimento é mantido na horizontal por um cabo vertical em cada extremidade. Um lavador de janelas, com 80 kg de massa, está de pé no andaime a 1,5 m de distância de uma das extremidades. Qual é a tração (a) do cabo mais próximo e (b) do cabo mais distante do trabalhador?

7 F Um lavador de janelas de 75 kg usa uma escada com 10 kg de massa e 5,0 m de comprimento. Ele apoia uma extremidade no piso a 2,5 m de uma parede, encosta a extremidade oposta em uma janela rachada e começa a subir. Depois de o lavador percorrer uma distância de 3,0 m ao longo da escada, a janela quebra. Despreze o atrito entre a escada e a janela e suponha que a base da escada não escorregue. Quando a janela está na iminência de quebrar, qual é (a) o módulo da força que a escada exerce sobre a janela, (b) qual é o módulo da força que o piso exerce sobre a escada e (c) qual é o ângulo (em relação à horizontal) da força que o piso exerce sobre a escada?

8 F Oito alunos de física, cujos pesos estão indicados em newtons na Fig. 12.13, se equilibram em uma gangorra. Qual é o número do estudante que produz o maior torque em relação a um eixo de rotação que passa pelo *fulcro f* no sentido (a) para fora do papel e (b) para dentro do papel?

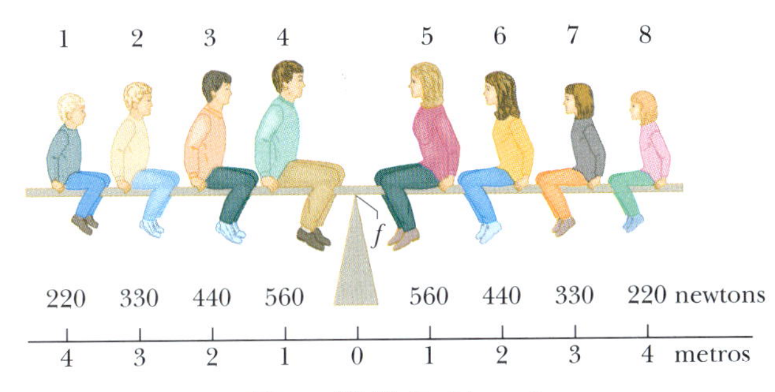

Figura 12.13 Problema 8.

9 F Uma régua de um metro está em equilíbrio horizontal na lâmina de uma faca, na marca de 50,0 cm. Com duas moedas de 5,00 g empilhadas na marca de 12,0 cm, a régua fica em equilíbrio na marca de 45,5 cm. Qual é a massa da régua?

10 F O sistema da Fig. 12.14 está em equilíbrio, com a corda do centro exatamente na horizontal. O bloco A pesa 40 N, o bloco B pesa 50 N e o ângulo ϕ é 35°. Determine (a) a tração T_1, (b) a tração T_2, (c) a tração T_3 e (d) o ângulo θ.

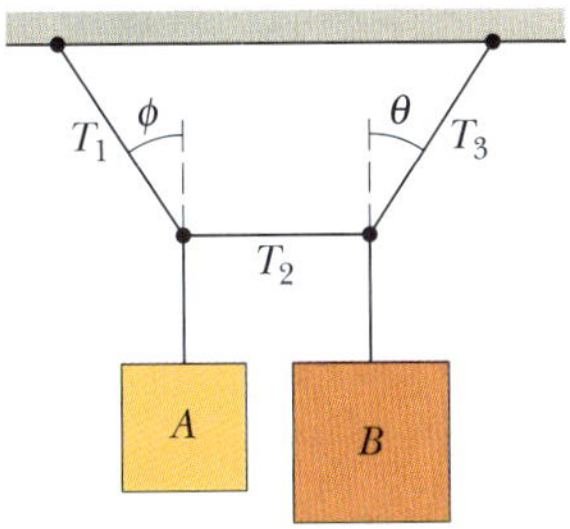

Figura 12.14 Problema 10.

11 F Um mergulhador com 580 N de peso está em pé na extremidade de um trampolim, de comprimento $L = 4{,}5$ m e massa desprezível (Fig. 12.15). O trampolim está preso em dois suportes separados por uma distância $d = 1{,}5$ m. Das forças que agem sobre o trampolim, qual é (a) o módulo e (b) qual é o sentido (para cima ou para baixo) da força exercida pelo suporte de trás? (c) Qual é o módulo e (d) qual é o sentido (para cima ou para baixo) da força exercida pelo suporte da frente? (e) Que pedestal (o de trás ou o da frente) está sendo tracionado e (f) que pedestal está sendo comprimido?

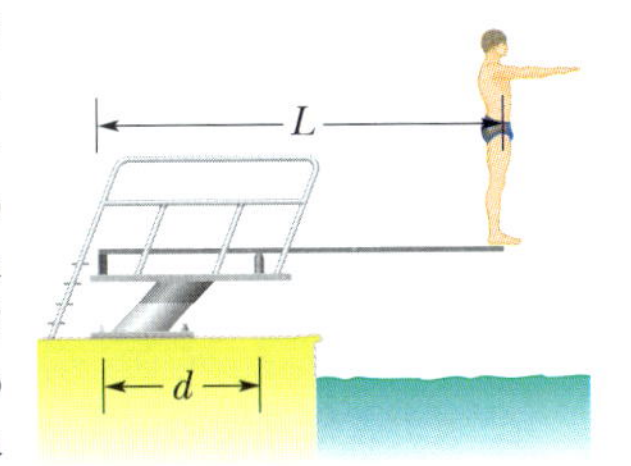

Figura 12.15 Problema 11.

12 F Na Fig. 12.16, um homem está tentando tirar o carro de um atoleiro no acostamento de uma estrada. Para isso, ele amarra uma das extremidades de uma corda no para-choque dianteiro e a outra extremidade em um poste, a 18 m de distância. Em seguida, o homem

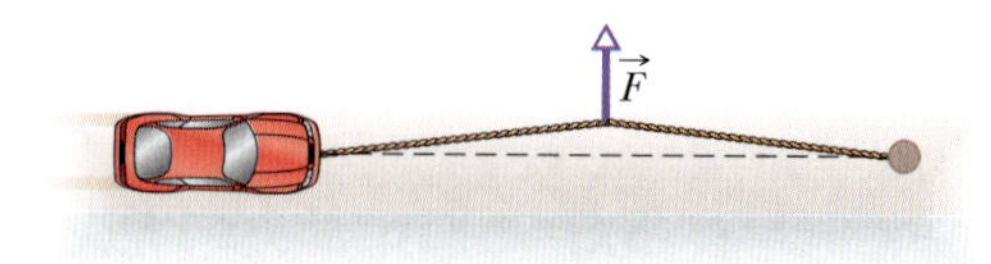

Figura 12.16 Problema 12.

empurra a corda lateralmente, no ponto médio, com uma força de 550 N, deslocando o centro da corda de 0,30 m em relação à posição anterior, e o carro praticamente não se move. Qual é a força exercida pela corda sobre o carro? (A corda sofre um pequeno alongamento.)

13 F BIO A Fig. 12.17 mostra as estruturas anatômicas da parte inferior da perna e do pé que estão envolvidas quando ficamos na ponta do pé, com o calcanhar levemente levantado e o pé fazendo contato com o chão apenas no ponto P. Suponha que a = 5,0 cm, b = 15 cm e o peso da pessoa seja 900 N. Das forças que agem sobre o pé, qual é (a) o módulo e (b) qual é o sentido (para cima ou para baixo) da força que o músculo da panturrilha exerce sobre o ponto A? (c) Qual é o módulo e (d) qual é o sentido (para cima ou para baixo) da força que os ossos da perna exercem sobre o ponto B?

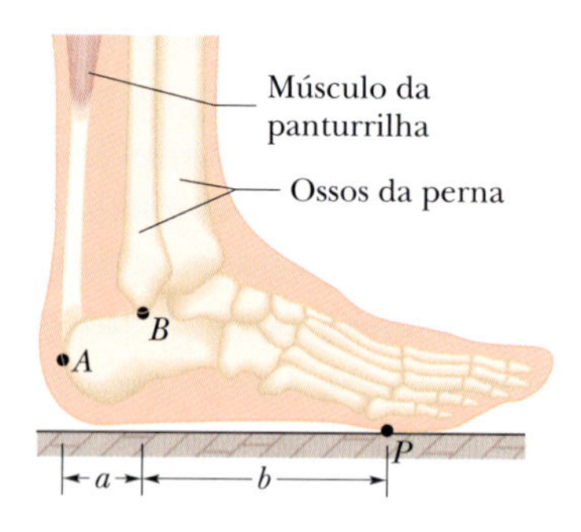

Figura 12.17 Problema 13.

14 F Na Fig. 12.18, um andaime horizontal, de 2,00 m de comprimento e massa homogênea de 50,0 kg, está suspenso em um edifício por dois cabos. O andaime tem várias latas de tinta empilhadas. A massa total das latas de tinta é 75,0 kg. A tração do cabo à direita é 722 N. A que distância desse cabo está o centro de massa do sistema de latas de tinta?

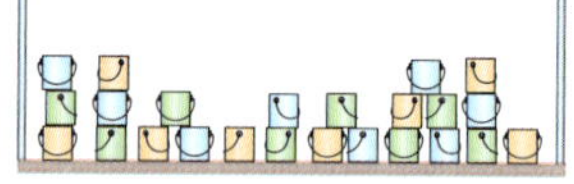

Figura 12.18 Problema 14.

15 F As forças $\vec{F}_1$, $\vec{F}_2$ e $\vec{F}_3$ agem sobre a estrutura cuja vista superior aparece na Fig. 12.19. Deseja-se colocar a estrutura em equilíbrio aplicando uma quarta força em um ponto como P. A quarta força tem componentes vetoriais $\vec{F}_h$ e $\vec{F}_v$. Sabe-se que a = 2,0 m, b = 3,0 m, c = 1,0 m, F_1 = 20 N, F_2 = 10 N e F_3 = 5,0 N. Determine (a) F_h, (b) F_v e (c) d.

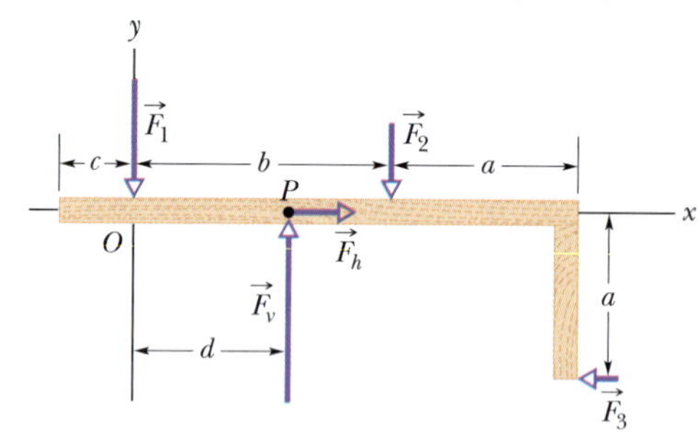

Figura 12.19 Problema 15.

16 F Um caixote cúbico homogêneo com 0,750 m de lado e 500 N de peso repousa em um piso com um dos lados da base encostado em um obstáculo fixo de pequena altura. A que altura mínima acima do piso deve ser aplicada uma força horizontal de 350 N para virar o caixote?

17 F Na Fig. 12.20, uma viga homogênea de 3,0 m de comprimento e 500 N de peso está suspensa horizontalmente. No lado esquerdo, está presa a uma parede por uma dobradiça; no lado direito, é sustentada por um cabo pregado na parede a uma distância D acima da viga. A tração de ruptura do cabo é 1.200 N. (a) Que valor de D corresponde a essa tração? (b) Para que o cabo não se rompa, D deve aumentar ou diminuir em relação a esse valor?

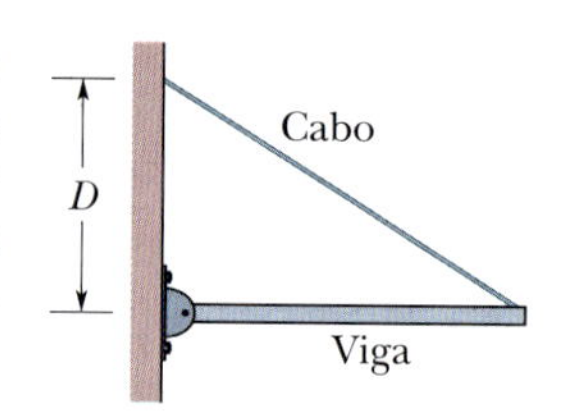

Figura 12.20 Problema 17.

18 F Na Fig. 12.21, o andaime horizontal 2, de massa homogênea m_2 = 30,0 kg e comprimento L_2 = 2,00 m, está pendurado no andaime horizontal 1, de massa homogênea m_1 = 50,0 kg. Uma caixa de pregos, de 20,0 kg, está no andaime 2, com o centro a uma distância d = 0,500 m da extremidade esquerda. Qual é a tração T do cabo indicado na figura?

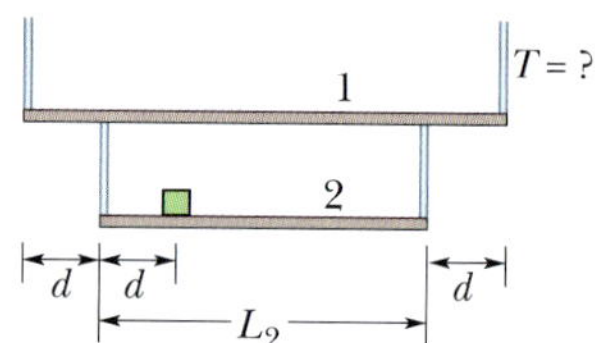

Figura 12.21 Problema 18.

19 F Para quebrar a casca de uma noz com um quebra-nozes, forças de pelo menos 40 N de módulo devem agir sobre a casca em ambos os lados. Para o quebra-nozes da Fig. 12.22, com distâncias L = 12 cm e d = 2,6 cm, quais são as componentes em cada cabo das forças $F_\perp$ (aplicadas perpendicularmente aos cabos) que correspondem a esses 40 N?

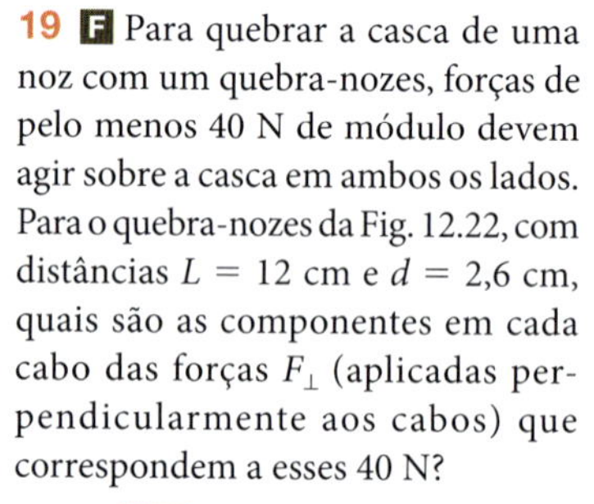

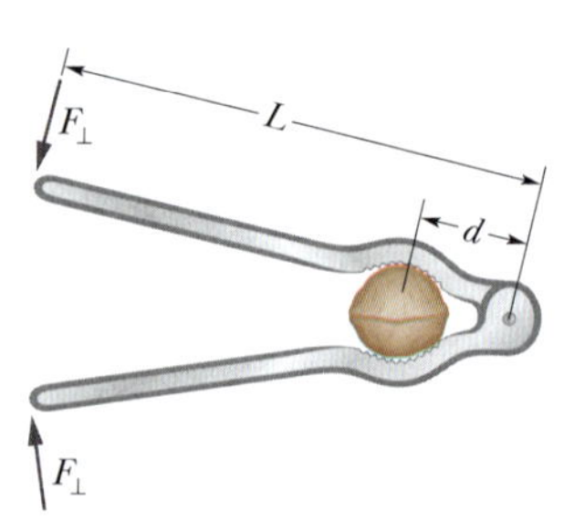

Figura 12.22 Problema 19.

20 F BIO Um jogador segura uma bola de boliche (M = 7,2 kg) na palma da mão (ver Fig. 12.23). O braço está na vertical e o antebraço (m = 1,8 kg) na horizontal. Qual é o módulo (a) da força que o bíceps exerce sobre o antebraço e (b) da força que os ossos exercem entre si na articulação do cotovelo?

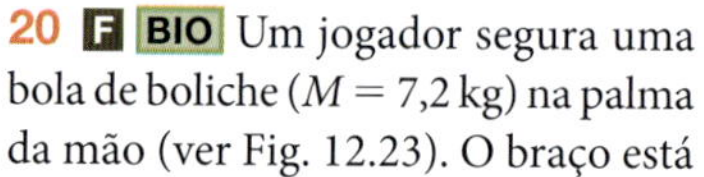

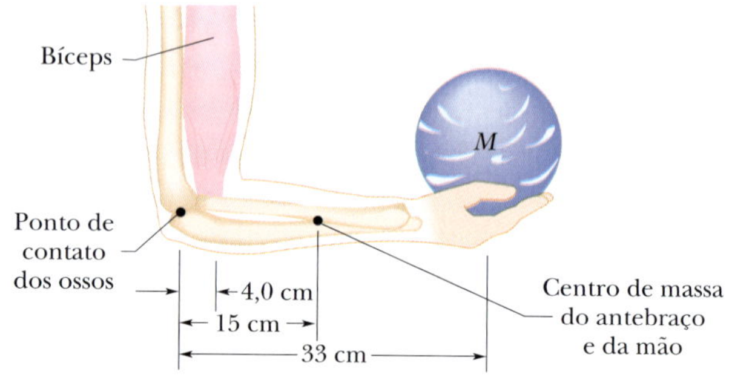

Figura 12.23 Problema 20.

21 M O sistema na Fig. 12.24 está em equilíbrio. Um bloco de concreto com massa de 225 kg está pendurado na extremidade de uma longarina homogênea com massa de 45,0 kg. Para os ângulos ϕ = 30,0° e θ = 45,0°, determine (a) a tração T do cabo e as componentes (b) horizontal e (c) vertical da força que a dobradiça exerce sobre a longarina.

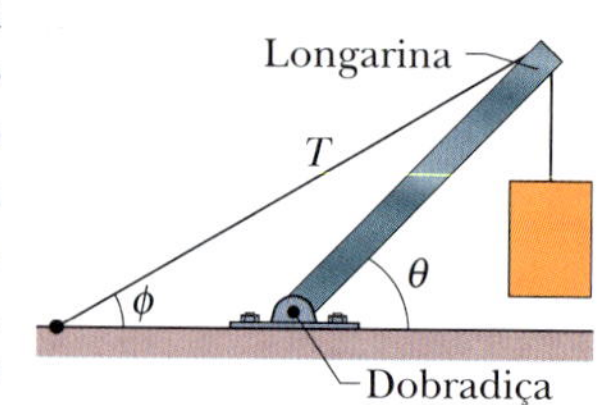

Figura 12.24 Problema 21.

22 M BIO CVF Na Fig. 12.25, um alpinista de 55 kg está subindo por uma chaminé na pedra, com as mãos puxando um lado da chaminé e os pés pressionando o lado oposto. A chaminé tem uma largura w = 0,20 m, e o centro de massa do alpinista está a uma distância horizontal d = 0,40 m da chaminé. O coeficiente de atrito estático entre as mãos e a rocha é μ_1 = 0,40 e entre as botas e a pedra é μ_2 = 1,2. (a) Qual é a menor força horizontal das mãos e dos pés que mantém o alpinista estável? (b) Para a força horizontal do item (a), qual deve ser a distância vertical h entre as mãos e os pés? Se o alpinista encontra uma pedra molhada, para a qual os valores de μ_1 e μ_2 são menores, (c) o que acontece com a resposta do item (a) e (d) o que acontece com a resposta do item (b)?

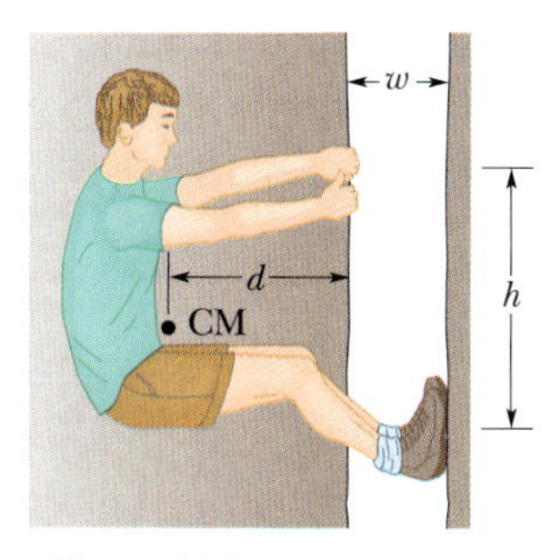

Figura 12.25 Problema 22.

23 **M** Na Fig. 12.26, uma extremidade de uma viga homogênea, de 222 N de peso, está presa por uma dobradiça a uma parede; a outra extremidade é sustentada por um fio que faz o mesmo ângulo $\theta = 30{,}0°$ com a viga e com a parede. Determine (a) a tração do fio e as componentes (b) horizontal e (c) vertical da força que a dobradiça exerce sobre a viga.

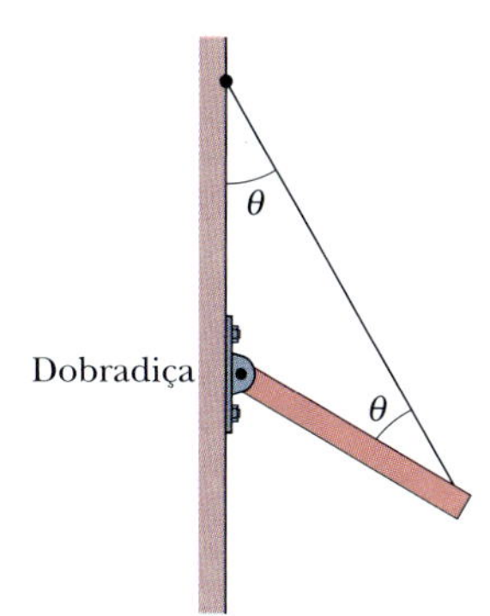

Figura 12.26 Problema 23.

24 **M** **BIO** **CVF** Na Fig. 12.27, uma alpinista com 533,8 N de peso é sustentada por uma corda de segurança presa a um grampo em uma das extremidades e a um mosquetão na cintura da moça na outra extremidade. A linha de ação da força exercida pela corda passa pelo centro de massa da alpinista. Os ângulos indicados na figura são $\theta = 40{,}0°$ e $\phi = 30{,}0°$. Se os pés da moça estão na iminência de escorregar na parede vertical, qual é o coeficiente de atrito estático entre os sapatos de alpinismo e a parede?

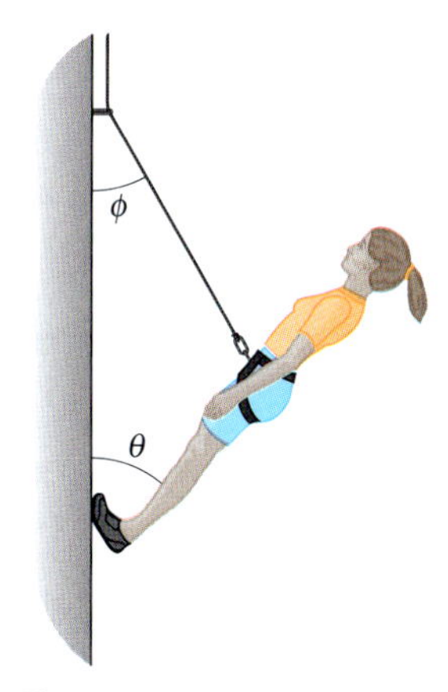

Figura 12.27 Problema 24.

25 **M** Na Fig. 12.28, qual é o menor valor do módulo da força horizontal (constante) $\vec{F}$, aplicada ao eixo da roda, que permite à roda ultrapassar um degrau de altura $h = 3{,}00$ cm? O raio da roda é $r = 6{,}00$ cm e a massa da roda é $m = 0{,}800$ kg.

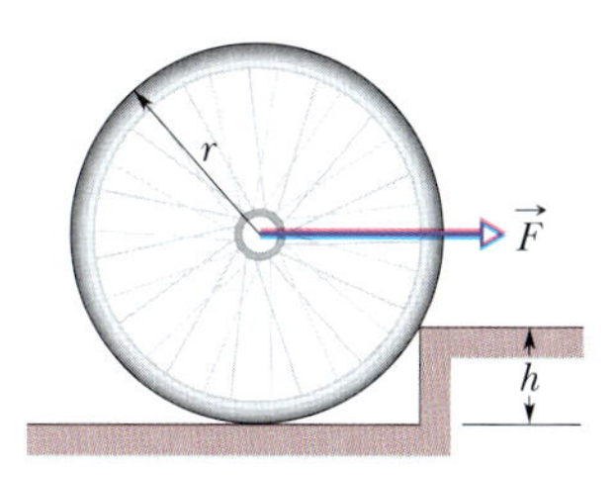

Figura 12.28 Problema 25.

26 **M** **CVF** Na Fig. 12.29, um alpinista se apoia com as mãos em uma encosta vertical coberta de gelo cujo atrito é desprezível. A distância a é 0,914 m e a distância L é 2,10 m. O centro de massa do alpinista está a uma distância d = 0,940 m do ponto de contato dos pés do alpinista com uma plataforma horizontal na pedra. Se o alpinista está na iminência de escorregar, qual é o coeficiente de atrito estático entre os pés e a pedra?

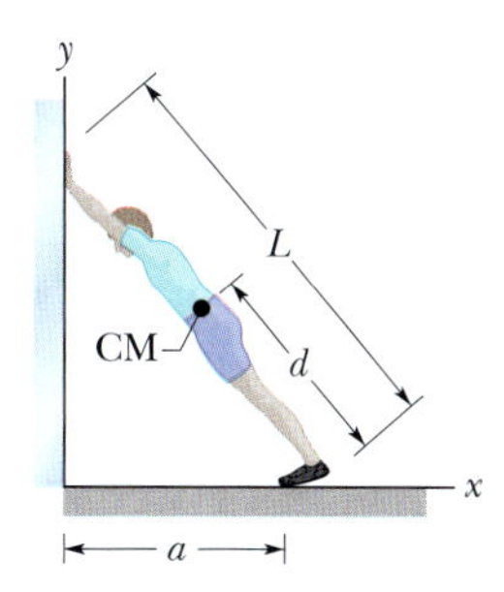

Figura 12.29 Problema 26.

27 **M** **BIO** Na Fig. 12.30, um bloco de 15 kg é mantido em repouso por meio de um sistema de polias. O braço da pessoa está na vertical; o antebraço faz um ângulo $\theta = 30°$ com a horizontal. O antebraço e a mão têm uma massa conjunta de 2,0 kg, com o centro de massa a uma distância $d_1 = 15$ cm à frente do ponto de contato dos ossos do antebraço com o osso do braço (úmero). Um músculo (o tríceps) puxa o antebraço verticalmente para cima com uma força cujo ponto de aplicação está a uma distância $d_2 = 2{,}5$ cm atrás desse ponto de contato. A distância d_3 é 35 cm. Determine (a) o módulo e (b) o sentido (para cima ou para baixo) da força exercida pelo tríceps sobre o antebraço e (c) o módulo e (d) o sentido (para cima ou para baixo) da força exercida pelo úmero sobre o antebraço.

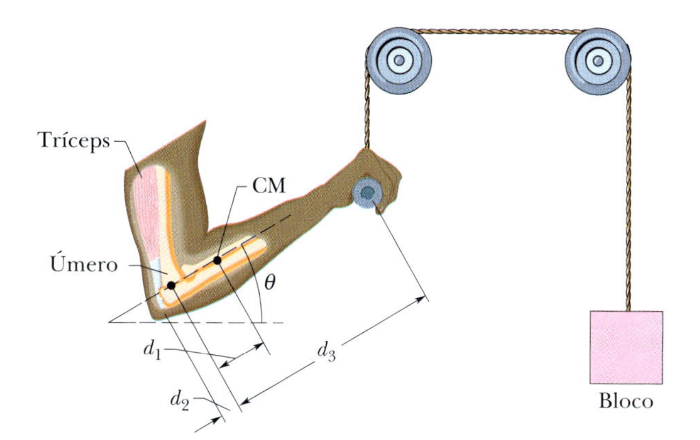

Figura 12.30 Problema 27.

28 **M** Na Fig. 12.31, suponha que o comprimento L da barra homogênea seja de 3,00 m e peso seja de 200 N. Suponha ainda que o bloco tenha um peso de 300 N e que $\theta = 30{,}0°$. O fio pode suportar uma tração máxima de 500 N. (a) Qual é a maior distância x para a qual o fio não arrebenta? Com o bloco posicionado nesse valor máximo de x, qual é a componente (b) horizontal e (c) vertical da força que a dobradiça exerce sobre a barra no ponto A?

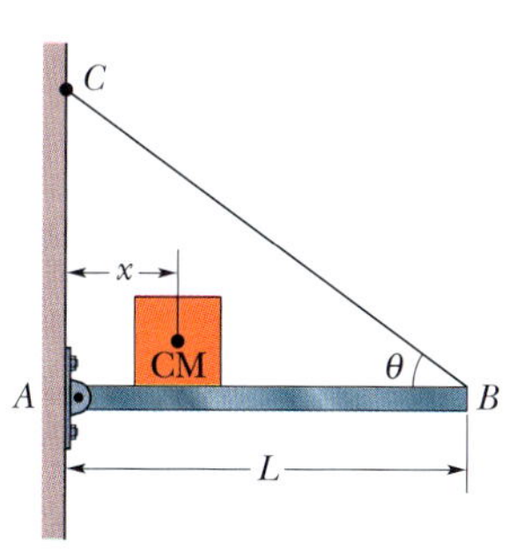

Figura 12.31 Problemas 28 e 34.

29 **M** Uma porta tem uma altura de 2,1 m, ao longo de um eixo y que se estende verticalmente para cima, e uma largura de 0,91 m, ao longo de um eixo x que se estende horizontalmente a partir do lado da porta que está preso com dobradiças. Uma das dobradiças está a 0,30 m da borda superior da porta, e outra a 0,30 m da borda inferior; cada uma sustenta metade do peso da porta, cuja massa é de 27 kg. Na notação dos vetores unitários, qual é a força exercida sobre a porta (a) pela dobradiça superior e (b) pela dobradiça inferior?

30 **M** Na Fig. 12.32, um cartaz quadrado homogêneo de 50,0 kg, de lado $L = 2{,}00$ m, está pendurado em uma barra horizontal de comprimento $d_h = 3{,}00$ m e massa desprezível. Um cabo está preso em uma extremidade da barra e em um ponto de uma parede a uma distância $d_v = 4{,}00$ m acima do ponto onde a outra extremidade da barra está presa na parede por uma dobradiça. (a) Qual é a tração do cabo? (b) Qual é o módulo e (c) qual é o sentido (para a esquerda

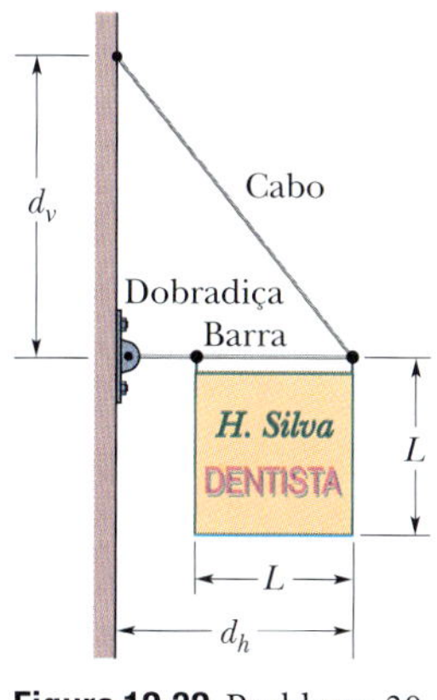

Figura 12.32 Problema 30.

ou para a direita) da componente horizontal da força que a dobradiça exerce sobre a haste? (d) Qual é o módulo e (e) qual é o sentido (para cima ou para baixo) da componente vertical dessa força?

31 **M** Na Fig. 12.33, uma barra não homogênea está suspensa em repouso, na horizontal, por duas cordas de massa desprezível. Uma corda faz um ângulo $\theta = 36{,}9°$ com a vertical; a outra faz um ângulo $\phi = 53{,}1°$ com a vertical. Se o comprimento L da barra é 6,10 m, calcule a distância x entre a extremidade esquerda da barra e o centro de massa.

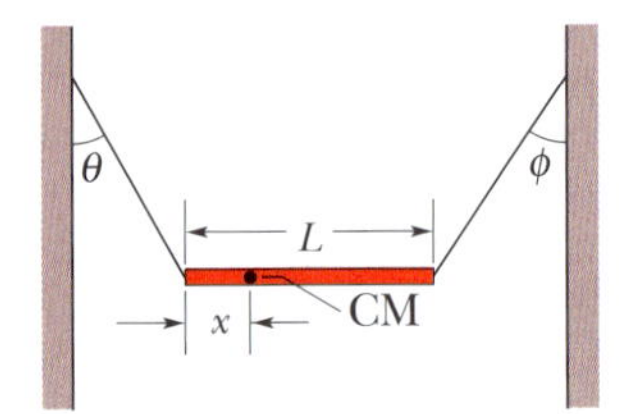

Figura 12.33 Problema 31.

32 **M** Na Fig. 12.34, a motorista de um carro que se move em uma estrada horizontal faz uma parada de emergência aplicando os freios de tal forma que as quatro rodas ficam bloqueadas e derrapam na pista. O coeficiente de atrito cinético entre os pneus e a pista é 0,40. A distância entre os eixos dianteiro e traseiro é $L = 4{,}2$ m, e o centro de massa do carro está a uma distância $d = 1{,}8$ m atrás do eixo dianteiro e a uma altura $h = 0{,}75$ m acima da pista. O carro pesa 11 kN. Determine o módulo (a) da aceleração do carro durante a frenagem, (b) da força normal a que uma das rodas traseiras é submetida, (c) da força normal a que uma das rodas dianteiras é submetida, (d) da força de frenagem a que uma das rodas traseiras é submetida, e (e) da força de frenagem a que uma das rodas dianteiras é submetida. (*Sugestão*: Embora o carro não esteja em equilíbrio para translações, *está* em equilíbrio para rotações.)

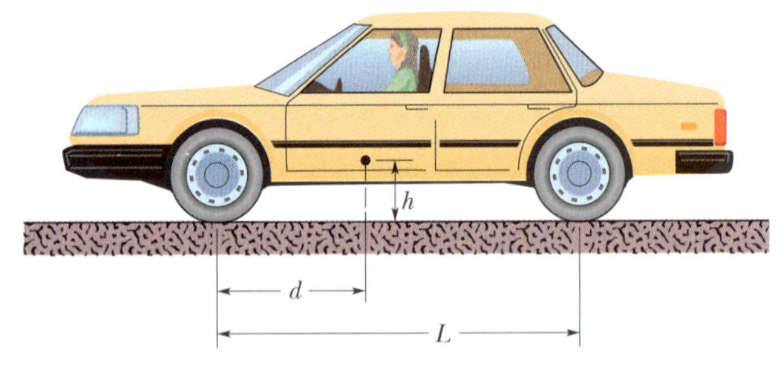

Figura 12.34 Problema 32.

33 **M** A Fig. 12.35*a* mostra uma viga vertical homogênea, de comprimento L, que está presa a uma dobradiça na extremidade inferior. Uma força horizontal $\vec{F}_a$ é aplicada à viga a uma distância y da extremidade inferior. A viga permanece na vertical porque há um cabo preso na extremidade superior, fazendo um ângulo θ com a horizontal. A Fig. 12.35*b* mostra a tração T do cabo em função do ponto de aplicação da força, dada como uma fração y/L do comprimento da barra. A escala do eixo vertical é definida por $T_s = 600$ N. A Fig. 12.35*c* mostra o módulo F_h da componente horizontal da força que a dobradiça exerce sobre a viga, também em função de y/L. Calcule (a) o ângulo θ e (b) o módulo de $\vec{F}_a$.

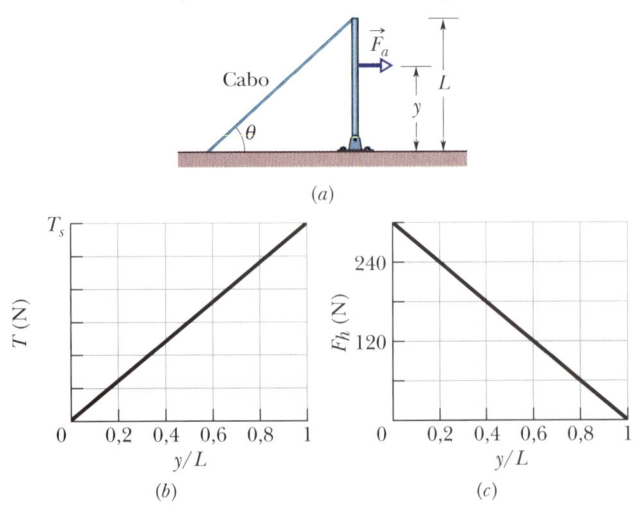

Figura 12.35 Problema 33.

34 **M** Na Fig. 12.31, uma barra fina AB, de peso desprezível e comprimento L, está presa a uma parede vertical por uma dobradiça no ponto A e é sustentada no ponto B por um fio fino BC que faz um ângulo θ com a horizontal. Um bloco, de peso P, pode ser deslocado para qualquer posição ao longo da barra; sua posição é definida pela distância x da parede ao seu centro de massa. Determine, em função de x, (a) a tração do fio e as componentes (b) horizontal e (c) vertical da força que a dobradiça exerce sobre a barra no ponto A.

35 **M** Uma caixa cúbica está cheia de areia e pesa 890 N. Desejamos fazer a caixa "rolar" empurrando-a horizontalmente por uma das bordas superiores. (a) Qual é a menor força necessária? (b) Qual é o menor coeficiente de atrito estático necessário entre a caixa e o piso? (c) Se existe um modo mais eficiente de fazer a caixa rolar, determine a menor força possível que deve ser aplicada diretamente à caixa para que isso aconteça. (*Sugestão*: Qual é o ponto de aplicação da força normal quando a caixa está prestes a tombar?)

36 **M** **BIO** **CVF** A Fig. 12.36 mostra uma alpinista de 70 kg sustentada apenas por uma das mãos em uma saliência horizontal de uma encosta vertical, uma pegada conhecida como *pinça*. (A moça exerce uma força para baixo com os dedos para se segurar.) Os pés da alpinista tocam a pedra a uma distância $H = 2{,}0$ m verticalmente abaixo dos dedos, mas não oferecem nenhum apoio; o centro da massa da alpinista está a uma distância $a = 0{,}20$ m da encosta. Suponha que a força que a saliência exerça sobre a mão esteja distribuída igualmente por quatro dedos. Determine o valor (a) da componente horizontal F_h e (b) da componente vertical F_v da força exercida pela saliência sobre *um dos dedos*.

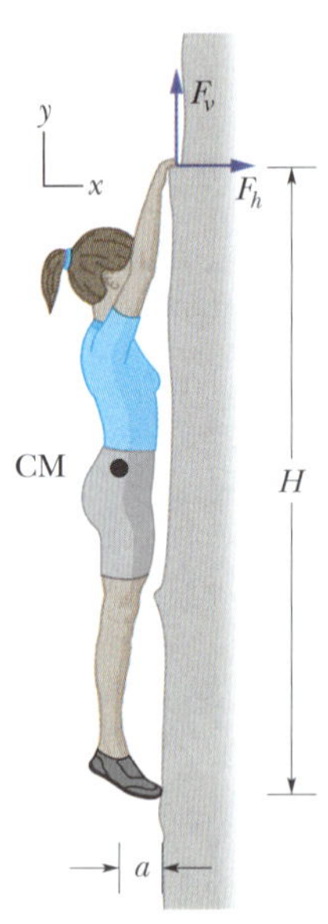

Figura 12.36 Problema 36.

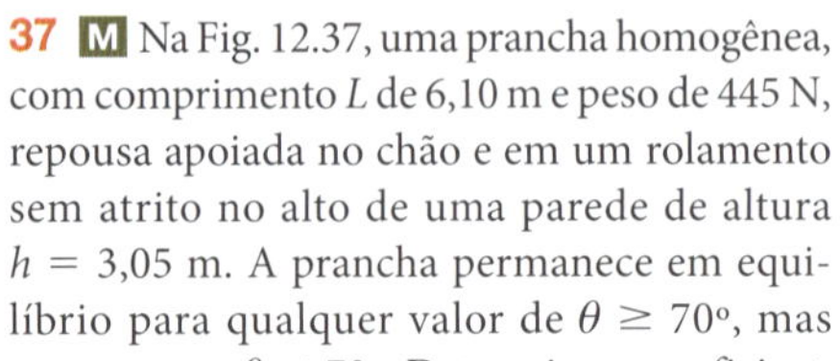

37 **M** Na Fig. 12.37, uma prancha homogênea, com comprimento L de 6,10 m e peso de 445 N, repousa apoiada no chão e em um rolamento sem atrito no alto de uma parede de altura $h = 3{,}05$ m. A prancha permanece em equilíbrio para qualquer valor de $\theta \geq 70°$, mas escorrega se $\theta < 70°$. Determine o coeficiente de atrito estático entre a prancha e o chão.

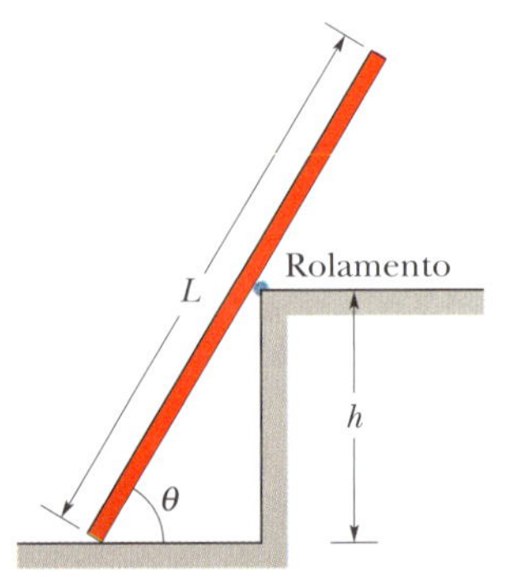

Figura 12.37 Problema 37.

38 **M** Na Fig. 12.38, vigas homogêneas A e B estão presas a uma parede por dobradiças e frouxamente rebitadas uma na outra (uma não exerce torque sobre a outra). A viga A tem comprimento $L_A = 2{,}40$ m e massa de 54,0 kg; a viga B tem massa de 68,0 kg. As dobradiças estão separadas por uma distância $d = 1{,}80$ m. Na notação dos vetores unitários, qual é a força (a) sobre a viga A exercida por sua dobradiça, (b) sobre a viga A exercida pelo rebite, (c) sobre a viga B exercida por sua dobradiça e (d) sobre a viga B exercida pelo rebite?

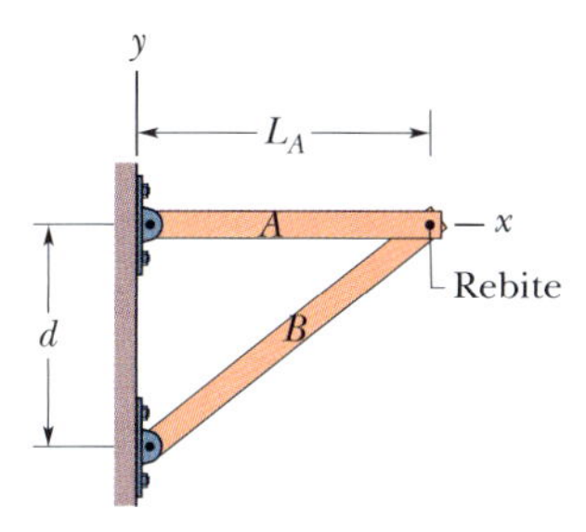

Figura 12.38 Problema 38.

39 **D** Os lados AC e CE da escada da Fig. 12.39 têm 2,44 m de comprimento e estão unidos por uma dobradiça no ponto C. A barra horizontal BD tem 0,762 m de comprimento e está na metade da altura da escada. Um homem que pesa 854 N sobe 1,80 m ao longo da escada. Supondo que não há atrito com o piso e desprezando a massa da escada, determine (a) a tensão da barra e o módulo da força que o chão exerce sobre a escada (b) no ponto A e (c) no ponto E. (*Sugestão*: Isole partes da escada ao aplicar as condições de equilíbrio.)

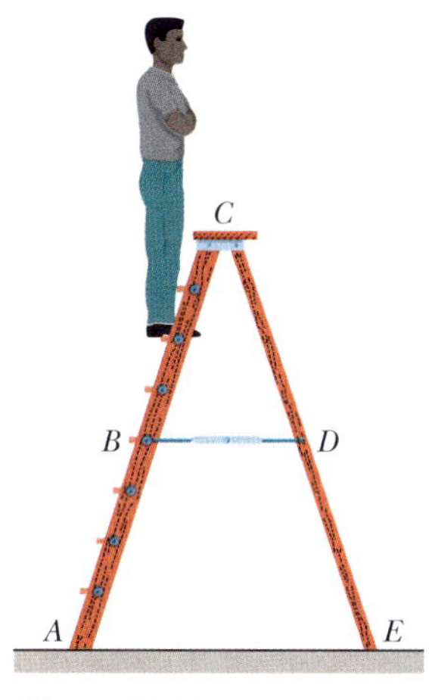

Figura 12.39 Problema 39.

40 **D** A Fig. 12.40*a* mostra uma viga horizontal homogênea, de massa m_b e comprimento L, que é sustentada à esquerda por uma dobradiça presa a uma parede e à direita por um cabo que faz um ângulo θ com a horizontal. Um pacote, de massa m_p, está posicionado na viga a uma distância x da extremidade esquerda. A massa total é $m_b + m_p = 61{,}22$ kg. A Fig. 12.40*b* mostra a tração T do cabo em função da posição do pacote, dada como uma fração x/L do comprimento da viga. A escala do eixo das tensões é definida por $T_a = 500$ N e $T_b = 700$ N. Calcule (a) o ângulo θ, (b) a massa m_b e (c) a massa m_p.

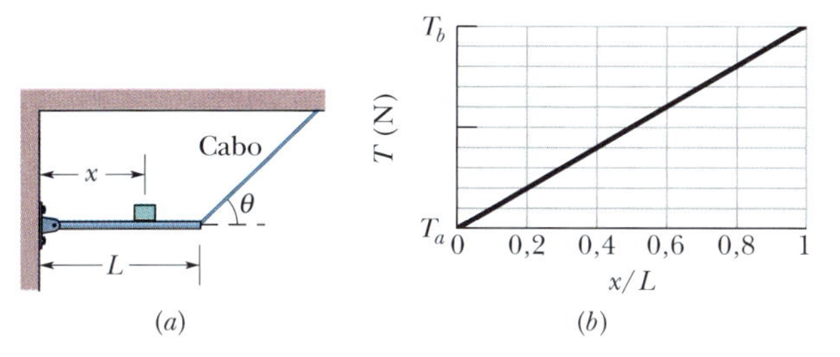

Figura 12.40 Problema 40.

41 **D** Um caixote, na forma de um cubo com 1,2 m de lado, contém uma peça de máquina; o centro de massa do caixote e do conteúdo está localizado 0,30 m acima do centro geométrico do caixote. O caixote repousa em uma rampa que faz um ângulo θ com a horizontal. Quando θ aumenta a partir de zero, um valor de ângulo é atingido para o qual o caixote tomba ou desliza pela rampa. Se o coeficiente de atrito estático μ_s entre a rampa e o caixote é 0,60, (a) a rampa tomba ou desliza? (b) Para que ângulo θ isso acontece? Se $\mu_s = 0{,}70$, (c) o caixote tomba ou desliza? (d) Para que ângulo θ isso acontece? (*Sugestão*: Qual é o ponto de aplicação da força normal quando o caixote está prestes a tombar?)

42 **D** No Exemplo 12.2.3, suponha que o coeficiente de atrito estático μ_s entre a escada e o piso seja 0,53. A que distância (como porcentagem do comprimento total da escada) o bombeiro deve subir para que a escada esteja na iminência de escorregar?

Módulo 12.3 Elasticidade

43 **F** Uma barra horizontal de alumínio com 4,8 cm de diâmetro se projeta 5,3 cm para fora de uma parede. Um objeto de 1.200 kg está suspenso na extremidade da barra. O módulo de cisalhamento do alumínio é $3{,}0 \times 10^{10}$ N/m². Desprezando a massa da barra, determine (a) a tensão de cisalhamento que age sobre a barra e (b) a deflexão vertical da extremidade da barra.

44 **F** A Fig. 12.41 mostra a curva tensão-deformação de um material. A escala do eixo das tensões é definida por $s = 300$, em unidades de 10^6 N/m². Determine (a) o módulo de Young e (b) o valor aproximado do limite elástico do material.

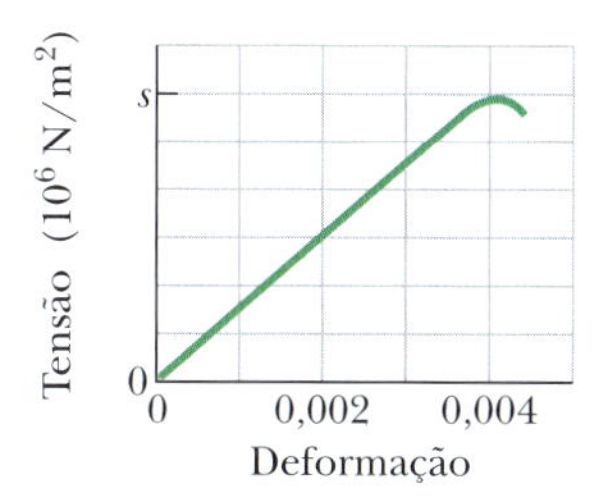

Figura 12.41 Problema 44.

45 **M** Na Fig. 12.42, um tijolo de chumbo repousa horizontalmente nos cilindros A e B. As áreas das faces superiores dos cilindros obedecem à relação $A_A = 2A_B$; os módulos de Young dos cilindros obedecem à relação $E_A = 2E_B$. Os cilindros tinham a mesma altura antes que o tijolo fosse colocado sobre eles. Que fração da massa do tijolo é sustentada (a) pelo cilindro A e (b) pelo cilindro B? As distâncias horizontais entre o centro de massa do tijolo e os eixos dos cilindros são d_A e d_B. (c) Qual é o valor da razão d_A/d_B?

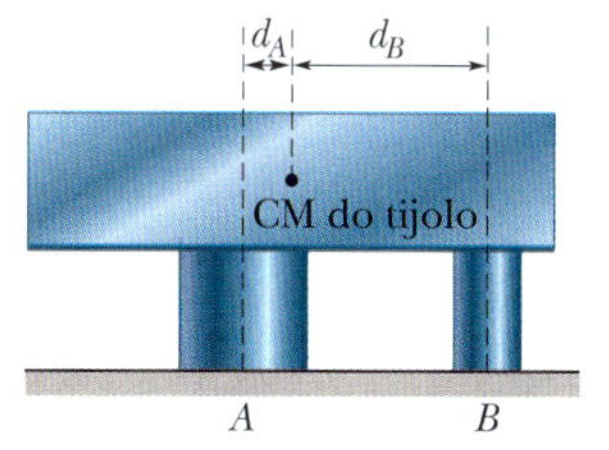

Figura 12.42 Problema 45.

46 **M** **BIO** **CALC** **CVF** A Fig. 12.43 mostra o gráfico tensão-deformação aproximado de um fio de teia de aranha, até o ponto em que se rompe com uma deformação de 2,00. A escala do eixo das tensões é definida por $a = 0{,}12$ GN/m², $b = 0{,}30$ GN/m² e $c = 0{,}80$ GN/m². Suponha que o fio tenha um comprimento inicial de 0,80 cm, uma área da seção reta inicial de $8{,}0 \times 10^{-12}$ m² e um volume constante durante o alongamento. Suponha também que, quando um inseto se choca com o fio, toda a energia cinética do inseto é usada para alongar o fio. (a) Qual é a energia cinética que coloca o fio na iminência de se romper? Qual é a energia cinética (b) de uma drosófila com uma massa de 6,00 mg voando a 1,70 m/s e (c) de uma abelha com massa de 0,388 g voando a 0,420 m/s? O fio seria rompido (d) pela drosófila e (e) pela abelha?

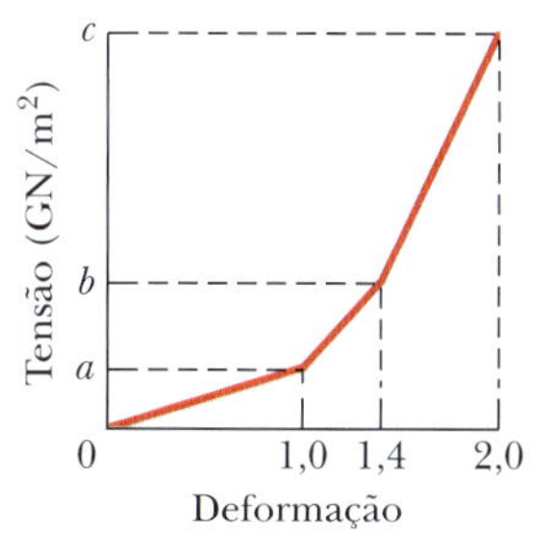

Figura 12.43 Problema 46.

47 **M** Um túnel de comprimento $L = 150$ m, altura $H = 7{,}2$ m, largura de 5,8 m e teto plano deve ser construído a uma distância $d = 60$ m da superfície. (Ver Fig. 12.44.) O teto do túnel deve ser sustentado inteiramente por colunas quadradas de aço com uma seção reta de 960 cm². A massa de 1,0 cm³ de solo é 2,8 g. (a) Qual é o peso total que as colunas do túnel devem sustentar? (b) Quantas colunas são necessárias para manter a tensão compressiva em cada coluna na metade do limite de ruptura?

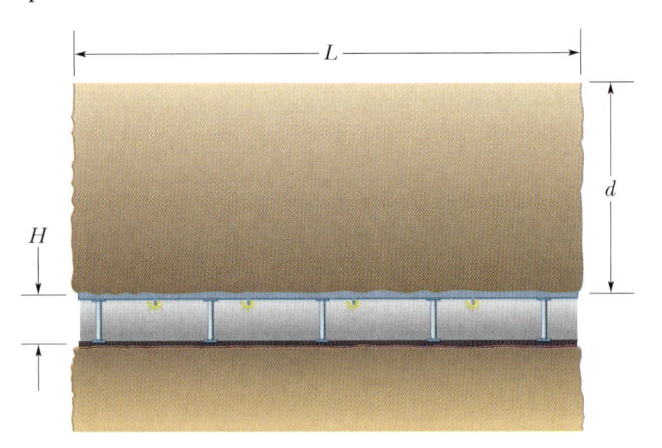

Figura 12.44 Problema 47.

48 **M** **CALC** A Fig. 12.45 mostra a curva tensão-deformação de um fio de alumínio ensaiado em uma máquina que puxa as extremidades do fio em sentidos opostos. A escala do eixo das tensões é definida por $s = 7{,}0$, em unidades de 10^7 N/m². O fio tem um comprimento inicial de 0,800 m e a área da seção reta inicial é $2{,}00 \times 10^{-6}$ m². Qual é o trabalho realizado pela força que a máquina de ensaios exerce sobre o fio para produzir uma deformação de $1{,}00 \times 10^{-3}$?

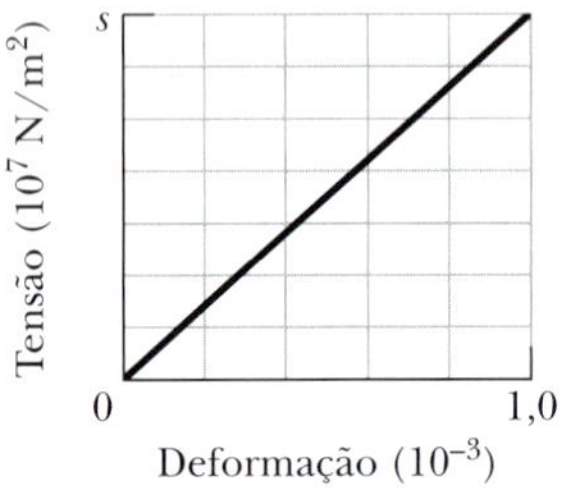

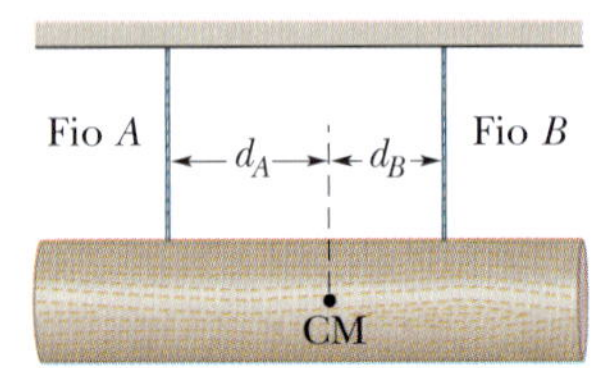

Figura 12.45 Problema 48.

49 **M** Na Fig. 12.46, um tronco homogêneo de 103 kg está pendurado por dois fios de aço, A e B, ambos com 1,20 mm de raio. Inicialmente, o fio A tinha 2,50 m de comprimento e era 2,00 mm mais curto do que o fio B. O tronco agora está na horizontal. Qual é o módulo da força exercida sobre o tronco (a) pelo fio A e (b) pelo fio B? (c) Qual é o valor da razão d_A/d_B?

Figura 12.46 Problema 49.

50 **D** **BIO** **CVF** A Fig. 12.47 mostra um inseto capturado no ponto central do fio de uma teia de aranha. O fio se rompe ao ser submetido a uma tração de $8{,}20 \times 10^8$ N/m² e a deformação correspondente é 2,00. Inicialmente, o fio estava na horizontal e tinha um comprimento de 2,00 cm e uma área da seção reta de $8{,}00 \times 10^{-12}$ m². Quando o fio cedeu ao peso do inseto, o volume permaneceu constante. Se o peso do inseto coloca o fio na iminência de se romper, qual é a massa do inseto? (Uma teia de aranha é construída para se romper se um inseto potencialmente perigoso, como uma abelha, fica preso nela.)

Figura 12.47 Problema 50.

51 **D** A Fig. 12.48 é a vista superior de uma barra rígida que gira em torno de um eixo vertical até entrar em contato com dois batentes de borracha exatamente iguais, A e B, situados a $r_A = 7{,}0$ cm e $r_B = 4{,}0$ cm de distância do eixo. Inicialmente, os batentes estão encostados nas paredes sem sofrer compressão. Em seguida, uma força $\vec{F}$ de módulo 220 N é aplicada perpendicularmente à barra a uma distância $R = 5{,}0$ cm do eixo. Determine o módulo da força que comprime (a) o batente A e (b) o batente B.

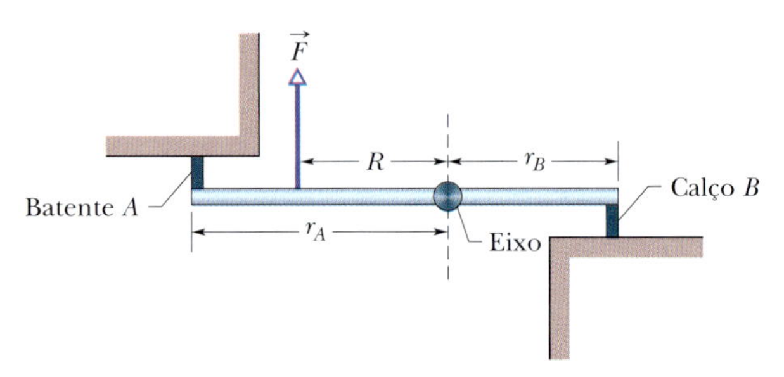

Figura 12.48 Problema 51.

Problemas Adicionais

52 Depois de uma queda, um alpinista de 95 kg está pendurado na extremidade de uma corda originalmente com 15 m de comprimento e 9,6 mm de diâmetro, que foi esticada de 2,8 cm. Determine (a) a tensão, (b) a deformação e (c) o módulo de Young da corda.

53 Na Fig. 12.49, uma placa retangular de ardósia repousa em uma superfície rochosa com uma inclinação $\theta = 26°$. A placa tem comprimento $L = 43$ m, espessura $T = 2{,}5$ m, largura $W = 12$ m, e 1,0 cm³ da placa tem massa de 3,2 g. O coeficiente de atrito estático entre a placa e a rocha é 0,39. (a) Calcule a componente da força gravitacional que age sobre a placa paralelamente à superfície da rocha. (b) Calcule o módulo da força de atrito estático que a rocha exerce sobre a placa. Comparando (a) e (b), você pode ver que a placa corre o risco de escorregar, o que é evitado apenas pela presença de protuberâncias na rocha. (c) Para estabilizar a placa, pinos devem ser instalados perpendicularmente à superfície da rocha (dois desses pinos são mostrados na figura). Se cada pino tem uma seção reta de 6,4 cm² e se rompe ao ser submetido a uma tensão de cisalhamento de $3{,}6 \times 10^8$ N/m², qual é o número mínimo de pinos necessário? Suponha que os pinos não alterem a força normal.

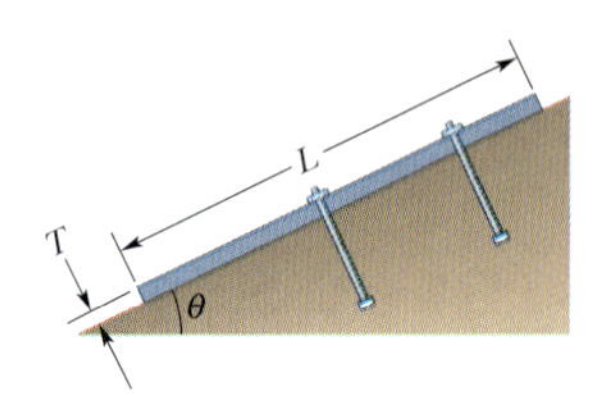

Figura 12.49 Problema 53.

54 Uma escada homogênea com 5,0 m de comprimento e 400 N de peso está apoiada em uma parede vertical sem atrito. O coeficiente de atrito estático entre o chão e o pé da escada é 0,46. Qual é a maior distância a que o pé da escada pode estar da base da parede sem que a escada escorregue?

55 Na Fig. 12.50, o bloco A, com massa de 10 kg, está em repouso, mas escorregaria se o bloco B, que tem massa de 5,0 kg, fosse mais pesado. Se $\theta = 30°$, qual é o coeficiente de atrito estático entre o bloco A e a superfície na qual está apoiado?

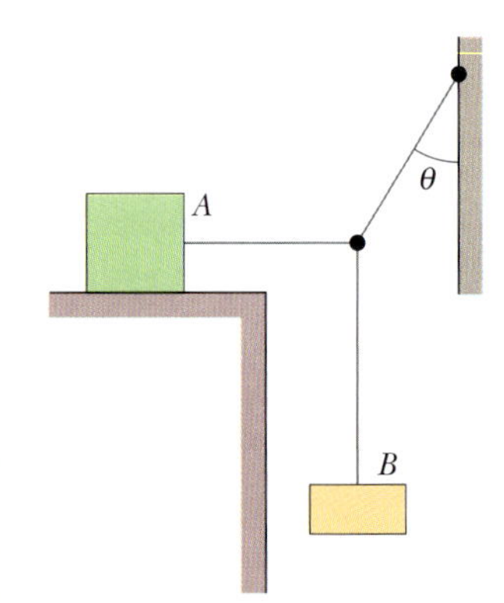

Figura 12.50 Problema 55.

56 A Fig. 12.51a mostra uma rampa homogênea, instalada entre dois edifícios, que leva em conta a possibilidade de que os edifícios oscilem ao serem submetidos a ventos fortes. Na extremidade esquerda, a rampa está presa por uma dobradiça à parede de um dos edifícios; na extremidade direita, tem um rolamento que permite o movimento ao longo da parede do outro edifício. A força que o edifício da direita exerce sobre o rolamento não possui componente vertical, mas apenas uma força horizontal de módulo F_h. A distância horizontal entre os edifícios é $D = 4{,}00$ m. O desnível entre as extremidades da rampa é $h = 0{,}490$ m. Um homem caminha ao longo da rampa a partir da extremidade esquerda. A Fig. 12.51*b* mostra F_h em função da distância horizontal x entre o homem e o edifício da esquerda. A escala do eixo de F_h é definida por $a = 20$ kN e $b = 25$ kN. (a) Qual é a massa da rampa? (b) Qual é a massa do homem?

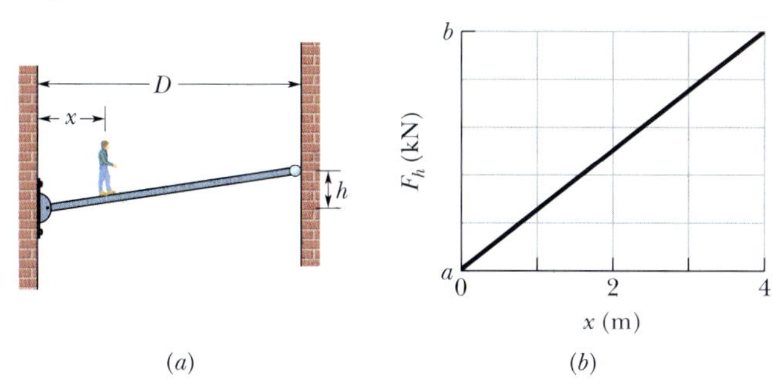

Figura 12.51 Problema 56.

57 Na Fig. 12.52, uma esfera de 10 kg está presa por um cabo em um plano inclinado sem atrito que faz um ângulo $\theta = 45°$ com a horizontal. O ângulo ϕ é 25°. Calcule a tração do cabo.

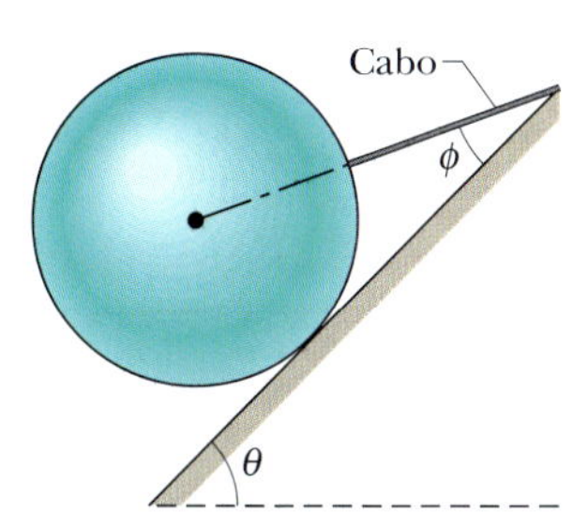

Figura 12.52 Problema 57.

58 Na Fig. 12.53*a*, uma viga homogênea de 40,0 kg repousa simetricamente em dois rolamentos. As distâncias entre as marcas verticais ao longo da viga são iguais. Duas das marcas coincidem com a posição dos rolamentos; um pacote de 10,0 kg é colocado na viga, na posição do rolamento *B*. Qual é o módulo da força exercida sobre a viga (a) pelo rolamento *A* e (b) pelo rolamento *B*? A viga é empurrada para a esquerda até que a extremidade direita esteja acima do rolamento *B* (Fig. 12.53*b*). Qual é o novo módulo da força exercida sobre a viga (c) pelo rolamento *A* e (d) pelo rolamento *B*? Em seguida, a viga é empurrada para a direita. Suponha que a viga tenha um comprimento de 0,800 m. (e) Que distância horizontal entre o pacote e o rolamento *B* coloca a viga na iminência de perder contato com o rolamento *A*?

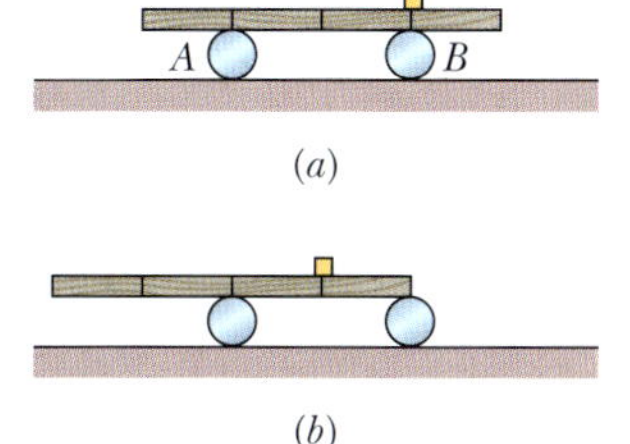

Figura 12.53 Problema 58.

59 Na Fig. 12.54, uma caçamba de 817 kg está suspensa por um cabo *A* que, por sua vez, está preso no ponto *O* a dois outros cabos, *B* e *C*, que fazem ângulos $\theta_1 = 51{,}0°$ e $\theta_2 = 66{,}0°$ com a horizontal. Determine a tração (a) do cabo *A*, (b) do cabo *B* e (c) do cabo *C*. (*Sugestão*: Para não ter de resolver um sistema de duas equações com duas incógnitas, defina os eixos da forma mostrada na figura.)

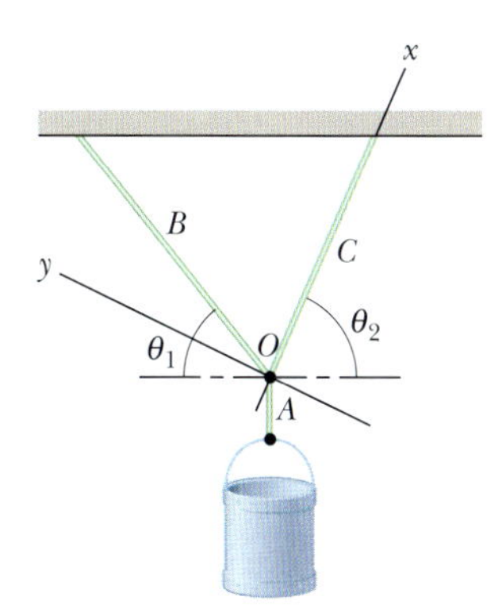

Figura 12.54 Problema 59.

60 Na Fig. 12.55, um pacote de massa m está pendurado em uma corda que, por sua vez, está presa à parede pela corda 1 e ao teto pela corda 2. A corda 1 faz um ângulo $\phi = 40°$ com a horizontal; a corda 2 faz um ângulo θ. (a) Para que valor de θ a tração da corda 2 é mínima? (b) Qual é a tração mínima, em múltiplos de mg?

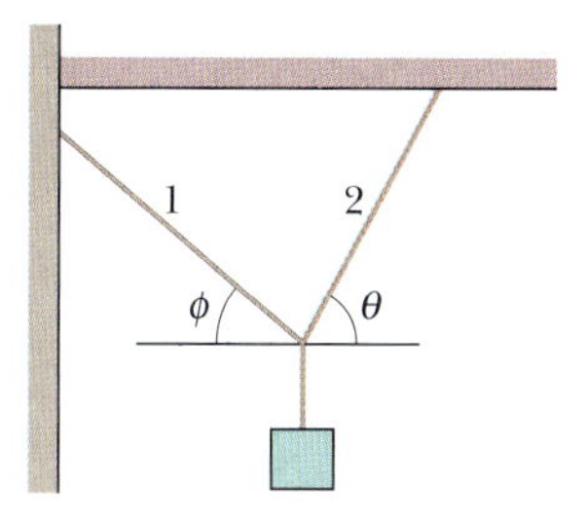

Figura 12.55 Problema 60.

61 A força $\vec{F}$ da Fig. 12.56 mantém o bloco de 6,40 kg e as polias em equilíbrio. As polias têm massa e atrito desprezíveis. Calcule a tração T do cabo de cima. (*Sugestão*: Quando um cabo dá meia-volta em torno de uma polia, como neste problema, o módulo da força que exerce sobre a polia é o dobro da tração do cabo.)

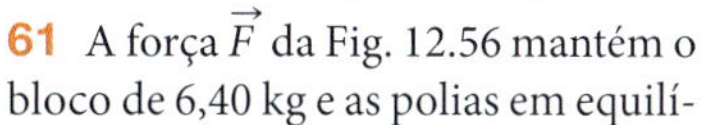

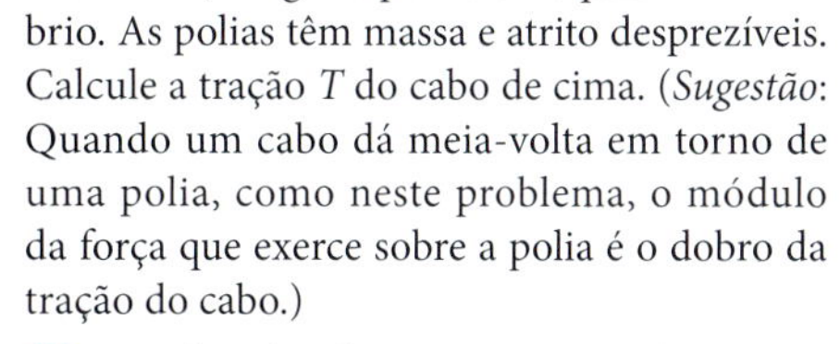

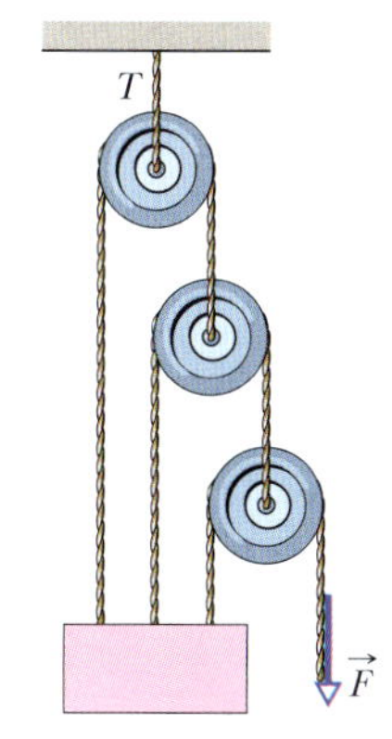

Figura 12.56 Problema 61.

62 Um elevador de mina é sustentado por um único cabo de aço com 2,5 cm de diâmetro. A massa total do elevador e seus ocupantes é 670 kg. De quanto o cabo se alonga quando o elevador está pendurado por (a) 12 m e (b) 362 m de cabo? (Despreze a massa do cabo.)

63 **CVF** Quatro tijolos de comprimento L, iguais e homogêneos, são empilhados (Fig. 12.57) de tal forma que parte de cada um se estende além da superfície na qual está apoiado. Determine, em função de L, o valor máximo de (a) a_1, (b) a_2, (c) a_3, (d) a_4 e (e) h para que a pilha fique em equilíbrio.

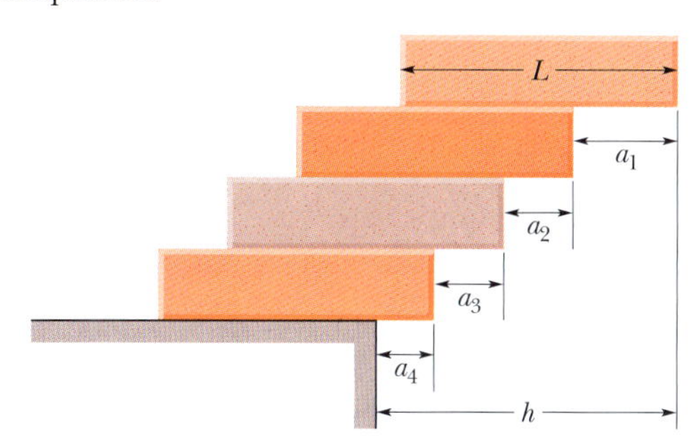

Figura 12.57 Problema 63.

64 Na Fig. 12.58, duas esferas iguais, homogêneas e sem atrito, de massa m, repousam em um recipiente retangular rígido. A reta que liga os centros das esferas faz 45° com a horizontal. Determine o módulo da força exercida (a) pelo fundo do recipiente sobre a esfera de baixo, (b) pela parede lateral esquerda do recipiente sobre a esfera de baixo, (c) pela parede lateral direita do recipiente sobre a esfera de cima e (d) por uma das esferas sobre a outra. (*Sugestão*: A força de uma esfera sobre a outra tem a direção da reta que liga os centros das esferas.)

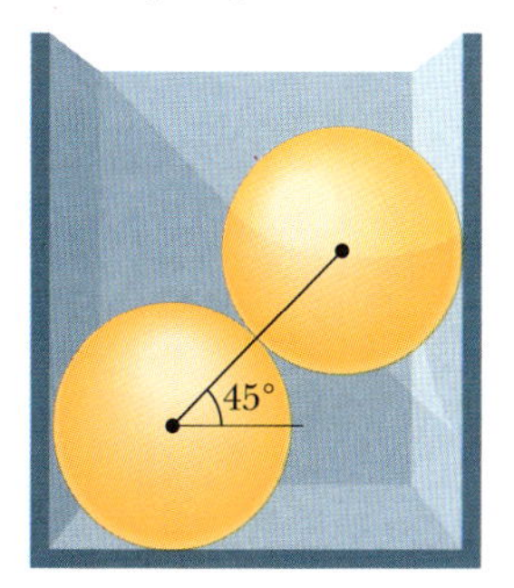

Figura 12.58 Problema 64.

65 Na Fig. 12.59, uma viga homogênea com 60 N de peso e 3,2 m de comprimento está presa a uma dobradiça na extremidade inferior, e uma força horizontal $\vec{F}$ de módulo 50 N age sobre a extremidade superior. A viga é mantida na posição vertical por um cabo que faz um ângulo $\theta = 25°$ com o chão e está preso à viga a uma distância h = 2,0 m do chão. (a) Qual é a tração do cabo e (b) qual é a força exercida pela dobradiça sobre a viga, na notação dos vetores unitários?

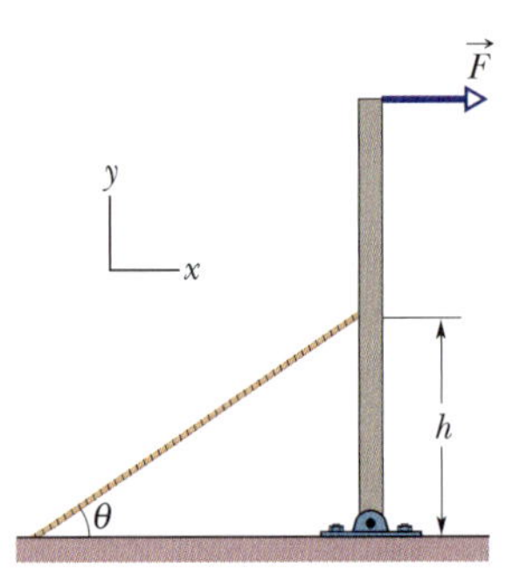

Figura 12.59 Problema 65.

66 Uma viga homogênea tem 5,0 m de comprimento e massa de 53 kg. Na Fig. 12.60, a viga está sustentada na posição horizontal por uma dobradiça e um cabo; $\theta = 60°$. Na notação dos vetores unitários, qual é a força que a dobradiça exerce sobre a viga?

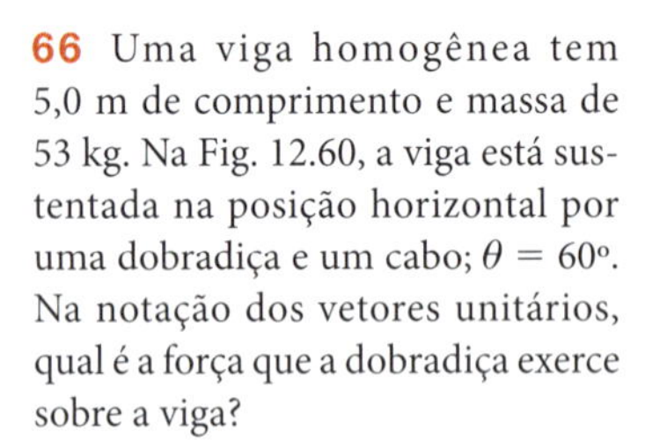

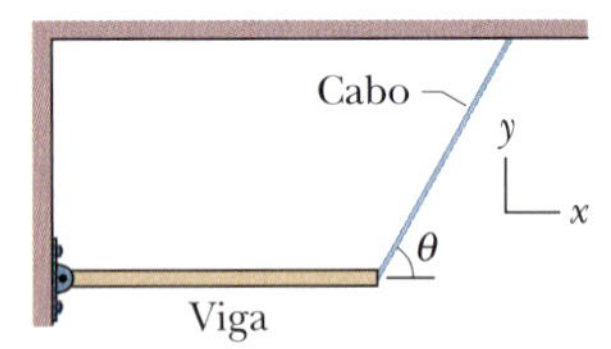

Figura 12.60 Problema 66.

67 Um cubo de cobre maciço tem 85,5 cm de lado. Qual é a tensão que deve ser aplicada ao cubo para reduzir o lado para 85,0 cm? O módulo de elasticidade volumétrico do cobre é $1{,}4 \times 10^{11}$ N/m^2.

68 **BIO** Um operário tenta levantar uma viga homogênea do chão até a posição vertical. A viga tem 2,50 m de comprimento e pesa 500 N. Em um dado instante, o operário mantém a viga momentaneamente em repouso com a extremidade superior a uma distância d = 1,50 m do chão, como mostra a Fig. 12.61, exercendo uma força $\vec{P}$ perpendicular à viga. (a) Qual é o módulo P da força? (b) Qual é o módulo da força (resultante) que o piso exerce sobre a viga? (c) Qual é o valor mínimo do coeficiente de atrito estático entre a viga e o piso para que a viga não escorregue nesse instante?

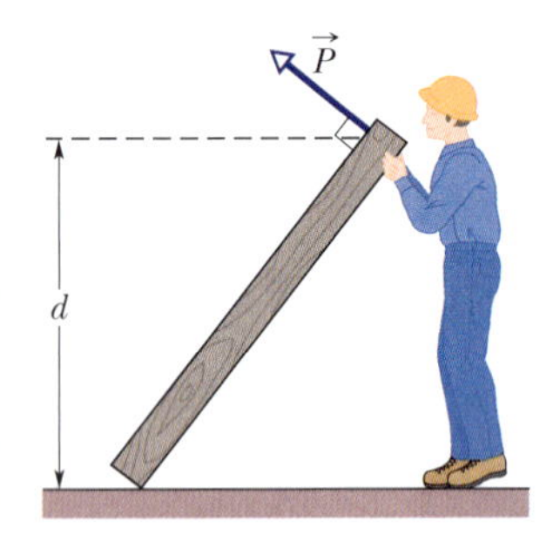

Figura 12.61 Problema 68.

69 Na Fig. 12.62, uma viga homogênea de massa m está presa a uma parede por uma dobradiça na extremidade inferior, enquanto a extremidade superior é sustentada por uma corda presa na parede. Se $\theta_1 = 60°$, que valor deve ter o ângulo θ_2 para que a tração da corda seja $mg/2$?

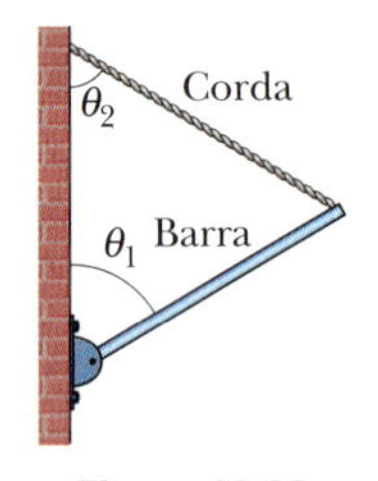

Figura 12.62 Problema 69.

70 Um homem de 73 kg está em pé em uma ponte horizontal de comprimento L, a uma distância $L/4$ de uma das extremidades. A ponte é homogênea e pesa 2,7 kN. Qual é o módulo da força vertical exercida sobre a ponte pelos suportes (a) na extremidade mais afastada do homem e (b) na extremidade mais próxima do homem?

71 Um cubo homogêneo de 8,0 cm de lado repousa em um piso horizontal. O coeficiente de atrito estático entre o cubo e o piso é μ. Uma força horizontal $\vec{P}$ é aplicada perpendicularmente a uma das faces verticais do cubo, 7,0 cm acima do piso, em um ponto da reta vertical que passa pelo centro da face do cubo. O módulo de $\vec{P}$ é gradualmente aumentado. Para que valor de μ o cubo finalmente (a) começa a escorregar e (b) começa a tombar? (*Sugestão*: Qual é o ponto de aplicação da força normal quando o cubo está prestes a tombar?)

72 O sistema da Fig. 12.63 está em equilíbrio. Os ângulos são $\theta_1 = 60°$ e $\theta_2 = 20°$ e a bola tem uma massa M = 2,0 kg. Qual é a tração (a) da corda ab e (b) qual a da corda bc?

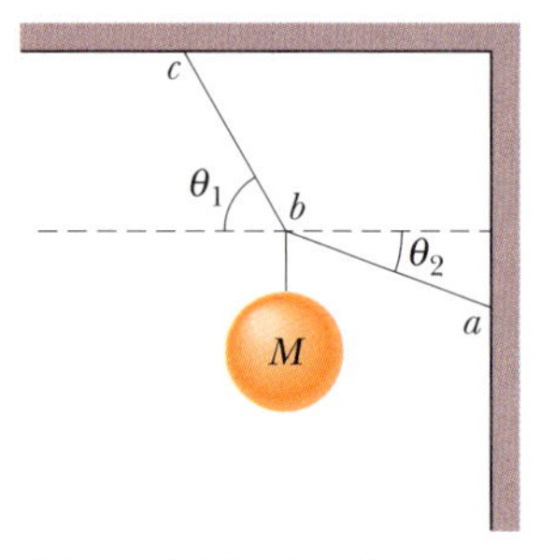

Figura 12.63 Problema 72.

73 Uma escada homogênea tem 10 m de comprimento e pesa 200 N. Na Fig. 12.64, a escada está apoiada em uma parede vertical sem atrito a uma altura h = 8,0 m acima do piso. Uma força horizontal $\vec{F}$ é aplicada à escada a uma distância d = 2,0 m da base (medida ao longo da escada). (a) Se F = 50 N, qual é a força que o piso exerce sobre a escada, na notação dos vetores unitários? (b) Se F = 150 N, qual é a força que o piso exerce sobre a escada, também na notação dos vetores unitários? (c) Suponha que o coeficiente de atrito estático entre a escada e o chão seja 0,38; para que valor de F a base da escada está na iminência de se mover em direção à parede?

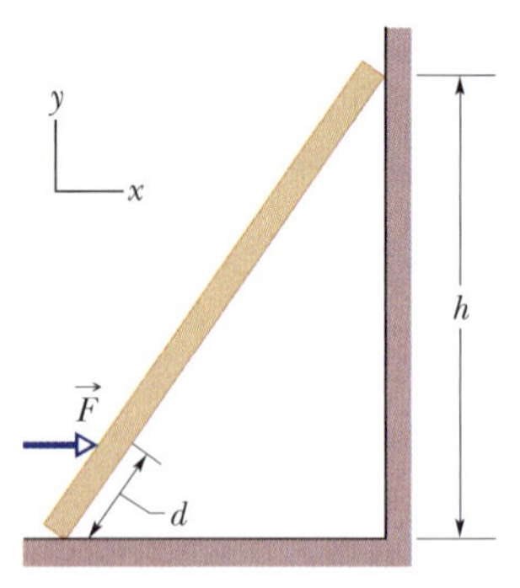

Figura 12.64 Problema 73.

74 Uma balança de pratos consiste em uma barra rígida de massa desprezível e dois pratos pendurados nas extremidades da barra. A barra está apoiada em um ponto que não fica do centro da barra, em torno do qual pode girar livremente. Para que a balança fique em equilíbrio, massas diferentes devem ser colocadas nos dois pratos. Uma massa m desconhecida, colocada no prato da esquerda, é equilibrada por uma massa m_1 no prato da direita; quando a mesma massa m é colocada no prato da direita, é equilibrada por uma massa m_2 no prato da esquerda. Mostre que $m = \sqrt{m_1 m_2}$.

75 A armação quadrada rígida da Fig. 12.65 é formada por quatro barras laterais AB, BC, CD e DA e duas barras diagonais AC e BD, que passam livremente uma pela outra no ponto E. A barra AB é submetida a uma tensão trativa pelo esticador G, como se as extremidades estivessem submetidas a forças horizontais $\vec{T}$, para fora do quadrado, de módulo 535 N. (a) Quais das outras barras também estão sob tração? Quais são os módulos (b) das forças que causam essas trações e (c) das forças que causam compressão nas outras barras? (*Sugestão*: Considerações de simetria podem simplificar bastante o problema.)

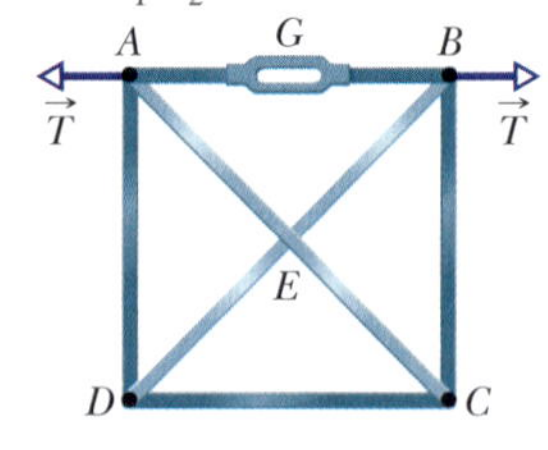

Figura 12.65 Problema 75.

76 **BIO** *Pressão de uma atadura.* Úlceras venosas crônicas nas pernas são frequentemente tratadas com ataduras compressivas. A pressão P da atadura é dada pela *equação de Laplace*, na qual a pressão P que um revestimento produz sobre o objeto envolvido depende da tensão superficial T e do raio de curvatura R do revestimento:

$$P = \frac{T}{R},$$

em que, neste caso, T é a tensão superficial da atadura (força por unidade de comprimento da atadura ao longo da superfície curva) e R é o raio de curvatura da perna. O valor da pressão é importante para garantir um retorno apropriado do sangue a partir do tornozelo sem danificar os tecidos. Para T = 16 N/m e o raio de curvatura da perna na metade da panturrilha, qual é a pressão de uma atadura na unidade de pressão normalmente usada pelos médicos, mmHg (milímetros de mercúrio)?

77 *Torre inclinada*. A Torre de Pisa (Fig. 12.66) tem 55 m de altura e 7,0 m de diâmetro. O alto da torre está deslocado 4,5 m em relação a uma vertical traçada a partir da base. Trate a torre como um cilindro circular homogêneo. (a) Que deslocamento adicional do alto da torre faria com que ela estivesse prestes a tombar? (b) Qual seria o ângulo correspondente da torre com a vertical?

Figura 12.66 Problema 77.

78 *Movimentando troncos pesados*. Aqui está uma forma de movimentar um tronco pesado em uma floresta tropical. Procure uma árvore jovem na direção genérica para onde deseja movimentar o tronco; procure um cipó que penda do alto da árvore até o solo; puxe o cipó até o tronco e enrole-o em um galho do tronco; puxe o cipó com força suficiente para vergar a árvore e amarre o cipó no galho. Repita o processo com várias árvores. Vai chegar um momento em que a força combinada dos cipós fará o tronco se deslocar. Embora tediosa, essa técnica permitia que os madeireiros movimentassem troncos pesados antes que equipamentos modernos (helicópteros, por exemplo) estivessem disponíveis. A Fig. 12.67 ilustra como funciona a técnica. Ela mostra um cipó preso em um galho situado em uma das extremidades de um tronco homogêneo de massa M. O coeficiente de atrito estático entre o tronco e o solo é 0,80. Se o tronco está prestes a se mover, com a extremidade esquerda levemente levantada, qual é (a) o ângulo θ e (b) o módulo T da força que o cipó exerce sobre o tronco?

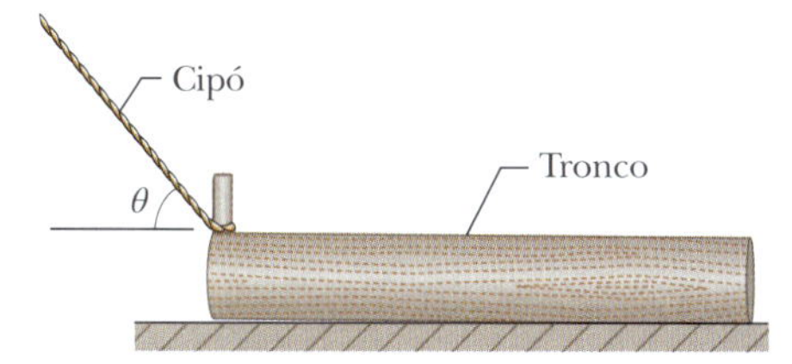

Figura 12.67 Problema 78.

79 *Bloco de gelo*. Em uma fábrica de gelo, blocos de gelo de 200 kg escorregam em uma rampa de atrito desprezível que faz um ângulo $\theta = 10,0°$ com a horizontal. Para evitar que os blocos de gelo desçam muito depressa, eles são seguros por um cabo paralelo à rampa. Se um dos blocos é mantido temporariamente em repouso pelo cabo, qual é força de tração T a que o cabo é submetido?

80 *Trampolim*. Na Fig. 12.68, um trampolim homogêneo de massa $m = 40$ kg tem 3,5 m de comprimento e dois suportes. Quando um mergulhador está na extremidade do trampolim, o suporte na outra extremidade exerce uma força para baixo de 1.200 N sobre o trampolim. A que distância da extremidade esquerda do trampolim deve ficar o mergulhador para que a força exercida pelo suporte da outra extremidade seja nula? (*Sugestão:* primeiro calcule a massa do mergulhador.)

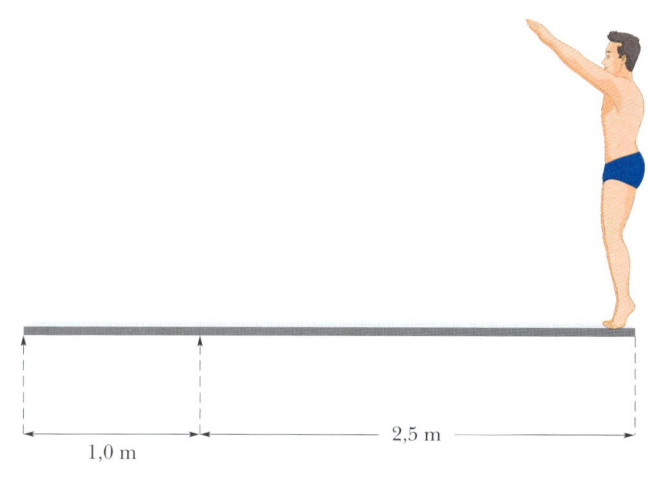

Figura 12.68 Problema 80.

81 *Altura de uma parede de tijolos*. Muitas casas e edifícios de poucos andares são sustentados por paredes de tijolos, mas os edifícios mais altos são sustentados por colunas de concreto. Uma razão poderia ser que a carga a que os tijolos de baixo são submetidos, que aumenta com o número de andares, não deve exceder o limite de escoamento S_y do tijolo. Considere uma coluna de tijolos de altura H. Suponha que a massa específica do tijolo é $\rho = 1,8 \times 10^3$ kg/m^3 e despreze a argamassa entre os tijolos. Qual é o valor de H para o qual o tijolo de baixo é submetido a sua tensão de escoamento, $S_y = 3,3 \times 10^7$ N/m^3?

82 BIO *Na ponta dos pés*. Na Fig. 12.69, uma pessoa de peso mg = 700 N fica "na ponta dos pés" (na verdade, se apoia nos antepés) com o peso igualmente distribuído entre os dois pés e com o plano de cada pé fazendo um ângulo $\theta = 20°$ com o piso. O ponto de apoio está a uma distância $d_1 = 0,18$ m do tornozelo, em torno do qual o pé pode girar. A uma distância $d_2 = 0,070$ m do tornozelo, o tendão de Aquiles, que liga o calcanhar ao músculo da panturrilha, exerce sobre o calcanhar uma força $\vec{T}$ que faz um ângulo $\phi = 5,0°$ com a perpendicular ao plano do pé. Qual é o módulo de $\vec{T}$?

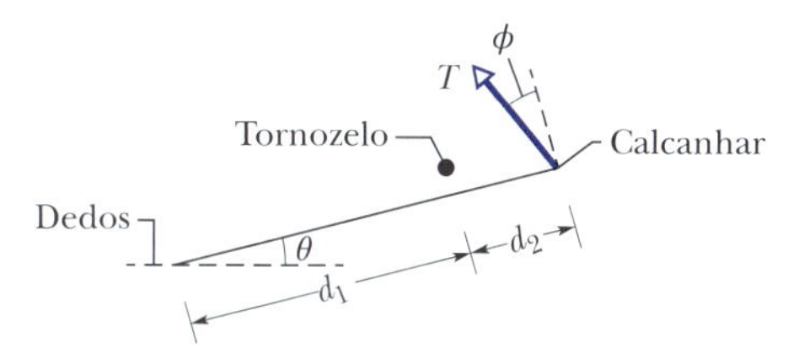

Figura 12.69 Problema 82.

83 *Perigo do cabo do guindaste*. Um guindaste deve levantar uma viga de aço em uma construção (Fig. 12.70). A viga tem um comprimento L =12,0 m, seção reta quadrada com $w = 0,540$ m de lado e massa específica $\rho = 7.900$ kg/m^3. O cabo principal do guindaste sustenta dois cabos curtos de aço de comprimento $h = 7,00$ m e raio $r = 1,40$ cm presos simetricamente à viga a uma distância d do ponto central. Existem três pontos onde os cabos podem ser atrelados à viga, em $d_1 = 1,60$ m, $d_2 = 4,24$ m e $d_3 = 5,90$ m. Qual é a força de tração T em cada cabo curto para (a) d_1, (b) d_2 e (c) d_3? Qual é a tensão σ em cada cabo curto para (d) d_1, (e) d_2 e (f) d_3? O protocolo de segurança exige que a tensão nos cabos curtos não exceda 80% da tensão de escoamento dos cabos, que é 415×10^6 N/m^2. (g) Quais são os pontos de atrelamento que podem ser considerados seguros?

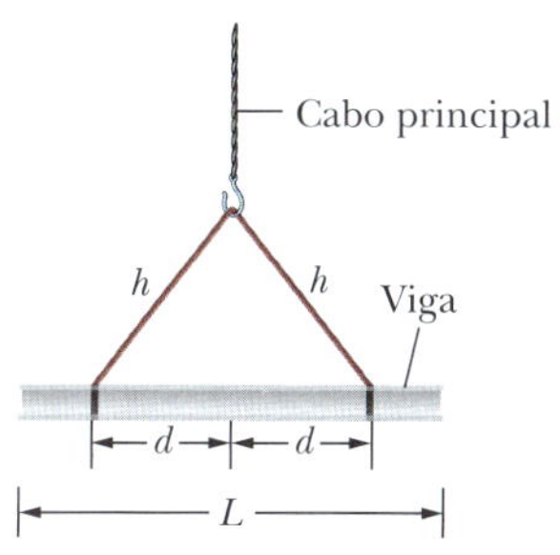

Figura 12.70 Problema 83.

84 BIO *Sapatos de neve.* É difícil caminhar na neve usando sapatos comuns sem afundar os pés. Os sapatos de neve (Fig. 12.71) foram inventados para resolver esse problema. Para uma pessoa com uma massa de 70 kg aplicando todo o peso em um único pé (quando está andando), qual é a pressão em Pa exercida sobre a neve (a) por um sapato comum tamanho 39, que mede 25 cm de comprimento e 10 cm de largura e (b) por um sapato de neve que mede 66 cm de comprimento por 24 cm de largura? Suponha que a sola dos sapatos tem uma forma aproximadamente retangular. (c) Qual é a redução percentual da pressão do sapato de neve em relação ao sapato comum?

Figura 12.71 Problema 84.

85 CVF BIO A Fig. 12.72*a* mostra detalhes de um dos dedos da alpinista da Fig. 12.36. Um tendão proveniente dos músculos do antebraço está preso na falange distal. No caminho, o tendão passa por várias estruturas fibrosas chamadas *polias*. A polia A2 está presa na falange proximal; a polia A4 está presa na falange medial. Para puxar o dedo na direção da palma da mão, os músculos do antebraço puxam o tendão, mais ou menos do mesmo modo como as cordas de uma marionete são usadas para movimentar os membros do boneco. A Fig. 12.72*b* é um diagrama simplificado da falange medial, que tem um comprimento *d*. A força que o tendão exerce sobre o osso, $\vec{F}_t$, está aplicada no ponto em que o tendão entra na polia A4, a uma distância $d/3$ da extremidade da falange medial. Se as componentes das forças que agem sobre cada um dos dedos em pinça da Fig. 12.36 são $F_h = 13{,}4$ N e $F_v = 162{,}4$ N, qual é o módulo de $\vec{F}_t$? O resultado é provavelmente tolerável, mas se a alpinista ficar pendurada por apenas um ou dois dedos, as polias A2 e A4 poderão se romper, um problema que frequentemente aflige os alpinistas.

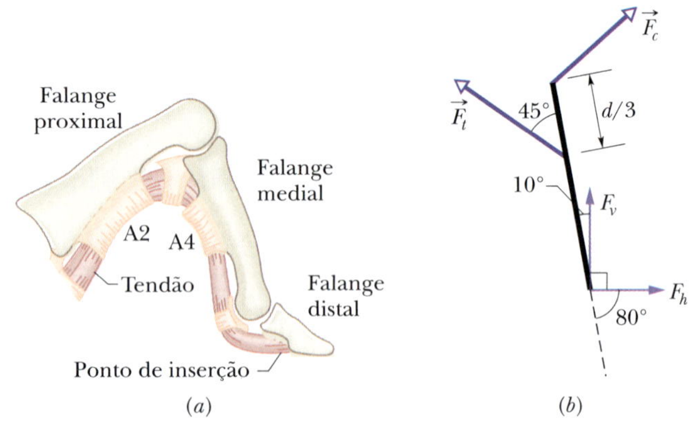

Figura 12.72 Problema 85.

CAPÍTULO 13

Gravitação

13.1 LEI DA GRAVITAÇÃO DE NEWTON

Objetivos do Aprendizado

Depois de ler este módulo, você será capaz de ...

13.1.1 Usar a lei da gravitação de Newton para relacionar a força gravitacional entre duas partículas à massa das partículas e à distância entre elas.

13.1.2 Saber que uma casca esférica homogênea atrai uma partícula situada do lado de fora como se toda a massa estivesse concentrada no centro.

13.1.3 Desenhar um diagrama de corpo livre para indicar a força gravitacional exercida sobre uma partícula por outra partícula ou por uma casca esférica homogênea.

Ideias-Chave

- Toda partícula do universo atrai outras partículas com uma força gravitacional cujo módulo é dado por

$$F = G\frac{m_1 m_2}{r^2} \quad \text{(lei da gravitação de Newton)},$$

em que m_1 e m_2 são as massas das partículas, r é a distância entre as partículas e G ($= 6{,}67 \times 10^{-11}$ N · m²/kg²) é a constante gravitacional.

- A força gravitacional exercida por objetos macroscópicos pode ser calculada somando (integrando) as forças exercidas pelas partículas que compõem o corpo. No caso especial de uma casca esférica homogênea, a força gravitacional exercida sobre um objeto situado *do lado de fora* pode ser calculada como se toda a massa estivesse concentrada no centro do objeto.

O que É Física?

Um dos mais antigos objetivos da física é compreender a força gravitacional, a força que nos mantém na superfície da Terra, que mantém a Lua em órbita em torno da Terra e que mantém a Terra em órbita em torno do Sol. A física também se estende a toda a Via Láctea, evitando que se dispersem os bilhões e bilhões de estrelas e incontáveis moléculas e partículas isoladas que existem em nossa galáxia. Estamos situados perto da borda desse aglomerado de estrelas em forma de disco, a $2{,}6 \times 10^4$ anos-luz ($2{,}5 \times 10^{20}$ m) do centro da galáxia, em torno do qual giramos lentamente.

A força gravitacional também se estende ao espaço intergaláctico, mantendo unidas as galáxias do Grupo Local, que inclui, além da Via Láctea, a galáxia de Andrômeda (Fig. 13.1.1), a uma distância de $2{,}3 \times 10^6$ anos-luz da Terra, e várias galáxias anãs mais próximas, como a Grande Nuvem de Magalhães. O Grupo Local faz parte do Superaglomerado Local de galáxias, que está sendo atraído pela força gravitacional para uma região do espaço excepcionalmente densa, conhecida como Grande Atrator. Essa região parece estar a cerca de $3{,}0 \times 10^8$ anos-luz da Terra, do lado oposto da Via Láctea. A força gravitacional se estende ainda mais longe, já que tenta manter unido o universo inteiro, que está se expandindo.

Essa força também é responsável por uma das entidades mais misteriosas do universo, o *buraco negro*. Quando uma estrela consideravelmente maior que o Sol se apaga, a força gravitacional entre as partículas que compõem a estrela pode fazer com que a estrela se contraia indefinidamente, formando um buraco negro. A força gravitacional na superfície de uma estrela desse tipo é tão intensa que nem a luz pode escapar (daí o termo "buraco negro"). Qualquer estrela que passe nas proximidades de um buraco negro pode ser despedaçada pela força gravitacional e sugada para o interior do buraco negro. Depois de várias capturas desse tipo, surge um *buraco negro supermaciço*. Esses monstros misteriosos parecem ser comuns no universo. Na

Figura 13.1.1 Galáxia de Andrômeda. Situada a 2,3 × 10^6 anos-luz da Terra e fracamente visível a olho nu, é muito parecida com a nossa galáxia, a Via Láctea.

verdade, tudo indica que no centro da Via Láctea, a nossa galáxia, existe um buraco negro, conhecido como Sagitário A*, com uma massa equivalente a 3,7 × 10^6 vezes a massa do Sol. A força gravitacional nas vizinhanças desse buraco negro é tão intensa que as estrelas mais próximas giram em torno do buraco negro com velocidades extremamente elevadas, completando uma órbita em pouco mais de 15 anos.

Embora a força gravitacional ainda não esteja totalmente compreendida, o ponto de partida para nosso entendimento é a *lei da gravitação* de Isaac Newton.

Lei da Gravitação de Newton

Antes de trabalhar com as equações da gravitação, vamos pensar por um momento em algo que normalmente aceitamos sem discussão. Estamos presos à Terra por uma força de intensidade adequada, não tão grande que nos faça rastejar para chegar à faculdade (embora, depois de um exame particularmente difícil, você talvez tenha que rastejar para chegar em casa), nem tão pequena que você bata com a cabeça no teto cada vez que tenta dar um passo. A força também não é suficientemente grande para que as pessoas se atraiam mutuamente (o que poderia causar muitas cenas de ciúme), ou atraiam outros objetos (caso em que a expressão "pegar um ônibus" teria um sentido literal). A atração gravitacional depende claramente da "quantidade de matéria" que existe em nós e em outros corpos: a Terra possui uma grande "quantidade de matéria" e produz uma grande atração, mas uma pessoa possui uma "quantidade de matéria" relativamente pequena e é por isso que não atrai outras pessoas. Além disso, a força exercida por essa "quantidade de matéria" é sempre atrativa; não existe o que se poderia chamar de "força gravitacional repulsiva".

No passado, as pessoas certamente sabiam que havia uma força que as atraía em direção ao chão (especialmente quando tropeçavam e caíam), mas pensavam que essa força fosse uma propriedade exclusiva da Terra e não tivesse relação com o movimento dos astros no céu. Em 1665, Isaac Newton, então com 23 anos, prestou uma contribuição fundamental à física ao demonstrar que era essa mesma força que mantinha a Lua em órbita. Na verdade, Newton sustentou que todos os corpos do universo se atraem mutuamente; esse fenômeno é chamado de **gravitação**, e a "quantidade de matéria" da qual depende a intensidade da força de atração é a massa de cada corpo. Se fosse verdadeira a lenda de que foi a queda de uma maçã que inspirou Newton a formular a **lei da gravitação**, a força que ele teria observado seria a que existe entre a massa da maçã e a massa da Terra. Essa força pode ser observada porque a massa da Terra é muito grande, mas, mesmo assim, é de apenas 0,8 N. A atração entre duas pessoas em uma fila de supermercado é (felizmente) muito menor (menos de 1 μN) e totalmente imperceptível.

A atração gravitacional entre objetos macroscópicos, como duas pessoas, por exemplo, pode ser difícil de calcular. Por enquanto, vamos discutir apenas a lei da gravitação de Newton para duas *partículas* (corpos de tamanho desprezível). Se as massas das partículas são m_1 e m_2 e elas estão separadas por uma distância r, o módulo da força de atração que uma exerce sobre a outra é dado por

$$F = G\frac{m_1 m_2}{r^2} \quad \text{(lei da gravitação de Newton).} \tag{13.1.1}$$

em que G é uma constante, conhecida como **constante gravitacional**, cujo valor é

$$G = 6{,}67 \times 10^{-11}\ \text{N} \cdot \text{m}^2/\text{kg}^2 = 6{,}67 \times 10^{-11}\ \text{m}^3/\text{kg} \cdot \text{s}^2. \tag{13.1.2}$$

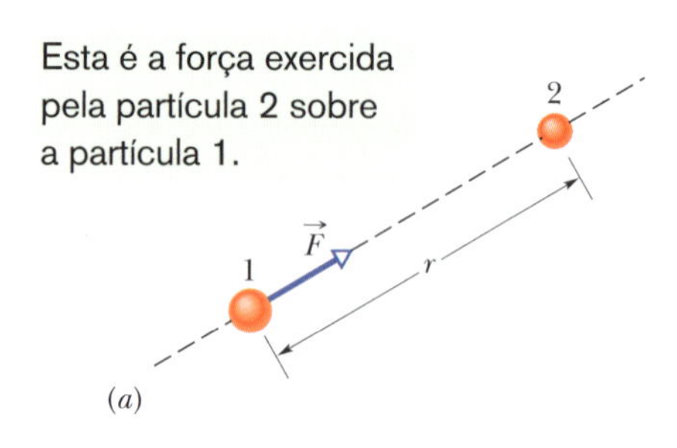

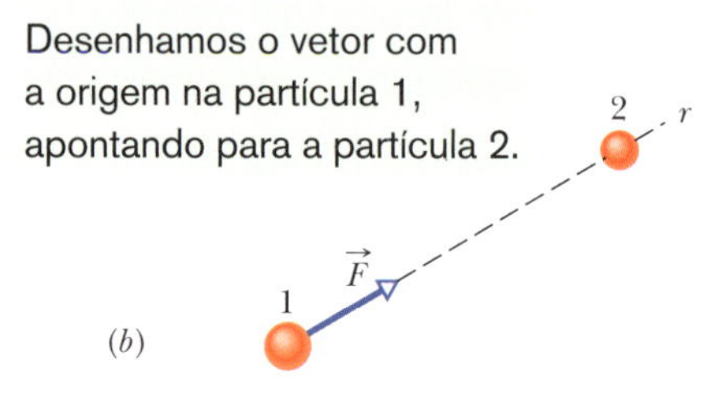

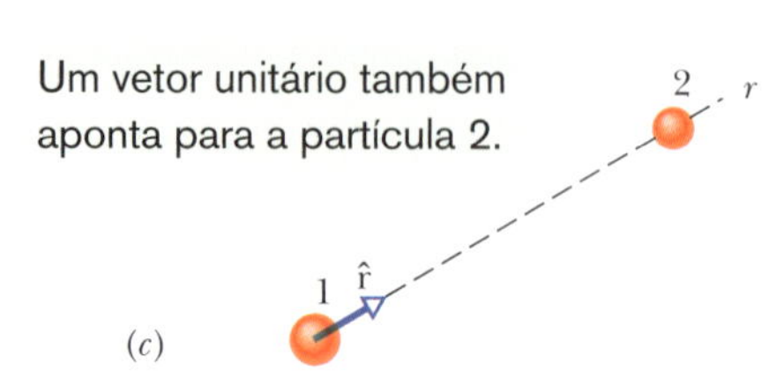

Figura 13.1.2 (*a*) A força gravitacional $\vec{F}$ que a partícula 2 exerce sobre a partícula 1 é uma força atrativa porque aponta para a partícula 2. (*b*) A força $\vec{F}$ está em um eixo r que passa pelas duas partículas. (*c*) A força $\vec{F}$ tem o mesmo sentido que o vetor unitário $\hat{r}$ do eixo r.

Na Fig. 13.1.2*a*, $\vec{F}$ é a força gravitacional exercida sobre a partícula 1 (de massa m_1) pela partícula 2 (de massa m_2). A força aponta para a partícula 2 e dizemos que é uma *força atrativa* porque tende a aproximar a partícula 1 da partícula 2. O módulo da força é dado pela Eq. 13.1.1. Podemos dizer que $\vec{F}$ aponta no sentido positivo de um eixo r traçado ao longo da reta que liga a partícula 1 à partícula 2 (Fig. 13.1.2*b*). Podemos também representar a força $\vec{F}$ usando um vetor unitário $\hat{r}$ (um vetor adimensional de módulo 1) que aponta da partícula 1 para a partícula 2 (Fig. 13.1.2*c*). Nesse caso, de acordo com a Eq. 13.1.1, a força que age sobre a partícula 1 é dada por

$$\vec{F} = G\frac{m_1 m_2}{r^2}\hat{\mathrm{r}}. \qquad (13.1.3)$$

A força gravitacional que a partícula 1 exerce sobre a partícula 2 tem o mesmo módulo que a força que a partícula 2 exerce sobre a partícula 1 e o sentido oposto. As duas forças formam um par de forças da terceira lei e podemos falar da força gravitacional *entre* as duas partículas como tendo um módulo dado pela Eq. 13.1.1. A força entre duas partículas não é alterada pela presença de outros objetos, mesmo que estejam situados entre as partículas. Em outras palavras, nenhum objeto pode blindar uma das partículas da força gravitacional exercida pela outra partícula.

A intensidade da força gravitacional, ou seja, a intensidade da força com a qual duas partículas de massa conhecida e separadas por uma distância conhecida se atraem, depende do valor da constante gravitacional G. Se G, por algum milagre, fosse de repente multiplicada por 10, seríamos esmagados contra o chão pela atração da Terra. Se G fosse dividida por 10, a atração da Terra se tornaria tão fraca que poderíamos saltar sobre um edifício.

Corpos Macroscópicos. Embora a lei da gravitação de Newton se aplique estritamente a partículas, podemos aplicá-la a objetos reais, desde que os tamanhos desses objetos sejam pequenos em comparação com a distância entre eles. A Lua e a Terra estão suficientemente distantes uma da outra para que, com boa aproximação, possam ser tratadas como partículas. O que dizer, porém, do caso de uma maçã e a Terra? Do ponto de vista da maçã, a Terra extensa e plana, que vai até o horizonte, certamente não se parece com uma partícula.

Newton resolveu o problema da atração entre a Terra e a maçã provando um importante teorema, conhecido como *teorema das cascas*:

Uma casca esférica homogênea de matéria atrai uma partícula que se encontra fora da casca como se toda a massa da casca estivesse concentrada no centro.

A Terra pode ser imaginada como um conjunto de cascas, uma dentro da outra, cada uma atraindo uma partícula localizada fora da superfície da Terra como se a massa da casca estivesse no centro. Assim, do ponto de vista da maçã, a Terra *se comporta* como uma partícula localizada no centro da Terra, que possui uma massa igual à massa da Terra.

Par de Forças da Terceira Lei. Suponha que, como na Fig. 13.1.3, a Terra atraia uma maçã para baixo com uma força de módulo 0,80 N. Nesse caso, a maçã atrai a Terra para cima com uma força de 0,80 N, cujo ponto de aplicação é o centro da Terra. Na linguagem do Capítulo 5, essas forças formam um par de forças da terceira lei de Newton. Embora tenham o mesmo módulo, as forças produzem acelerações diferentes quando a maçã começa a cair. A aceleração da maçã é aproximadamente 9,8 m/s^2, a aceleração dos corpos em queda livre perto da superfície da Terra. A aceleração da Terra, medida no referencial do centro de massa do sistema maçã-Terra, é apenas cerca de 1×10^{-25} m/s^2.

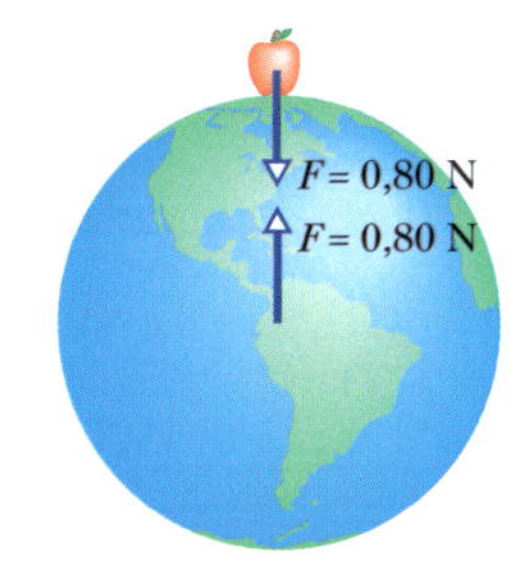

Figura 13.1.3 A maçã puxa a Terra para cima com a mesma força com a qual a Terra puxa a maçã para baixo.

Teste 13.1.1

Uma partícula é colocada, sucessivamente, do lado de fora de quatro objetos, todos de massa m: (1) uma grande esfera maciça homogênea, (2) uma grande casca esférica homogênea, (3) uma pequena esfera maciça homogênea e (4) uma pequena casca homogênea. Em todos os casos, a distância entre a partícula e o centro do objeto é d. Ordene os objetos de acordo com o módulo da força gravitacional que eles exercem sobre a partícula, em ordem decrescente.

13.2 GRAVITAÇÃO E O PRINCÍPIO DA SUPERPOSIÇÃO

Objetivos do Aprendizado

Depois de ler este módulo, você será capaz de ...

13.2.1 Desenhar um diagrama de corpo livre para uma partícula submetida a várias forças gravitacionais.

13.2.2 Determinar a força resultante que age sobre uma partícula submetida a várias forças gravitacionais.

Ideias-Chave

- A força gravitacional obedece ao princípio da superposição, ou seja, se n partículas interagem por meio da força gravitacional, a força resultante $\vec{F}_{1,\text{res}}$ a que está submetida a partícula 1 é a soma das forças exercidas sobre a partícula 1 por todas as outras partículas:

$$\vec{F}_{1,\text{res}} = \sum_{i=2}^{n} \vec{F}_{1i},$$

em que o somatório representa a soma vetorial das forças que as partículas 2, 3, ..., n exercem sobre a partícula 1.

- A força gravitacional $\vec{F}_1$ que um objeto de dimensões finitas exerce sobre uma partícula pode ser determinada dividindo o objeto em elementos de massa infinitesimal dm, cada um dos quais exerce uma força infinitesimal $d\vec{F}$ sobre a partícula e integrando essa força para todos os elementos do objeto:

$$\vec{F}_1 = \int d\vec{F}.$$

Gravitação e o Princípio da Superposição

Dado um grupo de partículas, podemos determinar a força gravitacional, a que uma das partículas está submetida devido à presença das outras, usando o **princípio da superposição**. Trata-se de um princípio segundo o qual, em muitas circunstâncias, um efeito total pode ser calculado somando efeitos parciais. No caso da gravitação, esse princípio pode ser aplicado, o que significa que podemos calcular a força total a que uma partícula está submetida somando vetorialmente as forças que todas as outras partículas exercem sobre ela.

Vamos chamar a atenção para dois pontos importantes da última sentença, que talvez tenham passado despercebidos. (1) Uma vez que as forças são vetores e podem estar sendo aplicadas em diferentes direções, elas devem ser *somadas vetorialmente*. (Se duas pessoas puxam você em direções opostas, a força total que elas exercem é obviamente diferente da força a que você seria submetido se elas estivessem puxando você na mesma direção.) (2) As forças exercidas pelas diferentes partículas podem ser *somadas*. Imagine como seria difícil calcular a força resultante se ela dependesse de um fator multiplicativo que variasse de força para força, ou se a presença de uma força afetasse de alguma forma a intensidade das outras forças. Felizmente, o cálculo da força resultante envolve apenas uma soma vetorial das forças envolvidas.

No caso de n partículas, a aplicação do princípio da superposição às forças gravitacionais que agem sobre a partícula 1 permite escrever

$$\vec{F}_{1,\text{res}} = \vec{F}_{12} + \vec{F}_{13} + \vec{F}_{14} + \vec{F}_{15} + \cdots + \vec{F}_{1n}. \quad (13.2.1)$$

Aqui, $\vec{F}_{1,\text{res}}$ é a força resultante a que está submetida a partícula 1 e, por exemplo, $\vec{F}_{13}$ é a força exercida pela partícula 3 sobre a partícula 1. Podemos expressar a Eq. 13.2.1 de forma mais compacta por meio de um somatório:

$$\vec{F}_{1,\text{res}} = \sum_{i=2}^{n} \vec{F}_{1i}. \quad (13.2.2)$$

Objetos Reais. O que dizer da força gravitacional que um objeto real (de dimensões finitas) exerce sobre uma partícula? Essa força pode ser calculada dividindo o objeto em partes suficientemente pequenas para serem tratadas como partículas e usando a Eq. 13.2.2 para calcular a soma vetorial das forças exercidas pelas partes sobre a partícula. No caso-limite, podemos dividir o objeto de dimensões finitas em partes infinitesimais de massa dm; cada uma delas exerce uma força infinitesimal $d\vec{F}$ sobre a partícula. Nesse limite, o somatório da Eq. 13.2.2 se torna uma integral e temos

$$\vec{F}_1 = \int d\vec{F}, \qquad (13.2.3)$$

em que a integração é realizada para todo o objeto e omitimos o índice "res". Se o objeto é uma casca esférica homogênea, podemos evitar a integração da Eq. 13.2.3 supondo que toda a massa está no centro do objeto e usando a Eq. 13.1.1.

Teste 13.2.1

A figura mostra quatro arranjos de partículas de mesma massa. (a) Ordene os arranjos de acordo com o módulo da força gravitacional a que está submetida a partícula m, começando pelo maior. (b) No arranjo 2, a direção da força resultante está mais próxima da reta de comprimento d ou da reta de comprimento D?

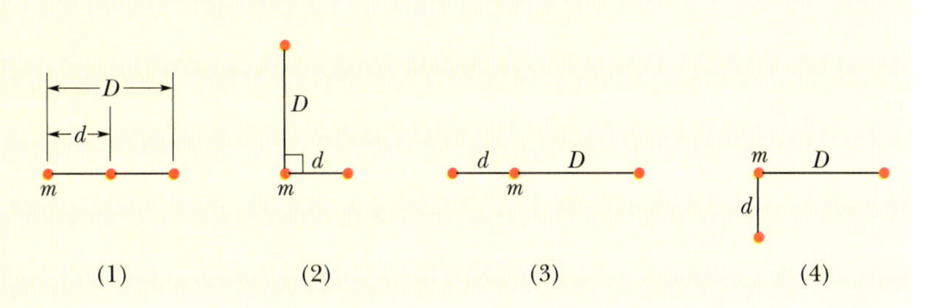

Exemplo 13.2.1 Força gravitacional resultante para três partículas no mesmo plano 13.1 13.1 a 13.3

A Fig. 13.2.1*a* mostra um arranjo de três partículas: a partícula 1, de massa $m_1 = 6{,}0$ kg, e as partículas 2 e 3, de massa $m_2 = m_3 = 4{,}0$ kg; $a = 2{,}0$ cm. Qual é a força gravitacional resultante $\vec{F}_{1,\text{res}}$ que as outras partículas exercem sobre a partícula 1?

IDEIAS-CHAVE

(1) O módulo da força gravitacional que cada uma das outras partículas exerce sobre a partícula 1 é dado pela Eq. 13.1.1 ($F = Gm_1m_2/r^2$). (2) A direção da força gravitacional é a da reta que liga cada partícula à partícula 1. (3) Como as forças não são colineares, *não podemos* simplesmente somar ou subtrair o módulo das forças para obter a força total, mas devemos usar uma soma vetorial.

Cálculos: De acordo com a Eq. 13.1.1, o módulo da força $\vec{F}_{12}$ que a partícula 2 exerce sobre a partícula 1 é dado por

$$F_{12} = \frac{Gm_1m_2}{a^2} = \frac{(6{,}67 \times 10^{-11}\ \text{m}^3/\text{kg}\cdot\text{s}^2)(6{,}0\ \text{kg})(4{,}0\ \text{kg})}{(0{,}020\ \text{m})^2} = 4{,}00 \times 10^{-6}\ \text{N}.$$

Analogamente, o módulo da força $\vec{F}_{13}$ que a partícula 3 exerce sobre a partícula 1 é dado por

$$F_{13} = \frac{Gm_1m_3}{(2a)^2} = \frac{(6{,}67 \times 10^{-11}\ \text{m}^3/\text{kg}\cdot\text{s}^2)(6{,}0\ \text{kg})(4{,}0\ \text{kg})}{(0{,}040\ \text{m})^2} = 1{,}00 \times 10^{-6}\ \text{N}.$$

A força $\vec{F}_{12}$ aponta no sentido positivo do eixo y (Fig. 13.2.1*b*) e possui apenas a componente y, F_{12}; a força $\vec{F}_{13}$ aponta no sentido negativo do eixo x e possui apenas a componente x, $-F_{13}$ (Fig. 13.2.1*c*). (Note algo importante: desenhamos os diagramas de corpo livre com a origem dos vetores na partícula que está sendo representada. Desenhar os vetores em outras posições pode ser um convite para cometer erros, especialmente em provas finais.)

Para determinar a força resultante $\vec{F}_{1,\text{res}}$ a que está submetida a partícula 1, devemos calcular a soma vetorial das duas forças (Figs. 13.2.1*d* e 13.2.1*e*). Isso poderia ser feito usando uma calculadora. Acontece, porém, que $-F_{13}$ e F_{12} podem ser vistas como as componentes x e y de $\vec{F}_{1,\text{res}}$; portanto, podemos usar a Eq. 3.1.6 para determinar o módulo e a orientação de $\vec{F}_{1,\text{res}}$. O módulo é

$$F_{1,\text{res}} = \sqrt{(F_{12})^2 + (-F_{13})^2} = \sqrt{(4{,}00 \times 10^{-6}\ \text{N})^2 + (-1{,}00 \times 10^{-6}\ \text{N})^2} = 4{,}1 \times 10^{-6}\ \text{N}. \qquad \text{(Resposta)}$$

A Eq. 3.1.6 nos dá a orientação de $\vec{F}_{1,\text{res}}$ em relação ao semieixo positivo como

$$\theta = \tan^{-1}\frac{F_{12}}{-F_{13}} = \tan^{-1}\frac{4{,}00 \times 10^{-6}\ \text{N}}{-1{,}00 \times 10^{-6}\ \text{N}} = -76°.$$

Esse resultado (Fig. 13.2.1*f*) é razoável? Não, já que a orientação de $\vec{F}_{1,\text{res}}$ deve estar entre as orientações de $\vec{F}_{12}$ e $\vec{F}_{13}$. Como vimos no Capítulo 3, as calculadoras mostram apenas um dos dois valores possíveis da função $\tan^{-1}$. Para obter o outro valor, somamos 180°:

$$-76° + 180° = 104°, \qquad \text{(Resposta)}$$

que é (Fig. 13.2.1*g*) uma orientação razoável de $\vec{F}_{1,\text{res}}$.

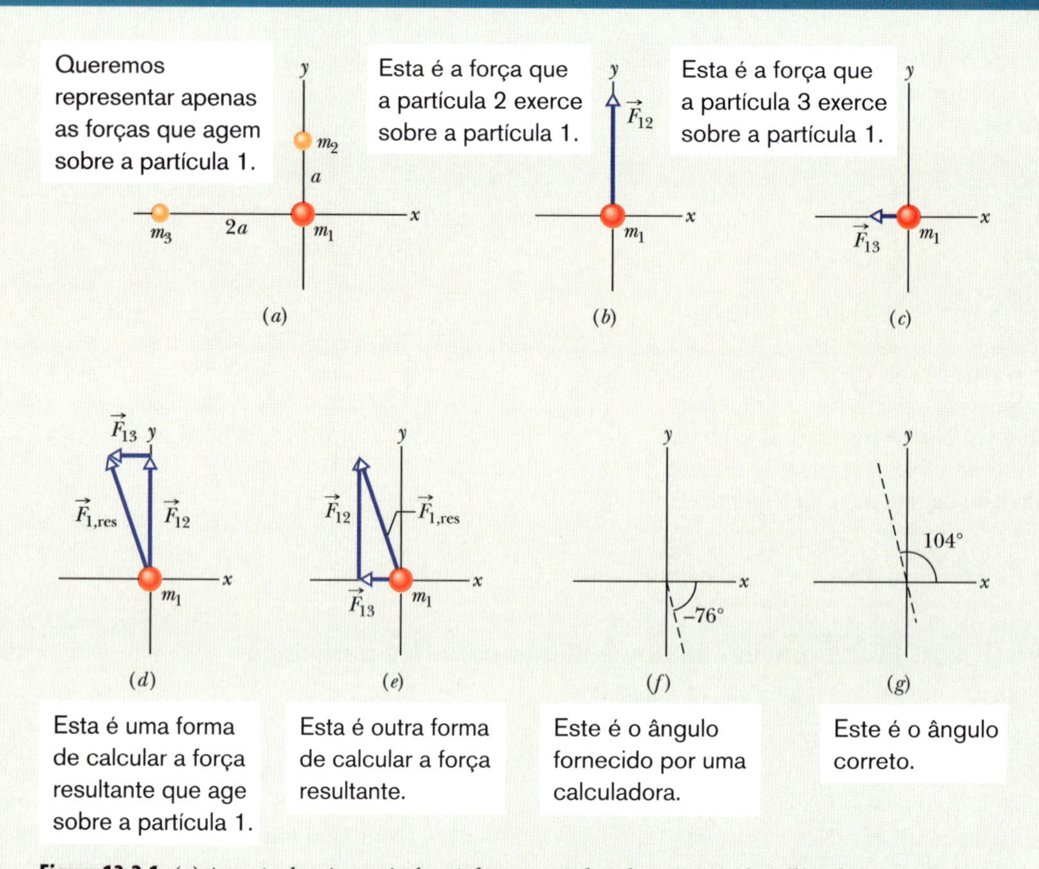

Figura 13.2.1 (*a*) Arranjo de três partículas. A força exercida sobre a partícula 1 (*b*) pela partícula 2 e (*c*) pela partícula 3. (*d*) e (*e*) Duas formas diferentes de combinar as duas forças para obter a força resultante. (*f*) Ângulo da força resultante fornecido por uma calculadora. (*g*) Ângulo correto da força resultante.

13.3 GRAVITAÇÃO PERTO DA SUPERFÍCIE DA TERRA

Objetivos do Aprendizado

Depois de ler este módulo, você será capaz de ...

13.3.1 Saber o que é a aceleração da gravidade.

13.3.2 Calcular a aceleração da gravidade nas proximidades de um corpo celeste esférico e homogêneo.

13.3.3 Saber a diferença entre peso e força gravitacional e entre aceleração de queda livre e aceleração da gravidade.

Ideias-Chave

- A aceleração da gravidade a_g de uma partícula de massa m se deve exclusivamente à força gravitacional a que a partícula é submetida. Quando a partícula está a uma distância r do centro de um corpo celeste esférico e homogêneo de massa M, a força gravitacional F que age sobre a partícula é dada pela Eq. 13.1.1. De acordo com a segunda lei de Newton,

$$F = ma_g,$$

o que nos dá

$$a_g = \frac{GM}{r^2}.$$

- Como a massa da Terra não está distribuída de modo uniforme, a aceleração da gravidade $\vec{a}_g$ varia ligeiramente de um ponto a outro da superfície terrestre.
- Como a Terra possui um movimento de rotação, o peso de uma partícula, mg, em que $\vec{g}$ é aceleração de queda livre, é ligeiramente menor que o módulo da força gravitacional.

Gravitação Perto da Superfície da Terra

Vamos supor que a Terra é uma esfera homogênea de massa M. O módulo da força gravitacional que a Terra exerce sobre uma partícula de massa m, localizada fora da Terra a uma distância r do centro da Terra, é dado pela Eq. 13.1.1:

$$F = G\frac{Mm}{r^2}. \tag{13.3.1}$$

Se a partícula é liberada, ela cai em direção ao centro da Terra, em consequência da força gravitacional $\vec{F}$, com uma aceleração $\vec{a}_g$ que é chamada **aceleração da gravidade**. De acordo com a segunda lei de Newton, os módulos de $\vec{F}$ e $\vec{a}_g$ estão relacionados pela equação

$$F = ma_g. \tag{13.3.2}$$

Substituindo F na Eq. 13.3.1 pelo seu valor, dado pela Eq. 13.3.2, e explicitando a_g, obtemos

$$a_g = \frac{GM}{r^2}. \tag{13.3.3}$$

A Tabela 13.3.1 mostra os valores de a_g calculados para várias altitudes acima da superfície da Terra. Note que a_g tem um valor significativo, mesmo a 400 km de altura.

Tabela 13.3.1 Variação de a_g com a Altitude

Altitude (km)	a_g (m/s^2)	Exemplo de Altitude
0	9,83	Superfície média da Terra
8,8	9,80	Monte Everest
36,6	9,71	Recorde para um balão tripulado
400	8,70	Órbita do ônibus espacial
35.700	0,225	Satélite de comunicações

A partir do Módulo 5.1, supusemos que a Terra era um referencial inercial, desprezando o movimento de rotação do planeta. Essa simplificação permitiu supor que a aceleração de queda livre g de uma partícula era igual à aceleração da gravidade (que agora chamamos de a_g). Além disso, supusemos que g possuía o valor de 9,8 m/s^2 em qualquer ponto da superfície da Terra. Na verdade, o valor de g medido em um ponto específico da superfície terrestre é diferente do valor de a_g calculado usando a Eq. 13.3.3 para o mesmo ponto, por três razões: (1) A massa da Terra não está distribuída uniformemente, (2) a Terra não é uma esfera perfeita, (3) a Terra está girando. Pelas mesmas razões, o peso mg de uma partícula é diferente da força calculada usando a Eq. 13.3.1. Vamos agora discutir essas três razões.

1. ***A massa da Terra não está uniformemente distribuída.*** A massa específica (massa por unidade de volume) da Terra varia com a distância do centro, como mostra a Fig. 13.3.1, e a massa específica da crosta (parte mais próxima da superfície) varia de ponto a ponto da superfície da Terra. Assim, g não é igual em todos os pontos da superfície.
2. ***A Terra não é uma esfera.*** A Terra tem a forma aproximada de um elipsoide; é achatada nos polos e saliente no equador. A diferença entre o raio equatorial (distância entre o centro da Terra e o equador) e o raio polar (distância entre o centro da Terra e os polos) é da ordem de 21 km. Assim, um ponto em um dos polos está mais próximo do centro da Terra do que um ponto no equador. Essa é uma das razões pelas quais a aceleração de queda livre g ao nível do mar aumenta à medida que nos afastamos do equador em direção a um dos polos.
3. ***A Terra está girando.*** O eixo de rotação passa pelos polos norte e sul da Terra. Um objeto localizado em qualquer lugar da superfície da Terra, exceto nos polos, descreve uma circunferência em torno do eixo de rotação e, portanto, possui uma aceleração centrípeta dirigida para o centro da circunferência. Essa aceleração centrípeta é produzida por uma força centrípeta que também está dirigida para o centro.

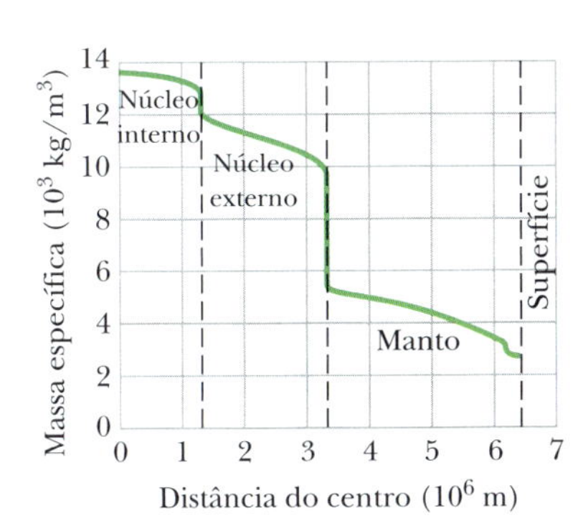

Figura 13.3.1 Massa específica da Terra em função da distância do centro. Os limites do núcleo sólido interno, do núcleo externo semilíquido e do manto sólido são claramente visíveis, mas a crosta da Terra é fina demais para ser mostrada no gráfico.

Para compreendermos de que forma a rotação da Terra faz com que g seja diferente de a_g, vamos analisar uma situação simples na qual um caixote de massa m está em uma balança no equador. A Fig. 13.3.2*a* mostra a situação observada de um ponto do espaço acima do polo norte.

A Fig. 13.3.2*b*, um diagrama de corpo livre, mostra as duas forças que agem sobre o caixote, ambas orientadas ao longo da reta que liga o centro da Terra ao caixote. A força normal $\vec{F}_N$ exercida pela balança sobre o caixote é dirigida para fora da Terra, no sentido positivo do eixo r. A força gravitacional, representada pela força equivalente $m\vec{a}_g$, é dirigida para dentro da Terra. Como se move em uma circunferência por causa da rotação da Terra, o caixote possui uma aceleração centrípeta $\vec{a}$ dirigida para o centro da Terra. De acordo com a Eq. 10.3.7 ($a_r = \omega^2 r$), a aceleração centrípeta do caixote é igual a $\omega^2 R$, em que ω é a velocidade angular da Terra e R é o raio da circunferência

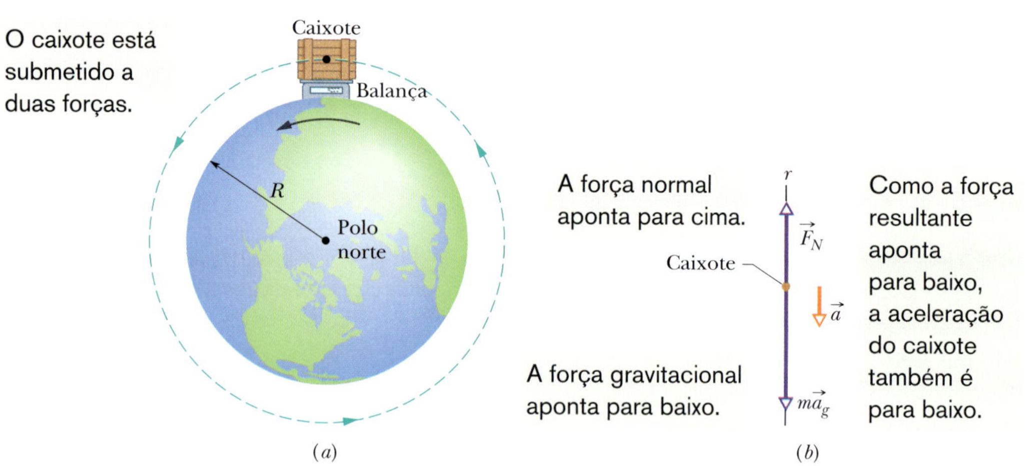

Figura 13.3.2 (*a*) Caixote em uma balança no equador da Terra, visto por um observador posicionado no eixo de rotação da Terra, em um ponto acima do polo norte. (*b*) Diagrama de corpo livre do caixote, com um eixo *r* na direção da reta que liga o caixote ao centro da Terra. A força gravitacional que age sobre o caixote está representada pelo vetor $m\vec{a}_g$. A força normal exercida pela balança sobre o caixote é $\vec{F}_N$. Devido à rotação da Terra, o caixote possui uma aceleração centrípeta $\vec{a}$ dirigida para o centro da Terra.

(aproximadamente o raio da Terra). Assim, podemos escrever a segunda lei de Newton para as forças ao longo do eixo r ($F_{\text{res},r} = ma_r$) na forma

$$F_N - ma_g = m(-\omega^2 R). \tag{13.3.4}$$

O módulo F_N da força normal é igual ao peso mg indicado pela balança. Substituindo F_N por mg, a Eq. 13.3.4 se torna

$$mg = ma_g - m(\omega^2 R), \tag{13.3.5}$$

ou, em palavras,

$$\begin{pmatrix}\text{peso}\\ \text{medido}\end{pmatrix} = \begin{pmatrix}\text{módulo da}\\ \text{força gravitacional}\end{pmatrix} - \begin{pmatrix}\text{massa vezes}\\ \text{aceleração centrípeta}\end{pmatrix}$$

Assim, a rotação da Terra faz com que o peso medido seja menor que a força gravitacional que age sobre o caixote.

Diferença das Acelerações. Para obter uma expressão correspondente para g e a_g, cancelamos m na Eq. 13.3.5, o que nos dá

$$g = a_g - \omega^2 R, \tag{13.3.6}$$

ou, em palavras,

$$\begin{pmatrix}\text{aceleração de}\\ \text{queda livre}\end{pmatrix} = \begin{pmatrix}\text{aceleração}\\ \text{gravitacional}\end{pmatrix} - \begin{pmatrix}\text{aceleração}\\ \text{centrípeta}\end{pmatrix}.$$

Assim, a rotação da Terra faz com que aceleração de queda livre seja menor que a aceleração da gravidade.

Equador. A diferença entre as acelerações g e a_g é igual a $\omega^2 R$ e é máxima no equador, já que o raio R da circunferência descrita pelo caixote é máximo no equador. Para estimar a diferença, podemos usar a Eq. 10.1.5 ($\omega = \Delta\theta/\Delta t$) e o raio médio da Terra, $R = 6{,}37 \times 10^6$ m. Para uma rotação da Terra, $\theta = 2\pi$ rad e o período Δt é aproximadamente 24 h. Usando esses valores (e convertendo horas para segundos), descobrimos que a diferença entre a_g e g é apenas cerca de 0,034 m/s² (um valor muito pequeno em comparação com 9,8 m/s²). Assim, desprezar a diferença entre as acelerações g e a_g constitui, na maioria dos casos, uma aproximação razoável. Da mesma forma, desprezar a diferença entre o peso e o módulo da força gravitacional constitui, na maioria das vezes, uma aproximação razoável.

Teste 13.3.1

No caso de um planeta ideal, com uma distribuição homogênea de massa e um movimento de rotação, o valor de g em latitudes médias é maior, menor ou igual ao valor de g no equador?

Exemplo 13.3.1 Diferença entre a aceleração da cabeça e a aceleração dos pés  13.1

(a) Uma astronauta cuja altura h é 1,70 m flutua "com os pés para baixo" em um ônibus espacial em órbita a uma distância $r = 6{,}77 \times 10^6$ m do centro da Terra. Qual é a diferença entre a aceleração gravitacional dos pés e a aceleração da cabeça da astronauta?

IDEIAS-CHAVE

Podemos aproximar a Terra por uma esfera homogênea de massa M_T. De acordo com a Eq. 13.3.3, a aceleração gravitacional a qualquer distância r do centro da Terra é

$$a_g = \frac{GM_T}{r^2}. \tag{13.3.7}$$

Poderíamos simplesmente aplicar essa equação duas vezes, primeiro com $r = 6{,}77 \times 10^6$ m para os pés e depois com $r = 6{,}77 \times 10^6$ m + 1,70 m para a cabeça. Entretanto, como h é muito menor que r, uma calculadora forneceria o mesmo valor para a_g nos dois casos e, portanto, obteríamos uma diferença nula. Outra abordagem é mais produtiva: Como é muito pequena a diferença dr entre a distância dos pés e a distância da cabeça da astronauta e o centro da Terra, vamos diferenciar a Eq. 13.3.7 em relação a r.

Cálculos: Diferenciando a Eq. 13.3.7, obtemos

$$da_g = -2\frac{GM_T}{r^3}\,dr, \tag{13.3.8}$$

em que da_g é o acréscimo da aceleração gravitacional em consequência de um acréscimo dr da distância ao centro da Terra. No caso da astronauta, $dr = h$ e $r = 6{,}77 \times 10^6$ m. Substituindo os valores conhecidos na Eq. 13.3.8, obtemos:

$$da_g = -2\frac{(6{,}67 \times 10^{-11}\ \text{m}^3/\text{kg}\cdot\text{s}^2)(5{,}98 \times 10^{24}\ \text{kg})}{(6{,}77 \times 10^6\ \text{m})^3}(1{,}70\ \text{m})$$

$$= -4{,}37 \times 10^{-6}\ \text{m/s}^2, \qquad \text{(Resposta)}$$

em que o valor de M_T foi obtido no Apêndice C. O resultado significa que a aceleração gravitacional dos pés da astronauta em direção à Terra é ligeiramente maior que a aceleração da cabeça. A diferença entre as acelerações (conhecida como *efeito maré*) tende a esticar o corpo da astronauta, mas é tão pequena que não pode ser percebida.

(b) Se a mesma astronauta está "de pés para baixo" em uma nave espacial em órbita com o mesmo raio $r = 6{,}77 \times 10^6$ m em torno de um buraco negro de massa $M_b = 1{,}99 \times 10^{31}$ kg (10 vezes a massa do Sol), qual é a diferença entre a aceleração gravitacional dos pés e da cabeça? O buraco negro possui uma superfície (chamada *horizonte de eventos*) de raio $R_b = 2GM_b/c^2 \approx 1{,}48 \times 10^{-27}M_b = 2{,}95 \times 10^4$ m, em que c é a velocidade da luz. Nada, nem mesmo a luz, pode escapar dessa superfície ou de qualquer ponto do interior. Note que a astronauta está bem longe do horizonte de eventos ($r = 229R_b$).

Cálculos: Mais uma vez, temos uma variação dr entre os pés e a cabeça da astronauta e podemos empregar a Eq. 13.3.8. Agora, porém, em vez de M_T, temos de usar $M_b = 1{,}99 \times 10^{31}$ kg. O resultado é

$$da_g = -2\frac{(6{,}67 \times 10^{-11}\ \text{m}^3/\text{kg}\cdot\text{s}^2)(1{,}99 \times 10^{31}\ \text{kg})}{(6{,}77 \times 10^6\ \text{m})^3}(1{,}70\ \text{m})$$

$$= -14{,}5\ \text{m/s}^2. \qquad \text{(Resposta)}$$

Isso significa que a aceleração gravitacional dos pés da astronauta em direção ao buraco negro é bem maior que a da cabeça. A força resultante seria suportável, mas dolorosa. Se a astronauta se aproximasse do buraco negro, a força de estiramento aumentaria drasticamente.

13.4 GRAVITAÇÃO NO INTERIOR DA TERRA

Objetivos do Aprendizado

Depois de ler este módulo, você será capaz de ...

13.4.1 Saber que é sempre nula a força gravitacional exercida por uma casca homogênea de matéria sobre partículas situadas no interior da casca.

13.4.2 Calcular a força gravitacional exercida por uma esfera homogênea de matéria sobre partículas situadas no interior da esfera.

Ideias-Chave

- A força gravitacional exercida por uma casca homogênea de matéria sobre partículas situadas no interior da casca é sempre nula.
- A força gravitacional $\vec{F}$ exercida por uma esfera homogênea de matéria sobre uma partícula de massa m situada a uma distância r do centro da esfera se deve apenas à massa M_{int} de uma "esfera interna" de raio r:

$$M_{\text{int}} = \tfrac{4}{3}\pi r^3 \rho = \frac{M}{R^3} r^3,$$

em que ρ é a massa específica da esfera, R é o raio da esfera e M é a massa da esfera. Podemos substituir a esfera interna por uma partícula de mesma massa situada no centro da esfera e usar a lei da gravitação de Newton para partículas. O resultado é

$$F = \frac{GmM}{R^3} r.$$

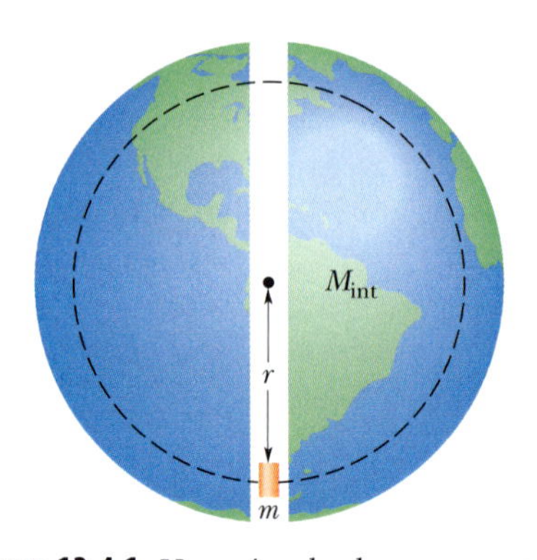

Figura 13.4.1 Uma cápsula, de massa m, cai a partir do repouso através de um túnel que liga os polos norte e sul da Terra. Quando a cápsula está a uma distância r do centro da Terra, a parte da massa da Terra que está contida em uma esfera com esse raio é M_{int}.

Gravitação no Interior da Terra 13.4 13.2

O teorema das cascas de Newton também pode ser aplicado a uma situação na qual a partícula se encontra *no interior* de uma casca homogênea, para demonstrar o seguinte:

Uma casca homogênea de matéria não exerce força gravitacional sobre uma partícula localizada no interior da casca.

Atenção: Essa afirmação *não* significa que as forças gravitacionais exercidas pelas partículas da casca sobre a partícula considerada desaparecem magicamente, e sim que a *resultante* das forças gravitacionais que agem sobre a partícula é nula.

Se a massa da Terra fosse uniformemente distribuída, a força gravitacional que age sobre uma partícula seria máxima na superfície da Terra e decresceria à medida que a partícula se movesse para fora, afastando-se do planeta. Se a partícula se movesse para o interior da Terra, penetrando no poço de uma mina, por exemplo, a força gravitacional mudaria por duas razões: (1) tenderia a aumentar porque a partícula estaria se aproximando do centro da Terra; (2) tenderia a diminuir porque uma casca de material de espessura cada vez maior, localizada do lado de fora da partícula em relação ao centro da Terra, deixaria de contribuir para a força gravitacional.

Para obter uma expressão para a força gravitacional no interior de uma Terra homogênea, vamos usar o enredo de *De Polo a Polo*, um conto de ficção científica escrito por George Griffith em 1904. Na história, três exploradores usam uma cápsula para viajar em um túnel natural (fictício, é claro) que vai do polo sul ao polo norte. A Fig. 13.4.1 mostra a cápsula (de massa m) quando está a uma distância r do centro da Terra. Nesse instante, a força gravitacional resultante que age sobre a cápsula se deve à massa M_{int} de uma esfera de raio r (a massa no interior da linha tracejada), e não à massa total da Terra. Além disso, podemos supor que essa massa está concentrada em uma partícula situada no centro da Terra. Assim, de acordo com a Eq. 13.1.1, a força gravitacional que age sobre a cápsula é dada por

$$F = \frac{GmM_{int}}{r^2}. \tag{13.4.1}$$

Supondo que a massa da Terra está uniformemente distribuída, podemos igualar a massa específica ρ da esfera de raio r (em termos da massa M_{int} e do raio r) à massa específica da Terra inteira (em termos da massa total M e do raio R da Terra):

$$\text{massa específica} = \frac{\text{massa interna}}{\text{volume interno}} = \frac{\text{massa total}}{\text{volume total}},$$

$$\rho = \frac{M_{int}}{\frac{4}{3}\pi r^3} = \frac{M}{\frac{4}{3}\pi R^3}.$$

Explicitando M_{int}, obtemos

$$M_{int} = \tfrac{4}{3}\pi r^3 \rho = \frac{M}{R^3} r^3. \tag{13.4.2}$$

Substituindo a segunda expressão de M_{int} na Eq. 13.4.1, obtemos o módulo da força gravitacional que age sobre a cápsula em função da distância r entre a cápsula e o centro da Terra:

$$F = \frac{GmM}{R^3} r. \tag{13.4.3}$$

De acordo com a história de Griffith, à medida que a cápsula se aproxima do centro da Terra, a força gravitacional experimentada pelos exploradores aumenta assustadoramente, mas desaparece por um momento, quando a cápsula atinge o centro da Terra. Em seguida, a gravidade volta a assumir um valor elevado e começa a diminuir enquanto a cápsula atravessa a outra metade do túnel e chega ao polo norte. Com base na Eq. 13.4.3, vemos que, na realidade, a força diminui linearmente com a distância até que, exatamente no centro, a força se anula, voltando a aumentar gradualmente quando a cápsula se afasta do centro. Assim, Griffith acertou apenas quanto ao fato de a força gravitacional se anular no centro da Terra.

A Eq. 13.4.3 também pode ser escrita em termos do vetor força $\vec{F}$ e do vetor posição $\vec{r}$ da cápsula. Representando por K as constantes da Eq. 13.4.3, a equação vetorial se torna

$$\vec{F} = -K\vec{r}, \tag{13.4.4}$$

em que o sinal negativo indica que $\vec{F}$ e $\vec{r}$ têm sentidos opostos. A Eq. 13.4.4 tem uma forma semelhante à da lei de Hooke (Eq. 7.4.1, $\vec{F} = -k\vec{d}$). Assim, nas condições idealizadas da história de Griffith, a cápsula oscilaria como um bloco preso a uma mola, com o centro das oscilações no centro da Terra. Após ter caído do polo sul até o centro da Terra, a cápsula viajaria do centro até o polo norte (como Griffith afirmou) e depois voltaria ao polo norte, repetindo o ciclo para sempre.

Na Terra de verdade, que possui uma distribuição de massa não uniforme (Fig. 13.3.1), a força sobre a cápsula *aumentaria* inicialmente, atingiria um valor máximo a certa profundidade, e depois passaria a diminuir até chegar a zero no centro da Terra.

Teste 13.4.1

(a) No caso de um planeta ideal (cujo movimento de rotação pode ser desprezado), a aceleração gravitacional aumenta, diminui ou permanece a mesma quando descemos em um túnel vertical? (b) Em um ponto de raio r do interior do planeta, o que determina a aceleração gravitacional: a massa de uma casca esférica de raio interno r ou a massa de uma esfera de raio r?

13.5 ENERGIA POTENCIAL GRAVITACIONAL

Objetivos do Aprendizado

Depois de ler este módulo, você será capaz de ...

13.5.1 Calcular a energia potencial gravitacional de um sistema de partículas (ou de esferas homogêneas, que podem ser tratadas como partículas).

13.5.2 Saber que, se uma partícula se desloca de um ponto inicial para um ponto final sob a ação de uma força gravitacional, o trabalho realizado pela força (e, portanto, a variação da energia potencial gravitacional) não depende da trajetória da partícula.

13.5.3 Calcular o trabalho executado pela força gravitacional de um corpo celeste sobre uma partícula.

13.5.4 Aplicar a lei de conservação da energia mecânica (que inclui a energia potencial gravitacional) ao movimento de uma partícula em relação a um corpo celeste.

13.5.5 Calcular a energia necessária para que uma partícula escape da atração gravitacional de um corpo celeste.

13.5.6 Calcular a velocidade de escape de uma partícula situada nas proximidades de um corpo celeste.

Ideias-Chave

- A energia potencial gravitacional $U(r)$ de um sistema de duas partículas, de massas M e m, separadas por uma distância r, é o negativo do trabalho que seria realizado pela força gravitacional de uma das partículas para reduzir a distância entre as partículas de uma distância infinita (um valor muito grande) para uma distância r. Essa energia é dada por

$$U = -\frac{GMm}{r} \quad \text{(energia potencial gravitacional)}.$$

- Se um sistema contém mais de duas partículas, a energia potencial gravitacional total é a soma das energias potenciais de todos os pares de partículas. No caso de três partículas de massas m_1, m_2 e m_3, por exemplo,

$$U = -\left(\frac{Gm_1m_2}{r_{12}} + \frac{Gm_1m_3}{r_{13}} + \frac{Gm_2m_3}{r_{23}}\right).$$

- Um objeto escapará da atração gravitacional de um corpo celeste, de massa M e raio R (ou seja, atingirá uma distância infinita), se a velocidade do objeto nas vizinhanças da superfície do corpo celeste for igual ou maior que a velocidade de escape, fornecida por

$$v = \sqrt{\frac{2GM}{R}}.$$

Energia Potencial Gravitacional (BT) 13.5

No Módulo 8.1, analisamos a energia potencial gravitacional de um sistema partícula-Terra. Supusemos que a partícula estava nas proximidades da superfície da Terra para que a força gravitacional fosse aproximadamente constante, e escolhemos uma configuração de referência do sistema para a qual a energia potencial gravitacional fosse nula. Essa configuração de referência foi tomada como aquela na qual a partícula estava na superfície da Terra. Para partículas fora da superfície da Terra, a energia potencial gravitacional diminuía quando a distância entre a partícula e a Terra diminuía.

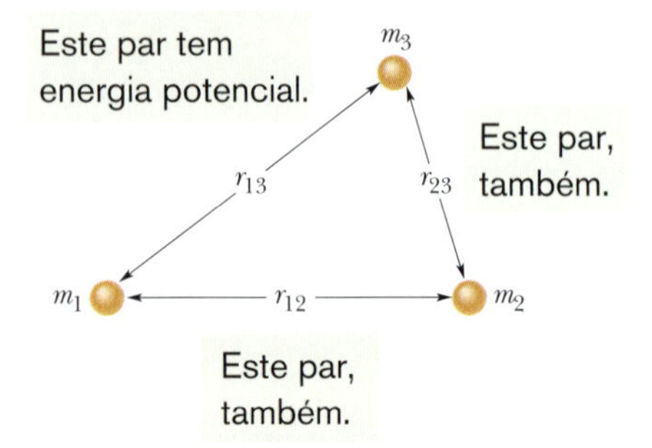

Figura 13.5.1 Sistema formado por três partículas. A energia potencial gravitacional *do sistema* é a soma das energias potenciais gravitacionais dos três pares de partículas.

Vamos agora alargar nossa visão e considerar a energia potencial gravitacional U de duas partículas, de massas m e M, separadas por uma distância r. Mais uma vez, vamos escolher uma configuração de referência com U igual a zero. Entretanto, para simplificar as equações, a distância r na configuração de referência agora será tão grande que podemos considerá-la *infinita*. Como antes, a energia potencial gravitacional diminui quando a distância diminui. Como $U = 0$ para $r = \infty$, a energia potencial é negativa para qualquer distância finita e se torna progressivamente mais negativa à medida que as partículas se aproximam.

Com esses fatos em mente, tomamos, como justificaremos a seguir, a energia potencial gravitacional do sistema de duas partículas como

$$U = -\frac{GMm}{r} \quad \text{(energia potencial gravitacional).} \tag{13.5.1}$$

Note que $U(r)$ tende a zero quando r tende a infinito e que, para qualquer valor finito de r, o valor de $U(r)$ é negativo.

Modos de Falar. A energia potencial dada pela Eq. 13.5.1 é uma propriedade do sistema de duas partículas, e não de cada partícula isoladamente. Não é possível dividir essa energia e afirmar que uma parte pertence a uma das partículas e o restante pertence à outra. Entretanto, se $M \gg m$, como acontece no caso do sistema formado pela Terra (de massa M) e uma bola de tênis (de massa m), frequentemente falamos da "energia potencial da bola de tênis". Podemos falar assim porque, quando uma bola de tênis se move nas proximidades da superfície da Terra, as variações de energia potencial do sistema bola-Terra aparecem quase inteiramente como variações da energia cinética da bola de tênis, já que as variações da energia cinética da Terra são pequenas demais para serem medidas. Analogamente, no Módulo 13.7, vamos falar da "energia potencial de um satélite artificial" em órbita da Terra porque a massa do satélite é muito menor que a massa da Terra. Por outro lado, quando falamos da energia potencial de corpos de massas comparáveis, devemos ter o cuidado de tratá-los como um sistema.

Várias Partículas. Se nosso sistema contém mais de duas partículas, consideramos cada par de partículas separadamente, calculamos a energia potencial gravitacional desse par usando a Eq. 13.5.1 como se as outras partículas não estivessem presentes, e somamos algebricamente os resultados. Aplicando a Eq. 13.5.1 a cada um dos três pares de partículas da Fig. 13.5.1, por exemplo, obtemos a seguinte equação para a energia potencial do sistema:

$$U = -\left(\frac{Gm_1m_2}{r_{12}} + \frac{Gm_1m_3}{r_{13}} + \frac{Gm_2m_3}{r_{23}}\right). \tag{13.5.2}$$

Demonstração da Equação 13.5.1

Suponha que uma bola de tênis seja lançada verticalmente para cima a partir da superfície da Terra, como na Fig. 13.5.2. Estamos interessados em obter uma expressão para a energia potencial gravitacional U da bola no ponto P da trajetória, a uma distância radial R do centro da Terra. Para isso, calculamos o trabalho W realizado sobre a bola pela força gravitacional enquanto a bola se move do ponto P até uma distância muito grande (infinita) da Terra. Como a força gravitacional $\vec{F}(r)$ é uma força variável (o módulo depende de r), devemos usar as técnicas do Módulo 7.5 para calcular o trabalho. Em notação vetorial, podemos escrever

$$W = \int_R^\infty \vec{F}(r) \cdot d\vec{r}. \tag{13.5.3}$$

A integral contém o produto escalar da força $\vec{F}(r)$ pelo vetor deslocamento diferencial $d\vec{r}$ ao longo da trajetória da bola. Expandindo o produto, obtemos a equação

$$\vec{F}(r) \cdot d\vec{r} = F(r)\, dr \cos\phi, \tag{13.5.4}$$

em que ϕ é o ângulo entre $\vec{F}(r)$ e $d\vec{r}$. Quando substituímos ϕ por 180° e $F(r)$ pelo seu valor, dado pela Eq. 13.1.1, a Eq. 13.5.4 se torna

$$\vec{F}(r) \cdot d\vec{r} = -\frac{GMm}{r^2}\, dr,$$

em que M é a massa da Terra e m é a massa da bola.

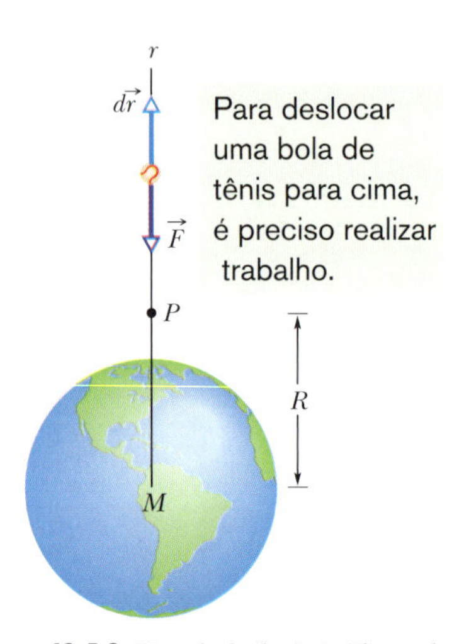

Figura 13.5.2 Uma bola de tênis é lançada verticalmente para cima a partir da superfície da Terra, passando pelo ponto P a uma distância R do centro da Terra. A força gravitacional $\vec{F}$ que age sobre a bola e o vetor deslocamento diferencial $d\vec{r}$ estão representados ao longo de um eixo radial r.

Substituindo na Eq. 13.5.3 e integrando, obtemos

$$W = -GMm\int_R^\infty \frac{1}{r^2}\,dr = \left[\frac{GMm}{r}\right]_R^\infty$$

$$= 0 - \frac{GMm}{R} = -\frac{GMm}{R}, \qquad (13.5.5)$$

em que W é o trabalho necessário para deslocar a bola do ponto P (a uma distância R) até o infinito. A Eq. 8.1.1 ($\Delta U = -W$) nos diz que também podemos escrever esse trabalho em termos de energias potenciais como

$$U_\infty - U = -W.$$

Como a energia potencial no infinito U_∞ é nula, U é a energia potencial em P, e W é dado pela Eq. 13.5.5, essa equação se torna

$$U = W = -\frac{GMm}{R}.$$

Substituindo R por r, obtemos a Eq. 13.5.1, que queríamos demonstrar.

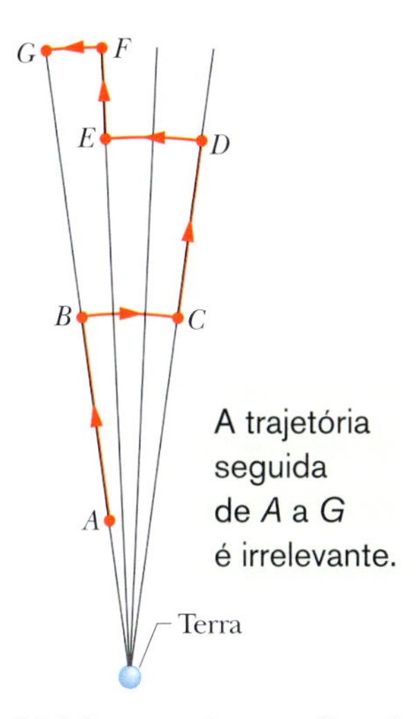

Figura 13.5.3 Perto da superfície da Terra, uma bola de tênis é deslocada do ponto A para o ponto G ao longo de uma trajetória formada por segmentos radiais e arcos de circunferência.

Independência da Trajetória

Na Fig. 13.5.3, deslocamos uma bola de tênis do ponto A para o ponto G ao longo de uma trajetória composta por três segmentos radiais e três arcos de circunferência (com o centro no centro da Terra). Estamos interessados no trabalho total W realizado pela força gravitacional $\vec{F}$ que a Terra exerce sobre a bola quando esta se desloca do ponto A até o ponto G. O trabalho realizado ao longo dos arcos de circunferência é nulo, já que $\vec{F}$ é perpendicular aos arcos em todos os pontos. Assim, W é a soma apenas dos trabalhos realizados pela força $\vec{F}$ ao longo dos três segmentos radiais.

Suponha agora que reduzimos mentalmente o comprimento dos arcos para zero. Nesse caso, estamos deslocando a bola de A para G ao longo de um único segmento radial. O valor de W é diferente? Não. Como nenhum trabalho é realizado ao longo dos arcos, sua eliminação não muda o valor do trabalho. A trajetória seguida de A a G é diferente, mas o trabalho realizado por $\vec{F}$ é o mesmo.

Esse tipo de resultado foi discutido, de forma geral, no Módulo 8.1. O fato é que a força gravitacional é uma força conservativa. Assim, o trabalho realizado pela força gravitacional sobre uma partícula que se move de um ponto inicial i para um ponto final f não depende da trajetória seguida entre os pontos. De acordo com a Eq. 8.1.1, a variação ΔU da energia potencial gravitacional do ponto i para o ponto f é dada por

$$\Delta U = U_f - U_i = -W. \qquad (13.5.6)$$

Como o trabalho W realizado por uma força conservativa é independente da trajetória seguida pela partícula, a variação ΔU da energia potencial gravitacional *também é independente* da trajetória.

Energia Potencial e Força

Na demonstração da Eq. 13.5.1, deduzimos a função energia potencial $U(r)$ a partir da função força $\vec{F}(r)$. Poderíamos ter seguido o caminho inverso, ou seja, deduzido a função força a partir da função energia potencial. Guiados pela Eq. 8.3.2 [$F(x) = -dU(x)/dx$], podemos escrever

$$F = -\frac{dU}{dr} = -\frac{d}{dr}\left(-\frac{GMm}{r}\right)$$

$$= -\frac{GMm}{r^2}. \qquad (13.5.7)$$

Essa é a lei da gravitação de Newton (Eq. 13.1.1). O sinal negativo significa que a força exercida sobre a massa m aponta no sentido de valores menores de r, em direção à massa M.

Velocidade de Escape 13.6

Quando lançamos um projétil para cima, normalmente ele diminui de velocidade, para momentaneamente e cai de volta na Terra. Para velocidades maiores que certo valor, porém, o projétil continua a subir indefinidamente e sua velocidade somente se anula (pelo menos na teoria) a uma distância infinita da Terra. O menor valor da velocidade para que isso ocorra é chamado **velocidade de escape** (da Terra).

Considere um projétil de massa m deixando a superfície de um planeta (ou outro astro qualquer) com a velocidade de escape v. O projétil possui uma energia cinética K dada por $\frac{1}{2}mv^2$ e uma energia potencial U dada pela Eq. 13.5.1:

$$U = -\frac{GMm}{R},$$

em que M e R são, respectivamente, a massa e o raio do planeta.

Quando o projétil atinge o infinito, ele para e, portanto, não possui mais energia cinética. Também não possui energia potencial gravitacional, pois uma distância infinita entre dois corpos corresponde à configuração que escolhemos como referência de energia potencial nula. A energia total do projétil no infinito é, portanto, zero. De acordo com a lei de conservação da energia, a energia total do projétil na superfície do planeta também deve ter sido nula, de modo que

$$K + U = \tfrac{1}{2}mv^2 + \left(-\frac{GMm}{R}\right) = 0.$$

Isso nos dá

$$v = \sqrt{\frac{2GM}{R}}. \tag{13.5.8}$$

Note que v não depende da direção em que o projétil é lançado. Entretanto, é mais fácil atingir essa velocidade se o projétil for lançado na direção para a qual o local de lançamento está se movendo por causa da rotação do planeta. Assim, por exemplo, os foguetes americanos são lançados na direção leste em Cabo Canaveral para aproveitar a velocidade local para o leste, de cerca de 1.500 km/h, em consequência da rotação da Terra.

A Eq. 13.5.8 pode ser usada para calcular a velocidade de escape de um projétil a partir da superfície de qualquer corpo celeste, tomando M como a massa do corpo e R como o raio. A Tabela 13.5.1 mostra algumas velocidades de escape.

Tabela 13.5.1 Algumas Velocidades de Escape

Astro	Massa (kg)	Raio (m)	Velocidade de Escape (km/s)
Ceres[a]	$1{,}17 \times 10^{21}$	$3{,}8 \times 10^{5}$	0,64
Lua[a]	$7{,}36 \times 10^{22}$	$1{,}74 \times 10^{6}$	2,38
Terra	$5{,}98 \times 10^{24}$	$6{,}37 \times 10^{6}$	11,2
Júpiter	$1{,}90 \times 10^{27}$	$7{,}15 \times 10^{7}$	59,5
Sol	$1{,}99 \times 10^{30}$	$6{,}96 \times 10^{8}$	618
Sirius B[b]	2×10^{30}	1×10^{7}	5.200
Estrela de nêutrons[c]	2×10^{30}	1×10^{4}	2×10^{5}

[a]O maior asteroide.
[b]Uma *anã branca* (estrela em um estágio final de evolução) que é companheira da estrela Sirius.
[c]O núcleo denso de uma estrela que se transformou em *supernova*.

Teste 13.5.1

Você afasta uma bola, de massa m, de uma esfera de massa M. (a) A energia potencial gravitacional do sistema bola-esfera aumenta ou diminui? (b) O trabalho realizado pela força gravitacional com a qual a bola e a esfera se atraem é positivo ou negativo?

Exemplo 13.5.1 Energia mecânica de um asteroide

Um asteroide, em rota de colisão com a Terra, tem uma velocidade de 12 km/s em relação ao planeta quando está a uma distância de 10 raios terrestres do centro da Terra. Desprezando os efeitos da atmosfera sobre o asteroide, determine a velocidade do asteroide, v_f, ao atingir a superfície da Terra.

IDEIAS-CHAVE

Como estamos desprezando os efeitos da atmosfera sobre o asteroide, a energia mecânica do sistema asteroide-Terra é conservada durante a queda. Assim, a energia mecânica final (no instante em que o asteroide atinge a superfície da Terra) é igual à energia mecânica inicial. Chamando a energia cinética de K e a energia potencial gravitacional de U, essa relação pode ser escrita na forma

$$K_f + U_f = K_i + U_i. \qquad (13.5.9)$$

Supondo que o sistema é isolado, o momento linear do sistema também é conservado durante a queda. Assim, as variações do momento linear do asteroide e da Terra devem ter o mesmo módulo e sinais opostos. Entretanto, como a massa da Terra é muito maior que a massa do asteroide, a variação da velocidade da Terra é desprezível em relação à variação da velocidade do asteroide, ou seja, a variação da energia cinética da Terra pode ser desprezada. Assim, podemos supor que as energias cinéticas na Eq. 13.5.9 são apenas as do asteroide.

Cálculos: Sejam m a massa do asteroide e M a massa da Terra ($5{,}98 \times 10^{24}$ kg). O asteroide está inicialmente a uma distância $10R_T$ do centro da Terra e no final a uma distância R_T, em que R_T é o raio da Terra ($6{,}37 \times 10^6$ m). Substituindo U pelo seu valor, dado pela Eq. 13.5.1, e K por $\frac{1}{2}mv^2$, a Eq. 13.5.9 se torna

$$\tfrac{1}{2}mv_f^2 - \frac{GMm}{R_T} = \tfrac{1}{2}mv_i^2 - \frac{GMm}{10R_T}.$$

Reagrupando os termos e substituindo os valores conhecidos, obtemos

$$\begin{aligned} v_f^2 &= v_i^2 + \frac{2GM}{R_T}\left(1 - \frac{1}{10}\right) \\ &= (12 \times 10^3 \text{ m/s})^2 \\ &\quad + \frac{2(6{,}67 \times 10^{-11} \text{ m}^3/\text{kg}\cdot\text{s}^2)(5{,}98 \times 10^{24} \text{ kg})}{6{,}37 \times 10^6 \text{ m}} 0{,}9 \\ &= 2{,}567 \times 10^8 \text{ m}^2/\text{s}^2, \end{aligned}$$

e

$$v_f = 1{,}60 \times 10^4/\text{ms} = 16 \text{ km/s}. \qquad \text{(Resposta)}$$

A essa velocidade, o asteroide não precisaria ser muito grande para causar danos consideráveis. Se tivesse 5 m de diâmetro, o choque liberaria aproximadamente tanta energia quanto a explosão nuclear de Hiroshima. Na verdade, existem cerca de 500 milhões de asteroides desse tamanho nas proximidades da órbita da Terra, e, em 1994, um deles aparentemente penetrou na atmosfera da Terra e explodiu 20 km acima do Pacífico Sul (acionando alarmes de explosão nuclear em seis satélites militares).

13.6 PLANETAS E SATÉLITES: AS LEIS DE KEPLER

Objetivos do Aprendizado

Depois de ler este módulo, você será capaz de ...

13.6.1 Conhecer as três leis de Kepler.

13.6.2 Saber qual das leis de Kepler é equivalente à lei de conservação do momento angular.

13.6.3 Localizar, no desenho de uma órbita elíptica, o semieixo maior, o periélio, o afélio e os pontos focais.

13.6.4 Conhecer a relação entre o semieixo maior, a excentricidade, o periélio e o afélio de uma órbita elíptica.

13.6.5 Conhecer a relação entre o período e o raio da órbita de um satélite natural ou artificial em torno de um corpo celeste e a massa do corpo celeste.

Ideia-Chave

- O movimento de planetas e satélites, tanto naturais como artificiais, obedece às três leis de Kepler, que, no caso particular dos planetas do sistema solar, podem ser enunciadas da seguinte forma:

1. *Lei das órbitas*. Todos os planetas descrevem órbitas elípticas, com o Sol em um dos focos.
2. *Lei das áreas*. A reta que liga qualquer planeta ao Sol varre a mesma área no mesmo intervalo de tempo. (Essa lei é equivalente à lei de conservação do momento angular.)
3. *Lei dos períodos*. O quadrado do período T de qualquer planeta é proporcional ao cubo do semieixo maior a da órbita:

$$T^2 = \left(\frac{4\pi^2}{GM}\right)a^3 \quad \text{(lei dos períodos)},$$

em que M é a massa do Sol.

Figura 13.6.1 Trajetória de Marte em relação às estrelas da constelação de Capricórnio durante o ano de 1971. A posição do planeta está assinalada em quatro dias específicos. Como tanto Marte como a Terra estão se movendo em torno do Sol, o que vemos é a posição de Marte em relação a nós; esse movimento relativo faz com que Marte, às vezes, pareça se mover no sentido oposto ao de sua trajetória normal.

Planetas e Satélites: As Leis de Kepler 13.7

Desde tempos imemoriais, os movimentos aparentemente aleatórios dos planetas em relação às estrelas intrigaram os observadores do céu. O movimento retrógrado de Marte, mostrado na Fig. 13.6.1, era particularmente enigmático. Johannes Kepler (1571–1630), após uma vida de estudos, descobriu as leis empíricas que governam esses movimentos. Tycho Brahe (1546–1601), o último dos grandes astrônomos a fazer observações sem o auxílio de um telescópio, compilou uma grande quantidade de dados a partir dos quais Kepler foi capaz de deduzir as três leis do movimento planetário que hoje levam o seu nome. Mais tarde, Newton (1642-1727) mostrou que as leis de Kepler são uma consequência da sua lei da gravitação.

Nesta seção, vamos discutir as três leis de Kepler. Embora tenham sido aplicadas originalmente ao movimento dos planetas em torno do Sol, as mesmas leis podem ser usadas para estudar o movimento de satélites, naturais ou artificiais, em volta da Terra ou de qualquer outro corpo cuja massa seja muito maior que a do satélite.

1. LEI DAS ÓRBITAS: Todos os planetas se movem em órbitas elípticas, com o Sol em um dos focos.

A Fig. 13.6.2 mostra um planeta, de massa m, que se move em órbita em torno do Sol, cuja massa é M. Sabemos que $M \gg m$, de modo que o centro de massa do sistema planeta-Sol está aproximadamente no centro do Sol.

A órbita da Fig. 13.6.2 é especificada pelo **semieixo maior** a e pela **excentricidade** e, a última definida de tal forma que ea é a distância do centro da elipse a um dos focos, F ou F'. *Uma excentricidade nula corresponde a uma circunferência*, na qual os dois focos se reduzem a um único ponto central. As excentricidades das órbitas dos planetas são tão pequenas que as órbitas parecem circulares se forem desenhadas em escala. A excentricidade da elipse da Fig. 13.6.2, por exemplo, é 0,74, enquanto a excentricidade da órbita da Terra é apenas 0,0167.

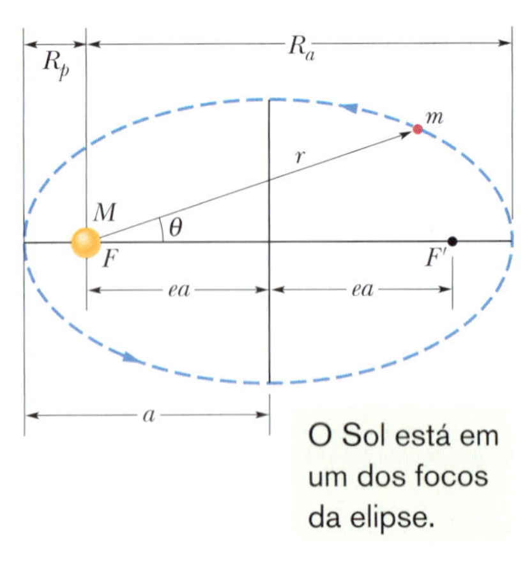

Figura 13.6.2 Um planeta, de massa m, em órbita elíptica em torno do Sol. O Sol, de massa M, ocupa um foco, F, da elipse. O outro foco, F', está localizado no espaço vazio. Os dois focos ficam a uma distância ea do centro, em que e é a excentricidade e a é o semieixo maior da elipse. A distância do periélio R_p (ponto mais próximo do Sol) e a distância do afélio R_a (ponto mais afastado do Sol) também são mostradas na figura.

2. LEI DAS ÁREAS: A reta que liga um planeta ao Sol varre áreas iguais no plano da órbita do planeta em intervalos de tempo iguais, ou seja, a taxa de variação dA/dt da área A com o tempo é constante.

Qualitativamente, a segunda lei nos diz que o planeta se move mais devagar quando está mais distante do Sol e mais depressa quando está mais próximo do Sol. Na realidade, a segunda lei de Kepler é uma consequência direta da lei de conservação do momento angular. Vamos provar esse fato.

A área da cunha sombreada na Fig. 13.6.3a é praticamente igual à área varrida no intervalo de tempo Δt pelo segmento de reta entre o Sol e o planeta, cujo comprimento é r. A área ΔA da cunha é aproximadamente igual à área de um triângulo de base $r\Delta\theta$ e altura r. Como a área de um triângulo é igual à metade da base vezes a altura, $\Delta A \approx \frac{1}{2}r^2\Delta\theta$. Essa expressão para ΔA se torna mais exata quando Δt (e, portanto, $\Delta\theta$) tende a zero. A taxa de variação instantânea é

$$\frac{dA}{dt} = \frac{1}{2}r^2\frac{d\theta}{dt} = \frac{1}{2}r^2\omega, \tag{13.6.1}$$

em que ω é a velocidade angular do segmento de reta que liga o Sol ao planeta.

A Fig. 13.6.3b mostra o momento linear $\vec{p}$ do planeta, juntamente com as componentes radial e perpendicular. De acordo com a Eq. 11.5.3 ($L = rp_\perp$), o módulo do momento angular $\vec{L}$ do planeta em relação ao Sol é dado pelo produto de r e $p_\perp$, a componente de $\vec{p}$ perpendicular a r. Para um planeta de massa m,

$$L = rp_\perp = (r)(mv_\perp) = (r)(m\omega r)$$
$$= mr^2\omega, \tag{13.6.2}$$

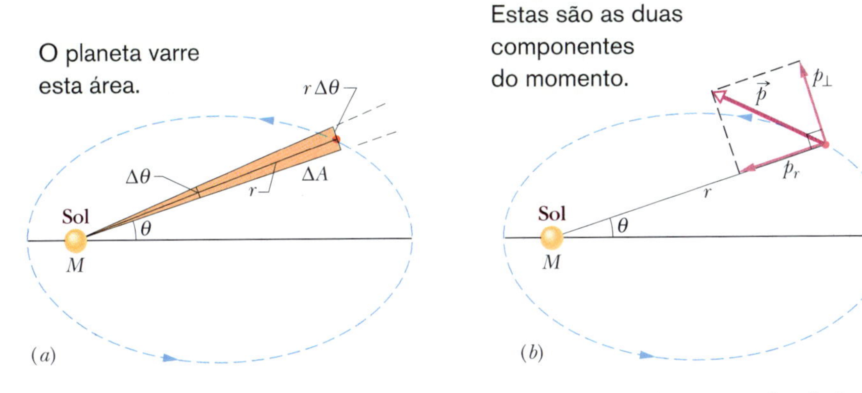

Figura 13.6.3 (*a*) No instante Δt, o segmento de reta r que liga o planeta ao Sol se desloca de um ângulo $\Delta\theta$, varrendo uma área ΔA (sombreada). (*b*) O momento linear $\vec{p}$ do planeta e suas componentes.

em que substituímos $v_\perp$ por ωr (Eq. 10.3.2). Combinando as Eqs. 13.6.1 e 13.6.2, obtemos

$$\frac{dA}{dt} = \frac{L}{2m}. \tag{13.6.3}$$

De acordo com a Eq. 13.6.3, a afirmação de Kepler de que dA/dt é constante equivale a dizer que L é constante, ou seja, que o momento angular é conservado. A segunda lei de Kepler é, portanto, equivalente à lei de conservação do momento angular.

3. LEI DOS PERÍODOS: O quadrado do período de qualquer planeta é proporcional ao cubo do semieixo maior da órbita.

Para compreender por que isso é verdade, considere a órbita circular da Fig. 13.6.4, de raio r (o raio de uma circunferência é equivalente ao semieixo maior de uma elipse). Aplicando a segunda lei de Newton ($F = ma$) ao planeta em órbita da Fig. 13.6.4, obtemos:

$$\frac{GMm}{r^2} = (m)(\omega^2 r). \tag{13.6.4}$$

Nesta equação, substituímos o módulo da força F pelo seu valor, dado pela Eq. 13.1.1, e usamos a Eq. 10.3.7 para substituir a aceleração centrípeta por $\omega^2 r$. Usando a Eq. 10.3.4 para substituir ω por $2\pi/T$, em que T é o período do movimento, obtemos a terceira lei de Kepler para órbitas circulares:

$$T^2 = \left(\frac{4\pi^2}{GM}\right) r^3 \quad \text{(lei dos períodos).} \tag{13.6.5}$$

em que a grandeza entre parênteses é uma constante que depende apenas da massa M do corpo central em torno do qual o planeta gira.

Essa equação também é válida para órbitas elípticas, desde que r seja substituído por a, o semieixo maior da elipse. Essa lei prevê que a razão T^2/a^3 tem praticamente o mesmo valor para todas as órbitas em torno de um mesmo corpo de grande massa. A Tabela 13.6.1 mostra que ela é válida para as órbitas de todos os planetas do sistema solar.

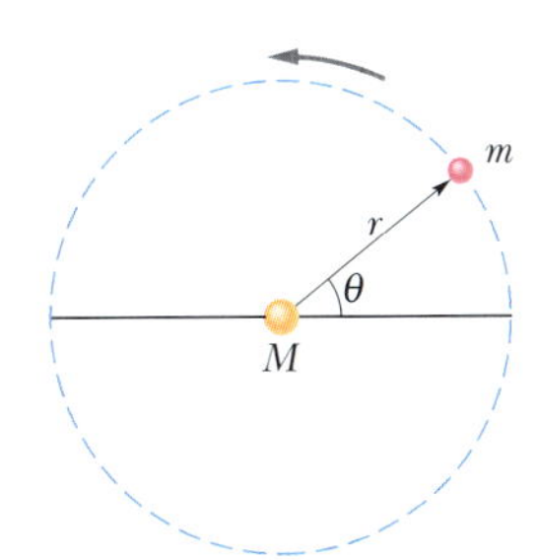

Figura 13.6.4 Um planeta de massa m girando em torno do Sol em uma órbita circular de raio r.

Tabela 13.6.1 Aplicação da Terceira Lei de Kepler aos Planetas do Sistema Solar

Planeta	Semieixo Maior a (10^{10} m)	Período T (anos)	T^2/a^3 (10^{-34} anos^2/m^3)
Mercúrio	5,79	0,241	2,99
Vênus	10,8	0,615	3,00
Terra	15,0	1,00	2,96
Marte	22,8	1,88	2,98
Júpiter	77,8	11,9	3,01
Saturno	143	29,5	2,98
Urano	287	84,0	2,98
Netuno	450	165	2,99
Plutão	590	248	2,99

Teste 13.6.1

O satélite 1 está em uma órbita circular em torno de um planeta, enquanto o satélite 2 está em uma órbita circular de raio maior. Qual dos satélites possui (a) o maior período e (b) a maior velocidade?

Exemplo 13.6.1 Detectando um buraco negro supermassivo

A Fig. 13.6.5 mostra a órbita observada da estrela S2 quando ela se move em torno de um objeto misterioso, não observado, chamado "Sagitário A*" (que se pronuncia "A estrela") localizado no centro da Via Láctea. Em 2020, Reinhard Genzel e Andrea Ghez receberam o Prêmio Nobel de física por suas observações. S2 gira em torno de Sagitário A* com um período $T = 15,2$ anos e um semieixo maior $a = 5,50$ dias-luz ($= 1,4256 \times 10^{14}$ m). Qual é a massa M de Sagitário A*?

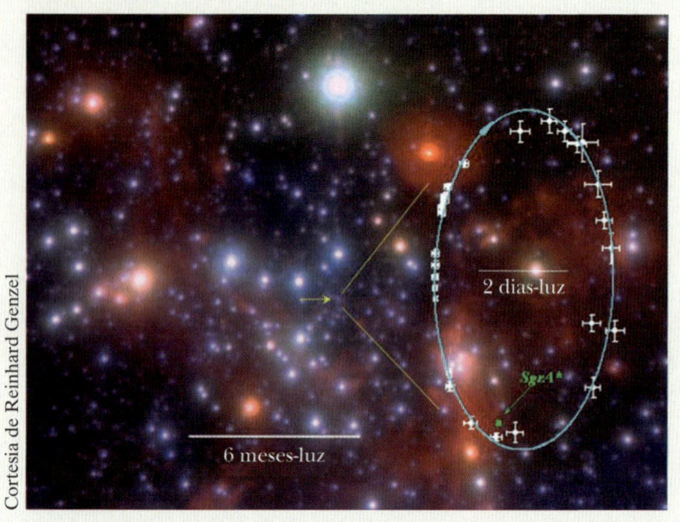

Figura 13.6.5 Órbita da estrela S2 em torno de Sagitário A* (Sgr A*). A órbita elíptica aparece distorcida porque não a vemos de uma posição verticalmente acima do plano orbital. As cruzes indicam as margens de erro nas diferentes posições de S2.

IDEIA-CHAVE

O período T e o semieixo maior a da órbita estão relacionados à massa M de Sagitário A* pela lei de períodos de Kepler.

Cálculos: De acordo com a Eq. 13.6.5, com a no lugar do raio r de uma órbita circular, temos:

$$T^2 = \left(\frac{4\pi^2}{GM}\right)a^3.$$

Explicitando M e substituindo os símbolos por seus valores, temos:

$$M = \frac{4\pi^2 a^3}{GT^2}$$

$$= \frac{4\pi^2(1,4256 \times 10^{14}\ \text{m})^3}{(6,67 \times 10^{-11}\ \text{N} \cdot \text{m}^2/\text{kg}^2)[(15,2\ \text{anos})(3,16 \times 10^7\ \text{s/ano})]^2}$$

$$= 7,43 \times 10^{36}\ \text{kg}.$$

Para tentar descobrir o que pode ser o objeto Sagitário A*, vamos dividir a massa do objeto pela massa do Sol ($M_{Sol} = 1,99 \times 10^{30}$ kg), o que nos dá

$$M = (3,7 \times 10^6)M_{Sol}.$$

Sagitário A* tem uma massa 3,7 milhões de vezes maior que a massa do Sol! Mesmo assim, até hoje não foi observado. Isso só pode querer dizer que se trata de um objeto extremamente compacto. Isso leva à conclusão de que Sagitário A* é um buraco negro *supermassivo*. Na verdade, observações recentes sugerem que existe um buraco negro supermassivo no centro da maioria das galáxias. Muitas fotos e filmes de estrelas em órbita em torno de Sagitário A* estão disponíveis na Internet; procure "buraco negro no centro da Via Láctea".

13.7 SATÉLITES: ÓRBITAS E ENERGIAS

Objetivos do Aprendizado

Depois de ler este módulo, você será capaz de ...

13.7.1 Calcular a energia potencial gravitacional, a energia cinética e a energia total de um satélite em uma órbita circular em torno de um corpo celeste.

13.7.2 Calcular a energia total de um satélite em uma órbita elíptica.

Ideia-Chave

- Quando um planeta ou satélite de massa m se move em uma órbita circular de raio r, a energia potencial U e a energia cinética K são dadas por

$$U = -\frac{GMm}{r} \quad \text{e} \quad K = \frac{GMm}{2r}.$$

A energia mecânica $E = K + U$ é, portanto,

$$E = -\frac{GMm}{2r}.$$

No caso de uma órbita elíptica de semieixo maior a,

$$E = -\frac{GMm}{2a}.$$

Satélites: Órbitas e Energias

Quando um satélite gira em torno da Terra em uma órbita elíptica, tanto a velocidade, que determina a energia cinética K, como a distância ao centro da Terra, que determina a energia potencial gravitacional U, variam com o tempo. Entretanto, a energia mecânica E do satélite permanece constante. (Como a massa do satélite é muito menor que a massa da Terra, atribuímos U e E do sistema satélite-Terra apenas ao satélite.)

A energia potencial do sistema é dada pela Eq. 13.5.1:

$$U = -\frac{GMm}{r}$$

(com $U = 0$ para uma distância infinita). A variável r é o raio da órbita do satélite, que supomos por enquanto que é circular, e M e m são as massas da Terra e do satélite, respectivamente.

Para determinar a energia cinética de um satélite em órbita circular, usamos a segunda lei de Newton ($F = ma$) para escrever

$$\frac{GMm}{r^2} = m\frac{v^2}{r}, \qquad (13.7.1)$$

em que v^2/r é a aceleração centrípeta do satélite. De acordo com a Eq. 13.7.1, a energia cinética é

$$K = \tfrac{1}{2}mv^2 = \frac{GMm}{2r}, \qquad (13.7.2)$$

que mostra que, para um satélite em uma órbita circular,

$$K = -\frac{U}{2} \quad \text{(órbita circular).} \qquad (13.7.3)$$

A energia mecânica total do satélite é

$$E = K + U = \frac{GMm}{2r} - \frac{GMm}{r}$$

ou

$$E = -\frac{GMm}{2r} \quad \text{(órbita circular).} \qquad (13.7.4)$$

Esse resultado mostra que, para um satélite em uma órbita circular, a energia total E é o negativo da energia cinética K:

$$E = -K \quad \text{(órbita circular).} \qquad (13.7.5)$$

Para um satélite em uma órbita elíptica com semieixo maior a, podemos substituir r por a na Eq. 13.7.4 para obter a energia mecânica:

$$E = -\frac{GMm}{2a} \quad \text{(órbita elíptica).} \qquad (13.7.6)$$

De acordo com a Eq. 13.7.6, a energia total de um satélite em órbita não depende da excentricidade e. Assim, por exemplo, no caso das quatro órbitas com o mesmo semieixo maior mostradas na Fig. 13.7.1, um satélite teria a mesma energia mecânica total E nas quatro órbitas. A Fig. 13.7.2 mostra a variação de K, U e E com r para um satélite em órbita circular em torno de um corpo central de grande massa. Note que, quanto maior o valor de r, menor a energia cinética (e, portanto, menor a velocidade tangencial) do satélite.

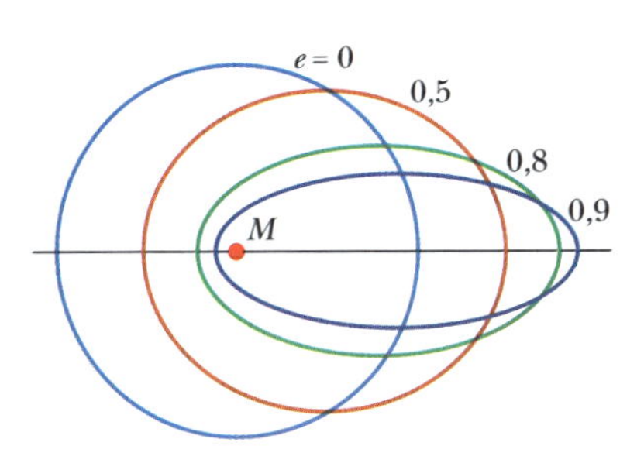

Figura 13.7.1 Quatro órbitas com diferentes excentricidades e em torno de um corpo de massa M. As quatro órbitas têm o mesmo semieixo maior a e, portanto, têm a mesma energia mecânica total E.

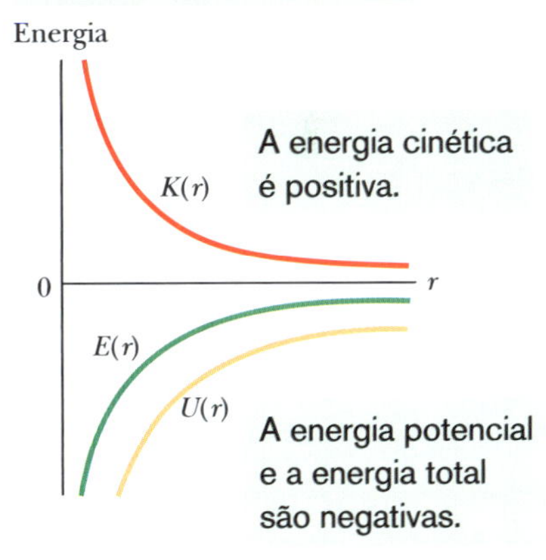

Figura 13.7.2 Variação da energia cinética K, da energia potencial U e da energia total E com o raio r para um satélite em órbita circular. Para qualquer valor de r, os valores de U e E são negativos, o valor de K é positivo e $E = -K$. Para $r \to \infty$, as três curvas tendem a zero.

Teste 13.7.1

Na figura, um ônibus espacial está inicialmente em uma órbita circular de raio r em torno da Terra. No ponto P, o piloto aciona por alguns instantes um retrofoguete para reduzir a energia cinética K e a energia mecânica E do ônibus espacial. (a) Qual das órbitas elípticas tracejadas mostradas na figura o ônibus espacial passa a seguir? (b) O novo período orbital T do ônibus espacial (o tempo para retornar ao ponto P) é maior, menor ou igual ao da órbita circular? CVF

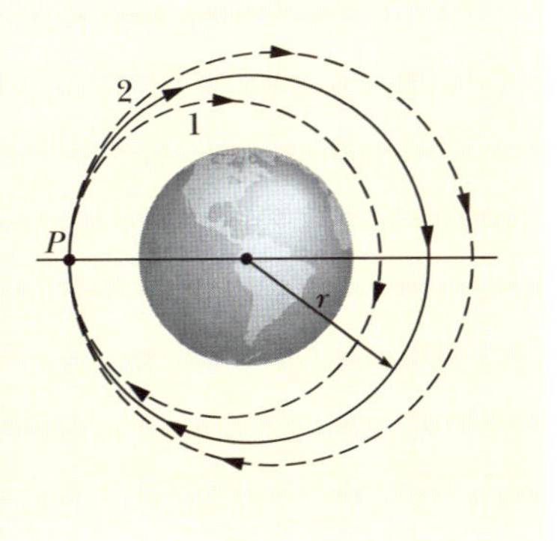

Exemplo 13.7.1 Energia mecânica de uma bola de boliche em órbita  13.3

Um astronauta brincalhão lança uma bola de boliche, de massa $m = 7{,}20$ kg, em uma órbita circular em torno da Terra a uma altitude h de 350 km.

(a) Qual é a energia mecânica E da bola?

IDEIA-CHAVE

Podemos calcular E usando a Eq. 13.7.4 ($E = -GMm/2r$) se conhecermos o raio r da órbita. (Note que o raio da órbita *não é* igual à altitude h, já que a altitude é medida em relação à superfície da Terra e o raio da órbita é medido em relação ao centro da Terra.)

Cálculos: O raio da órbita é dado por

$$r = R + h = 6.370 \text{ km} + 350 \text{ km} = 6{,}72 \times 10^6 \text{ m},$$

em que R é o raio da Terra. Assim, de acordo com a Eq. 13.7.4, a energia mecânica é

$$\begin{aligned} E &= -\frac{GMm}{2r} \\ &= -\frac{(6{,}67 \times 10^{-11} \text{ N} \cdot \text{m}^2/\text{kg}^2)(5{,}98 \times 10^{24} \text{ kg})(7{,}20 \text{ kg})}{(2)(6{,}72 \times 10^6 \text{ m})} \\ &= -2{,}14 \times 10^8 \text{ J} = -214 \text{ MJ}. \quad \text{(Resposta)} \end{aligned}$$

(b) Qual é a energia mecânica E_0 da bola na plataforma de lançamento de Cabo Canaveral? Qual é a variação ΔE da energia mecânica da bola quando ela é transportada da plataforma até a órbita?

IDEIA-CHAVE

Na plataforma de lançamento, a bola *não está* em órbita; logo, a Eq. 13.7.4 *não* se aplica. Em vez disso, deve-se calcular o valor de $E_0 = K_0 + U_0$, em que K_0 é a energia cinética da bola, e U_0 é a energia potencial gravitacional do sistema bola-Terra.

Cálculos: Para obter U_0, usamos a Eq. 13.5.1:

$$\begin{aligned} U_0 &= -\frac{GMm}{R} \\ &= -\frac{(6{,}67 \times 10^{-11} \text{ N} \cdot \text{m}^2/\text{kg}^2)(5{,}98 \times 10^{24} \text{ kg})(7{,}20 \text{ kg})}{6{,}37 \times 10^6 \text{ m}} \\ &= -4{,}51 \times 10^8 \text{ J} = -451 \text{ MJ}. \end{aligned}$$

A energia cinética K_0 da bola se deve ao movimento da bola com a rotação da Terra. É fácil mostrar que K_0 é menor que 1 MJ, um valor desprezível em comparação com U_0. Assim, a energia mecânica da bola na plataforma de lançamento é

$$E_0 = K_0 + U_0 \approx 0 - 451 \text{ MJ} = -451 \text{ MJ}. \quad \text{(Resposta)}$$

O *aumento* da energia mecânica da bola da plataforma de lançamento até a órbita é

$$\begin{aligned} \Delta E &= E - E_0 = (-214 \text{ MJ}) - (-451 \text{ MJ}) \\ &= 237 \text{ MJ}. \quad \text{(Resposta)} \end{aligned}$$

Isso equivale a alguns reais de eletricidade. Obviamente, o alto custo para colocar objetos em órbita não se deve à energia mecânica necessária.

Exemplo 13.7.2 Transformação de uma órbita circular em uma órbita elíptica

Uma espaçonave de massa $m = 4{,}50 \times 10^3$ kg está em uma órbita circular de raio $r = 8{,}00 \times 10^6$ m e período $T_0 = 118{,}6$ min $= 7{,}119 \times 10^3$ s quando um retrofoguete é disparado e reduz a velocidade tangencial da espaçonave para 96% do valor original. Qual é o período T da órbita elíptica resultante? As duas órbitas são mostradas na Fig. 13.7.3.

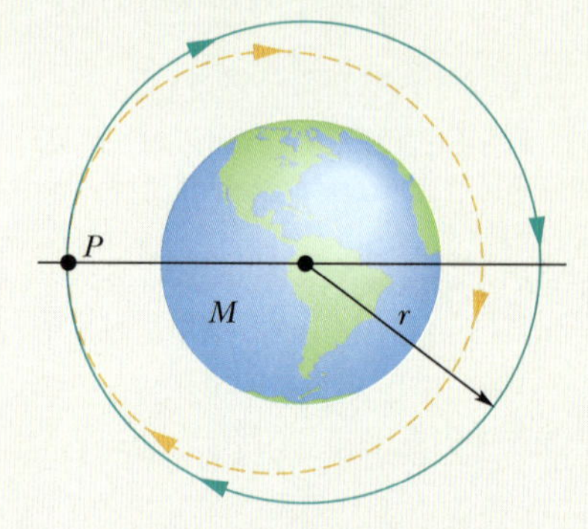

Figura 13.7.3 Um retrofoguete é disparado quando a espaçonave está passando pelo ponto P, o que muda a órbita de circular para elíptica.

IDEIAS-CHAVE

(1) O período de uma órbita elíptica está relacionado com o semieixo maior a pela Eq. 13.6.5 ($T^2 = 4\pi^2 a^3/GM$). (2) O semieixo maior a está relacionado à energia mecânica total E da espaçonave pela Eq. 13.7.6 ($E = -GMm/2a$), em que M é a massa da Terra, $5{,}98 \times 10^{24}$ kg. (3) A energia potencial da espaçonave a uma distância do centro da Terra é dada pela Eq. 13.5.1 ($U = -GMm/r$).

Cálculos: De acordo com as ideias-chave, precisamos calcular a energia total E para obter o semieixo maior a e determinar o período da órbita elíptica. Vamos começar pela energia cinética logo após o retrofoguete ser disparado. A velocidade v nesse momento é 96% da velocidade inicial v_0, que era igual à razão entre a circunferência e o período da órbita circular inicial. Assim, logo após o disparo do retrofoguete,

$$\begin{aligned} K &= \tfrac{1}{2}mv^2 = \tfrac{1}{2}m(0{,}96v_0)^2 = \tfrac{1}{2}m(0{,}96)^2\left(\frac{2\pi r}{T_0}\right)^2 \\ &= \tfrac{1}{2}(4{,}50 \times 10^3 \text{ kg})(0{,}96)^2\left(\frac{2\pi(8{,}00 \times 10^6 \text{ m})}{7{,}119 \times 10^3 \text{ s}}\right)^2 \\ &= 1{,}0338 \times 10^{11} \text{ J}. \end{aligned}$$

Logo após o disparo do retrofoguete, a espaçonave ainda está a uma distância do centro da Terra igual ao raio da órbita circular. Assim, a energia potencial gravitacional da espaçonave é

$$U = -\frac{GMm}{r}$$
$$= -\frac{(6{,}67 \times 10^{-11}\,\text{N}\cdot\text{m}^2/\text{kg}^2)(5{,}98 \times 10^{24}\,\text{kg})(4{,}50 \times 10^3\,\text{kg})}{8{,}00 \times 10^6\,\text{m}}$$
$$= -2{,}2436 \times 10^{11}\,\text{J}.$$

Agora podemos obter o valor do semieixo maior usando a Eq. 13.7.6:

$$a = -\frac{GMm}{2E} = -\frac{GMm}{2(K+U)}$$
$$= -\frac{(6{,}67 \times 10^{-11}\,\text{N}\cdot\text{m}^2/\text{kg}^2)(5{,}98 \times 10^{24}\,\text{kg})(4{,}50 \times 10^3\,\text{kg})}{2(1{,}0338 \times 10^{11}\,\text{J} - 2{,}2436 \times 10^{11}\,\text{J})}$$
$$= 7{,}418 \times 10^6\,\text{m}.$$

Uma vez conhecido o valor de a, podemos usar a Eq. 13.6.5 para obter o novo período:

$$T = \left(\frac{4\pi^2 a^3}{GM}\right)^{1/2}$$
$$= \left(\frac{4\pi^2(7{,}418 \times 10^6\,\text{m})^3}{(6{,}67 \times 10^{-11}\,\text{N}\cdot\text{m}^2/\text{kg}^2)(5{,}98 \times 10^{24}\,\text{kg})}\right)^{1/2}$$
$$= 6{,}356 \times 10^3\,\text{s} = 106\,\text{min}. \qquad \text{(Resposta)}$$

Esse é o período da órbita elíptica assumida pela espaçonave depois que o retrofoguete é disparado. O novo período é menor que o período inicial T_0 por duas razões. (1) O comprimento da nova órbita é menor. (2) A espaçonave se aproxima mais da Terra em todos os pontos da nova órbita, exceto no ponto em que o retrofoguete foi disparado (Fig. 13.7.3). Isso faz com que a energia potencial gravitacional média aumente, e, portanto, como a energia mecânica total é conservada, a energia cinética média e a velocidade tangencial média da espaçonave são maiores na nova órbita.

13.8 EINSTEIN E A GRAVITAÇÃO

Objetivos do Aprendizado

Depois de ler este módulo, você será capaz de ...

13.8.1 Explicar o princípio de equivalência de Einstein.

13.8.2 Saber que o modelo de Einstein para a gravitação envolve a curvatura do espaço-tempo.

Ideia-Chave

- Einstein propôs que a gravitação e a aceleração são equivalentes. Esse princípio de equivalência o levou a formular uma teoria da gravitação (a teoria da relatividade geral) que explica os efeitos gravitacionais em termos da curvatura do espaço-tempo.

Einstein e a Gravitação

Princípio de Equivalência

Albert Einstein disse uma vez: "Eu estava ... no escritório de patentes, em Berna, quando de repente me ocorreu um pensamento: 'Uma pessoa em queda livre não sente o próprio peso'. Fiquei surpreso. Essa ideia simples me causou uma profunda impressão. Ela me levou à teoria da gravitação".

Foi assim, segundo Einstein, que ele começou a formular a **teoria da relatividade geral**. O postulado fundamental dessa teoria da gravitação (ou seja, da teoria da atração gravitacional entre objetos) é o chamado **princípio de equivalência**, segundo o qual a gravitação e a aceleração são equivalentes. Se um físico fosse trancado em uma cabine como na Fig. 13.8.1, não seria capaz de dizer se a cabine estava em repouso na Terra (e sujeita apenas à força gravitacional da Terra), como na Fig. 13.8.1*a*, ou estava viajando no espaço interestelar com uma aceleração de 9,8 m/s² (e sujeita apenas à força responsável por essa aceleração), como na Fig. 13.8.1*b*. Nos dois casos, o físico teria a mesma sensação e obteria o mesmo valor para o seu peso em uma balança. Além disso, se ele observasse um objeto em queda, o objeto teria a mesma aceleração em relação à cabine nas duas situações.

Curvatura do Espaço

Até agora, explicamos a gravitação como o resultado de uma força entre massas. Einstein mostrou que, na verdade, a gravitação se deve a uma curvatura do espaço causada pelas massas. (Como será discutido em outro capítulo deste livro, espaço e tempo são

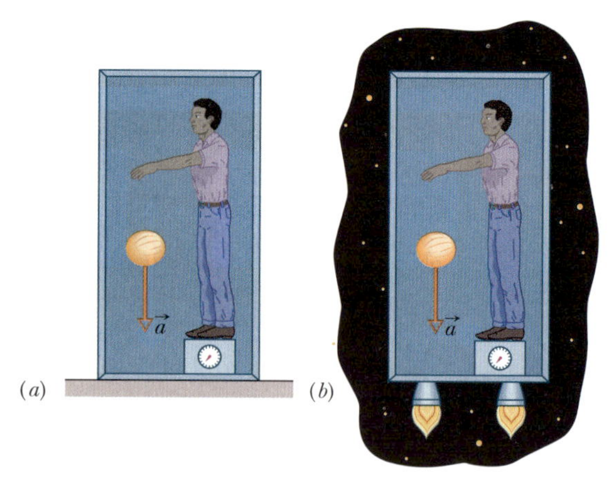

Figura 13.8.1 (*a*) Um físico no interior de uma cabine em repouso em relação à Terra observa um melão cair com uma aceleração $a = 9{,}8\ \text{m/s}^2$. (*b*) Se a cabine estivesse viajando no espaço sideral com uma aceleração de $9{,}8\ \text{m/s}^2$, o melão teria a mesma aceleração em relação ao físico. Não é possível para ele, por meio de experimentos realizados no interior da cabine, dizer qual das duas situações corresponde à realidade. A balança de mola da figura, por exemplo, indicaria o mesmo peso nos dois casos.

interdependentes, de modo que a curvatura a que Einstein se refere é na verdade uma curvatura do *espaço-tempo*, o conjunto das quatro dimensões do nosso universo.)

É difícil imaginar de que forma o espaço (mesmo vazio) pode ter uma curvatura. Uma analogia talvez ajude: suponha que estamos em órbita observando uma corrida na qual dois barcos partem do equador da Terra, separados por uma distância de 20 km, e rumam para o sul (Fig. 13.8.2*a*). Para os tripulantes, os barcos seguem trajetórias planas e paralelas. Entretanto, com o passar do tempo, os barcos vão se aproximando até que, ao chegarem ao polo sul, acabam por se chocar. Os tripulantes dos barcos podem imaginar que essa aproximação foi causada por uma força de atração entre os barcos. Observando-os do espaço, porém, podemos ver que os barcos se aproximaram simplesmente por causa da curvatura da superfície da Terra. Podemos constatar esse fato porque estamos observando a corrida "do lado de fora" da superfície.

A Fig. 13.8.2*b* mostra uma corrida semelhante: Duas maçãs separadas horizontalmente são liberadas da mesma altura acima da superfície da Terra. Embora as maçãs pareçam descrever trajetórias paralelas, na verdade se aproximam uma da outra porque ambas caem em direção ao centro da Terra. Podemos interpretar o movimento das maçãs em termos da força gravitacional exercida pela Terra sobre as maçãs. Podemos também interpretar o movimento em termos da curvatura do espaço nas vizinhanças da Terra, uma curvatura que se deve à massa da Terra. Dessa vez, não podemos observar a curvatura porque não podemos nos colocar "do lado de fora" do espaço curvo, como fizemos no exemplo dos barcos. Entretanto, podemos representar a curvatura por um desenho como o da Fig. 13.8.2*c*, no qual as maçãs se movem em uma superfície que se encurva em direção à Terra por causa da massa da Terra.

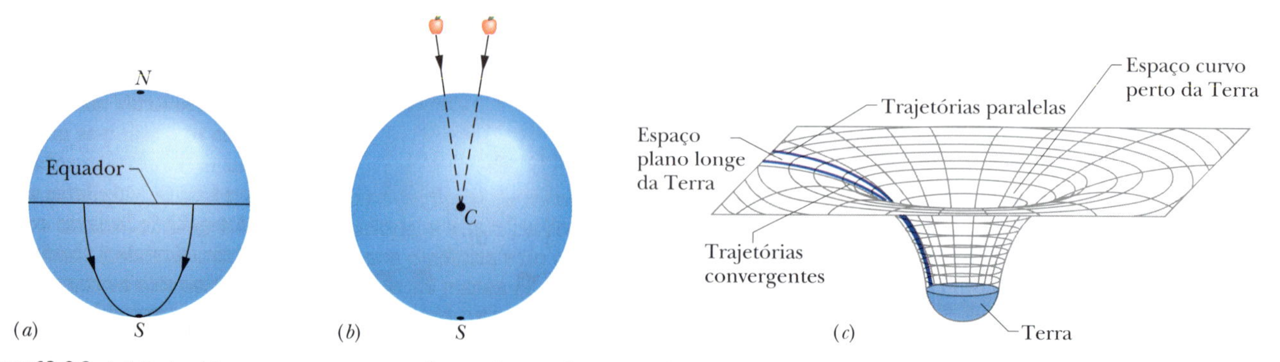

Figura 13.8.2 (*a*) Dois objetos que se movem ao longo de meridianos em direção ao polo sul convergem por causa da curvatura da superfície da Terra. (*b*) Dois objetos em queda livre perto da superfície da Terra se movem ao longo de linhas que convergem para o centro da Terra por causa da curvatura do espaço nas proximidades da Terra. (*c*) Longe da Terra (e de outras massas), o espaço é plano e as trajetórias paralelas permanecem paralelas. Perto da Terra, as trajetórias paralelas convergem porque o espaço é encurvado pela massa da Terra.

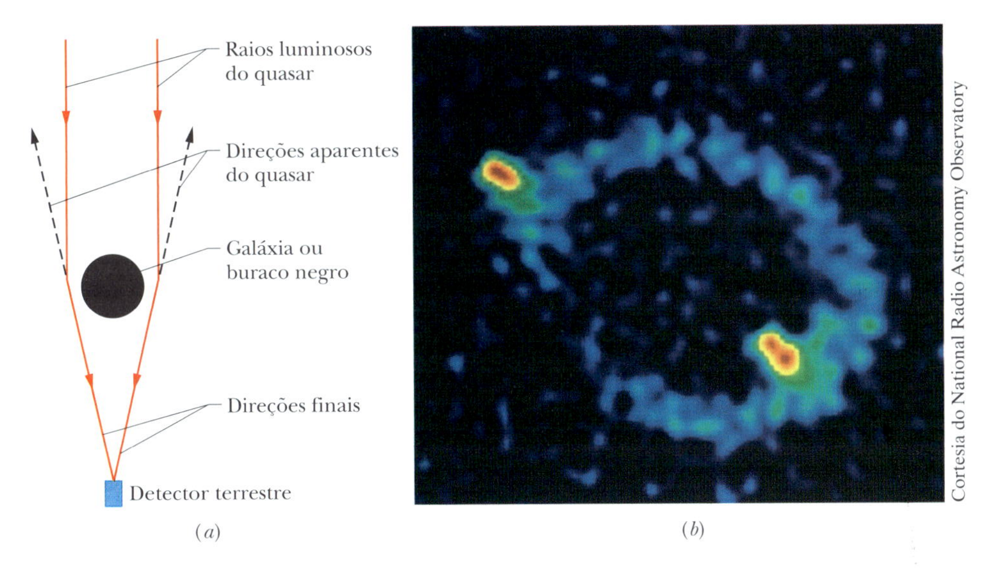

Figura 13.8.3 (*a*) A trajetória da luz de um quasar distante se encurva ao passar por uma galáxia ou um buraco negro porque a massa da galáxia ou do buraco negro encurva o espaço próximo. Quando a luz é detectada, parece ter sido produzida em um ponto situado no prolongamento da trajetória final (retas tracejadas). (*b*) Imagem do anel de Einstein conhecido como MG1131+0456 na tela do computador de um telescópio. A fonte de luz (na verdade, ondas de rádio, que são uma forma invisível de luz) está muito atrás da grande galáxia invisível responsável pela formação do anel; uma parte da fonte aparece como dois pontos luminosos do anel.

Quando a luz passa nas vizinhanças da Terra, a trajetória da luz se encurva ligeiramente por causa da curvatura do espaço, um efeito conhecido como *lente gravitacional*. Quando a luz passa nas proximidades de uma estrutura maior, como uma galáxia ou um buraco negro de massa elevada, a trajetória pode se encurvar ainda mais. Se existe uma estrutura desse tipo entre nós e um quasar (uma fonte de luz extremamente brilhante e extremamente distante), a luz do quasar pode se encurvar em torno da estrutura e convergir para a Terra (Fig. 13.8.3*a*). Assim, como a luz parece vir de direções diferentes no céu, vemos o mesmo quasar em várias posições. Em algumas situações, as imagens do quasar se juntam para formar um gigantesco arco luminoso, que recebe o nome de *anel de Einstein* (Fig. 13.8.3*b*).

Buracos Negros

As estrelas ativas são grandes por causa da pressão para fora produzida pelas reações nucleares que ocorrem na parte central. Quando essas reações cessam, a força gravitacional faz as estrelas encolherem. Se a massa da estrela é maior que três vezes a massa do Sol, a estrela pode diminuir de tamanho até formar um *buraco negro*. A física associada à formação e às características de um buraco negro é complexa e requer o uso da teoria da relatividade geral. Vamos considerar apenas o caso de um buraco negro clássico estático (sem rotação).

Nesse modelo simplificado, o buraco negro possui uma superfície esférica chamada horizonte de eventos. Quando o raio de estrela se torna menor que o raio do horizonte de eventos, não é mais possível observá-la. Nem mesmo a luz pode escapar no interior do horizonte de eventos. A natureza do horizonte de eventos é discutida até hoje: pode ser apenas uma superfície teórica ou uma superfície real na qual ocorrem vários processos quânticos. Na visão clássica, o encolhimento gravitacional da estrela é tão completo que ela é reduzida a um ponto (uma *singularidade*) em seu centro, com uma massa específica infinita. Entretanto, até hoje não dispomos de meios para verificar se essa conclusão está correta (além do fato de que, aparentemente, infinitos não ocorrem na natureza).

O raio R_S do horizonte de eventos é chamado raio de Schwarzschild, em homenagem ao físico e astrônomo alemão Karl Schwarzschild, que foi o primeiro a obter uma solução exata para um buraco negro na teoria da relatividade geral de Einstein. Em nosso modelo clássico, simplificado, o raio de Schwarzschild é dado por

$$R_S = \frac{2GM}{c^2}, \tag{13.8.1}$$

em que G é constante gravitacional, M é a massa da estrela e c é a velocidade da luz no vácuo ($\approx 3{,}0 \times 10^8$ m/s). Um buraco negro também pode se formar depois que uma estrela de grande porte se torna uma supernova, expelindo as camadas externas em

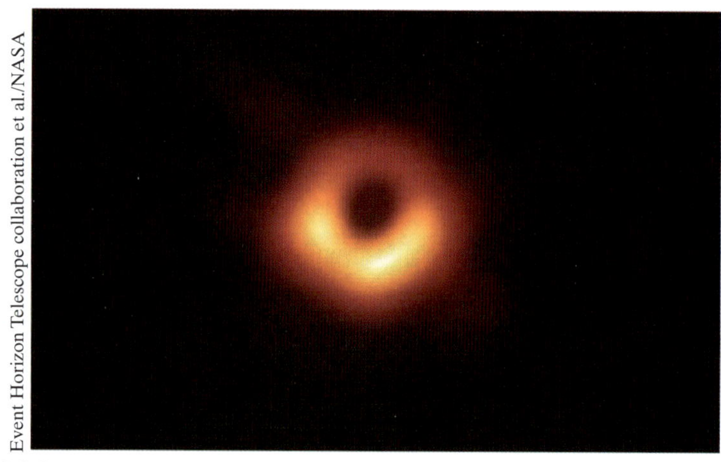

Figura 13.8.4 A primeira imagem de um buraco negro, obtida em 2019, mostra o buraco negro supermassivo da galáxia Messier 87, situada a uma distância de 53×10^6 anos-luz na Terra.

uma grande explosão, mas deixando para trás a parte central, que pode se contrair até formar um buraco negro.

A maioria das galáxias (ou, talvez, todas) possui no centro um *buraco negro supermassivo*. Esses monstros possuem massas muito maiores que as massas das maiores estrelas. A Figura 13.8.4, a primeira imagem de um buraco negro, mostra o buraco negro supermassivo no centro da galáxia M87, na constelação de Virgem. O buraco negro tem uma massa $6{,}5 \times 10^6$ vezes maior que a massa do Sol e está cercado de plasma quente que emite luz. Imagens sucessivas mostram que o buraco negro está girando no sentido horário. A formação de buracos negros supermassivos ainda não está explicada, mas o fato de que eles apareceram logo depois do big bang que deu origem ao universo torna a hipótese de que eles se formaram a partir de colisões de buracos negros menores extremamente improvável. Simplesmente não sabemos o que deu origem a esses monstros.

Revisão e Resumo

Lei da Gravitação Toda partícula do universo atrai as outras partículas com uma **força gravitacional** cujo módulo é dado por

$$F = G\frac{m_1 m_2}{r^2} \quad \text{(lei da gravitação de Newton)}, \qquad (13.1.1)$$

em que m_1 e m_2 são as massas das partículas, r é a distância entre as partículas e G $(= 6{,}67 \times 10^{-11}\ \text{N} \cdot \text{m}^2/\text{kg}^2)$ é a *constante gravitacional*.

Comportamento Gravitacional de Cascas Esféricas Homogêneas A força gravitacional entre corpos de dimensões finitas pode ser calculada somando (integrando) as forças a que estão submetidas as partículas que compõem os corpos. Entretanto, se um dos corpos é uma casca esférica homogênea ou um corpo maciço homogêneo com simetria esférica, a força gravitacional resultante que o corpo exerce sobre um objeto *externo* pode ser calculada como se toda a massa da casca ou do corpo estivesse localizada no centro.

Superposição As forças gravitacionais obedecem ao **princípio da superposição**: se n partículas interagem, a força resultante $\vec{F}_{1,\text{res}}$ que age sobre a partícula 1 é a soma das forças exercidas individualmente sobre ela pelas outras partículas:

$$\vec{F}_{1,\text{res}} = \sum_{i=2}^{n} \vec{F}_{1i}, \qquad (13.2.2)$$

em que o somatório é uma soma vetorial das forças $\vec{F}_{1i}$ exercidas sobre a partícula 1 pelas partículas 2, 3, ..., n. A força gravitacional $\vec{F}_1$ exercida por um corpo de dimensões finitas sobre uma partícula é calculada dividindo o corpo em partículas de massa infinitesimal dm, cada uma das quais produz uma força infinitesimal $d\vec{F}$ sobre a partícula, e integrando para obter a soma das forças:

$$\vec{F}_1 = \int d\vec{F}. \qquad (13.2.3)$$

Aceleração Gravitacional A *aceleração gravitacional* a_g de uma partícula (de massa m) se deve unicamente à força gravitacional que age sobre a partícula. Quando uma partícula está a uma distância r do centro de um corpo esférico homogêneo de massa M, o módulo F da força gravitacional que age sobre a partícula é dado pela Eq. 13.1.1. Assim, de acordo com a segunda lei de Newton,

$$F = ma_g, \qquad (13.3.2)$$

o que nos dá

$$a_g = \frac{GM}{r^2}. \qquad (13.3.3)$$

Aceleração de Queda Livre e Peso Como a massa da Terra não está distribuída de modo uniforme e a Terra não é perfeitamente esférica, a aceleração da gravidade $\vec{a}_g$ varia ligeiramente de um ponto a outro da superfície terrestre. Como a Terra possui um movimento de rotação, o peso de uma partícula, mg, em que $\vec{g}$ é a aceleração de queda livre, é ligeiramente menor que o módulo da força gravitacional, dado pela Eq. 13.1.1.

Gravitação no Interior de uma Casca Esférica Uma casca homogênea de matéria não exerce força gravitacional sobre uma partícula localizada no interior. Isso significa que, se uma partícula estiver localizada no interior de uma esfera maciça homogênea a uma distância r do centro, a força gravitacional exercida sobre a partícula se deve apenas à massa M_{int} que se encontra no interior de uma esfera de raio r. A força é dada por

$$F = \frac{GmM}{R^3}r. \tag{13.4.3}$$

em que M é a massa da esfera e R é o raio.

Energia Potencial Gravitacional A energia potencial gravitacional $U(r)$ de um sistema de duas partículas, de massas M e m, separadas por uma distância r, é o negativo do trabalho que seria realizado pela força gravitacional de uma das partículas para reduzir a distância entre as partículas de uma distância infinita (um valor muito grande) para uma distância r. Essa energia é dada por

$$U = -\frac{GMm}{r} \quad \text{(energia potencial gravitacional).} \tag{13.5.1}$$

Energia Potencial de um Sistema Se um sistema contém mais de duas partículas, a energia potencial gravitacional U é a soma dos termos que representam as energias potenciais de todos os pares de partículas. Por exemplo, para três partículas de massas m_1, m_2 e m_3,

$$U = -\left(\frac{Gm_1m_2}{r_{12}} + \frac{Gm_1m_3}{r_{13}} + \frac{Gm_2m_3}{r_{23}}\right). \tag{13.5.2}$$

Velocidade de Escape Um objeto escapará da atração gravitacional de um corpo celeste de massa M e raio R (isto é, atingirá uma distância infinita) se a velocidade do objeto nas vizinhanças da superfície do corpo celeste for igual ou maior que a **velocidade de escape**, dada por

$$v = \sqrt{\frac{2GM}{R}}. \tag{13.5.8}$$

Leis de Kepler O movimento dos satélites, tanto naturais como artificiais, obedece às três leis de Kepler, que, no caso particular dos planetas do sistema solar, podem ser enunciadas da seguinte forma:

1. ***Lei das órbitas.*** Todos os planetas descrevem órbitas elípticas, com o Sol em um dos focos.
2. ***Lei das áreas.*** A reta que liga qualquer planeta ao Sol varre áreas iguais em intervalos de tempo iguais. (Essa lei é equivalente à lei de conservação do momento angular.)
3. ***Lei dos períodos.*** O quadrado do período T de qualquer planeta é proporcional ao cubo do semieixo maior a da órbita:

$$T^2 = \left(\frac{4\pi^2}{GM}\right)a^3 \quad \text{(lei dos períodos),} \tag{13.6.5}$$

em que M é a massa do Sol.

Energia do Movimento Planetário Quando um planeta ou satélite, de massa m, se move em uma órbita circular de raio r, a energia potencial U e a energia cinética K são dadas por

$$U = -\frac{GMm}{r} \quad \text{e} \quad K = \frac{GMm}{2r}. \tag{13.5.1, 13.7.2}$$

A energia mecânica $E = K + U$ é, portanto,

$$E = -\frac{GMm}{2r}. \tag{13.7.4}$$

No caso de uma órbita elíptica de semieixo maior a,

$$E = -\frac{GMm}{2a}. \tag{13.7.6}$$

Teoria da Gravitação de Einstein Einstein mostrou que gravitação e aceleração são equivalentes. Esse **princípio de equivalência** é a base de uma teoria da gravitação (a **teoria da relatividade geral**) que explica os efeitos gravitacionais em termos de uma curvatura do espaço.

Perguntas

1 Na Fig. 13.1, uma partícula de massa M está no centro de um arranjo de outras partículas, separadas por uma distância d ou uma distância $d/2$ ao longo do perímetro de um quadrado. Quais são o módulo e a orientação da força gravitacional resultante a que está sujeita a partícula central?

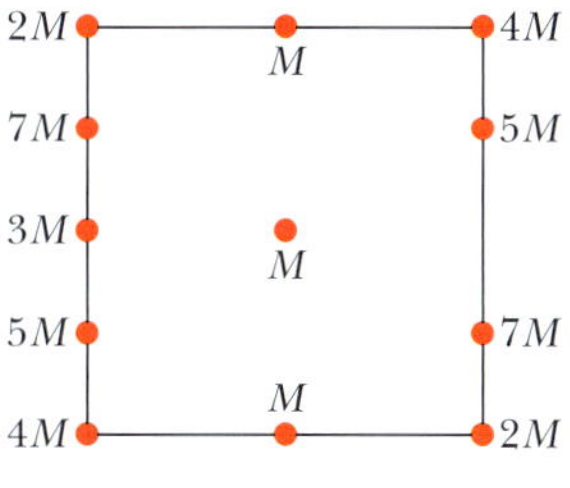

Figura 13.1 Pergunta 1.

2 A Fig. 13.2 mostra três arranjos de quatro partículas iguais, três em uma circunferência com 0,20 m de raio e a quarta no centro da circunferência. (a) Ordene os arranjos de acordo com o módulo da força gravitacional resultante a que a partícula central está submetida, começando pelo maior. (b) Ordene os arranjos de acordo com a energia potencial gravitacional do sistema de quatro partículas, começando pela menos negativa.

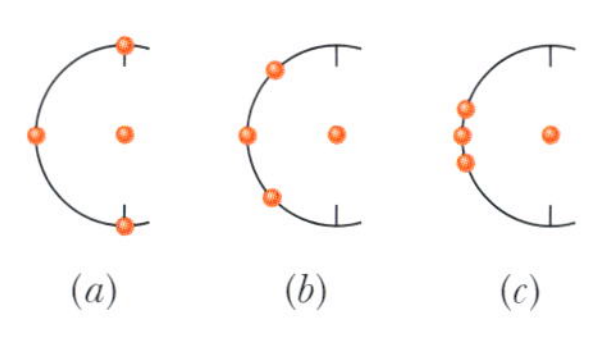

Figura 13.2 Pergunta 2.

3 Na Fig. 13.3, uma partícula central está cercada por dois anéis circulares de partículas, de raios r e R, com $R > r$. Todas as partículas têm a mesma massa m. Quais são o módulo e a orientação da força gravitacional resultante a que está submetida a partícula central?

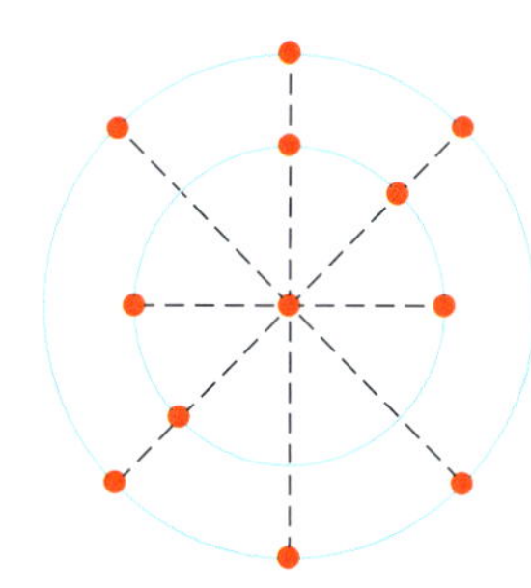

Figura 13.3 Pergunta 3.

4 Na Fig. 13.4, duas partículas de massas m e $2m$ estão fixas em um eixo. (a) Em que lugar do eixo uma terceira partícula, de massa $3m$, pode ser colocada (excluindo o infinito) para que a força gravitacional resultante exercida sobre ela pelas outras duas partículas seja nula: à esquerda das partículas, à direita das partículas, entre as partículas, mais perto da partícula de massa maior ou entre as partículas, mais perto da partícula de massa menor? (b) A resposta será diferente se a massa da terceira partícula for $16m$? (c) Existe algum ponto fora do eixo (excluindo o infinito) no qual a força resultante exercida sobre a terceira partícula é nula?

Figura 13.4 Pergunta 4.

5 A Fig. 13.5 mostra três situações que envolvem uma partícula pontual P de massa m e cascas esféricas homogêneas de massa M e raios diferentes. Ordene as situações de acordo com o módulo da força gravitacional exercida pela casca sobre a partícula P, em ordem decrescente.

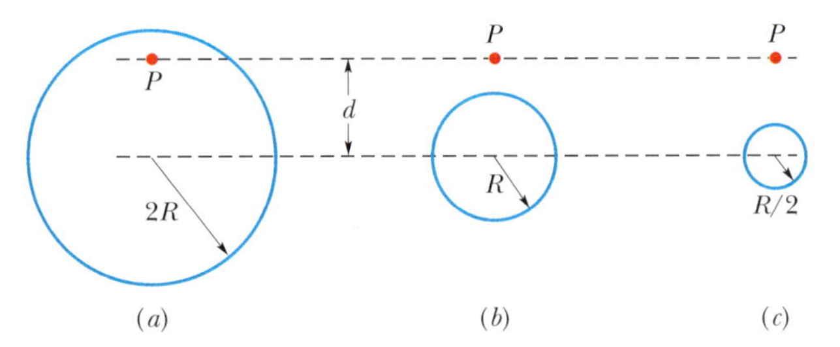

Figura 13.5 Pergunta 5.

6 Na Fig. 13.6, três partículas são mantidas fixas. A massa de B é maior que a massa de C. Uma quarta partícula (partícula D) pode ser colocada em um lugar tal que a força gravitacional resultante exercida sobre a partícula A pelas partículas B, C e D seja nula? Caso a resposta seja afirmativa, em que quadrante a partícula deve ser colocada e nas proximidades de que eixo?

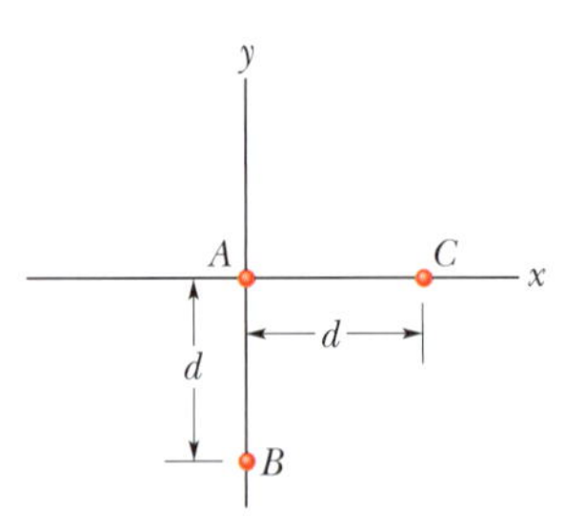

Figura 13.6 Pergunta 6.

7 Ordene os quatro sistemas de partículas de mesma massa do Teste 13.2.1 de acordo com o valor absoluto da energia potencial gravitacional do sistema, começando pelo maior.

8 A Fig. 13.7 mostra a aceleração gravitacional a_g de quatro planetas em função da distância r do centro do planeta, a partir da superfície do planeta (ou seja, a partir da distância R_1, R_2, R_3 ou R_4). Os gráficos 1 e 2 coincidem para $r \geq R_2$; os gráficos 3 e 4 coincidem para $r \geq R_4$. Ordene os quatro planetas de acordo (a) com a massa e (b) com a massa específica, em ordem decrescente.

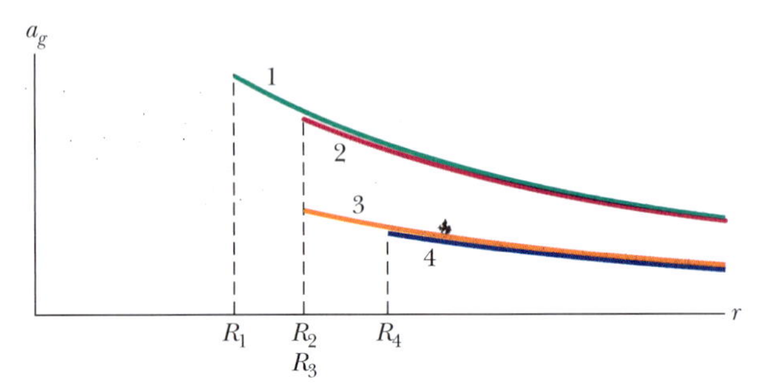

Figura 13.7 Pergunta 8.

9 A Fig. 13.8 mostra três partículas inicialmente mantidas fixas, com B e C iguais e posicionadas simetricamente em relação ao eixo y, a uma distância d de A. (a) Qual é a orientação da força gravitacional resultante $\vec{F}_{res}$ que age sobre A? (b) Se a partícula C é deslocada radialmente para longe da origem, a orientação de $\vec{F}_{res}$ varia? Caso a resposta seja afirmativa, como varia e qual é o limite da variação?

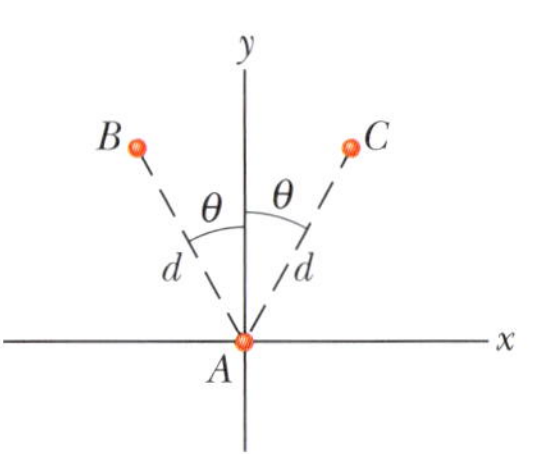

Figura 13.8 Pergunta 9.

10 A Fig. 13.9 mostra seis trajetórias possíveis para um foguete em órbita em torno de um astro que se desloca do ponto a para o ponto b. Ordene as trajetórias de acordo (a) com a variação da energia potencial gravitacional do sistema foguete-astro e (b) com o trabalho total realizado sobre o foguete pela força gravitacional do astro, em ordem decrescente.

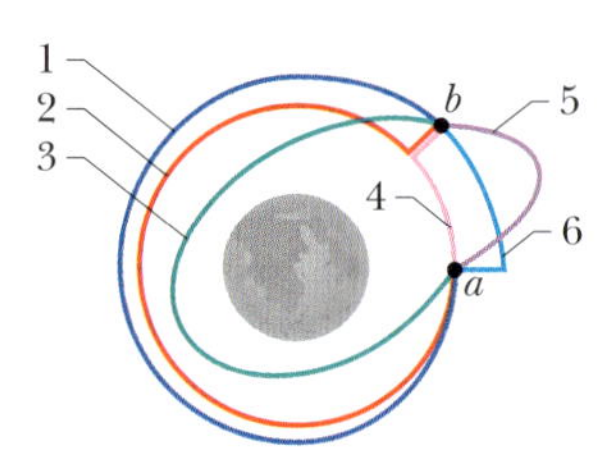

Figura 13.9 Pergunta 10.

11 A Fig. 13.10 mostra três planetas esféricos homogêneos que têm a mesma massa e o mesmo volume. Os períodos de rotação T dos planetas são dados e dois pontos da superfície são identificados por letras em cada planeta, um no equador e outro no polo norte. Ordene os pontos de acordo com o valor local da aceleração de queda livre g, em ordem decrescente.

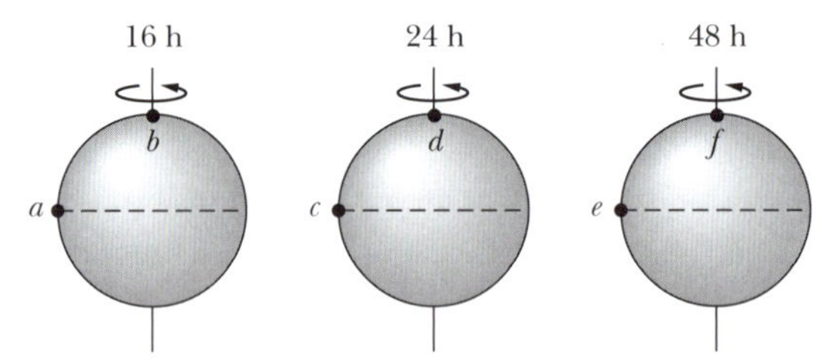

Figura 13.10 Pergunta 11.

12 Na Fig. 13.11, uma partícula de massa m (não mostrada) pode ser deslocada desde uma distância infinita até uma de três posições possíveis, a, b e c. Duas outras partículas de massas m e $2m$ são mantidas fixas. Ordene as três posições possíveis de acordo com o trabalho realizado pela força gravitacional resultante sobre a partícula móvel durante o deslocamento, em ordem decrescente.

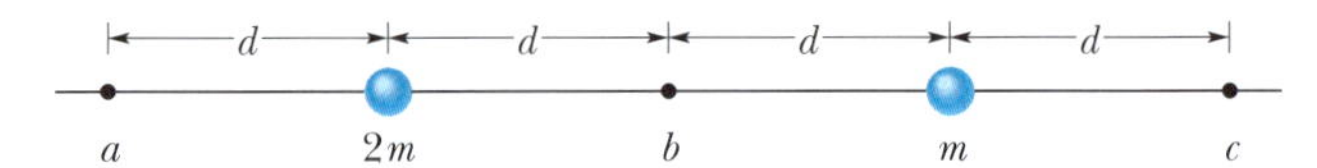

Figura 13.11 Pergunta 12.

Problemas

F Fácil M Médio D Difícil

CALC Requer o uso de derivadas e/ou integrais

CVF Informações adicionais disponíveis no e-book *O Circo Voador da Física*, de Jearl Walker, LTC Editora, Rio de Janeiro, 2008.

BIO Aplicação biomédica

Módulo 13.1 Lei da Gravitação de Newton

1 F Uma massa M é dividida em duas partes, m e $M - m$, que são em seguida separadas por certa distância. Qual é a razão m/M que maximiza o módulo da força gravitacional entre as partes?

2 F CVF *Influência da Lua.* Algumas pessoas acreditam que suas atividades são controladas pela Lua. Se a Lua está do outro lado da Terra, verticalmente abaixo de você, e passa para uma posição verticalmente acima da sua cabeça, qual é a variação percentual (a) da atração gravitacional que a Lua exerce sobre você e (b) do seu peso (medido em uma balança de mola)? Suponha que a distância Terra-Lua (de centro a centro) é $3{,}82 \times 10^8$ m e que o raio da Terra é $6{,}37 \times 10^6$ m.

3 F Qual deve ser a distância entre uma partícula com 5,2 kg e uma partícula com 2,4 kg, para que a atração gravitacional entre as partículas tenha um módulo de $2{,}3 \times 10^{-12}$ N?

4 **F** Tanto o Sol quanto a Terra exercem uma força gravitacional sobre a Lua. Qual é a razão F_{Sol}/F_{Terra} entre as duas forças? (A distância média entre o Sol e a Lua é igual à distância média entre o Sol e a Terra.)

5 **F** *Miniburacos negros.* Talvez existam miniburacos negros no universo, produzidos logo após o big bang. Se um desses objetos, com massa de 1×10^{11} kg (e raio de apenas 1×10^{-16} m), se aproximasse da Terra, a que distância da sua cabeça a força gravitacional exercida sobre você pelo miniburaco seria igual à força gravitacional exercida pela Terra?

Módulo 13.2 Gravitação e o Princípio da Superposição

6 **F** Na Fig. 13.12, um quadrado com 20,0 cm de lado é formado por quatro esferas de massas $m_1 = 5{,}00$ g, $m_2 = 3{,}00$ g, $m_3 = 1{,}00$ g e $m_4 = 5{,}00$ g. Na notação dos vetores unitários, qual é a força gravitacional exercida pelas esferas sobre uma esfera central de massa $m_5 = 2{,}50$ g?

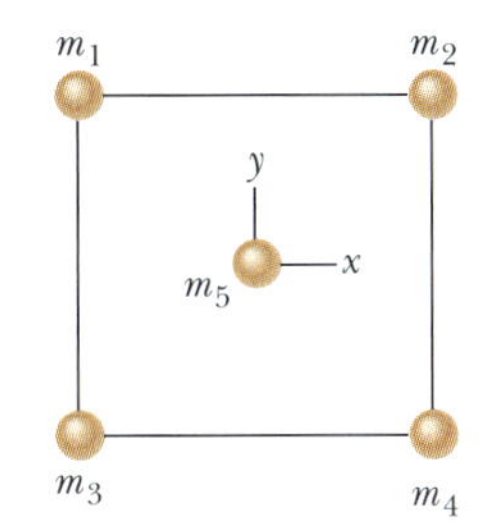

Figura 13.12 Problema 6.

7 **F** *Uma dimensão.* Na Fig. 13.13, duas partículas pontuais são mantidas fixas em um eixo *x*, separadas por uma distância *d*. A partícula *A* tem massa m_A e a partícula *B* tem massa $3{,}00m_A$. Uma terceira partícula *C*, de massa $75{,}0m_A$, será colocada no eixo *x*, nas proximidades das partículas *A* e *B*. Qual deve ser a coordenada *x* da partícula *C*, em termos da distância *d*, para que a força gravitacional total exercida pelas partículas *B* e *C* sobre a partícula *A* seja nula?

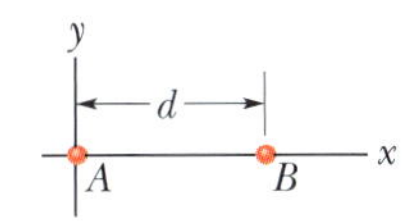

Figura 13.13 Problema 7.

8 **F** Na Fig. 13.14, três esferas de 5,00 kg estão localizadas a distâncias $d_1 = 0{,}300$ m e $d_2 = 0{,}400$ m. (a) Qual é o módulo e (b) qual a orientação (em relação ao semieixo *x* positivo) da força gravitacional total que as esferas *A* e *C* exercem sobre a esfera *B*?

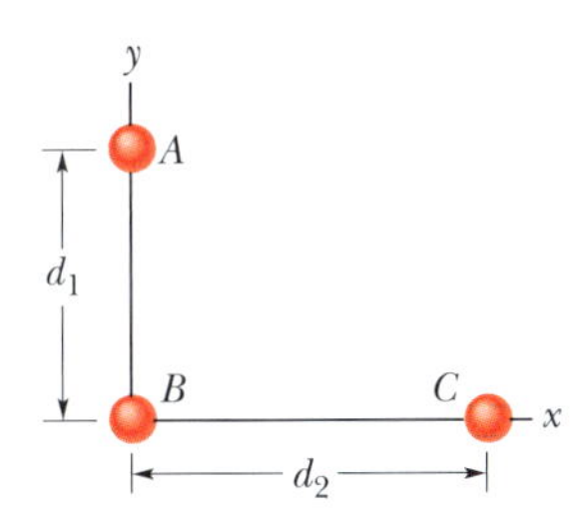

Figura 13.14 Problema 8.

9 **F** Estamos interessados em posicionar uma sonda espacial entre a Terra e o Sol para observar erupções solares. A que distância do centro da Terra deve estar a sonda para que a atração gravitacional exercida pelo Sol seja igual à atração gravitacional exercida pela Terra? A Terra, a sonda e o Sol estarão em uma mesma linha reta.

10 **M** *Duas dimensões.* Na Fig. 13.15, três partículas pontuais são mantidas fixas em um plano *xy*. A partícula *A* tem massa m_A, a partícula *B* tem massa $2{,}00m_A$ e a partícula *C* tem massa $3{,}00m_A$. Uma quarta partícula, de massa $4{,}00m_A$, pode ser colocada nas proximidades das outras três partículas. Em termos da distância *d*, em que valor da coordenada (a) *x* e (b) *y* a partícula *D* deve ser colocada para que a força gravitacional exercida pelas partículas *B*, *C* e *D* sobre a partícula *A* seja nula?

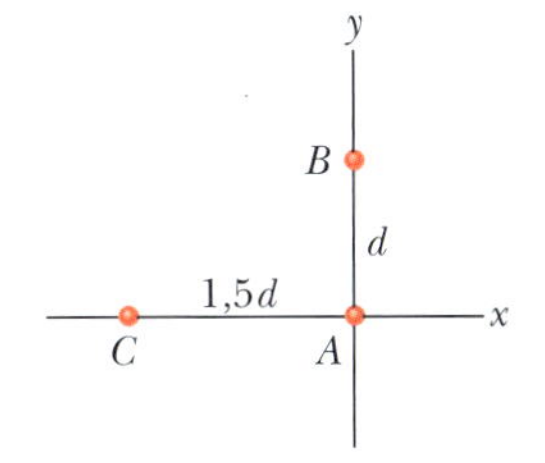

Figura 13.15 Problema 10.

11 **M** Como mostra a Fig. 13.16, duas esferas de massa *m* e uma terceira esfera de massa *M* formam um triângulo equilátero, e uma quarta esfera de massa m_4 ocupa o centro do triângulo. A força gravitacional total exercida pelas outras três esferas sobre a esfera central é zero. (a) Qual é o valor de *M* em termos de *m*? (b) Se o valor de m_4 for multiplicado por dois, qual será o valor da força gravitacional a que estará submetida a esfera central?

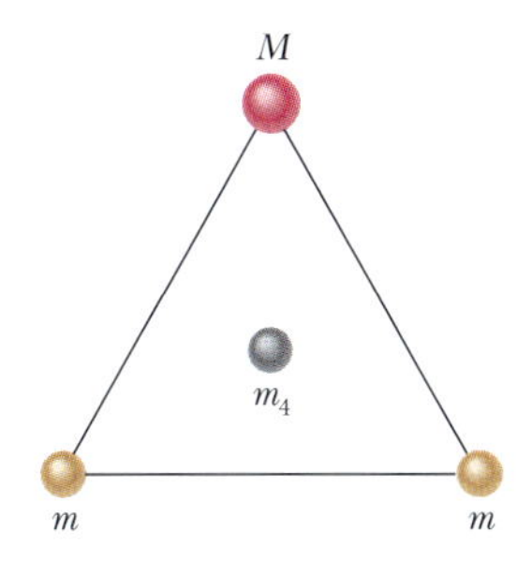

Figura 13.16 Problema 11.

12 **M** Na Fig. 13.17*a*, a partícula *A* é mantida fixa em $x = -0{,}20$ m no eixo *x* e a partícula *B*, com massa de 1,0 kg, é mantida fixa na origem. Uma partícula *C* (não mostrada) pode ser deslocada ao longo do eixo *x*, entre a partícula *B* e $x = \infty$. A Fig. 13.17*b* mostra a componente *x*, $F_{res,x}$, da força gravitacional exercida pelas partículas *A* e *C* sobre a partícula *B* em função da posição *x* da partícula *C*. O gráfico, na verdade, se estende indefinidamente para a direita e tende assintoticamente a $-4{,}17 \times 10^{-10}$ N para $x \to \infty$. Qual é a massa (a) da partícula *A* e (b) da partícula *C*?

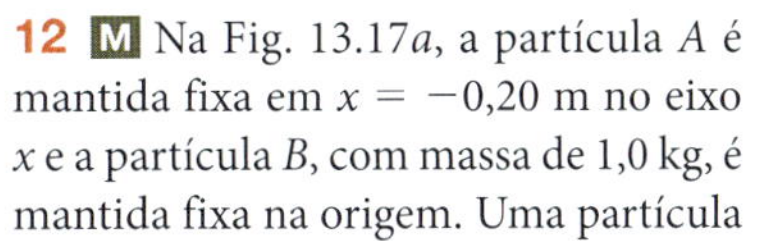

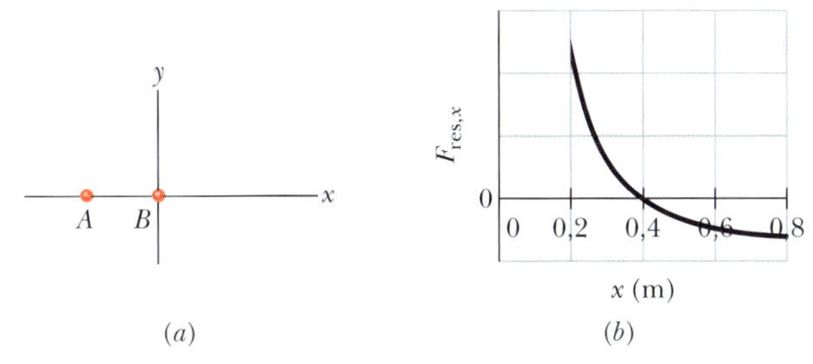

Figura 13.17 Problema 12.

13 **M** A Fig. 13.18 mostra uma cavidade esférica no interior de uma esfera de chumbo de raio $R = 4{,}00$ cm; a superfície da cavidade passa pelo centro da esfera e "toca" o lado direito da esfera. A massa da esfera antes de ser criada a cavidade era $M = 2{,}95$ kg. Com que força gravitacional a esfera de chumbo com a cavidade atrai uma pequena esfera de massa $m = 0{,}431$ kg que está a uma distância $d = 9{,}00$ cm do centro da esfera de chumbo, na reta que passa pelo centro das duas esferas e pelo centro da cavidade?

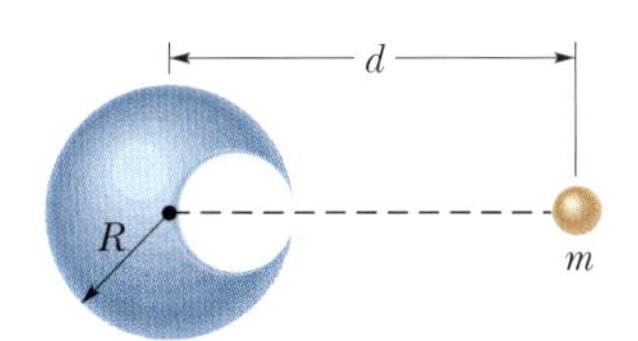

Figura 13.18 Problema 13.

14 **M** Três partículas pontuais são mantidas fixas em um plano *xy*. Duas delas, a partícula *A* de massa 6,00 g e a partícula *B* de massa 12,0 g, são mostradas na Fig. 13.19, separadas por uma distância $d_{AB} = 0{,}500$ m; $\theta = 30°$. A partícula *C*, cuja massa é 8,00 g, não é mostrada. A força gravitacional que as partículas *B* e *C* exercem sobre a partícula *A* tem um módulo de $2{,}77 \times 10^{-14}$ N e faz um ângulo de $-163{,}8°$ com o semieixo *x* positivo. (a) Qual é a coordenada *x* e (b) qual é a coordenada *y* da partícula *C*?

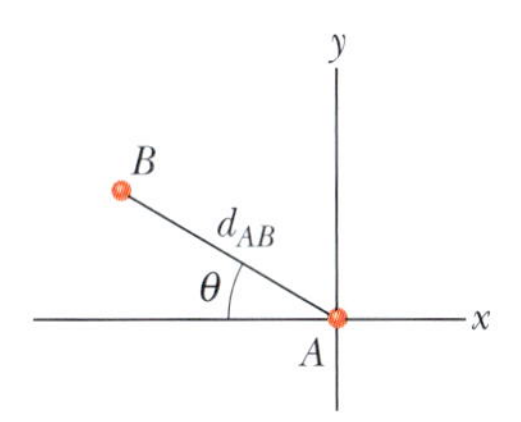

Figura 13.19 Problema 14.

15 **D** *Três dimensões.* Três partículas pontuais são mantidas fixas em um sistema de coordenadas *xyz*. A partícula *A*, na origem, tem massa m_A. A partícula *B*, nas coordenadas $(2{,}00d;\ 1{,}00d;\ 2{,}00d)$, tem massa $2{,}00m_A$ e a partícula *C*, nas coordenadas $(-1{,}00d;\ 2{,}00d;\ -3{,}00d)$ tem massa $3{,}00m_A$. Uma quarta partícula *D*, de massa $4{,}00m_A$, pode ser colocada nas proximidades das outras partículas. Em termos da distância *d*, em que coordenada (a) *x*, (b) *y* e (c) *z* a partícula *D* deve ser colocada para que a força gravitacional exercida pelas partículas *B*, *C* e *D* sobre a partícula *A* seja nula?

16 D CALC Na Fig. 13.20, uma partícula de massa $m_1 = 0,67$ kg está a uma distância $d = 23$ cm de uma das extremidades de uma barra homogênea de comprimento $L = 3,0$ m e massa $M = 5,0$ kg. Qual é o módulo da força gravitacional $\vec{F}$ que a barra exerce sobre a partícula?

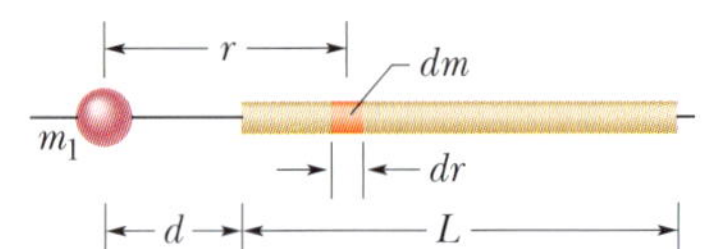

Figura 13.20 Problema 16.

Módulo 13.3 Gravitação Perto da Superfície da Terra

17 F (a) Quanto pesaria na superfície da Lua um objeto que pesa 100 N na superfície da Terra? (b) A quantos raios terrestres o mesmo objeto deveria estar do centro da Terra para ter o mesmo peso que na superfície da Lua?

18 F CVF *Atração de uma montanha.* Uma grande montanha praticamente não afeta a direção "vertical" indicada por uma linha de prumo. Suponha que uma montanha possa ser modelada por uma esfera de raio $R = 2,00$ km e massa específica $2,6 \times 10^3$ kg/m³. Suponha também que uma linha de prumo de 0,50 m de comprimento seja pendurada a uma distância $3R$ do centro da esfera e que a esfera atraia horizontalmente o peso da linha de prumo. Qual será o deslocamento do peso da linha de prumo em direção à esfera?

19 F A que altitude acima da superfície da Terra a aceleração gravitacional é de 4,9 m/s²?

20 F *Edifício de uma milha.* Em 1956, Frank Lloyd Wright propôs a construção de um edifício com uma milha de altura em Chicago. Suponha que o edifício tivesse sido construído. Desprezando a rotação da Terra, determine a variação do seu peso se você subisse de elevador do andar térreo, onde você pesa 600 N, até o alto do edifício.

21 M Acredita-se que algumas estrelas de nêutrons (estrelas extremamente densas) estão girando a cerca de 1 rev/s. Se uma dessas estrelas tem um raio de 20 km, qual deve ser, no mínimo, a massa da estrela para que uma partícula na superfície da estrela permaneça no lugar apesar da rotação?

22 M O raio R_b e a massa M_b de um buraco negro estão relacionados pela equação $R_b = 2GM_b/c^2$, em que c é a velocidade da luz. Suponha que a aceleração gravitacional a_g de um objeto a uma distância $r_o = 1,001R_b$ do centro do buraco negro seja dada pela Eq. 13.3.3 (o que é verdade para buracos negros grandes). (a) Determine o valor de a_g a uma distância r_o em termos de M_b. (b) O valor de a_g a distância r_o aumenta ou diminui quando M_b aumenta? (c) Quanto vale a_g a distância r_o para um buraco negro muito grande, cuja massa é $1,55 \times 10^{12}$ vezes a massa solar de $1,99 \times 10^{30}$ kg? (d) Se uma astronauta com 1,70 m de altura está a distância r_o com os pés voltados para o buraco negro, qual é a diferença entre a aceleração gravitacional da cabeça e dos pés? (e) A astronauta sente algum desconforto?

23 M Um planeta é modelado por um núcleo de raio R e massa M cercado por uma casca de raio interno R, raio externo $2R$ e massa $4M$. Se $M = 4,1 \times 10^{24}$ kg e $R = 6,0 \times 10^6$ m, qual é a aceleração gravitacional de uma partícula em pontos situados a uma distância (a) R e (b) $3R$ do centro do planeta?

Módulo 13.4 Gravitação no Interior da Terra

24 F A Fig. 13.21 mostra duas cascas esféricas concêntricas homogêneas de massas M_1 e M_2. Determine o módulo da força gravitacional a que está sujeita uma partícula de massa m situada a uma distância (a) a, (b) b e (c) c do centro comum das cascas.

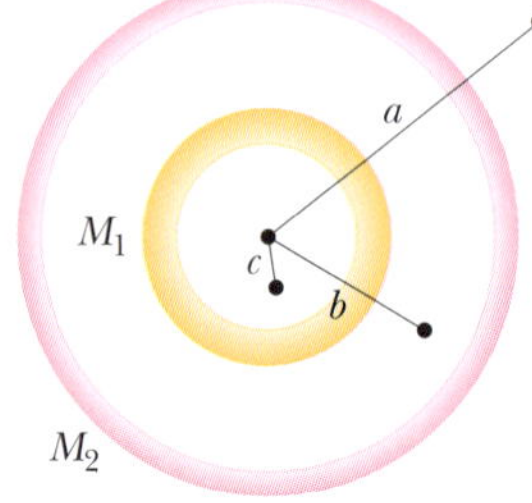

Figura 13.21 Problema 24.

25 M Uma esfera maciça homogênea tem uma massa de $1,0 \times 10^4$ kg e um raio de 1,0 m. Qual é o módulo da força gravitacional exercida pela esfera sobre uma partícula de massa m localizada a uma distância de (a) 1,5 m e (b) 0,50 m do centro da esfera? (c) Escreva uma expressão geral para o módulo da força gravitacional que a esfera exerce sobre a partícula a uma distância $r \leq 1,0$ m do centro da esfera.

26 M Uma esfera maciça homogênea de raio R produz uma aceleração gravitacional a_g na superfície. A que distância do centro da esfera existem pontos (a) dentro da esfera e (b) fora da esfera nos quais a aceleração gravitacional é $a_g/3$?

27 M A Fig. 13.22 mostra, fora de escala, um corte transversal da Terra. O interior da Terra pode ser dividido em três regiões: a *crosta*, o *manto* e o *núcleo*. A figura mostra as dimensões das três regiões e as respectivas massas. A Terra tem massa total de $5,98 \times 10^{24}$ kg e raio de 6.370 km. Despreze a rotação da Terra e suponha que ela tem forma esférica. (a) Calcule a_g na superfície. (b) Suponha que seja feita uma perfuração até a interface da crosta com o manto, a uma profundidade de 25,0 km; qual é o valor de a_g no fundo da perfuração? (c) Suponha que a Terra fosse uma esfera homogênea com a mesma massa total e o mesmo volume. Qual seria o valor de a_g a uma profundidade de 25,0 km? (Medidas precisas de a_g ajudam a revelar a estrutura interna da Terra, embora os resultados possam ser mascarados por variações locais da distribuição de massa.)

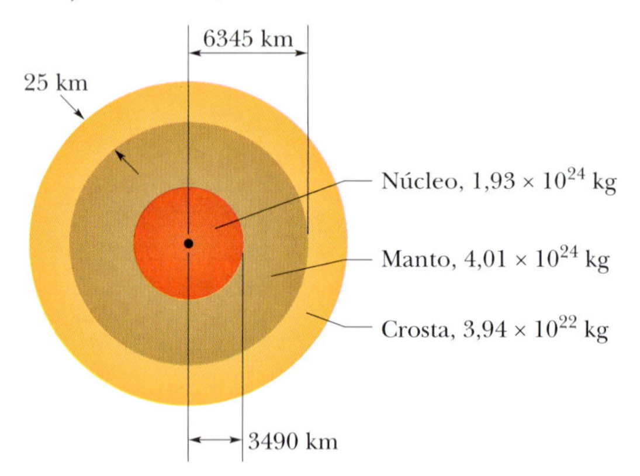

Figura 13.22 Problema 27.

28 M Suponha que um planeta é uma esfera homogênea de raio R e que (de alguma forma) o planeta possui um túnel radial estreito que passa pelo centro do planeta (Fig. 13.4.1). Suponha também que seja possível posicionar uma maçã em qualquer lugar do túnel ou do lado de fora do planeta. Seja F_R o módulo da força gravitacional experimentada pela maçã quando está na superfície do planeta. A que distância da superfície está o ponto no qual o módulo da força gravitacional que o planeta exerce sobre a maçã é $F_R/2$ se a maçã for deslocada (a) para longe do planeta e (b) para dentro do túnel?

Módulo 13.5 Energia Potencial Gravitacional

29 F A Fig. 13.23 mostra a função energia potencial $U(r)$ de um projétil em função da distância da superfície de um planeta de raio R_s. Qual é a menor energia cinética necessária para que um projétil lançado da superfície "escape" do planeta?

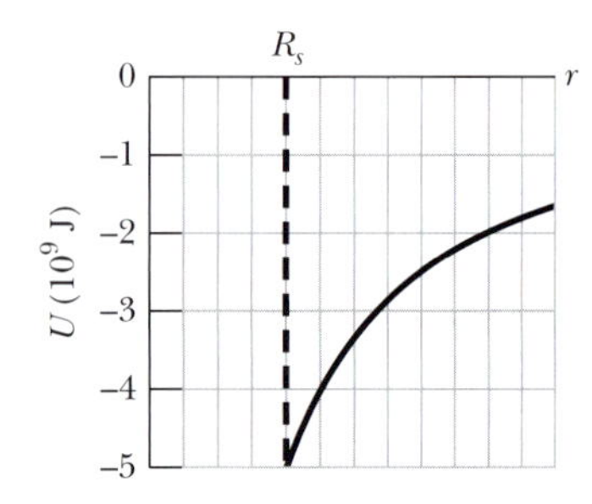

Figura 13.23 Problemas 29 e 34.

30 F Para que razão m/M a energia potencial gravitacional do sistema do Problema 1 é a menor possível?

31 F Marte e a Terra têm diâmetros médios de $6,9 \times 10^3$ km e $1,3 \times 10^4$ km, respectivamente.

A massa de Marte é 0,11 vez a massa da Terra. (a) Qual é a razão entre as massas específicas médias de Marte e a da Terra? (b) Qual é o valor da aceleração gravitacional em Marte? (c) Qual é a velocidade de escape em Marte?

32 **F** (a) Qual é a energia potencial gravitacional do sistema de duas partículas do Problema 3? Se você afastar as partículas até que a distância entre elas seja três vezes maior, qual será o trabalho realizado (b) pela força gravitacional entre as partículas e (c) por você?

33 **F** Por qual fator deve ser multiplicada a energia necessária para escapar da Terra a fim de obter a energia necessária para escapar (a) da Lua e (b) de Júpiter?

34 **F** A Fig. 13.23 mostra a energia potencial $U(r)$ de um projétil em função da distância da superfície de um planeta de raio R_s. Se o projétil for lançado verticalmente para cima com uma energia mecânica de $-2{,}0 \times 10^9$ J, determine (a) a energia cinética do projétil a uma distância $r = 1{,}25R_s$ e (b) o *ponto de retorno* (ver Módulo 8.3) em função de R_s.

35 **M** A Fig. 13.24 mostra quatro partículas, todas de massa 20,0 g, que formam um quadrado de lado d = 0,600 m. Se d for reduzido para 0,200 m, qual será a variação da energia potencial gravitacional do sistema?

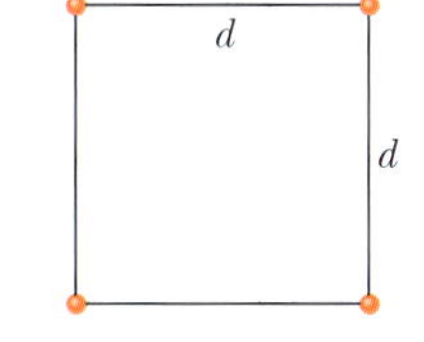

Figura 13.24 Problema 35.

36 **M** Zero, um planeta hipotético, tem uma massa de $5{,}0 \times 10^{23}$ kg, um raio de $3{,}0 \times 10^6$ m e nenhuma atmosfera. Uma sonda espacial de 10 kg deve ser lançada verticalmente a partir da superfície. (a) Se a sonda for lançada com uma energia inicial de $5{,}0 \times 10^7$ J, qual será a energia cinética da sonda quando ela estiver a $4{,}0 \times 10^6$ m do centro de Zero? (b) Com que energia cinética a sonda deverá ser lançada para atingir uma distância máxima de $8{,}0 \times 10^6$ m em relação ao centro de Zero?

37 **M** As três esferas da Fig. 13.25, de massas m_A = 80 g, m_B = 10 g e m_C = 20 g, têm os centros em uma mesma reta, com L = 12 cm e d = 4,0 cm. Você desloca a esfera B ao longo da reta até que a distância entre os centros da esfera B e da esfera C seja d = 4,0 cm. Qual é o trabalho realizado sobre a esfera B (a) por você e (b) pela força gravitacional das esferas A e C?

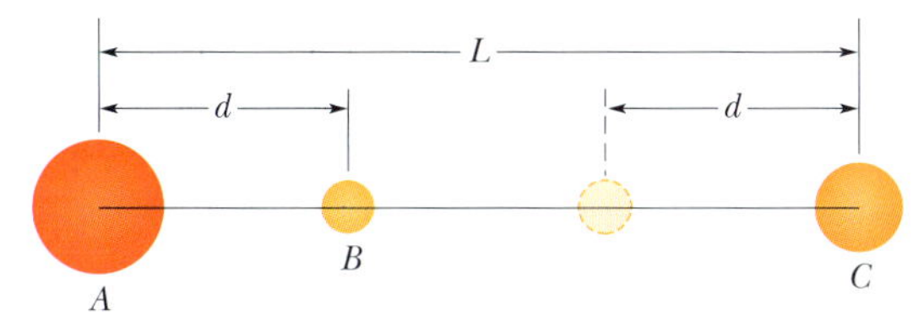

Figura 13.25 Problema 37.

38 **M** No espaço sideral, a esfera A, com 20 kg de massa, está na origem de um eixo x e a esfera B, com 10 kg de massa, está no mesmo eixo em x = 0,80 m. A esfera B é liberada a partir do repouso enquanto a esfera A é mantida fixa na origem. (a) Qual é a energia potencial gravitacional do sistema das duas esferas no momento em que a esfera B é liberada? (b) Qual é a energia cinética da esfera B após ter se deslocado 0,20 m em direção à esfera A?

39 **M** (a) Qual é a velocidade de escape de um asteroide esférico com 500 km de raio se a aceleração gravitacional na superfície é 3,0 m/s²? (b) A que distância da superfície chegará uma partícula se for lançada da superfície do asteroide com uma velocidade vertical de 1.000 m/s? (c) Com que velocidade um objeto se chocará com o asteroide se for liberado sem velocidade inicial de 1.000 km acima da superfície?

40 **M** Um projétil é lançado verticalmente para cima a partir da superfície da Terra. Despreze a rotação da Terra. Em múltiplos do raio da Terra R_T, que distância o projétil atingirá (a) se a velocidade inicial for 0,500 da velocidade de escape da Terra e (b) se a energia cinética inicial for 0,500 da energia cinética necessária para escapar da Terra? (c) Qual é a menor energia mecânica inicial necessária para que o projétil escape da Terra?

41 **M** Duas estrelas de nêutrons estão separadas por uma distância de $1{,}0 \times 10^{10}$ m. Ambas têm massa de $1{,}0 \times 10^{30}$ kg e raio de $1{,}0 \times 10^5$ m. As estrelas se encontram inicialmente em repouso relativo. Com que velocidade estarão se movendo, em relação a esse referencial de repouso, (a) quando a distância for metade do valor inicial e (b) quando estiverem na iminência de colidir?

42 **M** A Fig. 13.26*a* mostra uma partícula A que pode ser deslocada ao longo de um eixo y desde uma distância infinita até a origem. A origem está localizada no ponto médio entre as partículas B e C, que têm massas iguais, e o eixo y é perpendicular à reta que liga as duas partículas. A distância D é 0,3057 m. A Fig. 13.26*b* mostra a energia potencial U do sistema de três partículas em função da posição da partícula A no eixo y. A curva na verdade se estende indefinidamente para a direita e tende assintoticamente a um valor de $-2{,}7 \times 10^{-11}$ J para $y \to \infty$. Qual é a massa (a) das partículas B e C e (b) da partícula A?

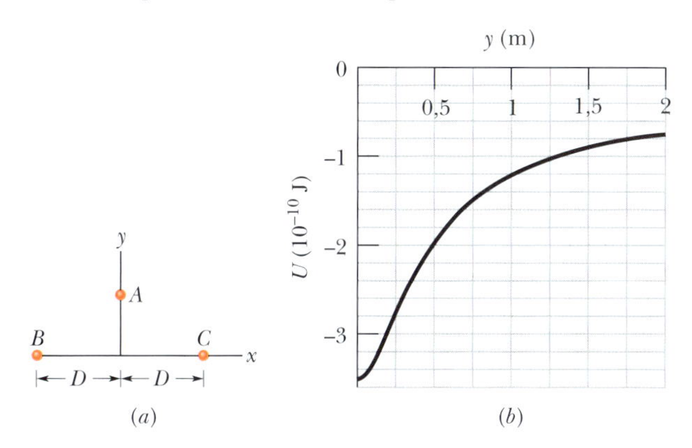

Figura 13.26 Problema 42.

Módulo 13.6 Planetas e Satélites: As Leis de Kepler

43 **F** (a) Que velocidade tangencial um satélite da Terra deve ter para estar em órbita circular 160 km acima da superfície da Terra? (b) Qual é o período de revolução?

44 **F** Um satélite é colocado em órbita circular em torno da Terra com um raio igual à metade do raio da órbita da Lua. Qual é o período de revolução do satélite em meses lunares? (Um mês lunar é o período de revolução da Lua.)

45 **F** Fobos, um satélite de Marte, se move em uma órbita aproximadamente circular com $9{,}4 \times 10^6$ m de raio e um período de 7 h 39 min. Calcule a massa de Marte a partir dessas informações.

46 **F** A primeira colisão conhecida entre um fragmento espacial e um satélite artificial em operação ocorreu em 1996: a uma altitude de 700 km, um satélite espião francês com um ano de uso foi atingido por um pedaço de um foguete Ariane. Um estabilizador do satélite foi danificado e o satélite passou a girar sem controle. Imediatamente antes da colisão e em quilômetros por hora, qual era a velocidade do pedaço de foguete em relação ao satélite se ambos estavam em órbita circular (a) se a colisão foi frontal e (b) se as trajetórias eram mutuamente perpendiculares?

47 **F** O Sol, que está a $2{,}2 \times 10^{20}$ m de distância do centro da Via Láctea, completa uma revolução em torno do centro a cada $2{,}5 \times 10^8$ anos. Supondo que todas as estrelas da galáxia possuem massa igual à massa do Sol, $2{,}0 \times 10^{30}$ kg, que as estrelas estão distribuídas uniformemente em uma esfera em torno do centro da galáxia e que o Sol se encontra na borda dessa esfera, estime o número de estrelas da galáxia.

48 F A distância média de Marte ao Sol é 1,52 vez maior que a distância da Terra ao Sol. Use a lei dos períodos de Kepler para calcular o número de anos necessários para que Marte complete uma revolução em torno do Sol; compare a resposta com o valor que aparece no Apêndice C.

49 F Um cometa que foi visto em abril de 574 por astrônomos chineses, em um dia conhecido como Woo Woo, foi avistado novamente em maio de 1994. Suponha que o intervalo de tempo entre as observações seja o período do cometa e tome a excentricidade da órbita do cometa como de 0,9932. (a) Qual é o semieixo maior da órbita do cometa e (b) qual a maior distância entre o cometa e o Sol em termos do raio médio da órbita de Plutão, R_P?

50 F CVF Um satélite em órbita circular permanece acima do mesmo ponto do equador da Terra ao longo de toda a órbita. Qual é a altitude da órbita (que recebe o nome de *órbita geoestacionária*)?

51 F Um satélite é colocado em uma órbita elíptica cujo ponto mais distante está a 360 km da superfície da Terra e cujo ponto mais próximo está a 180 km da superfície. Calcule (a) o semieixo maior e (b) a excentricidade da órbita.

52 F O centro do Sol está em um dos focos da órbita da Terra. A que distância desse foco se encontra o outro foco (a) em metros e (b) em termos do raio solar, $6{,}96 \times 10^8$ m? A excentricidade da órbita da Terra é 0,0167 e o semieixo maior é $1{,}50 \times 10^{11}$ m.

53 M Um satélite de 20 kg está em uma órbita circular com um período de 2,4 h e um raio de $8{,}0 \times 10^6$ m em torno de um planeta de massa desconhecida. Se o módulo da aceleração gravitacional na superfície do planeta é 8,0 m/s², qual é o raio do planeta?

54 M *Em busca de um buraco negro.* As observações da luz de uma estrela indicam que ela faz parte de um sistema binário (sistema de duas estrelas). A estrela visível do par tem uma velocidade orbital v = 270 km/s, um período orbital T = 1,70 dia e uma massa aproximada $m_1 = 6M_S$, em que M_S é a massa do Sol, $1{,}99 \times 10^{30}$ kg. Suponha que as órbitas da estrela e da companheira, que é escura e invisível, sejam circulares (Fig. 13.27). Qual é a massa m_2 da estrela escura, em unidades de M_S?

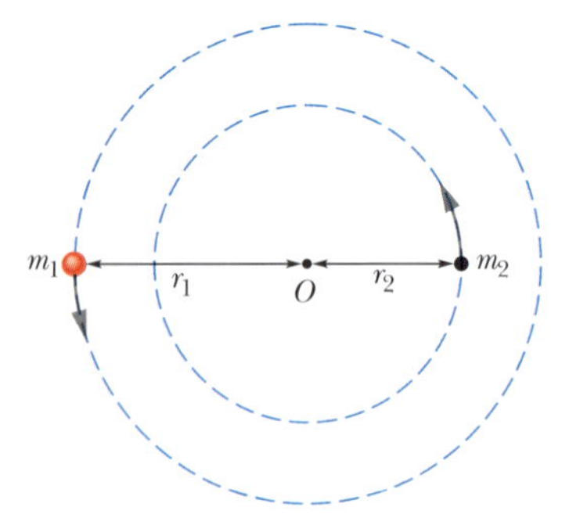

Figura 13.27 Problema 54.

55 M Em 1610, Galileu usou um telescópio que ele próprio havia construído para descobrir quatro satélites de Júpiter, cujos raios orbitais médios a e períodos T aparecem na tabela a seguir.

Nome	a (10^8 m)	T (dias)
Io	4,22	1,77
Europa	6,71	3,55
Ganimedes	10,7	7,16
Calisto	18,8	16,7

(a) Plote log a (eixo y) em função de T (eixo x) e mostre que o resultado é uma linha reta. (b) Meça a inclinação da reta e compare-a com o valor previsto pela terceira lei de Kepler. (c) Determine a massa de Júpiter a partir da interseção da reta com o eixo y.

56 M Em 1993, a sonda *Galileu* enviou à Terra uma imagem (Fig. 13.28) do asteroide 243 Ida e um minúsculo satélite natural (hoje conhecido como Dactyl), o primeiro exemplo confirmado de um sistema asteroide-satélite. Na imagem, o satélite, que tem 1,5 km de largura, está a 100 km do centro do asteroide, que tem 55 km de comprimento. A forma da órbita do satélite não é conhecida com precisão; suponha que seja circular, com um período de 27 h. (a) Qual é a massa do asteroide? (b) O volume do asteroide, medido a partir das imagens da sonda *Galileu*, é 14.100 km³. Qual é a massa específica do asteroide?

Cortesia da NASA

Figura 13.28 Problema 56. O asteroide 243 Ida e seu pequeno satélite (à direita na foto).

57 M Em um sistema estelar binário, as duas estrelas têm massa igual à do Sol e giram em torno do centro de massa. A distância entre as estrelas é igual à distância entre a Terra e o Sol. Qual é, em anos, o período de revolução das estrelas?

58 D Às vezes, a existência de um planeta nas vizinhanças de uma estrela pode ser deduzida a partir da observação do movimento da estrela. Enquanto a estrela e o planeta giram em torno do centro de massa do sistema estrela-planeta, a estrela se aproxima e se afasta de nós com a chamada *velocidade ao longo da linha de visada*, um movimento que pode ser detectado. A Fig. 13.29 mostra um gráfico da velocidade ao longo da linha de visada em função do tempo para a estrela 14 Herculis. Estima-se que a massa da estrela seja 0,90 da massa do Sol. Supondo que apenas um planeta gira em torno da estrela e que a Terra está no plano da órbita do planeta, determine (a) a massa do planeta em unidades de m_J, a massa de Júpiter, e (b) o raio da órbita do planeta em unidades de r_T, o raio da órbita da Terra.

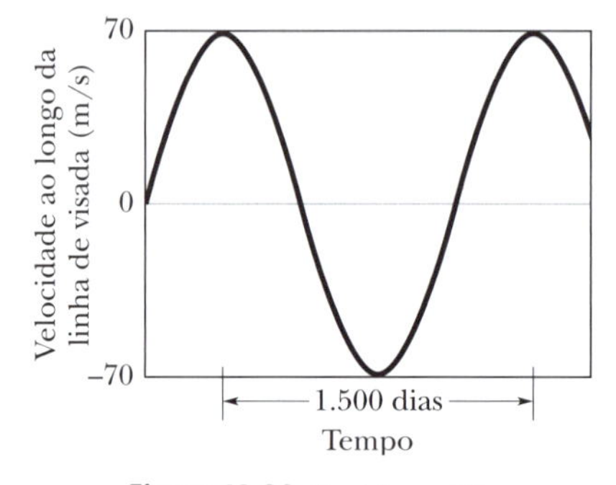

Figura 13.29 Problema 58.

59 D Três estrelas iguais, de massa M, formam um triângulo equilátero de lado L que gira em torno do centro do triângulo enquanto as estrelas se movem em uma mesma circunferência. Qual é a velocidade tangencial das estrelas?

Módulo 13.7 Satélites: Órbitas e Energias

60 F Na Fig. 13.30, dois satélites, A e B, ambos de massa m = 125 kg, ocupam a mesma órbita circular de raio $r = 7{,}87 \times 10^6$ m em torno da Terra e se movem em sentidos opostos, estando, portanto, em rota de colisão. (a) Determine a energia mecânica total $E_A + E_B$ do sistema dos *dois satélites e a Terra* antes da colisão.

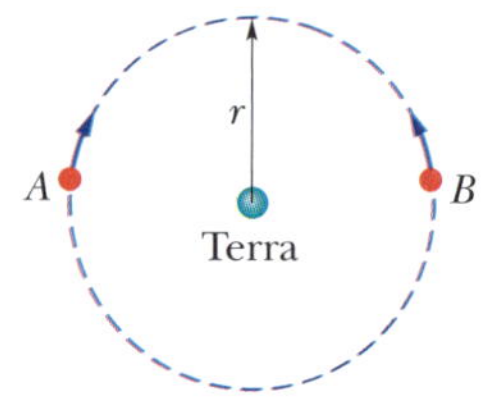

Figura 13.30 Problema 60.

(b) Se a colisão é perfeitamente inelástica, de modo que os destroços aglomeram em um só bloco (de massa = $2m$), determine a energia mecânica total imediatamente após a colisão. (c) Logo depois da colisão, os destroços caem em direção ao centro da Terra ou continuam em órbita?

61 **F** (a) A que distância da superfície da Terra a energia necessária para fazer um satélite subir até essa altitude é igual à energia cinética necessária para que o satélite se mantenha em órbita circular na mesma altitude? (b) Em altitudes maiores, qual é maior: a energia para fazer o satélite subir ou a energia cinética para que ele se mantenha em órbita circular?

62 **F** Dois satélites, A e B, ambos de massa m, estão em órbita circular em torno da Terra. O satélite A orbita a uma altitude de 6.370 km e o satélite B a uma altitude de 19.110 km. O raio da Terra é de 6.370 km. (a) Qual é a razão entre a energia potencial do satélite B e a do satélite A? (b) Qual é a razão entre a energia cinética do satélite B e a do satélite A? (c) Qual dos dois satélites possui maior energia total, se ambos têm uma massa de 14,6 kg? (d) Qual é a diferença entre as energias totais dos dois satélites?

63 **F** Um asteroide, cuja massa é $2{,}0 \times 10^{-4}$ vezes a massa da Terra, gira em uma órbita circular em torno do Sol a uma distância que é o dobro da distância da Terra ao Sol. (a) Calcule o período de revolução do asteroide em anos. (b) Qual é a razão entre a energia cinética do asteroide e a energia cinética da Terra?

64 **F** Um satélite gira em torno de um planeta de massa desconhecida em uma circunferência com $2{,}0 \times 10^7$ m de raio. O módulo da força gravitacional exercida pelo planeta sobre o satélite é $F = 80$ N. (a) Qual é a energia cinética do satélite? (b) Qual seria o módulo F se o raio da órbita aumentasse para $3{,}0 \times 10^7$ m?

65 **M** Um satélite está em uma órbita circular de raio r em torno da Terra. A área A delimitada pela órbita é proporcional a r^2, já que $A = \pi r^2$. Determine a forma de variação com r das seguintes propriedades do satélite: (a) o período, (b) a energia cinética, (c) o momento angular e (d) a velocidade escalar.

66 **M** Uma forma de atacar um satélite em órbita da Terra é disparar uma saraivada de projéteis na mesma órbita do satélite, no sentido oposto. Suponha que um satélite em órbita circular, 500 km acima da superfície da Terra, colida com um projétil de massa 4,0 g. (a) Qual é a energia cinética do projétil no referencial do satélite imediatamente antes da colisão? (b) Qual é a razão entre a energia cinética calculada no item (a) e a energia cinética de uma bala de 4,0 g disparada por um rifle moderno das forças armadas, ao deixar o cano com uma velocidade de 950 m/s?

67 **D** Qual é (a) a velocidade e (b) qual é o período de um satélite de 220 kg em uma órbita aproximadamente circular 640 km acima da superfície da Terra? Suponha que o satélite perde energia mecânica a uma taxa média de $1{,}4 \times 10^5$ J por revolução orbital. Usando a aproximação razoável de que a órbita do satélite se torna uma "circunferência cujo raio diminui lentamente", determine (c) a altitude, (d) a velocidade e (e) o período do satélite ao final da revolução número 1.500. (f) Qual é o módulo da força retardadora média que atua sobre o satélite? O momento angular em relação à Terra é conservado (g) para o satélite e (h) para o sistema satélite-Terra (supondo que o sistema é isolado)?

68 **D** Duas pequenas espaçonaves, ambas de massa $m = 2.000$ kg, estão na órbita circular em torno da Terra da Fig. 13.31, a uma altitude h de 400 km. Kirk, o comandante de uma das naves, chega a qualquer ponto fixo da órbita 90 s antes de Picard, o comandante da segunda nave. Determine (a) o período T_0 e (b) a velocidade v_0 das naves. No ponto P da Fig. 13.31, Picard dispara um retrofoguete instantâneo na direção tangencial à órbita, *reduzindo* a velocidade da nave em 1,00%. Depois do disparo, a nave assume a órbita elíptica representada na figura por uma linha tracejada. Determine (c) a energia cinética e (d) a energia potencial da nave imediatamente após o disparo. Na nova órbita elíptica de Picard, determine (e) a energia total E, (f) o semieixo maior a e (g) o período orbital T. (h) Quanto tempo Picard chega ao ponto P antes de Kirk?

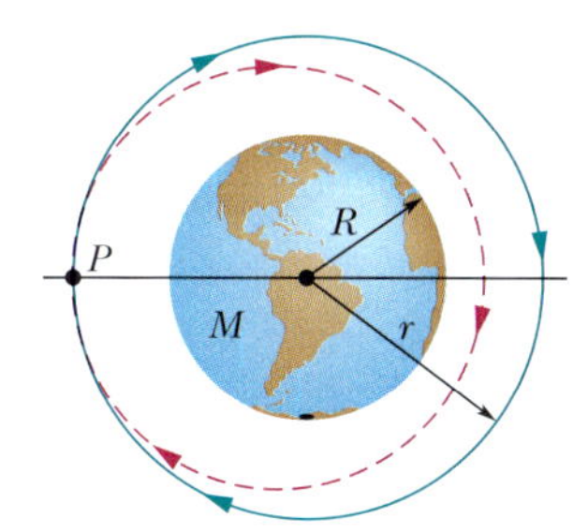

Figura 13.31 Problema 68.

Módulo 13.8 Einstein e a Gravitação

69 **F** Na Fig. 13.8.1b, a leitura da balança usada pelo físico de 60 kg é 220 N. Quanto tempo o melão levará para chegar ao chão se o físico o deixar cair (sem velocidade inicial em relação ao físico) de um ponto 2,1 m acima do piso?

Problemas Adicionais

70 **CALC** Suponha que você deseje estudar um buraco negro a uma distância de $50R_b$. Para evitar efeitos desagradáveis, você não quer que a diferença entre a aceleração gravitacional dos seus pés e a da sua cabeça exceda 10 m/s² quando você está com os pés (ou a cabeça) na direção do buraco negro. (a) Qual é o limite tolerável da massa do buraco negro, em unidades da massa M_S do Sol? (Você precisa conhecer sua altura.) (b) O limite calculado no item (a) é um limite superior (você pode tolerar massas menores) ou um limite inferior (você pode tolerar massas maiores)?

71 Vários planetas (Júpiter, Saturno, Urano) possuem anéis, talvez formados por fragmentos que não chegaram a formar um satélite. Muitas galáxias também contêm estruturas em forma de anel. Considere um anel fino, homogêneo, de massa M e raio externo R (Fig. 13.32). (a) Qual é a atração gravitacional que o anel exerce sobre uma partícula de massa m localizada no eixo central, a uma distância x do centro? (b) Suponha que a partícula do item (a) seja liberada a partir do repouso. Com que velocidade a partícula passa pelo centro do anel?

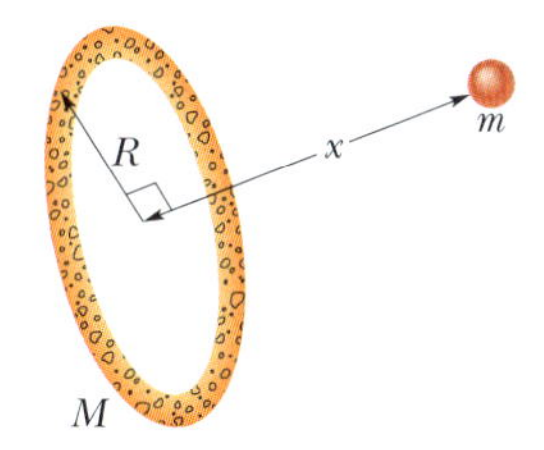

Figura 13.32 Problema 71.

72 Uma estrela de nêutrons típica tem massa igual à do Sol e raio de 10 km. (a) Qual é a aceleração da gravidade na superfície da estrela? (b) Com que velocidade um objeto estaria se movendo se caísse a partir do repouso por uma distância 1,0 m em direção à estrela? (Suponha que o movimento de rotação da estrela seja desprezível.)

73 A Fig. 13.33 é um gráfico da energia cinética K de um asteroide que cai em linha reta em direção ao centro da Terra, em função da distância r entre o asteroide e o centro da Terra. (a) Qual é a massa (aproximada) do asteroide? (b) Qual é a velocidade do asteroide para $r = 1{,}945 \times 10^7$ m?

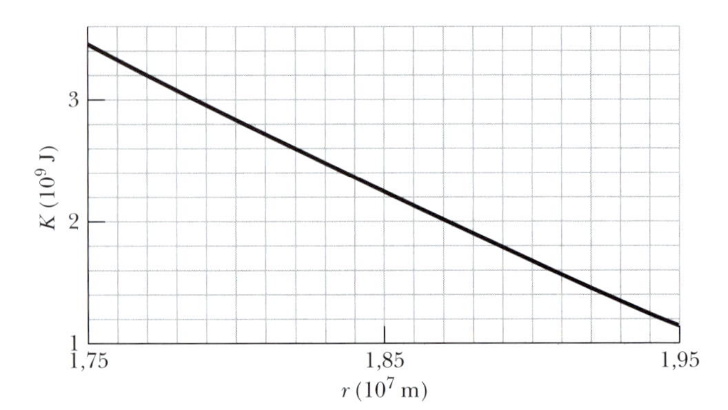

Figura 13.33 Problema 73.

74 CVF O visitante misterioso que aparece na encantadora história *O Pequeno Príncipe* teria vindo de um planeta que "era pouco maior do que uma casa!" Suponha que a massa específica do planeta seja aproximadamente igual à da Terra e que a rotação seja desprezível. Determine os valores aproximados (a) da aceleração de queda livre na superfície do planeta e (b) da velocidade de escape do planeta.

75 As massas e coordenadas de três esferas são as seguintes: 20 kg, $x = 0{,}50$ m, $y = 1{,}0$ m; 40 kg, $x = -1{,}0$ m, $y = -1{,}0$ m; 60 kg, $x = 0$ m, $y = -0{,}50$ m. Qual é o módulo da força gravitacional que as três esferas exercem sobre uma esfera de 20 kg localizada na origem?

76 Um dos primeiros satélites artificiais era apenas um balão esférico de folha de alumínio com 30 m de diâmetro e massa de 20 kg. Suponha que um meteoro com massa de 7,0 kg passe a 3,0 m da superfície do satélite. Qual é o módulo da força gravitacional que o satélite exerce sobre o meteoro no ponto de maior aproximação?

77 Quatro esferas homogêneas, de massas $m_A = 40$ kg, $m_B = 35$ kg, $m_C = 200$ kg e $m_D = 50$ kg, têm coordenadas (0, 50 cm), (0, 0), (−80 cm, 0) e (40 cm, 0), respectivamente. Na notação dos vetores unitários, qual é a força gravitacional total que as outras esferas exercem sobre a esfera *B*?

78 (a) No Problema 77, remova a esfera *A* e calcule a energia potencial gravitacional do sistema formado pelas outras três partículas. (b) Se a esfera *A* for introduzida novamente no sistema, a energia potencial do sistema de quatro partículas será maior ou menor que a calculada no item (a)? (c) O trabalho para remover a partícula *A* do sistema, como no item (a), é positivo ou negativo? (d) O trabalho para recolocar a partícula *A* no sistema, como no item (b), é positivo ou negativo?

79 Um sistema de três estrelas é formado por duas estrelas de massa m girando na mesma órbita circular de raio r em torno de uma estrela central de massa M (Fig. 13.34). As duas estrelas em órbita estão sempre em extremidades opostas de um diâmetro da órbita. Escreva uma expressão para o período de revolução das estrelas.

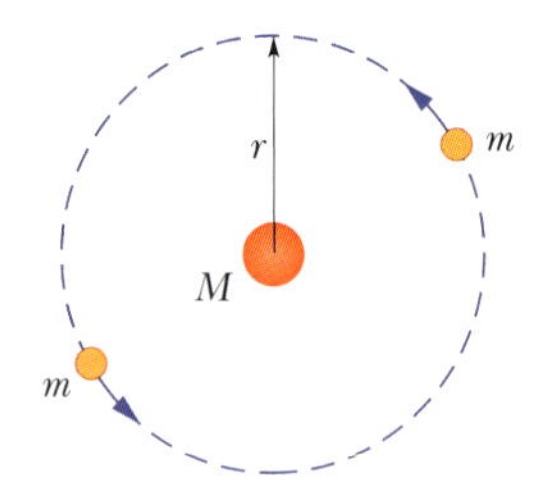

Figura 13.34 Problema 79.

80 A maior velocidade de rotação possível de um planeta é aquela para a qual a força gravitacional no equador é igual à força centrípeta. (Por quê?) (a) Mostre que o período de rotação correspondente é dado por

$$T = \sqrt{\frac{3\pi}{G\rho}},$$

em que ρ é a massa específica do planeta esférico e homogêneo. (b) Calcule o período de rotação supondo uma massa específica de 3,0 g/cm^3, típica de muitos planetas, satélites e asteroides. Nunca foi observado um astro com um período de rotação menor que o determinado por essa análise.

81 Em um sistema estelar binário, duas estrelas de massa $3{,}0 \times 10^{30}$ kg giram em torno do centro de massa do sistema a uma distância de $1{,}0 \times 10^{11}$ m. (a) Qual é a velocidade angular das estrelas em relação ao centro de massa? (b) Se um meteorito passa pelo centro de massa do sistema perpendicularmente ao plano da órbita, qual a menor velocidade que o meteorito deve ter ao passar pelo centro de massa para poder escapar para o "infinito" depois de passar pelo sistema binário?

82 Um satélite está em uma órbita elíptica com um período de $8{,}0 \times 10^4$ s em torno de um planeta de massa $7{,}00 \times 10^{24}$ kg. No afélio, a uma distância de $4{,}5 \times 10^7$ m do centro do planeta, a velocidade angular do satélite é $7{,}158 \times 10^{-5}$ rad/s. Qual é a velocidade angular do satélite no periélio?

83 A capitão Janeway está em um ônibus espacial de massa $m = 3.000$ kg que descreve uma órbita circular de raio $r = 4{,}20 \times 10^7$ m em torno de um planeta de massa $M = 9{,}50 \times 10^{25}$ kg. (a) Qual é o período da órbita e (b) qual é a velocidade do ônibus espacial? Janeway aciona por alguns instantes um retrofoguete, reduzindo em 2,00% a velocidade do ônibus espacial. Nesse momento, qual é (c) a velocidade, (d) qual a energia cinética, (e) qual é a energia potencial gravitacional e (f) qual é a energia mecânica do ônibus espacial? (g) Qual é o semieixo maior da órbita elíptica agora seguida pelo ônibus espacial? (h) Qual é a diferença entre o período da órbita circular original e o da órbita elíptica? (i) Qual das duas órbitas tem o menor período?

84 Considere um pulsar, uma estrela de densidade extremamente elevada, com uma massa M igual à do Sol ($1{,}98 \times 10^{30}$ kg), um raio R de apenas 12 km e um período de rotação T de 0,041 s. Qual é a diferença percentual entre a aceleração de queda livre g e a aceleração gravitacional a_g no equador dessa estrela esférica?

85 Um projétil é disparado verticalmente para cima, a partir da superfície da Terra, com uma velocidade inicial de 10 km/s. Desprezando a resistência do ar, qual é a distância máxima acima da superfície da Terra atingida pelo projétil?

86 Um objeto no equador da Terra é acelerado (a) em direção ao centro da Terra porque a Terra gira em torno de si mesma, (b) em direção ao Sol porque a Terra gira em torno do Sol em uma órbita quase circular e (c) em direção ao centro da galáxia porque o Sol gira em torno do centro da galáxia. No último caso, o período é $2{,}5 \times 10^8$ anos e o raio é $2{,}2 \times 10^{20}$ m. Calcule as três acelerações em unidades de $g = 9{,}8$ m/s^2.

87 (a) Se a lendária maçã de Newton fosse liberada, a partir do repouso, 2 m acima da superfície de uma estrela de nêutrons com uma massa igual a 1,5 vez a massa do Sol e um raio de 20 km, qual seria a velocidade da maçã ao atingir a superfície da estrela? (b) Se a maçã ficasse em repouso na superfície da estrela, qual seria a diferença aproximada entre a aceleração gravitacional no alto e na base da maçã? (Suponha um tamanho razoável para a maçã; a resposta indica que uma maçã não permaneceria intacta nas vizinhanças de uma estrela de nêutrons.)

88 Se uma carta caísse em um túnel que atravessasse toda a Terra, passando pelo centro, qual seria a velocidade da carta ao passar pelo centro?

89 *Energia potencial do sistema Terra-Lua.* As massas da Terra e da Lua são $5{,}98 \times 10^{24}$ kg e $7{,}35 \times 10^{22}$ kg, respectivamente, e a distância média entre a Terra e a Lua é $3{,}82 \times 10^8$ m. Qual é a energia potencial gravitacional do sistema Terra-Lua?

90 *Variação relativa de g.* Sejam g_s e g_h os valores de g na superfície e em uma altitude h, respectivamente, para um planeta homogêneo, esférico, sem rotação, de raio $R_S = 5{,}1 \times 10^3$ km. Quando uma partícula é transportada da superfície até uma altitude $h = 1{,}5$ km, qual é a diminuição relativa do valor da aceleração de queda livre g: $(g_h - g_s)/g_s$?

91 *Raios de buracos negros, grandes e pequenos.* Qual é o raio de Schwarzschild (a) de um buraco negro supermassivo com uma massa $4{,}0 \times 10^{10}$ vezes maior que a do Sol no aglomerado de galáxias Abell

85, (b) do buraco negro observado na galáxia M87, com uma massa $6{,}4 \times 10^9$ vezes maior que a do Sol, (c) de um buraco negro de massa intermediária, $1{,}0 \times 10^4$ vezes maior que a do Sol, (d) de um buraco negro com a massa do Sol, $1{,}99 \times 10^{30}$ kg e (e) de um microburaco negro, com uma massa de $2{,}0 \times 10^{-8}$ kg? (A resposta do item (a) é da ordem de grandeza do raio do Sistema Solar. Buracos negros de massas intermediárias são raros. A possibilidade de existirem microburacos negros foi considerada por Stephen Hawking. Esse tipo de buraco negro pode ser produzido pelo big bang.)

92 *Força gravitacional sobre o Sistema Solar*. O Sistema Solar gira em torno do centro da Via Láctea a uma distância média de $2{,}5 \times 10^5$ anos-luz, com um período de $2{,}3 \times 10^8$ anos. Qual é a força gravitacional que o resto da Via Láctea exerce sobre o Sistema Solar?

93 *Se o Sol se tornasse um buraco negro*. Se o Sol se contraísse até se tornar um buraco negro, qual seria (a) a força gravitacional exercida pelo Sol sobre a Terra e (b) o período da órbita da Terra em anos? (Na verdade, a massa do Sol é insuficiente para que ele se transforme em um buraco negro.)

94 *Esferas que se separam*. A Fig. 13.35 mostra duas esferas com a mesma massa $m = 2{,}00$ kg e o mesmo raio $R = 0{,}0200$ m, que estão inicialmente se tocando no espaço sideral. As esferas são submetidas a uma explosão que faz com que se separem com uma velocidade relativa inicial de $1{,}05 \times 10^{-4}$ m/s. A velocidade diminui gradualmente por causa da atração gravitacional.

Referencial do centro de massa: Suponha que você está em um referencial estacionário em relação ao centro de massa das duas esferas. Use o princípio de conservação da energia mecânica ($K_f + U_f = K_i + U_i$) para calcular, quando a distância entre os centros das esferas é $10R$: (a) a energia cinética de cada esfera e (b) a velocidade da esfera B em relação à esfera A.

Referencial da esfera A: Suponha agora que você está em um referencial estacionário em relação à esfera A. Use novamente a relação $K_f + U_f = K_i + U_i$ para calcular, quando a distância entre os centros das esferas é $10R$: (c) a energia cinética da esfera B e (d) a velocidade da esfera B em relação à esfera A. (e) Por que as respostas dos itens (b) e (d) são diferentes? Qual das duas respostas está correta?

Figura 13.35 Problema 94.

95 *Quatro partículas*. Quatro partículas de 1,5 kg são colocadas nos vértices de um quadrado com 2,0 cm de lado, alinhadas com eixos x e y. Qual é o módulo da força gravitacional a que está submetida uma das partículas?

96 *Compacidade*. A compacidade de um astro é a razão entre o raio de Schwarzschild R_S do astro e o raio real R. Qual é a compacidade (a) da Terra, (b) do Sol, (c) de uma estrela de nêutrons com uma massa específica $\rho = 4{,}0 \times 10^{17}$ kg/m³ e um raio $R = 20{,}0$ km e (d) um buraco negro (use para R o valor do raio de Schwarzschild, que é o único raio mensurável de um buraco negro)? O buraco negro é o objeto mais compacto do universo.

CAPÍTULO 14

Fluidos

14.1 MASSA ESPECÍFICA E PRESSÃO DOS FLUIDOS

Objetivos do Aprendizado

Depois de ler este módulo, você será capaz de ...

14.1.1 Saber a diferença entre fluidos e sólidos.

14.1.2 Conhecer a relação entre massa específica, massa e volume para um material homogêneo.

14.1.3 Conhecer a relação entre pressão hidrostática, força e a área em que a força é aplicada.

Ideias-Chave

- A densidade ρ de um corpo é definida como a massa do corpo por unidade de volume:

$$\rho = \frac{\Delta m}{\Delta V}.$$

Se as dimensões do corpo são muito maiores que as dimensões atômicas, podemos escrever:

$$\rho = \frac{m}{V}.$$

- Um fluido é uma substância que pode escoar. Os fluidos assumem a forma dos recipientes que os contêm porque não resistem a forças de cisalhamento. Entretanto, exercem uma força perpendicular à superfície do recipiente, que pode ser expressa em termos da pressão p:

$$p = \frac{\Delta F}{\Delta A},$$

em que ΔF é o módulo do elemento de força que age sobre um elemento de superfície de área ΔA. Se a força é uniforme em uma região plana, podemos escrever, para essa região,

$$p = \frac{F}{A},$$

em que F é o módulo da força e A é a área da região.

- A força associada à pressão em um ponto de um fluido tem o mesmo módulo em todas as direções.

O que É Física?

A física dos fluidos é a base da engenharia hidráulica, um ramo da engenharia com muitas aplicações práticas. Um engenheiro nuclear pode estudar a vazão da água nas tubulações de um reator nuclear após alguns anos de uso, enquanto um bioengenheiro pode estudar o fluxo de sangue nas artérias de um paciente idoso. Um engenheiro ambiental pode estar preocupado com a contaminação nas vizinhanças de um depósito de lixo ou com a eficiência de um sistema de irrigação. Um engenheiro naval pode estar interessado em investigar os riscos de operação de um batiscafo. Um engenheiro aeronáutico pode projetar o sistema de controle dos flaps que ajudam um avião a pousar. A engenharia hidráulica é usada também em muitos espetáculos da Broadway e de Las Vegas, nos quais enormes cenários são rapidamente montados e desmontados por sistemas hidráulicos.

Antes de estudar essas e outras aplicações da física dos fluidos, precisamos responder à seguinte pergunta: "O que é um fluido?"

O que É um Fluido?

Um **fluido**, ao contrário de um sólido, é uma substância que pode escoar. Os fluidos assumem a forma do recipiente em que são colocados; eles se comportam dessa forma porque não resistem a forças paralelas à superfície. (Na linguagem mais formal do Módulo 12.3, fluidos são substâncias que não resistem a tensões de cisalhamento.) Algumas substâncias aparentemente sólidas, como o piche, levam um longo tempo para se amoldar aos contornos de um recipiente, mas acabam por fazê-lo e, por isso, também são classificadas como fluidos.

O leitor talvez se pergunte por que os líquidos e gases são agrupados na mesma categoria e chamados de fluidos. Afinal (pode pensar), a água é tão diferente do vapor quanto do gelo. Isso não é verdade. Os átomos do gelo, como os de outros sólidos cristalinos, formam um arranjo tridimensional regular, que recebe o nome de rede cristalina. Nem no vapor nem na água existe um arranjo como o do gelo, com ordem de longo alcance.

Massa Específica e Pressão

Quando estudamos corpos rígidos como cubos de madeira, bolas de tênis e barras de metal, as grandezas físicas mais importantes, em termos das quais expressamos as leis de Newton, são *massa* e *força*. Podemos falar, por exemplo, de um bloco de 3,6 kg submetido a uma força de 25 N.

No caso dos fluidos, que são substâncias sem forma definida, é mais útil falar em **massa específica** e **pressão** do que em massa e força.

Massa Específica

Para determinar a massa específica ρ de um fluido em um ponto do material, isolamos um pequeno elemento de volume ΔV em torno do ponto e medimos a massa Δm do fluido contido nesse elemento de volume. A **massa específica** é dada por

$$\rho = \frac{\Delta m}{\Delta V}. \tag{14.1.1}$$

Teoricamente, a massa específica em um ponto de um fluido é o limite dessa razão quando o volume do elemento ΔV tende a zero. Na prática, supomos que o volume de fluido usado para calcular a massa específica, embora pequeno, é muito maior que um átomo e, portanto, "contínuo" (com a mesma massa específica em todos os pontos) e não "granulado" por causa da presença de átomos. Além disso, em muitos casos, supomos que a massa específica do fluido é a mesma em todos os elementos de volume do corpo considerado. Essas duas hipóteses permitem escrever a massa específica na forma

$$\rho = \frac{m}{V} \quad \text{(massa específica uniforme).} \tag{14.1.2}$$

em que m e V são a massa e o volume do corpo.

A massa específica é uma grandeza escalar; a unidade do SI é o quilograma por metro cúbico. A Tabela 14.1.1 mostra a massa específica de algumas substâncias e a massa específica média de alguns objetos. Observe que a massa específica de um gás (ver Ar na tabela) varia consideravelmente com a pressão, mas a massa específica de um líquido (ver Água) praticamente não varia; isso mostra que os gases são *compressíveis*, mas o mesmo não acontece com os líquidos.

Tabela 14.1.1 Algumas Massas Específicas

Substância ou Objeto	Massa específica (kg/m³)
Espaço interestelar	10^{-20}
Melhor vácuo em laboratório	10^{-17}
Ar: 20 °C e 1 atm de pressão	1,21
20 °C e 50 atm	60,5
Isopor	1×10^2
Gelo	$0{,}917 \times 10^3$
Água: 20 °C e 1 atm	$0{,}998 \times 10^3$
20 °C e 50 atm	$1{,}000 \times 10^3$
Água do mar: 20 °C e 1 atm	$1{,}024 \times 10^3$
Sangue	$1{,}060 \times 10^3$
Ferro	$7{,}9 \times 10^3$
Mercúrio (o metal, não o planeta)	$13{,}6 \times 10^3$
Terra: média	$5{,}5 \times 10^3$
núcleo	$9{,}5 \times 10^3$
crosta	$2{,}8 \times 10^3$
Sol: média	$1{,}4 \times 10^3$
núcleo	$1{,}6 \times 10^5$
Anã branca (núcleo)	10^{10}
Núcleo de urânio	3×10^{17}
Estrela de nêutrons (núcleo)	10^{18}

Pressão 14.1 a 14.6

Considere um pequeno sensor de pressão suspenso em um recipiente cheio de fluido, como na Fig. 14.1.1*a*. O sensor (Fig. 14.1.1*b*) é formado por um êmbolo de área ΔA que pode deslizar no interior de um cilindro fechado que repousa em uma mola. Um mostrador registra o deslocamento sofrido pela mola (calibrada) ao ser comprimida pelo fluido, indicando assim o módulo ΔF da força normal que age sobre o êmbolo. Definimos a **pressão** do fluido sobre o êmbolo por meio da equação

$$p = \frac{\Delta F}{\Delta A}. \tag{14.1.3}$$

Teoricamente, a pressão em um ponto qualquer do fluido é o limite dessa razão quando a área ΔA de um êmbolo com o centro nesse ponto tende a zero. Entretanto, se a força é uniforme em uma superfície plana de área A, podemos escrever a Eq. 14.1.3 na forma

$$p = \frac{F}{A} \quad \text{(pressão de uma força uniforme em uma superfície plana),} \tag{14.1.4}$$

em que F é o módulo da força normal a que está sujeita a superfície de área A.

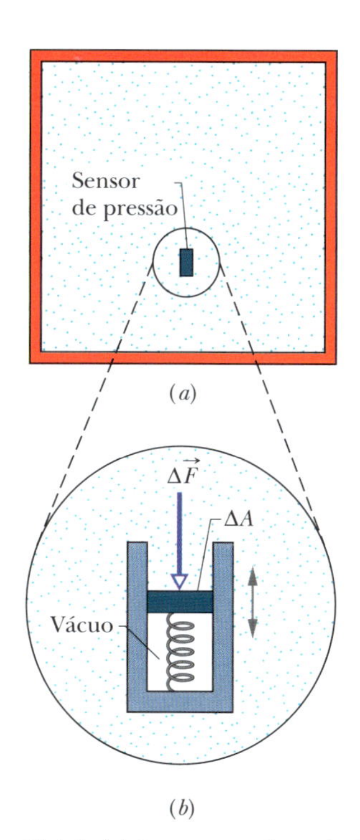

Figura 14.1.1 (*a*) Recipiente cheio de fluido com um pequeno sensor de pressão, mostrado em (*b*). A pressão é medida pela posição relativa do êmbolo móvel.

Tabela 14.1.2 Algumas Pressões

	Pressão (Pa)
Centro do Sol	2×10^{16}
Centro da Terra	4×10^{11}
Maior pressão contínua em laboratório	$1{,}5 \times 10^{10}$
Fossa oceânica mais profunda	$1{,}1 \times 10^{8}$
Salto alto em uma pista de dança	10^{6}
Pneu de automóvel[a]	2×10^{5}
Atmosfera ao nível do mar	$1{,}0 \times 10^{5}$
Pressão arterial sistólica normal[a,b]	$1{,}6 \times 10^{4}$
Melhor vácuo em laboratório	10^{-12}

[a]Pressão acima da pressão atmosférica.
[b]Equivalente a 120 torr nos medidores de pressão dos médicos.

Os experimentos mostram que, em um fluido em repouso, a pressão p definida pela Eq. 14.1.4 tem o mesmo valor, qualquer que seja a orientação do êmbolo. A pressão é uma grandeza escalar; suas propriedades não dependem da orientação. É verdade que a força que age sobre o êmbolo do nosso sensor de pressão é uma grandeza vetorial, mas a Eq. 14.1.4 envolve apenas o *módulo* da força, que é uma grandeza escalar.

A unidade de pressão do SI é o newton por metro quadrado, chamado de **pascal** (Pa). Em muitos países, os medidores de pressão de pneus estão calibrados em quilopascals. A relação entre o pascal e outras unidades de pressão muito usadas na prática (mas que não pertencem ao SI) é a seguinte:

$$1 \text{ atm} = 1{,}01 \times 10^5 \text{ Pa} = 760 \text{ torr} = 14{,}7 \text{ lb/pol}^2.$$

A *atmosfera* (atm) é, como o nome indica, a pressão média aproximada da atmosfera ao nível do mar. O *torr* (nome dado em homenagem a Evangelista Torricelli, que inventou o barômetro de mercúrio em 1674) já foi chamado de *milímetro de mercúrio* (mm Hg). A abreviação de libra por polegada quadrada é psi (do inglês, *pound per square inch*). A Tabela 14.1.2 mostra algumas pressões em pascals.

Teste 14.1.1

A tabela mostra três situações nas quais uma força é aplicada uniformemente a uma superfície plana. Os módulos das forças e as áreas das superfícies são dados. Coloque as situações na ordem da pressão a que a superfície está submetida, começando pela maior.

Situação	Força (N)	Área (m^2)
(1)	19	2,0
(2)	200	50
(3)	600	200

Exemplo 14.1.1 Pressão atmosférica e força

Uma sala de estar tem 4,2 m de comprimento, 3,5 m de largura e 2,4 m de altura.

(a) Qual é o peso do ar contido na sala se a pressão do ar é 1,0 atm?

IDEIAS-CHAVE

(1) O peso do ar é mg, em que m é a massa do ar. (2) A massa m está relacionada à massa específica ρ e ao volume V do ar por meio da Eq. 14.1.2 ($\rho = m/V$).

Cálculo: Combinando as duas ideias e usando a massa específica do ar para 1,0 atm que aparece na Tabela 14.1.1, obtemos:

$$\begin{aligned} mg &= (\rho V)g \\ &= (1{,}21 \text{ kg/m}^3)(3{,}5 \text{ m} \times 4{,}2 \text{ m} \times 2{,}4 \text{ m})(9{,}8 \text{ m/s}^2) \\ &= 418 \text{ N} \approx 420 \text{ N}. \qquad \text{(Resposta)} \end{aligned}$$

Esse valor corresponde ao peso de aproximadamente 110 latas de refrigerante.

(b) Qual é o módulo da força que a atmosfera exerce, de cima para baixo, sobre a cabeça de uma pessoa, que tem uma área da ordem de 0,040 m^2?

IDEIA-CHAVE

Quando a pressão p que um fluido exerce em uma superfície de área A é uniforme, a força que o fluido exerce sobre a superfície pode ser calculada utilizando a Eq. 14.1.4 ($p = F/A$).

Cálculo: Embora a pressão do ar varie de acordo com o local e a hora do dia, podemos dizer que é aproximadamente 1,0 atm. Nesse caso, a Eq. 14.1.4 nos dá

$$\begin{aligned} F = pA &= (1{,}0 \text{ atm})\left(\frac{1{,}01 \times 10^5 \text{ N/m}^2}{1{,}0 \text{ atm}}\right)(0{,}040 \text{ m}^2) \\ &= 4{,}0 \times 10^3 \text{ N}. \qquad \text{(Resposta)} \end{aligned}$$

Essa força considerável é igual ao peso da coluna de ar acima da cabeça da pessoa, que se estende até o limite superior da atmosfera terrestre.

14.2 FLUIDOS EM REPOUSO

Objetivos do Aprendizado

Depois de ler este módulo, você será capaz de ...

14.2.1 Conhecer a relação entre pressão hidrostática, massa específica e altura acima ou abaixo de um nível de referência.

14.2.2 Saber a diferença entre pressão total (pressão absoluta) e pressão manométrica.

Ideias-Chave

- A pressão de um fluido em repouso varia com a coordenada vertical y de acordo com a equação

$$p_2 = p_1 + \rho g(y_1 - y_2),$$

em que p_2 e p_1 são as pressões do fluido em pontos de coordenadas y_1 e y_2, respectivamente, ρ é a massa específica do fluido e g é a aceleração de queda livre.

Se um ponto de um fluido está a uma distância h *abaixo* de um nível de referência no qual a pressão é p_0, a equação precedente se torna

$$p = p_0 + \rho gh,$$

em que p é a pressão no ponto considerado.

- A pressão de um fluido é a mesma em todos os pontos situados à mesma altura.
- Pressão manométrica é a diferença entre a pressão total (ou pressão absoluta) e a pressão atmosférica no mesmo ponto.

Fluidos em Repouso 14.1

A Fig. 14.2.1*a* mostra um tanque de água (ou outro líquido qualquer) aberto para a atmosfera. Como todo mergulhador sabe, a pressão *aumenta* com a profundidade abaixo da interface ar-água. O medidor de profundidade usado pelos mergulhadores é,

Três forças agem sobre este cilindro imaginário.

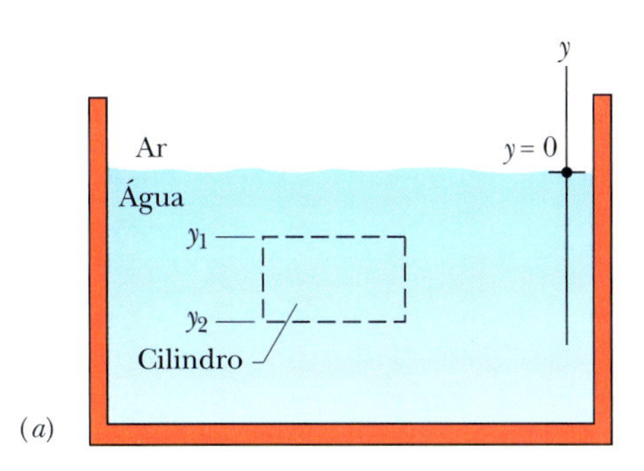

Esta força para baixo é exercida pela pressão da água na superfície *superior* do cilindro.

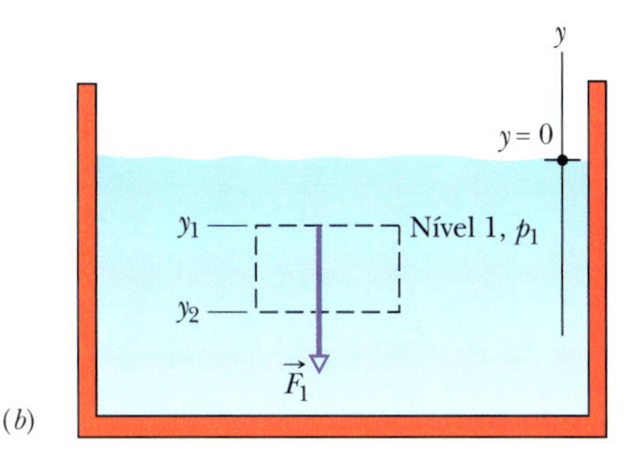

Esta força para cima é exercida pela pressão da água na superfície *inferior* do cilindro.

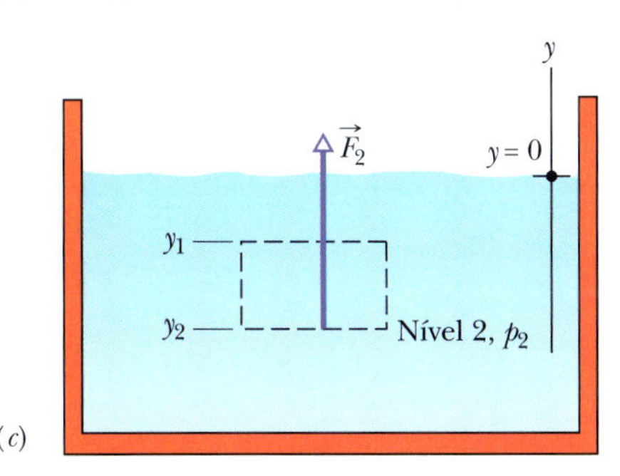

A gravidade exerce uma força para baixo em todo o cilindro.

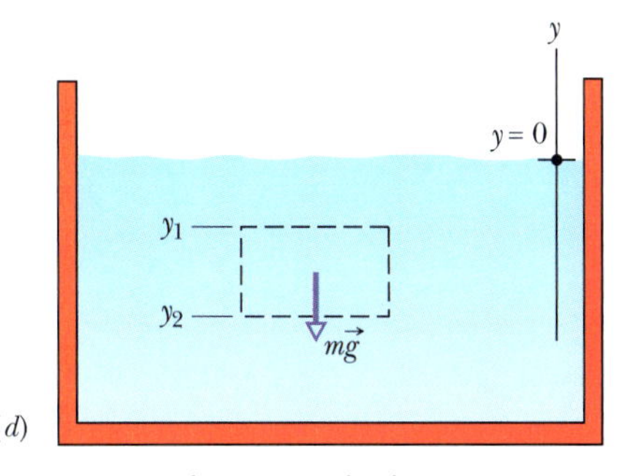

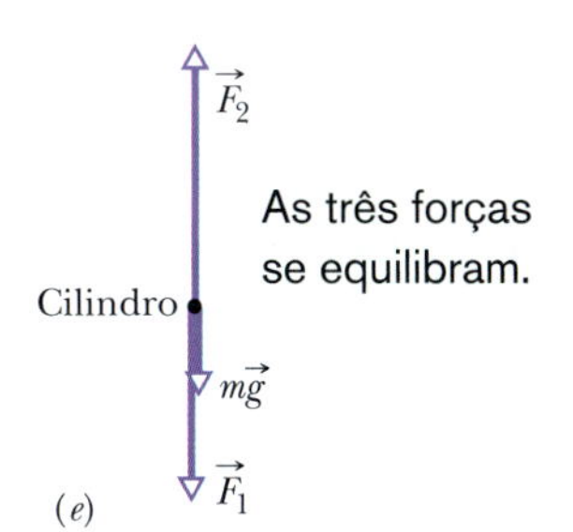

As três forças se equilibram.

Figura 14.2.1 (*a*) Tanque com água no qual uma parte da água está contida em um cilindro imaginário com uma base horizontal de área A. (*b*) a (*d*) Uma força $\vec{F}_1$ age sobre a superfície superior do cilindro; uma força $\vec{F}_2$ age sobre a superfície inferior do cilindro; a força gravitacional que age sobre a água do cilindro está representada por $m\vec{g}$. (*e*) Diagrama de corpo livre do volume de água.

na verdade, um sensor de pressão semelhante ao da Fig. 14.2.1*b*. Como todo alpinista sabe, a pressão *diminui* com a altitude acima do nível do mar. As pressões encontradas pelos mergulhadores e alpinistas são chamadas *pressões hidrostáticas* porque se devem a fluidos estáticos (em repouso). Vamos agora obter uma expressão para a pressão hidrostática em função da profundidade ou da altitude.

Para começar, vamos examinar o aumento da pressão com a profundidade em um tanque com água. Definimos um eixo y vertical com a origem na interface ar-água e o sentido positivo para cima e consideramos a água contida em um cilindro imaginário circular reto de bases A horizontais. Nesse caso, y_1 e y_2 (ambos números *negativos*) são as profundidades abaixo da superfície das bases superior e inferior do cilindro, respectivamente.

A Fig. 14.2.1*e* mostra o diagrama de corpo livre da água do cilindro. A água contida no cilindro está em *equilíbrio estático*, ou seja, está em repouso, e a resultante das forças que agem sobre a água do cilindro é nula. A água do cilindro está sujeita a três forças verticais: a força $\vec{F}_1$ age sobre a superfície superior do cilindro e se deve à água que está acima do cilindro (Fig. 14.2.1*b*). A força $\vec{F}_2$ age sobre a superfície inferior do cilindro e se deve à água que está abaixo do cilindro (Fig. 14.2.1*c*). A força gravitacional que age sobre a água do cilindro está representada por $m\vec{g}$, em que m é a massa da água contida no cilindro (Fig. 14.2.1*d*). O equilíbrio dessas forças pode ser escrito na forma

$$F_2 = F_1 + mg. \tag{14.2.1}$$

Para transformar a Eq. 14.1.4 em uma equação envolvendo pressões, usamos a Eq. 14.1.4, que nos dá

$$F_1 = p_1A \qquad \text{e} \qquad F_2 = p_2A. \tag{14.2.2}$$

A massa m da água contida no cilindro é, segundo a Eq. 14.1.2, $m = \rho V$, em que o volume V do cilindro é o produto da área da base A pela a altura $y_1 - y_2$. Assim, m é igual a $\rho A(y_1 - y_2)$. Substituindo esse resultado e a Eq. 14.2.2 na Eq. 14.2.1, obtemos

$$p_2A = p_1A + \rho Ag(y_1 - y_2)$$

ou

$$p_2 = p_1 + \rho g(y_1 - y_2). \tag{14.2.3}$$

Essa equação pode ser usada para determinar a pressão tanto em um líquido (em função da profundidade) como na atmosfera (em função da altitude ou altura). No primeiro caso, suponha que estejamos interessados em conhecer a pressão p a uma profundidade h abaixo da superfície do líquido. Nesse caso, escolhemos o nível 1 como a superfície, o nível 2 como uma distância h abaixo do nível 1 (como na Fig. 14.2.2) e p_0 como a pressão atmosférica na superfície. Fazendo

$$y_1 = 0, \quad p_1 = p_0 \qquad \text{e} \qquad y_2 = -h, \quad p_2 = p$$

na Eq. 14.2.3, obtemos

$$p = p_0 + \rho gh \quad \text{(pressão na profundidade } h\text{)}. \tag{14.2.4}$$

Note que, de acordo com a Eq. 14.2.4, a pressão a uma dada profundidade não depende de nenhuma dimensão horizontal.

A pressão em um ponto de um fluido em equilíbrio estático depende da profundidade do ponto, mas não da dimensão horizontal do fluido ou do recipiente.

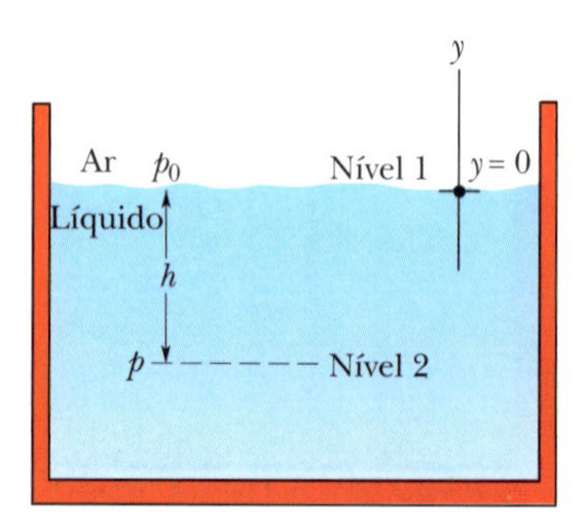

Figura 14.2.2 A pressão p aumenta com a profundidade h abaixo da superfície do líquido de acordo com a Eq. 14.2.4.

Assim, a Eq. 14.2.4 é válida, qualquer que seja a forma do recipiente. Se a superfície inferior do recipiente está a uma profundidade h, a Eq. 14.2.4 fornece a pressão p no fundo do recipiente.

Na Eq. 14.2.4, p é chamada de pressão total, ou **pressão absoluta**, no nível 2. Para compreender por que, observe na Fig. 14.2.2 que a pressão p no nível 2 é a soma de duas parcelas: (1) p_0, a pressão da atmosfera, que é aplicada à superfície do líquido, e (2) ρgh, a pressão do líquido que está acima do nível 2, que é aplicada ao nível 2. A diferença entre a pressão absoluta e a pressão atmosférica é chamada **pressão manométrica**. (O nome se deve ao uso de um instrumento chamado "manômetro" para medir a diferença de pressão.) Para a situação da Fig. 14.2.2, a pressão manométrica é ρgh.

A Eq. 14.2.3 também pode ser usada acima da superfície do líquido. Nesse caso, ela fornece a pressão atmosférica a uma dada distância acima do nível 1 em termos da pressão atmosférica p_1 no nível 1 (*supondo* que a massa específica da atmosfera é uniforme ao longo dessa distância). Assim, por exemplo, para calcular a pressão atmosférica a uma distância d acima do nível 1 da Fig. 14.2.2, fazemos

$$y_1 = 0, \quad p_1 = p_0 \quad \text{e} \quad y_2 = d, \quad p_2 = p.$$

Nesse caso, com $\rho = \rho_{ar}$, obtemos

$$p = p_0 - \rho_{ar} g d.$$

Teste 14.2.1

A figura mostra quatro recipientes de azeite. Ordene-os de acordo com a pressão na profundidade h, começando pelo maior.

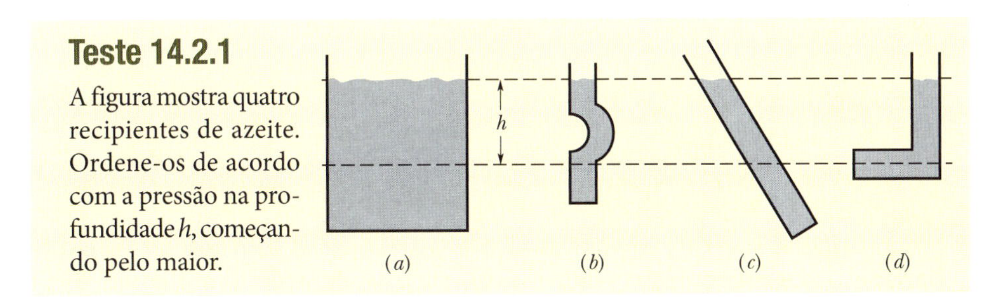

Exemplo 14.2.1 Equilíbrio de pressões em um tubo em forma de U

O tubo em forma de U da Fig. 14.2.3 contém dois líquidos em equilíbrio estático: no lado direito existe água, de massa específica ρ_a (= 998 kg/m^3), e no lado esquerdo existe óleo, de massa específica desconhecida ρ_x. Os valores das distâncias indicadas na figura são l = 135 mm e d = 12,3 mm. Qual é a massa específica do óleo?

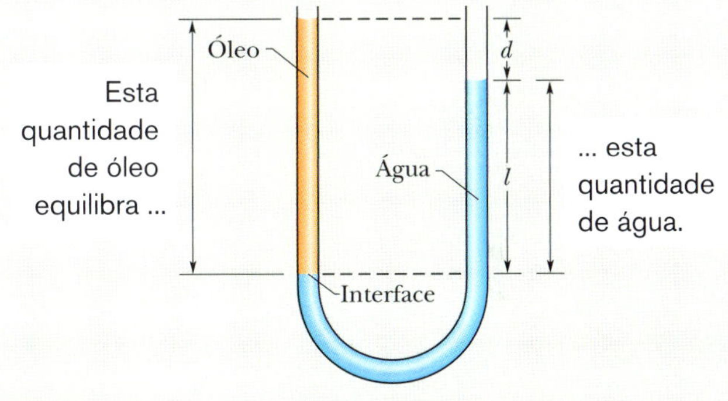

Figura 14.2.3 O óleo do lado esquerdo fica mais alto que a água do lado direito.

IDEIAS-CHAVE

(1) A pressão p_{int} no nível correspondente à interface óleo-água do lado esquerdo depende da massa específica ρ_x e da altura do óleo acima da interface. (2) A água do lado direito *à mesma altura* está submetida à mesma pressão p_{int}. Isso acontece porque, como a água está em equilíbrio estático, as pressões em pontos na água no mesmo nível são necessariamente iguais, mesmo que os pontos estejam separados horizontalmente.

Cálculos: No lado direito, a interface está a uma distância l abaixo da superfície da *água*, e a Eq. 14.2.4 nos dá

$$p_{int} = p_0 + \rho_a g l \quad \text{(lado direito)}.$$

No lado esquerdo, a interface está a uma distância $l + d$ abaixo da superfície do *óleo*, e a Eq. 14.2.4 nos dá

$$p_{int} = p_0 + \rho_x g(l + d) \quad \text{(lado esquerdo)}.$$

Igualando as duas expressões e explicitando a massa específica desconhecida, obtemos

$$\rho_x = \rho_a \frac{l}{l + d} = (998 \text{ kg/m}^3) \frac{135 \text{ mm}}{135 \text{ mm} + 12{,}3 \text{ mm}}$$
$$= 915 \text{ kg/m}^3. \quad \text{(Resposta)}$$

Note que a resposta não depende da pressão atmosférica p_0 nem da aceleração de queda livre g.

14.3 MEDIDORES DE PRESSÃO

Objetivos do Aprendizado

Depois de ler este módulo, você será capaz de ...

14.3.1 Explicar como um barômetro mede a pressão atmosférica.

14.3.2 Explicar como um barômetro de tubo aberto mede a pressão manométrica de um gás.

Ideias-Chave

- Um barômetro de mercúrio pode ser usado para medir a pressão atmosférica.
- Um barômetro de tubo aberto pode ser usado para medir a pressão manométrica de um gás confinado.

Medidores de Pressão

Barômetro de Mercúrio

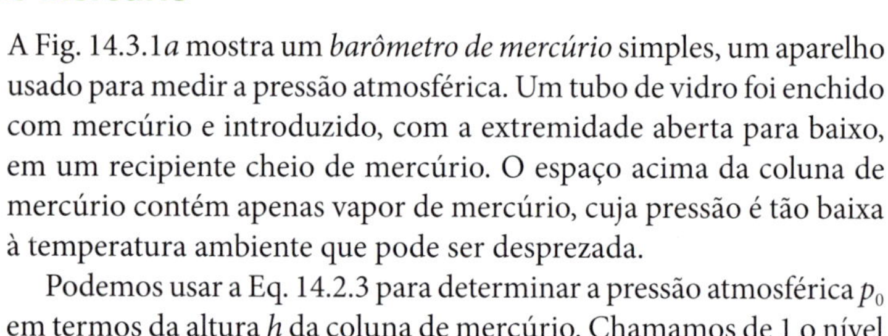

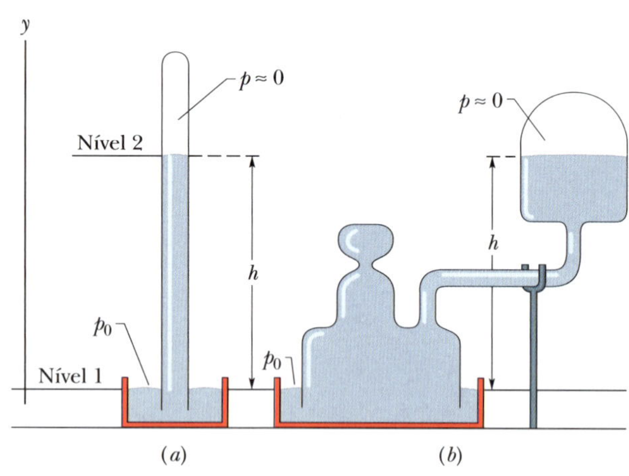

Figura 14.3.1 (*a*) Barômetro de mercúrio. (*b*) Outro barômetro de mercúrio. A distância h é a mesma nos dois casos.

A Fig. 14.3.1*a* mostra um *barômetro de mercúrio* simples, um aparelho usado para medir a pressão atmosférica. Um tubo de vidro foi enchido com mercúrio e introduzido, com a extremidade aberta para baixo, em um recipiente cheio de mercúrio. O espaço acima da coluna de mercúrio contém apenas vapor de mercúrio, cuja pressão é tão baixa à temperatura ambiente que pode ser desprezada.

Podemos usar a Eq. 14.2.3 para determinar a pressão atmosférica p_0 em termos da altura h da coluna de mercúrio. Chamamos de 1 o nível da interface ar-mercúrio e de 2 o nível do alto da coluna de mercúrio (Fig. 14.3.1). Em seguida, fazemos

$$y_1 = 0, \; p_1 = p_0 \qquad \text{e} \qquad y_2 = h, \; p_2 = 0$$

na Eq. 14.2.3, o que nos dá

$$p_0 = \rho g h, \tag{14.3.1}$$

em que ρ é a massa específica do mercúrio.

Para uma dada pressão, a altura h da coluna de mercúrio não depende da área de seção reta do tubo vertical. O barômetro de mercúrio mais sofisticado da Fig. 14.3.1*b* fornece a mesma leitura que o da Fig. 14.3.1*a*; tudo que importa é a distância vertical h entre os níveis de mercúrio.

A Eq. 14.3.1 mostra que, para uma dada pressão, a altura da coluna de mercúrio depende do valor de g no local em que se encontra o barômetro e da massa específica do mercúrio, que varia com a temperatura. A altura da coluna (em milímetros) é numericamente igual à pressão (em torr) *apenas* se o barômetro estiver em um local em que g tem o valor-padrão de 9,80665 m/s^2 *e* se a temperatura do mercúrio for 0° C. Se essas condições não forem satisfeitas (e raramente o são), pequenas correções devem ser feitas para que a altura da coluna de mercúrio possa ser lida como pressão.

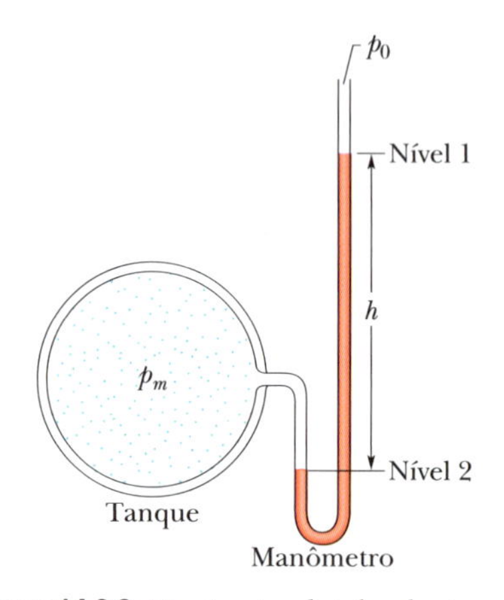

Figura 14.3.2 Manômetro de tubo aberto, usado para medir a pressão manométrica do gás contido no tanque da esquerda. O lado direito do tubo em **U** está aberto para a atmosfera.

Manômetro de Tubo Aberto

Um *manômetro de tubo aberto* (Fig. 14.3.2), usado para medir a pressão manométrica p_m de um gás, consiste em um tubo em forma de **U** contendo um líquido, com uma das extremidades ligada a um recipiente cuja pressão manométrica se deseja medir e a outra aberta para a atmosfera. Podemos usar a Eq. 14.2.3 para determinar a pressão manométrica em termos da altura h mostrada na Fig. 14.3.2. Vamos escolher os níveis 1 e 2 como na Fig. 14.3.2. Fazendo

$$y_1 = 0, \quad p_1 = p_0 \qquad \text{e} \qquad y_2 = -h, \quad p_2 = p$$

na Eq. 14.2.3, obtemos

$$p_m = p - p_0 = \rho g h, \tag{14.3.2}$$

em que ρ é a massa específica do líquido contido no tubo. A pressão manométrica p_m é diretamente proporcional a h.

A pressão manométrica pode ser positiva ou negativa, dependendo de se $p > p_0$ ou $p < p_0$. Nos pneus e no sistema circulatório, a pressão (absoluta) é maior que a pressão atmosférica, de modo que a pressão manométrica é uma grandeza positiva, às vezes chamada de *sobrepressão*. Quando alguém usa um canudo para beber um refrigerante, a pressão (absoluta) do ar nos pulmões é menor que a pressão atmosférica. Nesse caso, a pressão manométrica do ar nos pulmões é uma grandeza negativa.

Teste 14.3.1

As três figuras mostram um manômetro de tubo aberto, como o da Fig. 14.3.2, ligado a um tanque com gás. Coloque as figuras na ordem da pressão manométrica, começando pela maior.

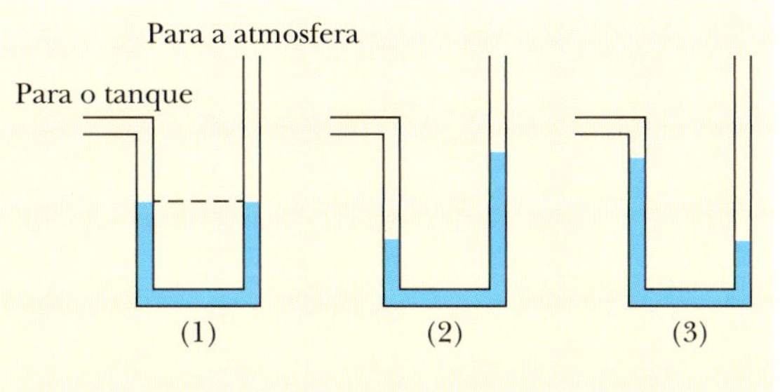

14.4 PRINCÍPIO DE PASCAL

Objetivos do Aprendizado

Depois de ler este módulo, você será capaz de ...

14.4.1 Conhecer o princípio de Pascal.

14.4.2 Relacionar o deslocamento e área do êmbolo de entrada ao deslocamento e área do êmbolo de saída de um macaco hidráulico.

Ideia-Chave

- De acordo com o princípio de Pascal, uma variação da pressão aplicada a um fluido incompressível contido em um recipiente é transmitida integralmente a todas as partes do fluido e às paredes do recipiente.

Princípio de Pascal

Quando apertamos uma extremidade de um tubo de pasta de dente para fazer a pasta sair pela outra extremidade, estamos pondo em prática o **princípio de Pascal**. Esse princípio é também usado na manobra de Heimlich, na qual uma pressão aplicada ao abdômen é transmitida para a garganta, liberando um pedaço de comida ali alojado. O princípio foi enunciado com clareza pela primeira vez em 1652 por Blaise Pascal (em cuja homenagem foi batizada a unidade de pressão do SI):

Uma variação da pressão aplicada a um fluido incompressível contido em um recipiente é transmitida integralmente a todas as partes do fluido e às paredes do recipiente.

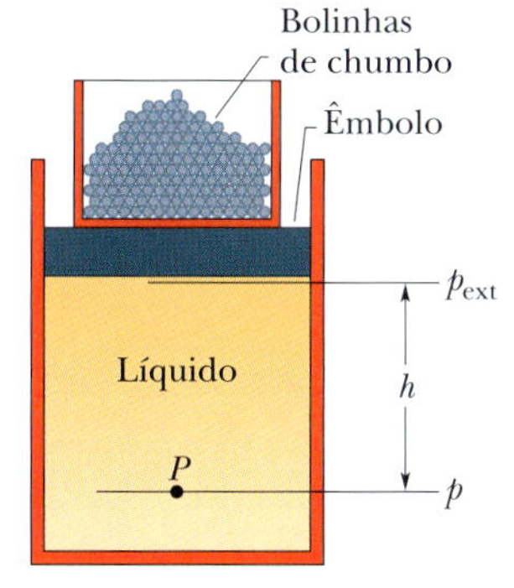

Figura 14.4.1 Bolinhas de chumbo colocadas sobre o êmbolo criam uma pressão p_{ext} no alto de um líquido (incompressível) confinado. Se mais bolinhas de chumbo são colocadas sobre o êmbolo, fazendo aumentar p_{ext}, a pressão aumenta do mesmo valor em todos os pontos do líquido.

Demonstração do Princípio de Pascal

Considere o caso no qual o fluido incompressível é um líquido contido em um cilindro, como na Fig. 14.4.1. O cilindro é fechado por um êmbolo no qual repousa um recipiente com bolinhas de chumbo. A atmosfera, o recipiente e as bolinhas de chumbo exercem uma pressão p_{ext} sobre o êmbolo e, portanto, sobre o líquido. A pressão p em qualquer ponto P do líquido é dada por

$$p = p_{ext} + \rho g h. \qquad (14.4.1)$$

Vamos adicionar algumas bolinhas de chumbo ao recipiente para aumentar p_{ext} de um valor Δp_{ext}. Como os valores dos parâmetros ρ, g e h da Eq. 14.4.1 permanecem os mesmos, a variação de pressão no ponto P é

$$\Delta p = \Delta p_{ext}. \qquad (14.4.2)$$

Como a variação de pressão não depende de h, é a mesma para todos os pontos do interior do líquido, como afirma o princípio de Pascal.

Princípio de Pascal e o Macaco Hidráulico

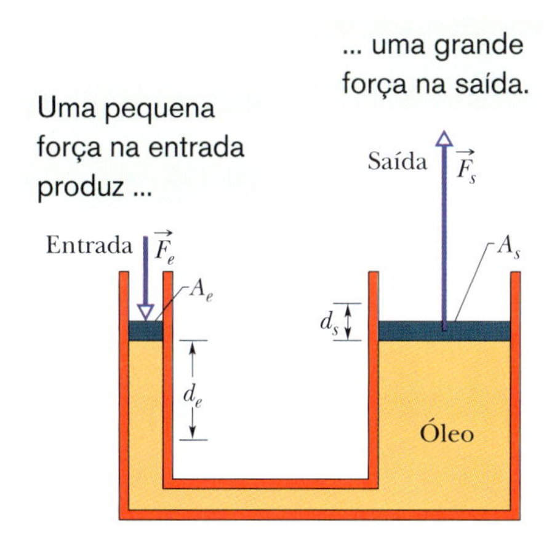

Figura 14.4.2 Um macaco hidráulico pode ser usado para amplificar a força $\vec{F}_e$, mas não o trabalho, que é o mesmo para as forças de entrada e de saída.

A Fig. 14.4.2 mostra a relação entre o princípio de Pascal e o macaco hidráulico. Suponha que uma força externa de módulo F_e seja aplicada de cima para baixo ao êmbolo da esquerda (ou de entrada), cuja área é A_e. Um líquido incompressível produz uma força de baixo para cima, de módulo F_s, no êmbolo da direita (ou de saída), cuja área é A_s. Para manter o sistema em equilíbrio, deve existir uma força para baixo de módulo

F_s no êmbolo de saída, exercida por uma carga externa (não mostrada na figura). A força $\vec{F}_e$ aplicada no lado esquerdo e a força $\vec{F}_s$ para baixo exercida pela carga no lado direito produzem uma variação Δp da pressão do líquido que é dada por

$$\Delta p = \frac{F_e}{A_e} = \frac{F_s}{A_s},$$

o que nos dá

$$F_s = F_e \frac{A_s}{A_e}. \qquad (14.4.3)$$

A Eq. 14.4.3 mostra que a força de saída F_s exercida sobre a carga é maior que a força de entrada F_e se $A_s > A_e$, como na Fig. 14.4.2.

Quando deslocamos o êmbolo de entrada para baixo de uma distância d_e, o êmbolo de saída se desloca para cima de uma distância d_s, de modo que o mesmo volume V de líquido incompressível é deslocado pelos dois êmbolos. Assim,

$$V = A_e d_e = A_s d_s,$$

que pode ser escrita como

$$d_s = d_e \frac{A_e}{A_s}. \qquad (14.4.4)$$

Isso mostra que, se $A_s > A_e$ (como na Fig. 14.4.2), o êmbolo de saída percorre uma distância menor que o êmbolo de entrada.

De acordo com as Eqs. 14.4.3 e 14.4.4, o trabalho realizado pelo êmbolo de saída é dado por

$$W = F_s d_s = \left(F_e \frac{A_s}{A_e}\right)\left(d_e \frac{A_e}{A_s}\right) = F_e d_e, \qquad (14.4.5)$$

o que mostra que o trabalho W realizado *sobre* o êmbolo de entrada pela força aplicada é igual ao trabalho W realizado *pelo* êmbolo de saída ao levantar uma carga.

A vantagem do macaco hidráulico é a seguinte:

Com um macaco hidráulico, uma força aplicada ao longo de uma dada distância pode ser transformada em uma força maior aplicada ao longo de uma distância menor.

Como o produto da força pela distância permanece inalterado, o trabalho realizado é o mesmo. Entretanto, há, frequentemente, uma grande vantagem em poder exercer uma força maior. Muitos de nós, por exemplo, não temos força suficiente para levantar um automóvel, mas podemos fazê-lo usando um macaco hidráulico, ainda que, ao movimentar a alavanca do macaco, em uma série de movimentos curtos, tenhamos que fazê-la percorrer uma distância muito maior que a distância vertical percorrida pelo automóvel.

Teste 14.4.1

Em um macaco hidráulico, qual dos êmbolos (a) percorre a maior distância, (b) exerce a maior força e (c) desloca o maior volume? As respostas possíveis são: o êmbolo com a maior área, o êmbolo com a menor área e os dois êmbolos empatados.

14.5 PRINCÍPIO DE ARQUIMEDES

Objetivos do Aprendizado

Depois de ler este módulo, você será capaz de ...

14.5.1 Conhecer o princípio de Arquimedes.

14.5.2 Conhecer a relação entre a força de empuxo e a massa do fluido deslocado por um corpo.

14.5.3 Conhecer a relação entre a força gravitacional e a força de empuxo no caso de um corpo que está flutuando em um fluido.

14.5.4 Conhecer a relação entre a força gravitacional e a massa do fluido deslocado por um corpo que está flutuando.

14.5.5 Saber a diferença entre peso aparente e peso real.

14.5.6 Calcular o peso aparente de um corpo que está total ou parcialmente submerso em um fluido.

Ideias-Chave

- De acordo com o princípio de Arquimedes, quando um corpo está total ou parcialmente submerso em um fluido, ele sofre uma força para cima, conhecida como força de empuxo, cujo módulo é dado por

$$F_E = m_f g,$$

em que m_f é a massa do fluido deslocado pelo corpo.

- Quando um corpo está flutuando em um fluido, o módulo F_e da força de empuxo (que aponta para cima) é igual ao módulo da força gravitacional F_g (que aponta para baixo).
- O peso aparente de um corpo submetido a uma força de empuxo está relacionado ao peso real por meio da equação

$$P_{ap} = P - F_E.$$

Princípio de Arquimedes 14.7 a 14.12 14.1

A Fig. 14.5.1 mostra uma estudante em uma piscina, manuseando um saco plástico muito fino (de massa desprezível) cheio d'água. A jovem observa que o saco e a água nele contida estão em equilíbrio estático, ou seja, não tendem a subir nem a descer. A força gravitacional para baixo $\vec{F}_g$ a que a água contida no saco está submetida é equilibrada por uma força para cima exercida pela água que está do lado de fora do saco.

A força para cima, que recebe o nome de **força de empuxo** e é representada pelo símbolo $\vec{F}_E$, se deve ao fato de que a pressão da água que envolve o saco aumenta com a profundidade. Assim, a pressão na parte inferior do saco é maior que na parte superior, o que faz com que as forças a que o saco está submetido devido à pressão sejam maiores em módulo na parte de baixo do saco do que na parte de cima. Algumas dessas forças estão representadas na Fig. 14.5.2*a*, em que o espaço ocupado pelo saco foi deixado vazio. Note que os vetores que representam as forças na parte de baixo do saco (com componentes para cima) são mais compridos que os vetores que representam as forças na parte de cima do saco (com componentes para baixo). Quando somamos vetorialmente todas as forças exercidas pela água sobre o saco, as componentes horizontais se cancelam e a soma das componentes verticais é o empuxo $\vec{F}_E$ que age sobre o saco. (A força $\vec{F}_E$ está representada à direita da piscina na Fig. 14.5.2*a*.)

Como o saco de água está em equilíbrio estático, o módulo de $\vec{F}_E$ é igual ao módulo $m_f g$ da força gravitacional $\vec{F}_g$ que age sobre o saco com água: $F_E = m_f g$. (O índice f significa *fluido*, no caso a água.) Em palavras, o módulo do empuxo é igual ao peso da água contida no saco.

Na Fig. 14.5.2*b*, substituímos o saco plástico com água por uma pedra que ocupa um volume igual ao do espaço vazio da Fig. 14.5.2*a*. Dizemos que a pedra *desloca* a água, ou seja, ocupa o espaço que, de outra forma, seria ocupado pela água. Como a forma da cavidade não foi alterada, as forças na superfície da cavidade são as mesmas

Figura 14.5.1 Saco plástico, de massa desprezível, cheio d'água, em equilíbrio estático em uma piscina. A força gravitacional experimentada pelo saco é equilibrada por uma força para cima exercida pela água que o cerca.

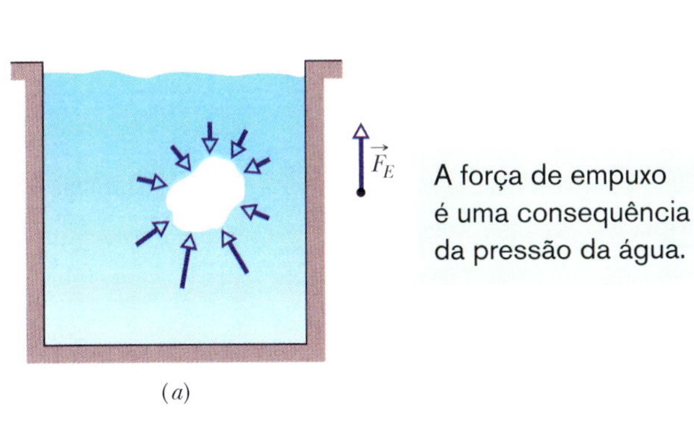

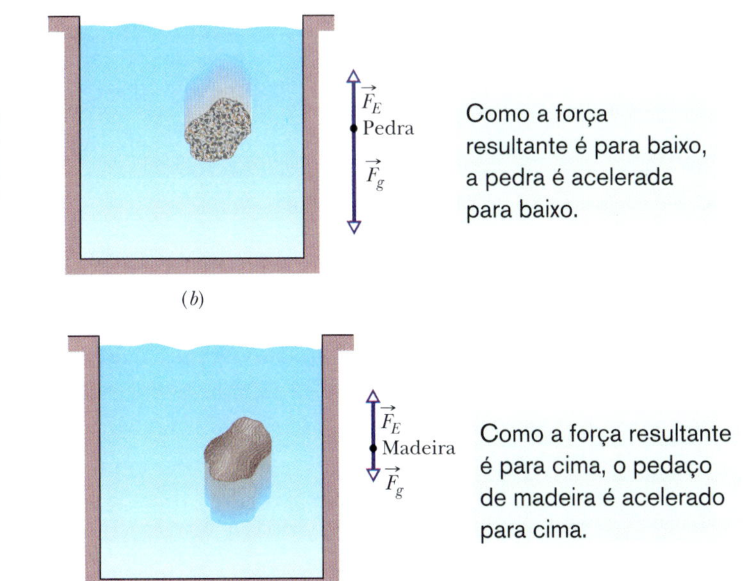

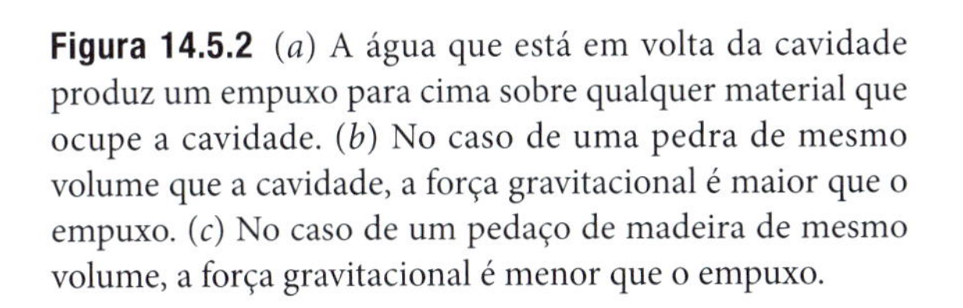

Figura 14.5.2 (*a*) A água que está em volta da cavidade produz um empuxo para cima sobre qualquer material que ocupe a cavidade. (*b*) No caso de uma pedra de mesmo volume que a cavidade, a força gravitacional é maior que o empuxo. (*c*) No caso de um pedaço de madeira de mesmo volume, a força gravitacional é menor que o empuxo.

que quando o saco plástico com água estava nesse lugar. Assim, o mesmo empuxo para cima que agia sobre o saco plástico agora age sobre a pedra, ou seja, o módulo F_E do empuxo é igual a $m_f g$, o peso da água deslocada pela pedra.

Ao contrário do saco com água, a pedra não está em equilíbrio estático. A força gravitacional $\vec{F}_g$ para baixo que age sobre a pedra tem um módulo maior que o empuxo para cima, como mostra o diagrama de corpo livre da Fig. 14.5.2*b*. Assim, a pedra sofre uma aceleração para baixo e desce até o fundo da piscina.

Vamos agora preencher a cavidade da Fig. 14.5.2*a* com um pedaço de madeira, como na Fig. 14.5.2*c*. Mais uma vez, nada mudou com relação às forças que agem sobre a superfície da cavidade, de modo que o módulo F_E do empuxo é igual a $m_f g$, o peso da água deslocada. O pedaço de madeira, como a pedra, não está em equilíbrio estático, mas, nesse caso, o módulo $\vec{F}_g$ da força gravitacional é menor que o módulo $\vec{F}_E$ do empuxo (ver diagrama à direita da piscina), de modo que a madeira sofre uma aceleração para cima e sobe até a superfície.

Os resultados que obtivemos para o saco plástico, a pedra e o pedaço de madeira se aplicam a qualquer fluido e podem ser resumidos no **princípio de Arquimedes**:

Quando um corpo está total ou parcialmente submerso em um fluido, uma força de empuxo $\vec{F}_E$ exercida pelo fluido age sobre o corpo. A força é dirigida para cima e tem um módulo igual ao peso $m_f g$ do fluido deslocado pelo corpo.

De acordo com o princípio de Arquimedes, o módulo da força de empuxo é dado por

$$F_E = m_f g \qquad \text{(força de empuxo)}, \qquad (14.5.1)$$

em que m_f é a massa do fluido deslocado pelo corpo.

Flutuação

Quando pousamos um pedaço de madeira na superfície de uma piscina, a madeira começa a afundar na água porque é puxada para baixo pela força gravitacional. À medida que o bloco desloca mais e mais água, o módulo F_E da força de empuxo, que aponta para cima, aumenta. Finalmente, F_E se torna igual ao módulo F_g da força gravitacional, e a madeira para de afundar. A partir desse momento, o pedaço de madeira permanece em equilíbrio estático e dizemos que está *flutuando* na água. Em todos os casos,

Quando um corpo flutua em um fluido, o módulo F_E da força de empuxo que age sobre o corpo é igual ao módulo F_g da força gravitacional a que o corpo está submetido.

Isso significa que

$$F_E = F_g \qquad \text{(flutuação)}. \qquad (14.5.2)$$

De acordo com a Eq. 14.5.1, $F_E = m_f g$. Assim,

Quando um corpo flutua em um fluido, o módulo F_g da força gravitacional a que o corpo está submetido é igual ao peso $m_f g$ do fluido deslocado pelo corpo.

Isso significa que

$$F_g = m_f g \qquad \text{(flutuação)}. \qquad (14.5.3)$$

Em palavras, um corpo que flutua desloca um peso de fluido igual ao seu peso.

Peso Aparente de um Corpo Imerso em um Fluido

Quando colocamos uma pedra em uma balança calibrada para medir pesos, a leitura da balança é o peso da pedra. Quando, porém, repetimos a experiência dentro d'água, a força de empuxo a que a pedra é submetida diminui a leitura da balança. A leitura passa a ser, portanto, um peso aparente. O **peso aparente** de um corpo está relacionado ao peso real e à força de empuxo por meio da equação

$$\begin{pmatrix}\text{peso}\\ \text{aparente}\end{pmatrix} = \begin{pmatrix}\text{peso}\\ \text{real}\end{pmatrix} - \begin{pmatrix}\text{módulo da força}\\ \text{de empuxo}\end{pmatrix},$$

que pode ser escrita na forma

$$P_{ap} = P - F_E \qquad \text{(peso aparente)}. \qquad (14.5.4)$$

É mais fácil, por exemplo, levantar uma pedra pesada dentro de uma piscina, porque, nesse caso, a força aplicada tem que ser maior apenas que o peso aparente da pedra. Em outras palavras, a força de empuxo torna a pedra mais "leve".

O módulo da força de empuxo a que está sujeito um corpo que flutua é igual ao peso do corpo. A Eq. 14.5.4 nos diz, portanto, que um corpo que flutua tem um peso aparente nulo; o corpo produziria uma leitura zero ao ser pesado em uma balança. Quando os astronautas se preparam para realizar uma tarefa complexa no espaço, eles utilizam uma piscina para praticar, pois a pressão dos trajes especiais pode ser ajustada para tornar seu peso aparente nulo, como no espaço, embora por motivos diferentes.

Teste 14.5.1

Um pinguim flutua, primeiro em um fluido de massa específica ρ_0, depois em um fluido de massa específica $0{,}95\rho_0$ e, finalmente, em um fluido de massa específica $1{,}1\rho_0$. (a) Ordene as massas específicas de acordo com o módulo da força de empuxo exercida sobre o pinguim, começando pela maior. (b) Ordene as massas específicas de acordo com o volume de fluido deslocado pelo pinguim, começando pelo maior.

Exemplo 14.5.1 Vamos surfar

Na Fig. 14.5.3*a*, um surfista está na frente de uma onda, em um ponto no qual a tangente à onda tem uma inclinação $\theta = 30{,}0°$. A massa total do surfista e da prancha é $m = 83{,}0$ kg e a prancha tem um volume imerso $V = 2{,}50 \times 10^{-2}$ m³. O surfista mantém sua posição na onda enquanto a onda se move com velocidade constante em direção à praia. Quais são o módulo e a orientação (em relação ao sentido positivo do eixo *x* na Fig. 14.5.3*b*) da força de arrasto que a água exerce sobre a prancha?

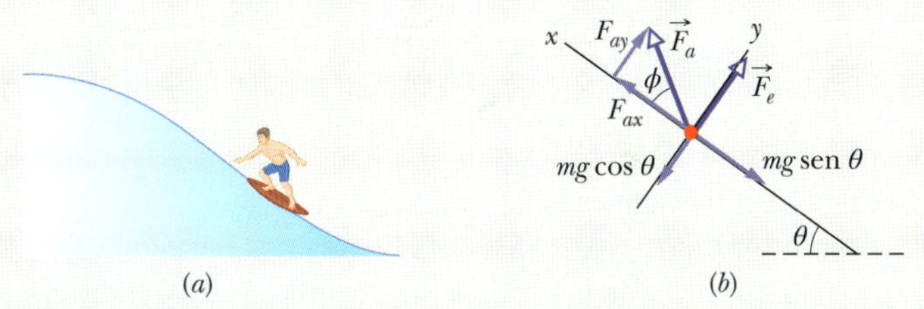

Figura 14.5.3 (*a*) Surfista. (*b*) Diagrama de corpo livre mostrando as forças que agem sobre o sistema surfista-prancha.

IDEIAS-CHAVE

(1) A força de empuxo que age sobre o surfista tem um módulo F_e igual ao peso da água deslocada pelo volume submerso da prancha. A direção da força é perpendicular à superfície da água no local em que está o surfista. (2) De acordo com a segunda lei de Newton, como o surfista está se movendo com velocidade constante em direção à praia, a soma (vetorial) da força de empuxo $\vec{F}_e$, da força gravitacional $\vec{F}_g$ e da força de arrasto $\vec{F}_a$ deve ser igual a 0.

Cálculos: O diagrama de corpo livre da Fig. 14.5.3*b* mostra as forças e suas componentes. A força gravitacional aponta verticalmente para baixo e (como vimos no Capítulo 5) tem uma componente mg sen θ paralela à onda e uma componente mg cos θ perpendicular à onda. A água exerce uma força de arrasto $\vec{F}_a$ sobre a prancha, porque a água está constantemente sendo forçada contra a prancha enquanto a onda se move em direção à praia. Essa força é para cima e para trás, fazendo um ângulo ϕ com o eixo *x*. A força de empuxo $\vec{F}_e$ é perpendicular à superfície da água; seu módulo depende da massa m_d da água deslocada pela prancha: $F_e = m_d g$. De acordo com a Eq. 14.1.2 ($\rho = m/V$), podemos expressar essa massa em termos da massa específica da água $\rho_{\text{água}}$ e do volume imerso *V* da prancha: $m_d = \rho_{\text{água}} V$. De acordo com a Tabela 14.1.1, $\rho_{\text{água}} = 1{,}024 \times 10^3$ kg/m³. Assim, o módulo da força de empuxo é

$$\begin{aligned} F_e &= m_d g = \rho_{\text{água}} V g \\ &= (1{,}024 \times 10^3 \text{ kg/m}^3)(2{,}50 \times 10^{-2} \text{ m}^3)(9{,}8 \text{ m/s}^2) \\ &= 2{,}509 \times 10^2 \text{ N}. \end{aligned}$$

Assim, a segunda lei de Newton para o eixo *y*,

$$F_{ay} + F_e - mg\cos\theta = 0$$

se torna

$$F_{ay} + 2{,}509 \times 10^2 \text{ N} - (83 \text{ kg})(9{,}8 \text{ m/s}^2)\cos 30{,}0° = 0,$$

o que nos dá

$$F_{ay} = 453{,}5 \text{ N}.$$

Analogamente, a segunda lei de Newton $\vec{F} = m\vec{a}$ para o eixo x,

$$F_{ax} - mg \text{ sen } \theta = 0,$$

o que nos dá

$$F_{ax} = 406{,}7 \text{ N}.$$

Combinando as duas componentes da força de arrasto, descobrimos que o módulo da força é

$$F_a = \sqrt{(406{,}7 \text{ N})^2 + (453{,}5 \text{ N})^2}$$
$$= 609 \text{ N} \qquad \text{(Resposta)}$$

e o ângulo é

$$\phi = \tan^{-1}\left(\frac{453{,}5 \text{ N}}{406{,}7 \text{ N}}\right) = 48{,}1°. \qquad \text{(Resposta)}$$

Evitando um caixote: Se o surfista inclina a prancha ligeiramente para a frente, o módulo da força de arrasto diminui e o ângulo ϕ muda. O resultado é que a força resultante adquire um valor diferente de zero e o surfista desce em relação à onda. A descida é, até certo ponto, autolimitante, porque, em pontos mais baixos da onda, o ângulo θ de inclinação da onda é menor e, portanto, a componente mg sen θ da força gravitacional também é menor, o que ajuda o surfista a encontrar um novo ponto de equilíbrio em uma parte mais baixa da onda. Por outro lado, se o surfista inclina a prancha ligeiramente para trás, a força de arrasto aumenta e o surfista sobe em relação à onda. Entretanto, se o surfista permanece abaixo da crista da onda, θ e mg sen θ aumentam, o que, novamente, ajuda o surfista a encontrar um novo ponto de equilíbrio em uma parte mais alta da onda.

Exemplo 14.5.2 Flutuação, empuxo e massa específica

Na Fig. 14.5.4, um bloco de massa específica $\rho = 800$ kg/m³ flutua em um fluido de massa específica $\rho_f = 1.200$ kg/m³. O bloco tem uma altura $H = 6{,}0$ cm.

(a) Qual é a altura h da parte submersa do bloco?

IDEIAS-CHAVE

(1) Para que o bloco flutue, a força de empuxo a que está submetido deve ser igual à força gravitacional. (2) A força de empuxo é igual ao peso $m_f g$ do fluido deslocado pela parte submersa do bloco.

Cálculos: De acordo com a Eq. 14.5.1, o módulo da força de empuxo é $F_E = m_f g$, em que m_f é a massa do fluido deslocado pelo volume submerso do bloco, V_f. De acordo com a Eq. 14.1.2 ($\rho = m/V$), a massa do fluido deslocado é $m_f = r_f V_f$. Não conhecemos V_f, mas, se chamarmos de C o comprimento do bloco e de L a largura, o volume submerso do bloco será, de acordo com a Fig. 14.5.4, $V_f = CLh$. Combinando as três expressões, descobrimos que o módulo da força de empuxo é dado por

$$F_E = m_f g = \rho_f V_f g = \rho_f CLhg. \qquad (14.5.5)$$

Da mesma forma, podemos escrever o módulo F_g da força gravitacional a que o bloco está submetido, primeiro em termos da massa m do bloco e depois em termos da massa específica ρ e do volume (total) V do bloco, que, por sua vez, pode ser expresso em termos das dimensões do bloco, C, L e H (altura total):

$$F_g = mg = \rho Vg = \rho_f CLg. \qquad (14.5.6)$$

Como o bloco está em repouso, a aplicação da segunda lei de Newton às componentes das forças em relação a um eixo vertical y ($F_{res,y} = ma_y$) nos dá

$$F_E - F_g = m(0),$$

ou, de acordo com as Eqs. 14.5.5 e 14.5.6,

$$\rho_f CLhg - \rho CLHg = 0,$$

Quando a força de empuxo equilibra a força gravitacional, um objeto *flutua*.

Figura 14.5.4 Bloco de altura H flutuando em um fluido com uma parte h submersa.

e, portanto,

$$h = \frac{\rho}{\rho_f} H = \frac{800 \text{ kg/m}^3}{1.200 \text{ kg/m}^3} (6{,}0 \text{ cm})$$
$$= 4{,}0 \text{ cm}. \qquad \text{(Resposta)}$$

(b) Se o bloco for totalmente imerso e depois liberado, qual será o módulo da aceleração?

Cálculos: A força gravitacional que age sobre o bloco é a mesma, mas agora, com o bloco totalmente submerso, o volume da água deslocada é $V = CLH$. (É usada a altura total do bloco.) Isso significa que $F_E > F_g$ e o bloco é acelerado para cima. De acordo com a segunda lei de Newton,

$$F_E - F_g = ma,$$

ou

$$\rho_f CLHg - \rho CLHg = \rho CLHa,$$

em que substituímos a massa do bloco por ρCLH. Explicitando a, obtemos

$$a = \left(\frac{\rho_f}{\rho} - 1\right)g = \left(\frac{1.200 \text{ kg/m}^3}{800 \text{ kg/m}^3} - 1\right)(9{,}8 \text{ m/s}^2)$$
$$= 4{,}9 \text{ m/s}^2. \qquad \text{(Resposta)}$$

14.6 EQUAÇÃO DE CONTINUIDADE

Objetivos do Aprendizado

Depois de ler este módulo, você será capaz de ...

14.6.1 Conhecer os conceitos de escoamento laminar, escoamento incompressível, escoamento não viscoso e escoamento irrotacional.

14.6.2 Conhecer o conceito de linha de fluxo.

14.6.3 Usar a equação de continuidade para relacionar a área da seção reta e a velocidade de escoamento em um ponto de um tubo às mesmas grandezas em outro ponto do tubo.

14.6.4 Conhecer e aplicar o conceito de vazão.

14.6.5 Conhecer e aplicar o conceito de vazão mássica.

Ideias-Chave

- Um fluido ideal é incompressível, não viscoso, e seu escoamento é laminar e irrotacional.
- Uma *linha de fluxo* é a trajetória seguida por um pequeno elemento do fluido.
- Um *tubo de fluxo* é um feixe de linhas de fluxo.
- A vazão em todos os pontos de um tubo de fluxo obedece à equação de continuidade:

$$R_V = A_v = \text{constante},$$

em que R_V é a vazão, A é a área da seção reta do tubo e v é a velocidade do fluido.

- A vazão mássica R_m é dada pela equação

$$R_m = \rho R_V = \rho A_v = \text{constante}.$$

Fluidos Ideais em Movimento 14.13

O movimento de *fluidos reais* é muito complicado e ainda não está perfeitamente compreendido. Por essa razão, vamos discutir apenas o movimento de um **fluido ideal**, que é mais fácil de analisar matematicamente. Um fluido ideal satisfaz quatro requisitos no que diz respeito ao *escoamento*:

1. ***O escoamento é laminar.*** No *escoamento laminar*, a velocidade do fluido em um ponto fixo qualquer não varia com o tempo, nem em módulo nem em orientação. O escoamento suave da água na parte central de um rio de águas calmas é laminar; o escoamento da água em uma corredeira ou perto das margens de um rio, não. A Fig. 14.6.1 mostra a transição do escoamento laminar para *turbulento* em uma coluna de fumaça. A velocidade das partículas de fumaça aumenta à medida que essas partículas sobem; para certo valor crítico da velocidade, o escoamento muda de laminar para turbulento.

Will McIntyre/Science Source

Figura 14.6.1 Em certo ponto, o escoamento ascendente de fumaça e gás aquecido muda de laminar para turbulento.

2. ***O escoamento é incompressível.*** Supomos, como no caso de fluidos em repouso, que o fluido é incompressível, ou seja, que a massa específica tem o mesmo valor em todos os pontos do fluido e em qualquer instante de tempo.
3. ***O escoamento é não viscoso.*** Em termos coloquiais, a viscosidade de um fluido é uma medida da resistência que o fluido oferece ao escoamento. O mel, por exemplo, resiste mais ao escoamento que a água e, portanto, é mais viscoso do que a água. A viscosidade dos fluidos é análoga ao atrito dos sólidos; ambos são mecanismos por meio dos quais a energia cinética de objetos em movimento é convertida em energia térmica. Na ausência de atrito, um bloco desliza com velocidade constante em uma superfície horizontal. Analogamente, um objeto imerso em um fluido não viscoso não experimenta a *força de arrasto viscoso* e se move com velocidade constante no fluido. Como o cientista inglês Lorde Rayleigh disse uma vez, se a água do mar fosse um fluido não viscoso, as hélices dos navios não funcionariam, mas, por outro lado, os navios (uma vez colocados em movimento) não precisariam de hélices!
4. ***O escoamento é irrotacional.*** Embora, a rigor, isso não seja necessário, vamos também supor que o escoamento é *irrotacional*. Para entender o que significa essa propriedade, suponha que um pequeno grão de poeira se move com o fluido. Se o escoamento é irrotacional, o grão de areia não gira em torno de um eixo que passa pelo seu centro de massa, embora possa girar em torno de um outro eixo qualquer. O movimento de uma roda-gigante, por exemplo, é rotacional, enquanto o movimento dos passageiros é irrotacional.

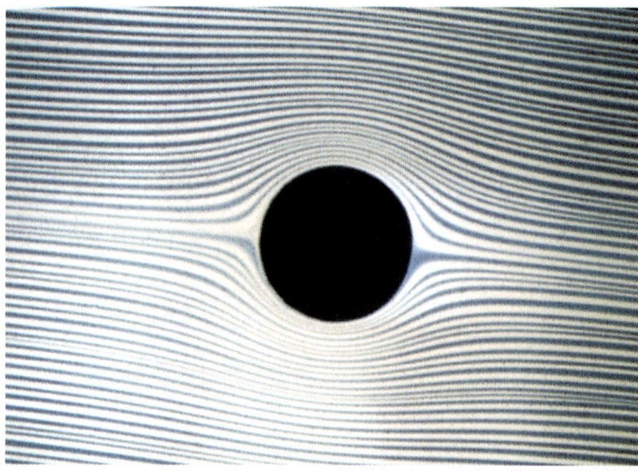
Cortesia de D. H. Peregrine, University of Bristol

Figura 14.6.2 Escoamento laminar de um fluido ao redor de um cilindro, revelado por um corante injetado no fluido antes que esse passe pelo cilindro.

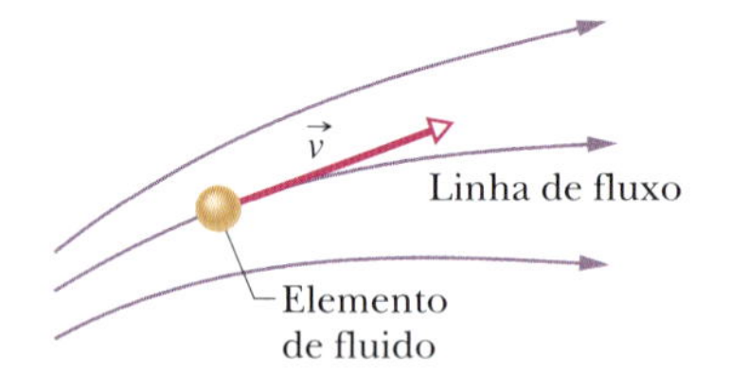

Figura 14.6.3 Ao se mover, um elemento do fluido traça uma linha de fluxo. O vetor velocidade do elemento é tangente à linha de fluxo em todos os pontos.

Para observar o escoamento de um fluido, usamos *traçadores*, por exemplo, gotas de corante introduzidas em um líquido (Fig. 14.6.2) ou partículas de fumaça misturadas a um gás (Fig. 14.6.1). Cada gota ou partícula de um traçador torna visível uma *linha de fluxo*, que é a trajetória seguida por um pequeno elemento do fluido. Como vimos no Capítulo 4, a velocidade linear de uma partícula é tangente à trajetória da partícula. No caso que estamos examinando, a partícula é um elemento do fluido, e a velocidade $\vec{v}$ do elemento é tangente a uma linha de fluxo (Fig. 14.6.3). Por essa razão, duas linhas de fluxo jamais se cruzam; se o fizessem, uma partícula que chegasse ao ponto de interseção poderia ter ao mesmo tempo duas velocidades diferentes, o que seria absurdo.

Equação de Continuidade

O leitor provavelmente já observou que é possível aumentar a velocidade da água que sai de uma mangueira de jardim fechando parcialmente o bico da mangueira com o polegar. Essa é uma demonstração prática do fato de que a velocidade v da água depende da área de seção reta A através da qual a água escoa.

Vamos agora deduzir uma expressão que relaciona v e A no caso do escoamento laminar de um fluido ideal em um tubo de seção reta variável, como o da Fig. 14.6.4. O escoamento é para a direita, e o segmento de tubo mostrado (que faz parte de um tubo mais longo) tem comprimento L. A velocidade do fluido é v_1 na extremidade esquerda e v_2 na extremidade direita. A área da seção reta do tubo é A_1 na extremidade esquerda e A_2 na extremidade direita. Suponha que, em um intervalo de tempo Δt, um volume ΔV do fluido (o volume violeta na Fig. 14.6.4) entra no segmento de tubo pela extremidade esquerda. Como o fluido é incompressível, um volume igual ΔV do fluido (o volume verde na Fig. 14.6.4) deve sair pela extremidade direita.

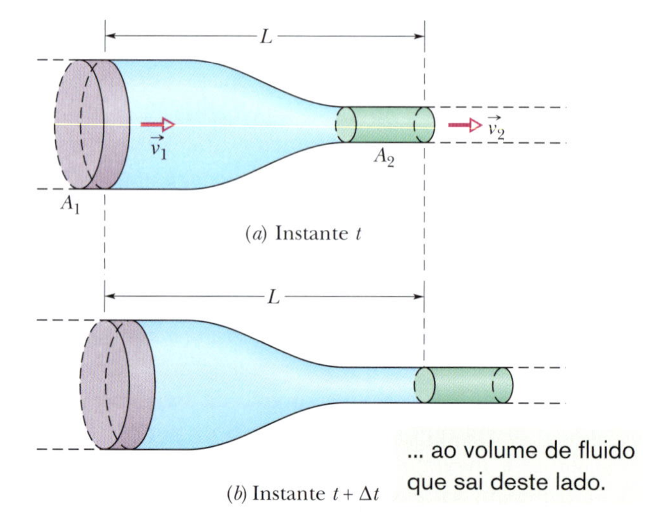

Figura 14.6.4 Um fluido escoa da esquerda para a direita com vazão constante por um segmento de tubo de comprimento L. A velocidade do fluido é v_1 no lado esquerdo e v_2 no lado direito. A área de seção reta é A_1 no lado esquerdo e A_2 no lado direito. Do instante t em (*a*) até o instante $t + \Delta t$ em (*b*), a quantidade de fluido mostrada em cor violeta entra do lado esquerdo e uma quantidade igual, mostrada em cor verde, sai do lado direito.

Podemos usar esse volume ΔV comum às duas extremidades para relacionar as velocidades e áreas. Para isso, consideramos primeiramente a Fig. 14.6.5, que mostra uma vista lateral de um tubo de seção reta *uniforme* de área A. Na Fig. 14.6.5*a*, um elemento e do fluido está prestes a passar pela reta tracejada perpendicular ao eixo do tubo. Se a velocidade do elemento é v, durante um intervalo de tempo Δt o elemento percorre uma distância $\Delta x = v\Delta t$ ao longo do tubo. O volume ΔV do fluido que passa pela reta tracejada durante o intervalo de tempo Δt é

$$\Delta V = A\ \Delta x = Av\ \Delta t. \tag{14.6.1}$$

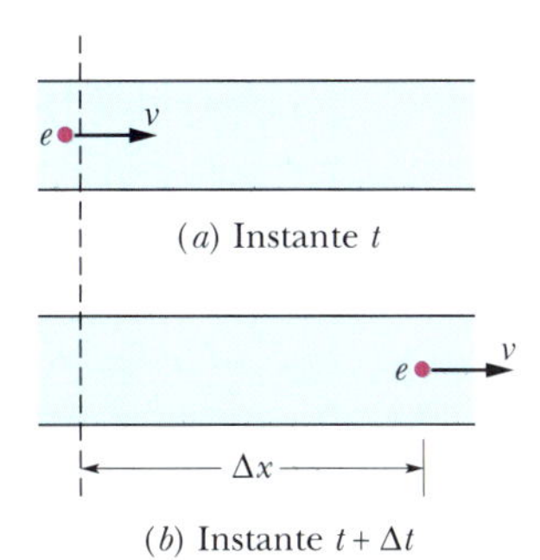

Figura 14.6.5 Um fluido escoa com velocidade v constante em um tubo cilíndrico. (*a*) No instante t, o elemento do fluido e está prestes a passar pela reta tracejada. (*b*) No instante $t + \Delta t$, o elemento e está a uma distância $\Delta x = v\Delta t$ da reta tracejada.

Quando aplicamos a Eq. 14.6.1 às duas extremidades do segmento de tubo da Fig. 14.6.4, temos:

$$\Delta V = A_1 v_1\ \Delta t = A_2 v_2\ \Delta t$$

ou

$$A_1 v_1 = A_2 v_2 \qquad \text{(equação de continuidade).} \tag{14.6.2}$$

Essa relação entre velocidade e área da seção reta é chamada **equação de continuidade** para o escoamento de um fluido ideal. De acordo com a Eq. 14.6.2, a velocidade do escoamento aumenta quando a área da seção reta pela qual o fluido escoa é reduzida, como acontece quando fechamos parcialmente o bico de uma mangueira de jardim com o polegar.

A Eq. 14.6.2 se aplica não só a um tubo real, mas também a qualquer *tubo de fluxo*, um tubo imaginário formado por um feixe de linhas de fluxo. Um tubo de fluxo se comporta como um tubo real porque nenhum elemento do fluido pode cruzar uma linha de fluxo; assim, todo o fluido contido em um tubo de fluxo permanece indefinidamente no interior do tubo. A Fig. 14.6.6 mostra um tubo de fluxo no qual a área de seção reta aumenta de A_1 para A_2 no sentido do escoamento. Com base na Eq. 14.6.2, com o aumento da área, a velocidade diminui, como mostra o espaçamento maior das linhas de fluxo no lado direito da Fig. 14.6.6. De modo semelhante, o menor espaçamento das linhas de fluxo na Fig. 14.6.2 revela que a velocidade de escoamento é maior logo acima e logo abaixo do cilindro.

A Eq. 14.6.2 pode ser escrita na forma

$$R_V = Av = \text{constante} \qquad \text{(vazão, equação de continuidade),} \tag{14.6.3}$$

em que R_V é a **vazão** do fluido (volume que passa por uma seção reta por unidade de tempo). A unidade de vazão do SI é o metro cúbico por segundo (m^3/s). Se a massa específica ρ do fluido é a mesma em todos os pontos do tubo, podemos multiplicar a Eq. 14.6.3 pela massa específica para obter a **vazão mássica** R_m (massa por unidade de tempo):

$$R_m = \rho R_V = \rho A v = \text{constante} \qquad \text{(vazão mássica).} \tag{14.6.4}$$

A unidade de vazão mássica no SI é o quilograma por segundo (kg/s). De acordo com a Eq. 14.6.4, a massa que entra no segmento de tubo da Fig. 14.6.4 por segundo é igual à massa que sai do segmento por segundo.

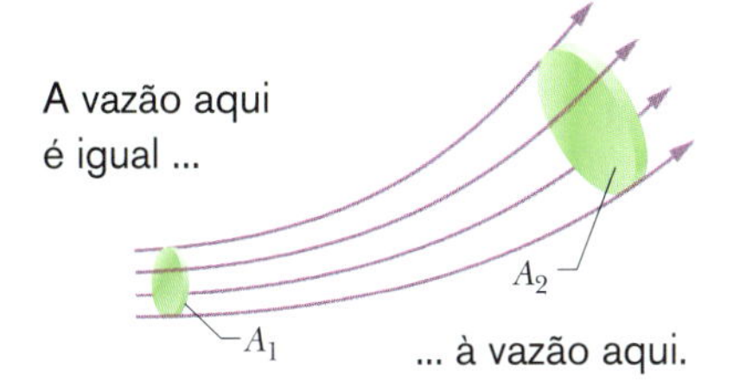

Figura 14.6.6 Um tubo de fluxo é definido pelas linhas de fluxo mais afastadas do eixo do tubo. A vazão é a mesma em todas as seções retas de um tubo de fluxo.

Teste 14.6.1

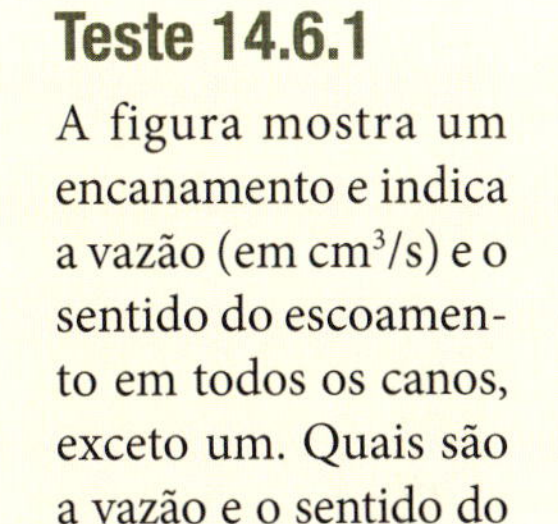
A figura mostra um encanamento e indica a vazão (em cm^3/s) e o sentido do escoamento em todos os canos, exceto um. Quais são a vazão e o sentido do escoamento nesse cano?

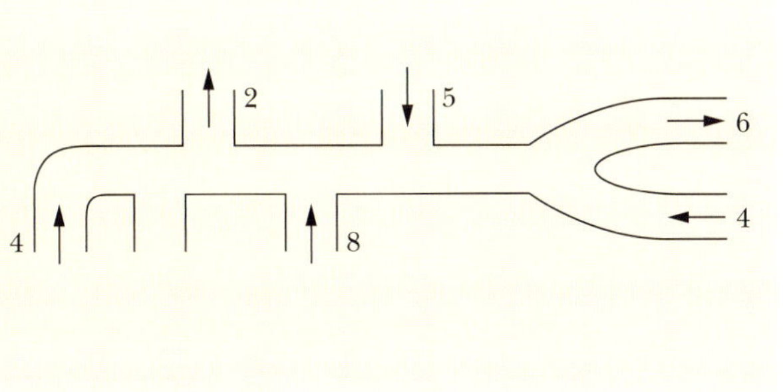

Exemplo 14.6.1 Largura do jato de água de uma torneira

A Fig. 14.6.7 mostra que o jato de água que sai de uma torneira fica progressivamente mais fino durante a queda. Essa variação da seção reta horizontal é característica de todos os jatos de água laminares (não turbulentos) descendentes porque a força gravitacional aumenta a velocidade da água. As áreas das seções retas indicadas são $A_0 = 1{,}2\ \text{cm}^2$ e $A = 0{,}35\ \text{cm}^2$. Os dois níveis estão separados por uma distância vertical $h = 45$ mm. Qual é a vazão da torneira?

Figura 14.6.7 Quando a água cai de uma torneira, a velocidade da água aumenta. Como a vazão é a mesma em todas as seções retas horizontais, o jorro fica progressivamente mais estreito.

IDEIA-CHAVE

A vazão na seção reta maior é igual à vazão na seção reta menor.

Cálculos: De acordo com a Eq. 14.6.3, temos

$$A_0 v_0 = Av, \tag{14.6.5}$$

em que v_0 e v são as velocidades da água nos níveis correspondentes a A_0 e A. De acordo com a Eq. 2.4.6, também podemos escrever, já que a água cai livremente com aceleração g,

$$v^2 = v_0^2 + 2gh. \tag{14.6.6}$$

Combinando as Eqs. 14.6.5 e 14.6.6 para eliminar v e explicitando v_0, obtemos

$$v_0 = \sqrt{\frac{2ghA^2}{A_0^2 - A^2}}$$

$$= \sqrt{\frac{(2)(9{,}8\ \text{m/s}^2)(0{,}045\ \text{m})(0{,}35\ \text{cm}^2)^2}{(1{,}2\ \text{cm}^2)^2 - (0{,}35\ \text{cm}^2)^2}}$$

$$= 0{,}286\ \text{m/s} = 28{,}6\ \text{cm/s}.$$

De acordo com a Eq. 14.6.3, a vazão R_V é, portanto,

$$R_V = A_0 v_0 = (1{,}2\ \text{cm}^2)(28{,}6\ \text{cm/s})$$

$$= 34\ \text{cm}^3/\text{s}. \qquad \text{(Resposta)}$$

14.7 EQUAÇÃO DE BERNOULLI

Objetivos do Aprendizado

Depois de ler este módulo, você será capaz de ...

14.7.1 Calcular a energia cinética específica a partir da massa específica e da velocidade do fluido.

14.7.2 Saber que a pressão de um fluido é um tipo de energia específica.

14.7.3 Calcular a energia potencial gravitacional específica.

14.7.4 Usar a equação de Bernoulli para relacionar os valores da energia específica total em dois pontos de uma linha de fluxo.

14.7.5 Saber que a equação de Bernoulli é uma consequência da lei de conservação da energia mecânica.

Ideia-Chave

- Aplicando a lei de conservação da energia mecânica à vazão de um fluido ideal, obtemos a equação de Bernoulli:

$$p + \tfrac{1}{2}\rho v^2 + \rho g y = \text{constante}$$

que é válida para qualquer tubo de fluxo.

Equação de Bernoulli 14.14 a 14.16 14.2

A Fig. 14.7.1 mostra um tubo pelo qual um fluido ideal escoa com vazão constante. Suponha que, em um intervalo de tempo Δt, um volume ΔV do fluido, de cor violeta na Fig. 14.7.1*a*, entre pela extremidade esquerda (entrada) do tubo, e um volume igual, de cor verde na Fig. 14.7.1*b*, saia pela extremidade direita (saída) do tubo. Como o fluido é incompressível, com massa específica constante ρ, o volume que sai é igual ao volume que entra.

Sejam y_1, v_1 e p_1 a altura, a velocidade e a pressão do fluido que entra do lado esquerdo, e y_2, v_2 e p_2 os valores correspondentes do fluido que sai do lado direito. Aplicando ao fluido a lei de conservação da energia mecânica, vamos mostrar que esses valores estão relacionados por meio da equação

$$p_1 + \tfrac{1}{2}\rho v_1^2 + \rho g y_1 = p_2 + \tfrac{1}{2}\rho v_2^2 + \rho g y_2. \quad (14.7.1)$$

em que o termo $\frac{1}{2}\rho v^2$ é chamado **energia cinética específica** (energia cinética por unidade de volume) do fluido. A Eq. 14.7.1 também pode ser escrita na forma

$$p + \tfrac{1}{2}\rho v^2 + \rho g y = \text{constante} \quad \text{(equação de Benoulli)}. \quad (14.7.2)$$

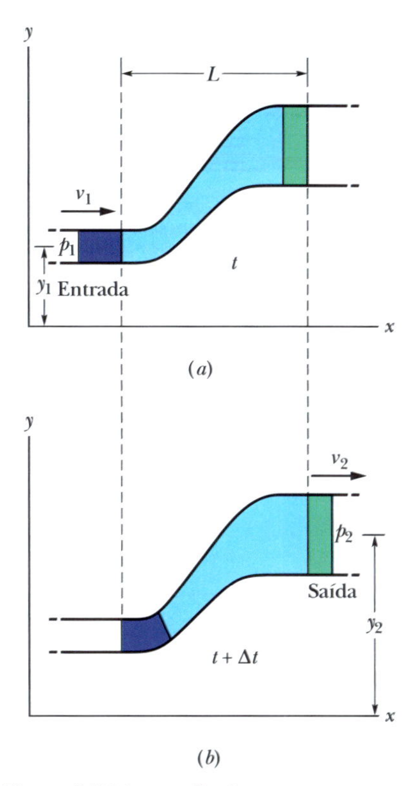

Figura 14.7.1 Um fluido escoa com vazão constante por um trecho de um tubo de comprimento L, da extremidade de entrada, à esquerda, à extremidade de saída, à direita. Do instante t em (*a*) ao instante $t + \Delta t$ em (*b*), uma quantidade de fluido, representada na cor violeta, entra pela extremidade esquerda e uma quantidade igual, representada na cor verde, sai pela extremidade direita.

As Eqs. 14.7.1 e 14.7.2 são formas equivalentes da **equação de Bernoulli**, que tem esse nome por causa de Daniel Bernoulli, que estudou o escoamento de fluidos no século XVIII.* Como a equação de continuidade (Eq. 14.6.3), a equação de Bernoulli não é um princípio novo, mas simplesmente uma reformulação de um princípio conhecido para uma forma mais adequada à mecânica dos fluidos. Como um teste, vamos aplicar a equação de Bernoulli a um fluido em repouso, fazendo $v_1 = v_2 = 0$ na Eq. 14.7.1. O resultado é

$$p_2 = p_1 + \rho g(y_1 - y_2),$$

que é a Eq. 14.2.3.

Uma previsão importante da equação de Bernoulli surge quando supomos que y é constante ($y = 0$, digamos), ou seja, que a altura do fluido não varia. Nesse caso, a Eq. 14.7.1 se torna

$$p_1 + \tfrac{1}{2}\rho v_1^2 = p_2 + \tfrac{1}{2}\rho v_2^2, \quad (14.7.3)$$

ou, em palavras:

Se a velocidade de um fluido aumenta enquanto o fluido se move horizontalmente ao longo de uma linha de fluxo, a pressão do fluido diminui, e vice-versa.

Isso significa que, nas regiões em que as linhas de fluxo estão mais concentradas (o que significa que a velocidade é maior), a pressão é menor, e vice-versa.

A relação entre uma mudança de velocidade e uma mudança de pressão faz sentido quando consideramos um elemento do fluido. Quando o elemento se aproxima de uma região estreita, a pressão mais elevada atrás do elemento o acelera, de modo que ele adquire uma velocidade maior. Quando o elemento se aproxima de uma região mais larga, a pressão maior à frente o desacelera, de modo que ele adquire uma velocidade menor.

A equação de Bernoulli é estritamente válida apenas para fluidos ideais; quando forças viscosas estão presentes, a energia mecânica não é conservada, já que parte da energia é convertida em energia térmica. Na demonstração que se segue, vamos supor que o fluido é ideal.

Demonstração da Equação de Bernoulli

Vamos considerar, como nosso sistema, o volume inteiro do fluido (ideal) da Fig. 14.7.1. Vamos aplicar a lei de conservação da energia mecânica a esse sistema na passagem do estado inicial (Fig. 14.7.1*a*) para o estado final (Fig. 14.7.1*b*). No processo, as propriedades do fluido que está entre os dois planos verticais separados por uma distância L na Fig. 14.7.1 permanecem as mesmas; precisamos nos preocupar apenas com as mudanças que ocorrem nas extremidades de entrada e saída.

*Se a vazão for irrotacional (como estamos supondo neste livro), a constante da Eq. 14.7.2 tem o mesmo valor em todos os pontos do tubo; os pontos não precisam pertencer à mesma linha de fluxo. Da mesma forma, na Eq. 14.7.1, os pontos 1 e 2 podem estar em qualquer lugar do tubo.

Para começar, aplicamos a lei de conservação da energia mecânica na forma do teorema do trabalho e energia cinética,

$$W = \Delta K, \tag{14.7.4}$$

que nos diz que a variação da energia cinética do sistema é igual ao trabalho total realizado sobre o sistema. A variação da energia cinética é uma consequência da variação da velocidade do fluido entre as extremidades do tubo e é dada por

$$\begin{aligned}\Delta K &= \tfrac{1}{2}\Delta m\, v_2^2 - \tfrac{1}{2}\Delta m\, v_1^2 \\ &= \tfrac{1}{2}\rho\, \Delta V(v_2^2 - v_1^2),\end{aligned} \tag{14.7.5}$$

em que Δm ($= \rho\Delta V$) é a massa do fluido que entra por uma extremidade e sai pela outra durante um pequeno intervalo de tempo Δt.

O trabalho realizado sobre o sistema tem duas origens. O trabalho W_g realizado pela força gravitacional ($\Delta m\vec{g}$) sobre uma massa Δm do fluido durante a subida da massa do nível da entrada até o nível da saída é dado por

$$\begin{aligned}W_g &= -\Delta m\, g(y_2 - y_1) \\ &= -\rho g\, \Delta V(y_2 - y_1).\end{aligned} \tag{14.7.6}$$

Esse trabalho é negativo porque o deslocamento para cima e a força gravitacional para baixo têm sentidos opostos.

Algum trabalho também precisa ser realizado *sobre* o sistema (no lado da entrada) para empurrar o fluido para dentro do tubo e *pelo* sistema (no lado da saída) para empurrar o fluido que está mais adiante no tubo. O trabalho realizado por uma força de módulo F agindo sobre o fluido contido em um tubo de área A para fazer com que o fluido percorra uma distância Δx é

$$F\,\Delta x = (pA)(\Delta x) = p(A\,\Delta x) = p\,\Delta V.$$

O trabalho realizado sobre o sistema é, portanto, $p_1\,\Delta V$, e o trabalho realizado pelo sistema é $-p_2\,\Delta V$. A soma dos dois trabalhos, W_p, é

$$\begin{aligned}W_p &= -p_2\Delta V + p_1\,\Delta V \\ &= -(p_2 - p_1)\,\Delta V.\end{aligned} \tag{14.7.7}$$

Assim, a Eq. 14.7.4 se torna

$$W = W_g + W_p = \Delta K.$$

Combinando as Eqs. 14.7.5, 14.7.6 e 14.7.7, obtemos

$$-\rho g\,\Delta V(y_2 - y_1) - \Delta V(p_2 - p_1) = \tfrac{1}{2}\rho\,\Delta V(v_2^2 - v_1^2).$$

Cancelando ΔV e reagrupando os termos, obtemos a Eq. 14.7.1, que queríamos demonstrar.

Teste 14.7.1

A água escoa suavemente pela tubulação da figura, descendo no processo. Ordene as quatro seções numeradas da tubulação de acordo (a) com a vazão R_V, (b) com a velocidade v e (c) com a pressão p do fluido, em ordem decrescente.

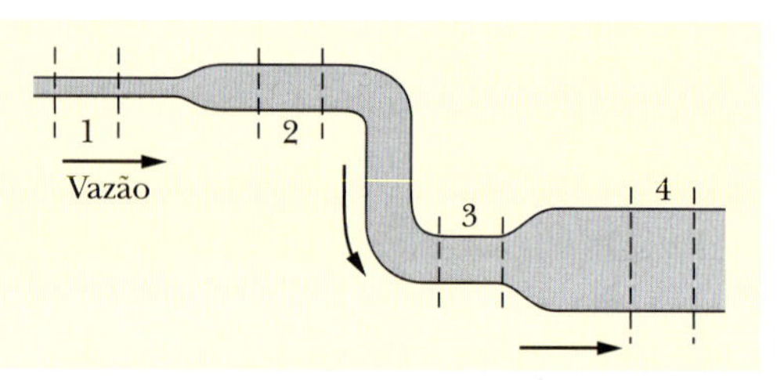

Exemplo 14.7.1 Aplicação do princípio de Bernoulli a um cano de calibre variável

Um cano horizontal de calibre variável (como o da Fig. 14.6.4), cuja seção reta muda de $A_1 = 1{,}20 \times 10^{-3}$ m² para $A_2 = A_1/2$, conduz um fluxo laminar de etanol, de massa específica $\rho = 791$ kg/m³. A diferença de pressão entre a parte larga e a parte estreita do cano é 4.120 Pa. Qual é a vazão R_V de etanol?

IDEIAS-CHAVE

(1) Como todo o fluido que passa pela parte mais larga do cano também passa pela parte mais estreita, a vazão R_V deve ser a mesma nas duas partes. Assim, de acordo com a Eq. 14.6.3,

$$RV = v_1A_1 = v_2A_2. \tag{14.7.8}$$

Entretanto, uma vez que não conhecemos as duas velocidades, não podemos calcular R_V a partir dessa equação. (2) Como o escoamento é laminar, podemos aplicar a equação de Bernoulli. De acordo com a Eq. 14.7.1, temos

$$p_1 + \tfrac{1}{2}\rho v_1^2 + \rho g y = p_2 + \tfrac{1}{2}\rho v_2^2 + \rho g y, \tag{14.7.9}$$

em que os índices 1 e 2 se referem às partes larga e estreita do cano, respectivamente, e y é a altura comum às duas partes. A Eq. 14.7.9 não parece muito útil para a solução do problema, pois não contém a vazão procurada R_V e contém as velocidades desconhecidas v_1 e v_2.

Cálculos: Existe uma forma engenhosa de fazer a Eq. 14.7.9 trabalhar para nós. Primeiro, podemos usar a Eq. 14.7.8 e o fato de que $A_2 = A_1/2$ para escrever

$$v_1 = \frac{R_V}{A_1} \quad \text{e} \quad v_2 = \frac{R_V}{A_2} = \frac{2R_V}{A_1}. \tag{14.7.10}$$

Em seguida, podemos substituir essas expressões na Eq. 14.7.9 para eliminar as velocidades desconhecidas e introduzir a vazão procurada. Fazendo isso e explicitando R_V, obtemos

$$R_V = A_1\sqrt{\frac{2(p_1 - p_2)}{3\rho}}. \tag{14.7.11}$$

Ainda temos uma decisão a tomar. Sabemos que a diferença de pressão entre as duas partes do cano é 4.120 Pa, mas isso significa que $p_1 - p_2 = 4.120$ Pa ou -4.120 Pa? Poderíamos supor que a primeira hipótese é a verdadeira, pois de outra forma a raiz quadrada na Eq. 14.7.11 não seria um número real. Em vez disso, vamos raciocinar um pouco. De acordo com a Eq. 14.7.8, para que os produtos v_1A_1 e v_2A_2 sejam iguais, a velocidade v_2 na parte estreita deve ser maior que a velocidade v_1 na parte larga. Sabemos também que, se a velocidade de um fluido aumenta enquanto o fluido escoa em um cano horizontal (como neste caso), a pressão diminui. Assim, p_1 é maior que p_2, e $p_1 - p_2 = 4.120$ Pa. Substituindo esse resultado e os valores conhecidos na Eq. 14.7.11, obtemos

$$R_V = 1{,}20 \times 10^{-3}\,\text{m}^2\sqrt{\frac{(2)(4120\ \text{Pa})}{(3)(791\ \text{kg/m}^3)}}$$

$$= 2{,}24 \times 10^{-3}\ \text{m}^3/\text{s}. \qquad \text{(Resposta)}$$

Revisão e Resumo

Massa Específica A **massa específica** ρ de um material é definida como a massa do material por unidade de volume:

$$\rho = \frac{\Delta m}{\Delta V}. \tag{14.1.1}$$

Quando uma amostra do material é muito maior do que as dimensões atômicas, podemos escrever a Eq. 14.1.1 na forma

$$\rho = \frac{m}{V}. \tag{14.1.2}$$

Pressão de um Fluido Um **fluido** é uma substância que pode escoar; os fluidos se amoldam aos contornos do recipiente porque não resistem a tensões de cisalhamento. Podem, porém, exercer uma força perpendicular à superfície. Essa força é descrita em termos da **pressão** p:

$$p = \frac{\Delta F}{\Delta A}, \tag{14.1.3}$$

em que ΔF é a força que age sobre um elemento da superfície de área ΔA. Se a força é uniforme em uma área plana, a Eq. 14.1.3 pode ser escrita na forma

$$p = \frac{F}{A}. \tag{14.1.4}$$

A força associada à pressão de um fluido tem o mesmo módulo em todas as direções. A **pressão manométrica** é a diferença entre a pressão real (ou *pressão absoluta*) e a pressão atmosférica.

Variação da Pressão com a Altura e com a Profundidade A pressão em um fluido em repouso varia com a posição vertical y. Tomando como positivo o sentido para cima,

$$p_2 = p_1 + \rho g(y_1 - y_2). \tag{14.2.3}$$

A pressão em um fluido é a mesma em todos os pontos situados à mesma altura. Se h é a *profundidade* de um ponto do fluido em relação a um nível de referência no qual a pressão é p_0, a Eq. 14.2.3 se torna

$$p = p_0 + \rho g h, \tag{14.2.4}$$

em que p é a pressão nesse ponto do fluido.

Princípio de Pascal Uma variação da pressão aplicada a um fluido contido em um recipiente é transmitida integralmente a todas as partes do fluido e às paredes do recipiente.

Princípio de Arquimedes Quando um corpo está total ou parcialmente submerso em um fluido, o fluido exerce sobre o corpo uma força de empuxo $\vec{F}_E$. A força é dirigida para cima e tem um módulo dado por

$$F_E = m_f g, \tag{14.5.1}$$

em que m_f é a massa do fluido deslocado pelo corpo.

Quando um corpo flutua em um fluido, o módulo F_E do empuxo (para cima) é igual ao módulo F_g da força gravitacional (para baixo) que age sobre o corpo. O **peso aparente** de um corpo sobre o qual atua um empuxo está relacionado ao peso real por meio da equação

$$P_{ap} = P - F_E. \tag{14.5.4}$$

Escoamento de Fluidos Ideais Um **fluido ideal** é incompressível, não viscoso, e seu escoamento é laminar e irrotacional. Uma *linha de fluxo* é a trajetória seguida por uma partícula do fluido. Um *tubo de fluxo* é um feixe de linhas de fluxo. O escoamento no interior de um tubo de fluxo obedece à **equação da continuidade**:

$$R_V = Av = \text{constante}, \tag{14.6.3}$$

em que R_V é a **vazão**, A é a área da seção reta do tubo de fluxo em qualquer ponto e v é a velocidade do fluido nesse ponto. A **vazão mássica** R_m é dada por

$$R_m = \rho R_V = \rho A v = \text{constante}. \tag{14.6.4}$$

Equação de Bernoulli A aplicação da lei de conservação da energia mecânica ao escoamento de um fluido ideal leva à **equação de Bernoulli**:

$$p + \tfrac{1}{2}\rho v^2 + \rho g y = \text{constante}, \tag{14.7.2}$$

ao longo de qualquer tubo de fluxo.

Perguntas

1 Uma peça irregular de 3 kg de um material sólido é totalmente imersa em um fluido. O fluido que estaria no espaço ocupado pela peça tem massa de 2 kg. (a) Ao ser liberada, a peça sobe, desce ou permanece no mesmo lugar? (b) Se a peça é totalmente imersa em um fluido menos denso e depois liberada, o que acontece?

2 A Fig. 14.1 mostra quatro situações nas quais um líquido vermelho e um líquido cinzento foram colocados em um tubo em forma de U. Em uma dessas situações, os líquidos não podem estar em equilíbrio estático. (a) Que situação é essa? (b) Para as outras três situações, suponha que o equilíbrio é estático. Para cada uma, a massa específica do líquido vermelho é maior, menor ou igual à massa específica do líquido cinzento?

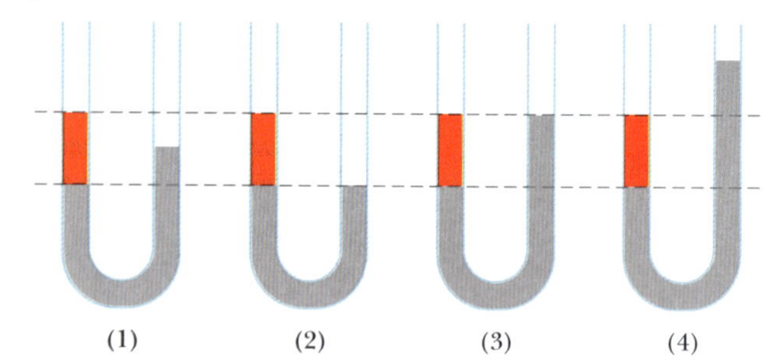

Figura 14.1 Pergunta 2.

3 CVF Um barco com uma âncora a bordo flutua em uma piscina um pouco mais larga do que o barco. O nível da água sobe, desce ou permanece o mesmo (a) se a âncora é jogada na água e (b) se a âncora é jogada do lado de fora da piscina? (c) O nível da água na piscina sobe, desce ou permanece o mesmo se, em vez disso, uma rolha de cortiça é lançada do barco para a água, onde flutua?

4 A Fig. 14.2 mostra um tanque cheio d'água. Cinco pisos e tetos horizontais estão indicados; todos têm a mesma área e estão situados a uma distância L, $2L$ ou $3L$ abaixo do alto do tanque. Ordene-os de acordo com a força que a água exerce sobre eles, começando pela maior.

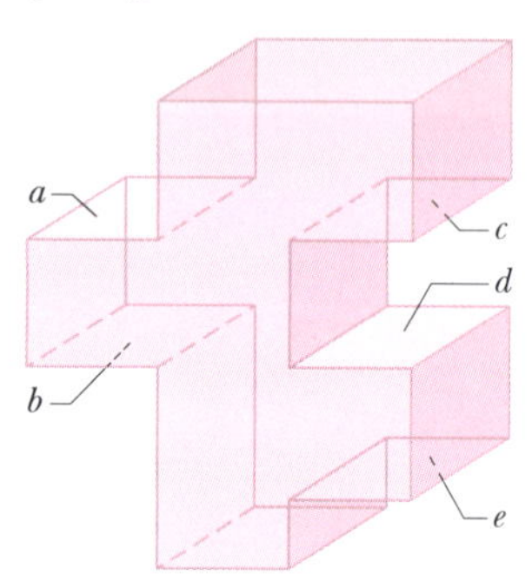

Figura 14.2 Pergunta 4.

5 CVF *O efeito bule.* A água derramada lentamente de um bule pode mudar de sentido e escorrer por uma distância considerável por baixo do bico do bule antes de se desprender e cair. (A água é mantida sob o bico pela pressão atmosférica.) Na Fig. 14.3, na camada de água do lado de dentro do bico, o ponto a está no alto da camada e o ponto b está no fundo da camada; na camada de água do lado de fora do bico, o ponto c está no alto da camada e o ponto d está no fundo da camada. Ordene os quatro pontos de acordo com a pressão manométrica a que a água está sujeita, da mais positiva para a mais negativa.

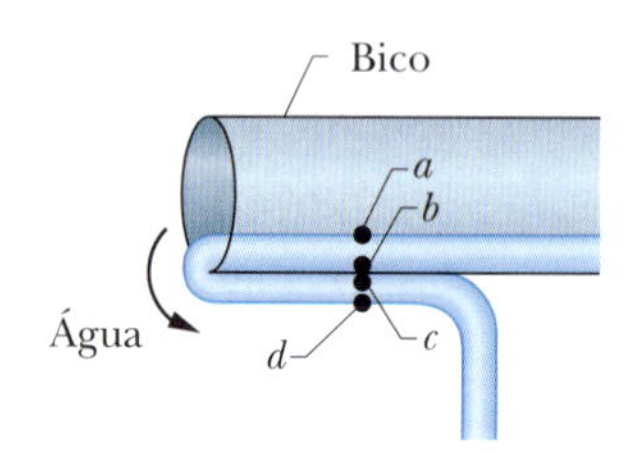

Figura 14.3 Pergunta 5.

6 A Fig. 14.4 mostra três recipientes iguais, cheios até a borda; patos de brinquedo flutuam em dois deles. Ordene os três conjuntos de acordo com o peso total, em ordem decrescente.

Figura 14.4 Pergunta 6.

7 A Fig. 14.5 mostra quatro tubos nos quais a água escoa suavemente para a direita. Os raios das diferentes partes dos tubos estão indicados. Em qual dos tubos o trabalho total realizado sobre um volume unitário de água que escoa da extremidade esquerda para a extremidade direita (a) é nulo, (b) é positivo e (c) é negativo?

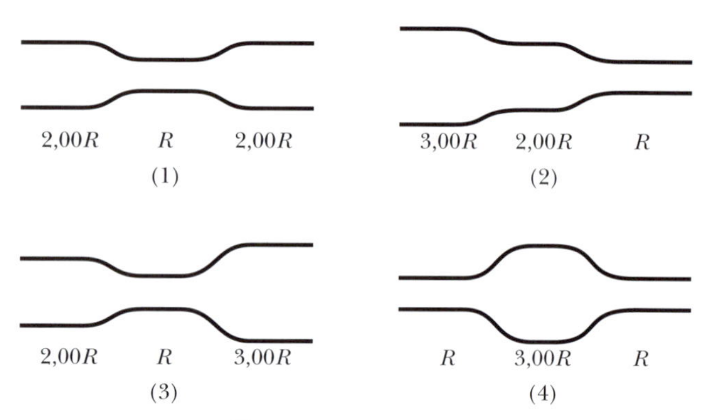

Figura 14.5 Pergunta 7.

8 Um bloco retangular é empurrado para baixo em três líquidos, um de cada vez. O peso aparente P_{ap} do bloco em função da profundidade h é mostrado na Fig. 14.6 para os três líquidos. Ordene os líquidos de acordo com o peso por unidade de volume, do maior para o menor.

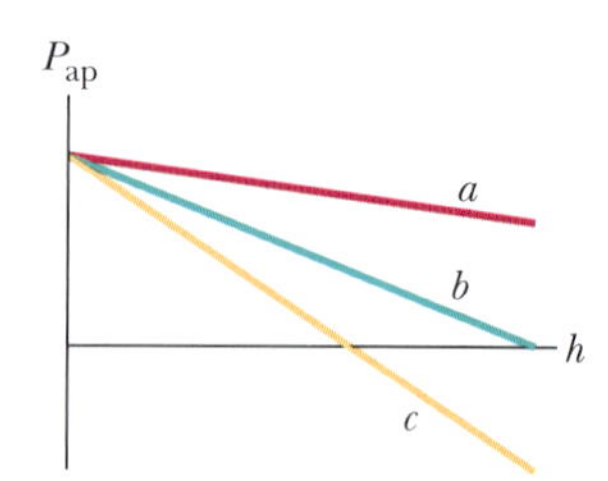

Figura 14.6 Pergunta 8.

9 A água flui suavemente em um cano horizontal. A Fig. 14.7 mostra a energia cinética K de um elemento de água que se move ao longo de um eixo x paralelo ao eixo do cano. Ordene os trechos A, B e C de acordo com o raio do cano, do maior para o menor.

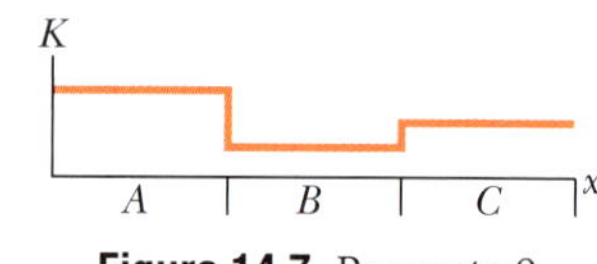

Figura 14.7 Pergunta 9.

10 A Fig. 14.8 mostra a pressão manométrica p_g em função da profundidade h para três líquidos. Uma esfera de plástico é totalmente imersa nos três líquidos, um de cada vez. Ordene os gráficos de acordo com o empuxo exercido sobre a esfera, do maior para o menor.

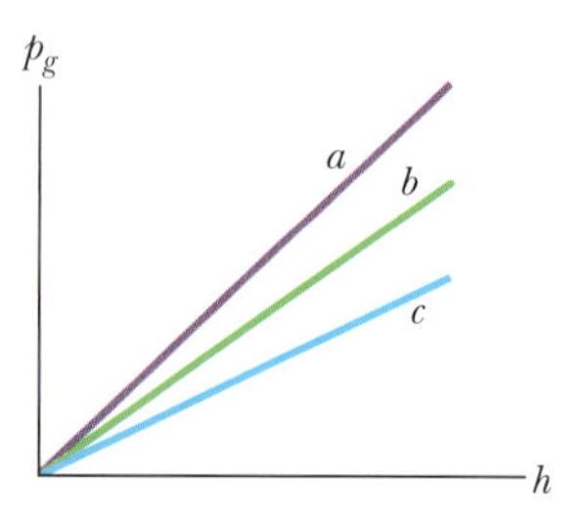

Figura 14.8 Pergunta 10.

Problemas

F Fácil **M** Médio **D** Difícil

CALC Requer o uso de derivadas e/ou integrais

CVF Informações adicionais disponíveis no e-book *O Circo Voador da Física*, de Jearl Walker, LTC Editora, Rio de Janeiro, 2008.

BIO Aplicação biomédica

Módulo 14.1 Massa Específica e Pressão dos Fluidos

1 **F** **BIO** Um peixe se mantém na mesma profundidade na água doce ajustando a quantidade de ar em ossos porosos ou em bolsas de ar para tornar sua massa específica média igual à da água. Suponha que, com as bolsas de ar vazias, um peixe tem uma massa específica de 1,08 g/cm³. Para que fração de seu novo volume o peixe deve inflar as bolsas de ar para tornar sua massa específica igual à da água?

2 **F** Um recipiente hermeticamente fechado e parcialmente evacuado tem uma tampa com uma área de 77 m² e massa desprezível. Se a força necessária para remover a tampa é 480 N e a pressão atmosférica é $1{,}0 \times 10^5$ Pa, qual é a pressão do ar no interior do recipiente?

3 **F** **BIO** Determine o aumento de pressão do fluido contido em uma seringa quando uma enfermeira aplica uma força de 42 N ao êmbolo circular da seringa, que tem um raio de 1,1 cm.

4 **F** Três líquidos imiscíveis são despejados em um recipiente cilíndrico. Os volumes e massas específicas dos líquidos são: 0,50 L, 2,6 g/cm³; 0,25 L, 1,0 g/cm³; 0,40 L, 0,80 g/cm³. Qual é a força total exercida pelos líquidos sobre o fundo do recipiente? Um litro = 1 L = 1.000 cm³. (Ignore a contribuição da atmosfera.)

5 **F** Uma janela de escritório tem 3,4 m de largura por 2,1 m de altura. Como resultado da passagem de uma tempestade, a pressão do ar do lado de fora do edifício cai para 0,96 atm, mas no interior do edifício permanece em 1,0 atm. Qual é o módulo da força que empurra a janela para fora por causa da diferença de pressão?

6 **F** Você calibra os pneus do carro com 28 psi. Mais tarde, mede a pressão arterial, obtendo uma leitura de 12/8 em mm Hg. No SI, as pressões são expressas em pascals ou seus múltiplos, como o quilopascal (kPa). Em kPa, (a) qual é a pressão dos pneus de seu carro e (b) qual é sua pressão arterial?

7 **M** **CALC** Em 1654, Otto von Guericke, o inventor da bomba de vácuo, fez uma demonstração para os nobres do Sacro Império Romano na qual duas juntas de oito cavalos não puderam separar dois hemisférios de cobre evacuados. (a) Supondo que os hemisférios tinham paredes finas (mas resistentes), de modo que R na Fig. 14.9 pode ser considerado tanto o raio interno como o raio externo, mostre que o módulo da força $\vec{F}$ necessária para separar os hemisférios é dado por $F = \pi R^2 \Delta p$, em que $\Delta p = p_{ext} - p_{int}$ é a diferença entre a pressão do lado de fora e a pressão do lado de dentro da esfera. (b) Supondo que $R = 30$ cm, $p_{int} = 0{,}10$ atm e $p_{ext} = 1{,}00$ atm, determine o módulo da força que as juntas de cavalos teriam que exercer para separar os hemisférios. (c) Explique por que uma única junta de cavalos poderia executar a mesma demonstração se um dos hemisférios estivesse preso em uma parede.

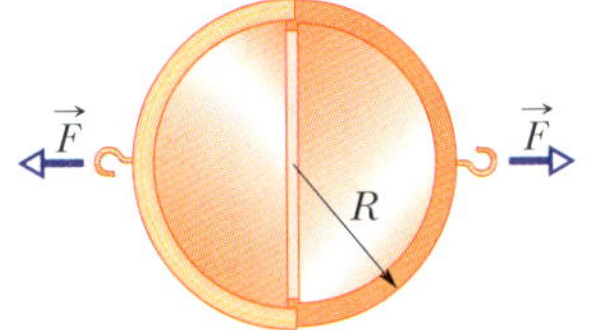

Figura 14.9 Problema 7.

Módulo 14.2 Fluidos em Repouso

8 **F** **BIO** **CVF** *Embolia gasosa em viagens de avião.* Os mergulhadores são aconselhados a não viajar de avião nas primeiras 24 h após um mergulho porque o ar pressurizado usado durante o mergulho pode introduzir nitrogênio na corrente sanguínea. Uma redução súbita da pressão do ar (como a que acontece quando um avião decola) pode fazer com que o nitrogênio forme bolhas no sangue, capazes de produzir *embolias* dolorosas ou mesmo fatais. Qual é a variação de pressão experimentada por um soldado da divisão de operações especiais que mergulha a 20 m de profundidade em um dia e salta de paraquedas, de uma altitude de 7,6 km, no dia seguinte? Suponha que a massa específica média do ar nessa faixa de altitudes é de 0,87 kg/m³.

9 **F** **BIO** **CVF** *Pressão arterial do Argentinossauro.* (a) Se a cabeça desse saurópode gigantesco ficava a 21 m de altura e o coração a 9,0 m, que pressão manométrica (hidrostática) era necessária na altura do coração para que a pressão no cérebro fosse 80 torr (suficiente para abastecer o cérebro)? Suponha que a massa específica do sangue do argentinossauro era $1{,}06 \times 10^3$ kg/m³. (b) Qual era a pressão arterial (em torr) na altura dos pés do animal?

10 **F** O tubo de plástico da Fig. 14.10 tem uma seção reta de 5,00 cm². Introduz-se água no tubo até que o lado mais curto (de comprimento $d = 0{,}800$ m) fique cheio. Em seguida, o lado menor é fechado e mais água é despejada no lado maior. Se a tampa do lado menor é arrancada quando a força a que está submetida excede 9,80 N, que altura da coluna de água do lado maior deixa a tampa na iminência de ser arrancada?

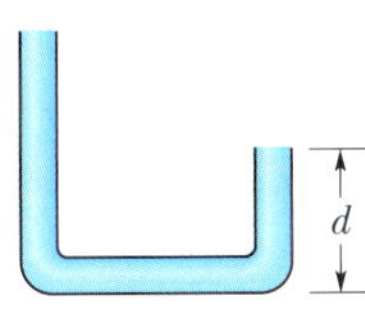

Figura 14.10 Problema 10.

11 **F** **BIO** **CVF** *Girafa bebendo água.* Em uma girafa, com a cabeça 2,0 m acima do coração e o coração 2,0 m acima do solo, a pressão manométrica (hidrostática) do sangue na altura do coração é 250 torr. Suponha que a girafa está de pé e a massa específica do sangue é $1{,}06 \times 10^3$ kg/m³. Determine a pressão arterial (manométrica) em torr (a) no cérebro (a pressão deve ser suficiente para abastecer o cérebro com sangue) e (b) nos pés (a pressão deve ser compensada pela pele esticada, que se comporta como uma meia elástica). (c) Se a girafa baixasse a cabeça bruscamente para beber água, sem afastar as pernas, qual seria o aumento da pressão arterial no cérebro? (Esse aumento provavelmente causaria a morte da girafa.)

12 **F** **BIO** **CVF** A profundidade máxima $d_{máx}$ a que um mergulhador pode descer com um *snorkel* (tubo de respiração) é determinada pela massa específica da água e pelo fato de que os pulmões humanos não funcionam com uma diferença de pressão (entre o interior e o exterior da cavidade torácica) maior que 0,050 atm. Qual é a diferença entre os valores de $d_{máx}$ para água doce e para a água do Mar Morto (a água natural mais salgada no mundo, com massa específica de $1{,}5 \times 10^3$ kg/m³)?

13 **F** Com uma profundidade de 10,9 km, a Fossa das Marianas, no Oceano Pacífico, é o lugar mais profundo dos oceanos. Em 1960, Donald Walsh e Jacques Piccard chegaram à Fossa das Marianas no batiscafo *Trieste*. Supondo que a água do mar tem massa específica uniforme de 1.024 kg/m³, calcule a pressão hidrostática aproximada (em atmosferas) que o *Trieste* teve que suportar. (Mesmo um pequeno defeito na estrutura do *Trieste* teria sido desastroso.)

14 **F** **BIO** Calcule a diferença hidrostática entre a pressão arterial no cérebro e no pé de uma pessoa com 1,83 m de altura. A massa específica do sangue é $1{,}06 \times 10^3$ kg/m³.

15 **F** Que pressão manométrica uma máquina deve produzir para sugar lama com uma massa específica de 1.800 kg/m³ por meio de um tubo e fazê-la subir 1,5 m?

16 **F** **BIO** **CVF** *Homens e elefantes fazendo snorkel.* Quando uma pessoa faz snorkel, os pulmões estão conectados diretamente à atmosfera por meio do tubo de respiração e, portanto, se encontram à pressão atmosférica. Qual é a diferença Δp, em atmosferas, entre a pressão interna e a pressão da água sobre o corpo do mergulhador se o comprimento do tubo de respiração é (a) 20 cm (situação normal) e (b) 4,0 m (situação provavelmente fatal)? No segundo caso, a diferença de pressão faz os vasos sanguíneos das paredes dos pulmões se romperem, enchendo os pulmões de sangue. Como mostra a Fig. 14.11, um elefante pode usar a tromba como tubo de respiração e nadar com os pulmões 4,0 m abaixo da superfície da água porque a membrana que envolve seus pulmões contém tecido conectivo que envolve e protege os vasos sanguíneos, impedindo que se rompam.

Figura 14.11 Problema 16.

17 F BIO CVF Alguns membros da tripulação tentam escapar de um submarino avariado 100 m abaixo da superfície. Que força deve ser aplicada a uma escotilha de emergência, de 1,2 m por 0,60 m, para abri-la para o lado de fora nessa profundidade? Suponha que a massa específica da água do oceano é 1.024 kg/m³ e que a pressão do ar no interior do submarino é 1,00 atm.

18 F Na Fig. 14.12, um tubo aberto, de comprimento $L = 1{,}8$ m e área da seção reta $A = 4{,}6$ cm², penetra na tampa de um barril cilíndrico de diâmetro $D = 1{,}2$ m e altura $H = 1{,}8$ m. O barril e o tubo estão cheios d'água (até o alto do tubo). Calcule a razão entre a força hidrostática que age sobre o fundo do barril e a força gravitacional que age sobre a água contida no barril. Por que a razão não é igual a 1,0? (Não é necessário levar em conta a pressão atmosférica.)

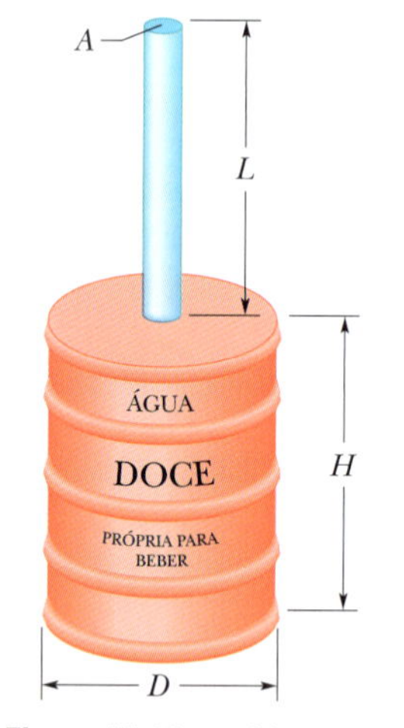

Figura 14.12 Problema 18.

19 M Um grande aquário de 5,00 m de altura está cheio de água doce até uma altura de 2,00 m. Uma das paredes do aquário é feita de plástico e tem 8,00 m de largura. De quanto aumenta a força exercida sobre a parede se a altura da água é aumentada para 4,00 m?

20 M O tanque em forma de L mostrado na Fig. 14.13 está cheio d'água e é aberto na parte de cima. Se $d = 5{,}0$ m, qual é a força exercida pela água (a) na face A e (b) na face B?

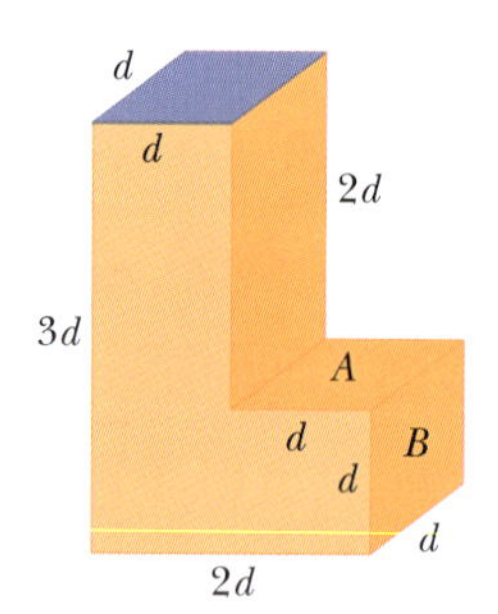

Figura 14.13 Problema 20.

21 M Dois recipientes cilíndricos iguais, com as bases no mesmo nível, contêm um líquido de massa específica $1{,}30 \times 10^3$ kg/m³. A área de cada base é 4,00 cm², mas em um dos recipientes a altura do líquido é 0,854 m e no outro é 1,560 m. Determine o trabalho realizado pela força gravitacional para igualar os níveis quando os recipientes são ligados por um tubo.

22 M BIO CVF *Perda de consciência dos pilotos de caça.* Quando um piloto faz uma curva muito fechada em um avião de caça moderno, a pressão do sangue na altura do cérebro diminui e o sangue deixa de abastecer o cérebro. Se o coração mantém a pressão manométrica (hidrostática) da aorta em 120 torr quando o piloto sofre uma aceleração centrípeta horizontal de $4g$, qual é a pressão sanguínea no cérebro (em torr), situado a 30 cm de distância do coração no sentido do centro da curva? A falta de sangue no cérebro pode fazer com que o piloto passe a enxergar em preto e branco e o campo visual se estreite, um fenômeno conhecido como "visão de túnel". Caso persista, o piloto pode sofrer a chamada g-LOC (g-induced loss of consciousness — perda de consciência induzida por g). A massa específica do sangue é $1{,}06 \times 10^3$ kg/m³.

23 M Na análise de certos fenômenos geológicos, muitas vezes é apropriado supor que a pressão em um dado *nível de compensação* horizontal, muito abaixo da superfície, é a mesma em uma vasta região e é igual à pressão produzida pelo peso das rochas que se encontram acima desse nível. Assim, a pressão no nível de compensação é dada pela mesma fórmula usada para calcular a pressão de um fluido. Esse modelo exige, entre outras coisas, que as montanhas tenham *raízes* de rochas continentais que penetram no manto mais denso (Fig. 14.14). Considere uma montanha de altura $H = 6{,}0$ km em um continente de espessura $T = 32$ km. As rochas continentais têm massa específica 2,9 g/cm³, e o manto que fica abaixo dessas rochas tem massa específica de 3,3 g/cm³. Calcule a profundidade D da raiz. (*Sugestão*: Iguale as pressões nos pontos a e b; a profundidade y do nível de compensação se cancela.)

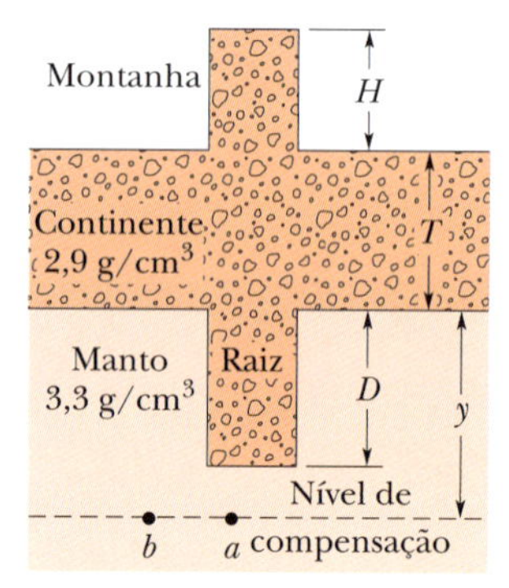

Figura 14.14 Problema 23.

24 D CALC Na Fig. 14.15, a água atinge uma altura $D = 35{,}0$ m atrás da face vertical de uma represa com $W = 314$ m de largura. Determine (a) a força horizontal a que está submetida a represa por causa da pressão manométrica da água e (b) o torque produzido por essa força em relação a uma reta que passa por O e é paralela à face plana da represa. (c) Determine o braço de alavanca do torque.

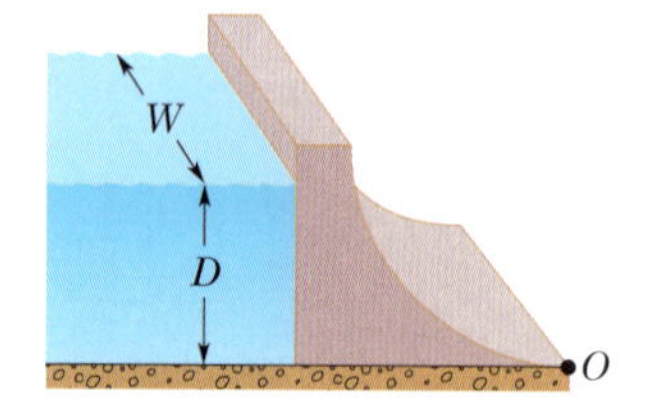

Figura 14.15 Problema 24.

Módulo 14.3 Medidores de Pressão

25 F A coluna de um barômetro de mercúrio (como o da Fig. 14.3.1*a*) tem uma altura $h = 740{,}35$ mm. A temperatura é −5,0 °C, na qual a massa específica do mercúrio é $\rho = 1{,}3608 \times 10^4$ kg/m³. A aceleração de queda livre no local em que se encontra o barômetro é $g = 9{,}7835$ m/s². Qual é a pressão atmosférica medida pelo barômetro em pascals e em torr (que é uma unidade muito usada nos barômetros)?

26 F Para sugar limonada, com uma massa específica de 1.000 kg/m³, usando um canudo para fazer o líquido subir 4,0 cm, que pressão manométrica mínima (em atmosferas) deve ser produzida pelos pulmões?

27 M CALC Qual seria a altura da atmosfera se a massa específica do ar (a) fosse uniforme e (b) diminuísse linearmente até zero com a altura? Suponha que ao nível do mar a pressão do ar é 1,0 atm e a massa específica do ar é 1,3 kg/m³.

Módulo 14.4 Princípio de Pascal

28 F Um êmbolo com uma seção reta a é usado em uma prensa hidráulica para exercer uma pequena força de módulo f sobre um líquido que está em contato, por meio de um tubo de ligação, com um êmbolo maior de seção reta A (Fig. 14.16). (a) Qual é o módulo F da força que deve ser aplicada ao êmbolo maior para que o sistema fique em equilíbrio? (b) Se os diâmetros dos êmbolos são 3,80 cm e 53,0 cm, qual é o módulo da força que deve ser aplicada ao êmbolo menor para equilibrar uma força de 20,0 kN aplicada ao êmbolo maior?

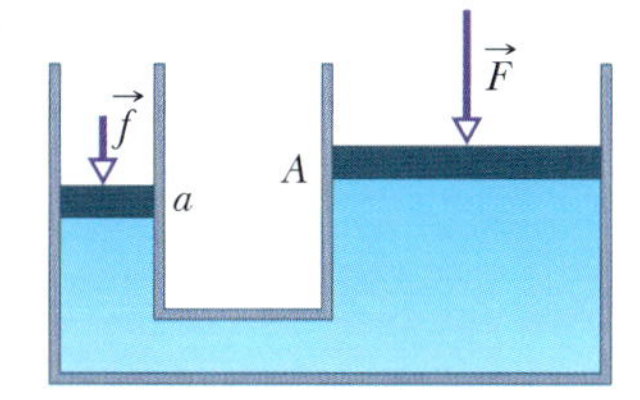

Figura 14.16 Problema 28.

29 M Na Fig. 14.17, uma mola de constante elástica $3{,}00 \times 10^4$ N/m liga uma viga rígida ao êmbolo de saída de um macaco hidráulico. Um recipiente vazio, de massa desprezível, está sobre o êmbolo de entrada. O êmbolo de entrada tem uma área A_e e o êmbolo de saída tem uma área $18{,}0A_e$. Inicialmente, a mola está relaxada. Quantos quilogramas de areia devem ser despejados (lentamente) no recipiente para que a mola sofra uma compressão de 5,00 cm?

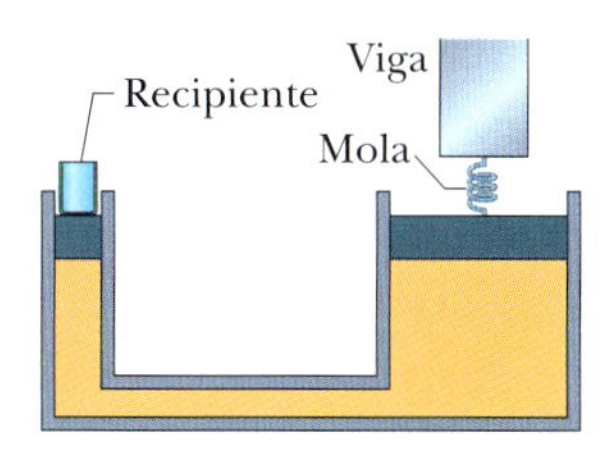

Figura 14.17 Problema 29.

Módulo 14.5 Princípio de Arquimedes

30 F Um objeto de 5,00 kg é liberado a partir do repouso quando está totalmente imerso em um líquido. O líquido deslocado pelo objeto tem massa de 3,00 kg. Que distância o objeto percorre em 0,200 s e em que sentido, supondo que se desloca livremente e que a força de arrasto exercida pelo líquido é desprezível?

31 F Um bloco de madeira flutua em água doce com dois terços do volume V submersos e em óleo com $0{,}90V$ submerso. Determine a massa específica (a) da madeira e (b) do óleo.

32 F Na Fig. 14.18, um cubo, de aresta $L = 0{,}600$ m e 450 kg de massa, é suspenso por uma corda em um tanque aberto que contém um líquido de massa específica 1.030 kg/m³. Determine (a) o módulo da força total exercida sobre a face superior do cubo pelo líquido e pela atmosfera, supondo que a pressão atmosférica é 1,00 atm, (b) o módulo da força total exercida sobre a face inferior do cubo, e (c) a tração da corda. (d) Calcule o módulo da força de empuxo a que o cubo está submetido usando o princípio de Arquimedes. Que relação existe entre todas essas grandezas?

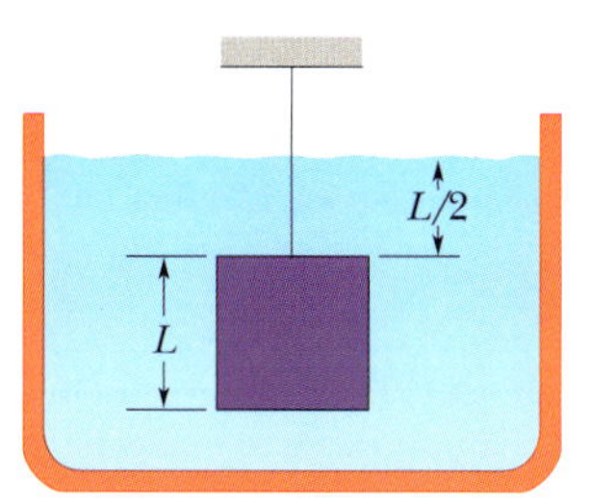

Figura 14.18 Problema 32.

33 F Uma âncora de ferro, de massa específica 7.870 kg/m³, parece ser 200 N mais leve na água que no ar. (a) Qual é o volume da âncora? (b) Qual é o peso da âncora no ar?

34 F Um barco que flutua em água doce desloca um volume de água que pesa 35,6 kN. (a) Qual é o peso da água que o barco desloca quando flutua em água salgada, de massa específica $1{,}10 \times 10^3$ kg/m³? (b) Qual é a diferença entre o volume de água doce e o volume de água salgada deslocados?

35 F Três crianças, todas pesando 356 N, fazem uma jangada com toras de madeira de 0,30 m de diâmetro e 1,80 m de comprimento. Quantas toras são necessárias para mantê-las flutuando em água doce? Suponha que a massa específica da madeira é 800 kg/m³.

36 M Na Fig. 14.19a, um bloco retangular é gradualmente empurrado para dentro de um líquido. O bloco tem uma altura d; a área das faces superior e inferior é $A = 5{,}67$ cm². A Fig. 14.19b mostra o peso aparente P_{ap} do bloco em função da profundidade h da face inferior. A escala do eixo vertical é definida por $P_s = 0{,}20$ N. Qual é a massa específica do líquido?

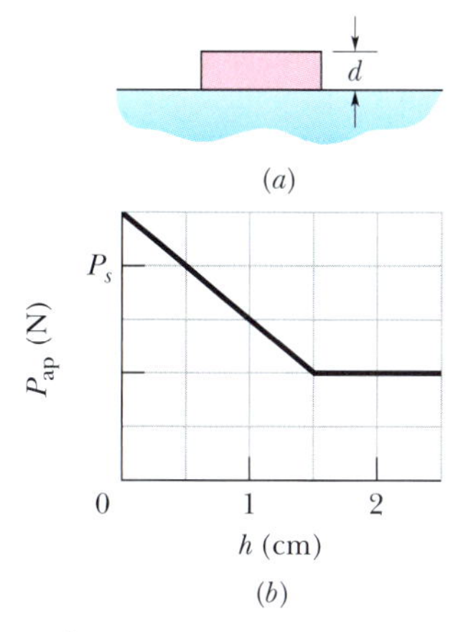

Figura 14.19 Problema 36.

37 M Uma esfera de ferro, oca, flutua quase totalmente submersa em água. O diâmetro externo é 60,0 cm e a massa específica do ferro é 7,87 g/cm³. Determine o diâmetro interno.

38 M Uma pequena esfera totalmente imersa em um líquido é liberada a partir do repouso e sua energia cinética é medida depois que se desloca 4,0 cm no líquido. A Fig. 14.20 mostra os resultados depois de muitos líquidos serem usados: A energia cinética K está plotada no gráfico em função da massa específica do líquido, $\rho_{líq}$, e a escala do eixo vertical é definida por $K_s = 1{,}60$ J. (a) Qual é a massa específica da bola e (b) qual o volume da bola?

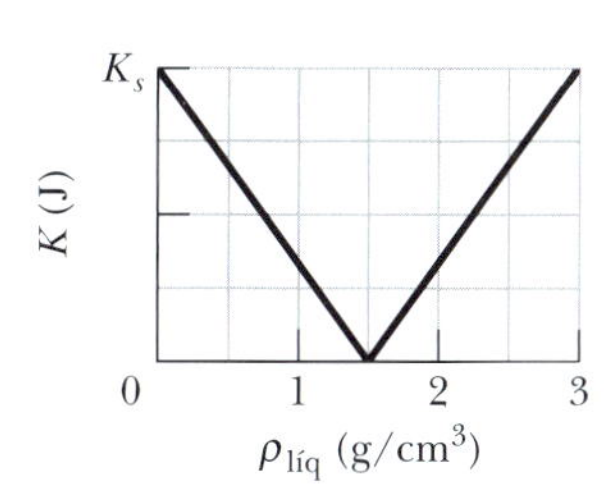

Figura 14.20 Problema 38.

39 M Uma esfera oca, de raio interno 8,0 cm e raio externo 9,0 cm, flutua com metade do volume submerso em um líquido de massa específica 800 kg/m³. (a) Qual é a massa da esfera? (b) Calcule a massa específica do material de que é feita a esfera.

40 M BIO CVF *Jacarés traiçoeiros.* Os jacarés costumam esperar pela presa flutuando com apenas o alto da cabeça exposto, para não serem vistos. Um meio de que dispõem para afundar mais ou menos é controlar o tamanho dos pulmões. Outro é engolir pedras (*gastrólitos*) que passam a residir no estômago. A Fig. 14.21 mostra um modelo muito simplificado de um jacaré, com uma massa de 130 kg, que flutua com a cabeça parcialmente exposta. O alto da cabeça tem uma área de 0,20 m². Se o jacaré engolir pedras com massa total equivalente a 1,0% da massa do corpo (um valor típico), de quanto ele afundará?

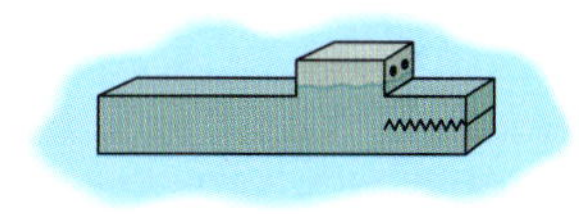

Figura 14.21 Problema 40.

41 M Que fração do volume de um iceberg (massa específica 917 kg/m³) é visível se o iceberg flutua (a) no mar (água salgada, massa específica 1.024 kg/m³) e (b) em um rio (água doce, massa específica 1.000 kg/m³)? (Quando a água congela para formar gelo, o sal é deixado de lado. Assim, a água que resulta do degelo de um iceberg pode ser usada para beber.)

42 M CALC Um flutuador tem a forma de um cilindro reto, com 0,500 m de altura e 4,00 m² de área das bases; a massa específica é 0,400 vez a massa específica da água doce. Inicialmente, o flutuador é mantido totalmente imerso em água doce, com a face superior na superfície da água. Em seguida, é liberado e sobe gradualmente até começar a flutuar. Qual é o trabalho realizado pelo empuxo sobre o flutuador durante a subida?

43 M BIO Quando os paleontólogos encontram um fóssil de dinossauro razoavelmente completo, eles podem determinar a massa e o peso do dinossauro vivo usando um modelo em escala esculpido em plástico, baseado nas dimensões dos ossos do fóssil. A escala do modelo é de 1 para 20, ou seja, os comprimentos são 1/20 dos comprimentos reais, as áreas são $(1/20)^2$ das áreas reais, e os volumes são $(1/20)^3$ dos volumes reais. Primeiro, o modelo é pendurado em um dos braços de uma balança e são colocados pesos no outro braço até que o equilíbrio seja estabelecido. Em seguida, o modelo é totalmente imerso em água e são removidos pesos do outro braço até que o equilíbrio seja restabelecido (Fig. 14.22). Para um modelo de um determinado fóssil de *T. rex*, 637,76 g tiveram que ser removidos para restabelecer o equilíbrio. Qual era o volume (a) do modelo e (b) do *T. rex* original? (c) Se a massa específica do *T. rex* era aproximadamente igual à da água, qual era a massa do dinossauro?

Figura 14.22 Problema 43.

44 M Um bloco de madeira tem massa de 3,67 kg e massa específica de 600 kg/m³ e deve receber um lastro de chumbo ($1,14 \times 10^4$ kg/m³) para flutuar na água com 0,900 do volume submerso. Que massa de chumbo é necessária se o chumbo for colado (a) no alto do bloco e (b) na base do bloco?

45 M Uma peça de ferro que contém certo número de cavidades pesa 6.000 N no ar e 4.000 N na água. Qual é o volume total das cavidades? A massa específica do ferro é 7,87 g/cm³.

46 M Uma pequena bola é liberada sem velocidade inicial 0,600 m abaixo da superfície em uma piscina com água. Se a massa específica da bola é 0,300 vez a da água e a força de arrasto que a água exerce sobre a bola é desprezível, que altura acima da superfície da água a bola atinge ao emergir? (Despreze a transferência de energia para as ondas e respingos produzidos no momento em que a bola emerge.)

47 M O volume de ar no compartimento de passageiros de um automóvel de 1.800 kg é 5,00 m³. O volume do motor e das rodas dianteiras é 0,750 m³ e o volume das rodas traseiras, tanque de gasolina e porta-malas é 0,800 m³; a água não pode penetrar no tanque de gasolina e no porta-malas. O carro cai em um lago. (a) A princípio, não entra água no compartimento de passageiros. Que volume do carro, em metros cúbicos, fica abaixo da superfície da água com o carro flutuando (Fig. 14.23)? (b) Quando a água penetra lentamente, o carro afunda. Quantos metros cúbicos de água estão dentro do carro quando o carro desaparece abaixo da superfície da água? (O carro, que leva uma carga pesada no porta-malas, permanece na horizontal.)

Figura 14.23 Problema 47.

48 D A Fig. 14.24 mostra uma bola de ferro suspensa por uma corda, de massa desprezível, presa em um cilindro que flutua, parcialmente submerso, com as bases paralelas à superfície da água. O cilindro tem uma altura de 6,00 cm, uma área das bases de 12,0 cm², uma massa específica de 0,30 g/cm³, e 2,00 cm da altura estão acima da superfície da água. Qual é o raio da bola de ferro?

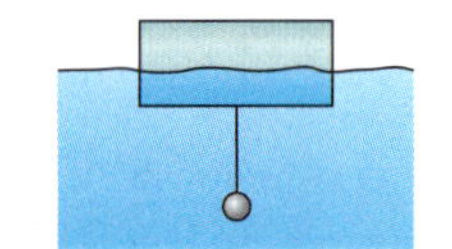

Figura 14.24 Problema 48.

Módulo 14.6 Equação de Continuidade

49 F CVF *Efeito canal.* A Fig. 14.25 mostra um canal em que está ancorada uma barcaça com d = 30 m de largura e b = 12 m de calado. O canal tem uma largura D = 55 m, uma profundidade H = 14 m, e nele circula água a uma velocidade v_i = 1,5 m/s. Suponha que o escoamento é laminar. Quando encontra a barcaça, a água sofre uma queda brusca de nível conhecida como efeito canal. Se a queda é de h = 0,80 m, qual é a velocidade da água ao passar ao lado da barcaça (a) pelo plano vertical indicado pela reta tracejada a e (b) pelo plano vertical indicado pela reta tracejada b? A erosão causada pelo aumento da velocidade é um problema que preocupa os engenheiros hidráulicos.

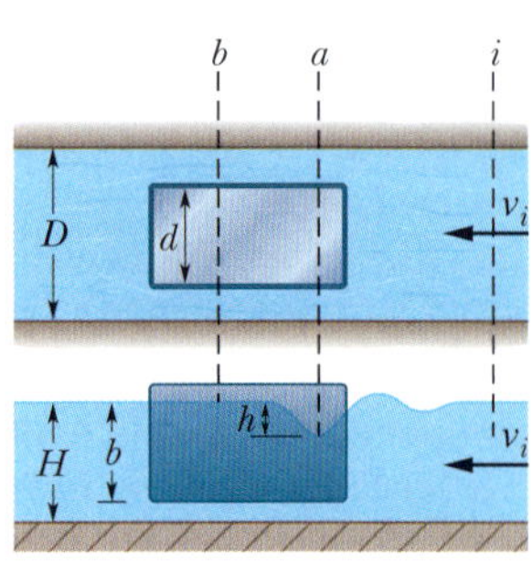

Figura 14.25 Problema 49.

50 F A Fig. 14.26 mostra dois segmentos de uma antiga tubulação que atravessa uma colina; as distâncias são $d_A = d_B$ = 30 m e D = 110 m. O raio do cano do lado de fora da colina é 2,00 cm; o raio do cano no interior da colina, porém, não é mais conhecido. Para determiná-lo, os engenheiros hidráulicos verificaram inicialmente que a velocidade da água nos segmentos à esquerda e à direita da colina era de 2,50 m/s. Em seguida, os engenheiros introduziram um corante na água no ponto A e observaram que levava 88,8 s para chegar ao ponto B. Qual é o raio médio do cano no interior da colina?

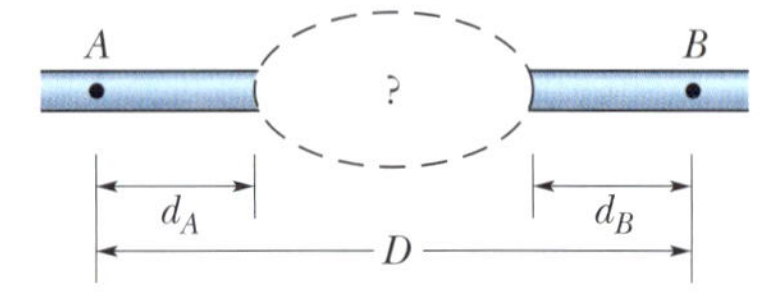

Figura 14.26 Problema 50.

51 F Uma mangueira de jardim com um diâmetro interno de 1,9 cm está ligada a um borrifador (estacionário) que consiste apenas em um recipiente com 24 furos de 0,13 cm de diâmetro. Se a água circula na mangueira com uma velocidade de 0,91 m/s, com que velocidade ela sai dos furos do borrifador?

52 F Dois riachos se unem para formar um rio. Um dos riachos tem uma largura de 8,2 m, uma profundidade de 3,4 m e a velocidade da água é de 2,3 m/s. O outro riacho tem 6,8 m de largura, 3,2 m de profundidade e a velocidade da água é 2,6 m/s. Se o rio tem uma largura de 10,5 m e a velocidade da água é 2,9 m/s, qual é a profundidade do rio?

53 M A água de um porão inundado é bombeada a uma velocidade de 5,0 m/s por meio de uma mangueira com 1,0 cm de raio. A mangueira passa por uma janela 3,0 m acima do nível da água. Qual é a potência da bomba?

54 M A água que sai de um cano com um diâmetro interno de 1,9 cm é dividida por três canos com um diâmetro interno de 1,3 cm. (a) Se as vazões nos três canos mais estreitos são 26, 19 e 11 L/min, qual é a vazão no tubo de 1,9 cm? (b) Qual é a razão entre a velocidade da água no cano de 1,9 cm e a velocidade no cano em que a vazão é 26 L/min?

Módulo 14.7 Equação de Bernoulli

55 F Qual é o trabalho realizado pela pressão para fazer passar 1,4 m³ de água por um cano com um diâmetro interno de 13 mm se a diferença de pressão entre as extremidades do cano é 1,0 atm?

56 F Dois tanques, 1 e 2, ambos com uma grande abertura na parte superior, contêm líquidos diferentes. Um pequeno furo é feito no lado de cada tanque à mesma distância h abaixo da superfície do líquido, mas o furo do tanque 1 tem metade da seção reta do furo do tanque 2. (a) Qual é a razão ρ_1/ρ_2 entre as massas específicas dos líquidos se a vazão mássica é a mesma para os dois furos? (b) Qual é a razão R_{V1}/R_{V2} entre as vazões dos dois tanques? (c) Em um dado instante, o líquido do tanque 1 está 12,0 cm acima do furo. A que altura acima do furo o líquido do tanque 2 deve estar nesse instante para que os tanques tenham vazões iguais?

57 F Um tanque cilíndrico de grande diâmetro está cheio d'água até uma profundidade $D = 0{,}30$ m. Um furo de seção reta $A = 6{,}5$ cm^2 no fundo do tanque permite a drenagem da água. (a) Qual é a velocidade de escoamento da água, em metros cúbicos por segundo? (b) A que distância abaixo do fundo do tanque a seção reta do jorro é igual à metade da área do furo?

58 F A entrada da tubulação da Fig. 14.27 tem uma seção reta de 0,74 m^2 e a velocidade da água é 0,40 m/s. Na saída, a uma distância $D = 180$ m abaixo da entrada, a seção reta é menor que a da entrada e a velocidade da água é 9,5 m/s. Qual é a diferença de pressão entre a entrada e a saída?

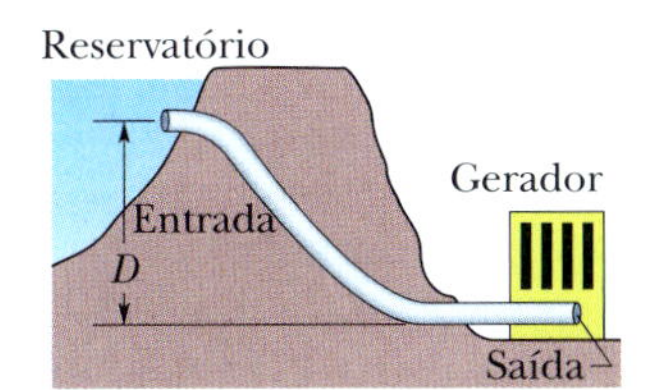

Figura 14.27 Problema 58.

59 F A água se move a uma velocidade de 5,0 m/s em um cano com uma seção reta de 4,0 cm^2. A água desce gradualmente 10 m enquanto a seção reta aumenta para 8,0 cm^2. (a) Qual é a velocidade da água depois da descida? (b) Se a pressão antes da descida é $1{,}5 \times 10^5$ Pa, qual é a pressão depois da descida?

60 F Os torpedos são às vezes testados em um tubo horizontal por onde escoa água, da mesma forma como os aviões são testados em um túnel de vento. Considere um tubo circular com um diâmetro interno de 25,0 cm e um torpedo alinhado com o eixo maior do tubo. O torpedo tem 5,00 cm de diâmetro e é testado com a água passando por ele a 2,50 m/s. (a) A que velocidade a água passa na parte do tubo que não está obstruída pelo torpedo? (b) Qual é a diferença de pressão entre a parte obstruída e a parte não obstruída do tubo?

61 F Um cano com um diâmetro interno de 2,5 cm transporta água para o porão de uma casa a uma velocidade de 0,90 m/s com uma pressão de 170 kPa. Se o cano se estreita para 1,2 cm e sobe para o segundo piso, 7,6 m acima do ponto de entrada, (a) qual é a velocidade e (b) qual é a pressão da água no segundo piso?

62 M O tubo de Pitot (Fig. 14.28) é usado para medir a velocidade do ar nos aviões. É formado por um tubo externo com pequenos furos B (quatro são mostrados na figura) que permitem a entrada de ar no tubo; esse tubo está ligado a um dos lados de um tubo em forma de U. O outro lado do tubo em forma de U está ligado ao furo A na frente do medidor, que aponta no sentido do movimento do avião. Em A, o ar fica estagnado, de modo que $v_A = 0$. Em B, porém, a velocidade do ar é presumivelmente igual à velocidade v do ar em relação ao avião. (a) Use a equação de Bernoulli para mostrar que

$$v = \sqrt{\frac{2\rho g h}{\rho_{ar}}},$$

em que ρ é a massa específica do líquido contido no tubo em U e h é a diferença entre os níveis do líquido no tubo. (b) Suponha que o tubo contém álcool e que a diferença de nível h é de 26,0 cm. Qual é a velocidade do avião em relação ao ar? A massa específica do ar é 1,03 kg/m^3 e a do álcool é 810 kg/m^3.

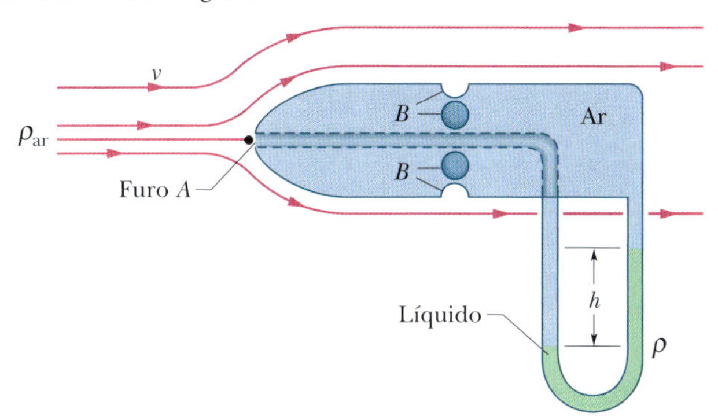

Figura 14.28 Problemas 62 e 63.

63 M O tubo de Pitot (ver o Problema 62) de um avião que está voando a grande altitude mede uma diferença de pressão de 180 Pa. Qual é a velocidade do ar se a massa específica do ar nessa altitude é 0,031 kg/m^3?

64 M Na Fig. 14.29, a água atravessa um cano horizontal e sai para a atmosfera com uma velocidade $v_1 = 15$ m/s. Os diâmetros dos segmentos esquerdo e direito do cano são 5,0 cm e 3,0 cm. (a) Que volume de água escoa para a atmosfera em um período de 10 min? (b) Qual é a velocidade v_2 e (c) qual é a pressão manométrica no segmento esquerdo do tubo?

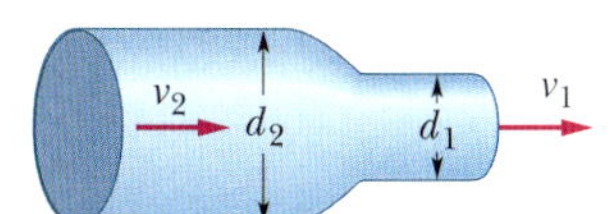

Figura 14.29 Problema 64.

65 M O *medidor venturi* é usado para medir a vazão dos fluidos nos canos. O medidor é ligado entre dois pontos do cano (Fig. 14.30); a seção reta A na entrada e na saída do medidor é igual à seção reta do cano. O fluido entra no medidor com velocidade V e depois passa com velocidade v por uma "garganta" estreita de seção reta a. Um manômetro liga a parte mais larga do medidor à parte mais estreita. A variação da velocidade do fluido é acompanhada por uma variação Δp da pressão do fluido, que produz uma diferença h na altura do líquido nos dois lados do manômetro. (A diferença Δp corresponde à pressão na garganta menos a pressão no cano.) (a) Aplicando a equação de Bernoulli e a equação de continuidade aos pontos 1 e 2 da Fig. 14.30, mostre que

$$V = \sqrt{\frac{2a^2\Delta p}{\rho(a^2 - A^2)}},$$

em que ρ é a massa específica do fluido. (b) Suponha que o fluido é água doce, que a seção reta é 64 cm^2 no cano e 32 cm^2 na garganta, e que a pressão é 55 kPa no cano e 41 kPa na garganta. Qual é a vazão de água em metros cúbicos por segundo?

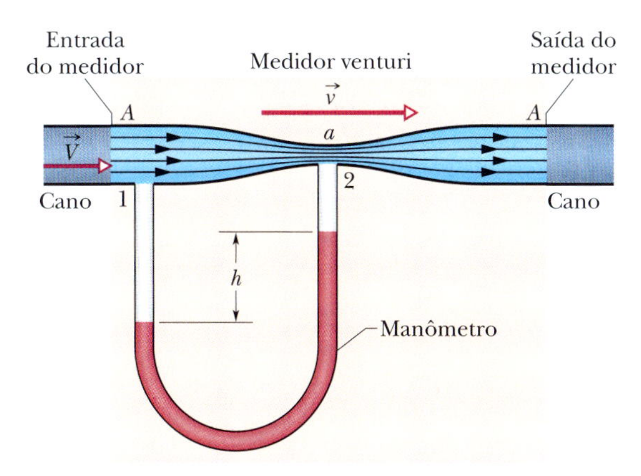

Figura 14.30 Problemas 65 e 66.

66 **M** **CVF** Considere o medidor venturi do Problema 65 e da Fig. 14.30 sem o manômetro. Suponha que $A = 5a$ e que a pressão p_1 no ponto A é 2,0 atm. Calcule os valores (a) da velocidade V no ponto A e (b) da velocidade v no ponto a para que a pressão p_2 no ponto a seja zero. (c) Calcule a vazão correspondente se o diâmetro no ponto A for 5,0 cm. O fenômeno que ocorre em a quando p_2 cai para perto de zero é conhecido como cavitação; a água evapora para formar pequenas bolhas.

67 **M** Na Fig. 14.31, a água doce de uma represa tem uma profundidade $D = 15$ m. Um cano horizontal de 4,0 cm de diâmetro atravessa a represa a uma profundidade $d = 6{,}0$ m. Uma tampa fecha a abertura do cano. (a) Determine o módulo da força de atrito entre a tampa e a parede do tubo. (b) A tampa é retirada. Qual é o volume de água que sai do cano em 3,0 h?

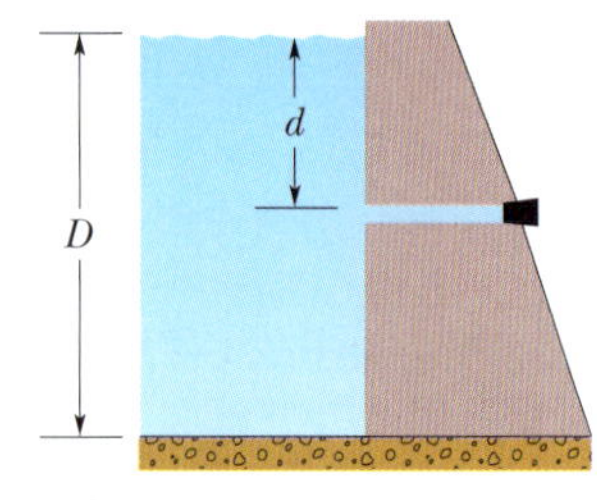

Figura 14.31 Problema 67.

68 **M** Água doce escoa horizontalmente do segmento 1 de uma tubulação, com uma seção reta A_1, para o segmento 2, com uma seção reta A_2. A Fig. 14.32 mostra um gráfico da relação entre diferença de pressão $p_2 - p_1$ e o inverso do quadrado da área A_1, A_1^{-2}, supondo um escoamento laminar. A escala do eixo vertical é definida por $\Delta p_s = 300$ kN/m². Nas condições da figura, qual é o valor (a) de A_2 e (b) da vazão?

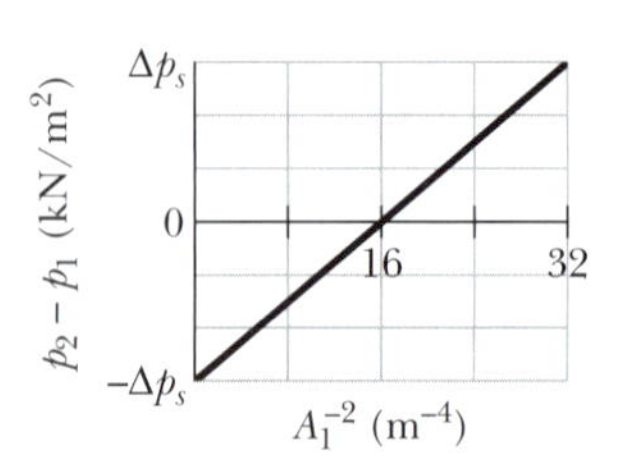

Figura 14.32 Problema 68.

69 **M** Um líquido, de massa específica 900 kg/m³, escoa em um tubo horizontal com uma seção reta de $1{,}90 \times 10^{-2}$ m² na região A e uma seção reta de $9{,}50 \times 10^{-2}$ m² na região B. A diferença de pressão entre as duas regiões é $7{,}20 \times 10^3$ Pa. (a) Qual é a vazão e (b) qual é a vazão mássica?

70 **M** Na Fig. 14.33, a água entra em regime laminar no lado esquerdo de uma tubulação (raio $r_1 = 2{,}00R$), atravessa a parte seção central (raio R), e sai pelo lado direito (raio $r_3 = 3{,}00R$). A velocidade da água na parte central é 0,500 m/s. Qual é o trabalho total realizado sobre 0,400 m³ de água enquanto a água passa do lado esquerdo para o lado direito?

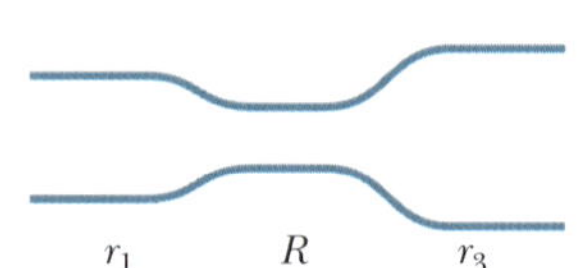

Figura 14.33 Problema 70.

71 **M** **CALC** A Fig. 14.34 mostra um jorro d'água saindo por um furo a uma distância $h = 10$ cm da superfície de um tanque que contém $H = 40$ cm de água . (a) A que distância x a água atinge o solo? (b) A que profundidade deve ser feito um segundo furo para que o valor de x seja o mesmo? (c) A que profundidade deve ser feito um furo para que o valor de x seja o maior possível?

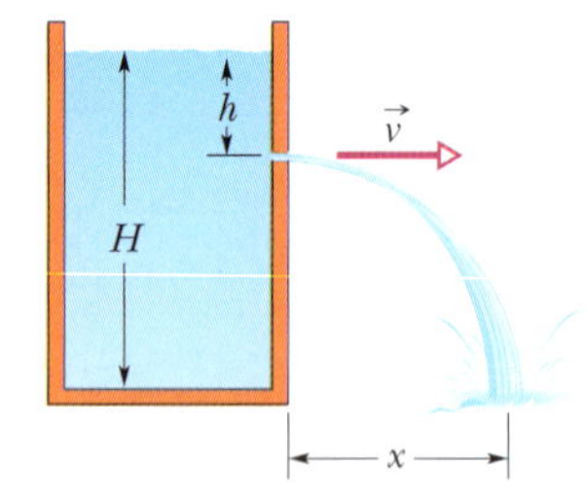

Figura 14.34 Problema 71.

72 **D** A Fig. 14.35 mostra um diagrama muito simplificado do sistema de drenagem de água da chuva de uma casa. A chuva que cai no telhado inclinado escorre para as calhas da borda do telhado e desce por canos verticais (apenas um desses canos é mostrado na figura) para um cano principal M abaixo do porão, que leva a água para um cano ainda maior, situado no subsolo. Na Fig. 14.35, um ralo no porão também está ligado ao cano M. Suponha que as seguintes condições são verdadeiras:

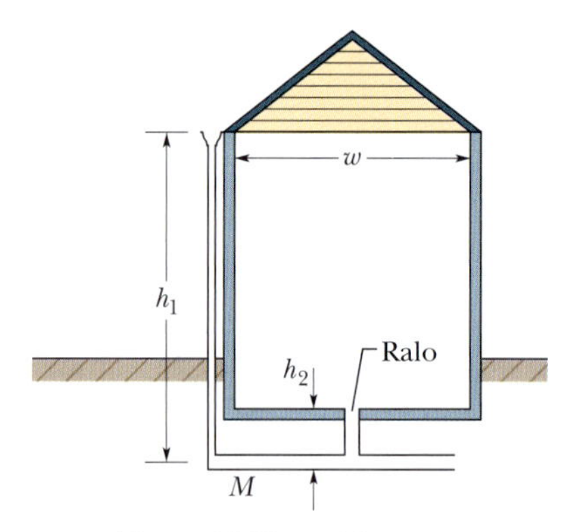

Figura 14.35 Problema 72.

(1) os canos verticais têm comprimento $h_1 = 11$ m, (2) o ralo do porão fica a uma altura $h_2 = 1{,}2$ m em relação ao cano M, (3) o cano M tem um raio de 3,0 cm, (4) a casa tem $L = 60$ m de fachada e $P = 30$ m de profundidade, (5) toda a água que cai no telhado passa pelo cano M, (6) a velocidade inicial da água nos canos verticais é desprezível, (7) a velocidade do vento é desprezível (a chuva cai verticalmente).

Para qual índice de precipitação, em centímetros por hora, a água do cano M chega à altura do ralo, ameaçando inundar o porão?

Problemas Adicionais

73 **BIO** Cerca de um terço do corpo de uma pessoa que flutua no Mar Morto fica acima da superfície da água. Supondo que a massa específica do corpo humano é 0,98 g/cm³, determine a massa específica da água do Mar Morto. (Por que ela é tão maior do que 1,0 g/cm³?)

74 Um tubo em forma de U, aberto nas duas extremidades, contém mercúrio. Quando 11,2 cm de água são despejados no lado direito do tubo, de quanto o mercúrio sobe no lado esquerdo em relação ao nível inicial?

75 **CVF** Se uma bolha de água mineral com gás sobe com uma aceleração de 0,225 m/s² e tem um raio de 0,500 mm, qual é a massa da bolha? Suponha que a força de arrasto que o líquido exerce sobre a bolha é desprezível.

76 **BIO** **CVF** Suponha que seu corpo tem massa específica uniforme 0,95 vez a da água. (a) Se você está boiando em uma piscina, que fração do volume do seu corpo está acima da superfície da água?

Areia movediça é o fluido produzido quando a água se mistura com a areia, separando os grãos e eliminando o atrito que os impede de se mover uns em relação aos outros. Poços de areia movediça podem se formar quando a água das montanhas escorre para os vales e se infiltra em bolsões de areia. (b) Se você está boiando em um poço profundo de areia movediça com uma massa específica 1,6 vez a da água, que fração do seu corpo fica acima da superfície da areia movediça? (c) Em particular, você não consegue respirar?

77 Uma bola de vidro com 2,00 cm de raio repousa no fundo de um copo de leite. A massa específica do leite é 1,03 g/cm³ e o módulo da força normal que o fundo do copo exerce sobre a bola é $9{,}48 \times 10^{-2}$ N. Qual é a massa da bola?

78 **BIO** **CVF** Surpreendido por uma avalanche, um esquiador é totalmente soterrado pela neve, cuja massa específica é 96 kg/m³. Suponha que a massa específica média do esquiador, com seus trajes e equipamentos, é de 1.020 kg/m³. Que fração da força gravitacional que age sobre o esquiador é compensada pelo empuxo da neve?

79 *Analisando os planos de uma piscina.* Você foi encarregado de analisar os planos de uma piscina que vai fazer parte de um hotel. A água da piscina vai chegar ao hotel por um cano horizontal de raio $R_1 =$ 6,00 cm, com a água a uma pressão de 2,00 atm. Um cano vertical de raio $R_2 = 1{,}00$ cm vai levar a água a uma altura de 9,40 m, de onde a água vai cair livremente em uma piscina quadrada com 10,0 m de lado e uma profundidade de 2,00 m. (a) Quanto tempo será necessário para encher a piscina? (b) Se mais que alguns dias for considerado inaceitável e menos que algumas horas for considerado perigoso, o tempo para encher a piscina é aceitável e seguro?

80 BIO *Dinossauro andando na água.* O dinossauro *Diplodoco* era enorme, com um pescoço e uma cauda muito compridos e um peso tão grande que devia ser um desafio para suas pernas (Fig. 14.36). Conjectura-se que ele passava a maior parte do tempo na água, talvez apenas com a cabeça de fora, para que o empuxo compensasse parte do peso, diminuindo a carga que as pernas tinham de suportar. Para testar essa hipótese, suponha que a massa específica do dinossauro era 90% da massa específica da água e que sua massa, calculada com base nos fósseis, era $1{,}85 \times 10^4$ kg. (a) Qual era o peso do Diplodoco? Determine o peso aparente do dinossauro quando as seguintes frações do seu volume estavam submersas: (b) 0,50, (c) 0,80 e (d) 0,90. Quando ele estava quase totalmente submerso, com apenas a cabeça acima da água, os pulmões estavam cerca de 8,0 m abaixo da superfície da água. (e) Nessa profundidade, qual era a diferença entre a pressão da água e a pressão do ar nos seus pulmões? Para que o dinossauro pudesse respirar, os músculos em volta do pulmão teriam de expandir os pulmões, vencendo a pressão da água. Provavelmente, eles não teriam força suficiente para isso se a diferença de pressão fosse maior que 8 kPa. (f) O dinossauro podia andar na água apenas com a cabeça de fora?

Elena Duvernay/123RF

Figura 14.36 Problema 80.

81 *Iceberg.* A expressão popular "a ponta do iceberg" é usada para designar a pequena parte visível de algo que está quase totalmente oculto. (a) No caso de um iceberg de verdade, qual é a fração que fica fora d'água? A massa específica do gelo é $\rho_g = 917$ kg/m^3 e a massa específica da água é $\rho_a = 1.024$ kg/m^3. Em setembro de 2019, um grande iceberg se desprendeu da Plataforma de Gelo Amery, na Antártica oriental. Batizado de D28, tinha área superficial de 1.636 km^2 (maior que a da Grande Londres) e espessura de 200 m. (b) Quanto pesava o iceberg D28?

82 *Pressão aerodinâmica nos carros de corrida.* Os carros de corrida modernos utilizam vários tipos de aerofólios com o objetivo de criar uma pressão aerodinâmica para aumentar a estabilidade dos carros, especialmente nas curvas. Outra técnica, que dispensa o uso de aerofólios, consiste em fazer com que o ar entre por uma abertura na frente do carro, passe por baixo dele e saia por uma abertura na traseira. Com isso, a pressão diminui embaixo do carro, o que resulta em uma pressão aerodinâmica. Suponha que a abertura na frente do carro tem uma área $A_1 = 0{,}75$ m^2 e o espaço entre a pista e o fundo do carro tem uma área $A_2 = 0{,}15$ m^2. Se o carro está se movendo a uma velocidade de 240 km/h e a pressão acima dele é 1,0 atm, qual é a diferença de pressão, em atmosferas, entre a parte de cima e a parte de baixo do carro?

83 *Copo invertido.* Encha um copo com água até uma altura h. Corte um quadrado de papel de dimensões um pouco maiores que a da borda do copo. Coloque o papel sobre a borda do copo (Fig. 14.37*a*). Espalhe os dedos de uma das mãos sobre o papel, mantendo-o firmemente em contato com a borda do copo, e use a outra mão para invertê-lo. É provável que você consiga remover a mão que está segurando o papelão sem que a água derrame (Fig. 14.37*b*). O papel se encurva para baixo, mas não se solta da borda do copo. Se $h = 11{,}0$ cm, qual é a pressão manométrica do ar que agora está retido no copo acima da água?

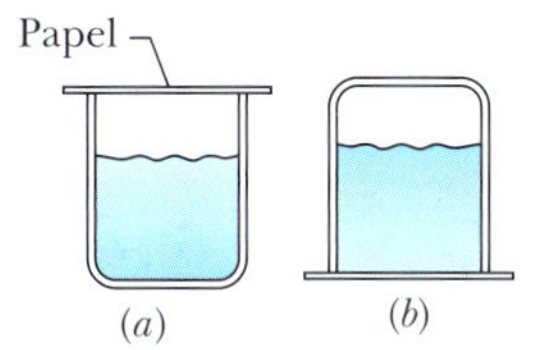

Figura 14.37 Problema 83.

84 BIO CVF Quando tossimos, o ar é expelido em alta velocidade pela traqueia e brônquios superiores e remove o excesso de muco que está prejudicando a respiração. Essa alta velocidade é produzida da seguinte forma: Depois que inspiramos uma grande quantidade de ar, a glote (abertura estreita da laringe) se fecha, os pulmões se contraem, aumentando a pressão do ar, a traqueia e os brônquios superiores se estreitam e a glote se abre bruscamente, deixando escapar o ar. Suponha que, durante a expulsão, a vazão seja de $7{,}0 \times 10^{-3}$ m/s. Que múltiplo da velocidade do som ($v_s = 343$ m/s) é a velocidade do ar na traqueia, se o diâmetro da traqueia (a) permanece com o valor normal de 14 mm e (b) diminui para 5,2 mm?

85 BIO *Perigo para mergulhadores que usam um tanque de ar.* Um mergulhador novato ignora as recomendações de segurança e não sobe lentamente ao voltar à superfície. Quando chega à superfície, a diferença entre a pressão externa e a pressão do ar dissolvido no sangue é 70 torr. (a) De que profundidade o mergulhador partiu? (b) Qual é o perigo, potencialmente letal, que ele está correndo?

86 BIO *Perigo para mergulhadores que usam um tubo de respiração.* Um mergulhador criativo (Fig. 14.38) pensa que se um tubo de respiração típico, com 20 cm de comprimento, funciona, um tubo de comprimento $L = 6{,}0$ m também deve funcionar. (a) Se ele tenta usar um tubo com esse comprimento, qual é a diferença de pressão Δp entre a pressão da água sobre ele e a pressão p_0 do ar nos seus pulmões? (b) Qual é o perigo, potencialmente letal, que ele está correndo?

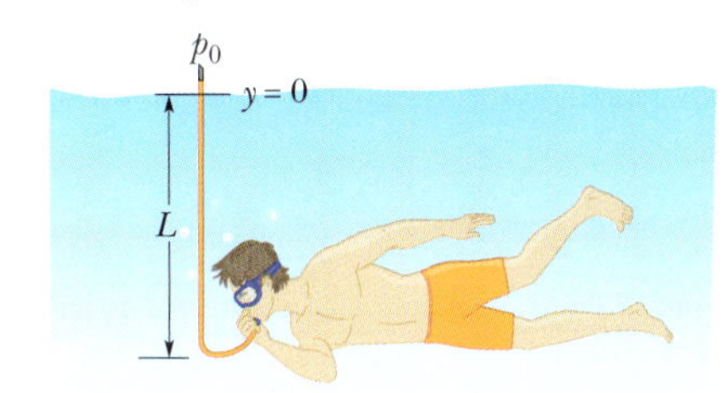

Figura 14.38 Problema 86.

87 BIO *Sistema circulatório.* A área A_0 da seção reta da artéria aorta (o principal vaso sanguíneo do corpo humano) de um adulto é 3 cm^2 e a velocidade v_0 do sangue na aorta é 30 cm/s. A área A da seção reta de um capilar típico é 3×10^{-7} cm^2 e a velocidade v do sangue em um capilar típico é 0,05 cm/s. Quantos capilares possui um adulto?

88 *Efeito squat.* Quando um navio está se movendo em águas rasas, o calado aumenta. Esse fenômeno, conhecido como efeito *squat*, deve-se ao fato de que a passagem da água por um espaço relativamente pequeno entre o navio e o fundo do mar faz com que a pressão abaixo do navio se torne menor que a pressão na superfície. Em 1992, o transatlântico *Queen Elizabeth 2* encalhou perto da ilha de Martha's Vineyard, no estado norte-americano de Massachusetts. O calado do navio em condições normais era 9,8 m, mas ele encalhou em um banco de areia a uma profundidade de 10,5 m. Os cálculos do efeito *squat* são muito complicados e variam de acordo com o tipo de navio e a topografia do fundo do mar. Vamos considerar um modelo simplificado envolvendo um navio retangular (Fig. 14.39). O calado do navio em condições normais é d = 9,80 m. (a) Qual é a pressão manométrica p da água logo abaixo do casco? (b) Quando o navio está se movendo em águas rasas, a água passa abaixo do casco, da proa para a popa, a uma velocidade de 4,00 m/s. Qual é a redução da pressão logo abaixo do casco por conta desse movimento da água? (c) Qual é o calado d' do navio nessa situação? (d) Qual é o aumento do calado do navio causado pelo efeito *squat*?

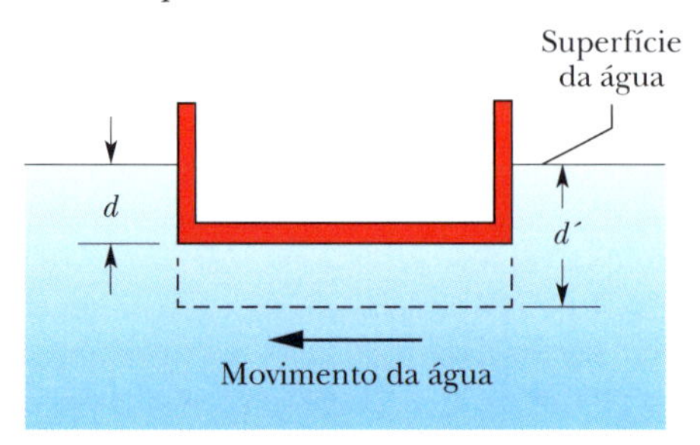

Figura 14.39 Problema 88.

89 *Salto hidráulico.* Em uma pia com fundo plano, abra a torneira até que haja um fluxo de água constante (laminar). A água se espalha a partir do ponto de impacto formando uma camada fina, mas quando a camada atinge um raio r_S, a espessura aumenta bruscamente. Essa mudança de espessura, conhecida como salto hidráulico, é visível na forma de uma circunferência em torno do ponto de impacto (Fig. 14.40). No interior da circunferência, a velocidade v_1 da água é constante e igual à velocidade da água que cai da torneira imediatamente antes do impacto.

Em um experimento, o raio da água que cai da torneira é 1,3 mm imediatamente antes do impacto, a vazão volumétrica R_V da água é 7,9 cm³/s, o raio r_S do salto hidráulico é 2,0 cm e a espessura da camada de água imediatamente após o salto hidráulico é 2,0 mm. (a) Qual é a velocidade v_1? (b) Para $r < r_S$, expresse a espessura d da camada de água em função de R_V, v_1 e a distância r do ponto de impacto. (c) A espessura da camada aumenta ou diminui quando r aumenta? (d) Qual é a espessura da camada imediatamente antes de ocorrer o salto hidráulico? (e) Qual é a velocidade v_2 da água imediatamente após o salto hidráulico?

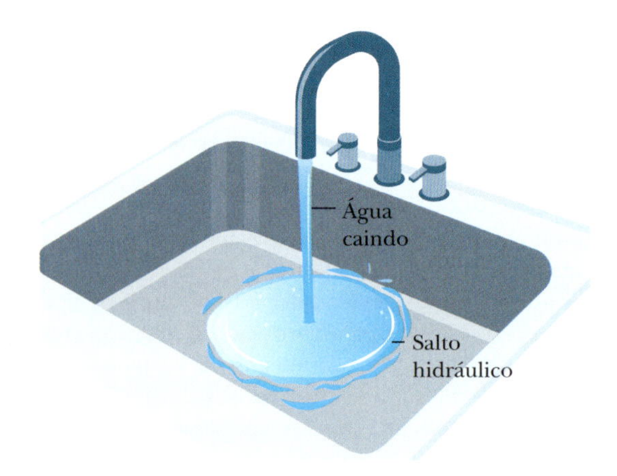

Figura 14.40 Problema 89.

90 *O desastre do melaço de Boston.* Em 15 de janeiro de 1919, um tanque de melaço se rompeu no bairro North End, em Boston. Uma onda de melaço com 10 m de altura invadiu as ruas a uma velocidade de 16 m/s (cerca de 60 km/h), matando 21 pessoas e causando grandes danos materiais (Fig. 14.41). O tanque tinha 15 m de altura, 27 m de diâmetro e continha $8{,}7 \times 10^6$ litros de melaço. O tanque tinha sido construído às pressas e testado apenas com um nível de água de 0,150 m. Qual foi a pressão exercida sobre a parede no fundo do tanque (a) durante o teste e (b) quando ele estava cheio de melaço, cuja massa específica é $1{,}42 \times 10^3$ kg/m³?

Figura 14.41 Problema 90.

Oscilações

15.1 MOVIMENTO HARMÔNICO SIMPLES

Objetivos do Aprendizado

Depois de ler este módulo, você será capaz de ...

15.1.1 Conhecer a diferença entre movimento harmônico simples (MHS) e outros tipos de movimento periódico.

15.1.2 No caso de um movimento harmônico simples, usar a relação entre a posição x e o tempo t para determinar t a partir de x, e vice-versa.

15.1.3 Conhecer a relação entre o período T, a frequência f e a frequência angular ω.

15.1.4 Conhecer a amplitude do deslocamento x_m, a constante de fase (ou ângulo de fase) ϕ e a fase $\omega t + \phi$.

15.1.5 Desenhar um gráfico da posição x de um oscilador em função do tempo t, assinalando a amplitude x_m e o período T.

15.1.6 Em um gráfico da posição em função do tempo, da velocidade em função do tempo ou da aceleração em função do tempo, determinar a amplitude e a fase da grandeza representada.

15.1.7 Em um gráfico da posição x em função do tempo t, descrever o efeito de uma variação do período T, da frequência f, da amplitude x_m e da constante de fase ϕ.

15.1.8 Determinar a constante de fase ϕ que corresponde a um tempo inicial ($t = 0$) no instante em que uma partícula que executa um MHS está em um ponto extremo ou está passando pelo ponto central do movimento.

15.1.9 A partir da posição $x(t)$ de um oscilador em função do tempo, determinar a velocidade $v(t)$ em função do tempo, indicar a amplitude v_m da velocidade no resultado e calcular a velocidade em qualquer instante dado.

15.1.10 Desenhar um gráfico da velocidade v de um oscilador em função do tempo t, indicando a amplitude v_m da velocidade.

15.1.11 Conhecer a relação entre a amplitude da velocidade v_m, a frequência angular ω e a amplitude do deslocamento x_m.

15.1.12 A partir da velocidade $v(t)$ de um oscilador em função do tempo, determinar a aceleração $a(t)$ em função do tempo, indicar a amplitude a_m da aceleração e calcular a aceleração em qualquer instante dado.

15.1.13 Desenhar um gráfico da aceleração a de um oscilador em função do tempo t, indicando a amplitude a_m da aceleração.

15.1.14 Saber que, no caso de um movimento harmônico simples, a aceleração a em *qualquer instante* é dada pelo produto de uma constante negativa pelo deslocamento x nesse instante.

15.1.15 Conhecer a relação que existe, em qualquer instante de uma oscilação, entre a aceleração a, a frequência angular ω e o deslocamento x.

15.1.16 No caso de um movimento harmônico simples, a partir da posição x e da velocidade v em um dado instante, determinar a fase $\omega t + \phi$ e a constante de fase ϕ.

15.1.17 No caso de um oscilador massa-mola, conhecer a relação entre a constante elástica k e a massa m e o período T ou a frequência angular ω.

15.1.18 No caso de um movimento harmônico simples, usar a lei de Hooke para relacionar a força F em um dado instante ao deslocamento x do oscilador no mesmo instante.

Ideias-Chave

- A frequência f de um movimento periódico, ou oscilatório, é o número de oscilações por unidade de tempo. A unidade de frequência do SI é o hertz (Hz). 1 hertz corresponde a uma oscilação por segundo.
- O período T é o tempo necessário para completar uma oscilação ou ciclo. O período está relacionado à frequência pela equação $T = 1/f$.
- No movimento harmônico simples (MHS), o deslocamento $x(t)$ de uma partícula em relação à posição de equilíbrio é descrito pela equação

$$x = x_m \cos(\omega t + \phi) \quad \text{(deslocamento)},$$

em que x_m é a amplitude do deslocamento, $\omega t + \phi$ é a fase do movimento e ϕ é a constante de fase. A frequência angular ω está relacionada ao período e à frequência do movimento pelas equações $\omega = 2\pi/T$ e $\omega = 2\pi f$.

- Derivando $x(t)$ uma vez em relação ao tempo, obtemos a velocidade v, e, derivando $x(t)$ duas vezes em relação ao tempo, obtemos a aceleração de uma partícula que executa um MHS:

$$v = -\omega x_m \operatorname{sen}(\omega t + \phi) \quad \text{(velocidade)}$$

e

$$a = \omega^2 x_m \cos(\omega t + \phi) \quad \text{(aceleração)},$$

em que ωx_m é a amplitude v_m da velocidade e $\omega^2 x_m$ é a amplitude a_m da aceleração.

- Uma partícula de massa m que se move sob a influência de uma força restauradora dada pela lei de Hooke, $F = -kx$, é um oscilador hamônico simples com

$$\omega = \sqrt{\frac{k}{m}} \quad \text{(frequência angular)}$$

e

$$T = 2\pi\sqrt{\frac{m}{k}} \quad \text{(período)}.$$

O que É Física?

Nosso mundo está repleto de oscilações, nas quais os objetos se movem repetidamente de um lado para outro. Muitas são simplesmente curiosas ou desagradáveis, mas outras podem ser perigosas ou economicamente importantes. Eis alguns exemplos: Quando um taco rebate uma bola de beisebol, o taco pode sofrer uma oscilação suficiente para machucar a mão do batedor ou mesmo se partir em dois. Quando o vento fustiga uma linha de transmissão de energia elétrica, a linha às vezes oscila ("galopa", no jargão dos engenheiros elétricos) tão vigorosamente que pode se romper, interrompendo o fornecimento de energia elétrica a toda uma região. A turbulência do ar que passa pelas asas dos aviões faz com que eles oscilem, causando fadiga no metal, que pode fazer com que as asas se quebrem. Quando um trem faz uma curva, as rodas oscilam horizontalmente quando são forçadas a mudar de direção, produzindo um som peculiar.

Quando acontece um terremoto nas vizinhanças de uma cidade, os edifícios sofrem oscilações tão intensas que podem desmoronar. Quando uma flecha é lançada de um arco, as penas da extremidade conseguem passar pelo arco sem se chocar com ele porque a flecha oscila. Quando se deixa cair uma moeda em um prato metálico, a moeda oscila de uma forma tão característica que é possível conhecer o valor da moeda pelo som produzido. Quando um peão de rodeio monta um touro, o corpo do peão oscila para um lado e para outro enquanto o touro gira e corcoveia (pelo menos, é o que o peão tenta fazer). CVF

O estudo e o controle das oscilações são dois objetivos importantes da física e da engenharia. Neste capítulo, vamos discutir um tipo básico de oscilação conhecido como *movimento harmônico simples.*

Não Desanime. Este assunto é considerado particularmente difícil por muitos estudantes. Um motivo pode ser o fato de que existem muitas definições e símbolos para aprender, mas a razão principal é a necessidade de relacionar as oscilações de um objeto (algo que podemos observar ou mesmo sentir) a gráficos e equações matemáticas. Associar um movimento real à abstração de um gráfico ou equações requer um grande esforço intelectual.

Movimento Harmônico Simples (BT) 15.1 a 15.4

A Fig. 15.1.1 mostra uma partícula que está oscilando nas vizinhanças da origem de um eixo x, deslocando-se alternadamente para a direita e para a esquerda de uma mesma distância x_m. A **frequência** f da oscilação é o número de vezes por unidade de tempo que a partícula descreve uma oscilação completa (um *ciclo*). A unidade de frequência do SI é o hertz (Hz), definido da seguinte forma:

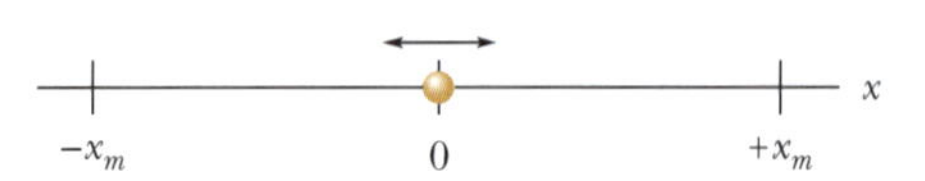

Figura 15.1.1 Uma partícula oscila repetidamente para a direita e para a esquerda da origem do eixo x, entre os pontos extremos x_m e $-x_m$.

$$1 \text{ hertz} = 1 \text{ Hz} = 1 \text{ oscilação por segundo} = 1 \text{ s}^{-1}. \quad (15.1.1)$$

O tempo necessário para completar um ciclo é o **período** T da oscilação, dado por

$$T = \frac{1}{f}. \quad (15.1.2)$$

Todo movimento que se repete a intervalos regulares é chamado "movimento periódico" ou "movimento harmônico". No momento, estamos interessados em um tipo particular de movimento periódico conhecido como **movimento harmônico simples** (MHS). Esse movimento é uma função senoidal do tempo t, ou seja, pode ser escrito como um seno ou cosseno do tempo t. Vamos escolher arbitrariamente a função cosseno e escrever o deslocamento (ou posição) da partícula da Fig. 15.1.1 na forma

$$x(t) = x_m \cos(\omega t + \phi) \quad \text{(deslocamento)}, \quad (15.1.3)$$

em que x_m, ω e ϕ são parâmetros a serem definidos.

Instantâneos. Vamos tirar uma série de instantâneos do movimento e mostrá-los em ordem temporal, de cima para baixo, em um desenho (Fig. 15.1.2*a*). O primeiro instantâneo foi tirado em $t = 0$, quando a partícula estava no ponto à direita mais distante da origem do eixo x. Chamamos de x_m a coordenada desse ponto (o índice m

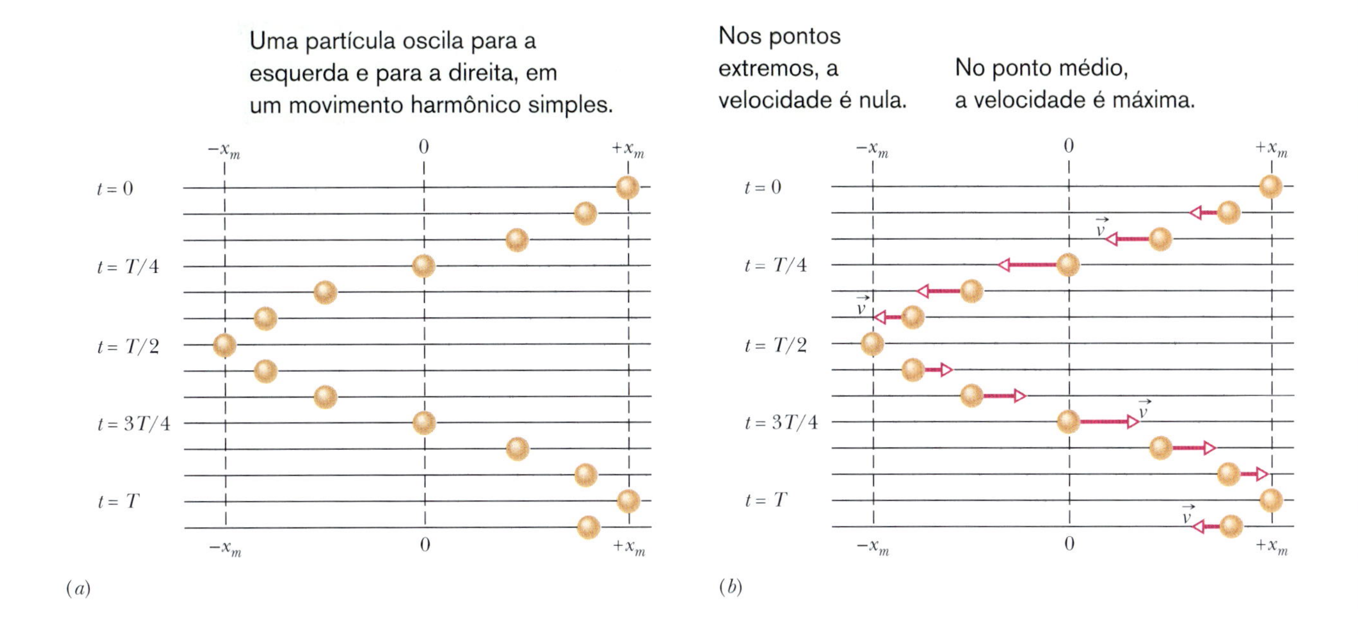

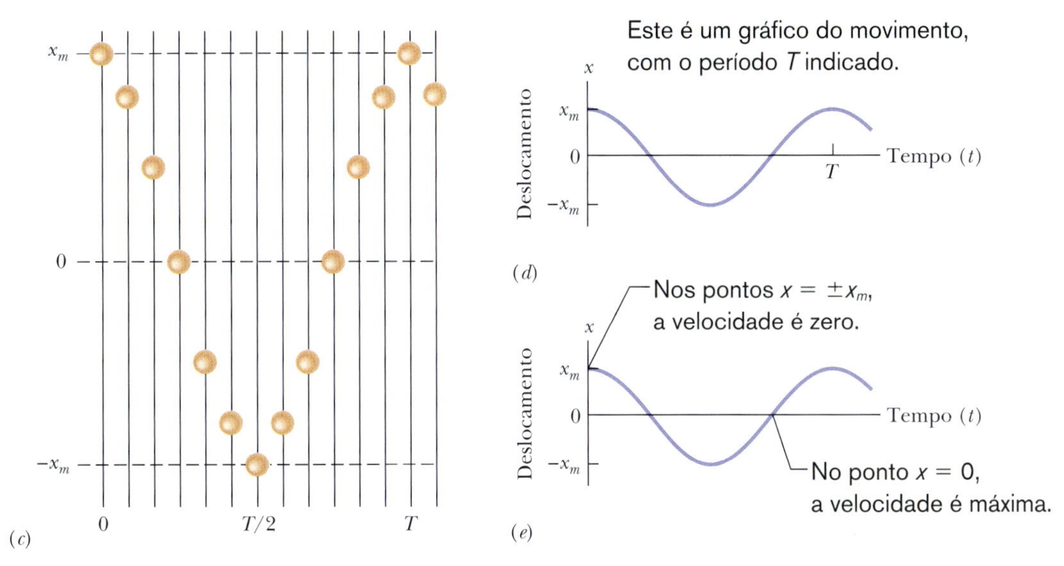

Figura 15.1.2 (*a*) Sequência de "instantâneos" (tirados a intervalos regulares) que mostram a posição de uma partícula enquanto oscila em torno da origem de um eixo x, entre $+x_m$ e $-x_m$. (*b*) O comprimento dos vetores é proporcional à velocidade escalar instantânea da partícula. A velocidade escalar é máxima quando a partícula está na origem e é nula quando está em $\pm x_m$. Se o tempo t é escolhido como zero quando a partícula está em $+x_m$, a partícula retorna para $+x_m$ em $t = T$, em que T é o período do movimento. Em seguida, o movimento é repetido. (*c*) Fazendo o gráfico girar de 90°, vemos que a posição da partícula varia com o tempo de acordo com uma função do tipo cosseno, como a que aparece em (*d*). (*e*) A velocidade (inclinação da curva) varia com o tempo. **15.1**

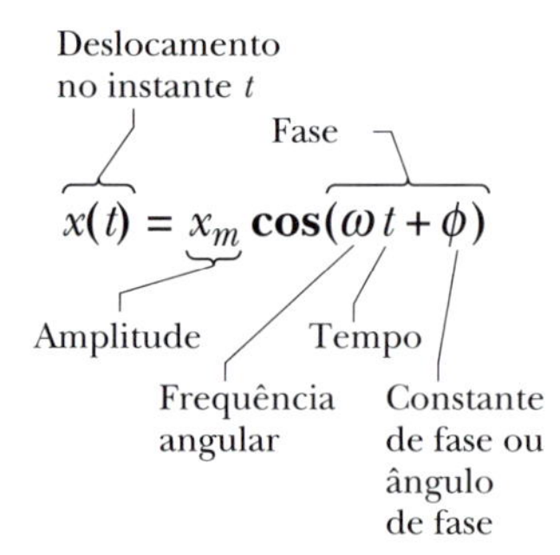

Figura 15.1.3 Nomes dos parâmetros da Eq. 15.1.3, que descreve o movimento harmônico simples.

é a inicial de *máximo*); é a constante que multiplica a função cosseno na Eq. 15.1.3. No instantâneo seguinte, a partícula está um pouco à esquerda de x_m. A partícula continua a se mover no sentido negativo do eixo x até chegar ao ponto à esquerda mais distante da origem, cuja coordenada é $-x_m$. Em seguida, a partícula começa se mover no sentido positivo do eixo x, até chegar ao ponto x_m. O movimento se repete indefinidamente, com a partícula oscilando entre os pontos x_m e $-x_m$. Na Eq. 15.1.3, os valores da função cosseno variam de $+1$ a -1. O valor de x_m determina o valor máximo das oscilações e é chamado **amplitude** (ver Fig. 15.1.3, que mostra os nomes de todos os parâmetros da equação que descreve o movimento harmônico simples).

A Fig. 15.1.2*b* mostra, em uma série de instantâneos, a variação da velocidade da partícula com o tempo. Vamos chegar daqui a pouco à função que expressa a velocidade, mas, por enquanto, limite-se a observar que a partícula para momentaneamente nos pontos extremos e tem a maior velocidade (o vetor velocidade é mais comprido) quando está passando pela origem.

Faça mentalmente a Fig. 15.1.2*a* girar 90° no sentido anti-horário, para que a passagem do tempo se traduza em um movimento para a direita. Chamamos de $t = 0$ o instante em que a partícula está em x_m. A partícula volta a x_m no instante $t = T$ (o período das oscilações) e, em seguida, começa um novo ciclo. Se tirássemos um número muito grande de instantâneos e ligássemos os pontos mostrados nesses instantâneos, obteríamos a curva da função cosseno mostrada na Fig. 15.1.2*d*. O que já observamos a respeito da velocidade é mostrado na Fig. 15.1.2*e*. O que temos no conjunto da Fig. 15.1.2 é uma transformação do que podemos ver (a realidade de uma partícula em movimento oscilatório) para a abstração de um gráfico. A Eq. 15.1.3 é uma forma concisa de representar o movimento por meio de uma equação abstrata.

Mais Parâmetros. A Fig. 15.1.3 mostra outros parâmetros associados ao MHS. O argumento da função cosseno é chamado **fase** do movimento. É a variação da fase com o tempo que faz o valor do cosseno variar. O parâmetro ϕ é chamado **ângulo de fase** ou **constante de fase**. Esse parâmetro é incluído no argumento apenas porque queremos usar a Eq. 15.1.3 para descrever o movimento, *qualquer que seja* a posição da partícula no instante $t = 0$. Na Fig. 15.1.2, chamamos de $t = 0$ o instante em que a partícula estava em x_m. Para essa escolha, a Eq. 15.1.3 descreve corretamente o movimento da partícula se fizermos $\phi = 0$. Entretanto, se chamarmos de $t = 0$ o instante em que a partícula está em outra posição qualquer, precisaremos usar um valor de ϕ diferente de 0 para descrever corretamente o movimento da partícula. Alguns desses valores estão indicados na Fig. 15.1.4. Suponha, por exemplo, que a partícula esteja no ponto mais à esquerda no instante $t = 0$. Nesse caso, a Eq. 15.1.3 só descreve corretamente o movimento se $\phi = \pi$ rad. Para verificar se isso é verdade, faça $t = 0$ e $\phi = \pi$ rad na Eq. 15.1.3; o resultado será $x = -x_m$. Fica a cargo do leitor verificar os outros valores mostrados na Fig. 15.1.4.

O parâmetro ω da Eq. 15.1.3 é a **frequência angular** do movimento. Para determinar a relação entre a frequência angular ω e a frequência f e o período T, basta observar que, de acordo com a definição de período, a posição $x(t)$ da partícula deve ser a mesma que a posição inicial depois de decorrido exatamente um período. Assim, se $x(t)$ é a posição da partícula em um dado instante t, a partícula deve estar na mesma posição no instante $t + T$. Vamos usar a Eq. 15.1.3 para expressar essa condição, fazendo $\phi = 0$ para eliminar uma complicação desnecessária. A volta à posição inicial pode ser expressa usando a igualdade

$$x_m \cos \omega t = x_m \cos \omega(t + T). \tag{15.1.4}$$

A função cosseno volta a ter o mesmo valor pela primeira vez quando o argumento (ou seja, a *fase*) aumenta de 2π. Assim, de acordo com a Eq. 15.1.4,

$$\omega(t + T) = \omega t + 2\pi$$

ou

$$\omega T = 2\pi.$$

Explicitando ω e usando a Eq. 15.1.2, obtemos

$$\omega = \frac{2\pi}{T} = 2\pi f. \tag{15.1.5}$$

A unidade de frequência angular do SI é o radiano por segundo (rad/s).

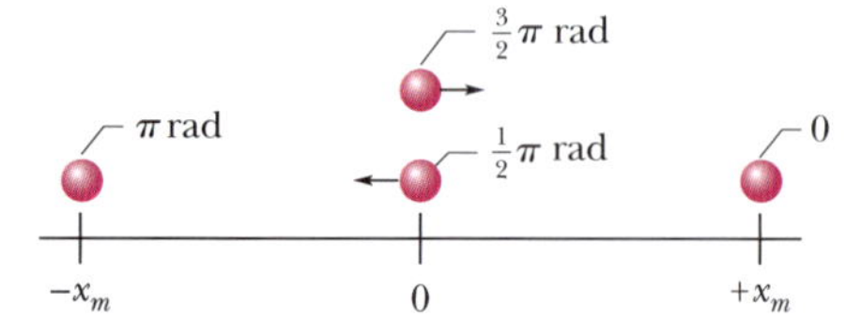

Figura 15.1.4 Valores de ϕ correspondentes a várias posições da partícula no instante $t = 0$.

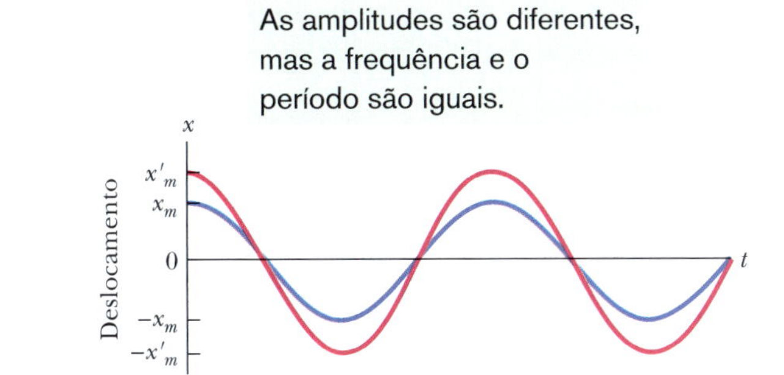

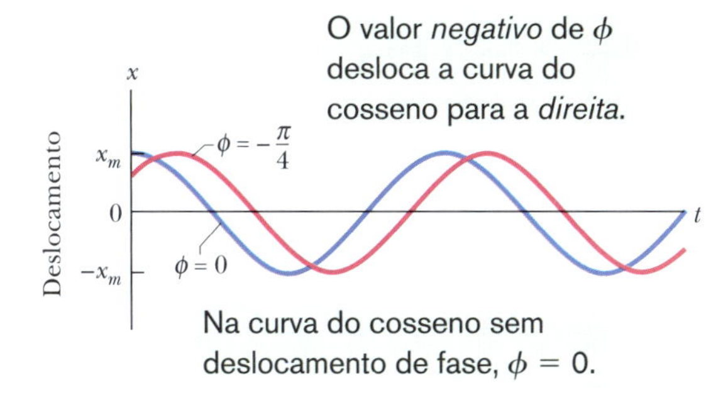

Figura 15.1.5 Nos três casos, a curva azul é obtida da Eq. 15.1.3 com $\phi = 0$. (*a*) A curva vermelha difere da curva azul *apenas* pelo fato de que a amplitude x'_m da curva vermelha é maior (os deslocamentos da curva vermelha para cima e para baixo são maiores). (*b*) A curva vermelha difere da curva azul *apenas* pelo fato de que o período da curva vermelha é $T' = T/2$ (a curva vermelha está comprimida horizontalmente). (*c*) A curva vermelha difere da curva azul *apenas* pelo fato de que, para a curva vermelha, $\phi = -\pi/4$ rad em vez de zero (o valor negativo de ϕ desloca a curva para a direita).

Agora que já definimos vários parâmetros, podemos fazê-los variar para observar o efeito de cada um sobre o MHS. A Fig. 15.1.5 mostra alguns exemplos. As curvas da Fig. 15.1.5*a* mostram o efeito da amplitude. As duas curvas têm o mesmo período. (Não é fácil observar que os "picos" estão alinhados?) Além disso, podemos ver que $\phi = 0$. (As duas curvas não passam por um máximo em $t = 0$?) Na Fig. 15.1.5*b*, as duas curvas têm a mesma amplitude x_m, mas o período de uma é o dobro do período da outra (e, portanto, a frequência da primeira é metade da frequência da segunda). A Fig. 15.1.5*c* é, provavelmente, a mais difícil de entender. As curvas têm a mesma amplitude e o mesmo período, mas uma está deslocada em relação à outra porque as duas curvas têm valores diferentes de ϕ. Uma das curvas passa por um máximo em $t = 0$; isso mostra que, para essa curva, $\phi = 0$. A outra curva está deslocada para a direita porque possui um valor de ϕ negativo. Esse é um resultado geral: valores negativos de ϕ deslocam a curva de um cosseno para a direita, e valores positivos deslocam a curva de um cosseno para a esquerda. (Você pode confirmar isso plotando várias curvas em uma calculadora gráfica.)

Teste 15.1.1

Uma partícula em oscilação harmônica simples de período T (como a da Fig. 15.1.2) está em $-x_m$ no instante $t = 0$. A partícula está em $-x_m$, em $+x_m$, em 0, entre $-x_m$ e 0, ou entre 0 e $+x_m$ no instante (a) $t = 2{,}00T$, (b) $t = 3{,}50T$ e (c) $t = 5{,}25T$?

Velocidade do MHS

Discutimos brevemente a velocidade ao examinarmos a Fig. 15.1.2*b* e mostramos que ela varia em módulo e sentido quando a partícula descreve um movimento harmônico simples. Em particular, vimos que a velocidade é momentaneamente zero nos pontos extremos e máxima no ponto central do movimento. Para determinar a função $v(t)$ que representa a velocidade para qualquer instante de tempo, vamos calcular a derivada da função $x(t)$ que representa a posição em função de tempo (Eq. 15.1.3):

$$v(t) = \frac{dx(t)}{dt} = \frac{d}{dt}[x_m \cos(\omega t + \phi)]$$

ou

$$v(t) = -\omega x_m \operatorname{sen}(\omega t + \phi) \quad \text{(velocidade).} \qquad (15.1.6)$$

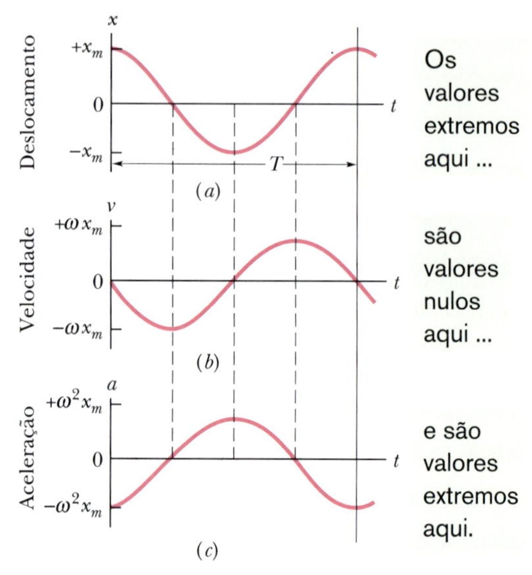

Figura 15.1.6 (*a*) Deslocamento $x(t)$ de uma partícula que executa um MHS com ângulo de fase ϕ igual a zero. O período T corresponde a uma oscilação completa. (*b*) A velocidade $v(t)$ da partícula. (*c*) A aceleração $a(t)$ da partícula.

A velocidade varia com o tempo, já que a função seno varia com o tempo, entre os valores $+1$ e -1. O fator que multiplica a função seno determina os valores extremos da variação de velocidade, $-\omega x_m$ e $+\omega x_m$. Dizemos que ωx_m é a **amplitude** v_m da variação de velocidade. Quando a partícula passa pelo ponto $x = 0$ e está se movendo da esquerda para a direita, a velocidade é positiva e o módulo da velocidade tem o maior valor possível. Quando a partícula passa pelo ponto $x = 0$ e está se movendo da direita para a esquerda, a velocidade é negativa e o módulo da velocidade tem, novamente, o maior valor possível. O gráfico da Fig. 15.1.6*b* mostra a variação da velocidade com o tempo dada pela Eq. 15.1.6*b* com uma constante de fase $\phi = 0$, que corresponde à variação da posição da partícula com o tempo mostrada na Fig. 15.1.6*a*.

Lembre-se de que usamos uma função cosseno para representar $x(t)$, independentemente da posição da partícula no instante $t = 0$, escolhendo o valor apropriado de ϕ para que a Eq. 15.1.3 nos dê a posição correta da partícula no instante $t = 0$. Essa escolha da função cosseno para representar $x(t)$ faz com que a velocidade seja representada por uma função seno com o mesmo valor de ϕ.

Aceleração do MHS

Derivando a função velocidade da Eq. 15.1.6 em relação ao tempo, obtemos a aceleração de uma partícula que executa um movimento harmônico simples:

$$a(t) = \frac{dv(t)}{dt} = \frac{d}{dt}[-\omega x_m \operatorname{sen}(\omega t + \phi)]$$

ou

$$a(t) = -\omega^2 x_m \cos(\omega t + \phi) \quad \text{(aceleração).} \qquad (15.1.7)$$

Obtivemos novamente uma função cosseno, mas dessa vez com um sinal negativo. A essa altura, já sabemos interpretar o resultado. A aceleração varia porque a função cosseno varia com o tempo, entre -1 e $+1$. O fator que multiplica a função cosseno determina os valores extremos da variação de velocidade, $-\omega^2 x_m$ e $+\omega^2 x_m$. Dizemos que $\omega^2 x_m$ é a **amplitude** a_m da variação de aceleração.

A Fig. 15.1.6*c* mostra um gráfico da Eq. 15.1.7 com $\phi = 0$, como nas Figs. 15.1.6*a* e 15.1.6*b*. Note que o módulo da aceleração é zero quando o cosseno é zero, o que acontece quando a partícula está passando pelo ponto $x = 0$, e é máximo quando o valor absoluto do cosseno é máximo, o que acontece quando a partícula está passando pelos pontos extremos do movimento. Comparando as Eqs. 15.1.3 e 15.1.7, obtemos uma relação interessante:

$$a(t) = -\omega^2 x(t). \qquad (15.1.8)$$

A Eq. 15.1.8 reflete duas características marcantes do MHS: (1) A aceleração da partícula tem sempre o sentido contrário ao do deslocamento (daí o sinal negativo); (2) a aceleração e o deslocamento estão relacionados por uma constante (ω^2). Toda vez que observamos essas duas características em um movimento oscilatório (seja, por exemplo, na corrente de um circuito elétrico ou no nível da maré em uma baía), podemos dizer imediatamente que se trata de um movimento harmônico simples, e identificar a frequência angular ω do movimento. Resumindo,

No MHS, a aceleração a é proporcional ao deslocamento x, tem o sentido contrário e as duas grandezas estão relacionadas pelo quadrado da frequência angular ω.

Teste 15.1.2

Qual das seguintes relações entre a aceleração a de uma partícula e sua posição x indica um movimento harmônico simples: (a) $a = 3x^2$, (b) $a = 5x$, (c) $a = -4x$, (d) $a = -2/x$? Qual é a frequência angular correspondente? (Suponha que o valor obtido esteja em rad/s.)

Lei da Força para o Movimento Harmônico Simples

Uma vez conhecida a relação entre a aceleração e o deslocamento no MHS (Eq. 15.1.8), podemos usar a segunda lei de Newton para determinar qual é a força que deve agir sobre a partícula para que ela adquira essa aceleração:

$$F = ma = m(-\omega^2 x) = -(m\omega^2)x. \qquad (15.1.9)$$

O sinal negativo indica que a força deve ter o sentido *oposto* ao do deslocamento da partícula. Isso significa que, no MHS, a força é uma *força restauradora*, no sentido de que se opõe ao deslocamento, tentando fazer com que a partícula volte à posição central $x = 0$. Já vimos a força geral da Eq. 15.1.9 no Capítulo 8, quando discutimos um sistema bloco-mola como o da Fig. 15.1.7 e usamos a lei de Hooke,

$$F = -kx, \qquad (15.1.10)$$

para descrever a força que age sobre o bloco. Comparando as Eqs. 15.1.9 e 15.1.10, podemos relacionar a constante elástica k (uma medida da rigidez da mola) à massa do bloco e à frequência do MHS resultante:

$$k = m\omega^2. \qquad (15.1.11)$$

A Eq. 15.1.10 é outra forma de escrever a equação característica do MHS.

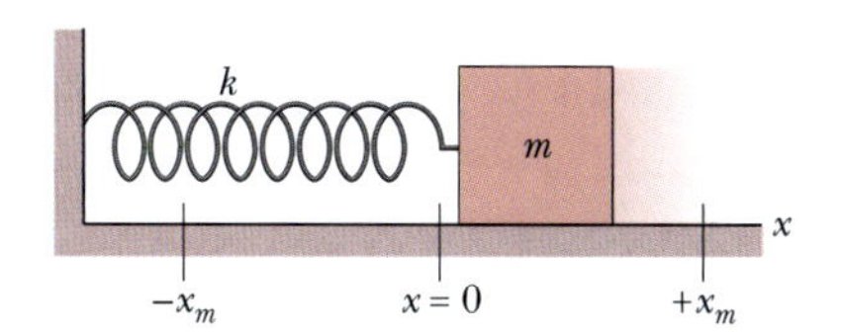

Figura 15.1.7 Oscilador harmônico linear simples. Não há atrito com a superfície. Como a partícula da Fig. 15.1.2, o bloco executa um movimento harmônico simples quando é puxado ou empurrado a partir da posição $x = 0$ e depois liberado. O deslocamento é dado pela Eq. 15.1.3.

Movimento harmônico simples é o movimento executado por uma partícula sujeita a uma força de módulo proporcional ao deslocamento da partícula e orientada no sentido oposto.

O sistema bloco-mola da Fig. 15.1.7 constitui um **oscilador harmônico linear simples** (ou, simplesmente, oscilador linear); o termo *linear* indica que F é proporcional a x e não a outra potência de x.

Se você deparar com uma situação em que um objeto está oscilando sob a ação de uma força que é proporcional ao deslocamento e tem o sentido oposto, pode ter certeza de que se trata de um movimento harmônico simples e que a constante de proporcionalidade entre a força e o deslocamento é análoga à constante elástica k da lei de Hooke. Se a massa do objeto é conhecida, é possível calcular a frequência angular do movimento explicitando ω na Eq. 15.1.11:

$$\omega = \sqrt{\frac{k}{m}} \quad \text{(frequência angular)}. \qquad (15.1.12)$$

(Em geral, o valor de ω é mais importante que o valor de k.) Além disso, é possível determinar o período do movimento combinando as Eqs. 15.1.5 e 15.1.12:

$$T = 2\pi\sqrt{\frac{m}{k}} \quad \text{(período)}. \qquad (15.1.13)$$

Vamos interpretar fisicamente as Eqs. 15.1.12 e 15.1.13. Não é fácil observar que uma mola "dura" (com um valor elevado de k) tende a produzir oscilações com um valor elevado de ω (oscilações rápidas) e um valor pequeno do período T (ciclos curtos)? Também não é fácil observar que um objeto "pesado" (com um valor elevado de m) tende a produzir um valor pequeno de ω (oscilações lentas) e um valor elevado do período T (ciclos longos)?

Todo sistema oscilatório, seja ele um trampolim ou uma corda de violino, possui uma "elasticidade" e uma "inércia" e, portanto, se parece com um oscilador linear. No oscilador linear da Fig. 15.1.7, esses elementos estão concentrados em partes diferentes do sistema: A elasticidade está inteiramente na mola, cuja massa desprezamos, e a inércia está inteiramente no bloco, cuja elasticidade é ignorada. Em uma corda de um instrumento musical, por outro lado, os dois elementos estão presentes na corda.

Teste 15.1.3

Qual das seguintes relações entre a força F, que age sobre uma partícula, e a posição x da partícula resulta em um movimento harmônico simples: (a) $F = -5x$, (b) $F = -400x^2$, (c) $F = 10x$ ou (d) $F = 3x^2$?

Exemplo 15.1.1 Pinguim em um trampolim

Na Fig. 15.1.8, um pinguim (obviamente, muito habilidoso em esportes aquáticos) se prepara para mergulhar de uma tábua homogênea com uma dobradiça do lado esquerdo e apoiada em uma mola do lado direito. A tábua tem comprimento $L = 2{,}0$ m e massa $m = 12$ kg; a mola tem uma constante elástica $k = 1.300$ N/m. Quando o pinguim mergulha, ele deixa a tábua e a mola oscilando com pequena amplitude. Supondo que a tábua tem uma rigidez suficiente para não envergar, determine o período T das oscilações.

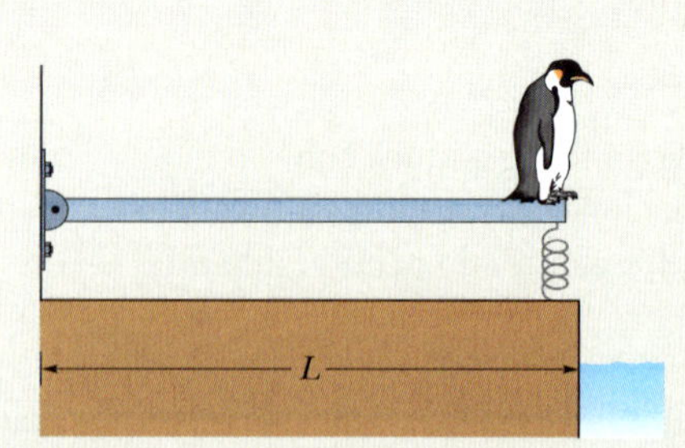

Figura 15.1.8 Quando o pinguim salta da tábua, a tábua e a mola começam a oscilar.

IDEIA-CHAVE

A presença de uma mola sugere um MHS, mas ainda não temos certeza disso. Para que se trate de um MHS, é preciso que a aceleração e o deslocamento da extremidade direita da tábua estejam relacionados por uma expressão da forma da Eq. 15.1.8 ($a = -\omega^2 x$). Se for esse o caso, o período π será dado pela equação $T = 2\pi/\omega$.

Cálculos: Como a tábua, ao oscilar, gira em torno da dobradiça, estamos interessados no torque $\vec{\tau}$ em relação à dobradiça a que a tábua está submetida. Esse torque se deve à força $\vec{F}$ que a mola exerce sobre a tábua. Como $\vec{F}$ varia com o tempo, $\vec{\tau}$ também varia com o tempo. A cada instante, os módulos de $\vec{\tau}$ e $\vec{F}$ estão relacionados pela Eq. 10.6.2 ($\tau = rF \operatorname{sen} \phi$). Nesse caso, temos:

$$\tau = LF \operatorname{sen} 90°,$$

em que L é o comprimento do braço de alavanca da força $\vec{F}$ e 90° é o ângulo entre o braço de alavanca e a linha de ação da força. Combinando essa equação com a Eq. 11.7.1 ($\tau = I\alpha$), obtemos

$$LF = I\alpha,$$

em que I é o momento de inércia da tábua em relação à dobradiça e α é a aceleração angular em relação à dobradiça. Podemos tratar a tábua como uma barra fina livre para girar em torno de uma das extremidades. Nesse caso, de acordo com a Tabela 10.5.1*e* e o teorema dos eixos paralelos da Eq. 10.5.2, o momento de inércia é

$$I = I_{CM} + mh^2 = \tfrac{1}{12}mL^2 + m\left(\tfrac{1}{2}L\right)^2 = \tfrac{1}{3}mL^2.$$

Vamos agora traçar mentalmente um eixo vertical x passando pela extremidade direita da tábua, com o sentido positivo apontando para cima. Nesse caso, a força que a mola exerce sobre a extremidade direita da tábua é $F = kx$, em que x é o deslocamento vertical da extremidade direita da tábua.

Substituindo as expressões de I e F na equação $LF = I\alpha$, obtemos

$$-Lkx = \frac{mL^2\alpha}{3}.$$

Temos agora uma combinação de um deslocamento linear x (na vertical) com uma aceleração angular α (em torno da dobradiça). Podemos substituir α pela aceleração linear a ao longo do eixo x usando a relação $a = \alpha r$ (Eq. 10.3.6) entre a aceleração tangencial e a aceleração angular. Como, neste caso, o raio de rotação r é igual a L, $\alpha = a/L$, o que nos dá

$$-Lkx = \frac{mL^2 a}{3L},$$

e, portanto,

$$a = -\frac{3k}{m}x.$$

Essa equação é da forma $a = -\omega^2 x$. Assim, a tábua realmente executa um MHS. Comparando as duas equações, vemos que

$$\omega^2 = \frac{3k}{m},$$

o que nos dá $\omega = \sqrt{3k/m}$. Como $\omega = 2\pi/T$, temos:

$$T = 2\pi\sqrt{\frac{m}{3k}} = 2\pi\sqrt{\frac{12\text{ kg}}{3(1.300\text{ N/m})}}$$

$$= 0{,}35\text{ s}.$$

Talvez, surpreendentemente, o período não dependa do comprimento L da tábua.

Exemplo 15.1.2 Cálculo da constante de fase do MHS a partir do deslocamento e da velocidade 15.1

Em $t = 0$, o deslocamento $x(0)$ do bloco de um oscilador linear como o da Fig. 15.1.7 é −8,50 cm. [Leia $x(0)$ como "x no instante zero".] A velocidade $v(0)$ do bloco nesse instante é −0,920 m/s e a aceleração $a(0)$ é +47,0 m/s².
(a) Determine a frequência angular ω do sistema.

IDEIA-CHAVE

Se o bloco está executando um MHS, as Eqs. 15.1.3, 15.1.6 e 15.1.7 fornecem o deslocamento, a velocidade e a aceleração, respectivamente, e todas contêm a frequência angular ω.

Cálculos: Vamos fazer $t = 0$ nas três equações para ver se uma delas nos fornece o valor de ω. Temos:

$$x(0) = x_m \cos\phi, \qquad (15.1.14)$$

$$v(0) = -\omega x_m \operatorname{sen}\phi, \qquad (15.1.15)$$

e

$$a(0) = -\omega^2 x_m \cos\phi. \qquad (15.1.16)$$

A Eq. 15.1.14 não contém ω. Nas Eqs. 15.1.15 e 15.1.16, conhecemos o valor do lado esquerdo, mas não conhecemos x_m e ϕ. Entretanto, dividindo a Eq. 15.1.16 pela Eq. 15.1.14, eliminamos x_m e ϕ e podemos calcular o valor de ω:

$$\omega = \sqrt{-\frac{a(0)}{x(0)}} = \sqrt{-\frac{47{,}0 \text{ m/s}^2}{-0{,}0850 \text{ m}}}$$

$$= 23{,}5 \text{ rad/s}. \qquad \text{(Resposta)}$$

(b) Determine a constante de fase ϕ e a amplitude x_m das oscilações.

Cálculos: Conhecemos ω e queremos determinar ϕ e x_m. Dividindo a Eq. 15.1.15 pela Eq. 15.1.14, eliminamos uma das incógnitas e obtemos uma equação para a outra que envolve uma única função trigonométrica:

$$\frac{v(0)}{x(0)} = \frac{-\omega x_m \operatorname{sen}\phi}{x_m \cos\phi} = -\omega \tan\phi.$$

Explicitando $\tan\phi$, obtemos

$$\tan\phi = -\frac{v(0)}{\omega x(0)} = -\frac{-0{,}920 \text{ m/s}}{(23{,}5 \text{ rad/s})(-0{,}0850 \text{ m})}$$

$$= -0{,}461.$$

Essa equação possui duas soluções:

$$\phi = -25° \qquad \text{e} \qquad \phi = 180° + (-25°) = 155°.$$

Normalmente, apenas a primeira dessas soluções é mostrada pelas calculadoras, mas pode não ser uma solução fisicamente possível. Para escolher a solução correta, testamos as duas usando-as para calcular valores da amplitude x_m. De acordo com a Eq. 15.1.14, para $\phi = -25°$,

$$x_m = \frac{x(0)}{\cos\phi} = \frac{-0{,}0850 \text{ m}}{\cos(-25°)} = -0{,}094 \text{ m}.$$

Para $\phi = 155°$, $x_m = 0{,}094$ m. Como a amplitude do MHS deve ser uma constante positiva, a constante de fase e a amplitude corretas são

$$\phi = 155° \qquad \text{e} \qquad x_m = 0{,}094 \text{ m} = 9{,}4 \text{ cm}. \qquad \text{(Resposta)}$$

15.2 ENERGIA DO MOVIMENTO HARMÔNICO SIMPLES

Objetivos do Aprendizado

Depois de ler este módulo, você será capaz de ...

15.2.1 Calcular a energia cinética e a energia potencial elástica de um oscilador bloco-mola em qualquer instante de tempo.

15.2.2 Usar a lei de conservação da energia mecânica para relacionar a energia total de um oscilador bloco-mola em um dado instante à energia total em outro instante.

15.2.3 Desenhar um gráfico da energia cinética, da energia potencial e da energia total de um oscilador bloco-mola, primeiro em função do tempo e depois em função da posição do bloco.

15.2.4 Determinar a posição do bloco de um oscilador bloco-mola no instante em que a energia total é igual à energia cinética e no instante em que a energia total é igual à energia potencial.

Ideia-Chave

- A energia cinética de uma partícula que executa um movimento harmônico simples é $K = \frac{1}{2}mv^2$ e a energia potencial é $U = \frac{1}{2}kx^2$ em qualquer instante de tempo. Na ausência de atrito, K e U variam com o tempo, mas a energia mecânica $E = K + U$ permanece constante.

Energia do Movimento Harmônico Simples 15.5

Vimos, no Capítulo 8, que a energia de um oscilador linear é transformada repetidamente de energia cinética em energia potencial, e vice-versa, enquanto a soma das duas — a energia mecânica E do oscilador — permanece constante. A energia potencial de

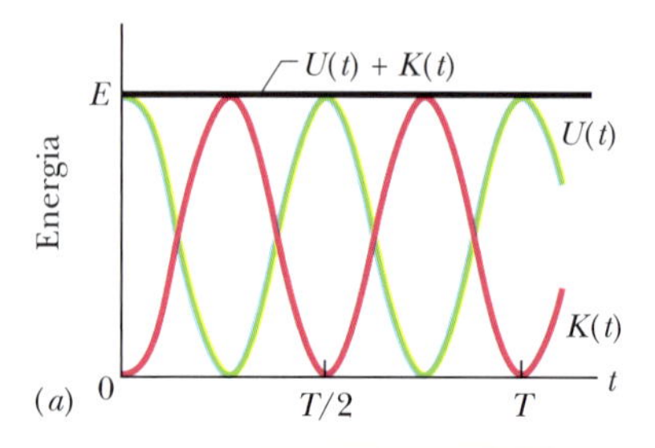

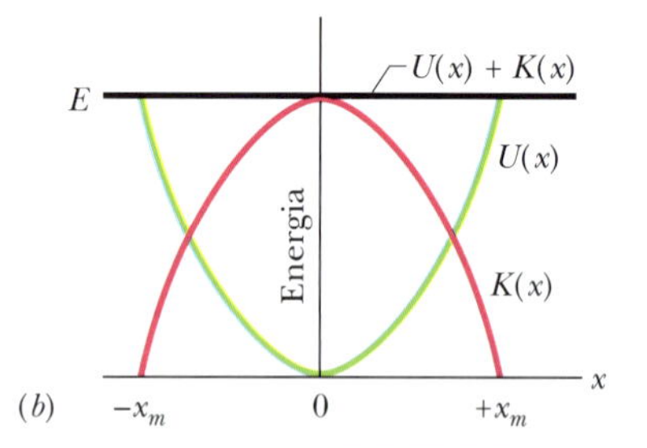

Figura 15.2.1 (*a*) Energia potencial $U(t)$, energia cinética $K(t)$ e energia mecânica E em função do tempo t para um oscilador harmônico linear. Observe que todas as energias são positivas e que a energia potencial e a energia cinética passam por dois máximos em cada período. (*b*) Energia potencial $U(x)$, energia cinética $K(x)$ e energia mecânica E em função da posição x para um oscilador harmônico linear de amplitude x_m. Para $x = 0$, a energia é toda cinética; para $x = \pm x_m$, é toda potencial.

um oscilador linear como o da Fig. 15.1.7 está inteiramente associada à mola; seu valor depende do grau de alongamento ou compressão da mola, ou seja, de $x(t)$. Podemos usar as Eqs. 8.1.11 e 15.1.3 para obter a seguinte expressão para a energia potencial:

$$U(t) = \tfrac{1}{2}kx^2 = \tfrac{1}{2}kx_m^2\cos^2(\omega t + \phi). \qquad (15.2.1)$$

Atenção: A notação $\cos^2 A$ (usada na Eq. 15.2.1) significa $(\cos A)^2$ e *não é* equivalente a $\cos A^2$, que significa $\cos(A^2)$.

A energia cinética do sistema da Fig. 15.1.7 está inteiramente associada ao bloco; seu valor depende da rapidez com a qual o bloco está se movendo, ou seja, de $v(t)$. Podemos usar a Eq. 15.1.6 para obter a seguinte expressão para a energia cinética:

$$K(t) = \tfrac{1}{2}mv^2 = \tfrac{1}{2}m\omega^2x_m^2\,\text{sen}^2(\omega t + \phi). \qquad (15.2.2)$$

Usando a Eq. 15.1.12 para substituir ω^2 por k/m, podemos escrever a Eq. 15.2.2 na forma

$$K(t) = \tfrac{1}{2}mv^2 = \tfrac{1}{2}kx_m^2\,\text{sen}^2(\omega t + \phi). \qquad (15.2.3)$$

De acordo com as Eqs. 15.2.1 e 15.2.3, a energia mecânica é dada por

$$\begin{aligned} E &= U + K \\ &= \tfrac{1}{2}kx_m^2\cos^2(\omega t + \phi) + \tfrac{1}{2}kx_m^2\,\text{sen}^2(\omega t + \phi) \\ &= \tfrac{1}{2}kx_m^2[\cos^2(\omega t + \phi) + \text{sen}^2(\omega t + \phi)]. \end{aligned}$$

Para qualquer ângulo α,

$$\cos^2\alpha + \text{sen}^2\alpha = 1.$$

Assim, a grandeza entre colchetes é igual a 1 e temos

$$E = U + K = \tfrac{1}{2}kx_m^2. \qquad (15.2.4)$$

Isso mostra que a energia mecânica de um oscilador linear é, de fato, constante e independente do tempo. A energia potencial e a energia cinética de um oscilador linear são mostradas em função do tempo t na Fig. 15.2.1*a* e em função do deslocamento x na Fig. 15.2.1*b*. Agora podemos entender por que um sistema oscilatório normalmente contém um elemento de elasticidade e um elemento de inércia: o primeiro armazena energia potencial e o segundo armazena energia cinética.

Teste 15.2.1

Na Fig. 15.1.7, o bloco possui uma energia cinética de 3 J e a mola possui uma energia potencial elástica de 2 J quando o bloco está em $x = +2{,}0$ cm. (a) Qual é a energia cinética do bloco quando está em $x = 0$? Qual é a energia potencial elástica da mola quando o bloco está em (b) $x = -2{,}0$ cm e (c) $x = -x_m$?

Exemplo 15.2.1 Energia potencial e energia cinética do MHS de amortecedores de massa  15.2

Muitos edifícios altos possuem *amortecedores de massa*, cuja finalidade é evitar que os edifícios oscilem excessivamente por causa do vento. Em muitos casos, o amortecedor é um grande bloco instalado no alto do edifício, que oscila na extremidade de uma mola, movendo-se em um trilho lubrificado. Quando o edifício se inclina em uma direção (para a direita, por exemplo), o bloco se move na mesma direção, mas com certo retardo, de modo que, quando o bloco finalmente oscila para a direita, o edifício está se inclinando para a esquerda. Assim, o movimento do bloco está sempre defasado em relação ao movimento do edifício.

Vamos supor que o bloco possui uma massa $m = 2{,}72 \times 10^5$ kg e que foi projetado para oscilar com uma frequência $f = 10{,}0$ Hz e com uma amplitude $x_m = 20{,}0$ cm. CVF
(a) Qual é a energia mecânica total E do sistema massa-mola?

IDEIA-CHAVE

A energia mecânica E (a soma da energia cinética $K = \tfrac{1}{2}mv^2$ do bloco com a energia potencial $U = \tfrac{1}{2}kx^2$ da mola) é constante durante o movimento do oscilador. Assim, podemos escolher qualquer posição do bloco para calcular o valor de E.

Cálculos: Como foi dada a amplitude x_m das oscilações, vamos calcular o valor de E quando o bloco está na posição $x = x_m$ com $v = 0$. Para determinar o valor de U nesse ponto, precisamos calcular primeiro o valor da constante elástica k. De acordo com a Eq. 15.1.12 ($\omega = \sqrt{k/m}$) e a Eq. 15.1.5 ($\omega = 2\pi f$), temos:

$$\begin{aligned} k &= m\omega^2 = m(2\pi f)^2 \\ &= (2{,}72 \times 10^5 \text{ kg})(2\pi)^2(10{,}0 \text{ Hz})^2 \\ &= 1{,}073 \times 10^9 \text{ N/m}. \end{aligned}$$

Podemos agora calcular E:

$$\begin{aligned} E &= K + U = \tfrac{1}{2}mv^2 + \tfrac{1}{2}kx^2 \\ &= 0 + \tfrac{1}{2}(1{,}073 \times 10^9 \text{ N/m})(0{,}20 \text{ m})^2 \\ &= 2{,}147 \times 10^7 \text{ J} \approx 2{,}1 \times 10^7 \text{ J}. \qquad \text{(Resposta)} \end{aligned}$$

(b) Qual é a velocidade do bloco ao passar pelo ponto de equilíbrio?

Cálculos: Estamos interessados em calcular a velocidade no ponto $x = 0$, em que a energia potencial é $U = \frac{1}{2}kx^2 = 0$ e a energia mecânica total é igual à energia cinética. Sendo assim, podemos escrever

$$E = K + U = \tfrac{1}{2}mv^2 + \tfrac{1}{2}kx^2,$$

$$2{,}147 \times 10^7 \text{ J} = \tfrac{1}{2}(2{,}72 \times 10^5 \text{ kg})v^2 + 0,$$

ou

$$v = 12{,}6 \text{ m/s}. \qquad \text{(Resposta)}$$

Como, nesse ponto, toda a energia do sistema foi transformada em energia cinética, essa é a velocidade máxima v_m.

15.3 OSCILADOR HARMÔNICO ANGULAR SIMPLES

Objetivos do Aprendizado

Depois de ler este módulo, você será capaz de ...

15.3.1 Descrever o movimento de um oscilador harmônico angular simples.

15.3.2 Conhecer a relação entre o torque τ e o deslocamento angular θ (em relação ao ponto de equilíbrio) de um oscilador harmônico angular simples.

15.3.3 Conhecer a relação entre o período T (ou a frequência f), o momento de inércia I e a constante de torção κ de um oscilador harmônico angular simples.

15.3.4 Conhecer a relação entre a aceleração angular α, a frequência angular ω e o deslocamento angular θ de um oscilador harmônico angular simples.

Ideia-Chave

- Um pêndulo de torção consiste em um objeto suspenso por um fio. Quando o fio é torcido e depois liberado, o objeto descreve um movimento harmônico angular simples, cujo período é dado por

$$T = 2\pi\sqrt{\frac{I}{\kappa}},$$

em que I é o momento de inércia do objeto em relação ao eixo de rotação e κ é a constante de torção do fio.

O Oscilador Harmônico Angular Simples 15.6

A Fig. 15.3.1 mostra uma versão angular de um oscilador harmônico simples; nesse caso, a elasticidade do sistema está associada à torção de um fio suspenso e não ao alongamento e compressão de uma mola. O dispositivo recebe o nome de **pêndulo de torção**.

Quando fazemos girar o disco da Fig. 15.3.1, produzindo um deslocamento angular θ a partir da posição de equilíbrio (na qual a reta de referência está em $\theta = 0$), e o liberamos, o disco passa a oscilar em torno dessa posição em um **movimento harmônico angular simples**. A rotação do disco de um ângulo θ em qualquer sentido produz um torque restaurador dado por

$$\tau = -\kappa\theta. \qquad (15.3.1)$$

Aqui, κ (letra grega *capa*) é uma constante, a chamada **constante de torção**, que depende do comprimento e do diâmetro do fio e do material de que é feito.

A comparação da Eq. 15.3.1 com a Eq. 15.1.10 nos leva a suspeitar que a Eq. 15.3.1 é a forma angular da lei de Hooke e que podemos transformar a Eq. 15.1.13, que fornece o período do MHS linear, na equação para o período do MHS angular: Substituímos a constante elástica k na Eq. 15.1.13 pela constante equivalente, a constante κ da Eq. 15.3.1, e substituímos a massa m da Eq. 15.1.13 pela grandeza equivalente, o momento de inércia I do disco. Essas substituições levam a

$$T = 2\pi\sqrt{\frac{I}{\kappa}} \quad \text{(pêndulo de torção)}. \qquad (15.3.2)$$

que é a equação correta para o período de um oscilador harmônico angular simples ou pêndulo de torção.

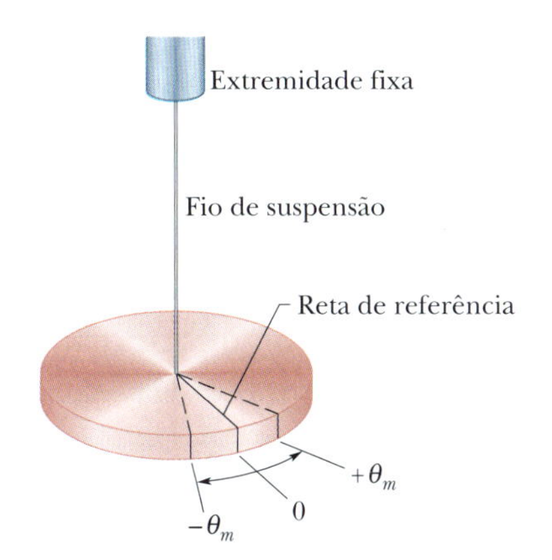

Figura 15.3.1 O pêndulo de torção é a versão angular do oscilador harmônico linear simples. O disco oscila em um plano horizontal; a reta de referência oscila com amplitude angular θ_m. A torção do fio de suspensão armazena energia potencial de forma semelhante a uma mola e produz o torque restaurador.

Teste 15.3.1

(a) Três osciladores harmônicos angulares são feitos de discos do mesmo material, de mesma espessura, mas com raios diferentes: R_0, $1{,}2R_0$ e $1{,}5R_0$. Coloque os discos na ordem do período de oscilação, começando pelo maior. (b) Vamos agora usar apenas um dos discos, mas três fios diferentes, com constantes de torção κ_0, $1{,}1\kappa_0$ e $1{,}3\kappa_0$. Coloque os fios na ordem do período de oscilação do disco, começando pelo maior. (c) Vamos agora usar apenas um dos discos e um dos fios, mas liberar o disco a partir de diferentes deslocamentos angulares: $\theta_m = 1°$, $\theta_m = 2°$ e $\theta_m = 3°$. Coloque os deslocamentos angulares da ordem do período de oscilação do disco, começando pelo maior.

Exemplo 15.3.1 Momento de inércia e período de um oscilador harmônico angular simples

A Fig. 15.3.2*a* mostra uma barra fina cujo comprimento L é 12,4 cm e cuja massa m é 135 g, suspensa em fio longo pelo ponto médio. O valor do período do oscilador harmônico angular formado pela barra e o fio é $T_a = 2{,}53$ s. Quando um objeto de forma irregular, que vamos chamar de objeto X, é pendurado no mesmo fio, como na Fig. 15.3.2*b*, e o valor do período aumenta para $T_b = 4{,}76$ s. Qual é o momento de inércia do objeto X em relação ao eixo de suspensão?

IDEIA-CHAVE

O momento de inércia tanto da barra quanto do objeto X está relacionado ao período pela Eq. 15.3.2.

Cálculos: Na Tabela 10.5.1*e*, o momento de inércia de uma barra em torno de um eixo perpendicular passando pelo ponto médio é dado por $\frac{1}{12}mL^2$. Assim, para a barra da Fig. 15.3.2*a*, temos:

$$I_a = \tfrac{1}{12}mL^2 = (\tfrac{1}{12})(0{,}135\ \text{kg})(0{,}124\ \text{m})^2 = 1{,}73 \times 10^{-4}\ \text{kg}\cdot\text{m}^2.$$

Vamos agora escrever a Eq. 15.3.2 duas vezes: uma vez para a barra e outra para o objeto X:

$$T_a = 2\pi\sqrt{\frac{I_a}{\kappa}} \quad \text{e} \quad T_b = 2\pi\sqrt{\frac{I_b}{\kappa}}.$$

A constante κ, que é uma propriedade do fio, é a mesma nos dois casos; apenas os períodos e os momentos de inércia são diferentes.

Vamos elevar as duas equações ao quadrado, dividir a segunda pela primeira e explicitar I_b na equação resultante. O resultado é o seguinte:

$$I_b = I_a\frac{T_b^2}{T_a^2} = (1{,}73 \times 10^{-4}\ \text{kg}\cdot\text{m}^2)\frac{(4{,}76\ \text{s})^2}{(2{,}53\ \text{s})^2} = 6{,}12 \times 10^{-4}\ \text{kg}\cdot\text{m}^2. \quad \text{(Resposta)}$$

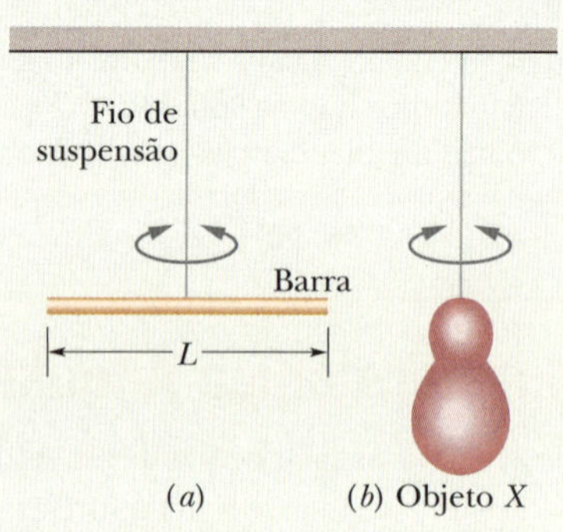

Figura 15.3.2 Dois pêndulos de torção, compostos (*a*) por um fio e uma barra e (*b*) pelo mesmo fio e um objeto de forma irregular.

15.4 PÊNDULOS E MOVIMENTO CIRCULAR

Objetivos do Aprendizado

Depois de ler este módulo, você será capaz de ...

15.4.1 Descrever o movimento de um pêndulo simples.

15.4.2 Desenhar o diagrama de corpo livre do peso de um pêndulo simples no instante em que ele faz um ângulo θ com a vertical.

15.4.3 Conhecer a relação entre o período T (ou a frequência f) e o comprimento L de um *pêndulo simples*, para pequenas oscilações.

15.4.4 Saber qual é a diferença entre um pêndulo simples e um pêndulo físico.

15.4.5 Conhecer a relação entre o período T (ou a frequência f) e a distância h entre o ponto de suspensão e o centro de massa de um *pêndulo físico*, para pequenas oscilações.

15.4.6 Determinar a frequência angular de um pêndulo a partir do torque τ e do deslocamento θ e a partir da aceleração angular α e do deslocamento angular θ.

15.4.7 Saber qual é a diferença entre o valor da frequência angular ω de um pêndulo (que está relacionada à taxa com a qual os ciclos são completados) e o valor de $d\theta/dt$ (a taxa de variação do ângulo que o pêndulo faz com a vertical).

15.4.8 Determinar a constante de fase ϕ e a amplitude θ_m do movimento de um pêndulo a partir de posição angular θ e da taxa de variação da posição angular $d\theta/dt$ em um dado instante.

15.4.9 Explicar de que forma a aceleração de queda livre pode ser medida usando um pêndulo simples.

15.4.10 Determinar a posição do centro de oscilação de um pêndulo físico e explicar qual é a relação entre o centro de oscilação de um pêndulo físico e o comprimento de um pêndulo simples.

15.4.11 Explicar qual é a relação entre um movimento harmônico simples e um movimento circular uniforme.

Ideias-Chave

- Um pêndulo simples é formado por uma partícula que oscila suspensa por um fio de massa desprezível. Para pequenos ângulos, a oscilação do pêndulo pode ser modelada por um movimento harmônico simples cujo período é dado pela equação

$$T = 2\pi\sqrt{\frac{I}{mgL}} \quad \text{(pêndulo simples)},$$

em que I é o momento de inércia da partícula em relação ao ponto de suspensão, m é a massa da partícula e L é o comprimento do fio.

- Um pêndulo físico tem uma distribuição de massa mais complicada. Para pequenos ângulos, a oscilação do pêndulo físico pode ser modelada por um movimento harmônico simples cujo período é dado pela equação

$$T = 2\pi\sqrt{\frac{I}{mgh}} \quad \text{(pêndulo físico)},$$

em que I é o momento de inércia do pêndulo em relação ao ponto de suspensão, m é a massa do pêndulo e h é a distância entre o ponto de suspensão e o centro de massa do pêndulo.

- O movimento harmônico simples corresponde à projeção do movimento circular uniforme no diâmetro de um círculo.

Pêndulos

Voltamos agora nossa atenção para uma classe de osciladores harmônicos simples nos quais a força de retorno está associada à gravitação e não às propriedades elásticas de um fio torcido ou de uma mola alongada ou comprimida.

Pêndulo Simples (BT) 15.7 e 15.8

Se uma maçã é posta para balançar na extremidade de um fio longo, ela descreve um movimento harmônico simples? Caso a resposta seja afirmativa, qual é o período T do movimento? Para responder a essas perguntas, considere um **pêndulo simples**, composto por uma partícula de massa m (chamada *peso* do pêndulo) suspensa por um fio inextensível, de massa desprezível e comprimento L, como na Fig. 15.4.1*a*. O peso está livre para oscilar no plano do papel, para a esquerda e para a direita de uma reta vertical que passa pelo ponto de suspensão do fio.

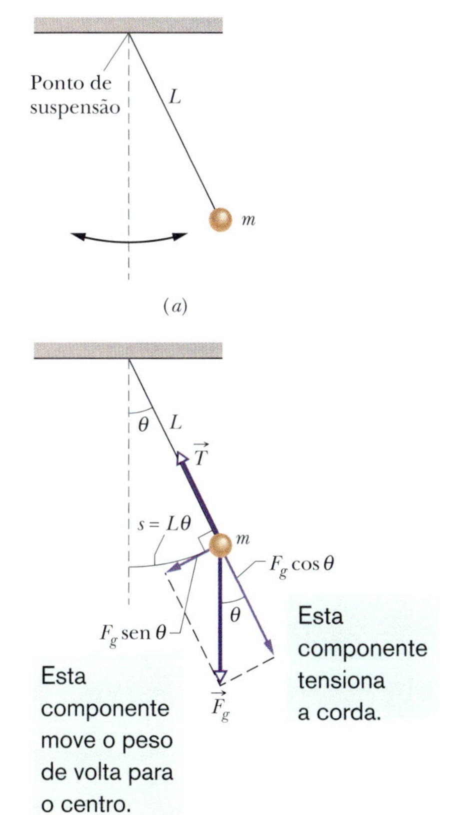

Figura 15.4.1 (*a*) Pêndulo simples. (*b*) As forças que agem sobre o peso são a força gravitacional $\vec{F}_g$ e a tração $\vec{T}$ do fio. A componente tangencial F_g sen θ da força gravitacional é a força restauradora que tende a levar o pêndulo de volta à posição central.

O Torque Restaurador. As forças que agem sobre o peso são a tração $\vec{T}$ exercida pelo fio e a força gravitacional $\vec{F}_g$, como mostra a Fig. 15.4.1*b*, na qual o fio faz um ângulo θ com a vertical. Decompomos $\vec{F}_g$ em uma componente radial $F_g \cos\theta$ e uma componente F_g sen θ que é tangente à trajetória do peso. A componente tangencial produz um torque restaurador em relação ao ponto de suspensão do pêndulo porque sempre age no sentido oposto ao do deslocamento do peso, tendendo a levá-lo de volta ao ponto central. O ponto central ($\theta = 0$) é chamado *posição de equilíbrio* porque o pêndulo ficaria parado nesse ponto se não estivesse oscilando.

De acordo com a Eq. 10.6.3 ($\tau = r_\perp F$), o torque restaurador pode ser escrito na forma

$$\tau = -L(F_g \text{ sen } \phi), \tag{15.4.1}$$

em que o sinal negativo indica que o torque age no sentido de reduzir o valor de θ, e L é o braço de alavanca da componente F_g sen θ da força gravitacional em relação ao ponto de suspensão do pêndulo. Substituindo a Eq. 15.4.1 na Eq. 10.7.3 ($\tau = I\alpha$) e substituindo o módulo de $\vec{F}_g$ por mg, obtemos

$$-L(mg \text{ sen } \phi) = I\alpha, \tag{15.4.2}$$

em que I é o momento de inércia do pêndulo em relação ao ponto de suspensão e α é a aceleração angular do pêndulo em relação a esse ponto.

Podemos simplificar a Eq. 15.4.2 supondo que o ângulo θ é pequeno, pois, nesse caso, podemos substituir sen θ por θ (expresso em radianos). (Por exemplo, se $\theta = 5{,}00° = 0{,}0873$ rad, sen $\theta = 0{,}0872$, uma diferença de apenas 0,1%.) Usando essa aproximação e explicitando α, obtemos

$$\alpha = -\frac{mgL}{I}\,\theta. \tag{15.4.3}$$

A Eq. 15.4.3 é o equivalente angular da Eq. 15.1.8, a relação característica do MHS. Ela mostra que a aceleração angular α do pêndulo é proporcional ao deslocamento angular θ com o sinal oposto. Assim, quando o peso do pêndulo se move para a direita, como na Fig. 15.4.1*a*, a aceleração *para a esquerda* aumenta até o peso parar e começar a se mover para a esquerda. Quando o peso está à esquerda da posição de equilíbrio, a aceleração para a direita tende a fazê-lo voltar para a direita, e assim por diante, o que produz um MHS. Mais precisamente, o movimento de um *pêndulo simples no qual o ângulo máximo de deslocamento é pequeno* pode ser aproximado por um MHS. Podemos expressar essa restrição de outra forma: A **amplitude angular** θ_m do movimento deve ser pequena.

Frequência Angular. Podemos usar um artifício engenhoso para obter a frequência angular de um pêndulo simples. Como a Eq. 15.4.3 tem a mesma forma que a 15.1.8 do MHS, concluímos que a frequência angular é a raiz quadrada das constantes que multiplicam o deslocamento angular:

$$\omega = \sqrt{\frac{mgL}{I}}.$$

Pode ser que você se depare, nos deveres de casa, com sistemas oscilatórios que não se parecem com pêndulos. Mesmo assim, se você puder obter uma equação que relacione a aceleração (linear ou angular) ao deslocamento (linear ou angular), poderá obter imediatamente uma expressão para a frequência angular, como acabamos de fazer.

Período. Substituindo a expressão de ω na Eq. 15.1.5 ($\omega = 2\pi/T$), obtemos uma expressão para o período:

$$T = 2\pi\sqrt{\frac{I}{mgL}}. \qquad (15.4.4)$$

Toda a massa de um pêndulo simples está concentrada na massa m do peso do pêndulo, que está a uma distância L do ponto de suspensão. Assim, podemos usar a Eq. 10.4.3 ($I = mr^2$) para escrever $I = mL^2$ como o momento de inércia do pêndulo. Substituindo esse valor na Eq. 15.4.4 e simplificando, obtemos

$$T = 2\pi\sqrt{\frac{L}{g}} \quad \text{(pêndulo simples, pequena amplitude).} \qquad (15.4.5)$$

Neste capítulo, vamos supor que os ângulos de oscilação do pêndulo são sempre pequenos.

Pêndulo Físico 15.9

Ao contrário do pêndulo simples, um pêndulo real, frequentemente chamado **pêndulo físico**, pode ter uma distribuição complicada de massa. Um pêndulo físico também executa um MHS? Caso a resposta seja afirmativa, qual é o período?

A Fig. 15.4.2 mostra um pêndulo físico arbitrário deslocado de um ângulo θ em relação à posição de equilíbrio. Podemos supor que a força gravitacional $\vec{F}_g$ age sobre o centro de massa C, situado a uma distância h do ponto de suspensão O. Comparando as Figs. 15.4.2 e 15.4.1*b*, vemos que existe apenas uma diferença importante entre um pêndulo físico arbitrário e um pêndulo simples. No caso do pêndulo físico, o braço de alavanca da componente restauradora F_g sen θ da força gravitacional é h e não o comprimento L do fio. Sob todos os outros aspectos, a análise do pêndulo físico é idêntica à análise do pêndulo simples até a Eq. 15.4.4. Assim, para pequenos valores de θ_m, o movimento é, aproximadamente, um MHS.

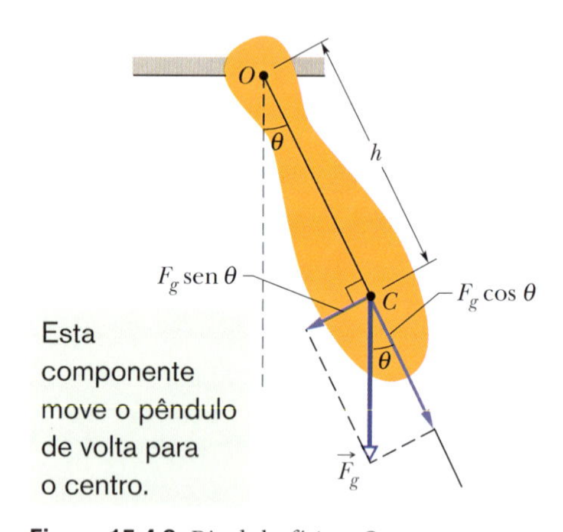

Figura 15.4.2 Pêndulo físico. O torque restaurador é hF_g sen θ. Quando $\theta = 0$, o centro de massa C está situado diretamente abaixo do ponto de suspensão O.

Substituindo L por h na Eq. 15.4.4, obtemos uma equação para o período do pêndulo físico:

$$T = 2\pi\sqrt{\frac{I}{mgh}} \quad \text{(pêndulo físico, pequena amplitude).} \qquad (15.4.6)$$

Como no pêndulo simples, I é o momento de inércia do pêndulo em relação ao ponto O. Embora I não seja mais igual a mL^2 (pois depende da forma do pêndulo físico), ainda é proporcional a m.

Um pêndulo físico não oscila se o ponto de suspensão for o centro de massa. Formalmente, isso corresponde a fazer $h = 0$ na Eq. 15.4.6. Nesse caso, a equação nos dá $T = \infty$, o que significa que o pêndulo jamais chega a completar uma oscilação.

A todo pêndulo físico que oscila com um período T em torno de um ponto de suspensão O corresponde um pêndulo simples de comprimento L_0 com o mesmo período T. Podemos usar a Eq. 15.4.5 para calcular o valor de L_0. O ponto do pêndulo físico situado a uma distância L_0 do ponto O é chamado *centro de oscilação* do pêndulo físico para o ponto de suspensão dado.

Medida de g

Um pêndulo físico pode ser usado para verificar qual é a aceleração de queda livre g em um ponto específico da superfície da Terra. (Milhares de medidas desse tipo foram feitas como parte de estudos geofísicos.)

Para analisar um caso simples, tome o pêndulo como uma barra homogênea de comprimento L suspensa por uma das extremidades. Nessa configuração, o valor de h da Eq. 15.4.6, a distância entre o ponto de suspensão e o centro de massa, é $L/2$. De acordo com a Tabela 10.5.1*e*, o momento de inércia em relação a um eixo perpendicular à barra passando pelo centro de massa é $\frac{1}{12}mL^2$. Aplicando o teorema dos eixos paralelos da Eq. 10.5.2 ($I = I_{CM} + Mh^2$), descobrimos que o momento de inércia em relação a um eixo perpendicular passando por uma das extremidades da barra é

$$I = I_{CM} + mh^2 = \tfrac{1}{12}mL^2 + m(\tfrac{1}{2}L)^2 = \tfrac{1}{3}mL^2. \qquad (15.4.7)$$

Fazendo $h = L/2$ e $I = mL^2/3$ na Eq. 15.4.6 e explicitando g, obtemos

$$g = \frac{8\pi^2 L}{3T^2}. \qquad (15.4.8)$$

Assim, medindo L e o período T, podemos determinar o valor de g no local onde se encontra o pêndulo. (Para medidas de precisão, são necessários alguns refinamentos, como colocar o pêndulo em uma câmara evacuada.)

Teste 15.4.1

Três pêndulos físicos, de massas m_0, $2m_0$ e $3m_0$, têm a mesma forma e o mesmo tamanho e estão suspensos pelo mesmo ponto. Ordene as massas de acordo com o período de oscilação do pêndulo, começando pelo maior.

Exemplo 15.4.1 Período e comprimento de um pêndulo físico

Na Fig. 15.4.3*a*, uma régua de um metro oscila, suspensa por uma das extremidades, que fica a uma distância h do centro de massa da régua.

(a) Qual é o período T das oscilações?

IDEIA-CHAVE

Como a massa da régua não está concentrada na extremidade oposta à do ponto de suspensão, ela não se comporta como um pêndulo simples, e sim como um pêndulo físico.

Cálculos: O período de um pêndulo físico é dado pela Eq. 15.4.6, que exige o conhecimento do momento de inércia da régua em relação ao ponto fixo. Vamos tratar a régua como uma barra homogênea de comprimento L e massa m. Nesse caso, de acordo com a Eq. 15.4.7, $I = \frac{1}{3}mL^2$ e a distância h da Eq. 15.4.6 é $L/2$. Substituindo esses valores na Eq. 15.4.6, obtemos

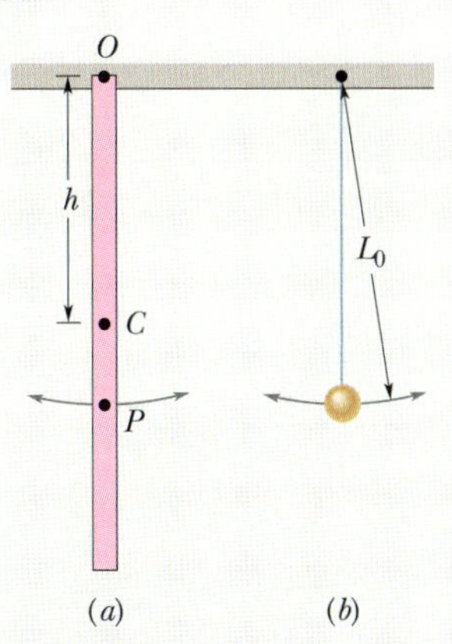

Figura 15.4.3 (*a*) Régua de um metro, suspensa por uma das extremidades para formar um pêndulo físico. (*b*) Um pêndulo simples cujo comprimento L_0 é escolhido para que os períodos dos dois pêndulos sejam iguais. O ponto P do pêndulo (*a*) é o centro de oscilação.

$$T = 2\pi\sqrt{\frac{I}{mgh}} = 2\pi\sqrt{\frac{\frac{1}{3}mL^2}{mg(\frac{1}{2}L)}} \quad (15.4.9)$$

$$= 2\pi\sqrt{\frac{2L}{3g}} \quad (15.4.10)$$

$$= 2\pi\sqrt{\frac{(2)(1{,}00 \text{ m})}{(3)(9{,}8 \text{ m/s}^2)}} = 1{,}64 \text{ s.} \quad \text{(Resposta)}$$

Observe que o resultado não depende da massa m do pêndulo.

(b) Qual é a distância L_0 entre o ponto O da régua e o centro de oscilação?

Cálculos: Estamos interessados em determinar o comprimento L_0 do pêndulo simples (desenhado na Fig. 15.4.3*b*) que possui o mesmo período que o pêndulo físico (a régua) da Fig. 15.4.3*a*. Igualando as Eqs. 15.4.5 e 15.4.10, obtemos

$$T = 2\pi\sqrt{\frac{L_0}{g}} = 2\pi\sqrt{\frac{2L}{3g}}. \quad (15.4.11)$$

Podemos ver, por inspeção, que

$$L_0 = \tfrac{2}{3}L \quad (15.4.12)$$

$$= (\tfrac{2}{3})(100 \text{ cm}) = 66{,}7 \text{ cm.} \quad \text{(Resposta)}$$

Na Fig. 15.4.3*a*, o ponto P está a essa distância do ponto fixo O. Assim, o ponto P é o centro de oscilação da barra para o ponto de suspensão dado. A posição do ponto P seria diferente se a régua estivesse suspensa por outro ponto.

Movimento Harmônico Simples e Movimento Circular Uniforme (BT) 15.10

Em 1610, usando o telescópio que acabara de construir, Galileu descobriu os quatro maiores satélites de Júpiter. Após algumas semanas de observação, constatou que os satélites estavam se deslocando de um lado para outro do planeta no que hoje chamaríamos de movimento harmônico simples; o ponto médio do movimento coincidia com a posição do planeta. O registro das observações de Galileu, escrito de próprio punho, chegou aos nossos dias. A. P. French, do MIT, usou os dados colhidos por Galileu para determinar a posição da lua Calisto em relação a Júpiter (na verdade, a distância angular entre Júpiter e Calisto, do ponto de vista da Terra) e constatou que os dados seguiam de perto a curva mostrada na Fig. 15.4.4. A curva se parece muito com a representação gráfica da Eq. 15.1.3, que descreve o deslocamento de um objeto que está executando um movimento harmônico simples. O período das oscilações mostradas no gráfico é 16,8 dias, mas o que, exatamente, está oscilando? Afinal de contas, um satélite não pode estar se deslocando para um lado e para o outro como um bloco preso a uma mola; sendo assim, por que o movimento observado por Galileu seria descrito pela Eq. 15.1.3?

Na realidade, Calisto se move com velocidade praticamente constante em uma órbita quase circular em torno de Júpiter. O verdadeiro movimento não é um movimento harmônico simples, e sim um movimento circular uniforme. O que Galileu viu, e que o leitor pode ver com um bom binóculo e um pouco de paciência, foi a projeção do movimento circular uniforme em uma reta situada no plano do movimento. As notáveis observações de Galileu levam à conclusão de que o movimento

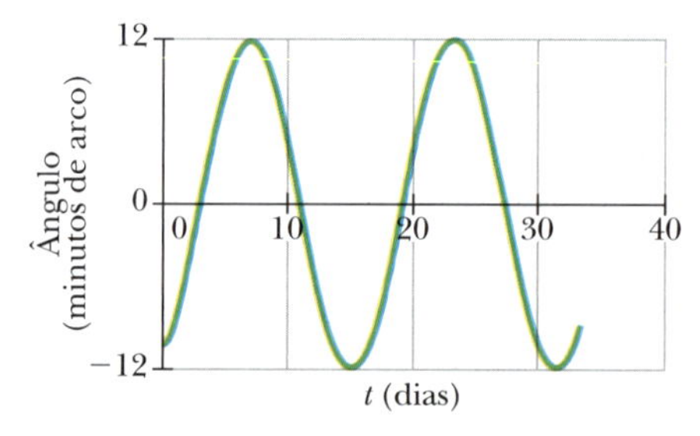

Figura 15.4.4 Ângulo entre Júpiter e o satélite Calisto do ponto de vista da Terra. As observações de Galileu em 1610 podem ser representadas por essa curva, que é a mesma do movimento harmônico simples. Para a distância média entre Júpiter e a Terra, 10 minutos de arco correspondem a cerca de 2×10^6 km. (Adaptada de A. P. French, *Newtonian Mechanics*, W. W. Norton & Company, New York, 1971, p. 288.)

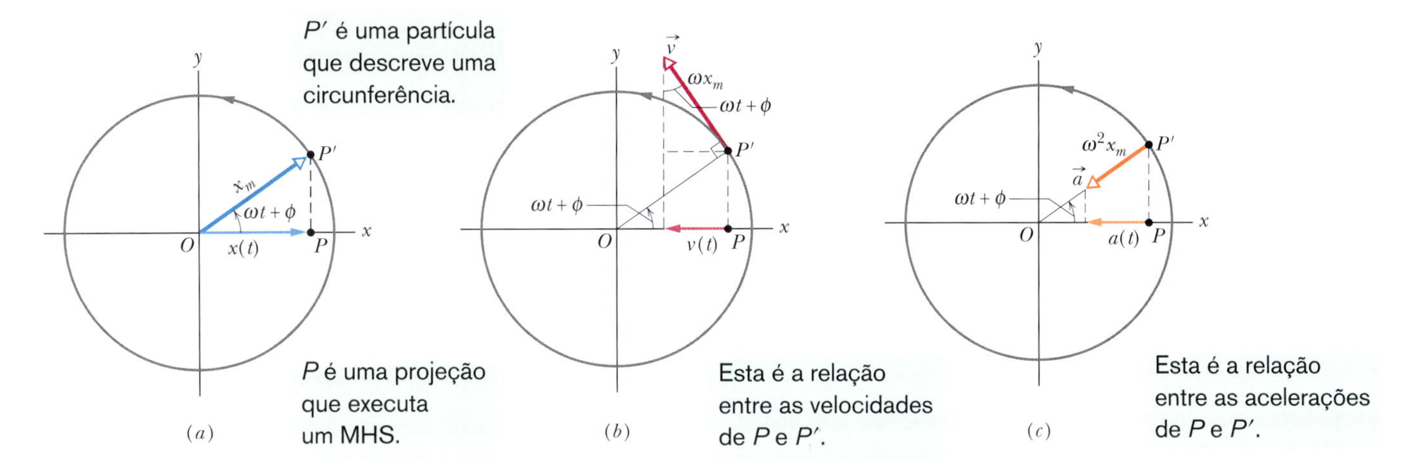

Figura 15.4.5 (*a*) Partícula de referência P' descrevendo um movimento circular uniforme em uma circunferência de raio x_m. A projeção P da posição da partícula no eixo x executa um movimento harmônico simples. (*b*) A projeção da velocidade $\vec{v}$ da partícula de referência é a velocidade do MHS. (*c*) A projeção da aceleração radial $\vec{a}$ da partícula de referência é a aceleração do MHS.

harmônico simples é o movimento circular uniforme visto de perfil. Em uma linguagem mais formal:

O movimento harmônico simples é a projeção do movimento circular uniforme em um diâmetro da circunferência ao longo da qual acontece o movimento circular.

A Fig. 15.4.5*a* mostra um exemplo. Uma *partícula de referência* P' executa um movimento circular uniforme com velocidade angular ω (constante) em uma *circunferência de referência*. O raio x_m da circunferência é o módulo do vetor posição da partícula. Em um instante t, a posição angular da partícula é $\omega t + \phi$, em que ϕ é a posição angular no instante $t = 0$.

Posição. A projeção da partícula P' no eixo x é um ponto P, que consideramos uma segunda partícula. A projeção do vetor posição da partícula P' no eixo x fornece a localização $x(t)$ de P. (Você está vendo a componente x do triângulo da Fig. 15.4.5*a*?) Assim, temos:

$$x(t) = x_m \cos(\omega t + \phi), \qquad (15.4.13)$$

que é exatamente a Eq. 15.1.3. Nossa conclusão está correta. Se a partícula de referência P' executa um movimento circular uniforme, sua projeção, a partícula projetada P, executa um movimento harmônico simples em um diâmetro do círculo.

Velocidade. A Fig. 15.4.5*b* mostra a velocidade $\vec{v}$ da partícula de referência. De acordo com a Eq. 10.3.2 ($v = \omega r$), o módulo do vetor velocidade é ωx_m; a projeção no eixo x é

$$v(t) = -\,\omega x_m \operatorname{sen}(\omega t + \phi), \qquad (15.4.14)$$

que é exatamente a Eq. 15.1.6. O sinal negativo aparece porque a componente da velocidade de P na Fig. 15.4.5*b* aponta para a esquerda, no sentido negativo do eixo x.(O sinal negativo surge naturalmente quando a Eq. 15.4.13 é derivada em relação ao tempo.)

Aceleração. A Fig. 15.4.5*c* mostra a aceleração radial $\vec{a}$ da partícula de referência. De acordo com a Eq. 10.3.7 ($a_r = \omega^2 r$), o módulo do vetor aceleração radial é $\omega^2 x_m$; sua projeção no eixo x é

$$a(t) = -\,\omega^2 x_m \cos(\omega t + \phi), \qquad (15.4.15)$$

que é exatamente a Eq. 15.1.7. Assim, tanto para o deslocamento como para a velocidade e para a aceleração, a projeção do movimento circular uniforme é, de fato, um movimento harmônico simples.

15.5 MOVIMENTO HARMÔNICO SIMPLES AMORTECIDO

Objetivos do Aprendizado

Depois de ler este módulo, você será capaz de ...

15.5.1 Descrever o movimento de um oscilador harmônico simples amortecido e desenhar um gráfico da posição do oscilador em função do tempo.

15.5.2 Calcular a posição de um oscilador harmônico simples amortecido em um dado instante de tempo.

15.5.3 Determinar a amplitude de um oscilador harmônico simples amortecido em um dado instante de tempo.

15.5.4 Calcular a frequência angular de um oscilador harmônico em termos da constante elástica, da constante de amortecimento e da massa, e calcular o valor aproximado da frequência angular quando a constante de amortecimento é pequena.

15.5.5 Conhecer a equação usada para calcular a energia total (aproximada) de um oscilador harmônico simples amortecido em função do tempo.

Ideias-Chave

- A energia mecânica E de um oscilador real diminui durante as oscilações porque forças externas, como a força de arrasto, se opõem às oscilações e convertem progressivamente a energia mecânica em energia térmica. Nesse caso, dizemos que o oscilador e o movimento do oscilador são amortecidos.
- Se a força de amortecimento é dada por $\vec{F}_a = -b\vec{v}$, em que $\vec{v}$ é a velocidade do oscilador e b é a constante de amortecimento, o deslocamento do oscilador é dado por

$$x(t) = x_m e^{-bt/2m} \cos(\omega' t + \phi),$$

em que m é a massa do oscilador, e ω', a frequência angular do oscilador amortecido, é dada por

$$\omega' = \sqrt{\frac{k}{m} - \frac{b^2}{4m^2}},$$

em que k é a constante elástica da mola.

- Se a constante de amortecimento é pequena ($b \ll \sqrt{km}$), então $\omega' \approx \omega$, em que ω é a frequência angular do oscilador não amortecido. Para pequenos valores de b, a energia mecânica E do oscilador é dada por

$$E(t) \approx \tfrac{1}{2}kx_m^2 e^{-bt/m}.$$

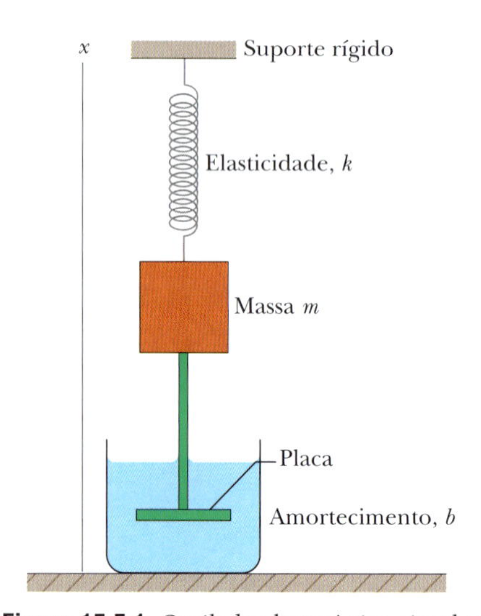

Figura 15.5.1 Oscilador harmônico simples amortecido ideal. Uma placa imersa em um líquido exerce uma força de amortecimento sobre o bloco enquanto o bloco oscila paralelamente ao eixo x.

Movimento Harmônico Simples Amortecido 15.11

Um pêndulo oscila apenas por pouco tempo debaixo d'água, porque a água exerce sobre ele uma força de arrasto que elimina rapidamente o movimento. Um pêndulo oscilando no ar funciona melhor, mas, ainda assim, o movimento ocorre durante um tempo limitado, porque o ar exerce uma força de arrasto sobre o pêndulo (e uma força de atrito age no ponto de sustentação), roubando energia do movimento do pêndulo.

Quando o movimento de um oscilador é reduzido por uma força externa, dizemos que o oscilador e o movimento do oscilador são **amortecidos**. Um exemplo idealizado de um oscilador amortecido é mostrado na Fig. 15.5.1, na qual um bloco de massa m oscila verticalmente preso a uma mola de constante elástica k. Uma barra liga o bloco a uma placa horizontal imersa em um líquido. Vamos supor que a barra e a placa têm massa desprezível. Quando a placa se move para cima e para baixo, o líquido exerce uma força de arrasto sobre ela e, portanto, sobre todo o sistema. A energia mecânica do sistema bloco-mola diminui com o tempo, à medida que a energia mecânica é convertida em energia térmica do líquido e da placa.

Vamos supor que o líquido exerce uma **força de amortecimento** $\vec{F}_a$ proporcional à velocidade $\vec{v}$ da placa e do bloco (uma hipótese que constitui uma boa aproximação se a placa se move lentamente). Nesse caso, para componentes paralelas ao eixo x na Fig. 15.5.1, temos

$$F_a = -bv, \tag{15.5.1}$$

em que b é uma **constante de amortecimento** que depende das características tanto da placa como do líquido e tem unidades de quilograma por segundo no SI. O sinal negativo indica que $\vec{F}_a$ se opõe ao movimento.

Oscilações Amortecidas. A força exercida pela mola sobre o bloco é $F_m = -kx$. Vamos supor que a força gravitacional a que o bloco está submetido é desprezível

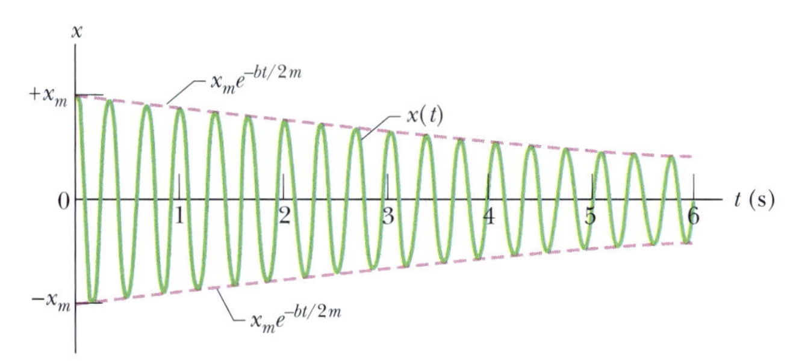

Figura 15.5.2 Função deslocamento $x(t)$ do oscilador amortecido da Fig. 15.5.1. A amplitude, que é dada por $x_m e^{-bt/2m}$, diminui exponencialmente com o tempo.

em comparação com F_a e F_m. A aplicação da segunda lei de Newton às componentes paralelas ao eixo x ($F_{\text{res},x} = ma_x$) nos dá

$$-bv - kx = ma. \qquad (15.5.2)$$

Substituindo v por dx/dt, a por d^2x/dt^2 e reagrupando os termos, obtemos a equação diferencial

$$m\frac{d^2x}{dt^2} + b\frac{dx}{dt} + kx = 0, \qquad (15.5.3)$$

cuja solução é

$$x(t) = x_m e^{-bt/2m}\cos(\omega' t + \phi), \qquad (15.5.4)$$

em que x_m é a amplitude e ω' é a frequência angular do oscilador amortecido. A frequência angular é dada por

$$\omega' = \sqrt{\frac{k}{m} - \frac{b^2}{4m^2}}. \qquad (15.5.5)$$

Se $b = 0$ (na ausência de amortecimento), a Eq. 15.5.5 se reduz à Eq. 15.1.12 ($\omega = \sqrt{k/m}$) para a frequência angular de um oscilador não amortecido e a Eq. 15.5.4 se reduz à Eq. 15.1.3 para o deslocamento de um oscilador não amortecido. Se a constante de amortecimento é pequena, mas diferente de zero (de modo que $b \ll \sqrt{km}$), então $\omega' \approx \omega$.

Efeito do Amortecimento sobre a Energia. Podemos considerar a Eq. 15.5.4 como uma função cosseno cuja amplitude, dada por $x_m e^{-bt/2m}$, diminui gradualmente com o tempo, como mostra a Fig. 15.5.2. Para um oscilador não amortecido, a energia mecânica é constante e é dada pela Eq. 15.2.4 ($E = \frac{1}{2}kx_m^2$). Se o oscilador é amortecido, a energia mecânica não é constante e diminui com o tempo. Se o amortecimento é pequeno, podemos determinar $E(t)$ substituindo x_m na Eq. 15.2.4 por $x_m e^{-bt/2m}$, a amplitude das oscilações amortecidas. Fazendo isso, obtemos a equação

$$E(t) \approx \tfrac{1}{2}kx_m^2 e^{-bt/m}, \qquad (15.5.6)$$

segundo a qual a energia mecânica, como a amplitude, diminui exponencialmente com o tempo.

Teste 15.5.1

A tabela mostra três conjuntos de valores para a constante elástica, a constante de amortecimento e a massa do oscilador amortecido da Fig. 15.5.1. Ordene os conjuntos de acordo com o tempo necessário para que a energia mecânica se reduza a um quarto do valor inicial, em ordem decrescente.

Conjunto 1	$2k_0$	b_0	m_0
Conjunto 2	k_0	$6b_0$	$4m_0$
Conjunto 3	$3k_0$	$3b_0$	m_0

Exemplo 15.5.1 Tempo de decaimento da amplitude e da energia de um oscilador harmônico amortecido

Os valores dos parâmetros do oscilador amortecido da Fig. 15.5.1 são $m = 250$ g, $k = 85$ N/m e $b = 70$ g/s.

(a) Qual é o período das oscilações?

IDEIA-CHAVE

Como $b \ll \sqrt{km} = 4{,}6$ kg/s, o período é aproximadamente o de um oscilador não amortecido.

Cálculo: De acordo com a Eq. 15.1.13, temos:

$$T = 2\pi\sqrt{\frac{m}{k}} = 2\pi\sqrt{\frac{0{,}25\text{ kg}}{85\text{ N/m}}} = 0{,}34\text{ s.} \qquad \text{(Resposta)}$$

(b) Qual é o tempo necessário para que a amplitude das oscilações amortecidas se reduza à metade do valor inicial?

IDEIA-CHAVE

De acordo com a Eq. 15.5.4, a amplitude em um instante t qualquer é dada por $x_m e^{-t/2m}$.

Cálculos: A amplitude é x_m no instante $t = 0$; assim, devemos encontrar o valor de t para o qual

$$x_m e^{-bt/2m} = \tfrac{1}{2}x_m.$$

Cancelando x_m e tomando o logaritmo natural da equação restante, temos ln(1/2) do lado direito e

$$\ln(e^{-bt/2m}) = -bt/2m$$

do lado esquerdo. Assim,

$$t = \frac{-2m\ln\frac{1}{2}}{b} = \frac{-(2)(0{,}25\text{ kg})(\ln\frac{1}{2})}{0{,}070\text{ kg/s}}$$
$$= 5{,}0\text{ s.} \qquad \text{(Resposta)}$$

Como $T = 0{,}34$ s, isso corresponde a cerca de 15 períodos de oscilação.

(c) Quanto tempo é necessário para que a energia mecânica se reduza a metade do valor inicial?

IDEIA-CHAVE

De acordo com a Eq. 15.5.6, a energia mecânica das oscilações no instante t é $\frac{1}{2}kx_m^2\, e^{-bt/m}$.

Cálculo: A energia mecânica é $\frac{1}{2}kx_m^2$ no instante $t = 0$; assim, devemos encontrar o valor de t para o qual

$$\tfrac{1}{2}kx_m^2\, e^{-bt/m} = \tfrac{1}{2}(\tfrac{1}{2}kx_m^2).$$

Dividindo ambos os membros da equação por $\frac{1}{2}kx_m^2$ e explicitando t como no item anterior, obtemos

$$t = \frac{-m\ln\frac{1}{2}}{b} = \frac{-(0{,}25\text{ kg})(\ln\frac{1}{2})}{0{,}070\text{ kg/s}} = 2{,}5\text{ s.} \qquad \text{(Resposta)}$$

Este valor é exatamente a metade do tempo calculado no item (b), ou cerca de 7,5 períodos de oscilação. A Fig. 15.5.2 foi desenhada para ilustrar este exemplo.

15.6 OSCILAÇÕES FORÇADAS E RESSONÂNCIA

Objetivos do Aprendizado

Depois de ler este módulo, você será capaz de ...

15.6.1 Saber a diferença entre a frequência angular natural ω e a frequência angular forçada ω_f.

15.6.2 No caso de um oscilador forçado, desenhar o gráfico da amplitude das oscilações em função da razão ω_f/ω entre a frequência angular forçada e a frequência angular natural, localizar a frequência de ressonância aproximada e indicar o efeito do aumento da constante de amortecimento.

15.6.3 Saber que a ressonância acontece quando a frequência angular forçada ω_f é igual à frequência angular natural ω.

Ideias-Chave

- Se uma força externa cuja frequência angular é ω_f é aplicada a um sistema cuja frequência angular natural é ω, o sistema oscila com uma frequência angular ω_f.
- A amplitude v_m da velocidade do sistema é máxima quando

$$\omega_f = \omega,$$

uma situação conhecida como ressonância. Nessas condições, a amplitude x_m das oscilações está próxima do valor máximo.

Oscilações Forçadas e Ressonância

Uma pessoa que se balança em um balanço sem que ninguém a empurre constitui um exemplo de *oscilações livres*. Quando alguém empurra o balanço periodicamente, diz-se que o balanço está executando *oscilações forçadas*. No caso de um sistema que executa oscilações forçadas, existem *duas* frequências angulares características, que são: (1) a *frequência angular natural* ω, que é a frequência angular com a qual o sistema oscilaria livremente depois de sofrer uma perturbação brusca de curta duração; (2) a frequência angular ω_f, da força externa, que produz as oscilações forçadas. CVF

Podemos usar a Fig. 15.5.1 para representar um oscilador harmônico simples forçado ideal, se supusermos que a estrutura indicada como "suporte rígido" se move para cima e para baixo com uma frequência angular variável ω_f. Um oscilador forçado desse tipo oscila com a frequência angular ω_f da força externa, e seu deslocamento $x(t)$ é dado por

$$x(t) = x_m \cos(\omega_f t + \phi), \tag{15.6.1}$$

em que x_m é a amplitude das oscilações.

A amplitude do deslocamento x_m é uma função complicada de ω e ω_f. A amplitude da velocidade v_m das oscilações é mais simples de descrever; é máxima para

$$\omega_f = \omega \quad \text{(ressonância)}, \tag{15.6.2}$$

uma situação conhecida como **ressonância**. A Eq. 15.6.2 expressa também, *aproximadamente*, a situação para a qual a amplitude do deslocamento, x_m, é máxima. Assim, se empurramos um balanço com a frequência angular natural de oscilação, as amplitudes do deslocamento e da velocidade atingem valores elevados, um fato que as crianças aprendem depressa por tentativa e erro. Quando empurramos o balanço com outra frequência angular, maior ou menor, as amplitudes do deslocamento e da velocidade são menores.

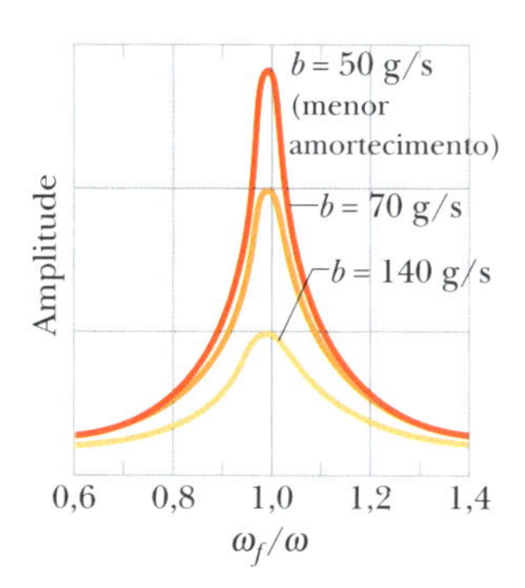

Figura 15.6.1 A amplitude do deslocamento x_m de um oscilador forçado varia quando a frequência angular ω_f da força externa varia. As curvas da figura correspondem a três valores diferentes da constante de amortecimento b.

A Fig. 15.6.1 mostra a variação da amplitude do deslocamento de um oscilador com a frequência angular ω_f da força externa para três valores do coeficiente de amortecimento b. Observe que, para os três valores, a amplitude é aproximadamente máxima para $\omega_f/\omega = 1$ (a condição de ressonância da Eq. 15.6.2). As curvas da Fig. 15.6.1 mostram que a um amortecimento menor está associado um *pico de ressonância* mais alto e mais estreito.

Exemplos. Todas as estruturas mecânicas possuem uma ou mais frequências angulares naturais; se a estrutura é submetida a uma força externa cuja frequência angular coincide com uma dessas frequências angulares naturais, as oscilações resultantes podem fazer com que a estrutura se rompa. Assim, por exemplo, os projetistas de aeronaves devem se certificar de que nenhuma das frequências angulares naturais com as quais uma asa pode oscilar coincide com a frequência angular dos motores durante o voo. Uma asa que vibrasse violentamente para certas velocidades dos motores obviamente tornaria qualquer voo muito perigoso.

A ressonância parece ter sido uma das causas do desabamento de muitos edifícios na Cidade do México em setembro de 1985, quando um grande terremoto (8,1 na escala Richter) aconteceu na costa oeste do México. As ondas sísmicas do terremoto eram provavelmente fracas demais para causar grandes danos quando chegaram à Cidade do México, a cerca de 400 km de distância. Entretanto, a Cidade do México foi, em sua maior parte, construída no leito de um antigo lago, uma região onde o solo ainda é úmido e macio. Embora fosse pequena no solo firme a caminho da Cidade do México, a amplitude das ondas sísmicas aumentou consideravelmente no solo macio da cidade. A amplitude da aceleração das ondas chegou a 0,20g, e a frequência angular se concentrou (surpreendentemente) em torno de 3 rad/s. Não só o solo oscilou violentamente, mas muitos edifícios de altura intermediária tinham frequências de ressonância da ordem de 3 rad/s. A maioria desses edifícios desabou durante os tremores (Fig. 15.6.2), enquanto edifícios mais baixos (com frequência angular de ressonância maior) e mais altos (com frequência angular de ressonância menor) permaneceram de pé.

John T. Barr/Getty Images

Figura 15.6.2 Em 1985, edifícios de altura intermediária desabaram na Cidade do México por causa de um terremoto que ocorreu longe da cidade. Edifícios mais altos e mais baixos permaneceram de pé.

Durante um terremoto semelhante, ocorrido em 1989 na região de San Francisco-Oakland, uma oscilação ressonante atingiu parte de uma rodovia, fazendo desabar a pista superior sobre a pista inferior. Essa parte da rodovia tinha sido construída em um aterro mal compactado. CVF

Teste 15.6.1

A Fig. 15.8 das Perguntas mostra um dispositivo de transferência de oscilações que consiste em dois sistemas bloco-mola pendurados em uma barra flexível. Quando a mola do sistema 1 é alongada e depois liberada, ela oscila com uma frequência de 120 Hz e faz a barra e o sistema 2 começarem a oscilar. A frequência natural do sistema 2 é 140 Hz. (a) Para que o sistema 2 entre em ressonância com o sistema 1, devemos aumentar ou diminuir a constante elástica k_2 do sistema 2? (c) Em vez mudar a constante elástica k_2, podemos mudar a massa m_2 do sistema 2. Nesse caso, devemos aumentar ou diminuir a massa m_2 para obter a ressonância?

Revisão e Resumo

Frequência A *frequência* f de um movimento periódico, ou oscilatório, é o número de oscilações por segundo. A unidade de frequência do SI é o hertz:

$$1 \text{ hertz} = 1 \text{ Hz} = 1 \text{ oscilação por segundo} = 1 \text{ s}^{-1}. \quad (15.1.1)$$

Período O *período* T é o tempo necessário para uma oscilação completa, ou **ciclo**, e está relacionado à frequência pela equação

$$T = \frac{1}{f}. \quad (15.1.2)$$

Movimento Harmônico Simples No *movimento harmônico simples* (MHS), o deslocamento $x(t)$ de uma partícula a partir da posição de equilíbrio é descrito pela equação

$$x = x_m \cos(\omega t + \phi) \quad \text{(deslocamento)}, \quad (15.1.3)$$

em que x_m é a **amplitude** do deslocamento, $\omega t + \phi$ é a **fase** do movimento, e ϕ é a **constante de fase**. A **frequência angular** ω está relacionada ao período e à frequência do movimento pela equação

$$\omega = \frac{2\pi}{T} = 2\pi f \quad \text{(frequência angular)}. \quad (15.1.5)$$

Derivando a Eq. 15.1.3, chega-se às equações da velocidade e da aceleração de uma partícula em MHS em função do tempo:

$$v = -\omega x_m \,\text{sen}(\omega t + \phi) \quad \text{(velocidade)} \quad (15.1.6)$$

e

$$a = -\omega^2 x_m \cos(\omega t + \phi) \quad \text{(aceleração)}. \quad (15.1.7)$$

Na Eq. 15.1.6, a grandeza positiva ωx_m é a **amplitude da velocidade** do movimento, v_m. Na Eq. 15.1.7, a grandeza positiva $\omega^2 x_m$ é a **amplitude da aceleração** do movimento, a_m.

Oscilador Linear Uma partícula de massa m que se move sob a influência de uma força restauradora dada pela lei de Hooke $F = -kx$ executa um movimento harmônico simples, no qual

$$\omega = \sqrt{\frac{k}{m}} \quad \text{(frequência angular)} \quad (15.1.12)$$

e

$$T = 2\pi\sqrt{\frac{m}{k}} \quad \text{(período)}. \quad (15.1.13)$$

Um sistema desse tipo é chamado **oscilador harmônico linear simples**.

Energia Uma partícula em movimento harmônico simples possui, em qualquer instante, uma energia cinética $K = \frac{1}{2}mv^2$ e uma energia potencial $U = \frac{1}{2}kx^2$. Se não há atrito, a energia mecânica $E = K + U$ permanece constante, mesmo que K e U variem.

Pêndulos Entre os dispositivos que executam um movimento harmônico simples estão o **pêndulo de torção** da Fig. 15.3.1, o **pêndulo simples** da Fig. 15.4.1 e o **pêndulo físico** da Fig. 15.4.2. Os períodos de oscilação para pequenas oscilações são, respectivamente,

$$T = 2\pi\sqrt{I/\kappa} \quad \text{(pêndulo de torção)}, \quad (15.3.2)$$

$$T = 2\pi\sqrt{L/g} \quad \text{(pêndulo simples)}, \quad (15.4.5)$$

$$T = 2\pi\sqrt{I/mgh} \quad \text{(pêndulo físico)}. \quad (15.4.6)$$

Movimento Harmônico Simples e Movimento Circular Uniforme O movimento harmônico simples é a projeção do movimento circular uniforme em um diâmetro da circunferência na qual ocorre o movimento circular uniforme. A Fig. 15.4.5 mostra que as projeções de todos os parâmetros do movimento circular (posição, velocidade e aceleração) fornecem os valores correspondentes dos parâmetros do movimento harmônico simples.

Movimento Harmônico Amortecido A energia mecânica E de sistemas oscilatórios reais diminui durante as oscilações porque forças externas, como a força de arrasto, inibem as oscilações e transformam energia mecânica em energia térmica. Nesse caso, dizemos que o oscilador real e seu movimento são **amortecidos**. Se a **força de amortecimento** é dada por $\vec{F}_a = -b\vec{v}$, em que $\vec{v}$ é a velocidade do oscilador e b é uma **constante de amortecimento**, o deslocamento do oscilador é dado por

$$x(t) = x_m e^{-bt/2m} \cos(\omega' t + \phi), \quad (15.5.4)$$

em que ω', a frequência angular do oscilador amortecido, é dada por

$$\omega' = \sqrt{\frac{k}{m} - \frac{b^2}{4m^2}}. \quad (15.5.5)$$

Se a constante de amortecimento é pequena ($b \ll \sqrt{km}$), então $\omega' \approx \omega$, em que ω é a frequência angular do oscilador não amortecido. Para pequenos valores de b, a energia mecânica E do oscilador é dada por

$$E(t) \approx \tfrac{1}{2}kx_m^2 e^{-bt/m}. \quad (15.5.6)$$

Oscilações Forçadas e Ressonância Se uma força externa de frequência angular ω_f age sobre um sistema oscilatório de frequência angular *natural* ω, o sistema oscila com frequência angular ω_f. A amplitude da velocidade v_m do sistema é máxima para

$$\omega_f = \omega, \quad (15.6.2)$$

uma situação conhecida como **ressonância**. A amplitude x_m do sistema é (aproximadamente) máxima na mesma situação.

Perguntas

1 Qual dos seguintes intervalos se aplica ao ângulo ϕ do MHS da Fig. 15.1*a*:

$$\text{(a) } -\pi < \phi < -\pi/2,$$

$$\text{(b) } \pi < \phi < 3\pi/2,$$

$$\text{(c) } -3\pi/2 < \phi < 2\pi?$$

2 A velocidade $v(t)$ de uma partícula que executa um MHS é mostrada no gráfico da Fig. 15.1*b*. A partícula está momentaneamente em repouso, está se deslocando em direção a $-x_m$ ou está se deslocando em direção a $+x_m$ (a) no ponto *A* do gráfico e (b) no ponto *B* do gráfico? A partícula está em $-x_m$, em $+x_m$, em 0, entre $-x_m$ e 0, ou entre 0 e $+x_m$ quando sua velocidade é representada (c) pelo ponto *A* e (d) pelo ponto *B*? A velocidade da partícula está aumentando ou diminuindo (e) no ponto *A* e (f) no ponto *B*?

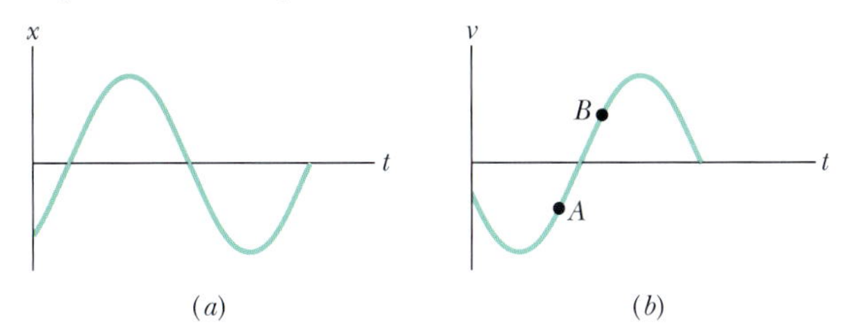

Figura 15.1 Perguntas 1 e 2.

3 O gráfico da Fig. 15.2 mostra a aceleração $a(t)$ de uma partícula que executa um MHS. (a) Qual dos pontos indicados corresponde à partícula na posição $-x_m$? (b) No ponto 4, a velocidade da partícula é positiva, negativa ou nula? (c) No ponto 5, a partícula está em $-x_m$, em $+x_m$, em 0, entre $-x_m$ e 0, ou entre 0 e $+x_m$?

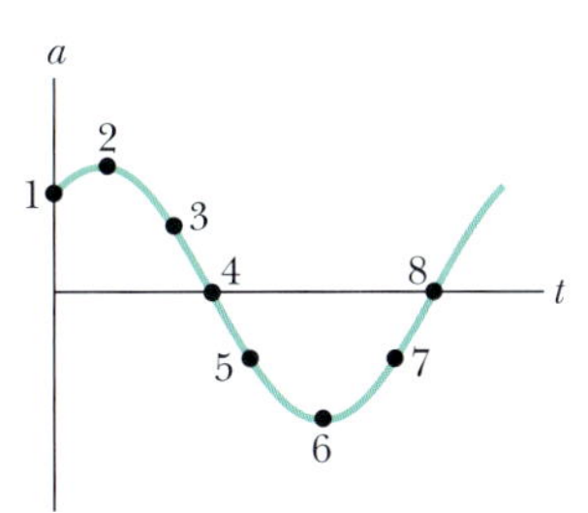

Figura 15.2 Pergunta 3.

4 Qual das seguintes relações entre a aceleração *a* e o deslocamento *x* de uma partícula corresponde a um MHS: (a) $a = 0{,}5x$, (b) $a = 400x^2$, (c) $a = -20x$, (d) $a = -3x^2$?

5 Você deve completar a Fig. 15.3*a* desenhando o eixo vertical para que a curva seja o gráfico da velocidade *v* em função do tempo *t* do oscilador bloco-mola cuja posição no instante $t = 0$ é a que aparece na Fig. 15.3*b*. (a) Em qual dos pontos indicados por letras na Fig. 15.3*a* ou em que intervalo entre os pontos indicados por letras o eixo *v* (vertical) deve interceptar o eixo *t*? (Por exemplo, o eixo vertical deve interceptar o eixo *t* no ponto $t = A$, ou, talvez, no intervalo $A < t < B$?) (b) Se a velocidade do bloco é dada por $v = -v_m \operatorname{sen}(\omega t + \phi)$, qual é o valor de ϕ? Suponha que ϕ seja positivo, e se não puder especificar um valor (como $+\pi/2$ rad), especifique um intervalo (como $0 < \phi < \pi/2$).

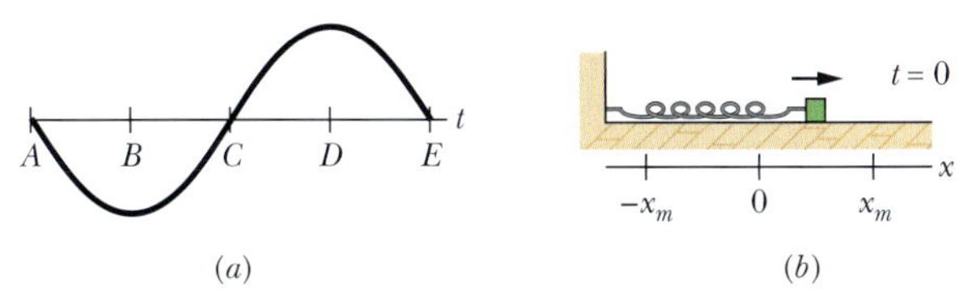

Figura 15.3 Pergunta 5.

6 Você deve completar a Fig. 15.4*a* desenhando o eixo vertical para que a curva seja o gráfico da aceleração *a* em função do tempo *t* do oscilador bloco-mola cuja posição no instante $t = 0$ é a que aparece na Fig. 15.4*b*. (a) Em qual dos pontos indicados por letras na Fig. 15.4*a*, ou em que intervalo entre os pontos indicados por letras o eixo *a* (vertical) deve interceptar o eixo *t*? (Por exemplo, o eixo vertical deve interceptar o eixo *t* no ponto $t = A$ ou, talvez, no intervalo $A < t < B$?) (b) Se a aceleração do bloco é dada por $a = -a_m \operatorname{sen}(\omega t + \phi)$, qual é o valor de ϕ? Suponha que ϕ seja positivo, e se não puder especificar um valor (como $+\pi/2$ rad), especifique um intervalo (como $0 < \phi < \pi/2$).

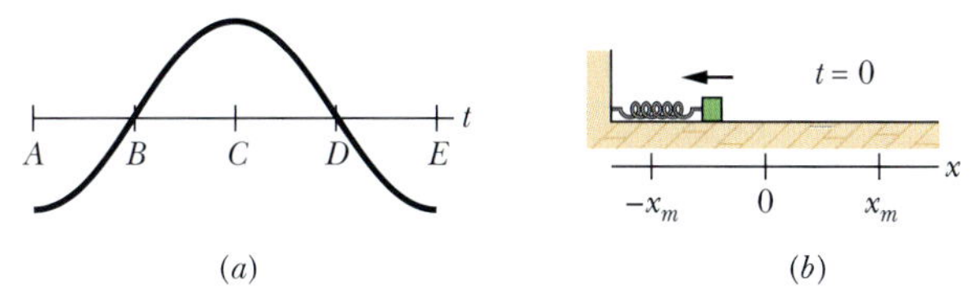

Figura 15.4 Pergunta 6.

7 A Fig. 15.5 mostra as curvas $x(t)$ obtidas em três experimentos fazendo um sistema bloco-mola realizar um MHS. Ordene as curvas de acordo (a) com a frequência angular do sistema, (b) com a energia potencial da mola no instante $t = 0$, (c) com a energia cinética do bloco no instante $t = 0$, (d) com a velocidade do bloco no instante $t = 0$ e (e) com a energia cinética máxima do bloco, em ordem decrescente.

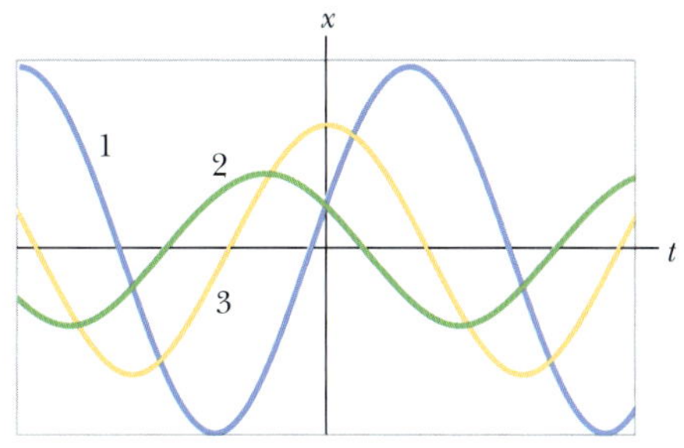

Figura 15.5 Pergunta 7.

8 A Fig. 15.6 mostra os gráficos da energia cinética *K* em função da posição *x* para três osciladores harmônicos que têm a mesma massa. Ordene os gráficos de acordo (a) com a constante elástica e (b) com o período do oscilador, em ordem decrescente.

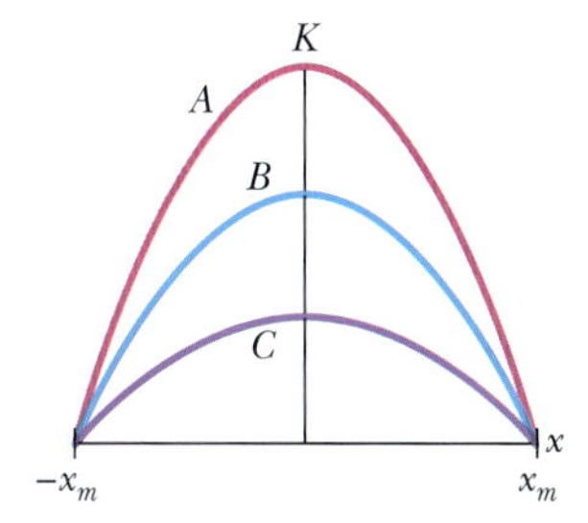

Figura 15.6 Pergunta 8.

9 A Fig. 15.7 mostra três pêndulos físicos formados por esferas homogêneas iguais, rigidamente ligadas por barras iguais, de massa desprezível. Os pêndulos são verticais e podem oscilar em torno do ponto de suspensão *O*. Ordene os pêndulos de acordo com o período das oscilações, em ordem decrescente.

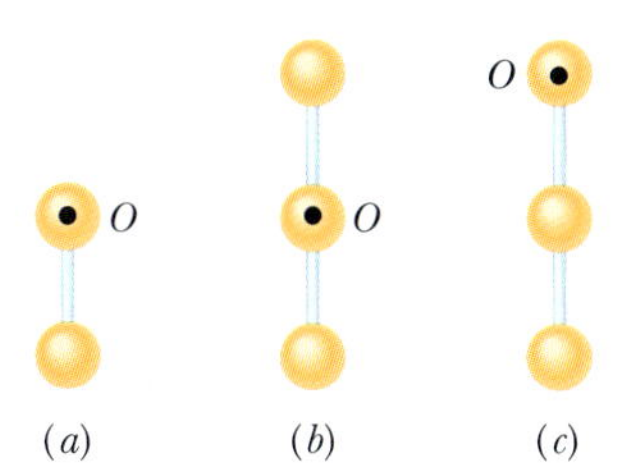

Figura 15.7 Pergunta 9.

10 Você deve construir o dispositivo de transferência de oscilações mostrado na Fig. 15.8. Ele é composto por dois sistemas bloco-mola pendurados em uma barra flexível. Quando a mola do sistema 1 é alongada e depois liberada, o MHS do sistema 1, de frequência f_1, faz a barra oscilar. A barra exerce uma força sobre o sistema 2, com a mesma frequência f_1. Você pode escolher entre quatro molas com constantes elásticas *k* de 1.600, 1.500, 1.400 e 1.200 N/m, e entre quatro blocos com massas *m* de 800, 500, 400 e 200 kg. Determine mentalmente que mola deve ser ligada a que bloco nos dois sistemas para maximizar a amplitude das oscilações do sistema 2.

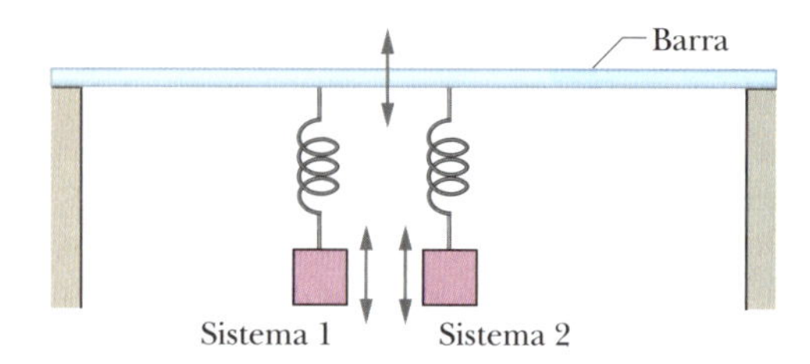

Figura 15.8 Pergunta 10.

11 Na Fig. 15.9, um sistema bloco-mola é colocado em MHS em dois experimentos. No primeiro, o bloco é puxado até sofrer um deslocamento d_1 em relação à posição de equilíbrio, e depois liberado. No segundo, é puxado até sofrer um deslocamento maior d_2, e depois liberado. (a) A amplitude, (b) o período, (c) a frequência, (d) a energia cinética máxima e (e) a energia potencial máxima do movimento no segundo experimento é maior, menor ou igual à do primeiro experimento?

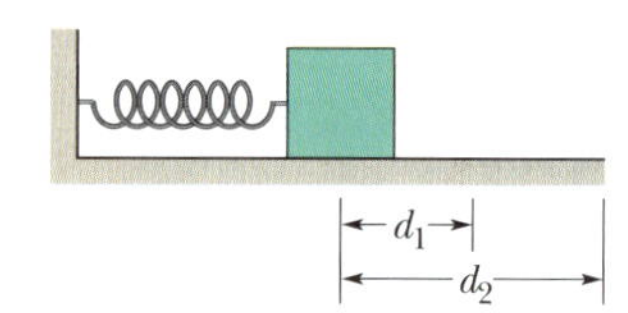

Figura 15.9 Pergunta 11.

12 A Fig. 15.10 mostra, para três situações, os deslocamentos $x(t)$ de um par de osciladores harmônicos simples (A e B) que são iguais em tudo, exceto na fase. Para cada par, qual é o deslocamento de fase necessário (em radianos e em graus) para fazer a curva A coincidir com a curva B? Das várias respostas possíveis, escolha o deslocamento com o menor valor absoluto.

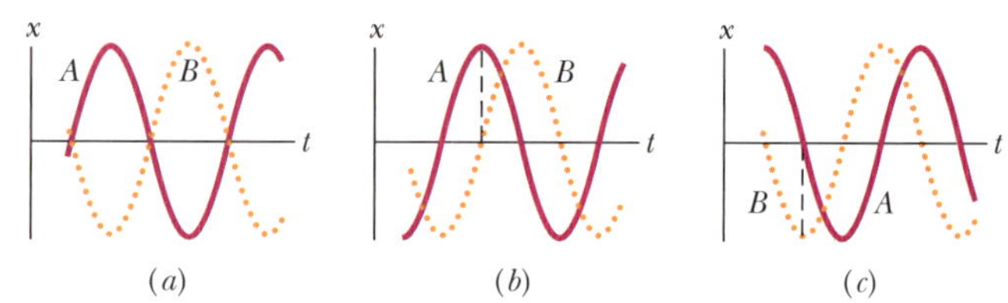

Figura 15.10 Pergunta 12.

Problemas

F Fácil M Médio D Difícil

CALC Requer o uso de derivadas e/ou integrais

CVF Informações adicionais disponíveis no e-book *O Circo Voador da Física*, de Jearl Walker, LTC Editora, Rio de Janeiro, 2008.

BIO Aplicação biomédica

Módulo 15.1 Movimento Harmônico Simples

1 F Um objeto que executa um movimento harmônico simples leva 0,25 s para se deslocar de um ponto de velocidade nula para o ponto seguinte do mesmo tipo. A distância entre os pontos é 36 cm. Calcule (a) o período, (b) a frequência e (c) a amplitude do movimento.

2 F Um corpo de 0,12 kg executa um movimento harmônico simples de amplitude 8,5 cm e período 0,20 s. (a) Qual é o módulo da força máxima que age sobre o corpo? (b) Se as oscilações são produzidas por uma mola, qual é a constante elástica da mola?

3 F Qual é a aceleração máxima de uma plataforma que oscila com uma amplitude de 2,20 cm e uma frequência de 6,60 Hz?

4 F Do ponto de vista das oscilações verticais, um automóvel pode ser considerado como estando apoiado em quatro molas iguais. Suponha que as molas de um carro sejam ajustadas de tal forma que as oscilações tenham uma frequência de 3,00 Hz. (a) Qual é a constante elástica de cada mola se a massa do carro é 1.450 kg e está igualmente distribuída pelas molas? (b) Qual é a frequência de oscilação se cinco passageiros, pesando, em média, 73,0 kg, entram no carro e a distribuição de massa é uniforme?

5 F Em um barbeador elétrico, a lâmina se move para a frente e para trás, percorrendo uma distância de 2,0 mm, em um movimento harmônico simples com uma frequência de 120 Hz. Determine (a) a amplitude, (b) a velocidade máxima da lâmina e (c) o módulo da aceleração máxima da lâmina.

6 F Uma partícula com massa de $1,00 \times 10^{-20}$ kg executa um movimento harmônico simples com um período de $1,00 \times 10^{-5}$ s e uma velocidade máxima de $1,00 \times 10^3$ m/s. Calcule (a) a frequência angular e (b) o deslocamento máximo da partícula.

7 F Um alto-falante produz um som musical por meio das oscilações de um diafragma cuja amplitude é limitada a 1,00 μm. (a) Para que frequência o módulo a da aceleração do diafragma é igual a g? (b) Para frequências maiores, a é maior ou menor que g?

8 F CALC Qual é a constante de fase do oscilador harmônico cuja função posição $x(t)$ aparece na Fig. 15.11 se a função posição é da forma $x = x_m \cos(\omega t + \phi)$? A escala do eixo vertical é definida por $x_s = 6,0$ cm.

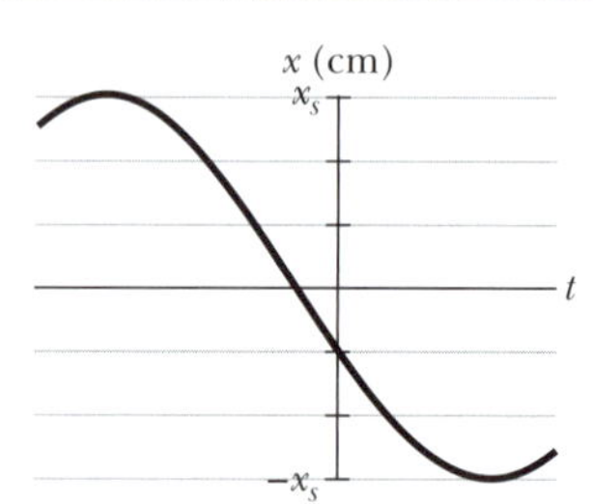

Figura 15.11 Problema 8.

9 F CALC A função $x = (6,0 \text{ m}) \cos[(3\pi \text{ rad/s})t + \pi/3 \text{ rad}]$ descreve o movimento harmônico simples de um corpo. No instante $t = 2,0$ s, determine (a) o deslocamento, (b) a velocidade, (c) a aceleração e (d) a fase do movimento. (e) Qual é a frequência e (f) qual é o período do movimento?

10 F Um sistema oscilatório bloco-mola leva 0,75 s para repetir o movimento. Determine (a) o período, (b) a frequência em hertz e (c) a frequência angular em radianos por segundo do movimento.

11 F CALC Na Fig. 15.12, duas molas iguais, de constante elástica 7.580 N/m, estão ligadas a um bloco, de massa 0,245 kg. Qual é a frequência de oscilação no piso sem atrito?

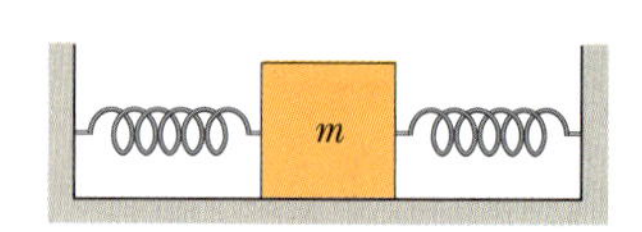

Figura 15.12 Problemas 11 e 21.

12 F Qual é a constante de fase do oscilador harmônico cuja função velocidade $v(t)$ está representada graficamente na Fig. 15.13, se a função posição $x(t)$ é da forma $x = x_m \cos(\omega t + \phi)$? A escala do eixo vertical é definida por $v_s = 4,0$ cm/s.

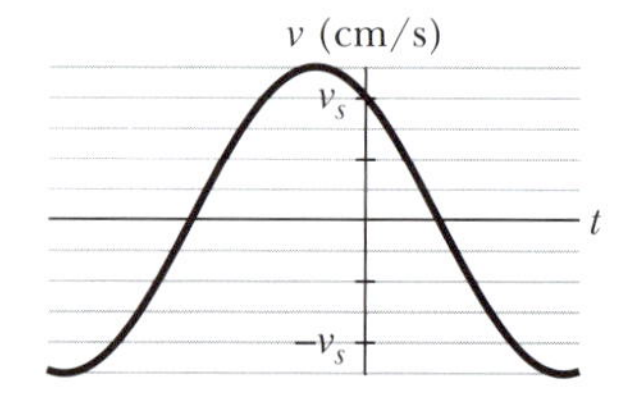

Figura 15.13 Problema 12.

13 F Um oscilador é formado por um bloco com uma massa de 0,500 kg ligado a uma mola. Quando é posto em oscilação com uma amplitude de 35,0 cm, o oscilador repete o movimento a cada 0,500 s. Determine (a) o período, (b) a frequência, (c) a frequência angular, (d) a constante elástica, (e) a velocidade máxima e (f) o módulo da força máxima que a mola exerce sobre o bloco.

14 **M** Um oscilador harmônico simples é formado por um bloco de massa 2,00 kg preso a uma mola de constante elástica 100 N/m. Em $t =$ 1,00 s, a posição e a velocidade do bloco são $x = 0{,}129$ m e $v = 3{,}415$ m/s. (a) Qual é a amplitude das oscilações? (b) Qual era a posição e (c) qual era a velocidade do bloco em $t = 0$ s?

15 **M** **CALC** Duas partículas oscilam em um movimento harmônico simples ao longo de um segmento retilíneo comum, de comprimento A. As duas partículas têm um período de 1,5 s, mas existe uma diferença de fase de $\pi/6$ rad entre os movimentos. (a) Qual é a distância entre as partículas (em termos de A) 0,50 s após a partícula atrasada passar por uma das extremidades da trajetória? (b) Nesse instante, as partículas estão se movendo no mesmo sentido, estão se aproximando uma da outra, ou estão se afastando uma da outra?

16 **M** Duas partículas executam movimentos harmônicos simples de mesma amplitude e frequência ao longo de retas paralelas próximas. Elas passam uma pela outra, movendo-se em sentidos opostos, toda vez que o deslocamento é metade da amplitude. Qual é a diferença de fase entre as partículas?

17 **M** Um oscilador é formado por um bloco preso a uma mola ($k = 400$ N/m). Em um dado instante t, a posição (medida a partir da posição de equilíbrio do sistema), a velocidade e a aceleração do bloco são $x = 0{,}100$ m, $v = -13{,}6$ m/s e $a = -123$ m/s^2. Calcule (a) a frequência das oscilações, (b) a massa do bloco e (c) a amplitude do movimento.

18 **M** Em um ancoradouro, as marés fazem com que a superfície do oceano suba e desça uma distância d (do nível mais alto ao nível mais baixo) em um movimento harmônico simples com um período de 12,5 h. Quanto tempo é necessário para que a água desça uma distância de $0{,}250d$ a partir do nível mais alto?

19 **M** Um bloco está apoiado em um êmbolo que se move verticalmente em um movimento harmônico simples. (a) Se o MHS tem um período de 1,0 s, para qual valor da amplitude do movimento o bloco e o êmbolo se separam? (b) Se o êmbolo se move com uma amplitude de 5,0 cm, qual é a maior frequência para a qual o bloco e o êmbolo permanecem continuamente em contato?

20 **M** A Fig. 15.14a é um gráfico parcial da função posição $x(t)$ de um oscilador harmônico simples com uma frequência angular de 1,20 rad/s; a Fig. 15.14b é um gráfico parcial da função velocidade $v(t)$ correspondente. As escalas dos eixos verticais são definidas por $x_s =$ 5,0 cm e $v_s = 5{,}0$ cm/s. Qual é a constante de fase do MHS se a função posição $x(t)$ é dada na forma $x = x_m \cos(\omega t + \phi)$?

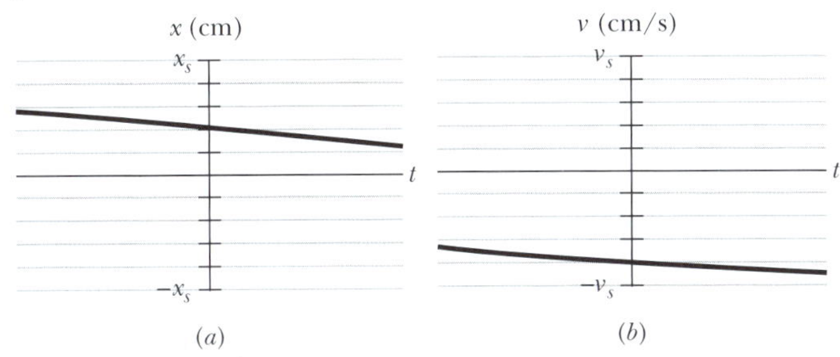

Figura 15.14 Problema 20.

21 **M** Na Fig. 15.12, duas molas estão presas a um bloco que pode oscilar em um piso sem atrito. Se a mola da esquerda é removida, o bloco oscila com uma frequência de 30 Hz. Se a mola da direita é removida, o bloco oscila com uma frequência de 45 Hz. Com que frequência o bloco oscila se as duas molas estão presentes?

22 **M** A Fig. 15.15 mostra o bloco 1, de massa 0,200 kg, deslizando para a direita, em uma superfície elevada, a uma velocidade de 8,00 m/s. O bloco sofre uma colisão elástica com o bloco 2, inicialmente em repouso, que está preso a uma mola de constante elástica 1208,5 N/m. (Suponha que a mola não afete a colisão.) Após a colisão, o bloco 2 inicia um MHS com um período de 0,140 s e o bloco 1 desliza para fora da extremidade oposta da superfície elevada, indo cair a uma distância horizontal d dessa superfície, depois de descer uma distância $h = 4{,}90$ m. Qual é o valor de d?

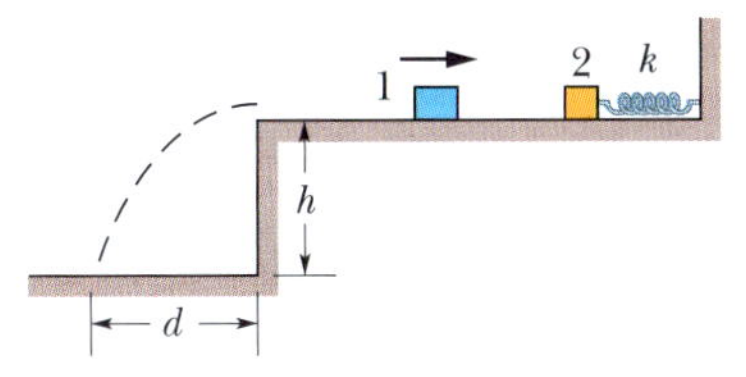

Figura 15.15 Problema 22.

23 **M** Um bloco está em uma superfície horizontal (uma mesa oscilante) que se move horizontalmente para a frente e para trás em um movimento harmônico simples com uma frequência de 2,0 Hz. O coeficiente de atrito estático entre o bloco e a superfície é 0,50. Qual o maior valor possível da amplitude do MHS para que o bloco não deslize pela superfície?

24 **D** Na Fig. 15.16, duas molas são ligadas entre si e a um bloco de massa 0,245 kg que oscila em um piso sem atrito. As duas molas possuem uma constante elástica $k = 6.430$ N/m. Qual é a frequência das oscilações?

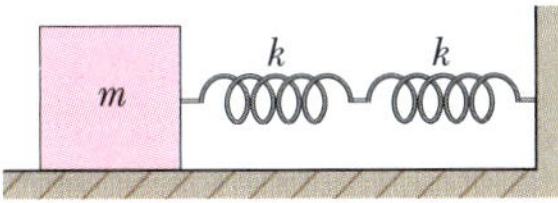

Figura 15.16 Problema 24.

25 **D** Na Fig. 15.17, um bloco com 14,0 N de peso, que pode deslizar sem atrito em um plano inclinado de ângulo $\theta = 40{,}0°$, está ligado ao alto do plano inclinado por uma mola, de massa desprezível, de 0,450 m de comprimento quando relaxada, cuja constante elástica é 120 N/m. (a) A que distância do alto do plano inclinado fica o ponto de equilíbrio do bloco? (b) Se o bloco é puxado ligeiramente para baixo ao longo do plano inclinado e depois liberado, qual é o período das oscilações resultantes?

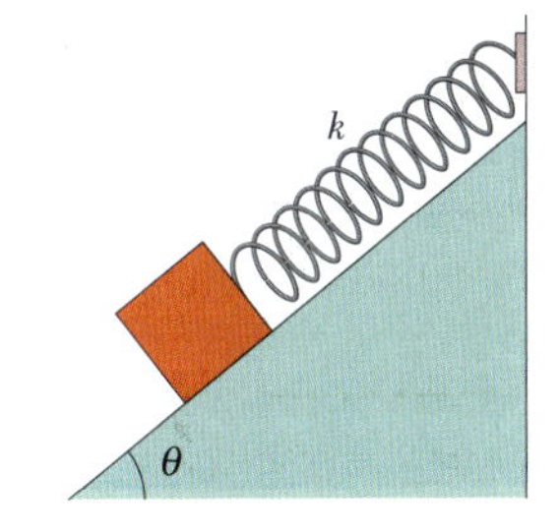

Figura 15.17 Problema 25.

26 **D** Na Fig. 15.18, dois blocos ($m = 1{,}8$ kg e $M = 10$ kg) e uma mola ($k = 200$ N/m) estão dispostos em uma superfície horizontal sem atrito. O coeficiente de atrito estático entre os dois blocos é 0,40. Que amplitude do movimento harmônico simples do sistema blocos-mola faz com que o bloco menor fique na iminência de deslizar?

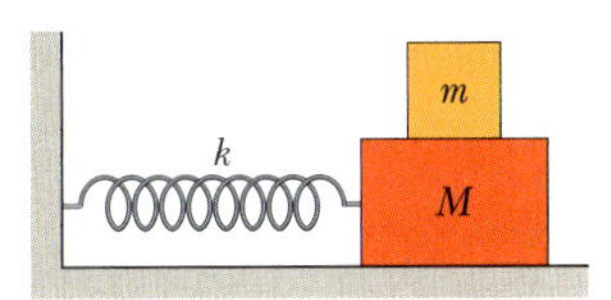

Figura 15.18 Problema 26.

Módulo 15.2 Energia do Movimento Harmônico Simples

27 **F** Quando o deslocamento em um MHS é metade da amplitude x_m, que fração da energia total é (a) energia cinética e (b) energia potencial? (c) Para que deslocamento, como fração da amplitude, a energia do sistema é metade energia cinética e metade energia potencial?

28 **F** A Fig. 15.19 mostra o poço de energia potencial unidimensional no qual está uma partícula de 2,0 kg [a função $U(x)$ é da forma bx^2 e a escala do eixo vertical é definida por $U_s = 2{,}0$ J]. (a) Se a partícula passa pela posição de equilíbrio com uma velocidade de 85 cm/s, ela retorna antes de chegar ao ponto $x = 15$ cm? (b) Caso a resposta seja afirmativa, calcule a posição do ponto de retorno; caso a resposta seja negativa, calcule a velocidade da partícula no ponto $x = 15$ cm.

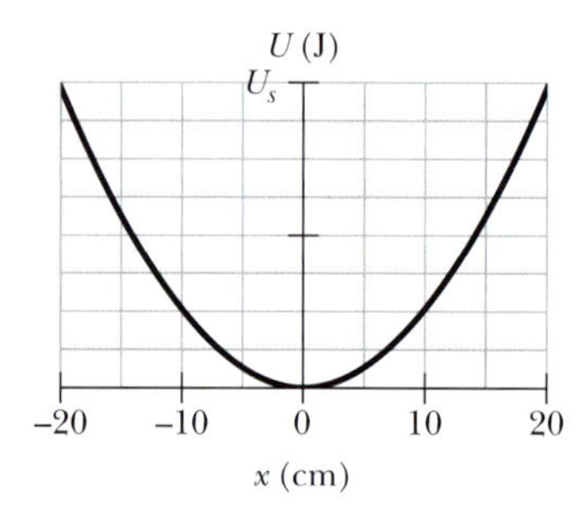

Figura 15.19 Problema 28.

29 F CALC Determine a energia mecânica de um sistema bloco-mola com uma constante elástica de 1,3 N/cm e uma amplitude de oscilação de 2,4 cm.

30 F Um sistema oscilatório bloco-mola possui uma energia mecânica de 1,00 J, uma amplitude de 10,0 cm e uma velocidade máxima de 1,20 m/s. Determine (a) a constante elástica, (b) a massa do bloco e (c) a frequência de oscilação.

31 F Um objeto de 5,00 kg que repousa em uma superfície horizontal sem atrito está preso a uma mola com k = 1.000 N/m. O objeto é deslocado horizontalmente 50,0 cm a partir da posição de equilíbrio e recebe uma velocidade inicial de 10,0 m/s na direção da posição de equilíbrio. Determine (a) a frequência do movimento, (b) a energia potencial inicial do sistema massa-mola, (c) a energia cinética inicial e (d) a amplitude do movimento.

32 F A Fig. 15.20 mostra a energia cinética K de um oscilador harmônico simples em função da posição x. A escala vertical é definida por K_s = 4,0 J. Qual é a constante elástica?

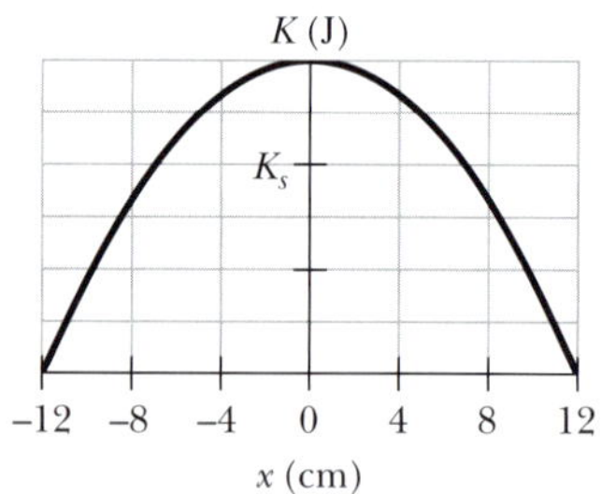

Figura 15.20 Problema 32.

33 M Um bloco de massa M = 5,4 kg, em repouso em uma mesa horizontal sem atrito, está ligado a um suporte rígido por uma mola de constante elástica k = 6.000 N/m. Uma bala, de massa m = 9,5 g e velocidade $\vec{v}$ de módulo 630 m/s, se choca com o bloco (Fig. 15.21) e fica alojada no bloco depois do choque. Supondo que a compressão da mola é desprezível até a bala se alojar no bloco, determine (a) a velocidade do bloco imediatamente após a colisão e (b) a amplitude do movimento harmônico simples resultante.

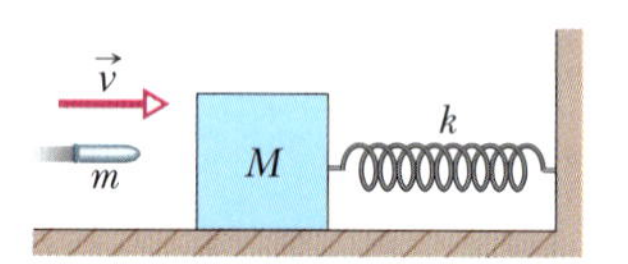

Figura 15.21 Problema 33.

34 M Na Fig. 15.22, o bloco 2, com massa de 2,0 kg, oscila na extremidade de uma mola, executando um MHS com um período de 20 ms. A posição do bloco é dada por $x = (1{,}0 \text{ cm}) \cos(\omega t + \pi/2)$. O bloco 1, de massa 4,0 kg, desliza em direção ao bloco 2 com uma velocidade de módulo 6,0 m/s. Os dois blocos sofrem uma colisão perfeitamente inelástica no instante t = 5,0 ms. (A duração do choque é muito menor que o período do movimento.) Qual é a amplitude do MHS após o choque?

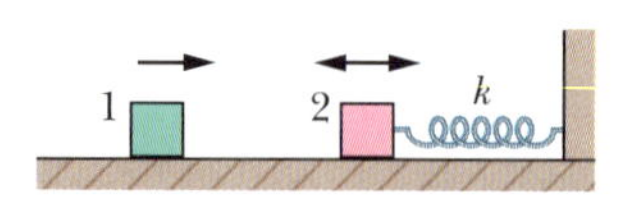

Figura 15.22 Problema 34.

35 M Uma partícula de 10 g executa um MHS com uma amplitude de 2,0 mm, uma aceleração máxima de módulo $8{,}0 \times 10^3$ m/s² e uma constante de fase desconhecida ϕ. Determine (a) o período do movimento (b) a velocidade máxima da partícula e (c) a energia mecânica total do oscilador. Qual é o módulo da força que age sobre a partícula no ponto no qual (d) o deslocamento é máximo? (e) O deslocamento é metade do deslocamento máximo?

36 M Se o ângulo de fase de um sistema bloco-mola que executa um MHS é $\pi/6$ rad e a posição do bloco é dada por $x = x_m \cos(\omega t + \phi)$, qual é a razão entre a energia cinética e a energia potencial no instante $t = 0$?

37 D Uma mola, de massa desprezível, está pendurada no teto com um pequeno objeto preso à extremidade inferior. O objeto é inicialmente mantido em repouso em uma posição y_i tal que a mola se encontra no estado relaxado. Em seguida, o objeto é liberado e passa a oscilar para cima e para baixo, com a posição mais baixa 10 cm abaixo de y_i. (a) Qual é a frequência das oscilações? (b) Qual é a velocidade do objeto quando se encontra 8,0 cm abaixo da posição inicial? (c) Um objeto de massa 300 g é preso ao primeiro objeto, após o que o sistema passa a oscilar com metade da frequência original. Qual é a massa do primeiro objeto? (d) A que distância abaixo de y_i está a nova posição de equilíbrio (repouso), com os dois objetos presos à mola?

Módulo 15.3 Oscilador Harmônico Angular Simples

38 F Uma esfera maciça, com massa de 95 kg e raio de 15 cm, está suspensa por um fio vertical. Um torque de 0,20 N · m é necessário para fazer a esfera girar 0,85 rad e ficar em repouso com a nova orientação. Qual é o período das oscilações quando a esfera é liberada?

39 M CALC O balanço de um relógio antigo oscila com uma amplitude angular de π rad e um período de 0,500 s. Determine (a) a velocidade angular máxima do balanço, (b) a velocidade angular no instante em que o deslocamento é $\pi/2$ rad e (c) o módulo da aceleração angular no instante em que o deslocamento é $\pi/4$ rad.

Módulo 15.4 Pêndulos e Movimento Circular

40 F Um pêndulo físico é formado por uma régua de um metro cujo ponto de suspensão é um pequeno furo feito na régua a uma distância d da marca de 50 cm. O período de oscilação é 2,5 s. Determine o valor de d.

41 F Na Fig. 15.23, o pêndulo é formado por um disco uniforme de raio r = 10,0 cm e 500 g de massa preso a uma barra homogênea de comprimento L = 500 mm e 270 g de massa. (a) Calcule o momento de inércia em relação ao ponto de suspensão. (b) Qual é a distância entre o ponto de suspensão e o centro de massa do pêndulo? (c) Calcule o período das oscilações.

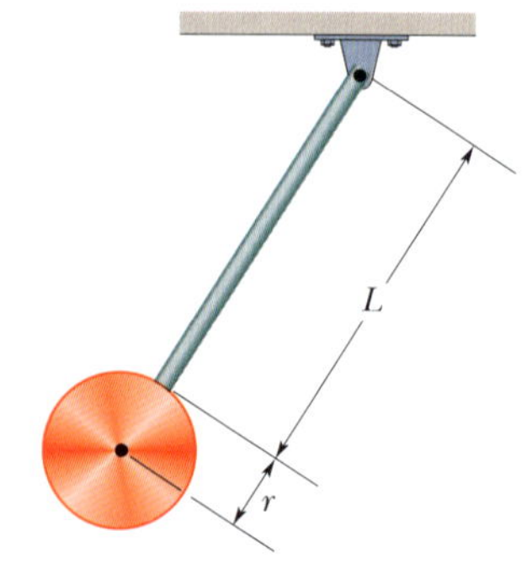

Figura 15.23 Problema 41.

42 F Suponha que um pêndulo simples seja formado por um pequeno peso de 60,0 g pendurado na extremidade de uma corda, de massa desprezível. Se o ângulo θ entre a corda e a vertical é dado por

$$\phi = (0{,}0800 \text{ rad}) \cos[(4{,}43 \text{ rad/s})t + \phi],$$

qual é (a) o comprimento da corda e (b) qual é a energia cinética máxima do peso?

43 F (a) Se o pêndulo físico do Exemplo 15.4.3 for invertido e pendurado pelo ponto P, qual será o período das oscilações? (b) O período será maior, menor ou igual ao valor anterior?

44 F Um pêndulo físico é formado por duas réguas de um metro de comprimento, unidas da forma indicada na Fig. 15.24. Qual é o período de oscilação do pêndulo em torno de um pino que passa pelo ponto A, situado no centro da régua horizontal?

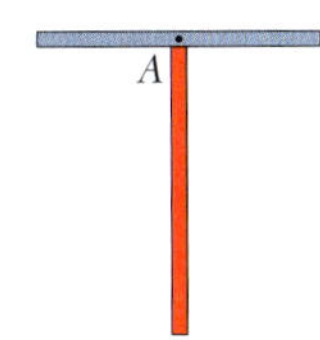

Figura 15.24 Problema 44.

45 F CVF Uma artista de circo, sentada em um trapézio, está se balançando com um período de 8,85 s. Quando ela fica em pé, elevando assim de 35,0 cm o centro de massa do sistema *trapézio + trapezista*, qual é o novo período do sistema? Trate o sistema *trapézio + trapezista* como um pêndulo simples.

46 F Na Eq. 15.4.6, vimos que, em um pêndulo físico em forma de régua, o centro de oscilação está a uma distância $2L/3$ do ponto de suspensão. Mostre que a distância entre o ponto de suspensão e o centro de oscilação para um pêndulo de qualquer formato é I/mh, em que I é o momento de inércia, m é a massa e h é a distância entre o ponto de suspensão e o centro de massa do pêndulo.

47 F Na Fig. 15.25, um pêndulo físico é formado por um disco uniforme (de raio R = 2,35 cm) sustentado em um plano vertical por um pino situado a uma distância d = 1,75 cm do centro do disco. O disco é deslocado de um pequeno ângulo e liberado. Qual é o período do movimento harmônico simples resultante?

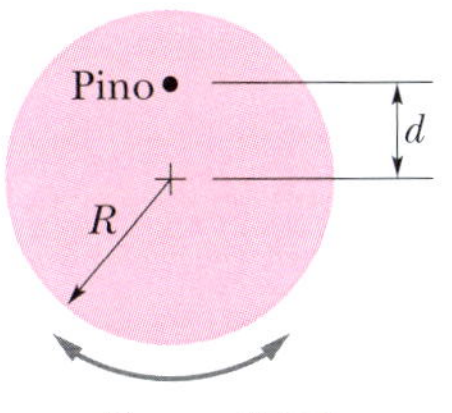

Figura 15.25 Problema 47.

48 M Um bloco retangular, com faces de largura a = 35 cm e comprimento b = 45 cm, é suspenso por uma barra fina que passa por um pequeno furo no interior do bloco e colocado para oscilar como um pêndulo, com uma amplitude suficientemente pequena para que se trate de um MHS. A Fig. 15.26 mostra uma possível posição do furo, a uma distância r do centro do bloco, na reta que liga o centro a um dos vértices. (a) Plote o período do pêndulo em função da distância r de modo que o mínimo da curva fique evidente. (b) O mínimo acontece para que valor de r? Na realidade, existe um lugar geométrico em torno do centro do bloco para o qual o período de oscilação possui o mesmo valor mínimo. (c) Qual é a forma desse lugar geométrico?

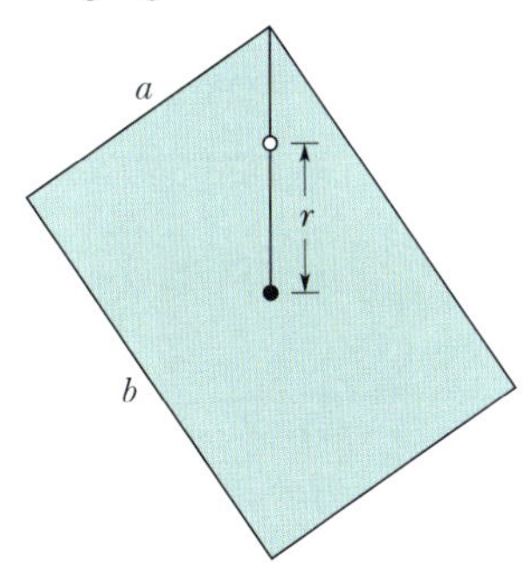

Figura 15.26 Problema 48.

49 M O ângulo do pêndulo da Fig. 15.4.1*b* é dado por $\theta = \theta_m \cos[(4{,}44 \text{ rad/s})t + \phi]$. Se, em $t = 0$, θ = 0,040 rad e $d\theta/dt$ = −0,200 rad/s, qual é (a) a constante de fase ϕ e (b) qual é o ângulo máximo θ_m? (*Atenção*: Não confunda a taxa de variação de θ, $d\theta/dt$, com a frequência angular ω do MHS.)

50 M Uma barra fina homogênea, com massa de 0,50 kg, oscila em torno de um eixo que passa por uma das extremidades da barra e é perpendicular ao plano de oscilação. A barra oscila com um período de 1,5 s e uma amplitude angular de 10°. (a) Qual é o comprimento da barra? (b) Qual é a energia cinética máxima da barra?

51 M CALC Na Fig. 15.27, uma barra, de comprimento L = 1,85 m, oscila como um pêndulo físico. (a) Que valor da distância x entre o centro de massa da barra e o ponto de suspensão O corresponde ao menor período? (b) Qual é esse período?

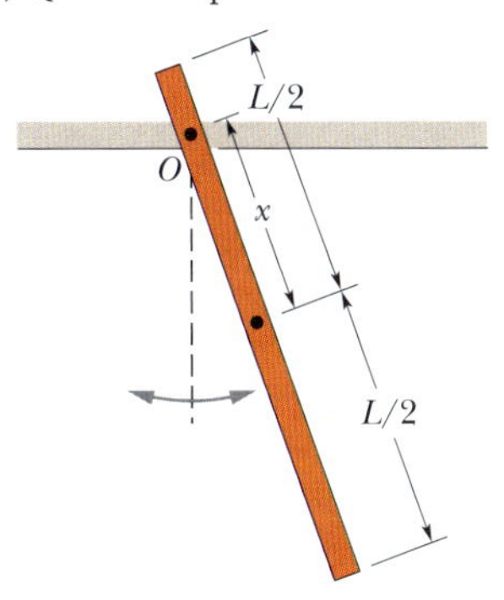

Figura 15.27 Problema 51.

52 M O cubo de 3,00 kg da Fig. 15.28 tem d = 6,00 cm de aresta e está montado em um eixo que passa pelo centro. Uma mola (k = 1.200 N/m) liga o vértice superior do cubo a uma parede rígida. Inicialmente, a mola está relaxada. Se o cubo é girado de 3° e liberado, qual é o período do MHS resultante?

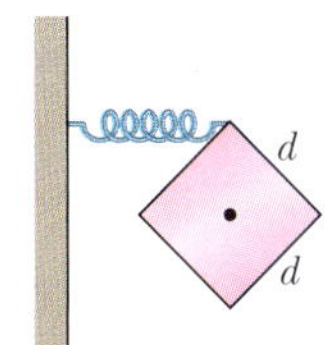

Figura 15.28 Problema 52.

53 M Na vista superior da Fig. 15.29, uma barra longa, homogênea, com 0,600 kg de massa, está livre para girar em um plano horizontal em torno de um eixo vertical que passa pelo centro. Uma mola de constante elástica k = 1.850 N/m é ligada horizontalmente entre uma das extremidades da barra e uma parede fixa. Quando está em equilíbrio, a barra fica paralela à parede. Qual é o período das pequenas oscilações que acontecem quando a barra é girada ligeiramente e depois liberada?

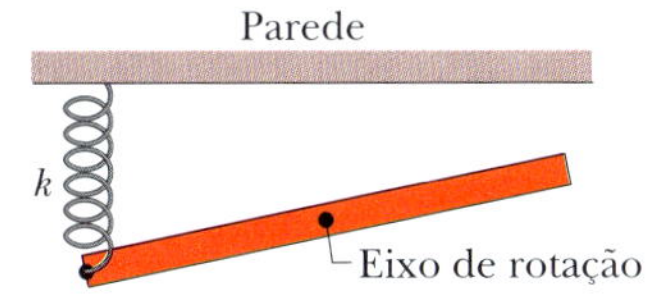

Figura 15.29 Problema 53.

54 M Na Fig. 15.30*a*, uma placa de metal está montada em um eixo que passa pelo centro de massa. Uma mola com k = 2.000 N/m está ligada a uma parede e a um ponto da borda da placa a uma distância r = 2,5 cm do centro de massa. Inicialmente, a mola está relaxada. Se a placa é girada de 7° e liberada, ela oscila em torno do eixo em um MHS, com a posição angular dada pela Fig. 15.30*b*. A escala do eixo horizontal é definida por t_s = 20 ms. Qual é o momento de inércia da placa em relação ao centro de massa?

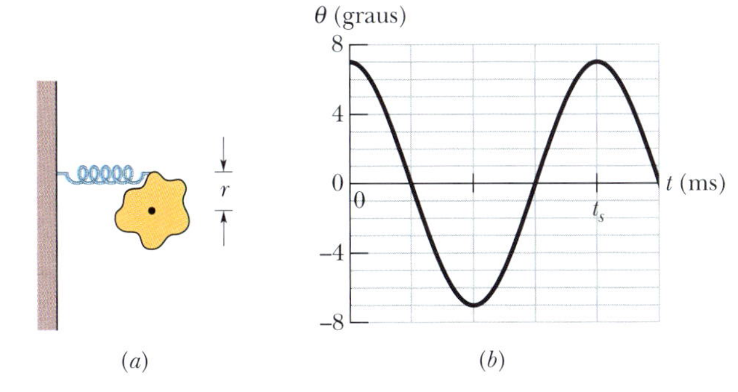

Figura 15.30 Problema 54.

55 D Um pêndulo é formado suspendendo por um ponto uma barra longa e fina. Em uma série de experimentos, o período é medido em função da distância x entre o ponto de suspensão e o centro da barra.

(a) Se o comprimento da barra é $L = 2{,}20$ m e a massa é $m = 22{,}1$ g, qual é o menor período? (b) Se x é escolhido de modo a minimizar o período e L é aumentado, o período aumenta, diminui ou permanece o mesmo? (c) Se, em vez disso, m é aumentada com L mantido constante, o período aumenta, diminui ou permanece o mesmo?

56 **D** Na Fig. 15.31, um disco de 2,50 kg com $D = 42{,}0$ cm de diâmetro está preso a uma das extremidades de uma barra, de comprimento $L = 76{,}0$ cm e massa desprezível, que está suspensa pela outra extremidade. (a) Com a mola de torção de massa desprezível desconectada, qual é o período de oscilação? (b) Com a mola de torção conectada, a barra fica em equilíbrio na vertical. Qual é a constante de torção da mola se o período de oscilação diminui de 0,500 s com a mola de torção conectada?

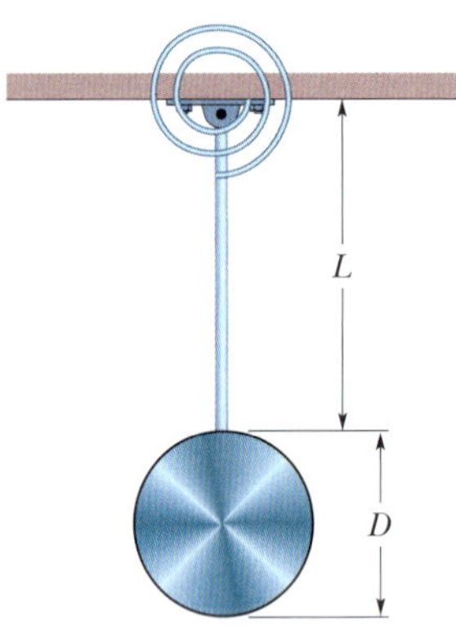

Figura 15.31 Problema 56.

Módulo 15.5 Movimento Harmônico Simples Amortecido

57 **F** A amplitude de um oscilador fracamente amortecido diminui de 3,0% a cada ciclo. Que porcentagem da energia mecânica do oscilador é perdida em cada ciclo?

58 **F** Em um oscilador amortecido como o da Fig. 15.5.1, com $m = 250$ g, $k = 85$ N/m e $b = 70$ g/s, qual é a razão entre a amplitude das oscilações amortecidas e a amplitude inicial após 20 ciclos?

59 **F** Em um oscilador amortecido como o da Fig. 15.5.1, o bloco possui uma massa de 1,50 kg e a constante elástica é 8,00 N/m. A força de amortecimento é dada por $-b(dx/dt)$, em que $b = 230$ g/s. O bloco é puxado 12,0 cm para baixo e liberado. (a) Calcule o tempo necessário para que a amplitude das oscilações resultantes diminua para um terço do valor inicial. (b) Quantas oscilações o bloco realiza nesse intervalo de tempo?

60 **M** O sistema de suspensão de um automóvel de 2.000 kg "cede" 10 cm quando o chassi é colocado no lugar. Além disso, a amplitude das oscilações diminui de 50% a cada ciclo. Estime o valor (a) da constante elástica k e (b) da constante de amortecimento b do sistema mola-amortecedor de uma das rodas, supondo que cada roda sustenta 500 kg.

Módulo 15.6 Oscilações Forçadas e Ressonância

61 **F** Suponha que, na Eq. 15.6.1, a amplitude x_m seja dada por

$$x_m = \frac{F_m}{[m^2(\omega_d^2 - \omega^2)^2 + b^2\omega_d^2]^{1/2}},$$

em que F_m é a amplitude (constante) da força alternada externa exercida sobre a mola pelo suporte rígido da Fig. 15.5.1. Qual é, na ressonância, (a) a amplitude do movimento e (b) qual é a amplitude da velocidade do bloco?

62 **F** São pendurados em uma viga horizontal nove pêndulos com os seguintes comprimentos: (a) 0,10; (b) 0,30; (c) 0,40; (d) 0,80; (e) 1,2; (f) 2,8; (g) 3,5; (h) 5,0; (i) 6,2 m. A viga sofre oscilações horizontais com frequências angulares no intervalo de 2,00 rad/s a 4,00 rad/s. Quais dos pêndulos entram (fortemente) em oscilação?

63 **M** Um carro de 1.000 kg com quatro ocupantes de 82 kg viaja em uma estrada de terra com "costelas" separadas por uma distância média de 4,0 m. O carro trepida com amplitude máxima quando está a 16 km/h. Quando o carro para e os ocupantes saltam, de quanto aumenta a altura do carro?

Problemas Adicionais

64 **CVF** Embora seja conhecido pelos terremotos, o estado da Califórnia possui vastas regiões com rochas precariamente equilibradas que tombariam, mesmo quando submetidas a um fraco tremor de terra. As rochas permaneceram na mesma posição por milhares de anos, o que sugere que grandes terremotos não ocorreram recentemente nessas regiões. Se um terremoto submetesse uma dessas rochas a uma oscilação senoidal (paralela ao solo) com uma frequência de 2,2 Hz, uma amplitude de oscilação de 1,0 cm faria a rocha tombar. Qual seria o módulo da aceleração máxima da oscilação, em termos de g?

65 O diafragma de um alto-falante está oscilando em um movimento harmônico simples com uma frequência de 440 Hz e um deslocamento máximo de 0,75 mm. Determine (a) a frequência angular, (b) a velocidade máxima e (c) o módulo da aceleração máxima.

66 Uma mola homogênea com $k = 8.600$ N/m é cortada em dois pedaços, 1 e 2, cujos comprimentos no estado relaxado são $L_1 = 7{,}0$ cm e $L_2 = 10$ cm. Qual é o valor (a) de k_1 e (b) de k_2? Um bloco preso na mola original, como na Fig. 15.1.7, oscila com uma frequência de 200 Hz. Qual será a frequência de oscilação se o bloco for preso (c) no pedaço 1 e (d) no pedaço 2?

67 Na Fig. 15.32, três vagonetes de minério de 10.000 kg são mantidos em repouso nos trilhos de uma mina por um cabo paralelo aos trilhos, que possuem uma inclinação $\theta = 30°$ em relação à horizontal. O cabo sofre um alongamento de 15 cm imediatamente antes de o engate entre os dois vagonetes de baixo se romper, liberando um deles. Supondo que o cabo obedece à lei de Hooke, determine (a) a frequência e (b) a amplitude das oscilações dos dois vagonetes que restam.

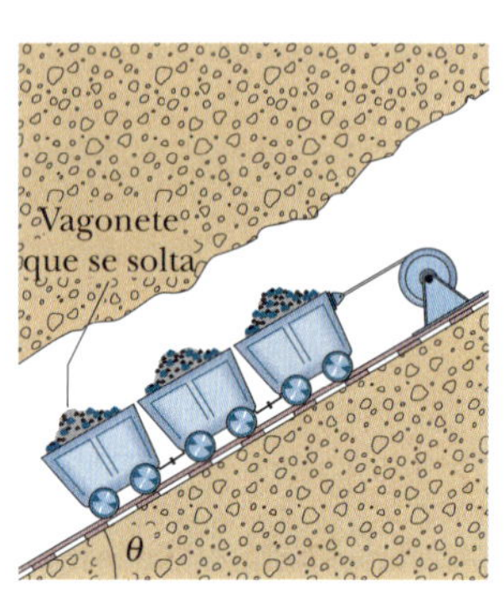

Figura 15.32 Problema 67.

68 Um bloco de 2,00 kg está pendurado em uma mola. Quando um corpo de 300 g é pendurado no bloco, a mola sofre um alongamento adicional de 2,00 cm. (a) Qual é a constante elástica da mola? (b) Determine o período do movimento se o corpo de 300 g for removido e o bloco for posto para oscilar.

69 O êmbolo de uma locomotiva tem um curso (o dobro da amplitude) de 0,76 m. Se o êmbolo executa um movimento harmônico simples com uma frequência angular de 180 rev/min, qual é sua velocidade máxima?

70 Uma roda de bicicleta pode girar livremente em torno do eixo, que é mantido fixo. Uma mola está presa a um dos raios a uma distância r do eixo, como mostra a Fig. 15.33. (a) Usando como modelo para a roda um anel delgado, de massa m e raio R, qual é a frequência angular ω para pequenas oscilações do sistema em termos de m, R, r e da constante elástica k? Qual é o valor de ω para (b) $r = R$ e (c) $r = 0$?

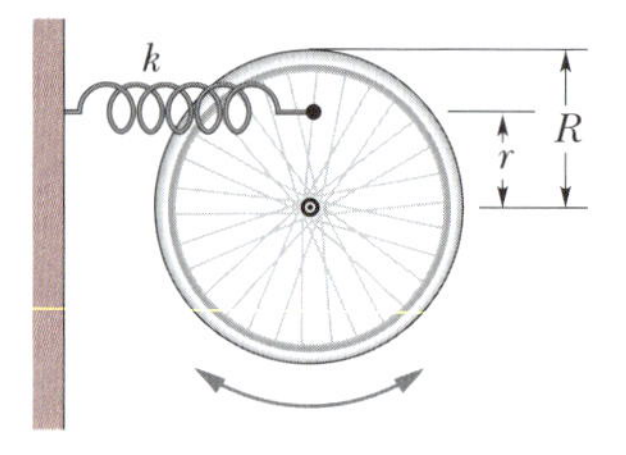

Figura 15.33 Problema 70.

71 Uma pedra de 50,0 g está oscilando na extremidade inferior de uma mola vertical. Se a maior velocidade da pedra é 15,0 cm/s e o período é 0,500 s, determine (a) a constante elástica da mola, (b) a amplitude do movimento e (c) a frequência de oscilação.

72 Um disco circular homogêneo de $R = 12{,}6$ cm está suspenso por um ponto da borda para formar um pêndulo físico. (a) Qual é o período do pêndulo? (b) A que distância do centro $r < R$ existe um ponto de suspensão para o qual o período é o mesmo?

73 Uma mola vertical sofre um alongamento de 9,6 cm quando um bloco de 1,3 kg é pendurado na extremidade. (a) Calcule a constante elástica. O bloco é deslocado de mais 5,0 cm para baixo e liberado a partir do repouso. Determine (b) o período, (c) a frequência, (d) a amplitude e (e) a velocidade máxima do MHS resultante.

74 Uma mola, de massa desprezível e constante elástica 19 N/m, está pendurada verticalmente. Um corpo, de massa 0,20 kg, é preso na extremidade livre da mola e liberado. Suponha que a mola estava relaxada antes de o corpo ser liberado. Determine (a) a distância que o corpo atinge abaixo da posição inicial, (b) a frequência e (c) a amplitude do MHS resultante.

75 Um bloco de 4,00 kg está suspenso por uma mola com $k = 500$ N/m. Um bala de 50,0 g é disparada verticalmente contra o bloco, de baixo para cima, com uma velocidade de 150 m/s, e fica alojada no bloco. (a) Determine a amplitude do MHS resultante. (b) Que porcentagem da energia cinética original da bala é transferida para a energia mecânica do oscilador?

76 Um bloco de 55,0 g oscila em um MHS na extremidade de uma mola com $k = 1.500$ N/m de acordo com a equação $x = x_m\cos(\omega t + \phi)$. Quanto tempo o bloco leva para se deslocar da posição $+0{,}800x_m$ para a posição (a) $+0{,}600x_m$ e (b) $-0{,}800x_m$?

77 A Fig. 15.34 mostra a posição de um bloco de 20 g oscilando em um MHS na extremidade de uma mola. A escala do eixo horizontal é definida por $t_s = 40{,}0$ ms. (a) Qual é a energia cinética máxima do bloco e (b) qual o número de vezes por segundo que a energia cinética máxima é atingida? (*Sugestão*: Medir a inclinação de uma curva pode levar a valores pouco precisos. Tente encontrar um método melhor.)

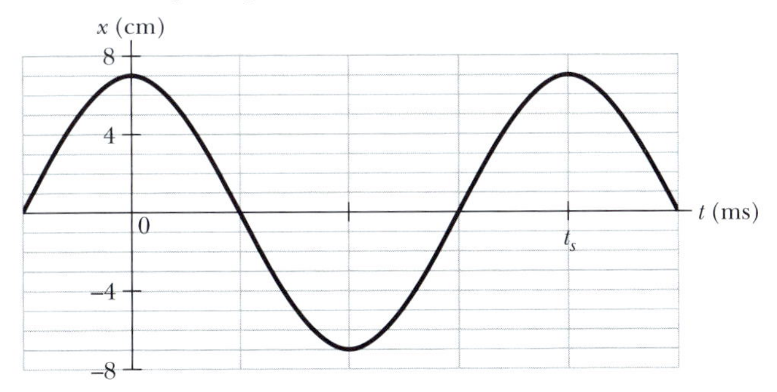

Figura 15.34 Problemas 77 e 78.

78 A Fig. 15.34 mostra a posição $x(t)$ de um bloco que oscila em um MHS na extremidade de uma mola ($t_s = 40{,}0$ ms). (a) Qual é a velocidade e (b) qual é o módulo da aceleração radial de uma partícula no movimento circular uniforme correspondente?

79 A Fig. 15.35 mostra a energia cinética K de um pêndulo simples em função do ângulo θ com a vertical. A escala do eixo vertical é definida por $K_s = 10{,}0$ mJ. O peso do pêndulo tem massa de 0,200 kg. Qual é o comprimento do pêndulo?

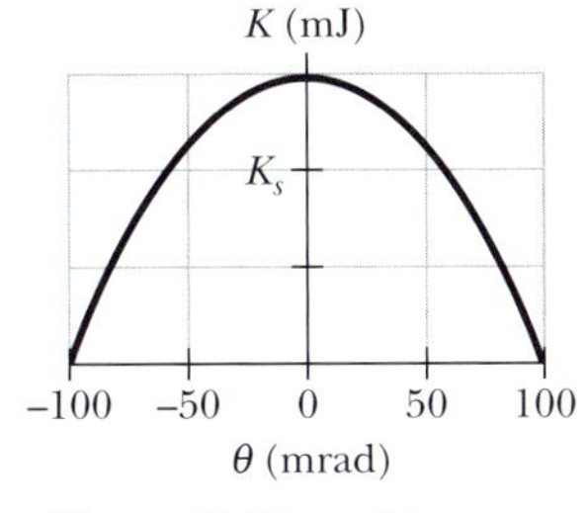

Figura 15.35 Problema 79.

80 Um bloco está em MHS na extremidade de uma mola, com a posição dada por $x = x_m\cos(\omega t + \phi)$. Se $\phi = \pi/5$ rad, que porcentagem da energia mecânica total é energia potencial no instante $t = 0$?

81 Um oscilador harmônico simples é formado por um bloco de 0,50 kg preso a uma mola. O bloco oscila em linha reta, de um lado para outro, em uma superfície sem atrito, com o ponto de equilíbrio em $x = 0$. No instante $t = 0$, o bloco está em $x = 0$ e se move no sentido positivo de x. A Fig. 15.36 mostra o módulo da força aplicada $\vec{F}$ em função da posição do bloco. A escala vertical é definida por $F_s = 75{,}0$ N. Determine (a) a amplitude do movimento, (b) o período do movimento, (c) o módulo da aceleração máxima e (d) a energia cinética máxima.

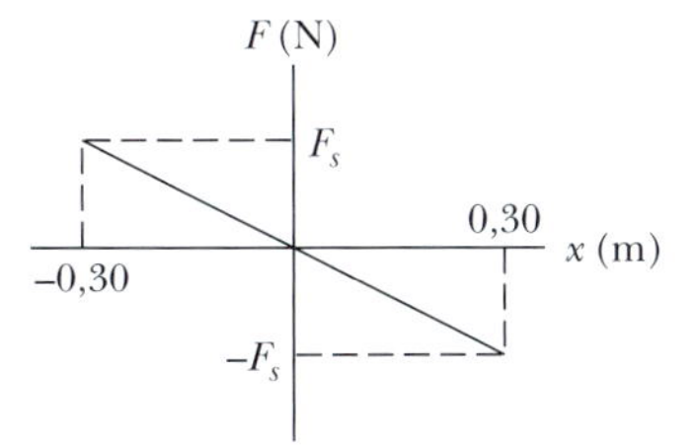

Figura 15.36 Problema 81.

82 Um pêndulo simples, com 20 cm de comprimento e 5,0 g de massa, está suspenso em um carro de corrida que se move a uma velocidade constante de 70 m/s, descrevendo uma circunferência com 50 m de raio. Se o pêndulo sofre pequenas oscilações na direção radial em torno da posição de equilíbrio, qual é a frequência das oscilações?

83 A escala de uma balança de mola que pode medir de 0 a 15,0 kg tem 12,0 cm de comprimento. Um pacote colocado na balança oscila verticalmente com uma frequência de 2,00 Hz. (a) Qual é a constante elástica da mola? (b) Qual é o peso do pacote?

84 Um bloco de 0,10 kg oscila em linha reta em uma superfície horizontal sem atrito. O deslocamento em relação à origem é dado por

$$x = (10 \text{ cm}) \cos[(10 \text{ rad/s})t + \pi/2 \text{ rad}].$$

(a) Qual é a frequência de oscilação? (b) Qual é a velocidade máxima do bloco? (c) Para qual valor de x a velocidade é máxima? (d) Qual é o módulo da aceleração máxima do bloco? (e) Para qual valor de x a aceleração é máxima? (f) Que força, aplicada ao bloco pela mola, produz uma oscilação como essa?

85 A extremidade de uma mola oscila com um período de 2,0 s quando um bloco, de massa m, está preso à mola. Quando a massa é aumentada de 2,0 kg, o período do movimento passa a ser 3,0 s. Determine o valor de m.

86 A ponta de um diapasão executa um MHS com uma frequência de 1.000 Hz e uma amplitude de 0,40 mm. Para essa ponta, qual é o módulo (a) da aceleração máxima, (b) da velocidade máxima, (c) da aceleração quando o delocamento é 0,20 mm e (d) da velocidade quando o deslocameno é 0,20 mm?

87 Um disco plano circular homogêneo, com massa de 3,00 kg e raio de 70,0 cm, está suspenso em um plano horizontal por um fio vertical preso ao centro. Se o disco sofre uma rotação de 2,50 rad em torno do fio, é necessário um torque de 0,0600 N · m para manter essa orientação. Calcule (a) o momento de inércia do disco em relação ao fio, (b) a constante de torção e (c) a frequência angular desse pêndulo de torção quando é posto para oscilar.

88 Um bloco com 20 N de peso oscila na extremidade de uma mola vertical com uma constante elástica $k = 100$ N/m; a outra extremidade da mola está presa a um teto. Em um dado instante, a mola está esticada 0,30 m além do comprimento relaxado (o comprimento quando nenhum objeto está preso à mola) e a velocidade do bloco é zero. (a) Qual é a força a que o bloco está submetido nesse instante? Qual é (b) a amplitude e (c) qual o período do movimento harmônico simples? (d) Qual é a energia cinética máxima do bloco?

89 Uma partícula de 3,0 kg está realizando um movimento harmônico simples em uma dimensão e se move de acordo com a equação

$$x = (5{,}0 \text{ m}) \cos[(\pi/3 \text{ rad/s})t - \pi/4 \text{ rad}],$$

com t em segundo. (a) Para qual valor de x a energia potencial da partícula é igual à metade da energia total? (b) Quanto tempo a partícula leva para se mover até a posição do item (a) a partir da posição de equilíbrio?

90 Uma partícula executa um MHS linear com uma frequência de 0,25 Hz em torno do ponto $x = 0$. Em $t = 0$, o deslocamento da partícula é $x = 0{,}37$ cm e a velocidade é $v = 0$. Determine os seguintes parâmetros do MHS: (a) período, (b) frequência angular, (c) amplitude, (d) deslocamento $x(t)$, (e) velocidade $v(t)$, (f) velocidade máxima, (g) módulo da aceleração máxima, (h) deslocamento em $t = 3,0$ s e (i) velocidade em $t = 3,0$ s.

91 Qual é a frequência de um pêndulo simples de 2,0 m de comprimento (a) em uma sala, (b) em um elevador acelerando para cima a 2,0 m/s² e (c) em queda livre?

92 O pêndulo de um relógio é formado por um disco fino de latão de raio $r = 15,00$ cm e 1,000 kg de massa preso a uma barra longa e fina de massa desprezível. O pêndulo oscila livremente em torno de um eixo perpendicular à barra que passa pela extremidade oposta à do disco, como mostra a Fig. 15.37. Se o pêndulo deve ter um período de 2,000 s para pequenas oscilações em um local em que $g = 9,800$ m/s², qual deve ser o comprimento L da haste com precisão de décimos de milímetro?

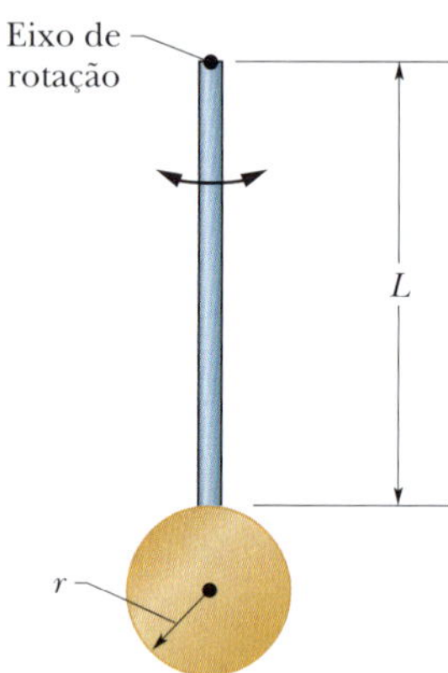

Figura 15.37 Problema 92.

93 Um bloco de 4,00 kg pendurado em uma mola produz um alongamento de 16,0 cm em relação à posição relaxada. (a) Qual é a constante elástica da mola? (b) O bloco é removido e um corpo de 0,500 kg é pendurado na mesma mola. Se a mola é alongada e liberada, qual é o período de oscilação?

94 Qual é a constante de fase do oscilador harmônico simples cuja função aceleração $a(t)$ aparece na Fig. 15.38 se a função posição $x(t)$ é da forma $x = x_m \cos(\omega t + \phi)$ e $a_s = 4,0$ m/s²?

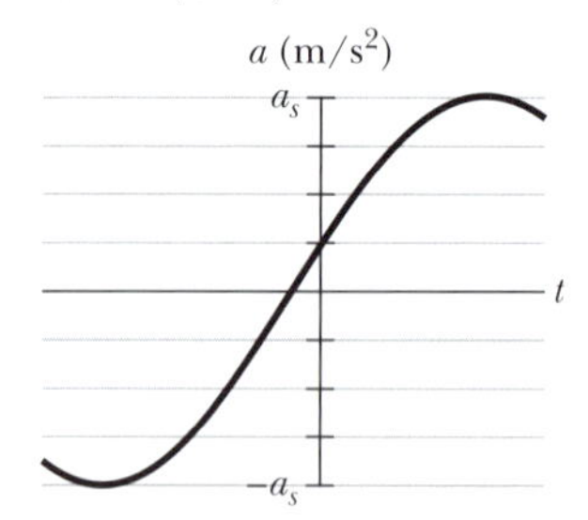

Figura 15.38 Problema 94.

95 Um engenheiro possui um objeto de 10 kg de forma irregular e precisa conhecer o momento de inércia do objeto em relação a um eixo que passa pelo centro de massa. O objeto é suspenso por um fio com uma constante de torção $k = 0,50$ N · m, de tal forma que o ponto de suspensão está alinhado com o centro de massa. Se esse pêndulo de torção sofre 20 oscilações completas em 50 s, qual é o momento de inércia do objeto em relação ao eixo escolhido?

96 **CVF** Uma aranha fica sabendo que a teia capturou um inseto (uma mosca, por exemplo) porque os movimentos do inseto fazem oscilar os fios da teia. A aranha pode avaliar até mesmo o tamanho do inseto pela frequência das oscilações. Suponha que um inseto oscile no *fio de captura* como um bloco preso a uma mola. Qual é a razão entre a frequência de oscilação de um inseto de massa m e a frequência de oscilação de um inseto de massa $2,5m$?

97 Um pêndulo de torção é formado por um disco de metal com um fio soldado no centro. O fio é montado verticalmente e esticado. A Fig. 15.39a mostra o módulo τ do torque necessário para fazer o disco girar em torno do centro (torcendo o fio) em função do ângulo de rotação θ. A escala do eixo vertical é definida por $\tau_s = 4,0 \times 10^{-3}$ N · m. O disco é girado até $\theta = 0,200$ rad e depois liberado. A Fig. 15.39b mostra a oscilação resultante em termos da posição angular θ em função do tempo t. A escala do eixo horizontal é definida por $t_s = 0,40$ s. (a) Qual é o momento de inércia do disco em relação ao centro? (b) Qual é a velocidade angular máxima $d\theta/dt$ do disco? [*Atenção*: Não confunda a frequência angular (constante) do MHS e a velocidade angular (variável) do disco, que normalmente são representadas pelo mesmo símbolo, ω. *Sugestão*: A energia potencial U do pêndulo de torção é igual a $\frac{1}{2}\kappa\theta^2$, uma expressão análoga à da energia potencial de uma mola, $U = \frac{1}{2}kx^2$.]

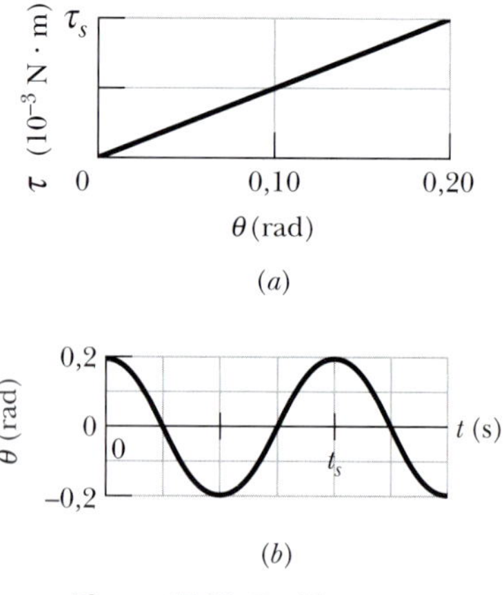

Figura 15.39 Problema 97.

98 Quando uma lata de 20 N é pendurada na extremidade inferior de uma mola vertical, a mola sofre um alongamento de 20 cm. (a) Qual é a constante elástica da mola? (b) A mesma mola é colocada horizontalmente em uma mesa sem atrito. Uma das extremidades é mantida fixa e a outra é presa a uma lata de 5,0 N. A lata é deslocada (esticando a mola) e liberada a partir do repouso. Qual é o período das oscilações?

99 Determine a amplitude angular θ_m das oscilações de um pêndulo simples para a qual a diferença entre o torque restaurador necessário para o movimento harmônico simples e o torque restaurador verdadeiro é igual a 1,0%. (*Sugestão*: Ver "Expansões Trigonométricas" no Apêndice E.)

100 **CALC** Na Fig. 15.40, um cilindro maciço preso a uma mola horizontal ($k = 3,00$ N/m) rola sem deslizar em uma superfície horizontal. Se o sistema é liberado a partir do repouso quando a mola está distendida de 0,250 m, determine (a) a energia cinética de translação e (b) a energia cinética de rotação do cilindro ao passar pela posição de equilíbrio. (c) Mostre que, nessas condições, o centro de massa do cilindro executa um movimento harmônico simples de período

$$T = 2\pi\sqrt{\frac{3M}{2k}},$$

em que M é a massa do cilindro. (*Sugestão*: Calcule a derivada da energia mecânica total em relação ao tempo.)

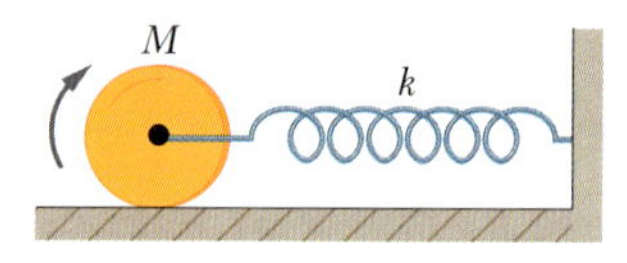

Figura 15.40 Problema 100.

101 Um bloco de 1,2 kg que desliza em uma superfície horizontal sem atrito está preso a uma mola horizontal com $k = 480$ N/m. Seja x o deslocamento do bloco a partir da posição na qual a mola se encontra relaxada. No instante $t = 0$, o bloco passa pelo ponto $x = 0$ com uma velocidade de 5,2 m/s no sentido positivo de x. (a) Qual é a frequência e (b) qual é a amplitude do movimento do bloco? (c) Escreva uma expressão para o deslocamento x em função do tempo.

102 Um oscilador harmônico simples é formado por um bloco de 0,80 kg preso a uma mola ($k = 200$ N/m). O bloco desliza em uma superfície horizontal sem atrito em torno da posição de equilíbrio $x = 0$ com uma energia mecânica total de 4,0 J. (a) Qual é a amplitude das oscilações? (b) Quantas oscilações o bloco completa em 10 s? (c) Qual é a energia cinética máxima do bloco? (d) Qual é a velocidade do bloco em $x = 0,15$ m?

103 Um bloco que desliza em uma superfície horizontal sem atrito está preso a uma mola horizontal de constante elástica $k = 600$ N/m. O bloco executa um MHS em torno da posição de equilíbrio com um período de 0,40 s e uma amplitude de 0,20 m. Quando o bloco está passando pela posição de equilíbrio, uma bola de massa de modelar de

0,50 kg é deixada cair verticalmente no bloco. Se a massa fica grudada no bloco, determine (a) o novo período do movimento e (b) a nova amplitude do movimento.

104 Um oscilador harmônico amortecido é formado por um bloco ($m = 2{,}00$ kg), uma mola ($k = 10{,}0$ N/m) e uma força de amortecimento ($F = -bv$). Inicialmente, o bloco oscila com uma amplitude de 25,0 cm; devido ao amortecimento, a amplitude cai a três quartos do valor inicial após quatro oscilações completas. (a) Qual é o valor de b? (b) Qual é a energia "perdida" durante as quatro oscilações?

105 *Física oscilante.* Na Fig. 15.41, um livro está suspenso por um canto e pode oscilar como um pêndulo paralelamente ao seu plano. O livro tem uma altura $a = 25$ cm e uma largura $b = 20$ cm. Se o ângulo de oscilação é de apenas alguns graus, qual é o período do movimento?

Figura 15.41 Problema 105.

106 *MHS no parque de diversões.* A Fig. 15.42 mostra um pequeno pato de madeira que se move alternadamente para a direita e para a esquerda no eixo x da galeria de tiro de um parque de diversões, descrevendo um MHS com um período $T = 4{,}00$ s e uma amplitude $x_m = 1{,}20$ m. Dois rifles de ar comprimido são mantidos fixos a uma distância $d = 3{,}00$ m do eixo x. O rifle A está alinhado com uma reta perpendicular ao ponto $x = 0$, no centro do movimento, e o rifle B está alinhado com uma reta perpendicular ao ponto $+x_m$, em um dos extremos do movimento. Os dois rifles disparam balas com uma velocidade $v = 9{,}00$ m/s. Você vai ganhar o grande prêmio (um grande pato de pelúcia, é claro) se acertar o pato disparando os dois rifles. Para acertar os dois tiros, em que valor de $+x$ (do lado direito) deve estar o pato quando você disparar (a) o rifle A e (b) o rifle B?

Figura 15.42 Problema 106.

107 *Vibrações de um telefone celular.* Os telefones celulares vibram para avisar que chegou uma chamada. Se a frequência das vibrações têm o valor usual $f = 160$ Hz e a amplitude das vibrações é $x_m = 0{,}500$ mm, qual é o valor máximo a_m da aceleração das vibrações? Suponha que o celular pode oscilar livremente, o que não acontece, por exemplo, se ele estiver no seu bolso.

108 *Oscilações de uma barra.* Na Fig. 15.43, uma barra homogênea de massa m repousa simetricamente em dois discos, A e B, que giram rapidamente. A distância entre os discos e o centro de massa da barra é $L = 2{,}0$ cm. O coeficiente de atrito cinético entre a barra e os discos, cujo sentido de rotação está indicado na figura, é $\mu_k = 0{,}40$. Quando a barra é deslocada horizontalmente de uma distância x e depois liberada, passa a oscilar para a esquerda e para a direita, descrevendo um movimento harmônico simples. Qual é (a) a frequência angular ω e (b) o período T das oscilações?

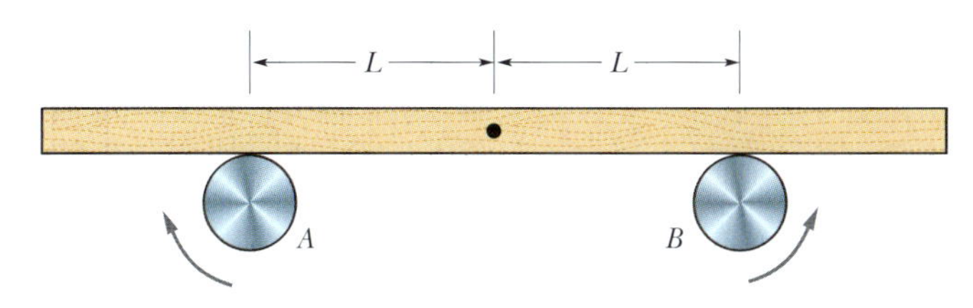

Figura 15.43 Problema 108.

109 *Oscilações de um sagui.* Na Fig. 15.44, um sagui de massa m_2 está pendurado em uma corda de massa desprezível enrolada em um disco de raio $R = 20$ cm e massa $M = 8m_2$, que pode girar em torno de um eixo horizontal que atravessa o disco no seu centro de massa (ponto O). A massa m_1 ($= 4m_2$) é colada ao disco a uma distância $r = R/2$ do ponto O. (a) Quando o sistema disco-sagui-massa m_1 está em equilíbrio, qual é o ângulo ϕ entre a vertical e uma reta que passa pelo ponto O e pela massa m_1? (b) Qual é o momento de inércia I do sistema em relação ao eixo do disco em função de m_2 e R? (c) O disco é girado de um pequeno ângulo θ no sentido anti-horário a partir do ponto de equilíbrio e depois liberado. Qual é a frequência angular ω do movimento harmônico simples resultante?

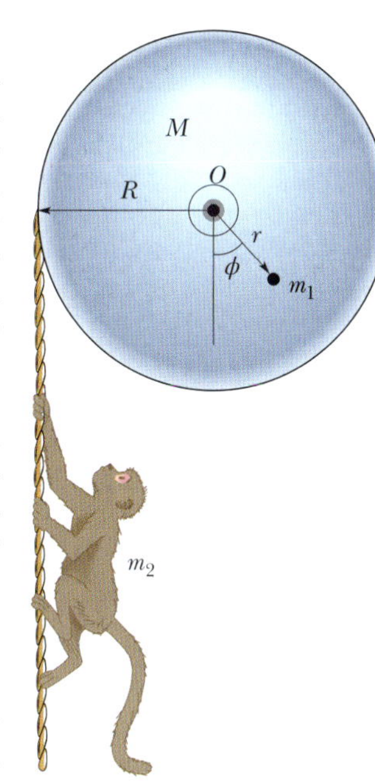

Figura 15.44 Problema 109.

110 *Trampolim de competição.* Um trampolim de competição possui um apoio a cerca de dois terços de distância da extremidade livre (Fig. 15.45*a*). Antes de saltar, um atleta dá três passos na tábua, passando pelo apoio e pisando com força para que a parte livre da tábua se encurve para baixo. Quando a tábua volta à horizontal, o atleta dá um salto para cima e para a frente (Fig. 15.45*b*). O atleta calcula o salto de modo a aterrissar na extremidade livre da tábua no momento em que ela descreveu 2,5 ciclos de oscilação desde o início do salto. Com isso, o atleta aterrissa no instante em que a extremidade livre está se movendo para baixo com a máxima velo-

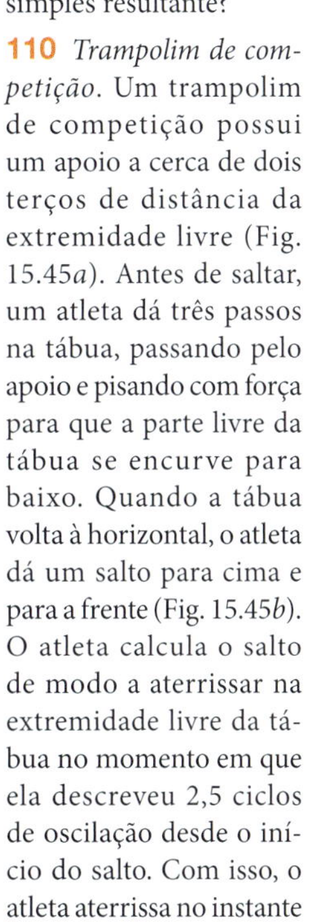

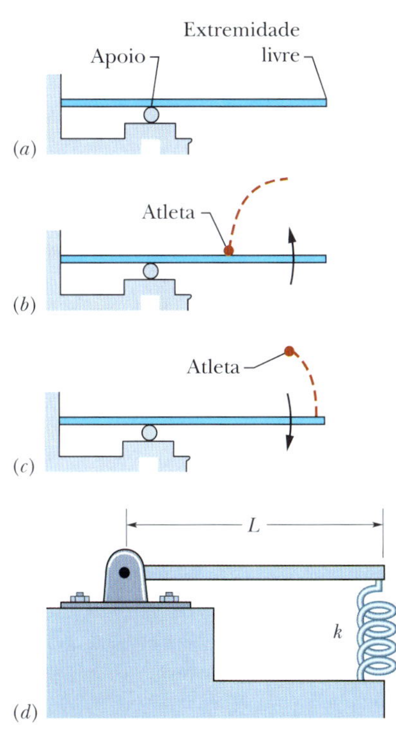

Figura 15.45 Problema 110.

cidade (Fig. 15.45*c*), o que faz com que a tábua se encurve ainda mais para baixo e, na outra metade do ciclo, o arremesse com força para cima.

A Fig. 15.45*d* mostra um modelo simples, mas realista, de um trampolim de competição. A parte da tábua depois do apoio é tratada como uma barra rígida de comprimento L que pode girar em torno de uma dobradiça no ponto de apoio, comprimindo uma mola abaixo da extremidade livre da tábua. Se a massa da barra é $m = 20{,}0$ kg e o tempo de duração do salto do atleta é $t_s = 0{,}620$ s, qual deve ser a constante elástica k da mola para que ele aterrisse na barra no momento certo?

111 BIO *Polinização*. Quando uma abelha recolhe pólen de uma flor durante a polinização das flores (Fig. 15.46), ela abraça uma antera e oscila o tórax, descrevendo um movimento harmônico simples que remove o pólen da antera. Se a frequência da oscilação do tórax é 370 Hz (maior que a produzida pelas asas durante o voo) e a amplitude da aceleração (medida por um *laser*) é 64 m/s², qual é (a) a amplitude do deslocamento e (b) a amplitude da velocidade?

paula french/Shutterstock.com

Figura 15.46 Problema 111.

CAPÍTULO 16

Ondas – I

16.1 ONDAS TRANSVERSAIS

Objetivos do Aprendizado

Depois de ler este módulo, você será capaz de ...

16.1.1 Conhecer os três tipos principais de ondas.

16.1.2 Saber qual é a diferença entre ondas transversais e ondas longitudinais.

16.1.3 Dada a função deslocamento de uma onda transversal, determinar a amplitude y_m, o número de onda k, a frequência angular ω, a constante de fase ϕ e o sentido de propagação, além de calcular a fase $kx \pm \omega t + \phi$ e o deslocamento para qualquer valor da posição e do tempo.

16.1.4 Dada a função deslocamento de uma onda transversal, calcular o intervalo de tempo entre dois deslocamentos conhecidos.

16.1.5 Desenhar um gráfico de uma onda transversal em uma corda em função da posição, indicando a amplitude do deslocamento y_m, o comprimento de onda λ, os pontos em que a taxa de variação da amplitude é máxima, os pontos em que a taxa de variação da amplitude é zero e os pontos em que a velocidade dos elementos da corda é positiva, negativa e nula.

16.1.6 Dado um gráfico do deslocamento de uma onda transversal em função do tempo, determinar a amplitude y_m e o período T.

16.1.7 Descrever o efeito de uma variação da constante de fase ϕ sobre uma onda transversal.

16.1.8 Conhecer a relação entre a velocidade v de uma onda, a distância percorrida pela onda e o tempo necessário para percorrer essa distância.

16.1.9 Conhecer a relação entre a velocidade v de uma onda, a frequência angular ω, o número de onda k, o comprimento de onda λ, o período T e a frequência f.

16.1.10 Descrever o movimento de um elemento da corda em que existe uma onda transversal e saber em que instante a velocidade transversal é zero e em que instante a velocidade transversal é máxima.

16.1.11 Calcular a velocidade transversal $u(t)$ de um elemento de uma corda em que existe uma onda transversal.

16.1.12 Calcular a aceleração transversal $a(t)$ de um elemento de uma corda em que existe uma onda transversal.

16.1.13 Dado um gráfico do deslocamento, da velocidade transversal ou da aceleração transversal de uma onda, determinar a constante de fase ϕ.

Ideias-Chave

- As ondas mecânicas só podem existir em meios materiais e são governadas pelas leis de Newton. As ondas mecânicas transversais, como as que existem em uma corda esticada, são ondas nas quais as partículas do meio oscilam perpendicularmente à direção de propagação da onda. As ondas nas quais as partículas do meio oscilam na direção de propagação da onda são chamadas *ondas longitudinais*.
- Uma onda senoidal que se propaga no sentido positivo do eixo x pode ser descrita pela equação

$$y(x,t) = y_m \operatorname{sen}(kx - \omega t),$$

em que y_m é a amplitude (deslocamento máximo) da onda, k é o número de onda, ω é a frequência angular e $kx - \omega t$ é a fase. A relação entre número de onda e comprimento de onda é a seguinte:

$$k = \frac{2\pi}{\lambda}.$$

- A relação entre a frequência angular, a frequência e o período é a seguinte:

$$\frac{\omega}{2\pi} = f = \frac{1}{T}.$$

- A relação entre velocidade v e os outros parâmetros de uma onda é a seguinte:

$$v = \frac{\omega}{k} = \frac{\lambda}{T} = \lambda f.$$

- Toda função da forma

$$y(x,t) = h(kx \pm \omega t),$$

pode representar uma onda progressiva que está se propagando com velocidade $v = \omega/k$, cuja forma é dada pela função h. O sinal positivo mostra que a onda está se propagando no sentido negativo do eixo x, e o sinal negativo mostra que a onda está se propagando no sentido positivo do eixo x.

O que É Física?

As ondas constituem um dos principais campos de estudo da física. Para que o leitor tenha uma ideia da importância das ondas no mundo moderno, basta considerar a indústria musical. Toda música que escutamos, de um samba de rua a um sofisticado concerto sinfônico, envolve a produção de ondas pelos artistas e a detecção dessas ondas pela plateia. Da produção à detecção, a informação contida nas ondas pode ser transmitida por diversos meios (como no caso de uma apresentação ao vivo pela internet) ou gravada e reproduzida (por meio de CDs, DVDs, *pen drives* e outros dispositivos atualmente em desenvolvimento nos centros de pesquisa). A importância econômica do controle de ondas musicais é enorme, e a recompensa para os engenheiros que desenvolvem novas técnicas pode ser muito generosa.

Neste capítulo, vamos discutir as ondas que se propagam em meios sólidos, como as cordas de um violão. O próximo capítulo vai tratar das ondas sonoras, como as que são produzidas no ar pelos instrumentos musicais. Antes, porém, vamos definir os tipos básicos em que podem ser divididas as ondas que fazem parte do nosso dia a dia.

Tipos de Ondas

As ondas podem ser dos seguintes tipos principais:

1. ***Ondas mecânicas.*** Essas ondas são as mais conhecidas, já que estão presentes em toda parte; são, por exemplo, as ondas do mar, as ondas sonoras e as ondas sísmicas. Todas possuem duas características: são governadas pelas leis de Newton e existem apenas em meios materiais, como a água, o ar e as rochas.
2. ***Ondas eletromagnéticas.*** Essas ondas podem ser menos conhecidas, mas são muito usadas; entre elas estão a luz visível e ultravioleta, as ondas de rádio e de televisão, as micro-ondas, os raios X e as ondas de radar. As ondas eletromagnéticas não precisam de um meio material para existir. A luz das estrelas, por exemplo, atravessa o vácuo do espaço para chegar até nós. Todas as ondas eletromagnéticas se propagam no vácuo com a mesma velocidade c = 299.792.458 m/s.
3. ***Ondas de matéria.*** Embora essas ondas sejam estudadas nos laboratórios, provavelmente o leitor não está familiarizado com elas. Estão associadas a elétrons, prótons e outras partículas elementares e mesmo a átomos e moléculas. São chamadas de ondas de matéria porque normalmente pensamos nas partículas como elementos de matéria.
4. ***Ondas gravitacionais.*** Em 1916, Albert Einstein previu que uma massa acelerada gera *ondas gravitacionais*, que são oscilações do próprio espaço (mais precisamente, do espaço-tempo). Em circunstâncias normais, essas oscilações são tão pequenas que não podem ser detectadas. A primeira detecção direta das ondas gravitacionais aconteceu em 2015, quando um detector baseado no projeto de Rainer Weiss, do MIT, registrou as ondas produzidas pela fusão de dois buracos negros. A amplitude das oscilações é muito menor que o raio do próton.

Boa parte do que vamos discutir neste capítulo se aplica a ondas de todos os tipos. Os exemplos, porém, são todos baseados em ondas mecânicas.

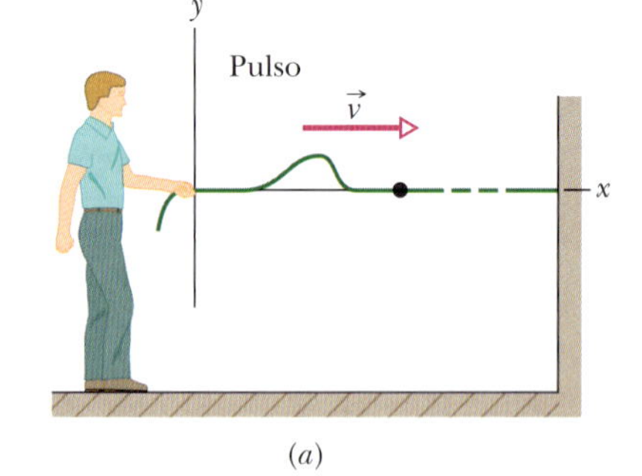

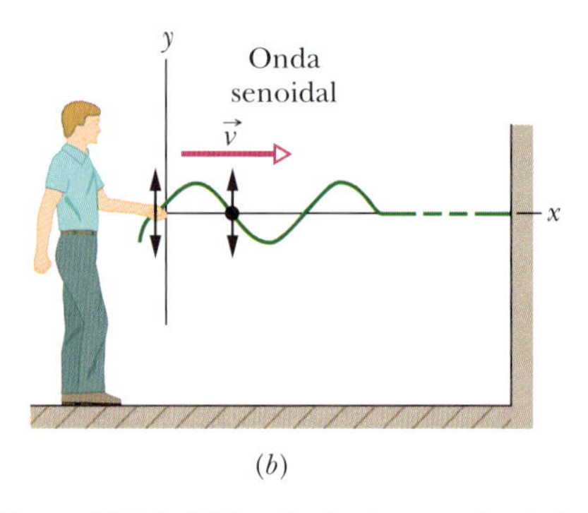

Figura 16.1.1 (*a*) Produção de um pulso isolado em uma corda. Com a passagem do pulso, um elemento típico da corda (indicado por um ponto) se desloca para cima e depois para baixo. Como o movimento do elemento é perpendicular à direção de propagação da onda, dizemos que o pulso é uma *onda transversal.* (*b*) Produção de uma onda senoidal. Um elemento típico da corda se move repetidamente para cima e para baixo. Essa também é uma onda transversal.

Ondas Transversais e Longitudinais

Uma onda em uma corda esticada é a mais simples das ondas mecânicas. Quando damos uma sacudidela na ponta de uma corda esticada, um *pulso* se propaga ao longo da corda. O pulso é formado porque a corda está sob tração. Quando puxamos a ponta da corda para cima, a ponta puxa para cima a parte vizinha da corda por causa da tração que existe entre as duas partes. Quando a parte vizinha se move para cima, ela puxa para cima a parte seguinte da corda, e assim por diante. Enquanto isso, puxamos para baixo a extremidade da corda, o que faz com que as partes da corda que estão se deslocando para cima sejam puxadas de volta para baixo pelas partes vizinhas, que já se encontram em movimento descendente. O resultado geral é que a distorção da forma da corda (um pulso, como na Fig. 16.1.1*a*) se propaga ao longo da corda com uma velocidade $\vec{v}$.

Quando movemos a mão para cima e para baixo continuamente, executando um movimento harmônico simples, uma onda contínua se propaga ao longo da corda com velocidade $\vec{v}$. Como o movimento da mão é uma função senoidal do tempo, a onda tem forma senoidal, como na Fig. 16.1.1*b*.

Vamos considerar apenas o caso de uma corda "ideal", na qual não existem forças de atrito para reduzir a amplitude da onda enquanto está se propagando. Além disso, vamos supor que a corda é tão comprida que não é preciso considerar o retorno da onda depois de atingir a outra extremidade.

Um modo de estudar as ondas da Fig. 16.1.1 é examinar a **forma de onda**, ou seja, a forma assumida pela corda em um dado instante. Outro modo consiste em observar o movimento de um elemento da corda enquanto oscila para cima e para baixo por causa da passagem da onda. Usando o segundo método, constatamos que o deslocamento dos elementos da corda é *perpendicular* à direção de propagação da onda, como mostra a Fig. 16.1.1*b*. Esse movimento é chamado **transversal**, e dizemos que a onda que se propaga em uma corda é uma **onda transversal**. BT **16.1 a 16.3**

Ondas Longitudinais. A Fig. 16.1.2 mostra como uma onda sonora pode ser produzida por um êmbolo em um tubo com ar. Quando deslocamos o êmbolo bruscamente para a direita e depois para a esquerda, produzimos um pulso sonoro que se propaga ao longo do tubo. O movimento do êmbolo para a direita empurra as moléculas de ar para a direita, aumentando a pressão do ar nessa região. O aumento da pressão do ar empurra as moléculas vizinhas para a direita, e assim por diante. O movimento do êmbolo para a esquerda reduz a pressão do ar nessa região. A redução da pressão do ar puxa as moléculas vizinhas para a esquerda, e assim por diante. O movimento do ar e as variações da pressão do ar se propagam para a direita ao longo do tubo na forma de um pulso.

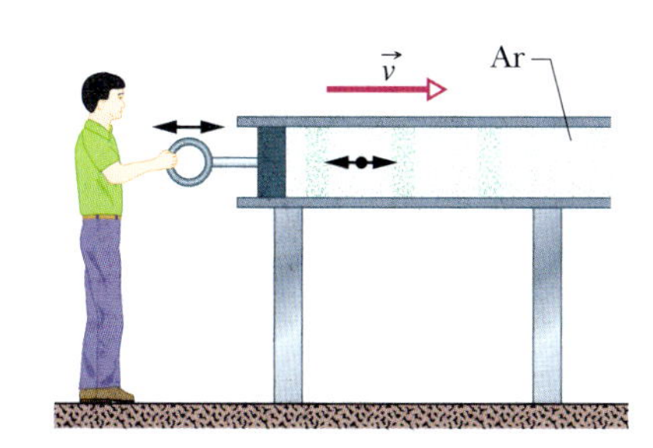

Figura 16.1.2 Uma onda sonora é produzida movendo um êmbolo para a frente e para trás em um tubo com ar. Como as oscilações de um elemento de ar (representado pelo ponto) são paralelas à direção de propagação da onda, ela é uma *onda longitudinal.*

Quando deslocamos o êmbolo para a frente e para trás executando um movimento harmônico simples, como na Fig. 16.1.2, uma onda senoidal se propaga ao longo do tubo. Como o movimento das moléculas de ar é paralelo à direção de propagação da onda, esse movimento é chamado **longitudinal**, e dizemos que a onda que se propaga no ar é uma **onda longitudinal**. Neste capítulo, vamos estudar as ondas transversais, principalmente as ondas em cordas; no Capítulo 17, vamos estudar as ondas longitudinais, principalmente as ondas sonoras.

Tanto as ondas transversais como as ondas longitudinais são chamadas **ondas progressivas** quando se propagam de um lugar a outro, como no caso das ondas na corda da Fig. 16.1.1 e no tubo da Fig. 16.1.2. Observe que é a onda que se propaga e não o meio material (corda ou ar) no qual a onda se move.

Comprimento de Onda e Frequência

Para descrever perfeitamente uma onda em uma corda (e o movimento de qualquer elemento da corda), precisamos de uma função que reproduza a forma da onda. Isso significa que necessitamos de uma relação como

$$y = h(x, t), \tag{16.1.1}$$

em que y é o deslocamento transversal de um elemento da corda e h é uma função do tempo t e da posição x do elemento na corda. Qualquer forma senoidal como a da onda da Fig. 16.1.1*b* pode ser descrita tomando h como uma função seno ou uma função cosseno; a forma de onda é a mesma para as duas funções. Neste capítulo, vamos usar a função seno.

Função Senoidal. Imagine uma onda senoidal como a da Fig. 16.1.1*b* se propagando no sentido positivo de um eixo x. Quando a onda passa por elementos (ou seja, por trechos muito pequenos) da corda, os elementos oscilam paralelamente ao eixo y. Em um instante t, o deslocamento y do elemento da corda situado na posição x é dado por

$$y(x, t) = y_m \operatorname{sen}(kx - \omega t). \tag{16.1.2}$$

Como a Eq. 16.1.2 está escrita em termos de uma posição genérica x e de um tempo genérico t, pode ser usada para calcular o deslocamento de todos os elementos da corda em um dado instante e a variação com o tempo do deslocamento de um dado elemento da corda em função do tempo. Assim, pode nos dizer qual é a forma da onda em um dado instante de tempo e como essa forma varia com o tempo.

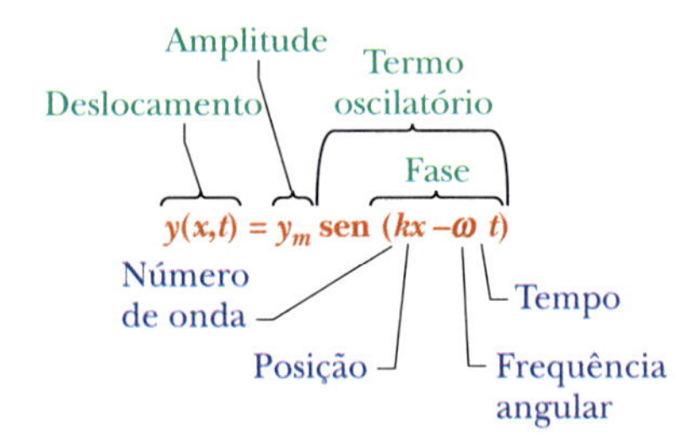

Figura 16.1.3 Nomes das grandezas da Eq. 16.1.2, para uma onda senoidal transversal.

Os nomes das grandezas da Eq. 16.1.2 são mostrados e definidos na Fig. 16.1.3. Antes de discuti-los, porém, vamos examinar a Fig. 16.1.4, que mostra cinco "instantâneos" de uma onda senoidal que se propaga no sentido positivo de um eixo x. O movimento da onda está indicado pelo deslocamento para a direita da seta vertical que aponta para um dos picos positivos da onda. De instantâneo para instantâneo, a seta se move para a direita juntamente com a forma da onda, mas a corda se move *apenas* paralelamente ao eixo y. Para confirmar esse fato, vamos acompanhar o movimento do elemento da corda em $x = 0$, pintado de vermelho. No primeiro instantâneo (Fig. 16.1.4*a*), o elemento está com um deslocamento $y = 0$. No instantâneo seguinte, está com o maior deslocamento possível para baixo porque um *vale* (ou máximo negativo) da onda está passando pelo elemento. Em seguida, sobe de novo para $y = 0$. No quarto instantâneo, está com o maior deslocamento possível para cima porque um *pico* (ou máximo positivo) da onda está passando pelo elemento. No quinto instantâneo, está novamente em $y = 0$, tendo completado um ciclo de oscilação.

Amplitude e Fase

A **amplitude** y_m de uma onda como a Fig. 16.1.4 é o valor absoluto do deslocamento máximo sofrido por um elemento a partir da posição de equilíbrio quando a onda passa por esse elemento. (O índice m significa máximo.) Como y_m é um valor absoluto, é sempre positivo, mesmo que, em vez de ser medido para cima, como na Fig. 16.1.4*a*, seja medido para baixo.

A **fase** da onda é o *argumento* $kx - \omega t$ do seno da Eq. 16.1.2. Em um elemento da corda situado em uma dada posição x, a passagem da onda faz a fase variar linearmente com o tempo t. Isso significa que o valor do seno também varia, oscilando entre +1 e −1. O valor extremo positivo (+1) corresponde à passagem de um pico da onda; nesse instante, o valor de y na posição x é y_m. O valor extremo negativo (−1) corresponde à passagem de um vale da onda; nesse instante, o valor de y na posição x é $-y_m$. Assim, a função seno e a variação da fase da onda com o tempo correspondem à oscilação de um elemento da corda, e a amplitude da onda determina os extremos do deslocamento.

Atenção: Depois de calcular uma fase, não convém arredondar o resultado antes de calcular o valor da função seno, pois isso pode introduzir um erro significativo no resultado final.

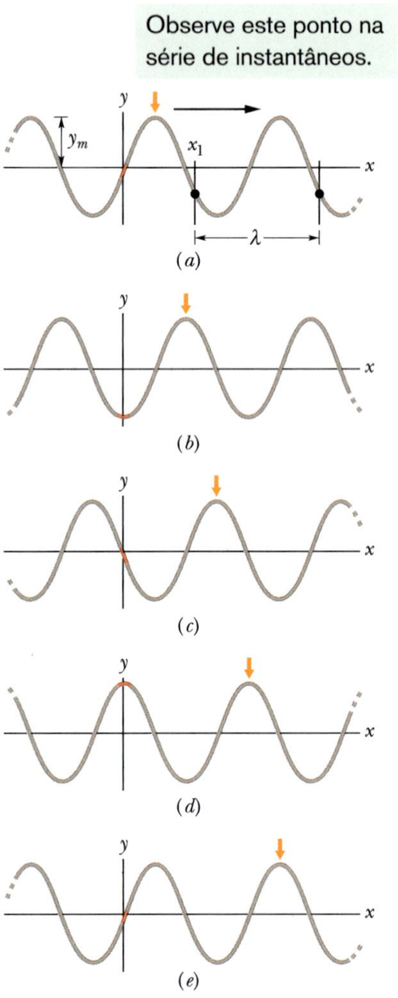

Observe este ponto na série de instantâneos.

Figura 16.1.4 Cinco "instantâneos" de uma onda que está se propagando em uma corda no sentido positivo de um eixo x. A amplitude y_m está indicada. Um comprimento de onda λ típico, medido a partir de uma posição arbitrária x_1, também está indicado.

Comprimento de Onda e Número de Onda

O **comprimento de onda** λ de uma onda é a distância (medida paralelamente à direção de propagação da onda) entre repetições da *forma de onda*. Um comprimento de onda típico está indicado na Fig. 16.1.4*a*, que é um instantâneo da onda no instante $t = 0$. Nesse instante, a Eq. 16.1.2 nos dá, como descrição da forma da onda, a função

$$y(x, 0) = y_m \text{ sen } kx. \tag{16.1.3}$$

Por definição, o deslocamento y é o mesmo nas duas extremidades do comprimento de onda, ou seja, em $x = x_1$ e $x = x_1 + \lambda$. Assim, de acordo com a Eq. 16.1.3,

$$\begin{aligned} y_m \text{ sen } kx_1 &= y_m \text{ sen } k(x_1 + \lambda) \\ &= y_m \text{ sen}(kx_1 + k\lambda). \end{aligned} \tag{16.1.4}$$

Uma função seno se repete pela primeira vez quando o ângulo (ou argumento) aumenta de 2π rad; assim, na Eq. 16.1.4 devemos ter $k\lambda = 2\pi$ ou

$$k = \frac{2\pi}{\lambda} \quad \text{(número de onda).} \tag{16.1.5}$$

O parâmetro k é chamado **número de onda**; a unidade de número de onda do SI é o radiano por metro ou m^{-1}. (Observe que, nesse caso, o símbolo k *não* representa uma constante elástica, como em capítulos anteriores.)

Observe que a onda da Fig. 16.1.4 se move para a direita de $\lambda/4$ de um instantâneo para o instantâneo seguinte. Assim, no quinto instantâneo, a onda se moveu para a direita de um comprimento de onda λ.

Período, Frequência Angular e Frequência

A Fig. 16.1.5 mostra um gráfico do deslocamento y da Eq. 16.1.2 em função do tempo t para um ponto da corda, o ponto $x = 0$. Observando a corda de perto, veríamos que o elemento da corda que está nessa posição se move para cima e para baixo, executando um movimento harmônico simples dado pela Eq. 16.1.2 com $x = 0$:

$$\begin{aligned} y(0, t) &= y_m \operatorname{sen}(-\omega t) \\ &= -y_m \operatorname{sen} \omega t \quad (x = 0), \end{aligned} \tag{16.1.6}$$

em que fizemos uso do fato de que $\operatorname{sen}(-\alpha) = -\operatorname{sen} \alpha$ para qualquer valor de α. A Fig. 16.1.5 é um gráfico da Eq. 16.1.6; a curva *não mostra* a forma de onda. (A Fig. 16.1.4 mostra a forma de onda e é uma imagem da realidade; a Fig. 16.1.5 é um gráfico de uma função do tempo e, portanto, é uma abstração.)

Definimos o **período** T de oscilação de uma onda como o tempo que um elemento da corda leva para realizar uma oscilação completa. Um período típico está indicado no gráfico da Fig. 16.1.5. Aplicando a Eq. 16.1.6 às extremidades desse intervalo de tempo e igualando os resultados, obtemos:

$$\begin{aligned} -y_m \operatorname{sen} \omega t_1 &= -y_m \operatorname{sen} \omega(t_1 + T) \\ &= -y_m \operatorname{sen}(\omega t_1 + \omega T). \end{aligned} \tag{16.1.7}$$

A Eq. 16.1.7 é satisfeita apenas se $\omega T = 2\pi$, o que nos dá

$$\omega = \frac{2\pi}{T} \quad \text{(frequência angular).} \tag{16.1.8}$$

O parâmetro ω é chamado **frequência angular** da onda; a unidade de frequência angular do SI é o radiano por segundo (rad/s).

Observe novamente os cinco instantâneos de uma onda progressiva mostrados na Fig. 16.1.4. Como o intervalo de tempo entre os instantâneos é $T/4$, no quinto instantâneo, todos os elementos da corda realizaram uma oscilação completa.

A **frequência** f de uma onda é definida como $1/T$ e está relacionada à frequência angular ω pela equação

$$f = \frac{1}{T} = \frac{\omega}{2\pi} \quad \text{(frequência).} \tag{16.1.9}$$

Do mesmo modo que a frequência do oscilador harmônico simples do Capítulo 15, a frequência f de uma onda progressiva é o número de oscilações por unidade de tempo; nesse caso, o número de oscilações realizadas por um elemento da corda. Como no Capítulo 15, f é medida em hertz ou múltiplos do hertz, como, por exemplo, o quilo-hertz (kHz).

Isto é um gráfico, e não um instantâneo.

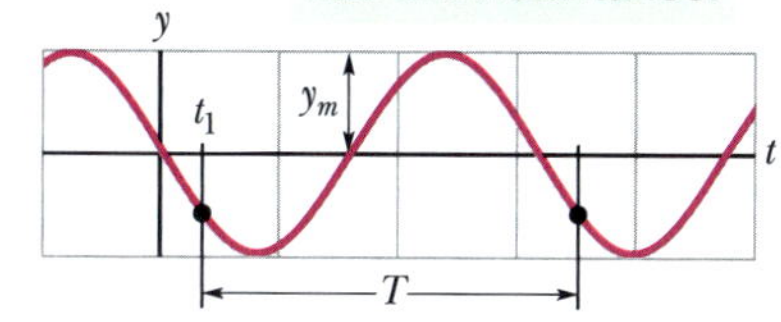

Figura 16.1.5 Gráfico do deslocamento do elemento da corda situado em $x = 0$ em função do tempo, quando a onda senoidal da Fig. 16.1.4 passa pelo elemento. A amplitude y_m está indicada. Um período T típico, medido a partir de um instante de tempo arbitrário t_1, também está indicado.

Teste 16.1.1

A figura é a superposição dos instantâneos de três ondas progressivas que se propagam em cordas diferentes. As fases das ondas são dadas por (a) $2x - 4t$, (b) $4x - 8t$ e (c) $8x - 16t$. Que fase corresponde a que onda na figura?

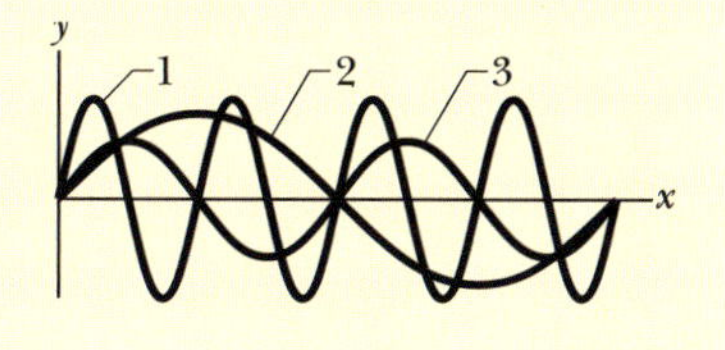

Constante de Fase

Quando uma onda progressiva senoidal é expressa pela função de onda da Eq. 16.1.2, a onda nas vizinhanças de $x = 0$ para $t = 0$ tem o aspecto mostrado na Fig. 16.1.6*a*. Note que, em $x = 0$, o deslocamento é $y = 0$ e a inclinação tem o valor máximo positivo. Podemos generalizar a Eq. 16.1.2 introduzindo uma **constante de fase** ϕ na função de onda:

$$y = y_m \operatorname{sen}(kx - \omega t + \phi). \tag{16.1.10}$$

O efeito da constante de fase ϕ é deslocar a forma de onda.

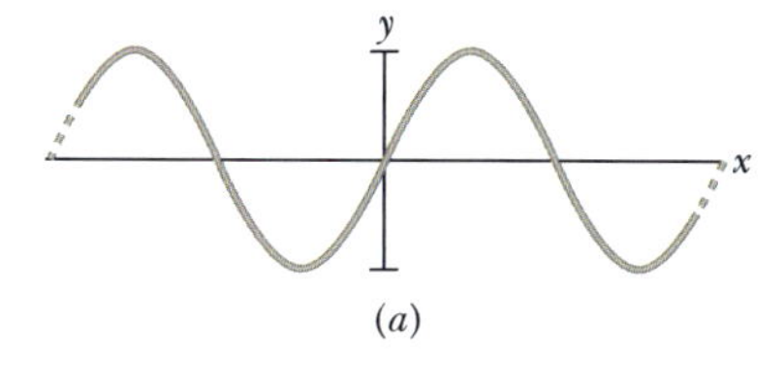

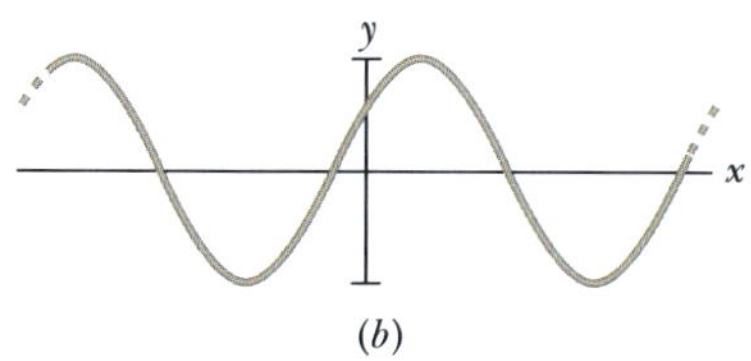

Figura 16.1.6 Onda progressiva senoidal no instante $t = 0$ com uma constante de fase (*a*) $\phi = 0$ e (*b*) $\phi = \pi/5$ rad.

O valor de ϕ pode ser escolhido de tal forma que a função forneça outro deslocamento e outra inclinação em $x = 0$ para $t = 0$. Assim, por exemplo, a escolha de $\phi = \pi/5$ rad nos dá o deslocamento e a inclinação mostrados na Fig. 16.1.6*b* no instante $t = 0$. A onda continua a ser é senoidal, com os mesmos valores de y_m, k e ω, mas está deslocada em relação à onda da Fig. 16.1.6*a* (para a qual $\phi = 0$). Note também o sentido do deslocamento. Um valor positivo de ϕ faz a curva se deslocar no sentido negativo do eixo x; um valor negativo de ϕ faz a curva se deslocar no sentido positivo.

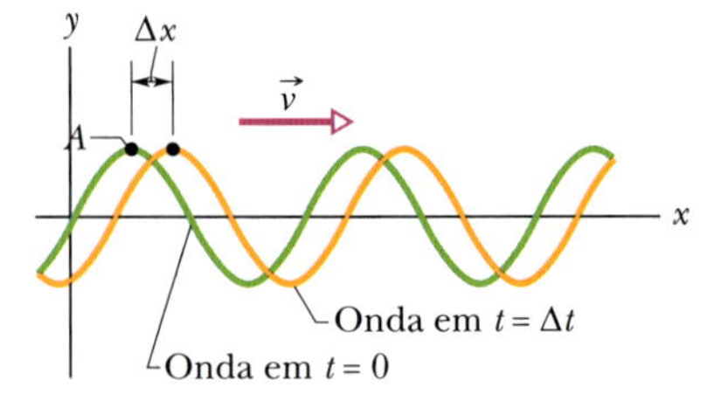

Figura 16.1.7 Dois instantâneos da onda da Fig. 16.1.4, nos instantes $t = 0$ e $t = \Delta t$. Quando a onda se move para a direita com velocidade $\vec{v}$, a curva inteira se desloca de uma distância Δx durante um intervalo de tempo Δt. O ponto *A* "viaja" com a forma da onda, mas os elementos da corda se deslocam apenas para cima e para baixo.

Velocidade de uma Onda Progressiva 16.1

A Fig. 16.1.7 mostra dois instantâneos da onda da Eq. 16.1.2, separados por um pequeno intervalo de tempo Δt. A onda está se propagando no sentido positivo de x (para a direita na Fig. 16.1.7), com toda a forma de onda se deslocando de uma distância Δx nessa direção durante o intervalo Δt. A razão $\Delta x/\Delta t$ (ou, no limite infinitesimal, dx/dt) é a **velocidade v da onda**. Como podemos calcular o valor da velocidade?

Quando a onda da Fig. 16.1.7 se move, cada ponto da forma de onda, como o ponto *A* assinalado em um dos picos, conserva seu deslocamento y. (Os pontos da corda não conservam seus deslocamentos, mas os pontos da *forma de onda* o fazem.) Se o ponto *A* conserva seu deslocamento quando se move, a fase da Eq. 16.1.2, que determina esse deslocamento, deve permanecer constante:

$$kx - \omega t = \text{constante}. \tag{16.1.11}$$

Observe que, embora o argumento seja constante, tanto x quanto t estão variando. Na verdade, quando t aumenta, x deve aumentar também para que o argumento permaneça constante. Isso confirma o fato de que a forma de onda se move no sentido positivo do eixo x.

Para determinar a velocidade v da onda, derivamos a Eq. 16.1.11 em relação ao tempo, o que nos dá

$$k\frac{dx}{dt} - \omega = 0$$

ou

$$\frac{dx}{dt} = v = \frac{\omega}{k}. \tag{16.1.12}$$

Usando a Eq. 16.1.5 ($k = 2\pi/\lambda$) e a Eq. 16.1.8 ($\omega = 2\pi/T$), podemos escrever a velocidade da onda na forma

$$v = \frac{\omega}{k} = \frac{\lambda}{T} = \lambda f \quad \text{(velocidade da onda)}. \tag{16.1.13}$$

De acordo com a equação $v = \lambda/T$, a velocidade da onda é igual a um comprimento de onda por período; a onda se desloca de uma distância igual a um comprimento de onda em um período de oscilação.

A Eq. 16.1.2 descreve uma onda que se propaga no sentido positivo do eixo x. Podemos obter a equação de uma onda que se propaga no sentido oposto substituindo t por $-t$ na Eq. 16.1.2. Isso corresponde à condição

$$kx + \omega t = \text{contante}, \tag{16.1.14}$$

que (compare com a Eq. 16.1.11) requer que x *diminua* com o tempo. Assim, uma onda que se propaga no sentido negativo de x é descrita pela equação

$$y(x, t) = y_m \operatorname{sen}(kx + \omega t). \tag{16.1.15}$$

Analisando a onda da Eq. 16.1.15 como fizemos para a onda da Eq. 16.1.2, descobrimos que a velocidade é dada por

$$\frac{dx}{dt} = -\frac{\omega}{k}. \tag{16.1.16}$$

O sinal negativo (compare com a Eq. 16.1.12) confirma que a onda está se propagando no sentido negativo do eixo x e justifica a troca do sinal da variável tempo.

Considere agora uma onda de forma arbitrária, dada por

$$y(x,t) = h(kx \pm \omega t), \tag{16.1.17}$$

em que h representa *qualquer* função, sendo a função seno apenas uma das possibilidades. Nossa análise anterior mostra que todas as ondas nas quais as variáveis x e t aparecem em uma combinação da forma $kx \pm \omega t$ são ondas progressivas. Além disso, todas as ondas progressivas *devem ser* da forma da Eq. 16.1.17. Assim, $y(x, t) = \sqrt{ax + bt}$ representa uma possível (se bem que, fisicamente um pouco estranha) onda progressiva. A função $y(x, t) = \text{sen}(ax^2 - bt)$, por outro lado, *não* representa uma onda progressiva.

Teste 16.1.2

São dadas as equações de três ondas (ver Exemplo 16.1.2):
(1) $y(x, t) = 2\,\text{sen}(4x - 2t)$, (2) $y(x, t) = \text{sen}(3x - 4t)$, (3) $y(x, t) = 2\,\text{sen}(3x - 3t)$.
Ordene as ondas de acordo (a) com a velocidade e (b) com a velocidade máxima na direção perpendicular à direção de propagação da onda (velocidade transversal), em ordem decrescente.

Exemplo 16.1.1 Determinação dos parâmetros da equação de uma onda transversal

Uma onda transversal que se propaga no eixo x é representada pela equação

$$y = y_m\,\text{sen}(kx \pm \omega t + \phi). \tag{16.1.18}$$

A Fig. 16.1.8*a* mostra o deslocamento dos elementos da corda em função de x no instante $t = 0$. A Fig. 16.1.8*b* mostra o deslocamento do elemento situado em $x = 0$ em função do tempo. Determine o valor dos parâmetros da Eq. 16.1.18 e o sinal algébrico do termo ωt.

IDEIAS-CHAVE

(1) A Fig. 16.1.8*a* é um instantâneo da realidade (algo que podemos ver), que mostra a posição dos elementos da corda em diversos pontos do eixo x. A partir da figura, podemos determinar o comprimento de onda λ e, a partir do comprimento de onda, o número de onda k $(= 2\pi/\lambda)$ da Eq. 16.1.18. (2) A Fig. 16.1.8*b* é uma abstração, pois mostra a variação com o tempo da posição de um elemento da corda. A partir da figura, podemos determinar o período T do MHS do elemento, que é igual ao período da onda. A partir de T, podemos calcular a frequência angular ω $(= 2\pi/T)$ da Eq. 16.1.18. (3) A constante de fase ϕ pode ser obtida a partir do deslocamento da corda no ponto $x = 0$ no instante $t = 0$.

Amplitude: De acordo com as Figs. 16.1.8*a* e 16.1.8*b*, o deslocamento máximo da corda é 3,0 mm. Assim, a amplitude da onda é $y_m = 3{,}0$ mm.

Comprimento de onda: Na Fig. 16.1.8*a*, o comprimento de onda λ é a distância ao longo do eixo x entre repetições sucessivas da forma de onda. O modo mais fácil de medir λ é medir a distância entre um ponto em que a onda cruza o eixo x e o ponto seguinte em que a onda cruza o eixo x com a mesma inclinação. Podemos obter uma estimativa visual da distância usando a escala do eixo x, mas um método mais preciso consiste em colocar uma folha de papel sobre o gráfico, marcar os pontos de cruzamento, arrastar o papel até que um dos pontos coincida com a origem e ler a coordenada do outro ponto usando a escala do gráfico. O resultado dessa medição é $\lambda = 10$ mm. De acordo com a Eq. 16.1.5, temos

$$k = \frac{2\pi}{\lambda} = \frac{2\pi}{0{,}010\ \text{m}} = 200\pi\ \text{rad/m}.$$

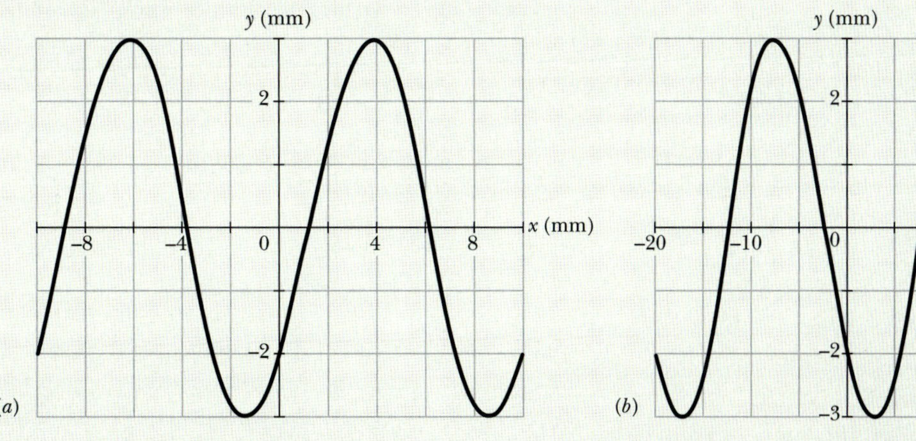

Figura 16.1.8 (*a*) Instantâneo do deslocamento y da corda em função da posição x, no instante $t = 0$. (*b*) Gráfico do deslocamento y em função do tempo para o elemento da corda situado em $x = 0$.

Período: O período T é o intervalo de tempo entre repetições sucessivas da posição de um elemento da corda. Na Fig. 16.1.8*b*, T é a distância entre um ponto em que a curva cruza o eixo t e o ponto seguinte em que a onda cruza o eixo t com a mesma inclinação. Medindo a distância visualmente ou com o auxílio de uma folha de papel, descobrimos que $T = 20$ ms. De acordo com a Eq. 16.1.8, temos

$$\omega = \frac{2\pi}{T} = \frac{2\pi}{0{,}020\text{ s}} = 100\pi\text{ rad/s}.$$

Sentido de propagação: Para determinar o sentido de propagação da onda, basta observar as figuras. No instantâneo para $t = 0$ da Fig. 16.1.8*a*, note que, se a onda estivesse se propagando para a direita, logo depois do instantâneo, a amplitude da onda no ponto $x = 0$ deveria aumentar (desloque mentalmente a curva para a direita). Se, por outro lado, a curva estivesse se propagando pela esquerda, logo depois do instantâneo, a amplitude da onda no ponto $x = 0$ deveria diminuir. Examinando o gráfico da Fig. 16.1.8*b*, vemos que, logo após o instante $t = 0$, a amplitude da onda diminui. A conclusão é que a onda está se propagando para a direita, no sentido positivo do eixo x, o que significa que o termo ωt da Eq. 16.1.18 deve receber o sinal negativo.

Constante de fase: O valor de ϕ pode ser determinado a partir da posição que o elemento situado no ponto $x = 0$ ocupa no instante $t = 0$. As duas figuras mostram que, nesse instante, o elemento está na posição $y = -2{,}0$ mm. Fazendo $x = 0$, $t = 0$, $y = -2{,}0$ mm e $y_m = 3{,}0$ mm na Eq. 16.1.18, obtemos

$$-2{,}0\text{ mm} = (3{,}0\text{ mm})\text{ sen}(0 + 0 + \phi)$$

ou

$$\phi = \text{sen}^{-1}(-\tfrac{2}{3}) = -0{,}73\text{ rad}.$$

Note que esse valor está de acordo com a regra de que, em um gráfico de y em função de x, uma constante de fase negativa desloca a função seno para a direita, que é o que vemos na Fig. 16.1.8*a*.

Equação: Agora podemos escrever a Eq. 16.1.18 substituindo todos os parâmetros por valores numéricos:

$$y = (3{,}0\text{ mm})\text{ sen}(200\pi x - 100\pi t - 0{,}73\text{ rad}), \quad \text{(Resposta)}$$

em que x está em metros e t está em segundos.

Exemplo 16.1.2 Velocidade transversal e aceleração transversal de um elemento de uma corda

Uma onda que se propaga em uma corda é descrita pela equação

$$y(x, t) = (0{,}00327\text{ m})\text{ sen}(72{,}1x - 2{,}72t),$$

em que as constantes numéricas estão em unidades do SI (0,00327 m, 72,1 rad/m e 2,72 rad/s).

(a) Qual é a velocidade transversal u do elemento da corda situado no ponto $x = 22{,}5$ cm no instante $t = 18{,}9$ s? (Essa velocidade, associada à oscilação transversal de um elemento da corda, é uma velocidade na direção y que varia com o tempo e não deve ser confundida com v, a velocidade constante com a qual a forma da onda se propaga na direção x.)

IDEIAS-CHAVE

A velocidade transversal u é a taxa de variação, com o tempo, do deslocamento y de um elemento da corda. A expressão geral para o deslocamento é

$$y(x, t) = y_m\text{ sen}(kx - \omega t). \quad (16.1.19)$$

Para um elemento em certa posição x, podemos calcular a taxa de variação de y derivando a Eq. 16.1.19 em relação a t, mantendo x constante. Uma derivada calculada enquanto uma (ou mais) das variáveis é tratada como constante é chamada de derivada parcial e representada pelo símbolo $\partial/\partial x$ em vez de d/dx.

Cálculos: Temos:

$$u = \frac{\partial y}{\partial t} = -\omega y_m \cos(kx - \omega t). \quad (16.1.20)$$

Substituindo os valores numéricos e levando em conta que todos estão em unidades do SI, obtemos:

$$u = (-2{,}72)(0{,}00327)\cos[(72{,}1)(0{,}225) - (2{,}72)(18{,}9)]$$
$$= 0{,}00720\text{ m/s} = 7{,}20\text{ mm/s}. \quad \text{(Resposta)}$$

Assim, em $t = 18{,}9$ s, o elemento da corda situado em $x = 22{,}5$ cm está se movendo no sentido positivo de y com uma velocidade de 7,20 mm/s. (*Atenção*: Na hora de calcular a função cosseno, é melhor não arredondar o valor obtido para o argumento, pois isso poderia acarretar um erro significativo. Experimente, por exemplo, arredondar o argumento para dois algarismos significativos e verifique qual é o valor obtido para u.)

(b) Qual é a aceleração transversal a_y do mesmo elemento no instante $t = 18{,}9$ s?

IDEIA-CHAVE

A aceleração transversal a_y é a taxa com a qual a velocidade transversal do elemento está variando.

Cálculos: De acordo com a Eq. 16.1.20, tratando novamente x como uma constante e permitindo que t varie, obtemos

$$a_y = \frac{\partial u}{\partial t} = -\omega^2 y_m\text{ sen}(kx - \omega t). \quad (16.1.21)$$

Substituindo os valores numéricos e levando em conta que todos estão em unidades do SI, obtemos:

$$a_y = -(2{,}72)^2(0{,}00327)\text{ sen}[(72{,}1)(0{,}225) - (2{,}72)(18{,}9)]$$
$$= -0{,}0142\text{ m/s}^2 = -14{,}2\text{ mm/s}^2. \quad \text{(Resposta)}$$

De acordo com o resultado do item (a), o elemento da corda está se movendo no sentido positivo do eixo y no instante $t = 18{,}9$ s (a velocidade é positiva). O resultado do item (b) mostra que, nesse instante, a velocidade está diminuindo, já que a aceleração é negativa.

16.2 VELOCIDADE DA ONDA EM UMA CORDA ESTICADA

Objetivos do Aprendizado

Depois de ler este módulo, você será capaz de ...

16.2.1 Calcular a massa específica linear μ de uma corda homogênea a partir da massa e do comprimento da corda.

16.2.2 No caso de uma onda em uma corda, conhecer a relação entre a velocidade da onda v, a tração τ da corda e a massa específica linear μ da corda.

Ideias-Chave

- A velocidade de uma onda em uma corda esticada depende das propriedades da corda, e não de propriedades da onda como frequência e amplitude.
- A velocidade de uma onda em uma corda é dada pela equação

$$v = \sqrt{\frac{\tau}{\mu}},$$

em que τ é a tração da corda e μ é a massa específica linear da corda.

Velocidade da Onda em uma Corda Esticada

A velocidade de uma onda está relacionada com o comprimento de onda e à frequência pela Eq. 16.1.13, *mas é determinada pelas propriedades do meio*. Se uma onda se propaga em um meio como a água, o ar, o aço, ou uma corda esticada, a passagem da onda faz com que as partículas do meio oscilem. Para que isso aconteça, o meio deve possuir massa (para que possa haver energia cinética) e elasticidade (para que possa haver energia potencial). São as propriedades de massa e de elasticidade que determinam a velocidade com a qual a onda pode se propagar no meio. Assim, é possível expressar a velocidade da onda em um meio a partir dessas propriedades. Vamos fazer isso agora, de duas formas, para uma corda esticada.

Análise Dimensional

Na análise dimensional, examinamos as dimensões de todas as grandezas físicas que influenciam uma dada situação para determinar as grandezas resultantes. Nesse caso, examinamos a massa e a elasticidade para determinar a velocidade v, que tem a dimensão de comprimento dividido por tempo, ou LT^{-1}.

No caso da massa, usamos a massa de um elemento da corda, que é a massa total m da corda dividida pelo comprimento l. Chamamos essa razão de *massa específica linear* μ da corda. Assim, $\mu = m/l$ e a dimensão dessa grandeza é massa dividida por comprimento, ML^{-1}.

Não podemos fazer uma onda se propagar em uma corda, a menos que a corda esteja sob tração, o que significa que foi alongada e mantida alongada por forças aplicadas às extremidades. A tração τ da corda é igual ao módulo comum dessas duas forças. Uma onda que se propaga ao longo da corda desloca elementos da corda e provoca um alongamento adicional, com seções vizinhas da corda exercendo forças umas sobre as outras por causa da tração. Assim, podemos associar a tração da corda ao alongamento (elasticidade) da corda. A tração e as forças de alongamento que a tração produz possuem a dimensão de força, ou seja, MLT^{-2} (já que $F = ma$).

Precisamos combinar μ (dimensão ML^{-1}) e τ (dimensão MLT^{-2}) para obter v (dimensão LT^{-1}). O exame de várias combinações possíveis mostra que

$$v = C\sqrt{\frac{\tau}{\mu}}, \tag{16.2.1}$$

em que C é uma constante adimensional que não pode ser determinada por análise dimensional. Em nosso segundo método para determinar a velocidade da onda, vamos ver que a Eq. 16.2.1 está correta e que $C = 1$.

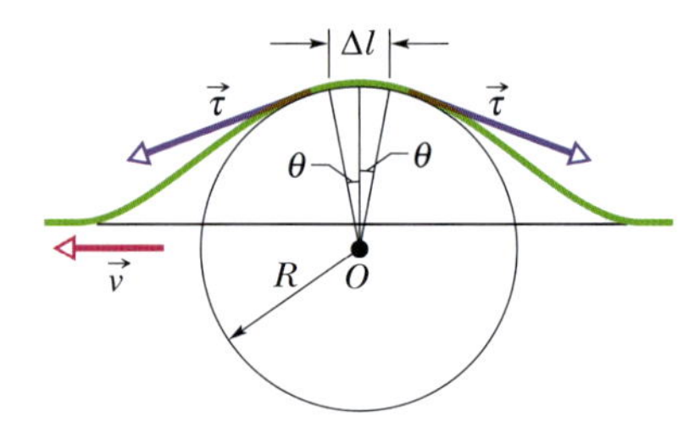

Figura 16.2.1 Pulso simétrico, visto em um referencial no qual o pulso está estacionário e a corda parece se mover da direita para a esquerda com velocidade v. Podemos determinar a velocidade v aplicando a segunda lei de Newton a um elemento da corda de comprimento Δl, situado no alto do pulso.

Demonstração Usando a Segunda Lei de Newton

Em vez da onda senoidal da Fig. 16.1.1*b*, vamos considerar um único pulso simétrico como o da Fig. 16.2.1, propagando-se em uma corda da esquerda para a direita com velocidade v. Por conveniência, escolhemos um referencial no qual o pulso permanece estacionário, ou seja, nos movemos juntamente com o pulso, mantendo-o sob observação. Nesse referencial, a corda parece passar por nós, movendo-se da direita para a esquerda com velocidade v.

Considere um pequeno elemento da corda de comprimento Δl no centro do pulso, que forma um arco de circunferência de raio R e subtende um ângulo 2θ. Duas forças $\vec{\tau}$ cujo módulo é igual à tração da corda puxam tangencialmente esse elemento pelas duas extremidades. As componentes horizontais das forças se cancelam, mas as componentes verticais se somam para produzir uma força restauradora radial $\vec{F}$ cujo módulo é dado por

$$F = 2(\tau \operatorname{sen} \theta) \approx \tau(2\theta) = \tau \frac{\Delta l}{R} \quad \text{(força)}, \tag{16.2.2}$$

em que usamos a aproximação sen $\theta \approx \theta$ para pequenos ângulos. Com base na Fig. 16.2.1, usamos também a relação $2\theta = \Delta l / R$. A massa do elemento é dada por

$$\Delta m = \mu \, \Delta l \quad \text{(massa)}, \tag{16.2.3}$$

em que μ é a massa específica linear da corda.

No instante mostrado na Fig. 16.2.1, o elemento de corda Δl está se movendo em um arco de circunferência. Assim, o elemento possui uma aceleração centrípeta dada por

$$a = \frac{v^2}{R} \quad \text{(aceleração)}. \tag{16.2.4}$$

Do lado direito das Eqs. 16.2.2, 16.2.3 e 16.2.4 estão os três parâmetros da segunda lei de Newton. Combinando-os na forma

$$\text{força} = \text{massa} \times \text{aceleração},$$

obtemos

$$\frac{\tau \, \Delta l}{R} = (\mu \, \Delta l) \, \frac{v^2}{R}.$$

Explicitando a velocidade v, temos

$$v = \sqrt{\frac{\tau}{\mu}} \quad \text{(velocidade)}, \tag{16.2.5}$$

em perfeita concordância com a Eq. 16.2.1 se a constante C nesta equação for igual a 1. A Eq. 16.2.5 nos dá a velocidade do pulso da Fig. 16.2.1 e a velocidade de *qualquer* outra onda na mesma corda e sob a mesma tração.

De acordo com a Eq. 16.2.5,

A velocidade de uma onda em uma corda ideal esticada depende apenas da tração e da massa específica linear da corda.

A *frequência* da onda depende apenas da força responsável pela onda (por exemplo, a força aplicada pela pessoa da Fig. 16.1.1*b*). O *comprimento de onda* da onda está relacionado à velocidade e à frequência pela Eq. 16.1.13 ($\lambda = v/f$).

Teste 16.2.1

Suponha que você produza uma onda progressiva em uma corda agitando uma das extremidades. Se você aumenta a frequência da agitação, (a) a velocidade da onda aumenta, diminui ou continua a mesma? (b) o comprimento de onda da onda aumenta, diminui ou continua o mesmo? Se, em vez disso, você aumenta a tensão da corda, (c) a velocidade da onda aumenta, diminui ou continua a mesma? (d) o comprimento de onda da onda aumenta, diminui ou continua o mesmo?

16.3 ENERGIA E POTÊNCIA DE UMA ONDA PROGRESSIVA EM UMA CORDA

Objetivo do Aprendizado

Depois de ler este módulo, você será capaz de ...

16.3.1 Calcular a taxa média com a qual a energia é transportada por uma onda transversal.

Ideia-Chave

- A potência média de uma onda senoidal em uma corda esticada (taxa com a qual a energia é transportada pela onda) é dada por

$$P_{\text{méd}} = \tfrac{1}{2}\mu v \omega^2 y_m^2.$$

Energia e Potência de uma Onda Progressiva em uma Corda

Quando produzimos uma onda em uma corda esticada, fornecemos energia para que a corda se mova. Quando a onda se afasta de nós, ela transporta essa energia como energia cinética e como energia potencial elástica. Vamos examinar as duas formas, uma de cada vez.

Energia Cinética

Um elemento da corda, de massa dm, que oscila transversalmente em um movimento harmônico simples produzido por uma onda, possui energia cinética associada à velocidade transversal $\vec{u}$ do elemento. Quando o elemento está passando pela posição $y = 0$ (como o elemento b da Fig. 16.3.1), a velocidade transversal (e, portanto, a energia cinética) é máxima. Quando o elemento está na posição extrema $y = y_m$ (como o elemento a), a velocidade transversal (e, portanto, a energia cinética) é nula.

Energia Potencial Elástica

Quando um trecho inicialmente reto de uma corda é excitado por uma onda senoidal, os elementos da corda sofrem deformações. Ao oscilar transversalmente, um elemento da corda de comprimento dx aumenta e diminui periodicamente de comprimento para assumir a forma da onda senoidal. Como no caso da mola, uma energia potencial elástica está associada a essas variações de comprimento.

Quando o elemento da corda está na posição $y = y_m$ (como o elemento a da Fig. 16.3.1), o comprimento é o valor de repouso dx e, portanto, a energia potencial elástica é nula. Por outro lado, quando o elemento está passando pela posição $y = 0$, o alongamento é máximo e, portanto, a energia potencial elástica também é máxima.

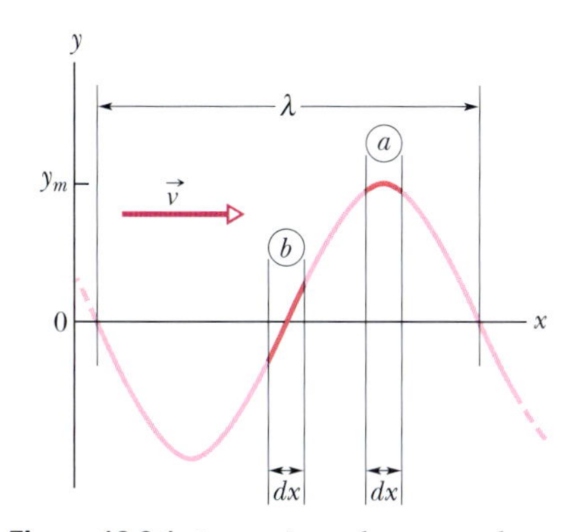

Figura 16.3.1 Instantâneo de uma onda progressiva em uma corda no instante $t = 0$. O elemento a da corda está sofrendo um deslocamento $y = y_m$ e o elemento b está sofrendo um deslocamento $y = 0$. A energia cinética depende da velocidade transversal do elemento; a energia potencial, do alongamento.

Transporte de Energia

Os elementos da corda possuem, portanto, energia cinética máxima e energia potencial máxima em $y = 0$. No instantâneo da Fig. 16.3.1, as regiões da corda com deslocamento máximo não possuem energia, e as regiões com deslocamento nulo possuem energia máxima. Quando a onda se propaga ao longo da corda, as forças associadas à tração da corda realizam trabalho continuamente para transferir energia das regiões com energia para as regiões sem energia.

Suponha que produzimos em uma corda esticada ao longo de um eixo x horizontal uma onda como a da Eq. 16.1.2. Podemos produzir esse tipo de onda fazendo uma das extremidades da corda oscilar continuamente, como na Fig. 16.1.1b. Ao fazer isso, fornecemos energia para o movimento e alongamento da corda; quando as partes da corda de deslocam perpendicularmente ao eixo x, elas adquirem energia cinética e energia potencial elástica. Quando a onda passa por partes da corda que estavam anteriormente em repouso, a energia é transferida para essas partes. Assim, dizemos que a onda *transporta* energia ao longo da corda.

Taxa de Transmissão de Energia

A energia cinética dK associada a um elemento da corda de massa dm é dada por

$$dK = \tfrac{1}{2}\, dm\, u^2, \tag{16.3.1}$$

em que u é a velocidade transversal do elemento da corda. Para determinar u, derivamos a Eq. 16.1.2 em relação ao tempo, mantendo x constante:

$$u = \frac{\partial y}{\partial t} = -\omega y_m \cos(kx - \omega t). \qquad (16.3.2)$$

Usando essa relação e fazendo $dm = \mu\, dx$, a Eq. 16.3.1 se torna

$$dK = \tfrac{1}{2}(\mu\, dx)(-\omega y_m)^2 \cos^2(kx - \omega t). \qquad (16.3.3)$$

Dividindo a Eq. 16.3.3 por dt, obtemos a taxa com a qual a energia cinética passa por um elemento da corda e, portanto, a taxa com a qual a energia cinética é transportada pela onda. Como a razão dx/dt que aparece do lado direito da Eq. 16.3.3 é a velocidade v da onda, temos:

$$\frac{dK}{dt} = \tfrac{1}{2}\mu v \omega^2 y_m^2 \cos^2(kx - \omega t). \qquad (16.3.4)$$

A taxa *média* com a qual a energia cinética é transportada é

$$\left(\frac{dK}{dt}\right)_{\text{méd}} = \tfrac{1}{2}\mu v \omega^2 y_m^2 [\cos^2(kx - \omega t)]_{\text{méd}} = \tfrac{1}{4}\mu v \omega^2 y_m^2. \qquad (16.3.5)$$

Calculamos, aqui, a média para um número inteiro de comprimentos de onda e usamos o fato de que o valor médio do quadrado de uma função cosseno para um número inteiro de períodos é 1/2.

A energia potencial elástica também é transportada pela onda, com a mesma taxa média dada pela Eq. 16.3.5. Não vamos apresentar a demonstração, mas apenas lembrar que em um sistema oscilatório, como um pêndulo ou um sistema bloco-mola, a energia cinética média e a energia potencial média são iguais.

A **potência média**, que é a taxa média com a qual as duas formas de energia são transmitidas pela onda, é, portanto,

$$P_{\text{méd}} = 2\left(\frac{dK}{dt}\right)_{\text{méd}} \qquad (16.3.6)$$

ou, de acordo com a Eq. 16.3.5,

$$P_{\text{méd}} = \tfrac{1}{2}\mu v \omega^2 y_m^2 \quad \text{(potência média)}. \qquad (16.3.7)$$

Os fatores μ e v da Eq. 16.3.7 dependem das características da corda (o material de que é feita e da tração a que foi submetida) e os fatores ω e y_m dependem do processo usado para produzir a onda. A proporcionalidade entre a potência média de uma onda e o quadrado da amplitude e o quadrado da frequência angular é um resultado geral, válido para ondas de todos os tipos.

Teste 16.3.1

Produzimos uma onda senoidal em uma corda sob tração e a potência média transmitida é P_1. (a) Se multiplicarmos a tração por dois, qual será a potência média transmitida P_2 em termos de P_1? (b) Se, em vez disso, substituirmos a corda por uma outra com uma massa específica linear duas vezes maior e conservarmos a mesma tração, frequência e amplitude da onda senoidal, qual será a potência média transmitida P_3 em termos de P_1?

Exemplo 16.3.1 Potência média de uma onda transversal 16.2

Uma corda tem uma massa específica linear μ = 525 g/m e está submetida a uma tração τ = 45 N. Uma onda senoidal de frequência f = 120 Hz e amplitude y_m = 8,5 mm é produzida na corda. A que taxa média a onda transporta energia?

IDEIA-CHAVE

A taxa média de transporte de energia é a potência média $P_{\text{méd}}$, dada pela Eq. 16.3.7.

Cálculos: Para usar a Eq. 16.3.7, precisamos conhecer a frequência angular ω e a velocidade v da onda. De acordo com a Eq. 16.1.9,

$$\omega = 2\pi f = (2\pi)(120 \text{ Hz}) = 754 \text{ rad/s}.$$

De acordo com a Eq. 16.2.5, temos

$$v = \sqrt{\frac{\tau}{\mu}} = \sqrt{\frac{45 \text{ N}}{0{,}525 \text{ kg/m}}} = 9{,}26 \text{ m/s}.$$

Nesse caso, a Eq. 16.3.7 nos dá

$$\begin{aligned} P_{\text{méd}} &= \tfrac{1}{2}\mu v \omega^2 y_m^2 \\ &= (\tfrac{1}{2})(0{,}525 \text{ kg/m})(9{,}26 \text{ m/s})(754 \text{ rad/s})^2(0{,}0085 \text{ m})^2 \\ &\approx 100 \text{ W}. \end{aligned} \qquad \text{(Resposta)}$$

16.4 EQUAÇÃO DE ONDA

Objetivo do Aprendizado

Depois de ler este módulo, você será capaz de ...

16.4.1 No caso da função que descreve o deslocamento de um elemento de uma corda em função da posição x e do tempo t, conhecer a relação entre a derivada segunda da função em relação a x e a derivada segunda em relação a t.

Ideia-Chave

- A equação diferencial que governa a propagação de todos os tipos de ondas é

$$\frac{\partial^2 y}{\partial x^2} = \frac{1}{v^2}\frac{\partial^2 y}{\partial t^2},$$

em que y é a direção de oscilação dos elementos que propagam a onda, x é a direção de propagação da onda e v é a velocidade da onda.

Equação de Onda

Quando uma onda passa por um elemento de uma corda esticada, o elemento se move perpendicularmente à direção de propagação da onda (estamos falando de uma onda transversal). Aplicando a segunda lei de Newton ao movimento do elemento, podemos obter uma equação diferencial geral, chamada *equação de onda*, que governa a propagação de ondas de qualquer tipo.

A Fig. 16.4.1*a* mostra um instantâneo de um elemento de corda de massa dm e comprimento ℓ quando uma onda se propaga em uma corda de massa específica μ que está esticada ao longo de um eixo x horizontal. Vamos supor que a amplitude da onda é tão pequena que o elemento sofre apenas uma leve inclinação em relação ao eixo x quando a onda passa. A força $\vec{F}_2$ que age sobre a extremidade direita do elemento possui um módulo igual à tração τ da corda e aponta ligeiramente para cima. A força $\vec{F}_1$ que age sobre a extremidade esquerda do elemento também possui um módulo igual à tração τ, mas aponta ligeiramente para baixo. Devido à curvatura do elemento, a resultante das forças é diferente de zero e produz no elemento uma aceleração a_y para cima. A aplicação da segunda lei de Newton às componentes y ($F_{\text{res},y} = ma_y$) nos dá

$$F_{2y} - F_{1y} = dm\, a_y. \tag{16.4.1}$$

Vamos analisar por partes a Eq. 16.4.1, primeiro a massa dm, depois a componente a_y da aceleração, depois as componentes da força, F_{2y} e F_{1y} e, finalmente, a força resultante que aparece do lado esquerdo da Eq. 16.4.1.

Massa. A massa dm do elemento pode ser escrita em termos da massa específica μ da corda e do comprimento ℓ do elemento: $dm = \mu\ell$. Como a inclinação do elemento é pequena, $\ell \approx dx$ (Fig. 16.4.1*a*) e temos, aproximadamente,

$$dm = \mu\, dx. \tag{16.4.2}$$

Aceleração. A aceleração a_y da Eq. 16.4.1 é a derivada segunda do deslocamento y em relação ao tempo:

$$a_y = \frac{d^2y}{dt^2}. \tag{16.4.3}$$

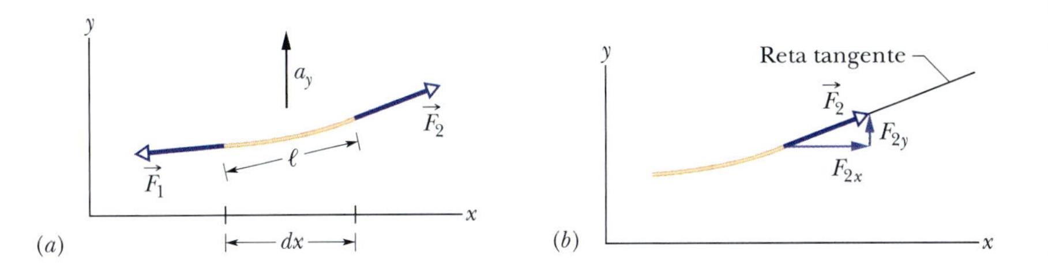

Figura 16.4.1 (*a*) Elemento da corda quando uma onda senoidal transversal se propaga em uma corda esticada. As forças $\vec{F}_1$ e $\vec{F}_2$ agem nas extremidades do elemento, produzindo uma aceleração $\vec{a}$ com uma componente vertical a_y. (*b*) A força na extremidade direita do elemento aponta na direção da reta tangente ao elemento nesse ponto.

Forças. A Fig. 16.4.1*b* mostra que $\vec{F}_2$ é tangente à corda na extremidade direita do elemento; assim, podemos relacionar as componentes da força à inclinação S_2 da extremidade direita da corda:

$$\frac{F_{2y}}{F_{2x}} = S_2. \tag{16.4.4}$$

Podemos também relacionar as componentes ao módulo F_2 ($= \tau$):

$$F_2 = \sqrt{F_{2x}^2 + F_{2y}^2}$$

ou

$$\tau = \sqrt{F_{2x}^2 + F_{2y}^2}. \tag{16.4.5}$$

Entretanto, como estamos supondo que a inclinação do elemento é pequena, $F_{2y} \ll F_{2x}$ e a Eq. 16.4.5 se torna

$$\tau = F_{2x}. \tag{16.4.6}$$

Substituindo na Eq. 16.4.4 e explicitando F_{2y}, obtemos

$$F_{2y} = \tau S_2. \tag{16.4.7}$$

Uma análise semelhante para a extremidade esquerda do elemento da corda nos dá

$$F_{1y} = \tau S_1. \tag{16.4.8}$$

Força Resultante. Podemos agora substituir as Eqs. 16.4.2, 16.4.3, 16.4.7 e 16.4.8 na Eq. 16.4.1 para obter

$$\tau S_2 - \tau S_1 = (\mu\, dx)\frac{d^2y}{dt^2},$$

ou

$$\frac{S_2 - S_1}{dx} = \frac{\mu}{\tau}\frac{d^2y}{dt^2}. \tag{16.4.9}$$

Como o elemento de corda é curto, as inclinações S_2 e S_1 diferem apenas de um valor infinitesimal dS, em que S é a inclinação em qualquer ponto:

$$S = \frac{dy}{dx}. \tag{16.4.10}$$

Substituindo $S_2 - S_1$ na Eq. 16.4.9 por dS e usando a Eq. 16.4.10 para substituir S por dy/dx, obtemos

$$\frac{dS}{dx} = \frac{\mu}{\tau}\frac{d^2y}{dt^2},$$

$$\frac{d(dy/dx)}{dx} = \frac{\mu}{\tau}\frac{d^2y}{dt^2},$$

e

$$\frac{\partial^2 y}{\partial x^2} = \frac{\mu}{\tau}\frac{\partial^2 y}{\partial t^2}. \tag{16.4.11}$$

Na última passagem, mudamos a notação para derivadas parciais porque, no lado esquerdo da equação, derivamos apenas em relação a x, enquanto, no lado direito, derivamos apenas em relação a t. Finalmente, usando a Eq. 16.2.5 ($v = \sqrt{\tau/\mu}$), obtemos

$$\frac{\partial^2 y}{\partial x^2} = \frac{1}{v^2}\frac{\partial^2 y}{\partial t^2} \quad \text{(equação de onda).} \tag{16.4.12}$$

A Eq. 16.4.12 é a equação diferencial geral que governa a propagação de ondas de todos os tipos.

Teste 16.4.1

Um pequeno trecho de uma corda está na posição de deslocamento zero ou de deslocamento máximo quando (a) sua curvatura ($\partial^2y/\partial x^2$) é máxima e (b) sua aceleração ($\partial^2y/\partial t^2$) é máxima?

16.5 INTERFERÊNCIA DE ONDAS

Objetivos do Aprendizado

Depois de ler este módulo, você será capaz de ...

16.5.1 Usar o princípio de superposição para mostrar que podemos somar duas ondas que se superpõem para obter uma onda resultante.

16.5.2 No caso de duas ondas transversais de mesma amplitude e mesmo comprimento de onda que se superpõem, calcular a equação da onda resultante a partir da amplitude das duas ondas e da diferença de fase entre elas.

16.5.3 Explicar de que forma a diferença de fase entre duas ondas transversais de mesma amplitude e comprimento de onda pode resultar em uma interferência totalmente construtiva, em uma interferência totalmente destrutiva, ou em uma interferência intermediária.

16.5.4 Com a diferença de fase entre duas ondas expressa em comprimentos de onda, determinar rapidamente qual será o tipo de interferência.

Ideias-Chave

- Quando duas ondas se propagam no mesmo meio, o deslocamento de uma partícula do meio é a soma dos deslocamentos produzidos pelas duas ondas, um efeito conhecido como superposição de ondas.

- Duas ondas senoidais que se propagam na mesma corda exibem o fenômeno da interferência, somando ou cancelando seus efeitos de acordo com o princípio de superposição. Se as duas ondas estão se propagando no mesmo sentido e com a mesma amplitude e a mesma frequência (e, portanto, com o mesmo comprimento de onda), mas apresentam uma diferença ϕ entre as constantes de fase, o resultado é uma onda única com a mesma frequência que pode ser descrita pela equação:

$$y'(x, t) = [2y_m \cos \tfrac{1}{2}\phi] \operatorname{sen}(kx - \omega t + \tfrac{1}{2}\phi).$$

Se $\phi = 0$, as ondas estão em fase e a interferência é totalmente construtiva; se $\phi = \pi$ rad, as ondas têm fases opostas e a interferência é totalmente destrutiva.

Princípio da Superposição de Ondas 16.4

Frequentemente acontece que duas ou mais ondas passam simultaneamente pela mesma região. Quando ouvimos um concerto ao vivo, por exemplo, as ondas sonoras dos vários instrumentos chegam simultaneamente aos nossos ouvidos. Os elétrons presentes nas antenas dos receptores de rádio e televisão são colocados em movimento pelo efeito combinado das ondas eletromagnéticas de muitas estações. A água de um lago ou de um porto pode ser agitada pela marola produzida por muitas embarcações.

Suponha que duas ondas se propagam simultaneamente na mesma corda esticada. Sejam $y_1(x, t)$ e $y_2(x, t)$ os deslocamentos que a corda sofreria se cada onda se propagasse sozinha. O deslocamento da corda quando as ondas se propagam ao mesmo tempo é a soma algébrica

$$y'(x, t) = y_1(x, t) + y_2(x, t). \qquad (16.5.1)$$

Essa soma de deslocamentos significa que

Ondas superpostas se somam algebricamente para produzir uma **onda resultante** ou **onda total**.

Esse é outro exemplo do **princípio de superposição**, segundo o qual, quando vários efeitos ocorrem simultaneamente, o efeito total é a soma dos efeitos individuais. (Devemos ser gratos por isso. Se os dois efeitos se afetassem mutuamente, o mundo seria muito mais complexo e difícil de analisar.)

A Fig. 16.5.1 mostra uma sequência de instantâneos de dois pulsos que se propagam em sentidos opostos na mesma corda esticada. Nos pontos em que os pulsos se superpõem, o pulso resultante é a soma dos dois pulsos. Além disso, cada pulso passa pelo outro se ele não existisse:

Ondas superpostas não se afetam mutuamente.

Quando duas ondas se superpõem, deixamos de perceber as ondas separadamente e percebemos apenas a onda resultante.

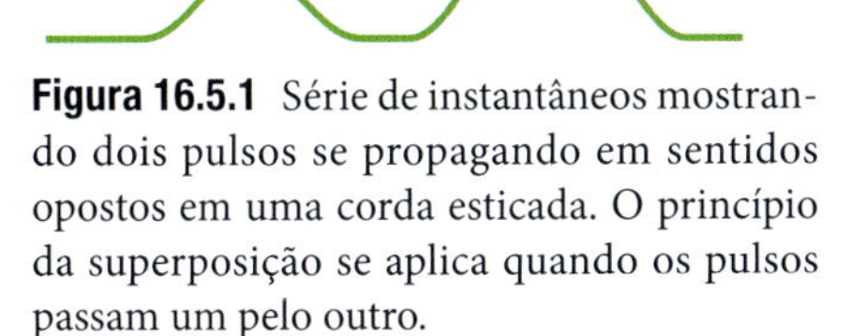

Figura 16.5.1 Série de instantâneos mostrando dois pulsos se propagando em sentidos opostos em uma corda esticada. O princípio da superposição se aplica quando os pulsos passam um pelo outro.

Interferência de Ondas

Suponha que produzimos duas ondas senoidais de mesmo comprimento de onda e amplitude que se propagam no mesmo sentido em uma corda. O princípio da superposição pode ser usado. Que forma tem a onda resultante?

A forma da onda resultante depende da *fase relativa* das duas ondas. Se as ondas estão em fase (ou seja, se os picos e os vales de uma estão alinhados com os da outra), o deslocamento total a cada instante é o dobro do deslocamento que seria produzido por uma das ondas. Se as ondas têm fases opostas (ou seja, se os picos de uma estão alinhados com os vales da outra), elas se cancelam mutuamente e o deslocamento é zero; a corda permanece parada. O fenômeno de combinação de ondas recebe o nome de **interferência** e dizemos que as ondas **interferem** entre si. (O termo se refere apenas aos deslocamentos; a propagação das ondas não é afetada.)

Suponha que uma das ondas que se propagam em uma corda é dada por

$$y_1(x, t) = y_m \operatorname{sen}(kx - \omega t) \tag{16.5.2}$$

e que outra, deslocada em relação à primeira, é dada por

$$y_2(x, t) = y_m \operatorname{sen}(kx - \omega t + \phi). \tag{16.5.3}$$

As duas ondas têm a mesma frequência angular ω (e, portanto, a mesma frequência f), o mesmo número de onda k (e, portanto, o mesmo comprimento de onda λ) e a mesma amplitude y_m. Ambas se propagam no sentido positivo do eixo x, com a mesma velocidade, dada pela Eq. 16.2.5. Elas diferem apenas de um ângulo constante ϕ, a constante de fase. Dizemos que as ondas estão *defasadas* de ϕ, ou que a *diferença de fase* entre elas é ϕ.

Segundo o princípio de superposição (Eq. 16.5.1), a onda resultante é a soma algébrica das duas ondas e tem um deslocamento

$$\begin{aligned} y'(x, t) &= y_1(x, t) + y_2(x, t) \\ &= y_m \operatorname{sen}(kx - \omega t) + y_m \operatorname{sen}(kx - \omega t + \phi). \end{aligned} \tag{16.5.4}$$

De acordo com o Apêndice E, a soma dos senos de dois ângulos α e β obedece à identidade

$$\operatorname{sen}\alpha + \operatorname{sen}\beta = 2\operatorname{sen}\tfrac{1}{2}(\alpha + \beta)\cos\tfrac{1}{2}(\alpha - \beta). \tag{16.5.5}$$

Aplicando essa relação à Eq. 16.5.4, obtemos

$$y'(x, t) = [2y_m \cos\tfrac{1}{2}\phi] \operatorname{sen}(kx - \omega t + \tfrac{1}{2}\phi). \tag{16.5.6}$$

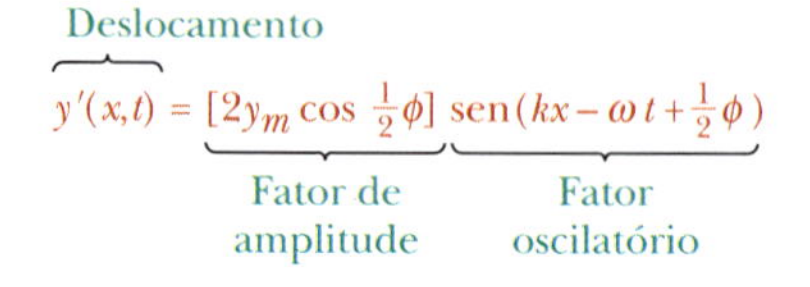

Figura 16.5.2 A onda resultante da Eq. 16.5.6, produzida pela interferência de duas ondas transversais senoidais, é também uma onda transversal senoidal, com um fator de amplitude e um fator oscilatório.

Como mostra a Fig. 16.5.2, a onda resultante também é uma onda senoidal que se propaga no sentido positivo de x. Ela é a única onda que se pode ver na corda (as ondas dadas pelas Eqs. 16.5.2 e 16.5.3 *não podem* ser vistas).

Se duas ondas senoidais de mesma amplitude e comprimento de onda se propagam *no mesmo sentido* em uma corda, elas interferem para produzir uma onda resultante senoidal que se propaga nesse sentido.

A onda resultante difere das ondas individuais em dois aspectos: (1) a constante de fase é $\phi/2$ e (2) a amplitude y'_m é o valor absoluto do fator entre colchetes da Eq. 16.5.6:

$$y'_m = |2y_m \cos\tfrac{1}{2}\phi| y'_m \quad \text{(amplitude)}. \tag{16.5.7}$$

Se $\phi = 0$ rad (ou 0°), as duas ondas estão em fase e a Eq. 16.5.6 se reduz a

$$y'(x, t) = 2y_m \operatorname{sen}(kx - \omega t) \quad (\phi = 0). \tag{16.5.8}$$

As duas ondas aparecem na Fig. 16.5.3*a*, e a onda resultante está plotada na Fig. 16.5.3*d*. Observe, tanto na figura como na Eq. 16.5.8, que a amplitude da onda resultante é o dobro da amplitude das ondas individuais. Essa é a maior amplitude que a onda

Quando têm a mesma fase, as ondas produzem uma onda resultante de grande amplitude.

Quando têm fases opostas, as ondas se cancelam mutuamente.

Esta é uma situação intermediária, com um resultado intermediário.

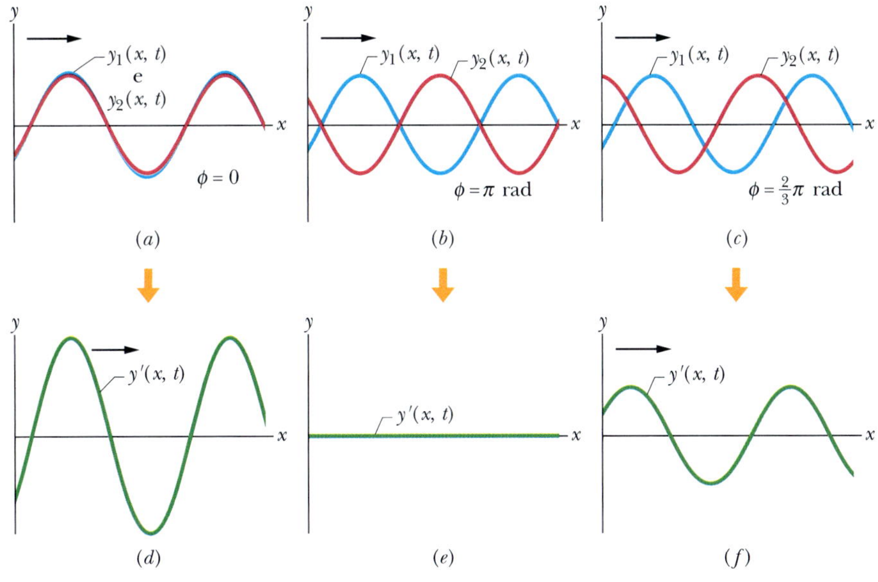

Figura 16.5.3 Duas ondas senoidais iguais, $y_1(x,t)$ e $y_2(x,t)$, se propagam em uma corda no sentido positivo de um eixo x. Elas interferem para produzir uma onda resultante $y'(x,t)$, que é a onda observada na corda. A diferença de fase ϕ entre as duas ondas é (*a*) 0 rad ou 0°, (*b*) π rad ou 180° e (*c*) $2\pi/3$ rad ou 120°. As ondas resultantes correspondentes são mostradas em (*d*), (*e*) e (*f*).

resultante pode ter, já que o valor máximo do termo em cosseno das Eqs. 16.5.6 e 16.5.7, que é 1, acontece para $\phi = 0$. A interferência que produz a maior amplitude possível é chamada *interferência construtiva*.

Se $\phi = \pi$ rad (ou 180°), as ondas que interferem estão totalmente defasadas, como na Fig. 16.5.3*b*. Nesse caso, $\cos(\phi/2) = \cos(\pi/2) = 0$ e a amplitude da onda resultante, dada pela Eq. 16.5.7, é nula. Assim, para todos os valores de x e t,

$$y'(x, t) = 0 \quad (\phi = \pi\text{rad}). \tag{16.5.9}$$

A onda resultante está plotada na Fig. 16.5.3*e*. Embora duas ondas estejam se propagando na corda, não vemos a corda se mover. Esse tipo de interferência é chamado *interferência destrutiva*.

Como a forma de uma onda senoidal se repete a cada 2π rad, uma diferença de fase $\phi = 2\pi$ rad (ou 360°) corresponde a uma defasagem de uma onda em relação à outra equivalente a um comprimento de onda. Assim, as diferenças de fase podem ser descritas tanto em termos de ângulos como em termos de comprimentos de onda. Por exemplo, na Fig. 16.5.3*b*, podemos dizer que as ondas estão defasadas de 0,50 comprimento de onda. A Tabela 16.5.1 mostra outros exemplos de diferenças de fase e as interferências que elas produzem. Quando uma interferência não é nem construtiva nem destrutiva, ela é chamada *interferência intermediária*. Nesse caso, a amplitude da onda resultante está entre 0 e $2y_m$. De acordo com a Tabela 16.5.1, se as ondas que interferem têm uma diferença de fase de 120° ($\phi = 2\pi/3$ rad = 0,33 comprimento de onda), a onda resultante tem uma amplitude y_m, igual à amplitude de uma das ondas que interferem (ver Figs. 16.5.3*c* e *f*).

Duas ondas com o mesmo comprimento de onda estão em fase se a diferença de fase é nula ou igual a um número inteiro de comprimentos de onda; a parte inteira de qualquer diferença de fase *expressa em comprimentos de onda* pode ser descartada. Assim, por exemplo, uma diferença de 0,40 comprimento de onda (uma diferença intermediária, mais próxima de uma interferência destrutiva) é equivalente a uma diferença de

Tabela 16.5.1 Diferenças de Fase e Tipos de Interferência Correspondentes[a]

Diferença de Fase em				
Graus	Radianos	Comprimentos de Onda	Amplitude da Onda Resultante	Tipo de Interferência
0	0	0	$2y_m$	Construtiva
120	$\frac{2}{3}\pi$	0,33	y_m	Intermediária
180	π	0,50	0	Destrutiva
240	$\frac{4}{3}\pi$	0,67	y_m	Intermediária
360	2π	1,00	$2y_m$	Construtiva
865	15,1	2,40	$0{,}60y_m$	Intermediária

[a]A diferença de fase é entre duas ondas de mesma frequência e mesma amplitude y_m, que se propagam no mesmo sentido.

2,40 comprimentos de onda, e o menor dos dois números pode ser usado nos cálculos. Assim, observando apenas a parte decimal do número de comprimentos de onda e comparando-a com 0, 0,5 e 1,0, podemos saber qual é o tipo de interferência entre as duas ondas.

Teste 16.5.1

São dadas quatro diferenças de fase possíveis entre duas ondas iguais, expressas em comprimentos de onda: 0,20; 0,45; 0,60 e 0,80. Ordene as ondas de acordo com a amplitude da onda resultante, começando pela maior.

Exemplo 16.5.1 Interferência de duas ondas no mesmo sentido e com a mesma amplitude 16.3

Duas ondas senoidais iguais, propagando-se no mesmo sentido em uma corda, interferem entre si. A amplitude y_m das ondas é 9,8 mm e a diferença de fase ϕ entre elas é 100°.

(a) Qual é a amplitude y'_m da onda resultante e qual é o tipo de interferência?

IDEIA-CHAVE

Como se trata de ondas senoidais iguais que se propagam *no mesmo sentido*, elas interferem para produzir uma onda progressiva senoidal.

Cálculos: Como as duas ondas são iguais, elas têm a mesma amplitude. Assim, a amplitude y'_m da onda resultante é dada pela Eq. 16.5.7:

$$y'_m = |2y_m \cos \tfrac{1}{2}\phi| = |(2)(9{,}8 \text{ mm}) \cos(100°/2)| = 13 \text{ mm.} \quad \text{(Resposta)}$$

Podemos dizer que a interferência é *intermediária* sob dois aspectos: a diferença de fase está entre 0 e 180° e a amplitude y'_m está entre 0 e $2y_m$ (= 19,6 mm).

(b) Que diferença de fase, em radianos e em comprimentos de onda, faz com que a amplitude da onda resultante seja 4,9 mm?

Cálculos: Nesse caso, conhecemos y'_m e precisamos determinar o valor de ϕ. De acordo com a Eq. 16.5.7,

$$y'_m = |2y_m \cos \tfrac{1}{2}\phi|,$$

e, portanto,

$$4{,}9 \text{ mm} = (2)(9{,}8 \text{ mm}) \cos \tfrac{1}{2}\phi,$$

o que nos dá (usando uma calculadora no modo de radianos)

$$\phi = 2 \cos^{-1} \frac{4{,}9 \text{ mm}}{(2)(9{,}8 \text{ mm})} = \pm 2{,}636 \text{ rad} \approx \pm 2{,}6 \text{ rad.} \quad \text{(Resposta)}$$

Existem duas soluções, porque podemos obter a mesma onda resultante supondo que a primeira onda está *adiantada* (à frente) ou *atrasada* (atrás) em relação à segunda onda. A diferença correspondente em comprimentos de onda é

$$\frac{\phi}{2\pi \text{ rad/comprimento de onda}} = \frac{\pm 2{,}636 \text{ rad}}{2\pi \text{ rad/comprimento de onda}} = \pm 0{,}42 \text{ comprimento de onda.} \quad \text{(Resposta)}$$

16.6 FASORES

Objetivos do Aprendizado

Depois de ler este módulo, você será capaz de ...

16.6.1 Usando desenhos, explicar de que modo um fasor pode representar as oscilações de um elemento de uma corda produzidas por uma onda.

16.6.2 Desenhar um diagrama fasorial para representar duas ondas que se propagam em uma corda, indicando a amplitude das ondas e a diferença de fase entre elas.

16.6.3 Usar fasores para determinar a onda resultante de duas ondas transversais que se propagam em uma corda, calculando a amplitude e a fase e escrevendo a equação da onda resultante e mostrando os três fasores no mesmo diagrama fasorial.

Ideia-chave

- Uma onda $y(x, t)$ pode ser representada por um fasor. Trata-se de um vetor de módulo igual à amplitude y_m da onda, que gira em torno da origem com uma velocidade angular igual à frequência angular ω da onda. A projeção do fasor em um eixo vertical é igual ao deslocamento y de um ponto da corda quando a onda passa pelo ponto.

Fasores 16.1

A soma de duas ondas da forma indicada no módulo anterior só pode ser executada se as ondas tiverem *a mesma amplitude*. Caso as ondas tenham o mesmo número de onda, a mesma frequência angular e amplitudes diferentes, precisamos recorrer a métodos mais gerais. Um desses métodos é o uso de fasores para representar as ondas. Embora o método possa parecer estranho a princípio, trata-se, simplesmente, de uma técnica geométrica que usa as regras de adição de vetores discutidas no Capítulo 3 em lugar de somas complicadas de funções trigonométricas.

Um **fasor** é um vetor, de módulo igual à amplitude y_m da onda, que gira em torno da origem com velocidade angular igual à frequência angular ω da onda. Assim, por exemplo, a onda

$$y_1(x, t) = y_{m1} \operatorname{sen}(kx - \omega t) \tag{16.6.1}$$

é representada pelo fasor das Figs. 16.6.1*a* a 16.6.1*d*. O módulo do fasor é a amplitude y_{m1} da onda. Quando o fasor gira em torno da origem com frequência angular ω, a projeção y_1 no eixo vertical varia senoidalmente, de um máximo de y_{m1} a um mínimo de $-y_{m1}$ e de volta a y_{m1}. Essa variação corresponde à variação senoidal do deslocamento y_1 de um ponto qualquer da corda quando a onda passa pelo ponto.

Quando duas ondas se propagam na mesma corda e no mesmo sentido, podemos representar as duas ondas e a onda resultante em um *diagrama fasorial*. Os fasores da Fig. 16.6.1*e* representam a onda da Eq. 16.6.1 e uma segunda onda dada por

$$y_2(x, t) = y_{m2} \operatorname{sen}(kx - \omega t + \phi). \tag{16.6.2}$$

A segunda onda está defasada em relação à primeira onda de uma constante de fase ϕ. Como os fasores giram com a mesma velocidade angular ω, o ângulo entre os dois fasores é sempre ϕ. Se ϕ é um número *positivo*, o fasor da onda 2 está *atrasado* em relação ao fasor da onda 1, como mostra a Fig. 16.6.1*e*. Se ϕ é um número negativo, o fasor da onda 2 está *adiantado* em relação ao fasor da onda 1.

Como as ondas y_1 e y_2 têm o mesmo número de onda k e a mesma frequência angular ω, sabemos pelas Eqs. 16.5.6 e 16.5.7 que a onda resultante é da forma

$$y'(x, t) = y'_m \operatorname{sen}(kx - \omega t + \beta), \tag{16.6.3}$$

em que y'_m é a amplitude da onda resultante e β é a constante de fase. Para determinar os valores de y'_m e β, temos que somar as duas ondas, como fizemos para obter a Eq. 16.5.6. Para fazer isso em um diagrama fasorial, somamos vetorialmente os dois fasores em qualquer instante da rotação, como na Fig. 16.6.1*f*, em que o fasor y_{m2} foi deslocado para a extremidade do fasor y_{m1}. O módulo da soma vetorial é igual à amplitude y'_m da Eq. 16.6.3. O ângulo entre a soma vetorial e o fasor de y_1 é igual à constante de fase β da Eq.16.6.3.

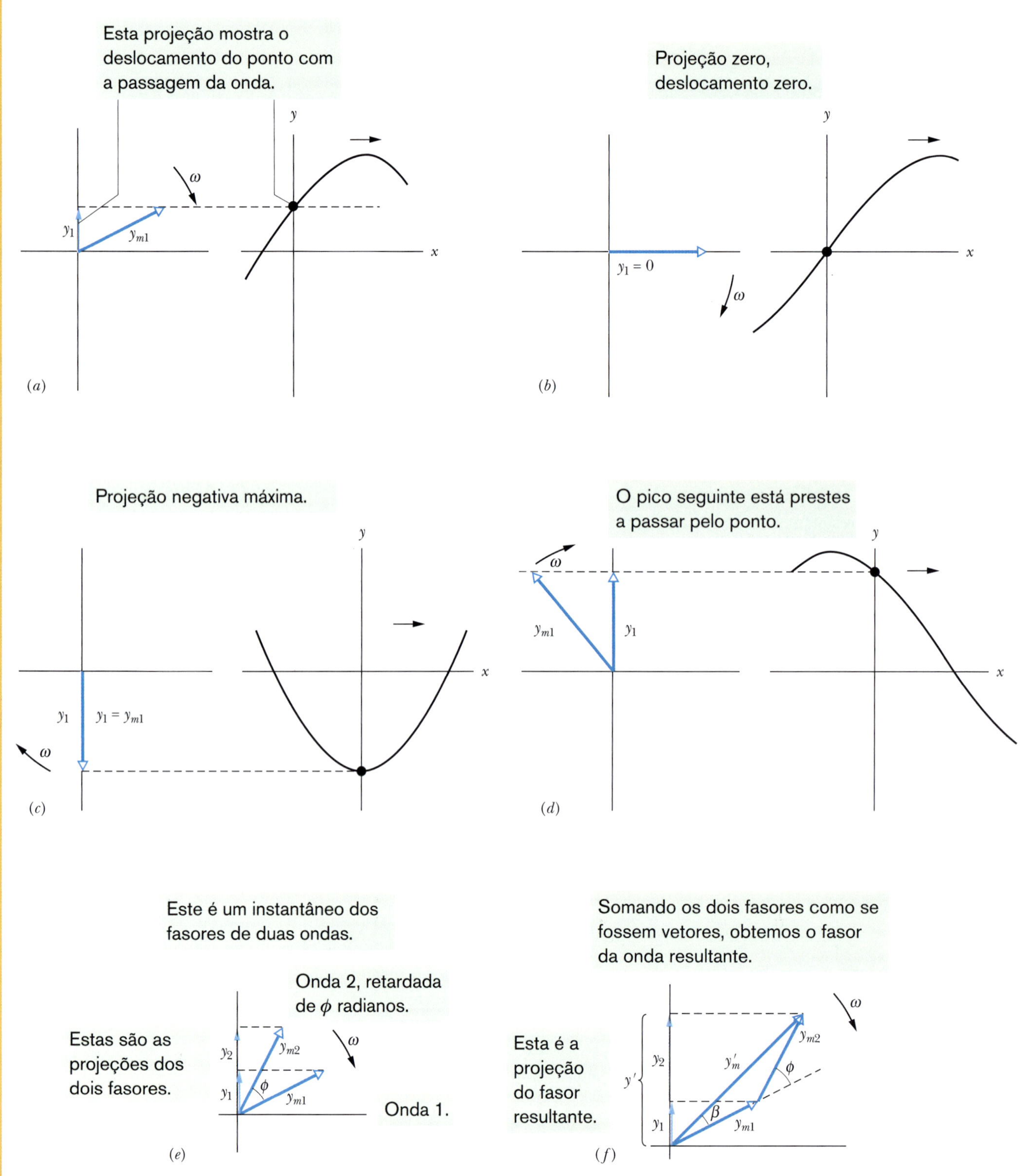

Figura 16.6.1 (*a*) a (*d*) Um fasor de módulo y_{m1} girando em torno de uma origem com velocidade angular ω representa uma onda senoidal. A projeção y_1 do fasor no eixo vertical representa o deslocamento de um ponto pelo qual a onda passa. (*e*) Um segundo fasor, também de velocidade angular ω, mas de módulo y_{m2} e girando com um ângulo ϕ constante de diferença em relação ao primeiro fasor, representa uma segunda onda, com uma constante de fase ϕ. (*f*) A onda resultante é representada pelo vetor soma dos dois fasores, y'_m.

Note que, ao contrário do que acontece com o método do Módulo 16.5,

Podemos usar fasores para combinar ondas, *mesmo que as amplitudes sejam diferentes.*

Teste 16.6.1

Considere duas ondas em uma corda que se propagam simultaneamente em uma corda:

$$y_1(x, t) = (3{,}00\text{ mm})\,\text{sen}(kx - \omega t)$$
$$y_2(x, t) = (5{,}00\text{ mm})\,\text{sen}(kx - \omega t + \phi).$$

Considere quatro possibilidades para a constante de fase ϕ:

$$\text{A: } \phi = \pi/3,\ \text{B: } \phi = \pi,\ \text{C: } \phi = 2\pi/3,\ \text{D: } \phi = \pi/2.$$

Coloque as possibilidades na ordem da amplitude da onda resultante, começando pela maior.

Exemplo 16.6.1 Interferência de duas ondas de amplitudes diferentes  16.4

Duas ondas senoidais $y_1(x, t)$ e $y_2(x, t)$ têm o mesmo comprimento de onda e se propagam no mesmo sentido em uma corda. As amplitudes são $y_{m1} = 4{,}0$ mm e $y_{m2} = 3{,}0$ mm e as constantes de fase são 0 e $\pi/3$ rad, respectivamente. Quais são a amplitude y'_m e a constante de fase β da onda resultante? Escreva a onda resultante na forma da Eq. 16.6.3.

IDEIAS-CHAVE

(1) As duas ondas têm algumas propriedades em comum: Como se propagam na mesma corda, elas têm a mesma velocidade v, que, de acordo com a Eq. 16.2.5, depende apenas da tração e da massa específica linear da corda. Como o comprimento de onda λ é o mesmo, elas têm o mesmo número de onda k $(= 2\pi/\lambda)$. Como o número de onda k e a velocidade v são iguais, têm a mesma frequência angular ω $(= kv)$.

(2) As ondas (vamos chamá-las de ondas 1 e 2) podem ser representadas por fasores girando com a mesma frequência angular ω em torno da origem. Como a constante de fase da onda 2 é *maior* que a constante de fase da onda 1 em $\pi/3$, o fasor 2 está *atrasado* de $\pi/3$ em relação ao fasor 1 na rotação dos dois vetores no sentido horário, como mostra a Fig. 16.6.2*a*. A onda resultante da interferência das ondas 1 e 2 pode ser representada por um fasor que é a soma vetorial dos fasores 1 e 2.

Cálculos: Para simplificar a soma vetorial, desenhamos os fasores 1 e 2 na Fig. 16.6.2*a* no instante em que a direção do fasor 1 coincide com a do semieixo horizontal positivo. Como o fasor 2 está atrasado de $\pi/3$ rad, ele faz um ângulo positivo de $\pi/3$ rad com o semieixo horizontal positivo. Na Fig. 16.6.2*b*, o fasor 2 foi deslocado para que a origem coincida com a extremidade do fasor 1. Podemos desenhar o fasor y'_m da onda resultante ligando a origem do fasor 1 à extremidade do fasor 2. A constante de fase β é o ângulo que o fasor y'_m faz com o fasor 1.

Para determinar os valores de y'_m e β, podemos somar os fasores 1 e 2 diretamente, com o auxílio de uma calculadora (somando um vetor de módulo 4,0 e ângulo 0 com um vetor de módulo 3,0 e ângulo $\pi/3$ rad), ou somar separadamente as componentes. (Elas são chamadas de componentes horizontais e verticais, representadas pelos índices h e v, respectivamente, porque os símbolos x e y são reservados para os eixos que representam a direção de propagação e a direção de oscilação.) No caso das componentes horizontais, temos:

$$y'_{mh} = y_{m1}\cos 0 + y_{m2}\cos \pi/3$$
$$= 4{,}0\text{ mm} + (3{,}0\text{ mm})\cos \pi/3 = 5{,}50\text{ mm}.$$

No caso das componentes verticais, temos:

$$y'_{mv} = y_{m1}\,\text{sen}\,0 + y_{m2}\,\text{sen}\,\pi/3$$
$$= 0 + (3{,}0\text{ mm})\,\text{sen}\,\pi/3 = 2{,}60\text{ mm}.$$

Assim, a onda resultante tem uma amplitude

$$y'_m = \sqrt{(5{,}50\text{ mm})^2 + (2{,}60\text{ mm})^2}$$
$$= 6{,}1\text{ mm} \qquad \text{(Resposta)}$$

e uma constante de fase

$$\beta = \tan^{-1}\frac{2{,}60\text{ mm}}{5{,}50\text{ mm}} = 0{,}44\text{ rad}. \qquad \text{(Resposta)}$$

De acordo com a Fig. 16.6.2*b*, a constante de fase β é um ângulo *positivo* em relação ao fasor 1. Assim, a onda resultante está *atrasada* em relação à onda 1 de um ângulo $\beta = 0{,}44$ rad. De acordo com a Eq. 16.6.3, podemos escrever a onda resultante na forma

$$y'(x, t) = (6{,}1\text{ mm})\,\text{sen}(kx - \omega t + 0{,}44\text{ rad}). \qquad \text{(Resposta)}$$

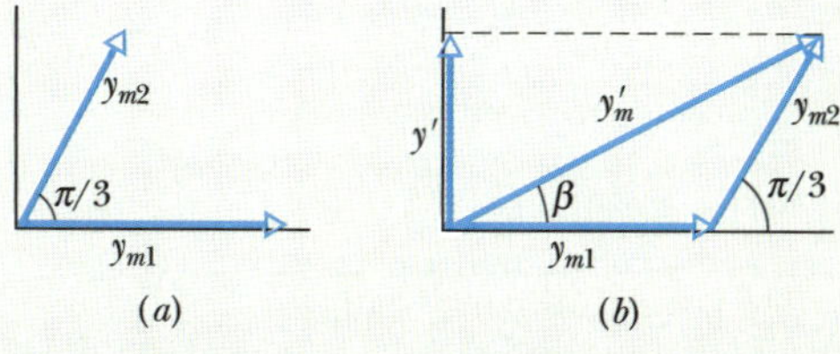

Figura 16.6.2 (*a*) Dois fasores de módulos y_{m1} e y_{m2} com uma diferença de fase de $\pi/3$. (b) A soma vetorial dos fasores em qualquer instante é igual ao módulo y'_m do fasor da onda resultante.

16.7 ONDAS ESTACIONÁRIAS E RESSONÂNCIA

Objetivos do Aprendizado

Depois de ler este módulo, você será capaz de ...

16.7.1 No caso de ondas de mesma amplitude e comprimento de onda que se propagam na mesma corda em sentidos opostos, desenhar instantâneos da onda estacionária resultante, mostrando a posição de nós e antinós.

16.7.2 No caso de ondas de mesma amplitude e comprimento de onda que se propagam na mesma corda em sentidos opostos, escrever a equação que descreve a onda resultante e calcular a amplitude da onda resultante em termos na amplitude das ondas originais.

16.7.3 Descrever o MHS de um elemento da corda situado no antinó de uma onda estacionária.

16.7.4 No caso de um elemento da corda situado no antinó de uma onda estacionária, escrever equações para o deslocamento, a velocidade transversal e a aceleração transversal em função do tempo.

16.7.5 Saber a diferença entre uma reflexão "dura" e uma reflexão "macia" de uma onda que se propaga em uma corda em uma interface.

16.7.6 Descrever o fenômeno da ressonância em uma corda esticada entre dois suportes e desenhar algumas ondas estacionárias, indicando a posição dos nós e antinós.

16.7.7 Determinar o comprimento de onda dos harmônicos de uma corda esticada entre dois suportes em função do comprimento da corda.

16.7.8 Conhecer a relação entre a frequência, a velocidade da onda e o comprimento da corda para qualquer harmônico.

Ideias-chave

- A interferência de duas ondas senoidais iguais que se propagam em sentidos opostos produz ondas estacionárias. No caso de uma corda com as extremidades fixas, a onda estacionária é descrita pela equação

$$y'(x, t) = [2y_m \text{ sen } kx] \cos \omega t.$$

No caso das ondas estacionárias, existem posições em que o deslocamento é zero, chamadas nós, e posições em que o deslocamento é máximo, chamadas antinós.

- Ondas estacionárias podem ser criadas em uma corda por reflexão de ondas progressivas nas extremidades da corda. Se uma extremidade é fixa, deve existir um nó nessa extremidade, o que limita as frequências das ondas estacionárias que podem existir em uma dada corda. Cada frequência possível é uma frequência de ressonância e a onda estacionária correspondente é um modo de oscilação possível. No caso de uma corda esticada, de comprimento L, fixa nas duas extremidades, as frequências de ressonância são dadas por

$$f = \frac{v}{\lambda} = n\frac{v}{2L}, \qquad \text{em que } n = 1, 2, 3, \ldots$$

O modo de oscilação correspondente a $n = 1$ é chamado *modo fundamental* ou *primeiro harmônico*; o modo correspondente a $n = 2$ é chamado *segundo harmônico*, e assim por diante.

Ondas Estacionárias 16.1

No Módulo 16.5, discutimos o caso de duas ondas senoidais de mesmo comprimento de onda e mesma amplitude que se propagam *no mesmo sentido* em uma corda. O que acontece se as ondas se propagam em sentidos opostos? Também nesse caso podemos obter a onda resultante aplicando o princípio da superposição.

A situação está ilustrada na Fig. 16.7.1. A figura mostra uma onda se propagando para a esquerda na Fig. 16.7.1*a* e outra onda se propagando para a direita na Fig. 16.7.1*b*. A Fig. 16.7.1*c* mostra a soma das duas ondas, obtida aplicando graficamente o princípio de superposição. O que chama a atenção na onda resultante é o fato de

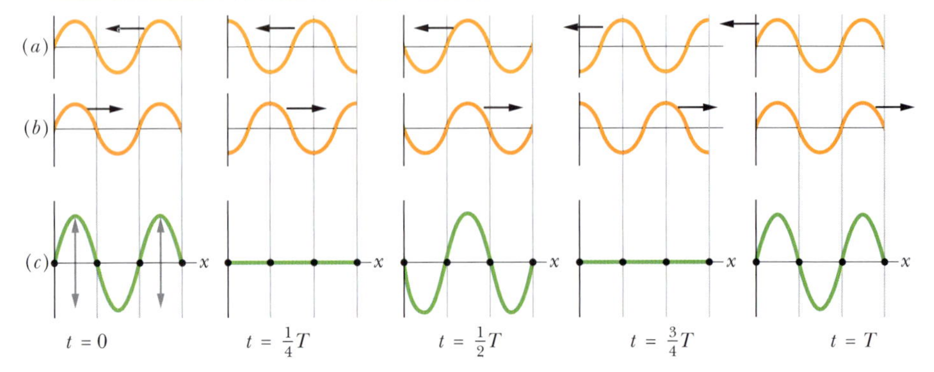

Figura 16.7.1 (*a*) Cinco instantâneos de uma onda se propagando para a esquerda, em instantes t indicados abaixo da parte (*c*) (T é o período das oscilações). (*b*) Cinco instantâneos de uma onda igual à de (*a*), mas se propagando para a direita, nos mesmos instantes t. (*c*) Instantâneos correspondentes para a superposição das duas ondas na mesma corda. Nos instantes $t = 0$, $T/2$, e T, a interferência é construtiva, ou seja, os picos se alinham com picos e os vales se alinham com vales. Em $t = T/4$ e $3T/4$, a interferência é destrutiva, pois os picos se alinham com vales. Alguns pontos (os nós, indicados por pontos) permanecem imóveis; outros (os antinós) oscilam com amplitude máxima. BT 16.5

que existem pontos da corda, chamados **nós**, que permanecem imóveis. Quatro desses nós estão assinalados por pontos na Fig. 16.7.1*c*. No ponto médio entre nós vizinhos estão **antinós**, pontos em que a amplitude da onda resultante é máxima. Ondas como a da Fig. 16.7.1*c* são chamadas **ondas estacionárias** porque a forma de onda não se move para a esquerda nem para a direita; as posições dos máximos e dos mínimos não variam com o tempo.

Se duas ondas senoidais de mesma amplitude e mesmo comprimento de onda se propagam *em sentidos opostos* em uma corda, a interferência mútua produz uma onda estacionária.

Para analisar uma onda estacionária, representamos as duas ondas pelas equações

$$y_1(x, t) = y_m \operatorname{sen}(kx - \omega t) \tag{16.7.1}$$

e

$$y_2(x, t) = y_m \operatorname{sen}(kx + \omega t). \tag{16.7.2}$$

De acordo com o princípio de superposição, a onda resultante é dada por

$$y'(x, t) = y_1(x, t) + y_2(x, t) = y_m \operatorname{sen}(kx - \omega t) + y_m \operatorname{sen}(kx + \omega t).$$

Aplicando a identidade trigonométrica da Eq. 16.5.5, obtemos

$$y'(x, t) = [2y_m \operatorname{sen} kx] \cos \omega t, \tag{16.7.3}$$

que também aparece na Fig. 16.7.2. Como se pode ver, a Eq. 16.7.3, que descreve uma onda estacionária, não tem a mesma forma que a Eq. 16.1.17, que descreve uma onda progressiva.

O fator $2y_m$ sen kx entre colchetes na Eq. 16.7.3 pode ser visto como a amplitude da oscilação do elemento da corda situado na posição x. Entretanto, como uma amplitude é sempre positiva e sen kx pode ser negativo, tomamos o valor absoluto de $2y_m$ sen kx como a amplitude da onda no ponto x.

Em uma onda senoidal progressiva, a amplitude da onda é a mesma para todos os elementos da corda. Isso não é verdade para uma onda estacionária, na qual *a amplitude varia com a posição*. Na onda estacionária da Eq. 16.7.3, por exemplo, a amplitude é zero para valores de kx tais que sen $kx = 0$. Esses valores são dados pela relação

$$kx = n\tau, \quad \text{em que } n = 0, 1, 2, \ldots \tag{16.7.4}$$

Fazendo $k = 2\pi/\lambda$ na Eq. 16.7.4 e reagrupando os termos, obtemos

$$x = \frac{\lambda}{2} n, \quad \text{em que } n = 0, 1, 2, \ldots \quad \text{(nós)}, \tag{16.7.5}$$

para as posições de amplitude zero (nós) da onda estacionária da Eq. 16.7.3. Note que a distância entre nós vizinhos é $\lambda/2$, metade do comprimento de onda.

A amplitude da onda estacionária da Eq. 16.7.3 tem um valor máximo de $2y_m$, que ocorre para valores de kx tais que $|\text{sen } kx| = 1$. Esses valores são dados pela relação

$$kx = \tfrac{1}{2}\pi, \tfrac{3}{2}\pi, \tfrac{5}{2}\pi, \ldots$$

$$= (n + \tfrac{1}{2})\pi, \quad \text{em que } n = 0, 1, 2, \ldots \tag{16.7.6}$$

Fazendo $k = 2\pi/\lambda$ na Eq. 16.7.6 e reagrupando os termos, obtemos

$$x = \left(n + \frac{1}{2}\right)\frac{\lambda}{2}, \quad \text{em que } n = 0, 1, 2, \ldots \quad \text{(antinós)}, \tag{16.7.7}$$

para as posições de máxima amplitude (antinós) da onda estacionária da Eq. 16.7.3. Os antinós estão separados de $\lambda/2$ e estão situados no ponto médio dos nós mais próximos.

Deslocamento

$$y'(x, t) = [2y_m \operatorname{sen} kx] \cos \omega t$$

Fator de amplitude — Fator oscilatório

Figura 16.7.2 A onda resultante da Eq. 16.7.3 é uma onda estacionária, produzida pela interferência de duas ondas senoidais de mesma amplitude e mesmo comprimento de onda que se propagam em sentidos opostos.

Reflexões em uma Interface

Podemos excitar uma onda estacionária em uma corda esticada fazendo com que uma onda progressiva seja refletida em uma das extremidades da corda e interfira

Um pulso pode ser refletido de duas formas ao chegar à extremidade de uma corda.

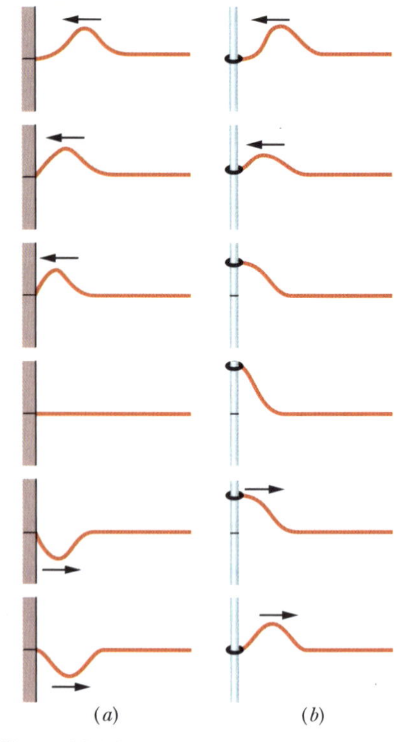

Figura 16.7.3 (*a*) Um pulso proveniente da direita é refletido na extremidade esquerda da corda, que está amarrada em uma parede. Note que o pulso refletido sofre uma inversão em relação ao pulso incidente. (*b*) Nesse caso, a extremidade esquerda da corda está amarrada em um anel que pode deslizar sem atrito para cima e para baixo em uma barra e o pulso não é invertido pela reflexão. BT 16.6 e 16.7

consigo mesma. A onda (original) incidente e a onda refletida podem ser descritas pelas Eqs. 16.7.1 e 16.7.2, respectivamente, e se combinam para formar uma onda estacionária.

Na Fig. 16.7.3, usamos um pulso isolado para mostrar como acontecem essas reflexões. Na Fig. 16.7.3*a*, a corda está fixa na extremidade esquerda. Quando um pulso chega a essa extremidade, ele exerce uma força para cima sobre o suporte (a parede). De acordo com a terceira lei de Newton, o suporte exerce uma força oposta, de mesmo módulo, sobre a corda. Essa força produz um pulso que se propaga no sentido oposto ao do pulso incidente. Em uma reflexão "dura" como essa, existe um nó no suporte, pois a corda está fixa. Isso significa que o pulso refletido e o pulso incidente devem ter sinais opostos para se cancelarem nesse ponto.

Na Fig. 16.7.3*b*, a extremidade esquerda da corda está presa a um anel que pode deslizar sem atrito em uma barra. Quando o pulso incide nesse ponto, o anel se desloca para cima. Ao se mover, o anel puxa a corda, esticando-a e produzindo um pulso refletido com o mesmo sinal e mesma amplitude que o pulso incidente. Em uma reflexão "macia" como essa, os pulsos incidente e refletido se reforçam, criando um antinó na extremidade da corda; o deslocamento máximo do anel é duas vezes maior que a amplitude de um dos pulsos.

Teste 16.7.1

Duas ondas com a mesma amplitude e o mesmo comprimento de onda interferem em três situações diferentes para produzir ondas resultantes descritas pelas seguintes equações:

(1) $y'(x, t) = 4 \operatorname{sen}(5x - 4t)$

(2) $y'(x, t) = 4 \operatorname{sen}(5x) \cos(4t)$

(3) $y'(x, t) = 4 \operatorname{sen}(5x + 4t)$

Em que situação as duas ondas que se combinaram estavam se propagando (*a*) no sentido positivo do eixo x, (*b*) no sentido negativo do eixo x e (*c*) em sentidos opostos?

Ondas Estacionárias e Ressonância BT 16.8

Considere uma corda, por exemplo, uma corda de violão, esticada entre duas presilhas. Suponha que produzimos uma onda senoidal contínua de certa frequência que se propaga para a direita. Quando chega à extremidade direita, a onda é refletida e começa a se propagar de volta para a esquerda. A onda que se propaga para a esquerda encontra a onda que ainda se propaga para a direita. Quando a onda que se propaga para a esquerda chega à extremidade esquerda, é refletida mais uma vez, e a nova onda refletida começa a se propagar para a direita, encontrando ondas que se propagam para a esquerda. Dessa forma, logo temos muitas ondas superpostas, que interferem entre si.

Para certas frequências, a interferência produz uma onda estacionária (ou **modo de oscilação**) com nós e grandes antinós como os da Fig. 16.7.4. Dizemos que uma onda estacionária desse tipo é gerada quando existe **ressonância** e que a corda

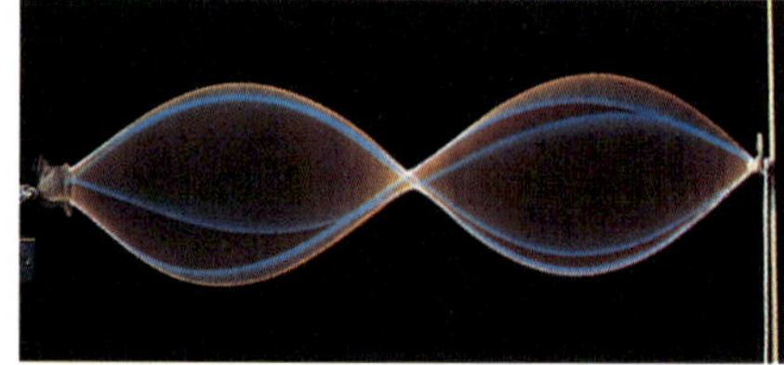
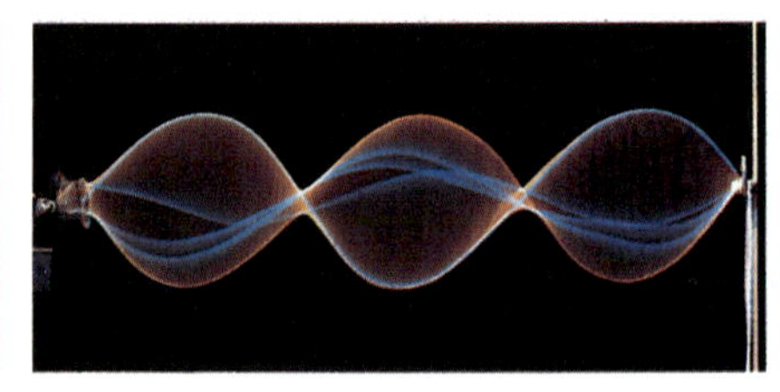
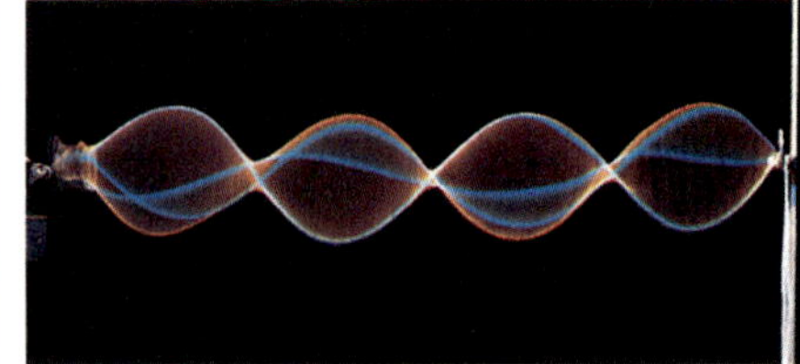

Richard Megna/Fundamental Photographs

Figura 16.7.4 Fotografias estroboscópicas revelam ondas estacionárias (imperfeitas) em uma corda excitada por um oscilador na extremidade esquerda. As ondas estacionárias se formam apenas para certas frequências de oscilação.

ressoa nessas frequências, conhecidas como **frequências de ressonância**. Se a corda é excitada em uma frequência que não é uma das frequências de ressonância, não se forma uma onda estacionária. Nesse caso, a interferência das ondas que se propagam para a esquerda com as que se propagam para a direita resulta em pequenas (e talvez imperceptíveis) oscilações da corda.

Suponha que uma corda esteja presa entre duas presilhas separadas por uma distância L. Para obter uma expressão para as frequências de ressonância da corda, observamos que deve existir um nó em cada extremidade, pois as extremidades são fixas e não podem oscilar. A configuração mais simples que satisfaz essa condição é a da Fig. 16.7.5*a*, que mostra a corda nas posições extremas (uma representada por uma linha contínua e a outra por uma linha tracejada). Existe apenas um antinó, no centro da corda. Note que o comprimento L da corda é igual a meio comprimento de onda. Assim, para essa configuração, $\lambda/2 = L$ e, portanto, para que as ondas que se propagam para a esquerda e para a direita produzam essa configuração por interferência, devem ter um comprimento de onda $\lambda = 2L$.

Uma segunda configuração simples que satisfaz o requisito de que existam nós nas extremidades fixas aparece na Fig. 16.7.5*b*. Essa configuração tem três nós e dois antinós. Para que as ondas que se propagam para a esquerda e para a direita a excitem, elas precisam ter um comprimento de onda $\lambda = L$. Uma terceira configuração é a que aparece na Fig. 16.7.5*c*. Essa configuração tem quatro nós e três antinós e o comprimento de onda é $\lambda = 2L/3$. Poderíamos continuar essa progressão desenhando configurações cada vez mais complicadas. Em cada passo da progressão, o padrão teria um nó e um antinó a mais que o passo anterior e um meio comprimento de onda adicional seria acomodado na distância L.

Assim, uma onda estacionária pode ser excitada em uma corda de comprimento L por qualquer onda cujo comprimento de onda satisfaz a condição

$$\lambda = \frac{2L}{n}, \quad \text{em que } n = 1, 2, 3, \ldots \qquad (16.7.8)$$

As frequências de ressonância que correspondem a esses comprimentos de onda podem ser calculadas usando a Eq. 16.1.13:

$$f = \frac{v}{\lambda} = n\frac{v}{2L}, \quad \text{em que } n = 1, 2, 3, \ldots \qquad (16.7.9)$$

Nesta equação, v é a velocidade das ondas progressivas na corda.

De acordo com a Eq. 16.7.9, as frequências de ressonância são múltiplos inteiros da menor frequência de ressonância, $f = v/2L$, que corresponde a $n = 1$. O modo de oscilação com a menor frequência é chamado *modo fundamental* ou *primeiro harmônico*. O *segundo harmônico* é o modo de oscilação com $n = 2$, o *terceiro harmônico* é o modo com $n = 3$, e assim por diante. As frequências associadas a esses modos costumam ser chamadas de f_1, f_2, f_3, e assim por diante. O conjunto de todos os modos de oscilação possíveis é chamado **série harmônica**, e n é chamado **número harmônico** do enésimo harmônico.

Para uma dada corda submetida a uma dada tração, cada frequência de ressonância corresponde a um padrão de oscilação diferente. Se a frequência está na faixa de sons audíveis, é possível "ouvir" a forma da corda. A ressonância também pode ocorrer em duas dimensões (como na superfície do tímpano da Fig. 16.7.6) e em três dimensões (como nos balanços e torções induzidos pelo vento em um edifício). CVF

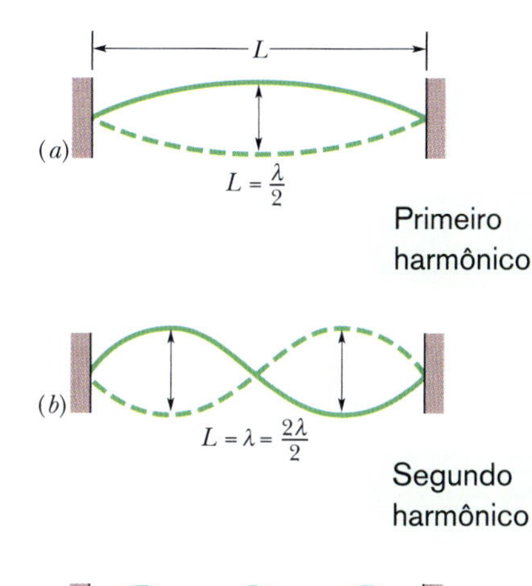

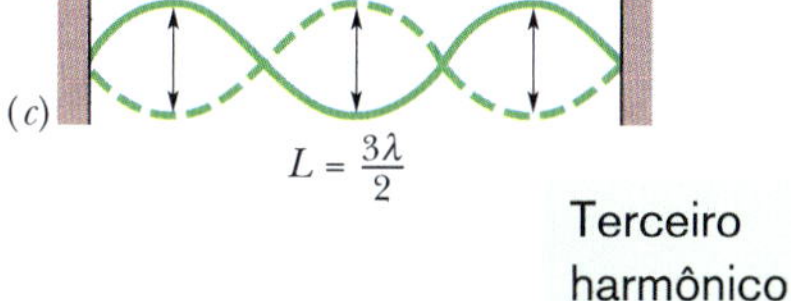

Figura 16.7.5 Uma corda presa a dois suportes oscila com ondas estacionárias. (*a*) O padrão mais simples possível é o de *meio comprimento de onda*, mostrado na figura pela posição da corda nos pontos de máximo deslocamento (linha contínua e linha tracejada). (*b*) O segundo padrão mais simples é o de um comprimento de onda. (*c*) O terceiro padrão mais simples é o de um e meio comprimentos de onda.

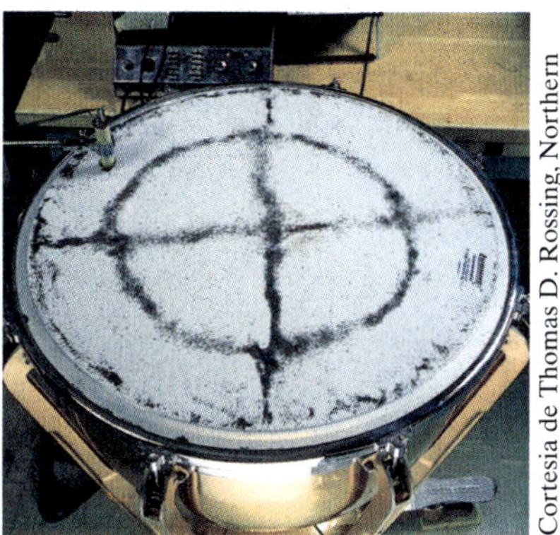

Cortesia de Thomas D. Rossing, Northern Illinois University

Figura 16.7.6 Uma das muitas ondas estacionárias possíveis da membrana de um tímpano, visualizada com o auxílio de um pó escuro espalhado na membrana. Quando a membrana é posta para vibrar em uma única frequência por um oscilador mecânico situado no canto superior esquerdo da figura, o pó se acumula nos nós, que são circunferências e linhas retas neste exemplo bidimensional.

Teste 16.7.2

Na série de frequências de ressonância a seguir, uma frequência (menor que 400 Hz) está faltando: 150, 225, 300, 375 Hz. (a) Qual é a frequência que falta? (b) Qual é a frequência do sétimo harmônico?

Exemplo 16.7.1 Onda estacionária produzida por um barbeador elétrico

A Fig. 16.7.7 mostra um barbante, de massa específica linear $\mu = 3{,}73 \times 10^{-4}$ kg/m e comprimento $L = 30{,}3$ cm, tensionado pela mão de uma pessoa do lado direito e agitado por um barbeador elétrico que a pessoa segura na outra mão. A pessoa ajustou a tensão para que uma onda estacionária se formasse. O barbeador oscila com uma frequência $f = 62{,}0$ Hz. (a) Qual é o período das oscilações do barbante em qualquer ponto que não seja um nó? Qual é (b) o comprimento de onda e (c) a velocidade das ondas no barbante? (d) Qual é a tensão do barbante? Você também pode criar uma onda estacionária prendendo o barbante em um telefone celular. No modo de vibração, os telefones celulares oscilam com uma frequência da ordem de 160 Hz.

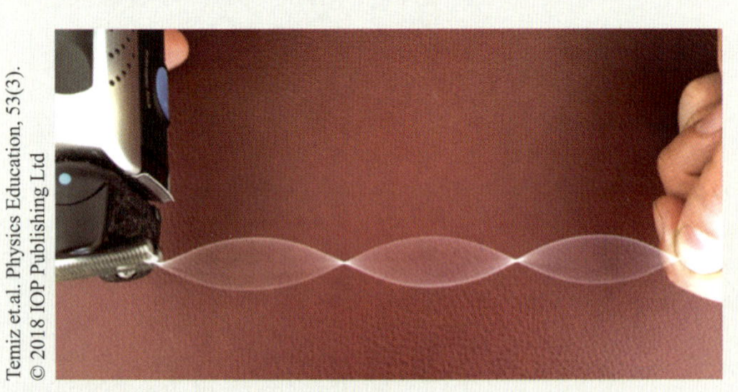

Figura 16.7.7 Onda estacionária produzida pela vibração de um barbeador elétrico.

IDEIAS-CHAVE

(1) As ondas transversais que produzem uma onda estacionária devem ter comprimento de ondas tais que o comprimento L do barbante corresponda a um número inteiro n de meios comprimentos de onda. (2) As frequências dessas ondas e das oscilações de pequenas regiões da corda são dadas pela Eq. 16.7.9, $f = nv/2L$, em que v é a velocidade das ondas.

Cálculos: (a) O período T das oscilações do barbante é igual ao período das oscilações do barbeador, que podemos calcular a partir da frequência:

$$T = \frac{1}{f} = \frac{1}{62{,}0 \text{ Hz}} = 1{,}612 \times 10^{-2} \text{ s} \approx 16{,}1 \text{ ms.} \quad \text{(Resposta)}$$

(b) A figura mostra que o barbante está oscilando no terceiro harmônico, que envolve 1,5 comprimento de onda no comprimento L do barbante. Assim,

$$\tfrac{3}{2}\lambda = L$$

$$\lambda = \tfrac{2}{3}L = \tfrac{2}{3}(30{,}3 \text{ cm}) = 20{,}2 \text{ cm.} \quad \text{(Resposta)}$$

(c) Podemos calcular a velocidade v das ondas no barbante a partir da frequência do terceiro harmônico:

$$f = \frac{3v}{2L}$$

$$v = \tfrac{2}{3}Lf = \tfrac{2}{3}(30{,}3 \times 10^{-2} \text{ m})(62{,}0 \text{ Hz})$$

$$= 12{,}52 \text{ m/s} \approx 12{,}5 \text{ m/s.} \quad \text{(Resposta)}$$

(d) Podemos calcular a tensão do barbante a partir da velocidade e da massa específica linear:

$$v = \sqrt{\frac{\tau}{\mu}}$$

$$\tau = \mu v^2 = (3{,}73 \times 10^{-4} \text{ kg/m})(12{,}52 \text{ m/s})^2$$

$$= 5{,}85 \times 10^{-2} \text{ N.} \quad \text{(Resposta)}$$

Revisão e Resumo

Ondas Transversais e Longitudinais As ondas mecânicas podem existir apenas em meios materiais e são governadas pelas leis de Newton. As ondas mecânicas **transversais**, como as que existem em uma corda esticada, são ondas nas quais as partículas do meio oscilam perpendicularmente à direção de propagação da onda. As ondas em que as partículas oscilam na direção de propagação da onda são chamadas ondas **longitudinais**.

Ondas Senoidais Uma onda senoidal que se propaga no sentido positivo de um eixo x pode ser representada pela função

$$y(x, t) = y_m \operatorname{sen}(kx - \omega t), \qquad (16.1.2)$$

em que y_m é a **amplitude** da onda, k é o **número de onda**, ω é a **frequência angular** e $kx - \omega t$ é a **fase**. O **comprimento de onda** λ está relacionado a k pela equação

$$k = \frac{2\pi}{\lambda}. \qquad (16.1.5)$$

O **período** T e a **frequência** f da onda estão relacionados a ω da seguinte forma:

$$\frac{\omega}{2\pi} = f = \frac{1}{T}. \qquad (16.1.9)$$

Finalmente, a **velocidade** v da onda está relacionada aos outros parâmetros da seguinte forma:

$$v = \frac{\omega}{k} = \frac{\lambda}{T} = \lambda f. \qquad (16.1.13)$$

Equação de uma Onda Progressiva Qualquer função da forma

$$y(x, t) = h(kx \pm \omega t) \qquad (16.1.17)$$

pode representar uma **onda progressiva** com uma velocidade dada pela Eq. 16.1.13 e uma forma de onda dada pela forma matemática da função h. O sinal positivo se aplica às ondas que se propagam no sentido negativo do eixo x, e o sinal negativo às ondas que se propagam no sentido positivo do eixo x.

Velocidade da Onda em uma Corda Esticada A velocidade de uma onda em uma corda esticada é determinada pelas propriedades da corda. A velocidade em uma corda com tração τ e massa específica linear μ é dada por

$$v = \sqrt{\frac{\tau}{\mu}}. \qquad (16.2.5)$$

Potência A **potência média** (taxa média de transmissão de energia) de uma onda senoidal em uma corda esticada é dada por

$$P_{\text{méd}} = \tfrac{1}{2}\mu v \omega^2 y_m^2. \qquad (16.3.7)$$

Superposição de Ondas Quando duas ou mais ondas se propagam no mesmo meio, o deslocamento de uma partícula é a soma dos deslocamentos que seriam provocados pelas ondas agindo separadamente.

Interferência de Ondas Duas ondas senoidais que se propagam em uma mesma corda sofrem **interferência**, somando-se ou cancelando-se de acordo com o princípio da superposição. Se as duas ondas se propagam no mesmo sentido e têm a mesma amplitude y_m e a mesma frequência angular ω (e, portanto, o mesmo comprimento de onda λ), mas têm uma **diferença de fase constante** ϕ, o resultado é uma única onda com a mesma frequência:

$$y'(x, t) = [2y_m \cos \tfrac{1}{2}\phi] \operatorname{sen}(kx - \omega t + \tfrac{1}{2}\phi). \quad (16.5.6)$$

Se $\phi = 0$, as ondas têm fases iguais e a interferência é construtiva; se $\phi = \pi$ rad, as ondas têm fases opostas e a interferência é destrutiva.

Fasores Uma onda $y(x, t)$ pode ser representada por um **fasor**, um vetor, de módulo igual à amplitude y_m da onda, que gira em torno da origem com uma velocidade angular igual à frequência angular ω da onda. A projeção do fasor em um eixo vertical é igual ao deslocamento y produzido em um elemento do meio pela passagem da onda.

Ondas Estacionárias A interferência de duas ondas senoidais iguais que se propagam em sentidos opostos produz uma **onda estacionária**. No caso de uma corda com as extremidades fixas, a onda estacionária é dada por

$$y'(x, t) = [2y_m \operatorname{sen} kx] \cos \omega t. \quad (16.7.3)$$

As ondas estacionárias possuem pontos em que o deslocamento é nulo, chamados **nós**, e pontos em que o deslocamento é máximo, chamados **antinós**.

Ressonância Ondas estacionárias podem ser produzidas em uma corda pela reflexão de ondas progressivas nas extremidades da corda. Se uma extremidade é fixa, existe um nó nessa posição, o que limita as frequências possíveis das ondas estacionárias em uma dada corda. Cada frequência possível é uma **frequência de ressonância**, e a onda estacionária correspondente é um **modo de oscilação**. Para uma corda esticada, de comprimento L com as extremidades fixas, as frequências de ressonância são dadas por

$$f = \frac{v}{\lambda} = n\frac{v}{2L}, \quad \text{em que } n = 1, 2, 3, \ldots \quad (16.7.9)$$

O modo de oscilação correspondente a $n = 1$ é chamado *modo fundamental* ou *primeiro harmônico*; o modo correspondente a $n = 2$ é o *segundo harmônico*, e assim por diante.

Perguntas

1 As quatro ondas a seguir são produzidas em quatro cordas com a mesma massa específica linear (x está em metros e t em segundos). Ordene as ondas (a) de acordo com a velocidade da onda e (b) de acordo com a tração da corda, em ordem decrescente:

(1) $y_1 = (3 \text{ mm}) \operatorname{sen}(x - 3t)$, (3) $y_3 = (1 \text{ mm}) \operatorname{sen}(4x - t)$,
(2) $y_2 = (6 \text{ mm}) \operatorname{sen}(2x - t)$, (4) $y_4 = (2 \text{ mm}) \operatorname{sen}(x - 2t)$.

2 Na Fig. 16.1, a onda 1 é formada por um pico retangular com 4 unidades de altura e d unidades de largura e um vale retangular com 2 unidades de profundidade e d unidades de largura. A onda se propaga para a direita ao longo de um eixo x. As ondas 2, 3 e 4 são ondas semelhantes, com a mesma altura, profundidade e largura, que se propagam para a esquerda no mesmo eixo, passando pela onda 1 e produzindo uma interferência. Para qual das ondas que se propagam para a esquerda a interferência com a onda 1 produz, momentaneamente, (a) o vale mais profundo, (b) uma linha reta e (c) um pulso retangular com $2d$ unidades de largura?

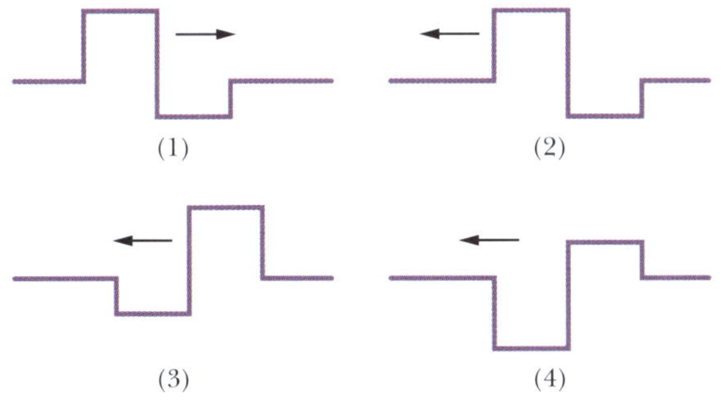

Figura 16.1 Pergunta 2.

3 A Fig. 16.2a mostra um instantâneo de uma onda que se propaga no sentido positivo de x em uma corda sob tração. Quatro elementos da corda estão indicados por letras. Para cada um desses elementos, determine se, no momento do instantâneo, o elemento está se movendo para cima, para baixo ou está momentaneamente em repouso. (*Sugestão*: Imagine a onda passando pelos quatro elementos da corda, como se estivesse assistindo a um vídeo do movimento da onda.)

A Fig. 16.2b mostra o deslocamento em função do tempo de um elemento da corda situado, digamos, em $x = 0$. Nos instantes indicados por letras, o elemento está se movendo para cima, para baixo ou está momentaneamente em repouso?

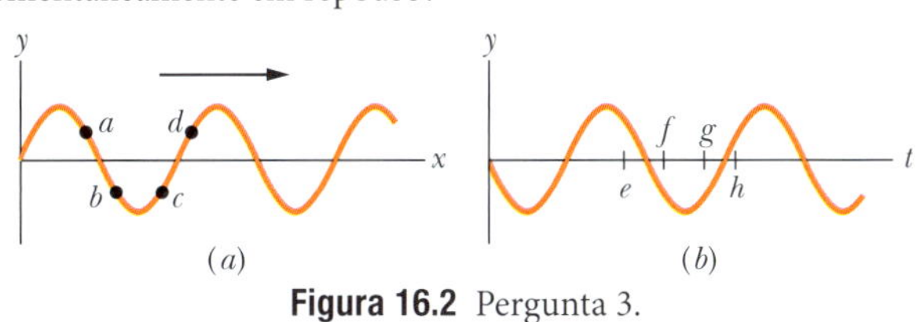

Figura 16.2 Pergunta 3.

4 A Fig. 16.3 mostra três ondas que são produzidas *separadamente* em uma corda que está esticada ao longo de um eixo x e submetida a uma certa tração. Ordene as ondas de acordo com (a) o comprimento de onda, (b) a velocidade e (c) a frequência angular, em ordem decrescente.

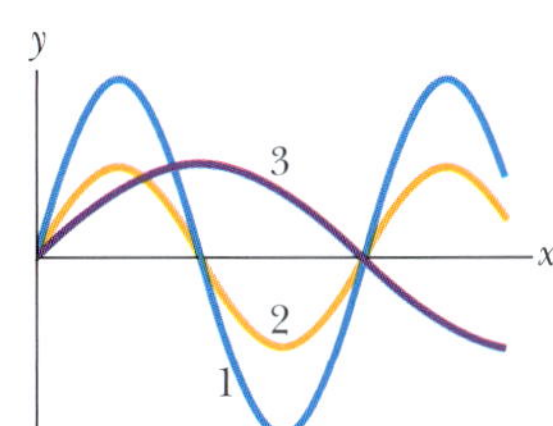

Figura 16.3 Pergunta 4.

5 Se você começa com duas ondas senoidais de mesma amplitude que se propagam em fase em uma corda e desloca a fase de uma das ondas de 5,4 comprimentos de onda, que tipo de interferência ocorre na corda?

6 As amplitudes e a diferença de fase para quatro pares de ondas com o mesmo comprimento de onda são (a) 2 mm, 6 mm e π rad; (b) 3 mm, 5 mm e π rad; (c) 7 mm, 9 mm e π rad; (d) 2 mm, 2 mm e 0 rad. Todos os pares se propagam no mesmo sentido na mesma corda. Sem executar cálculos, ordene os quatro pares de acordo com a amplitude da onda resultante, em ordem decrescente. (*Sugestão*: Construa diagramas fasoriais.)

7 Uma onda senoidal é produzida em uma corda sob tração e transporta energia a uma taxa média $P_{\text{méd},1}$. Duas ondas, iguais à primeira, são, em seguida, produzidas na corda com uma diferença de fase ϕ de 0; 0,2 ou 0,5 comprimento de onda. (a) Apenas com cálculos mentais, ordene esses valores de ϕ de acordo com a taxa média com a qual as ondas transportam energia, em ordem decrescente. (b) Qual é a taxa média com a qual as ondas transportam energia, em termos de $P_{\text{méd},1}$, para o primeiro valor de ϕ?

8 (a) Se uma onda estacionária em uma corda é dada por

$$y'(t) = (3 \text{ mm}) \operatorname{sen}(5x) \cos(4t),$$

existe um nó ou um antinó em $x = 0$? (b) Se a onda estacionária é dada por

$$y'(t) = (3 \text{ mm}) \operatorname{sen}(5x + \pi/2) \cos(4t),$$

existe um nó ou um antinó em $x = 0$?

9 Duas cordas A e B têm o mesmo comprimento e a mesma massa específica linear, mas a corda B está submetida a uma tração maior que a corda A. A Fig. 16.4 mostra quatro situações, de (*a*) a (*d*), nas quais existem ondas estacionárias nas duas cordas. Em que situações existe a possibilidade de que as cordas A e B estejam oscilando com a mesma frequência de ressonância?

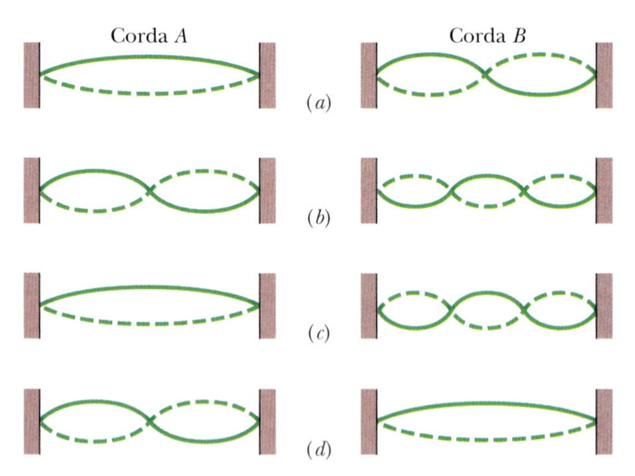

Figura 16.4 Pergunta 9.

10 Se o sétimo harmônico é excitado em uma corda, (a) quantos nós estão presentes? (b) No ponto médio existe um nó, um antinó, ou um estado intermediário? Se, em seguida, é excitado o sexto harmônico, (c) o comprimento de onda da ressonância é maior ou menor que o do sétimo harmônico? (d) A frequência de ressonância é maior ou menor?

11 A Fig. 16.5 mostra os diagramas fasoriais de três situações nas quais duas ondas se propagam na mesma corda. As seis ondas têm a mesma amplitude. Ordene as situações de acordo com a amplitude da onda resultante, em ordem decrescente.

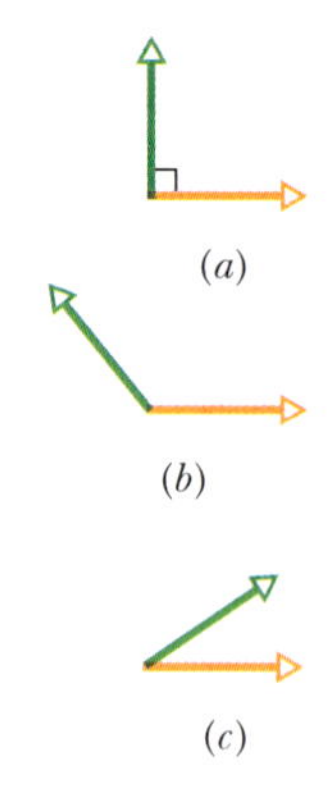

Figura 16.5 Pergunta 11.

Problemas

F Fácil **M** Médio **D** Difícil

CALC Requer o uso de derivadas e/ou integrais

CVF Informações adicionais disponíveis no e-book *O Circo Voador da Física*, de Jearl Walker, LTC Editora, Rio de Janeiro, 2008.

BIO Aplicação biomédica

Módulo 16.1 Ondas Transversais

1 **F** Se a função $y(x, t) = (6{,}0 \text{ mm}) \operatorname{sen}(kx + (600 \text{ rad/s})t + \phi)$ descreve uma onda que se propaga em uma corda, quanto tempo um ponto da corda leva para se mover entre os deslocamentos $y = +2{,}0$ mm e $y = -2{,}0$ mm?

2 **F** **BIO** **CVF** *Uma onda humana.* A ola é uma onda, criada pela torcida, que se propaga nos estádios em eventos esportivos (Fig. 16.6). Quando a onda chega a um grupo de espectadores, eles ficam em pé com os braços levantados e depois tornam a se sentar. Em qualquer instante, a largura L da onda é a distância entre a borda dianteira (as pessoas que estão começando a se levantar) e a borda traseira (as pessoas que estão começando a se sentar). Suponha que uma ola percorre uma distância de 853 assentos de um estádio em 39 s e que os espectadores levam, em média, 1,8 s para responder à passagem da onda levantando-se e voltando a se sentar. Determine (a) a velocidade v da onda (em assentos por segundo) e (b) a largura L da onda (em número de assentos).

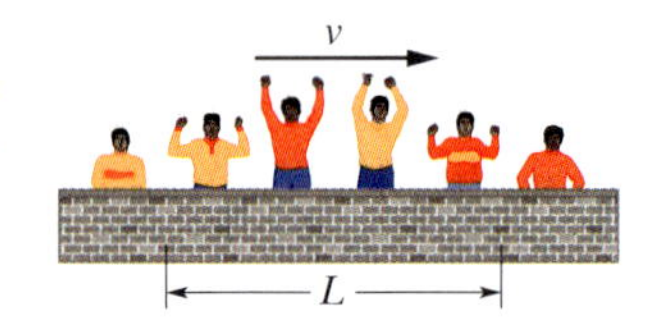

Figura 16.6 Problema 2.

3 **F** Uma onda tem uma frequência angular de 110 rad/s e um comprimento de onda de 1,80 m. Calcule (a) o número de onda e (b) a velocidade da onda.

4 **F** **BIO** **CVF** Um escorpião da areia pode detectar a presença de um besouro (sua presa) pelas ondas que o movimento do besouro produz na superfície da areia (Fig. 16.7). As ondas são de dois tipos: transversais, que se propagam com uma velocidade $v_t = 50$ m/s, e longitudinais, que se propagam com uma velocidade $v_l = 150$ m/s. Se um movimento brusco produz essas ondas, o escorpião é capaz de determinar a que distância se encontra o besouro a partir da diferença Δt entre os instantes em que as duas ondas chegam à perna que está mais próxima do besouro. Se $\Delta t = 4{,}0$ ms, a que distância está o besouro?

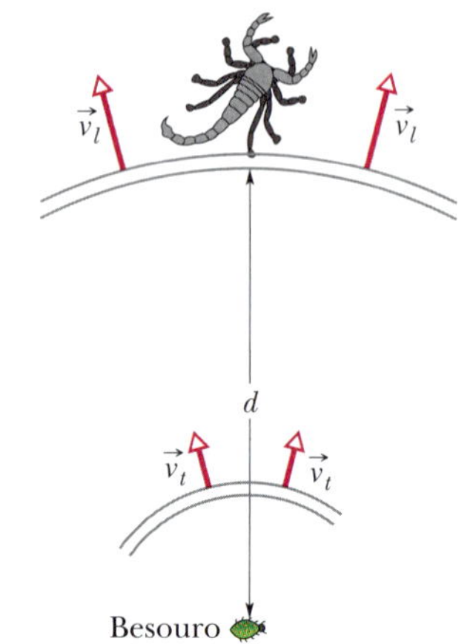

Figura 16.7 Problema 4.

5 **F** Uma onda senoidal se propaga em uma corda. O tempo necessário para que um ponto da corda se desloque do deslocamento máximo até zero é 0,170 s. (a) Qual é o período e (b) qual é a frequência da onda? (c) O comprimento de onda é 1,40 m; qual é a velocidade da onda?

6 **M** **CALC** Uma onda senoidal se propaga em uma corda sob tração. A Fig. 16.8 mostra a inclinação da corda em função da posição no instante $t = 0$. A escala do eixo x é definida por $x_s = 0{,}80$ m. Qual é a amplitude da onda?

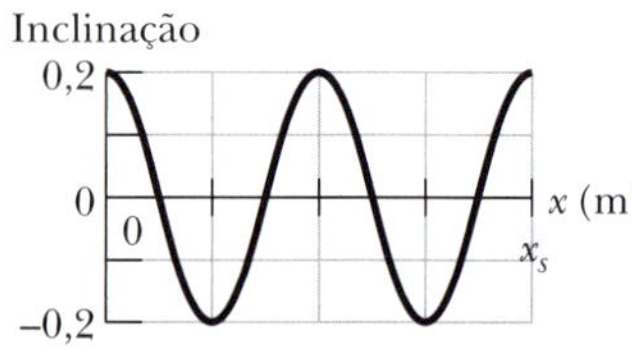

Figura 16.8 Problema 6.

7 **M** Uma onda senoidal transversal se propaga em uma corda no sentido positivo de um eixo x com uma velocidade de 80 m/s.

No instante $t = 0$, uma partícula da corda situada em $x = 0$ possui um deslocamento transversal de 4,0 cm em relação à posição de equilíbrio e não está se movendo. A velocidade transversal máxima da partícula situada em $x = 0$ é 16 m/s. (a) Qual é a frequência da onda? (b) Qual é o comprimento de onda? Se a equação de onda é da forma $y(x, t) = y_m \operatorname{sen}(kx \pm \omega t + \phi)$, determine (c) y_m, (d) k, (e) ω, (f) ϕ e (g) o sinal que precede ω.

8 **M** **CALC** A Fig. 16.9 mostra a velocidade transversal u em função do tempo t para o ponto da uma corda situado em $x = 0$, quando uma onda passa pelo ponto. A escala do eixo vertical é definida por $u_s = 4{,}0$ m/s. A onda tem a forma $y(x, t) = y_m \operatorname{sen}(kx - \omega t + \phi)$. Qual é o valor de ϕ? (*Atenção*: As calculadoras nem sempre mostram o valor correto de uma função trigonométrica inversa; por isso, verifique se o valor obtido para ϕ é o valor correto, substituindo-o na função $y(x, t)$, usando um valor numérico qualquer para ω e plotando a função assim obtida.)

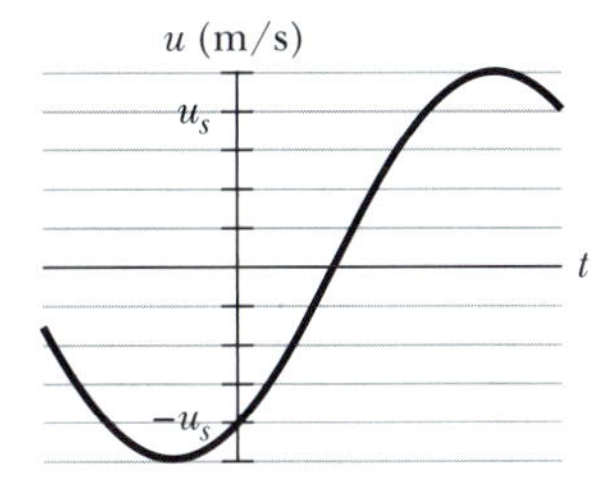

Figura 16.9 Problema 8.

9 **M** Uma onda senoidal que se propaga em uma corda é mostrada duas vezes na Fig. 16.10, antes e depois que o pico A se desloque de uma distância $d = 6{,}0$ cm no sentido positivo de um eixo x em 4,0 ms. A distância entre as marcas do eixo horizontal é 10 cm; $H = 6{,}0$ mm. Se a equação da onda é da forma $y(x, t) = y_m \operatorname{sen}(kx \pm \omega t)$, determine (a) y_m, (b) k, (c) ω e (d) o sinal que precede ω.

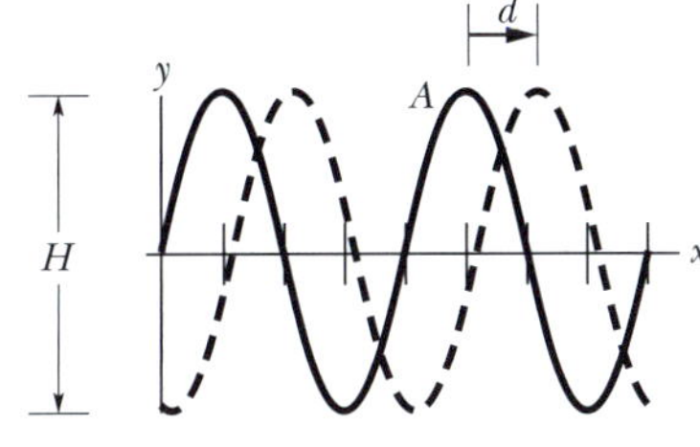

Figura 16.10 Problema 9.

10 **M** A equação de uma onda transversal que se propaga em uma corda muito longa é $y = 6{,}0 \operatorname{sen}(0{,}020\pi x + 4{,}0\pi t)$, em que x e y estão em centímetros e t em segundos. Determine (a) a amplitude, (b) o comprimento de onda, (c) a frequência, (d) a velocidade, (e) o sentido de propagação da onda e (f) a máxima velocidade transversal de uma partícula da corda. (g) Qual é o deslocamento transversal em $x = 3{,}5$ cm para $t = 0{,}26$ s?

11 **M** **CALC** Uma onda transversal senoidal com um comprimento de onda de 20 cm se propaga em uma corda no sentido positivo de um eixo x. O deslocamento y da partícula da corda situada em $x = 0$ é mostrado na Fig. 16.11 em função do tempo t. A escala do eixo vertical é definida por $y_s = 4{,}0$ cm. A equação da onda é da forma $y(x, t) = y_m \operatorname{sen}(kx \pm \omega t + \phi)$. (a) Em $t = 0$, o gráfico de y em função de x tem a forma de uma função seno positiva ou de uma função seno negativa? Determine (b) y_m, (c) k, (d) ω, (e) ϕ, (f) o sinal que precede ω e (g) a velocidade da onda. (h) Qual é a velocidade transversal da partícula em $x = 0$ para $t = 5{,}0$ s?

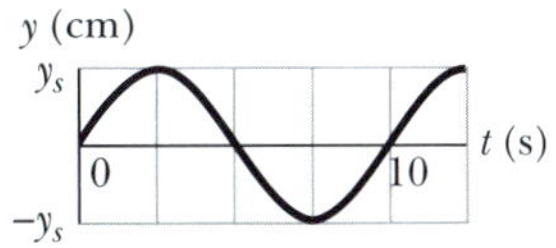

Figura 16.11 Problema 11.

12 **M** **CALC** A função $y(x, t) = (15{,}0 \text{ cm}) \cos(\pi x - 15\pi t)$, com x em metros e t em segundos, descreve uma onda em uma corda esticada. Qual é a velocidade transversal de um ponto da corda no instante em que o ponto possui um deslocamento $y = +12{,}0$ cm?

13 **M** Uma onda senoidal de 500 Hz se propaga em uma corda a 350 m/s. (a) Qual é a distância entre dois pontos da corda cuja diferença de fase é $\pi/3$ rad? (b) Qual é a diferença de fase entre dois deslocamentos de um ponto da corda que acontecem com um intervalo de 1,00 ms?

Módulo 16.2 Velocidade da Onda em uma Corda Esticada

14 **F** A equação de uma onda transversal em uma corda é

$$y = (2{,}0 \text{ mm}) \operatorname{sen}[(20 \text{ m}^{-1})x - (600 \text{ s}^{-1})t].$$

A tração da corda é 15 N. (a) Qual é a velocidade da onda? (b) Determine a massa específica linear da corda em gramas por metro.

15 **F** Uma corda esticada tem uma massa específica linear de 5,00 g/cm e está sujeita a uma tração de 10,0 N. Uma onda senoidal na corda tem uma amplitude de 0,12 mm, uma frequência de 100 Hz e está se propagando no sentido negativo de um eixo x. Se a equação da onda é da forma $y(x, t) = y_m \operatorname{sen}(kx \pm \omega t)$, determine (a) y_m, (b) k, (c) ω e (d) o sinal que precede ω.

16 **F** A velocidade de uma onda transversal em uma corda é 170 m/s quando a tração da corda é 120 N. Qual deve ser o valor da tração para que a velocidade da onda aumente para 180 m/s?

17 **F** A massa específica linear de uma corda é $1{,}6 \times 10^{-4}$ kg/m. Uma onda transversal na corda é descrita pela equação

$$y = (0{,}021 \text{ m}) \operatorname{sen}[(2{,}0 \text{ m}^{-1})x + (30 \text{ s}^{-1})t].$$

(a) Qual é a velocidade da onda e (b) qual é a tração da corda?

18 **F** A corda mais pesada e a corda mais leve de certo violino têm massas específicas lineares de 3,0 e 0,29 g/m, respectivamente. Qual é a razão entre o diâmetro da corda mais leve e o da corda mais pesada, supondo que as cordas são feitas do mesmo material?

19 **F** Qual é a velocidade de uma onda transversal em uma corda de 2,00 m de comprimento e 60,0 g de massa sujeita a uma tração de 500 N?

20 **F** A tração em um fio preso nas duas extremidades é duplicada sem que o comprimento do fio sofra uma variação apreciável. Qual é a razão entre a nova e a antiga velocidade das ondas transversais que se propagam no fio?

21 **M** Um fio de 100 g é mantido sob uma tração de 250 N com uma extremidade em $x = 0$ e a outra em $x = 10{,}0$ m. No instante $t = 0$, o pulso 1 começa a se propagar no fio a partir do ponto $x = 10{,}0$ m. No instante $t = 30{,}0$ ms, o pulso 2 começa a se propagar no fio a partir do ponto $x = 0$. Em que ponto x os pulsos começam a se superpor?

22 **M** Uma onda senoidal se propaga em uma corda com uma velocidade de 40 cm/s. O deslocamento da corda em $x = 10$ cm varia com o tempo de acordo com a equação $y = (5{,}0 \text{ cm}) \operatorname{sen}[1{,}0 - (4{,}0 \text{ s}^{-1})t]$. A massa específica linear da corda é 4,0 g/cm. (a) Qual é a frequência e (b) qual o comprimento de onda da onda? Se a equação da onda é da forma $y(x, t) = y_m \operatorname{sen}(kx \pm \omega t)$, determine (c) y_m, (d) k, (e) ω e (f) o sinal que precede ω. (g) Qual é a tração da corda?

23 **M** Uma onda transversal senoidal se propaga em uma corda no sentido negativo de um eixo x. A Fig. 16.12 mostra um gráfico do deslocamento em função da posição no instante $t = 0$; a escala do eixo y é definida por $y_s = 4{,}0$ cm. A tração da corda é 3,6 N e a massa específica linear é 25 g/m. Determine (a) a amplitude, (b) o comprimento de onda, (c) a velocidade da onda e (d) o período da onda. (e) Determine a velocidade transversal máxima de uma partícula da corda. Se a onda é da forma $y(x, t) = y_m \operatorname{sen}(kx \pm \omega t + \phi)$, determine (f) k, (g) ω, (h) ϕ e (i) o sinal que precede ω.

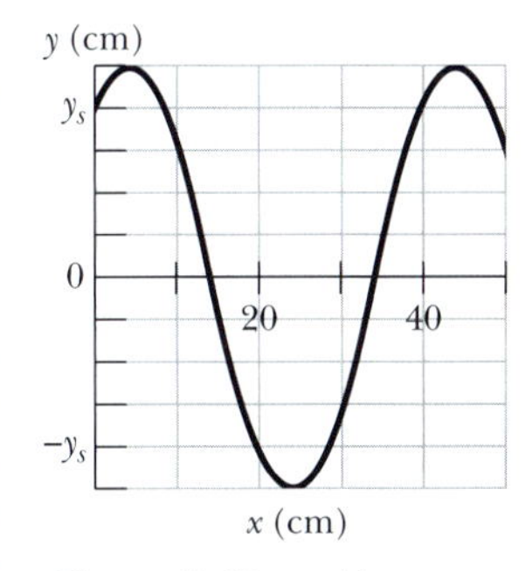

Figura 16.12 Problema 23.

24 **D** Na Fig. 16.13*a*, a corda 1 tem uma massa específica linear de 3,00 g/m e a corda 2 tem uma massa específica linear de 5,00 g/m. As cordas estão submetidas à tração produzida por um bloco suspenso, de massa M = 500 g. Calcule a velocidade da onda (a) na corda 1 e (b) na corda 2. (*Sugestão*: Quando uma corda envolve metade de uma polia, ela exerce sobre a polia uma força duas vezes maior que a tração da corda.) Em seguida, o bloco é dividido em dois blocos (com $M_1 + M_2 = M$) e o sistema é montado como na Fig. 16.13*b*. Determine (c) M_1 e (d) M_2 para que as velocidades das ondas nas duas cordas sejam iguais.

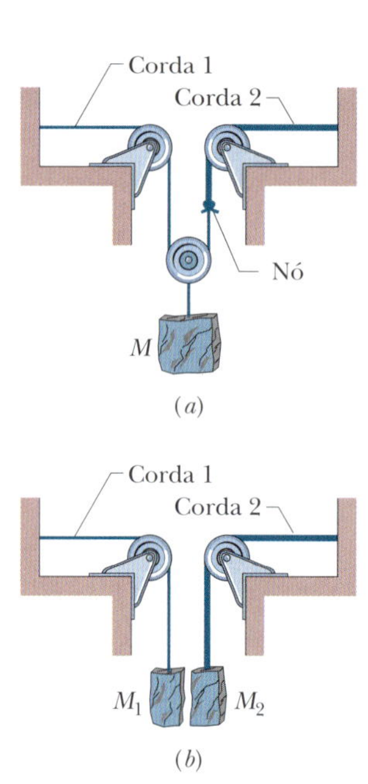

Figura 16.13 Problema 24.

25 **D** **CALC** Uma corda homogênea de massa m e comprimento L está pendurada em um teto. (a) Mostre que a velocidade de uma onda transversal na corda é função de y, a distância da extremidade inferior, e é dada por $v = \sqrt{gy}$. (b) Mostre que o tempo que uma onda transversal leva para atravessar a corda é dado por $t = 2\sqrt{L/g}$.

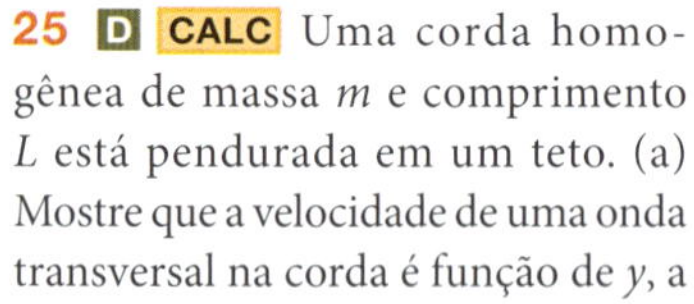

Módulo 16.3 Energia e Potência de uma Onda Progressiva em uma Corda

26 **F** Uma corda na qual ondas podem se propagar tem 2,70 m de comprimento e 260 g de massa. A tração da corda é 36,0 N. Qual deve ser a frequência de ondas progressivas com uma amplitude de 7,70 mm para que a potência média seja 85,0 W?

27 **M** Uma onda senoidal é produzida em uma corda com uma massa específica linear de 2,0 g/m. Enquanto a onda se propaga, a energia cinética dos elementos de massa ao longo da corda varia. A Fig. 16.14*a* mostra a taxa dK/dt com a qual a energia cinética passa pelos elementos de massa da corda em certo instante em função da distância x ao longo da corda. A Fig. 16.14*b* é semelhante, exceto pelo fato de que mostra a taxa com a qual a energia cinética passa por um determinado elemento de massa (situado em certo ponto da corda) em função do tempo t. Nos dois casos, a escala do eixo vertical é definida por R_s = 10 W. Qual é a amplitude da onda?

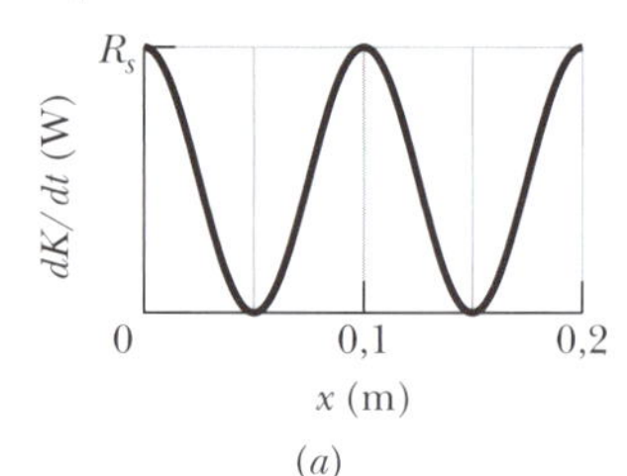

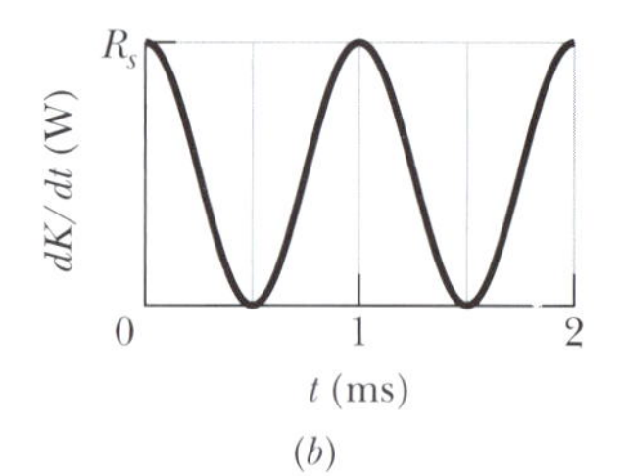

Figura 16.14 Problema 27.

Módulo 16.4 Equação de Onda

28 **F** Use a equação de onda para determinar a velocidade de uma onda dada por

$$y(x, t) = (3{,}00 \text{ mm}) \operatorname{sen}[(4{,}00 \text{ m}^{-1})x - (7{,}00 \text{ s}^{-1})t].$$

29 **M** Use a equação de onda para determinar a velocidade de uma onda dada por

$$y(x, t) = (2{,}00 \text{ mm}) [(20 \text{ m}^{-1})x - (4{,}00 \text{ s}^{-1})t]^{0{,}5}.$$

30 **D** Use a equação de onda para determinar a velocidade de uma onda dada em termos de uma função genérica $h(x, t)$:

$$y(x, t) = (4{,}00 \text{ mm})\, h[(30 \text{ m}^{-1})x + (6{,}0 \text{ s}^{-1})t].$$

Módulo 16.5 Interferência de Ondas

31 **F** Duas ondas progressivas iguais, que se propagam no mesmo sentido, estão defasadas de $\pi/2$ rad. Qual é a amplitude da onda resultante em termos da amplitude comum y_m das duas ondas?

32 **F** Que diferença de fase entre duas ondas iguais, a não ser pela constante de fase, que se propagam no mesmo sentido em corda esticada, produz uma onda resultante de amplitude 1,5 vez a amplitude comum das duas ondas? Expresse a resposta (a) em graus, (b) em radianos e (c) em comprimentos de onda.

33 **M** Duas ondas senoidais com a mesma amplitude de 9,00 mm e o mesmo comprimento de onda se propagam em uma corda esticada ao longo de um eixo x. A onda resultante é mostrada duas vezes na Fig. 16.15, antes e depois que o vale A se desloque de uma distância d = 56,0 cm em 8,0 ms. A distância entre as marcas do eixo horizontal é 10 cm; H = 8,0 mm. A equação de uma das ondas é da forma $y(x, t) = y_m \operatorname{sen}(kx \pm \omega t + \phi_1)$, em que $\phi_1 = 0$; cabe ao leitor determinar o sinal que precede ω. Na equação da outra onda, determine (a) y_m, (b) k, (c) ω, (d) ϕ_2 e (e) o sinal que precede ω.

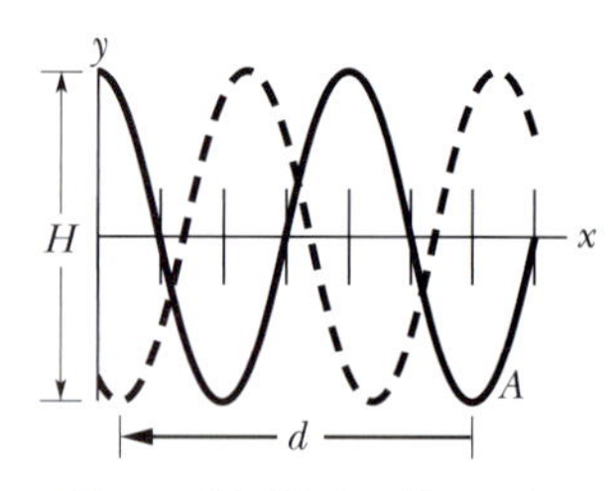

Figura 16.15 Problema 33.

34 **D** Uma onda senoidal de frequência angular de 1.200 rad/s e amplitude 3,00 mm é produzida em uma corda de massa específica linear 2,00 g/m e 1.200 N de tração. (a) Qual é a taxa média com a qual a energia é transportada pela onda para a extremidade oposta da corda? (b) Se, ao mesmo tempo, uma onda igual se propaga em uma corda vizinha, de mesmas características, qual é a taxa média total com a qual a energia é transportada pelas ondas para as extremidades opostas das duas cordas? Se, em vez disso, as duas ondas são produzidas ao mesmo tempo na *mesma* corda, qual é a taxa média total com a qual elas transportam energia quando a diferença de fase entre as duas ondas é (c) 0, (d) $0{,}4\pi$ rad e (e) π rad?

Módulo 16.6 Fasores

35 **F** Duas ondas senoidais de mesma frequência se propagam no mesmo sentido em uma corda. Se y_{m1} = 3,0 cm, y_{m2} = 4,0 cm, $\phi_1 = 0$ e $\phi_2 = \pi/2$ rad, qual é a amplitude da onda resultante?

36 **M** Quatro ondas são produzidas na mesma corda e no mesmo sentido:

$$y_1(x, t) = (4{,}00 \text{ mm}) \operatorname{sen}(2\pi x - 400\pi t)$$
$$y_2(x, t) = (4{,}00 \text{ mm}) \operatorname{sen}(2\pi x - 400\pi t + 0{,}7\pi)$$
$$y_3(x, t) = (4{,}00 \text{ mm}) \operatorname{sen}(2\pi x - 400\pi t + \pi)$$
$$y_4(x, t) = (4{,}00 \text{ mm}) \operatorname{sen}(2\pi x - 400\pi t + 1{,}7\pi).$$

Qual é a amplitude da onda resultante?

37 **M** Duas ondas se propagam na mesma corda:

$$y_1(x, t) = (4{,}60 \text{ mm}) \operatorname{sen}(2\pi x - 400\pi t)$$
$$y_2(x, t) = (5{,}60 \text{ mm}) \operatorname{sen}(2\pi x - 400\pi t + 0{,}80\pi \text{ rad}).$$

(a) Qual é a amplitude e (b) qual o ângulo de fase (em relação à onda 1) da onda resultante? (c) Se uma terceira onda de amplitude 5,00 mm também se propaga na corda no mesmo sentido que as duas primeiras, qual deve ser o ângulo de fase para que a amplitude da nova onda resultante seja máxima?

38 **M** Duas ondas senoidais de mesma frequência e mesmo sentido são produzidas em uma corda esticada. Uma das ondas tem uma amplitude de 5,0 mm e a outra uma amplitude de 8,0 mm. (a) Qual deve ser a diferença de fase ϕ_1 entre as duas ondas para que a amplitude da onda resultante seja a menor possível? (b) Qual é essa amplitude mínima? (c) Qual deve ser a diferença de fase ϕ_2 entre as duas ondas para que a amplitude da onda resultante seja a maior possível? (d) Qual é essa amplitude máxima? (e) Qual é a amplitude resultante se o ângulo de fase é $(\phi_1 - \phi_2)/2$?

39 **M** Duas ondas senoidais de mesmo período, com 5,0 e 7,0 mm de amplitude, se propagam no mesmo sentido em uma corda esticada, na qual produzem uma onda resultante com uma amplitude de 9,0 mm. A constante de fase da onda de 5,0 mm é 0. Qual é a constante de fase da onda de 7,0 mm?

Módulo 16.7 Ondas Estacionárias e Ressonância

40 **F** Duas ondas senoidais com comprimentos de onda e amplitudes iguais se propagam em sentidos opostos em uma corda com uma velocidade de 10 cm/s. Se o intervalo de tempo entre os instantes nos quais a corda fica reta é 0,50 s, qual é o comprimento de onda das ondas?

41 **F** Uma corda fixa nas duas extremidades tem 8,40 m de comprimento, uma massa de 0,120 kg e uma tração de 96,0 N. (a) Qual é a velocidade das ondas na corda? (b) Qual é o maior comprimento de onda possível para uma onda estacionária na corda? (c) Determine a frequência dessa onda.

42 **F** Uma corda submetida a uma tração τ_i oscila no terceiro harmônico com uma frequência f_3, e as ondas na corda têm um comprimento de onda λ_3. Se a tração é aumentada para $\tau_f = 4\tau_i$ e a corda é novamente posta para oscilar no terceiro harmônico, (a) qual é a frequência de oscilação em termos de f_3 e (b) qual o comprimento de onda das ondas em termos de λ_3?

43 **F** Determine (a) a menor frequência, (b) a segunda menor frequência e (c) a terceira menor frequência das ondas estacionárias em um fio com 10,0 m de comprimento, 100 g de massa e 250 N de tração.

44 **F** Uma corda com 125 cm de comprimento tem uma massa de 2,00 g e uma tração de 7,00 N. (a) Qual é a velocidade de uma onda na corda? (b) Qual é a menor frequência de ressonância da corda?

45 **F** Uma corda que está esticada entre suportes fixos separados por uma distância de 75,0 cm apresenta frequências de ressonância de 420 e 315 Hz, com nenhuma outra frequência de ressonância entre os dois valores. Determine (a) a menor frequência de ressonância e (b) a velocidade da onda.

46 **F** A corda A está esticada entre duas presilhas separadas por uma distância L. A corda B, com a mesma massa específica linear e a mesma tração que a corda A, está esticada entre duas presilhas separadas por uma distância igual a $4L$. Considere os primeiros oito harmônicos da corda B. Para quais dos oito harmônicos de B a frequência coincide com a frequência (a) do primeiro harmônico de A, (b) do segundo harmônico de A e (c) do terceiro harmônico de A?

47 **F** Uma das frequências harmônicas de uma certa corda sob tração é 325 Hz. A frequência harmônica seguinte é 390 Hz. Qual é a frequência harmônica que se segue à frequência harmônica de 195 Hz?

48 **F** **CVF** Se uma linha de transmissão em um clima frio fica coberta de gelo, o aumento do diâmetro leva à formação de vórtices no vento que passa. As variações de pressão associadas aos vórtices podem fazer a linha oscilar (*galopar*), principalmente se a frequência das variações de pressão coincidir com uma das frequências de ressonância da linha. Em linhas compridas, as frequências de ressonância estão tão próximas que praticamente qualquer velocidade do vento pode excitar um modo de ressonância com amplitude suficiente para derrubar as torres de sustentação ou *curto-circuitar* as linhas. Se uma linha de transmissão tem um comprimento de 347 m, uma massa específica linear de 3,35 kg/m e uma tração de 65,2 MN, (a) qual é a frequência do modo fundamental e (b) qual é a diferença de frequência entre modos sucessivos?

49 **F** Uma corda de violão, feita de náilon, tem uma massa específica linear de 7,20 g/m e está sujeita a uma tração de 150 N. Os suportes fixos estão separados por uma distância $D = 90{,}0$ cm. A corda está oscilando da forma mostrada na Fig. 16.16. Calcule (a) a velocidade, (b) o comprimento de onda e (c) a frequência das ondas progressivas cuja superposição produz a onda estacionária.

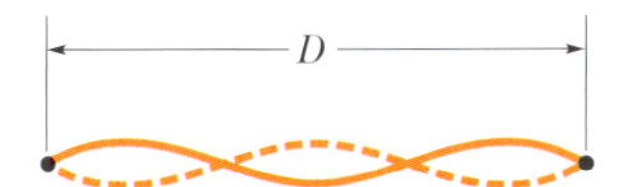

Figura 16.16 Problema 49.

50 **M** **CALC** Uma onda estacionária transversal em uma corda longa possui um antinó em $x = 0$ e um nó vizinho em $x = 0{,}10$ m. O deslocamento $y(t)$ da partícula da corda situada em $x = 0$ é mostrado na Fig. 16.17, em que a escala do eixo y é definida por $y_s = 4{,}0$ cm. Para $t = 0{,}50$ s, qual é o deslocamento da partícula da corda situada (a) em $x = 0{,}20$ m e (b) em $x = 0{,}30$ m? Qual é a velocidade transversal da partícula situada em $x = 0{,}20$ m (c) no instante $t = 0{,}50$ s e (d) no instante $t = 1{,}0$ s? (e) Plote a onda estacionária, no intervalo de $x = 0$ a $x = 0{,}40$ m, para o instante $t = 0{,}50$ s.

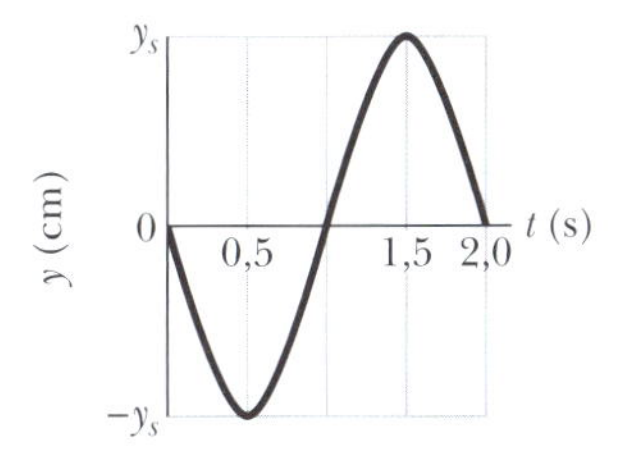

Figura 16.17 Problema 50.

51 **M** Duas ondas são geradas em uma corda com 3,0 m de comprimento para produzir uma onda estacionária de três meios comprimentos de onda com uma amplitude de 1,0 cm. A velocidade da onda é 100 m/s. A equação de uma das ondas é da forma $y(x, t) = y_m$ sen$(kx + \omega t)$. Na equação da outra onda, determine (a) y_m, (b) k, (c) ω e (d) o sinal que precede ω.

52 **M** Uma corda sujeita a uma tração de 200 N, fixa nas duas extremidades, oscila no segundo harmônico de uma onda estacionária. O deslocamento da corda é dado por

$$y = (0{,}10 \text{ m})(\text{sen } \pi x/2) \text{ sen } 12\pi t,$$

em que $x = 0$ em uma das extremidades da corda, x está em metros e t está em segundos. Determine (a) o comprimento da corda, (b) a velocidade das ondas na corda e (c) a massa da corda. (d) Se a corda oscilar no terceiro harmônico de uma onda estacionária, qual será o período de oscilação?

53 **M** Uma corda oscila de acordo com a equação

$$y' = (0{,}50 \text{ cm}) \text{ sen}\left[\left(\frac{\pi}{3} \text{ cm}^{-1}\right)x\right] \cos[(40\pi \text{ s}^{-1})t].$$

(a) Qual é a amplitude e (b) qual a velocidade das duas ondas (iguais, exceto pelo sentido de propagação) cuja superposição produz essa oscilação? (c) Qual é a distância entre os nós? (d) Qual é a velocidade transversal de uma partícula da corda no ponto $x = 1{,}5$ cm para $t = 9/8$ s?

54 **M** Duas ondas senoidais com a mesma amplitude e o mesmo comprimento de onda se propagam simultaneamente em uma corda esticada ao longo de um eixo x. A onda resultante é mostrada duas vezes na Fig. 16.18, uma vez com o antinó A na posição de máximo deslocamento para cima, e outra vez, 6,0 ms depois, com o antinó A na posição de máximo deslocamento para baixo. A distância entre as marcas do eixo x é 10 cm;

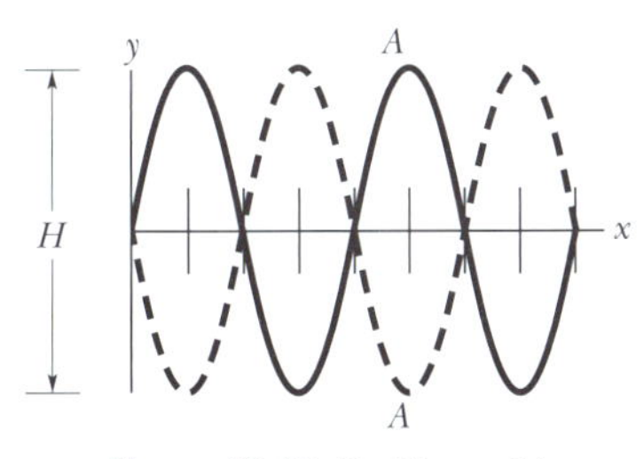

Figura 16.18 Problema 54.

$H = 1{,}80$ cm. A equação de uma das duas ondas é da forma $y(x, t) = y_m \operatorname{sen}(kx + \omega t)$. Na equação da outra onda, determine (a) y_m, (b) k, (c) ω e (d) o sinal que precede ω.

55 **M** As duas ondas a seguir se propagam em sentidos opostos em uma corda horizontal, criando uma onda estacionária em um plano vertical:

$$y_1(x, t) = (6{,}00 \text{ mm}) \operatorname{sen}(4{,}00\pi x - 400\,\pi t)$$
$$y_2(x, t) = (6{,}00 \text{ mm}) \operatorname{sen}(4{,}00\pi x + 400\,\pi t),$$

em que x está em metros e t em segundos. Existe um antinó no ponto A. No intervalo de tempo que esse ponto leva para passar da posição de deslocamento máximo para cima para a posição de deslocamento máximo para baixo, qual é o deslocamento das ondas ao longo da corda?

56 **M** **CALC** Uma onda estacionária em uma corda é descrita pela equação

$$y(x, t) = 0{,}040\,(\operatorname{sen} 5\pi x)(\cos 40\,\pi t),$$

em que x e y estão em metros e t em segundos. Para $x \geq 0$, qual é a localização do nó com (a) o menor, (b) com o segundo menor e (c) com o terceiro menor valor de x? (d) Qual é o período do movimento oscilatório em qualquer ponto que não seja um nó? (e) Qual é a velocidade e (f) qual a amplitude das duas ondas progressivas que interferem para produzir a onda? Para $t \geq 0$, determine (g) o primeiro, (h) o segundo e (i) o terceiro instante em que todos os pontos da corda possuem velocidade transversal nula.

57 **M** Um gerador em uma das extremidades de uma corda muito longa produz uma onda dada por

$$y = (6{,}0 \text{ cm}) \cos \frac{\pi}{2} [(2{,}00 \text{ m}^{-1})x + (8{,}00 \text{ s}^{-1})t],$$

e um gerador na outra extremidade produz a onda

$$y = (6{,}0 \text{ cm}) \cos \frac{\pi}{2} [(2{,}00 \text{ m}^{-1})x - (8{,}00 \text{ s}^{-1})t].$$

Calcule (a) a frequência, (b) o comprimento de onda e (c) a velocidade de cada onda. Para $x \geq 0$, qual é a posição do nó (d) com o menor, (e) com o segundo menor, e (f) com o terceiro menor valor de x? Para $x \geq 0$, qual é a posição do antinó (g) com o menor, (h) com o segundo menor e (i) com o terceiro menor valor de x?

58 **M** Na Fig. 16.19, uma corda, presa a um oscilador senoidal no ponto P e apoiada em um suporte no ponto Q, é tensionada por um bloco de massa m. A distância entre P e Q é $L = 1{,}20$ m, a massa específica linear da corda é $\mu = 1{,}6$ g/m e a frequência do oscilador é $f = 120$ Hz. A amplitude do deslocamento do ponto P é suficientemente pequena para que esse ponto seja considerado um nó. Também existe um nó no ponto Q. (a) Qual deve ser o valor da massa m para que o oscilador produza na corda o quarto harmônico? (b) Qual é o modo produzido na corda pelo oscilador para $m = 1{,}00$ kg (se isso for possível)?

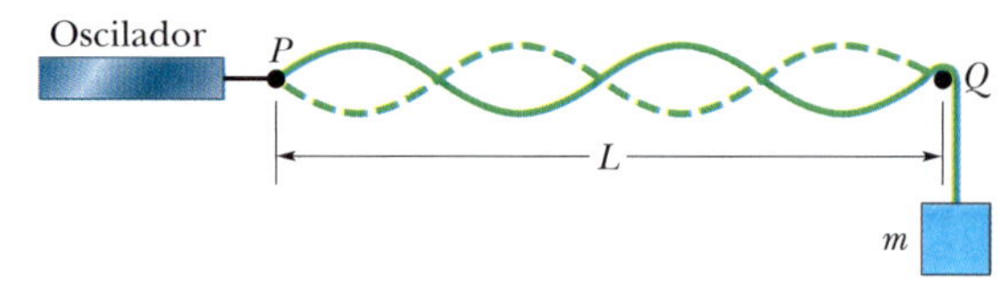

Figura 16.19 Problemas 58 e 60.

59 **D** Na Fig. 16.20, um fio de alumínio, de comprimento $L_1 = 60{,}0$ cm, seção reta $1{,}00 \times 10^{-2}$ cm² e massa específica 2,60 g/cm³, está soldado a um fio de aço, de massa específica 7,80 g/cm³ e mesma seção reta. O fio composto, tensionado por um bloco de massa $m = 10{,}0$ kg, está disposto de tal forma que a distância L_2 entre o ponto de solda e a polia é 86,6 cm. Ondas transversais são excitadas no fio por uma fonte externa de frequência variável; um nó está situado na polia. (a) Determine a menor frequência que produz uma onda estacionária tendo o ponto de solda como um dos nós. (b) Quantos nós são observados para essa frequência?

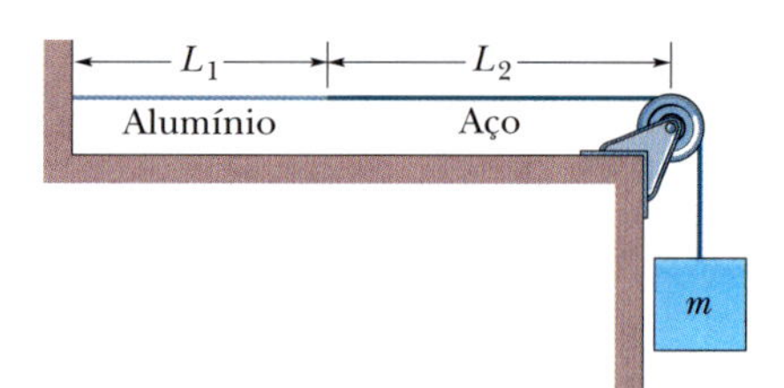

Figura 16.20 Problema 59.

60 **D** Na Fig. 16.19, uma corda, presa a um oscilador senoidal no ponto P e apoiada em um suporte no ponto Q, é tensionada por um bloco de massa m. A distância entre P e Q é $L = 1{,}20$ m, e a frequência do oscilador é $f = 120$ Hz. A amplitude do deslocamento do ponto P é suficientemente pequena para que esse ponto seja considerado um nó. Também existe um nó no ponto Q. Uma onda estacionária aparece quando a massa do bloco é 286,1 g ou 447,0 g, mas não aparece para nenhuma massa entre os dois valores. Qual é a massa específica linear da corda?

Problemas Adicionais

61 Em um experimento com ondas estacionárias, uma corda de 90 cm de comprimento está presa a um dos braços de um diapasão excitado eletricamente, que oscila perpendicularmente à corda com uma frequência de 60 Hz. A massa da corda é 0,044 kg. A que tração a corda deve ser submetida (há pesos amarrados na outra extremidade) para que oscile com dois comprimentos de onda?

62 Uma onda senoidal transversal que se propaga no sentido positivo de um eixo x tem uma amplitude de 2,0 cm, um comprimento de onda de 10 cm e uma frequência de 400 Hz. Se a equação da onda é da forma $y(x, t) = y_m \operatorname{sen}(kx \pm \omega t)$, determine (a) y_m, (b) k, (c) ω e (d) o sinal que precede ω. (e) Qual é a velocidade transversal máxima de um ponto da corda e (f) qual a velocidade da onda?

63 Uma onda tem uma velocidade de 240 m/s e um comprimento de onda de 3,2 m. (a) Qual é a frequência e (b) qual é o período da onda?

64 A equação de uma onda transversal que se propaga em uma corda é

$$y = 0{,}15 \operatorname{sen}(0{,}79x - 13t),$$

em que x e y estão em metros e t está em segundos. (a) Qual é o deslocamento y em $x = 2{,}3$ m e $t = 0{,}16$ s? Uma segunda onda é combinada com a primeira para produzir uma onda estacionária na corda. Se a equação da segunda onda é da forma $y(x,t) = y_m \operatorname{sen}(kx \pm \omega t)$, determine (b) y_m, (c) k, (d) ω e (e) o sinal que precede ω. (f) Qual é o deslocamento da onda estacionária em $x = 2{,}3$ m e $t = 0{,}16$ s?

65 A equação de uma onda transversal que se propaga em uma corda é

$$y = (2{,}0 \text{ mm}) \operatorname{sen}[(20 \text{ m}^{-1})x - (600 \text{ s}^{-1})t].$$

Determine (a) a amplitude, (b) a frequência, (c) a velocidade (incluindo o sinal) e (d) o comprimento de onda da onda. (e) Determine a velocidade transversal máxima de uma partícula da corda.

66 **CALC** Fig. 16.21 mostra o deslocamento y do ponto de uma corda situado em $x = 0$ em função do tempo t quando uma onda passa pelo ponto. A escala do eixo y é definida por $y_s = 6{,}0$ mm. A onda tem a forma $y(x, t) = y_m \operatorname{sen}(kx - \omega t + \phi)$. Qual é o valor de ϕ? (*Atenção:* As calculadoras nem sempre mostram o valor correto de uma função trigonométrica inversa; por isso, verifique se o valor obtido para ϕ é o valor correto, substituindo-o na função $y(x, t)$, usando um valor numérico qualquer para ω e plotando a função assim obtida.)

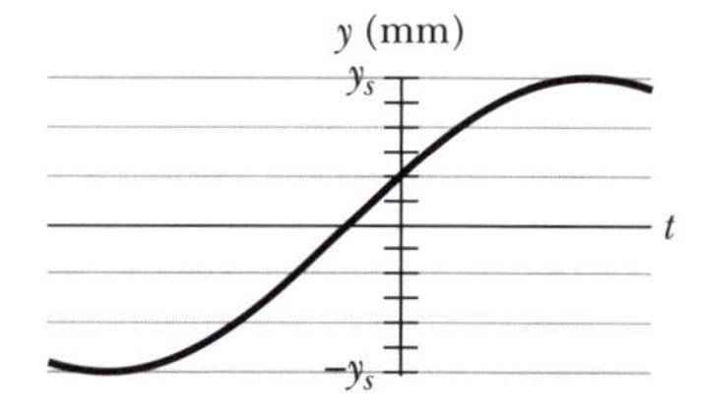

Figura 16.21 Problema 66.

67 Duas ondas senoidais iguais, a não ser pela fase, se propagam no mesmo sentido em uma corda, produzindo uma onda resultante $y'(x, t) = (3{,}0 \text{ mm}) \text{ sen}(20x - 4{,}0t + 0{,}820 \text{ rad})$, com x em metros e t em segundos. Determine (a) o comprimento de onda λ das duas ondas, (b) a diferença de fase entre as duas ondas e (c) a amplitude y_m das duas ondas.

68 Um pulso isolado, cuja forma de onda é dada por $h(x - 5{,}0t)$, com x em centímetros e t em segundos, é mostrado na Fig. 16.22 para $t = 0$. A escala do eixo vertical é definida por $h_s = 2$. (a) Qual é a velocidade e (b) qual o sentido de propagação do pulso? (c) Plote $h(x - 5t)$ em função de x para $t = 2$ s. (d) Plote $h(x - 5t)$ em função de t para $x = 10$ cm.

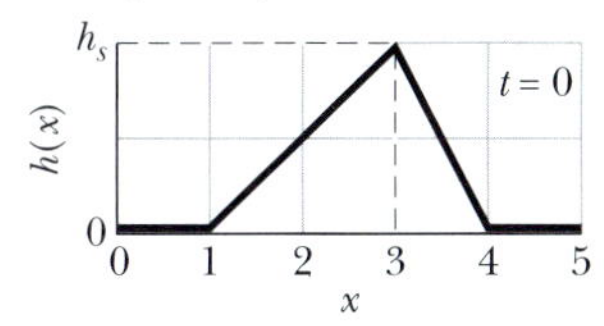

Figura 16.22 Problema 68.

69 Três ondas senoidais de mesma frequência se propagam em uma corda no sentido positivo de um eixo x. As amplitudes das ondas são y_1, $y_1/2$ e $y_1/3$ e as constantes de fase são 0, $\pi/2$ e π, respectivamente. (a) Qual é a amplitude e (b) qual a constante de fase da onda resultante? (c) Plote a onda resultante no instante $t = 0$ e discuta o comportamento da onda quando t aumenta.

70 A Fig. 16.23 mostra a aceleração transversal a_y do ponto $x = 0$ de uma corda em função do tempo t, quando uma onda com a forma geral $y(x, t) = y_m \text{ sen}(kx - \omega t + \phi)$ passa pelo ponto. A escala do eixo vertical é definida por $a_s = 400 \text{ m/s}^2$. Qual é o valor de ϕ? (*Atenção*: As calculadoras nem sempre mostram o valor correto de uma função trigonométrica inversa; por isso, verifique se o valor obtido para ϕ é o valor correto, substituindo-o na função $y(x, t)$, usando um valor numérico qualquer para ω e plotando a função assim obtida.)

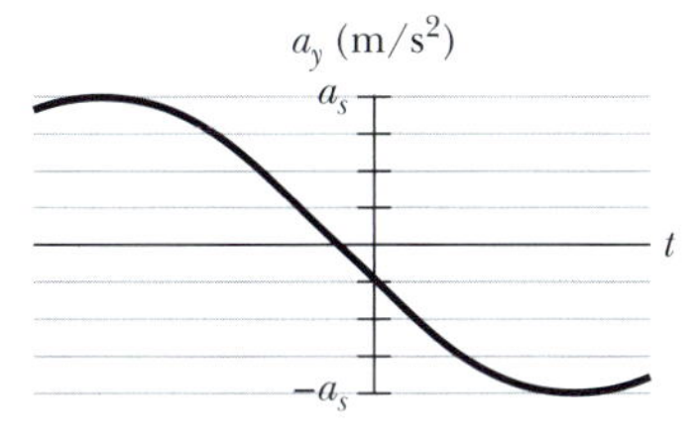

Figura 16.23 Problema 70.

71 Uma onda transversal senoidal é gerada em uma extremidade de uma longa corda horizontal por uma barra que se move para cima e para baixo ao longo de uma distância de 1,00 cm. O movimento é contínuo e é repetido regularmente 120 vezes por segundo. A corda tem uma massa específica linear de 120 g/m e é mantida sob uma tração de 90,0 N. Determine o valor máximo (a) da velocidade transversal u e (b) da componente transversal da tração τ. (c) Mostre que os dois valores máximos calculados acima ocorrem para os mesmos valores da fase da onda. Qual é o deslocamento transversal y da corda nessas fases? (d) Qual é a taxa máxima de transferência de energia ao longo da corda? (e) Qual é o deslocamento transversal y quando a taxa de transferência de energia é máxima? (f) Qual é a taxa mínima de transferência de energia ao longo da corda? (g) Qual é o deslocamento transversal y quando a taxa de transferência de energia é mínima?

72 Duas ondas senoidais de 120 Hz, de mesma amplitude, se propagam no sentido positivo de um eixo x em uma corda sob tração. As ondas podem ser geradas em fase ou defasadas. A Fig. 16.24 mostra a amplitude y' da onda resultante em função da distância de defasagem (distância entre as ondas no mesmo instante). A escala do eixo vertical é definida por $y'_s = 6{,}0$ mm. Se as equações das duas ondas são da forma $y(x, t) = y_m \text{ sen}(kx \pm \omega t)$, determine (a) y_m, (b) k, (c) ω e (d) o sinal que precede ω.

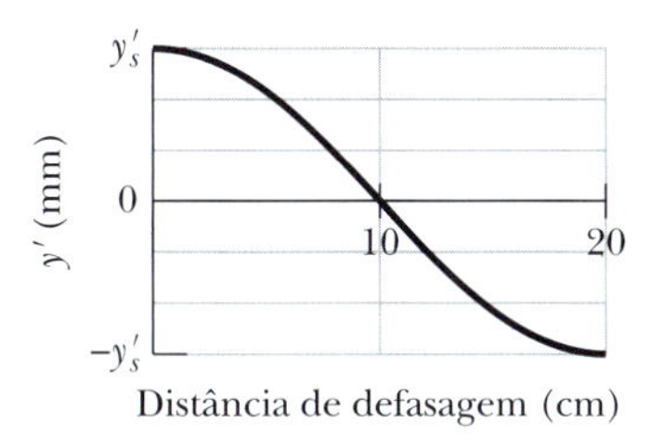

Figura 16.24 Problema 72.

73 No instante $t = 0$ e na posição $x = 0$ de uma corda, uma onda senoidal progressiva com uma frequência angular de 440 rad/s tem um deslocamento $y = +4{,}5$ mm e uma velocidade transversal $u = -0{,}75$ m/s. Caso a onda tenha a forma geral $y(x, t) = y_m \text{ sen}(kx - \omega t + \phi)$, qual é a constante de fase ϕ?

74 A energia é transmitida a uma taxa P_1 por uma onda de frequência f_1 em uma corda sob uma tração τ_1. Qual é a nova taxa de transmissão de energia P_2, em termos de P_1, (a) se a tração é aumentada para $\tau_2 = 4\tau_1$ e (b) se, em vez disso, a frequência é reduzida para $f_2 = f_1/2$?

75 (a) Qual é a onda transversal mais rápida que pode ser produzida em um fio de aço? Por motivos de segurança, a tração máxima à qual um fio de aço deve ser submetido é $7{,}00 \times 10^8 \text{ N/m}^2$. A massa específica do aço é 7.800 kg/m^3. (b) A resposta depende do diâmetro do fio?

76 Uma onda estacionária resulta da soma de duas ondas transversais progressivas dadas por

$$y_1 = 0{,}050 \cos(\pi x - 4\pi t)$$

e

$$y_2 = 0{,}050 \cos(\pi x + 4\pi t),$$

em que x, y_1 e y_2 estão em metros e t está em segundos. (a) Qual é o menor valor positivo de x que corresponde a um nó? Começando em $t = 0$, determine (b) o primeiro, (c) o segundo e (d) o terceiro instante em que a partícula situada em $x = 0$ tem velocidade nula.

77 A borracha usada em algumas bolas de beisebol e de golfe obedece à lei de Hooke para uma larga faixa de alongamentos. Uma tira desse material tem um comprimento ℓ no estado relaxado e uma massa m. Quando uma força F é aplicada, a tira sofre um alongamento $\Delta\ell$. (a) Qual é a velocidade (em termos de m, $\Delta\ell$ e da constante elástica k) das ondas transversais nessa tira de borracha sob tração? (b) Use a resposta do item (a) para mostrar que o tempo necessário para que um pulso transversal atravesse a tira de borracha é proporcional a $1/\sqrt{\Delta\ell}$ se $\Delta\ell \ll \ell$ e é constante se $\Delta\ell \gg \ell$.

78 A velocidade no vácuo das ondas eletromagnéticas (como as ondas de luz visível, as ondas de rádio e os raios X) é $3{,}0 \times 10^8$ m/s. (a) Os comprimentos de onda da luz visível vão de aproximadamente 400 nm no violeta a 700 nm no vermelho. Qual é o intervalo de frequências dessas ondas? (b) O intervalo de frequências das ondas curtas de rádio (como as ondas de rádio FM e de VHF da televisão) é de 1,5 a 300 MHz. Qual é o intervalo de comprimentos de onda correspondente? (c) Os comprimentos de onda dos raios X vão de aproximadamente 5,0 nm a $1{,}0 \times 10^{-2}$ nm. Qual é o intervalo de frequências dos raios X?

79 Um fio de 1,50 m de comprimento tem uma massa de 8,70 g e está sob uma tração de 120 N. O fio é fixado rigidamente nas duas extremidades e posto para oscilar. (a) Qual é a velocidade das ondas no fio? Qual é o comprimento de onda das ondas que produzem ondas estacionárias (b) com meio comprimento de onda e (c) com um comprimento de onda? Qual é a frequência das ondas que produzem ondas estacionárias (d) com meio comprimento de onda e (e) com um comprimento de onda?

80 A menor frequência de ressonância de uma corda de um violino é a da nota lá de concerto (440 Hz). Qual é a frequência (a) do segundo e (b) do terceiro harmônico da corda?

81 Uma onda senoidal transversal que se propaga no sentido negativo de um eixo x tem uma amplitude de 1,00 cm, uma frequência de 550 Hz e uma velocidade de 330 m/s. Se a equação da onda é da forma $y(x, t) = y_m \text{ sen}(kx \pm \omega t)$, determine (a) y_m, (b) ω, (c) k e (d) o sinal que precede ω.

82 Duas ondas senoidais de mesmo comprimento de onda se propagam no mesmo sentido em uma corda esticada. Para a onda 1, $y_m = 3{,}0$ mm e $\phi = 0$; para a onda 2, $y_m = 5{,}0$ mm e $\phi = 70°$. (a) Qual é a amplitude e (b) qual a constante de fase da onda resultante?

83 Uma onda transversal senoidal de amplitude y_m e comprimento de onda λ se propaga em uma corda esticada. (a) Determine a razão entre a velocidade máxima de uma partícula (a velocidade com a qual uma partícula da corda se move na direção transversal à corda) e a velocidade da onda. (b) Essa razão depende do material do qual é feita a corda?

84 As oscilações de um diapasão de 600 Hz produzem ondas estacionárias em uma corda presa nas duas extremidades. A velocidade das ondas na corda é 400 m/s. A onda estacionária tem dois comprimentos de onda e uma amplitude de 2,0 mm. (a) Qual é o comprimento da corda? (b) Escreva uma expressão para o deslocamento da corda em função da posição e do tempo.

85 Uma corda de 120 cm de comprimento está esticada entre dois suportes fixos. Determine (a) o maior, (b) o segundo maior e (c) o terceiro maior comprimento de onda das ondas que se propagam na corda para produzir ondas estacionárias. (d) Esboce essas ondas estacionárias.

86 (a) Escreva uma equação que descreva uma onda transversal senoidal se propagando em uma corda no sentido positivo de um eixo y com um número de onda de 60 cm^{-1}, um período de 0,20 s e uma amplitude de 3,0 mm. Tome a direção transversal como a direção z. (b) Qual é a velocidade transversal máxima de um ponto da corda?

87 Uma onda em uma corda é descrita pela equação

$$y(x, t) = 15{,}0 \operatorname{sen}(\pi x/8 - 4\pi t),$$

em que x e y estão em centímetros e t está em segundos. (a) Qual é a velocidade transversal de um ponto da corda situado em $x = 6{,}00$ cm para $t = 0{,}250$ s? (b) Qual é a máxima velocidade transversal em qualquer ponto da corda? (c) Qual é o módulo da aceleração transversal em um ponto da corda situado em $x = 6{,}00$ cm para $t = 0{,}250$s? (d) Qual é o módulo da aceleração transversal máxima em qualquer ponto da corda?

88 CVF *Colete à prova de balas.* Quando um projétil veloz, como uma bala ou um fragmento de bomba, atinge um colete à prova de balas moderno, o tecido do colete detém o projétil e impede a perfuração dispersando rapidamente a energia por uma grande área. Essa dispersão é realizada por pulsos longitudinais e transversais que se afastam *radialmente* do ponto de impacto, no qual o projétil produz no tecido uma depressão em forma de cone. O pulso longitudinal, que se propaga ao longo das fibras do tecido com velocidade v_l, faz com que as fibras se afinem e se distendam, com uma transferência radial de massa na direção do ponto de impacto. Uma dessas fibras radiais é mostrada na Fig. 16.25*a*. Parte da energia do projétil é dissipada na deformação dessas fibras. O pulso transversal, que se propaga com uma velocidade menor v_t, está associado à depressão. À medida que o projétil penetra no tecido, o raio da depressão aumenta, fazendo com que o material do colete se mova na mesma direção que o projétil (perpendicularmente à direção de propagação do pulso transversal). O resto da energia do projétil é dissipado nesse movimento. Toda a energia que não está envolvida na deformação permanente das fibras é convertida em energia térmica.

A Fig. 16.25*b* mostra um gráfico da velocidade v em função do tempo t para uma bala com uma massa de 10,2 g disparada por um revólver .38 Special em um colete à prova de balas. As escalas dos eixos vertical e horizontal são definidas por $v_s = 300$ m/s e $t_s = 40{,}0$ μs. Suponha que $v_l = 2.000$ m/s e que o meio ângulo θ da depressão causada pela bala é 60°. No final da colisão, qual é o raio (a) da região deformada e (b) da depressão (supondo que a pessoa que usava o colete tenha permanecido imóvel)?

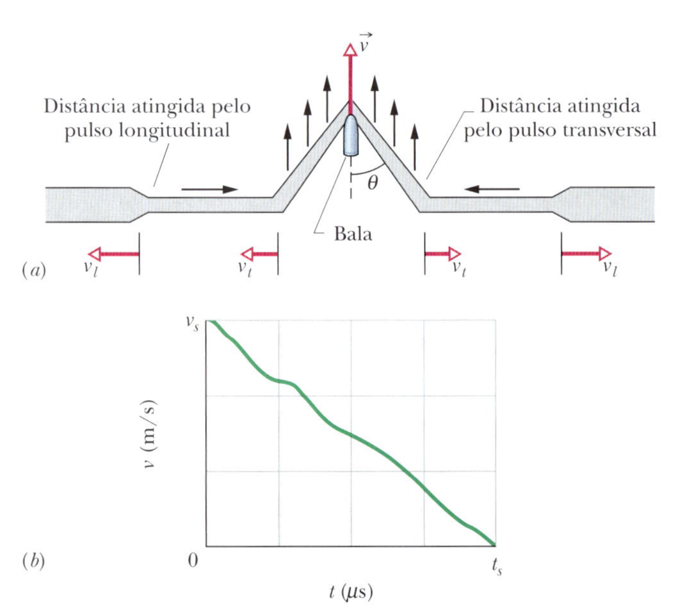

Figura 16.25 Problema 88.

89 Duas ondas são descritas por

$$y_1 = 0{,}30 \operatorname{sen}[\pi(5x - 200t)]$$

e

$$y_2 = 0{,}30 \operatorname{sen}[\pi(5x - 200t) + \pi/3],$$

em que y_1, y_2 e x estão em metros e t está em segundos. Quando as duas ondas são combinadas, é produzida uma onda progressiva. Determine (a) a amplitude, (b) a velocidade e (c) o comprimento de onda da onda progressiva.

90 Uma onda transversal senoidal com um comprimento de onda de 20 cm está se propagando no sentido positivo de um eixo x. A Fig. 16.26 mostra a velocidade transversal da partícula situada em $x = 0$ em função do tempo; a escala do eixo vertical é definida por $u_s = 5{,}0$ cm/s. Determine (a) a velocidade, (b) a amplitude e (c) a frequência da onda. (d) Plote a onda entre $x = 0$ e $x = 20$ cm para o instante $t = 2{,}0$ s.

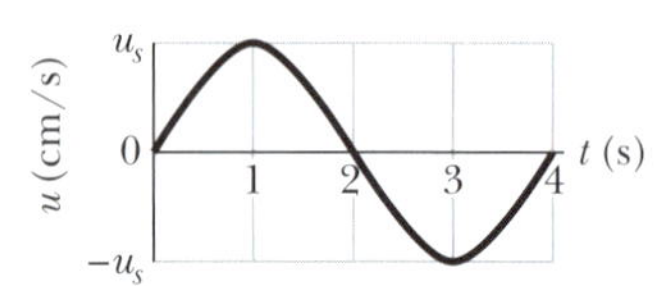

Figura 16.26 Problema 90.

91 Em uma experiência de laboratório, uma corda horizontal de 1,2 kg é fixada nas duas extremidades ($x = 0$ e $x = 2{,}0$ m) e colocada para oscilar para cima e para baixo no modo fundamental, com uma frequência de 5,0 Hz. No instante $t = 0$, o ponto situado em $x = 1{,}0$ m tem deslocamento nulo e está se movendo para cima, no sentido positivo de um eixo y, com uma velocidade transversal de 5,0 m/s. (a) Qual é a amplitude do movimento nesse ponto e (b) qual a tração da corda? (c) Escreva a equação da onda estacionária para o modo fundamental.

92 Duas ondas,

$$y_1 = (2{,}50 \text{ mm}) \operatorname{sen}[(25{,}1 \text{ rad/m})x - (440 \text{ rad/s})t]$$

e

$$y_2 = (1{,}50 \text{ mm}) \operatorname{sen}[(25{,}1 \text{ rad/m})x + (440 \text{ rad/s})t],$$

se propagam em uma corda esticada. (a) Plote a onda resultante em função de t para $x = 0$, $\lambda/8$, $\lambda/4$, $3\lambda/8$ e $\lambda/2$, em que λ é o comprimento de onda. Os gráficos devem se estender de $t = 0$ até pouco mais de um período. (b) A onda resultante é a superposição de uma onda estacionária e uma onda progressiva. Em que sentido se propaga a onda progressiva? (c) Como devem ser mudadas as ondas originais para que a onda resultante seja uma superposição de uma onda estacionária e uma onda progressiva com as mesmas amplitudes que antes, mas com a onda progressiva se propagando no sentido oposto? Use os gráficos do item (a) para determinar o local em que a amplitude das oscilações é (d) máxima e (e) mínima. (f) Qual é a relação entre a amplitude máxima das oscilações e as amplitudes das duas ondas originais? (g) Qual é a relação entre a amplitude mínima das oscilações e as amplitudes das duas ondas originais?

93 *Salvamento de um alpinista.* Um alpinista em dificuldades atrelou o mosquetão à extremidade da corda lançada do alto da montanha por um socorrista. A corda tem duas partes unidas por um nó. A parte inferior tem comprimento L_1 e massa específica linear μ_1 e a parte superior tem comprimento $L_2 = 2L_1$ e massa específica linear $\mu_2 = 4\mu_1$. O alpinista dá um puxão na extremidade inferior da corda para sinalizar que está pronto para ser içado e, ao mesmo tempo, o socorrista dá um puxão na extremidade superior, para verificar se a corda está bem atrelada. As massas das duas partes da corda são desprezíveis em comparação com a massa do alpinista. (a) Qual é a velocidade v_1 do pulso na parte inferior da corda em função da velocidade v_2 do pulso na parte superior? (b) A que distância do socorrista, em função do comprimento L_2 da parte superior, os dois pulsos se cruzam?

94 CALC *Apertando uma corda de violão.* Uma corda de violão com uma massa específica linear de 3,0 g/m e um comprimento de 0,80 m está oscilando no primeiro harmônico e no segundo harmônico enquanto a tensão é aumentada gradualmente. Qual é a taxa de variação da frequência com a tensão, $df/d\tau$, quando a tensão τ passa pelo valor de 150 N, (a) no caso do primeiro harmônico e (b) no caso do segundo harmônico?

95 CALC *Gráfico da velocidade transversal.* A Fig. 16.27 mostra a velocidade transversal u em função do tempo t do ponto $x = 0$ de uma corda ao ser percorrida por uma onda senoidal da forma $y(x,t) = y_m$ sen$(kx - \omega t + \phi)$. Qual é o valor de ϕ? (Cuidado: uma calculadora nem sempre fornece o valor correto de uma função trigonométrica inversa; por isso, verifique se a resposta está correta substituindo o valor obtido e um valor qualquer de ω na função $y(x,t)$ e plotando a função.)

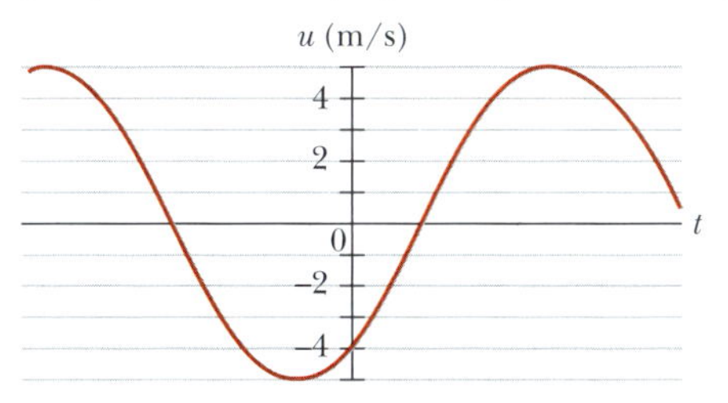

Figura 16.27 Problema 95.

96 *Quatro ondas.* Quatro ondas senoidais se propagam na mesma corda, no sentido positivo do eixo x. As frequências das ondas estão na proporção 1:2:3:4 e as amplitudes estão na proporção 1:1/2:1/3:1/4, respectivamente. Em $t = 0$ e $x = 0$, a primeira e a terceira onda estão defasadas de 180° em relação à segunda e à quarta onda. Que funções de onda satisfazem essas condições?

C A P Í T U L O 1 7

Ondas – II

17.1 VELOCIDADE DO SOM

Objetivos do Aprendizado

Depois de ler este módulo, você será capaz de ...

17.1.1 Saber a diferença entre uma onda longitudinal e uma onda transversal.

17.1.2 Definir frentes de onda e raios.

17.1.3 Conhecer a relação entre a velocidade do som em um material, o módulo de elasticidade volumétrico do material e a massa específica do material.

17.1.4 Conhecer a relação entre a velocidade do som, a distância percorrida por uma onda sonora e o tempo necessário para percorrer essa distância.

Ideia-Chave

- As ondas sonoras são ondas mecânicas longitudinais que podem se propagar em sólidos, líquidos e gases. A velocidade v de uma onda sonora em um meio de módulo de elasticidade volumétrico B e massa específica ρ é dada por

$$v = \sqrt{\frac{B}{\rho}} \quad \text{(velocidade do som).}$$

A velocidade do som no ar a 20 °C é 343 m/s.

O que É Física?

A física dos sons está presente em artigos científicos de muitas especialidades. Vamos dar apenas alguns exemplos. Os fisiologistas estão interessados em saber como a fala é produzida, em corrigir defeitos de dicção, em reduzir a perda da audição, e até mesmo em evitar que uma pessoa ronque. Os engenheiros acústicos procuram melhorar a acústica das catedrais e das salas de concertos, reduzir o nível de ruído perto de rodovias e obras públicas e reproduzir sons musicais em sistemas de alto-falantes com o máximo de fidelidade. Os engenheiros aeronáuticos estudam as ondas de choque produzidas pelos caças supersônicos e o ruído dos jatos comerciais nas proximidades dos aeroportos. Os engenheiros biomédicos procuram descobrir o que os ruídos produzidos pelo coração e pelos pulmões significam em termos da saúde do paciente. Os paleontólogos tentam associar os ossos dos dinossauros ao modo como os animais emitiam sons. Os engenheiros militares verificam se é possível localizar um atirador de tocaia pelo som dos disparos, e, do lado mais ameno, os biólogos estudam o ronronar dos gatos. CVF

Antes de começar a discutir a física dos sons, devemos responder à seguinte pergunta: "O que *são* ondas sonoras?"

Ondas Sonoras

Como vimos no Capítulo 16, as ondas mecânicas necessitam de um meio material para se propagar. Existem dois tipos de ondas mecânicas: *ondas transversais*, nas quais as oscilações acontecem em uma direção perpendicular à direção de propagação da onda, e *ondas longitudinais*, nas quais as oscilações acontecem na direção de propagação da onda.

Neste livro, **onda sonora** é definida genericamente como qualquer onda longitudinal. As equipes de prospecção usam essas ondas para sondar a crosta terrestre em busca de petróleo. Os navios possuem equipamentos de localização por meio do som (sonar) para detectar obstáculos submersos. Os submarinos usam ondas sonoras para emboscar outros submarinos ouvindo os ruídos produzidos pelo sistema de propulsão.

A Fig. 17.1.1 ilustra o uso de ondas sonoras para visualizar os tecidos moles dos seres vivos. Neste capítulo, vamos nos concentrar nas ondas sonoras que se propagam no ar e podem ser ouvidas pelas pessoas.

A Fig. 17.1.2 ilustra várias ideias que serão usadas em nossas discussões. O ponto S representa uma pequena fonte sonora, chamada *fonte pontual*, que emite ondas sonoras em todas as direções. As *frentes de onda* e os *raios* indicam o espalhamento e as direções de propagação das ondas sonoras. **Frentes de onda** são superfícies nas quais as oscilações produzidas pelas ondas sonoras têm o mesmo valor; essas superfícies são representadas por circunferências completas ou parciais em um desenho bidimensional de uma fonte pontual. **Raios** são retas perpendiculares às frentes de onda que indicam as direções de propagação das frentes de onda. As setas duplas sobrepostas aos raios da Fig. 17.1.2 indicam que as oscilações longitudinais do ar são paralelas aos raios.

Nas proximidades de uma fonte pontual como a da Fig. 17.1.2, as frentes de onda são esféricas e se espalham em três dimensões; ondas desse tipo são chamadas *ondas esféricas*. À medida que as frentes de onda se expandem e seu raio aumenta, a curvatura diminui. Muito longe da fonte, as frentes de onda são aproximadamente planas (ou retas, em desenhos bidimensionais); ondas desse tipo são chamadas *ondas planas*.

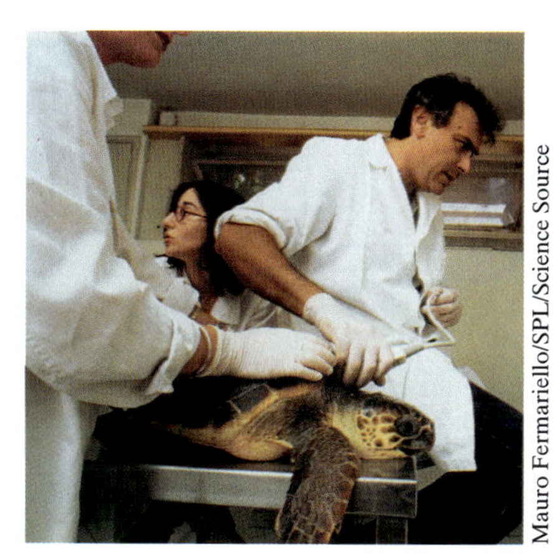

Mauro Fermariello/SPL/Science Source

Figura 17.1.1 Essa tartaruga-cabeçuda está sendo examinada com ultrassom (uma frequência acima de nossa faixa de audição); uma imagem do interior do animal está sendo mostrada em um monitor que não aparece na foto.

Velocidade do Som

A velocidade de uma onda mecânica, seja ela transversal ou longitudinal, depende tanto das propriedades inerciais do meio (para armazenar energia cinética) como das propriedades elásticas do meio (para armazenar energia potencial). Assim, podemos generalizar a Eq. 16.2.5, usada para calcular a velocidade de uma onda transversal em uma corda, escrevendo

$$v = \sqrt{\frac{\tau}{\mu}} = \sqrt{\frac{\text{propriedade elástica}}{\text{propriedade inercial}}}, \qquad (17.1.1)$$

em que (para ondas transversais) τ é a tração da corda e μ é a massa específica linear da corda. Se o meio de propagação é o ar e a onda é longitudinal, podemos deduzir facilmente que a propriedade inercial que corresponde a μ é a massa específica ρ do ar. O que corresponde, porém, à propriedade elástica?

Em uma corda esticada, a energia potencial está associada à deformação periódica dos elementos da corda quando a onda passa por esses elementos. Quando uma onda sonora se propaga no ar, a energia potencial está associada à compressão e à expansão de pequenos elementos de volume do ar. A propriedade que determina o quanto um elemento de um meio muda de volume quando é submetido a uma pressão (força por unidade de área) é o **módulo de elasticidade volumétrico** B, definido (pela Eq. 12.3.4) como

$$B = -\frac{\Delta p}{\Delta V/V} \quad \text{(definição de módulo de elasticidade volumétrico).} \qquad (17.1.2)$$

Nesta equação, $\Delta V/V$ é a variação relativa de volume produzida por uma variação de pressão Δp. Como vimos no Módulo 14.1, a unidade de pressão do SI é o newton por metro quadrado, que recebe o nome de *pascal* (Pa). De acordo com a Eq. 17.1.2, a unidade de B também é o pascal. Os sinais de Δp e ΔV são opostos: quando aumentamos a pressão sobre um elemento (ou seja, quando Δp é positivo), o volume diminui (ΔV é negativo). Incluímos um sinal negativo na Eq. 17.1.2 para que B seja um número positivo. Substituindo τ por B e μ por ρ na Eq. 17.1.1, obtemos a equação

$$v = \sqrt{\frac{B}{\rho}} \quad \text{(velocidade do som)} \qquad (17.1.3)$$

que nos dá a velocidade do som em um meio de módulo de elasticidade volumétrico B e massa específica ρ. A Tabela 17.1.1 mostra a velocidade do som em vários meios.

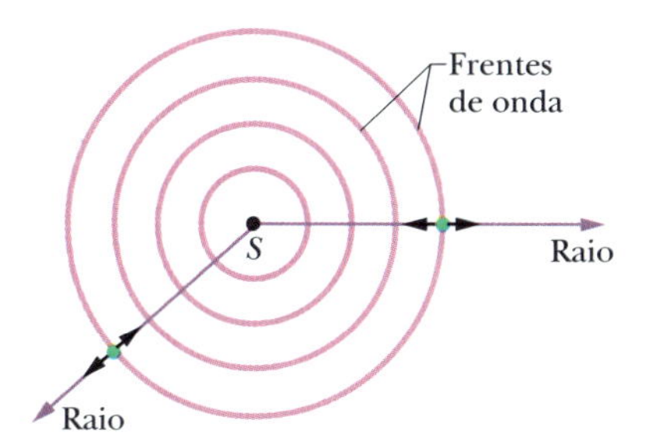

Figura 17.1.2 Onda sonora se propaga a partir de uma fonte pontual S em um meio tridimensional. As frentes de onda formam esferas com centro em S; os raios são perpendiculares às frentes de onda. As setas de duas cabeças mostram que os elementos do meio no qual a onda está se propagando oscilam na direção dos raios.

A massa específica da água é quase 1.000 vezes maior que a do ar. Se esse fosse o único fator importante, esperaríamos, de acordo com a Eq. 17.1.3, que a velocidade do som na água fosse muito menor que a velocidade do som no ar. Entretanto, a

Tabela 17.1.1 Velocidade do Som em Vários Meios[a]

Meio	Velocidade (m/s)
Gases	
Ar (0 °C)	331
Ar (20 °C)	343
Hélio	965
Hidrogênio	1.284
Líquidos	
Água (0 °C)	1.402
Água (20 °C)	1.482
Água salgada[b]	1.522
Sólidos	
Alumínio	6.420
Aço	5.941
Granito	6.000

[a]A 0 °C e 1 atm de pressão, a menos que haja uma indicação em contrário.
[b]A 20 °C e com 3,5% de salinidade.

Tabela 17.1.1 mostra o contrário. Concluímos (novamente a partir da Eq. 17.1.3) que o módulo de elasticidade volumétrico da água é mais de 1.000 vezes maior que o do ar. Esse é, realmente, o caso. A água é muito mais incompressível do que o ar, o que (ver Eq. 17.1.2) é outra forma de dizer que o módulo de elasticidade volumétrico da água é muito maior que o do ar.

Demonstração Formal da Eq. 17.1.3

Vamos agora demonstrar a Eq. 17.1.3 aplicando diretamente as leis de Newton. Considere um pulso isolado de compressão do ar que se propaga da direita para a esquerda, com velocidade v, em um tubo como o da Fig. 16.1.2. Vamos escolher um referencial que se move com a mesma velocidade que o pulso. A Fig. 17.1.3*a* mostra a situação do ponto de vista desse referencial. O pulso permanece estacionário e o ar passa por ele com velocidade v, movendo-se da esquerda para a direita.

Sejam p a pressão do ar não perturbado e $p + \Delta p$ a pressão na região do pulso, em que Δp é positivo devido à compressão. Considere um elemento de ar de espessura Δx e seção reta A, movendo-se em direção ao pulso com velocidade v. Quando o elemento de ar penetra no pulso, a borda dianteira encontra uma região de maior pressão, que reduz a velocidade do elemento para $v + \Delta v$, em que Δv é um número negativo. A redução de velocidade termina quando a borda traseira do elemento penetra no pulso, o que acontece após um intervalo de tempo dado por

$$\Delta t = \frac{\Delta x}{v}. \tag{17.1.4}$$

Vamos aplicar a segunda lei de Newton ao elemento. Durante o intervalo de tempo Δt, a força média exercida sobre a borda traseira do elemento é pA, dirigida para a direita, e a força média exercida sobre a face dianteira é $(p + \Delta p)A$, dirigida para a esquerda (Fig. 17.1.3*b*). Assim, a força resultante média exercida sobre o elemento durante o intervalo Δt é

$$\begin{aligned} F &= pA - (p + \Delta p)A \\ &= -\Delta p\, A \quad \text{(força resultante).} \end{aligned} \tag{17.1.5}$$

O sinal negativo indica que a força resultante que age sobre o elemento de ar aponta para a esquerda na Fig. 17.1.3*b*. O volume do elemento é $A\Delta x$; assim, com a ajuda da Eq. 17.1.4, podemos escrever a massa como

$$\Delta m = \rho \Delta V = \rho A\, \Delta x = \rho A v\, \Delta t \quad \text{(massa).} \tag{17.1.6}$$

A aceleração média do elemento durante o intervalo Δt é

$$a = \frac{\Delta v}{\Delta t} \quad \text{(aceleração)} \tag{17.1.7}$$

De acordo com a segunda lei de Newton ($F = ma$) e as Eqs. 17.1.5, 17.1.6 e 17.1.7, temos

$$-\Delta p\, A = (\rho A v\, \Delta t)\,\frac{\Delta v}{\Delta t}, \tag{17.1.8}$$

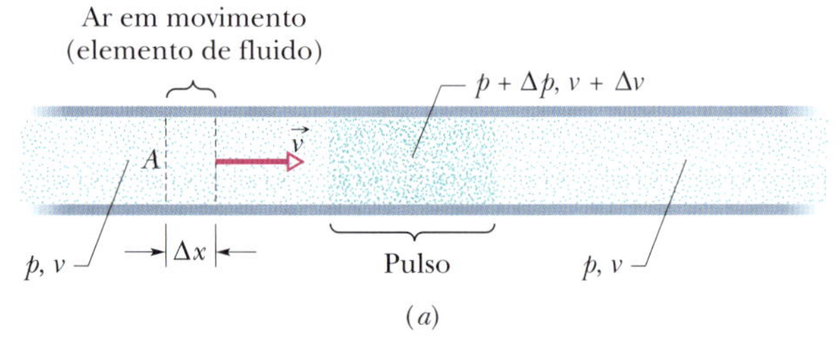

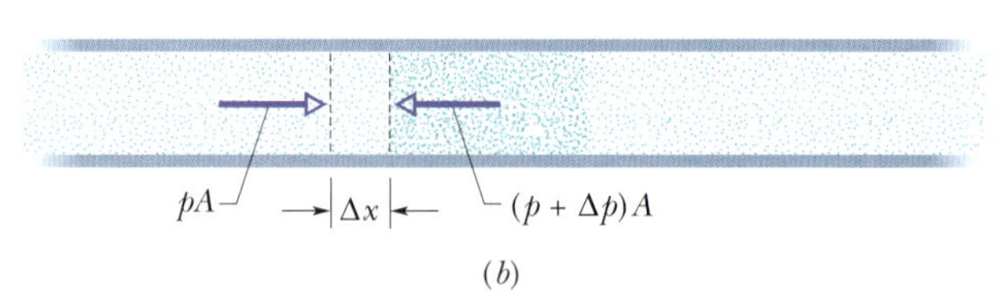

Figura 17.1.3 Um pulso de compressão se propaga da direita para a esquerda em um tubo longo, cheio de ar. O referencial da figura foi escolhido de tal forma que o pulso permanece em repouso e o ar se move da esquerda para a direita. (*a*) Um elemento de ar de largura Δx se move em direção ao pulso com velocidade v. (*b*) A borda dianteira do elemento penetra no pulso. São mostradas as forças (associadas à pressão do ar) que agem sobre as bordas dianteira e traseira.

que pode ser escrita na forma

$$\rho v^2 = -\frac{\Delta p}{\Delta v/v}. \qquad (17.1.9)$$

O ar que ocupa um volume V $(= Av\,\Delta t)$ fora do pulso sofre uma redução de volume ΔV $(= A\,\Delta v\,\Delta t)$ ao penetrar no pulso. Assim,

$$\frac{\Delta V}{V} = \frac{A\,\Delta v\,\Delta t}{Av\,\Delta t} = \frac{\Delta v}{v}. \qquad (17.1.10)$$

Substituindo a Eq. 17.1.10 e a Eq. 17.1.2 na Eq. 17.1.9, obtemos:

$$\rho v^2 = -\frac{\Delta p}{\Delta v/v} = -\frac{\Delta p}{\Delta V/V} = B. \qquad (17.1.11)$$

Explicitando v, obtemos a Eq. 17.1.3 para a velocidade do ar para a direita na Fig. 17.1.3 e, portanto, a velocidade do pulso para a esquerda.

Teste 17.1.1

A mesma variação de pressão Δp é aplicada a dois materiais com o mesmo volume inicial. O material A tem um módulo de elasticidade volumétrico maior que o do material B. Qual dos dois materiais sofre a maior variação de volume?

17.2 ONDAS SONORAS PROGRESSIVAS

Objetivos do Aprendizado

Depois de ler este módulo, você será capaz de ...

17.2.1 Calcular o deslocamento $s(x, t)$ de um elemento de ar produzido pela passagem de uma onda sonora em um dado local e em um dado instante.

17.2.2 Dada a função deslocamento $s(x, t)$ de uma onda sonora, calcular o intervalo de tempo entre dois deslocamentos.

17.2.3 No caso de uma onda sonora, conhecer as relações entre a velocidade v da onda, a frequência angular ω, o número de onda k, o comprimento de onda λ, o período T e a frequência f.

17.2.4 Desenhar um gráfico do deslocamento $s(x)$ de um elemento de ar em função da posição e indicar a amplitude s_m e o comprimento de onda λ.

17.2.5 Calcular a variação de pressão Δp (em relação à pressão atmosférica) causada pela passagem de uma onda sonora em um dado local e em um dado instante.

17.2.6 Desenhar um gráfico da variação de pressão $\Delta p(x)$ de um elemento em função da posição e indicar a amplitude Δp_m e o comprimento de onda λ.

17.2.7 Conhecer a relação entre a amplitude da variação de pressão Δp_m e a amplitude do deslocamento s_m.

17.2.8 Dado um gráfico do deslocamento s em função do tempo t para uma onda sonora, determinar a amplitude s_m e o período T do deslocamento.

17.2.9 Dado um gráfico da variação de pressão Δp em função do tempo t para uma onda sonora, determinar a amplitude Δp_m e o período T da variação de pressão.

Ideias-Chave

- Uma onda sonora de comprimento de onda λ e frequência f produz um deslocamento longitudinal s de um elemento de massa do ar que pode ser descrito pela equação

$$s = s_m \cos(kx - \omega t),$$

em que s_m é a amplitude do deslocamento, $k = 2\pi/\lambda$ e $\omega = 2\pi f$.

- Uma onda sonora também produz uma variação Δp da pressão do ar que pode ser descrita pela equação

$$\Delta p = \Delta p_m \operatorname{sen}(kx - \omega t),$$

em que a amplitude da variação de pressão é

$$\Delta p_m = (v\rho)s_m.$$

Ondas Sonoras Progressivas

BT 17.1 a 17.3

Vamos agora examinar os deslocamentos e as variações de pressão associados a uma onda sonora senoidal que se propaga no ar. A Fig. 17.2.1*a* mostra uma onda se propagando para a direita em um tubo longo, cheio de ar. Como vimos no Capítulo 16, uma onda desse tipo pode ser produzida movendo senoidalmente um êmbolo na extremidade esquerda do tubo (como na Fig. 16.1.2). O movimento do êmbolo para

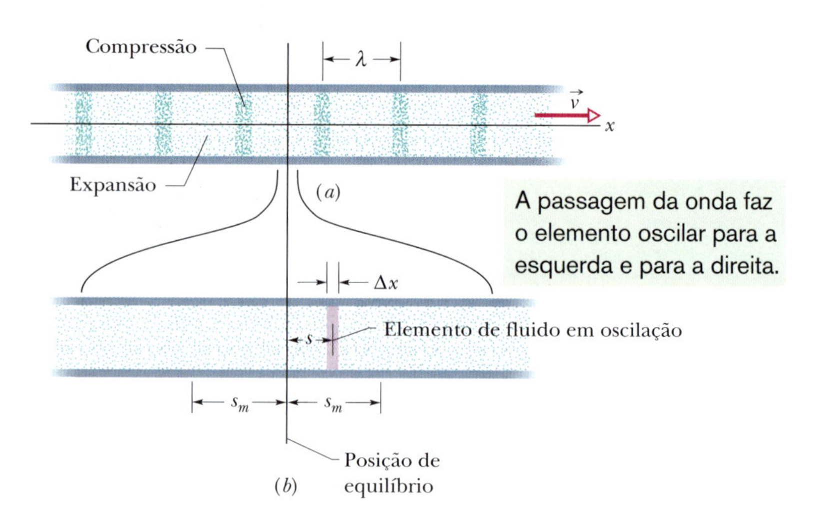

Figura 17.2.1 (*a*) Uma onda sonora que se propaga com velocidade v em um tubo longo, cheio de ar, é composta por uma série de expansões e compressões periódicas do ar que se desloca ao longo do tubo. A onda é mostrada em um instante arbitrário. (*b*) Uma vista horizontal ampliada de uma pequena parte do tubo. Quando a onda passa, um elemento de ar de espessura Δx oscila para a esquerda e para a direita em um movimento harmônico simples em torno da posição de equilíbrio. No instante mostrado em (*b*), o elemento se encontra deslocado de uma distância s para a direita da posição de equilíbrio. O deslocamento máximo, para a direita ou para a esquerda, é s_m.

a direita desloca o elemento de ar mais próximo e comprime o ar; o movimento do êmbolo para a esquerda permite que o elemento de ar se desloque de volta para a esquerda e que a pressão diminua. Como cada elemento de ar afeta o elemento que está ao lado, os movimentos do ar para a direita e para a esquerda e as variações de pressão se propagam ao longo do tubo na forma de uma onda sonora.

Considere o elemento de ar de espessura Δx da Fig. 17.2.1*b*. Quando a onda atravessa essa parte do tubo, o elemento de ar oscila para a esquerda e para a direita em um movimento harmônico simples em torno da posição de equilíbrio. Assim, as oscilações dos elementos de ar produzidas pela onda sonora progressiva são semelhantes às oscilações dos elementos de uma corda produzidas por uma onda transversal, exceto pelo fato de que a oscilação dos elementos de ar é *longitudinal*, em vez de *transversal*. Como os elementos da corda oscilam paralelamente ao eixo y, escrevemos os deslocamentos na forma $y(x, t)$. Por analogia, como os elementos de ar oscilam paralelamente ao eixo x, poderíamos escrever os deslocamentos na forma $x(x, t)$; entretanto, para evitar confusão da função x com a variável x, vamos usar a notação $s(x, t)$.

Deslocamento. Para representar os deslocamentos $s(x, t)$ como funções senoidais de x e de t, poderíamos usar uma função seno ou uma função cosseno. Neste capítulo, vamos usar uma função cosseno, escrevendo

$$s(x, t) = s_m \cos(kx - \omega t). \qquad (17.2.1)$$

A Fig. 17.2.2*a* identifica as várias partes da Eq. 17.2.1. O fator s_m é a **amplitude do deslocamento**, ou seja, o deslocamento máximo do elemento de ar em qualquer sentido a partir da posição de equilíbrio (ver Fig. 17.2.1*b*). O número de onda k, a frequência angular ω, a frequência f, o comprimento de onda λ, a velocidade v e o período T de uma onda sonora (longitudinal) são definidos do mesmo modo e obedecem às mesmas relações que para uma onda transversal, exceto pelo fato de que agora λ é a distância (na direção de propagação) para a qual o padrão de compressões e expansões associado à onda começa a se repetir (ver Fig. 17.2.1*a*). (Estamos supondo que s_m é muito menor do que λ.)

Pressão. Quando a onda se propaga, a pressão do ar em qualquer posição x da Fig. 17.2.1*a* varia senoidalmente, como será demonstrado a seguir. Para descrever essa variação, escrevemos

$$\Delta p(x, t) = \Delta p_m \operatorname{sen}(kx - \omega t). \qquad (17.2.2)$$

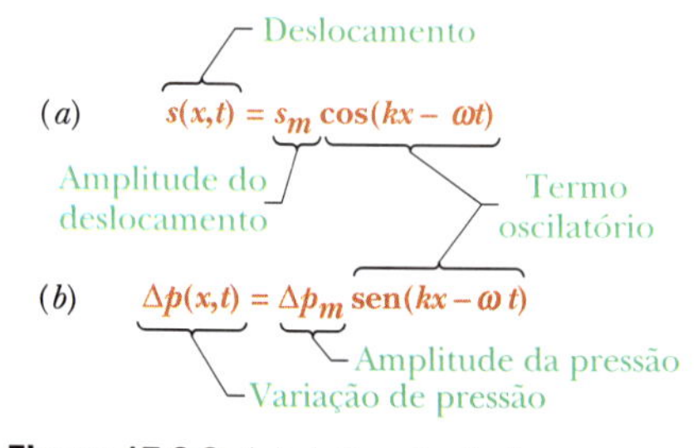

Figura 17.2.2 (*a*) A função deslocamento e (*b*) a função variação de pressão de uma onda sonora progressiva são produtos de dois fatores: uma amplitude e um termo oscilatório.

A Fig. 17.2.2*b* identifica as várias partes da Eq. 17.2.2. Um valor negativo de Δp na Eq. 17.2.2 corresponde a uma expansão do ar; um valor positivo, a uma compressão. O fator Δp_m é a **amplitude da pressão**, ou seja, o máximo aumento ou diminuição de pressão associado à onda; Δp_m é normalmente muito menor que a pressão p na ausência da onda. Como vamos demonstrar, a amplitude da pressão Δp_m está relacionada à amplitude do deslocamento s_m da Eq. 17.2.1 pela equação

$$\Delta p_m = (v\rho\omega)s_m. \qquad (17.2.3)$$

A Fig. 17.2.3 mostra os gráficos das Eqs. 17.2.1 e 17.2.2 no instante $t = 0$; com o passar do tempo, as duas curvas se movem para a direita ao longo do eixo horizontal. Note que o deslocamento e a variação de pressão estão defasados de $\pi/2$ rad (ou 90°). Assim, por exemplo, a variação de pressão Δp em qualquer ponto da onda é nula no instante em que o deslocamento é máximo.

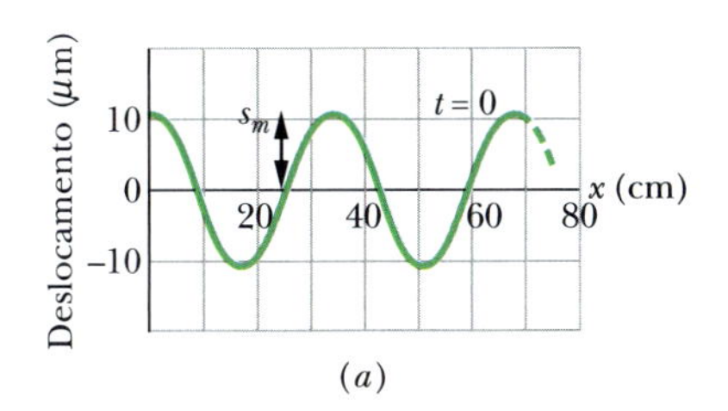

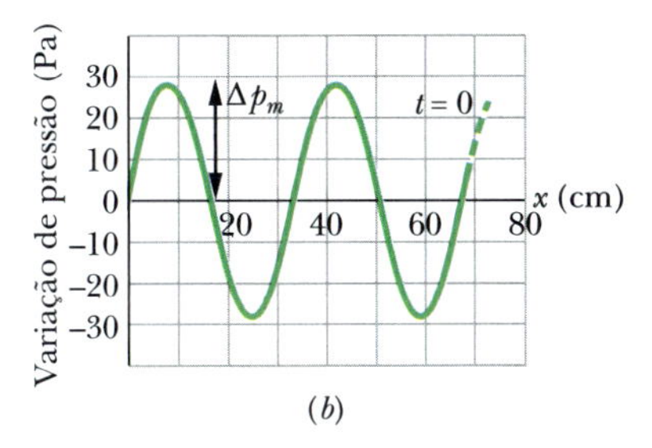

Figura 17.2.3 (*a*) Gráfico da função deslocamento (Eq. 17.2.1) para $t = 0$. (*b*) Um gráfico semelhante da função variação de pressão (Eq. 17.2.2). Os dois gráficos são para uma onda sonora de 1.000 Hz cuja amplitude de pressão está no limiar da dor.

Teste 17.2.1

Quando o elemento de ar oscilante da Fig. 17.2.1*b* acabou de passar pelo ponto de deslocamento nulo (ponto de equilíbrio), a pressão do elemento está começando a aumentar ou começando a diminuir?

Demonstração das Eqs. 17.2.2 e 17.2.3

A Fig. 17.2.1*b* mostra um elemento de ar oscilante de seção reta A e espessura Δx, com o centro deslocado de uma distância s em relação à posição de equilíbrio. De acordo com a Eq. 17.1.2, podemos escrever, para a variação de pressão do elemento deslocado,

$$\Delta p = -B\frac{\Delta V}{V}. \qquad (17.2.4)$$

A grandeza V da Eq. 17.2.4 é o volume do elemento, dado por

$$V = A\,\Delta x. \qquad (17.2.5)$$

A grandeza ΔV da Eq. 17.2.4 é a variação de volume que ocorre quando o elemento é deslocado. Essa variação de volume acontece porque os deslocamentos das duas extremidades do elemento não são exatamente iguais, diferindo de um valor Δs. Assim, podemos escrever a variação de volume como

$$\Delta V = A\,\Delta s. \qquad (17.2.6)$$

Substituindo as Eqs. 17.2.5 e 17.2.6 na Eq. 17.2.4 e passando ao limite diferencial, obtemos

$$\Delta p = -B\frac{\Delta s}{\Delta x} = -B\frac{\partial s}{\partial x}. \qquad (17.2.7)$$

O símbolo ∂ é usado para indicar que a derivada da Eq. 17.2.7 é uma *derivada parcial*, que nos diz como s varia com x quando o tempo t é mantido constante. De acordo com a Eq. 17.2.1, tratando t como uma constante, temos

$$\frac{\partial s}{\partial x} = \frac{\partial}{\partial x}[s_m\cos(kx - \omega t)] = -ks_m\,\text{sen}(kx - \omega t).$$

Substituindo este resultado para a derivada parcial na Eq. 17.2.7, obtemos

$$\Delta p = Bks_m\,\text{sen}(kx - \omega t).$$

Isso significa que a pressão é uma função senoidal do tempo e que a amplitude da variação é igual ao produto de três fatores que multiplica a função seno. Fazendo $\Delta p_m = Bks_m$, obtemos a Eq. 17.2.2, que queríamos demonstrar.

Usando a Eq. 17.1.3, podemos agora escrever

$$\Delta p_m = (Bk)s_m = (v^2\rho k)s_m.$$

A Eq. 17.2.3, que também queríamos demonstrar, é obtida usando a Eq. 16.1.12 para substituir k por ω/v.

Exemplo 17.2.1 Amplitude da pressão e amplitude do deslocamento

A amplitude máxima de pressão Δp_m que o ouvido humano pode suportar, associada a sons muito altos, é da ordem de 28 Pa (muito menor, portanto, que a pressão normal do ar, aproximadamente 10^5 Pa). Qual é a amplitude do deslocamento s_m correspondente, supondo que a massa específica do ar é ρ = 1,21 kg/m³, a frequência do som é 1.000 Hz e a velocidade do som é 343 m/s?

IDEIA-CHAVE

A amplitude do deslocamento s_m de uma onda sonora está relacionada à amplitude da pressão Δp_m da onda pela Eq. 17.2.3.

Cálculos: Explicitando s_m na Eq. 17.2.3, obtemos

$$s_m = \frac{\Delta p_m}{v\rho\omega} = \frac{\Delta p_m}{v\rho(2\pi f)}.$$

Substituindo os valores conhecidos, obtemos:

$$s_m = \frac{28 \text{ Pa}}{(343 \text{ m/s})(1{,}21 \text{ kg/m}^3)(2\pi)(1.000 \text{ Hz})}$$
$$= 1{,}1 \times 10^{-5} \text{ m} = 11 \ \mu\text{m}. \qquad \text{(Resposta)}$$

Esse valor corresponde a um sétimo da espessura de uma folha de papel. Obviamente, a amplitude do deslocamento que o ouvido pode tolerar é muito pequena. Uma curta exposição a sons muito altos produz uma perda temporária da audição, causada provavelmente por uma diminuição da irrigação sanguínea do ouvido interno. Uma exposição prolongada pode produzir danos irreversíveis.

A amplitude da pressão Δp_m para o som *mais fraco* de 1.000 Hz que o ouvido humano pode detectar é $2{,}8 \times 10^{-5}$ Pa. Procedendo como anteriormente, obtemos $s_m = 1{,}1 \times 10^{-11}$ m ou 11 pm, que corresponde a um décimo do raio de um átomo típico. O ouvido é, de fato, um detector muito sensível de ondas sonoras.

17.3 INTERFERÊNCIA

Objetivos do Aprendizado

Depois de ler este módulo, você será capaz de ...

17.3.1 Calcular, em função da diferença de percurso ΔL e do comprimento de onda λ, a diferença de fase ϕ entre duas ondas sonoras que são geradas em fase e chegam ao mesmo destino por caminhos diferentes.

17.3.2 Dada a diferença de fase entre duas ondas sonoras de mesma amplitude e mesmo comprimento de onda, que estão se propagando aproximadamente na mesma direção, determinar o tipo de interferência entre as ondas (construtiva, destrutiva ou intermediária).

17.3.3 Converter uma diferença de fase em radianos para graus ou número de comprimentos de onda, e vice-versa.

Ideias-Chave

- A interferência entre duas ondas sonoras de mesmo comprimento de onda que passam pelo mesmo ponto depende da diferença de fase ϕ entre as ondas. Se as ondas foram emitidas em fase e estão se propagando aproximadamente na mesma direção, a diferença de fase ϕ é dada por

$$\phi = \frac{\Delta L}{\lambda} 2\pi,$$

em que ΔL é a diferença de percurso das duas ondas.

- A interferência construtiva acontece quando a diferença de fase é um múltiplo de 2π, ou seja, quando

$$\phi = m(2\pi), \qquad \text{para } m = 0, 1, 2, \ldots,$$

o que também significa que

$$\frac{\Delta L}{\lambda} = 0, 1, 2, \ldots$$

- A interferência destrutiva acontece quando a diferença de fase é um múltiplo ímpar de π, ou seja, quando

$$\phi = (2m + 1)\pi, \qquad \text{para } m = 0, 1, 2, \ldots,$$

e

$$\frac{\Delta L}{\lambda} = 0{,}5, 1{,}5, 2{,}5, \ldots$$

Interferência 17.4

Como as ondas transversais, as ondas sonoras podem sofrer interferência. Vamos considerar, em particular, a interferência entre duas ondas sonoras de mesma amplitude e mesmo comprimento de onda que se propagam no sentido positivo do eixo x com uma diferença de fase de ϕ. Poderíamos expressar as ondas na forma das Eqs. 16.5.2 e 16.5.3; entretanto, para sermos coerentes com a Eq. 17.2.1, vamos usar funções cosseno em vez de funções seno:

$$s_1(x, t) = s_m \cos(kx - \omega t)$$

e

$$s_2(x, t) = s_m \cos(kx - \omega t + \phi).$$

Essas ondas se superpõem e interferem mutuamente. De acordo com a Eq. 16.5.6, a onda resultante é dada por

$$s' = [2s_m \cos\tfrac{1}{2}\phi] \cos(kx - \omega t + \tfrac{1}{2}\phi).$$

Como no caso das ondas transversais, a onda resultante também é uma onda progressiva, cuja amplitude é o valor absoluto da constante que multiplica a função cosseno:

$$s'_m = |2s_m \cos\tfrac{1}{2}\phi|. \quad (17.3.1)$$

Como no caso das ondas transversais, o tipo de interferência é determinado pelo valor de ϕ.

Uma forma de controlar o valor de ϕ é fazer com que as ondas percorram distâncias diferentes para chegarem ao ponto no qual acontece a interferência. A Fig. 17.3.1*a* mostra uma situação desse tipo: Duas fontes pontuais S_1 e S_2 emitem ondas sonoras que estão em fase e têm o mesmo comprimento de onda λ. Em casos como esse, dizemos que as *fontes* estão em fase, ou seja, que as ondas têm o mesmo deslocamento nos pontos S_1 e S_2 da Fig. 17.3.1*a*. Estamos interessados nas ondas que chegam ao ponto P da figura. Vamos supor que a distância entre as fontes e o ponto P é muito maior que a distância entre as fontes, caso em que podemos dizer que as ondas estão se propagando aproximadamente na mesma direção no ponto P.

Se as ondas percorressem distâncias iguais para chegar ao ponto P, estariam em fase nesse ponto. Como no caso das ondas transversais, isso significa que sofreriam interferência construtiva. Entretanto, na Fig. 17.3.1*a*, o caminho L_2 percorrido pela onda gerada pela fonte S_2 é maior do que o caminho L_1 percorrido pela onda gerada pela fonte S_1. A diferença de percurso significa que as ondas podem não estar em fase no ponto P. Em outras palavras, a diferença de fase ϕ no ponto P depende da **diferença de percurso** $\Delta L = |L_2 - L_1|$.

Para relacionar a diferença de fase ϕ à diferença de percurso ΔL, levamos em conta o fato de que, como foi visto no Módulo 16.1, uma diferença de fase de 2π rad corresponde a um comprimento de onda. Assim, podemos escrever a relação

$$\frac{\phi}{2\pi} = \frac{\Delta L}{\lambda}, \quad (17.3.2)$$

o que nos dá

$$\phi = \frac{\Delta L}{\lambda} 2\pi. \quad (17.3.3)$$

A interferência construtiva acontece se ϕ é zero, 2π ou qualquer múltiplo inteiro de 2π. Podemos escrever essa condição na forma

$$\phi = m(2\pi), \quad \text{para } m = 0, 1, 2, \ldots \quad \text{(interferência construtiva)}. \quad (17.3.4)$$

De acordo com a Eq. 17.3.3, isso acontece quando a razão $\Delta L/\lambda$ é

$$\frac{\Delta L}{\lambda} = 0, 1, 2, \ldots \quad \text{(interferência construtiva)}. \quad (17.3.5)$$

Assim, por exemplo, se a diferença de percurso $\Delta L = |L_2 - L_1|$ da Fig. 17.3.1*a* é 2λ, então $\Delta L/\lambda = 2$ e as ondas sofrem interferência construtiva no ponto P (Fig. 17.3.1*b*). A interferência é construtiva porque a onda proveniente de S_2 está deslocada em fase de 2λ em relação à onda proveniente de S_1, o que coloca as duas ondas *com a mesma fase* no ponto P.

A interferência destrutiva acontece se ϕ é um múltiplo ímpar de π, condição que podemos escrever como

$$\phi = (2m + 1)\,\pi, \quad \text{para } m = 0, 1, 2, \ldots \quad \text{(interferência destrutiva)}. \quad (17.3.6)$$

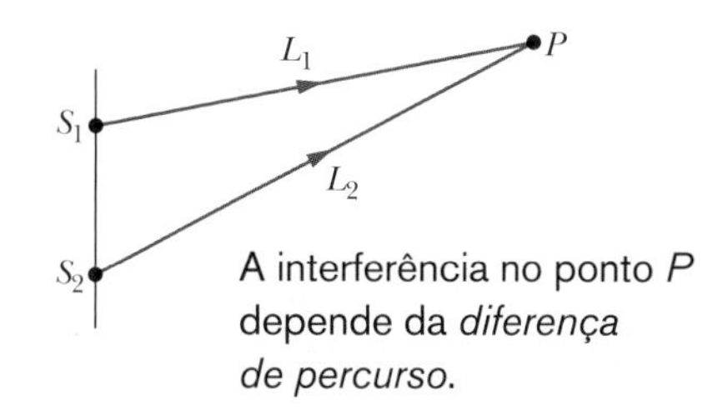

(*a*)

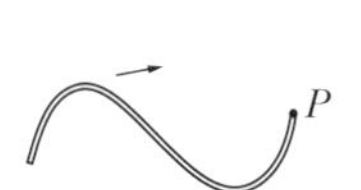

(*b*)

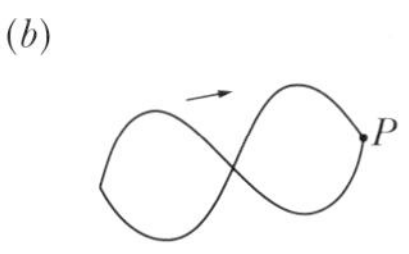

(*c*)

Figura 17.3.1 (*a*) Duas fontes pontuais, S_1 e S_2, emitem ondas sonoras esféricas em fase. Os raios mostram que as ondas passam por um ponto comum P. As ondas (representadas por gráficos *transversais*) chegam ao ponto P (*b*) exatamente em fase e (*c*) exatamente fora de fase.

De acordo com a Eq. 17.3.3, isso acontece quando a razão $\Delta L/\lambda$ é

$$\frac{\Delta L}{\lambda} = 0{,}5;\ 1{,}5;\ 2{,}5;\ \ldots \quad \text{(interferência destrutiva).} \qquad (17.3.7)$$

Assim, por exemplo, se a diferença de percurso $\Delta L = |L_2 - L_1|$ da Fig. 17.3.1*a* é $2{,}5\lambda$, então $\Delta L/\lambda = 2{,}5$ e as ondas sofrem interferência destrutiva no ponto P (Fig. 17.3.1*c*). A interferência é destrutiva porque a onda proveniente de S_2 está deslocada em fase de $2{,}5\lambda$ em relação à onda proveniente de S_1, o que coloca as duas ondas *com fases opostas* no ponto P.

Naturalmente, duas ondas podem produzir uma interferência intermediária. Se $\Delta L/\lambda = 1{,}2$, por exemplo, a interferência nem é construtiva nem destrutiva, mas está mais próxima de ser construtiva ($\Delta L/\lambda = 1{,}0$) do que de ser destrutiva ($\Delta L/\lambda = 1{,}5$).

Teste 17.3.1

São dados três pares de ondas sonoras. As ondas de cada par se propagam na mesma direção e sofrem interferência. Coloque os pares na ordem da amplitude da onda resultante, começado pela maior.

Par A:
$s_1(x, t) = s_m \cos(kx - \omega t)$
$s_2(x, t) = s_m \cos(kx - \omega t + 0{,}90\pi)$

Par B:
$s_1(x, t) = s_m \cos(kx - \omega t)$
$s_2(x, t) = s_m \cos(kx - \omega t + 1{,}10\pi)$

Par C:
$s_1(x, t) = s_m \cos(kx - \omega t)$
$s_2(x, t) = s_m \cos(kx - \omega t + 0{,}20\pi)$

Exemplo 17.3.1 Interferência em pontos de uma circunferência 17.1

Na Fig. 17.3.2*a*, duas fontes pontuais S_1 e S_2, separadas por uma distância $D = 1{,}5\lambda$, emitem ondas sonoras de mesma amplitude, fase e comprimento de onda λ.

(a) Qual é a diferença de percurso das ondas de S_1 e S_2 no ponto P_1, que está na mediatriz do segmento de reta que liga as duas fontes, a uma distância das fontes maior que D (Fig. 17.3.2*b*)? (Ou seja, qual é a diferença entre a distância da fonte S_1 ao ponto P_1 e a distância da fonte S_2 ao ponto P_1?) Que tipo de interferência ocorre no ponto P_1?

Raciocínio: Como as duas ondas percorrem distâncias iguais para chegar a P_1, a diferença de percurso é

$$\Delta L = 0. \qquad \text{(Resposta)}$$

De acordo com a Eq. 17.3.5, isso significa que as ondas sofrem interferência construtiva em P_1.

(b) Quais são a diferença de percurso e o tipo de interferência no ponto P_2 na Fig. 17.3.2*c*?

Raciocínio: A onda produzida por S_1 percorre uma distância adicional D ($= 1{,}5\lambda$) para chegar a P_2. Assim, a diferença de percurso é

$$\Delta L = 1{,}5\lambda. \qquad \text{(Resposta)}$$

De acordo com a Eq. 17.3.7, isso significa que as ondas estão com fases opostas em P_2 e a interferência é destrutiva.

(c) A Fig. 17.3.2*d* mostra uma circunferência de raio muito maior que D cujo centro está no ponto médio entre S_1 e S_2. Qual é o número de pontos N da circunferência nos quais a interferência é construtiva? (Ou seja, em quantos pontos as ondas chegam em fase?)

Raciocínio: Imagine que, partindo do ponto a, nos deslocamos no sentido horário ao longo da circunferência até o ponto d. No caminho, a diferença de percurso ΔL aumenta continuamente. Como foi visto no item (a), a diferença de percurso no ponto a é $\Delta L = 0\lambda$. Como foi visto no item (b), $\Delta L = 1{,}5\lambda$ no ponto d. Assim, deve existir um ponto entre a e d ao longo da circunferência no qual $\Delta L = \lambda$, como mostra a Fig. 17.3.2*e*. De acordo com a Eq. 17.3.5, uma interferência construtiva ocorre nesse ponto. Além disso, não existe outro ponto ao longo do percurso de a a d no qual ocorre interferência construtiva, já que 1 é o único número inteiro entre 0 e 1,5.

Podemos agora usar a simetria para localizar os outros pontos de interferência construtiva no resto da circunferência (Fig. 17.3.2*f*). A simetria em relação à reta cd nos dá o ponto b, no qual $\Delta L = 0\lambda$. (Como o ponto a, o ponto b está na mediatriz do segmento de reta que liga as duas fontes e, portanto, a diferença de percurso até o ponto b é zero.) Existem mais três pontos para os quais $\Delta L = \lambda$. No total (Fig. 17.3.2*g*) temos

$$N = 6. \qquad \text{(Resposta)}$$

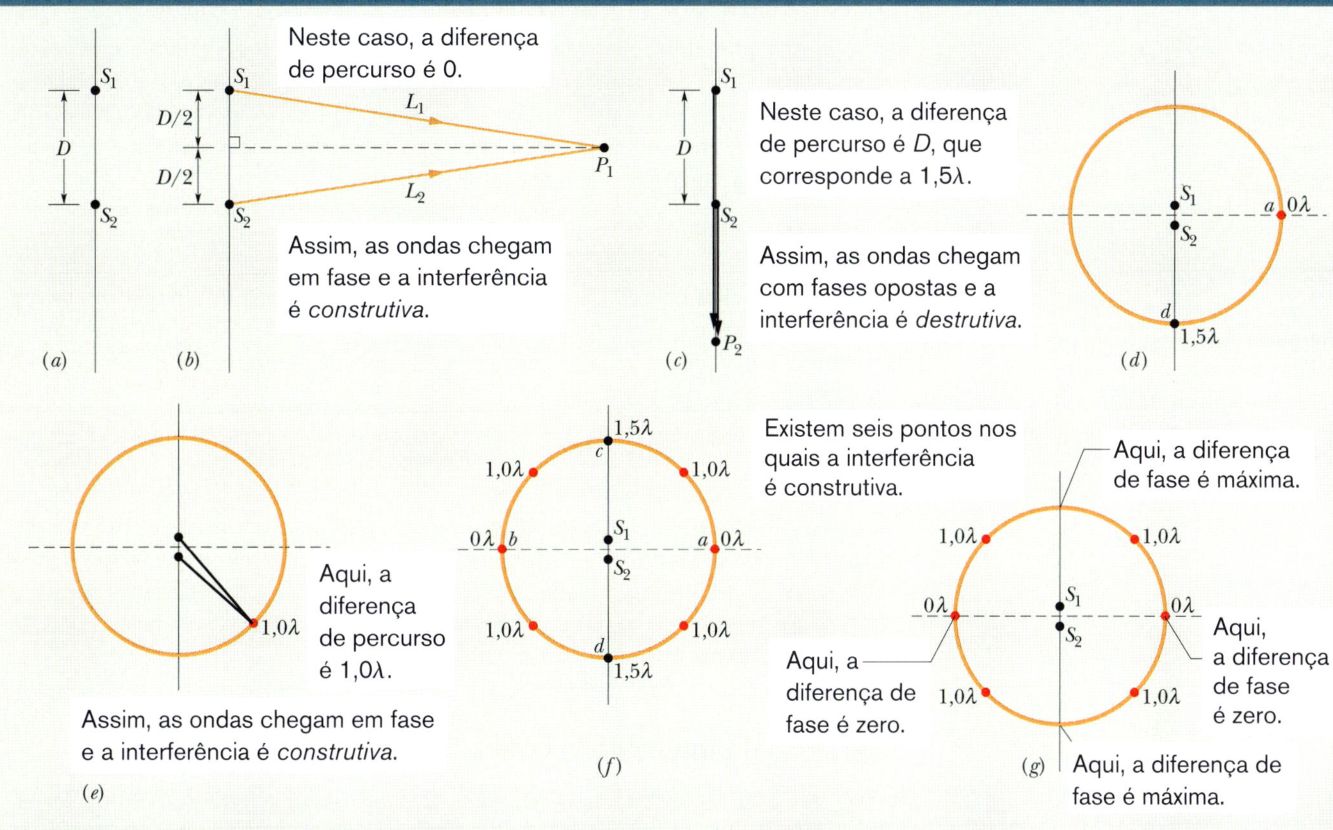

Figura 17.3.2 (*a*) Duas fontes pontuais S_1 e S_2, separadas por uma distância D, emitem ondas sonoras esféricas em fase. (*b*) As ondas percorrem distâncias iguais para chegar ao ponto P_1. (*c*) O ponto P_2 está na linha reta que passa por S_1 e S_2. (*d*) Consideramos uma circunferência de raio muito maior que a distância entre S_1 e S_2. (*e*) Outro ponto de interferência construtiva. (*f*) Uso da simetria para determinar outros pontos. (*g*) Os seis pontos de interferência construtiva.

17.4 INTENSIDADE E NÍVEL SONORO

Objetivos do Aprendizado

Depois de ler este módulo, você será capaz de ...

17.4.1 Saber que a intensidade sonora I em uma superfície é a razão entre a potência P da onda sonora e a área A da superfície.

17.4.2 Conhecer a relação entre a intensidade sonora I e a amplitude do deslocamento s_m da onda sonora.

17.4.3 Saber o que é uma fonte sonora isotrópica.

17.4.4 No caso de uma fonte sonora isotrópica, conhecer a relação entre a potência P_s da onda emitida pela fonte, a distância entre a fonte e um detector e a intensidade sonora I medida pelo detector.

17.4.5 Conhecer a relação entre o nível sonoro β, a intensidade sonora I e a intensidade de referência I_0.

17.4.6 Calcular o valor de um logaritmo (log) e de um antilogaritmo ($\log^{-1}$).

17.4.7 Conhecer a relação entre uma variação do nível sonoro e uma variação da intensidade sonora.

Ideias-Chave

- A intensidade I de uma onda sonora em uma superfície é a taxa média por unidade de área com a qual a energia contida na onda atravessa a superfície ou é absorvida pela superfície:

$$I = \frac{P}{A},$$

em que P é a taxa de transferência da energia (potência) da onda sonora e A é a área da superfície que intercepta a onda sonora. A intensidade I está relacionada à amplitude do deslocamento s_m pela equação

$$I = \tfrac{1}{2}\rho v \omega^2 s_m^2.$$

- A intensidade a uma distância r de uma fonte pontual isotrópica que emite ondas sonoras de potência P_s é dada por

$$I = \frac{P_s}{4\pi r^2}.$$

- O nível sonoro β em decibéis (dB) é definido pela equação

$$\beta = (10\text{ dB}) \log \frac{I}{I_0},$$

em que I_0 ($= 10^{-12}$ W/m²) é um nível sonoro de referência. Se a intensidade é multiplicada por 10, o nível sonoro aumenta de 10 dB.

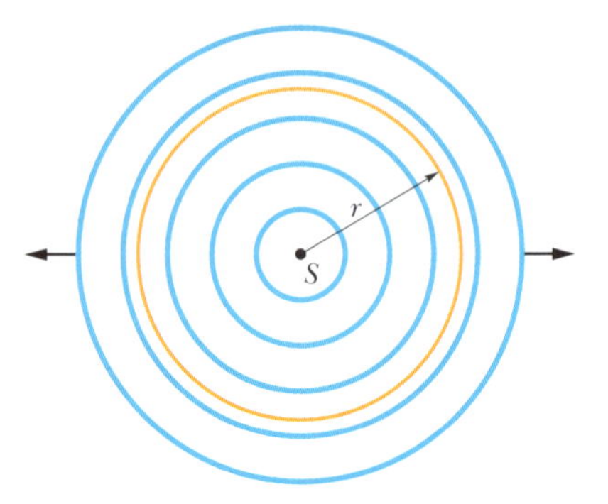

Figura 17.4.1 Uma fonte pontual S emite ondas sonoras com a mesma intensidade em todas as direções. As ondas atravessam uma esfera imaginária de raio r e centro em S.

Intensidade e Nível Sonoro

Se você já tentou dormir enquanto alguém ouvia música a todo volume, sabe muito bem que existe algo no som além da frequência, comprimento de onda e velocidade: a intensidade. A **intensidade** I de uma onda sonora em uma superfície é a taxa média por unidade de área com a qual a energia contida na onda atravessa a superfície ou é absorvida pela superfície. Matematicamente, temos:

$$I = \frac{P}{A}, \tag{17.4.1}$$

em que P é a taxa de variação com o tempo da transferência de energia (ou seja, a potência) da onda sonora e A é a área da superfície que intercepta o som. Como vamos mostrar daqui a pouco, a intensidade I está relacionada à amplitude do deslocamento s_m da onda sonora pela equação

$$I = \tfrac{1}{2}\rho v \omega^2 s_m^2. \tag{17.4.2}$$

A intensidade sonora é uma grandeza objetiva, que pode ser medida com um detector. O *volume sonoro* é uma grandeza subjetiva, que se refere ao modo como o som é percebido por uma pessoa. As duas grandezas podem ser diferentes porque a percepção depende de fatores como a sensibilidade do sistema de audição a sons de diferentes frequências.

Variação da Intensidade com a Distância

Em geral, a intensidade sonora varia com a distância de uma fonte real de uma forma bastante complexa. Algumas fontes reais, como os alto-falantes, podem emitir o som apenas em certas direções, e o ambiente normalmente produz ecos (ondas sonoras refletidas) que se superpõem às ondas sonoras originais. Em algumas situações, porém, podemos ignorar os ecos e supor que a fonte sonora é uma fonte pontual e *isotrópica*, ou seja, que emite o som com a mesma intensidade em todas as direções. As frentes de onda que existem em torno de uma fonte pontual isotrópica S em um dado instante são mostradas na Fig. 17.4.1.

Vamos supor que a energia mecânica das ondas sonoras é conservada quando as ondas se espalham a partir de uma fonte pontual isotrópica e construir uma esfera imaginária de raio r e centro na fonte, como mostra a Fig. 17.4.1. Como toda a energia emitida pela fonte passa pela superfície da esfera, a taxa com a qual a energia das ondas sonoras atravessa a superfície é igual à taxa com a qual a energia é emitida pela fonte (ou seja, a potência P_s da fonte). De acordo com a Eq. 17.4.1, a intensidade I da onda sonora na superfície da esfera é dada por

$$I = \frac{P_s}{4\pi r^2}, \tag{17.4.3}$$

em que $4\pi r^2$ é a área da esfera. A Eq. 17.4.3 nos diz que a intensidade do som emitido por uma fonte pontual isotrópica diminui com o quadrado da distância r da fonte.

Teste 17.4.1

A figura mostra três pequenas regiões, 1, 2 e 3, na superfície de duas esferas imaginárias, cujo centro está em uma fonte sonora pontual isotrópica S. As taxas com a quais a energia das ondas sonoras atravessa as três regiões são iguais. Ordene as regiões de acordo (a) com a intensidade do som na região e (b) com a área da região, em ordem decrescente.

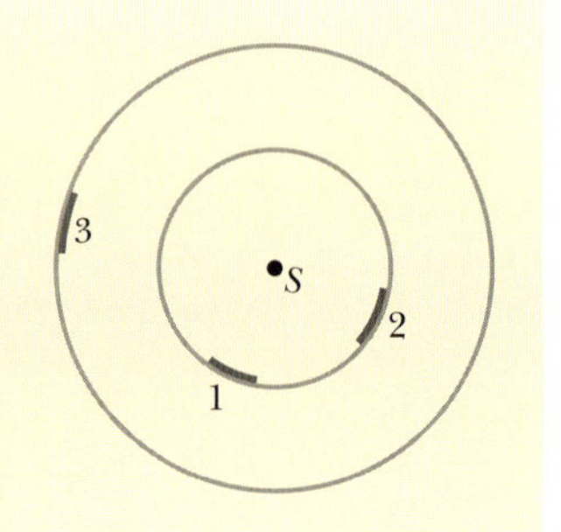

Escala de Decibéis

A amplitude do deslocamento no interior do ouvido humano varia de cerca de 10^{-5} m, para o som mais alto tolerável, a cerca de 10^{-11} m para o som mais fraco detectável, uma razão de 10^6. Como, de acordo com a Eq. 17.4.2, a intensidade de um som varia com o *quadrado* da amplitude, a razão entre as intensidades nesses dois limites do sistema auditivo humano é 10^{12}. Isso significa que os seres humanos podem ouvir sons com uma enorme faixa de intensidades.

Para lidar com um intervalo tão grande de valores, recorremos aos logaritmos. Considere a relação

$$y = \log x,$$

em que x e y são variáveis. Uma propriedade dessa equação é que, se x é *multiplicado* por 10, y aumenta de 1 unidade. Para verificar se isso é verdade, basta escrever

$$y' = \log(10x) = \log 10 + \log x = 1 + y.$$

Da mesma forma, quando multiplicamos x por 10^{12}, y aumenta apenas de 12 unidades.

Assim, em vez de falarmos da intensidade I de uma onda sonora, é muito mais conveniente falarmos do **nível sonoro** β, definido pela expressão

$$\beta = (10\ \text{dB}) \log \frac{I}{I_0}, \tag{17.4.4}$$

em que dB é a abreviação de **decibel**, a unidade de nível sonoro, um nome escolhido em homenagem a Alexander Graham Bell.[1] I_0 na Eq. 17.4.4 é uma intensidade de referência ($= 10^{-12}$ W/m²), cujo valor foi escolhido porque está próximo do limite inferior da faixa de audição humana. Para $I = I_0$, a Eq. 17.4.4 nos dá $\beta = 10 \log 1 = 0$, de modo que a intensidade de referência corresponde a zero decibel. O valor de β aumenta em 10 dB toda vez que a intensidade sonora aumenta de uma ordem de grandeza (um fator de 10). Assim, $\beta = 40$ corresponde a uma intensidade 10^4 vezes maior que a intensidade de referência. A Tabela 17.4.1 mostra os níveis sonoros em alguns ambientes.

© pixtawan/iStockphoto

O som pode fazer um copo de vidro oscilar. Se o som produz uma onda estacionária e a intensidade do som é elevada, o vidro pode quebrar. 17.1

Demonstração da Eq. 17.4.2

Considere, na Fig. 17.2.1*a*, uma fatia fina de ar de espessura dx, área A e massa dm, oscilando para a frente e para trás enquanto a onda sonora da Eq. 17.2.1 passa por ela. A energia cinética dK da fatia de ar é

$$dK = \tfrac{1}{2}\, dm\, v_s^2, \tag{17.4.5}$$

em que v_s não é a velocidade da onda, mas a velocidade de oscilação do elemento de ar, obtida a partir da Eq. 17.2.1:

$$v_s = \frac{\partial s}{\partial t} = -\omega s_m \operatorname{sen}(kx - \omega t).$$

Usando essa relação e fazendo $dm = \rho A\, dx$, podemos escrever a Eq. 17.4.5 na forma

$$dK = \tfrac{1}{2}(\rho A\, dx)(-\omega s_m)^2 \operatorname{sen}^2(kx - \omega t). \tag{17.4.6}$$

Dividindo a Eq. 17.4.6 por dt, obtemos a taxa com a qual a energia cinética se desloca com a onda. Como vimos no Capítulo 16 para ondas transversais, dx/dt é a velocidade v da onda, de modo que

$$\frac{dK}{dt} = \tfrac{1}{2}\rho A v \omega^2 s_m^2 \operatorname{sen}^2(kx - \omega t). \tag{17.4.7}$$

Tabela 17.4.1 Alguns Níveis Sonoros (em dB)

Limiar da audição	0
Farfalhar de folhas	10
Conversação	60
Show de rock	110
Limiar da dor	120
Turbina a jato	130

[1] Na verdade, a unidade de volume sonoro é o bel (B), e o decibel é um submúltiplo (1 dB = 0,1 B), mas o decibel é muito mais usado na prática que o bel. (N.T.)

A taxa *média* com a qual a energia cinética é transportada é

$$\left(\frac{dK}{dt}\right)_{\text{méd}} = \tfrac{1}{2}\rho A v \omega^2 s_m^2[\text{sen}^2(kx - \omega t)]_{\text{méd}}$$

$$= \tfrac{1}{4}\rho A v \omega^2 s_m^2. \qquad (17.4.8)$$

Para obter essa equação, usamos o fato de que o valor médio do quadrado de uma função seno (ou cosseno) para uma oscilação completa é 1/2.

Supomos que a energia *potencial* é transportada pela onda à mesma taxa média. A intensidade I da onda, que é a taxa média por unidade de área com a qual a energia nas duas formas é transmitida pela onda, é, portanto, de acordo com a Eq. 17.4.8,

$$I = \frac{2(dK/dt)_{\text{méd}}}{A} = \tfrac{1}{2}\rho v \omega^2 s_m^2,$$

que é a Eq. 17.4.2, a equação que queríamos demonstrar.

Exemplo 17.4.1 Led Zeppelin

Durante um concerto ao ar livre da banda Led Zeppelin, realizado em 1969 (Fig. 17.4.2), a maior amplitude s_m do deslocamento das ondas sonoras durante a execução da música "Heartbreaker" foi 70,0 μm, o que equivale à espessura de uma folha de papel. Quais foram os maiores valores da amplitude da pressão e da intensidade? Suponha que a massa específica do ar no local era 1,21 kg/m³, a velocidade do som era 343 m/s e os dados foram colhidos perto dos alto-falantes, para uma frequência de 1.000 Hz.

Chris Walter/WireImage/Getty Images

Figura 17.4.2 A banda Led Zeppelin.

IDEIA-CHAVE

A amplitude s_m do deslocamento de uma onda sonora está relacionada à amplitude Δp_m da pressão pela Eq. 17.2.3.

Cálculos: Substituindo os símbolos da Eq. 17.2.3 pelos valores dados, temos:

$$\Delta p_m = v\rho\omega s_m = v\rho(2\pi f)s_m$$

$$= (343\ \text{m/s})(1{,}21\ \text{kg/m}^3)(2\pi)(1.000\ \text{Hz})(70\times 10^{-6}\,\text{m})$$

$$= 182{,}53\ \text{Pa} \approx 183\ \text{Pa}. \qquad \text{(Resposta)}$$

A pressão máxima que ouvido humano é capaz de tolerar sem sofrer danos é cerca de 28 Pa. A conclusão é que os espectadores, mesmo os mais fanáticos, não deviam se aproximar do palco sem usar protetores de ouvidos, caso contrário correriam o risco de ficar surdos. De acordo com a Eq. 17.4.2, a intensidade máxima foi

$$I = \tfrac{1}{2}v\rho(2\pi f)^2 s_m^2$$

$$= \tfrac{1}{2}(343)(1{,}21)\,(2\pi)^2(1.000)^2(70{,}0\times 10^{-6})^2$$

$$= 40{,}1\ \text{W/m}^2. \qquad \text{(Resposta)}$$

17.5 FONTES DE SONS MUSICAIS

Objetivos do Aprendizado

Depois de ler este módulo, você será capaz de ...

17.5.1 Usando os mesmos padrões de ondas estacionárias de ondas em cordas, desenhar os padrões de ondas estacionárias dos primeiros harmônicos acústicos de um tubo com uma extremidade aberta e de um tubo com as duas extremidades abertas.

17.5.2 Conhecer a relação entre a distância entre os nós e o comprimento de onda de uma onda sonora estacionária.

17.5.3 Saber que tipo de tubo possui harmônicos pares.

17.5.4 Para um dado harmônico e para um tubo com uma extremidade aberta ou com as duas extremidades abertas, conhecer a relação entre o comprimento L do tubo, a velocidade do som v, o comprimento de onda λ, a frequência do harmônico f e o número do harmônico n.

Ideias-Chave

- Ondas estacionárias podem ser criadas em um tubo (ou seja, ressonâncias podem ser criadas) se uma onda sonora com um comprimento de onda apropriado for introduzida no tubo.
- As frequências de ressonância de um tubo aberto nas duas extremidades são dadas por

$$f = \frac{v}{\lambda} = \frac{nv}{2L}, \qquad n = 1, 2, 3, \ldots,$$

em que v é a velocidade do som do ar no interior do tubo.

- As frequências de ressonância de um tubo aberto em uma das extremidades são dadas por

$$f = \frac{v}{\lambda} = \frac{nv}{4L}, \qquad n = 1, 3, 5, \ldots$$

Fontes de Sons Musicais 17.2 e 17.3

Os sons musicais podem ser produzidos pelas oscilações de cordas (violão, piano, violino), membranas (tímpano, tambor), colunas de ar (flauta, oboé, tubos de órgão e o didjeridu da Fig. 17.5.1), blocos de madeira ou barras de aço (marimba, xilofone) e muitos outros corpos. Na maioria dos instrumentos, as oscilações envolvem mais de uma peça. CVF

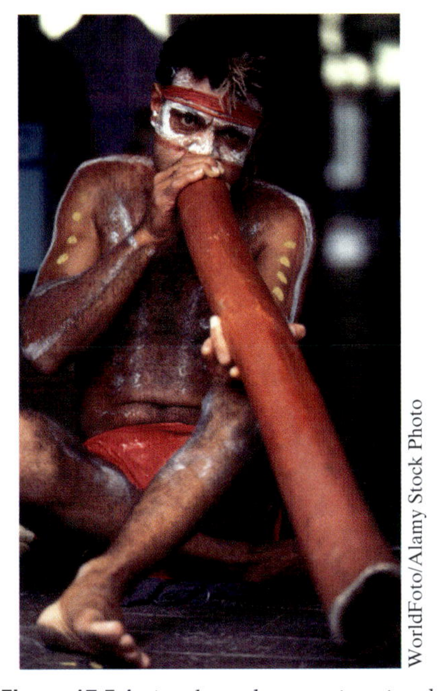

Figura 17.5.1 A coluna de ar no interior de um didjeridu (um "tubo") oscila quando o instrumento é tocado.

Como vimos no Capítulo 16, é possível produzir ondas estacionárias em uma corda mantida fixa nas duas extremidades porque as ondas que se propagam na corda são refletidas em cada extremidade. Para certos valores do comprimento de onda, a combinação das ondas que se propagam em sentidos opostos produz uma onda estacionária (ou modo de oscilação). Os comprimentos de onda para os quais isso acontece correspondem às *frequências de ressonância* da corda. A vantagem de produzir ondas estacionárias é que, nessas condições, a corda oscila com grande amplitude, movimentando periodicamente o ar ao redor e produzindo assim uma onda sonora audível com a mesma frequência que as oscilações da corda. Essa forma de produzir o som é de óbvia importância para, digamos, um guitarrista.

Ondas Sonoras. Podemos usar um método semelhante para produzir ondas sonoras estacionárias em um tubo cheio de ar. As ondas que se propagam no interior de um tubo são refletidas nas extremidades do tubo. (A reflexão ocorre, mesmo que uma das extremidades esteja aberta, embora, nesse caso, a reflexão não seja tão completa.) Para certos comprimentos de onda das ondas sonoras, a superposição das ondas que se propagam no tubo em sentidos opostos produz uma onda estacionária. Os comprimentos de onda para os quais isso acontece correspondem às *frequências de ressonância* do tubo. A vantagem de produzir ondas estacionárias é que, nessas condições, o ar no interior do tubo oscila com grande amplitude, movimentando periodicamente o ar ao redor e produzindo assim uma onda sonora audível com a mesma frequência que as oscilações do ar no tubo. Essa forma de produzir o som é de óbvia importância para, digamos, um organista.

Muitos outros aspectos das ondas sonoras estacionárias são semelhantes aos das ondas em cordas: A extremidade fechada de um tubo é como a extremidade fixa de uma corda, pois deve existir um nó (deslocamento nulo) no local; a extremidade aberta de um tubo é como a extremidade de uma corda presa a um anel que se move livremente, como na Fig. 16.7.3*b*, pois deve existir um antinó (deslocamento máximo) no local. (Na verdade, o antinó associado à extremidade aberta de um tubo está localizado a uma pequena distância do lado de fora da extremidade, mas isso é irrelevante para nossa discussão.)

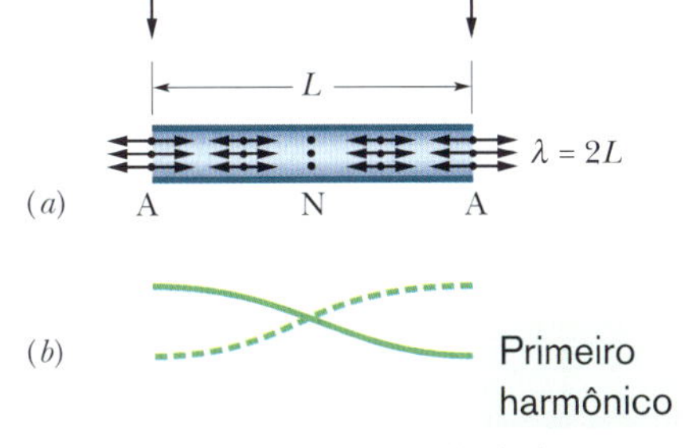

Figura 17.5.2 (*a*) O padrão de deslocamento mais simples para uma onda sonora (longitudinal) estacionária em um tubo com as duas extremidades abertas possui um antinó (A) em cada extremidade e um nó (N) no ponto médio do tubo. (Os deslocamentos longitudinais, representados pelas setas duplas, estão muito exagerados.) (*b*) O padrão correspondente para uma onda transversal em uma corda.

Duas Extremidades Abertas. A Fig. 17.5.2*a* mostra a onda estacionária mais simples que pode ser produzida em um tubo com as duas extremidades abertas. Há um antinó em cada extremidade e um nó no ponto médio do tubo. Um modo mais simples de representar uma onda sonora longitudinal estacionária é mostrado na Fig. 17.5.2*b*, na qual a onda sonora foi desenhada como se fosse uma onda em uma corda (no caso da onda sonora, a coordenada perpendicular à direção de propagação da onda representa uma variação de pressão, e não um deslocamento no espaço).

A onda estacionária da Fig. 17.5.2*a* é chamada *modo fundamental* ou *primeiro harmônico*. Para produzi-la, as ondas sonoras em um tubo de comprimento L devem ter um comprimento de onda tal que $\lambda = 2L$. A Fig. 17.5.3*a* mostra outras ondas sonoras estacionárias que podem ser produzidas em um tubo com as duas extremidades

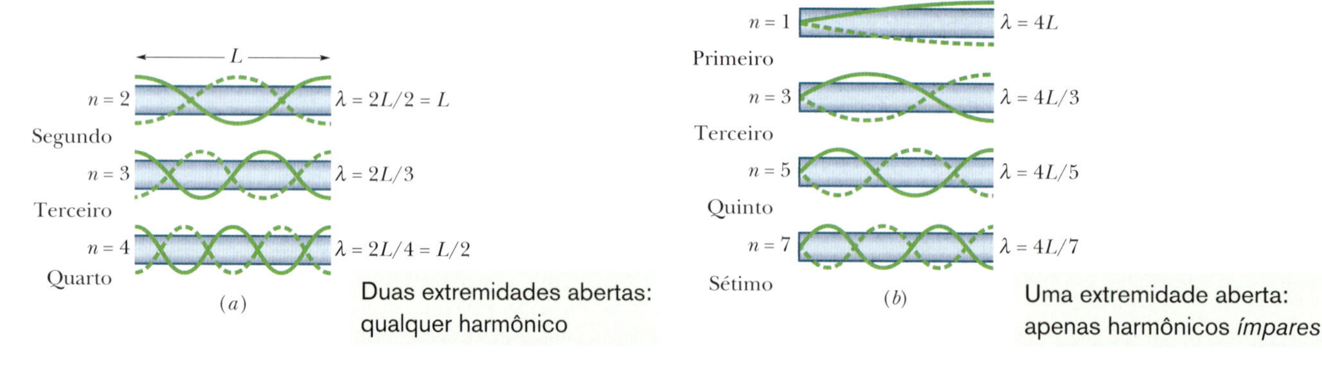

Figura 17.5.3 Ondas estacionárias em tubos, representadas por curvas de pressão em função da posição. (*a*) Com as *duas* extremidades do tubo abertas, qualquer harmônico pode ser produzido no tubo. (*b*) Com *uma* extremidade aberta, apenas os harmônicos ímpares podem ser produzidos. **17.5 e 17.6**

abertas (usando a representação da Fig. 17.5.2*b*). No caso do *segundo harmônico*, o comprimento das ondas sonoras é $\lambda = L$, no caso do *terceiro harmônico* é $\lambda = 2L/3$, e assim por diante.

No caso geral, as frequências de ressonância de um tubo de comprimento L com as duas extremidades abertas correspondem a comprimentos de onda dados por

$$\lambda = \frac{2L}{n}, \quad \text{para } n = 1, 2, 3, \ldots, \tag{17.5.1}$$

em que n é o *número do harmônico*. Chamando de v a velocidade do som, podemos escrever as frequências de ressonância de um tubo aberto nas duas extremidades como

$$f = \frac{v}{\lambda} = \frac{nv}{2L}, \quad \text{para } n = 1, 2, 3, \ldots \text{ (tubo, duas extremidades abertas)}. \tag{17.5.2}$$

Uma Extremidade Aberta. A Fig. 17.5.3*b* mostra algumas ondas sonoras estacionárias que podem ser produzidas em um tubo aberto apenas em uma das extremidades. Nesse caso, há um antinó na extremidade aberta e um nó na extremidade fechada. O modo mais simples é aquele no qual $\lambda = 4L$. No segundo modo mais simples, $\lambda = 4L/3$, e assim por diante.

No caso geral, as frequências de ressonância de um tubo de comprimento L com uma extremidade aberta e a outra fechada correspondem a comprimentos de onda dados por

$$\lambda = \frac{4L}{n}, \quad \text{para } n = 1, 3, 5, \ldots, \tag{17.5.3}$$

em que o número do harmônico n é um número ímpar. As frequências de ressonância são dadas por

$$f = \frac{v}{\lambda} = \frac{nv}{4L}, \quad \text{para } n = 1, 3, 5, \ldots \text{ (tubo, uma extremidade aberta)}. \tag{17.5.4}$$

Observe que apenas os harmônicos ímpares podem existir em um tubo aberto em uma das extremidades. O segundo harmônico, com $n = 2$, por exemplo, não pode ser produzido. Note também que, em tubos desse tipo, uma expressão como "terceiro harmônico" ainda se refere ao modo cujo número harmônico é 3 e não ao terceiro harmônico possível. Finalmente, observe que as Eqs. 17.5.1 e 17.5.2, que se aplicam a tubos abertos nas duas extremidades, contêm o número 2 e qualquer valor inteiro de n, enquanto as Eqs. 17.5.3 e 17.5.4, que se aplicam a tubos abertos em uma das extremidades, contêm o número 4 e apenas valores ímpares de n.

Comprimento. O comprimento de um instrumento musical está ligado à faixa de frequências em que o instrumento foi projetado para cobrir; comprimentos menores estão associados a frequências mais altas, como pode ser visto na Eq. 16.7.9, no caso dos instrumentos de corda, e nas Eqs. 17.5.2 e 17.5.4, no caso dos instrumentos de sopro. A Fig. 17.5.4, por exemplo, mostra as famílias do saxofone e do violino, com

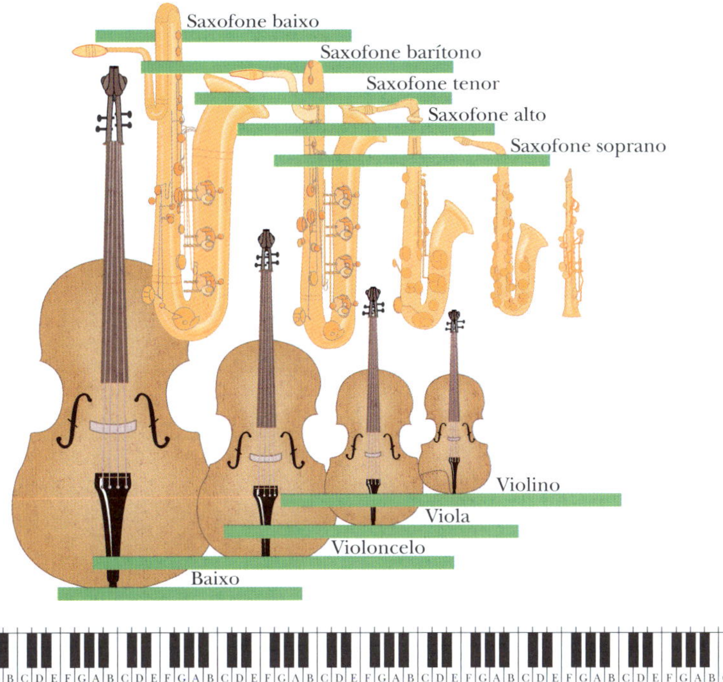

Figura 17.5.4 Famílias do saxofone e do violino, mostrando a relação entre o comprimento do instrumento e a faixa de frequências. A faixa de frequências de cada instrumento é indicada por uma barra horizontal em uma escala de frequências definida pelo teclado de piano na parte inferior da figura; as frequências aumentam da esquerda para a direita.

as faixas de frequências definidas pelo teclado de um piano. Observe que, para cada instrumento, existe uma superposição com os instrumentos vizinhos, projetados para frequências mais altas e para frequências mais baixas.

Onda Resultante. Os sistemas oscilatórios dos instrumentos musicais, como a corda de um violino e o ar de um tubo de órgão, geram, além do modo fundamental, certo número de harmônicos superiores. Todos esses modos são ouvidos simultaneamente, superpostos para formar uma onda resultante. Quando diferentes instrumentos tocam a mesma nota, eles produzem a mesma frequência fundamental, mas os harmônicos superiores têm intensidades diferentes. Assim, por exemplo, o quarto harmônico do dó médio pode ser forte em um instrumento e fraco, ou mesmo ausente, em outro instrumento. É por isso que os instrumentos produzem sons diferentes, mesmo quando tocam a mesma nota. Esse é o caso das duas ondas resultantes mostradas na Fig. 17.5.5, que foram produzidas por diferentes instrumentos tocando a mesma nota musical.

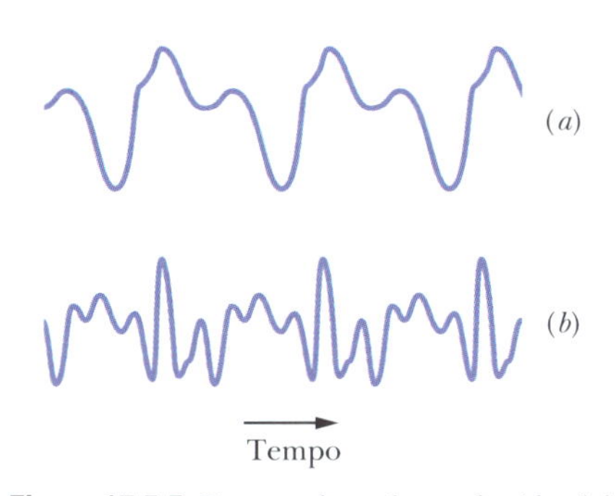

Figura 17.5.5 Formas de onda produzidas (*a*) por uma flauta e (*b*) por um oboé quando uma nota com a mesma frequência fundamental é tocada nos dois instrumentos.

Teste 17.5.1

O tubo A, de comprimento L, e o tubo B, de comprimento $2L$, têm as duas extremidades abertas. Que harmônico do tubo B possui a mesma frequência que o modo fundamental do tubo A?

Exemplo 17.5.1 Ressonância em tubos de diferentes comprimentos

O tubo A é aberto nas duas extremidades e tem um comprimento $L_A = 0{,}343$ m. Queremos colocá-lo nas proximidades de três outros tubos nos quais existem ondas estacionárias para que o som produza uma onda estacionária no tubo A. Os três tubos são fechados em uma extremidade e têm comprimentos $L_B = 0{,}500L_A$, $L_C = 0{,}250L_A$ e $L_D = 2{,}00L_A$. Para cada um dos tubos, qual é a ordem do harmônico capaz de excitar um harmônico no tubo A?

IDEIAS-CHAVE

(1) O som de um tubo só pode produzir uma onda estacionária em outro tubo se os dois tubos tiverem um harmônico em comum. (2) As frequências dos harmônicos de um tubo aberto nas extremidades (tubo simétrico) são dadas pela Eq. 17.5.2: $f = nv/2L$, em que $n = 1, 2, 3, ...$, ou seja, qualquer número inteiro positivo. (3) As frequências dos harmônicos de um tubo aberto em apenas uma extremidade (tubo assimétrico) são dadas pela Eq. 17.5.4: $f = nv/4L$, em que $n = 1, 3, 5, ...$, ou seja, qualquer número inteiro positivo ímpar.

Tubo A: Vamos calcular primeiro as frequências de ressonância do tubo simétrico A. De acordo com a Eq. 17.5.2, temos:

$$f_A = \frac{n_A v}{2L_A} = \frac{n_A(343 \text{ m/s})}{2(0{,}343 \text{ m})}$$
$$= n_A(500 \text{ Hz}) = n_A(0{,}50 \text{ kHz}), \quad \text{para } n_A = 1, 2, 3, ...$$

Os primeiros seis harmônicos aparecem na linha de cima da Fig. 17.5.6.

Tubo B: Em seguida, vamos calcular as frequências de ressonância do tubo assimétrico B. De acordo com a Eq. 17.5.4, temos (tomando o cuidado de usar apenas números ímpares):

$$f_B = \frac{n_B v}{4L_B} = \frac{n_B v}{4(0{,}500L_A)} = \frac{n_B(343 \text{ m/s})}{2(0{,}343 \text{ m})}$$
$$= n_B(500 \text{ Hz}) = n_B(0{,}500 \text{ kHz}), \quad \text{para } n_B = 1, 3, 5, ...$$

Comparando os dois resultados, constatamos que a todos os valores de n_B corresponde um valor de n_A:

$$f_A = f_B \quad \text{para } n_A = 2n_B \quad \text{e } n_B = 1, 3, 5, ... \qquad \text{(Resposta)}$$

Assim, por exemplo, como mostra a Fig. 17.5.6, se produzirmos o quinto harmônico no tubo B e aproximarmos o tubo B do tubo A, o quinto harmônico do tubo A será excitado. Por outro lado, nenhum harmônico do tubo B pode excitar um harmônico par no tubo A.

Tubo C: No caso do tubo C, a Eq. 17.5.4 nos dá

$$f_C = \frac{n_C v}{4L_C} = \frac{n_C v}{4(0{,}250L_A)} = \frac{n_C(343 \text{ m/s})}{0{,}343 \text{ m/s}}$$
$$= n_C\,(1.000 \text{ Hz}) = n_C\,(1{,}00 \text{ kHz}), \quad \text{para } n_C = 1, 3, 5, ...$$

Assim, os harmônicos do tubo C podem excitar apenas os harmônicos do tubo A que correspondem ao dobro de um número ímpar.

$$f_A = f_C \quad \text{para } n_A = 2n_C \quad \text{e } n_C = 1, 3, 5, ... \qquad \text{(Resposta)}$$

Tubo D: Finalmente, no caso do tubo D, a Eq. 17.5.4 nos dá

$$f_D = \frac{n_D v}{4L_D} = \frac{n_D v}{4(2L_A)} = \frac{n_D(343 \text{ m/s})}{8(0{,}343 \text{ m/s})}$$
$$= n_D(125 \text{ Hz}) = n_D(0{,}125 \text{ kHz}), \quad \text{para } n_D = 1, 3, 5, ...$$

Como mostra a Fig. 17.5.6, nenhum harmônico do tubo D pode excitar um harmônico do tubo A. (Haveria coincidências para $n_D = 4n_A, 8n_A, ...$, mas elas não existem porque n_D deve ser um número ímpar, e números como $4n_A, 8n_A, ...$ são necessariamente pares.)

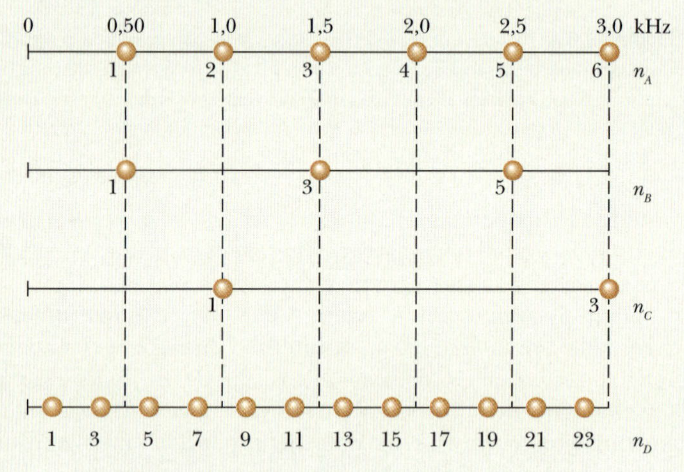

Figura 17.5.6 Alguns harmônicos de quatro tubos.

17.6 BATIMENTOS

Objetivos do Aprendizado

Depois de ler este módulo, você será capaz de ...

17.6.1 Saber como são produzidos batimentos.

17.6.2 Somar as equações do deslocamento de duas ondas sonoras de mesma amplitude e frequências muito próximas iguais para obter a equação de deslocamento da onda resultante e identificar a amplitude variável com o tempo.

17.6.3 Conhecer a relação entre a frequência de batimento e as frequências de duas ondas sonoras de mesma amplitude e frequências muito próximas.

Ideia-Chave

- Os batimentos acontecem quando duas frequências muito próximas, f_1 e f_2, se combinam. A frequência de batimento é dada por

$$f_{bat} = f_1 - f_2.$$

Batimentos 17.7 17.4

Quando escutamos, com uma diferença de alguns minutos, dois sons cujas frequências são muito próximas, como 552 e 564 Hz, temos dificuldade para distingui-los.

Quando os dois sons chegam aos nossos ouvidos simultaneamente, ouvimos um som cuja frequência é 558 Hz, a *média* das duas frequências, mas percebemos também uma grande variação da intensidade do som, que aumenta e diminui alternadamente, produzindo um **batimento** que se repete com uma frequência de 12 Hz, a *diferença* entre as duas frequências originais. A Fig. 17.6.1 ilustra esse fenômeno.

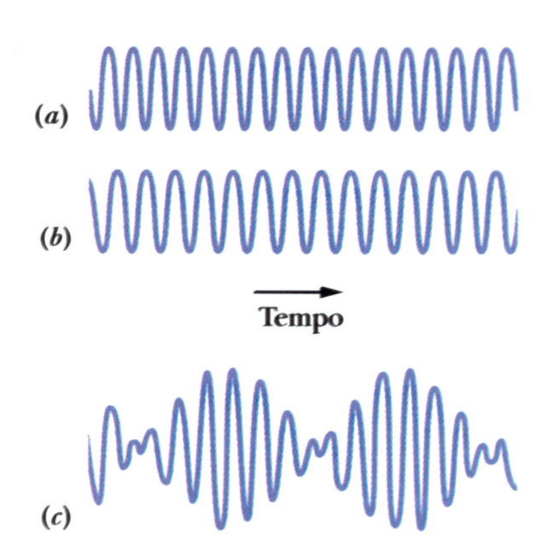

Figura 17.6.1 (*a*, *b*) Variações de pressão Δp de duas ondas sonoras quando são detectadas separadamente. As frequências das ondas são muito próximas. (*c*) A variação de pressão quando as duas ondas são detectadas simultaneamente.

Suponha que as variações de pressão produzidas por duas ondas sonoras de mesma amplitude s_m em certo ponto sejam

$$s_1 = s_m \cos \omega_1 t \quad \text{e} \quad s_2 = s_m \cos \omega_2 t, \tag{17.6.1}$$

em que $\omega_1 > \omega_2$. De acordo com o princípio de superposição, a variação de pressão total é dada por

$$s = s_1 + s_2 = s_m(\cos \omega_1 t + \cos \omega_2 t).$$

Usando a identidade trigonométrica (ver Apêndice E)

$$\cos \alpha + \cos \beta = 2 \cos[\tfrac{1}{2}(\alpha - \beta)] \cos[\tfrac{1}{2}(\alpha + \beta)]$$

podemos escrever a variação de pressão total na forma

$$s = 2s_m \cos[\tfrac{1}{2}(\omega_1 - \omega_2)t] \cos[\tfrac{1}{2}(\omega_1 + \omega_2)t]. \tag{17.6.2}$$

Definindo

$$\omega' = \tfrac{1}{2}(\omega_1 - \omega_2) \qquad \text{e} \qquad \omega = \tfrac{1}{2}(\omega_1 + \omega_2), \tag{17.6.3}$$

podemos escrever a Eq. 17.6.2 na forma

$$s(t) = [2s_m \cos \omega' t] \cos \omega t. \tag{17.6.4}$$

Vamos supor que as frequências angulares ω_1 e ω_2 das ondas que se combinam são quase iguais, o que significa que $\omega \gg \omega'$ na Eq. 17.6.3. Nesse caso, podemos considerar a Eq. 17.6.4 como uma função cosseno cuja frequência angular é ω e cuja amplitude (que não é constante, mas varia com uma frequência angular ω') é o valor absoluto do fator entre colchetes.

A amplitude é máxima quando $\cos \omega' t$ na Eq. 17.6.4 é igual a 1 ou -1, o que acontece duas vezes em cada repetição da função cosseno. Como $\cos \omega' t$ tem uma frequência angular ω', a frequência angular ω_{bat} do batimento é $\omega_{bat} = 2\omega'$. Assim, com a ajuda da Eq. 17.6.3, podemos escrever

$$\omega_{bat} = 2\omega' = (2)(\tfrac{1}{2})(\omega_1 - \omega_2) = \omega_1 - \omega_2.$$

Como $\omega = 2\pi f$, essa equação também pode ser escrita na forma

$$f_{bat} = f_1 - f_2 \quad \text{(frequência de batimento)}. \tag{17.6.5}$$

Os músicos usam o fenômeno do batimento para afinar seus instrumentos. O som de um instrumento é comparado com uma frequência-padrão (como, por exemplo, uma nota chamada "lá de concerto" tocada pelo primeiro oboé) e ajustado até que o batimento desapareça. Em Viena, o lá de concerto (440 Hz) é fornecido por telefone aos muitos músicos residentes na cidade.

Teste 17.6.1

São dados três pares de frequências sonoras. (a) Coloque os pares na ordem das frequências de batimento, começando pela maior. (b) Coloque os pares na ordem da frequência do som que seria ouvido, começando pela maior.

Par A: 486 Hz e 490 Hz
Par B: 501 Hz e 504 Hz
Par C: 760 Hz e 762 Hz

Exemplo 17.6.1 Uso das frequências de batimento pelos pinguins

Quando um pinguim imperador volta para casa depois de sair à procura de alimento, como ele consegue encontrar o companheiro ou companheira no meio de milhares de pinguins reunidos para se proteger do rigoroso inverno da Antártica? Não é pela visão, já que todos os pinguins são muito parecidos, mesmo para outros pinguins.

A resposta está no modo como os pinguins emitem sons. A maioria dos pássaros emite sons usando apenas um dos dois lados do órgão vocal, chamado *siringe*. Os pinguins imperadores, porém, emitem sons usando simultaneamente os dois lados da siringe. Cada lado produz ondas acústicas estacionárias na garganta e na boca do pássaro, como em um tubo com as duas extremidades abertas. Suponha que a frequência do primeiro harmônico produzido pelo lado A da siringe é $f_{A1} = 432$ Hz e que a frequência do primeiro harmônico produzido pela extremidade B é $f_{B1} = 371$ Hz. Qual é a frequência de batimento entre as duas frequências do primeiro harmônico e entre as duas frequências do segundo harmônico? CVF

IDEIA-CHAVE

De acordo com a Eq. 17.6.5 ($f_{bat} = f_1 - f_2$), a frequência de batimento de duas frequências é a diferença entre as frequências.

Cálculos: Para as duas frequências do primeiro harmônico f_{A1} e f_{B1}, a frequência de batimento é

$$f_{bat,1} = f_{A1} - f_{B1} = 432 \text{ Hz} - 371 \text{ Hz} = 61 \text{ Hz}. \quad \text{(Resposta)}$$

Como as ondas estacionárias produzidas pelo pinguim correspondem a um tubo com as duas extremidades abertas, as frequências de ressonância são dadas pela Eq. 17.5.2 ($f = nv/2L$), em que L é o comprimento (desconhecido) do tubo. A frequência do primeiro harmônico é $f_1 = v/2L$ e a frequência do segundo harmônico é $f_2 = 2v/2L$. Comparando as duas frequências, vemos que, seja qual for o valor de L,

$$f_2 = 2f_1.$$

Para o pinguim, o segundo harmônico do lado A tem uma frequência $f_{A2} = 2f_{A1}$ e o segundo harmônico do lado B tem uma frequência $f_{B2} = 2f_{B1}$. Usando a Eq. 17.6.5 com as frequências f_{A2} e f_{B2}, descobrimos que a frequência de batimento correspondente é

$$\begin{aligned} f_{bat,2} &= f_{A2} - f_{B2} = 2f_{A1} - 2f_{B1} \\ &= 2(432 \text{ Hz}) - 2(371 \text{ Hz}) \\ &= 122 \text{ Hz}. \quad \text{(Resposta)} \end{aligned}$$

Os experimentos mostram que os pinguins conseguem perceber essas frequências de batimento relativamente elevadas (os seres humanos não conseguem perceber frequências de batimento maiores que cerca de 12 Hz). Assim, o chamado de um pinguim possui uma variedade de harmônicos e frequências de batimento que permite que sua voz seja identificada, mesmo entre as vozes de milhares de outros pinguins.

17.7 EFEITO DOPPLER

Objetivos do Aprendizado

Depois de ler este módulo, você será capaz de ...

17.7.1 Saber que o efeito Doppler é uma mudança da frequência detectada em relação à frequência emitida por uma fonte por causa do movimento relativo entre a fonte e o detector.

17.7.2 Saber que, no caso das ondas sonoras, as velocidades da fonte e do detector devem ser medidas em relação ao meio, que pode estar em movimento.

17.7.3 Calcular a variação da frequência do som (a) se a fonte está se aproximando ou se afastando de um detector estacionário, (b) se o detector está se aproximando ou se afastando de uma fonte estacionária e (c) se a fonte e o detector estão em movimento.

17.7.4 Saber que a frequência detectada é *maior* quando a fonte e o detector estão se *aproximando* e é *menor* quando a fonte e o detector estão se *afastando*.

Ideias-Chave

- O efeito Doppler é uma mudança da frequência detectada em relação à frequência emitida por uma fonte por causa do movimento relativo entre a fonte e o detector. No caso de uma onda sonora, a frequência detectada f' é dada por

$$f' = f\frac{v \pm v_D}{v \pm v_F} \quad \text{(equação geral do efeito Doppler)},$$

em que f é a frequência da fonte, v é velocidade do som no meio, v_D é a velocidade do detector em relação ao meio e v_F é a velocidade da fonte em relação ao meio.

- Os sinais são escolhidos de tal forma que f' é *maior* que f se a fonte e o detector estão se *aproximando* e f' é *menor* que f se a fonte e o detector estão se *afastando*.

Efeito Doppler

Um carro de polícia está parado no acostamento de uma rodovia, com a sirene de 1.000 Hz ligada. Se você também estiver parado no acostamento, ouvirá o som da sirene com a mesma frequência. Porém, se houver um movimento relativo entre você e o carro de polícia, você ouvirá uma frequência diferente. Se você estiver se *aproximando* do carro de polícia a 120 km/h, por exemplo, ouvirá uma frequência mais alta (1.096 Hz, um *aumento* de 96 Hz). Se estiver se *afastando* do carro de polícia à mesma velocidade, você ouvirá uma frequência mais baixa (904 Hz, uma *diminuição* de 96 Hz). CVF

Essas variações de frequência relacionadas ao movimento são exemplos do **efeito Doppler**. Esse efeito foi proposto (embora não tenha sido perfeitamente analisado) em 1842 pelo físico austríaco Johann Christian Doppler. Foi estudado experimentalmente em 1845 por Buys Ballot, na Holanda, "usando uma locomotiva que puxava um vagão aberto com vários trompetistas".

O efeito Doppler é observado não só para ondas sonoras, mas também para ondas eletromagnéticas, como as micro-ondas, as ondas de rádio e a luz visível. No momento, porém, vamos considerar apenas o caso das ondas sonoras e tomar como referencial o ar no qual as ondas se propagam. Isso significa que a velocidade da fonte F e do detector D das ondas sonoras será medida *em relação ao ar*. (A não ser que seja dito o contrário, vamos supor que o ar está em repouso em relação ao solo, de modo que as velocidades também podem ser medidas em relação ao solo.) Vamos supor que F e D se aproximam ou se afastam em linha reta, com velocidades menores que a velocidade do som.

Equação Geral. Se o detector ou a fonte está se movendo, ou ambos estão se movendo, a frequência emitida f e a frequência detectada f' estão relacionadas pela equação

$$f' = f\frac{v \pm v_D}{v \pm v_F} \quad \text{(equação geral do efeito Doppler)}, \qquad (17.7.1)$$

em que v é a velocidade do som no ar, v_D é a velocidade do detector em relação ao ar e v_F é a velocidade da fonte em relação ao ar. A escolha do sinal positivo ou negativo é dada pela seguinte regra:

Quando o movimento do detector ou da fonte é no sentido de aproximá-los, o sinal da velocidade correspondente deve resultar em um aumento da frequência. Quando o movimento do detector ou da fonte é no sentido de afastá-los, o sinal da velocidade correspondente deve resultar em uma diminuição da frequência.

Para resumir, *aproximação* significa *aumento de frequência*; *afastamento* significa *diminuição de frequência*.

Aqui está uma descrição detalhada da aplicação da regra. Se o detector estiver se movendo em direção à fonte, use o sinal positivo no numerador da Eq. 17.7.1 para obter um aumento da frequência. Se o detector estiver se afastando da fonte, use o sinal negativo no numerador para obter uma diminuição da frequência. Se o detector estiver parado, faça $v_D = 0$. Se a fonte estiver se movendo em direção ao detector, use o sinal negativo no denominador da Eq. 17.7.1 para obter um aumento da frequência. Se a fonte estiver se afastando, use o sinal positivo no denominador para obter uma diminuição da frequência. Se a fonte estiver parada, faça $v_F = 0$.

Antes de demonstrar a Eq. 17.7.1 para o caso geral, vamos demonstrar as equações do efeito Doppler para as duas situações particulares apresentadas a seguir.

1. Quando o detector está se movendo em relação ao ar e a fonte está parada em relação ao ar, o movimento altera a frequência com a qual o detector intercepta as frentes de onda e, portanto, a frequência da onda sonora detectada.
2. Quando a fonte está se movendo em relação ao ar e o detector está parado em relação ao ar, o movimento altera o comprimento de onda da onda sonora e, portanto, a frequência detectada (lembre-se de que a frequência está relacionada com o comprimento de onda).

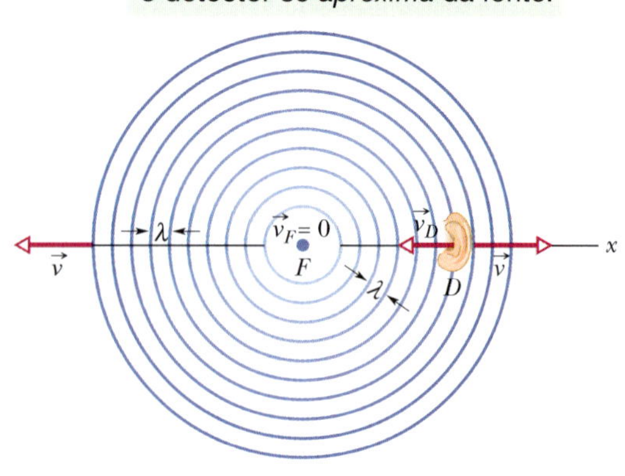

Figura 17.7.1 Uma fonte sonora estacionária F emite frentes de onda esféricas, mostradas com uma separação de um comprimento de onda, e que se expandem radialmente com velocidade v. Um detector D, representado por uma orelha, se move com velocidade $\vec{v}_D$ em direção à fonte. O detector mede uma frequência maior por causa do movimento.

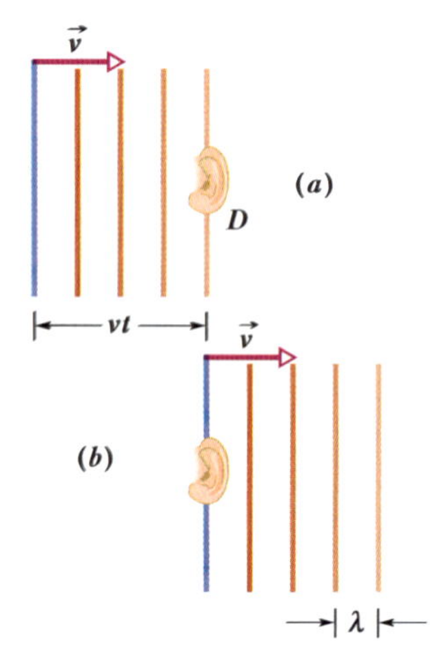

Figura 17.7.2 As frentes de onda da Fig. 17.7.1, supostas planas, (*a*) alcançam e (*b*) passam por um detector estacionário D; elas percorrem uma distância vt para a direita no intervalo de tempo t.

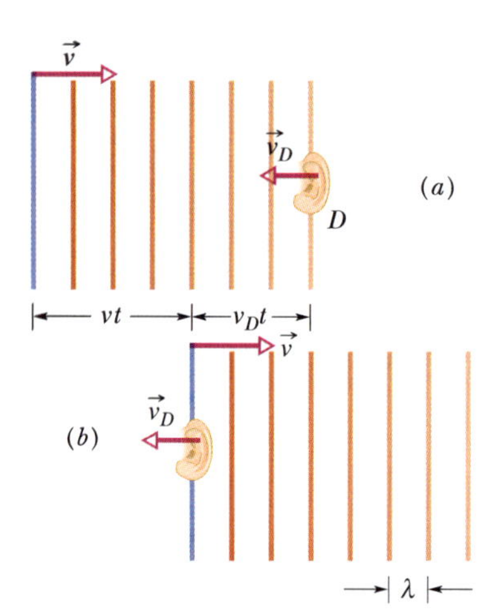

Figura 17.7.3 Frentes de onda que se deslocam para a direita (*a*) alcançam e (*b*) passam pelo detector D, que se move no sentido oposto. No intervalo de tempo t, as frentes de onda percorrem uma distância vt para a direita, e D percorre uma distância v_Dt para a esquerda.

Detector em Movimento, Fonte Parada 17.8

Na Fig. 17.7.1, um detector D (representado por uma orelha) está se movendo com velocidade v_D em direção a uma fonte estacionária F cujas ondas esféricas, de comprimento de onda λ e frequência f, se propagam com a velocidade v do som no ar. As frentes de onda estão desenhadas com uma separação de um comprimento de onda. A frequência detectada pelo detector D é a taxa com a qual D intercepta as frentes de onda (ou comprimentos de onda individuais). Se D estivesse parado, a taxa seria f, mas como D está se movendo em direção às frentes de onda, a taxa de interceptação é maior e, portanto, a frequência detectada f' é maior do que f.

Vamos considerar primeiro a situação na qual D está parado (Fig. 17.7.2). No intervalo de tempo t, as frentes de onda percorrem uma distância vt para a direita. O número de comprimentos de onda nessa distância vt é o número de comprimentos de onda interceptados por D no intervalo t; esse número é vt/λ. A taxa com a qual D intercepta comprimentos de onda, que é a frequência f detectada por D, é

$$f = \frac{vt/\lambda}{t} = \frac{v}{\lambda}. \tag{17.7.2}$$

Nessa situação, com D parado, não existe efeito Doppler: a frequência detectada pelo detector D é a frequência emitida pela fonte F.

Vamos considerar agora a situação na qual D se move no sentido oposto ao do movimento das frentes de onda (Fig. 17.7.3). No intervalo de tempo t, as frentes de onda percorrem uma distância vt para a direita, como antes, mas agora D percorre uma distância v_Dt para a esquerda. Assim, nesse intervalo t, a distância percorrida pelas frentes de onda em relação a D é $vt + v_Dt$. O número de frentes de onda nessa distância relativa $vt + v_Dt$ é o número de comprimentos de onda interceptados por D no intervalo t e é dado por $(vt + v_Dt)/\lambda$. A *taxa* com a qual D intercepta comprimentos de onda nessa situação é a frequência f', dada por

$$f' = \frac{(vt + v_Dt)/\lambda}{t} = \frac{v + v_D}{\lambda}. \tag{17.7.3}$$

De acordo com a Eq. 17.7.2, $\lambda = v/f$. Assim, a Eq. 17.7.3 pode ser escrita na forma

$$f' = \frac{v + v_D}{v/f} = f\frac{v + v_D}{v}. \tag{17.7.4}$$

Observe que na Eq. 17.7.4, $f' > f$, a menos que $v_D = 0$ (ou seja, a menos que o detector esteja parado).

Podemos usar um raciocínio semelhante para calcular a frequência detectada por D quando D está se afastando da fonte. Nesse caso, as frentes de onda se movem uma distância $vt - v_Dt$ em relação a D no intervalo t, e f' é dada por

$$f' = f\frac{v - v_D}{v}. \tag{17.7.5}$$

Na Eq. 17.7.5, $f' < f$, a menos que $v_D = 0$. Podemos combinar as Eqs. 17.7.4 e 17.7.5 e escrever

$$f' = f\frac{v \pm v_D}{v} \quad \text{(detector em movimento, fonte parada).} \tag{17.7.6}$$

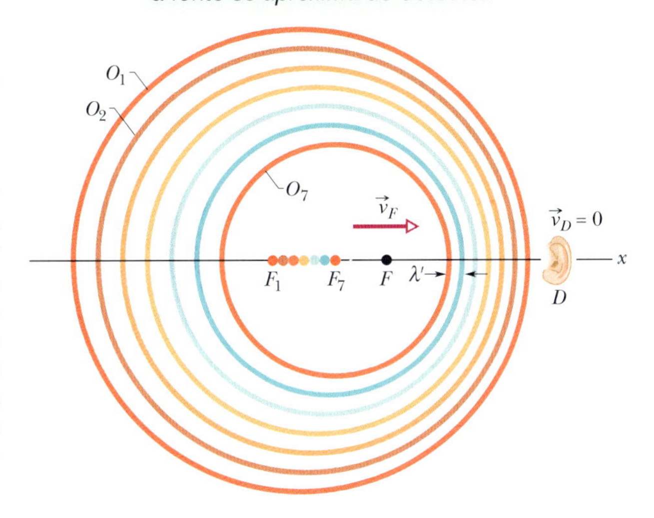

Figura 17.7.4 Um detector D está parado, e uma fonte F se move em direção ao detector com velocidade v_F. A frente de onda O_1 foi emitida quando a fonte estava em F_1, e a frente de onda O_7 foi emitida quando a fonte estava em F_7. No instante representado, a fonte está em F. O detector percebe uma frequência maior porque a fonte em movimento, perseguindo suas próprias frentes de onda, emite uma onda com um comprimento de onda reduzido λ' na direção do movimento.

Fonte em Movimento, Detector Parado 17.9 17.5

Suponha que o detector D está parado em relação ao ar, e a fonte F está se movendo em direção a D com velocidade v_F (Fig. 17.7.4). O movimento de F altera o comprimento de onda das ondas sonoras que a fonte emite e, portanto, a frequência detectada por D.

Para compreendermos por que isso acontece, vamos chamar de $T\,(= 1/f)$ o intervalo de tempo entre a emissão de duas frentes de onda sucessivas, O_1 e O_2. Durante o intervalo T, a frente de onda O_1 percorre uma distância vT, e a fonte percorre uma distância v_FT. No fim do intervalo T, a frente de onda O_2 é emitida. No lado para onde F está se movendo, a distância entre O_1 e O_2, que é o comprimento de onda λ' das ondas que se propagam nessa direção, é $vT - v_FT$. Se D detecta essas ondas, detecta uma frequência f' dada por

$$f' = \frac{v}{\lambda'} = \frac{v}{vT - v_FT} = \frac{v}{v/f - v_F/f}$$

$$= f\frac{v}{v - v_F}. \tag{17.7.7}$$

Na Eq. 17.7.7, $f' > f$, a menos que $v_F = 0$.

No lado oposto, o comprimento de onda λ' das ondas é $vT + v_FT$. Se D detecta essas ondas, detecta uma frequência f' dada por

$$f' = f\frac{v}{v + v_F}. \tag{17.7.8}$$

Na Eq. 17.7.8, $f' < f$, a menos que $v_F = 0$.

Podemos combinar as Eqs. 17.7.7 e 17.7.8 e escrever

$$f' = f\frac{v}{v \pm v_F} \quad \text{(fonte em movimento, detector parado).} \tag{17.7.9}$$

Equação Geral do Efeito Doppler

Podemos agora escrever a equação geral do efeito Doppler substituindo f na Eq. 17.7.9 (a frequência da fonte) por f' da Eq. 17.7.6 (a frequência associada ao movimento do detector). O resultado é a Eq. 17.7.1, a equação geral do efeito Doppler. A equação geral pode ser usada não só quando o detector e a fonte estão se movendo, mas também nas duas situações particulares que acabamos de discutir. Na situação em que o detector está se movendo e a fonte está parada, fazendo $v_F = 0$ na Eq. 17.7.1, obtemos a Eq. 17.7.6, já demonstrada. Na situação em que a fonte está se movendo e o detector está parado, fazendo $v_D = 0$ na Eq. 17.7.1, obtemos a Eq. 17.7.9, já demonstrada. Assim, basta conhecer a Eq. 17.7.1.

Teste 17.7.1

A figura mostra o sentido do movimento de uma fonte sonora e de um detector no ar estacionário, em seis situações diferentes. Em cada situação, a frequência detectada é maior que a frequência emitida, menor que a frequência emitida, ou não é possível dar uma resposta sem conhecer as velocidades envolvidas?

	Fonte	Detector		Fonte	Detector
(*a*)	→	• Velocidade 0	(*d*)	←	←
(*b*)	←	• Velocidade 0	(*e*)	→	←
(*c*)	→	→	(*f*)	←	→

Exemplo 17.7.1 Efeito Doppler e os sons emitidos pelos morcegos

Os morcegos se orientam e localizam suas presas emitindo e detectando ondas ultrassônicas, que são ondas sonoras com frequências tão altas que não podem ser percebidas pelos ouvidos humanos. Suponha que um morcego emite ultrassons com uma frequência $f_{mor,e}$ = 82,52 kHz enquanto está voando a uma velocidade $\vec{v}_{mor}$ = (9,00 m/s) $\hat{\text{i}}$ em perseguição a uma mariposa que voa a uma velocidade $\vec{v}_{mar}$ = (8,00 m/s)$\hat{\text{i}}$. Qual é a frequência $f_{mar,d}$ detectada pela mariposa? Qual é a frequência $f_{mor,d}$ detectada pelo morcego ao receber o eco da mariposa? CVF

IDEIAS-CHAVE

A frequência é alterada pelo movimento relativo do morcego e da mariposa. Como os dois estão se movendo no mesmo eixo, a variação de frequência é dada pela equação geral do efeito Doppler, Eq. 17.7.1 Um movimento de *aproximação* faz a frequência *aumentar*, e um movimento de *afastamento* faz a frequência *diminuir*.

Detecção pela mariposa: A equação geral do efeito Doppler é

$$f' = f\frac{v \pm v_D}{v \pm v_F}. \qquad (17.7.10)$$

em que a frequência detectada f' na qual estamos interessados é a frequência $f_{mar,d}$ detectada pela mariposa. Do lado direito da equação, a frequência emitida f é a frequência de emissão do morcego, $f_{mor,e}$ = 82,52 kHz, a velocidade do som é v = 343 m/s, a velocidade v_D do detector é a velocidade da mariposa, v_{mar} = 8,00 m/s, e a velocidade v_F da fonte é a velocidade do morcego, v_{mor} = 9,00 m/s.

Essas substituições na Eq. 17.7.10 são fáceis de fazer, mas é preciso tomar cuidado na escolha dos sinais. Uma boa estratégia é pensar em termos de *aproximação* e *afastamento*. Considere, por exemplo, a velocidade da mariposa (o detector) no numerador da Eq. 17.7.10. A mariposa está se *afastando* do morcego, o que tende a diminuir a frequência detectada. Como a velocidade está no numerador, escolhemos o sinal negativo para respeitar a tendência (o numerador fica menor). Os passos desse raciocínio estão indicados na Tabela 17.7.1.

A velocidade do morcego aparece no denominador da Eq. 17.7.10. O morcego está se *aproximando* da mariposa, o que tende a aumentar a frequência detectada. Como a velocidade está no denominador, escolhemos o sinal negativo para respeitar essa tendência (o denominador fica menor).

Com essas substituições e escolhas, temos

$$f_{mar,d} = f_{mor,e}\frac{v - v_{mar}}{v - v_{mor}}$$
$$= (82{,}52\ \text{kHz})\frac{343\ \text{m/s} - 8{,}00\ \text{m/s}}{343\ \text{m/s} - 9{,}00\ \text{m/s}}$$
$$= 82{,}767\ \text{kHz} \approx 82{,}8\ \text{kHz}. \qquad \text{(Resposta)}$$

Detecção do eco pelo morcego: Quando o morcego recebe o eco, a mariposa se comporta como fonte sonora, emitindo sons com a frequência $f_{mar,d}$ que acabamos de calcular. Assim, agora a mariposa é a fonte (que está se *afastando* do detector), e o morcego é o detector (que está se *aproximando* da fonte). Os passos desse raciocínio estão indicados na Tabela 17.7.1. Para calcular a frequência $f_{mor,d}$ detectada pelo morcego, usamos a Eq. 17.7.10

$$f_{mor,d} = f_{mar,d}\frac{v + v_{mor}}{v + v_{mar}}$$
$$= (82{,}767\ \text{kHz})\frac{343\ \text{m/s} + 9{,}00\ \text{m/s}}{343\ \text{m/s} + 8{,}00\ \text{m/s}}$$
$$= 83{,}00\ \text{kHz} \approx 83{,}0\ \text{kHz}. \qquad \text{(Resposta)}$$

Algumas mariposas se defendem emitindo estalidos ultrassônicos que interferem no sistema de detecção dos morcegos.

Tabela 17.7.1

Do Morcego para a Mariposa		Eco da Mariposa para o Morcego	
Detector	Fonte	Detector	Fonte
mariposa	morcego	morcego	mariposa
velocidade $v_D = v_{mar}$	velocidade $v_F = v_{mor}$	velocidade $v_D = v_{mor}$	velocidade $v_F = v_{mar}$
afastamento	aproximação	aproximação	afastamento
diminui	aumenta	aumenta	diminui
numerador	denominador	numerador	denominador
negativo	negativo	positivo	positivo

17.8 VELOCIDADES SUPERSÔNICAS E ONDAS DE CHOQUE

Objetivos do Aprendizado

Depois de ler este módulo, você será capaz de ...

17.8.1 Desenhar a concentração das frentes de onda produzidas por uma fonte sonora que se move a uma velocidade igual ou maior que a velocidade do som.

17.8.2 Calcular o número de Mach de uma fonte sonora que se move a uma velocidade maior que a velocidade do som.

17.8.3 Conhecer a relação entre o ângulo do cone de Mach, a velocidade do som e a velocidade de uma fonte que se move a uma velocidade maior que a velocidade do som.

Ideia-Chave

- Se a velocidade de uma fonte sonora em relação ao meio em que está se movendo é maior que a velocidade do som no meio, a equação de Doppler não pode ser usada. Além disso, surgem ondas de choque na superfície do chamado cone de Mach, cujo semiângulo é dado por

$$\operatorname{sen}\theta = \frac{v}{v_F} \quad \text{(ângulo de cone de Mach).}$$

Velocidades Supersônicas e Ondas de Choque

De acordo com as Eqs. 17.7.1 e 17.7.9, se uma fonte está se movendo em direção a um detector estacionário a uma velocidade igual à velocidade do som, ou seja, se $v_F = v$, a frequência detectada f' é infinita. Isso significa que a fonte está se movendo tão depressa que acompanha suas próprias frentes de onda, como mostra a Fig. 17.8.1*a*. O que acontece se a velocidade da fonte é *maior* que a velocidade do som? Nessas velocidades *supersônicas*, as Eqs. 17.7.1 e 17.7.9 não são mais válidas. A Fig. 17.8.1*b* mostra as frentes de onda produzidas em várias posições da fonte. O raio de qualquer frente de onda dessa figura é vt, em que v é a velocidade do som e t é o tempo transcorrido depois que a fonte emitiu a frente de onda. Observe que as frentes de onda se combinam em uma envoltória em forma de V no desenho bidimensional da Fig. 17.8.1*b*. As frentes de onda na verdade se propagam em três dimensões e se combinam em uma envoltória em forma de cone conhecida como *cone de Mach*. Dizemos que existe uma *onda de choque* na superfície desse cone porque a superposição das frentes de onda causa uma elevação e uma queda abrupta da pressão do ar quando a superfície passa por um ponto qualquer. De acordo com a Fig. 17.8.1*b*, o semiângulo θ do cone, chamado ângulo do cone de Mach, é dado por

$$\operatorname{sen}\theta = \frac{vt}{v_F t} = \frac{v}{v_F} \quad \text{(ângulo de cone de Mach).} \tag{17.8.1}$$

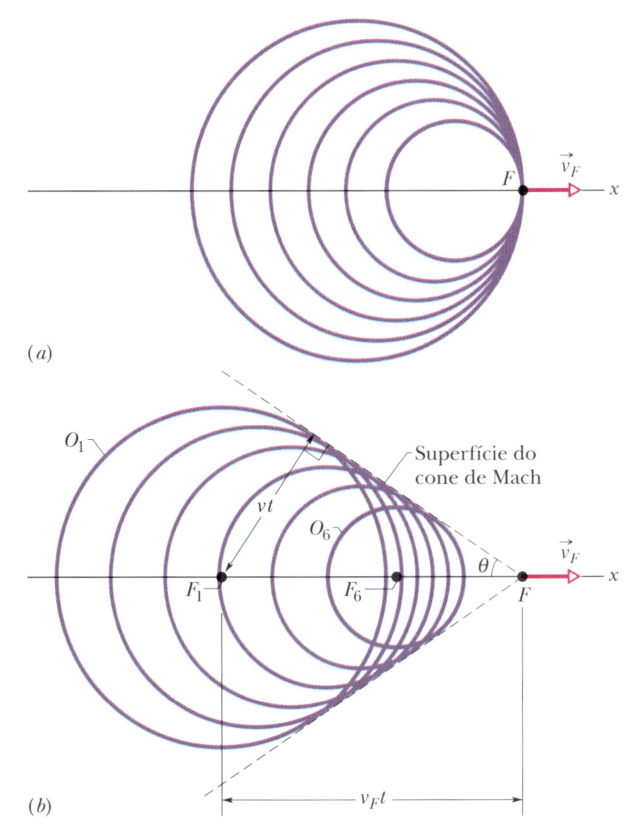

Figura 17.8.1 (*a*) Uma fonte sonora F se move a uma velocidade v_F igual à velocidade do som e, portanto, à mesma velocidade que as frentes de onda que ela produz. (*b*) Uma fonte F se move a uma velocidade v_F maior que a velocidade do som e, portanto, mais depressa que as frentes de onda que ela produz. Quando estava na posição F_1, a fonte produziu a frente de onda O_1; quando estava na posição F_6, produziu a frente de onda O_6. Todas as frentes de ondas esféricas se expandem à velocidade do som v e se superpõem na superfície de um cone conhecido como cone de Mach, formando uma onda de choque. A superfície do cone apresenta um semiângulo θ e é tangente a todas as frentes de onda.

Cortesia da Marinha dos Estados Unidos; foto do guarda-marinha John Gay

Figura 17.8.2 Ondas de choque produzidas pelas asas de um jato F/A-18 da Marinha dos Estados Unidos. As ondas de choque são visíveis porque a redução brusca da pressão do ar fez com que moléculas de vapor d'água se condensassem, formando uma nuvem.

A razão v_F/v é chamada *número de Mach*. Quando você ouve dizer que um avião voou a Mach 2,3, isso significa que a velocidade do avião era 2,3 vezes maior que a velocidade do som no ar que o avião estava atravessando. A onda de choque gerada por um avião ou projétil supersônico (Fig. 17.8.2) produz um som semelhante ao som de uma explosão, conhecido como *estrondo sônico*, no qual a pressão do ar aumenta bruscamente e depois diminui para valores menores que o normal antes de voltar ao normal. Parte do som associado ao disparo de um rifle se deve ao estrondo sônico produzido pela bala. Um estrondo sônico também pode ser produzido agitando rapidamente um chicote comprido. Perto do fim do movimento, a ponta está se movendo mais depressa que o som e produz um pequeno estrondo sônico: o *estalo* do chicote. CVF

Teste 17.8.1

A velocidade do som varia com a altitude. Se um avião supersônico sobe para uma altitude em que a velocidade do som é menor, o ângulo do cone de Mach aumenta ou diminui?

Revisão e Resumo

Ondas Sonoras Ondas sonoras são ondas mecânicas longitudinais que podem se propagar em sólidos, líquidos e gases. A velocidade v de uma onda sonora em um meio de **módulo de elasticidade volumétrico** B e massa específica ρ é

$$v = \sqrt{\frac{B}{\rho}} \quad \text{(velocidade do som)}. \tag{17.1.3}$$

No ar a 20°C, a velocidade do som é 343 m/s.

Uma onda sonora provoca um deslocamento longitudinal s de um elemento de massa em um meio que é dado por

$$s = s_m \cos(kx - \omega t), \tag{17.2.1}$$

em que s_m é a **amplitude do deslocamento** (deslocamento máximo) em relação ao equilíbrio, $k = 2\pi/\lambda$ e $\omega = 2\pi f$, em que λ e f são, respectivamente, o comprimento de onda e a frequência da onda sonora. A onda sonora também provoca uma variação Δp da pressão do meio em relação à pressão de equilíbrio:

$$\Delta p = \Delta p_m \operatorname{sen}(kx - \omega t), \tag{17.2.2}$$

em que a **amplitude da pressão** é dada por

$$\Delta p_m = (v\rho)s_m. \tag{17.2.3}$$

Interferência A interferência de duas ondas sonoras de mesmo comprimento de onda que passam pelo mesmo ponto depende da diferença de fase ϕ entre as ondas nesse ponto. Se as ondas sonoras foram emitidas em fase e se propagam aproximadamente na mesma direção, ϕ é dada por

$$\phi = \frac{\Delta L}{\lambda} 2\pi, \tag{17.3.3}$$

em que ΔL é a **diferença de percurso** (diferença entre as distâncias percorridas pelas ondas para chegar ao ponto comum). A interferência construtiva acontece quando ϕ é um múltiplo inteiro de 2π,

$$\phi = m(2\pi), \quad \text{para } m = 0, 1, 2, \ldots, \tag{17.3.4}$$

ou seja, quando a razão entre ΔL e o comprimento de onda λ é dada por

$$\frac{\Delta L}{\lambda} = 0, 1, 2, \ldots \tag{17.3.5}$$

A interferência destrutiva acontece quando ϕ é um múltiplo ímpar de π,

$$\phi = (2m + 1)\pi, \quad \text{para } m = 0, 1, 2, \ldots, \tag{17.3.6}$$

ou seja, quando a razão entre ΔL e o comprimento de onda λ é dada por

$$\frac{\Delta L}{\lambda} = 0{,}5,\ 1{,}5,\ 2{,}5, \ldots \tag{17.3.7}$$

Intensidade Sonora A **intensidade** I de uma onda sonora em uma superfície é a taxa média por unidade de área com a qual a energia contida na onda atravessa a superfície ou é absorvida pela superfície:

$$I = \frac{P}{A}, \tag{17.4.1}$$

em que P é a taxa de transferência de energia (ou seja, a potência) da onda sonora e A é a área da superfície que intercepta o som. A intensidade I está relacionada à amplitude s_m do deslocamento da onda sonora pela equação

$$I = \tfrac{1}{2}\rho v \omega^2 s_m^2. \tag{17.4.2}$$

A intensidade a uma distância r de uma fonte pontual que emite ondas sonoras de potência P_s é

$$I = \frac{P_s}{4\pi r^2}. \tag{17.4.3}$$

Nível Sonoro em Decibéis O *nível sonoro* β em *decibéis* (dB) é definido como

$$\beta = (10\text{ dB}) \log \frac{I}{I_0}, \tag{17.4.4}$$

em que I_0 ($= 10^{-12}$ W/m^2) é um nível de intensidade de referência com o qual todas as intensidades são comparadas. Para cada aumento de um fator de 10 na intensidade, 10 dB são somados ao nível sonoro.

Ondas Estacionárias em Tubos Ondas sonoras estacionárias podem ser produzidas em tubos. No caso de um tubo aberto nas duas extremidades, as frequências de ressonância são dadas por

$$f = \frac{v}{\lambda} = \frac{nv}{2L}, \quad n = 1, 2, 3, \ldots, \tag{17.5.2}$$

em que v é a velocidade do som no ar do interior do tubo. No caso de um tubo fechado em uma das extremidades e aberto na outra, as frequências de ressonância são dadas por

$$f = \frac{v}{\lambda} = \frac{nv}{4L}, \quad n = 1, 3, 5, \ldots, \tag{17.5.4}$$

Batimentos Os *batimentos* acontecem quando duas ondas de frequências ligeiramente diferentes, f_1 e f_2, são detectadas simultaneamente. A frequência de batimento é dada por

$$f_{bat} = f_1 - f_2. \tag{17.6.5}$$

Efeito Doppler O *efeito Doppler* é a mudança da frequência observada de uma onda quando a fonte ou o detector está se movendo em relação ao meio no qual a onda está se propagando (como, por exemplo, o ar). No caso do som, a frequência observada f' está relacionada à frequência f da fonte pela equação

$$f' = f\frac{v \pm v_D}{v \pm v_F} \quad \text{(equação geral do efeito Doppler)}, \qquad (17.7.1)$$

em que v_D é a velocidade do detector em relação ao meio, v_F é a velocidade da fonte e v é a velocidade do som no meio. Os sinais são escolhidos para que f' seja *maior que* f para os movimentos de *aproximação* e *menor que* f para os movimentos de *afastamento*.

Ondas de Choque Se a velocidade de uma fonte em relação ao meio é maior que a velocidade do som no meio, a equação para o efeito Doppler deixa de ser válida. Nesse caso, surgem ondas de choque. O semiângulo θ do cone de Mach é dado por

$$\operatorname{sen}\theta = \frac{v}{v_F} \quad \text{(ângulo do cone de Mach)}. \qquad (17.8.1)$$

Perguntas

1 Em um primeiro experimento, uma onda sonora senoidal é produzida em um tubo longo de ar, transportando energia a uma taxa média $P_{méd,1}$. Em um segundo experimento, duas ondas sonoras iguais à primeira são produzidas simultaneamente no tubo com uma diferença de fase ϕ de 0, 0,2 ou 0,5 comprimento de onda. (a) Sem fazer cálculos no papel, ordene esses valores de ϕ de acordo com a taxa média com a qual as ondas transportam energia, em ordem decrescente. (b) Qual é a taxa média, em termos de $P_{méd,1}$, para o primeiro valor de ϕ?

2 Na Fig. 17.1, duas fontes pontuais S_1 e S_2, que estão em fase, emitem ondas sonoras iguais, de comprimento de onda 2,0 m. Em termos de comprimentos de onda, qual é a diferença de fase entre as ondas que chegam ao ponto P se (a) L_1 = 38 m e L_2 = 34 m, (b) L_1 = 39 m e L_2 = 36 m? (c) Supondo que a distância entre as fontes é muito menor que L_1 e L_2, que tipo de interferência ocorre no ponto P nas situações (a) e (b)?

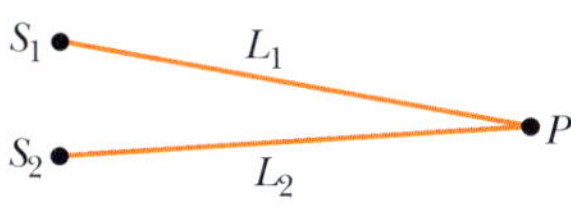

Figura 17.1 Pergunta 2.

3 Na Fig. 17.2, três tubos longos (A, B e C) estão cheios de gases submetidos a pressões diferentes. A razão entre o módulo de elasticidade volumétrico e a massa específica está indicada para cada gás em termos de um valor de referência B_0/ρ_0. Cada tubo possui um êmbolo na extremidade esquerda que pode produzir um pulso no tubo (como na Fig. 16.1.2). Os três pulsos são produzidos simultaneamente. Ordene os tubos de acordo com o tempo de chegada dos pulsos na extremidade direita aberta dos tubos, em ordem crescente.

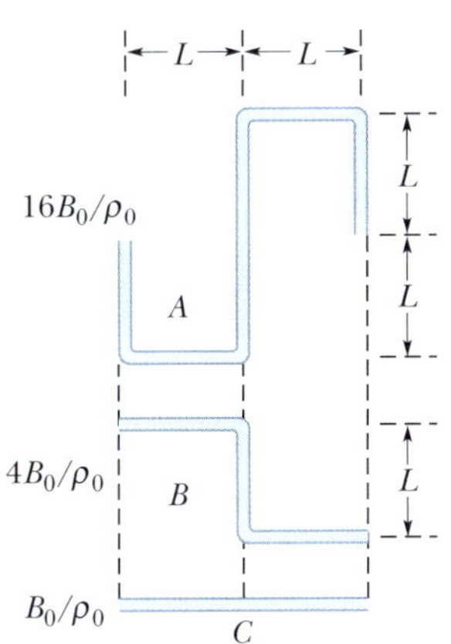

Figura 17.2 Pergunta 3.

4 O sexto harmônico é gerado em um tubo. (a) Quantas extremidades abertas o tubo possui (o tubo deve possuir pelo menos uma)? (b) No ponto médio do tubo existe um nó, um antinó, ou um estado intermediário?

5 Na Fig. 17.3, o tubo A é colocado para oscilar no terceiro harmônico por uma pequena fonte sonora interna. O som emitido na extremidade direita faz ressoar quatro tubos próximos, cada um com apenas uma extremidade aberta (os tubos *não estão* desenhados em escala). O tubo B oscila no modo fundamental, o tubo C no segundo harmônico, o tubo D no terceiro harmônico e o tubo E no quarto harmônico. Sem executar cálculos, ordene os cinco tubos de acordo com o comprimento, em ordem decrescente. (*Sugestão*: Desenhe as ondas estacionárias em escala e, em seguida, desenhe os tubos em escala.)

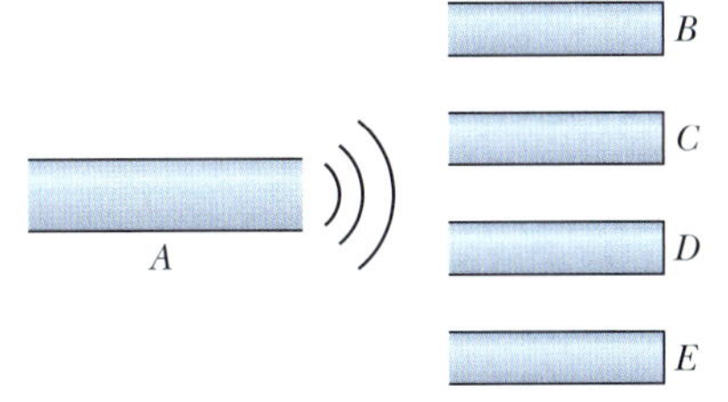

Figura 17.3 Pergunta 5.

6 O tubo A tem comprimento L e uma extremidade aberta. O tubo B tem comprimento $2L$ e as duas extremidades abertas. Quais harmônicos do tubo B têm frequências iguais às frequências de ressonância do tubo A?

7 A Fig. 17.4 mostra uma fonte S em movimento, que emite sons com certa frequência, e quatro detectores de som estacionários. Ordene os detectores de acordo com a frequência do som que detectam, da maior para a menor.

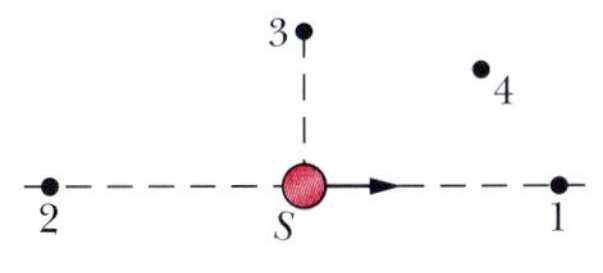

Figura 17.4 Pergunta 7.

8 Uma pessoa fica na borda de três carrosséis, um de cada vez, segurando uma fonte que emite isotropicamente sons de certa frequência. A frequência que outra pessoa ouve a certa distância dos carrosséis varia com o tempo por causa da rotação dos carrosséis. A variação da frequência para os três carrosséis está plotada em função do tempo da Fig. 17.5. Ordene as curvas de acordo (a) com a velocidade linear v da fonte sonora, (b) com a velocidade angular ω do carrossel e (c) com o raio r do carrossel, em ordem decrescente.

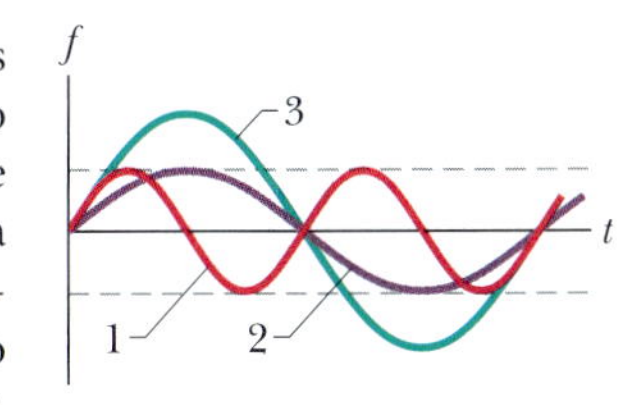

Figura 17.5 Pergunta 8.

9 Quatro das seis frequências dos harmônicos abaixo de 1.000 Hz de certo tubo são 300, 600, 750 e 900 Hz. Quais são as duas frequências que estão faltando na lista?

10 A Fig. 17.6 mostra uma corda esticada, de comprimento L, e tubos a, b, c e d, de comprimentos L, $2L$, $L/2$ e $L/2$, respectivamente. A tração da corda é ajustada até que a velocidade das ondas na corda seja igual à velocidade do som no ar; em seguida, o modo fundamental de oscilação é produzido na corda. Em que tubo o som gerado pela corda produz ressonância e qual é o modo de oscilação correspondente?

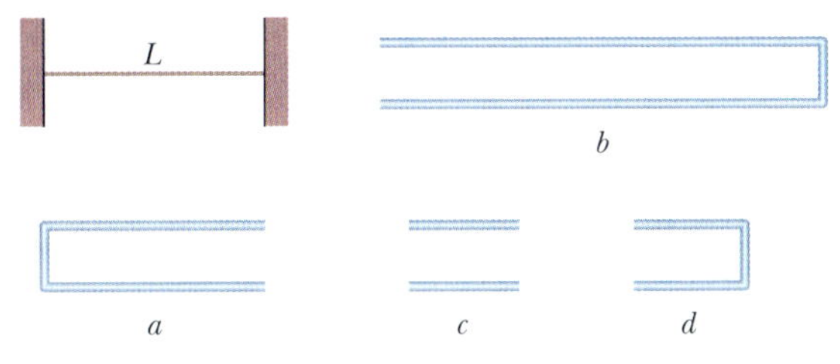

Figura 17.6 Pergunta 10.

11 Em um conjunto de quatro diapasões, o diapasão que produz a menor frequência oscila a 500 Hz. Excitando dois diapasões de cada vez, é possível produzir as seguintes frequências de batimento: 1, 2, 3, 5, 7 e 8 Hz. Quais são as frequências dos outros três diapasões? (Existem duas respostas possíveis.)

Problemas

F Fácil **M** Médio **D** Difícil
CVF Informações adicionais disponíveis no e-book *O Circo Voador da Física*, de Jearl Walker, LTC Editora, Rio de Janeiro, 2008.
CALC Requer o uso de derivadas e/ou integrais
BIO Aplicação biomédica

Use os seguintes valores nos problemas, a menos que sejam fornecidos outros:

velocidade do som no ar: 343 m/s

e massa específica do ar: 1,21 kg/m^3.

Módulo 17.1 Velocidade do Som

1 **F** Dois espectadores de uma partida de futebol veem e depois ouvem uma bola ser chutada no campo. O tempo de retardo para o espectador A é 0,23 s e para o espectador B é 0,12 s. As linhas de visada dos dois espectadores até o jogador que chutou a bola fazem um ângulo de 90°. A que distância do jogador está (a) o espectador A e (b) o espectador B? (c) Qual é a distância entre os dois espectadores?

2 **F** Qual é o modulo de elasticidade volumétrico do oxigênio, se 32 g de oxigênio ocupam 22,4 L e a velocidade do som no oxigênio é 317 m/s?

3 **F** **CVF** Quando a porta da Capela do Mausoléu, em Hamilton, Escócia, é fechada, o último eco ouvido por uma pessoa que está atrás da porta, no interior da capela, ocorre 15 s depois. (a) Se esse eco se devesse a uma única reflexão em uma parede em frente à porta, a que distância da porta estaria essa parede? (b) Como a parede, na verdade, está a 25,7 m de distância, a quantas reflexões (para a frente e para trás) corresponde o último eco?

4 **F** Uma coluna de soldados, marchando a 120 passos por minuto, segue o ritmo da batida de um tambor que é tocado na frente da coluna. Observa-se que os últimos soldados da coluna estão levantando o pé esquerdo quando os primeiros soldados estão levantando o pé direito. Qual é o comprimento aproximado da coluna?

5 **M** Os terremotos geram ondas sonoras no interior da Terra. Ao contrário de um gás, a Terra pode transmitir tanto ondas transversais (S) como ondas longitudinais (P). A velocidade das ondas S é da ordem de 4,5 km/s e a velocidade das ondas P é da ordem de 8,0 km/s. Um sismógrafo registra as ondas P e S de um terremoto. As primeiras ondas P chegam 3,0 minutos antes das primeiras ondas S. Se as ondas se propagaram em linha reta, a que distância ocorreu o terremoto?

6 **M** Um homem bate com um martelo na ponta de uma barra delgada. A velocidade do som na barra é 15 vezes maior que a velocidade do som no ar. Uma mulher na outra extremidade, com o ouvido próximo da barra, escuta o som da pancada duas vezes, com um intervalo de 0,12 s; um som vem da barra e outro vem do ar em torno da barra. Se a velocidade do som no ar é de 343 m/s, qual é o comprimento da barra?

7 **M** Uma pedra é deixada cair em um poço. O som produzido pela pedra ao se chocar com a água é ouvido 3,00 s depois. Qual é a profundidade do poço?

8 **M** **CALC** **CVF** *Efeito chocolate quente.* Bata com uma colher na parte interna de uma xícara com água quente e preste atenção na frequência f_i do som. Acrescente uma colher de sopa de chocolate em pó ou café solúvel e repita o experimento enquanto mexe o líquido. A princípio, a nova frequência, f_s, é menor, porque pequenas bolhas de ar liberadas pelo pó diminuem o valor do módulo de elasticidade volumétrico da água. Quando as bolhas chegam à superfície da água e desaparecem, a frequência volta ao valor original. Enquanto o efeito dura, as bolhas não modificam apreciavelmente a massa específica nem o volume do líquido; elas limitam-se a alterar o valor de dV/dp, ou seja, a taxa de variação do volume do líquido causada pela variação de pressão associada às ondas sonoras. Se $f_s/f_i = 0{,}333$, qual é o valor da razão $(dV/dp)_s/(dV/dp)_i$?

Módulo 17.2 Ondas Sonoras Progressivas

9 **F** Se a forma de uma onda sonora que se propaga no ar é

$$s(x, t) = (6{,}0\text{ nm})\cos(kx + (3.000\text{ rad/s})t + \phi),$$

quanto tempo uma molécula de ar no caminho da onda leva para se mover entre os deslocamentos $s = +2{,}0$ nm e $s = -2{,}0$ nm?

10 **F** **BIO** **CVF** *Ilusão causada pela água.* Uma das informações usadas pelo cérebro humano para determinar a localização de uma fonte sonora é a diferença Δt entre o instante em que um som é detectado pelo ouvido mais próximo da fonte e o instante em que é detectado pelo outro ouvido. Suponha que a fonte está suficientemente distante para que as frentes de onda sejam praticamente planas, e seja L a distância entre os ouvidos. (a) Se a direção da fonte faz um ângulo θ com a direção da reta que passa pelos dois ouvidos (Fig. 17.7), qual é o valor de Δt em termos de L e da velocidade v do som no ar? (b) Se uma pessoa está debaixo d'água e a fonte está exatamente à direita, qual é o valor de Δt em termos de L e da velocidade v_a do som na água? (c) Com base na diferença Δt, o cérebro calcula erroneamente que a direção da fonte faz um ângulo θ com a direção da reta que passa pelos dois ouvidos. Determine o valor de θ para água doce a 20°C.

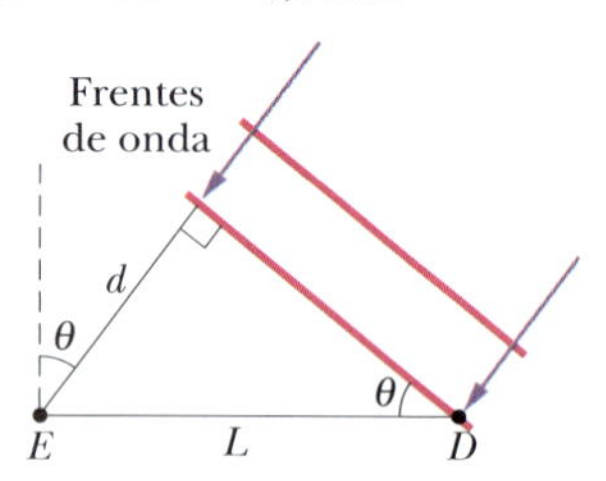

Figura 17.7 Problema 10.

11 **F** **BIO** Um aparelho de ultrassom, com uma frequência de 4,50 MHz, é usado para examinar tumores em tecidos moles. (a) Qual é o comprimento de onda no ar das ondas sonoras produzidas pelo aparelho? (b) Se a velocidade do som no corpo do paciente é 1.500 m/s, qual é o comprimento de onda das ondas produzidas pelo aparelho no corpo do paciente?

12 **F** A pressão de uma onda sonora progressiva é dada pela equação

$$\Delta p = (1{,}50\text{ Pa})\,\text{sen}\,\pi[(0{,}900\text{ m}^{-1})x - (315\text{ s}^{-1})t].$$

Determine (a) a amplitude, (b) a frequência, (c) o comprimento de onda e (d) a velocidade da onda.

13 **M** Uma onda sonora da forma $s = s_m\cos(kx - \omega t + \phi)$ se propaga a 343 m/s no ar em um tubo horizontal longo. Em um dado instante, a molécula A do ar, situada no ponto $x = 2{,}000$ m, está com o deslocamento máximo positivo de 6,00 nm, e a molécula B, situada em $x = 2{,}070$ m, está com um deslocamento positivo de 2,00 nm. Todas as moléculas entre A e B estão com deslocamentos intermediários. Qual é a frequência da onda?

14 **M** A Fig. 17.8 mostra a leitura de um monitor de pressão montado em um ponto da trajetória de uma onda sonora

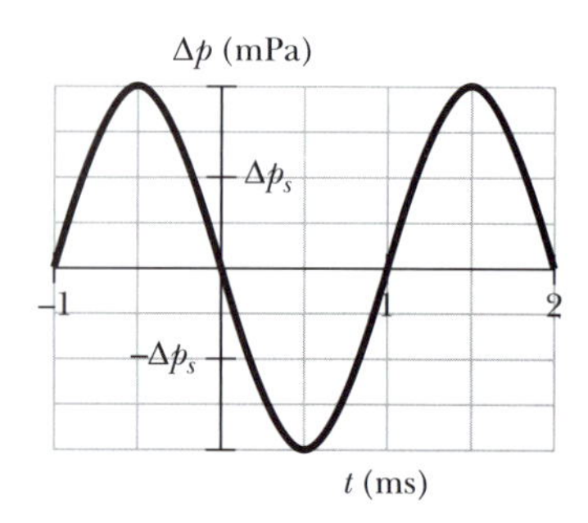

Figura 17.8 Problema 14.

de uma só frequência, propagando-se a 343 m/s em um ar, de massa específica homogênea 1,21 kg/m³. A escala do eixo vertical é definida por $\Delta p_s = 4{,}0$ mPa. Se a função *deslocamento* da onda é $s(x, t) = s_m \cos(kx - \omega t)$, determine (a) s_m, (b) k e (c) ω. Quando o ar é resfriado, a massa específica aumenta para 1,35 kg/m³ e a velocidade da onda sonora diminui para 320 m/s. A fonte emite uma onda com a mesma frequência e a mesma pressão que antes. Qual é o novo valor (d) de s_m, (e) de k e (f) de ω?

15 **M** **CVF** O som de bater palmas em um anfiteatro produz ondas que são espalhadas por degraus de largura $L = 0{,}75$ m (Fig. 17.9). O som retorna ao palco como uma série regular de pulsos, que soa como uma nota musical. (a) Supondo que todos os raios na Fig. 17.9 são horizontais, determine a frequência com a qual os pulsos chegam ao palco (ou seja, a frequência da nota ouvida por alguém que se encontra no palco). (b) Se a largura L dos degraus fosse menor, a frequência seria maior ou menor?

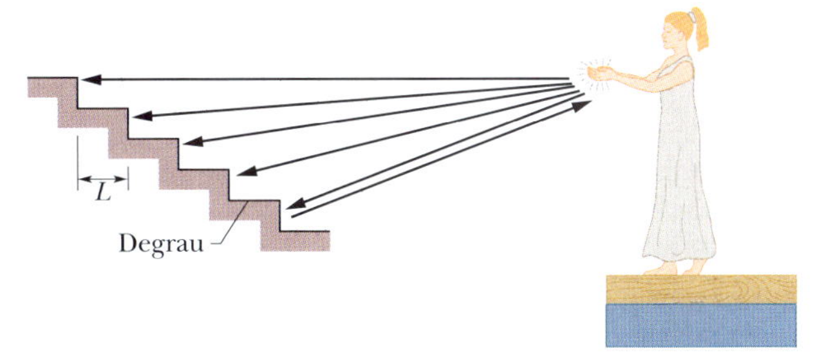

Figura 17.9 Problema 15.

Módulo 17.3 Interferência

16 **F** Duas ondas sonoras, produzidas por duas fontes diferentes de mesma frequência, 540 Hz, se propagam na mesma direção e no mesmo sentido a 330 m/s. As fontes estão em fase. Qual é a diferença de fase das ondas em um ponto que está a 4,40 m de uma fonte e a 4,00 m da outra?

17 **M** **CVF** Dois alto-falantes estão separados por uma distância de 3,35 m em um palco ao ar livre. Um ouvinte está a 18,3 m de um dos alto-falantes e a 19,5 m do outro alto-falante. Durante o teste do som, um gerador de sinais alimenta os dois alto-falantes em fase com um sinal de mesma amplitude e frequência. A frequência transmitida varia ao longo de toda a faixa audível (20 Hz a 20 kHz). (a) Qual é a menor frequência, $f_{\text{mín},1}$, para a qual a intensidade do sinal é mínima (interferência destrutiva) na posição do ouvinte? Por qual número devemos multiplicar $f_{\text{mín},1}$ para obtermos (b) a segunda menor frequência, $f_{\text{mín},2}$, para a qual o sinal é mínimo e (c) a terceira menor frequência, $f_{\text{mín},3}$, para a qual o sinal é mínimo? (d) Qual é menor frequência, $f_{\text{máx},1}$, para a qual o sinal é máximo (interferência construtiva) na posição do ouvinte? Por qual número $f_{\text{máx},1}$ deve ser multiplicada para se obter (e) a segunda menor frequência, $f_{\text{máx},2}$, para a qual o sinal é máximo e (c) a terceira menor frequência, $f_{\text{máx},3}$, para a qual o sinal é máximo?

18 **M** Na Fig. 17.10, as ondas sonoras A e B, de mesmo comprimento de onda λ, estão inicialmente em fase e se propagam para a direita, como indicam os dois raios. A onda A é refletida por quatro superfícies, mas volta a se propagar na direção e no sentido original. O mesmo acontece com a onda B, mas depois de ser refletida por apenas duas superfícies. Suponha que a distância L da figura é um múltiplo do comprimento de onda λ: $L = q\lambda$. (a) Qual é o menor valor e (b) qual o segundo menor valor de q para o qual A e B estão em oposição de fase após as reflexões?

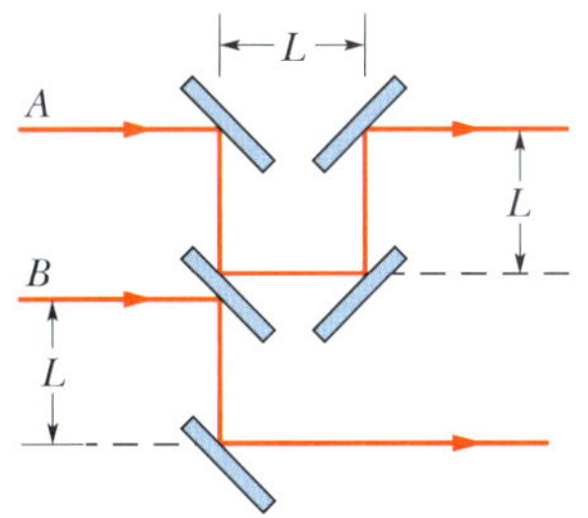

Figura 17.10 Problema 18.

19 **M** A Fig. 17.11 mostra duas fontes sonoras pontuais isotrópicas, S_1 e S_2. As fontes, que emitem ondas em fase, de comprimento de onda $\lambda = 0{,}50$ m, estão separadas por uma distância $D = 1{,}75$ m. Se um detector é deslocado ao longo de uma grande circunferência cujo raio é o ponto médio entre as fontes, em quantos pontos as ondas chegam ao detector (a) em fase e (b) em oposição de fase?

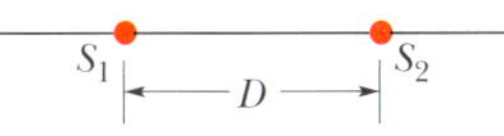

Figura 17.11 Problema 19.

20 **M** A Fig. 17.12 mostra quatro fontes sonoras pontuais isotrópicas uniformemente espaçadas ao longo de um eixo x. As fontes emitem sons de mesmo comprimento de onda λ e mesma amplitude s_m e estão em fase. Um ponto P é mostrado no eixo x. Suponha que, quando as ondas se propagam até P, a amplitude se mantém praticamente constante. Que múltiplo de s_m corresponde à amplitude da onda resultante em P se a distância d mostrada na figura for (a) $\lambda/4$, (b) $\lambda/2$ e (c) λ?

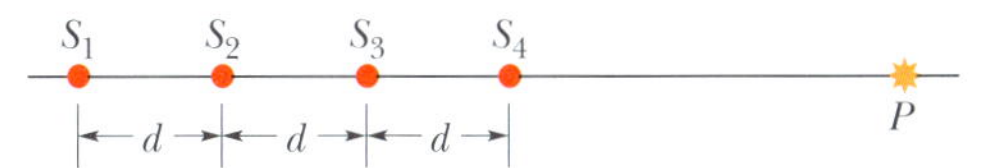

Figura 17.12 Problema 20.

21 **M** Na Fig. 17.13, dois alto-falantes separados por uma distância $d_1 = 2{,}00$ m estão em fase. Suponha que as amplitudes das ondas sonoras emitidas pelos alto-falantes são aproximadamente iguais para um ouvinte que se encontra diretamente à frente do alto-falante da direita, a uma distância $d_2 = 3{,}75$ m. Considere toda a faixa de audição de um ser humano normal, 20 Hz a 20 kHz. (a) Qual é a menor frequência, $f_{\text{mín},1}$, para a qual a intensidade do som é mínima (interferência destrutiva) na posição do ouvinte? Por qual número a frequência $f_{\text{mín},1}$ deve ser multiplicada para se obter (b) a segunda menor frequência, $f_{\text{mín},2}$, para a qual a intensidade do som é mínima e (c) a terceira menor frequência, $f_{\text{mín},3}$, para a qual a intensidade do som é mínima? (d) Qual é a menor frequência, $f_{\text{máx},1}$, para a qual a intensidade do som é máxima (interferência construtiva) na posição do ouvinte? Por que número $f_{\text{máx},1}$ deve ser multiplicada para se obter (e) a segunda menor frequência, $f_{\text{máx},2}$, para a qual a intensidade do som é máxima e (c) a terceira menor frequência, $f_{\text{máx},3}$, para a qual a intensidade do som é máxima?

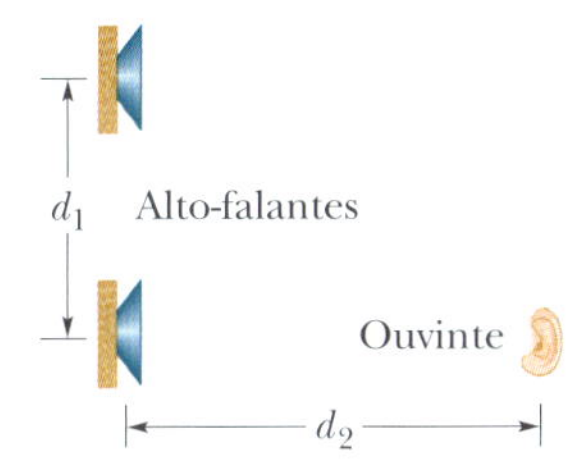

Figura 17.13 Problema 21.

22 **M** Na Fig. 17.14, um som com um comprimento de onda de 40,0 cm se propaga para a direita em um tubo que possui uma bifurcação. Ao chegar à bifurcação, a onda se divide em duas partes. Uma parte se propaga em um tubo em forma de semicircunferência e a outra se propaga em um tubo retilíneo. As duas ondas se combinam mais adiante, interferindo mutuamente antes de chegarem a um detector. Qual é o menor raio r da semicircunferência para o qual a intensidade medida pelo detector é mínima?

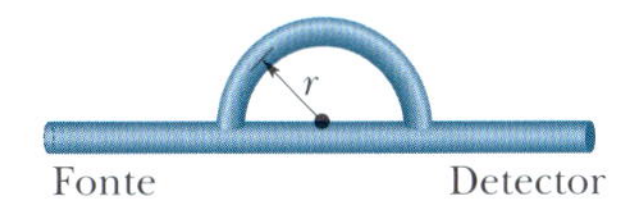

Figura 17.14 Problema 22.

23 **D** A Fig. 17.15 mostra duas fontes pontuais S_1 e S_2 que emitem sons de comprimento de onda $\lambda = 2{,}00$ m. As emissões são isotrópicas e em fase; a distância entre as fontes é $d = 16{,}0$ m. Em qualquer ponto

P do eixo x, as ondas produzidas por S_1 e S_2 interferem. Se P está muito distante ($x \approx \infty$), qual é (a) a diferença de fase entre as ondas produzidas por S_1 e S_2 e (b) qual é o tipo de interferência que as ondas produzem? Suponha que o ponto P é deslocado ao longo do eixo x em direção a S_1. (c) A diferença de fase entre as ondas aumenta ou diminui? A que distância x da origem as ondas possuem uma diferença de fase de (d) $0{,}50\lambda$, (e) $1{,}00\lambda$ e (f) $1{,}50\lambda$?

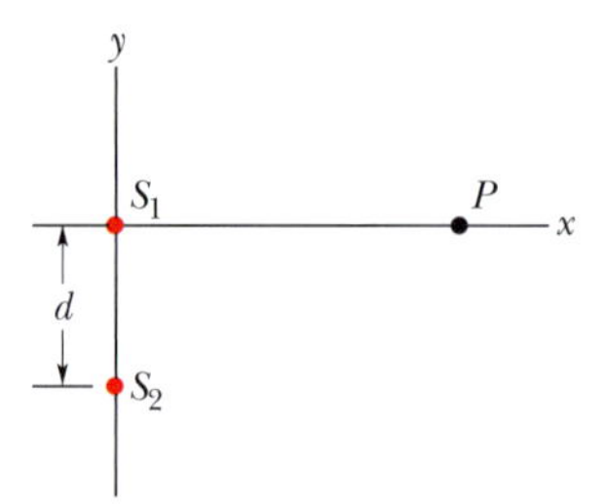

Figura 17.15 Problema 23.

Módulo 17.4 Intensidade e Nível Sonoro

24 F BIO Uma discussão começa acalorada, com um nível sonoro de 70 dB, mas o nível cai para 50 dB quando os interlocutores se acalmam. Supondo que a frequência do som é de 500 Hz, determine a intensidade (a) inicial e (b) final e a amplitude, (c) inicial e (d) final das ondas sonoras.

25 F Uma onda sonora com uma frequência 300 Hz tem uma intensidade de $1{,}00\ \mu\text{W/m}^2$. Qual é a amplitude das oscilações do ar causadas pela onda?

26 F Uma fonte pontual de 1,0 W emite ondas sonoras isotropicamente. Supondo que a energia da onda é conservada, determine a intensidade (a) a 1,0 m e (b) a 2,5 m da fonte.

27 F O nível sonoro de uma fonte é aumentado em 30,0 dB. (a) Por qual fator é multiplicada a intensidade do som? (b) Por qual fator é multiplicada a amplitude da pressão do ar?

28 F A diferença entre os níveis sonoros de dois sons é 1,00 dB. Qual é a razão entre a intensidade maior e a intensidade menor?

29 F Uma fonte emite ondas sonoras isotropicamente. A intensidade das ondas a 2,50 m da fonte é $1{,}91 \times 10^{-4}\ \text{W/m}^2$. Supondo que a energia da onda é conservada, determine a potência da fonte.

30 F A fonte de uma onda sonora tem uma potência de $1{,}00\ \mu\text{W}$. Se a fonte é pontual, (a) qual é a intensidade a 3,00 m de distância e (b) qual é o nível sonoro em decibéis a essa distância?

31 F BIO CVF Ao "estalar" uma junta, você alarga bruscamente a cavidade da articulação, aumentando o volume disponível para o fluido sinovial no interior e causando o aparecimento súbito de uma bolha de ar no fluido. A produção súbita da bolha, chamada "cavitação", produz um pulso sonoro: o som do estalo. Suponha que o som é transmitido uniformemente em todas as direções e que passa completamente do interior da articulação para o exterior. Se o pulso tem um nível sonoro de 62 dB no seu ouvido, estime a taxa com a qual a energia é produzida pela cavitação.

32 F BIO CVF Os ouvidos de aproximadamente um terço das pessoas com audição normal emitem continuamente um som de baixa intensidade pelo canal auditivo. Uma pessoa com essa *emissão otoacústica espontânea* raramente tem consciência do som, exceto talvez em um ambiente extremamente silencioso, mas às vezes a emissão é suficientemente intensa para ser percebida por outra pessoa. Em uma observação, a onda sonora tinha uma frequência de 1.665 Hz e uma amplitude de pressão de $1{,}13 \times 10^{-3}$ Pa. (a) Qual era a amplitude dos deslocamentos e (b) qual era a intensidade da onda emitida pelo ouvido?

33 F BIO CVF O macho da rã-touro, *Rana catesbeiana*, é conhecido pelos ruidosos gritos de acasalamento. O som não é emitido pela boca da rã, mas pelos tímpanos, que estão na superfície da cabeça. Surpreendentemente, o mecanismo nada tem a ver com o papo inflado da rã. Se o som emitido possui uma frequência de 260 Hz e um nível sonoro de 85 dB (perto dos tímpanos), qual é a amplitude da oscilação dos tímpanos? A massa específica do ar é $1{,}21\ \text{kg/m}^3$.

34 M Duas fontes sonoras A e B na atmosfera emitem isotropicamente com potência constante. Os níveis sonoros β das emissões estão plotados na Fig. 17.16 em função da distância r das fontes. A escala do eixo vertical é definida por $\beta_1 = 85{,}0$ dB e $\beta_2 = 65{,}0$ dB. Para $r = 10$ m, determine (a) a razão entre a maior e a menor potência e (b) a diferença entre os níveis sonoros das emissões.

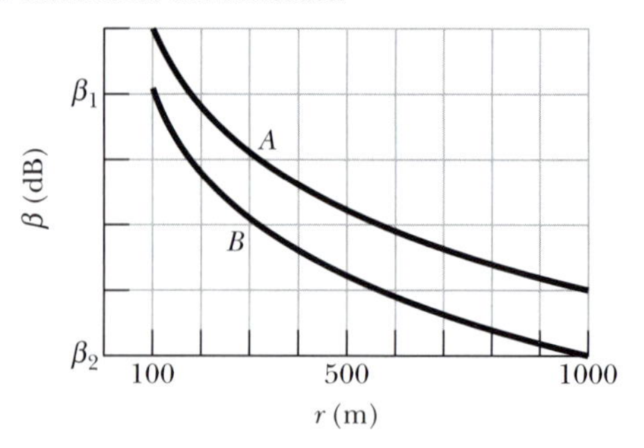

Figura 17.16 Problema 34.

35 M Uma fonte pontual emite 30,0 W de som isotropicamente. Um pequeno microfone intercepta o som em uma área de $0{,}750\ \text{cm}^2$, a 200 m de distância da fonte. Calcule (a) a intensidade sonora nessa posição e (b) a potência interceptada pelo microfone.

36 M BIO CVF *Conversas em festas.* Quanto maior o número de pessoas presentes em uma festa, mais você precisa levantar a voz para ser ouvido, por causa do *ruído de fundo* dos outros participantes. Entretanto, gritar a plenos pulmões é inútil; a única forma de se fazer ouvir é aproximar-se do interlocutor, invadindo seu "espaço pessoal". Modele a situação substituindo a pessoa que está gritando por uma fonte sonora isotrópica de potência fixa P e o ouvinte por um ponto Q que absorve parte das ondas sonoras. Os pontos P e Q estão separados inicialmente por uma distância $r_i = 1{,}20$ m. Se o ruído de fundo aumenta de $\Delta\beta = 5$ dB, o nível do som na posição do ouvinte também deve aumentar. Qual é a nova distância r_f necessária para que a conversa possa prosseguir?

37 D Uma fonte produz uma onda sonora senoidal de frequência angular 3.000 rad/s e amplitude 12,0 nm em um tubo com ar. O raio interno do tubo é 2,00 cm. (a) Qual é a taxa média com a qual a energia total (soma das energias cinética e potencial) é transportada para a extremidade oposta do tubo? (b) Se, ao mesmo tempo, uma onda igual se propaga em um tubo vizinho igual, qual é a taxa média total com a qual a energia é transportada pelas ondas para a extremidade oposta dos tubos? Se, em vez disso, as duas ondas são produzidas simultaneamente no *mesmo* tubo, qual é a taxa média total com que a energia é transportada se a diferença de fase entre as ondas é (c) 0, (d) $0{,}40\pi$ rad e (e) π rad?

Módulo 17.5 Fontes de Sons Musicais

38 F O nível da água no interior em um tubo de vidro vertical com 1,00 m de comprimento pode ser ajustado para qualquer posição. Um diapasão vibrando a 686 Hz é mantido acima da extremidade aberta do tubo para gerar uma onda sonora estacionária na parte superior do tubo, onde existe ar. (Essa parte superior cheia de ar se comporta como um tubo com uma extremidade aberta e a outra fechada.) (a) Para quantas posições diferentes do nível de água o som do diapasão produz uma ressonância na parte do tubo cheia de ar? Qual é (b) a menor altura e (c) qual é a segunda menor altura da água no tubo para as quais ocorre ressonância?

39 F (a) Determine a velocidade das ondas em uma corda de violino com 800 mg de massa e 22,0 cm de comprimento se a frequência fundamental é 920 Hz. (b) Qual é a tração da corda? Para o modo fundamental, qual é o comprimento de onda (c) das ondas na corda e (d) das ondas sonoras emitidas pela corda?

40 **F** O tubo de órgão A, com as duas extremidades abertas, tem uma frequência fundamental de 300 Hz. O terceiro harmônico do tubo de órgão B, com uma extremidade aberta, tem a mesma frequência que o segundo harmônico do tubo A. Qual é o comprimento (a) do tubo A? (b) Qual o comprimento do tubo B?

41 **F** Uma corda de violino com 15,0 cm de comprimento e as duas extremidades fixas oscila no modo $n = 1$. A velocidade das ondas na corda é 250 m/s e a velocidade do som no ar é 348 m/s. (a) Qual é a frequência e (b) qual é o comprimento de onda da onda sonora emitida?

42 **F** Uma onda sonora que se propaga em um fluido é refletida em uma barreira, o que leva à formação de uma onda estacionária. A distância entre dois nós vizinhos é 3,8 cm e a velocidade de propagação é 1.500 m/s. Determine a frequência da onda sonora.

43 **F** Na Fig. 17.17, F é um pequeno alto-falante alimentado por um oscilador de áudio com uma frequência que varia de 1.000 a 2.000 Hz, e D é um tubo cilíndrico com 45,7 cm de comprimento e as duas extremidades abertas. A velocidade do som no ar do interior do tubo é 344 m/s. (a) Para quantas frequências o som do alto-falante produz ressonância no tubo? Qual é (b) a menor e (c) a segunda menor frequência de ressonância?

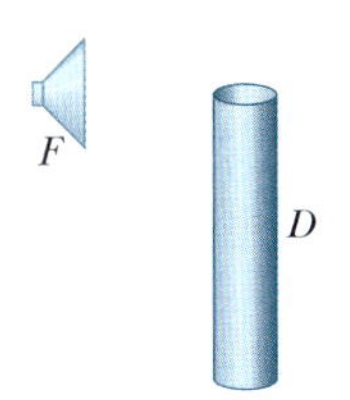

Figura 17.17 Problema 43.

44 **F** **BIO** **CVF** A crista do crânio de um dinossauro *Parassaurolofo* continha uma passagem nasal na forma de um tubo longo e arqueado, aberto nas duas extremidades. O dinossauro pode ter usado a passagem para produzir sons no modo fundamental do tubo. (a) Se a passagem nasal de um fóssil de *Parassaurolofo* tem 2,0 m de comprimento, que frequência era produzida? (b) Se esse dinossauro pudesse ser clonado (como em *Jurassic Park*), uma pessoa com uma capacidade auditiva na faixa de 60 Hz a 20 kHz poderia ouvir esse modo fundamental? O som seria de alta ou de baixa frequência? Crânios fósseis com passagens nasais mais curtas são atribuídos a *Parassaurolofos* fêmeas. (c) Isso torna a frequência fundamental da fêmea maior ou menor que a do macho?

45 **F** No tubo A, a razão entre a frequência de um harmônico e a frequência do harmônico precedente é 1,2. No tubo B, a razão entre a frequência de um harmônico e a frequência do harmônico precedente é 1,4. Quantas extremidades abertas existem (a) no tubo A e (b) no tubo B?

46 **M** O tubo A, que tem 1,20 m de comprimento e as duas extremidades abertas, oscila na terceira frequência harmônica. Ele está cheio de ar, no qual a velocidade do som é 343 m/s. O tubo B, com uma das extremidades fechada, oscila na segunda frequência harmônica. A frequência de oscilação de B coincide com a de A. Um eixo x coincide com o eixo do tubo B, com $x = 0$ na extremidade fechada. (a) Quantos nós existem no eixo x? (b) Qual é o menor e (c) qual o segundo menor valor da coordenada x desses nós? (d) Qual é a frequência fundamental do tubo B?

47 **M** Um poço com paredes verticais e água no fundo ressoa em 7,00 Hz e em nenhuma outra frequência mais baixa. (A parte do poço cheia de ar se comporta como um tubo com uma extremidade fechada e outra aberta.) O ar no interior do poço tem uma massa específica de 1,10 kg/m^3 e um módulo de elasticidade volumétrico de $1{,}33 \times 10^5$ Pa. A que profundidade está a superfície da água?

48 **M** Uma das frequências harmônicas do tubo A, que possui as duas extremidades abertas, é 325 Hz. A frequência harmônica seguinte é 390 Hz. (a) Qual é a frequência harmônica que se segue à frequência harmônica de 195 Hz? (b) Qual é o número desse harmônico? Uma das frequências harmônicas do tubo B, com apenas uma das extremidades aberta, é 1.080 Hz. A frequência harmônica seguinte é 1.320 Hz. (c) Qual é a frequência harmônica que se segue à frequência harmônica de 600 Hz? (d) Qual é o número desse harmônico?

49 **M** Uma corda de violino de 30,0 cm de comprimento, com massa específica linear de 0,650 g/m, é colocada perto de um alto-falante alimentado por um oscilador de áudio de frequência variável. Observa-se que a corda entra em oscilação apenas nas frequências de 880 Hz e 1.320 Hz quando a frequência do oscilador de áudio varia no intervalo de 500 a 1.500 Hz. Qual é a tração da corda?

50 **M** Um tubo com 1,20 m de comprimento é fechado em uma das extremidades. Uma corda esticada é colocada perto da extremidade aberta. A corda tem 0,330 m de comprimento e 9,60 g de massa, está fixa nas duas extremidades e oscila no modo fundamental. Devido à ressonância, ela faz a coluna de ar no tubo oscilar na frequência fundamental. Determine (a) a frequência fundamental da coluna de ar e (b) a tração da corda.

Módulo 17.6 Batimentos

51 **F** A corda lá de um violino está esticada demais. São ouvidos 4,00 batimentos por segundo quando a corda é tocada junto com um diapasão que oscila exatamente na frequência do lá de concerto (440 Hz). Qual é o período de oscilação da corda do violino?

52 **F** Um diapasão de frequência desconhecida produz 3,00 batimentos por segundo com um diapasão-padrão de 384 Hz. A frequência de batimento diminui quando um pequeno pedaço de cera é colocado em um dos braços do primeiro diapasão. Qual é a frequência do primeiro diapasão?

53 **M** Duas cordas de piano iguais têm uma frequência fundamental de 600 Hz quando são submetidas a uma mesma tração. Que aumento relativo da tração de uma das cordas faz com que haja 6,0 batimentos por segundo quando as duas cordas oscilam simultaneamente?

54 **M** Cinco diapasões oscilam com frequências próximas, mas diferentes. Qual é o número (a) máximo e (b) mínimo de frequências de batimento diferentes que podem ser produzidas tocando os diapasões aos pares, dependendo da diferença entre as frequências?

Módulo 17.7 Efeito Doppler

55 **F** Um apito de 540 Hz descreve uma circunferência de 60,0 cm de raio com uma velocidade angular de 15,0 rad/s. (a) Qual é a frequência mais baixa e (b) qual é a frequência mais alta escutada por um ouvinte distante, em repouso em relação ao centro da circunferência?

56 **F** Uma ambulância cuja sirene emite um som com uma frequência de 1.600 Hz passa por um ciclista que está a 2,44 m/s. Depois de ser ultrapassado, o ciclista escuta uma frequência de 1.590 Hz. Qual é a velocidade da ambulância?

57 **F** Um guarda rodoviário persegue um carro que excedeu o limite de velocidade em um trecho reto de uma rodovia; os dois carros estão a 160 km/h. A sirene do carro de polícia produz um som com uma frequência de 500 Hz. Qual é o deslocamento Doppler da frequência ouvida pelo motorista infrator?

58 **M** Uma fonte sonora A e uma superfície refletora B se movem uma em direção à outra. Em relação ao ar, a velocidade da fonte A é 29,9 m/s e a velocidade da superfície B é 65,8 m/s; a velocidade do som no ar é 329 m/s. A fonte emite ondas com uma frequência de 1.200 Hz no referencial da fonte. No referencial da superfície B, qual é (a) a frequência e (b) qual é o comprimento de onda das ondas sonoras? No referencial da fonte A, qual é (c) a frequência e (d) qual é o comprimento de onda das ondas sonoras refletidas de volta para a fonte?

59 **M** Na Fig. 17.18, um submarino francês e um submarino americano se movem um em direção ao outro durante manobras em águas paradas do Atlântico Norte. O submarino francês se move a uma velocidade $v_F = 50,0$ km/h e o submarino americano a uma velocidade $v_A = 70,0$ km/h. O submarino francês envia um sinal de sonar (onda sonora na água) de $1,000 \times 10^3$ Hz. As ondas de sonar se propagam a 5.470 km/h. (a) Qual é a frequência do sinal detectado pelo submarino americano? (b) Qual é a frequência do eco do submarino americano detectado pelo submarino francês?

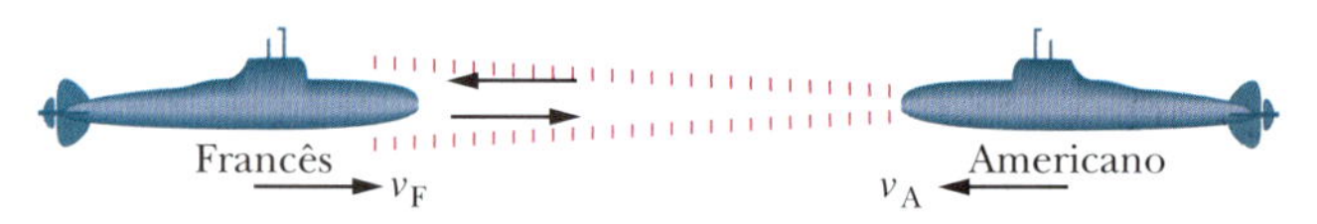

Figura 17.18 Problema 59.

60 **M** Um detector de movimento, que está parado, envia ondas sonoras de 0,150 MHz em direção a um caminhão que se aproxima com uma velocidade de 45,0 m/s. Qual é a frequência das ondas refletidas de volta para o detector?

61 **M** **BIO** **CVF** Um morcego está voando em uma caverna, orientando-se com o auxílio de pulsos ultrassônicos. A frequência dos sons emitidos pelo morcego é 39.000 Hz. O morcego se aproxima de uma parede plana da caverna com uma velocidade igual a 0,025 vez a velocidade do som no ar. Qual é a frequência com a qual o morcego ouve os sons refletidos pela parede da caverna?

62 **M** A Fig. 17.19 mostra quatro tubos de 1,0 m ou 2,0 m de comprimento e com uma ou duas extremidades abertas. O terceiro harmônico é produzido em cada tubo, e parte do som que escapa é captada pelo detector *D*, que se afasta dos tubos em linha reta. Em termos da velocidade do som *v*, que velocidade deve ter o detector para que a frequência do som proveniente (a) do tubo 1, (b) do tubo 2, (c) do tubo 3 e (d) do tubo 4 seja igual à frequência fundamental do tubo?

Figura 17.19 Problema 62.

63 **M** Um alarme acústico contra roubo utiliza uma fonte que emite ondas com uma frequência de 28,0 kHz. Qual é a frequência de batimento entre as ondas da fonte e as ondas refletidas em um intruso que caminha com uma velocidade média de 0,950 m/s afastando-se em linha reta do alarme?

64 **M** Um detector estacionário mede a frequência de uma fonte sonora que se aproxima em linha reta, passa pelo detector e se afasta, mantendo a velocidade constante. A frequência emitida pela fonte é *f*. A frequência detectada durante a aproximação é f'_{ap} e a frequência detectada durante o afastamento é f'_{af}. Se $(f'_{ap} - f'_{af})/f = 0,500$, qual é a razão v_F/v entre a velocidade da fonte e a velocidade do som?

65 **D** Uma sirene de 2.000 Hz e um funcionário da defesa civil estão em repouso em relação ao solo. Que frequência o funcionário ouve se o vento está soprando a 12 m/s (a) da sirene para o funcionário e (b) do funcionário para a sirene?

66 **D** Dois trens viajam um em direção ao outro a 30,5 m/s em relação ao solo. Um dos trens faz soar um apito de 500 Hz. (a) Que frequência é ouvida no outro trem se o ar está parado? (b) Que frequência é ouvida no outro trem se o vento está soprando a 30,5 m/s no sentido contrário ao do trem que apitou? (c) Que frequência será ouvida se o vento estiver soprando no sentido contrário?

67 **D** Uma menina está sentada perto da janela aberta de um trem que viaja para leste a uma velocidade de 10,00 m/s. O tio da menina está parado na plataforma e observa o trem se afastar. O apito da locomotiva produz um som com uma frequência de 500,0 Hz. O ar está parado. (a) Que frequência o tio ouve? (b) Que frequência a menina ouve? (c) Um vento vindo do leste começa a soprar a 10,00 m/s. (c) Que frequência o tio passa a ouvir? (d) Que frequência a menina passa a ouvir?

Módulo 17.8 Velocidades Supersônicas e Ondas de Choque

68 **F** A onda de choque produzida pelo avião da Fig. 17.8.2 tinha um ângulo de aproximadamente 60°. O avião estava se movendo a 1.350 km/h no momento em que a fotografia foi tirada. Qual era, aproximadamente, a velocidade do som na altitude do avião?

69 **M** **CVF** Um avião a jato passa sobre um pedestre a uma altitude de 5.000 m e a uma velocidade de Mach 1,5. (a) Determine o ângulo do cone de Mach (a velocidade do som é 331 m/s). (b) Quanto tempo após o avião ter passado diretamente acima do pedestre este é atingido pela onda de choque?

70 **M** Um avião voa a 1,25 vez a velocidade do som. O estrondo sônico produzido pelo avião atinge um homem no solo 1,00 min depois de o avião ter passado exatamente por cima dele. Qual é a altitude do avião? Suponha que a velocidade do som é 330 m/s.

Problemas Adicionais

71 A uma distância de 10 km, uma corneta de 100 Hz, considerada uma fonte pontual isotrópica, mal pode ser ouvida. A que distância começa a causar dor?

72 Uma bala é disparada com uma velocidade de 685 m/s. Determine o ângulo entre o cone de choque e a trajetória da bala.

73 **BIO** **CVF** O som produzido pelos cachalotes (Fig. 17.20*a*) lembra uma série de cliques. Na verdade, a baleia produz apenas um som na frente da cabeça para iniciar a série. Parte desse som passa para a água e se torna o primeiro clique da série. O restante do som se propaga para trás, atravessa o saco de espermacete (um depósito de gordura), é refletido no saco frontal (uma camada de ar) e passa novamente pelo saco de espermacete. Quando chega ao saco distal (outra camada de ar), na frente da cabeça, parte do som escapa para a água para formar o segundo clique, enquanto o restante é refletido de volta para o saco de espermacete (e acaba formando outros cliques).

A Fig. 17.20*b* mostra o registro de uma série de cliques detectados por um hidrofone. O intervalo de tempo correspondente a 1,0 ms está indicado no gráfico. Supondo que a velocidade do som no saco de espermacete é 1.372 m/s, determine o comprimento do saco de espermacete. Usando cálculos desse tipo, os cientistas marinhos estimam o comprimento de uma baleia a partir dos cliques que produz.

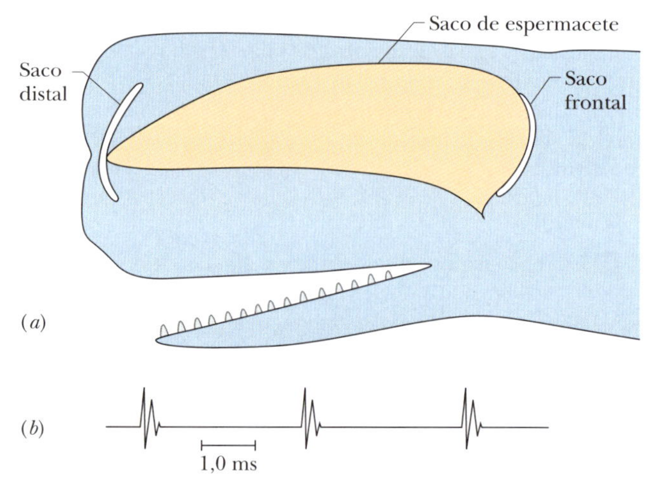

Figura 17.20 Problema 73.

74 A massa específica média da crosta da Terra 10 km abaixo dos continentes é 2,7 g/cm³. A velocidade de ondas sísmicas a essa profundidade, calculada a partir do tempo de percurso das ondas produzidas por terremotos distantes, é 5,4 km/s. Use essas informações para determinar o módulo de elasticidade volumétrico da crosta terrestre a essa profundidade. Para fins de comparação, o módulo de elasticidade volumétrico do aço é aproximadamente 16×10^{10} Pa.

75 Um sistema de alto-falantes emite sons isotropicamente com uma frequência de 2.000 Hz e uma intensidade de 0,960 mW/m² a uma distância de 6,10 m. Suponha que não existem reflexões. (a) Qual é a intensidade a 30,0 m? A 6,10 m, qual é (b) a amplitude do deslocamento e (c) qual a amplitude de pressão da onda sonora?

76 Calcule a razão (entre a maior e a menor) (a) das intensidades, (b) das amplitudes de pressão e (c) das amplitudes dos deslocamentos de moléculas do ar para dois sons cujos níveis sonoros diferem de 37 dB.

77 Na Fig. 17.21, as ondas sonoras A e B, de mesmo comprimento de onda λ, estão inicialmente em fase e se propagam para a direita, como indicam os dois raios. A onda A é refletida por quatro superfícies, mas volta a se propagar na direção e no sentido original. Que múltiplo do comprimento de onda λ é o menor valor da distância L da figura para o qual A e B estão em oposição de fase após as reflexões?

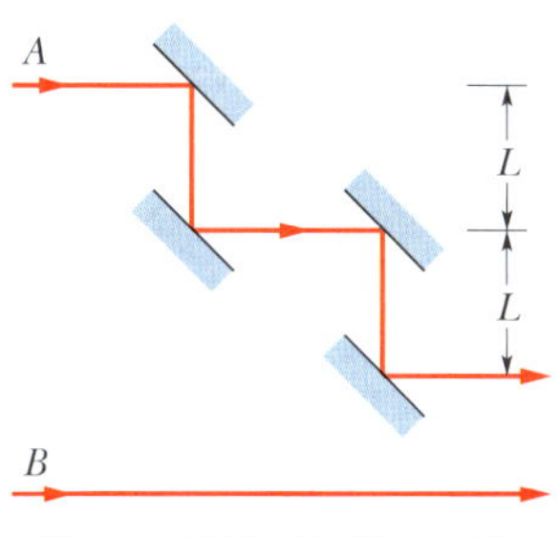

Figura 17.21 Problema 77.

78 Em um trem que se aproxima de um trompetista parado ao lado dos trilhos está outro trompetista; ambos tocam uma nota de 440 Hz. As ondas sonoras ouvidas por um observador estacionário situado entre os dois trompetistas têm uma frequência de batimento de 4,0 batimentos/s. Qual é a velocidade do trem?

79 Na Fig. 17.22, um som com um comprimento de onda de 0,850 m é emitido isotropicamente por uma fonte pontual S. O raio de som 1 se propaga diretamente para o detector D, situado a uma distância $L = 10{,}0$ m. O raio de som 2 chega a D após ser refletido por uma superfície plana. A reflexão ocorre na mediatriz do segmento de reta SD, a uma distância d do raio 1. Suponha que a reflexão desloca a fase da onda sonora de $0{,}500\lambda$. Qual é o menor valor de d (diferente de zero) para o qual o som direto e o som refletido chegam a D (a) em oposição de fase e (b) em fase?

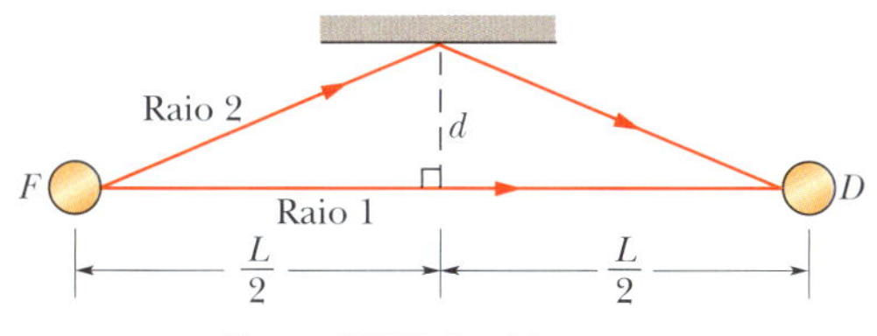

Figura 17.22 Problema 79.

80 Um detector se aproxima, em linha reta, de uma fonte sonora estacionária, passa pela fonte e se afasta, mantendo a velocidade constante. A frequência emitida pela fonte é f. A frequência detectada durante a aproximação é f'_{ap} e a frequência detectada durante o afastamento é f'_{af}. Se $(f'_{ap} - f'_{af})/f = 0{,}500$, qual é a razão v_D/v entre a velocidade do detector e a velocidade do som?

81 (a) Se duas ondas sonoras, uma no ar e uma na água doce, têm a mesma frequência e a mesma intensidade, qual é a razão entre a amplitude da pressão da onda na água e a amplitude da pressão da onda no ar? Suponha que a água e o ar estão a 20 °C. (Ver Tabela 14.1.1.) (b) Se, em vez de terem a mesma intensidade, as ondas têm a mesma amplitude de pressão, qual é a razão entre as intensidades?

82 Uma onda longitudinal senoidal contínua é produzida em uma mola espiral muito longa por uma fonte presa à mola. A onda se propaga no sentido negativo de um eixo x; a frequência da fonte é 25 Hz; em qualquer instante, a distância entre pontos sucessivos de alongamento máximo da mola é igual a 24 cm; o deslocamento longitudinal máximo de uma partícula da mola é 0,30 cm; a partícula situada em $x = 0$ possui deslocamento nulo no instante $t = 0$. Se a onda é escrita na forma $s(x, t) = s_m \cos(kx \pm \omega t)$, determine (a) s_m, (b) k, (c) ω, (d) a velocidade da onda e (e) o sinal que precede ω.

83 BIO O ultrassom, uma onda sonora com uma frequência tão alta que não pode ser ouvida pelos seres humanos, é usado para produzir imagens do interior do corpo humano. Além disso, o ultrassom é usado para medir a velocidade do sangue no corpo; para isso, a frequência do ultrassom aplicado ao corpo é comparada com a frequência do ultrassom refletido pelo sangue para a superfície do corpo. Como o sangue pulsa, a frequência detectada varia.

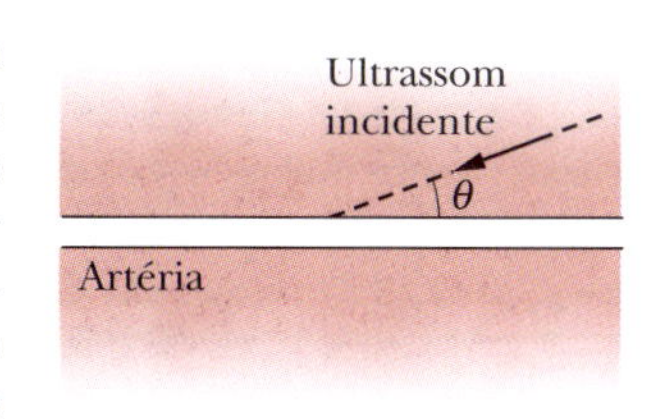

Figura 17.23 Problema 83.

Suponha que uma imagem de ultrassom do braço de um paciente mostra uma artéria que faz um ângulo $\theta = 20°$ com a direção de propagação do ultrassom (Fig. 17.23). Suponha ainda que a frequência do ultrassom refletido pelo sangue da artéria apresenta um aumento máximo de 5.495 Hz em relação à frequência de 5,000000 MHz do ultrassom original. (a) Na Fig. 17.23, o sangue está correndo para a direita ou para a esquerda? (b) A velocidade do som no braço humano é 1.540 m/s. Qual é a velocidade máxima do sangue? (*Sugestão*: O efeito Doppler é causado pela componente da velocidade do sangue na direção de propagação do ultrassom.) (c) Se o ângulo θ fosse maior, a frequência refletida seria maior ou menor?

84 A velocidade do som em certo metal é v_m. Uma das extremidades de um tubo longo feito com esse metal, de comprimento L, recebe uma pancada. Uma pessoa na outra extremidade ouve dois sons, um associado à onda que se propaga na parede do tubo e outro associado à onda que se propaga no ar do interior do tubo. (a) Se v é a velocidade do som no ar, qual é o intervalo de tempo Δt entre as chegadas dos dois sons ao ouvido da pessoa? (b) Se $\Delta t = 1{,}00$ s e o metal é o aço, qual é o comprimento L do tubo?

85 CVF Uma avalanche de areia em um tipo raro de duna pode produzir um estrondo suficientemente intenso para ser ouvido a 10 km de distância. O estrondo aparentemente é causado pela oscilação de uma camada deslizante de areia; a espessura da camada aumenta e diminui periodicamente. Se a frequência emitida é 90 Hz, determine (a) o período de oscilação da espessura da camada e (b) o comprimento de onda do som.

86 Uma fonte sonora se move ao longo de um eixo x, entre os detectores A e B. O comprimento de onda do som detectado por A é 0,500 do comprimento do som detectado por B. Qual é a razão v_F/v entre a velocidade da fonte e a velocidade do som?

87 Uma sirene que emite um som com uma frequência de 1.000 Hz se afasta de você em direção a um rochedo com uma velocidade de 10 m/s. Considere a velocidade do som no ar como 330 m/s. (a) Qual é a frequência do som que você escuta vindo diretamente da sirene? (b) Qual é a frequência do som que você escuta refletido no rochedo? (c) Qual é a frequência de batimento entre os dois sons? Ela é perceptível (menor que 20 Hz)?

88 Em certo ponto, duas ondas produzem variações de pressão dadas por $\Delta p_1 = \Delta p_m \operatorname{sen} \omega t$ e $\Delta p_2 = \Delta p_m \operatorname{sen}(\omega t - \phi)$. Nesse ponto, qual é a razão $\Delta p_r/\Delta p_m$, em que Δp_r é a amplitude da pressão da onda resultante, se ϕ é igual a (a) 0, (b) $\pi/2$, (c) $\pi/3$ e (d) $\pi/4$?

89 Duas ondas sonoras com uma amplitude de 12 nm e um comprimento de onda de 35 cm se propagam no mesmo sentido em um tubo longo, com uma diferença de fase de $\pi/3$ rad. (a) Qual é a amplitude e (b) qual o comprimento de onda da onda sonora que resulta da interferência das duas ondas? Se, em vez disso, as ondas sonoras se propagam em sentidos opostos no tubo, qual é (c) a amplitude e (d) qual o comprimento de onda da onda resultante?

90 Uma onda sonora senoidal se propaga no ar, no sentido positivo de um eixo x, com uma velocidade de 343 m/s. Em um dado instante, a molécula A do ar está em seu deslocamento máximo no sentido negativo do eixo, enquanto a molécula B do ar está na posição de equilíbrio. A distância entre as duas moléculas é 15,0 cm e as moléculas situadas entre A e B possuem deslocamentos intermediários no sentido negativo do eixo. (a) Qual é a frequência da onda sonora?

Em um arranjo semelhante, para uma onda sonora senoidal diferente, a molécula C do ar está em seu máximo deslocamento no sentido positivo do eixo, enquanto a molécula D do ar está em seu máximo deslocamento no sentido negativo. A distância entre as duas moléculas é 15,0 cm e as moléculas entre C e D possuem deslocamentos intermediários. (b) Qual é a frequência da onda sonora?

91 Dois diapasões iguais oscilam com uma frequência de 440 Hz. Uma pessoa está situada entre os dois diapasões, em um ponto da reta que liga os dois diapasões. Calcule a frequência de batimento ouvida por essa pessoa (a) se estiver parada e os dois diapasões se moverem no mesmo sentido ao longo da reta com uma velocidade de 3,00 m/s e (b) se os diapasões estiverem parados e a pessoa se mover ao longo da reta com uma velocidade de 3,00 m/s.

92 É possível estimar a distância de um relâmpago contando o número de segundos que separam o clarão do trovão. Por qual número inteiro é preciso dividir o número de segundos para obter a distância em quilômetros?

93 A Fig. 17.24 mostra um interferômetro acústico, usado para demonstrar a interferência de ondas sonoras. A fonte sonora F é um diafragma oscilante; D é um detector de ondas sonoras, como o ouvido ou um microfone; o tubo contém ar. O comprimento do tubo FBD pode variar, mas o comprimento do tubo FAD é fixo. Em D, a onda sonora que se propaga no tubo FBD interfere na que se propaga no tubo FAD. Em um experimento, a intensidade sonora no detector D possui um valor mínimo de 100 unidades para certa posição do braço móvel e aumenta continuamente até um valor máximo de 900 unidades quando o braço é deslocado de 1,65 cm. Determine (a) a frequência do som emitido pela fonte e (b) a razão entre as amplitudes no ponto D da onda FAD e da onda FBD. (c) Como é possível que as ondas tenham amplitudes diferentes, já que foram geradas pela mesma fonte?

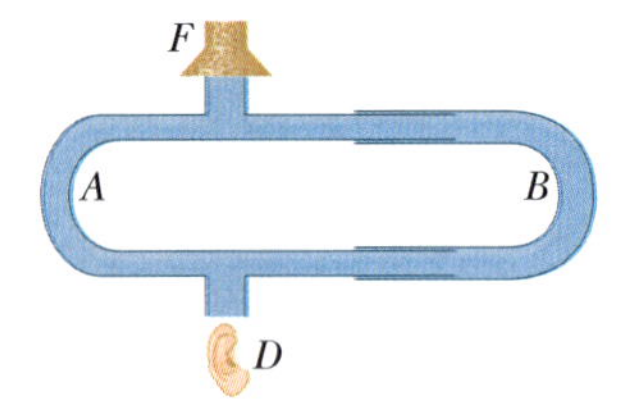

Figura 17.24 Problema 93.

94 Em 10 de julho de 1996, um bloco de granito se desprendeu de uma montanha no Vale de Yosemite e, depois de deslizar pela encosta, foi lançado em uma trajetória balística. As ondas sísmicas produzidas pelo choque do bloco com o solo foram registradas por sismógrafos a mais de 200 km de distância. Medições posteriores mostraram que o bloco tinha uma massa entre $7{,}3 \times 10^7$ kg e $1{,}7 \times 10^8$ kg e que caiu a uma distância vertical de 500 m e a uma distância horizontal de 30 m do ponto de onde foi lançado. (O ângulo de lançamento não é conhecido.) (a) Estime a energia cinética do bloco imediatamente antes do choque com o solo.

Dois tipos de ondas sísmicas devem ter sido produzidos no solo pelo impacto: uma *onda volumétrica*, na forma de um hemisfério de raio crescente, e uma *onda superficial*, na forma de um cilindro estreito (Fig. 17.25). Suponha que o choque tenha durado 0,50 s, que o cilindro tinha uma altura d de 5,0 m e que cada tipo de onda tenha recebido 20% da energia que o bloco possuía imediatamente antes do impacto. Desprezando a energia mecânica perdida pelas ondas durante a propagação, determine a intensidade (b) da onda volumétrica e (c) da onda superficial quando elas chegaram a um sismógrafo situado a 200 km de distância. (d) Com base nesses resultados, qual das duas ondas pôde ser detectada com mais facilidade por um sismógrafo distante?

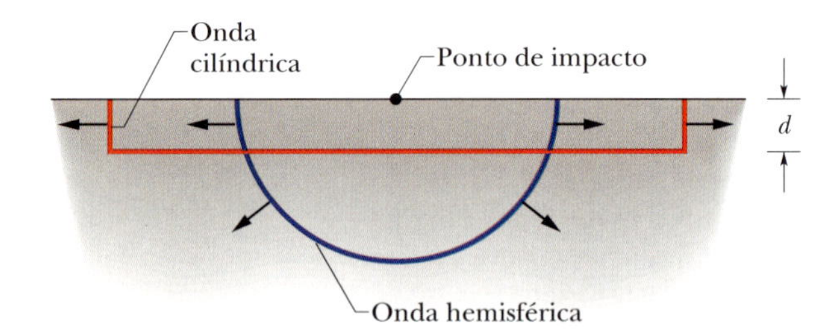

Figura 17.25 Problema 94.

95 A intensidade do som é 0,0080 W/m^2 a uma distância de 10 m de uma fonte sonora pontual isotrópica. (a) Qual é a potência da fonte? (b) Qual é a intensidade sonora a 5,0 m de distância da fonte? (c) Qual é o nível sonoro a 10 m de distância da fonte?

96 Quatro ondas sonoras são produzidas no mesmo tubo cheio de ar, no mesmo sentido:

$$s_1(x,t) = (9{,}00 \text{ nm}) \cos(2\pi x - 700\pi t)$$
$$s_2(x,t) = (9{,}00 \text{ nm}) \cos(2\pi x - 700\pi t + 0{,}7\pi)$$
$$s_3(x,t) = (9{,}00 \text{ nm}) \cos(2\pi x - 700\pi t + \pi)$$
$$s_4(x,t) = (9{,}00 \text{ nm}) \cos(2\pi x - 700\pi t + 1{,}7\pi).$$

Qual é a amplitude da onda resultante? (*Sugestão*: Use um diagrama fasorial para simplificar o problema.)

97 Um segmento de reta AB liga duas fontes pontuais, separadas por uma distância de 5,00 m, que emitem ondas sonoras de 300 Hz de mesma amplitude e fases opostas. (a) Qual é a menor distância entre o ponto médio de AB e um ponto de AB no qual a interferência das ondas provoca a maior oscilação possível das moléculas de ar? Qual é (b) a segunda e (c) qual a terceira menor distância?

98 Uma fonte pontual que está parada em um eixo x emite uma onda sonora senoidal com uma frequência de 686 Hz e uma velocidade de 343 m/s. A onda se propaga radialmente, fazendo as moléculas de ar oscilarem para perto e para longe da fonte. Defina uma frente de onda como uma linha que liga os pontos nos quais as moléculas de ar possuem o deslocamento máximo para fora na direção radial. Em qualquer instante, as frentes de onda são circunferências concêntricas cujo centro coincide com a posição da fonte. (a) Qual é a distância, ao longo do eixo x, entre as frentes de onda vizinhas? Suponha que a fonte passe a se mover ao longo do eixo x com uma velocidade de 110 m/s. Qual será a distância, ao longo do eixo x, entre as frentes de onda (b) na frente e (c) atrás da fonte?

99 Você está parado a uma distância D de uma fonte sonora pontual isotrópica. Você caminha 50,0 m em direção à fonte e observa que a intensidade do som dobrou. Calcule a distância D.

100 O tubo A é aberto em apenas uma extremidade; o tubo B é quatro vezes mais comprido e é aberto nas duas extremidades. Dos 10 menores números harmônicos n_B do tubo B, determine (a) o menor, (b) o segundo menor e (c) o terceiro menor valor para o qual uma frequência harmônica de B coincide com uma das frequências harmônicas de A.

101 Um foguete de brinquedo se move a uma velocidade de 242 m/s em direção a um poste, emitindo ondas sonoras com uma frequência f = 1.250 Hz. (a) Qual é a frequência f' captada por um detector instalado no poste? (b) Parte do som que chega ao poste é refletida para o foguete, que também dispõe de um detector. Qual é a frequência f' captada pelo detector do foguete?

102 *MHS e o Efeito Doppler*. Uma estrutura microscópica descreve um movimento harmônico simples no ar em um eixo x, com uma frequência angular ω = 6,80 × 10^6 rad/s (Fig. 17.26). Um feixe de ultrassom produzido por uma fonte estacionária, de frequência f_0, que se propaga no eixo x, é refletido pela estrutura. A frequência do eco, captado por um detector na fonte estacionária, varia de um valor mínimo $f_{\text{mín}}$ até um valor máximo $f_{\text{máx}}$. A razão $f_{\text{mín}}/f_0$ é 0,800. (a) Em que ponto da oscilação está a estrutura no instante em que a frequência $f_{\text{mín}}$ é emitida? Qual é (b) a amplitude da oscilação e (c) a razão $f_{\text{máx}}/f_0$?

Figura 17.26 Problema 102.

103 *Batimentos e o Efeito Doppler*. A Fig. 17.27 mostra duas fontes sonoras pontuais isotrópicas, S_1 e S_2, de frequência f = 500 Hz, que estão se movendo no sentido positivo de um eixo x em direção ao detector D. A fonte S_1 se move a uma velocidade v_{S1} = 0,180v, em que v é a velocidade do som; a fonte S_2 se move a uma velocidade v_{S2} = 0,185v. Qual é a frequência de batimento do som captado pelo detector?

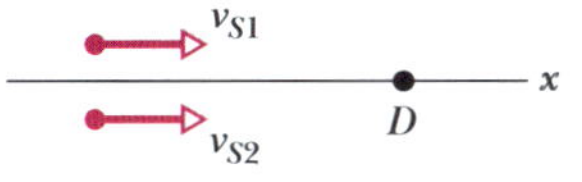

Figura 17.27 Problema 103.

104 *Efeito Doppler transversal*. Na Fig. 17.28, um morcego voa a uma velocidade v_m = 9,00 m/s em um eixo x enquanto emite som com uma frequência f = 80,0 kHz. O som é detectado no ponto D, que está a uma distância d = 20,0 m do eixo x. Suponha que o morcego é uma fonte sonora isotrópica. (a) Qual é a frequência f' detectada no ponto D quando o morcego emite som no ponto x_m = −113 m? (*Sugestão:* Qual é, nesse instante, a componente da velocidade do morcego na direção do ponto D?) (b) Qual é a coordenada do morcego no instante em que o som é detectado? (c) Quando o morcego continua a se aproximar da origem, o valor de f' aumenta, diminui ou permanece o mesmo? (d) Qual é a frequência detectada no ponto D do som emitido quando o morcego está passando pela origem?

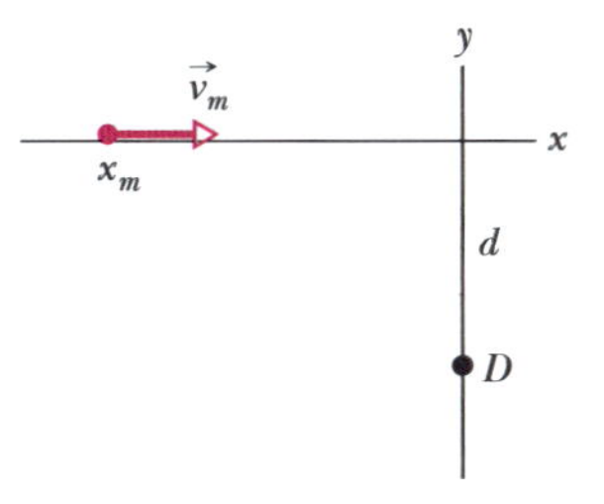

Figura 17.28 Problema 104.

105 *Velocidade do som no alumínio*. Um cientista está interessado em determinar a velocidade do som em uma barra de alumínio com 10 cm de comprimento medindo o tempo que um pulso sonoro leva para percorrer a barra. Se o cientista deseja obter um valor com quatro algarismos significativos, (a) qual deve ser a margem máxima de erro do comprimento da barra e (b) qual deve ser a margem máxima de erro do tempo medido?

106 *O som mais alto*. Uma forma de avaliar o "volume" de um som é medir o nível de pressão sonora (NPS), definido por meio da equação

$$\text{NPS} = 20\log\left(\frac{\Delta p_m}{p_0}\right),$$

em que Δp_m é a variação máxima da pressão da onda sonora e p_0 é uma pressão de referência, 20 μPa. A variação máxima da pressão de uma onda sonora senoidal na superfície da Terra é Δp_m = 1 atm. Nesse caso, qual é (a) a pressão máxima, (b) a pressão mínima e (c) o NPS da onda? (Este é o som mais "alto" que é possível produzir na superfície da Terra.)

107 *O mais comprido telefone de lata do mundo*. Para fabricar um telefone de lata (Fig. 17.29), faça um furo no fundo de duas latas vazias (você também pode usar copos de papel), introduza as pontas de um barbante nos furos, de fora para dentro, e dê um nó em cada ponta para evitar que o barbante passe novamente pelos furos. Entregue uma das latas a um amigo e peça que ele se afaste até o barbante ficar bem esticado. Você pode conversar com o amigo falando para dentro da lata. O som que você produz faz o fundo da lata vibrar, puxando e liberando periodicamente o barbante. Esse movimento do barbante faz o fundo da outra lata vibrar, produzindo ondas sonoras semelhantes às que fizeram vibrar o fundo da primeira lata. Com isso, a outra pessoa pode ouvir o que você está dizendo. Resultados ainda melhores podem ser obtidos usando, em vez de barbante, um arame de aço, e soldando o arame no fundo das latas. De acordo com o Livro *Guinness de Recordes*, o telefone de lata mais comprido do mundo foi construído em Chosei, Chiba, Japão, em 2019, e tinha 242,62 m de comprimento. Suponha que tenha sido usado um arame de aço. Qual seria a diferença Δt entre o tempo que uma mensagem levaria para chegar ao destinatário por esse telefone e o tempo que levaria para chegar por meio de ondas sonoras?

Figura 17.29 Problema 107.

108 *O rangido do giz no quadro-negro*. Para fazer um pedaço de giz ranger no quadro-negro (Fig. 17.30), esfregue-o algumas vezes na região que pretende usar. Em seguida, trace uma reta, mantendo um ângulo de cerca de 30° entre o giz e o quadro-negro. O giz vai passar por repetidos eventos de *prende-desliza* que produzem o ruído desagradável. As oscilações responsáveis pelo ruído ocorrem em uma *camada de cisalhamento* de 0,3 mm de espessura entre o giz e o quadro-negro enquanto o giz desliza. As ondas dessa camada são transmitidas ao quadro-negro, que irradia o som como se fosse a pele de um tambor. Se a frequência do rangido é 2.050 Hz, qual é o comprimento de onda do som produzido? (Se o pedaço de giz for muito curto, a força da sua mão amortecerá as oscilações, eliminando o rangido.)

Figura 17.30 Problema 108.

109 *Interferência de ondas.* A Fig. 17.31a mostra duas fontes sonoras isotrópicas e pontuais S_1 e S_2. As fontes emitem sons de mesma amplitude, mesmo comprimento de onda λ e mesma fase. O ponto de detecção P_1 está na reta perpendicular à reta que liga as duas fontes que passa pelo ponto médio entre as fontes; as ondas chegam a esse ponto com uma diferença de fase zero. O ponto de detecção P_2 está na reta que liga as duas fontes e as ondas chegam a esse ponto com uma diferença de fase de 5,0 comprimentos de onda. (a) Qual é a distância entre as duas fontes, expressa em comprimentos de onda? (b) Que tipo de interferência acontece no ponto P_1?

As fontes são afastadas do ponto P_1 em uma distância correspondente a $\lambda/2$, seguindo trajetórias que fazem um ângulo $\theta = 30°$ com a reta perpendicular à reta que liga as duas fontes (Fig. 17.31*b*). Qual é da diferença de fase, em comprimentos de onda, entre as ondas que chegam ao ponto P_3, situado na nova reta que liga as duas fontes? (d) Que tipo de interferência acontece no ponto P_3?

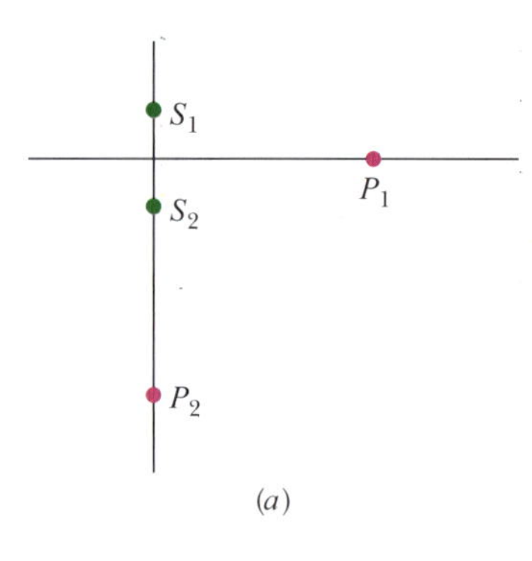

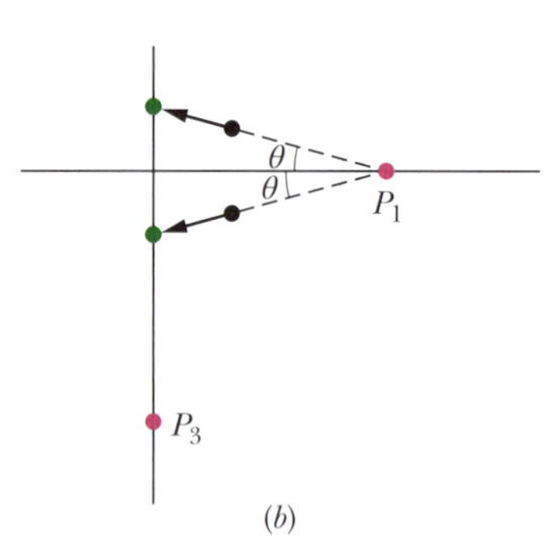

Figura 17.31 Problema 109.

110 BIO *Campo de tiro.* A arma de fogo mais usada pelos policiais norte-americanos é a pistola Glock 22 (calibre 0,40). Os policiais tão treinados com a arma em campos de tiro nos quais é necessário proteger os ouvidos para que não haja perda de audição. Em um estudo para verificar a eficiência da proteção, uma Glock 22 foi disparada a 1,0 m de distância de um manequim. O ruído do disparo foi detectado por dois microfones. Um estava sob o protetor auricular de um dos ouvidos do manequim e o outro estava no outro ouvido do manequim, sem o protetor auricular. A intensidade do ruído foi medida em termos do nível de pressão sonora (NPS), que é definido por meio da equação

$$\text{NPS} = 20 \log\left(\frac{p}{p_0}\right),$$

em que p é a pressão medida e p_0 é uma pressão de referência, 20 μPa. Qual foi a pressão (a) no caso do ouvido não protegido do manequim, em que foi medido um NPS de 158, (b) no caso do ouvido do manequim com um protetor auricular, em que foi medido um NPS de 123 e (c) no caso do ouvido do manequim com um tampão e um protetor auricular, em que foi medido um NPS de 103? A máxima exposição permitida pelo National Institute for Occupational Safety and Health é um NPS de 140, que seria excedida se um policial disparasse uma Glock 22 sem proteção.

CAPÍTULO 18

Temperatura, Calor e a Primeira Lei da Termodinâmica

18.1 TEMPERATURA

Objetivos do Aprendizado

Depois de ler este módulo, você será capaz de ...

18.1.1 Saber o que significa a temperatura mais baixa da escala Kelvin (zero absoluto).

18.1.2 Conhecer a lei zero da termodinâmica.

18.1.3 Saber o que é o ponto triplo de uma substância.

18.1.4 Explicar como é medida uma temperatura usando um termômetro de gás a volume constante.

18.1.5 Conhecer a relação entre a pressão e volume de um gás em um dado estado e a pressão e temperatura do gás no ponto triplo.

Ideias-Chave

- Temperatura é uma grandeza relacionada com as nossas sensações de calor e frio. É medida usando um instrumento conhecido como termômetro que contém uma substância com uma propriedade mensurável, como comprimento ou pressão, que varia de forma regular quando a substância é aquecida ou resfriada.
- Quando um termômetro e outro objeto são postos em contato eles atingem, depois de algum tempo, o equilíbrio térmico. Depois que o equilíbrio térmico é atingido, a leitura do termômetro é considerada como a temperatura do outro objeto. O processo é coerente por causa da lei zero da termodinâmica: Se dois objetos A e B estão em equilíbrio térmico com um terceiro objeto C (o termômetro), os objetos A e B estão em equilíbrio térmico entre si.
- A unidade de temperatura do SI é o kelvin (K). Por definição, a temperatura do ponto triplo da água é 273,16 K. Outras temperaturas são definidas a partir de medidas executadas com um termômetro a gás de volume constante, no qual uma amostra de gás é mantida a volume constante para que a pressão do gás seja proporcional à temperatura. A temperatura T medida por um termômetro a gás é definida pela equação

$$T = (273{,}16\ \text{K})\left(\lim_{\text{gás}\to 0} \frac{p}{p_3}\right).$$

Nessa equação, T é a temperatura em kelvins, p é a pressão do gás à temperatura T, e p_3 é a pressão do gás no ponto triplo da água.

O que É Física?

Um dos principais ramos da física e da engenharia é a **termodinâmica**, o estudo da *energia térmica* (também conhecida como *energia interna*) dos sistemas. Um dos conceitos centrais da termodinâmica é o de temperatura. Desde a infância, temos um conhecimento prático dos conceitos de temperatura e energia térmica. Sabemos, por exemplo, que é preciso tomar cuidado com alimentos e objetos quentes e que a carne e o peixe devem ser guardados na geladeira. Sabemos, também, que a temperatura no interior de uma casa e de um automóvel deve ser mantida dentro de certos limites e que devemos nos proteger do frio e do calor excessivos.

Os exemplos de aplicação da termodinâmica na ciência e na tecnologia são numerosos. Os engenheiros de automóveis se preocupam com o superaquecimento dos motores, especialmente no caso dos carros de corrida. Os engenheiros de alimentos estudam o aquecimento de alimentos, como o de pizzas em fornos de micro-ondas, e o resfriamento, como no caso dos alimentos congelados. Os meteorologistas analisam a transferência de energia térmica nos eventos associados ao fenômeno El Niño e ao aquecimento global. Os engenheiros agrônomos investigam a influência das condições climáticas sobre a agricultura. Os engenheiros biomédicos estão interessados em saber se a medida da temperatura de um paciente permite distinguir uma infecção viral benigna de um tumor canceroso. CVF

O ponto de partida de nossa discussão da termodinâmica é o conceito de temperatura.

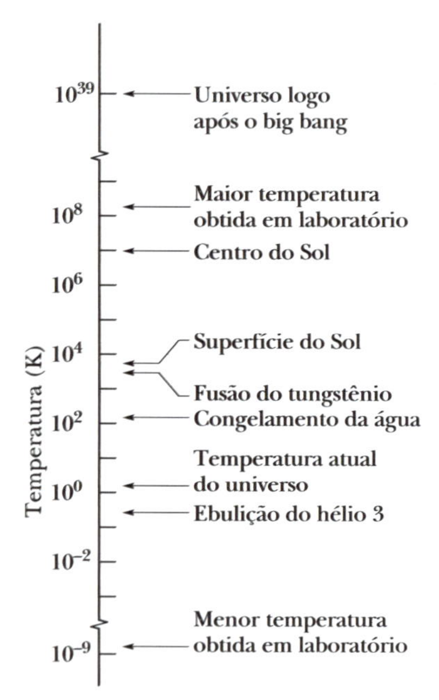

Figura 18.1.1 Temperaturas de alguns objetos na escala Kelvin. Nessa escala logarítmica, a temperatura $T = 0$ corresponde a $10^{-\infty}$ e, portanto, não pode ser indicada.

Temperatura

A temperatura é uma das sete grandezas fundamentais do SI. Os físicos medem a temperatura na **escala Kelvin**, cuja unidade é o *kelvin* (K). Embora não exista um limite superior para a temperatura de um corpo, existe um limite inferior; essa temperatura limite é tomada como o *zero* da escala Kelvin de temperatura. A temperatura ambiente está em torno de 290 kelvins (290 K). A Fig. 18.1.1 mostra a temperatura em kelvins de alguns objetos estudados pelos físicos.

Quando o universo começou, há 13,8 bilhões de anos, sua temperatura era da ordem de 10^{39} K. Ao se expandir, o universo esfriou e hoje a temperatura média é de aproximadamente 3 K. Aqui na Terra, a temperatura é um pouco mais alta porque vivemos nas vizinhanças de uma estrela. Se não fosse o Sol, também estaríamos a 3 K (ou melhor, não existiríamos).

Lei Zero da Termodinâmica

As propriedades de muitos objetos mudam consideravelmente quando são submetidos a uma variação de temperatura. Eis alguns exemplos: quando a temperatura aumenta, o volume de um líquido aumenta; uma barra de metal fica um pouco mais comprida; a resistência elétrica de um fio aumenta e o mesmo acontece com a pressão de um gás confinado. Quaisquer dessas mudanças podem ser usadas como base de um instrumento que nos ajude a compreender o conceito de temperatura.

A Fig. 18.1.2 mostra um instrumento desse tipo. Um engenheiro habilidoso poderia construí-lo usando quaisquer das propriedades mencionadas no parágrafo anterior. O instrumento dispõe de um mostrador digital e tem as seguintes características: quando é aquecido (com um bico de Bunsen, digamos), o número do mostrador aumenta; quando é colocado em uma geladeira, o número diminui. O instrumento não está calibrado e os números não têm (ainda) um significado físico. Esse aparelho é um *termoscópio*, mas não é (ainda) um *termômetro*.

Suponha que, como na Fig. 18.1.3*a*, o termoscópio (que vamos chamar de corpo T) seja posto em contato com outro corpo (corpo A). O sistema inteiro está contido em uma caixa feita de material isolante. Os números mostrados pelo termoscópio variam até, finalmente, se estabilizarem (digamos que a leitura final seja "137,04"). Vamos supor, na verdade, que todas as propriedades mensuráveis do corpo T e do corpo A tenham assumido, após certo tempo, um valor constante. Quando isso acontece, dizemos que os dois corpos estão em *equilíbrio térmico*. Embora as leituras mostradas para o corpo T não tenham sido calibradas, concluímos que os corpos T e A estão à mesma temperatura (desconhecida).

Suponha que, em seguida, o corpo T seja posto em contato com o corpo B (Fig. 18.1.3*b*) e *a leitura do termoscópio seja a mesma* quando os dois corpos atingem o equilíbrio térmico. Isso significa que os corpos T e B estão à mesma temperatura (ainda desconhecida). Se colocarmos os corpos A e B em contato (Fig. 18.1.3*c*), eles já estarão em equilíbrio térmico? Experimentalmente, verificamos que sim.

O fato experimental ilustrado na Fig. 18.1.3 é expresso pela **lei zero da termodinâmica**:

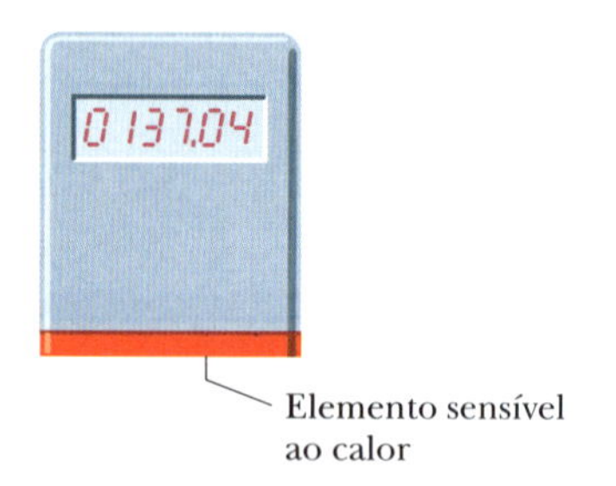

Figura 18.1.2 Termoscópio. Os números aumentam quando o dispositivo é aquecido e diminuem quando o dispositivo é resfriado. O sensor térmico pode ser, entre outras coisas, um fio cuja resistência elétrica é medida e indicada no mostrador.

> Se dois corpos A e B estão separadamente em equilíbrio térmico com um terceiro corpo T, então A e B estão em equilíbrio térmico entre si.

Em uma linguagem menos formal, o que a lei zero nos diz é o seguinte: "Todo corpo possui uma propriedade chamada **temperatura**. Quando dois corpos estão em equilíbrio térmico, suas temperaturas são iguais, e vice-versa." Podemos agora transformar nosso termoscópio (o terceiro corpo T) em um termômetro, confiantes de que suas leituras têm um significado físico. Tudo que precisamos fazer é calibrá-lo.

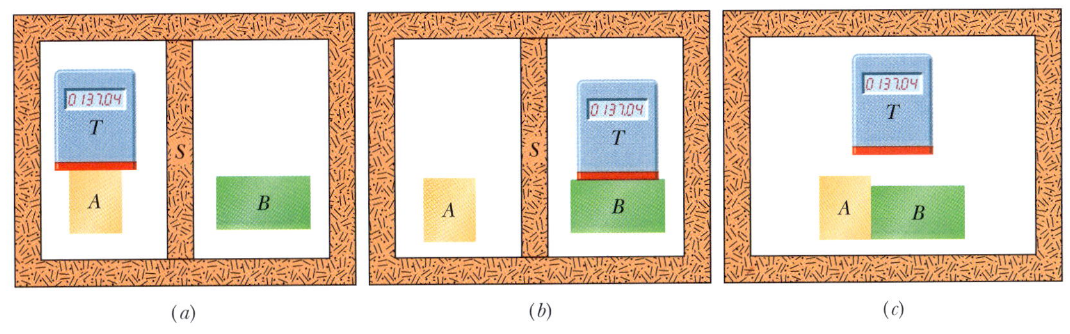

Figura 18.1.3 (*a*) O corpo T (um termoscópio) e o corpo A estão em equilíbrio térmico. (O corpo S é um isolante térmico.) (*b*) O corpo T e o corpo B também estão em equilíbrio térmico e produzem a mesma leitura do termoscópio. (*c*) Se (*a*) e (*b*) são verdadeiros, a lei zero da termodinâmica estabelece que o corpo A e o corpo B também estão em equilíbrio térmico.

Usamos a lei zero constantemente no laboratório. Quando desejamos saber se os líquidos em dois recipientes estão à mesma temperatura, medimos a temperatura de cada um com um termômetro; não precisamos colocar os dois líquidos em contato e observar se estão ou não em equilíbrio térmico.

A lei zero, considerada uma descoberta tardia, foi formulada apenas na década de 1930, muito depois de a primeira e a segunda leis da termodinâmica terem sido descobertas e numeradas. Como o conceito de temperatura é fundamental para as duas leis, a lei que estabelece a temperatura como um conceito válido deve ter uma numeração menor; por isso o zero.

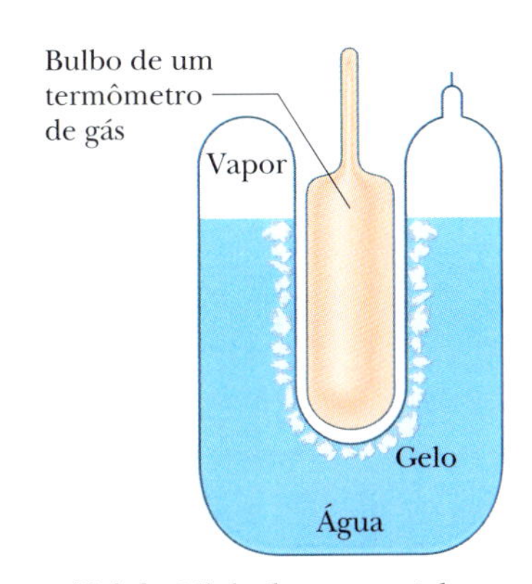

Figura 18.1.4 Célula de ponto triplo, na qual gelo (sólido), água (líquido) e vapor (gás) estão em equilíbrio térmico. Por acordo internacional, a temperatura da mistura foi definida como 273,16 K. O bulbo de um termômetro de gás a volume constante é mostrado no centro da célula.

Medida da Temperatura

Vamos primeiro definir e medir temperaturas na escala Kelvin para, em seguida, calibrar um termoscópio e transformá-lo em um termômetro.

Ponto Triplo da Água

Para criar uma escala de temperatura, escolhemos um fenômeno térmico reprodutível e, arbitrariamente, atribuímos a ele uma *temperatura*. Poderíamos, por exemplo, escolher o ponto de fusão do gelo ou o ponto de ebulição da água, mas, por questões técnicas, optamos pelo **ponto triplo da água**.

A água, o gelo e o vapor d'água podem coexistir, em equilíbrio térmico, para apenas um conjunto de valores de pressão e temperatura. A Fig. 18.1.4 mostra uma célula de ponto triplo, na qual este chamado ponto triplo da água pode ser obtido em laboratório. Por acordo internacional, foi atribuído ao ponto triplo da água o valor de 273,16 K como a temperatura-padrão para a calibração dos termômetros, ou seja,

$$T_3 = 273{,}16\ \text{K} \qquad \text{(temperatura do ponto triplo)}, \qquad (18.1.1)$$

em que o índice 3 significa "ponto triplo". O acordo também estabelece o valor do kelvin como 1/273,16 da diferença entre o zero absoluto e a temperatura do ponto triplo da água.

Note que não usamos o símbolo de grau ao expressar temperaturas na escala Kelvin. Escrevemos 300 K (e não 300 ° K) e devemos ler a temperatura como "300 kelvins" (e não como "300 graus kelvin"). Os prefixos usados para as outras unidades do SI podem ser usados; assim, 3,5 mK significa 0,0035 K. Não há nomenclaturas distintas para temperaturas na escala Kelvin e diferenças de temperatura, de modo que podemos escrever "a temperatura de fusão do enxofre é 717,8 K" e "a temperatura do líquido sofreu um aumento de 8,5 K".

Termômetro de Gás a Volume Constante

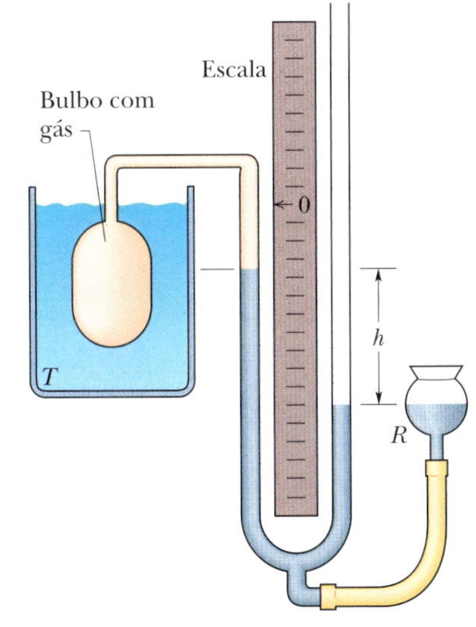

Figura 18.1.5 Termômetro de gás a volume constante, com o bulbo imerso em um líquido cuja temperatura T se pretende medir.

O termômetro-padrão, em relação ao qual todos os outros termômetros são calibrados, se baseia na pressão de um gás em um volume fixo. A Fig. 18.1.5 mostra um **termômetro de gás a volume constante**; ele é composto por um bulbo cheio de gás ligado por

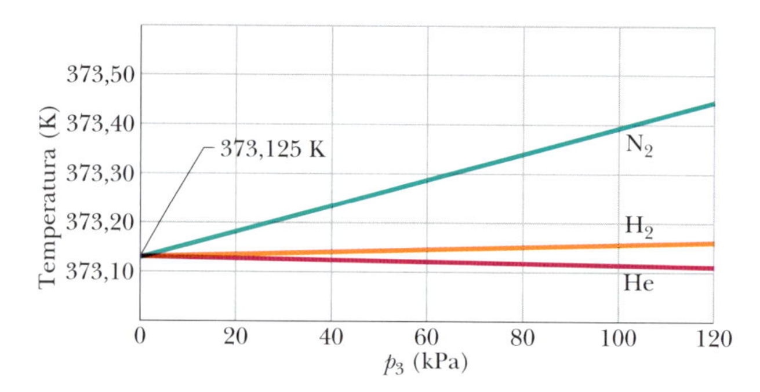

Figura 18.1.6 Temperaturas medidas por um termômetro de gás a volume constante, com o bulbo imerso em água fervente. Para calcular a temperatura usando a Eq. 18.1.5, a pressão p_3 foi medida no ponto triplo da água. Três gases diferentes no bulbo do termômetro fornecem resultados diferentes para diferentes pressões do gás, mas, quando a quantidade de gás é reduzida (o que diminui o valor de p_3), as três curvas convergem para 373,125 K.

um tubo a um manômetro de mercúrio. Levantando ou abaixando o reservatório *R*, é sempre possível fazer com que o nível de mercúrio no lado esquerdo do tubo em U fique no zero da escala para manter o volume do gás constante (variações do volume do gás afetariam as medidas de temperatura).

A temperatura de qualquer corpo em contato térmico com o bulbo (como, por exemplo, o líquido em torno do bulbo na Fig. 18.1.5) é definida como

$$T = Cp, \qquad (18.1.2)$$

em que p é a pressão exercida pelo gás e C é uma constante. De acordo com a Eq. 14.3.2, a pressão p é dada por

$$p = p_0 - \rho g h, \qquad (18.1.3)$$

em que p_0 é a pressão atmosférica, ρ é a massa específica do mercúrio e h é a diferença entre os níveis de mercúrio medida nos dois lados do tubo.* (O sinal negativo é usado na Eq. 18.1.3 porque a pressão p é medida *acima* do nível no qual a pressão é p_0.)

Se o bulbo for introduzido em uma célula de ponto triplo (Fig. 18.1.4), a temperatura medida será

$$T_3 = Cp_3, \qquad (18.1.4)$$

em que p_3 é a pressão do gás. Eliminando C nas Eqs. 18.1.2 e 18.1.4, obtemos uma equação para a temperatura em função de p e p_3:

$$T = T_3\left(\frac{p}{p_3}\right) = (273{,}16\text{ K})\left(\frac{p}{p_3}\right) \quad \text{(provisória).} \qquad (18.1.5)$$

Ainda temos um problema com esse termômetro. Se o usamos para medir, digamos, o ponto de ebulição da água, descobrimos que gases diferentes no bulbo fornecem resultados ligeiramente diferentes. Entretanto, quando usamos quantidades cada vez menores de gás no interior do bulbo, as leituras convergem para uma única temperatura, seja qual for o gás utilizado. A Fig. 18.1.6 mostra essa convergência para três gases.

Assim, a receita para medir a temperatura com um termômetro de gás é a seguinte:

$$T = (273{,}16\text{ K})\left(\lim_{\text{gás}\to 0}\frac{p}{p_3}\right). \qquad (18.1.6)$$

De acordo com a receita, uma temperatura T desconhecida deve ser medida da seguinte forma: Encha o bulbo do termômetro com uma quantidade arbitrária de *qualquer* gás (nitrogênio, por exemplo) e meça p_3 (usando uma célula de ponto triplo) e p, a pressão do gás na temperatura que está sendo medida. (Mantenha constante o volume do gás.) Calcule a razão p/p_3. Repita as medidas com uma quantidade menor do gás no bulbo e calcule a nova razão. Repita o procedimento usando quantidades cada vez menores de gás até poder extrapolar para a razão p/p_3 que seria obtida se não houvesse gás no bulbo. Calcule a temperatura T substituindo essa razão extrapolada na Eq. 18.1.6. (A temperatura é chamada *temperatura de gás ideal.*)

*Vamos usar como unidade de pressão o pascal (Pa), definido no Módulo 14.1, cuja relação com outras unidades comuns de pressão é a seguinte:

$$1\text{ atm} = 1{,}01 \times 10^5\text{ Pa} = 760\text{ torr} = 14{,}7\text{ lb/in}^2.$$

Teste 18.1.1

São dadas as pressões à temperatura T e as pressões no ponto triplo para quatro gases. Coloque os gases na ordem da temperatura T, começando pela maior.

Gás	Pressão (kPa)	Pressão no Ponto Triplo (kPa)
1	2,6	2,0
2	4,8	4,0
3	5,5	5,0
4	7,2	6,0

18.2 ESCALAS CELSIUS E FAHRENHEIT

Objetivos do Aprendizado

Depois de ler este módulo, você será capaz de ...

18.2.1 Converter uma temperatura de kelvins para graus Celsius e de graus Celsius para graus Fahrenheit, e vice-versa.

18.2.2 Saber que uma variação de um kelvin é igual a uma variação de um grau Celsius.

Ideias-Chave

- A temperatura em graus Celsius é definida pela equação

$$T_C = T - 273{,}15°,$$

em que T_C é a temperatura em graus Celsius e T é a temperatura em kelvins.

- A temperatura em graus Fahrenheit é definida pela equação

$$T_F = \tfrac{9}{5}T_C + 32°,$$

em que T_F é a temperatura em graus Fahrenheit e T_C é a temperatura em graus Celsius.

Escalas Celsius e Fahrenheit

Até agora, consideramos apenas a escala Kelvin, usada principalmente pelos cientistas. Em quase todos os países do mundo, a escala Celsius (chamada antigamente de escala centígrada) é a escala mais usada no dia a dia. As temperaturas na escala Celsius são medidas em graus, e um grau Celsius tem o mesmo valor numérico que um kelvin. Entretanto, o zero da escala Celsius está em um valor mais conveniente que o zero absoluto. Se T_C representa uma temperatura em graus Celsius e T a mesma temperatura em kelvins,

$$T_C = T - 273{,}15°. \tag{18.2.1}$$

Quando expressamos temperaturas na escala Celsius, usamos o símbolo de grau. Assim, escrevemos 20,00°C (que se lê como "20,00 graus Celsius") para uma temperatura na escala Celsius, mas 293,15 K (que se lê como "293,15 kelvins") para a mesma temperatura na escala Kelvin.

A escala Fahrenheit, a mais comum nos Estados Unidos, utiliza um grau menor que o grau Celsius e um zero de temperatura diferente. A relação entre as escalas Celsius e Fahrenheit é

$$T_F = \tfrac{9}{5}T_C + 32°, \tag{18.2.2}$$

em que T_F é a temperatura em graus Fahrenheit. A conversão entre as duas escalas pode ser feita com facilidade a partir de dois pontos de referência (pontos de congelamento e de ebulição da água), mostrados na Tabela 18.2.1. As escalas Kelvin, Celsius e Fahrenheit são comparadas na Fig. 18.2.1.

A posição do símbolo de grau em relação às letras C e F é usada para distinguir medidas e graus nas duas escalas. Assim,

$$0\ °C = 32\ °F$$

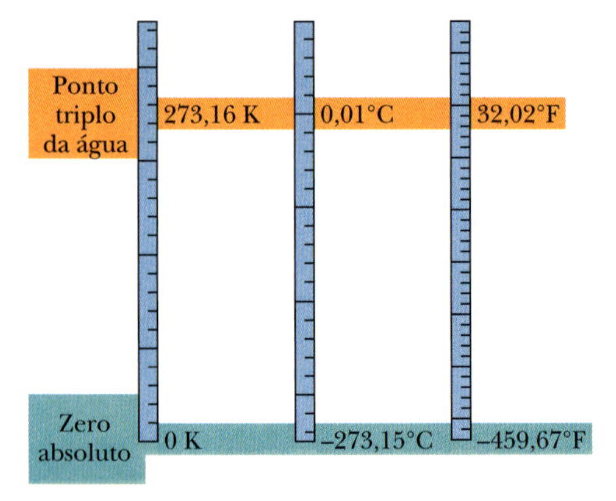

Figura 18.2.1 Comparação entre as escalas Kelvin, Celsius e Fahrenheit de temperatura.

Tabela 18.2.1 Correspondência entre Algumas Temperaturas

Temperatura	°C	°F
Ponto de ebulição da água[a]	100	212
Temperatura normal do corpo	37,0	98,6
Temperatura confortável	20	68
Ponto de congelamento da água[a]	0	32
Zero da escala Fahrenheit	≈ −18	0
Coincidência das escalas	−40	−40

[a]Estritamente falando, o ponto de ebulição da água na escala Celsius é 99,975 °C, e o ponto de congelamento é 0,00 °C. Assim, existem pouco menos de 100C° entre os dois pontos.

significa que uma temperatura de 0° na escala Celsius equivale a uma temperatura de 32° na escala Fahrenheit, enquanto

$$5\ \text{C}^\circ = 9\ \text{F}^\circ$$

significa que uma diferença de temperatura de 5 graus Celsius (observe que, nesse caso, o símbolo de grau aparece *depois* do C) equivale a uma diferença de temperatura de 9 graus Fahrenheit.

Teste 18.2.1

A figura mostra três escalas lineares de temperatura, com os pontos de congelamento e ebulição da água indicados. (a) Ordene os graus dessas escalas de acordo com o tamanho, em ordem decrescente. (b) Ordene as seguintes temperaturas, em ordem decrescente: 50°X, 50°W e 50°Y.

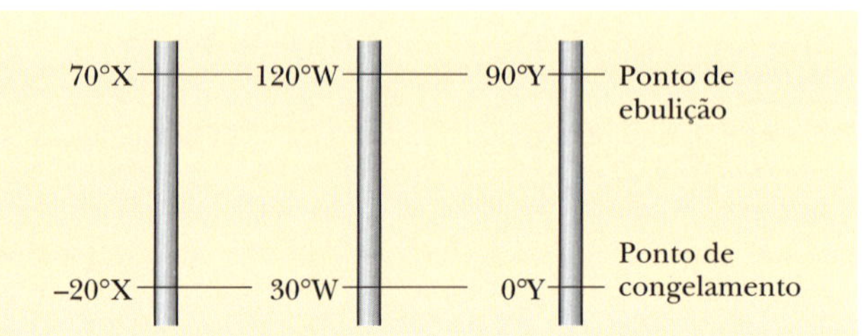

Exemplo 18.2.1 Conversão de uma escala de temperatura para outra

Suponha que você encontre anotações antigas que descrevem uma escala de temperatura chamada Z na qual o ponto de ebulição da água é 65,0°Z e o ponto de congelamento é −14,0°Z. A que temperatura na escala Fahrenheit corresponde uma temperatura $T = -98{,}0°\text{Z}$? Suponha que a escala Z é linear, ou seja, que o tamanho de um grau Z é o mesmo em toda a escala Z.

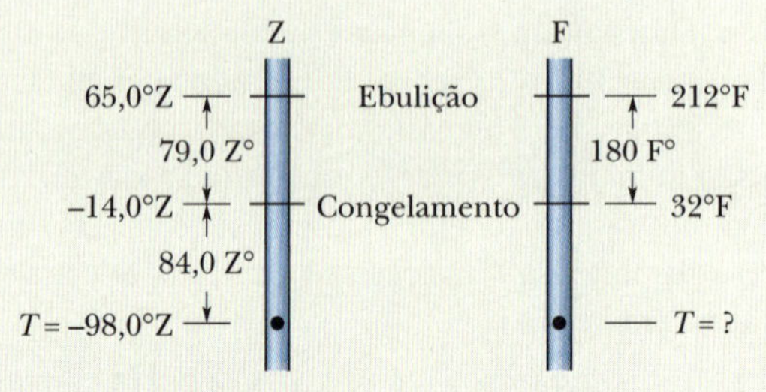

Figura 18.2.2 Comparação entre uma escala de temperatura desconhecida e a escala Fahrenheit.

IDEIA-CHAVE

Como as duas escalas são lineares, o fator de conversão pode ser calculado usando duas temperaturas conhecidas nas duas escalas, como os pontos de ebulição e congelamento da água. O número de graus entre as temperaturas conhecidas em uma escala é equivalente ao número de graus entre elas na outra escala.

Cálculos: Começamos por relacionar a temperatura dada T a *uma* das temperaturas conhecidas da escala Z. Como $T = -98{,}0°\text{Z}$ está mais próximo do ponto de congelamento (−14,0°Z) que do ponto de ebulição (65,0°Z), escolhemos o ponto de congelamento. Observamos que T está −14,0°Z − (−98,0°Z) = 84,0°Z *abaixo do ponto de congelamento.* (Essa diferença pode ser lida como "84,0 graus Z".)

O passo seguinte consiste em determinar um fator de conversão entre as escalas Z e Fahrenheit. Para isso, usamos *as duas* temperaturas conhecidas na escala Z e as correspondentes temperaturas na escala Fahrenheit. Na escala Z, a diferença entre pontos de ebulição e de congelamento é 65,0°Z − (−14,0°Z) = 79,0Z°. Na escala Fahrenheit, é 212°F − 32,0°F = 180F°. Assim, uma diferença de temperatura de 79Z° equivale a uma diferença de temperatura de 180F° (Fig. 18.2.2) e podemos usar a razão (180F°/79,0Z°) como fator de conversão.

Como T está 84,0Z° abaixo do ponto de congelamento, deve estar abaixo do ponto de congelamento

$$(84{,}0\ \text{Z}^\circ)\frac{180\ \text{F}^\circ}{79{,}0\ \text{Z}^\circ} = 191\ \text{F}^\circ.$$

Como o ponto de congelamento corresponde a 32,0°F, isso significa que

$$T = 32{,}0°\text{F} - 191\ \text{F}^\circ = -\ 159°\text{F}. \qquad \text{(Resposta)}$$

18.3 DILATAÇÃO TÉRMICA

Objetivos do Aprendizado

Depois de ler este módulo, você será capaz de ...

18.3.1 No caso de uma dilatação térmica unidimensional, conhecer a relação entre a variação de temperatura ΔT, a variação de comprimento ΔL, o comprimento inicial L e o coeficiente de dilatação térmica α.

18.3.2 No caso de uma dilatação térmica bidimensional, usar a dilatação térmica unidimensional para determinar a variação de área.

18.3.3 No caso de uma dilatação térmica tridimensional, conhecer a relação entre a variação de temperatura ΔT, a variação de volume ΔV, o volume inicial V e o coeficiente de dilatação volumétrica β.

Ideias-Chave

- Todos os objetos variam de tamanho quando a temperatura varia. No caso de uma variação de temperatura ΔT, uma variação ΔL de qualquer dimensão linear L é dada por

$$\Delta L = L\alpha\,\Delta T,$$

em que α é o coeficiente de dilatação linear.

- A variação ΔV do volume V de um sólido ou líquido é dada por

$$\Delta V = V\beta\,\Delta T,$$

em que $\beta = 3\alpha$ é o coeficiente de dilatação térmica do material.

Dilatação Térmica

Às vezes, para conseguir desatarraxar a tampa metálica de um pote de vidro, basta colocar o pote debaixo de uma torneira de água quente. Tanto o metal da tampa quanto o vidro do pote se dilatam quando a água quente fornece energia aos átomos. (Com a energia adicional, os átomos se afastam mais uns dos outros, atingindo um novo ponto de equilíbrio com as forças elásticas interatômicas que mantêm os átomos unidos em um sólido.) Entretanto, como os átomos do metal se afastam mais uns dos outros que os átomos do vidro, a tampa se dilata mais do que o pote e, portanto, fica frouxa.

A **dilatação térmica** dos materiais com o aumento de temperatura deve ser levada em conta em muitas situações da vida prática. Quando uma ponte está sujeita a grandes variações de temperatura ao longo do ano, por exemplo, ela é dividida em trechos separados por *juntas de dilatação* para que o concreto possa se expandir nos dias quentes sem que a ponte se deforme. O material usado nas obturações dentárias deve ter as mesmas propriedades de dilatação térmica que o dente para que o paciente possa beber um café quente ou tomar um sorvete sem sofrer consequências desagradáveis. Quando o jato supersônico Concorde (Fig. 18.3.1) foi construído, o projeto teve que levar em conta a dilatação térmica da fuselagem provocada pelo atrito com o ar durante o voo. CVF

Hugh Thomas/BWP Media/Getty Images

Figura 18.3.1 Quando um Concorde voava mais depressa que a velocidade do som, a dilatação térmica produzida pelo atrito com o ar aumentava o comprimento da aeronave de 12,5 cm. (A temperatura aumentava para 128 °C no nariz e 90 °C na cauda. Era possível sentir com a mão o aquecimento das janelas.)

As propriedades de dilatação térmica de alguns materiais podem ter aplicações práticas. Alguns termômetros e termostatos utilizam a diferença na dilatação dos componentes de uma *tira bimetálica* (Fig. 18.3.2). Os termômetros clínicos e meteorológicos se baseiam no fato de que líquidos como o mercúrio e o álcool se dilatam mais do que os tubos de vidro que os contêm.

Dilatação Linear 18.1

Se a temperatura de uma barra metálica de comprimento L aumenta de um valor ΔT, o comprimento aumenta de um valor

$$\Delta L = L\alpha\,\Delta T, \tag{18.3.1}$$

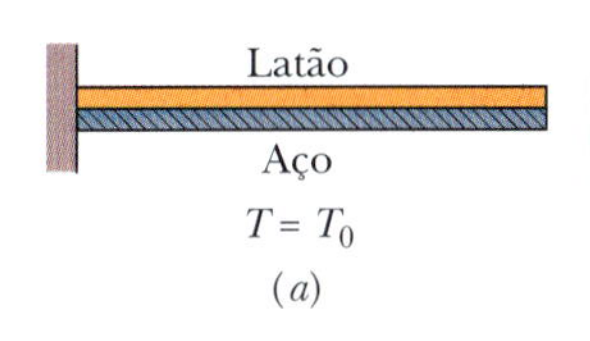

Uma tira bimetálica entorta porque um metal se dilata e se contrai mais que o outro quando a temperatura varia.

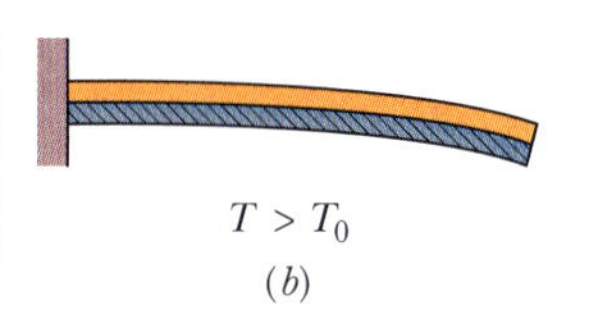

Figura 18.3.2 (*a*) Uma tira bimetálica, formada por uma tira de latão e uma tira de aço soldadas, à temperatura T_0. (*b*) Quando a temperatura é maior que a temperatura de referência, a tira se enverga para baixo, como na figura. Quando a temperatura é menor que a temperatura de referência, a tira se enverga para cima. Muitos termostatos funcionam com base nesse princípio, fazendo ou desfazendo um contato elétrico de acordo com a temperatura em que se encontram.

Tabela 18.3.1 Alguns Coeficientes de Dilatação Linear[a]

Substância	α (10^{-6}/C°)
Gelo (a 0 °C)	51
Chumbo	29
Alumínio	23
Latão	19
Cobre	17
Concreto	12
Aço	11
Vidro (comum)	9
Vidro (Pyrex)	3,2
Diamante	1,2
Invar[b]	0,7
Quartzo fundido	0,5

[a]Valores à temperatura ambiente, exceto no caso do gelo.

[b]Essa liga foi projetada para ter um baixo coeficiente de dilatação. O nome é uma abreviação de "invariável".

em que α é uma constante chamada **coeficiente de dilatação linear**. A unidade do coeficiente α é o $C^{\circ -1}$ ou K^{-1}. Embora α varie ligeiramente com a temperatura, na maioria dos casos pode ser considerado constante para um dado material. A Tabela 18.3.1 mostra os coeficientes de dilatação linear de alguns materiais. Note que a unidade C° que aparece na tabela poderia ser substituída pela unidade K.

A dilatação térmica de um sólido é como a ampliação de uma fotografia, exceto pelo fato de que ocorre em três dimensões. A Fig. 18.3.3*b* mostra a dilatação térmica (exagerada) de uma régua de aço. A Eq. 18.3.1 se aplica a todas as dimensões lineares da régua, como as arestas, a espessura, as diagonais e os diâmetros de uma circunferência desenhada na régua e de um furo circular aberto na régua. Se o disco retirado do furo se ajusta perfeitamente ao furo, continua a se ajustar se sofrer o mesmo aumento de temperatura que a régua.

Dilatação Volumétrica 18.1

Se todas as dimensões de um sólido aumentam com a temperatura, é evidente que o volume do sólido também aumenta. No caso dos líquidos, a dilatação volumétrica é a única que faz sentido. Se a temperatura de um sólido ou de um líquido cujo volume é V aumenta de um valor ΔT, o aumento de volume correspondente é

$$\Delta V = L\beta\,\Delta T, \qquad (18.3.2)$$

em que β é o **coeficiente de dilatação volumétrica** do sólido ou do líquido. Os coeficientes de dilatação volumétrica e de dilatação linear de um sólido estão relacionados pela equação

$$\beta = 3\alpha. \qquad (18.3.3)$$

O líquido mais comum, a água, não se comporta como os outros líquidos. Acima de 4 °C, a água se dilata quando a temperatura aumenta, como era de se esperar. Entre 0 e 4 °C, porém, a água se *contrai* quando a temperatura aumenta. Assim, por volta de 4 °C, a massa específica da água passa por um máximo.

Esse comportamento da água é a razão pela qual os lagos congelam de cima para baixo e não o contrário. Quando a água da superfície é resfriada a partir de, digamos, 10 °C, ela fica mais densa (mais "pesada") que a água mais abaixo e afunda. Para temperaturas menores que 4 °C, porém, um resfriamento adicional faz com que a água que está na superfície fique *menos* densa (mais "leve") que a água mais abaixo e, portanto, essa água permanece na superfície até congelar. Assim, a água da superfície congela enquanto a água mais abaixo permanece líquida. Se os lagos congelassem de baixo para cima, o gelo assim formado não derreteria totalmente no verão, pois estaria isolado pela água mais acima. Após alguns anos, muitos mares e lagos nas zonas temperadas da Terra permaneceriam congelados o ano inteiro, o que tornaria impossível a vida aquática. CVF

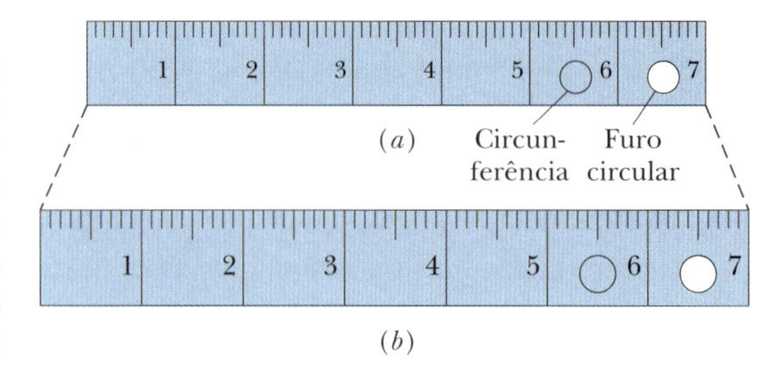

Figura 18.3.3 A mesma régua de aço em duas temperaturas diferentes. Quando a régua se dilata, a escala, os números, a espessura, e os diâmetros da circunferência e do furo circular aumentam no mesmo fator. (A dilatação foi exagerada para tornar o desenho mais claro.)

Teste 18.3.1

A figura mostra quatro placas metálicas retangulares cujos lados têm comprimento L, $2L$ ou $3L$. São todas feitas do mesmo material, e a temperatura aumenta do mesmo valor nas quatro placas. Ordene as placas de acordo com o aumento (a) da dimensão vertical e (b) da área, em ordem decrescente.

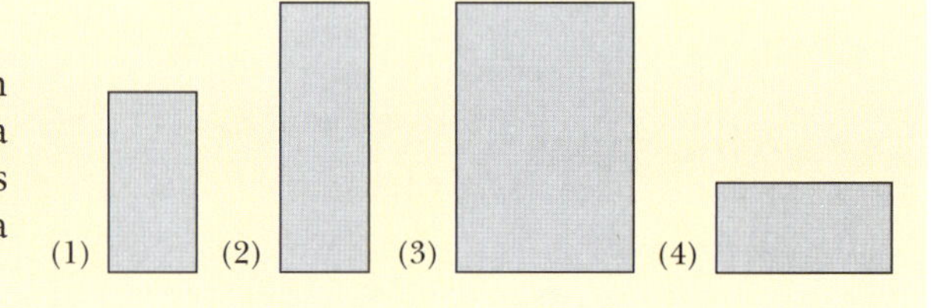

Exemplo 18.3.1 Dilatação térmica da Lua

Quando a Apolo 15 pousou na Lua, no sopé da cordilheira dos Apeninos, os astronautas hastearam uma bandeira (Fig. 18.3.4). O poste telescópico de alumínio tinha 2,0 m de comprimento e um coeficiente de dilatação térmica de $2{,}3 \times 10^{-5}$/C°. Nessa latitude da Lua (26,1 °N), a temperatura varia de 290 K durante o dia para 110 K durante a noite. Qual é a variação do comprimento do poste da noite para o dia?

IDEIA-CHAVE

A variação de comprimento é linearmente proporcional à variação de temperatura.

Cálculo: De acordo com a Eq. 18.3.1,

$$\Delta L = L\alpha\,\Delta T = (2{,}0\text{ m})(2{,}3 \times 10^{-5}/\text{C°})(180\text{ K})$$
$$= 8{,}3 \times 10^{-3}\text{ m} = 8{,}3\text{ mm}.$$

JSC/National Aeronautics and Space Administration

Figura 18.3.4 Bandeira na Lua.

18.4 ABSORÇÃO DE CALOR

Objetivos do Aprendizado

Depois de ler este módulo, você será capaz de ...

18.4.1 Saber que a *energia térmica* está associada ao movimento aleatório de partículas microscópicas no interior de um objeto.

18.4.2 Saber que o calor Q é a quantidade de energia transferida (da energia térmica ou para a energia térmica) de um objeto em consequência da diferença de temperatura entre um objeto e o ambiente.

18.4.3 Conhecer as diferentes unidades usadas para medir a energia térmica.

18.4.4 Saber que a unidade de energia térmica do SI é a mesma usada para medir outras formas de energia, como a energia mecânica e a energia elétrica.

18.4.5 Conhecer a relação entre a variação de temperatura ΔT de um objeto, o calor transferido Q e a capacidade térmica C do objeto.

18.4.6 Conhecer a relação entre a variação de temperatura ΔT de um objeto, o calor transferido Q, o calor específico c e a massa m do objeto.

18.4.7 Conhecer as três fases da matéria.

18.4.8 No caso da transformação de fase de uma substância, conhecer a relação entre o calor transferido Q, o calor de transformação L e a massa transformada m.

18.4.9 Se um calor transferido Q produz uma transformação de fase, saber que a transferência de calor produz três efeitos distintos: (a) a variação de temperatura até a substância atingir a temperatura da transformação de fase; (b) a transformação de fase propriamente dita; (c) a variação de temperatura sofrida pela substância na nova fase.

Ideias-Chave

- O calor Q é a energia transferida de um sistema para o ambiente ou do ambiente para um sistema por causa de uma diferença de temperatura. O calor é medido em joules (J), calorias (cal) ou British thermal units (Btu); entre essas unidades, existem as seguintes relações:

$$1\text{ cal} = 3{,}968 \times 10^{-3}\text{ Btu} = 4{,}1868\text{ J}.$$

- Se um calor Q é absorvido por um objeto, a variação de temperatura ΔT do objeto é dada por

$$Q = C(T_f - T_i),$$

em que C é a capacidade térmica do objeto, T_f é a temperatura final e T_i é a temperatura inicial. Se o objeto tem massa m,

$$Q = cm(T_f - T_i),$$

em que c é o calor específico do material de que é feito o objeto.

- O calor específico molar de uma substância é a capacidade térmica por mol, ou seja, a capacidade térmica de $6{,}02 \times 10^{23}$ unidades elementares da substância.
- O calor absorvido por um material pode produzir uma mudança de fase do material, da fase sólida para a fase líquida, por exemplo. A energia por unidade de massa necessária para mudar a fase (mas não a temperatura) de um material é chamada calor de transformação (L). Assim,

$$Q = Lm.$$

- O calor de vaporização L_V é a energia por unidade de massa que deve ser fornecida para vaporizar um líquido ou que deve ser removida para condensar um gás.
- O valor de fusão L_F é a energia por unidade de massa que deve ser fornecida para fundir um sólido ou para solidificar um líquido.

Temperatura e Calor

Se você pega uma lata de refrigerante na geladeira e a deixa na mesa da cozinha, a temperatura do refrigerante aumenta, a princípio rapidamente e depois mais devagar, até que se torne igual à do ambiente (ou seja, até que os dois estejam em equilíbrio térmico). Da mesma forma, a temperatura de uma xícara de café quente deixada na mesa diminui até se tornar igual à temperatura ambiente.

Generalizando essa situação, descrevemos o refrigerante ou o café como um *sistema* (à temperatura T_S) e as partes relevantes da cozinha como o *ambiente* (à temperatura T_A) em que se encontra o sistema. O que observamos é que, se T_S não é igual a T_A, T_S varia (T_A também pode variar um pouco) até que as duas temperaturas se igualem e o equilíbrio térmico seja estabelecido.

Essa variação de temperatura se deve a uma mudança da energia térmica do sistema por causa da troca de energia entre o sistema e o ambiente. (Lembre-se de que a *energia térmica* é uma energia interna que consiste na energia cinética e na energia potencial associadas aos movimentos aleatórios dos átomos, moléculas e outros corpos microscópicos que existem no interior de um objeto.) A energia transferida é chamada **calor** e simbolizada pela letra Q. O calor é *positivo* se a energia é transferida do ambiente para a energia térmica do sistema (dizemos que o calor é absorvido pelo sistema). O calor é *negativo* se a energia é transferida da energia térmica do sistema para o ambiente (dizemos que o calor é cedido ou perdido pelo sistema).

Essa transferência de energia está ilustrada na Fig. 18.4.1. Na situação da Fig. 18.4.1*a*, na qual $T_S > T_A$, a energia é transferida do sistema para o ambiente, de modo que Q é negativo. Na Fig. 18.4.1*b*, em que $T_S = T_A$, não há transferência de energia, Q é zero e, portanto, não há calor cedido nem absorvido. Na Fig. 18.4.1*c*, na qual $T_S < T_A$, a transferência é do ambiente para o sistema e Q é positivo.

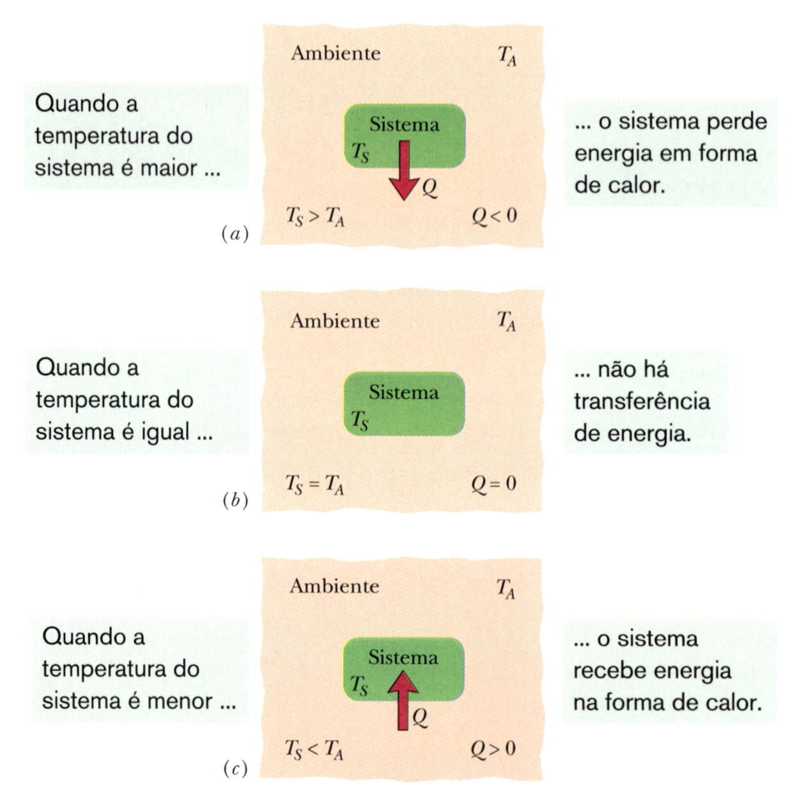

Figura 18.4.1 Se a temperatura de um sistema é maior que a temperatura do ambiente, como em (*a*), certa quantidade Q de calor é perdida pelo sistema para o ambiente para que o equilíbrio térmico (*b*) seja restabelecido. (*c*) Se a temperatura do sistema é menor que a temperatura do ambiente, certa quantidade de calor é absorvida pelo sistema para que o equilíbrio térmico seja restabelecido.

Chegamos, portanto, à seguinte definição de calor:

Calor é a energia trocada entre um sistema e o ambiente devido a uma diferença de temperatura.

Linguagem. Lembre-se de que a energia também pode ser trocada entre um sistema e o ambiente por meio do *trabalho* W realizado por uma força. Ao contrário da temperatura, pressão e volume, o calor e o trabalho não são propriedades intrínsecas de um sistema; eles têm significado apenas quando descrevem a transferência de energia para dentro ou para fora do sistema. Para fazer uma analogia, a expressão "uma transferência de R$ 600,00" pode ser usada para descrever a transferência de dinheiro de uma conta bancária para outra, mas não para informar o saldo de uma conta, já que o que se guarda em uma conta é dinheiro e não uma transferência. No caso do calor, é apropriado dizer: "Durante os últimos três minutos, 15 J de calor foram transferidos do sistema para o ambiente", ou "Durante o último minuto, um trabalho de 12 J foi realizado pelo ambiente sobre o sistema". Entretanto, não faz sentido dizer: "Este sistema possui 450 J de calor", ou "Este sistema contém 385 J de trabalho".

Unidades. Antes que os cientistas percebessem que o calor é energia transferida, o calor era medido em termos da capacidade de aumentar a temperatura da água. Assim, a **caloria** (cal) foi definida como a quantidade de calor necessária para aumentar a temperatura de 1 g de água de 14,5 °C para 15,5 °C. No sistema inglês, a unidade de calor era a **British thermal unit** (Btu), definida como a quantidade de calor necessária para aumentar a temperatura de 1 libra de água de 63 °F para 64 °F.

Em 1948, a comunidade científica decidiu que, uma vez que o calor (como o trabalho) é energia transferida, a unidade de calor do SI deveria ser a mesma da energia, ou seja, o **joule**. A caloria é hoje definida como igual a 4,1868 J (exatamente), sem nenhuma referência ao aquecimento da água. [A "caloria" usada pelos nutricionistas, às vezes chamada "Caloria" (Cal), é equivalente a uma quilocaloria (1 kcal).] As relações entre as unidades de calor são as seguintes:

$$1 \text{ cal} = 3{,}968 \times 10^{-3} \text{ Btu} = 4{,}1868 \text{ J}. \tag{18.4.1}$$

Absorção de Calor por Sólidos e Líquidos 18.2

Capacidade Térmica

A **capacidade térmica** C de um objeto é a constante de proporcionalidade entre o calor Q recebido ou cedido pelo objeto e a variação de temperatura ΔT do objeto, ou seja,

$$Q = C\,\Delta T = C(T_f - T_i), \tag{18.4.2}$$

em que T_i e T_f são as temperaturas inicial e final do objeto, respectivamente. A capacidade térmica C é medida em unidades de energia por grau ou energia por kelvin. A capacidade térmica C de uma pedra de mármore, por exemplo, pode ser 179 cal/C°, que também podemos escrever como 179 cal/K ou como 749 J/K.

A palavra "capacidade" nesse contexto pode ser enganadora, pois sugere uma analogia com a capacidade que um balde possui de conter certa quantidade de água. *A analogia é falsa*; você não deve pensar que um objeto "contém" calor ou possui uma capacidade limitada de absorver calor. É possível transferir uma quantidade ilimitada de calor para um objeto, contanto que uma diferença de temperatura seja mantida. É claro, porém, que o objeto pode fundir ou se vaporizar no processo.

Calor Específico

Dois objetos feitos do mesmo material (mármore, digamos) têm uma capacidade térmica que é proporcional à massa. Assim, é conveniente definir a "capacidade térmica por unidade de massa", ou **calor específico** c, que se refere, não a um objeto, mas a uma massa unitária do material de que é feito o objeto. Nesse caso, a Eq. 18.4.2 se torna

$$Q = cm\,\Delta T = cm(T_f - T_i). \tag{18.4.3}$$

Tabela 18.4.1 Alguns Calores Específicos e Calores Específicos Molares à Temperatura Ambiente

	Calor Específico		Calor Específico Molar
Substância	cal/g · K	J/kg · K	J/mol · K
Sólidos Elementares			
Chumbo	0,0305	128	26,5
Tungstênio	0,0321	134	24,8
Prata	0,0564	236	25,5
Cobre	0,0923	386	24,5
Alumínio	0,215	900	24,4
Outros Sólidos			
Latão	0,092	380	
Granito	0,19	790	
Vidro	0,20	840	
Gelo (a −10 °C)	0,530	2220	
Líquidos			
Mercúrio	0,033	140	
Etanol	0,58	2430	
Água do mar	0,93	3900	
Água doce	1,00	4187	

Experimentalmente, podemos observar que a capacidade térmica de uma pedra de mármore tem o valor de 179 cal/C° (ou 749 J/K) ou outro valor qualquer, mas o calor específico do mármore (nessa pedra ou em qualquer outro objeto feito de mármore) é sempre 0,21 cal/g · C° (ou 880 J/kg · K).

De acordo com as definições de caloria e Btu, o calor específico da água é

$$c = 1 \text{ cal/g} \cdot \text{C}^\circ = 1 \text{ Btu/1b} \cdot \text{F}^\circ = 4186{,}8 \text{ J/kg} \cdot \text{K}. \qquad (18.4.4)$$

A Tabela 18.4.1 mostra o calor específico de algumas substâncias à temperatura ambiente. Note que o calor específico da água é o maior da tabela. O calor específico de uma substância varia um pouco com a temperatura, mas os valores da Tabela 18.4.1 podem ser usados com precisão razoável em temperaturas próximas da temperatura ambiente.

Teste 18.4.1

Uma quantidade de calor Q aquece 1 g de uma substância A de 3 C°, e 1 g de uma substância B de 4 C°. Qual das duas substâncias tem o maior calor específico?

Calor Específico Molar

Em muitas circunstâncias, a unidade mais conveniente para especificar a quantidade de uma substância é o mol, definido da seguinte forma:

$$1 \text{ mol} = 6{,}02 \times 10^{23} \quad \text{unidades elementares}$$

de *qualquer* substância. Assim, 1 mol de alumínio significa $6{,}02 \times 10^{23}$ átomos de Al (o átomo é a unidade elementar) e 1 mol de óxido de alumínio significa $6{,}02 \times 10^{23}$ fórmulas moleculares de Al_2O_3 (a fórmula molecular é a unidade elementar do composto).

Quando a quantidade de uma substância é expressa em mols, o calor específico deve ser expresso na forma de quantidade de calor por mol (e não por unidade de massa); nesse caso, é chamado **calor específico molar**. A Tabela 18.4.1 mostra o calor específico molar de alguns sólidos elementares (formados por um único elemento), outros sólidos e alguns líquidos à temperatura ambiente.

Um Ponto Importante

Para determinar e utilizar corretamente o calor específico de uma substância, é preciso conhecer as condições em que ocorre a transferência de calor. No caso de sólidos e líquidos, em geral supomos que a amostra está submetida a uma pressão constante (normalmente, a pressão atmosférica) durante a transferência. Entretanto, também podemos imaginar que a amostra seja mantida com um volume constante durante a absorção de calor. Para isso, a dilatação térmica da amostra deve ser evitada pela aplicação de uma pressão externa. No caso de sólidos e líquidos, isso é muito difícil de executar experimentalmente, mas o efeito pode ser calculado, e verifica-se que a diferença entre os calores específicos a pressão constante e a volume constante é relativamente pequena. No caso dos gases, por outro lado, como vamos ver no próximo capítulo, os valores do calor específico a pressão constante e a volume constante são muito diferentes.

Calor de Transformação

Quando o calor é transferido para uma amostra sólida ou líquida, nem sempre a temperatura da amostra aumenta. Em vez disso, a amostra pode mudar de *fase* (ou de *estado*). A matéria pode existir em três estados principais. No *estado sólido*, os átomos ou moléculas do material formam uma estrutura rígida por meio da atração mútua. No *estado líquido*, os átomos ou moléculas têm mais energia e maior mobilidade. Formam aglomerados transitórios, mas o material não tem uma estrutura rígida e pode escoar em um cano ou se acomodar à forma de um recipiente. No *estado gasoso*, os átomos ou moléculas têm uma energia ainda maior, não interagem, a não ser por meio de choques de curta duração, e ocupam todo o volume de um recipiente.

Fusão. *Fundir* um sólido significa fazê-lo passar do estado sólido para o estado líquido. O processo requer energia porque os átomos ou moléculas do sólido devem ser liberados de uma estrutura rígida. A fusão de um cubo de gelo para formar água

Tabela 18.4.2 Alguns Calores de Transformação

	Fusão		Ebulição	
Substância	Ponto de Fusão (K)	Calor de Fusão L_F (kJ/kg)	Ponto de Ebulição (K)	Calor de Vaporização L_V (kJ/kg)
Hidrogênio	14,0	58,0	20,3	455
Oxigênio	54,8	13,9	90,2	213
Mercúrio	234	11,4	630	296
Água	273	333	373	2.256
Chumbo	601	23,2	2.017	858
Prata	1.235	105	2.323	2.336
Cobre	1.356	207	2.868	4.730

é um bom exemplo. *Solidificar* um líquido é o inverso de fundir e exige a retirada de energia do líquido para que os átomos ou moléculas voltem a formar a estrutura rígida de um sólido.

Vaporização. *Vaporizar* um líquido significa fazê-lo passar do estado líquido para o estado gasoso. Esse processo, como o de fusão, requer energia porque os átomos ou moléculas devem ser liberados de aglomerados. Ferver a água para transformá-la em vapor é um bom exemplo. *Condensar* um gás é o inverso de vaporizar e exige a retirada de energia para que os átomos ou moléculas voltem a se aglomerar.

A quantidade de energia por unidade de massa que deve ser transferida na forma de calor para que uma amostra mude totalmente de fase é chamada **calor de transformação** e representada pela letra L. Assim, quando uma amostra de massa m sofre uma mudança de fase, a energia total transferida é

$$Q = Lm. \tag{18.4.5}$$

Quando a mudança é da fase líquida para a fase gasosa (caso em que a amostra absorve calor) ou da fase gasosa para a fase líquida (caso em que a amostra libera calor), o calor de transformação é chamado **calor de vaporização** e representado pelo símbolo L_V. Para a água à temperatura normal de vaporização ou condensação,

$$L_V = 539 \text{ cal/g} = 40{,}7 \text{ kJ/mol} = 2256 \text{ kJ/kg}. \tag{18.4.6}$$

Quando a mudança é da fase sólida para a fase líquida (caso em que a amostra absorve calor) ou da fase líquida para a fase sólida (caso em que a amostra libera calor), o calor de transformação é chamado **calor de fusão** e representado pelo símbolo L_F. Para a água à temperatura normal de solidificação ou de fusão,

$$L_F = 79{,}5 \text{ cal/g} = 6{,}01 \text{ kJ/mol} = 333 \text{ kJ/kg}. \tag{18.4.7}$$

A Tabela 18.4.2 mostra o calor de transformação de algumas substâncias.

Exemplo 18.4.1 Equilíbrio térmico entre cobre e água 18.1

Um lingote de cobre de massa m_c = 75 g é aquecido em um forno de laboratório até a temperatura T = 312 °C. Em seguida, o lingote é colocado em um béquer de vidro contendo uma massa m_a = 220 g de água. A capacidade térmica C_b do béquer é 45 cal/K. A temperatura inicial da água e do béquer é T_i = 12 °C. Supondo que o lingote, o béquer e a água são um sistema isolado e que a água não é vaporizada, determine a temperatura final T_f do sistema quando o equilíbrio térmico é atingido.

IDEIAS-CHAVE

(1) Como o sistema é isolado, a energia total do sistema não pode mudar e apenas transferências internas de energia podem ocorrer. (2) Como nenhum componente do sistema sofre uma mudança de fase, as transferências de energia na forma de calor podem apenas mudar as temperaturas.

Cálculos: Para relacionar as transferências de calor a mudanças de temperatura, usamos as Eqs. 18.4.2 e 18.4.3 para escrever

$$\text{para a água: } Q_a = c_a m_a (T_f - T_i); \tag{18.4.8}$$

$$\text{para o béquer: } Q_b = C_b (T_f - T_i); \tag{18.4.9}$$

$$\text{para o cobre: } Q_c = c_c m_c (T_f - T). \tag{18.4.10}$$

Como a energia total do sistema é constante, a soma das três transferências de energia é zero:

$$Q_a + Q_b + Q_c = 0. \tag{18.4.11}$$

Substituindo as Eqs. 18.4.8 a 18.4.10 na Eq. 18.4.11, obtemos

$$c_a m_a(T_f - T_i) + C_b(T_f - T_i) + c_c m_c(T_f - T) = 0. \quad (18.4.12)$$

As temperaturas aparecem na Eq. 18.4.12 apenas na forma de diferenças. Como as diferenças nas escalas Celsius e Kelvin são iguais, podemos usar qualquer uma dessas escalas. Explicitando T_f, obtemos

$$T_f = \frac{c_c m_c T + C_b T_i + c_a m_a T_i}{c_a m_a + C_b + c_c m_c}.$$

Usando temperaturas em graus Celsius e os valores de c_c e c_a da Tabela 18.4.1, obtemos para o numerador

$$(0{,}0923 \text{ cal/g} \cdot \text{K})(75 \text{ g})(312 \text{ °C}) + (45 \text{ cal/K})(12 \text{ °C})$$
$$+ (1{,}00 \text{ cal/g} \cdot \text{K})(220 \text{ g})(12 \text{ °C}) = 5339{,}8 \text{ cal},$$

e para o denominador

$$(1{,}00 \text{ cal/g} \cdot \text{K})(220 \text{ g}) + 45 \text{ cal/K}$$
$$+ (0{,}0923 \text{ cal/g} \cdot \text{K})(75 \text{ g}) = 271{,}9 \text{ cal/C°}.$$

Assim, temos

$$T_f = \frac{5339{,}8 \text{ cal}}{271{,}9 \text{ cal/C°}} = 19{,}6 \text{°C} \approx 20 \text{ °C}. \quad \text{(Resposta)}$$

Substituindo os valores conhecidos nas Eqs. 18.4.8 a 18.410, obtemos

$$Q_a \approx 1670 \text{ cal}, \quad Q_b \approx 342 \text{ cal}, \quad Q_c \approx -2020 \text{ cal}.$$

A não ser pelos erros de arredondamento, a soma algébrica dessas três transferências de energia é realmente nula, como estabelece a Eq. 18.4.11.

Exemplo 18.4.2 Mudança de temperatura e de fase 18.2

(a) Que quantidade de calor deve absorver uma amostra de gelo de massa m = 720 g a −10 °C para passar ao estado líquido a 15°C?

IDEIAS-CHAVE

O processo de aquecimento ocorre em três etapas. (1) O gelo não pode fundir-se a uma temperatura abaixo do ponto de congelamento; assim, a energia transferida para o gelo na forma de calor apenas aumenta a temperatura do gelo até a temperatura chegar a 0 °C. (2) A temperatura não pode passar de 0 °C até que todo o gelo tenha se fundido; assim, quando o gelo está a 0 °C, toda a energia transferida para o gelo na forma de calor é usada para fundir o gelo. (3) Depois que todo o gelo se funde, toda a energia transferida para a água é usada para aumentar a temperatura.

Aquecimento do gelo: O calor Q_1 necessário para fazer a temperatura do gelo aumentar do valor inicial T_i = −10 °C para o valor final T_f = 0 °C (para que, depois, o gelo possa se fundir) é dado pela Eq. 18.4.3 ($Q = cm\,\Delta T$). Usando o calor específico do gelo c_g da Tabela 18.4.1, obtemos

$$Q_1 = c_g m(T_f - T_i)$$
$$= (2220 \text{ J/kg} \cdot \text{K})(0{,}720 \text{ kg})[0 \text{ °C} - (-10 \text{ °C})]$$
$$= 15\,984 \text{ J} \approx 15{,}98 \text{ kJ}.$$

Fusão do gelo: O calor Q_2 necessário para fundir todo o gelo é dado pela Eq. 18.4.5 ($Q = Lm$), em que L, nesse caso, é o calor de fusão L_F, com o valor dado na Eq. 18.4.7 e na Tabela 18.4.2. Temos:

$$Q_2 = L_F m = (333 \text{ kJ/kg})(0{,}720 \text{ kg}) \approx 239{,}8 \text{ kJ}.$$

Aquecimento da água: O calor Q_3 necessário para fazer a temperatura da água aumentar do valor inicial T_i = 0 °C para o valor final T_f = 15 °C é dado pela Eq. 18.4.3 (com o calor específico da água c_a):

$$Q_3 = c_a m(T_f - T_i)$$
$$= (4186{,}8 \text{ J/kg} \cdot \text{K})(0{,}720 \text{ kg})(15 \text{ °C} - 0 \text{ °C})$$
$$= 45.217 \text{ J} \approx 45{,}22 \text{ kJ}.$$

Total: O calor total Q_{tot} necessário é a soma dos valores calculados nas três etapas:

$$Q_{tot} = Q_1 + Q_2 + Q_3$$
$$= 15{,}98 \text{ kJ} + 239{,}8 \text{ kJ} + 45{,}22 \text{ kJ}$$
$$\approx 300 \text{ kJ}. \quad \text{(Resposta)}$$

Note que o calor necessário para fundir o gelo é muito maior que o calor necessário para aumentar a temperatura do gelo e da água.

(b) Se fornecermos ao gelo uma energia total de apenas 210 kJ (na forma de calor), quais serão o estado final e a temperatura da amostra?

IDEIA-CHAVE

Os resultados anteriores mostram que são necessários 15,98 kJ para aumentar a temperatura do gelo até o ponto de fusão. O calor restante Q_r é, portanto, 210 kJ − 15,98 kJ ou, aproximadamente, 194 kJ. Os resultados anteriores mostram que essa quantidade de calor não é suficiente para derreter todo o gelo. Como a fusão do gelo é incompleta, acabamos com uma mistura de gelo e água; a temperatura da mistura é a do ponto de fusão do gelo, 0 °C.

Cálculos: Podemos determinar a massa m do gelo que se transforma em líquido a partir da energia disponível Q_r usando a Eq. 18.4.5 com L_F:

$$m = \frac{Q_r}{L_F} = \frac{194 \text{ kJ}}{333 \text{ kJ/kg}} = 0{,}583 \text{ kg} \approx 580 \text{ g}.$$

Assim, a massa restante de gelo é 720 g − 580 g = 140 g e acabamos com

$$580 \text{ g de água} \quad \text{e} \quad 140 \text{ g de gelo a } 0 \text{ °C}. \quad \text{(Resposta)}$$

18.5 PRIMEIRA LEI DA TERMODINÂMICA

Objetivos do Aprendizado

Depois de ler este módulo, você será capaz de ...

18.5.1 Se um gás confinado se expande ou se contrai, calcular o trabalho W realizado pelo gás integrando a pressão do gás em relação ao volume do recipiente.

18.5.2 Conhecer a relação entre o sinal algébrico do trabalho W e a expansão ou contração do gás.

18.5.3 Dado um gráfico $p-V$ da pressão em função do volume para um processo, localizar o ponto inicial (o estado inicial) e o ponto final (o estado final) e usar uma integração gráfica para calcular o trabalho realizado.

18.5.4 Dado um gráfico $p-V$ da pressão em função do volume para um processo, conhecer a relação entre o sinal algébrico do trabalho e o sentido do processo no gráfico (para a direita ou para a esquerda).

18.5.5 Usar a primeira lei da termodinâmica para relacionar a variação ΔE_{int} da energia interna de um gás à energia Q fornecida ou recebida pelo gás na forma de calor e ao trabalho W realizado pelo gás ou sobre o gás.

18.5.6 Conhecer a relação entre o sinal algébrico do calor transferido Q e a transferência de calor do gás ou para o gás.

18.5.7 Saber que a energia interna ΔE_{int} de um gás tende a aumentar, se o gás recebe calor, e tende a diminuir, se o gás realiza trabalho.

18.5.8 Saber que, quando um gás é submetido a um processo adiabático, não há troca de calor entre o gás e o ambiente.

18.5.9 Saber que, quando um gás é submetido a um processo a volume constante, o trabalho realizado pelo gás ou sobre o gás é nulo.

18.5.10 Saber que, quando um gás é submetido a um processo cíclico, a energia interna do gás não varia.

18.5.11 Saber que, quando um gás é submetido a uma expansão livre, não há transferência de calor, nenhum trabalho é realizado e a energia interna do gás não varia.

Ideias-Chave

- Um gás pode trocar energia com o ambiente por meio do trabalho. O trabalho W realizado por um gás ao se expandir ou ao se contrair de um volume inicial V_i para um volume final V_f é dado por

$$W = \int dW = \int_{V_i}^{V_f} p\, dV.$$

A integração é necessária porque a pressão p pode variar durante a variação de volume.

- No caso dos processos termodinâmicos, a lei de conservação da energia assume a forma da primeira lei da termodinâmica, que pode ser enunciada de dois modos diferentes:

$$\Delta E_{int} = E_{int,f} - E_{int,i} = Q - W \qquad \text{(primeira lei)}$$

ou

$$dE_{int} = dQ - dW \qquad \text{(primeira lei).}$$

Nessas equações, E_{int} é a energia interna do material, que depende apenas do estado do material (temperatura, pressão e volume). Q é a energia trocada com o ambiente, na forma de calor; Q é positivo, se o sistema absorve calor, e negativo, se o sistema cede calor. W é a energia trocada com o ambiente na forma de trabalho; W é positivo, se o sistema realiza trabalho sobre o ambiente, e negativo, se o ambiente realiza trabalho sobre o sistema.

- Q e W dependem dos estados intermediários do processo; ΔE_{int} depende apenas dos estados inicial e final.

- A primeira lei da termodinâmica pode ser aplicada a vários casos especiais:

$$\text{processos adiabáticos:} \quad Q = 0, \qquad \Delta E_{int} = -W$$

$$\text{processos a volume constante:} \quad W = 0, \qquad \Delta E_{int} = Q$$

$$\text{processos cíclicos:} \quad \Delta E_{int} = 0, \qquad Q = W$$

$$\text{expansões livres:} \quad Q = W = \Delta E_{int} = 0$$

Calor e Trabalho

Vamos agora examinar de perto o modo como a energia pode ser transferida, na forma de calor e trabalho, de um sistema para o ambiente, e vice-versa. Vamos tomar como sistema um gás confinado em um cilindro com um êmbolo, como na Fig. 18.5.1. A força para cima a que o êmbolo é submetido pela pressão do gás confinado é igual ao peso das esferas de chumbo colocadas sobre o êmbolo mais o peso do êmbolo. As paredes do cilindro são feitas de material isolante que não permite a transferência de energia na forma de calor. A base do cilindro repousa em um *reservatório térmico* (uma placa quente, por exemplo) cuja temperatura T pode ser controlada.

O sistema (gás) parte de um *estado inicial i*, descrito por uma pressão p_i, um volume V_i e uma temperatura T_i. Deseja-se levar o sistema a um *estado final f*, descrito por uma pressão p_f, um volume V_f e uma temperatura T_f. O processo de levar o sistema do estado inicial ao estado final é chamado *processo termodinâmico*. Durante o processo, energia pode ser transferida do reservatório térmico para o sistema (calor positivo), ou vice-versa (calor negativo). Além disso, o sistema pode realizar trabalho

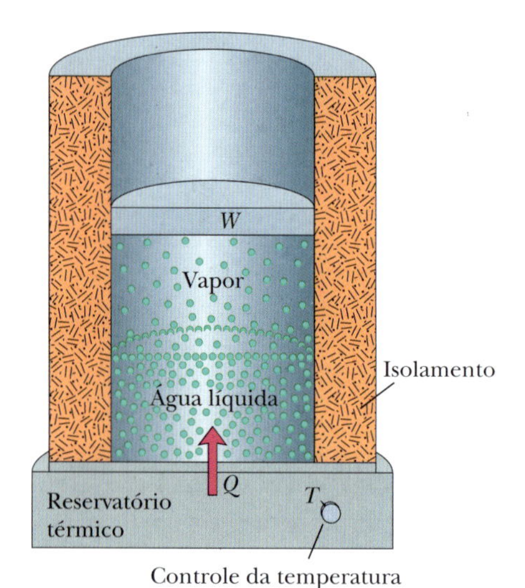

Figura 18.5.1 Gás confinado a um cilindro com um êmbolo móvel. Certa quantidade Q de calor pode ser adicionada ou removida do gás regulando a temperatura T do reservatório térmico ajustável. Certa quantidade de trabalho W pode ser realizada pelo gás ou sobre o gás levantando ou abaixando o êmbolo.

sobre as esferas de chumbo, levantando o êmbolo (trabalho positivo) ou receber trabalho das esferas de chumbo (trabalho negativo). Vamos supor que todas as mudanças ocorrem lentamente, de modo que o sistema está sempre (aproximadamente) em equilíbrio térmico (ou seja, cada parte do sistema está em equilíbrio térmico com todas as outras partes).

Suponha que algumas esferas de chumbo sejam removidas do êmbolo da Fig. 18.5.1, permitindo que o gás empurre o êmbolo e as esferas restantes para cima com uma força $\vec{F}$, que produz um deslocamento infinitesimal $d\vec{s}$. Como o deslocamento é pequeno, podemos supor que $\vec{F}$ é constante durante o deslocamento. Nesse caso, o módulo de $\vec{F}$ é igual a pA, em que p é a pressão do gás e A é a área do êmbolo. O trabalho infinitesimal dW realizado pelo gás durante o deslocamento é dado por

$$dW = \vec{F} \cdot d\vec{s} = (pA)(ds) = p(A\,ds) = p\,dV, \tag{18.5.1}$$

em que dV é a variação infinitesimal do volume do gás devido ao movimento do êmbolo. Quando o número de esferas removidas é suficiente para que o volume varie de V_i para V_f, o trabalho realizado pelo gás é

$$W = \int dW = \int_{V_i}^{V_f} p\,dV. \tag{18.5.2}$$

Durante a variação de volume, a pressão e a temperatura do gás também podem variar. Para calcular diretamente a integral da Eq. 18.5.2, precisaríamos saber como a pressão varia com o volume no processo pelo qual o sistema passa do estado i para o estado f.

Um Caminho. Na prática, existem muitas formas de levar o gás do estado i para o estado f. Uma delas é mostrada na Fig. 18.5.2a, que é um gráfico da pressão do

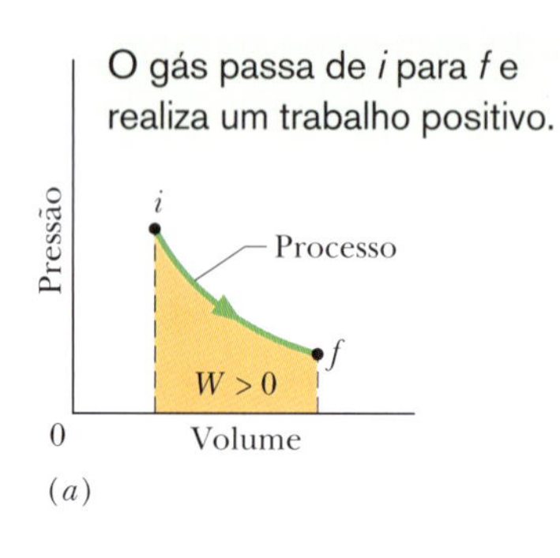

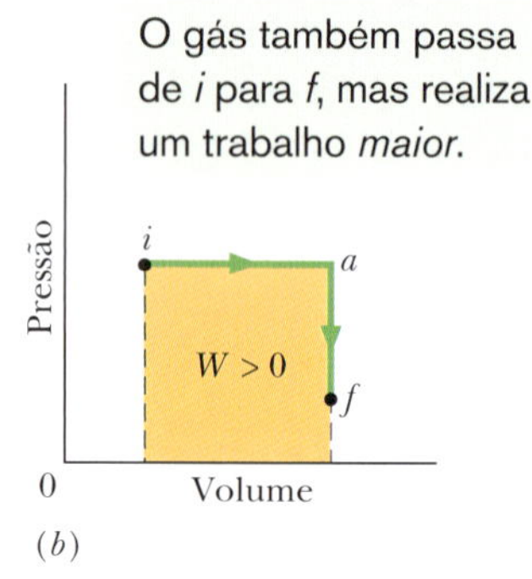

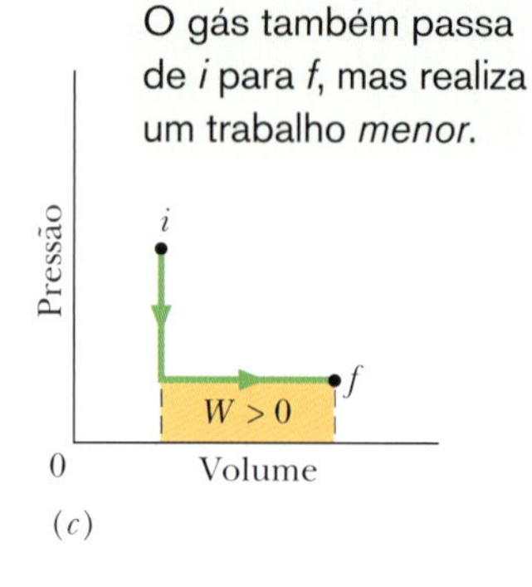

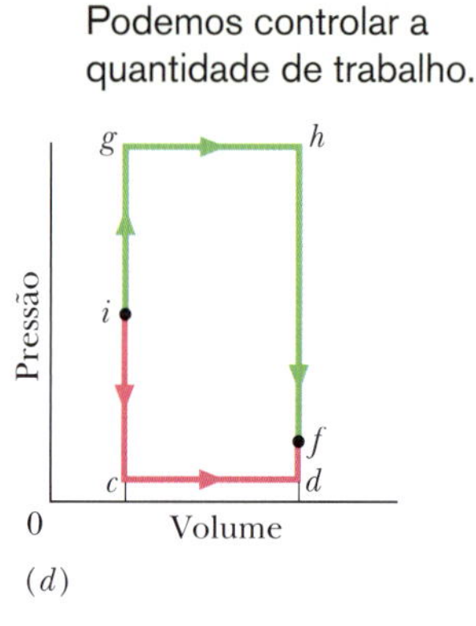

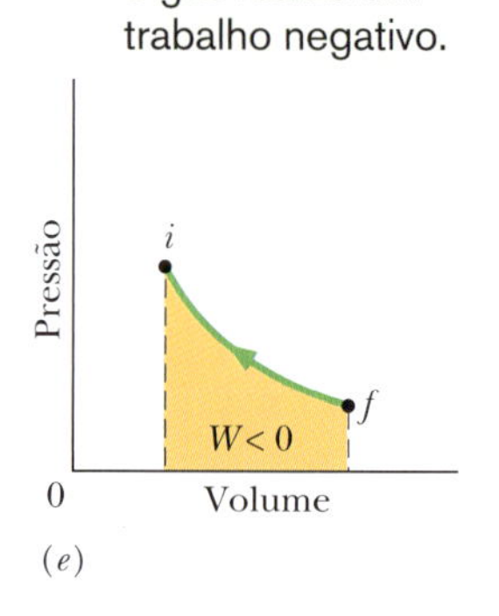

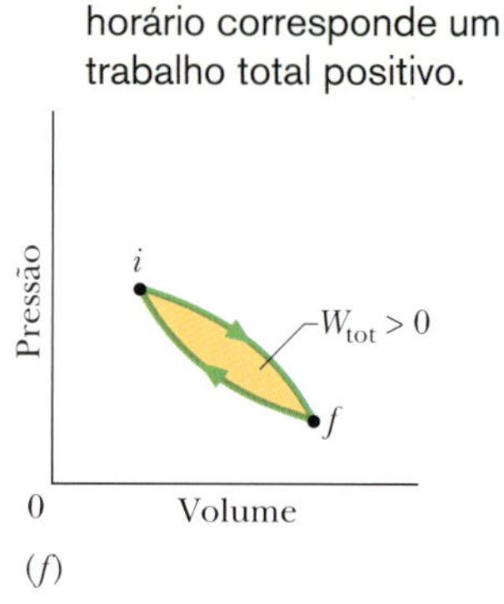

Figura 18.5.2 (a) A área sombreada representa o trabalho W realizado por um sistema ao passar de um estado inicial i para um estado final f. O trabalho W é positivo porque o volume do sistema aumenta. (b) W continua a ser positivo, mas agora é maior. (c) W continua a ser positivo, mas agora é menor. (d) W pode ser ainda menor (trajetória $icdf$) ou ainda maior (trajetória $ighf$). (e) Nesse caso, o sistema vai do estado f para o estado i quando o gás é comprimido por uma força externa e o volume diminui; o trabalho W realizado pelo sistema é negativo. (f) O trabalho total W_{tot} realizado pelo sistema durante um ciclo completo é representado pela área sombreada.
18.1 (BT) 18.2 a 18.4

gás em função do volume, conhecido como diagrama $p-V$. Na Fig. 18.5.2*a*, a curva mostra que a pressão diminui com o aumento do volume. A integral da Eq. 18.5.2 (e, portanto, o trabalho W realizado pelo gás) é representada pela área sombreada sob a curva entre os pontos i e f. Independentemente do que fizermos exatamente para levar o gás do ponto i ao ponto f, esse trabalho será sempre positivo, já que o gás só pode aumentar de volume empurrando o êmbolo para cima, ou seja, realizando trabalho sobre o êmbolo.

Outro Caminho. Outra forma de levar o gás do estado i para o estado f é mostrada na Fig. 18.5.2*b*. Nesse caso, a mudança acontece em duas etapas: do estado i para o estado a e do estado a para o estado f.

A etapa ia deste processo acontece a uma pressão constante, o que significa que o número de esferas de chumbo sobre o êmbolo da Fig. 18.5.1 permanece constante. O aumento do volume (de V_i para V_f) é conseguido aumentando lentamente a temperatura do gás até um valor mais elevado T_a. (O aumento da temperatura aumenta a força que o gás exerce sobre o êmbolo, empurrando-o para cima.) Durante essa etapa, a expansão do gás realiza um trabalho positivo (levantar o êmbolo) e calor é absorvido pelo sistema a partir do reservatório térmico (quando a temperatura do reservatório térmico é aumentada lentamente). Esse calor é positivo porque é fornecido ao sistema.

A etapa af do processo da Fig. 18.5.2*b* acontece a volume constante, de modo que o êmbolo deve ser travado. A temperatura do reservatório térmico é reduzida lentamente e a pressão do gás diminui de p_a para o valor final p_f. Durante essa etapa, o sistema cede calor para o reservatório térmico.

Para o processo global iaf, o trabalho W, que é positivo e ocorre apenas durante o processo ia, é representado pela área sombreada sob a curva. A energia é transferida na forma de calor nas etapas ia e af, com uma transferência de energia líquida Q.

Processos Inversos. A Fig. 18.5.2*c* mostra um processo no qual os dois processos anteriores ocorrem em ordem inversa. O trabalho W nesse caso é menor que na Fig. 18.5.2*b* e o mesmo acontece com o calor total absorvido. A Fig. 18.5.2*d* mostra que é possível tornar o trabalho realizado pelo gás tão pequeno quanto se deseje (seguindo uma trajetória como $icdf$) ou tão grande quanto se deseje (seguindo uma trajetória como $ighf$).

Resumindo: Um sistema pode ser levado de um estado inicial para um estado final de um número infinito de formas e, em geral, o trabalho W e o calor Q têm valores diferentes em diferentes processos. Dizemos que o calor e o trabalho são grandezas que *dependem da trajetória*.

Trabalho Negativo. A Fig. 18.5.2*e* mostra um exemplo no qual um trabalho negativo é realizado por um sistema quando uma força externa comprime o sistema, reduzindo o volume. O valor absoluto do trabalho continua a ser igual à área sob a curva, mas, como o gás foi *comprimido*, o trabalho realizado pelo gás é negativo.

Processo Cíclico. A Fig. 18.5.2*f* mostra um *ciclo termodinâmico* no qual o sistema é levado de um estado inicial i para um outro estado f e depois levado de volta para i. O trabalho total realizado pelo sistema durante o ciclo é a soma do trabalho *positivo* realizado durante a expansão com o trabalho *negativo* realizado durante a compressão. Na Fig. 18.5.2*f*, o trabalho total é positivo porque a área sob a curva de expansão (de i a f) é maior do que a área sob a curva de compressão (de f a i).

Teste 18.5.1

O diagrama $p-V$ da figura mostra seis trajetórias curvas (ligadas por trajetórias verticais) que podem ser seguidas por um gás. Quais são as duas trajetórias curvas que devem fazer parte de um ciclo fechado (ligadas às trajetórias verticais) para que o trabalho total realizado pelo gás tenha o maior valor positivo possível?

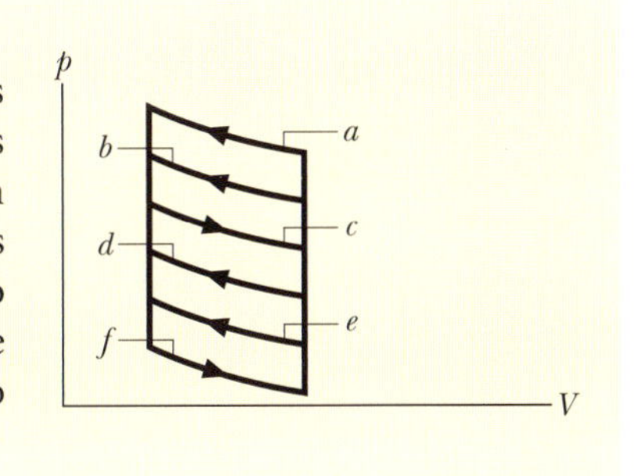

Primeira Lei da Termodinâmica

Com vimos, quando um sistema passa de um estado inicial para um estado final, tanto o trabalho W realizado como o calor Q transferido dependem do modo como a mudança é executada. Os experimentos, porém, revelaram algo interessante: *A diferença $Q - W$ depende apenas dos estados inicial e final e não da forma como o sistema passou de um estado para o outro.* Todas as outras combinações das grandezas Q e W, como Q apenas, W apenas, $Q + W$ e $Q - 2W$, *dependem da trajetória*; apenas $Q - W$ é independente. Esse fato sugere que a grandeza $Q - W$ é uma medida da variação de uma propriedade intrínseca do sistema. Chamamos essa propriedade de *energia interna* (E_{int}) e escrevemos

$$\Delta E_{int} = E_{int,f} - E_{int,i} = Q - W \quad \text{(primeira lei).} \qquad (18.5.3)$$

A Eq. 18.5.3 é a expressão matemática da **primeira lei da termodinâmica**. Se o sistema sofre apenas uma variação infinitesimal, podemos escrever a primeira lei na forma*

$$dE_{int} = dQ - dW \quad \text{(primeira lei).} \qquad (18.5.4)$$

A energia interna E_{int} de um sistema tende a aumentar, se acrescentamos energia na forma de calor Q, e a diminuir se removemos energia na forma de trabalho W realizado pelo sistema.

No Capítulo 8, discutimos a lei de conservação da energia em sistemas isolados, ou seja, em sistemas nos quais nenhuma energia entra no sistema ou sai do sistema. A primeira lei da termodinâmica é uma extensão dessa lei para sistemas que *não estão* isolados. Nesse caso, a energia pode entrar no sistema ou sair do sistema na forma de trabalho W ou calor Q. No enunciado da primeira lei da termodinâmica que foi apresentado, estamos supondo que o sistema como um todo não sofreu variações de energia cinética e energia potencial, ou seja, que $\Delta K = \Delta U = 0$.

Convenção. Antes deste capítulo, o termo *trabalho* e o símbolo W sempre significaram o trabalho realizado *sobre* um sistema. Entretanto, a partir da Eq. 18.5.1 e nos próximos dois capítulos sobre termodinâmica, vamos nos concentrar no trabalho realizado *por* um sistema, como o gás da Fig. 18.5.1.

O trabalho realizado *sobre* um sistema é sempre o negativo do trabalho realizado *pelo* sistema; logo, se reescrevemos a Eq. 18.5.3 em termos do trabalho W_s realizado *sobre* o sistema, temos $\Delta E_{int} = Q + W_s$. Isso significa o seguinte: A energia interna de um sistema tende a crescer, se fornecemos calor ao sistema ou realizamos trabalho *sobre* o sistema. Por outro lado, a energia interna tende a diminuir, se removemos calor do sistema ou se o sistema realiza trabalho.

Teste 18.5.2

A figura mostra quatro trajetórias em um diagrama $p-V$ ao longo das quais um gás pode ser levado de um estado i para um estado f. Ordene, em ordem decrescente, as trajetórias de acordo (a) com a variação ΔE_{int} da energia interna do gás, (b) com o trabalho W realizado pelo gás, (c) com o valor absoluto da energia transferida na forma de calor Q entre o gás e o ambiente.

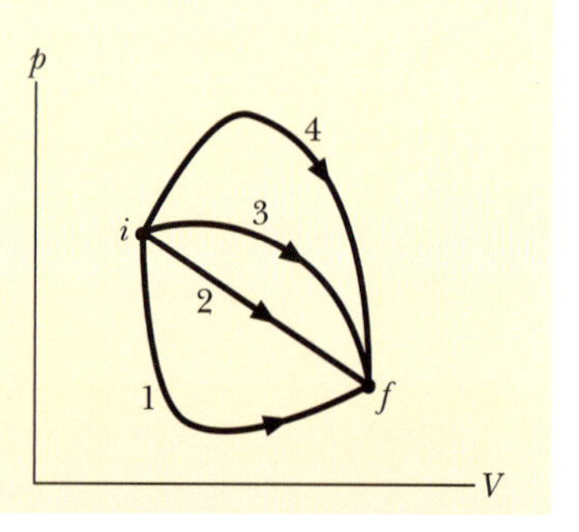

* Na Eq. 18.5.4, as grandezas dQ e dW, ao contrário de dE_{int}, não são diferenciais verdadeiras, ou seja, não existem funções do tipo $Q(p, V)$ e $W(p, V)$ que dependam apenas do estado do sistema. As grandezas dQ e dW são chamadas *diferenciais inexatas* e costumam ser representadas pelos símbolos δQ e δW. Para nossos propósitos, podemos tratá-las simplesmente como transferências de energia infinitesimais.

Alguns Casos Especiais da Primeira Lei da Termodinâmica

Vamos agora examinar quatro processos termodinâmicos diferentes para verificar o que acontece quando aplicamos a esses processos a primeira lei da termodinâmica. Os processos e os resultados correspondentes estão indicados na Tabela 18.5.1.

1. ***Processos adiabáticos.*** Processo adiabático é aquele que acontece tão depressa ou em um sistema tão bem isolado *que não há trocas de calor* entre o sistema e o ambiente. Fazendo $Q = 0$ na primeira lei (Eq. 18.5.3), obtemos

$$\Delta E_{\text{int}} = -W \quad \text{(processo adiabático).} \tag{18.5.5}$$

De acordo com a Eq. 18.5.5, se o sistema realiza trabalho sobre o ambiente (ou seja, se W é positivo), a energia interna do sistema diminui de um valor igual ao do trabalho realizado. Se, por outro lado, o ambiente realiza trabalho *sobre* o sistema (ou seja, se W é negativo), a energia interna do sistema aumenta de um valor igual ao trabalho realizado.

A Fig. 18.5.3 mostra um processo adiabático. Como o calor não pode entrar no sistema ou sair do sistema por causa do isolamento, a única troca possível de energia entre o sistema e o ambiente é por meio de trabalho. Se removemos esferas de chumbo do êmbolo e deixamos o gás se expandir, o trabalho realizado pelo sistema (o gás) é positivo e a energia interna diminui. Se, em vez disso, acrescentamos esferas e comprimimos o gás, o trabalho realizado pelo sistema é negativo e a energia interna do gás aumenta.

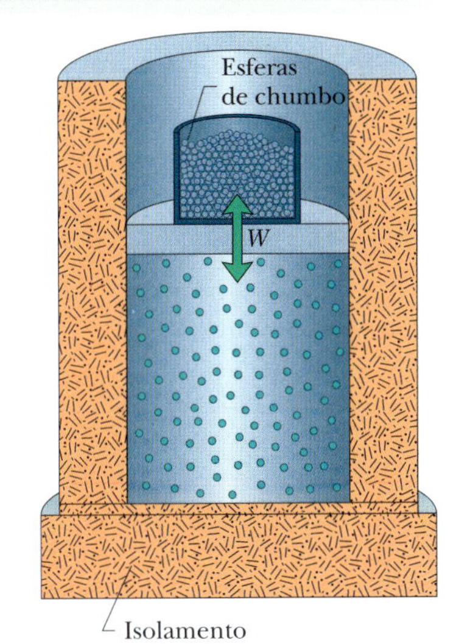

Figura 18.5.3 Uma expansão adiabática pode ser realizada removendo esferas de chumbo do êmbolo. O processo pode ser invertido a qualquer momento acrescentando novas esferas.

2. ***Processos a volume constante.*** Se o volume de um sistema (um gás, em geral) é mantido constante, o sistema não pode realizar trabalho. Fazendo $W = 0$ na primeira lei (Eq. 18.5.3), obtemos

$$\Delta E_{\text{int}} = Q \quad \text{(processo a volume constante).} \tag{18.5.6}$$

Assim, se o sistema recebe calor (ou seja, se Q é positivo), a energia interna do sistema aumenta. Se, por outro lado, o sistema cede calor (ou seja, se Q é negativo), a energia interna do sistema diminui.

3. ***Processos cíclicos.*** Existem processos nos quais, após certas trocas de calor e de trabalho, o sistema volta ao estado inicial. Nesse caso, nenhuma propriedade intrínseca do sistema (incluindo a energia interna) pode variar. Fazendo $\Delta E_{\text{int}} = 0$ na primeira lei (Eq. 18.5.3), obtemos

$$Q = W \quad \text{(processo cíclico).} \tag{18.5.7}$$

Assim, o trabalho total realizado durante o processo é exatamente igual à quantidade de energia transferida na forma de calor; a energia interna do sistema permanece a mesma. Os processos cíclicos representam uma trajetória fechada no diagrama $p-V$, como mostra a Fig. 18.5.2*f*. Esses processos serão discutidos com detalhes no Capítulo 20.

4. ***Expansões livres.*** São processos nos quais não há troca de calor com o ambiente e nenhum trabalho é realizado. Assim, $Q = W = 0$ e, de acordo com a primeira lei,

$$\Delta E_{\text{int}} = 0 \quad \text{(expansão livre).} \tag{18.5.8}$$

A Fig. 18.5.4 mostra de que forma esse tipo de expansão pode ocorrer. Um gás, cujas moléculas se encontram em equilíbrio térmico, está inicialmente confinado

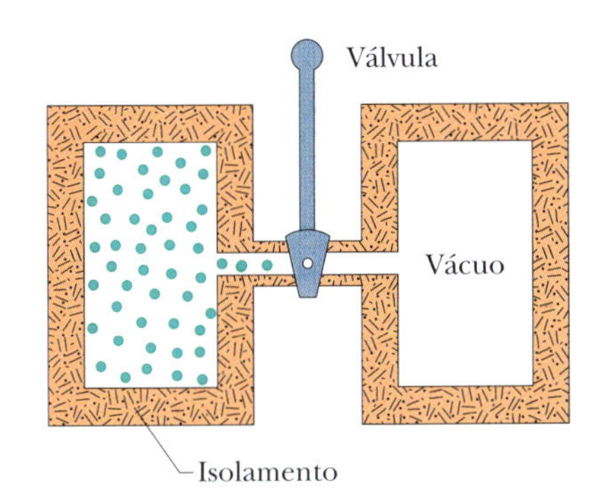

Figura 18.5.4 Estágio inicial de um processo de expansão livre. Quando a válvula é aberta, o gás passa a ocupar as duas câmaras e, após algum tempo, atinge um estado de equilíbrio.

Tabela 18.5.1 Primeira Lei da Termodinâmica: Quatro Casos Especiais

A Lei: $\Delta E_{\text{int}} = Q - W$ (Eq. 18.5.3)

Processo	Restrição	Consequência
Adiabático	$Q = 0$	$\Delta E_{\text{int}} = -W$
Volume constante	$W = 0$	$\Delta E_{\text{int}} = Q$
Ciclo fechado	$\Delta E_{\text{int}} = 0$	$Q = W$
Expansão livre	$Q = W = 0$	$\Delta E_{\text{int}} = 0$

por uma válvula fechada em uma das duas câmaras que compõem um sistema isolado; a outra câmara está vazia. A válvula é aberta e o gás se expande livremente até ocupar as duas câmaras. Nenhum calor é transferido do ambiente para o gás ou do gás para o ambiente por causa do isolamento. Nenhum trabalho é realizado pelo gás porque ele se desloca para uma região vazia e, portanto, não encontra nenhuma resistência (pressão) na segunda câmara.

Uma expansão livre é diferente dos outros processos porque não pode ser realizada lentamente, de forma controlada. Em consequência, durante a expansão abrupta, o gás não está em equilíbrio térmico e a pressão não é uniforme. Assim, embora os estados inicial e final possam ser mostrados em um diagrama $p-V$, não podemos desenhar a trajetória da expansão.

Teste 18.5.3

Para o ciclo fechado mostrado no diagrama $p-V$ da figura, (a) a energia interna ΔE_{int} do gás e (b) a energia Q transferida na forma de calor é positiva, negativa ou nula?

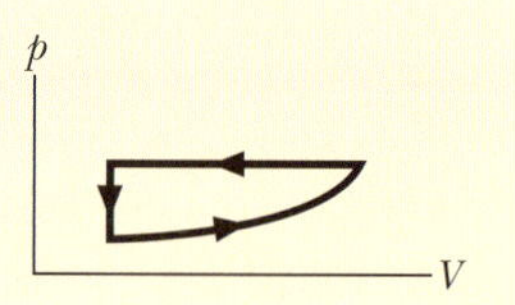

Exemplo 18.5.1 Trabalho, calor e variação de energia interna 18.3

Suponha que 1,00 kg de água a 100°C tenha sido convertido em vapor a 100°C. A água estava inicialmente contida em um cilindro com um êmbolo móvel de massa desprezível, sujeito à pressão atmosférica padrão (1,00 atm = $1{,}01 \times 10^5$ Pa), como mostra a Fig. 18.5.5. O volume da água variou de um valor inicial de $1{,}00 \times 10^{-3}$ m³ como líquido para 1,671 m³ como vapor.

(a) Qual foi o trabalho realizado pelo sistema?

IDEIAS-CHAVE

(1) O trabalho realizado pelo sistema foi positivo, já que o volume aumentou. (2) Podemos calcular o trabalho W integrando a pressão em relação ao volume (Eq. 18.5.2).

Cálculo: Como a pressão é constante, podemos colocar p do lado de fora do sinal de integração. Temos, portanto,

$$W = \int_{V_i}^{V_f} p\,dV = p\int_{V_i}^{V_f} dV = p(V_f - V_i)$$

$$= (1{,}01 \times 10^5 \text{ Pa})(1{,}671 \text{ m}^3 - 1{,}00 \times 10^{-3} \text{ m}^3)$$

$$= 1{,}69 \times 10^5 \text{ J} = 169 \text{ kJ}. \qquad \text{(Resposta)}$$

(b) Qual foi a energia transferida na forma de calor durante o processo?

IDEIA-CHAVE

Como o calor provocou apenas uma mudança de fase (a temperatura é a mesma nos estados inicial e final), ele é dado integralmente pela Eq. 18.4.5 ($Q = Lm$).

Cálculo: Como a mudança é da fase líquida para a fase gasosa, L é o calor de vaporização L_V da água, cujo valor aparece na Eq. 18.4.6 e na Tabela 18.4.2. Temos:

$$Q = L_V m = (2256 \text{ kJ/kg})(1{,}00 \text{ kg})$$

$$= 2256 \text{ kJ} \approx 2260 \text{ kJ}. \qquad \text{(Resposta)}$$

(c) Qual foi a variação da energia interna do sistema durante o processo?

IDEIA-CHAVE

A variação da energia interna do sistema está relacionada ao calor (no caso, a energia transferida para o sistema) e ao trabalho (no caso, a energia transferida para fora do sistema) pela primeira lei da termodinâmica (Eq. 18.5.3).

Cálculo: A primeira lei pode ser escrita na forma

$$\Delta E_{int} = Q - W = 2256 \text{ kJ} - 169 \text{ kJ}$$

$$= 2090 \text{ kJ} = 2{,}09 \text{ MJ}. \qquad \text{(Resposta)}$$

Como esse valor é positivo, a energia interna do sistema aumentou durante o processo de ebulição. Essa energia foi usada para separar as moléculas de H_2O, que se atraem fortemente no estado líquido. Vemos que, quando a água se transformou em vapor, cerca de 7,5% (= 169 kJ/2260 kJ) do calor foi transferido para o trabalho de fazer o êmbolo subir. O resto do calor foi transferido para a energia interna do sistema.

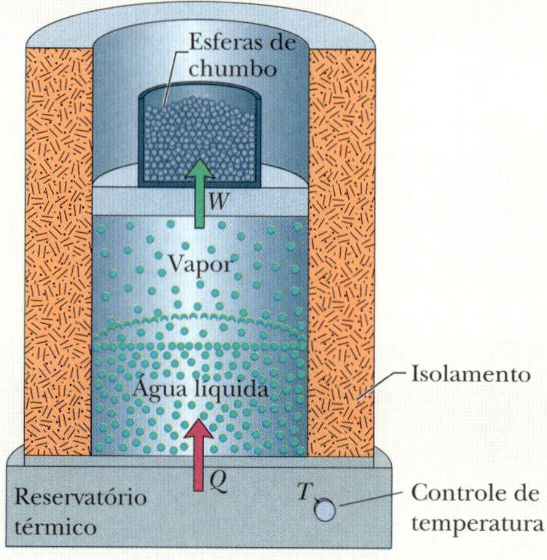

Figura 18.5.5 Água fervendo a pressão constante. A energia é transferida do reservatório térmico, na forma de calor, até que toda a água se transforme em vapor. O gás se expande e realiza trabalho ao levantar o êmbolo.

18.6 MECANISMOS DE TRANSFERÊNCIA DE CALOR

Objetivos do Aprendizado

Depois de ler este módulo, você será capaz de ...

18.6.1 No caso da condução de calor através de uma placa, conhecer a relação entre a taxa de transferência de energia P_{cond} e a condutividade térmica k, área da placa A, a espessura da placa L e a diferença de temperatura ΔT entre os lados da placa.

18.6.2 No caso de uma placa composta (com duas ou mais camadas) no regime estacionário, no qual as temperaturas não estão mais variando, saber que, de acordo com a lei de conservação da energia, as taxas de transferência de energia são iguais em todas as camadas.

18.6.3 No caso da condução de calor através de uma placa, conhecer a relação entre a resistência térmica R, a espessura L e a condutividade térmica k.

18.6.4 Saber que a energia térmica pode ser transferida por convecção, fenômeno associado ao fato de que um fluido mais quente (gás ou líquido) tende a subir e um fluido mais frio tende a descer.

18.6.5 No caso da *emissão* de radiação térmica por um objeto, conhecer a relação entre a taxa de transferência de energia P_{rad} e a emissividade ε, a área A e a temperatura T (em kelvins) da *superfície* do objeto.

18.6.6 No caso da *absorção* de radiação térmica por um objeto, conhecer a relação entre a taxa de transferência de energia P_{rad} e a emissividade ε, a área A e a temperatura T (em kelvins) do ambiente.

18.6.7 Calcular a taxa líquida de transferência de energia P_{liq} de um objeto que emite e absorve radiação térmica.

Ideias-Chave

- A taxa P_{cond} de transferência de energia térmica por condução através de uma placa na qual um dos lados é mantido a uma temperatura mais alta T_Q e o outro é mantido a uma temperatura mais baixa T_F é dada por

$$P_{cond} = \frac{Q}{t} = kA\,\frac{T_Q - T_F}{L},$$

em que k é a condutividade térmica do material, A é a área da placa e L é a espessura da placa.

- A transferência de energia térmica por convecção acontece quando diferenças de temperatura fazem com que as partículas mais quentes de um fluido subam e as partículas mais frias desçam.

- A taxa P_{rad} de emissão de energia térmica por radiação é dada por

$$P_{rad} = \sigma\varepsilon A T^4,$$

em que σ (= 5,6704 × 10^{-8} W/m^2 · K^4 é a constante de Stefan-Boltzmann, ε é a emissividade, A é a área e T é a temperatura (em kelvins) da superfície do objeto. A taxa P_{abs} de absorção de energia térmica por radiação é dada por

$$P_{abs} = \sigma\varepsilon A T^4_{amb},$$

em que T_{amb} é a temperatura do ambiente em kelvins.

Mecanismos de Transferência de Calor 18.5

Já discutimos a transferência de energia na forma de calor, mas ainda não falamos do modo como essa transferência ocorre. Existem três mecanismos de transferência de calor: condução, convecção e radiação.

Condução

Se você deixa no fogo, por algum tempo, uma panela com cabo de metal, o cabo da panela fica tão quente que pode queimar sua mão. A energia é transferida da panela para o cabo por **condução**. Os elétrons e átomos da panela vibram intensamente por causa da alta temperatura a que estão expostos. Essas vibrações, e a energia associada, são transferidas para o cabo por colisões entre os átomos. Dessa forma, uma região de temperatura crescente se propaga em direção ao cabo.

Considere uma placa de área A e de espessura L, cujos lados são mantidos a temperaturas T_Q e T_F por uma fonte quente e uma fonte fria, como na Fig. 18.6.1. Seja Q a energia transferida na forma de calor através da placa, do lado quente para o lado frio, em um intervalo de tempo t. As experiências mostram que a *taxa de condução* P_{cond} (a energia transferida por unidade de tempo) é dada por

$$P_{cond} \quad \frac{Q}{t} \quad kA\frac{T_Q \quad T_F}{L}, \qquad (18.6.1)$$

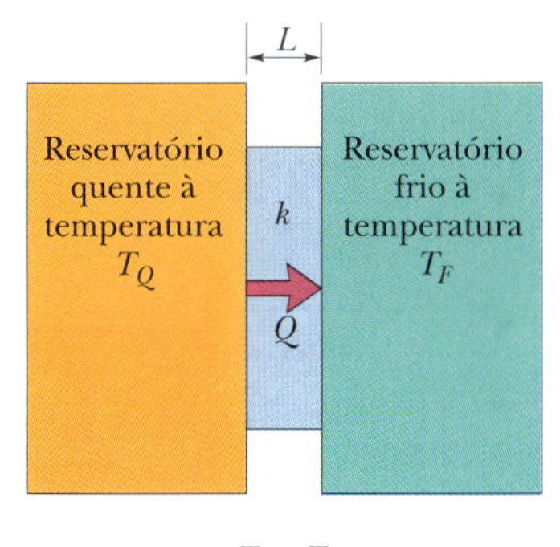

Figura 18.6.1 Condução de calor. A energia é transferida na forma de calor de um reservatório à temperatura T_Q para um reservatório mais frio à temperatura T_F através de uma placa de espessura L e condutividade térmica k.

Tabela 18.6.1 Algumas Condutividades Térmicas

Substância	k(W/m · K)
Metais	
Aço inoxidável	14
Chumbo	35
Ferro	67
Latão	109
Alumínio	235
Cobre	401
Prata	428
Gases	
Ar (seco)	0,026
Hélio	0,15
Hidrogênio	0,18
Materiais de Construção	
Espuma de poliuretano	0,024
Lã de pedra	0,043
Fibra de vidro	0,048
Pinho	0,11
Vidro de janela	1,0

em que k, a *condutividade térmica*, é uma constante que depende do material de que é feita a placa. Um material que transfere facilmente energia por condução é um *bom condutor de calor* e tem um alto valor de k. A Tabela 18.6.1 mostra a condutividade térmica de alguns metais, gases e materiais de construção.

Resistência Térmica

Se você está interessado em manter a casa aquecida nos dias de inverno ou conservar a cerveja gelada em um piquenique, você precisa mais de maus condutores de calor do que de bons condutores. Por essa razão, o conceito de *resistência térmica* (R) foi introduzido na engenharia. O valor de R de uma placa de espessura L é definido como

$$R = \frac{L}{k}. \tag{18.6.2}$$

Quanto menor a condutividade térmica do material de que é feita uma placa, maior a resistência térmica da placa. Um objeto com uma resistência térmica elevada é um *mau condutor de calor* e, portanto, um *bom isolante térmico*.

Note que a resistência térmica é uma propriedade atribuída a uma placa com certa espessura e não a um material. A unidade de resistência térmica no SI é o $m^2 \cdot K/W$. Nos Estados Unidos, a unidade mais usada (embora raramente seja indicada) é o pé quadrado – grau Fahrenheit – hora por British thermal unit ($ft^2 \cdot F° \cdot h/Btu$). (Agora você sabe por que a unidade é raramente indicada.)

Condução Através de uma Placa Composta

A Fig. 18.6.2 mostra uma placa composta, formada por dois materiais de diferentes espessuras L_1 e L_2 e diferentes condutividades térmicas k_1 e k_2. As temperaturas das superfícies externas da placa são T_Q e T_F. As superfícies das placas têm área A. Vamos formular uma expressão para a taxa de condução através da placa supondo que a transferência de calor acontece no regime *estacionário*, ou seja, que as temperaturas em todos os pontos da placa e a taxa de transferência de energia não variam com o tempo.

No regime estacionário, as taxas de condução através dos dois materiais são iguais. Isso é o mesmo que dizer que a energia transferida através de um dos materiais em um dado instante é igual à energia transferida através do outro material no mesmo instante. Se isso não fosse verdade, as temperaturas na placa estariam mudando e não teríamos um regime estacionário. Chamando de T_X a temperatura da interface dos dois materiais, podemos usar a Eq. 18.6.1 para escrever

$$P_{\text{cond}} = \frac{k_2 A(T_Q - T_X)}{L_2} = \frac{k_1 A(T_X - T_F)}{L_1}. \tag{18.6.3}$$

Explicitando T_X na Eq. 18.6.3, obtemos

$$T_X = \frac{k_1 L_2 T_F + k_2 L_1 T_Q}{k_1 L_2 + k_2 L_1}. \tag{18.6.4}$$

Substituindo T_X por seu valor em uma das expressões da Eq. 18.6.3, obtemos:

$$P_{\text{cond}} = \frac{A(T_Q - T_F)}{L_1/k_1 + L_2/k_2}. \tag{18.6.5}$$

Podemos generalizar a Eq. 18.6.5 para uma placa composta por um número n de materiais:

$$P_{\text{cond}} = \frac{A(T_Q - T_F)}{\sum(L/k)}. \tag{18.6.6}$$

O símbolo de somatório no denominador indica que devemos somar os valores de L/k de todos os materiais.

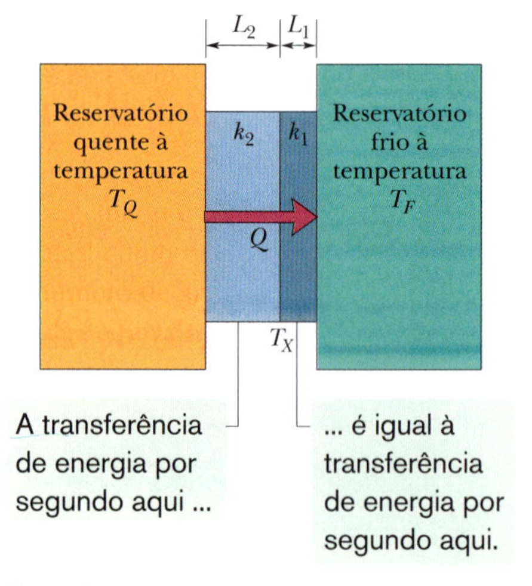

Figura 18.6.2 O calor é transferido a uma taxa constante através de uma placa composta feita de dois materiais diferentes com diferentes espessuras e diferentes condutividades térmicas. A temperatura da interface dos dois materiais no regime estacionário é T_X.

Teste 18.6.1

A figura mostra as temperaturas das faces e das interfaces, no regime estacionário, de um conjunto de quatro placas de mesma espessura, feitas de materiais diferentes, através das quais o calor é transferido. Ordene os materiais de acordo com a condutividade térmica, em ordem decrescente.

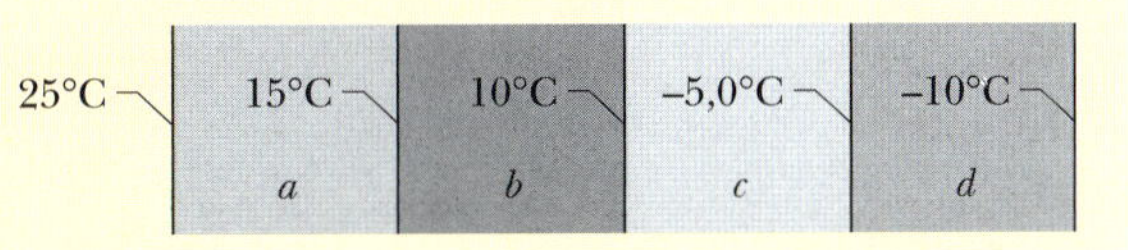

Convecção

Quando olhamos para a chama de uma vela ou de um fósforo, vemos a energia térmica ser transportada para cima por **convecção**. Esse tipo de transferência de energia acontece quando um fluido, como ar ou água, entra em contato com um objeto cuja temperatura é maior que a do fluido. A temperatura da parte do fluido que está em contato com o objeto quente aumenta, e (na maioria dos casos) essa parte do fluido se expande, ficando menos densa. Como o fluido expandido é mais leve do que o fluido que o cerca, que está mais frio, a força de empuxo o faz subir. O fluido mais frio escoa para tomar o lugar do fluido mais quente que sobe, e o processo pode continuar indefinidamente.

A convecção está presente em muitos processos naturais. A convecção atmosférica desempenha um papel fundamental na formação de padrões climáticos globais e nas variações do tempo a curto prazo. Tanto os pilotos de asa-delta como os pássaros usam térmicas (correntes de convecção de ar quente) para se manterem por mais tempo no ar. Grandes transferências de energia ocorrem nos oceanos pelo mesmo processo. Finalmente, no Sol, a energia térmica produzida por reações de fusão nuclear é transportada do centro para a superfície através de gigantescas células de convecção, nas quais o gás mais quente sobe pela parte central da célula e o gás mais frio desce pelos lados.

Radiação 18.3

Um sistema e o ambiente também podem trocar energia através de ondas eletromagnéticas (a luz visível é um tipo de onda eletromagnética). As ondas eletromagnéticas que transferem calor são muitas vezes chamadas **radiação térmica** para distingui-las dos *sinais* eletromagnéticos (como, por exemplo, os das transmissões de televisão) e da radiação nuclear (ondas e partículas emitidas por núcleos atômicos). (Radiação, no sentido mais geral, é sinônimo de emissão.) Quando você se aproxima de uma fogueira, você é aquecido pela radiação térmica proveniente do fogo, ou seja, sua energia térmica aumenta ao mesmo tempo em que a energia térmica do fogo diminui. Não é necessária a existência de um meio material para que o calor seja transferido por radiação. O calor do Sol, por exemplo, chega até nós através do vácuo.

A taxa P_{rad} com a qual um objeto emite energia por radiação eletromagnética depende da área A da superfície do objeto e da temperatura T dessa área (em kelvins) e é dada por

$$P_{rad} = \sigma \varepsilon A T^4, \qquad (18.6.7)$$

em que $\sigma = 5{,}6704 \times 10^{-8}\ \text{W/m}^2 \cdot \text{K}^4$ é uma constante física conhecida como *constante de Stefan-Boltzmann*, em homenagem a Josef Stefan (que descobriu a Eq. 18.6.7 experimentalmente em 1879) e Ludwig Boltzmann (que a deduziu teoricamente logo depois). O símbolo ε representa a *emissividade* da superfície do objeto, que tem um valor entre 0 e 1, dependendo da composição da superfície. Uma superfície com a emissão máxima de 1,0 é chamada *radiador de corpo negro*, mas uma superfície como essa é um limite ideal e não existe na natureza. Note que a temperatura da Eq. 18.6.7 deve estar em kelvins para que uma temperatura de zero absoluto corresponda à ausência de radiação. Note também que todo objeto cuja temperatura está acima de 0 K (como o leitor, por exemplo) emite radiação térmica (ver Fig. 18.6.3).

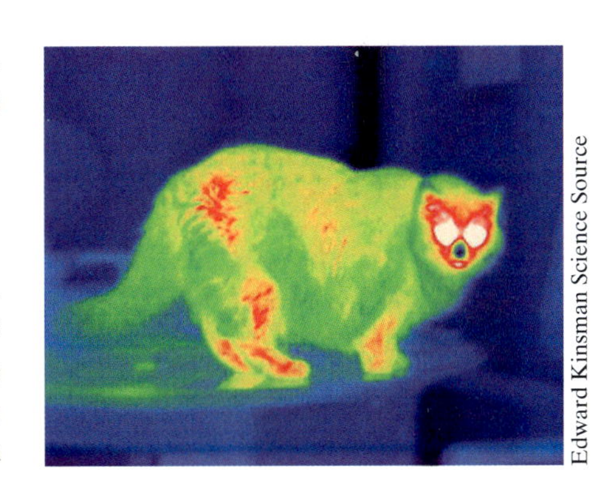
Edward Kinsman Science Source

Figura 18.6.3 Um termograma em cores falsas mostra a taxa com a qual a energia é irradiada por um gato. O branco e o vermelho correspondem às maiores taxas; o azul (nariz), às menores.

Figura 18.6.4 A cabeça de uma cobra cascavel possui detectores de radiação térmica que permitem ao réptil localizar uma presa, mesmo na escuridão total.

A taxa P_{abs} com a qual um objeto absorve energia da radiação térmica do ambiente, que supomos estar a uma temperatura uniforme T_{amb} (em kelvins), é dada por

$$P_{abs} = \sigma\varepsilon A T^4_{amb} \tag{18.6.8}$$

A emissividade ε que aparece na Eq. 18.6.8 é a mesma da Eq. 18.6.7. Um radiador de corpo negro ideal, com $\varepsilon = 1$, absorve toda a energia eletromagnética que recebe (em vez de refletir ou espalhar parte da radiação).

Como um objeto irradia energia para o ambiente enquanto está absorvendo energia do ambiente, a taxa líquida $P_{líq}$ de troca de energia com o ambiente por radiação térmica é dada por

$$P_{líq} = P_{abs} - P_{rad} = \sigma\varepsilon A T^4_{amb} - T^4). \tag{18.6.9}$$

$P_{líq}$ é positiva, se o corpo absorve energia, e negativa, se o corpo perde energia por radiação.

A radiação térmica também está envolvida em muitos casos de pessoas que foram picadas na mão por uma cobra cascavel *morta*. Pequenos furos entre os olhos e as narinas da cobra cascavel (Fig. 18.6.4) funcionam como sensores de radiação térmica. Quando um pequeno animal, como um rato, por exemplo, se aproxima de uma cascavel, a radiação térmica emitida pelo animal dispara esses sensores, provocando um ato reflexo no qual a cobra morde o animal e injeta veneno. Mesmo que a cobra esteja morta há quase meia hora, a radiação térmica da mão que se aproxima de uma cobra cascavel pode causar esse ato reflexo, porque o sistema nervoso da cobra ainda está funcionando. Assim, recomendam os especialistas, se você tiver que remover uma cobra cascavel morta recentemente, use uma vara comprida em lugar das mãos. **CVF**

Exemplo 18.6.1 Condução térmica em uma parede feita de vários materiais  18.4

A Fig. 18.6.5 mostra a seção reta de uma parede feita com uma camada interna de madeira, de espessura L_a, uma camada externa de tijolos, de espessura L_d (= 2,0L_a) e duas camadas intermediárias de espessura e composição desconhecidas. A condutividade térmica da madeira é k_a e a dos tijolos é k_d (= 5,0k_a). A área A da parede também é desconhecida. A condução térmica através da parede atingiu o regime estacionário; as únicas temperaturas conhecidas são T_1 = 25 °C, T_2 = 20 °C e T_5 = −10 °C. Qual é a temperatura T_4?

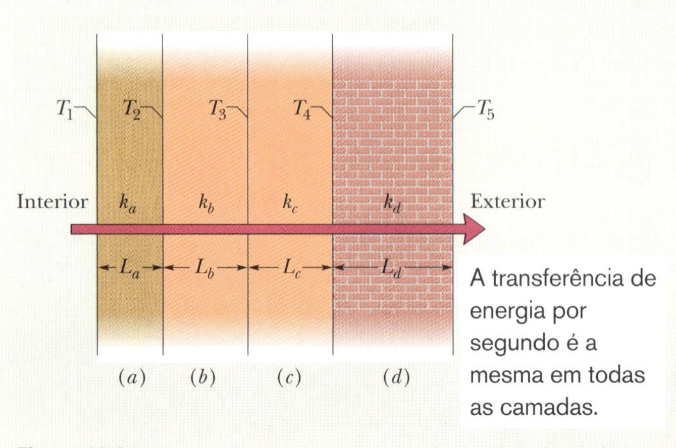

Figura 18.6.5 Uma parede de quatro camadas através da qual existe transferência de calor.

IDEIAS-CHAVE

(1) A temperatura T_4 aparece na equação da taxa P_d com a qual a energia térmica atravessa os tijolos (Eq. 18.6.1). Entretanto, não temos dados suficientes para calcular o valor de T_4, usando apenas a Eq. 18.6.1. (2) Como o regime é estacionário, a taxa de condução P_d através dos tijolos é igual à taxa de condução P_a através da madeira. Isso nos dá uma segunda equação.

Cálculos: De acordo com a Eq. 18.6.1 e a Fig. 18.6.5, temos

$$P_a = k_a A \frac{T_1 - T_2}{L_a} \quad \text{e} \quad P_d = k_d A \frac{T_4 - T_5}{L_d}.$$

Fazendo $P_a = P_d$ e explicitando T_4, obtemos

$$T_4 = \frac{k_a L_d}{k_d L_a}(T_1 - T_2) + T_5.$$

Fazendo L_d = 2,0L_a, k_d = 5,0k_a e substituindo T_1, T_2 e T_5 por seus valores, obtemos

$$T_4 = \frac{k_a(2{,}0L_a)}{(5{,}0k_a)L_a}(25°\text{C} - 20°\text{C}) + (-10°\text{C})$$

$$= -8{,}0°\text{C}. \qquad \text{(Resposta)}$$

Exemplo 18.6.2 Uso da irradiação para fabricar gelo

Você está participando de uma excursão a pé e sente uma vontade irresistível de tomar uma bebida gelada. Infelizmente, a temperatura do ar à noite não cai abaixo de 6,0 °C, ou seja, a água não vai congelar se for simplesmente deixada ao relento em um recipiente. Entretanto, como o céu noturno em uma noite sem lua e sem nuvens se comporta como um corpo negro a uma temperatura $T_c = -23$ °C, é possível fabricar gelo deixando uma camada fina de água irradiar energia para o céu. Para começar, você isola termicamente do solo um recipiente colocando-o sobre um material mau condutor de calor, como espuma de borracha, plástico bolha, isopor ou palha. Em seguida, coloca água no recipiente, formando uma camada fina, uniforme, de massa $m = 4{,}5$ g, área superficial $A = 9{,}0$ cm^2, espessura $d = 5{,}0$ mm, emissividade $\varepsilon = 0{,}90$ e temperatura inicial 6,0 °C. Calcule o tempo necessário para que a água congele. É possível congelar a água antes do nascer do sol?

IDEIAS-CHAVE

(1) A água não pode congelar a uma temperatura maior que 0 °C. Assim, é preciso que a irradiação primeiro remova uma quantidade de energia Q_1 suficiente para que a temperatura da água diminua de 6,0 °C para 0 °C. (2) Em seguida, a irradiação deve remover uma quantidade de energia Q_2 suficiente para que toda a água congele. (3) Durante todo o processo, a água também vai absorver energia irradiada pelo céu. Essa energia, porém, vai ser menor que a energia irradiada pela água.

Resfriamento da água: De acordo com a Eq. 18.4.3 e a Tabela 18.4.1, a perda de energia necessária para que a temperatura da água diminua para 0° é dada por

$$\begin{aligned} Q_1 &= cm(T_f - T_i) \\ &= (4.190\ \text{J/kg}\cdot\text{K})(4{,}5 \times 10^{-3}\ \text{kg})(0°\text{C} - 6{,}0°\text{C}) \\ &= -113\ \text{J}. \end{aligned}$$

Assim, a água deve irradiar uma energia de 113 J para que a água chegue à temperatura de congelamento.

Congelamento da água: Usando a Eq. 18.4.5 ($Q = mL$) com o valor do calor de fusão do gelo que aparece na Eq. 18.4.7 e na Tabela 18.4.2, e usando o sinal negativo para indicar uma perda de energia, temos:

$$\begin{aligned} Q_2 &= -mL_F = -(4{,}5 \times 10^{-3}\ \text{kg})(3{,}33 \times 10^5\ \text{J/kg}) \\ &= -1499\ \text{J}. \end{aligned}$$

A perda total de energia necessária é, portanto,

$$Q_{\text{tot}} = Q_1 + Q_2 = -113\ \text{J} - 1499\ \text{J} = -1612\ \text{J}.$$

Irradiação: Enquanto a água perde energia irradiando para o céu, também absorve energia irradiada pelo céu. Nosso objetivo é que, em um tempo total t, em consequência dessa troca de energia, a água perca uma energia Q_{tot}. Em outras palavras, a potência dessa troca deve ser

$$\text{potência} = \frac{\text{perda de energia}}{\text{tempo}} = \frac{Q_{\text{tot}}}{t}. \quad (18.6.10)$$

A potência dessa troca de energia é também a potência líquida $P_{\text{líq}}$ da radiação térmica, dada pela Eq. 18.6.9; assim, o tempo t necessário para que a perda de energia seja Q_{tot} é

$$t = \frac{Q}{P_{\text{líq}}} = \frac{Q}{\sigma\varepsilon A(T_s^4 - T^4)}. \quad (18.6.11)$$

Embora a temperatura T da água varie de 6 °C para 0 °C na primeira parte do processo, como a perda de energia é muito maior durante a segunda parte do processo, vamos supor que T é aproximadamente igual à temperatura de congelamento, 273 K. Para $T_c = 250$ K e $T = 273$ K, o denominador da Eq. 18.6.11 é

$$\begin{aligned} &(5{,}67 \times 10^{-8}\ \text{W/m}^2\cdot\text{K}^4)(0{,}90)(9{,}0 \times 10^{-4}\ \text{m}^2) \\ &\times [(250\ \text{K})^4 - (273\ \text{K})^4] = -7{,}57 \times 10^{-2}\ \text{J/s} \end{aligned}$$

e a Eq. 18.6.11 nos dá

$$\begin{aligned} t &= \frac{-1612\ \text{J}}{-7{,}57 \times 10^{-2}\ \text{J/s}} \\ &= 2{,}13 \times 10^4\ \text{s} = 5{,}9\ \text{h}. \quad \text{(Resposta)} \end{aligned}$$

Como t é menor que a duração de uma noite, é possível congelar a água por irradiação. Na verdade, em algumas regiões do mundo, as pessoas usavam essa técnica muito antes que surgissem as primeiras geladeiras elétricas.

Revisão e Resumo

Temperatura, Termômetros A temperatura é uma das grandezas fundamentais do SI e está relacionada às nossas sensações de quente e frio. É medida com um termômetro, instrumento que contém uma substância com uma propriedade mensurável, como comprimento ou pressão, que varia de forma regular quando a substância se torna mais quente ou mais fria.

Lei Zero da Termodinâmica Quando são postos em contato, um termômetro e um objeto entram em equilíbrio térmico após certo tempo. Depois que o equilíbrio térmico é atingido, a leitura do termômetro é tomada como a temperatura do objeto. O processo fornece medidas úteis e coerentes de temperatura por causa da **lei zero da termodinâmica**: Se dois corpos A e B estão separadamente em equilíbrio térmico com um terceiro corpo T (o termômetro), então A e B estão em equilíbrio térmico entre si.

Escala Kelvin de Temperatura No SI, a temperatura é medida na **escala Kelvin**, que se baseia no *ponto triplo* da água (273,16 K). Outras temperaturas são definidas pelo uso de um *termômetro de gás a volume constante*, no qual uma amostra de gás é mantida a volume constante, de modo que a pressão é proporcional à temperatura. Definimos a *temperatura T* medida por um termômetro de gás como

$$T = (273{,}16\ \text{K})\left(\lim_{\text{gás}\to 0} \frac{p}{p_3}\right). \quad (18.1.6)$$

em que T está em kelvins, e p_3 e p são as pressões do gás a 273,16 K e na temperatura que está sendo medida, respectivamente.

Escalas Celsius e Fahrenheit A escala Celsius de temperatura é definida pela equação

$$T_C = T - 273{,}15°, \tag{18.2.1}$$

com T em kelvins. A escala Fahrenheit de temperatura é definida pela equação

$$T_F = \tfrac{9}{5}T_C + 32°. \tag{18.2.2}$$

Dilatação Térmica Todos os objetos variam de tamanho quando a temperatura varia. Para uma variação de temperatura ΔT, uma variação ΔL de qualquer dimensão linear L é dada por

$$\Delta L = L\alpha\,\Delta T, \tag{18.3.1}$$

em que α é o **coeficiente de dilatação linear**. A variação ΔV do volume V de um sólido ou de um líquido é dada por

$$\Delta V = V\beta\,\Delta T, \tag{18.3.2}$$

em que $\beta = 3\alpha$ é o coeficiente de dilatação volumétrica.

Calor Calor (Q) é a energia que é transferida de um sistema para o ambiente, ou vice-versa, em virtude de uma diferença de temperatura. O calor pode ser medido em **joules** (J), **calorias** (cal), **quilocalorias** (Cal ou kcal), ou **British thermal units** (Btu); entre essas unidades, existem as seguintes relações:

$$1 \text{ cal} = 3{,}968 \times 10^{-3} \text{ Btu} = 4{,}1868 \text{ J}. \tag{18.4.1}$$

Capacidade Térmica e Calor Específico Se uma quantidade de calor Q é absorvida por um objeto, a variação de temperatura do objeto, $T_f - T_i$, está relacionada a Q pela equação

$$Q = C(T_f - T_i), \tag{18.4.2}$$

em que C é a **capacidade térmica** do objeto. Se o objeto tem massa m,

$$Q = cm(T_f - T_i), \tag{18.4.3}$$

em que c é o **calor específico** do material de que é feito o objeto. O **calor específico molar** de um material é a capacidade térmica por mol. Um mol equivale a $6{,}02 \times 10^{23}$ unidades elementares do material.

Calor de Transformação A matéria existe em três estados: sólido, líquido e gasoso. O calor absorvido por um material pode mudar o estado do material, fazendo-o passar, por exemplo, do estado sólido para estado o líquido, ou do estado líquido para o estado gasoso. A quantidade de energia por unidade de massa necessária para mudar o estado (mas não a temperatura) de um material é chamada **calor de transformação** (L). Assim,

$$Q = Lm. \tag{18.4.5}$$

O **calor de vaporização** L_V é a quantidade de energia por unidade de massa que deve ser fornecida para vaporizar um líquido ou que deve ser removida para condensar um gás. O **calor de fusão** L_F é a quantidade de energia por unidade de massa que deve ser fornecida para fundir um sólido ou que deve ser removida para solidificar um líquido.

Trabalho Associado a uma Variação de Volume Um gás pode trocar energia com o ambiente por meio do trabalho. O trabalho W realizado *por* um gás ao se expandir ou se contrair de um volume inicial V_i para um volume final V_f é dado por

$$W = \int dW = \int_{V_i}^{V_f} p\,dV. \tag{18.5.2}$$

A integração é necessária porque a pressão p pode variar durante a variação de volume.

Primeira Lei da Termodinâmica A lei de conservação da energia para processos termodinâmicos é expressa pela **primeira lei da termodinâmica**, que pode assumir duas formas:

$$\Delta E_{int} = E_{int,f} - E_{int,i} = Q - W \quad \text{(primeira lei)} \tag{18.5.3}$$

ou

$$dE_{int} = dQ - dW \quad \text{(primeira lei)}. \tag{18.5.4}$$

E_{int} é a energia interna do material, que depende apenas do estado do material (temperatura, pressão e volume), Q é a energia trocada entre o sistema e o ambiente na forma de calor (Q é positivo, se o sistema absorve calor, e negativo, se o sistema libera calor) e W é o trabalho realizado *pelo* sistema (W é positivo, se o sistema se expande contra uma força externa, e negativo, se o sistema se contrai sob o efeito de uma força externa). Q *e* W são grandezas *dependentes da trajetória*; ΔE_{int} é *independente da trajetória*.

Aplicações da Primeira Lei A primeira lei da termodinâmica pode ser aplicada a vários casos especiais:

processos adiabáticos: $Q = 0, \quad \Delta E_{int} = -W$

processos a volume constante: $W = 0, \quad \Delta E_{int} = Q$

processos cíclicos: $\Delta E_{int} = 0, \quad Q = W$

expansões livres: $Q = W = \Delta E_{int} = 0$

Condução, Convecção e Radiação A taxa P_{cond} com a qual a energia é *conduzida* por uma placa cujos lados são mantidos nas temperaturas T_Q e T_F é dada pela equação

$$P_{cond} = \frac{Q}{t} = kA\frac{T_Q - T_F}{L}, \tag{18.6.1}$$

em que A e L são a área e a espessura da placa e k é a condutividade térmica do material.

A *convecção* é uma transferência de energia associada ao movimento em um fluido produzido por diferenças de temperatura.

A *radiação* é uma transferência de energia por ondas eletromagnéticas. A taxa P_{rad} com a qual um objeto emite energia por radiação térmica é dada por

$$P_{rad} = \sigma\varepsilon AT^4, \tag{18.6.7}$$

em que σ ($= 5{,}6704 \times 10^{-8}$ W/m$^2 \cdot$ K^4) é a constante de Stefan-Boltzmann, ε é a emissividade da superfície do objeto, A é a área da superfície e T é a temperatura da superfície (em kelvins). A taxa P_{abs} com a qual um objeto absorve energia da radiação térmica do ambiente, quando este se encontra a uma temperatura uniforme T_{amb} (em kelvins), é dada por

$$P_{abs} = \sigma\varepsilon AT^4_{amb}. \tag{18.6.8}$$

Perguntas

1 O comprimento inicial L, a variação de temperatura ΔT e a variação de comprimento ΔL de quatro barras são mostrados na tabela a seguir. Ordene as barras de acordo com o coeficiente de expansão térmica, em ordem decrescente.

Barra	L(m)	ΔT (C°)	ΔL (m)
a	2	10	4×10^{-4}
b	1	20	4×10^{-4}
c	2	10	8×10^{-4}
d	4	5	4×10^{-4}

2 A Fig. 18.1 mostra três escalas de temperatura lineares, com os pontos de congelamento e ebulição da água indicados. Ordene as três escalas de acordo com o tamanho do grau de cada uma, em ordem decrescente.

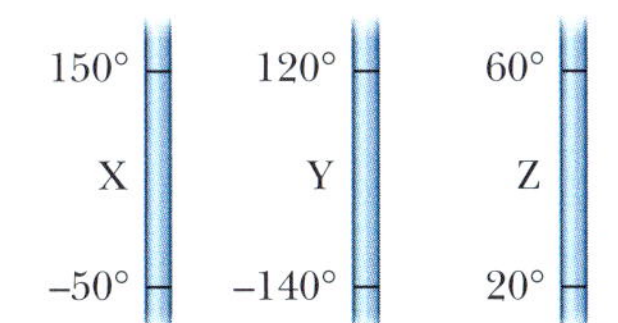

Figura 18.1 Pergunta 2.

3 Os materiais A, B e C são sólidos que estão nos respectivos pontos de fusão. São necessários 200 J para fundir 4 kg do material A, 300 J para fundir 5 kg do material B e 300 J para fundir 6 kg do material C. Ordene os materiais de acordo com o calor de fusão, em ordem decrescente.

4 Uma amostra A de água e uma amostra B de gelo, de massas iguais, são colocadas em um recipiente termicamente isolado e se espera até que entrem em equilíbrio térmico. A Fig. 18.2*a* é um gráfico da temperatura T das amostras em função do tempo t. (a) A temperatura do equilíbrio está acima, abaixo ou no ponto de congelamento da água? (b) Ao atingir o equilíbrio, o líquido congela parcialmente, congela totalmente ou não congela? (c) O gelo derrete parcialmente, derrete totalmente ou não derrete?

5 Continuação da Pergunta 4. Os gráficos *b* a *f* da Fig. 18.2 são outros gráficos de T em função de t, dos quais um ou mais são impossíveis. (a) Quais são os gráficos impossíveis e por quê? (b) Nos gráficos possíveis, a temperatura de equilíbrio está acima, abaixo ou no ponto de congelamento da água? (c) Nas situações possíveis, quando o sistema atinge o equilíbrio, o líquido congela parcialmente, congela totalmente ou não congela? O gelo derrete parcialmente, derrete totalmente ou não derrete?

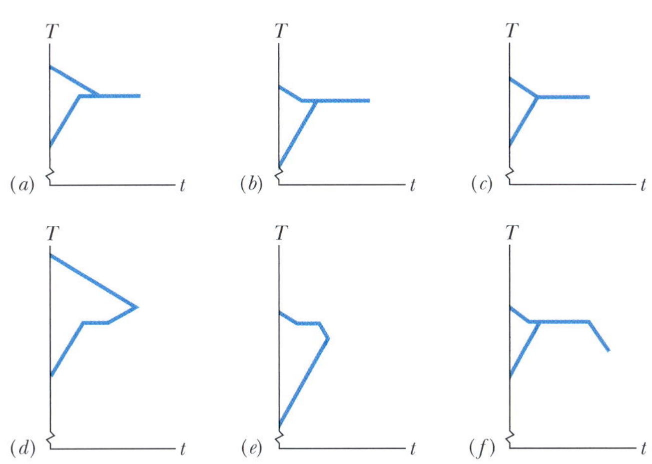

Figura 18.2 Perguntas 4 e 5.

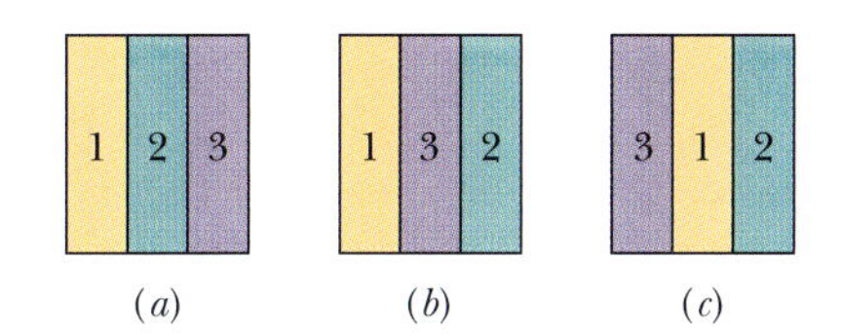

Figura 18.3 Pergunta 6.

6 A Fig. 18.3 mostra três arranjos diferentes de materiais 1, 2 e 3 para formar uma parede. As condutividades térmicas são $k_1 > k_2 > k_3$. O lado esquerdo da parede está 20 C° mais quente que o lado direito. Ordene os arranjos de acordo (a) com a taxa de condução de energia pela parede (no regime estacionário) e (b) com a diferença de temperatura entre as duas superfícies do material 1, em ordem decrescente.

7 A Fig. 18.4 mostra dois ciclos fechados em diagramas $p-V$ de um gás. As três partes do ciclo 1 têm o mesmo comprimento e forma que as do ciclo 2. Os ciclos devem ser percorridos no sentido horário ou anti-horário (a) para que o trabalho total W realizado pelo gás seja positivo e (b) para que a energia líquida transferida pelo gás na forma de calor Q seja positiva?

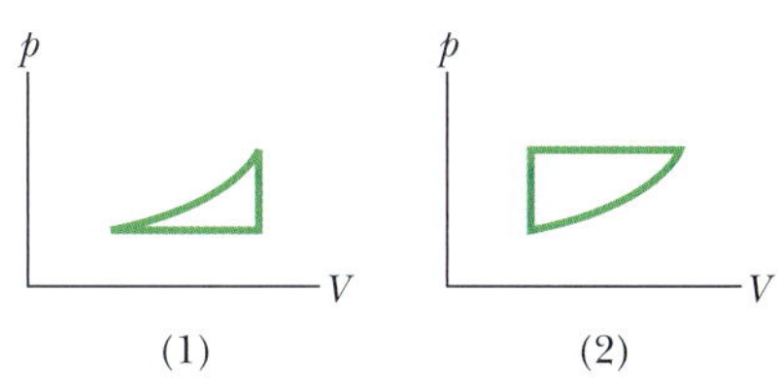

Figura 18.4 Perguntas 7 e 8.

8 Para que ciclo da Fig. 18.4, percorrido no sentido horário, (a) W é maior e (b) Q é maior?

9 Três materiais diferentes, de massas iguais, são colocados, um de cada vez, em um congelador especial que pode extrair energia do material a uma taxa constante. Durante o processo de resfriamento, cada material começa no estado líquido e termina no estado sólido; a Fig. 18.5 mostra a temperatura T em função do tempo t. (a) O calor específico do material 1 no estado líquido é maior ou menor que no estado sólido? Ordene os materiais de acordo (b) com a temperatura do ponto de fusão, (c) com o calor específico no estado líquido, (d) com o calor específico no estado sólido e (e) com o calor de fusão, em ordem decrescente.

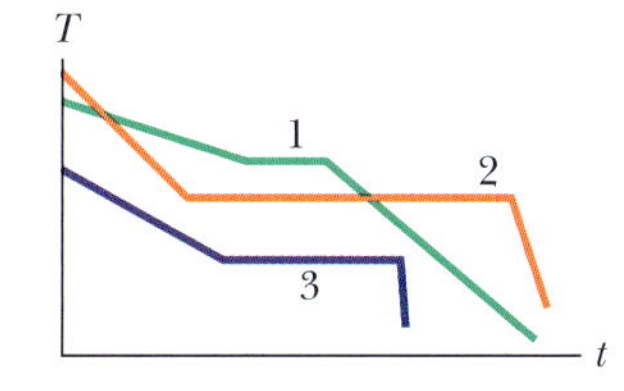

Figura 18.5 Pergunta 9.

10 Um cubo de lado r, uma esfera de raio r e um hemisfério de raio r, todos feitos do mesmo material, são mantidos à temperatura de 300 K em um ambiente cuja temperatura é 350 K. Ordene, em ordem decrescente, os objetos de acordo com a taxa com a qual a radiação térmica é trocada com o ambiente.

11 Um objeto quente é jogado em um recipiente termicamente isolado, cheio d'água, e se espera até que o objeto e a água entrem em equilíbrio térmico. O experimento é repetido com dois outros objetos quentes. Os três objetos têm a mesma massa e a mesma temperatura inicial. A massa e a temperatura inicial da água são iguais nos três experimentos. A Fig. 18.6 mostra os gráficos da temperatura T do objeto e da água em função do tempo t para os três experimentos. Ordene os gráficos de acordo com o calor específico do objeto, em ordem decrescente. BT 18.6

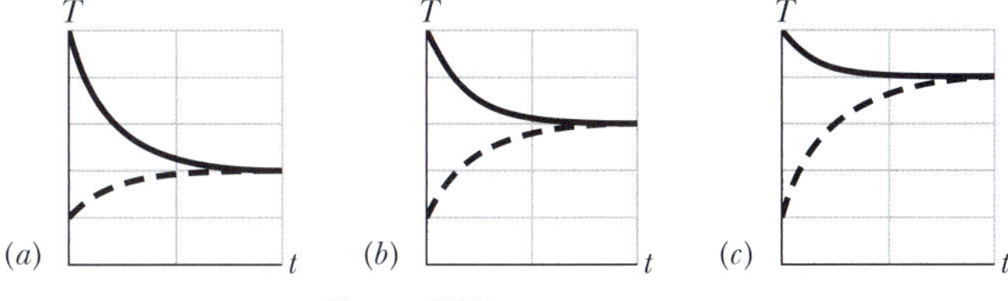

Figura 18.6 Pergunta 11.

Problemas

F Fácil M Médio D Difícil

CALC Requer o uso de derivadas e/ou integrais

CVF Informações adicionais disponíveis no e-book *O Circo Voador da Física*, de Jearl Walker, LTC Editora, Rio de Janeiro, 2008.

BIO Aplicação biomédica

Módulo 18.1 Temperatura

1 F A temperatura de um gás é 373,15 K quando está no ponto de ebulição da água. Qual é o valor limite da razão entre a pressão do gás no ponto de ebulição e a pressão no ponto triplo da água? (Suponha que o volume do gás é o mesmo nas duas temperaturas.)

2 F Dois termômetros de gás a volume constante são construídos, um com nitrogênio e o outro com hidrogênio. Ambos contêm gás suficiente para que $p_3 = 80$ kPa. (a) Qual é a diferença de pressão entre os dois termômetros se os dois bulbos estão imersos em água fervente? (*Sugestão:* Ver Fig. 18.1.6.) (b) Em qual dos dois gases a pressão é maior?

3 F Um termômetro de gás é constituído por dois bulbos com gás imersos em recipientes com água, como mostra a Fig. 18.7. A diferença de pressão entre os dois bulbos é medida por um manômetro de mercúrio. Reservatórios apropriados, que não aparecem na figura, mantêm constante o volume de gás nos dois bulbos. Não há diferença de pressão quando os dois recipientes estão no ponto triplo da água. A diferença de pressão é de 120 torr quando um recipiente está no ponto triplo e o outro está no ponto de ebulição da água, e é de 90,0 torr quando um recipiente está no ponto triplo da água e o outro em uma temperatura desconhecida a ser medida. Qual é a temperatura desconhecida?

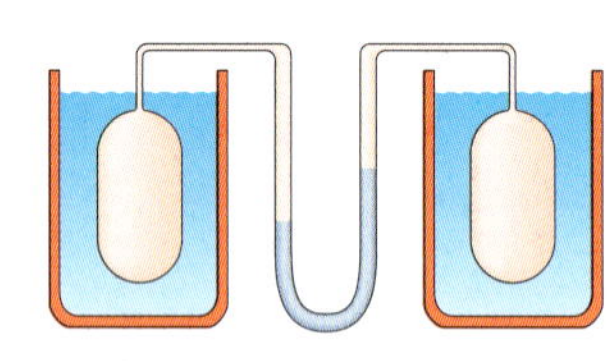

Figura 18.7 Problema 3.

Módulo 18.2 Escalas Celsius e Fahrenheit

4 F (a) Em 1964, a temperatura na aldeia de Oymyakon, na Sibéria, chegou a −71 °C. Qual é o valor dessa temperatura em graus Fahrenheit? (b) A temperatura mais alta registrada oficialmente nos Estados Unidos foi 134 °F, no Vale da Morte, Califórnia. Qual é o valor dessa temperatura em graus Celsius?

5 F Para qual temperatura o valor em graus Fahrenheit é igual (a) a duas vezes o valor em graus Celsius e (b) a metade do valor em graus Celsius?

6 M Em uma escala linear de temperatura X, a água congela a −125,0°X e evapora a 375,0°X. Em uma escala linear de temperatura Y, a água congela a −70,00°Y e evapora a −30,00°Y. Uma temperatura de 50,00°Y corresponde a que temperatura na escala X?

7 M Em uma escala linear de temperatura X, a água evapora a −53,5°X e congela a −170°X. Quanto vale a temperatura de 340 K na escala X? (Aproxime o ponto de ebulição da água para 373 K.)

Módulo 18.3 Dilatação Térmica

8 F A 20 °C, um cubo de latão tem 30 cm de aresta. Qual é o aumento da área superficial do cubo quando é aquecido de 20 °C para 75 °C?

9 F Um furo circular em uma placa de alumínio tem 2,725 cm de diâmetro a 0,000 °C. Qual é o diâmetro do furo quando a temperatura da placa é aumentada para 100,0 °C?

10 F Um mastro de alumínio tem 33 m de altura. De quanto o comprimento do mastro aumenta quando a temperatura aumenta de 15 C°?

11 F Qual é o volume de uma bola de chumbo a 30,00 °C se o volume da bola é 50,00 cm³ a 60,00 °C?

12 F Uma barra feita de uma liga de alumínio tem um comprimento de 10,000 cm a 20,000 °C e um comprimento de 10,015 cm no ponto de ebulição da água. (a) Qual é o comprimento da barra no ponto de congelamento da água? (b) Qual é a temperatura para a qual o comprimento da barra é 10,009 cm?

13 F Determine a variação de volume de uma esfera de alumínio com um raio inicial de 10 cm quando a esfera é aquecida de 0,0 °C para 100 °C.

14 M Quando a temperatura de uma moeda de cobre é aumentada de 100C°, o diâmetro aumenta de 0,18%. Determine, com precisão de dois algarismos significativos, o aumento percentual (a) da área, (b) da espessura, (c) do volume e (d) da massa específica da moeda. (e) Calcule o coeficiente de dilatação linear da moeda.

15 M Uma barra de aço tem 3,000 cm de diâmetro a 25,00 °C. Um anel de latão tem um diâmetro interno de 2,992 cm a 25,00 °C. Se os dois objetos são mantidos em equilíbrio térmico, a que temperatura a barra se ajusta perfeitamente ao furo?

16 M Quando a temperatura de um cilindro de metal é aumentada de 0,0 °C para 100 °C, o comprimento aumenta de 0,23%. (a) Determine a variação percentual da massa específica. (b) De que metal é feito o cilindro? Consulte a Tabela 18.3.1.

17 M Uma xícara de alumínio com um volume de 100 cm³ está cheia de glicerina a 22 °C. Que volume de glicerina é derramado se a temperatura da glicerina e da xícara aumenta para 28 °C? (O coeficiente de dilatação volumétrica da glicerina é $5{,}1 \times 10^{-4}$/C°.)

18 M A 20 °C, uma barra tem exatamente 20,05 cm de comprimento, de acordo com uma régua de aço. Quando a barra e a régua são colocadas em um forno a 270 °C, a barra passa a medir 20,11 cm de acordo com a mesma régua. Qual é o coeficiente de expansão linear do material de que é feita a barra?

19 M CALC Um tubo de vidro vertical de comprimento L = 1,280 000 m está cheio até a metade com um líquido a 20,000 000 °C. De quanto a altura do líquido no tubo varia quando o tubo é aquecido para 30,000 000 °C? Suponha que $a_{\text{vidro}} = 1{,}000\,000 \times 10^{-5}$/K e $b_{\text{líquido}} = 4{,}000\,000 \times 10^{-5}$/K.

20 M Em certo experimento, uma pequena fonte radioativa deve se mover com velocidades selecionadas, extremamente baixas. O movimento é conseguido prendendo a fonte a uma das extremidades de uma barra de alumínio e aquecendo a região central da barra de forma controlada. Se a parte aquecida da barra da Fig. 18.8 tem um comprimento d = 2,00 cm, a que taxa constante a temperatura da barra deve variar para que a fonte se mova a uma velocidade constante de 100 nm/s?

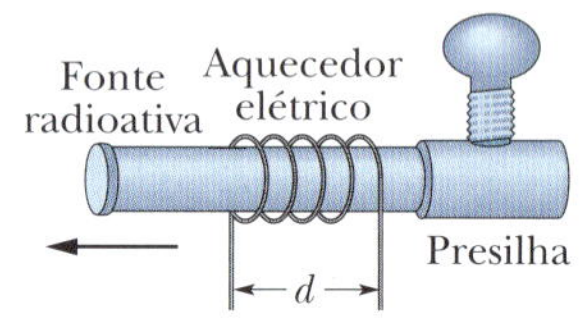

Figura 18.8 Problema 20.

21 D Como resultado de um aumento de temperatura de 32C°, uma barra com uma rachadura no centro dobra para cima (Fig. 18.9). Se a distância fixa L_0 é 3,77 m e o coeficiente de dilatação linear da barra é 25×10^{-6}/C°, determine a altura x do centro da barra.

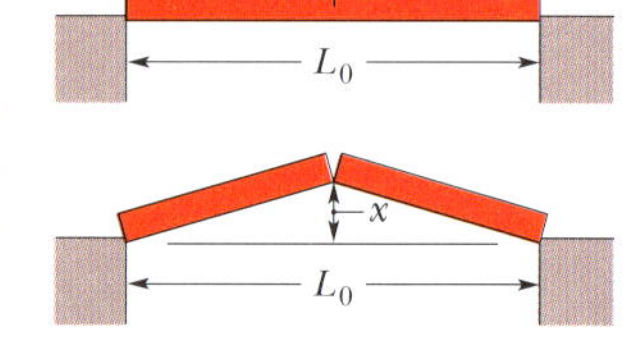

Figura 18.9 Problema 21.

Módulo 18.4 Absorção de Calor

22 F CVF Uma forma de evitar que os objetos que se encontram no interior de uma garagem congelem em uma noite fria de inverno, na qual a temperatura cai abaixo do ponto de congelamento da água, é colocar uma banheira velha com água na garagem. Se a massa da água é 125 kg e a temperatura inicial é 20 °C, (a) que energia a água deve transferir para o ambiente para se transformar totalmente em gelo e (b) qual é a menor temperatura possível da água e do ambiente até que isso aconteça?

23 **F** Para preparar uma xícara de café solúvel, um pequeno aquecedor elétrico de imersão é usado para esquentar 100 g de água. O rótulo diz que se trata de um aquecedor de "200 watts" (essa é a taxa de conversão de energia elétrica em energia térmica). Calcule o tempo necessário para aquecer a água de 23,0 °C para 100 °C, desprezando as perdas de calor.

24 **F** Uma substância tem uma massa de 50,0 g/mol. Quando 314 J são adicionados na forma de calor a uma amostra de 30,0 g da substância, a temperatura sobe de 25,0 °C para 45,0 °C. (a) Qual é o calor específico e (b) qual é o calor específico molar da substância? (c) Quantos mols estão presentes na amostra?

25 **F** **BIO** Um nutricionista aconselha as pessoas que querem perder peso a beber água gelada, alegando que o corpo precisa queimar gordura para aumentar a temperatura da água de 0,00 °C para a temperatura do corpo, 37,0 °C. Quantos litros de água gelada uma pessoa precisa beber para queimar 500 g de gordura, supondo que, ao ser queimada essa quantidade de gordura, 3500 Cal são transferidas para a água? Por que não é recomendável seguir o conselho do nutricionista? (Um litro = 10^3 cm^3. A massa específica da água é 1,00 g/cm^3.)

26 **F** Que massa de manteiga, que possui um valor calórico de 6,0 Cal/g (= 6000 cal/g), equivale à variação de energia potencial gravitacional de um homem de 73,0 kg que sobe do nível do mar para o alto do Monte Everest, a 8,84 km de altura? Suponha que o valor médio de g durante a escalada é 9,80 m/s^2.

27 **F** Calcule a menor quantidade de energia, em joules, necessária para fundir 130 g de prata inicialmente a 15,0 °C.

28 **F** Que massa de água permanece no estado líquido depois que 50,2 kJ são transferidos em forma de calor a partir de 260 g de água inicialmente no ponto de congelamento?

29 **M** Em um aquecedor solar, a radiação do Sol é absorvida pela água que circula em tubos em um coletor situado no telhado. A radiação solar penetra no coletor por uma cobertura transparente e aquece a água dos tubos; em seguida, a água é bombeada para um tanque de armazenamento. Suponha que a eficiência global do sistema é de 20% (ou seja, 80% da energia solar incidente é perdida). Que área de coleta é necessária para aumentar a temperatura de 200 L de água no tanque de 20 °C para 40 °C em 1,0 h se a intensidade da luz solar incidente é 700 W/m^2?

30 **M** Uma amostra de 0,400 kg de uma substância é colocada em um sistema de resfriamento que remove calor a uma taxa constante. A Fig. 18.10 mostra a temperatura T da amostra em função do tempo t; a escala do eixo horizontal é definida por t_s = 80,0 min. A amostra congela durante o processo. O calor específico da substância no estado líquido inicial é 3000 J/kg · K. Determine (a) o calor de fusão da substância e (b) o calor específico da substância na fase sólida.

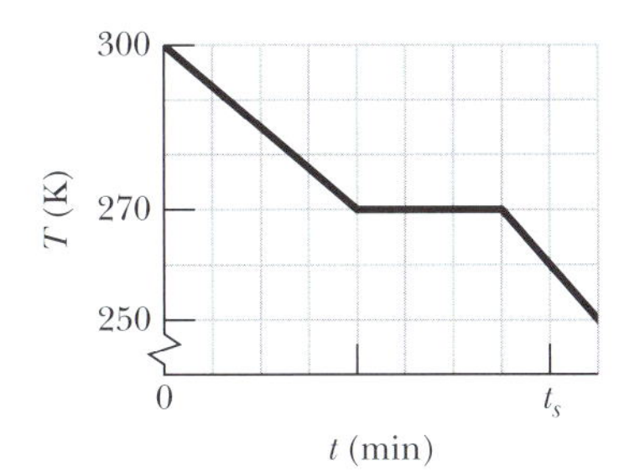

Figura 18.10 Problema 30.

31 **M** Que massa de vapor a 100 °C deve ser misturada com 150 g de gelo no ponto de fusão, em um recipiente isolado termicamente, para produzir água a 50 °C?

32 **M** **CALC** O calor específico de uma substância varia com a temperatura de acordo com a equação $c = 0{,}20 + 0{,}14T + 0{,}023T^2$, com T em °C e c em cal/g·K. Determine a energia necessária para aumentar a temperatura de 2,0 g da substância de 5,0 °C para 15 °C.

33 **M** *Versão não métrica*: (a) Quanto tempo um aquecedor de água de 2,0 × 10^5 Btu/h leva para elevar a temperatura de 40 galões de água de 70 °F para 100 °F? *Versão métrica*: (b) Quanto tempo um aquecedor de água de 59 kW leva para elevar a temperatura de 150 litros de água de 21 °C para 38 °C?

34 **M** Duas amostras, A e B, estão a diferentes temperaturas quando são colocadas em contato em um recipiente termicamente isolado até entrarem em equilíbrio térmico. A Fig. 18.11*a* mostra as temperaturas T das duas amostras em função do tempo t. A amostra A tem uma massa de 5,0 kg; a amostra B tem uma massa de 1,5 kg. A Fig. 18.11*b* é um gráfico do material da amostra B que mostra a variação de temperatura ΔT que o material sofre quando recebe uma energia Q na forma de calor; a variação ΔT está plotada em função da energia Q por unidade de massa do material e a escala do eixo vertical é definida por ΔT_s = 4,0C°. Qual é o calor específico do material da amostra A?

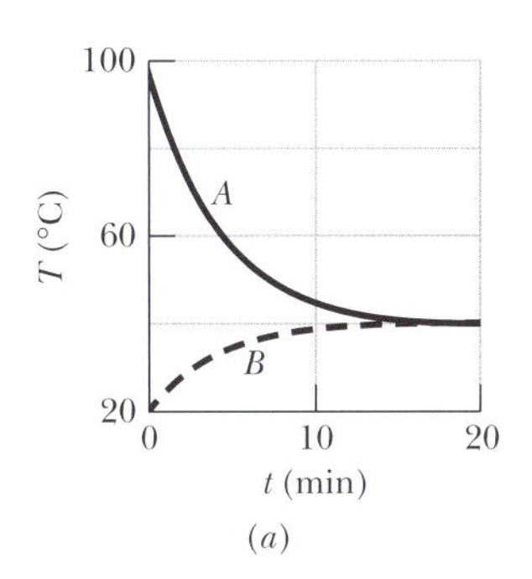

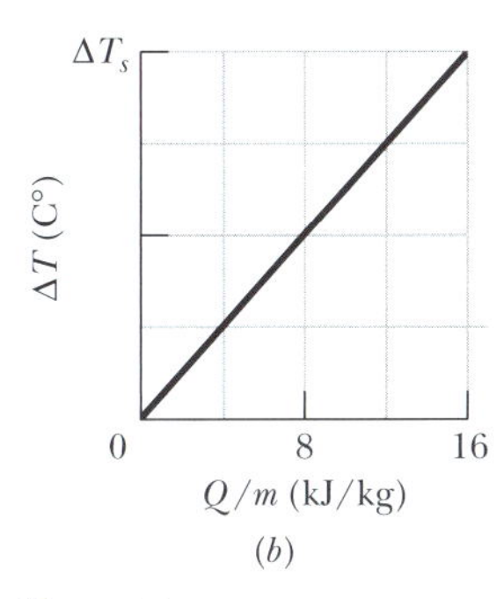

Figura 18.11 Problema 34.

35 **M** Uma garrafa térmica contém 130 cm^3 de café a 80,0 °C. Um cubo de gelo de 12,0 g à temperatura de fusão é usado para esfriar o café. De quantos graus o café esfria depois que todo o gelo derrete e o equilíbrio térmico é atingido? Trate o café como se fosse água pura e despreze as trocas de energia com o ambiente.

36 **M** Um tacho de cobre de 150 g contém 220 g de água e ambos estão a 20,0 °C. Um cilindro de cobre de 300 g, muito quente, é jogado na água, fazendo a água ferver e transformando 5,0 g da água em vapor. A temperatura final do sistema é de 100 °C. Despreze a transferência de energia para o ambiente. (a) Qual é a energia (em calorias) transferida para a água na forma de calor? (b) Qual é a energia transferida para o tacho? (c) Qual é a temperatura inicial do cilindro?

37 **M** Uma pessoa faz chá gelado misturando 500 g de chá quente (que se comporta como água pura) com a mesma massa de gelo no ponto de fusão. Suponha que a troca de energia entre a mistura e o ambiente é desprezível. Se a temperatura inicial do chá é T_i = 90 °C, qual é (a) a temperatura da mistura T_f e (b) qual a massa m_f do gelo remanescente quando o equilíbrio térmico é atingido? Se T_i = 70 °C, qual é o valor (c) de T_f e (d) de m_f quando o equilíbrio térmico é atingido?

38 **M** Uma amostra de 0,530 kg de água e uma amostra de gelo são colocadas em um recipiente termicamente isolado. O recipiente também contém um dispositivo que transfere calor da água para o gelo a uma taxa constante P até que o equilíbrio térmico seja estabelecido. As temperaturas T da água e do gelo são mostradas na Fig. 18.12 em função do tempo t; a escala do eixo horizontal é definida por t_s = 80,0 min. (a) Qual é a taxa P? (b) Qual é a massa inicial de gelo no recipiente? (c) Quando o equilíbrio térmico é atingido, qual é a massa do gelo produzido no processo?

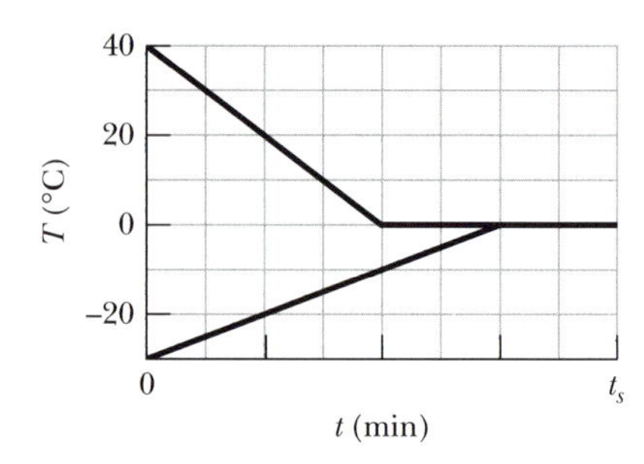

Figura 18.12 Problema 38.

39 **M** O álcool etílico tem um ponto de ebulição de 78,0 °C, um ponto de congelamento de −114 °C, um calor de vaporização de 879 kJ/kg, um calor de fusão de 109 kJ/kg e um calor específico de 2,43 kJ/kg · K. Quanta energia deve ser removida de 0,510 kg de álcool etílico que está inicialmente na forma de gás a 78,0 °C para que se torne um sólido a −114 °C?

40 **M** Calcule o calor específico de um metal a partir dos dados a seguir. Um recipiente feito do metal tem uma massa de 3,6 kg e contém 14 kg de água. Um pedaço de 1,8 kg do metal, inicialmente à temperatura de 180 °C, é mergulhado na água. O recipiente e a água estão inicialmente a uma temperatura de 16,0 °C e a temperatura final do sistema (termicamente isolado) é 18,0 °C.

41 **D** (a) Dois cubos de gelo de 50 g são misturados com 200 g de água em um recipiente termicamente isolado. Se a água está inicialmente a 25 °C e o gelo foi removido de um congelador a −15 °C, qual é a temperatura final em equilíbrio térmico? (b) Qual será a temperatura final se for usado apenas um cubo de gelo?

42 **D** Um anel de cobre de 20,0 g a 0,000 °C tem um diâmetro interno $D = 2{,}540\,00$ cm. Uma esfera de alumínio a 100,0 °C tem um diâmetro $d = 2{,}545\,08$ cm. A esfera é colocada acima do anel (Fig. 18.13) até que os dois atinjam o equilíbrio térmico, sem perda de calor para o ambiente. A esfera se ajusta exatamente ao anel na temperatura do equilíbrio. Qual é a massa da esfera?

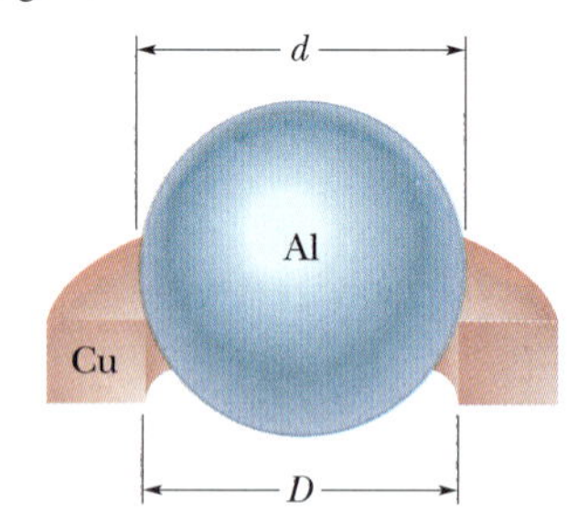

Figura 18.13 Problema 42.

Módulo 18.5 Primeira Lei da Termodinâmica

43 **F** **CALC** Na Fig. 18.14, uma amostra de gás se expande de V_0 para $4{,}0V_0$ enquanto a pressão diminui de p_0 para $p_0/4{,}0$. Se $V_0 = 1{,}0$ m³ e $p_0 = 40$ Pa, qual é o trabalho realizado pelo gás se a pressão varia com o volume de acordo (a) com a trajetória *A*, (b) com a trajetória *B* e (c) com a trajetória *C*?

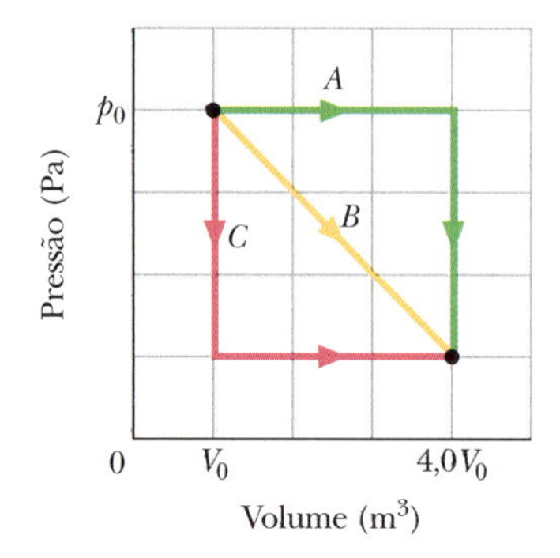

Figura 18.14 Problema 43.

44 **F** **CALC** Um sistema termodinâmico passa do estado *A* para o estado *B*, do estado *B* para o estado *C* e de volta para o estado *A*, como mostra o diagrama $p-V$ da Fig. 18.15*a*. A escala do eixo vertical é definida por $p_s = 40$ Pa e a escala do eixo horizontal é definida por $V_s = 4{,}0$ m³. (a)–(g) Complete a tabela da Fig. 18.15*b* introduzindo um sinal positivo, um sinal negativo ou um zero na célula indicada. (h) Qual é o trabalho realizado pelo sistema no ciclo *ABCA*?

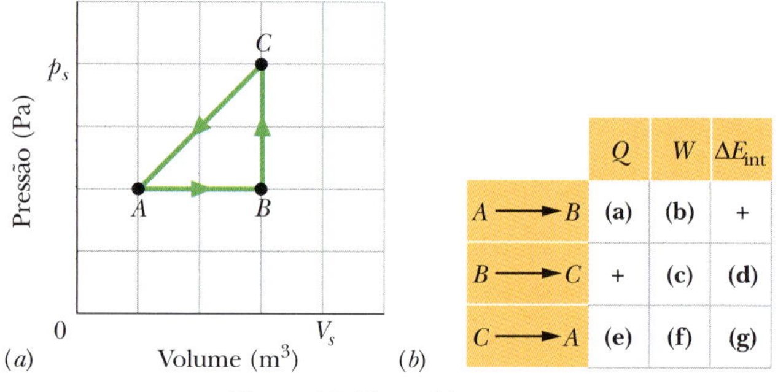

	Q	W	ΔE_{int}
$A \rightarrow B$	(a)	(b)	+
$B \rightarrow C$	+	(c)	(d)
$C \rightarrow A$	(e)	(f)	(g)

Figura 18.15 Problema 44.

45 **F** **CALC** Um gás em uma câmara fechada passa pelo ciclo mostrado no diagrama $p-V$ da Fig. 18.16. A escala do eixo horizontal é definida por $V_s = 4{,}0$ m³. Calcule a energia adicionada ao sistema na forma de calor durante um ciclo completo.

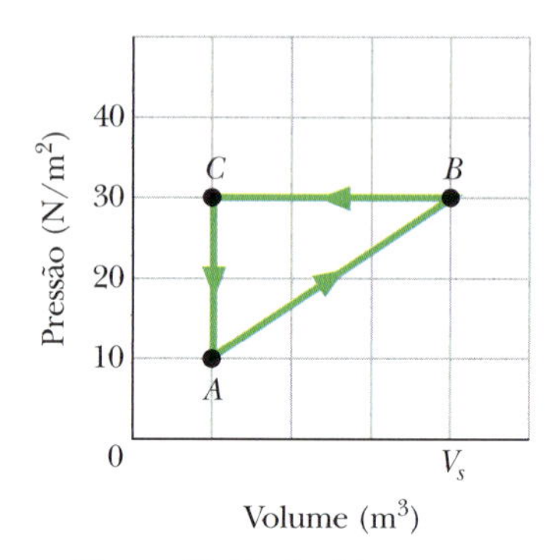

Figura 18.16 Problema 45.

46 **F** Um trabalho de 200 J é realizado sobre um sistema, e uma quantidade de calor de 70,0 cal é removida do sistema. Qual é o valor (incluindo o sinal) (a) de W, (b) de Q e (c) de ΔE_{int}?

47 **M** Quando um sistema passa do estado *i* para o estado *f* seguindo a trajetória *iaf* da Fig. 18.17, $Q = 50$ cal e $W = 20$ cal. Ao longo da trajetória *ibf*, $Q = 36$ cal. (a) Quanto vale W ao longo da trajetória *ibf*? (b) Se $W = -13$ cal na trajetória de retorno *fi*, quanto vale Q nessa trajetória? (c) Se $E_{int,i} = 10$ cal, qual é o valor de $E_{int,f}$? Se $E_{int,b} = 22$ cal, qual é o valor de Q (d) na trajetória *ib* e (e) na trajetória *bf*?

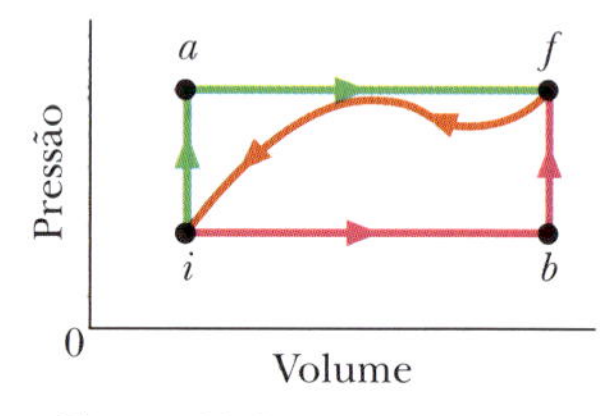

Figura 18.17 Problema 47.

48 **M** Um gás em uma câmara fechada passa pelo ciclo mostrado na Fig. 18.18. Determine a energia transferida pelo sistema na forma de calor durante o processo *CA* se a energia adicionada como calor Q_{AB} durante o processo *AB* é 20,0 J, nenhuma energia é transferida como calor durante o processo *BC* e o trabalho realizado durante o ciclo é 15,0 J.

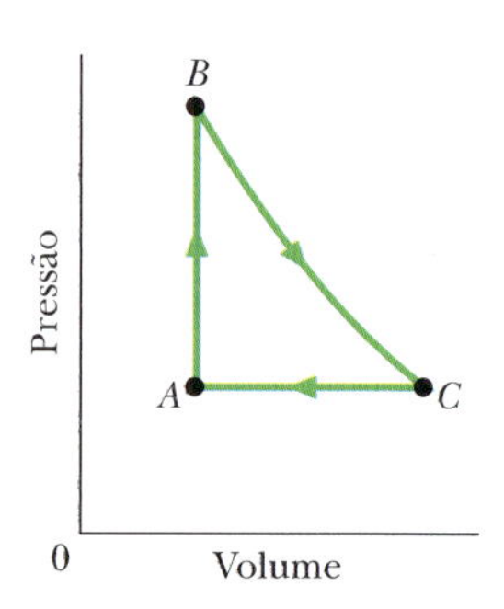

Figura 18.18 Problema 48.

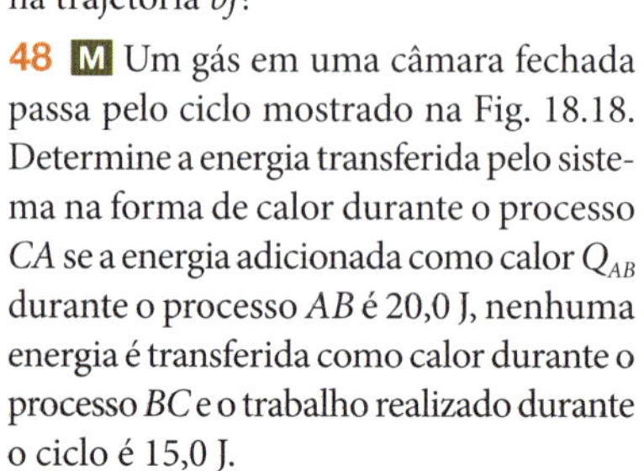

49 **M** A Fig. 18.19 mostra um ciclo fechado de um gás (a figura não foi desenhada em escala). A variação da energia interna do gás ao passar de *a* para *c* ao longo da trajetória *abc* é −200 J. Quando passa de *c* para *d*, o gás recebe 180 J na forma de calor. Mais 80 J são recebidos quando o gás passa de *d* para *a*. Qual é o trabalho realizado sobre o gás quando passa de *c* para *d*?

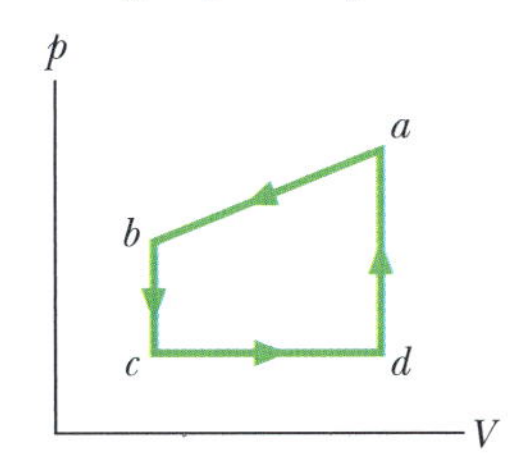

Figura 18.19 Problema 49.

50 **M** Uma amostra de gás passa pelo ciclo *abca* mostrado no diagrama $p-V$ da Fig. 18.20. O trabalho realizado é +1,2 J. Ao longo da trajetória *ab*, a variação da energia interna é +3,0 J e o valor absoluto do trabalho realizado é 5,0 J. Ao longo da trajetória *ca*, a energia transferida para o gás na forma de calor é +2,5 J. Qual é a energia transferida na forma de calor ao longo (a) da trajetória *ab* e (b) da trajetória *bc*?

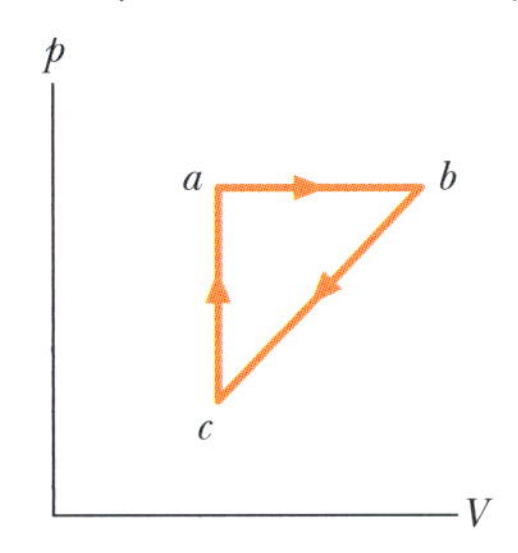

Figura 18.20 Problema 50.

Módulo 18.6 Mecanismos de Transferência de Calor

51 **F** Uma esfera com 0,500 m de raio, cuja emissividade é 0,850, está a 27,0 °C em um local onde a temperatura ambiente é 77,0 °C. A que taxa a esfera (a) emite e (b) absorve radiação térmica? (c) Qual é a taxa de troca de energia da esfera?

52 **F** O teto de uma casa em uma cidade de clima frio deve ter uma resistência térmica *R* de 30 m²·K/W. Para isso, qual deve ser a espessura de um revestimento (a) de espuma de poliuretano e (b) de prata?

53 **F** Considere a placa da Fig. 18.6.1. Suponha que $L = 25{,}0$ cm, $A = 90{,}0$ cm² e que o material é o cobre. Se $T_Q = 125$ °C, $T_F = 10{,}0$ °C e o sistema está no regime estacionário, determine a taxa de condução de calor pela placa.

54 **F** **BIO** **CVF** Se você se expusesse, por alguns momentos, ao espaço sideral longe do Sol e sem um traje espacial (como fez um astronauta no filme *2001: Uma Odisseia no Espaço*), você sentiria o frio do espaço, ao irradiar muito mais energia que a absorvida do ambiente. (a) A que taxa você perderia energia? (b) Quanta energia você perderia em 30 s? Suponha que sua emissividade é 0,90 e estime outros dados necessários para os cálculos.

55 **F** **CALC** Uma barra cilíndrica de cobre de 1,2 m de comprimento e 4,8 cm² de seção reta é bem isolada e não perde energia pela superfície lateral. A diferença de temperatura entre as extremidades é 100C°, já que uma está imersa em uma mistura de água e gelo e a outra em uma mistura de água e vapor. (a) A que taxa a energia é conduzida pela barra? (b) A que taxa o gelo derrete na extremidade fria?

56 **M** **BIO** **CVF** A vespa gigante *Vespa mandarinia japonica* se alimenta de abelhas japonesas. Entretanto, caso uma vespa tenta invadir uma colmeia, centenas de abelhas formam rapidamente uma bola em torno da vespa para detê-la. As abelhas não picam, não mordem, nem esmagam, nem sufocam a vespa; limitam-se a aquecê-la, aumentando sua temperatura do valor normal de 35 °C para 47 °C ou 48 °C, o que é mortal para a vespa, mas não para as abelhas (Fig. 18.21). Suponha o seguinte: 500 abelhas formam uma bola de raio $R = 2{,}0$ cm durante um intervalo de tempo $t = 20$ min, o mecanismo principal de perda de energia da bola é a radiação térmica, a superfície da bola tem uma emissividade $\varepsilon = 0{,}80$ e a temperatura da bola é uniforme. Qual é a quantidade de energia que uma abelha precisa produzir, em média, durante 20 min, para manter a temperatura da bola em 47 °C?

Figura 18.21 Problema 56.

57 **M** (a) Qual é a taxa de perda de energia em watts por metro quadrado por uma janela de vidro de 3,0 mm de espessura se a temperatura externa é −20 °F e a temperatura interna é +72 °F? (b) Uma janela para tempestades, feita com a mesma espessura de vidro, é instalada do lado de fora da primeira, com um espaço de 7,5 cm entre as duas janelas. Qual é a nova taxa de perda de energia se a condução é o único mecanismo importante de perda de energia?

58 **M** Um cilindro maciço, de raio $r_1 = 2{,}5$ cm, comprimento $h_1 = 5{,}0$ cm e emissividade $\varepsilon = 0{,}85$, a uma temperatura $T_c = 30$ °C, está suspenso em um ambiente de temperatura $T_a = 50$ °C. (a) Qual é a taxa líquida P_1 de transferência de radiação térmica do cilindro? (b) Se o cilindro é esticado até que o raio diminua para $r_2 = 0{,}50$ cm, a taxa líquida de transferência de radiação térmica passa a ser P_2. Qual é a razão P_2/P_1?

59 **M** Na Fig. 18.22*a*, duas barras retangulares metálicas de mesmas dimensões e feitas da mesma substância são soldadas pelas faces de menor área e mantidas a uma temperatura $T_1 = 0$ °C do lado esquerdo e a uma temperatura $T_2 = 100$ °C do lado direito. Em 2,0 min, 10 J são conduzidos a uma taxa constante do lado direito para o lado esquerdo. Que tempo seria necessário para conduzir 10 J se as placas fossem soldadas pelas faces de maior área, como na Fig. 18.22*b*?

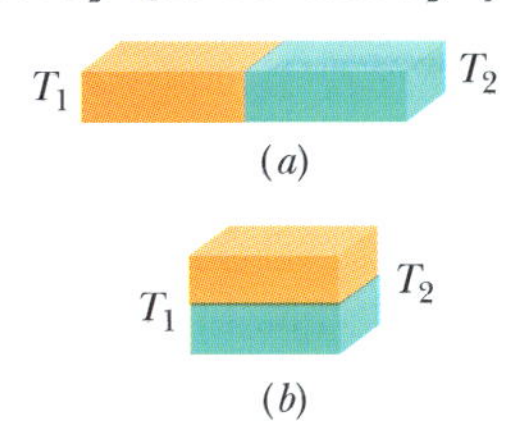

Figura 18.22 Problema 59.

60 **M** A Fig. 18.23 mostra uma parede feita de três camadas de espessuras L_1, $L_2 = 0{,}700L_1$ e $L_3 = 0{,}350L_1$. As condutividades térmicas são k_1, $k_2 = 0{,}900k_1$ e $k_3 = 0{,}800k_1$. As temperaturas do lado esquerdo e do lado direito da parede são $T_Q = 30{,}0$ °C e $T_F = -15{,}0$ °C, respectivamente. O sistema está no regime estacionário. (a) Qual é a diferença de temperatura ΔT_2 na camada 2 (entre o lado esquerdo e o lado direito da camada)? Se o valor de k_2 fosse $1{,}10k_1$, (b) a taxa de condução de energia pela parede seria maior, menor ou igual à anterior? (c) Qual seria o valor de ΔT_2?

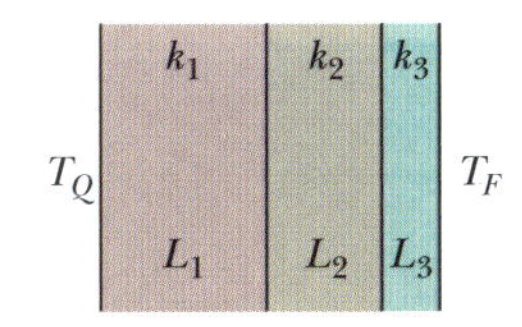

Figura 18.23 Problema 60.

61 **M** **CALC** Uma placa de gelo com 5,0 cm de espessura se formou na superfície de uma caixa d'água em um dia frio de inverno (Fig. 18.24). O ar acima do gelo está a −10 °C. Calcule a taxa de formação da placa de gelo em cm/h. Suponha que a condutividade térmica do gelo é 0,0040 cal/s·cm·C° e que a massa específica é 0,92 g/cm³. Suponha também que a transferência de energia pelas paredes e pelo fundo do tanque pode ser desprezada.

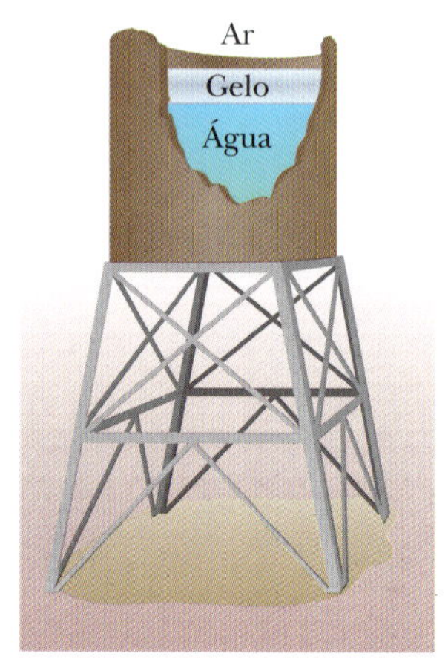

Figura 18.24 Problema 61.

62 M CVF *Efeito Leidenfrost.* Quando se deixa cair uma gota d'água em uma frigideira cuja temperatura está entre 100 °C e 200 °C, a gota dura menos de 1 s. Entretanto, se a temperatura da frigideira é mais alta, a gota pode durar vários minutos, um efeito que recebeu o nome de um médico alemão que foi um dos primeiros a investigar o fenômeno. O efeito se deve à formação de uma fina camada de ar e vapor d'água que separa a gota do metal (Fig. 18.25). Suponha que a distância entre a gota e a frigideira é L = 0,100 mm e que a gota tem a forma de um cilindro de altura h = 1,50 mm e área da base $A = 4{,}00 \times 10^{-6}$ m². Suponha também que a frigideira é mantida a uma temperatura constante T_f = 300 °C e que a temperatura da gota é 100 °C. A massa específica da água é ρ = 1000 kg/m³ e a condutividade térmica da camada que separa a gota da frigideira é k = 0,026 W/m · K. (a) A que taxa a energia é conduzida da frigideira para a gota? (b) Se a condução é a principal forma de transmissão de energia da frigideira para a gota, quanto tempo a gota leva para evaporar?

Figura 18.25 Problema 62.

63 M A Fig. 18.26 mostra uma parede feita de quatro camadas, de condutividades térmicas k_1 = 0,060 W/m · K, k_3 = 0,040 W/m · K e k_4 = 0,12 W/m · K (k_2 não é conhecida). As espessuras das camadas são L_1 = 1,5 cm, L_3 = 2,8 cm e L_4 = 3,5 cm (L_2 não é conhecida). As temperaturas conhecidas são T_1 = 30 °C, T_{12} = 25 °C e T_4 = −10 °C. A transferência de energia está no regime estacionário. Qual é o valor da temperatura T_{34}?

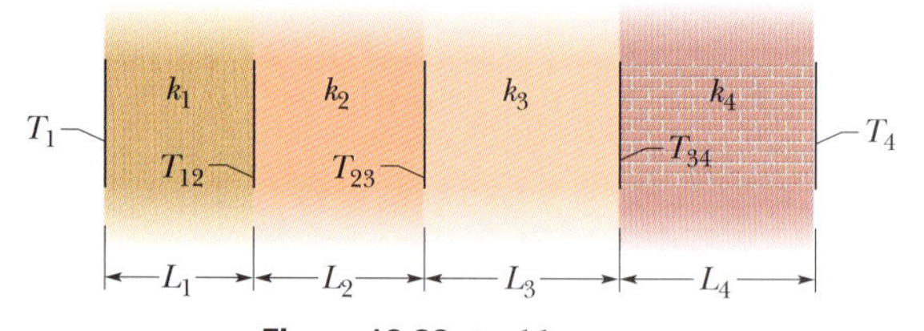

Figura 18.26 Problema 63.

64 M BIO CVF *Aglomerações de pinguins.* Para suportar o frio da Antártica, os pinguins-imperadores se aglomeram em bandos (Fig. 18.27). Suponha que um pinguim pode ser modelado por um cilindro circular de altura h = 1,1 m e com uma área da base a = 0,34 m². Seja P_i a taxa com a qual um pinguim isolado irradia energia para o ambiente (pelas superfícies superior e lateral); nesse caso, NP_i é a taxa com a qual N pinguins iguais e separados irradiam energia. Se os pinguins se aglomeram para formar um *cilindro único* de altura h e área da base Na, o cilindro irradia a uma taxa P_u. Se N = 1000, determine (a) o valor da razão P_u/NP_i e (b) a redução percentual da perda de energia devido à aglomeração.

Figura 18.27 Problema 64.

65 M Formou-se gelo em um pequeno lago e o regime estacionário foi atingido com o ar acima do gelo a −5,0 °C e o fundo do lago a 4,0 °C. Se a profundidade total do *gelo* + água é 1,4 m, qual é a espessura do gelo? (Suponha que a condutividade térmica do gelo é 0,40 e a da água é 0,12 cal/m · C° · s.)

66 D CALC CVF *Resfriamento de bebidas por evaporação.* Uma bebida pode ser mantida fresca, mesmo em um dia quente, se for colocada em um recipiente poroso, de cerâmica, previamente molhado. Suponha que a energia perdida por evaporação seja igual à energia recebida em consequência da troca de radiação pela superfície superior e pelas superfícies laterais do recipiente. O recipiente e a bebida estão a uma temperatura T = 15 °C, a temperatura ambiente é T_{amb} = 32 °C e o recipiente é um cilindro de raio r = 2,2 cm e altura h = 10 cm. Suponha que a emissividade é ε = 1 e despreze outras trocas de energia. Qual é a taxa dm/dt de perda de massa de água do recipiente, em g/s?

Problemas Adicionais

67 Na extrusão de chocolate frio por um tubo, o êmbolo que empurra o chocolate realiza trabalho. O trabalho por unidade de massa do chocolate é igual a p/ρ, em que p é a diferença entre a pressão aplicada e a pressão no local em que o chocolate sai do tubo e ρ é a massa específica do chocolate. Em vez de aumentar a temperatura, esse trabalho funde a manteiga de cacau do chocolate, cujo calor de fusão é 150 kJ/kg. Suponha que todo o trabalho vai para a fusão e que a manteiga de cacau constitui 30% da massa do chocolate. Que porcentagem da manteiga de cacau é fundida durante a extrusão se p = 5,5 MPa e ρ = 1200 kg/m³?

68 Os icebergs do Atlântico Norte constituem um grande perigo para os navios; por causa deles, as distâncias das rotas marítimas sofrem um aumento da ordem de 30% durante a temporada de icebergs. Já se tentou destruir os icebergs usando explosivos, bombas, torpedos, balas de canhão, aríetes e cobrindo-os com fuligem. Suponha que seja tentada a fusão direta de um iceberg, por meio da instalação de fontes de calor no gelo. Que quantidade de energia na forma de calor é necessária para derreter 10% de um iceberg com uma massa de 200.000 toneladas métricas? (1 tonelada métrica = 1000 kg.)

69 A Fig. 18.28 mostra um ciclo fechado de um gás. A variação da energia interna ao longo da trajetória *ca* é −160 J. A energia transferida para o gás na forma de calor é 200 J ao longo da trajetória *ab* e 40 J ao longo da trajetória *bc*. Qual é o trabalho realizado pelo gás ao longo (a) da trajetória *abc* e (b) da trajetória *ab*?

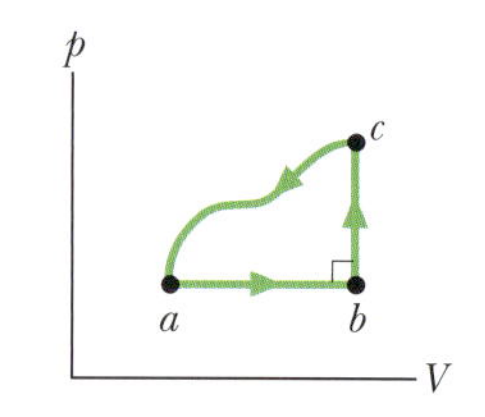

Figura 18.28 Problema 69.

70 Em casa com aquecimento solar, a energia proveniente do Sol é armazenada em barris com água. Em cinco dias seguidos no inverno em que o tempo permanece nublado, $1,00 \times 10^6$ kcal são necessárias para manter o interior da casa a 22,0 °C. Supondo que a água dos barris está a 50,0 °C e que a água tem uma massa específica de $1,00 \times 10^3$ kg/m³, que volume de água é necessário?

71 Uma amostra de 0,300 kg é colocada em uma geladeira que remove calor a uma taxa constante de 2,81 W. A Fig. 18.29 mostra a temperatura T da amostra em função do tempo t. A escala de temperatura é definida por $T_s = 30$ °C e a escala de tempo é definida por $t_s = 20$ min. Qual é o calor específico da amostra?

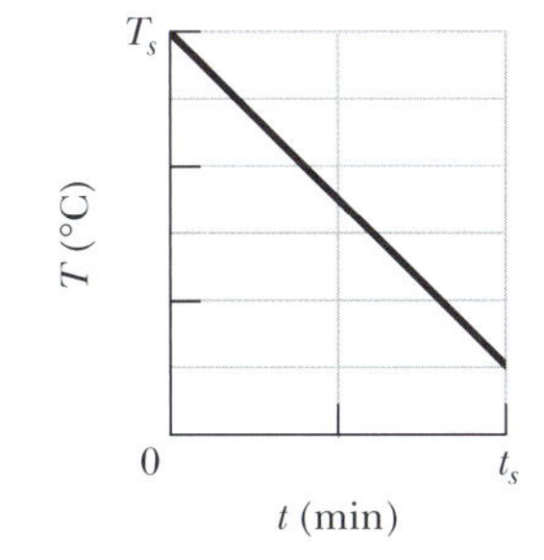

Figura 18.29 Problema 71.

72 A taxa média com a qual a energia chega à superfície na América do Norte é 54,0 mW/m² e a condutividade térmica média das rochas próximas da superfície é 2,50 W/m·K. Supondo que a temperatura da superfície é 10,0 °C, determine a temperatura a uma profundidade de 35,0 km (perto da base da crosta). Ignore o calor gerado pela presença de elementos radioativos.

73 Qual é o aumento de volume de um cubo de alumínio com 5,00 cm de lado quando o cubo é aquecido de 10,0 °C para 60,0 °C?

74 Em uma série de experimentos, um bloco B é colocado em um recipiente termicamente isolado em contato com um bloco A, que tem a mesma massa que o bloco B. Em cada experimento, o bloco B está inicialmente à temperatura T_B, mas a temperatura do bloco A varia de experimento para experimento. Suponha que T_f representa a temperatura final dos dois blocos ao atingirem o equilíbrio térmico. A Fig. 18.30 mostra a temperatura T_f em função da temperatura inicial T_A para um intervalo de valores de T_A, de $T_{A1} = 0$ K até $T_{A2} = 500$ K. (a) Qual é a temperatura T_B e (b) qual a razão c_B/c_A entre os calores específicos dos blocos?

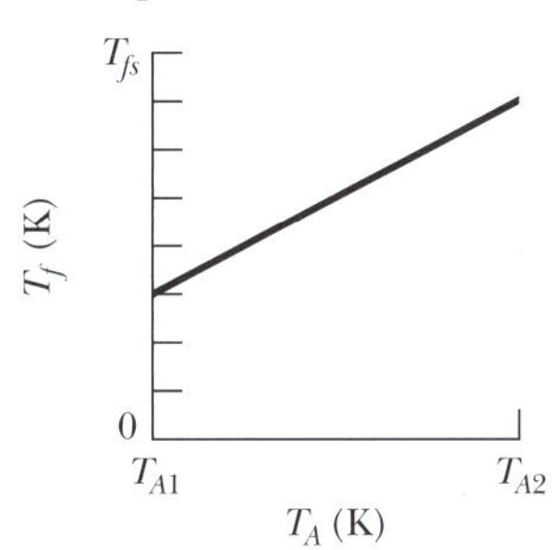

Figura 18.30 Problema 74.

75 A Fig. 18.31 mostra um ciclo fechado a que um gás é submetido. De c até b, 40 J deixam o gás na forma de calor. De b até a, 130 J deixam o gás na forma de calor e o valor absoluto do trabalho realizado pelo gás é 80 J. De a até c, 400 J são recebidos pelo gás na forma de calor. Qual é o trabalho realizado pelo gás de a até c? (*Sugestão*: Não se esqueça de levar em conta o sinal algébrico dos dados.)

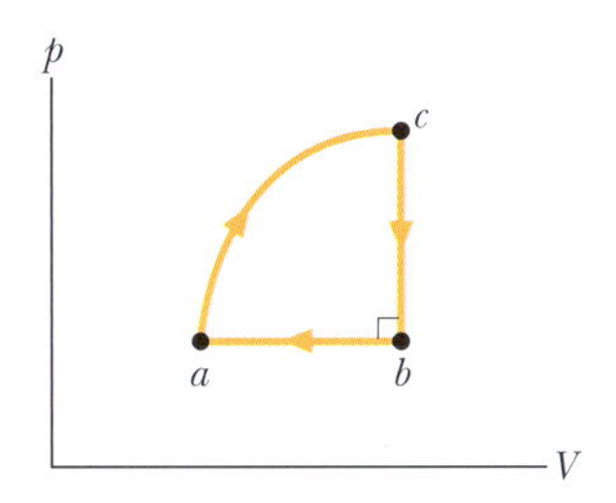

Figura 18.31 Problema 75.

76 Três barras retilíneas de mesmo comprimento, feitas de alumínio, Invar e aço, todas a 20,0 °C, formam um triângulo equilátero com pinos articulados nos vértices. A que temperatura o ângulo oposto à barra de Invar é 59,95°? As fórmulas trigonométricas necessárias estão no Apêndice E e os dados necessários estão na Tabela 18.3.1.

77 A temperatura de um cubo de gelo de 0,700 kg é reduzida para −150 °C. Em seguida, é fornecido calor ao cubo, mantendo-o termicamente isolado do ambiente. A transferência total é de 0,6993 MJ. Suponha que o valor de c_{gelo} que aparece na Tabela 18.4.1 é válido para temperaturas de −150 °C a 0 °C. Qual é a temperatura final da água?

78 CALC CVF *Pingentes de gelo.* A água cobre a superfície de um pingente de gelo ativo (em processo de crescimento) e forma um tubo curto e estreito na extremidade do eixo central (Fig. 18.32). Como a temperatura da interface água-gelo é 0 °C, a água do tubo não pode perder energia para os lados do pingente ou para a ponta do tubo porque não há variação de temperatura nessas direções. A água pode perder energia e congelar apenas transferindo energia para cima (através de uma distância L) até o alto do pingente, em que a temperatura T_r pode ser menor que 0 °C. Suponha que $L = 0,12$ m e $T_r = -5$ °C. Suponha também que a seção reta do tubo e do pingente é A. Determine, em termos de A, (a) a taxa com a qual a energia é transferida para cima e (b) a taxa com a qual a massa é convertida de água para gelo no alto do tubo central. (c) Qual é a velocidade com que o pingente se move para baixo por causa do congelamento da água? A condutividade térmica do gelo é 0,400 W/m·K e a massa específica da água é 1000 kg/m³.

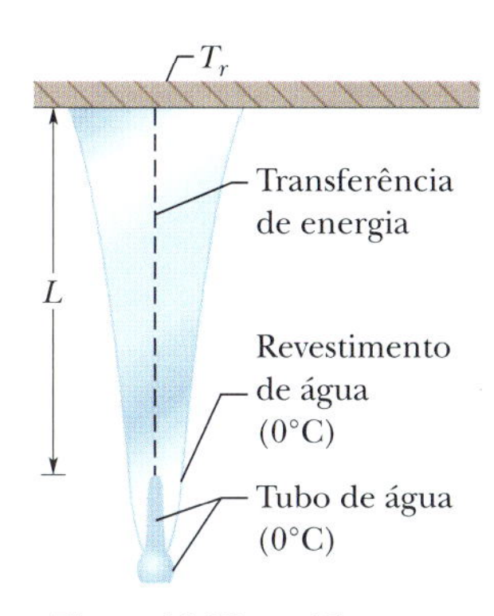

Figura 18.32 Problema 78.

79 CALC Uma amostra de gás se expande de uma pressão inicial de 10 Pa e um volume inicial de 1,0 m³ para um volume final de 2,0 m³. Durante a expansão, a pressão e o volume estão relacionados pela equação $p = aV^2$, em que $a = 10$ N/m⁸. Determine o trabalho realizado pelo gás durante a expansão.

80 A Fig. 18.33*a* mostra um cilindro com gás, fechado por um êmbolo móvel. O cilindro é mantido submerso em uma mistura de gelo e água. O êmbolo é empurrado para baixo *rapidamente* da posição 1 para a posição 2 e mantido na posição 2 até que o gás esteja novamente à temperatura da mistura de gelo e água; em seguida, o êmbolo é erguido *lentamente* de volta para a posição 1. A Fig. 18.33*b* é um diagrama $p-V$ do processo. Se 100 g de gelo são derretidos durante o ciclo, qual é o trabalho realizado *sobre* o gás?

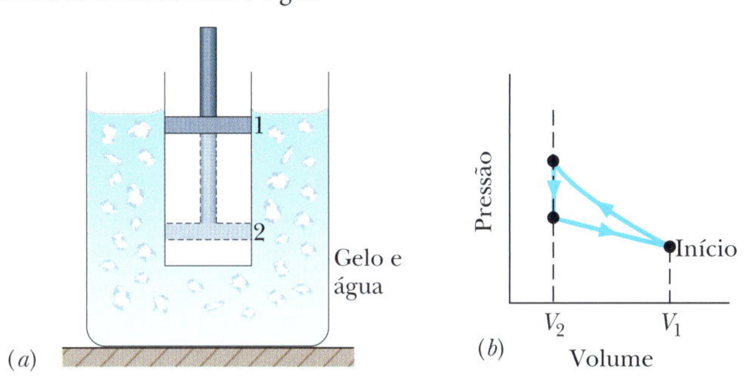

Figura 18.33 Problema 80.

81 Uma amostra de gás sofre uma transição de um estado inicial a para um estado final b por três diferentes trajetórias (processos), como mostra o diagrama $p-V$ da Fig. 18.34, em que $V_b = 5,00V_i$. A energia transferida para o gás em forma de calor no processo 1 é $10p_iV_i$. Em termos de p_iV_i, qual é (a) a energia transferida para o gás em forma de calor no processo 2 e (b) qual é a variação da energia interna do gás no processo 3?

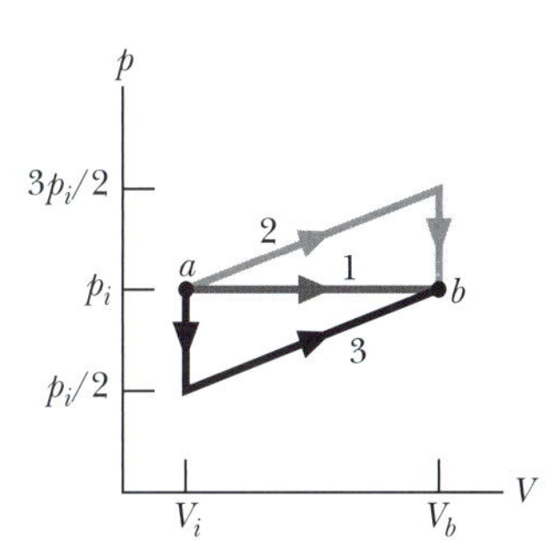

Figura 18.34 Problema 81.

82 Uma barra de cobre, uma barra de alumínio e uma barra de latão, todas com 6,00 m de comprimento e 1,00 cm de diâmetro, são colocadas em contato, pelas extremidades, com a barra de alumínio no meio. A extremidade livre da barra de cobre é mantida no ponto de ebulição da água, e a extremidade livre da barra de latão é mantida no ponto de congelamento da água. Qual é a temperatura, no regime estacionário, (a) da junção cobre-alumínio e (b) da junção alumínio-latão?

83 A temperatura de um disco de Pyrex varia de 10,0 °C para 60,0 °C. O raio inicial do disco é 8,00 cm e a espessura inicial é 0,500 cm. Tome esses dados como exatos. Qual é a variação do volume do disco? (Veja a Tabela 18.3.1.)

84 **BIO** (a) Calcule a taxa com a qual o calor do corpo atravessa a roupa de um esquiador em regime estacionário, a partir dos seguintes dados: a área da superfície do corpo é 1,8 m²; a roupa tem 1,0 cm de espessura; a temperatura da pele é 33 °C; a temperatura da superfície externa da roupa é 1,0 °C; a condutividade térmica da roupa é 0,040 W/m·K. (b) Se, após uma queda, a roupa do esquiador fica encharcada de água, cuja condutividade térmica é 0,60 W/m·K, por qual fator a taxa de condução é multiplicada?

85 Um lingote de 2,50 kg de alumínio é aquecido até 92,0 °C e mergulhado em 8,00 kg de água a 5,00 °C. Supondo que o sistema amostra-água está termicamente isolado, qual é a temperatura de equilíbrio do sistema?

86 Uma vidraça tem 20 cm por 30 cm a 10 °C. De quanto aumenta a área da vidraça quando a temperatura aumenta para 40 °C, supondo que ela pode se expandir livremente?

87 **BIO** Um novato só pode entrar para o semissecreto clube "300 F"[1] da Estação Polar Amundsen-Scott, no Polo Sul, quando a temperatura do lado de fora está abaixo de −70 °C. Em um dia como esse, o novato tem que fazer uma sauna e depois correr ao ar livre usando apenas sapatos. (Naturalmente, fazer isso é muito perigoso, mas o ritual é um protesto contra os riscos da exposição ao frio.)

Suponha que, ao sair da sauna, a temperatura da pele do novato seja 102 °F e que as paredes, teto e piso da base estejam a uma temperatura de 30 °C. Estime a área da superfície do novato e suponha que a emissividade da pele é 0,80. (a) Qual é a taxa líquida, $P_{\text{líq}}$, com a qual o novato perde energia pela troca de radiação térmica com o aposento? Em seguida, suponha que, ao ar livre, metade da área da superfície do recruta troca energia térmica com o céu à temperatura de −25 °C e que a outra metade troca radiação térmica com a neve e o solo à temperatura de −80 °C. Qual é a taxa líquida com a qual o recruta perde energia através da troca de radiação térmica (b) com o céu e (c) com a neve e o solo?

88 Uma barra de aço a 25,0 °C é fixada nas duas extremidades e resfriada. A que temperatura a barra se rompe? Use a Tabela 12.3.1.

89 **BIO** Um atleta precisa perder peso e decide "puxar ferro". (a) Quantas vezes um peso de 80,0 kg deve ser levantado a uma altura de 1,00 m para queimar 0,50 kg de gordura, supondo que essa quantidade de gordura equivale a 3500 Cal? (b) Se o peso for levantado uma vez a cada 2,00 s, quanto tempo será necessário?

90 Logo depois que a Terra se formou, o calor liberado pelo decaimento de elementos radioativos aumentou a temperatura interna média de 300 para 3000 K, valor que permanece até hoje. Supondo que o coeficiente de dilatação volumétrica médio é $3{,}0 \times 10^{-5}\ \text{K}^{-1}$, de quanto o raio da Terra aumentou desde que o planeta se formou?

91 É possível derreter um bloco de gelo esfregando-o em outro bloco de gelo. Qual é o trabalho, em joules, necessário para derreter 1,00 g de gelo?

92 Uma placa retangular, de vidro, mede inicialmente 0,200 m por 0,300 m. O coeficiente de expansão linear do vidro é $9{,}00 \times 10^{-6}$/K. Qual é a variação da área da placa se a temperatura aumenta de 20,0 K?

[1]O nome se refere a uma diferença de 300 °F entre a temperatura da sauna e a temperatura do lado de fora da base. (N.T.)

93 Suponha que você intercepte $5{,}0 \times 10^{-3}$ da energia irradiada por uma esfera quente que tem um raio de 0,020 m, uma emissividade de 0,80 e uma temperatura de 500 K na superfície. Qual é a quantidade de energia que você intercepta em 2,0 min?

94 Um termômetro com 0,0550 kg de massa e calor específico de 0,837 kJ/kg · K indica 15,0 °C. O termômetro é totalmente imerso em 0,300 kg de água por tempo suficiente para ficar à mesma temperatura que a água. Se o termômetro indica 44,4 °C, qual era a temperatura da água antes da introdução do termômetro?

95 Uma amostra de gás se expande de $V_1 = 1{,}0\ \text{m}^3$ e $p_1 = 40$ Pa para $V_2 = 4{,}0\ \text{m}^3$ e $p_2 = 10$ Pa seguindo a trajetória B do diagrama $p-V$ da Fig. 18.35. Em seguida, o gás é comprimido de volta para V_1 seguindo a trajetória A ou a trajetória C. Calcule o trabalho realizado pelo gás em um ciclo completo ao longo (a) da trajetória BA e (b) da trajetória BC.

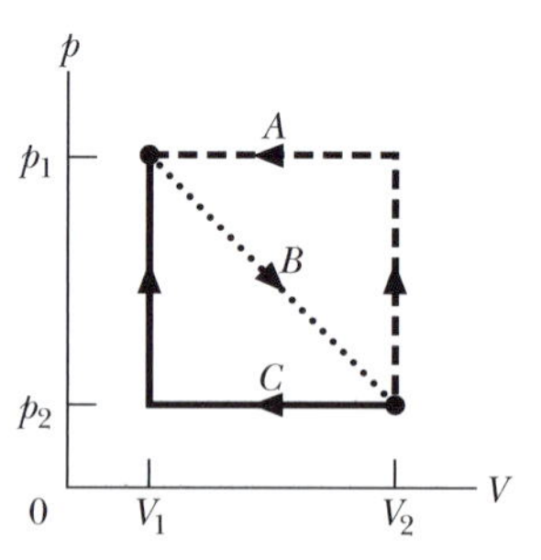

Figura 18.35 Problema 95.

96 A Fig. 18.36 mostra uma barra de comprimento $L = L_1 + L_2$ formada por dois materiais. O trecho de comprimento L_1 é feito de um material com um coeficiente de dilatação linear a_1; o trecho de comprimento L_2 é feito de um material com um coeficiente de dilatação linear a_2. (a) Qual é o coeficiente de dilatação α da barra como um todo? Se $L = 52{,}4$ cm, o material 1 é aço, o material 2 é latão e $\alpha = 1{,}3 \times 10^{-5}$/C°, qual é o valor (a) de L_1 e (b) de L_2?

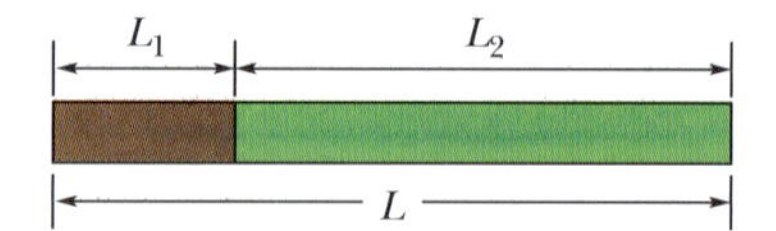

Figura 18.36 Problema 96.

97 Você descobre que o forno de micro-ondas não está funcionando e resolve esquentar a água para fazer chá agitando uma garrafa térmica. Suponha que a água da torneira está a 19 °C, a água cai 32 cm a cada sacudida, e você dá 27 sacudidas por minuto. Supondo que a perda de energia térmica pelas paredes e pela tampa da garrafa térmica é desprezível, de quanto tempo (em minutos) você precisa para aquecer a água até 100 °C?

98 O diagrama $p-V$ da Fig. 18.37 mostra duas trajetórias ao longo das quais uma amostra de gás pode passar do estado a para o estado b, no qual $V_b = 3{,}0V_1$. A trajetória 1 requer que uma energia igual a $5{,}0p_1V_1$ seja transferida ao gás em forma de calor. A trajetória 2 requer que uma energia igual a $5{,}5p_1V_1$ seja transferida ao gás em forma de calor. Qual é a razão p_2/p_1?

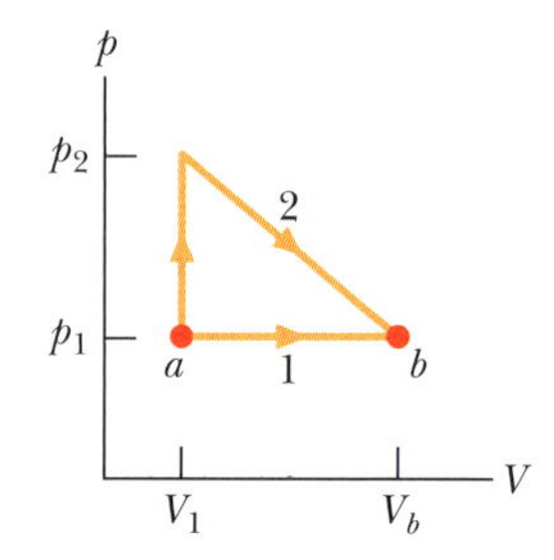

Figura 18.37 Problema 98.

99 *Variação da massa específica.* A massa específica ρ de um objeto é a razão entre a massa m e o volume V do objeto. Se o volume do objeto varia com a temperatura, a massa específica também varia. Mostre que uma pequena variação da massa específica $\Delta\rho$

em consequência de uma pequena variação ΔT da temperatura é dada aproximadamente por

$$\Delta\rho = -\beta\rho\Delta T$$

em que β é o coeficiente de dilatação volumétrica. Explique o sinal negativo.

100 *Duas barras.* (a) Mostre que se os comprimentos de duas barras feitas de materiais diferentes forem inversamente proporcionais aos respectivos coeficientes de dilatação linear na mesma temperatura inicial, a diferença de comprimento entre as barras será a mesma em qualquer temperatura. Qual deve ser o comprimento (b) de uma barra de aço e (c) de uma barra de latão a 0,00 °C para que, em qualquer temperatura, a diferença de comprimento seja 0,30 m?

101 *Patinação no gelo.* A explicação tradicional para a patinação no gelo (Fig. 18.38) é que o gelo é escorregadio debaixo do patim porque o peso do patinador cria uma pressão suficiente para o patim derreter o gelo, lubrificando assim a superfície de contato entre o patim e o gelo. À temperatura $T = -1$ °C, a pressão necessária para derreter o gelo é $1,4 \times 10^7$ N/m^2. A essa temperatura, se um patinador com um peso $P = 800$ N distribui o peso igualmente entre os dois patins, cada um com uma área de contato $A = 14,3$ mm^2, qual é a pressão p abaixo de cada patim? (O resultado parece confirmar a explicação tradicional, mas o problema é que se trata de um cálculo estático e a patinação no gelo envolve patins em movimento. Uma explicação mais razoável é que o atrito com o patim aquece e derrete o gelo.)

Figura 18.38 Problema 101.

102 *Aquecendo o gelo.* Um bloco de gelo com uma massa de 15,0 kg está inicialmente a uma temperatura de −20 °C. Se $7,0 \times 10^6$ J são fornecidos ao bloco de gelo, que está termicamente isolado, qual é a nova temperatura do material?

103 BIO *Energia de um doce.* Um doce tem um valor nutritivo de 350 Cal. Quantos quilowatts-hora de energia o doce fornece ao corpo ao ser digerido?

104 BIO *Repolho-gambá.* Ao contrário da maioria das plantas, o repolho-gambá é capaz de manter constante a temperatura interna (em $T = 22$ °C) alterando a taxa com a qual produz energia. Quando a neve cobre a planta, ela aumenta a produção de energia para derreter a neve e expor novamente a planta à luz solar. Vamos usar como modelo da planta um cilindro de altura $h = 5,0$ cm e raio $R = 1,5$ cm e supor que ela está cercada por uma parede de neve a uma temperatura $T = -3,0$ °C (Fig. 18.39). Se a emissividade ε da planta é 0,80, qual é a taxa líquida de troca de energia na forma de irradiação térmica entre a superfície lateral da planta e a neve?

Figura 18.39 Problema 104.

105 *Dilatação de trilhos.* Os trilhos de aço de uma estrada de ferro são instalados quando a temperatura no local é 0 °C. Que espaço deve ser deixado entre os trilhos para que eles não se toquem a menos que a temperatura chegue a 42 °C? Os trilhos têm 12,0 m de comprimento e o coeficiente de dilatação linear do aço é 11×10^{-6}/C°.

106 *Dilatação térmica em Marte.* Perto do equador de Marte, a temperatura pode variar de −73 °C durante a noite até 20 °C durante o dia. Se vigas de aço com 4,40 m são usadas para construir um abrigo, qual é a variação do comprimento das vigas da noite para o dia? O coeficiente de dilatação linear do aço é 11×10^{-6}/C°.

107 *Bola suspensa.* Uma bola com 2,00 cm de raio e uma emissividade de 0,800 está a uma temperatura de 280 K, suspensa em um ambiente cuja temperatura é 300 K. Qual é a taxa líquida de transferência de energia por irradiação entre a bola e o ambiente?

108 BIO *Emissão térmica da testa.* Termômetros infravermelhos (Fig. 18.40) são usados para medir a temperatura das pessoas e verificar se estão com febre por conta de infecção. Eles medem a potência irradiada por uma superfície do corpo, a testa, em geral, na faixa do infravermelho, que envolve comprimentos de onda um pouco maiores que os da luz visível. A pele humana tem uma emissividade $\varepsilon = 0,97$. Qual é a potência total irradiada por unidade de área (principalmente no infravermelho, mas também para comprimentos de onda maiores e menores) quando a temperatura é (a) 36 °C (temperatura normal no início da manhã), (b) 37 °C (temperatura normal no final da tarde) e (c) 39 °C (temperatura de uma pessoa que está com febre)?

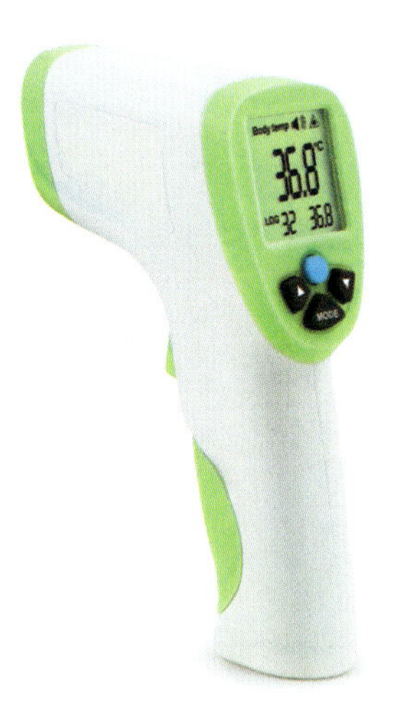

Figura 18.40 Problema 108.

109 *Condução de calor por uma placa composta.* Uma placa composta com uma área superficial $A = 26$ ft^2 é formada por 2,0 in de lã de rocha e 0,75 in de pinho branco. As resistências térmicas de uma placa de 1,0 in são

$$R_{lr} = 3,3 \text{ ft}^2 \cdot \text{°F} \cdot \text{h/Btu},$$

$$R_{pb} = 1,3 \text{ ft}^2 \cdot \text{°F} \cdot \text{h/Btu}.$$

A diferença de temperatura entre as faces da placa é 65 F°. Qual é a taxa de transferência de calor através da placa em watts?

CAPÍTULO 19

Teoria Cinética dos Gases

19.1 NÚMERO DE AVOGADRO

Objetivos do Aprendizado

Depois de ler este módulo, você será capaz de ...

19.1.1 Conhecer o número de Avogadro N_A.

19.1.2 Conhecer a relação entre o número de mols n, o número de moléculas N e o número de Avogadro N_A.

19.1.3 Conhecer a relação entre a massa m de uma amostra, a massa molar M das moléculas da amostra, o número n de mols da amostra e o número de Avogadro N_A.

Ideias-Chave

- A teoria cinética dos gases relaciona as propriedades macroscópicas de um gás (como, por exemplo, pressão e temperatura) às propriedades microscópicas das moléculas do gás (como, por exemplo, velocidade e energia cinética).
- Um mol de uma substância contém N_A (número de Avogadro) unidades elementares (em geral, átomos ou moléculas) da substância; o valor experimental de N_A é

$$N_A = 6{,}02 \times 10^{23}\ \text{mol}^{-1} \qquad \text{(número de Avogadro)}.$$

Uma massa molar M de qualquer substância é a massa de um mol da substância.

- A massa molar M de uma substância está relacionada à massa m das unidades elementares da substância e ao número de Avogadro N_A pela equação

$$M = mN_A.$$

- O número de mols n em uma amostra de massa M_a que contém N moléculas de massa m é dado por

$$n = \frac{N}{N_A} = \frac{M_a}{M} = \frac{M_a}{mN_A}.$$

O que É Física?

Um dos tópicos principais da termodinâmica é a física dos gases. Um gás é formado por átomos (isolados ou unidos em moléculas) que ocupam totalmente o volume do recipiente em que se encontram e exercem pressão sobre as paredes. Em geral, podemos atribuir uma temperatura a um gás confinado. Essas três propriedades dos gases (volume, pressão e temperatura) estão relacionadas ao movimento dos átomos. O volume é uma consequência da liberdade que os átomos têm para se espalhar por todo o recipiente, a pressão é causada por colisões dos átomos com as paredes do recipiente, e a temperatura está associada à energia cinética dos átomos. A **teoria cinética dos gases**, que é o foco deste capítulo, relaciona o volume, a pressão e a temperatura de um gás ao movimento dos átomos.

A teoria cinética dos gases tem muitas aplicações práticas. Os engenheiros automotivos estudam a queima do combustível vaporizado (um gás) no motor dos carros. Os engenheiros de alimentos medem a produção do gás de fermentação que faz o pão crescer quando está sendo assado. Os engenheiros da indústria de bebidas procuram entender de que forma o gás produz um "colarinho" em um copo de chope e arranca a rolha de uma garrafa de champanha. Os engenheiros biomédicos tentam calcular o tempo mínimo que um mergulhador deve levar para subir à superfície para não correr o risco de que bolhas de nitrogênio se formem no sangue. Os meteorologistas investigam os efeitos das trocas de calor entre os oceanos e a atmosfera sobre as condições do tempo.

O primeiro passo em nossa discussão da teoria cinética dos gases tem a ver com a medida da quantidade de gás presente em uma amostra, que envolve o número de Avogadro.

Número de Avogadro

Quando estamos lidando com átomos e moléculas, faz sentido medir o tamanho das amostras em mols. Fazendo isso, temos certeza de que estamos comparando amostras que contêm o mesmo número de átomos ou moléculas. O *mol*, uma das sete unidades fundamentais do SI, é definido da seguinte forma:

Um mol é o número de átomos em uma amostra de 12 g de carbono 12.

A pergunta óbvia é a seguinte: "Quantos átomos ou moléculas existem em um mol?". A resposta foi obtida experimentalmente:

$$N_A = 6{,}02 \times 10^{23}\ \text{mol}^{-1} \quad \text{(número de Avogadro)}, \tag{19.1.1}$$

em que mol^{-1} representa o inverso do mol ou "por mol", e mol é o símbolo da unidade mol. O número N_A é chamado **número de Avogadro** em homenagem ao cientista italiano Amedeo Avogadro (1776-1856), um dos primeiros a concluir que todos os gases que ocupam o mesmo volume nas mesmas condições de temperatura e pressão contêm o mesmo número de átomos ou moléculas.

O número de mols n contidos em uma amostra de qualquer substância é igual à razão entre o número de moléculas N da amostra e o número de moléculas N_A em 1 mol:

$$n = \frac{N}{N_A}. \tag{19.1.2}$$

(*Atenção*: Como os três símbolos da Eq. 19.1.2 podem ser facilmente confundidos, certifique-se de que você compreendeu bem o que significam tais símbolos, para evitar problemas futuros.) Podemos calcular o número de mols n em uma amostra a partir da massa M_a da amostra e da *massa molar* M (a massa de um mol) ou da massa molecular m (a massa de uma molécula):

$$n = \frac{M_a}{M} = \frac{M_a}{mN_A}. \tag{19.1.3}$$

Na Eq. 19.1.3, usamos o fato de que a massa M de 1 mol é o produto da massa m de uma molécula pelo número de moléculas N_A em 1 mol:

$$M = mN_A. \tag{19.1.4}$$

Teste 19.1.1

Se átomos de hidrogênio são coletados no espaço (onde existem na forma monoatômica, H) e comprimidos em um recipiente (onde se combinam para formar moléculas diatômicas, H_2), o número de mols é multiplicado por 2, dividido por 2 ou continua o mesmo?

19.2 GASES IDEAIS

Objetivos do Aprendizado

Depois de ler este módulo, você será capaz de...

19.2.1 Saber por que um gás ideal é chamado ideal.

19.2.2 Conhecer as duas formas da lei dos gases ideais, uma em termos do número n de mols e outra em termos do número N de moléculas.

19.2.3 Conhecer a relação entre a constante dos gases ideais R e a constante de Boltzmann k.

19.2.4 Saber que a temperatura da lei dos gases ideais deve estar expressa em kelvins.

19.2.5 Desenhar um diagrama p-V para a expansão e a contração de um gás a temperatura constante.

19.2.6 Definir o termo isoterma.

19.2.7 Calcular o trabalho realizado por um gás, incluindo o sinal algébrico, durante uma expansão e uma contração isotérmica.

19.2.8 No caso de um processo isotérmico, saber que a variação da energia interna ΔE é zero e que a energia Q transferida em forma de calor é igual ao trabalho W realizado.

19.2.9 Desenhar o diagrama p-V de um processo a volume constante e definir o trabalho realizado em termos de uma área do gráfico.

19.2.10 Desenhar o diagrama p-V de um processo a pressão constante e definir o trabalho realizado em termos de uma área do gráfico.

Ideias-Chave

- Em um gás ideal, a pressão p, o volume V e a temperatura T estão relacionados pela equação

$$pV = nRT \qquad \text{(lei dos gases ideais)},$$

em que n é o número de mols do gás e R é uma constante (8,31 J/mol · K) conhecida como constante dos gases perfeitos.

- A lei dos gases perfeitos também pode ser escrita na forma

$$pV = NkT,$$

em que k é a constante de Boltzmann, cujo valor é

$$k = \frac{R}{N_A} = 1{,}38 \times 10^{-23}\ \text{J/K}.$$

- O trabalho realizado por um gás ideal durante uma transformação isotérmica (a temperatura constante) é dado por

$$W = nRT \ln \frac{V_f}{V_i} \qquad \text{(gás ideal, processo isotérmico)},$$

em que V_i é o volume inicial e V_f é o volume final.

Gases Ideais 19.1 e 19.2 BT 19.1

Nosso objetivo neste capítulo é explicar as propriedades macroscópicas de um gás (como, por exemplo, pressão e temperatura) em termos das moléculas que o constituem. Surge, porém, um problema: De que gás estamos falando? Seria hidrogênio, oxigênio, metano, ou, talvez, hexafluoreto de urânio? São todos diferentes. As medidas mostram, porém, que se colocarmos 1 mol de vários gases em recipientes de mesmo volume e os mantivermos à mesma temperatura, as pressões serão quase iguais. Se repetimos as medidas com concentrações dos gases cada vez menores, as pequenas diferenças de pressão tendem a desaparecer. Medidas muito precisas mostram que, em baixas concentrações, todos os gases reais obedecem à relação

$$pV = nRT \qquad \text{(lei dos gases ideais)} \qquad (19.2.1)$$

em que p é a pressão absoluta (e não a manométrica), n é o número de mols do gás e T é a temperatura em kelvins. O fator R é chamado **constante dos gases ideais** e tem o mesmo valor para todos os gases,

$$R = 8{,}31\ \text{J/mol} \cdot \text{K}. \qquad (19.2.2)$$

A Eq. 19.2.3 é a chamada **lei dos gases ideais**. Contanto que a concentração do gás seja baixa, a lei se aplica a qualquer gás ou mistura de gases. (No caso de uma mistura, n é o número total de mols da mistura.)

Podemos escrever a Eq. 19.2.1 de outra forma, em termos de uma constante k chamada **constante de Boltzmann**, definida como

$$k = \frac{R}{N_A} = \frac{8{,}31\ \text{J/mol} \cdot \text{K}}{6{,}02 \times 10^{23}\ \text{mol}^{-1}} = 1{,}38 \times 10^{-23}\ \text{J/K}. \qquad (19.2.3)$$

A Eq. 19.2.3 nos dá $R = kN_A$. De acordo com a Eq. 19.1.2 ($n = N/N_A$), temos

$$nR = Nk. \qquad (19.2.4)$$

Substituindo essa relação na Eq. 19.2.1, obtemos uma segunda expressão para a lei dos gases ideais:

$$pV = NkT \qquad \text{(lei dos gases ideais).} \qquad (19.2.5)$$

(*Atenção*: Observe a diferença entre as duas expressões da lei dos gases ideais. A Eq. 19.2.1 envolve o número de mols, n, enquanto a Eq. 19.2.5 envolve o número de moléculas, N.)

O leitor pode estar se perguntando: "O que é, afinal, um *gás ideal* e o que ele tem de especial?". A resposta está na simplicidade da lei (Eqs. 19.2.1 e 19.2.5) que governa as propriedades macroscópicas de um gás ideal. Usando essa lei, como veremos em seguida, podemos deduzir muitas propriedades de um gás real. Embora não exista na natureza um gás com as propriedades exatas de um gás ideal, *todos os gases reais* se aproximam do estado ideal em concentrações suficientemente baixas, ou seja, em condições nas quais as moléculas estão tão distantes umas das outras que praticamente não interagem. Assim, o conceito de gás ideal nos permite obter informações úteis a respeito do comportamento limite dos gases reais.

A Fig. 19.2.1 mostra um exemplo chocante do comportamento de um gás ideal. Um tanque de aço inoxidável com um volume de 18 m³ foi carregado com vapor d'água a uma temperatura de 110°C por meio de um registro (Fig. 19.2.1*a*). Em seguida, o registro foi fechado e o tanque foi molhado com uma mangueira. Em menos de um minuto, o tanque de grossas paredes foi esmagado (Fig. 19.2.1*b*), como se tivesse sido pisado por alguma criatura gigantesca de um filme de ficção científica classe B.

Na verdade, foi a atmosfera que esmagou o tanque. Quando o tanque foi resfriado pela água, o vapor esfriou e a maior parte se condensou, o que significa que o número N de moléculas de gás e a temperatura T do gás no interior do tanque diminuíram. Com isso, o lado direito da Eq. 19.2.5 diminuiu; como o volume V continuou o mesmo, a pressão p do lado esquerdo da equação também diminuiu. A pressão do gás diminuiu tanto que a pressão atmosférica foi suficiente para esmagar o tanque de aço. No caso da Fig. 19.2.1, tudo não passou de uma demonstração planejada, mas casos semelhantes ocorreram várias vezes de forma acidental (fotos e vídeos podem ser encontrados na internet). CVF

(*a*)

(*b*)

Cortesia de www.doctorslime.com

Figura 19.2.1 Imagens de um tanque de aço (*a*) antes e (*b*) depois de ser esmagado pela pressão atmosférica quando o vapor do interior esfriou e se condensou.

Trabalho Realizado por um Gás Ideal a Temperatura Constante

Suponha que um gás ideal seja introduzido em um cilindro com um êmbolo, como o do Capítulo 18. Suponha também que permitimos que o gás se expanda de um volume inicial V_i para um volume final V_f mantendo constante a temperatura T do gás. Um processo desse tipo, a uma *temperatura constante*, é chamado **expansão isotérmica** (e o processo inverso é chamado **compressão isotérmica**).

Em um diagrama p–V, uma *isoterma* é uma curva que liga pontos de mesma temperatura. Assim, é o gráfico da pressão em função do volume para um gás cuja temperatura T é mantida constante. Para n mols de um gás ideal, é o gráfico da equação

$$p = nRT\frac{1}{V} = (\text{constante})\ \frac{1}{V}. \qquad (19.2.6)$$

A Fig. 19.2.2 mostra três isotermas, cada uma correspondendo a um valor diferente (constante) de T. (Observe que os valores de T das isotermas aumentam para cima e para a direita.) A expansão isotérmica do gás do estado i para o estado f a uma temperatura constante de 310 K está indicada na isoterma do meio.

Para determinar o trabalho realizado por um gás ideal durante uma expansão isotérmica, começamos com a Eq. 18.5.2,

$$W = \int_{V_i}^{V_f} p\,dV. \qquad (19.2.7)$$

A Eq. 19.2.7 é uma expressão geral para o trabalho realizado durante qualquer variação de volume de um gás. No caso de um gás ideal, podemos usar a Eq. 19.2.1 ($pV = nRT$) para eliminar p, o que nos dá

$$W = \int_{V_i}^{V_f} \frac{nRT}{V}\,dV. \qquad (19.2.8)$$

Como estamos supondo que se trata de uma expansão isotérmica, a temperatura T é constante, de modo que podemos colocá-la do lado de fora do sinal de integração e escrever

$$W = nRT\int_{V_i}^{V_f} \frac{dV}{V} = nRT\Big[\ln V\Big]_{V_i}^{V_f}. \qquad (19.2.9)$$

Calculando o valor da expressão entre colchetes nos limites indicados e usando a identidade $\ln a - \ln b = \ln(a/b)$, obtemos

$$W = nRT\ln\frac{V_f}{V_i} \quad \text{(gás ideal, processo isotérmico).} \qquad (19.2.10)$$

Lembre-se de que o símbolo ln indica que se trata de um logaritmo *natural*, de base *e*.

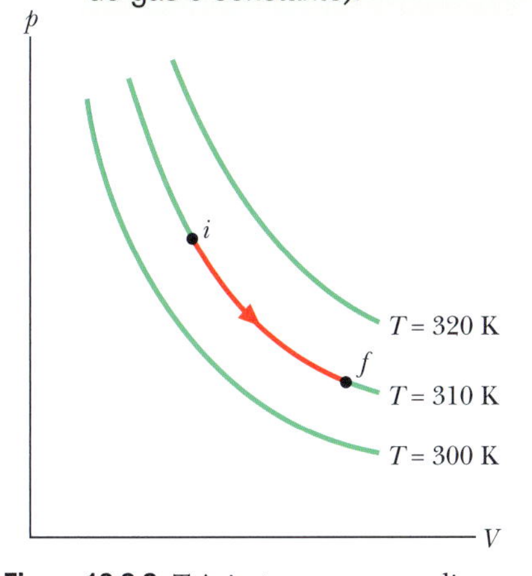

Figura 19.2.2 Três isotermas em um diagrama p-V. A trajetória mostrada na isoterma central representa uma expansão isotérmica de um gás de um estado inicial i para um estado final f. A trajetória de f para i na mesma isoterma representa o processo inverso, ou seja, uma compressão isotérmica.

No caso de uma expansão, V_f é maior do que V_i, de modo que a razão V_f/V_i na Eq. 19.2.10 é maior que 1. O logaritmo natural de um número maior do que 1 é positivo e, portanto, como era de se esperar, o trabalho W realizado por um gás ideal durante uma expansão isotérmica é positivo. No caso de uma compressão, V_f é menor que V_i, de modo que a razão entre os volumes na Eq. 19.2.10 é menor que 1. Assim, como era de se esperar, o logaritmo natural nessa equação (e, portanto, o trabalho W) é negativo.

Trabalho Realizado a Volume Constante e a Pressão Constante

A Eq. 19.2.14 não permite calcular o trabalho W realizado por um gás ideal em *qualquer* processo termodinâmico; ela só pode ser aplicada quando a temperatura é mantida constante. Se a temperatura varia, a variável T da Eq. 19.2.8 não pode ser colocada do lado de fora do sinal de integração, como foi feito na Eq. 19.2.9, de modo que não é possível obter a Eq. 19.2.10.

Entretanto, podemos voltar à Eq. 19.2.7 para determinar o trabalho W realizado por um gás ideal (ou um gás real) durante qualquer processo, como os processos a volume constante e a pressão constante. Se o volume do gás é constante, a Eq. 19.2.7 nos dá

$$W = 0 \quad \text{(processo a volume constante).} \qquad (19.2.11)$$

Se, em vez disso, o volume varia enquanto a pressão p do gás é mantida constante, a Eq. 19.2.7 se torna

$$W = p(V_f - V_i) = p\Delta V \quad \text{(processo a pressão constante).} \qquad (19.2.12)$$

Teste 19.2.1

Um gás ideal tem uma pressão inicial de 3 unidades de pressão e um volume inicial de 4 unidades de volume. A tabela mostra a pressão final e o volume final do gás (nas mesmas unidades) em cinco processos. Que processos começam e terminam na mesma isoterma?

	a	*b*	*c*	*d*	*e*
p	12	6	5	4	1
V	1	2	7	3	12

Exemplo 19.2.1 Variações de temperatura, volume e pressão de um gás ideal 19.1

Um cilindro contém 12 L de oxigênio a 20 °C e 15 atm. A temperatura é aumentada para 35 °C e o volume é reduzido para 8,5 L. Qual é a pressão final do gás em atmosferas? Suponha que o gás é ideal.

IDEIA-CHAVE

Como o gás é ideal, a pressão, o volume, a temperatura e o número de mols estão relacionados pela lei dos gases ideais, tanto no estado inicial i como no estado final f.

Cálculos: De acordo com a Eq. 19.2.1, temos

$$p_iV_i = nRT_i \quad \text{e} \quad p_fV_f = nRT_f.$$

Dividindo a segunda equação pela primeira e explicitando p_f, obtemos

$$p_f = \frac{p_iT_fV_i}{T_iV_f}. \qquad (19.2.13)$$

Observe que não há necessidade de converter os volumes inicial e final de litros para metros cúbicos, já que os fatores de conversão são multiplicativos e se cancelam na Eq. 19.2.13. O mesmo se aplica aos fatores de conversão da pressão de atmosferas para pascals. Por outro lado, a conversão de graus Celsius para kelvins envolve a soma de constantes que não se cancelam. Assim, para aplicar corretamente a Eq. 19.2.13, as temperaturas devem estar expressas em kelvins:

$$T_i = (273 + 20)\ \text{K} = 293\ \text{K}$$

e

$$T_f = (273 + 35)\ \text{K} = 308\ \text{K}.$$

Substituindo os valores conhecidos na Eq. 19.2.13, obtemos

$$p_f = \frac{(15\ \text{atm})(308\ \text{K})(12\ \text{L})}{(293\ \text{K})(8{,}5\ \text{L})} = 22\ \text{atm}. \quad \text{(Resposta)}$$

Exemplo 19.2.2 Trabalho realizado por um gás ideal 19.2

Um mol de oxigênio (trate-o como um gás ideal) se expande a uma temperatura constante T de 310 K de um volume inicial V_i de 12 L para um volume final V_f de 19 L. Qual é o trabalho realizado pelo gás durante a expansão?

IDEIA-CHAVE

Em geral, calculamos o trabalho integrando a pressão do gás em relação ao volume usando a Eq. 19.2.7. Nesse caso, porém, como o gás é ideal e a expansão é isotérmica, sabemos que a integração leva à Eq. 19.2.10.

Cálculo: Podemos escrever

$$W = nRT \ln \frac{V_f}{V_i}$$

$$= (1 \text{ mol})(8{,}31 \text{ J/mol}\cdot\text{K})(310 \text{ K}) \ln \frac{19 \text{ L}}{12 \text{ L}}$$

$$= 1180 \text{ J.} \qquad \text{(Resposta)}$$

A expansão está indicada no diagrama p-V da Fig. 19.2.3. O trabalho realizado pelo gás durante a expansão é representado pela área sob a curva if.

É fácil mostrar que, se a expansão for revertida, com o gás sofrendo uma compressão isotérmica de 19 L para 12 L, o trabalho realizado pelo gás será −1.180 J. Isso significa que uma força externa teria que realizar um trabalho de 1.180 J sobre o gás para comprimi-lo até o volume inicial.

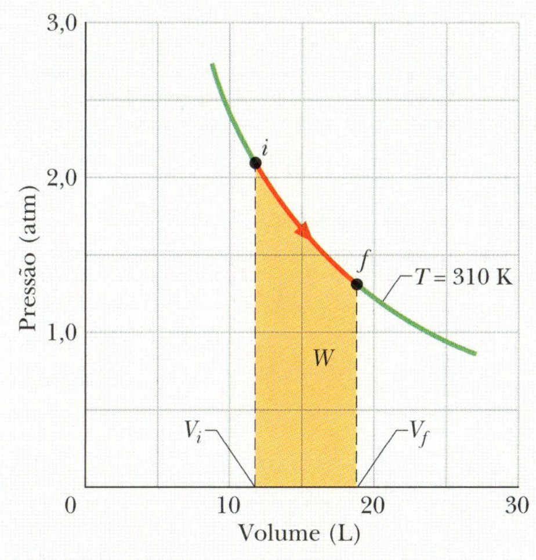

Figura 19.2.3 A área sombreada representa o trabalho realizado por 1 mol de oxigênio ao se expandir de V_i para V_f a uma temperatura constante de 310 K.

19.3 PRESSÃO, TEMPERATURA E VELOCIDADE MÉDIA QUADRÁTICA

Objetivos do Aprendizado

Depois de ler este módulo, você será capaz de ...

19.3.1 Saber que a pressão que um gás exerce sobre as paredes de um recipiente se deve às colisões das moléculas do gás com as paredes.

19.3.2 Conhecer a relação entre a pressão que um gás exerce sobre as paredes de um recipiente, o momento das moléculas do gás e o intervalo de tempo médio entre as colisões.

19.3.3 Saber o que é o valor médio quadrático v_{rms} da velocidade das moléculas de um gás ideal.

19.3.4 Conhecer a relação entre a pressão de um gás ideal e a velocidade média quadrática v_{rms} das moléculas do gás.

19.3.5 No caso de um gás ideal, conhecer a relação entre a temperatura T do gás e a massa molar M e a velocidade média quadrática v_{rms} das moléculas.

Ideias-Chave

- A pressão exercida por um gás ideal sobre as paredes de um recipiente é dada por

$$p = \frac{nMv_{rms}^2}{3V},$$

em que n é o número de mols, M é a massa molar, $v_{rms} = \sqrt{(v^2)_{méd}}$ é a velocidade média quadrática das moléculas e V é o volume do recipiente.

- A velocidade média quadrática das moléculas de um gás ideal é dada pela equação

$$v_{rms} = \sqrt{\frac{3RT}{M}}.$$

R é a constante dos gases perfeitos, T é a temperatura do gás e M é a massa molar.

Pressão, Temperatura e Velocidade Média Quadrática 19.2

Vamos passar agora ao nosso primeiro problema de teoria cinética dos gases. Considere n mols de um gás ideal em uma caixa cúbica de volume V, como na Fig. 19.3.1. As paredes da caixa são mantidas a uma temperatura T. Qual é a relação entre a pressão p exercida pelo gás sobre as paredes da caixa e a velocidade das moléculas?

As moléculas de gás no interior da caixa estão se movendo em todas as direções e com várias velocidades, colidindo umas com as outras e ricocheteando nas paredes

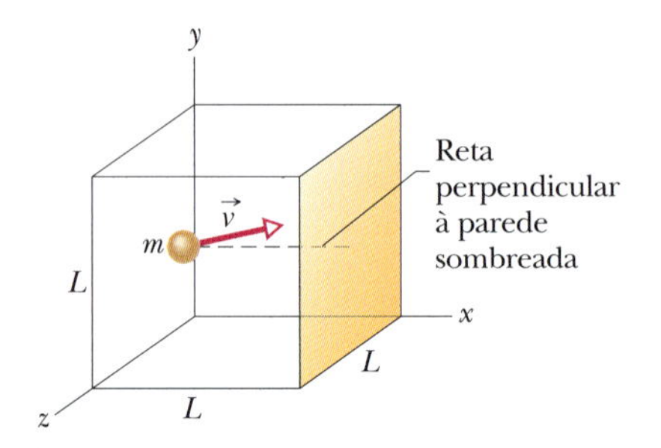

Figura 19.3.1 Uma caixa cúbica de aresta L contendo n mols de um gás ideal. Uma molécula de massa m e velocidade $\vec{v}$ está prestes a colidir com a parede sombreada de área L^2. Uma reta perpendicular à parede também é mostrada.

como bolas de squash. Vamos ignorar (por enquanto) as colisões das moléculas umas com as outras e considerar apenas as colisões elásticas com as paredes.

A Fig. 19.3.1 mostra uma molécula de gás típica, de massa m e velocidade $\vec{v}$, que está prestes a colidir com a parede sombreada. Como estamos supondo que as colisões das moléculas com as paredes são elásticas, quando a molécula colide com a parede, a única componente da velocidade que muda é a componente x, que troca de sinal. Isso significa que a única componente do momento que muda é a componente x, que sofre uma variação

$$\Delta p_x = (-mv_x) - (mv_x) = -2mv_x.$$

Assim, o momento Δp_x transferido para a parede pela molécula durante a colisão é $2mv_x$. (Como neste livro o símbolo p é usado para representar tanto o momento como a pressão, precisamos tomar cuidado e observar que, neste caso, p representa o momento e é uma grandeza vetorial.)

A molécula da Fig. 19.3.1 se choca várias vezes com a parede sombreada. O intervalo de tempo Δt entre colisões é o tempo que a molécula leva para se deslocar até a parede oposta e voltar (percorrendo uma distância $2L$), movendo-se a uma velocidade v_x. Assim, Δt é igual a $2L/v_x$. (Note que o resultado é válido, mesmo que a molécula colida com as paredes laterais, já que essas paredes são paralelas a x e, portanto, não podem mudar o valor de v_x.) Portanto, a taxa média com a qual o momento é transmitido para a parede sombreada é dada por

$$\frac{\Delta p_x}{\Delta t} = \frac{2mv_x}{2L/v_x} = \frac{mv_x^2}{L}.$$

De acordo com a segunda lei de Newton ($\vec{F} = d\vec{p}/dt$), a taxa com a qual o momento é transferido para a parede é a força que age sobre a parede. Para determinar a força total, devemos somar as contribuições de todas as moléculas que colidem com a parede, levando em conta a possibilidade de que tenham velocidades diferentes. Dividindo o módulo da força total F_x pela área da parede ($= L^2$), temos a pressão p a que é submetida a parede (a partir da Eq. 19.3.1, a letra p será usada para representar pressão). Assim, usando a expressão de $\Delta p_x/\Delta t$, podemos escrever a pressão na forma

$$p = \frac{F_x}{L^2} = \frac{mv_{x1}^2/L + mv_{x2}^2/L + \cdots + mv_{xN}^2/L}{L^2}$$

$$= \left(\frac{m}{L^3}\right)(v_{x1}^2 + v_{x2}^2 + \cdots + v_{xN}^2), \qquad (19.3.1)$$

em que N é o número de moléculas que existem na caixa.

Como $N = nN_A$, o segundo fator entre parênteses da Eq. 19.3.1 possui nN_A parcelas. Podemos substituir a soma por $nN_A(v_x^2)_{méd}$, em que $(v_x^2)_{méd}$ é o valor médio do quadrado da componente x da velocidade de todas as moléculas. Nesse caso, a Eq. 19.3.1 se torna

$$p = \frac{nmN_A}{L^3}(v_x^2)_{méd}.$$

Entretanto, mN_A é a massa molar M do gás (ou seja, a massa de 1 mol do gás). Como, além disso, L^3 é o volume do gás, temos

$$p = \frac{nM(v_x^2)_{méd}}{V}. \qquad (19.3.2)$$

Para qualquer molécula, $v^2 = v_x^2 + v_y^2 + v_z^2$. Como há muitas moléculas se movendo em direções aleatórias, o valor médio do quadrado das componentes da velocidade não depende da direção considerada e, portanto, $v_x^2 = v_y^2 = v_z^2 = \frac{1}{3}v^2$. Assim, a Eq. 19.3.2 se torna

$$p = \frac{nM(v^2)_{méd}}{3V}. \qquad (19.3.3)$$

A raiz quadrada de $(v^2)_{méd}$ é uma espécie de velocidade média, conhecida como **velocidade média quadrática** das moléculas e representada pelo símbolo v_{rms}.[1]

[1] N.T.: Do inglês *root mean square*, que significa valor médio quadrático.

Para calcular a velocidade média quadrática, elevamos a velocidade das moléculas ao quadrado, obtemos a média de todas as velocidades ao quadrado e extraímos a raiz quadrada do resultado. Fazendo $\sqrt{(v^2)_{\text{méd}}} = v_{\text{rms}}$, podemos escrever a Eq. 19.3.3 como

$$p = \frac{nMv_{\text{rms}}^2}{3V}. \tag{19.3.4}$$

A Eq. 19.3.4 representa bem o espírito da teoria cinética dos gases, mostrando que a pressão de um gás (uma grandeza macroscópica) depende da velocidade das moléculas que o compõem (uma grandeza microscópica).

Podemos inverter a Eq. 19.3.4 e usá-la para calcular v_{rms}. Combinando a Eq. 19.3.4 com a lei dos gases ideais ($pV = nRT$), obtemos

$$v_{\text{rms}} = \sqrt{\frac{3RT}{M}}. \tag{19.3.5}$$

A Tabela 19.3.1 mostra algumas velocidades médias quadráticas calculadas usando a Eq. 19.3.5. As velocidades são surpreendentemente elevadas. Para moléculas de hidrogênio à temperatura ambiente (300 K), a velocidade média quadrática é 1.920 m/s ou 6.900 km/h, maior que a de uma bala de fuzil! Na superfície do Sol, onde a temperatura é 2×10^6 K, a velocidade média quadrática das moléculas de hidrogênio seria 82 vezes maior que à temperatura ambiente se não fosse pelo fato de que, em velocidades tão altas, as moléculas não sobrevivem a colisões com outras moléculas. Lembre-se também de que a velocidade média quadrática é apenas uma espécie de velocidade média; muitas moléculas se movem muito mais depressa e outras muito mais devagar que esse valor.

A velocidade do som em um gás está intimamente ligada à velocidade média quadrática das moléculas. Em uma onda sonora, a perturbação é passada de molécula para molécula por meio de colisões. A onda não pode se mover mais depressa que a velocidade "média" das moléculas. Na verdade, a velocidade do som deve ser um pouco menor que a velocidade "média" das moléculas porque nem todas as moléculas estão se movendo na mesma direção que a onda. Assim, por exemplo, à temperatura ambiente, a velocidade média quadrática das moléculas de hidrogênio e de nitrogênio é 1.920 m/s e 517 m/s, respectivamente. A velocidade do som nos dois gases a essa temperatura é 1.350 m/s e 350 m/s, respectivamente.

O leitor pode estar se perguntando: Se as moléculas se movem tão depressa, por que levo quase um minuto para sentir o cheiro quando alguém abre um vidro de perfume do outro lado da sala? A resposta é que, como discutiremos no Módulo 19.5, apesar de terem uma velocidade elevada, as moléculas de perfume se afastam lentamente do vidro por causa de colisões com outras moléculas, que as impedem de seguir uma trajetória retilínea.

Tabela 19.3.1 Algumas Velocidades Médias Quadráticas à Temperatura Ambiente (T = 300 K)[a]

Gás	Massa Molar (10^{-3} kg/mol)	v_{rms} (m/s)
Hidrogênio (H_2)	2,02	1920
Hélio (He)	4,0	1370
Vapor d'água (H_2O)	18,0	645
Nitrogênio (N_2)	28,0	517
Oxigênio (O_2)	32,0	483
Dióxido de carbono (CO_2)	44,0	412
Dióxido de enxofre (SO_2)	64,1	342

[a]Por conveniência, a temperatura ambiente muitas vezes é tomada como 300 K (27 °C), que é uma temperatura relativamente elevada.

Teste 19.3.1

São dadas as temperaturas e massas molares (em função de um valor de referência, M_0) de três gases. Coloque os gases na ordem dos valores médios quadráticos, começando pelo maior.

Gás	T	M
A	400 K	$4M_0$
B	360 K	$3M_0$
C	280 K	$2M_0$

Exemplo 19.3.1 Valor médio e valor médio quadrático

São dados cinco números: 5, 11, 32, 67 e 89.

(a) Qual é o valor médio $n_{\text{méd}}$ desses números?

Cálculo: O valor médio é dado por

$$n_{\text{méd}} = \frac{5 + 11 + 32 + 67 + 89}{5} = 40{,}8. \quad \text{(Resposta)}$$

(b) Qual é o valor médio quadrático n_{rms} desses números?

Cálculo: O valor médio quadrático é dado por

$$n_{\text{rms}} = \sqrt{\frac{5^2 + 11^2 + 32^2 + 67^2 + 89^2}{5}} = 52{,}1. \quad \text{(Resposta)}$$

O valor médio quadrático é maior que o valor médio, porque os números maiores, ao serem elevados ao quadrado, pesam mais no resultado final.

19.4 ENERGIA CINÉTICA DE TRANSLAÇÃO

Objetivos do Aprendizado

Depois de ler este módulo, você será capaz de ...

19.4.1 Conhecer a relação entre a energia cinética média e a velocidade média quadrática das moléculas de um gás ideal.

19.4.2 Conhecer a relação entre a energia cinética média das moléculas e a temperatura de um gás ideal.

19.4.3 Saber que a medida da temperatura de um gás é equivalente à medida da energia cinética média das moléculas do gás.

Ideias-Chave

- A energia cinética de translação média das moléculas de um gás ideal é dada por

$$K_{\text{méd}} = \tfrac{1}{2}mv_{\text{rms}}^2.$$

- A energia cinética de translação média das moléculas de um gás ideal está relacionada à temperatura do gás pela equação

$$K_{\text{méd}} = \tfrac{3}{2}kT.$$

Energia Cinética de Translação

Vamos considerar novamente uma molécula de um gás ideal que se move no interior da caixa da Fig. 19.3.1, mas agora vamos supor que a velocidade da molécula varia quando ela colide com outras moléculas. A energia cinética de translação da molécula em um dado instante é $\frac{1}{2}mv^2$. A energia cinética de translação *média* em certo intervalo de observação é

$$K_{\text{méd}} = (\tfrac{1}{2}mv^2)_{\text{méd}} = \tfrac{1}{2}m(v^2)_{\text{méd}} = \tfrac{1}{2}mv_{\text{rms}}^2, \tag{19.4.1}$$

em que estamos supondo que a velocidade média da molécula durante o tempo de observação é igual à velocidade média das moléculas do gás. (Para que essa hipótese seja válida, é preciso que a energia total do gás não esteja variando e que a molécula seja observada por um tempo suficiente.) Substituindo v_{rms} pelo seu valor, dado pela Eq. 19.3.5, obtemos

$$K_{\text{méd}} = (\tfrac{1}{2}m)\frac{3RT}{M}.$$

Entretanto, M/m, a massa molar dividida pela massa de uma molécula, é simplesmente o número de Avogadro. Assim,

$$K_{\text{méd}} = \frac{3RT}{2N_A}.$$

De acordo com a Eq. 19.2.3 ($k = R/N_A$), podemos escrever:

$$K_{\text{méd}} = \tfrac{3}{2}kT. \tag{19.4.2}$$

A Eq. 19.4.2 leva a uma conclusão inesperada:

Em uma dada temperatura T, as moléculas de qualquer gás ideal, independentemente da massa que possuam, têm a mesma energia cinética de translação média, $\frac{3}{2}kT$. Assim, quando medimos a temperatura de um gás, também estamos medindo a energia cinética de translação média das moléculas do gás.

Teste 19.4.1

Uma mistura de gases contém moléculas de três tipos, 1, 2 e 3, com massas moleculares $m_1 > m_2 > m_3$. Ordene os três tipos de moléculas de acordo (a) com a energia cinética média e (b) com a velocidade média quadrática, em ordem decrescente.

19.5 LIVRE CAMINHO MÉDIO

Objetivos do Aprendizado

Depois de ler este módulo, você será capaz de ...

19.5.1 Saber o que significa livre caminho médio.

19.5.2 Conhecer a relação entre o livre caminho médio, o diâmetro das moléculas e o número de moléculas por unidade de volume.

Ideia-Chave

- O livre caminho médio λ da molécula de um gás é a distância média entre colisões e é dado por

$$\lambda = \frac{1}{\sqrt{2}\pi d^2 N/V},$$

em que d é o diâmetro das moléculas e N/V é o número de moléculas por unidade de volume.

Livre Caminho Médio

Vamos continuar o estudo do movimento das moléculas de um gás ideal. A Fig. 19.5.1 mostra como se move uma molécula típica de um gás, sofrendo mudanças abruptas tanto do módulo como da direção da velocidade ao colidir elasticamente com outras moléculas. Entre duas colisões, a molécula se move em linha reta com velocidade constante. Embora a figura mostre as outras moléculas como se estivessem paradas, todas (naturalmente) estão se movendo.

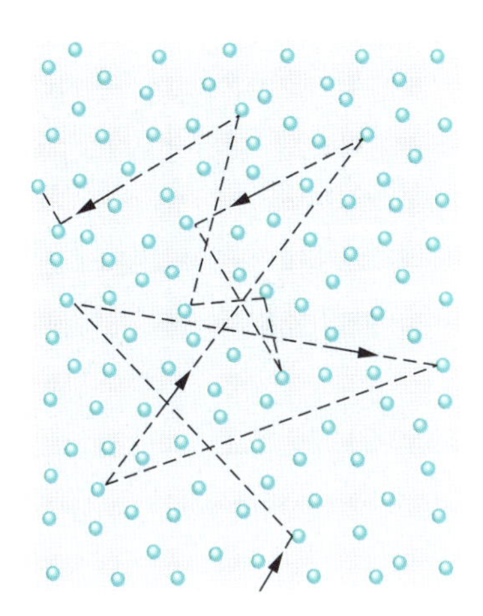

Figura 19.5.1 Movimento de uma molécula em gás, uma sequência de trajetórias retilíneas interrompidas por colisões com outras moléculas. Embora as outras moléculas sejam mostradas como se estivessem paradas, elas estão se movendo de forma semelhante.

Um parâmetro útil para descrever esse movimento aleatório é o **livre caminho médio** λ das moléculas. Como o nome indica, λ é a distância média percorrida por uma molécula entre duas colisões. Esperamos que λ varie inversamente com N/V, o número de moléculas por unidade de volume (ou concentração de moléculas). Quanto maior o valor de N/V, maior o número de colisões e menor o livre caminho médio. Também esperamos que λ varie inversamente com algum parâmetro associado ao tamanho das moléculas, como o diâmetro d, por exemplo. (Se fossem pontuais, como supusemos até agora, as moléculas não sofreriam colisões, e o livre caminho médio seria infinito.) Assim, quanto maiores forem as moléculas, menor deve ser o livre caminho médio. Podemos até prever que λ deve variar (inversamente) com o *quadrado* do diâmetro da molécula, já que é a seção de choque de uma molécula, e não o diâmetro, que determina sua área efetiva como alvo.

Na verdade, o livre caminho médio é dado pela seguinte expressão:

$$\lambda = \frac{1}{\sqrt{2}\pi d^2 N/V} \quad \text{(livre caminho médio).} \qquad (19.5.1)$$

Para justificar a Eq. 19.5.1, concentramos a atenção em uma única molécula e supomos que, como a Fig. 19.5.1 sugere, a molécula está se movendo com velocidade constante v e todas as outras moléculas estão em repouso. Mais tarde, vamos dispensar essa última hipótese.

Supomos ainda que as moléculas são esferas de diâmetro d. Uma colisão ocorre, portanto, se os centros de duas moléculas chegam a uma distância d um do outro, como na Fig. 19.5.2*a*. Outra forma de descrever a situação é supor que o *raio* (e não

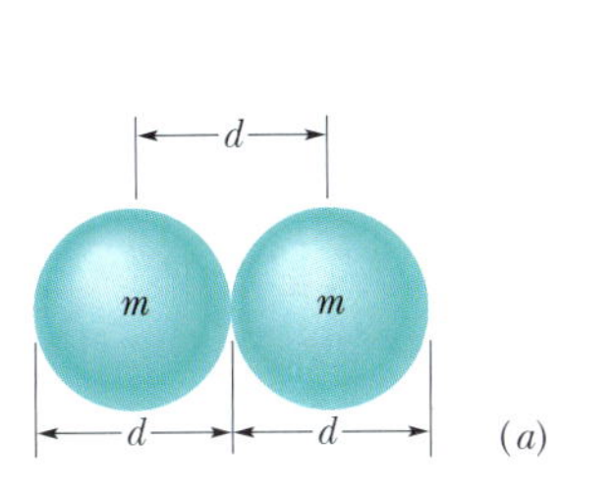

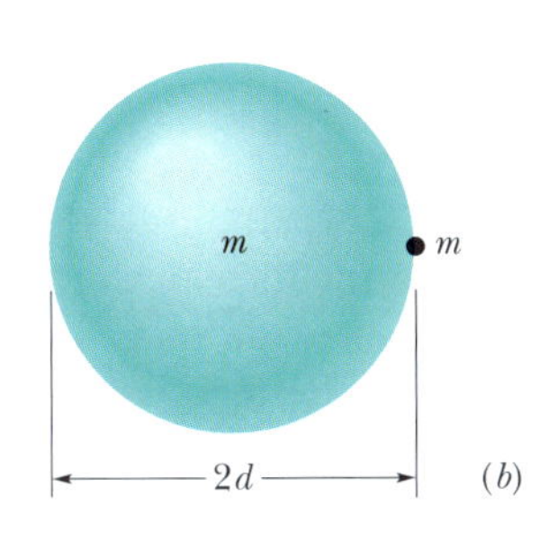

Figura 19.5.2 (*a*) Uma colisão acontece quando os centros de duas moléculas ficam a uma distância d, em que d é o diâmetro das moléculas. (*b*) Uma representação equivalente, porém mais conveniente, é pensar na molécula em movimento como tendo um *raio* d e em todas as outras moléculas como se fossem pontos. A condição para que aconteça uma colisão é a mesma.

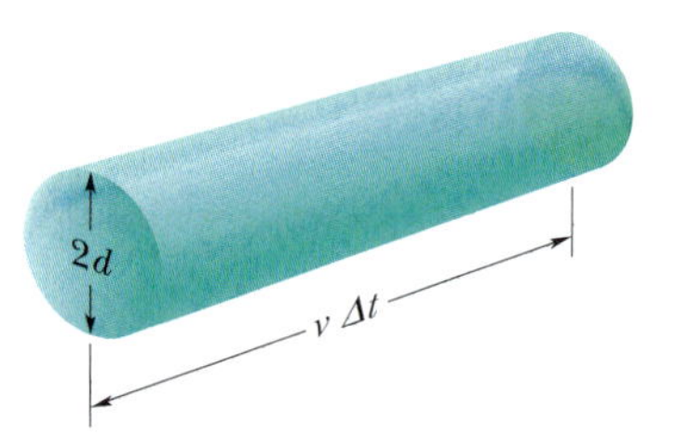

Figura 19.5.3 Em um intervalo de tempo Δt, a molécula em movimento varre um cilindro de comprimento $v\Delta t$ e raio d.

o diâmetro) da nossa molécula é d e todas as outras moléculas são *pontuais*, como na Fig. 19.5.2*b*. Isso não muda o critério para que uma colisão ocorra e facilita a análise matemática do problema.

Ao ziguezaguear pelo gás, nossa molécula varre um pequeno cilindro de seção reta πd^2 entre colisões sucessivas. Em intervalo de tempo Δt, a molécula percorre uma distância $v\Delta t$, em que v é a velocidade da molécula. Alinhando todos os pequenos cilindros varridos no intervalo Δt, formamos um cilindro composto (Fig. 19.5.3) de comprimento $v\Delta t$ e volume $(\pi d^2)(v\Delta t)$; o número de colisões que acontecem em um intervalo de tempo Δt é igual ao número de moléculas (pontuais) no interior desse cilindro.

Como N/V é o número de moléculas por unidade de volume, o número de moléculas no interior do cilindro é N/V vezes o volume do cilindro, ou $(N/V)(\pi d^2 v\Delta t)$. Esse é também o número de colisões que acontecem no intervalo Δt. O livre caminho médio é o comprimento da trajetória (e do cilindro) dividido por esse número:

$$\lambda = \frac{\text{distância percorrida em } \Delta t}{\text{número de colisões em } \Delta t} \approx \frac{v\,\Delta t}{\pi d^2 v\,\Delta t\,N/V}$$
$$= \frac{1}{\pi d^2 N/V}. \tag{19.5.2}$$

A Eq. 19.5.2 é apenas uma aproximação porque se baseia na hipótese de que todas as moléculas, exceto uma, estão em repouso. Na verdade, *todas* as moléculas estão em movimento; quando esse fato é levado em consideração, o resultado é a Eq. 19.5.1. Note que ela difere da Eq. 19.5.2 (aproximada) apenas por um fator de $1/\sqrt{2}$.

A diferença entre as Eqs. 19.5.1 e 19.5.2 é causada pelo fato de que, para obter a Eq. 19.5.2, cancelamos dois símbolos v, um no numerador e outro no denominador, que, na verdade, representam grandezas diferentes. O v do numerador é $v_{méd}$, a velocidade média das moléculas *em relação ao recipiente*. O v do denominador é v_{rel}, a velocidade média de nossa molécula *em relação às outras moléculas*, que também estão se movendo. É essa segunda velocidade média que determina o número de colisões. Um cálculo detalhado, levando em conta a distribuição de velocidades das moléculas, nos dá $v_{rel} = \sqrt{2}\,v_{méd}$; essa é origem do fator $\sqrt{2}$.

O livre caminho médio das moléculas de ar ao nível do mar é cerca de 0,1 μm. A uma altitude de 100 km, o ar é tão rarefeito que o livre caminho médio chega a 16 cm. A 300 km, o livre caminho médio é da ordem de 20 km. Um problema enfrentado pelos cientistas que estudam a física e a química da atmosfera superior em laboratório é a falta de recipientes suficientemente grandes para conter amostras dos gases de interesse, como freon, dióxido de carbono, e ozônio, nas condições a que estão submetidos na atmosfera superior.

Teste 19.5.1

Um mol de um gás A, cujas moléculas têm um diâmetro $2d_0$ e uma velocidade média v_0, é colocado em um recipiente. Um mol de um gás B, cujas moléculas têm diâmetro d_0 e velocidade média $2v_0$ (as moléculas do gás B são menores e mais rápidas), é colocado em um recipiente igual. Qual dos gases tem a maior taxa média de colisões?

Exemplo 19.5.1 Livre caminho médio, velocidade média e frequência de colisões 19.3

(a) Qual é o livre caminho médio λ de moléculas de oxigênio a uma temperatura $T = 300$ K e a uma pressão $p = 1{,}0$ atm? Suponha que o diâmetro das moléculas é $d = 290$ pm e que o gás é ideal.

IDEIA-CHAVE

Cada molécula de oxigênio se move entre outras moléculas de oxigênio *em movimento*, descrevendo uma trajetória em ziguezague por causa das colisões. Assim, o livre caminho médio é dado pela Eq. 19.5.1.

Cálculo: Para aplicar a Eq. 19.5.1, precisamos conhecer o número de moléculas por unidade de volume, N/V. Como estamos supondo que se trata de um gás ideal, podemos usar a lei dos gases ideais na forma da Eq. 19.2.5 ($pV = NkT$) e escrever $N/V = p/kT$. Substituindo esse valor na Eq. 19.5.1, obtemos

$$\lambda = \frac{1}{\sqrt{2}\pi d^2 N/V} = \frac{kT}{\sqrt{2}\pi d^2 p}$$

$$= \frac{(1{,}38 \times 10^{-23}\ \text{J/K})(300\ \text{K})}{\sqrt{2}\pi(2{,}9 \times 10^{-10}\ \text{m})^2(1{,}01 \times 10^5\ \text{Pa})}$$

$$= 1{,}1 \times 10^{-7}\ \text{m}. \qquad \text{(Resposta)}$$

Esse valor corresponde a cerca de 380 vezes o diâmetro de uma molécula de oxigênio.

(b) A velocidade média das moléculas de oxigênio à temperatura de 300 K é $v = 445$ m/s (ver Exemplo 19.6.2). Qual é o tempo médio t entre colisões para qualquer molécula? Qual é a frequência f das colisões?

IDEIAS-CHAVE

(1) Entre colisões, a molécula percorre, em média, o livre caminho médio λ com velocidade v. (2) A frequência das colisões é o inverso do tempo t entre colisões.

Cálculos: De acordo com a primeira ideia-chave, o tempo médio entre colisões é

$$t = \frac{\text{distância}}{\text{velocidade}} = \frac{\lambda}{v} = \frac{1{,}1 \times 10^{-7}\ \text{m}}{445\ \text{m/s}}$$

$$= 2{,}47 \times 10^{-10}\ \text{s} \approx 0{,}27 \qquad \text{(Resposta)}$$

Isso significa que, em média, uma molécula de oxigênio passa aproximadamente um quarto de nanossegundo sem sofrer colisões.

De acordo com a segunda ideia-chave, a frequência das colisões é

$$f = \frac{1}{t} = \frac{1}{2{,}47 \times 10^{-10}\ \text{s}} = 4{,}0 \times 10^9\ \text{s}^{-1}. \qquad \text{(Resposta)}$$

Isso significa que, em média, uma molécula de oxigênio sofre 4 bilhões de colisões por segundo.

19.6 DISTRIBUIÇÃO DE VELOCIDADES DAS MOLÉCULAS

Objetivos do Aprendizado

Depois de ler este módulo, você será capaz de ...

19.6.1 Obter uma expressão para a fração de moléculas cujas velocidades estão em certo intervalo a partir da distribuição de velocidades de Maxwell.

19.6.2 Desenhar um gráfico da distribuição de velocidades de Maxwell e indicar as posições relativas da velocidade média $v_{méd}$, da velocidade mais provável v_P e da velocidade média quadrática v_{rms}.

19.6.3 Obter expressões para a velocidade média, a velocidade mais provável e a velocidade média quadrática a partir da distribuição de velocidades de Maxwell.

19.6.4 Dadas a temperatura T e a massa molar M, calcular a velocidade média $v_{méd}$, da velocidade mais provável v_P e da velocidade média quadrática v_{rms}.

Ideias-Chave

- A distribuição de velocidades de Maxwell $P(v)$, dada pela equação

$$P(v) = 4\pi\left(\frac{M}{2\pi RT}\right)^{3/2} v^2 e^{-Mv^2/2RT},$$

é uma função tal que $P(v)dv$ é a fração de moléculas com velocidades no intervalo dv no entorno da velocidade v.

- Três medidas da distribuição de velocidades das moléculas de um gás são

$$v_{méd} = \sqrt{\frac{8RT}{\pi M}} \quad \text{(velocidade média)},$$

$$v_P = \sqrt{\frac{2RT}{M}} \quad \text{(velocidade mais provável)},$$

e

$$v_{rms} = \sqrt{\frac{3RT}{M}} \quad \text{(velocidade média quadrática)}.$$

Distribuição de Velocidades das Moléculas 19.1 BT 19.3

A velocidade média quadrática v_{rms} nos dá uma ideia geral das velocidades das moléculas de um gás a uma dada temperatura. Em muitos casos, porém, estamos interessados em informações mais detalhadas. Por exemplo, qual é a fração de moléculas com velocidade maior que v_{rms}? Qual é a fração de moléculas com velocidade maior que o dobro de v_{rms}? Para responder a esse tipo de pergunta, precisamos saber de que forma os possíveis valores da velocidade estão distribuídos pelas moléculas. A Fig. 19.6.1*a* mostra essa distribuição para moléculas de oxigênio à temperatura ambiente (T = 300 K); na Fig. 19.6.1*b*, a mesma distribuição é comparada com a distribuição de velocidades a uma temperatura menor, T = 80 K.

Em 1852, o físico escocês James Clerk Maxwell calculou a distribuição de velocidades das moléculas de um gás. O resultado que ele obteve, conhecido como **distribuição de velocidades de Maxwell**, foi o seguinte:

$$P(v) = 4\pi\left(\frac{M}{2\pi RT}\right)^{3/2} v^2 e^{-Mv^2/2RT}. \tag{19.6.1}$$

Aqui, M é a massa molar do gás, R é a constante dos gases ideais, T é a temperatura do gás e v é a velocidade da molécula. Gráficos dessa função estão plotados nas Figs. 19.6.1*a* e *b*. A grandeza $P(v)$ da Eq. 19.6.1 e da Fig. 19.6.1 é uma *função distribuição de probabilidade*: Para uma dada velocidade v, o produto $P(v)dv$ (uma grandeza adimensional) é a fração de moléculas cujas velocidades estão no intervalo dv no entorno de v.

Como está mostrado na Fig. 19.6.1*a*, essa fração é igual à área de uma faixa de altura $P(v)$ e largura dv. A área total sob a curva da distribuição corresponde à fração das moléculas cujas velocidades estão entre zero e infinito. Como todas as moléculas estão nessa categoria, o valor da área total é igual à unidade, ou seja,

$$\int_0^\infty P(v)\,dv = 1. \tag{19.6.2}$$

A fração (frac) de moléculas com velocidades no intervalo de v_1 a v_2, é, portanto,

$$\text{frac} = \int_{v_1}^{v_2} P(v)\,dv. \tag{19.6.3}$$

Velocidade Média, Velocidade Média Quadrática e Velocidade Mais Provável

Em princípio, podemos determinar a **velocidade média** $v_{méd}$ das moléculas de um gás da seguinte forma: Em primeiro lugar, *ponderamos* cada valor de v na distribuição, ou seja, multiplicamos v pela fração $P(v)dv$ de moléculas cujas velocidades estão em um

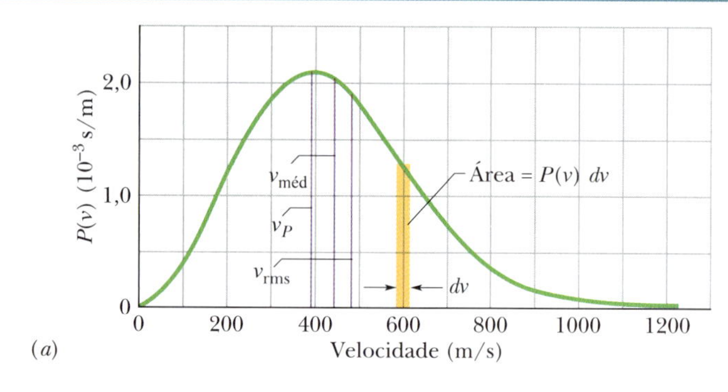

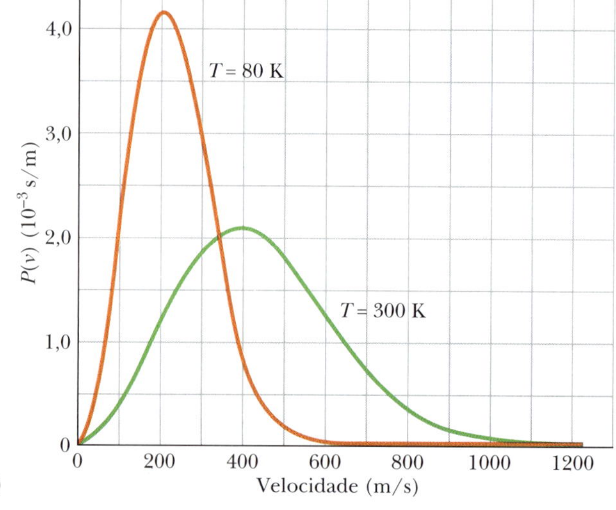

Figura 19.6.1 (*a*) Distribuição de velocidades de Maxwell para moléculas de oxigênio a uma temperatura T = 300 K. As três velocidades características estão indicadas. (*b*) A distribuição de velocidades para 300 K e 80 K. Note que as moléculas se movem mais devagar quando a temperatura é menor. Como se trata de distribuições de probabilidade, a área sob cada curva é igual à unidade.

intervalo infinitesimal dv no entorno de v; em seguida, somamos todos esses valores de $vP(v)dv$. O resultado é $v_{\text{méd}}$. Na prática, isso equivale a calcular

$$v_{\text{méd}} = \int_0^\infty v\, P(v)\, dv. \tag{19.6.4}$$

Substituindo $P(v)$ pelo seu valor, dado pela Eq. 19.6.1, e usando a integral 20 da lista de integrais do Apêndice E, obtemos

$$v_{\text{méd}} = \sqrt{\frac{8RT}{\pi M}} \quad \text{(velocidade média).} \tag{19.6.5}$$

Analogamente, a média dos quadrados das velocidades, $(v^2)_{\text{méd}}$ pode ser calculada usando a equação

$$(v^2)_{\text{méd}} = \int_0^\infty v^2\, P(v)\, dv. \tag{19.6.6}$$

Substituindo $P(v)$ pelo seu valor, dado pela Eq. 19.6.1, e usando a integral 16 da lista de integrais do Apêndice E, obtemos

$$(v^2)_{\text{méd}} = \frac{3RT}{M}. \tag{19.6.7}$$

A raiz quadrada de $(v^2)_{\text{méd}}$ é a velocidade média quadrática v_{rms}. Assim,

$$v_{\text{rms}} = \sqrt{\frac{3RT}{M}} \quad \text{(velocidade média quadrática),} \tag{19.6.8}$$

o que está de acordo com a Eq. 19.3.5.

A **velocidade mais provável** v_P é a velocidade para a qual $P(v)$ é máxima (ver Fig. 19.6.1*a*). Para calcular v_P, fazemos $dP/dv = 0$ (a inclinação da curva na Fig. 19.6.1*a* é zero no ponto em que a curva passa pelo máximo) e explicitamos v, o que nos dá

$$v_P = \sqrt{\frac{2RT}{M}} \quad \text{(velocidade mais provável).} \tag{19.6.9}$$

É mais provável que uma molécula tenha uma velocidade v_P do que qualquer outra velocidade, mas algumas moléculas têm velocidades muito maiores que v_P. Essas moléculas estão na *cauda de altas velocidades* de uma curva de distribuição como a da Fig. 19.6.1*a*. Devemos ser gratos por essas poucas moléculas de alta velocidade, já que são elas que tornam possíveis a chuva e a luz solar (sem as quais não existiríamos). Vejamos por quê.

Chuva A distribuição das moléculas de água em um lago no verão pode ser representada por uma curva como a da Fig. 19.6.1*a*. A maioria das moléculas não possui energia cinética suficiente para escapar da superfície. Entretanto, algumas moléculas muito rápidas, com velocidades na cauda de altas velocidades da curva de distribuição, podem escapar. São essas moléculas de água que evaporam, tornando possível a existência das nuvens e da chuva.

Quando as moléculas de água muito rápidas deixam a superfície de um lago, levando energia com elas, a temperatura do lago não muda porque este recebe calor das vizinhanças. Outras moléculas velozes, produzidas por colisões, ocupam rapidamente o lugar das moléculas que partiram, e a distribuição de velocidades permanece a mesma.

Luz solar Suponha agora que a função de distribuição da Eq. 19.6.1 se refira a prótons no centro do Sol. A energia do Sol se deve a um processo de fusão nuclear que começa com a união de dois prótons. Todavia, os prótons se repelem, já que possuem cargas elétricas de mesmo sinal, e prótons com a velocidade média não possuem energia cinética suficiente para vencer a repulsão e se aproximar o suficiente para que a fusão ocorra. Entretanto, prótons muito rápidos, na cauda de altas velocidades da curva de distribuição, podem se fundir, e é por isso que o Sol brilha.

Teste 19.6.1

Para dada temperatura, coloque em ordem as três medidas da velocidade – $v_{\text{méd}}$, v_P e v_{rms} – começando pela maior.

Exemplo 19.6.1 Distribuição de velocidades das moléculas de um gás

Um cilindro de oxigênio é mantido à temperatura ambiente (300 K). Qual é a fração das moléculas cuja velocidade está no intervalo de 599 a 601 m/s? A massa molar M do oxigênio é 0,0320 kg/mol.

IDEIAS-CHAVE

1. As velocidades das moléculas estão distribuídas em uma larga faixa de valores, com a distribuição $P(v)$ da Eq. 19.6.1.
2. A fração de moléculas cuja velocidade está em um intervalo infinitesimal dv é $P(v)dv$.
3. No caso de um intervalo maior, a fração teria de ser determinada integrando $P(v)$ ao longo do intervalo.
4. Entretanto, como o intervalo proposto no enunciado, Δv = 2 m/s, é muito pequeno em comparação com a velocidade v = 600 m/s no centro do intervalo, isso não é necessário.

Cálculos: Como Δv é pequeno, podemos evitar a integração usando para a fração o valor aproximado

$$\text{frac} = P(v)\,\Delta v = 4\pi\left(\frac{M}{2\pi RT}\right)^{3/2} v^2 e^{-Mv^2/2RT}\,\Delta v.$$

O gráfico da função $P(v)$ aparece na Fig. 19.6.1*a*. A área total entre a curva e o eixo horizontal representa a fração total de moléculas (igual à unidade). A área da faixa amarela sombreada representa a fração que queremos calcular. Para determinar o valor de frac, escrevemos

$$\text{frac} = (4\pi)(A)(v^2)(e^B)(\Delta v), \qquad (19.6.10)$$

em que

$$A = \left(\frac{M}{2\pi RT}\right)^{3/2} = \left(\frac{0{,}0310\ \text{kg/mol}}{(2\pi)(8{,}31\ \text{J/mol}\cdot\text{K})(300\ \text{K})}\right)^{3/2}$$
$$= 2{,}92 \times 10^{-9}\ \text{s}^3/\text{m}^3$$

$$\text{e}\quad B = -\frac{Mv^2}{2RT} = -\frac{(0{,}0320\ \text{kg/mol})(600\ \text{m/s})^2}{(2)(8{,}31\ \text{J/mol}\cdot\text{K})(300\ \text{K})}$$
$$= -2{,}31.$$

Substituindo A e B na Eq. 19.6.10, obtemos

$$\text{frac} = (4\pi)(A)(v^2)(e^B)(\Delta v)$$
$$= (4\pi)(2{,}92 \times 10^{-9}\ \text{s}^3/\text{m}^3)(600\ \text{m/s})^2(e^{-2{,}31})(2\ \text{m/s})$$
$$= 2{,}62 \times 10^{-3} = 0{,}262\%. \qquad \text{(Resposta)}$$

Exemplo 19.6.2 Velocidade média, velocidade média quadrática e velocidade mais provável 19.4

A massa molar M do oxigênio é 0,0320 kg/mol.

(a) Qual é a velocidade média $v_{méd}$ das moléculas de oxigênio a uma temperatura T = 300 K?

IDEIA-CHAVE

Para calcular a velocidade média, devemos ponderar a velocidade v com a função de distribuição $P(v)$ da Eq. 19.6.1 e integrar a expressão resultante para todas as velocidades possíveis (ou seja, de 0 a ∞).

Cálculo: Isso nos leva à Eq. 19.6.5, segundo a qual

$$v_{\text{méd}} = \sqrt{\frac{8RT}{\pi M}}$$
$$= \sqrt{\frac{8(8{,}31\ \text{J/mol}\cdot\text{K})(300\ \text{K})}{\pi(0{,}0320\ \text{kg/mol})}}$$
$$= 445\ \text{m/s}. \qquad \text{(Resposta)}$$

Esse resultado está indicado na Fig. 19.6.1*a*.

(b) Qual é a velocidade média quadrática v_{rms} a 300 K?

IDEIA-CHAVE

Para determinar v_{rms}, precisamos primeiro calcular $(v^2)_{méd}$ ponderando v^2 com a função de distribuição $P(v)$ da Eq. 19.6.1 e integrando a expressão para todas as velocidades possíveis. Em seguida, calculamos a raiz quadrada do resultado.

Cálculo: Isso nos leva à Eq. 19.6.8, segundo a qual

$$v_{\text{méd}} = \sqrt{\frac{3RT}{M}}$$
$$= \sqrt{\frac{3(8{,}31\ \text{J/mol}\cdot\text{K})(300\ \text{K})}{0{,}0320\ \text{kg/mol}}}$$
$$= 483\ \text{m/s}. \qquad \text{(Resposta)}$$

Esse resultado, indicado na Fig. 19.6.1*a*, é maior que $v_{méd}$ porque as velocidades mais altas influenciam mais o resultado quando integramos os valores de v^2 do que quando integramos os valores de v.

(c) Qual é a velocidade mais provável v_P a 300 K?

IDEIA-CHAVE

A velocidade v_P corresponde ao máximo da função de distribuição $P(v)$, que obtemos fazendo $dP/dv = 0$ e explicitando v.

Cálculo: Isso nos leva à Eq. 19.6.9, segundo a qual

$$v_P = \sqrt{\frac{2RT}{M}}$$
$$= \sqrt{\frac{2(8{,}31\ \text{J/mol}\cdot\text{K})(300\ \text{K})}{0{,}0320\ \text{kg/mol}}}$$
$$= 395\ \text{m/s}. \qquad \text{(Resposta)}$$

Esse resultado está indicado na Fig. 19.6.1*a*.

19.7 OS CALORES ESPECÍFICOS MOLARES DE UM GÁS IDEAL

Objetivos do Aprendizado

Depois de ler este módulo, você será capaz de ...

19.7.1 Saber que a energia interna de um gás ideal monoatômico é a soma das energias cinéticas de translação dos átomos do gás.

19.7.2 Conhecer a relação entre a energia interna E_{int} de um gás monoatômico, o número n de mols e a temperatura T.

19.7.3 Saber a diferença entre um gás monoatômico, um gás diatômico e um gás poliatômico.

19.7.4 Calcular o calor específico molar a volume constante e o calor específico molar a pressão constante de um gás monoatômico, diatômico e poliatômico.

19.7.5 Calcular o calor específico molar a pressão constante C_p somando R ao calor específico molar a volume constante C_V e explicar (fisicamente) por que C_p é maior.

19.7.6 Saber que a energia transferida a um gás na forma de calor em um processo a volume constante é convertida inteiramente em energia interna, ao passo que, em um processo a pressão constante, parte da energia é convertida no trabalho necessário para expandir o gás.

19.7.7 Saber que, para uma dada variação de temperatura, a variação da energia interna de um gás ideal é a mesma para *qualquer* processo e pode ser calculada com mais facilidade no caso de um processo a volume constante.

19.7.8 Conhecer a relação entre o calor Q, o número de mols n, o calor específico molar a pressão constante C_p e a variação de temperatura ΔT.

19.7.9 Desenhar um processo a volume constante e um processo a pressão constante entre duas isotermas de um diagrama p-V e, em cada caso, representar o trabalho realizado em termos de uma área do gráfico.

19.7.10 Calcular o trabalho realizado por um gás ideal em um processo a pressão constante.

19.7.11 Saber que o trabalho realizado é zero nos processos a volume constante.

Ideias-Chave

- O calor específico molar de um gás ideal a volume constante, C_V, é definido pela equação

$$C_V = \frac{Q}{n\,\Delta T} = \frac{\Delta E_{int}}{n\,\Delta T},$$

em que Q é a energia transferida do gás ou para o gás na forma de calor, n é o número de mols, ΔT é a variação de temperatura e ΔE_{int} é a variação de energia interna do gás.

- No caso de um gás ideal monoatômico,

$$C_V = \tfrac{3}{2}R = 12{,}5\ \text{J/mol}\cdot\text{K}.$$

- O calor específico molar de um gás ideal a pressão constante, C_p, é definido pela equação

$$C_p = \frac{Q}{n\,\Delta T},$$

e C_p está relacionado a C_V pela equação

$$C_p = C_v + R.$$

- No caso de um gás ideal,

$$E_{int} = nC_vT \qquad \text{(gás ideal)},$$

em que E_{int} é a energia interna do gás, n é o número de mols, C_V é o calor específico a volume constante e T é a temperatura.

- Se um gás ideal confinado sofre uma variação de temperatura ΔT devido a *qualquer* processo, a variação da energia interna do gás é dada por

$$\Delta E_{int} = nC_v\Delta T \qquad \text{(gás ideal, qualquer processo)}.$$

Calores Específicos Molares de um Gás Ideal (BT) 19.4

Neste módulo, vamos obter, a partir de considerações a respeito do movimento das moléculas, uma expressão para a energia interna E_{int} de um gás ideal. Em outras palavras, vamos obter uma expressão para a energia associada aos movimentos aleatórios dos átomos ou moléculas de um gás. Em seguida, usaremos essa expressão para calcular os calores específicos molares de um gás ideal.

Energia Interna E_{int}

Vamos, inicialmente, supor que o gás ideal é um *gás monoatômico* (formado por átomos isolados e não por moléculas), como o hélio, o neônio e o argônio. Vamos supor também que a energia interna E_{int} do gás é simplesmente a soma das energias cinéticas de translação dos átomos. (De acordo com a teoria quântica, átomos isolados não possuem energia cinética de rotação.)

A energia cinética de translação média de um átomo depende apenas da temperatura do gás e é dada pela Eq. 19.4.2 $K_{méd} = \frac{3}{2}kT$. Uma amostra de n mols de um gás monoatômico contém nN_A átomos. A energia interna E_{int} da amostra é, portanto,

$$E_{int} = (nN_A)K_{méd} = (nN_A)(\tfrac{3}{2}kT). \qquad (19.7.1)$$

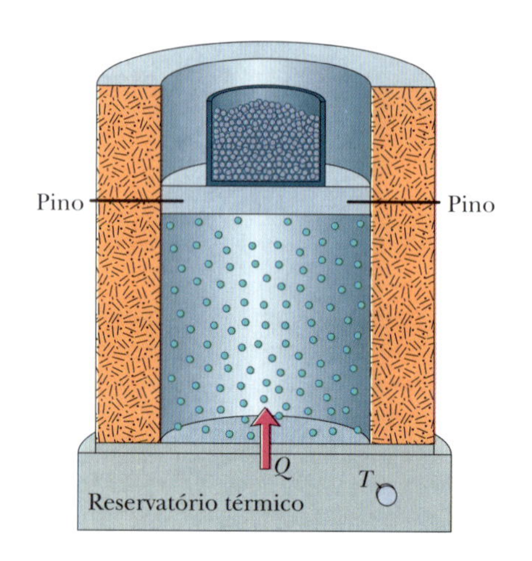

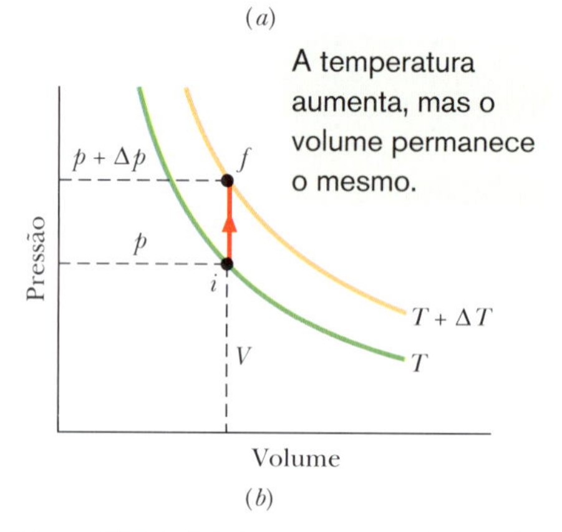

Figura 19.7.1 (*a*) A temperatura de um gás ideal é aumentada de T para $T + \Delta T$ em um processo a volume constante. É adicionado calor, mas nenhum trabalho é realizado. (*b*) O processo em um diagrama p-V.

De acordo com a Eq. 19.2.3 ($k = R/N_A$), a Eq. 19.7.1 pode ser escrita na forma

$$E_{\text{int}} = \tfrac{3}{2}nRT \qquad \text{(gás ideal monoatômico).} \qquad (19.7.2)$$

A energia interna E_{int} de um gás ideal é função *apenas* da temperatura do gás; não depende de outras variáveis.

A partir da Eq. 19.7.2, podemos calcular o calor específico molar de um gás ideal. Na verdade, vamos deduzir duas expressões, uma para o caso em que o volume do gás permanece constante e outra para o caso em que a pressão permanece constante. Os símbolos usados para esses dois calores específicos molares são C_V e C_P, respectivamente. (Por tradição, a letra C maiúscula é usada em ambos os casos, embora C_V e C_P sejam tipos de calor específico e não de capacidade térmica.)

Calor Específico Molar a Volume Constante

A Fig. 19.7.1*a* mostra n mols de um gás ideal a uma pressão p e a uma temperatura T, confinados em um cilindro de volume V fixo. Esse *estado inicial i* do gás está assinalado no diagrama p-V da Fig. 19.7.1*b*. Suponha que adicionamos uma pequena quantidade de energia Q ao gás na forma de calor, aumentando lentamente a temperatura do recipiente. A temperatura do gás aumenta para $T + \Delta T$ e a pressão aumenta para $p + \Delta p$, levando o gás ao *estado final f*. Nesse tipo de experimento, observamos que o calor Q está relacionado à variação de temperatura ΔT pela equação

$$Q = nC_V\Delta T \qquad \text{(volume constante),} \qquad (19.7.3)$$

em que C_V é uma constante chamada **calor específico molar a volume constante**. Substituindo essa expressão de Q na primeira lei da termodinâmica, dada pela Eq. 18.5.3 ($\Delta E_{\text{int}} = Q - W$), obtemos

$$\Delta E_{\text{int}} = nC_V\Delta T - W. \qquad (19.7.4)$$

Como o volume do recipiente é constante, o gás não pode se expandir; portanto, não pode realizar trabalho. Assim, $W = 0$ e a Eq. 19.7.4 nos dá

$$C_V = \frac{\Delta E_{\text{int}}}{n\,\Delta T}. \qquad (19.7.5)$$

De acordo com a Eq. 19.7.2, a variação da energia interna é

$$\Delta E_{\text{int}} = \tfrac{3}{2}nR\,\Delta T. \qquad (19.7.6)$$

Substituindo esse resultado na Eq. 19.7.5, obtemos

$$C_V = \tfrac{3}{2}R = 12{,}5\ \text{J/mol}\cdot\text{K} \qquad \text{(gás monoatômico).} \qquad (19.7.7)$$

Como se pode ver na Tabela 19.7.1, essa previsão da teoria cinética (para gases ideais) concorda muito bem com os resultados experimentais para gases monoatômicos reais, o caso que estamos considerando. Os valores (teóricos e experimentais) de C_V para *gases diatômicos* (com moléculas de dois átomos) e *gases poliatômicos* (com moléculas de mais de dois átomos) são maiores que para gases monoatômicos, por motivos que serão discutidos no Módulo 19.8. Por enquanto, vamos apenas adiantar que os valores de C_V são maiores nos gases diatômicos e poliatômicos porque as moléculas, ao contrário dos átomos isolados, podem girar e, portanto, além da energia cinética de translação, também possuem energia cinética de rotação. Assim, quando o calor Q é transferido para um gás diatômico ou poliatômico, apenas parte do calor se transforma em energia cinética de translação e contribui para aumentar a temperatura. (No momento, vamos ignorar a possibilidade de que parte do calor se transforme em oscilação das moléculas.)

Tabela 19.7.1 Calores Específicos Molares a Volume Constante

Molécula	Exemplo		C_V (J/mol · K)
Monoatômica	Ideal		$\tfrac{3}{2}R = 12{,}5$
	Real	He	12,5
		Ar	12,6
Diatômica	Ideal		$\tfrac{5}{2}R = 20{,}8$
	Real	N_2	20,7
		O_2	20,8
Poliatômica	Ideal		$3R = 24{,}9$
	Real	NH_4	29,0
		CO_2	29,7

Podemos agora generalizar a Eq. 19.7.2 para a energia interna de qualquer gás ideal substituindo $3R/2$ por C_V para obter

$$E_{int} = nC_vT \quad \text{(qualquer gás ideal).} \tag{19.7.8}$$

A Eq. 19.7.8 se aplica não só a um gás ideal monoatômico, mas também a gases diatômicos e poliatômicos, desde que seja usado o valor correto de C_V. Como na Eq. 19.7.2, a energia interna do gás depende da temperatura, mas não da pressão ou da densidade.

De acordo com a Eq. 19.7.5 ou a Eq. 19.7.8, quando um gás ideal confinado em um recipiente sofre uma variação de temperatura ΔT, a variação resultante da energia interna é dada por

$$\Delta E_{int} = nC_V\Delta T \quad \text{(gás ideal, qualquer processo).} \tag{19.7.9}$$

De acordo com a Eq. 19.7.9,

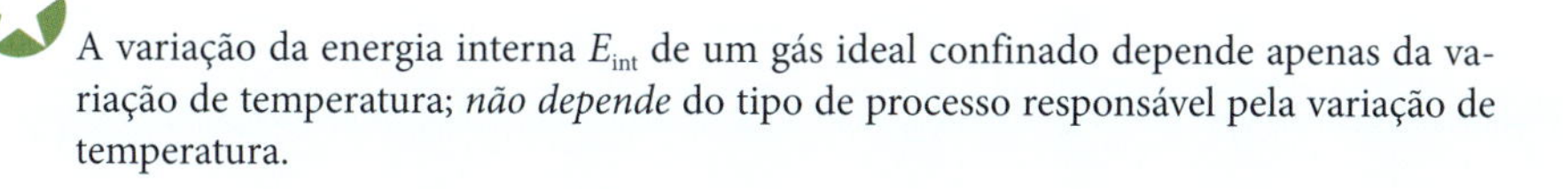
A variação da energia interna E_{int} de um gás ideal confinado depende apenas da variação de temperatura; *não depende* do tipo de processo responsável pela variação de temperatura.

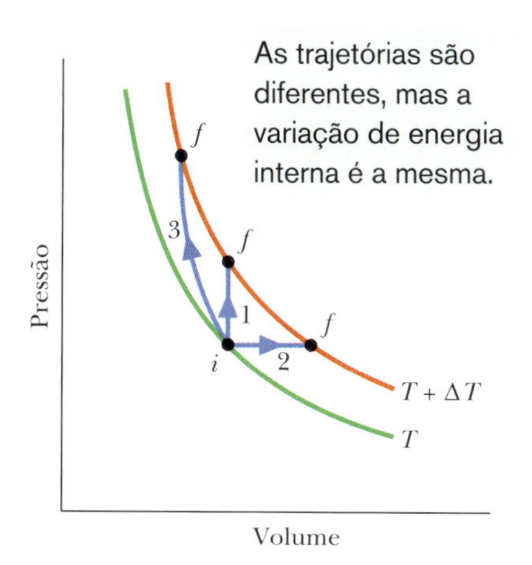

Figura 19.7.2 Três trajetórias representando três processos diferentes que levam um gás ideal de um estado inicial i, à temperatura T, a um estado final f, à temperatura $T + \Delta T$. A variação ΔE_{int} da energia interna do gás é a mesma para os três processos e para quaisquer outros que resultem na mesma variação de temperatura.

Considere, por exemplo, as três trajetórias entre as duas isotermas no diagrama p-V da Fig. 19.7.2. A trajetória 1 representa um processo a volume constante. A trajetória 2 representa um processo a pressão constante (que será discutido a seguir). A trajetória 3 representa um processo no qual nenhum calor é trocado com o ambiente (esse caso será discutido no Módulo 19.9). Embora sejam diferentes os valores do calor Q e do trabalho W associados a essas três trajetórias, o que também acontece com p_f e V_f, os valores de ΔE_{int} associados às três trajetórias são iguais e são dados pela Eq. 19.7.9, uma vez que envolvem a mesma variação de temperatura ΔT. Assim, independentemente da trajetória seguida entre T e $T + \Delta T$, podemos *sempre* usar a trajetória 1 e a Eq. 19.7.9 para calcular ΔE_{int} com mais facilidade.

Calor Específico Molar a Pressão Constante

Vamos supor agora que a temperatura de nosso gás ideal aumenta do mesmo valor ΔT, mas agora a energia necessária (o calor Q) é fornecida mantendo o gás a uma pressão constante. Uma forma de fazer isso na prática é mostrada na Fig. 19.7.3*a*; o diagrama p-V do processo aparece na Fig. 19.7.3*b*. A partir de experimentos como esse, constatamos que o calor Q está relacionado à variação de temperatura ΔT pela equação

$$Q = nC_p\Delta T \quad \text{(pressão constante),} \tag{19.7.10}$$

em que C_p é uma constante chamada **calor específico molar a pressão constante**. O valor de C_p é sempre *maior* que o do calor específico molar a volume constante C_V, já que, nesse caso, a energia é usada não só para aumentar a temperatura do gás, mas também para realizar trabalho (levantar o êmbolo da Fig. 19.7.3*a*).

Para obter uma relação entre os calores específicos molares C_p e C_V, começamos com a primeira lei da termodinâmica (Eq. 18.5.3):

$$\Delta E_{int} = Q - W. \tag{19.7.11}$$

Em seguida, substituímos os termos da Eq. 19.7.11 por seus valores. O valor de E_{int} é dado pela Eq. 19.7.9. O valor de Q é dado pela Eq. 19.7.10. Para obter o valor de W, observamos que, como a pressão permanece constante, $W = p\Delta V$ (Eq. 19.2.12). Assim, usando a equação dos gases ideais ($pV = nRT$), podemos escrever

$$W = p\,\Delta V = nR\,\Delta T. \tag{19.7.12}$$

Fazendo essas substituições na Eq. 19.7.11 e dividindo ambos os membros por $n\,\Delta T$, obtemos

$$C_V = C_p - R,$$

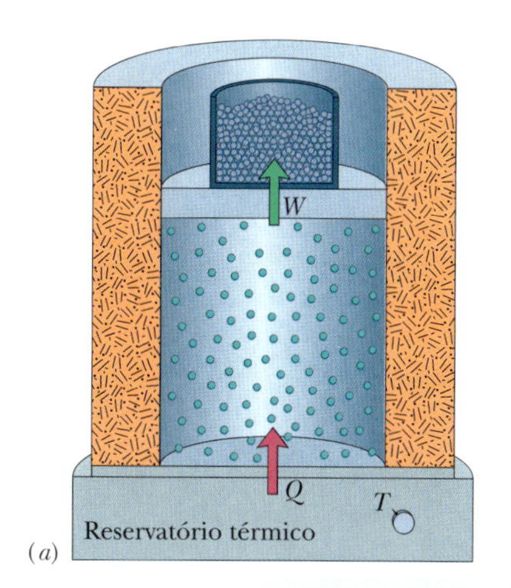

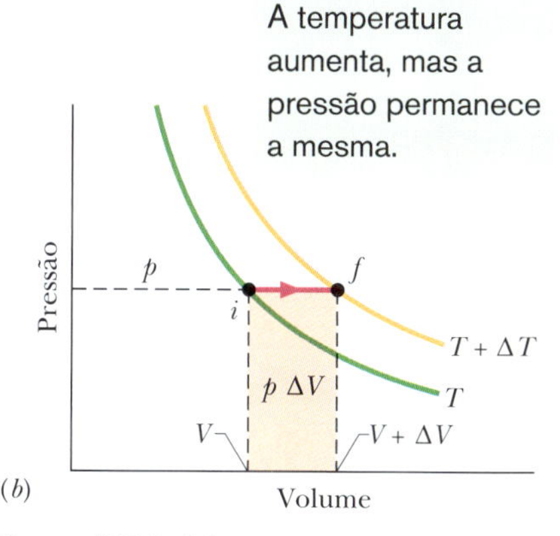

Figura 19.7.3 (*a*) A temperatura de um gás ideal é aumentada de T para $T + \Delta T$ em um processo a pressão constante. É adicionado calor e é realizado trabalho para levantar o êmbolo. (*b*) O processo em um diagrama p-V. O trabalho $p\Delta V$ é dado pela área sombreada.

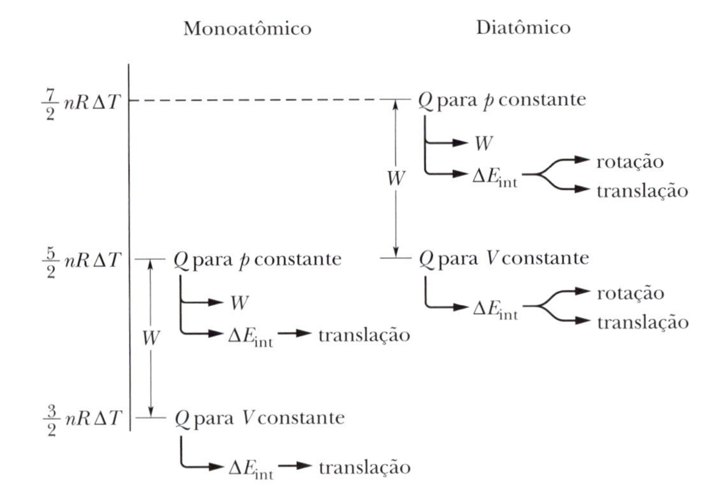

Figura 19.7.4 Valores relativos de Q para um gás monoatômico (lado esquerdo) e para um gás diatômico (lado direito) submetidos a processos a pressão constante e a volume constante. A transferência de energia para trabalho W e energia interna ΔE_{int} está indicada esquematicamente.

e, portanto,

$$C_p = C_V + R. \tag{19.7.13}$$

Essa previsão da teoria cinética dos gases está de acordo com os resultados experimentais, não só para gases monoatômicos, mas para gases em geral, desde que estejam suficientemente rarefeitos para poderem ser tratados como ideais.

O lado esquerdo da Fig. 19.7.4 mostra os valores relativos de Q para um gás monoatômico submetido a um aquecimento a volume constante ($Q = \frac{3}{2}nR\,\Delta T$) e a uma pressão constante ($Q = \frac{5}{2}nR\,\Delta T$). Observe que, no segundo caso, o valor de Q é maior por causa de W, o trabalho realizado pelo gás durante a expansão. Observe também que, no aquecimento a volume constante, a energia fornecida na forma de calor é usada apenas para aumentar a energia interna, enquanto no aquecimento a pressão constante, a energia fornecida na forma de calor é repartida entre a energia interna e o trabalho.

Teste 19.7.1

A figura mostra cinco trajetórias de um gás em um diagrama p-V. Ordene as trajetórias de acordo com a variação da energia interna do gás, em ordem decrescente.

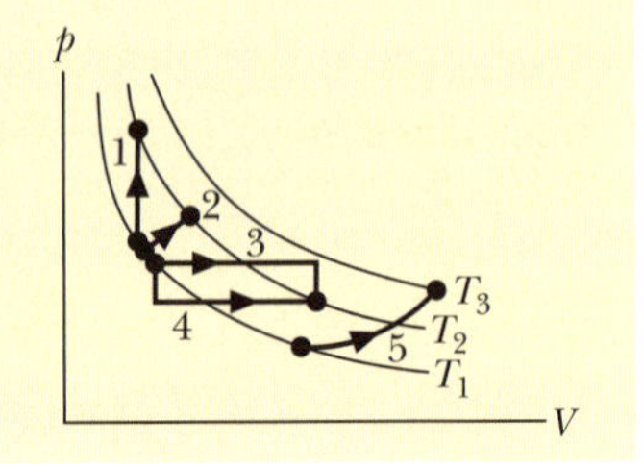

Exemplo 19.7.1 Calor, energia interna e trabalho para um gás monoatômico

Uma bolha de 5,00 mols de hélio está submersa em água a uma dada profundidade quando a água (e, portanto, o hélio) sofre um aumento de temperatura ΔT de 20,0C° a pressão constante. Em consequência, a bolha se expande. O hélio é monoatômico e se comporta como um gás ideal.

(a) Qual é a energia recebida pelo hélio na forma de calor durante esse aumento de temperatura acompanhado por expansão?

IDEIA-CHAVE

A quantidade de calor Q está relacionada à variação de temperatura ΔT pelo calor específico molar do gás.

Cálculos: Como a pressão p é mantida constante durante o processo de aquecimento, devemos usar o calor específico molar a pressão constante C_p e a Eq. 19.7.10,

$$Q = nC_p\Delta T, \tag{19.7.14}$$

para calcular Q. Para calcular C_p, usamos a Eq. 19.7.13, segundo a qual, para qualquer gás ideal, $C_p = C_V + R$. Além disso, de acordo com a Eq. 19.7.7, para qualquer gás *monoatômico* (como o hélio, neste caso), $C_V = \frac{3}{2}R$. Assim, a Eq. 19.7.14 nos dá

$$Q = n(C_V + R)\,\Delta T = n(\tfrac{3}{2}R + R)\,\Delta T = n(\tfrac{5}{2}R)\,\Delta T$$
$$= (5{,}00\text{ mol})(2{,}5)(8{,}31\text{ J/mol}\cdot\text{K})(20{,}0\text{ C°})$$
$$= 2077{,}5\text{ J} \approx 2080\text{ J}. \quad \text{(Resposta)}$$

(b) Qual é a variação ΔE_{int} da energia interna do hélio durante o aumento de temperatura?

IDEIA-CHAVE

Como a bolha se expande, não se trata de um processo a volume constante. No entanto, o hélio está confinado (à bolha). Consequentemente, a variação ΔE_{int} é a mesma que *ocorreria* em um processo a volume constante com a mesma variação de temperatura ΔT.

Cálculo: Podemos calcular facilmente a variação ΔE_{int} a volume constante usando a Eq. 19.7.9:

$$\Delta E_{int} = nC_V\,\Delta T = n(\tfrac{3}{2}R)\,\Delta T$$
$$= (5{,}00\text{ mol})(1{,}5)(8{,}31\text{ J/mol}\cdot\text{K})(20{,}0\text{ C°})$$
$$= 1246{,}5\text{ J} \approx 1250\text{ J.} \qquad \text{(Resposta)}$$

(c) Qual é o trabalho W realizado pelo hélio ao se expandir contra a pressão da água em volta da bolha durante o aumento de temperatura?

IDEIAS-CHAVE

O trabalho realizado por *qualquer* gás que se expande contra a pressão do ambiente é fornecido pela Eq. 19.2.7, segundo a qual devemos integrar o produto $p\,dV$. Quando a pressão é constante (como neste caso), a equação pode ser simplificada para $W = p\Delta V$. Quando o gás é *ideal* (como neste caso), podemos utilizar a lei dos gases ideais (Eq. 19.2.1) para escrever $p\Delta V = nR\Delta T$.

Cálculo: O resultado é

$$W = nR\,\Delta T$$
$$= (5{,}00\text{ mol})(8{,}31\text{ J/mol}\cdot\text{K})(20{,}0\text{ C°})$$
$$= 831\text{ J.} \qquad \text{(Resposta)}$$

Outra solução: Como já conhecemos Q e ΔE_{int}, podemos resolver o problema de outra forma. A ideia é aplicar a primeira lei da termodinâmica à variação de energia do gás, escrevendo

$$W = Q - \Delta E_{int} = 2077{,}5\text{ J} - 1246{,}5\text{ J}$$
$$= 831\text{ J.} \qquad \text{(Resposta)}$$

Transferências de energia: Vamos acompanhar as transferências de energia. Dos 2077,5 J transferidos ao hélio como calor Q, 831 J são usados para realizar o trabalho W envolvido na expansão e 1246,5 J são usados para aumentar a energia interna E_{int}, que, para um gás monoatômico, envolve apenas a energia cinética dos átomos em movimentos de translação. Esses vários resultados estão indicados no lado esquerdo da Fig. 19.7.4.

19.8 GRAUS DE LIBERDADE E CALORES ESPECÍFICOS MOLARES

Objetivos do Aprendizado

Depois de ler este módulo, você será capaz de ...

19.8.1 Saber que existe um grau de liberdade associado a cada forma de que um gás dispõe para armazenar energia (translação, rotação e oscilação).

19.8.2 Saber que a cada grau de liberdade está associada uma energia de $kT/2$ por molécula.

19.8.3 Saber que toda a energia interna de um gás monoatômico está na forma de energia de translação.

19.8.4 Saber que, em baixas temperaturas, toda a energia interna de um gás diatômico está na forma de energia de translação, mas, em altas temperaturas, parte da energia interna está na forma de energia de rotação, e, em temperaturas ainda mais elevadas, parte da energia pode estar na forma de energia de oscilação.

19.8.5 Calcular o calor específico molar de um gás ideal monoatômico e o calor específico molar de um gás ideal diatômico em um processo a volume constante e em um processo a pressão constante.

Ideias-Chave

- Podemos calcular o valor teórico de C_V a partir do teorema de equipartição da energia, segundo o qual a cada grau de liberdade de uma molécula (ou seja, a cada modo independente de que a molécula dispõe para armazenar energia) está associada, em média, uma energia $kT/2$ por molécula ($= RT/2$ por mol).
- Se f é o número de graus de liberdade, então

$$E_{int} = (f/2)nRT \text{ e}$$
$$C_V = \left(\frac{f}{2}\right)R = 4{,}16f\text{ J/mol}\cdot\text{K}.$$

- No caso de gases monoatômicos, $f = 3$ (três graus de translação); no caso de gases diatômicos, $f = 5$ (três graus de translação e dois graus de rotação).

Graus de Liberdade e Calores Específicos Molares 19.5

Como mostra a Tabela 19.7.1, a previsão de que $C_V = \frac{3}{2}R$ é confirmada pelos resultados experimentais no caso dos gases monoatômicos, mas não no caso dos gases diatômicos e poliatômicos. Vamos tentar explicar a diferença considerando a possibilidade de que a energia interna das moléculas com mais de um átomo exista em outras formas além da energia cinética de translação.

Tabela 19.8.1 Graus de Liberdade de Várias Moléculas

		Graus de Liberdade			Calor Específico Molar Teórico	
Molécula	Exemplo	De Translação	De Rotação	Total (f)	C_V (Eq. 19.8.1)	$C_p = C_V + R$
Monoatômica	He	3	0	3	$\frac{3}{2}R$	$\frac{5}{2}R$
Diatômica	O_2	3	2	5	$\frac{5}{2}R$	$\frac{7}{2}R$
Poliatômica	CH_4	3	3	6	$3R$	$4R$

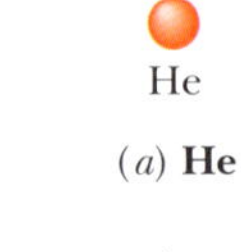

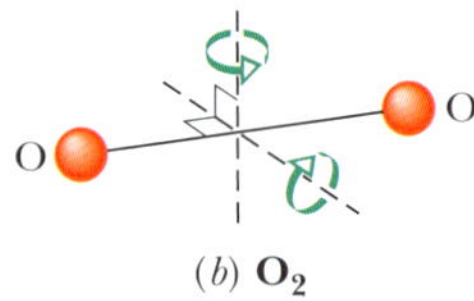

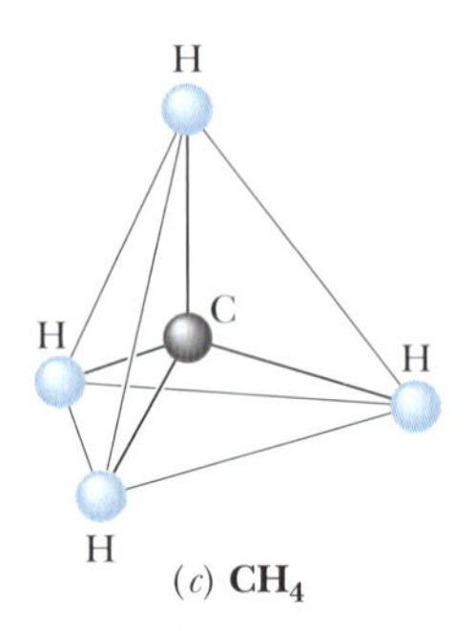

Figura 19.8.1 Modelos de moléculas usados na teoria cinética dos gases: (*a*) hélio, uma molécula monoatômica típica; (*b*) oxigênio, uma molécula diatômica típica; (*c*) metano, uma molécula poliatômica típica. As esferas representam átomos, e os segmentos de reta representam ligações químicas. Dois eixos de rotação são mostrados para a molécula de oxigênio.

A Fig. 19.8.1 mostra as configurações do hélio (uma molécula *monoatômica*, com um único átomo), do oxigênio (uma molécula *diatômica*, com dois átomos) e do metano (uma molécula *poliatômica*). De acordo com esses modelos, os três tipos de moléculas podem ter movimentos de translação (movendo-se, por exemplo, para a esquerda e para a direita e para cima e para baixo) e movimentos de rotação (girando em torno de um eixo, como um pião). Além disso, as moléculas diatômicas e poliatômicas podem ter movimentos oscilatórios, com os átomos se aproximando e se afastando, como se estivessem presos a molas.

Para levar em conta todas as formas pelas quais a energia pode ser armazenada em um gás, James Clerk Maxwell propôs o **teorema da equipartição da energia**:

Toda molécula tem um número f de *graus de liberdade*, que são formas independentes pelas quais a molécula pode armazenar energia. A cada grau de liberdade está associada (em média) uma energia de $\frac{1}{2}kT$ por molécula (ou $\frac{1}{2}RT$ por mol).

Vamos aplicar o teorema aos movimentos de translação e rotação das moléculas da Fig. 19.8.1. (Os movimentos oscilatórios serão discutidos no próximo módulo.) Para os movimentos de translação, referimos as posições das moléculas do gás a um sistema de coordenadas *xyz*. Em geral, as moléculas possuem componentes da velocidade em relação aos três eixos. Isso significa que as moléculas de gases de todos os tipos têm três graus de liberdade de translação (três formas independentes de se deslocarem como um todo) e, em média, uma energia correspondente de $3(\frac{1}{2}kT)$ por molécula.

Para analisar o movimento de rotação, imagine que a origem do sistema de coordenadas *xyz* está no centro de cada molécula da Fig. 19.8.1. Em um gás, cada molécula deveria poder girar com uma componente da velocidade angular em relação a cada um dos três eixos, de modo que cada gás deveria possuir ter três graus de liberdade de rotação e, em média, uma energia adicional de $3(\frac{1}{2}kT)$ por molécula. *Entretanto*, os experimentos mostram que isso é verdade apenas para moléculas poliatômicas. De acordo com a *teoria quântica*, a física que lida com os movimentos e energias permitidos de átomos e moléculas, uma molécula de um gás monoatômico não gira e, portanto, não possui energia de rotação (um átomo isolado não pode girar como um pião). Uma molécula diatômica pode girar como um pião em torno de eixos perpendiculares à reta que liga os dois átomos (esses eixos são mostrados na Fig. 19.8.1*b*), mas não em torno da reta que liga os dois átomos. Assim, uma molécula diatômica tem apenas dois graus de liberdade de rotação e uma energia rotacional de apenas $2(\frac{1}{2}kT)$ por molécula.

Para estender nossa análise de calores específicos molares (C_P e C_V, no Módulo 19.7) a gases ideais diatômicos e poliatômicos, é necessário substituir a Eq. 19.7.2 ($E_{int} = \frac{3}{2}nRT$) por $E_{int} = \frac{f}{2}nRT$, em que f é o número de graus de liberdade indicado na Tabela 19.8.1. Fazendo isso, obtemos a equação

$$C_V = \left(\frac{f}{2}\right)R = 4{,}16f \text{ J/mol}\cdot\text{K}, \tag{19.8.1}$$

que se reduz (como seria de se esperar) à Eq. 19.7.7 no caso de gases monoatômicos ($f = 3$). Como mostra a Tabela 19.7.1, os valores obtidos usando essa equação também estão de acordo com os resultados experimentais no caso de gases diatômicos ($f = 5$), mas são menores que os valores experimentais no caso de gases poliatômicos ($f = 6$ para moléculas como CH_4).

Teste 19.8.1

São dados três gases, com o mesmo valor de n, que vão sofrer processos a volume constante com a mesma variação de temperatura $\Delta T = 10$ °C.

1. Gás monoatômico.
2. Gás diatômico sem rotação.
3. Gás diatômico com rotação.

(a) Coloque os processos na ordem do calor específico molar a volume constante C_V, começando pelo maior. (b) Coloque os processos na ordem da variação da energia cinética de translação ΔK_{tran}, começando pela maior. (c) Coloque os processos na ordem da variação da energia interna ΔE_{int}, começando pela maior.

Exemplo 19.8.1 Calor, temperatura e energia interna para um gás diatômico

Transferimos 1.000 J na forma de calor Q para um gás diatômico, permitindo que o gás se expanda com a pressão mantida constante. As moléculas do gás podem girar, mas não oscilam. Que parte dos 1.000 J é convertida em energia interna do gás? Dessa parte, que parcela corresponde a ΔK_{tran} (energia cinética associada ao movimento de translação das moléculas) e que parcela corresponde a ΔK_{rot} (energia cinética associada ao movimento de rotação)?

IDEIAS-CHAVE

1. A transferência de energia na forma de calor a um gás a pressão constante está relacionada ao aumento de temperatura pela Eq. 19.7.10 ($Q = nC_p\Delta T$).
2. De acordo com a Fig. 19.7.4 e a Tabela 19.8.1, como o gás é diatômico e as moléculas não oscilam, $C_p = \frac{7}{2}R$.
3. O aumento ΔE_{int} da energia interna é o mesmo que ocorreria em um processo a volume constante que resultasse no mesmo aumento de temperatura ΔT. Assim, de acordo com a Eq. 19.7.9, $\Delta E_{\text{int}} = nC_V\Delta T$. De acordo com a Fig. 19.7.4 e a Tabela 19.8.1, $C_V = \frac{5}{2}R$.
4. Para os mesmos valores de n e ΔT, ΔE_{int} é maior para um gás diatômico que para um gás monoatômico porque é necessária uma energia adicional para fazer os átomos girarem.

Aumento da energia interna: Vamos primeiro calcular a variação de temperatura ΔT devido à transferência de energia em forma de calor. De acordo com a Eq. 19.7.10, com $C_p = \frac{7}{2}R$, temos

$$\Delta T = \frac{Q}{\frac{7}{2}nR}. \qquad (19.8.2)$$

Em seguida, calculamos ΔE_{int} a partir da Eq. 19.7.9, usando o calor específico molar a volume constante $C_V\,(=\frac{5}{2}R)$ e o mesmo valor de ΔT. Como se trata de um gás diatômico, vamos chamar essa variação de $\Delta E_{\text{int,dia}}$. De acordo com a Eq. 19.7.9, temos

$$\Delta E_{\text{int,dia}} = nC_V\,\Delta T = n\tfrac{5}{2}R\left(\frac{Q}{\frac{7}{2}nR}\right) = \tfrac{5}{7}Q$$
$$= 0{,}71428Q = 714{,}3 \text{ J}. \qquad \text{(Resposta)}$$

Assim, cerca de 71% da energia transferida para o gás é convertida em energia interna. O resto é convertido no trabalho necessário para aumentar o volume do gás.

Aumento da energia cinética: Se aumentássemos a temperatura de um *gás monoatômico* (com o mesmo valor de n) do valor dado pela Eq. 19.8.2, a energia interna aumentaria de um valor menor, que vamos chamar de $\Delta E_{\text{int,mon}}$, porque não haveria rotações envolvidas. Para calcular esse valor menor, podemos usar a Eq. 19.7.9, mas agora devemos usar o valor de C_V para um gás monoatômico ($C_V = \frac{3}{2}R$). Assim,

$$\Delta E_{\text{int,mon}} = n\tfrac{3}{2}R\,\Delta T.$$

Substituindo o valor de ΔT dado pela Eq. 19.8.2, obtemos

$$\Delta E_{\text{int,mon}} = n\tfrac{3}{2}R\left(\frac{Q}{n\frac{7}{2}R}\right) = \tfrac{3}{7}Q$$
$$= 0{,}42857Q = 428{,}6 \text{ J}.$$

No caso de um gás monoatômico, toda essa energia está associada à energia cinética de translação dos átomos, que é a única energia cinética presente. O importante a notar é que, no caso de um gás diatômico com os mesmos valores de n e ΔT, a mesma quantidade de energia é transferida para o movimento de translação das moléculas. O resto de $\Delta E_{\text{int,dia}}$ ($714{,}3 - 428{,}6 = 285{,}7$ J) vai para o movimento de rotação das moléculas. Assim, no caso do gás diatômico,

$$\Delta K_{\text{trans}} = 428{,}6 \text{ J} \quad \text{e} \quad \Delta K_{\text{rot}} = 285{,}7 \text{ J}. \qquad \text{(Resposta)}$$

Efeitos Quânticos

Podemos melhorar a concordância da teoria cinética dos gases com os resultados experimentais incluindo as oscilações dos átomos nos gases de moléculas diatômicas ou poliatômicas. Assim, por exemplo, os dois átomos da molécula de O_2 da Fig. 19.8.1*b* podem oscilar aproximando-se e afastando-se um do outro, como se estivessem unidos por uma mola. Os experimentos mostram, porém, que essas oscilações ocorrem apenas em temperaturas elevadas, ou seja, o movimento oscilatório é "ligado" apenas quando a energia das moléculas do gás atinge valores relativamente altos. Os movimentos de rotação apresentam um comportamento semelhante, só que em temperaturas mais baixas.

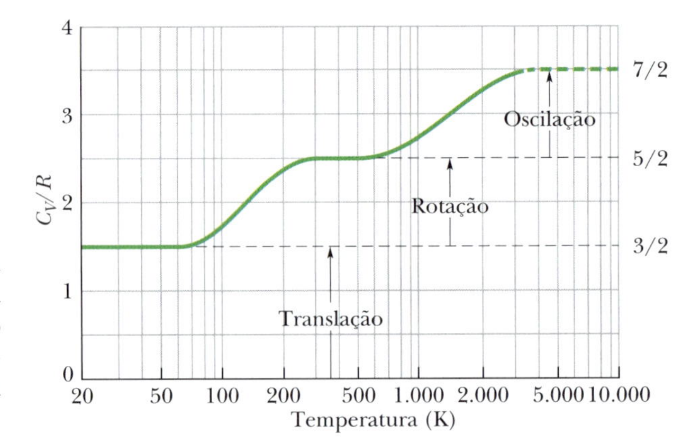

Figura 19.8.2 Curva de C_V/R em função da temperatura para o hidrogênio (um gás diatômico). Como existe uma energia mínima para as rotações e oscilações, apenas as translações são possíveis em temperaturas muito baixas. Quando a temperatura aumenta, começam as rotações. As oscilações começam em temperaturas ainda maiores.

A Fig. 19.8.2 ajuda a visualizar esse comportamento dos movimentos de rotação e oscilação. A razão C_V/R do hidrogênio (H_2), um gás diatômico, está plotada em função da temperatura, com a temperatura em uma escala logarítmica para cobrir várias ordens de grandeza. Abaixo de 80 K, $C_V/R = 1{,}5$. Esse resultado sugere que apenas os três graus de liberdade de translação do hidrogênio contribuem para o calor específico.

Quando a temperatura aumenta, o valor de C_V/R aumenta gradualmente para 2,5, o que sugere que dois graus de liberdade adicionais estão envolvidos. A teoria quântica mostra que esses dois graus de liberdade estão associados ao movimento de rotação das moléculas do hidrogênio e que o movimento requer certa quantidade mínima de energia. Em temperaturas muito baixas (abaixo de 80 K), as moléculas não têm energia suficiente para girar. Quando a temperatura passa de 80 K, primeiro algumas poucas moléculas e depois mais e mais moléculas ganham energia suficiente para girar e C_V/R aumenta até que todas estejam girando e $C_V/R = 2{,}5$.

A teoria quântica também mostra que o movimento oscilatório das moléculas requer uma quantidade mínima de energia (maior que no caso das rotações). Essa quantidade mínima não é atingida até que as moléculas cheguem a uma temperatura por volta de 1.000 K, como mostra a Fig. 19.8.2. Quando a temperatura passa de 1.000 K, mais e mais moléculas têm energia suficiente para oscilar e C_V/R aumenta até que todas estejam oscilando e $C_V/R = 3{,}5$. (Na Fig. 19.8.2, a curva do gráfico é interrompida em 3.200 K porque, a essa temperatura, os átomos de uma molécula de hidrogênio oscilam tanto que a ligação entre os átomos se rompe e a molécula se *dissocia*, dando origem a dois átomos independentes.)

As rotações e oscilações não acontecem em baixas temperaturas porque as energias desses movimentos são quantizadas, ou seja, podem ter apenas certos valores. Existe um valor mínimo permitido para cada tipo de movimento. A menos que a agitação térmica das moléculas vizinhas forneça esse valor mínimo de energia, uma molécula simplesmente não pode girar ou oscilar.

19.9 EXPANSÃO ADIABÁTICA DE UM GÁS IDEAL

Objetivos do Aprendizado

Depois de ler este módulo, você será capaz de ...

19.9.1 Desenhar uma expansão (ou contração) adiabática em um diagrama p-V e mostrar que não há troca de calor com o ambiente.

19.9.2 Saber que em uma expansão adiabática, o gás realiza trabalho sobre o ambiente, o que diminui a energia interna do gás, e que, em uma contração adiabática, o ambiente realiza trabalho sobre o gás, o que aumenta a energia interna do gás.

19.9.3 No caso de uma expansão ou contração adiabática, conhecer a relação entre a pressão e o volume iniciais e a pressão e o volume finais.

19.9.4 No caso de uma expansão ou contração adiabática, conhecer a relação entre a temperatura e o volume iniciais e a pressão e o volume finais.

19.9.5 Calcular o trabalho realizado em um processo adiabático integrando a pressão em relação ao volume.

19.9.6 Saber que a expansão livre de um gás no vácuo é adiabática, mas que, como o trabalho realizado é nulo, de acordo com a primeira lei da termodinâmica, a energia interna e a temperatura do gás não variam.

Ideias-Chave

- Se um gás ideal sofre uma variação de volume lenta e adiabática (uma variação na qual $Q = 0$),

$$pV^\gamma = \text{constante} \qquad \text{(processo adiabático)},$$

em que γ ($= C_p/C_V$) é a razão entre o calor específico molar a pressão constante e o calor específico molar a volume constante.

- No caso de uma expansão livre, pV = constante.

Expansão Adiabática de um Gás Ideal 19.6

Vimos no Módulo 17.2 que as ondas sonoras se propagam no ar e em outros gases como uma série de compressões e expansões; essas variações do meio de transmissão ocorrem tão depressa que não há tempo para que a energia seja transferida de um ponto do meio a outro na forma de calor. Como vimos no Módulo 18.5, um processo para o qual $Q = 0$ é um *processo adiabático*. Podemos assegurar que $Q = 0$ executando o processo rapidamente (como no caso das ondas sonoras) ou executando-o (rapidamente ou não) em um recipiente bem isolado termicamente.

A Fig. 19.9.1*a* mostra nosso cilindro isolado de sempre, agora contendo um gás ideal e repousando em uma base isolante. Removendo parte da massa que está sobre o êmbolo, podemos permitir que o gás se expanda adiabaticamente. Quando o volume aumenta, tanto a pressão como a temperatura diminuem. Provaremos, a seguir, que a relação entre a pressão e a temperatura durante um processo adiabático é dada por

$$pV^\gamma = \text{constante} \qquad \text{(processo adiabático)}, \qquad (19.9.1)$$

em que $\gamma = C_p/C_V$, a razão entre os calores específicos molares do gás. Em um diagrama p-V como o da Fig. 19.9.1*b*, o processo ocorre ao longo de uma curva (chamada *adiabática*) cuja equação é $p = (\text{constante})/V^\gamma$. Como o gás passa de um estado inicial i para um estado final f, podemos escrever a Eq. 19.9.1 como

$$p V_i^\gamma = p_f V_f^\gamma \qquad \text{(processo adiabático)}. \qquad (19.9.2)$$

Para escrever a equação de um processo adiabático em termos de T e V, usamos a equação dos gases ideais ($pV = nRT$) para eliminar p da Eq. 19.9.1, o que nos dá

$$\left(\frac{nRT}{V}\right)V^\gamma = \text{constante}.$$

Como n e R são constantes, podemos escrever essa equação na forma

$$TV^{\gamma-1} = \text{constante} \qquad \text{(processo adiabático)}. \qquad (19.9.3)$$

em que a constante é diferente da que aparece na Eq. 19.9.1. Quando o gás passa de um estado inicial i para um estado final f, podemos escrever a Eq. 19.9.3 na forma

$$T_i V_i^{\gamma-1} = T_f V_f^{\gamma-1} \qquad \text{(processo adiabático)}. \qquad (19.9.4)$$

O estudo dos processos adiabáticos permite explicar a formação de uma névoa quando é aberta uma garrafa de champanha ou outra bebida com gás. Na parte superior do recipiente de qualquer bebida gasosa existe uma mistura de dióxido de carbono e vapor d'água. Como a pressão do gás é maior que a pressão atmosférica, o gás se expande para fora do recipiente quando este é aberto. Assim, o volume do gás aumenta, mas isso significa que o gás deve realizar trabalho contra a atmosfera. Como a expansão é rápida, ela é adiabática, e a única fonte de energia para o trabalho é a energia interna do gás. Como a energia interna diminui, a temperatura do gás também decresce, o que faz o vapor d'água presente no gás se condensar em gotículas.

Demonstração da Eq. 19.9.1

Suponha que você remova algumas poucas esferas do êmbolo da Fig. 19.9.1*a*, permitindo que o gás ideal empurre ligeiramente para cima o êmbolo e as esferas restantes.

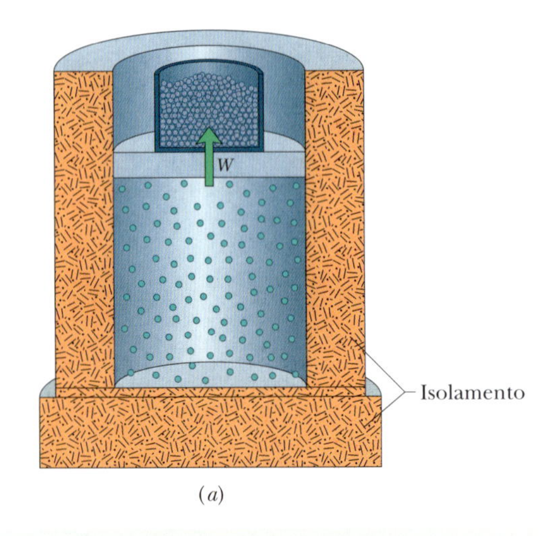

(*a*)

Removemos lentamente as esferas de chumbo, permitindo uma expansão sem transferência de calor.

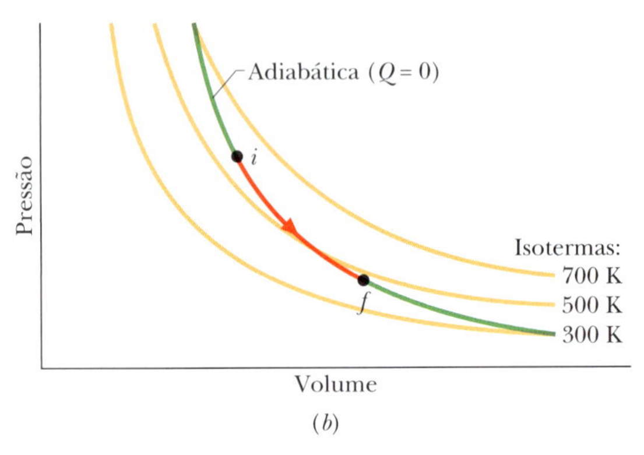

(*b*)

Figura 19.9.1 (*a*) O volume de um gás ideal é aumentado reduzindo o peso aplicado ao êmbolo. O processo é adiabático ($Q = 0$). (*b*) O processo se desenvolve de i para f ao longo de uma adiabática no diagrama p-V.

Com isso, o volume do gás aumenta de um pequeno valor dV. Como a variação de volume é pequena, podemos supor que a pressão p do gás sobre o êmbolo permanece constante durante a variação. Essa suposição permite dizer que o trabalho dW realizado pelo gás durante o aumento de volume é igual a pdV. De acordo com a Eq. 18.5.4, a primeira lei da termodinâmica pode ser escrita na forma

$$dE_{int} = Q - pdV. \tag{19.9.5}$$

Como o gás está termicamente isolado (e, portanto, a expansão é adiabática), podemos fazer $Q = 0$. De acordo com a Eq. 19.7.9, podemos também substituir dE_{int} por $nC_V dT$. Com essas substituições e após algumas manipulações algébricas, obtemos

$$n\,dT = -\left(\frac{p}{C_V}\right)dV. \tag{19.9.6}$$

De acordo com a lei dos gases ideais ($pV = nRT$), temos

$$pdV + Vdp = nRdT. \tag{19.9.7}$$

Substituindo R por $C_p - C_V$ na Eq. 19.9.7, obtemos

$$n\,dT = \frac{p\,dV + V\,dp}{C_p - C_V}. \tag{19.9.8}$$

Igualando as Eqs. 19.9.6 e 19.9.8 e reagrupando os termos, obtemos

$$\frac{dp}{p} + \left(\frac{C_p}{C_V}\right)\frac{dV}{V} = 0.$$

Substituindo a razão entre os calores específicos molares por γ e integrando (ver integral 5 do Apêndice E), obtemos

$$\ln p + \gamma \ln V = \text{constante}.$$

Escrevendo o lado esquerdo como $\ln pV^\gamma$ e tomando o antilogaritmo de ambos os membros, obtemos

$$pV^\gamma = \text{constante}. \tag{19.9.9}$$

Expansões Livres

Como vimos no Módulo 18.5, uma expansão livre de um gás é um processo adiabático que não envolve trabalho realizado pelo gás ou sobre o gás nem variação da energia interna do gás. Uma expansão livre é, portanto, diferente do tipo de processo adiabático descrito pelas Eqs. 19.9.1 a 19.9.9, em que trabalho é realizado e a energia interna varia. Essas equações *não* se aplicam a uma expansão livre, embora a expansão seja adiabática.

Lembre-se também de que, em uma expansão livre, o gás está em equilíbrio apenas nos pontos inicial e final; assim, podemos plotar esses pontos em um diagrama p-V, mas não podemos plotar a trajetória da expansão. Além disso, como $\Delta E_{int} = 0$, a temperatura do estado final é a mesma do estado inicial. Assim, os pontos inicial e final em um diagrama p-V devem estar na mesma isoterma, e, em vez da Eq. 19.9.4, temos

$$T_i = T_f \qquad \text{(expansão livre)}. \tag{19.9.10}$$

Se supusermos também que o gás é ideal (de modo que $pV = nRT$), como não há variação de temperatura, o produto pV não varia. Assim, em vez da Eq. 19.9.1, uma expansão livre envolve a relação

$$p_iV_i = p_fV_f \qquad \text{(expansão livre)}. \tag{19.9.11}$$

Exemplo 19.9.1 Trabalho realizado por um gás em uma expansão adiabática

A pressão e o volume iniciais de um gás diatômico ideal são $p_i = 2{,}00 \times 10^5$ Pa e $V_i = 4{,}00 \times 10^{-6}$ m³. Qual é o trabalho W realizado pelo gás e qual é a variação ΔE_{int} da energia interna se o gás sofre uma expansão adiabática até atingir o volume $V_f = 8{,}00 \times 10^{-6}$ m³? Suponha que as moléculas giram, mas não oscilam, durante o processo.

IDEIAS-CHAVE

(1) Em uma expansão adiabática, não há troca de calor entre o gás e o ambiente; a energia para o trabalho vem exclusivamente da energia interna. (2) A pressão e o volume finais estão relacionados à pressão e ao volume iniciais pela Eq. 19.9.2 ($p_i V_i^\gamma = p_f V_f^\gamma$). (3) O trabalho realizado por um gás em qualquer processo pode ser calculado integrando a pressão em relação ao volume (nesse caso, o trabalho que o gás realiza ao deslocar as paredes do recipiente para fora).

Cálculos: Queremos calcular o trabalho usando a integral

$$W = \int_{V_i}^{V_f} p\,dV, \tag{19.9.12}$$

mas, para isso, precisamos de uma expressão para a pressão em função do volume (que será integrada em relação ao volume). Assim, vamos explicitar p_f na Eq. 19.9.2 e substituir os valores fixos p_f e V_f pelos valores variáveis p e V. O resultado é o seguinte:

$$p = \frac{1}{V^\gamma} p_i V_i^\gamma = V^{-\gamma} p_i V_i^\gamma. \tag{19.9.13}$$

Na Eq. 19.9.13, os valores iniciais são constantes, mas a pressão p é função do volume variável V. Substituindo essa expressão na Eq. 19.9.12 e calculando a integral, temos:

$$W = \int_{V_i}^{V_f} p\,dV = \int_{V_i}^{V_f} V^{-\gamma} p_i V_i^\gamma\,dV$$

$$= p_i V_i^\gamma \int_{V_i}^{V_f} V^{-\gamma}\,dV = \frac{1}{-\gamma + 1} p_i V_i^\gamma \left[V^{-\gamma+1}\right]_{V_i}^{V_f}$$

$$= \frac{1}{-\gamma + 1} p_i V_i^\gamma \left[V_f^{-\gamma+1} - V_i^{-\gamma+1}\right]. \tag{19.9.14}$$

Resta apenas calcular o valor de γ, a razão dos calores específicos de um gás diatômico cujas moléculas giram, mas não oscilam. De acordo com a Tabela 19.8.1, temos

$$\gamma = \frac{C_p}{C_V} = \frac{\frac{7}{2}R}{\frac{5}{2}R} = 1{,}4. \tag{19.9.15}$$

Substituindo as constantes da Eq. 19.9.14 por valores numéricos, obtemos:

$$W = \frac{1}{-1{,}4 + 1} (2{,}00 \times 10^5)(4{,}00 \times 10^{-6})^{1{,}4}$$

$$\times \left[(8{,}00 \times 10^{-6})^{-1{,}4+1} - (4{,}00 \times 10^{-6})^{-1{,}4+1}\right]$$

$$= 0{,}48 \text{ J.} \qquad \text{(Resposta)}$$

De acordo com a primeira lei da termodinâmica (Eq. 18.5.3), $\Delta E_{int} = Q - W$. Como $Q = 0$ nos processos adiabáticos,

$$\Delta E_{int} = -0{,}48 \text{ J.} \qquad \text{(Resposta)}$$

Como a variação da energia interna é negativa, tanto a energia interna como a temperatura do gás são menores depois da expansão.

Exemplo 19.9.2 Expansão adiabática e expansão livre 19.5

Inicialmente, 1 mol de oxigênio (considerado um gás ideal) está a uma temperatura de 310 K com um volume de 12 L. Permitimos que o gás se expanda para um volume final de 19 L.

(a) Qual será a temperatura final se o gás se expandir adiabaticamente? O oxigênio (O_2) é um gás diatômico e, nesse caso, as moléculas giram, mas não oscilam.

IDEIAS-CHAVE

1. Ao se expandir contra a pressão do ambiente, um gás realiza trabalho.
2. Quando o processo é adiabático (não há troca de calor com o ambiente), a energia para o trabalho vem exclusivamente da energia interna do gás.
3. Como a energia interna diminui, a temperatura T também diminui.

Cálculos: Podemos relacionar as temperaturas e os volumes iniciais e finais usando a Eq. 19.9.4:

$$T_i V_i^{\gamma-1} = T_f V_f^{\gamma-1}. \tag{19.9.16}$$

Como as moléculas são diatômicas e giram, mas não oscilam, podemos usar os calores específicos molares da Tabela 19.8.1. Assim,

$$\gamma = \frac{C_p}{C_V} = \frac{\frac{7}{2}R}{\frac{5}{2}R} = 1{,}40.$$

Explicitando T_f na Eq. 19.9.16 e substituindo os valores conhecidos, obtemos

$$T_f = \frac{T_i V_i^{\gamma-1}}{V_f^{\gamma-1}} = \frac{(310 \text{ K})(12 \text{ L})^{1{,}40-1}}{(19 \text{ L})^{1{,}40-1}}$$

$$= (310 \text{ K})\left(\tfrac{12}{19}\right)^{0{,}40} = 258 \text{ K.} \qquad \text{(Resposta)}$$

(b) Quais serão a temperatura final e a pressão final se o gás se expandir livremente para o novo volume a partir de uma pressão de 2,0 Pa?

IDEIA-CHAVE

A temperatura não varia em uma expansão livre porque não há nada para mudar a energia cinética das moléculas.

Cálculo: Como a temperatura não varia,

$$T_f = T_i = 310 \text{ K}. \qquad \text{(Resposta)}$$

Podemos calcular a nova pressão usando a Eq. 19.9.11, que nos dá

$$p_f = p_i \frac{V_i}{V_f} = (2{,}0 \text{ Pa}) \frac{12 \text{ L}}{19 \text{ L}} = 1{,}3 \text{ Pa}. \qquad \text{(Resposta)}$$

Táticas para a Solução de Problemas Um Resumo Gráfico de Quatro Processos em Gases

Neste capítulo, discutimos quatro processos especiais aos quais um gás ideal pode ser submetido. Um exemplo de cada um desses processos é mostrado na Fig. 19.9.2 e algumas características associadas aparecem na Tabela 19.9.1, incluindo dois nomes de processos (isobárico e isocórico) que não são usados neste livro, mas que o leitor talvez encontre em outros textos.

Teste 19.9.1

Ordene, em ordem decrescente, as trajetórias 1, 2 e 3 da Fig. 19.9.2 de acordo com a quantidade de energia transferida para o gás na forma de calor.

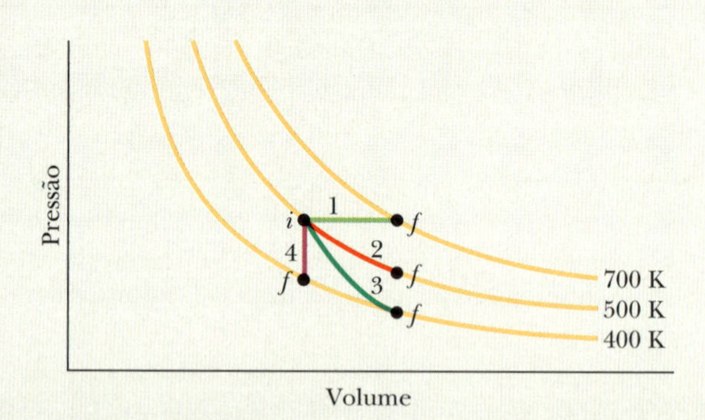

Figura 19.9.2 Quatro processos especiais, representados em um diagrama p-V para o caso de um gás ideal.

Tabela 19.9.1 Quatro Processos Especiais

Trajetória na Fig. 19.9.2	Grandeza Constante	Nome do Processo	Alguns Resultados Especiais ($\Delta E_{int} = Q - W$ e $\Delta E_{int} = nC_v\, \Delta T$ para todas as trajetórias)
1	P	Isobárico	$Q = nC_p\Delta T$; $W = p\Delta V$
2	T	Isotérmico	$Q = W = nRT \ln(V_f/V_i)$; $\Delta E_{int} = 0$
3	$pV^\gamma, pV^{\gamma-1}$	Adiabático	$Q = 0$; $W = -\Delta E_{int}$
4	V	Isocórico	$Q = \Delta E_{int} = nC_V\Delta T$; $W = 0$

Revisão e Resumo

Teoria Cinética dos Gases A *teoria cinética dos gases* relaciona as propriedades *macroscópicas* dos gases (como, por exemplo, pressão e temperatura) às propriedades *microscópicas* das moléculas do gás (como, por exemplo, velocidade e energia cinética).

Número de Avogadro Um mol de uma substância contém N_A (*número de Avogadro*) unidades elementares (átomos ou moléculas, em geral), em que N_A é uma constante física cujo valor experimental é

$$N_A = 6{,}02 \times 10^{23} \text{ mol}^{-1} \quad \text{(número de Avogadro).} \qquad (19.1.1)$$

A massa molar M de uma substância é a massa de um mol da substância e está relacionada à massa m de uma molécula da substância pela equação

$$M = mN_A. \qquad (19.1.4)$$

O número de mols n em uma amostra de massa M_a, que contém N moléculas, é dado por

$$n = \frac{N}{N_A} = \frac{M_a}{M} = \frac{M_a}{mN_A}. \qquad (19.1.2, 19.1.3)$$

Gás Ideal Um *gás ideal* é um gás para o qual a pressão p, o volume V e a temperatura T estão relacionados pela equação

$$pV = nRT \quad \text{(lei dos gases ideais),} \qquad (19.2.1)$$

em que n é o número de mols do gás e R é uma constante (8,31 J/mol · K) chamada **constante dos gases ideais**. A lei dos gases ideais também pode ser escrita na forma

$$pV = NkT. \qquad (19.2.5)$$

em que k é a **constante de Boltzmann**, dada por

$$k = \frac{R}{N_A} = 1{,}38 \times 10^{-23}\ \text{J/K}. \qquad (19.2.3)$$

Trabalho em uma Variação de Volume Isotérmica O trabalho realizado por um gás ideal durante uma variação **isotérmica** (a uma temperatura constante) de um volume V_i para um volume V_f é dado por

$$W = nRT \ln \frac{V_f}{V_i} \quad \text{(gás ideal, processo isotérmico).} \qquad (19.2.10)$$

Pressão, Temperatura e Velocidade Molecular A pressão exercida por n mols de um gás ideal, em termos da velocidade das moléculas do gás, é dada por

$$p = \frac{nMv_{\text{rms}}^2}{3V}, \qquad (19.3.4)$$

em que $v_{\text{rms}} = \sqrt{(v^2)_{\text{méd}}}$ é a **velocidade média quadrática** das moléculas do gás. De acordo com a Eq. 19.2.1,

$$v_{\text{rms}} = \sqrt{\frac{3RT}{M}}. \qquad (19.3.5)$$

Temperatura e Energia Cinética A energia cinética de translação média $K_{\text{méd}}$ por molécula em um gás ideal é dada por

$$K_{\text{méd}} = \tfrac{3}{2}kT. \qquad (19.4.2)$$

Livre Caminho Médio O *livre caminho médio* λ de uma molécula em um gás é a distância média percorrida pela molécula entre duas colisões sucessivas e é dado por

$$\lambda = \frac{1}{\sqrt{2}\pi d^2\, N/V}, \qquad (19.5.1)$$

em que N/V é o número de moléculas por unidade de volume e d é o diâmetro da molécula.

Distribuição de Velocidades de Maxwell A *distribuição de velocidades de Maxwell* $P(v)$ é uma função tal que $P(v)\,dv$ é a fração de moléculas com velocidades em um intervalo dv no entorno da velocidade v:

$$P(v) = 4\pi\left(\frac{M}{2\pi RT}\right)^{3/2} v^2 e^{-Mv^2/2RT}. \qquad (19.6.1)$$

Três medidas da distribuição de velocidades das moléculas de um gás são

$$v_{\text{méd}} = \sqrt{\frac{8RT}{\pi M}} \quad \text{(velocidade média),} \qquad (19.6.5)$$

$$v_P = \sqrt{\frac{2RT}{M}} \quad \text{(velocidade mais provável),} \qquad (19.6.9)$$

e a velocidade média quadrática definida pela Eq. 19.3.5.

Calores Específicos Molares O calor específico molar C_V de um gás a volume constante é definido como

$$C_V = \frac{Q}{n\,\Delta T} = \frac{\Delta E_{\text{int}}}{n\,\Delta T}, \qquad (19.7.3, 19.7.5)$$

em que Q é o calor cedido ou absorvido por uma amostra de n mols de um gás, ΔT é a variação de temperatura resultante e ΔE_{int} é a variação de energia interna. Para um gás ideal monoatômico,

$$C_V = \tfrac{3}{2}R = 12{,}5\ \text{J/mol}\cdot\text{K}. \qquad (19.7.7)$$

O calor específico molar C_p de um gás a pressão constante é definido como

$$C_p = \frac{Q}{n\,\Delta T}, \qquad (19.7.10)$$

em que Q, n e ΔT têm as mesmas definições que para C_V. C_p também é dado por

$$C_p = C_V + R. \qquad (19.7.13)$$

Para n mols de um gás ideal,

$$E_{\text{int}} = nC_vT \quad \text{(qualquer gás ideal).} \qquad (19.7.8)$$

Se n mols de um gás ideal confinado sofrem uma variação de temperatura ΔT devido a *qualquer* processo, a variação da energia interna do gás é dada por

$$\Delta E_{\text{int}} = nC_v\Delta T \quad \text{(gás ideal, qualquer processo).} \qquad (19.7.9)$$

Graus de Liberdade e C_V Podemos determinar C_V usando o *teorema de equipartição da energia*, segundo o qual a cada *grau de liberdade* de uma molécula (ou seja, cada forma independente de armazenar energia) está associada (em média) uma energia de $\frac{1}{2}kT$ por molécula ($= \frac{1}{2}RT$ por mol). Se f é o número de graus de liberdade, $E_{\text{int}} = \frac{f}{2}nRT$ e

$$C_V = \left(\frac{f}{2}\right)R = 4{,}16f\ \text{J/mol}\cdot\text{K}. \qquad (19.8.1)$$

Para gases monoatômicos, $f = 3$ (três graus de liberdade de translação); para gases diatômicos, $f = 5$ (três graus de translação e dois de rotação).

Processo Adiabático Quando um gás ideal sofre uma variação de volume adiabática (uma variação de volume na qual $Q = 0$), a pressão e o volume estão relacionados pela equação

$$pV^\gamma = \text{constante} \quad \text{(processo adiabático),} \qquad (19.9.1)$$

em que γ ($= C_p/C_V$) é a razão entre os calores específicos molares do gás. A exceção é uma expansão livre, na qual $pV =$ constante.

Perguntas

1 A tabela mostra, para quatro situações, a energia Q absorvida ou cedida por um gás ideal na forma de calor e o trabalho W_p realizado pelo gás ou o trabalho W_s realizado sobre o gás, todos em joules. Ordene as quatro situações em termos da variação de temperatura do gás, em ordem decrescente.

	a	b	c	d
Q	−50	+35	−15	+20
W_p	−50	+35		
W_s			−40	+40

2 No diagrama p-V da Fig. 19.1, o gás realiza 5 J de trabalho quando percorre a isoterma ab e 4 J de trabalho quando percorre a adiabática bc. Qual é a variação da energia interna do gás quando percorre a trajetória retilínea ac?

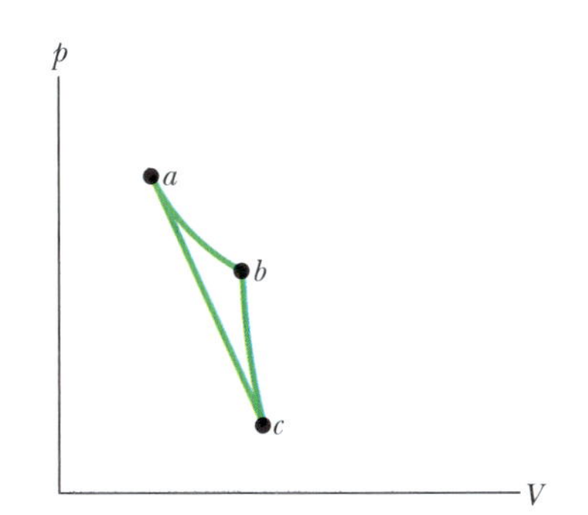

Figura 19.1 Pergunta 2.

3 Para que haja um aumento de temperatura ΔT_1, certa quantidade de um gás ideal requer 30 J quando o gás é aquecido a volume constante e 50 J quando o gás é aquecido a pressão constante. Qual é o trabalho realizado pelo gás na segunda situação?

4 O ponto na Fig. 19.2*a* representa o estado inicial de um gás, e a reta vertical que passa pelo ponto divide o diagrama *p*-*V* nas regiões 1 e 2. Determine se é positivo, negativo ou nulo o trabalho *W* realizado pelo gás nos seguintes processos: (a) o estado final do gás está na reta vertical, acima do estado inicial; (b) o estado final do gás está na reta vertical, abaixo do estado inicial; (c) o estado final do gás está em um ponto qualquer da região 1; (d) o estado final do gás está em um ponto qualquer da região 2.

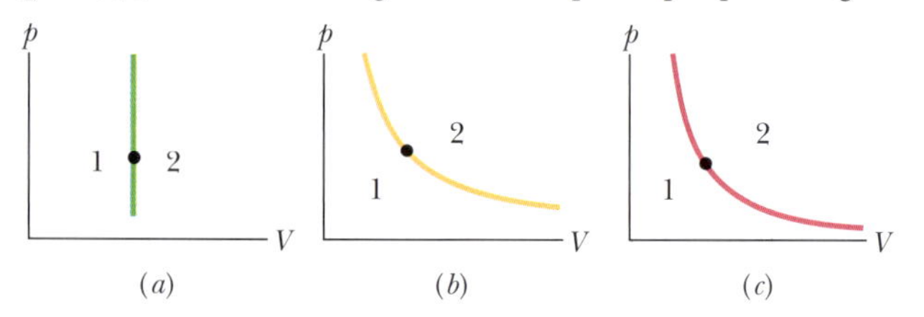

Figura 19.2 Perguntas 4, 6 e 8.

5 Certa quantidade de calor deve ser transferida para 1 mol de um gás ideal monoatômico (a) a pressão constante e (b) a volume constante, e para 1 mol de um gás diatômico (c) a pressão constante e (d) a volume constante. A Fig. 19.3 mostra quatro trajetórias de um ponto inicial para um ponto final em um diagrama *p*-*V*. Que trajetória corresponde a que processo? (e) As moléculas do gás diatômico estão girando?

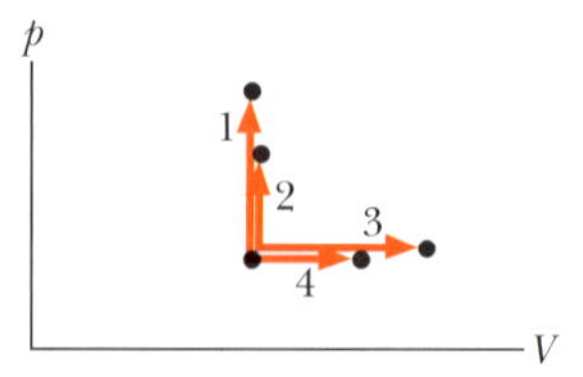

Figura 19.3 Pergunta 5.

6 O ponto da Fig. 19.2*b* representa o estado inicial de um gás, e a isoterma que passa pelo ponto divide o diagrama *p*-*V* em duas regiões, 1 e 2. Para os processos a seguir, determine se a variação ΔE_{int} da energia interna do gás é positiva, negativa ou nula: (a) o estado final do gás está na mesma isoterma, acima do estado inicial; (b) o estado final do gás está na mesma isoterma, abaixo do estado inicial; (c) o estado final do gás está em um ponto qualquer da região 1; (d) o estado final do gás está em um ponto qualquer da região 2.

7 (a) Ordene, em ordem decrescente, as quatro trajetórias da Fig. 19.9.2 de acordo com o trabalho realizado pelo gás. (b) Ordene, da mais positiva para a mais negativa, as trajetórias 1, 2 e 3 de acordo com a variação da energia interna do gás.

8 O ponto da Fig. 19.2*c* representa o estado inicial de um gás, e a adiabática que passa pelo ponto divide o diagrama *p*-*V* nas regiões 1 e 2. Para os processos a seguir, determine se o calor *Q* correspondente é positivo, negativo ou nulo: (a) o estado final do gás está na mesma adiabática, acima do estado inicial; (b) o estado final do gás está na mesma adiabática, abaixo do estado inicial; (c) o estado final do gás está em um ponto qualquer da região 1; (d) o estado final do gás está em um ponto qualquer da região 2.

9 Um gás ideal diatômico, cujas moléculas estão girando, mas não oscilam, perde energia *Q* na forma de calor. A diminuição de energia interna do gás é maior se a perda acontece em um processo a volume constante ou em um processo a pressão constante?

10 A temperatura de um gás ideal aumenta, diminui ou permanece a mesma durante (a) uma expansão isotérmica, (b) uma expansão a pressão constante, (c) uma expansão adiabática e (d) um aumento de pressão a volume constante?

Problemas

F Fácil M Médio D Difícil

CALC Requer o uso de derivadas e/ou integrais

CVF Informações adicionais disponíveis no e-book *O Circo Voador da Física*, de Jearl Walker, LTC Editora, Rio de Janeiro, 2008.

BIO Aplicação biomédica

Módulo 19.1 Número de Avogadro

1 F Determine a massa em quilogramas de $7{,}50 \times 10^{24}$ átomos de arsênio, que tem massa molar de 74,9 g/mol.

2 F O ouro tem massa molar de 197 g/mol. (a) Quantos mols de ouro existem em uma amostra de 2,50 g de ouro puro? (b) Quantos átomos existem na amostra?

Módulo 19.2 Gases Ideais

3 F Uma amostra de oxigênio com um volume de 1.000 cm³ a 40,0°C e $1{,}01 \times 10^5$ Pa se expande até um volume de 1.500 cm³ a uma pressão de $1{,}06 \times 10^5$ Pa. Determine (a) o número de mols de oxigênio presentes na amostra e (b) a temperatura final da amostra.

4 F Uma amostra de um gás ideal a 10,0°C e 100 kPa ocupa um volume de 2,50 m³. (a) Quantos mols do gás a amostra contém? (b) Se a pressão for aumentada para 300 kPa e a temperatura for aumentada para 30,0°C, que volume o gás passará a ocupar? Suponha que não há vazamentos.

5 F O melhor vácuo produzido em laboratório tem uma pressão de aproximadamente $1{,}00 \times 10^{-18}$ atm, ou $1{,}01 \times 10^{-13}$ Pa. Quantas moléculas do gás existem por centímetro cúbico nesse vácuo a 293 K?

6 F CVF *Garrafa de água em um carro quente.* Nos dias de calor, a temperatura em um carro fechado estacionado no sol pode ser suficiente para provocar queimaduras. Suponha que uma garrafa de água removida de uma geladeira à temperatura de 5,00°C seja aberta, fechada novamente e deixada em um carro fechado com uma temperatura interna de 75,0°C. Desprezando a dilatação térmica da água e da garrafa, determine a pressão ao ar contido no interior da garrafa. (A pressão pode ser suficiente para arrancar uma tampa rosqueada.)

7 F Suponha que 1,80 mol de um gás ideal seja comprimido isotermicamente a 30°C de um volume inicial de 3,00 m³ para um volume final de 1,50 m³. (a) Qual é a quantidade de calor, em joules, transferida durante a compressão? (b) O calor é *absorvido* ou *cedido* pelo gás?

8 F Calcule (a) o número de mols e (b) o número de moléculas em 1,00 cm³ de um gás ideal a uma pressão de 100 Pa e a uma temperatura de 220 K.

9 F Um pneu de automóvel tem um volume de $1{,}64 \times 10^{-2}$ m³ e contém ar à pressão manométrica (pressão acima da pressão atmosférica) de 165 kPa quando a temperatura é 0,00°C. Qual é a pressão manométrica do ar no pneu quando a temperatura aumenta para 27,0°C e o volume aumenta para $1{,}67 \times 10^{-2}$ m³? Suponha que a pressão atmosférica é $1{,}01 \times 10^5$ Pa.

10 F Um recipiente contém 2 mols de um gás ideal que tem massa molar M_1 e 0,5 mol de um segundo gás ideal que tem massa molar $M_2 = 3M_1$. Que fração da pressão total sobre a parede do recipiente se deve ao segundo gás? (A explicação da teoria cinética dos gases para a pressão leva à lei das pressões parciais para uma mistura de gases que não reagem quimicamente, descoberta experimentalmente: *A pressão total exercida por uma mistura de gases é igual à soma das pressões que os gases exerceriam se cada um ocupasse, sozinho, o volume do recipiente.*)

11 M CALC O ar que inicialmente ocupa 0,140 m³ à pressão manométrica de 103,0 kPa se expande isotermicamente até atingir a pressão de 101,3 kPa e, em seguida, é resfriado a pressão constante até voltar ao volume inicial. Calcule o trabalho realizado pelo ar. (Pressão manométrica é a diferença entre a pressão real e a pressão atmosférica.)

12 M BIO CVF *Salvamento no fundo do mar*. Quando o submarino americano *Squalus* enguiçou a 80 m de profundidade, uma câmara cilíndrica foi usada para resgatar a tripulação. A câmara tinha um raio de 1,00 m e uma altura de 4,00 m, era aberta no fundo e levava dois operadores. Foi baixada ao longo de um cabo-guia que um mergulhador havia fixado ao submarino. Depois que a câmara completou a descida e foi presa a uma escotilha do submarino, a tripulação pôde passar para a câmara. Durante a descida, os operadores injetaram ar na câmara, a partir de tanques, para que a câmara não fosse inundada. Suponha que a pressão do ar no interior da câmara era igual à pressão da água à profundidade h, dada por $p_0 + \rho gh$, em que $p_0 = 1{,}000$ atm na superfície e $\rho = 1024$ kg/m³ é a massa específica da água do mar. Suponha uma temperatura constante de 20,0 °C na superfície e uma temperatura da água de −30,0 °C na profundidade em que se encontrava o submarino. (a) Qual era o volume de ar na câmara na superfície? (b) Se não tivesse sido injetado ar na câmara, qual seria o volume do ar na câmara à profundidade $h = 80{,}0$ m? (c) Quantos mols adicionais de ar foram necessários para manter o volume inicial de ar na câmara?

13 M Uma amostra de um gás ideal é submetida ao processo cíclico *abca* mostrado na Fig. 19.4. A escala do eixo vertical é definida por $p_b = 7{,}5$ kPa e $p_{ac} = 2{,}5$ kPa. No ponto *a*, $T = 200$ K. (a) Quantos mols do gás estão presentes na amostra? Qual é (b) a temperatura do gás no ponto *b*, (c) qual é a temperatura do gás no ponto *c* e (d) qual a energia adicionada ao gás na forma de calor ao ser completado o ciclo?

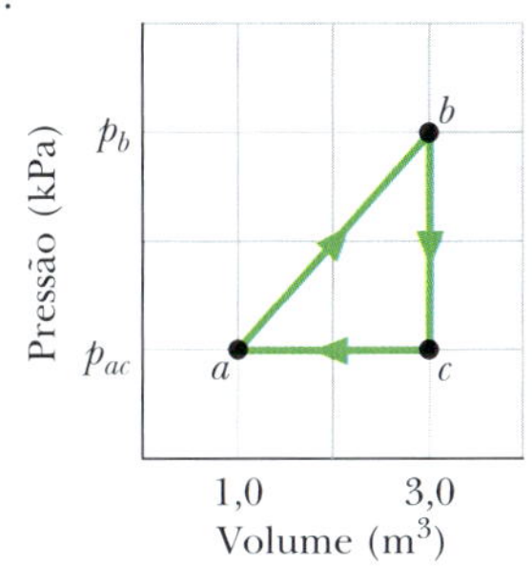

Figura 19.4 Problema 13.

14 M No intervalo de temperaturas de 310 K a 330 K, a pressão p de certo gás não ideal está relacionada ao volume V e à temperatura T pela equação

$$p = (24{,}9\ \text{J/K})\,\frac{T}{V} - (0{,}00662\ \text{J/K}^2)\,\frac{T^2}{V}.$$

Qual é o trabalho realizado pelo gás se a temperatura aumenta de 315 K para 325 K enquanto a pressão permanece constante?

15 M Suponha que 0,825 mol de um gás ideal sofre uma expansão isotérmica quando uma energia Q é acrescentada ao gás na forma de calor. Se a Fig. 19.5 mostra o volume final V_f em função de Q, qual é a temperatura do gás? A escala do eixo vertical é definida por $V_{fs} = 0{,}30$ m³ e a escala do eixo horizontal é definida por $Q_s = 1.200$ J.

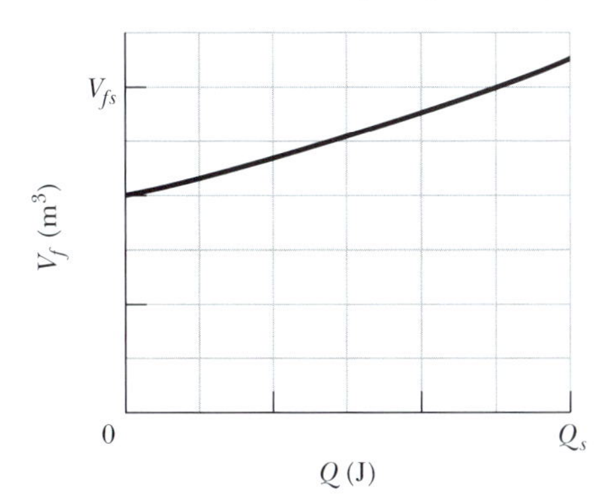

Figura 19.5 Problema 15.

16 D Uma bolha de ar com 20 cm³ de volume está no fundo de um lago com 40 m de profundidade, em que a temperatura é 4,0°C. A bolha sobe até a superfície, que está à temperatura de 20°C. Considere a temperatura da bolha como a mesma que a da água em volta. Qual é o volume da bolha no momento em que ela chega à superfície?

17 D O recipiente A da Fig. 19.6, que contém um gás ideal à pressão de $5{,}0 \times 10^5$ Pa e à temperatura de 300 K, está ligado por um tubo fino (e uma válvula fechada) a um recipiente B cujo volume é quatro vezes maior que o de A. O recipiente B contém o mesmo gás ideal à pressão de $1{,}0 \times 10^5$ Pa e à temperatura de 400 K. A válvula é aberta para que as pressões se igualem, mas a temperatura de cada recipiente é mantida. Qual é a nova pressão nos dois recipientes?

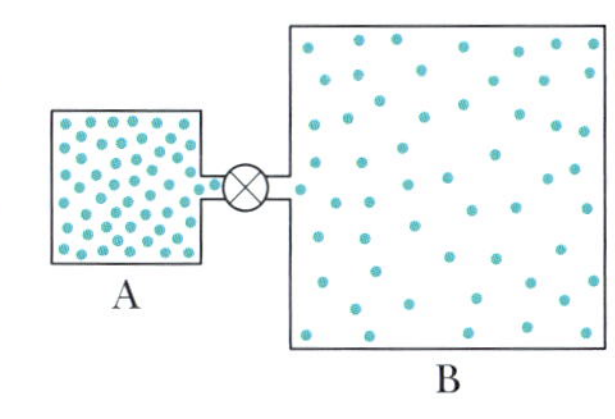

Figura 19.6 Problema 17.

Módulo 19.3 Pressão, Temperatura e Velocidade Média Quadrática

18 F A temperatura e a pressão da atmosfera solar são $2{,}00 \times 10^6$ K e 0,0300 Pa. Calcule a velocidade média quadrática dos elétrons livres (de massa igual a $9{,}11 \times 10^{-31}$ kg) na superfície do Sol, supondo que eles se comportam como um gás ideal.

19 F (a) Calcule a velocidade média quadrática de uma molécula de nitrogênio a 20,0°C. A massa molar da molécula de nitrogênio (N_2) é dada na Tabela 19.3.1. A que temperatura a velocidade média quadrática é (b) metade desse valor e (c) o dobro desse valor?

20 F Calcule a velocidade média quadrática de átomos de hélio a 1.000 K. A massa molar do átomo de hélio é dada no Apêndice F.

21 F A menor temperatura possível no espaço sideral é 2,7 K. Qual é a velocidade média quadrática de moléculas de hidrogênio a essa temperatura? A massa molar da molécula de hidrogênio (H_2) é dada na Tabela 19.3.1.

22 F Determine a velocidade média quadrática de átomos de argônio a 313 K. A massa molar do argônio é dada no Apêndice F.

23 M Um feixe de moléculas de hidrogênio (H_2) está direcionado para uma parede e faz um ângulo de 55° com a normal à parede. As moléculas do feixe têm uma velocidade de 1,0 km/s e uma massa de $3{,}3 \times 10^{-24}$ g. O feixe atinge a parede em uma área de 2,0 cm², a uma taxa de 10^{23} moléculas por segundo. Qual é a pressão do feixe sobre a parede?

24 M A 273 K e $1{,}00 \times 10^{-2}$ atm, a massa específica de um gás é $1{,}24 \times 10^{-5}$ g/cm³. (a) Determine v_{rms} para as moléculas do gás. (b) Determine a massa molar do gás e (c) identifique o gás. (*Sugestão*: O gás aparece na Tabela 19.3.1.)

Módulo 19.4 Energia Cinética de Translação

25 F Determine o valor médio da energia cinética de translação das moléculas de um gás ideal (a) a 0,00°C e (b) a 100°C. Qual é a energia cinética de translação média por mol de um gás ideal (c) a 0,00°C e (d) a 100°C?

26 F Qual é a energia cinética de translação média das moléculas de nitrogênio a 1.600 K?

27 M A água a céu aberto a 32,0°C evapora por causa do escape de algumas moléculas da superfície. O calor de vaporização (539 cal/g) é aproximadamente igual a εn, em que ε é a energia média das moléculas que escapam e n é o número de moléculas por grama. (a) Determine ε. (b) Qual é a razão entre ε e a energia cinética média das moléculas de H_2O, supondo que a segunda está relacionada à temperatura da mesma forma que nos gases?

Módulo 19.5 Livre Caminho Médio

28 **F** Para que frequência o comprimento de onda do som no ar é igual ao livre caminho médio das moléculas de oxigênio a uma pressão de 1,0 atm e uma temperatura de 0,00°C? Tome o diâmetro de uma molécula de oxigênio como $3{,}0 \times 10^{-8}$ cm.

29 **F** A concentração de moléculas na atmosfera a uma altitude de 2.500 km está em torno de 1 molécula/cm³. (a) Supondo que o diâmetro das moléculas é $2{,}0 \times 10^{-8}$ cm, determine o livre caminho médio previsto pela Eq. 19.5.1. (b) Explique se o valor calculado tem significado físico.

30 **F** O livre caminho médio das moléculas de nitrogênio a 0,0°C e 1,0 atm é $0{,}80 \times 10^{-5}$ cm. Nessas condições de temperatura e pressão, existem $2{,}7 \times 10^{19}$ moléculas/cm³. Qual é o diâmetro das moléculas?

31 **M** Em certo acelerador de partículas, prótons se movem em uma trajetória circular de 23,0 m de diâmetro em uma câmara evacuada cujo gás residual está a uma temperatura de 295 K e a uma pressão de $1{,}00 \times 10^{-6}$ torr. (a) Calcule o número de moléculas do gás residual por centímetro cúbico. (b) Qual é o livre caminho médio das moléculas do gás residual se o diâmetro das moléculas é $2{,}00 \times 10^{-8}$ cm?

32 **M** A uma temperatura de 20°C e uma pressão de 750 torr, o livre caminho médio do argônio (Ar) é $\lambda_{Ar} = 9{,}9 \times 10^{-6}$ cm e o livre caminho médio da molécula de nitrogênio (N_2) é $\lambda_{N_2} = 27{,}5 \times 10^{-6}$ cm. (a) Determine a razão entre o diâmetro de um átomo de Ar e o diâmetro de uma molécula de N_2. Qual é o livre caminho médio do argônio (b) a 20°C e 150 torr e (c) a −40°C e 750 torr?

Módulo 19.6 Distribuição de Velocidades das Moléculas

33 **F** As velocidades de 10 moléculas são: 2,0; 3,0; 4,0; ...; 11 km/s. Determine (a) a velocidade média e (b) a velocidade média quadrática das moléculas.

34 **F** As velocidades de 22 partículas são mostradas a seguir (N_i é o número de partículas que possuem velocidade v_i):

N_i	2	4	6	8	2
v_i (cm/s)	1,0	2,0	3,0	4,0	5,0

Determine (a) $v_{méd}$, (b) v_{rms} e (c) v_P.

35 **F** Dez partículas estão se movendo com as seguintes velocidades: quatro a 200 m/s, duas a 500 m/s e quatro a 600 m/s. Calcule (a) a velocidade média e (b) a velocidade média quadrática das partículas. (c) v_{rms} é maior que $v_{méd}$?

36 **M** A velocidade mais provável das moléculas de um gás quando está a uma temperatura T_2 é igual à velocidade média quadrática das moléculas do gás quando está a uma temperatura T_1. Calcule a razão T_2/T_1.

37 **M** A Fig. 19.7 mostra a distribuição de velocidades hipotética das N partículas de um gás [note que $P(v) = 0$ para qualquer velocidade $v > 2v_0$]. Qual é o valor de (a) av_0, (b) $v_{méd}/v_0$ e (c) v_{rms}/v_0? (d) Qual é a fração de partículas com uma velocidade entre $1{,}5v_0$ e $2{,}0v_0$?

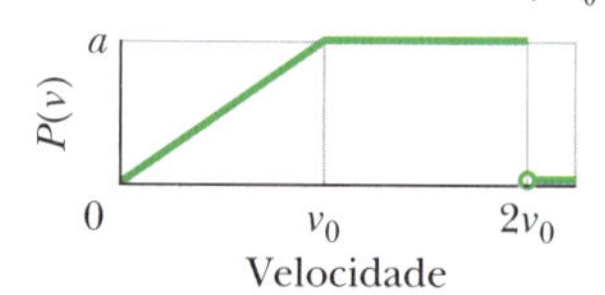

Figura 19.7 Problema 37.

38 **M** A Fig. 19.8 mostra a distribuição de probabilidade da velocidade das moléculas de uma amostra de nitrogênio. A escala do eixo horizontal é definida por v_s = 1.200 m/s. Determine (a) a temperatura do gás e (b) a velocidade média quadrática das moléculas.

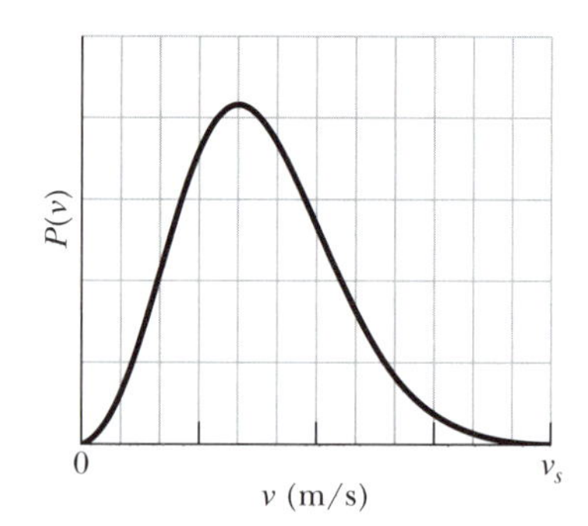

Figura 19.8 Problema 38.

39 **M** A que temperatura a velocidade média quadrática (a) do H_2 (hidrogênio molecular) e (b) do O_2 (oxigênio molecular) é igual à velocidade de escape da Terra (Tabela 13.5.1)? A que temperatura a velocidade média quadrática (c) do H_2 e (d) do O_2 é igual à velocidade de escape da Lua (onde a aceleração da gravidade na superfície tem um módulo de 0,16g)? Considerando as respostas dos itens (a) e (b), deve existir muito (e) hidrogênio e (f) oxigênio na atmosfera superior da Terra, onde a temperatura é cerca de 1.000 K?

40 **M** Dois recipientes estão à mesma temperatura. O primeiro contém gás à pressão p_1, de massa molecular m_1 e velocidade média quadrática v_{rms1}. O segundo contém gás à pressão $2{,}0p_1$, de massa molecular m_2 e velocidade média $v_{méd2} = 2{,}0v_{rms1}$. Determine a razão m_1/m_2.

41 **M** Uma molécula de hidrogênio (cujo diâmetro é $1{,}0 \times 10^{-8}$ cm), movendo-se à velocidade média quadrática, escapa de um forno a 4.000 K para uma câmara que contém átomos *muito frios* de argônio (cujo diâmetro é $3{,}0 \times 10^{-8}$ cm) em uma concentração de $4{,}0 \times 10^{19}$ átomos/cm³. (a) Qual é a velocidade da molécula de hidrogênio? (b) Qual é a distância mínima entre os centros para que a molécula de hidrogênio colida com um átomo de argônio, supondo que ambos são esféricos? (c) Qual é o número inicial de colisões por segundo experimentado pela molécula de hidrogênio? (*Sugestão*: Suponha que os átomos de argônio estão parados. Nesse caso, o livre caminho médio da molécula de hidrogênio é dado pela Eq. 19.5.2 e não pela Eq. 19.5.1.)

Módulo 19.7 Os Calores Específicos Molares de um Gás Ideal

42 **F** Qual é a energia interna de 1,0 mol de um gás ideal monoatômico a 273 K?

43 **M** A temperatura de 3,00 mols de um gás diatômico ideal é aumentada de 40,0°C sem mudar a pressão do gás. As moléculas do gás giram, mas não oscilam. (a) Qual é a energia transferida para o gás na forma de calor? (b) Qual é a variação da energia interna do gás? (c) Qual é o trabalho realizado pelo gás? (d) Qual é o aumento da energia cinética de rotação do gás?

44 **M** Um mol de um gás ideal diatômico vai de a a c ao longo da trajetória diagonal na Fig. 19.9. A escala do eixo vertical é definida por p_{ab} = 5,0 kPa e p_c = 2,0 kPa; a escala do eixo horizontal é definida por V_{bc} = 4,0 m³ e V_a = 2,0 m³. Durante a transição, (a) qual é a variação da energia interna do gás e (b) qual é a energia adicionada ao gás na forma de calor? (c) Que calor é necessário para que o gás vá de a a c ao longo da trajetória indireta abc?

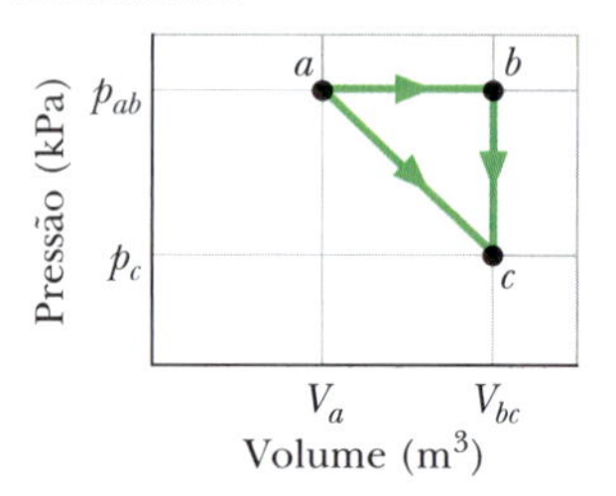

Figura 19.9 Problema 44.

45 **M** A massa da molécula de um gás pode ser calculada a partir do calor específico a volume constante c_V. (Note que não se trata de C_V.) Tome $c_V = 0{,}075$ cal/g · C° para o argônio e calcule (a) a massa de um átomo de argônio e (b) a massa molar do argônio.

46 **M** A temperatura de 2,00 mols de um gás ideal monoatômico é aumentada de 15,0 K a pressão constante. Determine (a) o trabalho W realizado pelo gás, (b) a quantidade Q de calor transferido para o gás, (c) a variação ΔE_{int} da energia interna do gás e (d) a variação ΔK da energia cinética média por átomo.

47 **M** A temperatura de 2,00 mols de um gás ideal monoatômico é aumentada de 15,0 K a volume constante. Determine (a) o trabalho W realizado pelo gás, (b) a quantidade Q de calor transferido para o gás, (c) a variação ΔE_{int} da energia interna do gás e (d) a variação ΔK da energia cinética média por átomo.

48 **M** Quando 20,9 J foram adicionados na forma de calor a certo gás ideal, o volume do gás variou de 50,0 cm³ para 100 cm³ enquanto a pressão permaneceu em 1,00 atm. (a) De quanto variou a energia interna do gás? Se a quantidade de gás presente era $2{,}00 \times 10^{-3}$ mol, determine (b) C_P e (c) C_V.

49 **M** Um recipiente contém uma mistura de três gases que não reagem entre si: 2,40 mols do gás 1 com $C_{V1} = 12{,}0$ J/mol · K, 1,50 mol do gás 2 com $C_{V2} = 12{,}8$ J/mol · K e 3,20 mols do gás 3 com $C_{V3} = 20{,}0$ J/mol · K. Qual é o C_V da mistura?

Módulo 19.8 Graus de Liberdade e Calores Específicos Molares

50 **F** Fornecemos 70 J de calor a um gás diatômico, que se expande a pressão constante. As moléculas do gás giram, mas não oscilam. De quanto a energia interna do gás aumenta?

51 **F** Quando 1,0 mol de gás oxigênio (O_2) é aquecido a pressão constante a partir de 0°C, que quantidade de calor deve ser adicionada ao gás para que o volume dobre de valor? (As moléculas giram, mas não oscilam.)

52 **M** Suponha que 12,0 g de gás oxigênio (O_2) são aquecidos de 25,0 °C a 125 °C à pressão atmosférica. (a) Quantos mols de oxigênio estão presentes? (A massa molar do oxigênio está na Tabela 19.3.1.) (b) Qual é a quantidade de calor transferida para o oxigênio? (As moléculas giram, mas não oscilam.) (c) Que fração do calor é usada para aumentar a energia interna do oxigênio?

53 **M** Suponha que 4,00 mols de um gás ideal diatômico, com rotação molecular, mas sem oscilação, sofrem um aumento de temperatura de 60,0 K em condições de pressão constante. Determine (a) a energia Q transferida na forma de calor, (b) a variação ΔE_{int} da energia interna do gás, (c) o trabalho W realizado pelo gás e (d) a variação ΔK da energia cinética de translação do gás.

Módulo 19.9 Expansão Adiabática de um Gás Ideal

54 **F** Sabemos que pV^γ = constante nos processos adiabáticos. Calcule a constante para um processo adiabático envolvendo exatamente 2,0 mols de um gás ideal que passa por um estado no qual a pressão é exatamente $p = 1{,}0$ atm e a temperatura é exatamente $T = 300$ K. Suponha que o gás é diatômico e que as moléculas giram, mas não oscilam.

55 **F** Um gás ocupa um volume de 4,3 L a uma pressão de 1,2 atm e uma temperatura de 310 K. O gás é comprimido adiabaticamente para um volume de 0,76 L. Determine (a) a pressão final e (b) a temperatura final, supondo que o gás é ideal e que $\gamma = 1{,}4$.

56 **F** Suponha que 1,00 L de um gás com $\gamma = 1{,}30$, inicialmente a 273 K e 1,00 atm, é comprimido adiabaticamente, de forma brusca, para metade do volume inicial. Determine (a) a pressão final e (b) a temperatura final. (c) Se, em seguida, o gás é resfriado para 273 K a pressão constante, qual é o volume final?

57 **M** O volume de uma amostra de gás ideal é reduzido adiabaticamente de 200 L para 74,3 L. A pressão e a temperatura iniciais são 1,00 atm e 300 K. A pressão final é 4,00 atm. (a) O gás é monoatômico, diatômico ou poliatômico? (b) Qual é a temperatura final? (c) Quantos mols do gás existem na amostra?

58 **M** **CVF** *Abrindo uma garrafa de champanha.* Em uma garrafa de champanha, o bolsão de gás (dióxido de carbono, principalmente) que fica entre o líquido e a rolha está a uma pressão $p_i = 5{,}00$ atm. Quando a rolha é removida da garrafa, o gás sofre uma expansão adiabática até que a pressão se torne igual à pressão ambiente, 1,00 atm. Suponha que a razão entre os calores específicos molares é $\gamma = 4/3$. Se a temperatura inicial do gás é $T_i = 5{,}00$ °C, qual é a temperatura do gás no fim da expansão adiabática?

59 **M** A Fig. 19.10 mostra duas trajetórias que podem ser seguidas por um gás de um ponto inicial i até um ponto final f. A trajetória 1 consiste em uma expansão isotérmica (o módulo do trabalho é 50 J), uma expansão adiabática (o módulo de trabalho é 40 J), uma compressão isotérmica (o módulo do trabalho é 30 J) e uma compressão adiabática (o módulo do trabalho é 25 J). Qual é a variação da energia interna do gás quando vai do ponto i ao ponto f seguindo a trajetória 2?

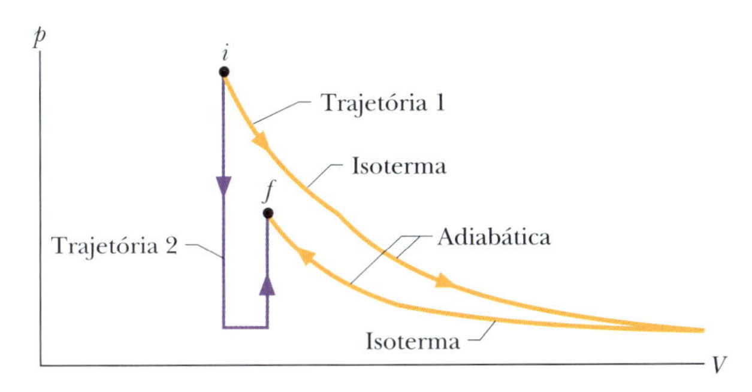

Figura 19.10 Problema 59.

60 **M** **CVF** *Vento adiabático.* Normalmente, o vento nas Montanhas Rochosas é de oeste para leste. Ao subir a encosta ocidental das montanhas, o ar esfria e perde boa parte da umidade. Ao descer a encosta oriental, o aumento da pressão com a diminuição da altitude faz a temperatura do ar aumentar. Esse fenômeno, conhecido como vento *chinook*, pode aumentar rapidamente a temperatura do ar na base das montanhas. Suponha que a pressão p do ar varia com a altitude y de acordo com a equação $p = p_0 e^{-ay}$, em que $p_0 = 1{,}00$ atm e $a = 1{,}16 \times 10^{-4}$ m^{-1}. Suponha também que a razão entre os calores específicos molares é $\gamma = 4/3$. Certa massa de ar, a uma temperatura inicial de $-5{,}00$°C, desce adiabaticamente de $y_1 = 4267$ m para $y = 1567$ m. Qual é a temperatura do ar após a descida?

61 **M** Um gás pode ser expandido de um estado inicial i para um estado final f ao longo da trajetória 1 ou da trajetória 2 de um diagrama p-V. A trajetória 1 é composta de três etapas: uma expansão isotérmica (o módulo do trabalho é 40 J), uma expansão adiabática (o módulo do trabalho é 20 J) e outra expansão isotérmica (o módulo do trabalho é 30 J). A trajetória 2 é composta de duas etapas: uma redução da pressão a volume constante e uma expansão a pressão constante. Qual é a variação da energia interna do gás ao longo da trajetória 2?

62 **D** Um gás ideal diatômico, com rotação, mas sem oscilações, sofre uma compressão adiabática. A pressão e o volume iniciais são 1,20 atm e 0,200 m³. A pressão final é 2,40 atm. Qual é o trabalho realizado pelo gás?

63 **D** A Fig. 19.11 mostra o ciclo a que é submetido 1,00 mol de um gás ideal monoatômico. As temperaturas são $T_1 = 300$ K, $T_2 = 600$ K e $T_3 = 455$ K. Determine (a) o calor trocado Q, (b) a variação de energia interna ΔE_{int} e (c) o trabalho realizado W para a trajetória $1 \rightarrow 2$. De-

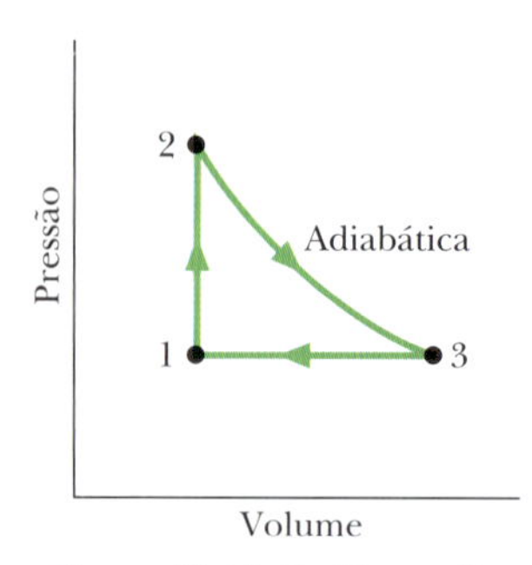

Figura 19.11 Problema 63.

termine (d) Q, (e) ΔE_{int} e (f) W para a trajetória $2 \rightarrow 3$. Determine (g) Q, (h) ΔE_{int} e (i) W para a trajetória $3 \rightarrow 1$. Determine (j) Q, (k) ΔE_{int} e (l) W para o ciclo completo. A pressão inicial no ponto 1 é 1,00 atm ($= 1{,}013 \times 10^5$ Pa). Determine (m) o volume e (n) a pressão no ponto 2 e (o) o volume e (p) a pressão no ponto 3.

Problemas Adicionais

64 Calcule o trabalho realizado por um agente externo durante uma compressão isotérmica de 1,00 mol de oxigênio de um volume de 22,4 L a 0 °C e 1,00 atm para um volume de 16,8 L.

65 Um gás ideal sofre uma compressão adiabática de $p = 1{,}0$ atm, $V = 1{,}0 \times 10^6$ L, $T = 0{,}0$°C para $p = 1{,}0 \times 10^5$ atm, $V = 1{,}0 \times 10^3$ L. (a) O gás é monoatômico, diatômico ou poliatômico? (b) Qual é a temperatura final? (c) Quantos mols do gás estão presentes? Qual é a energia cinética de translação por mol (d) antes e (e) depois da compressão? (f) Qual é a razão entre os quadrados das velocidades médias quadráticas antes e após a compressão?

66 Uma amostra de um gás ideal contém 1,50 mol de moléculas diatômicas que giram, mas não oscilam. O diâmetro das moléculas é 250 pm. O gás sofre uma expansão a uma pressão constante de $1{,}50 \times 10^5$ Pa, com uma transferência de 200 J na forma de calor. Qual é a variação do livre caminho médio das moléculas?

67 Um gás ideal monoatômico tem inicialmente uma temperatura de 330 K e uma pressão de 6,00 atm. O gás se expande de um volume de 500 cm³ para um volume de 1.500 cm³. Determine (a) a pressão final e (b) o trabalho realizado pelo gás se a expansão é isotérmica. Determine (c) a pressão final e (d) o trabalho realizado pelo gás se a expansão é adiabática.

68 Em uma nuvem de gás interestelar a 50,0 K, a pressão é $1{,}00 \times 10^{-8}$ Pa. Supondo que os diâmetros das moléculas presentes na nuvem são todos iguais a 20,0 nm, qual é o livre caminho médio das moléculas?

69 O invólucro e a cesta de um balão de ar quente têm um peso total de 2,45 kN e o invólucro tem uma capacidade (volume) de $2{,}18 \times 10^3$ m³. Qual deve ser a temperatura do ar no interior do invólucro, quando este está totalmente inflado, para que o balão tenha uma *capacidade de levantamento* (força) de 2,67 kN (além do peso do balão)? Suponha que o ar ambiente, a 20,0 °C, tem um peso específico de 11,9 N/m³, uma massa molecular de 0,028 kg/mol e está a uma pressão de 1,0 atm.

70 Um gás ideal, a uma temperatura inicial T_1 e com um volume inicial de 2,0 m³, sofre uma expansão adiabática para um volume de 4,0 m³, depois uma expansão isotérmica para um volume de 10 m³ e, finalmente, uma compressão adiabática de volta para T_1. Qual é o volume final?

71 A temperatura de 2,00 mol de um gás ideal monoatômico sofre um aumento de 15,0 K em um processo adiabático. Determine (a) o trabalho W realizado pelo gás, (b) o calor Q transferido, (c) a variação ΔE_{int} da energia interna do gás e (d) a variação ΔK da energia cinética média por átomo.

72 A que temperatura os átomos de hélio têm a mesma velocidade média quadrática que as moléculas de hidrogênio a 20,0°C? (As massas molares são dadas na Tabela 19.3.1.)

73 Com que frequência as moléculas de oxigênio (O_2) colidem à temperatura de 400 K e a uma pressão de 2,00 atm? Suponha que as moléculas têm 290 pm de diâmetro e que o oxigênio se comporta como um gás ideal.

74 (a) Qual é o número de moléculas por metro cúbico no ar a 20°C e a uma pressão de 1,0 atm ($= 1{,}01 \times 10^5$ Pa)? (b) Qual é a massa de 1,0 m³ desse ar? Suponha que 75% das moléculas são de nitrogênio (N_2) e 25% são de oxigênio (O_2).

75 A temperatura de 3,00 mols de um gás com $C_V = 6{,}00$ cal/mol · K é aumentada de 50,0 K. Se o processo é conduzido a *volume constante*, determine (a) o calor Q transferido, (b) o trabalho W realizado pelo gás, (c) a variação ΔE_{int} da energia interna do gás e (d) a variação ΔK da energia cinética de translação. Se o processo é conduzido a *pressão constante*, determine (e) Q, (f) W, (g) ΔE_{int} e (h) ΔK. Se o processo é *adiabático*, determine (i) Q, (j) W, (k) ΔE_{int} e (l) ΔK.

76 Durante uma compressão a uma pressão constante de 250 Pa, o volume de um gás ideal diminui de 0,80 m³ para 0,20 m³. A temperatura inicial é 360 K e o gás perde 210 J na forma de calor. (a) Qual é a variação da energia interna do gás e (b) qual é a temperatura final do gás?

77 CALC A Fig. 19.12 mostra a distribuição hipotética de velocidades das partículas de certo gás: $P(v) = Cv^2$ para $0 < v < v_0$ e $P(v) = 0$ para $v > v_0$. Determine (a) uma expressão para C em termos de v_0, (b) a velocidade média das partículas e (c) a velocidade média quadrática das partículas.

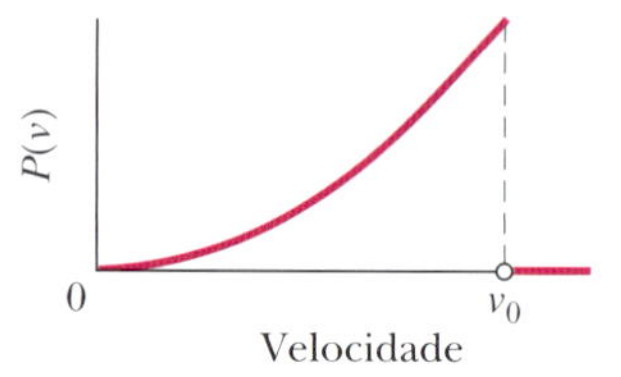

Figura 19.12 Problema 77.

78 (a) Um gás ideal, inicialmente à pressão p_0, sofre uma expansão livre até que o volume seja 3,00 vezes maior que o volume inicial. Qual é a razão entre a nova pressão e p_0? (b) Em seguida, o gás sofre uma lenta compressão adiabática até o volume inicial. A pressão após a compressão é $(3{,}00)^{1/3}p_0$. O gás é monoatômico, diatômico ou poliatômico? (c) Qual é a razão entre a energia cinética média por molécula no estado final e no estado inicial?

79 Um gás ideal sofre uma compressão isotérmica de um volume inicial de 4,00 m³ para um volume final de 3,00 m³. Existem 3,50 mols do gás e a temperatura do gás é 10,0 °C. (a) Qual é o trabalho realizado pelo gás? (b) Qual é a energia trocada na forma de calor entre o gás e o ambiente?

80 Uma amostra de oxigênio (O_2) a 273 K e 1,0 atm está confinada em um recipiente cúbico com 10 cm de aresta. Calcule $\Delta U_g/K_{méd}$, em que ΔU_g é a variação da energia potencial gravitacional de uma molécula de oxigênio que cai de uma altura igual à altura da caixa, e $K_{méd}$ é a energia cinética de translação média da molécula.

81 Um gás ideal é submetido a um ciclo completo em três etapas: expansão adiabática com um trabalho de 125 J, contração isotérmica a 325 K e aumento de pressão a volume constante. (a) Plote as três etapas em um diagrama p-V. (b) Qual é a quantidade de calor transferido na etapa 3? (c) O calor é *absorvido* ou *cedido* pelo gás?

82 (a) Qual é o volume ocupado por 1,00 mol de um gás ideal nas condições normais de temperatura e pressão (CNTP), ou seja, 1,00 atm ($= 1{,}01 \times 10^5$ Pa) e 273 K? (b) Mostre que o número de moléculas por metro cúbico nas CNTP é $2{,}69 \times 10^9$. (Esse número é chamado *número de Loschmidt.*)

83 Uma amostra de um gás ideal sofre uma expansão de uma pressão e volume iniciais de 32 atm e 1,0 L para um volume final de 4,0 L. A temperatura inicial é 300 K. Se o gás é monoatômico e a expansão é isotérmica, qual é (a) a pressão final p_f, (b) a temperatura final T_f e (c) o trabalho W realizado pelo gás? Se o gás é monoatômico e a expansão é adiabática, determine (d) p_f, (e) T_f e (f) W. Se o gás é diatômico e a expansão é adiabática, determine (g) p_f, (h) T_f e (i) W.

84 Uma amostra com 3,00 mols de um gás ideal está inicialmente no estado 1 à pressão $p_1 = 20{,}0$ atm e volume $V_1 = 1500$ cm^3. Primeiro, o gás é levado ao estado 2 com pressão $p_2 = 1{,}50p_1$ e volume $V_2 = 2{,}00V_1$. Em seguida, é levado ao estado 3 com pressão $p_3 = 2{,}00p_1$ e volume $V_3 = 0{,}500V_1$. Qual é a temperatura do gás (a) no estado 1 e (b) no estado 2? (c) Qual é a variação da energia interna do gás do estado 1 para o estado 3?

85 *Difusão do urânio.* Para aumentar a eficiência da fissão do urânio, o isótopo físsil U-235 deve ser separado do isótopo não físsil U-238. Uma forma de fazer isso consiste em produzir um composto do urânio (UF_6) que passa ao estado gasoso a uma temperatura relativamente baixa (57 °C) e fazer esse gás se difundir repetidamente (até 4.000 vezes) através de uma barreira porosa. A molécula mais leve se difunde mais depressa que a molécula mais pesada; o efeito pode ser descrito quantitativamente por meio de um *fator de separação* α, definido como a razão entre as duas velocidades médias quadráticas. Qual é o fator de separação no caso dos dois tipos de moléculas de hexafluoreto de urânio? A massa molar do flúor é 19.

86 *Abrindo a porta de um congelador.* Inicialmente, o congelador de uma geladeira doméstica está cheio de ar à temperatura ambiente, $T_i = 27{,}0$ °C. A porta do congelador é fechada, a geladeira é ligada e a temperatura do ar no interior do congelador se estabiliza ao atingir o valor $T_f = -18$ °C. A porta do congelador tem uma altura $h = 0{,}600$ m e uma largura $w = 0{,}760$ m, com dobradiças na extremidade esquerda e um puxador na extremidade direita. Qual é (a) a diferença de pressão Δp entre o lado de fora e o lado de dentro da porta do congelador, (b) a força F que age sobre a porta em consequência da diferença de pressão e (c) a força F_a necessária para abrir a porta usando o puxador?

87 *Trabalho realizado em uma expansão adiabática.* (a) Determine o trabalho realizado por um gás ideal (monoatômico, diatômico ou poliatômico) durante uma expansão adiabática de um volume V_i a uma pressão p_i para um volume V_f a uma pressão p_f usando as equações $W = \int p dV$ e $pV^\gamma =$ constante. (b) Mostre que o resultado é equivalente a $-E_{\text{int}}$, em que a variação de energia interna é dada por $\Delta E_{\text{int}} = nC_V \Delta T$.

88 *Abrindo uma garrafa de espumante.* Quando a rolha de uma garrafa de espumante é removida, o gás dióxido de carbono (CO_2) acima do líquido sofre uma expansão adiabática. Se a garrafa estava inicialmente a uma temperatura $T_i = 20{,}0$ °C e a pressão inicial do gás era $p_i = 7{,}5$ atm, qual é a temperatura do gás no final da expansão? A queda de temperatura faz com que as moléculas de vapor d'água presentes no ar se condensem, formando uma névoa de gotículas (Fig. 19.13).

Jay Bray/Alamy Stock Photo

Figura 19.13 Problema 88.

89 Em que temperatura a energia cinética média de translação de uma molécula de um gás é igual a $4{,}0 \times 10^{-19}$ J?

90 *Movimento da rolha de uma garrafa de espumante.* Quando uma garrafa de espumante é aberta, a rolha é projetada verticalmente para cima em razão da diferença entre a pressão de 7,5 atm do dióxido de carbono dentro da garrafa e a pressão atmosférica. A rolha tem uma massa $m = 9{,}1$ g, uma área da seção reta $A = 2{,}5$ cm^2 e a aceleração (suposta constante) dura um intervalo de tempo $\Delta t = 1{,}2$ ms. Desprezando a resistência do ar e supondo que a garrafa tenha sido aberta ao ar livre, qual é a altura atingida pela rolha?

91 *Velocidade mais provável.* Um recipiente contém moléculas de hidrogênio (H_2) a uma temperatura de 250 K. Qual é (a) velocidade mais provável v_P das moléculas e (b) o valor máximo $P_{\text{máx}}$ da função distribuição de probabilidade $P(v)$? (c) Usando uma calculadora gráfica ou um aplicativo de computador para cálculos matemáticos, determine qual é a porcentagem de moléculas com velocidades entre $0{,}500v_P$ e $1{,}50v_P$. Se temperatura é aumentada para 500 K, qual é (d) velocidade mais provável v_P das moléculas e (e) o valor máximo $P_{\text{máx}}$ da função distribuição de probabilidade $P(v)$? (*f*) v_P aumentou, diminuiu ou permaneceu constante quando a temperatura aumentou? (g) $P_{\text{máx}}$ aumentou, diminuiu ou permaneceu constante quando a temperatura aumentou?

C A P Í T U L O 2 0

Entropia e a Segunda Lei da Termodinâmica

20.1 ENTROPIA

Objetivos do Aprendizado

Depois de ler este módulo, você será capaz de ...

20.1.1 Conhecer a segunda lei da termodinâmica: Se um processo acontece em um sistema fechado, a entropia do sistema aumenta se o processo for irreversível e permanece a mesma se o processo for reversível.

20.1.2 Saber que a entropia é uma função de estado (o valor da entropia para o estado em que um sistema se encontra não depende do modo como esse estado foi atingido).

20.1.3 Calcular a variação de entropia associada a um processo integrando o inverso da temperatura (em kelvins) em relação ao calor Q transferido durante o processo.

20.1.4 No caso de uma mudança de fase sem variação de temperatura, conhecer a relação entre a variação de entropia ΔS, o calor transferido Q e a temperatura T (em kelvins).

20.1.5 No caso de uma variação de temperatura ΔT que seja pequena em relação à temperatura T, conhecer a relação entre a variação de entropia ΔS, o calor transferido Q e a temperatura média $T_{\text{méd}}$ (em kelvins).

20.1.6 No caso de um gás ideal, conhecer a relação entre a variação de entropia ΔS e os valores inicial e final da pressão e do volume.

20.1.7 Saber que, se um processo é irreversível, a integração para determinar a variação de entropia deve ser feita para um processo reversível que leve o sistema do mesmo estado inicial para o mesmo estado final.

20.1.8 No caso de um elástico de borracha submetido a um alongamento, relacionar a força elástica à taxa de variação da entropia da borracha com o alongamento.

Ideias-Chave

- Um processo irreversível é aquele que não pode ser desfeito por meio de pequenas mudanças do ambiente. O sentido de um processo irreversível é definido pela variação ΔS do sistema que sofre o processo. A entropia S é uma propriedade de estado (ou função de estado) do sistema, ou seja, depende do estado do sistema, mas não da forma como o estado foi atingido. O postulado da entropia afirma (em parte) o seguinte: se um processo irreversível acontece em um sistema fechado, a entropia do sistema aumenta.
- A variação de entropia ΔS de um processo irreversível que leva um sistema de um estado inicial i para um estado final f é exatamente igual à variação de entropia ΔS de qualquer processo reversível que leva o sistema do mesmo estado inicial para o mesmo estado final. Podemos calcular a variação de entropia de um processo reversível (mas não a de um estado irreversível) usando a equação

$$\Delta S = S_f - S_i = \int_i^f \frac{dQ}{T},$$

em que Q é a energia transferida do sistema ou para o sistema na forma de calor durante o processo, e T é a temperatura do sistema em kelvins.

- No caso de um processo isotérmico reversível, a expressão da variação de entropia se reduz a

$$\Delta S = S_f - S_i = \frac{Q}{T}.$$

- Se a variação de temperatura ΔT de um sistema é pequena em comparação com a temperatura (em kelvins) no início e no final do processo, a variação de entropia é dada aproximadamente por

$$\Delta S = S_f - S_i \approx \frac{Q}{T_{\text{méd}}},$$

em que $T_{\text{méd}}$ é a temperatura média do sistema durante o processo.

- Se um gás ideal passa reversivelmente de um estado inicial com temperatura T_i e volume V_i para um estado final com temperatura T_f e volume V_f, a variação de entropia é dada por

$$\Delta S = S_f - S_i = nR \ln \frac{V_f}{V_i} + nC_V \ln \frac{T_f}{T_i}.$$

- De acordo com a segunda lei da termodinâmica, que é uma extensão do postulado da entropia, se um processo ocorre em um sistema fechado, a entropia do sistema aumenta se o processo for irreversível e permanece a mesma se o processo for reversível. Em forma de equação,

$$\Delta S \geq 0.$$

O que É Física?

O tempo possui um sentido, o sentido no qual envelhecemos. Estamos acostumados com processos unidirecionais, que ocorrem apenas em certa ordem (a ordem correta) e nunca na ordem inversa (a ordem errada). Um ovo cai no chão e se quebra, uma pizza é assada, um carro bate em um poste, as ondas transformam pedras em areia... todos esses processos unidirecionais são **irreversíveis**, ou seja, não podem ser desfeitos por meio de pequenas mudanças no ambiente.

Um dos objetivos da física é compreender por que o tempo possui um sentido e por que os processos unidirecionais são irreversíveis. Embora possa parecer distante das situações do dia a dia, essa física tem, na verdade, uma relação direta com qualquer motor, como o motor dos automóveis, porque é usada para calcular a eficiência máxima com a qual um motor pode funcionar.

O segredo para compreender a razão pela qual os processos unidirecionais não podem ser invertidos envolve uma grandeza conhecida como *entropia*.

Processos Irreversíveis e Entropia 20.1

A associação entre o caráter unidirecional dos processos e a irreversibilidade é tão universal que a aceitamos como perfeitamente natural. Se um desses processos ocorresse *espontaneamente* no sentido inverso, ficaríamos perplexos. Entretanto, *nenhum* desses processos "no sentido errado" violaria a lei da conservação da energia.

Por exemplo, você ficaria muito surpreso se colocasse as mãos em torno de uma xícara de café quente e suas mãos ficassem mais frias e a xícara mais quente. Esse é obviamente o sentido errado para a transferência de energia, mas a energia total do sistema fechado (*mãos + xícara de café*) seria a mesma que se o processo acontecesse no sentido correto. Para dar outro exemplo, se você estourasse um balão de hélio, levaria um susto se, algum tempo depois, as moléculas de hélio se reunissem para assumir a forma original do balão. Esse é obviamente o sentido errado para as moléculas se moverem, mas a energia total do sistema fechado (*moléculas + aposento*) seria a mesma que para um processo no sentido correto.

Assim, não são as mudanças de energia em um sistema fechado que determinam o sentido dos processos irreversíveis; o sentido é determinado por outra propriedade, que será discutida neste capítulo: a *variação de entropia* ΔS do sistema. A variação de entropia de um sistema será definida mais adiante, mas podemos enunciar desde já a propriedade mais importante da entropia, frequentemente chamada *postulado da entropia*:

Todos os processos irreversíveis em um sistema *fechado* são acompanhados por aumento da entropia.

A entropia é diferente da energia no sentido de que a entropia *não* obedece a uma lei de conservação. A *energia* de um sistema fechado é conservada; ele permanece constante. Nos processos irreversíveis, a *entropia* de um sistema fechado aumenta. Graças a essa propriedade, a variação de entropia é, às vezes, chamada "seta do tempo". Assim, por exemplo, associamos a explosão de um milho de pipoca ao sentido positivo do tempo e ao aumento da entropia. O sentido negativo do tempo (um filme passado ao contrário) corresponde a uma pipoca se transformando em milho. Como esse processo resultaria em uma diminuição de entropia, ele jamais acontece.

Existem duas formas equivalentes de definir a variação da entropia de um sistema: (1) em termos da temperatura do sistema e da energia que o sistema ganha ou perde na forma de calor e (2) contando as diferentes formas de distribuir os átomos ou moléculas que compõem o sistema. A primeira abordagem é usada neste módulo; a segunda, no Módulo 20.4.

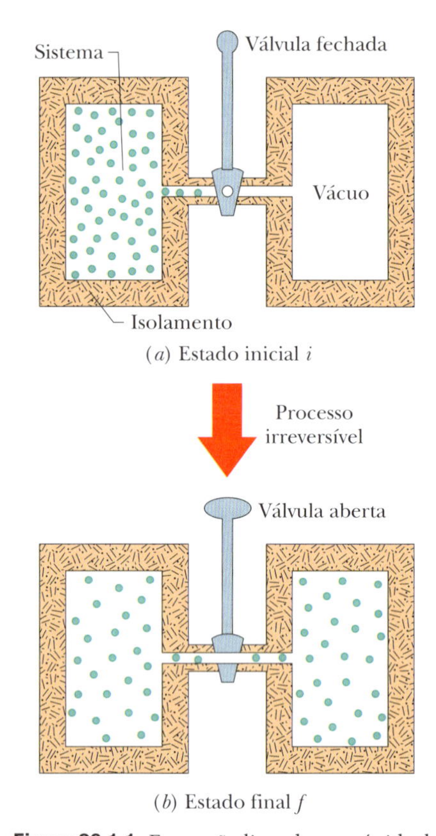

Figura 20.1.1 Expansão livre de um gás ideal. (*a*) O gás está confinado no lado esquerdo de um recipiente isolado por uma válvula fechada. (*b*) Quando a válvula é aberta, o gás ocupa todo o recipiente. O processo é irreversível, ou seja, não ocorre no sentido inverso, com o gás espontaneamente voltando a se concentrar no lado esquerdo do recipiente.

Variação de Entropia

Vamos definir o que significa *variação de entropia* analisando novamente um processo que foi descrito nos Módulos 18.5 e 19.9: a expansão livre de um gás ideal. A Fig. 20.1.1*a* mostra o gás no estado de equilíbrio inicial *i*, confinado por uma válvula fechada ao lado esquerdo de um recipiente termicamente isolado. Quando abrimos a válvula, o gás se expande para ocupar todo o recipiente, atingindo, depois de certo tempo, estado de equilíbrio final *f* mostrado na Fig. 20.1.1*b*. Trata-se de um processo irreversível; as moléculas do gás jamais voltam a ocupar apenas o lado esquerdo do recipiente.

O diagrama *p*-*V* do processo, na Fig. 20.1.2, mostra a pressão e o volume do gás no estado inicial *i* e no estado final *f*. A pressão e o volume são *propriedades de estado*, ou seja, propriedades que dependem apenas do estado do gás e não da forma como chegou a esse estado. Outras propriedades de estado são a temperatura e a energia. Vamos agora supor que o gás possui mais uma propriedade de estado: a entropia. Além disso, vamos definir a **variação de entropia** $S_f - S_i$ do sistema durante um processo que leva o sistema de um estado inicial *i* para um estado final *f* pela equação

$$\Delta S = S_f - S_i = \int_i^f \frac{dQ}{T} \quad \text{(definição de variação de entropia).} \quad (20.1.1)$$

Q é a energia transferida do sistema ou para o sistema na forma de calor durante o processo, e *T* é a temperatura do sistema em kelvins. Assim, a variação de entropia depende não só da energia transferida na forma de calor, mas também da temperatura na qual a transferência ocorre. Como *T* é sempre positiva, o sinal de ΔS é igual ao sinal de *Q*. De acordo com a Eq. 20.1.1, a unidade de entropia e de variação de entropia no SI é o joule por kelvin.

Existe, porém, um problema para aplicar a Eq. 20.1.1 à expansão livre da Fig. 20.1.1. Enquanto o gás se expande para ocupar todo o recipiente, a pressão, a temperatura e o volume do gás flutuam de forma imprevisível. Em outras palavras, as três variáveis não passam por uma série de valores de equilíbrio bem definidos nos estágios intermediários da mudança do sistema do estado de equilíbrio inicial *i* para o estado de equilíbrio final *f*. Assim, não podemos plotar uma trajetória pressão-volume da expansão livre no diagrama *p*-*V* da Fig. 20.1.2 e, mais importante, não podemos escrever uma relação entre *Q* e *T* que nos permita realizar a integração da Eq. 20.1.1.

Entretanto, se a entropia é realmente uma propriedade de estado, a diferença de entropia entre os estados *i* e *f depende apenas desses estados* e não da forma como o sistema passa de um estado para o outro. Suponha que a expansão livre irreversível da Fig. 20.1.1 seja substituída por um processo *reversível* que envolva os mesmos estados *i* e *f*. No caso de um processo reversível, podemos plotar uma trajetória no diagrama *p*-*V* e podemos encontrar uma relação entre *Q* e *T* que nos permita usar a Eq. 20.1.1 para obter a variação de entropia.

Vimos, no Módulo 19.9, que a temperatura de um gás ideal não varia durante uma expansão livre: $T_i = T_f = T$. Assim, os pontos *i* e *f* da Fig. 20.1.2 devem estar na mesma isoterma. Um processo substituto conveniente é, portanto, uma expansão isotérmica reversível do estado *i* para o estado *f*, que ocorra *ao longo* dessa isoterma. Além disso, como *T* é constante durante uma expansão isotérmica reversível, a integral da Eq. 20.1.1 fica muito mais fácil de calcular.

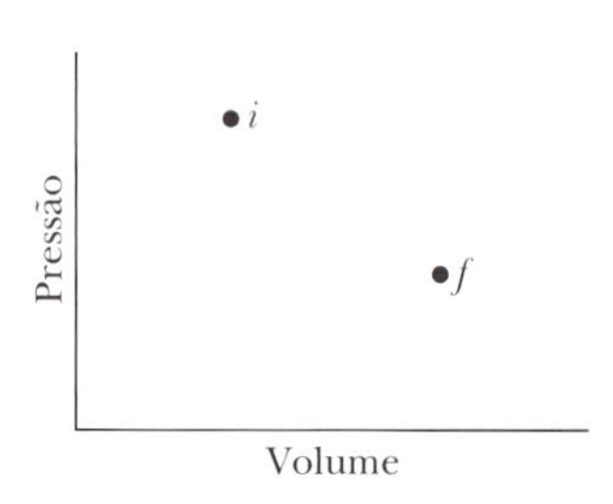

Figura 20.1.2 Diagrama *p*-*V* mostrando o estado inicial *i* e o estado final *f* da expansão livre da Fig. 20.1.1. Os estados intermediários do gás não podem ser mostrados porque não são estados de equilíbrio.

A Fig. 20.1.3 mostra como é possível produzir essa expansão isotérmica reversível. Confinamos o gás a um cilindro isolado que se encontra em contato com uma fonte de calor mantida à temperatura *T*. Começamos colocando sobre o êmbolo uma quantidade de esferas de chumbo suficiente para que a pressão e o volume do gás correspondam ao estado inicial *i* da Fig. 20.1.1*a*. Em seguida, removemos lentamente as esferas (uma por uma) até que a pressão e o volume do gás correspondam ao estado final *f* da Fig. 20.1.1*b*. A temperatura do gás não varia porque o gás permanece em contato com a fonte de calor durante todo o processo.

A expansão isotérmica reversível da Fig. 20.1.3 é fisicamente bem diferente da expansão livre irreversível da Fig. 20.1.1. Entretanto, *os dois processos possuem o mesmo estado inicial e o mesmo estado final e, portanto, a variação de entropia é a mesma nos dois casos*. Como o chumbo é removido lentamente, os estados intermediários do gás são estados de equilíbrio e podem ser representados em um diagrama p-V (Fig. 20.1.4).

Para aplicar a Eq. 20.1.1 à expansão isotérmica, colocamos a temperatura constante T do lado de fora da integral, o que nos dá

$$\Delta S = S_f - S_i = \frac{1}{T}\int_i^f dQ.$$

Como $\int dQ = Q$, em que Q é a energia total transferida como calor durante o processo, temos

$$\Delta S = S_f - S_i = \frac{Q}{T} \quad \text{(variação de entropia, processo isotérmico).} \quad (20.1.2)$$

Para manter constante a temperatura T do gás durante a expansão isotérmica da Fig. 20.1.3, uma quantidade de calor Q deve ser transferida *da* fonte de calor *para* o gás. Assim, Q é positivo e a entropia do gás *aumenta* durante o processo isotérmico e durante a expansão livre da Fig. 20.1.1.

Em resumo:

Para determinar a variação de entropia que ocorre em um processo irreversível, substituímos esse processo por um processo reversível que envolva os mesmos estados inicial e final e calculamos a variação de entropia para esse processo reversível usando a Eq. 20.1.1.

Quando a variação de temperatura ΔT de um sistema é pequena em relação à temperatura (em kelvins) antes e depois do processo, a variação de entropia é dada aproximadamente por

$$\Delta S = S_f - S_i \approx \frac{Q}{T_{\text{méd}}}, \quad (20.1.3)$$

em que $T_{\text{méd}}$ é a temperatura média do sistema, em kelvins, durante o processo.

Teste 20.1.1

Aquece-se água em um fogão. Ordene as variações de entropia da água quando a temperatura aumenta (a) de 20°C para 30°C, (b) de 30°C para 35°C e (c) de 80°C para 85°C, em ordem decrescente.

Entropia como uma Função de Estado

Supusemos que a entropia, como a pressão, a energia e a temperatura, é uma propriedade do estado de um sistema e não depende do modo como esse estado é atingido. O fato de que a entropia é realmente uma *função de estado* (como costumam ser chamadas as propriedades de estado) pode ser demonstrado apenas por meio de experimentos. Entretanto, podemos provar que é uma função de estado para o caso especial, muito importante, no qual um gás ideal passa por um processo reversível.

Para que o processo seja reversível, devemos executá-lo lentamente, em uma série de pequenos passos, com o gás em um estado de equilíbrio ao final de cada passo. Para cada pequeno passo, a energia absorvida ou cedida pelo gás na forma de calor é dQ, o trabalho realizado pelo gás é dW e a variação da energia interna é dE_{int}. Essas variações estão relacionadas pela primeira lei da termodinâmica na forma diferencial (Eq. 18.5.4):

$$dE_{\text{int}} = dQ - dW.$$

Como os passos são reversíveis, com o gás em estados de equilíbrio, podemos usar a Eq. 18.5.1 para substituir dW por $p\,dV$ e a Eq. 19.7.9 para substituir dE_{int} por $nC_V\,dT$. Fazendo essas substituições e explicitando dQ, obtemos

$$dQ = p\,dV + nC_V\,dT.$$

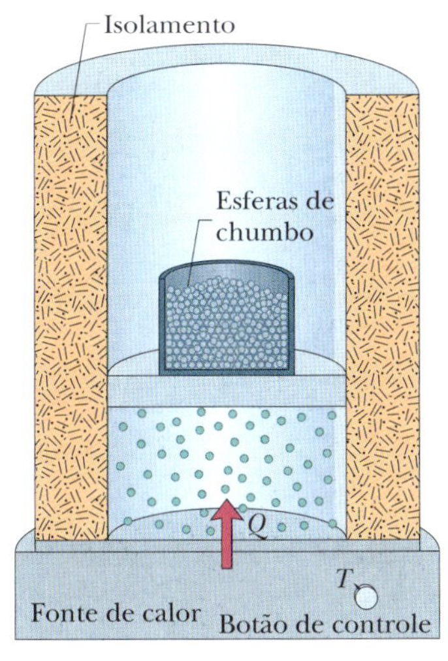

(a) Estado inicial i

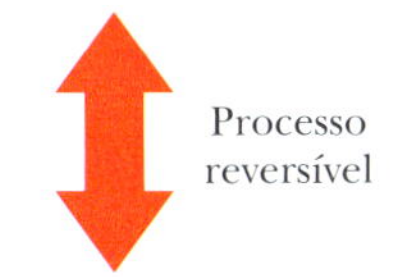

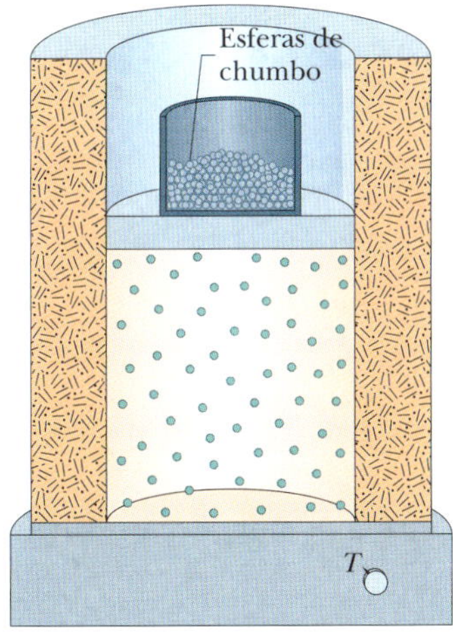

(b) Estado final f

Figura 20.1.3 Expansão isotérmica de um gás ideal, realizada de forma reversível. O gás possui o mesmo estado inicial i e o mesmo estado final f que no processo irreversível das Figs. 20.1.1 e 20.1.2.

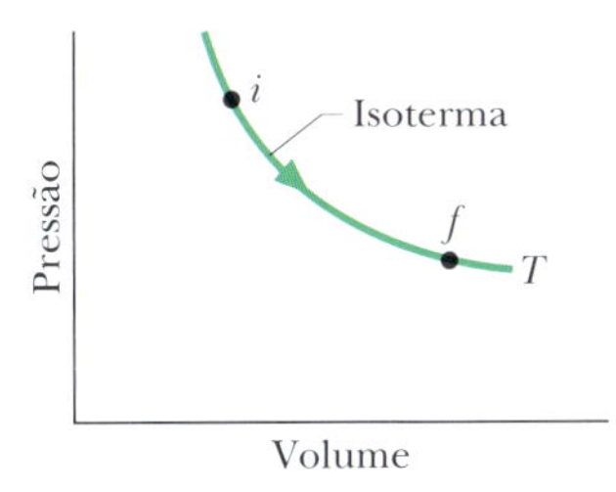

Figura 20.1.4 Diagrama p-V para a expansão isotérmica reversível da Fig. 20.1.3. Os estados intermediários, que são agora estados de equilíbrio, estão indicados por uma curva.

Usando a lei dos gases ideais, podemos substituir p nessa equação por nRT/V. Dividindo ambos os membros da equação resultante por T, obtemos

$$\frac{dQ}{T} = nR\frac{dV}{V} + nC_V\frac{dT}{T}.$$

Em seguida, integramos os termos dessa equação de um estado inicial arbitrário i para um estado final arbitrário f, o que nos dá

$$\int_i^f \frac{dQ}{T} = \int_i^f nR\frac{dV}{V} + \int_i^f nC_V\frac{dT}{T}.$$

De acordo com a Eq. 20.1.1, o lado esquerdo dessa equação é a variação de entropia ΔS ($= S_f - S_i$). Fazendo essa substituição e integrando os termos do lado direito, obtemos

$$\Delta S = S_f - S_i = nR\ln\frac{V_f}{V_i} + nC_V\ln\frac{T_f}{T_i}. \quad (20.1.4)$$

Observe que não foi preciso especificar um processo reversível em particular para realizar a integração. Assim, o resultado da integração é válido para qualquer processo reversível que leve o gás do estado i para o estado f. Isso mostra que a variação de entropia ΔS entre os estados inicial e final de um gás ideal depende apenas das propriedades do estado inicial (V_i e T_i) e do estado final (V_f e T_f); ΔS não depende do modo como o gás passa do estado inicial para o estado final.

Teste 20.1.2

Um gás ideal está à temperatura T_1 no estado inicial i mostrado no diagrama p-V. O gás está a uma temperatura maior T_2 nos estados finais a e b, que pode atingir seguindo as trajetórias mostradas na figura. A variação de entropia na trajetória do estado i para o estado a é maior, menor ou igual à variação de entropia na trajetória do estado i para o estado b?

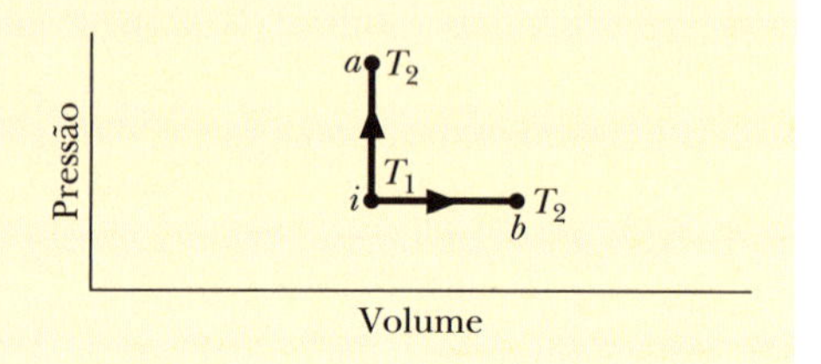

Exemplo 20.1.1 Variação de entropia de dois blocos de cobre para atingirem o equilíbrio térmico 20.1

A Fig. 20.1.5*a* mostra dois blocos de cobre iguais de massa m = 1,5 kg: o bloco E, a uma temperatura T_{iE} = 60 °C, e o bloco D, a uma temperatura T_{iD} = 20 °C. Os blocos estão em uma caixa isolada termicamente e estão separados por uma divisória isolante. Quando removemos a divisória, os blocos atingem, depois de algum tempo, uma temperatura de equilíbrio T_f = 40 °C (Fig. 20.1.5*b*). Qual é a variação da entropia do sistema dos dois blocos durante esse processo irreversível? O calor específico do cobre é 386 J/kg · K.

IDEIA-CHAVE

Para calcular a variação de entropia, devemos encontrar um processo reversível que leve o sistema do estado inicial da Fig. 20.1.5*a* para o estado final da Fig. 20.1.5*b*. Podemos calcular a variação de entropia ΔS_{rev} do processo reversível utilizando a Eq. 20.1.1; a variação de entropia para o processo irreversível é igual a ΔS_{rev}.

Cálculos: Para o processo reversível, precisamos de uma fonte de calor cuja temperatura possa ser variada lentamente (girando um botão, digamos). Os blocos podem ser levados ao estado final em duas etapas, ilustradas na Fig. 20.1.6.

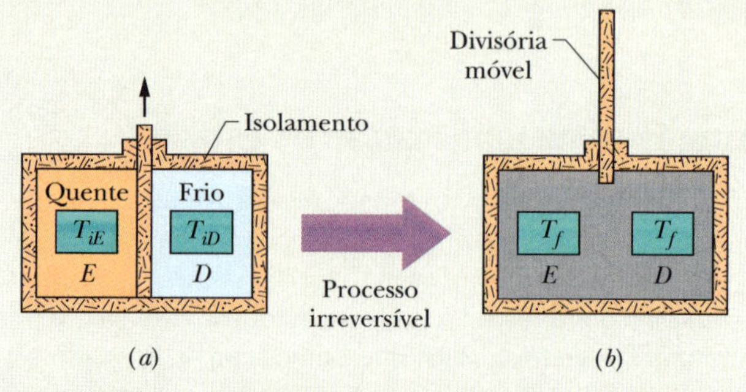

Figura 20.1.5 (*a*) No estado inicial, dois blocos E e D, iguais, a não ser por estarem a temperaturas diferentes, estão em uma caixa isolada, separados por uma divisória isolante. (*b*) Quando a divisória é removida, os blocos trocam energia na forma de calor e chegam a um estado final, no qual ambos estão à mesma temperatura T_f.

1ª etapa: Com a temperatura da fonte de calor em 60 °C, colocamos o bloco E na fonte. (Como o bloco e a fonte estão à mesma temperatura, eles já se encontram em equilíbrio térmico.) Em seguida, diminuímos lentamente a temperatura da fonte e do bloco para 40 °C. Para cada variação de temperatura dT do bloco,

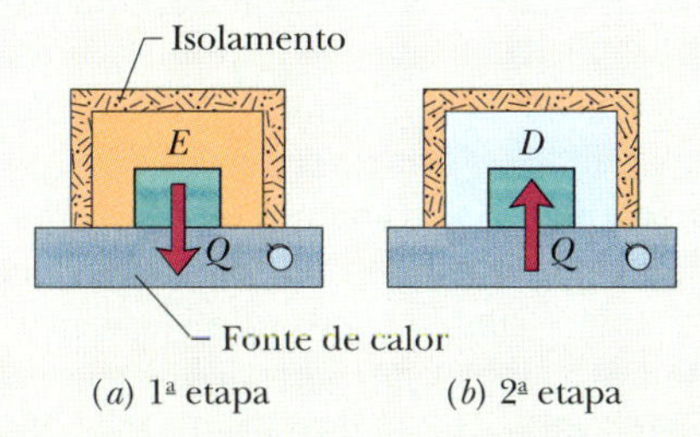

Figura 20.1.6 Os blocos da Fig. 20.1.5 podem passar do estado inicial para o estado final de uma forma reversível se usarmos uma fonte de temperatura controlável (*a*) para extrair calor reversivelmente do bloco *E* e (*b*) para adicionar calor reversivelmente ao bloco *D*.

uma energia dQ é transferida, na forma de calor, *do* bloco para a fonte. Usando a Eq. 18.4.3, podemos escrever a energia transferida como $dQ = mc\,dT$, em que c é o calor específico do cobre. De acordo com a Eq. 20.1.1, a variação de entropia ΔS_E do bloco E durante a variação total de temperatura, da temperatura inicial T_{iE} (= 60 °C = 333 K) para a temperatura final T_f (= 40 °C = 313 K), é

$$\Delta S_E = \int_i^f \frac{dQ}{T} = \int_{T_{iE}}^{T_f} \frac{mc\,dT}{T} = mc \int_{T_{iE}}^{T_f} \frac{dT}{T}$$

$$= mc \ln \frac{T_f}{T_{iE}}.$$

Substituindo os valores conhecidos, obtemos

$$\Delta S_E = (1{,}5 \text{ kg})(386 \text{ J/kg}\cdot\text{K}) \ln \frac{313 \text{ K}}{333 \text{ K}}$$

$$= -35{,}86 \text{ J/K}.$$

2ª etapa: Com a temperatura da fonte agora ajustada para 20°C, colocamos o bloco D na fonte e aumentamos lentamente a temperatura da fonte e do bloco para 40 °C. Com o mesmo raciocínio usado para determinar ΔS_E, é fácil mostrar que a variação de entropia ΔS_D do bloco D durante o processo é

$$\Delta S_D = (1{,}5 \text{ kg})(386 \text{ J/kg}\cdot\text{K}) \ln \frac{313 \text{ K}}{293 \text{ K}}$$

$$= +38{,}23 \text{ J/K}.$$

A variação de entropia ΔS_{rev} do sistema de dois blocos durante esse processo reversível hipotético de duas etapas é, portanto,

$$\Delta S_{\text{rev}} = \Delta S_E + \Delta S_D$$

$$= -35{,}86 \text{ J/K} + 38{,}23 \text{J/K} = 2{,}4 \text{ J/K}$$

Assim, a variação de entropia ΔS_{irrev} para o sistema dos dois blocos durante o processo irreversível real é

$$\Delta S_{\text{irrev}} = \Delta S_{\text{rev}} = 2{,}4 \text{ J/K}. \quad \text{(Resposta)}$$

Esse resultado é positivo, o que está de acordo com o postulado da entropia do Módulo 20.2.

Exemplo 20.1.2 Variação de entropia na expansão livre de um gás 20.2

Suponha que 1,0 mol de nitrogênio esteja confinado no lado esquerdo do recipiente da Fig. 20.1.1*a*. A válvula é aberta e o volume do gás dobra. Qual é a variação de entropia do gás nesse processo irreversível? Trate o gás como ideal.

IDEIAS-CHAVE

(1) Podemos determinar a variação de entropia para o processo irreversível calculando-a para um processo reversível que resulte na mesma variação de volume. (2) Como a temperatura do gás não varia durante a expansão livre, o processo reversível deve ser uma expansão isotérmica como a das Figs. 20.1.3 e 20.1.4.

Cálculos: De acordo com a Tabela 19.9.1, a energia Q, adicionada ao gás na forma de calor quando ele se expande isotermicamente à temperatura T de um volume inicial V_i para um volume final V_f, é

$$Q = nRT \ln \frac{V_f}{V_i},$$

em que n é o número de mols do gás. De acordo com a Eq. 20.1.2, a variação de entropia durante esse processo reversível é

$$\Delta S_{\text{rev}} = \frac{Q}{T} = \frac{nRT \ln(V_f/V_i)}{T} = nR \ln \frac{V_f}{V_i}.$$

Fazendo n = 1,00 mol e $V_f/V_i = 2$, obtemos

$$\Delta S_{\text{rev}} = nR \ln \frac{V_f}{V_i} = (1{,}00 \text{ mol})(8{,}31 \text{ J/mol}\cdot\text{K})(\ln 2)$$

$$= +5{,}76 \text{ J/K}.$$

Assim, a variação de entropia para a expansão livre (e para todos os outros processos que ligam os estados inicial e final mostrados na Fig. 20.1.2) é

$$\Delta S_{\text{irrev}} = \Delta S_{\text{rev}} = +5{,}76 \text{ J/K}. \quad \text{(Resposta)}$$

Como o valor de ΔS é positivo, a entropia aumenta, o que está de acordo com o postulado da entropia.

Segunda Lei da Termodinâmica

O uso de um processo reversível para calcular a variação de entropia de um gás envolve uma aparente contradição. Quando fazemos com que o processo reversível da Fig. 20.1.3 ocorra da situação representada na Fig. 20.1.3*a* para a situação representada na Fig. 20.1.3*b*, a variação de entropia do gás (que tomamos como nosso sistema) é positiva. Entretanto, como o processo é reversível, podemos fazê-lo ocorrer no sentido inverso, acrescentando lentamente esferas de chumbo ao êmbolo da Fig. 20.1.3*b* até que o volume original do gás seja restabelecido. Nesse processo inverso, devemos extrair energia do gás, na forma de calor, para evitar que a temperatura aumente. Assim, Q é negativo, e, de acordo com a Eq. 20.1.2, a entropia do gás diminui. Essa diminuição da entropia do gás não viola o postulado da entropia, segundo o qual a entropia sempre aumenta? Não, porque o postulado é válido somente para processos *irreversíveis* que ocorrem em sistemas fechados. O processo que acabamos de descrever não satisfaz esses requisitos. O processo *não é* irreversível e (como energia é transferida do gás para a fonte na forma de calor) o sistema (que é apenas o gás) *não é* fechado.

Por outro lado, quando consideramos a fonte como parte do sistema, passamos a ter um sistema fechado. Vamos examinar a variação na entropia do sistema ampliado *gás + fonte de calor* no processo que o leva de (*b*) para (*a*) na Fig. 20.1.3. Nesse processo reversível, energia é transferida, na forma de calor, do gás para a fonte, ou seja, de uma parte do sistema ampliado para outra. Seja $|Q|$ o valor absoluto desse calor. Usando a Eq. 20.1.2, podemos calcular separadamente as variações de entropia do gás (que perde $|Q|$) e para a fonte (que ganha $|Q|$). Obtemos

$$\Delta S_{\text{gás}} = -\frac{|Q|}{T}$$

e

$$\Delta S_{\text{res}} = +\frac{|Q|}{T}.$$

A variação da entropia do sistema fechado é a soma dos dois valores, ou seja, zero.

Com esse resultado, podemos modificar o postulado da entropia para que se aplique tanto a processos reversíveis como a processos irreversíveis:

Se um processo ocorre em um sistema *fechado*, a entropia do sistema aumenta se o processo for irreversível e permanece constante se o processo for reversível.

Embora a entropia possa diminuir em uma parte de um sistema fechado, sempre existe um aumento igual ou maior em outra parte do sistema, de modo que a entropia do sistema como um todo jamais diminui. Essa afirmação constitui uma das formas de enunciar a **segunda lei da termodinâmica** e pode ser representada matematicamente pela equação

$$\Delta S \geq 0 \quad \text{(segunda lei da termodinâmica)}, \tag{20.1.5}$$

em que o sinal de desigualdade se aplica a processos irreversíveis e o sinal de igualdade a processos reversíveis. A Eq. 20.1.5 se aplica apenas a sistemas fechados.

No mundo real, todos os processos são irreversíveis em maior ou menor grau por causa do atrito, da turbulência e de outros fatores, de modo que a entropia de sistemas reais fechados submetidos a processos reais sempre aumenta. Processos nos quais a entropia do sistema permanece constante são sempre aproximações.

Força Associada à Entropia 20.3

Para compreendermos por que a borracha resiste ao ser esticada, vamos escrever a primeira lei da termodinâmica

$$dE = dQ - dW$$

para um elástico que sofre um pequeno aumento de comprimento dx quando o esticamos com as mãos. A força exercida pelo elástico tem módulo F, aponta no sentido contrário ao do aumento de comprimento e realiza um trabalho $dW = -F\,dx$ durante o aumento de comprimento dx. De acordo com a Eq. 20.1.2 ($\Delta S = Q/T$), pequenas variações de Q e S a temperatura constante estão relacionadas pela equação $dS = dQ/T$ ou $dQ = T\,dS$. Assim, podemos escrever a primeira lei na forma

$$dE = T\,dS + F dx. \tag{20.1.6}$$

Se a dilatação total do elástico não for muito grande, podemos supor que a variação dE da energia interna do elástico é praticamente nula. Fazendo $dE = 0$ na Eq. 20.1.6, obtemos a seguinte expressão para a força exercida pelo elástico:

$$F = -T\frac{dS}{dx}. \tag{20.1.7}$$

De acordo com a Eq. 20.1.7, F é proporcional à taxa dS/dx com a qual a entropia do elástico varia quando o comprimento do elástico sofre uma pequena variação dx. Assim, podemos *sentir* o efeito da entropia nas mãos quando esticamos um elástico.

Para entender por que existe uma relação entre força e entropia, considere um modelo simples da borracha de que é feito o elástico. A borracha é formada por longas cadeias poliméricas com ligações cruzadas, que lembram zigue-zagues tridimensionais (Fig. 20.1.7). Quando o elástico se encontra no estado relaxado, essas cadeias estão parcialmente enroladas e orientadas aleatoriamente. Devido ao alto grau de desordem das moléculas, esse estado possui um alto valor de entropia. Quando esticamos um elástico de borracha, desenrolamos muitas moléculas e as alinhamos na direção do alongamento. Como o alinhamento diminui a desordem, a entropia do elástico esticado é menor. Isso significa que a derivada dS/dx da Eq. 20.1.7 é negativa, já que a entropia diminui quando dx aumenta. Assim, a força que sentimos ao esticar um elástico se deve à tendência das moléculas de voltar ao estado menos ordenado, para o qual a entropia é maior. CVF

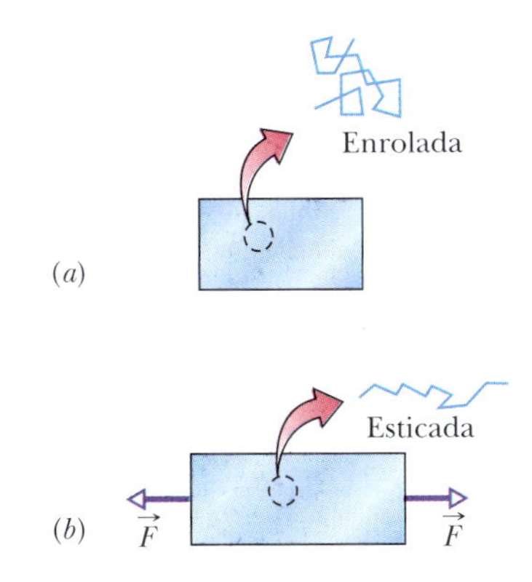

Figura 20.1.7 Pedaço de elástico (*a*) relaxado e (*b*) distendido, mostrando uma cadeia polimérica do material (*a*) enrolada e (*b*) esticada.

20.2 ENTROPIA NO MUNDO REAL: MÁQUINAS TÉRMICAS

Objetivos do Aprendizado

Depois de ler este módulo, você será capaz de ...

20.2.1 Saber que uma máquina térmica é um dispositivo que extrai energia do ambiente na forma de calor e realiza trabalho útil e que, em uma máquina térmica *ideal*, todos os processos são reversíveis, o que significa que não há desperdício de energia.

20.2.2 Desenhar um diagrama p-V de um ciclo de Carnot, mostrando o sentido em que o ciclo é percorrido, a natureza dos processos envolvidos, o trabalho realizado (incluindo o sinal algébrico) em cada processo, o trabalho líquido realizado e o calor transferido (incluindo o sinal algébrico) em cada processo.

20.2.3 Desenhar o ciclo de Carnot em um diagrama temperatura-entropia, indicando as transferências de calor.

20.2.4 Determinar a variação de entropia em um ciclo de Carnot.

20.2.5 Calcular a eficiência ε_C de uma máquina de Carnot em termos das transferências de calor e também em termos da temperatura das fontes de calor.

20.2.6 Saber que não existem máquinas térmicas perfeitas nas quais a energia Q transferida da fonte quente na forma de calor é transformada totalmente em trabalho W realizado pela máquina.

20.2.7 Desenhar um diagrama p-V de um ciclo de Stirling, mostrando o sentido em que o ciclo é percorrido, a natureza dos processos envolvidos, o trabalho realizado (incluindo o sinal algébrico) em cada processo, o trabalho líquido realizado e o calor transferido (incluindo o sinal algébrico) em cada processo.

Ideias-Chave

- Uma máquina térmica é um dispositivo que, operando de forma cíclica, extrai energia na forma de calor $|Q_Q|$ de uma fonte quente e realiza um trabalho $|W|$. A eficiência de uma máquina térmica é dada pela equação

$$\varepsilon = \frac{\text{energia utilizada}}{\text{energia consumida}} = \frac{|W|}{|Q_Q|}.$$

- Em uma máquina térmica ideal, todos os processos são reversíveis e as transferências de energia são realizadas sem as perdas causadas por efeitos como o atrito e a turbulência.
- A máquina térmica de Carnot é uma máquina térmica ideal que executa o ciclo mostrado na Fig. 20.2.2. A eficiência da máquina de Carnot é dada pela equação

$$\varepsilon_C = 1 - \frac{|Q_F|}{|Q_Q|} = 1 - \frac{T_F}{T_Q},$$

em que T_Q e T_F são as temperaturas da fonte quente e da fonte fria, respectivamente. A eficiência das máquinas térmicas reais é menor que a de uma máquina de Carnot. A eficiência das máquinas térmicas ideais que não são máquinas de Carnot também é menor que a de uma máquina de Carnot.
- Uma máquina térmica perfeita é uma máquina imaginária na qual a energia extraída de uma fonte quente na forma de calor é totalmente convertida em trabalho. Uma máquina desse tipo violaria a segunda lei da termodinâmica, que também pode ser enunciada da seguinte forma: Não existe uma série de processos cujo único resultado seja a conversão total em trabalho da energia contida em uma fonte de calor.

Entropia no Mundo Real: Máquinas Térmicas

Uma **máquina térmica** é um dispositivo que extrai energia do ambiente na forma de calor e realiza um trabalho útil. Toda máquina térmica utiliza uma *substância de trabalho*. Nas máquinas a vapor, a substância de trabalho é a água, tanto na forma líquida quanto na forma de vapor. Nos motores de automóvel, a substância de trabalho é uma

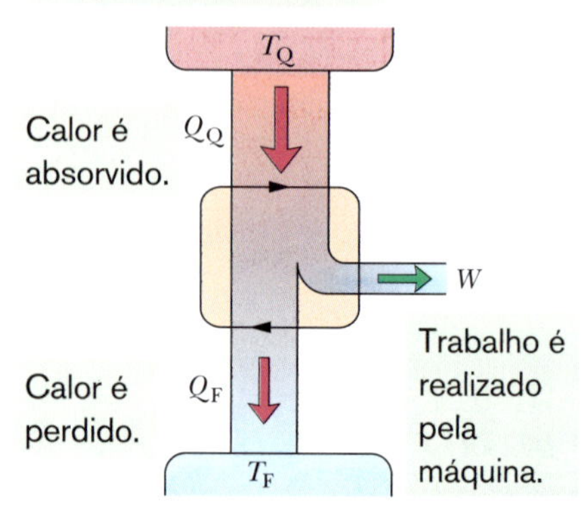

Figura 20.2.1 Elementos de uma máquina de Carnot. As duas setas pretas horizontais no centro representam uma substância de trabalho operando ciclicamente, como em um diagrama p-V. Uma energia $|Q_Q|$ é transferida na forma de calor da fonte quente, que está a uma temperatura T_Q, para a substância de trabalho; uma energia $|Q_F|$ é transferida na forma de calor da substância de trabalho para a fonte fria, que está à temperatura T_F. Um trabalho W é realizado pela máquina térmica (na realidade, pela substância de trabalho) sobre o ambiente.

mistura de gasolina e ar. Para que uma máquina térmica realize trabalho de forma contínua, a substância de trabalho deve operar em um *ciclo*, ou seja, deve passar por uma série fechada de processos termodinâmicos, chamados *tempos*, voltando repetidamente a cada estado do ciclo. Vamos ver o que as leis da termodinâmica podem nos dizer a respeito do funcionamento das máquinas térmicas.

Máquina de Carnot 20.1 20.1

Como vimos, é possível aprender muita coisa a respeito dos gases reais analisando um gás ideal, que obedece à equação $pV = nRT$. Embora não existam gases ideais na natureza, o comportamento de qualquer gás real se aproxima do comportamento de um gás ideal para pequenas concentrações de moléculas. Analogamente, podemos compreender melhor o funcionamento das máquinas térmicas estudando o comportamento de uma **máquina térmica ideal**.

Em uma máquina térmica ideal, todos os processos são reversíveis e as transferências de energia são realizadas sem as perdas causadas por efeitos como o atrito e a turbulência.

Vamos examinar um tipo particular de máquina térmica ideal, chamada **máquina de Carnot** em homenagem ao cientista e engenheiro francês N. L. Sadi Carnot, que a imaginou em 1824. De todas as máquinas térmicas, a máquina de Carnot é a que utiliza o calor com maior eficiência para realizar trabalho útil. Surpreendentemente, Carnot foi capaz de analisar o desempenho desse tipo de máquina antes que a primeira lei da termodinâmica e o conceito de entropia fossem descobertos.

A Fig. 20.2.1 mostra, de forma esquemática, o funcionamento de uma máquina de Carnot. Em cada ciclo da máquina, a substância de trabalho absorve uma quantidade $|Q_Q|$ de calor de uma fonte de calor a uma temperatura constante T_Q e fornece uma quantidade $|Q_F|$ de calor a uma segunda fonte de calor a uma temperatura constante mais baixa T_F.

A Fig. 20.2.2 mostra um diagrama p-V do *ciclo de Carnot*, ou seja, do ciclo a que é submetida a substância de trabalho na máquina de Carnot. Como indicam as setas, o ciclo é percorrido no sentido horário. Imagine que a substância de trabalho é um gás, confinado em um cilindro feito de material isolante e com um êmbolo submetido a um peso. O cilindro pode ser colocado sobre duas fontes de calor, como na Fig. 20.1.6, ou sobre uma placa isolante. A Fig. 20.2.2*a* mostra que, quando colocamos o cilindro em contato com a fonte quente à temperatura T_Q, uma quantidade de calor $|Q_Q|$ é transferida *da* fonte quente *para* a substância de trabalho enquanto o gás sofre uma *expansão* isotérmica do volume V_a para o volume V_b. Quando colocamos o cilindro

Tempos de uma máquina de Carnot.

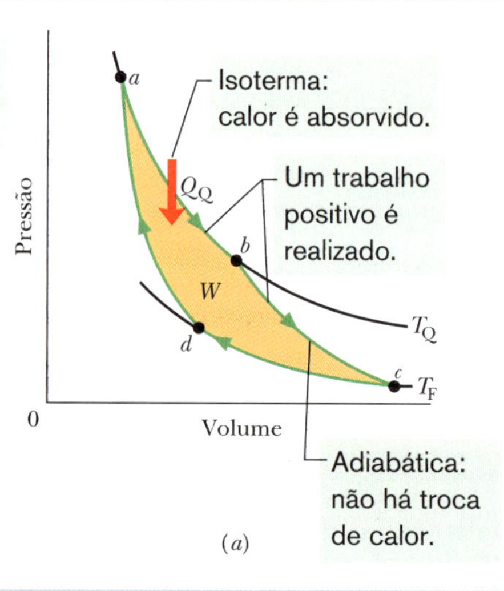

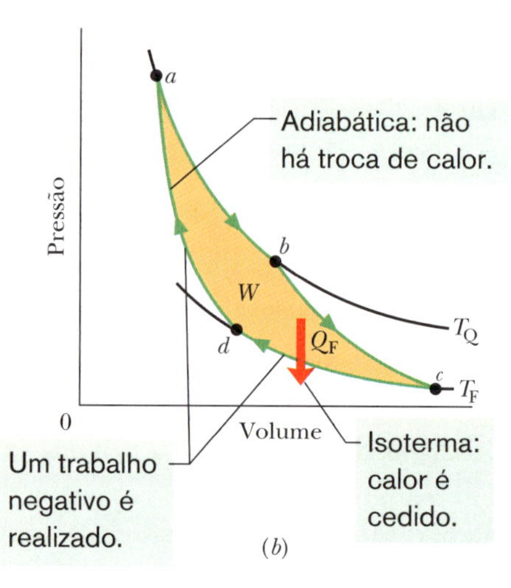

Figura 20.2.2 Diagrama pressão-volume do ciclo seguido pela substância de trabalho da máquina de Carnot da Fig. 20.2.1. O ciclo é formado por duas isotermas (*ab* e *cd*) e duas adiabáticas (*bc* e *da*). A área sombreada limitada pelo ciclo é igual ao trabalho W por ciclo realizado pela máquina de Carnot.

em contato com a fonte fria à temperatura T_F, uma quantidade de calor $|Q_F|$ é transferida *da* substância de trabalho *para* a fonte fria enquanto o gás sofre uma *compressão* isotérmica do volume V_c para o volume V_d (Fig. 20.2.2*b*).

Na máquina térmica da Fig. 20.2.1, supomos que as transferências de calor para a substância de trabalho ou para a fonte de calor ocorrem *apenas* durante os processos isotérmicos *ab* e *cd* da Fig. 20.2.2. Assim, os processos *bc* e *da* nessa figura, que ligam as isotermas correspondentes às temperaturas T_Q e T_F, devem ser processos adiabáticos (reversíveis), ou seja, processos nos quais nenhuma energia é transferida na forma de calor. Para isso, durante os processos *bc* e *da*, o cilindro é colocado sobre uma placa isolante enquanto o volume da substância de trabalho varia.

Durante os processos *ab* e *bc* da Fig. 20.2.2*a*, a substância de trabalho está se expandindo, realizando trabalho positivo enquanto eleva o êmbolo e o peso sustentado pelo êmbolo. Esse trabalho é representado na Fig. 20.2.2*a* pela área sob a curva *abc*. Durante os processos *cd* e *da* (Fig. 20.2.2*b*), a substância de trabalho está sendo comprimida, o que significa que está realizando trabalho negativo sobre o ambiente, ou (o que significa o mesmo) que o ambiente está realizando trabalho sobre a substância de trabalho enquanto o êmbolo desce. Esse trabalho é representado pela área sob a curva *cda*. O *trabalho líquido por ciclo*, que é representado por W nas Figs. 20.2.1 e 20.2.2, é a diferença entre as duas áreas e é uma grandeza positiva igual à área limitada pelo ciclo *abcda* da Fig. 20.2.2. Esse trabalho W é realizado sobre um objeto externo, como uma carga a ser levantada.

A Eq. 20.1.1 ($\Delta S = \int dQ/T$) nos diz que qualquer transferência de energia na forma de calor envolve uma variação de entropia. Para ilustrar as variações de entropia de uma máquina de Carnot, podemos plotar o ciclo de Carnot em um diagrama temperatura-entropia (T-S), como mostra a Fig. 20.2.3. Os pontos indicados pelas letras *a*, *b*, *c* e *d* na Fig. 20.2.3 correspondem aos pontos indicados pelas mesmas letras no diagrama p-V da Fig. 20.2.2. As duas retas horizontais na Fig. 20.2.3 correspondem aos dois processos isotérmicos do ciclo de Carnot (pois a temperatura é constante). O processo *ab* é a expansão isotérmica do ciclo. Enquanto a substância de trabalho absorve (reversivelmente) um calor $|Q_Q|$ à temperatura constante T_Q durante a expansão, a entropia aumenta. Da mesma forma, durante a compressão isotérmica *cd*, a substância de trabalho perde (reversivelmente) um calor $|Q_F|$ à temperatura constante T_F e a entropia diminui.

As duas retas verticais da Fig. 20.2.3 correspondem aos dois processos adiabáticos do ciclo de Carnot. Como nenhum calor é transferido durante os dois processos, a entropia da substância de trabalho permanece constante.

O Trabalho Para calcular o trabalho realizado por uma máquina de Carnot durante um ciclo, vamos aplicar a Eq. 18.5.3, a primeira lei da termodinâmica ($\Delta E_{int} = Q - W$), à substância de trabalho. A substância deve retornar repetidamente a um estado do ciclo escolhido arbitrariamente. Assim, se X representa uma propriedade de estado da substância de trabalho, como pressão, temperatura, volume, energia interna ou entropia, devemos ter $\Delta X = 0$ para o ciclo completo. Segue-se que $\Delta E_{int} = 0$ para um ciclo completo da substância de trabalho. Lembrando que Q na Eq. 18.5.3 é o calor *líquido* transferido por ciclo e W é o trabalho *líquido* resultante, podemos escrever a primeira lei da termodinâmica para o ciclo de Carnot na forma

$$W = |Q_Q| - |Q_F|. \qquad (20.2.1)$$

Variações de Entropia Em uma máquina de Carnot existem *duas* (e apenas duas) transferências de energia reversíveis na forma de calor e, portanto, duas variações da entropia da substância de trabalho, uma à temperatura T_Q e outra à temperatura T_F. A variação líquida de entropia por ciclo é dada por

$$\Delta S = \Delta S_Q + \Delta S_F = \frac{|Q_Q|}{T_Q} - \frac{|Q_F|}{T_F}. \qquad (20.2.2)$$

Nesta equação, ΔS_Q é positiva, já que uma energia $|Q_Q|$ é *adicionada* à substância de trabalho na forma de calor (o que representa um aumento de entropia), e ΔS_F é negativa, pois uma energia $|Q_F|$ é *removida da* substância de trabalho na forma de calor (o que representa uma diminuição de entropia). Como a entropia é uma função de estado, devemos ter $\Delta S = 0$ para o ciclo completo. Fazendo $\Delta S = 0$ na Eq. 20.2.2, obtemos

$$\frac{|Q_Q|}{T_Q} = \frac{|Q_F|}{T_F}. \qquad (20.2.3)$$

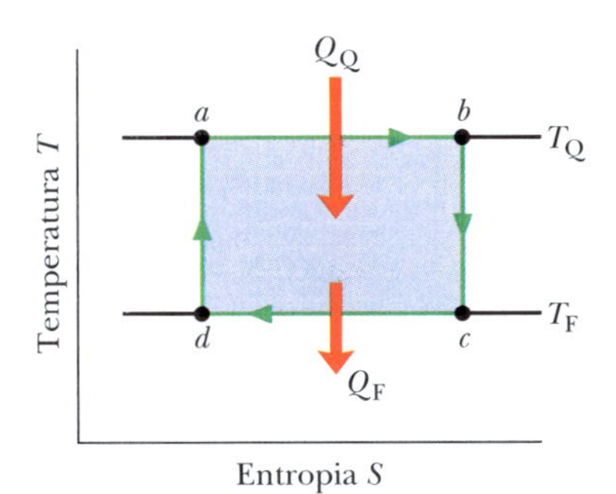

Figura 20.2.3 Ciclo de Carnot da Fig. 20.2.2 mostrado em um diagrama temperatura-entropia. Durante os processos *ab* e *cd*, a temperatura permanece constante. Durante os processos *bc* e *da*, a entropia permanece constante.

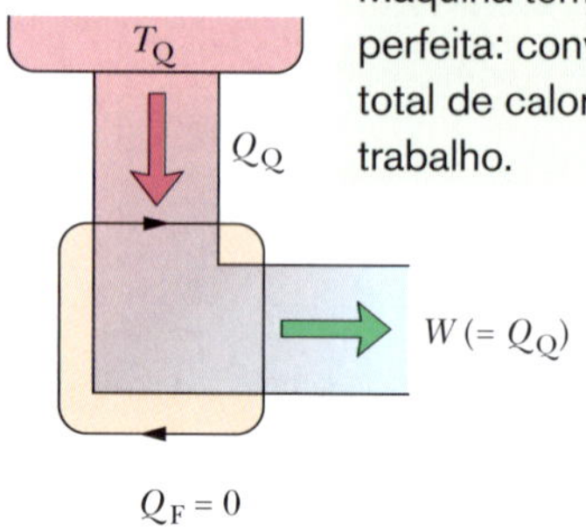

Máquina térmica perfeita: conversão total de calor em trabalho.

T_Q Q_Q $W (= Q_Q)$ $Q_F = 0$

Figura 20.2.4 Elementos de uma máquina térmica perfeita, ou seja, uma máquina que converte calor Q_Q de uma fonte quente em trabalho W com 100% de eficiência.

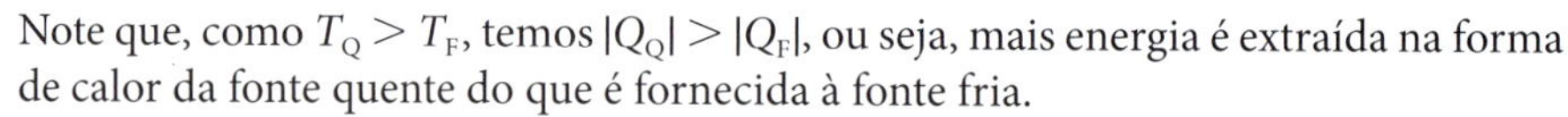

Note que, como $T_Q > T_F$, temos $|Q_Q| > |Q_F|$, ou seja, mais energia é extraída na forma de calor da fonte quente do que é fornecida à fonte fria.

Vamos agora usar as Eqs. 20.2.1 e 20.2.3 para deduzir uma expressão para a eficiência de uma máquina de Carnot.

Eficiência de uma Máquina de Carnot

No uso prático de qualquer máquina térmica, existe interesse em transformar em trabalho a maior parte possível da energia disponível Q_Q. O êxito nessa empreitada é medido pela chamada **eficiência térmica** (ε), definida como o trabalho que a máquina realiza por ciclo ("energia utilizada") dividido pela energia que a máquina recebe em forma de calor por ciclo ("energia consumida"):

$$\varepsilon = \frac{\text{energia utilizada}}{\text{energia consumida}} = \frac{|W|}{|Q_Q|} \quad \text{(eficiência, qualquer máquina térmica).} \quad (20.2.4)$$

No caso de uma máquina de Carnot, podemos substituir W pelo seu valor, dado pela Eq. 20.2.1, e escrever a Eq. 20.2.4 na forma

$$\varepsilon_C = \frac{|Q_Q| - |Q_F|}{Q_Q} = 1 - \frac{|Q_F|}{|Q_Q|}. \quad (20.2.5)$$

Combinando as Eqs. 20.2.5 e 20.2.3, obtemos

$$\varepsilon_C = 1 - \frac{T_F}{T_Q} \quad \text{(eficiência, máquina de Carnot),} \quad (20.2.6)$$

em que as temperaturas T_F e T_Q estão em kelvins. Como $T_F < T_Q$, a máquina de Carnot tem necessariamente uma eficiência térmica positiva e menor que a unidade, ou seja, menor que 100%. Este fato está ilustrado na Fig. 20.2.1, em que podemos ver que apenas parte da energia extraída como calor da fonte quente é usada para realizar trabalho; o calor que resta é transferido para a fonte fria. Mostraremos, no Módulo 20.3, que nenhuma máquina real pode ter uma eficiência térmica maior que a prevista pela Eq. 20.2.6.

Os inventores estão sempre procurando aumentar a eficiência das máquinas térmicas reduzindo a quantidade de energia $|Q_F|$ que é "desperdiçada" em cada ciclo. O sonho dos inventores é produzir a *máquina térmica perfeita*, mostrada esquematicamente na Fig. 20.2.4, na qual $|Q_F|$ é zero e $|Q_Q|$ é convertido totalmente em trabalho. Se fosse instalada em um navio, por exemplo, uma máquina desse tipo poderia extrair o calor da água e usá-lo para acionar as hélices, sem nenhum consumo de combustível. Um automóvel equipado com um motor desse tipo poderia extrair calor do ar e usá-lo para movimentar o carro, novamente sem nenhum consumo de combustível. Infelizmente, a máquina perfeita é apenas um sonho: Examinando a Eq. 20.2.6, vemos que só seria possível trabalhar com 100% de eficiência (ou seja, com $\varepsilon = 1$) se $T_F = 0$ ou $T_Q = \infty$, condições impossíveis de conseguir na prática. Na verdade, a experiência levou à seguinte versão alternativa da segunda lei da termodinâmica, que, em última análise, equivale a dizer que *nenhuma máquina térmica é perfeita*:

Não existe uma série de processos cujo único resultado seja a conversão total em trabalho da energia contida em uma fonte de calor.

Resumindo: A eficiência térmica dada pela Eq. 20.2.6 se aplica apenas às máquinas de Carnot. As máquinas reais, nas quais os processos que formam o ciclo da máquina não são reversíveis, têm uma eficiência menor. Conforme a Eq. 20.2.6, se o seu carro fosse movido por uma máquina de Carnot, a eficiência seria de 55%, aproximadamente; na prática, a eficiência é provavelmente da ordem de 25%. Uma usina nuclear (Fig. 20.2.5), considerada como um todo, é uma máquina térmica que extrai energia em forma de calor do núcleo de um reator, realiza trabalho por meio de uma turbina e descarrega energia em forma de calor em um rio ou no mar. Se uma usina nuclear operasse como uma máquina de Carnot, teria uma eficiência de cerca de 40%; na prática, a eficiência é da ordem de 30%. No projeto de máquinas térmicas de qualquer tipo, é simplesmente impossível superar o limite de eficiência imposto pela Eq. 20.2.6.

Figura 20.2.5 A usina nuclear de North Anna, perto de Charlottesville, Virginia, que gera energia elétrica a uma taxa de 900 MW. Ao mesmo tempo, por projeto, ela descarrega energia em um rio próximo, a uma taxa de 2.100 MW. Essa usina e todas as usinas semelhantes descartam mais energia do que fornecem em forma útil. São versões realistas da máquina térmica ideal da Fig. 20.2.1.

Máquina de Stirling

A Eq. 20.2.6 não se aplica a todas as máquinas ideais, mas somente às que funcionam segundo um ciclo como o da Fig. 20.2.2, ou seja, às máquinas de Carnot. A Fig. 20.2.6 mostra, por exemplo, o ciclo de operação de uma **máquina de Stirling** ideal. Uma comparação com o ciclo de Carnot da Fig. 20.2.2 revela que, embora as duas máquinas possuam transferências de calor isotérmicas nas temperaturas T_Q e T_F, as duas isotermas do ciclo da máquina de Stirling não são ligadas por processos adiabáticos, como na máquina de Carnot, mas por processos a volume constante. Para aumentar reversivelmente a temperatura de um gás a volume constante de T_F para T_Q (processo *da* da Fig. 20.2.6) é preciso transferir energia na forma de calor para a substância de trabalho a partir de uma fonte cuja temperatura possa variar suavemente entre esses limites. Além disso, uma transferência no sentido inverso é necessária para executar o processo *bc*. Assim, transferências reversíveis de calor (e variações correspondentes da entropia) ocorrem nos quatro processos que formam o ciclo de uma máquina de Stirling e não em apenas dois processos, como em uma máquina de Carnot. Assim, a dedução que leva à Eq. 20.2.6 não se aplica a uma máquina de Stirling ideal; a eficiência de uma máquina de Stirling ideal é menor do que a de uma máquina de Carnot operando entre as mesmas temperaturas. As máquinas de Stirling reais possuem uma eficiência ainda menor.

A máquina de Stirling foi inventada em 1816 por Robert Stirling. A máquina, que foi ignorada durante muito tempo, hoje está sendo aperfeiçoada para uso em automóveis e naves espaciais. Uma máquina de Stirling com uma potência de 5.000 hp (3,7 MW) já foi construída. Como são muito silenciosas, as máquinas de Stirling são usadas em alguns submarinos militares.

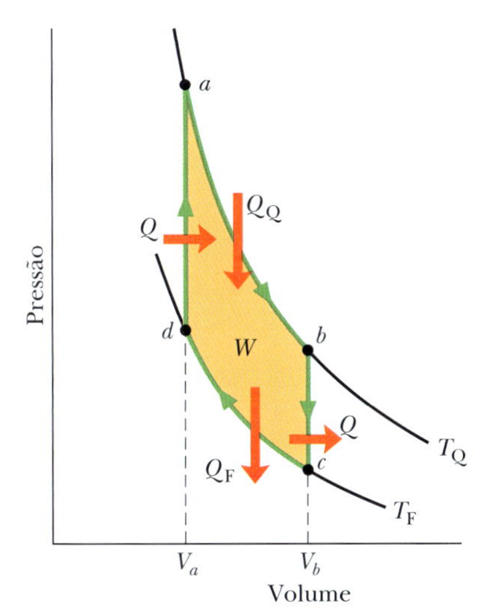

Figura 20.2.6 Diagrama *p-V* da substância de trabalho de uma máquina de Stirling ideal, supondo, por conveniência, que a substância de trabalho é um gás ideal.

Teste 20.2.1

Três máquinas de Carnot operam entre fontes de calor a temperaturas de (a) 400 e 500 K, (b) 600 e 800 K e (c) 400 e 600 K. Ordene as máquinas de acordo com a eficiência, em ordem decrescente.

Exemplo 20.2.1 Eficiência, potência e variações de entropia de uma máquina de Carnot 20.4

Uma máquina de Carnot opera entre as temperaturas T_Q = 850 K e T_F = 300 K. A máquina realiza 1.200 J de trabalho em cada ciclo, que leva 0,25 s.

(a) Qual é a eficiência da máquina?

IDEIA-CHAVE

A eficiência ε de uma máquina de Carnot depende apenas da razão T_F/T_Q das temperaturas (em kelvins) das fontes de calor às quais está ligada.

Cálculo: De acordo com a Eq. 20.2.6,

$$\varepsilon = 1 - \frac{T_F}{T_Q} = 1 - \frac{300\text{ K}}{850\text{ K}} = 0{,}647 \approx 65\%. \quad \text{(Resposta)}$$

(b) Qual é a potência média da máquina?

IDEIA-CHAVE

A potência média *P* de uma máquina é a razão entre o trabalho *W* realizado por ciclo e o tempo de duração *t* de cada ciclo.

Cálculo: Para essa máquina de Carnot, temos

$$P = \frac{W}{t} = \frac{1.200\text{ J}}{0{,}25\text{ s}} = 4.800\text{ W} = 4{,}8\text{ kW}. \quad \text{(Resposta)}$$

(c) Qual é a energia $|Q_Q|$ extraída em forma de calor da fonte quente a cada ciclo?

IDEIA-CHAVE

Para qualquer máquina térmica, incluindo as máquinas de Carnot, a eficiência ε é a razão entre o trabalho *W* realizado por ciclo e a energia $|Q_Q|$ extraída em forma de calor da fonte quente por ciclo ($\varepsilon = W/|Q_Q|$).

Cálculo: Explicitando $|Q_Q|$, obtemos

$$|Q_Q| = \frac{W}{\varepsilon} = \frac{1.200\text{ J}}{0{,}647} = 1.855\text{ J}. \quad \text{(Resposta)}$$

(d) Qual é a energia $|Q_F|$ liberada em forma de calor para a fonte fria a cada ciclo?

IDEIA-CHAVE

Em uma máquina de Carnot, o trabalho *W* realizado por ciclo é igual à diferença entre as energias transferidas em forma de calor, ou seja, $|Q_Q| - |Q_F|$, como na Eq. 20.2.1.

Cálculo: Explicitando $|Q_F|$, obtemos

$$|Q_F| = |Q_Q| - W$$
$$= 1.855\text{ J} - 1.200\text{ J} = 665\text{ J.} \qquad \text{(Resposta)}$$

(e) De quanto varia a entropia da substância de trabalho devido à energia recebida da fonte quente? De quanto varia a entropia da substância de trabalho devido à energia cedida à fonte fria?

IDEIA-CHAVE

A variação de entropia ΔS durante a transferência de energia em forma de calor Q a uma temperatura constante T é dada pela Eq. 20.1.2 ($\Delta S = Q/T$).

Cálculos: Para a transferência *positiva* de uma energia Q_Q da fonte quente a uma temperatura T_Q, a variação de entropia da substância de trabalho é

$$\Delta S_Q = \frac{Q_Q}{T_Q} = \frac{1.855\text{ J}}{850\text{ K}} = +2{,}18\text{ J/K}. \qquad \text{(Resposta)}$$

Para a transferência *negativa* de uma energia Q_F para a fonte fria a uma temperatura T_F, temos

$$\Delta S_F = \frac{Q_F}{T_F} = \frac{-655\text{ J}}{300\text{ K}} = -2{,}18\text{ J/K}. \qquad \text{(Resposta)}$$

Note que a variação líquida de entropia da substância de trabalho para um ciclo completo é zero, como já foi discutido na dedução da Eq. 20.2.3.

Exemplo 20.2.2 Eficiência de um motor 20.5

Um inventor afirma que construiu um motor que apresenta uma eficiência de 75% quando opera entre as temperaturas de ebulição e congelamento da água. Isso é possível?

IDEIA-CHAVE

Não existe nenhuma máquina térmica real cuja eficiência seja maior ou igual à de uma máquina de Carnot operando entre as mesmas temperaturas.

Cálculo: De acordo com a Eq. 20.2.6, a eficiência de uma máquina de Carnot que opera entre os pontos de ebulição e congelamento da água é

$$\varepsilon = 1 - \frac{T_F}{T_Q} = 1 - \frac{(0 + 273)\text{ K}}{(100 + 273)\text{ K}} = 0{,}268 \approx 27\%.$$

Assim, a eficiência alegada de 75% para uma máquina real operando entre as temperaturas dadas não pode ser verdadeira.

20.3 REFRIGERADORES E MÁQUINAS TÉRMICAS REAIS

Objetivos do Aprendizado

Depois de ler este módulo, você será capaz de ...

20.3.1 Saber que um refrigerador é um dispositivo que utiliza trabalho para transferir energia de uma fonte fria para uma fonte quente e que um refrigerador ideal executa essa transferência usando processos reversíveis.

20.3.2 Desenhar um diagrama p-V do ciclo de Carnot de um refrigerador, mostrando o sentido em que o ciclo é percorrido, a natureza dos processos envolvidos, o trabalho realizado (incluindo o sinal algébrico) em cada processo, o trabalho líquido realizado e o calor transferido (incluindo o sinal algébrico) em cada processo.

20.3.3 Calcular o coeficiente de desempenho K de um refrigerador em termos das transferências de calor e também em termos da temperatura das fontes de calor.

20.3.4 Saber que não existe um refrigerador ideal no qual toda a energia extraída da fonte fria é transferida para a fonte quente.

20.3.5 Saber que a eficiência de uma máquina térmica real é menor que a de uma máquina térmica que funciona no ciclo de Carnot.

Ideias-chave

- Um refrigerador é um dispositivo que, operando ciclicamente, utiliza um trabalho W para extrair uma energia $|Q_F|$ na forma de calor de uma fonte fria. O coeficiente de desempenho K de um refrigerador é dado por

$$K = \frac{\text{energia utilizada}}{\text{energia consumida}} = \frac{|Q_F|}{|W|}.$$

- O refrigerador de Carnot é uma máquina de Carnot operando no sentido inverso. O coeficiente de desempenho do refrigerador de Carnot é dado por

$$K_C = \frac{|Q_F|}{|Q_Q| - |Q_F|} = \frac{T_F}{T_Q - T_F}.$$

- Um refrigerador perfeito é uma máquina imaginária na qual a energia extraída de uma fonte fria na forma de calor é totalmente transferida para uma fonte quente sem necessidade de realizar trabalho.
- Um refrigerador perfeito violaria a segunda lei da termodinâmica, que também pode ser enunciada da seguinte forma: Não existe uma série de processos cujo único resultado seja a transferência de energia, na forma de calor, de uma fonte a certa temperatura para uma fonte a uma temperatura mais elevada, sem necessidade de realizar trabalho.

Entropia no Mundo Real: Refrigeradores 20.1

O **refrigerador** é um dispositivo que utiliza trabalho para transferir energia de uma fonte fria para uma fonte quente por meio de um processo cíclico. Nos refrigeradores domésticos, por exemplo, o trabalho é realizado por um compressor elétrico, que transfere energia do compartimento onde são guardados os alimentos (a fonte fria) para o ambiente (a fonte quente).

Os aparelhos de ar-condicionado e os aquecedores de ambiente também são refrigeradores; a diferença está apenas na natureza das fontes quente e fria. No caso dos aparelhos de ar-condicionado, a fonte fria é o aposento a ser resfriado e a fonte quente (supostamente a uma temperatura mais alta) é o lado de fora do aposento. Um aquecedor de ambiente é um aparelho de ar-condicionado operado em sentido inverso para aquecer um aposento; nesse caso, o aposento passa a ser a fonte quente e recebe calor do lado de fora (supostamente a uma temperatura mais baixa).

Considere um *refrigerador ideal*:

Em um refrigerador ideal, todos os processos são reversíveis e as transferências de energia são realizadas sem as perdas causadas por efeitos como o atrito e a turbulência.

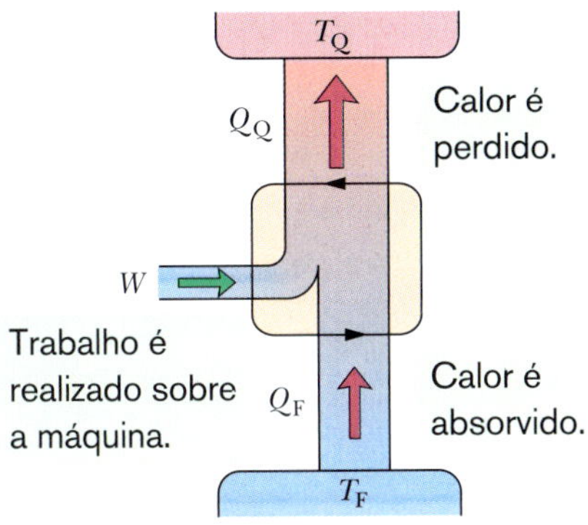

Figura 20.3.1 Elementos de um refrigerador. As duas setas pretas horizontais no centro representam uma substância de trabalho operando ciclicamente, como em um diagrama p-V. Uma energia Q_F é transferida, em forma de calor, da fonte fria, que está à temperatura T_F, para a substância de trabalho; uma energia Q_Q é transferida, em forma de calor, da substância de trabalho para a fonte quente, que está à temperatura T_Q. Um trabalho W é realizado sobre o refrigerador (na realidade, sobre a substância de trabalho) pelo ambiente.

A Fig. 20.3.1 mostra os elementos básicos de um refrigerador ideal. Note que o sentido de operação é o inverso do sentido de operação da máquina de Carnot da Fig. 20.2.1. Em outras palavras, todas as transferências de energia, tanto em forma de calor como em forma de trabalho, ocorrem no sentido oposto ao de uma máquina de Carnot. Podemos chamar esse refrigerador ideal de **refrigerador de Carnot**.

O projetista de um refrigerador está interessado em extrair a maior quantidade de energia $|Q_F|$ possível da fonte fria (energia utilizada) usando a menor quantidade possível de trabalho $|W|$ (energia consumida). Uma medida da eficiência de um refrigerador é, portanto,

$$K = \frac{\text{energia utilizada}}{\text{energia consumida}} = \frac{|Q_F|}{|W|} \quad \text{(coeficiente de desempenho, qualquer refrigerador),} \qquad (20.3.1)$$

em que K é chamado *coeficiente de desempenho*. No caso de um refrigerador de Carnot, de acordo com a primeira lei da termodinâmica, $|W| = |Q_Q| - |Q_F|$, em que $|Q_Q|$ é o valor absoluto da energia transferida como calor para a fonte quente. Nesse caso, a Eq. 20.3.1 assume a forma

$$K_C = \frac{|Q_F|}{|Q_Q| - |Q_F|}. \qquad (20.3.2)$$

Como um refrigerador de Carnot é uma máquina de Carnot operando no sentido inverso, podemos combinar a Eq. 20.2.3 com a Eq. 20.3.2; depois de algumas operações algébricas, obtemos

$$K_C = \frac{T_F}{T_Q - T_F} \quad \text{(coeficiente de desempenho, refrigerador de Carnot).} \qquad (20.3.3)$$

Para os aparelhos domésticos de ar-condicionado, $K \approx 2{,}5$; para as geladeiras domésticas, $K \approx 5$. Infelizmente, quanto menor a diferença de temperatura entre a fonte fria e a fonte quente, maior o valor de K. É por isso que os aquecedores de ambiente funcionam melhor nos países de clima temperado que nos países de clima frio, nos quais a temperatura externa é muito menor do que a temperatura interna desejada.

Seria ótimo que tivéssemos um refrigerador que não precisasse de trabalho, ou seja, que funcionasse sem estar ligado na tomada. A Fig. 20.3.2 mostra outro "sonho de inventor", um *refrigerador perfeito* que transfere energia na forma de calor Q de uma fonte fria para uma fonte quente sem necessidade de trabalho. Como o equipamento opera em ciclos, a entropia da substância de trabalho não varia durante um ciclo

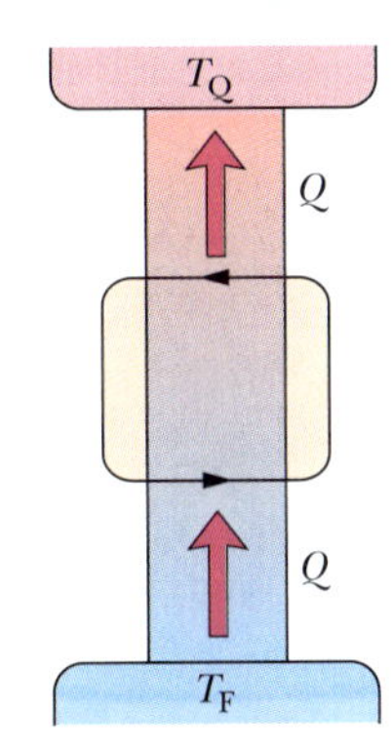

Figura 20.3.2 Elementos de um refrigerador perfeito, ou seja, um refrigerador que transfere energia de uma fonte fria para uma fonte quente sem necessidade de trabalho.

completo. Entretanto, as entropias das duas fontes variam: a variação de entropia da fonte fria é $-|Q|/T_F$, e a variação de entropia da fonte quente é $+|Q|/T_Q$. Assim, a variação líquida de entropia para o sistema como um todo é

$$\Delta S = -\frac{|Q|}{T_F} + \frac{|Q|}{T_Q}.$$

Como $T_Q > T_F$, o lado direito da equação é negativo e, portanto, a variação líquida da entropia por ciclo para o sistema fechado *refrigerador + fonte* também é negativa. Como essa diminuição de entropia viola a segunda lei da termodinâmica (Eq. 20.1.5), não existe um refrigerador perfeito. (Uma geladeira só funciona se estiver ligada na tomada.)

Esse resultado nos leva a outra formulação da segunda lei da termodinâmica:

Não existe uma série de processos cujo único resultado seja transferir energia, na forma de calor, de uma fonte fria para uma fonte quente.

Em suma, *não existem refrigeradores perfeitos.*

Teste 20.3.1

Um refrigerador ideal funciona com certo coeficiente de desempenho. Quatro mudanças são possíveis: (a) operar com o interior do aparelho a uma temperatura ligeiramente mais alta, (b) operar com o interior do aparelho a uma temperatura ligeiramente mais baixa, (c) levar o aparelho para um aposento ligeiramente mais quente e (d) levar o aparelho para um aposento ligeiramente mais frio. Os valores absolutos das variações de temperatura são os mesmos nos quatro casos. Ordene as mudanças, em ordem decrescente, de acordo com o valor do novo coeficiente de desempenho.

Eficiência de Máquinas Térmicas Reais

Seja ε_C a eficiência de uma máquina de Carnot operando entre duas temperaturas dadas. Vamos mostrar agora que nenhuma máquina térmica real operando entre as mesmas temperaturas pode ter uma eficiência maior do que ε_C. Se isso fosse possível, a máquina violaria a segunda lei da termodinâmica.

Suponha que um inventor, trabalhando na garagem de casa, tenha construído uma máquina X que, segundo ele, possui uma eficiência ε_X maior do que ε_C:

$$\varepsilon_x > \varepsilon_C \quad \text{(alegação do inventor).} \tag{20.3.4}$$

Vamos acoplar a máquina X a um refrigerador de Carnot, como na Fig. 20.3.3*a*. Ajustamos os tempos do refrigerador de Carnot para que o trabalho necessário por ciclo seja exatamente igual ao realizado pela máquina X. Assim, não existe nenhum trabalho (externo) associado à combinação *máquina térmica + refrigerador* da Fig. 20.3.3*a*, que tomamos como nosso sistema.

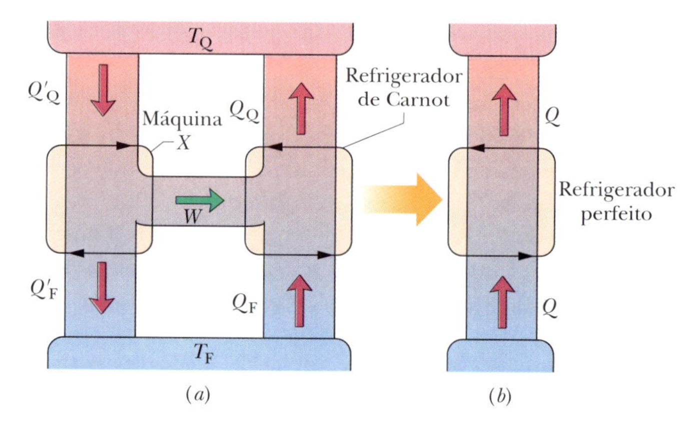

Figura 20.3.3 (*a*) A máquina térmica X alimenta um refrigerador de Carnot. (*b*) Se, como alega o inventor, a máquina X é mais eficiente que a máquina de Carnot, a combinação mostrada em (*a*) é equivalente ao refrigerador perfeito mostrado em (*b*). Como isso viola a segunda lei da termodinâmica, concluímos que a máquina X *não pode* ser mais eficiente que uma máquina de Carnot.

Se a Eq. 20.3.4 for verdadeira, conforme a definição de eficiência (Eq. 20.2.4), devemos ter

$$\frac{|W|}{|Q'_Q|} > \frac{|W|}{|Q_Q|},$$

em que a plica indica a máquina X e o lado direito da desigualdade é a eficiência do refrigerador de Carnot quando funciona como uma máquina térmica. Essa desigualdade exige que

$$|Q_Q| > |Q'_Q|. \qquad (20.3.5)$$

Como o trabalho realizado pela máquina X é igual ao trabalho realizado sobre o refrigerador de Carnot, temos, segundo a primeira lei da termodinâmica, dada pela Eq. 20.2.1,

$$|Q_Q| - |Q_F| = |Q'_Q| - |Q'_F|,$$

que pode ser escrita na forma

$$|Q_Q| - |Q'_Q| = |Q_F| - |Q'_F| = Q. \qquad (20.3.6)$$

De acordo com a Eq. 20.3.5, o valor de Q na Eq. 20.3.6 deve ser positivo.

De acordo com a Eq. 20.3.6 e a Fig. 20.3.3, o efeito da máquina X e do refrigerador de Carnot, trabalhando em conjunto, é transferir uma energia Q na forma de calor de uma fonte fria para uma fonte quente sem necessidade de realizar trabalho. Assim, a combinação age como o refrigerador perfeito da Fig. 20.3.2, cuja existência viola a segunda lei da termodinâmica.

Algo deve estar errado com uma ou mais de nossas suposições, e a única que foi tomada arbitrariamente é expressa pela Eq. 20.3.4. A conclusão é que *nenhuma máquina real pode ter uma eficiência maior que a de uma máquina de Carnot operando entre as mesmas temperaturas*. Na melhor das hipóteses, a máquina real pode ter uma eficiência igual à de uma máquina de Carnot. Nesse caso, a máquina real é uma máquina de Carnot.

20.4 VISÃO ESTATÍSTICA DA ENTROPIA

Objetivos do Aprendizado

Depois de ler este módulo, você será capaz de ...

20.4.1 Saber o que é a configuração de um sistema de moléculas.

20.4.2 Calcular a multiplicidade de uma configuração.

20.4.3 Saber que todos os microestados são igualmente prováveis, mas configurações com um número maior de microestados são mais prováveis que configurações com um número menor de microestados.

20.4.4 Usar a equação de entropia de Boltzmann para calcular a entropia associada a uma multiplicidade.

Ideias-Chave

- A entropia de um sistema pode ser definida em termos das distribuições possíveis de moléculas. No caso de moléculas iguais, cada distribuição possível de moléculas é chamada "microestado do sistema". Todos os microestados equivalentes constituem uma configuração do sistema. O número W de microestados de uma configuração é chamado "multiplicidade da configuração".
- No caso de um sistema de N moléculas que podem ser distribuídas entre dois compartimentos iguais de uma caixa, a multiplicidade é dada por

$$W = \frac{N!}{n_1!\, n_2!},$$

em que n_1 é o número de moléculas no compartimento da direita e n_2 é o número de moléculas no compartimento da esquerda. Uma hipótese básica da mecânica estatística é que todos os microestados são igualmente prováveis. Assim, as configurações com maior multiplicidade ocorrem com maior frequência. Quando N é muito grande ($N = 10^{22}$ moléculas, digamos), as moléculas estão quase sempre na configuração na qual $n_1 = n_2$.

- A multiplicidade W da configuração de um sistema e a entropia S do sistema nessa configuração estão relacionadas pela equação de entropia de Boltzmann:

$$S = k \ln W,$$

em que $k = 1{,}38 \times 10^{-23}$ J/K é a constante de Boltzmann.

- Quando N é muito grande (o caso mais comum), podemos substituir ln $N!$ pela aproximação de Stirling:

$$\text{Ln } N! \approx N(\ln N) - N.$$

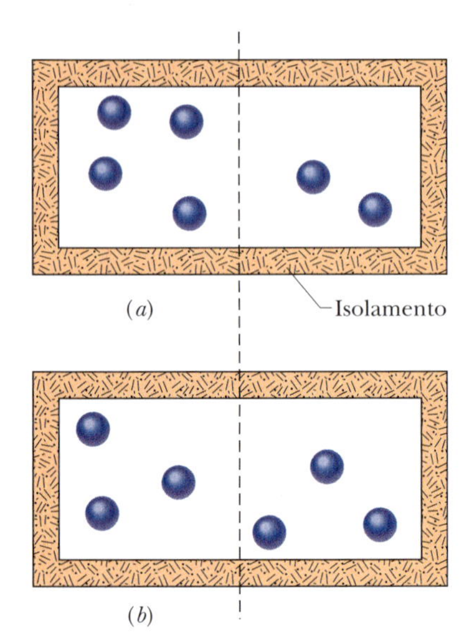

Figura 20.4.1 Uma caixa isolada contém seis moléculas de um gás. Cada molécula tem a mesma probabilidade de estar no lado esquerdo ou no lado direito da caixa. O arranjo mostrado em (*a*) corresponde à configuração III da Tabela 20.4.1 e o arranjo mostrado em (*b*) corresponde à configuração IV.

Visão Estatística da Entropia 20.2

Como vimos no Capítulo 19, as propriedades macroscópicas de um gás podem ser explicadas em termos do comportamento das moléculas do gás. Essas explicações fazem parte de um campo de estudo conhecido como **mecânica estatística**. Vamos agora concentrar nossa atenção em apenas um problema, o da distribuição das moléculas de um gás entre os dois lados de uma caixa isolada. Esse problema é razoavelmente fácil de analisar e permite usar a mecânica estatística para calcular a variação de entropia durante a expansão livre de um gás ideal. Como vamos ver, a mecânica estatística fornece o mesmo resultado que a termodinâmica.

A Fig. 20.4.1 mostra uma caixa que contém seis moléculas iguais (e, portanto, indistinguíveis) de um gás. Em um instante qualquer, uma dada molécula está no lado esquerdo ou no lado direito da caixa; como os dois lados têm o mesmo volume, a probabilidade de que a molécula esteja no lado esquerdo é 0,5 e a probabilidade de que esteja no lado direito também é 0,5.

A Tabela 20.4.1 mostra as sete *configurações* possíveis das seis moléculas, identificadas por algarismos romanos. Na configuração I, por exemplo, as seis moléculas estão no lado esquerdo ($n_1 = 6$) e nenhuma está no lado direito ($n_2 = 0$). É fácil ver que, em vários casos, uma configuração pode ser obtida de várias formas diferentes. Esses diferentes arranjos das moléculas são chamados *microestados*. Vejamos como é possível calcular o número de microestados que correspondem a uma dada configuração.

Suponha que tenhamos N moléculas, n_1 em um lado da caixa e n_2 no outro. (Naturalmente, $n_1 + n_2 = N$.) Imagine que as moléculas sejam distribuídas "manualmente", uma de cada vez. Se $N = 6$, podemos selecionar a primeira molécula de seis formas diferentes, ou seja, podemos escolher qualquer das seis moléculas para colocar na primeira posição. Podemos selecionar a segunda molécula de cinco formas diferentes, escolhendo uma das cinco moléculas restantes, e assim por diante. O número total de formas pelas quais podemos escolher as seis moléculas é o produto dessas formas independentes, $6 \times 5 \times 4 \times 3 \times 2 \times 1 = 720$. Usando uma notação matemática, escrevemos esse produto como $6! = 720$, em que $6!$ é lido como "seis fatorial". A maioria das calculadoras permite calcular fatoriais. Para uso futuro, você precisa saber que $0! = 1$. (Verifique na sua calculadora.)

Como as moléculas são indistinguíveis, os 720 arranjos não são todos diferentes. No caso em que $n_1 = 4$ e $n_2 = 2$ (a configuração III na Tabela 20.4.1), por exemplo, a ordem em que as quatro moléculas são colocadas em um dos lados da caixa é irrelevante, pois, após as quatro moléculas terem sido colocadas, é impossível determinar a ordem em que foram colocadas. O número de formas diferentes de ordenar as quatro moléculas é $4! = 24$. Analogamente, o número de formas de ordenar as duas moléculas no outro lado da caixa é $2! = 2$. Para determinar o número de arranjos *diferentes* que levam à divisão (4, 2) que define a configuração III, devemos dividir 720 por 24 e também por 2. Chamamos o valor resultante, que é o número de microestados que correspondem a uma configuração, de *multiplicidade* W da configuração. Assim, para a configuração III,

$$W_{\text{III}} = \frac{6!}{4!\,2!} = \frac{720}{24 \times 2} = 15.$$

Tabela 20.4.1 Seis Moléculas em uma Caixa

Configuração			Multiplicidade W	Cálculo de W	Entropia
Número	n_1	n_2	(número de microestados)	(Eq. 20.4.1)	10^{-23} J/K (Eq. 20.4.2)
I	6	0	1	$6!/(6!\,0!) = 1$	0
II	5	1	6	$6!/(5!\,1!) = 6$	2,47
III	4	2	15	$6!/(4!\,2!) = 15$	3,74
IV	3	3	20	$6!/(3!\,3!) = 20$	4,13
V	2	4	15	$6!/(2!\,4!) = 15$	3,74
VI	1	5	6	$6!/(1!\,5!) = 6$	2,47
VII	0	6	1	$6!/(0!\,6!) = 1$	0
			Total = 64		

É por isso que, de acordo com a Tabela 20.4.1, existem 15 microestados independentes que correspondem à configuração III. Note que, como também pode ser visto na tabela, o número total de microestados para as sete configurações é 64.

Extrapolando de seis moléculas para o caso geral de N moléculas, temos

$$W = \frac{N!}{n_1!\, n_2!} \quad \text{(multiplicidade da configuração).} \quad (20.4.1)$$

O leitor pode verificar que a Eq. 20.4.1 fornece as multiplicidades de todas as configurações que aparecem na Tabela 20.4.1.

A hipótese fundamental da mecânica estatística é a seguinte:

Todos os microestados são igualmente prováveis.

Em outras palavras, se tirássemos muitas fotografias das seis moléculas enquanto elas se movem na caixa da Fig. 20.4.1 e contássemos o número de vezes que cada microestado aconteceu, verificaríamos que os 64 microestados aconteceram com a mesma frequência. Assim, o sistema passa, em média, a mesma quantidade de tempo em cada um dos 64 microestados.

Como todos os microestados são igualmente prováveis e configurações diferentes podem ter um número diferente de microestados, nem todas as configurações são igualmente prováveis. Na Tabela 20.4.1, a configuração IV, com 20 microestados, é a *configuração mais provável*, com probabilidade de 20/64 = 0,313. Isso significa que o sistema se encontra na configuração IV 31,3% do tempo. As configurações I e VII, nas quais todas as moléculas estão no mesmo lado da caixa, são as menos prováveis, com uma probabilidade 1/64 = 0,016 ou 1,6% cada uma. Não é de espantar que a configuração mais provável seja aquela em que as moléculas estão igualmente divididas entre os dois lados da caixa, pois é o que esperamos que aconteça em equilíbrio térmico. Entretanto, *é* surpreendente que exista uma probabilidade *finita*, embora pequena, de que as seis moléculas se juntem em um lado da caixa, deixando o outro lado vazio.

Para grandes valores de N, existe um número extremamente grande de microestados, mas praticamente todos os microestados, como mostra a Fig. 20.4.2, pertencem à configuração na qual as moléculas estão divididas igualmente entre os dois lados da caixa. Mesmo que os valores medidos da temperatura e pressão do gás permaneçam constantes, o gás está em constante agitação, com as moléculas "visitando" todos os microestados com a mesma probabilidade. Entretanto, como poucos microestados estão fora do pico central da Fig. 20.4.2, podemos supor que as moléculas do gás se dividem igualmente entre os dois lados da caixa. Como vamos ver daqui a pouco, essa é a configuração para a qual a entropia é máxima.

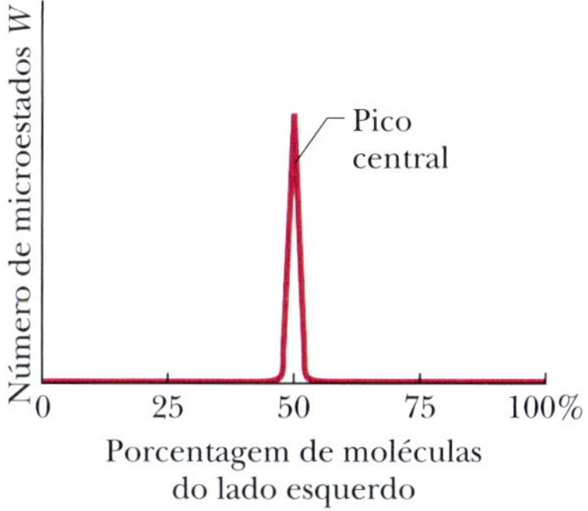

Figura 20.4.2 Gráfico do número de microestados em função da porcentagem de moléculas do lado esquerdo da caixa, para um número *grande* de moléculas. Quase todos os microestados correspondem a um número aproximadamente igual de moléculas nos dois lados da caixa; esses microestados formam o *pico central* do gráfico. Para $N \approx 10^{24}$ (o número aproximado de moléculas contidas em um mol de qualquer gás), o pico central seria tão estreito que, na escala do gráfico, ficaria reduzido a uma reta vertical.

Exemplo 20.4.1 Microestados e multiplicidade 20.6

Suponha que existem 100 moléculas indistinguíveis na caixa da Fig. 20.4.1. Qual é o número de microestados da configuração $n_1 = 50$ e $n_2 = 50$ e da configuração $n_1 = 100$ e $n_2 = 0$? Discuta os resultados em termos das probabilidades das duas configurações.

IDEIA-CHAVE

A multiplicidade W de uma configuração de moléculas indistinguíveis em uma caixa fechada é o número de microestados possíveis com essa configuração, dado pela Eq. 20.4.1.

Cálculos: Para a configuração (50, 50), temos

$$W = \frac{N!}{n_1!\, n_2!} = \frac{100!}{50!\, 50!}$$

$$= \frac{9{,}33 \times 10^{157}}{(3{,}04 \times 10^{64})(3{,}04 \times 10^{64})}$$

$$= 1{,}01 \times 10^{29}. \quad \text{(Resposta)}$$

Para a configuração (100, 0), temos

$$W = \frac{N!}{n_1!\, n_2!} = \frac{100!}{100!\, 0!} = \frac{1}{0!} = \frac{1}{1} = 1. \quad \text{(Resposta)}$$

Discussão: Comparando os dois resultados, vemos que uma distribuição 50-50 é mais provável que uma distribuição 100-0 por um fator enorme, da ordem de 1×10^{29}. Se pudéssemos contar, à taxa de um por nanossegundo, o número de microestados que correspondem à distribuição 50-50, levaríamos cerca de 3×10^{12} anos, um tempo 200 vezes maior que a idade do universo! Isso para apenas 100 moléculas... Imagine qual seria a diferença entre as probabilidades se usássemos um número mais realista para o número de moléculas, como $N = 10^{24}$. É por isso que o leitor não precisa se preocupar com a possibilidade de que todas as moléculas do ar se acumulem de repente do outro lado da sala, deixando-o sufocado.

Probabilidade e Entropia

Em 1877, o físico austríaco Ludwig Boltzmann (o mesmo da constante de Boltzmann k) encontrou uma relação entre a entropia S de uma configuração de um gás e a multiplicidade W dessa configuração. A relação é a seguinte:

$$S = k \ln W \qquad \text{(equação da entropia de Boltzmann).} \qquad (20.4.2)$$

Essa fórmula famosa está gravada no túmulo de Boltzmann.

É natural que S e W estejam relacionadas por uma função logarítmica. A entropia total de dois sistemas independentes é a *soma* das entropias individuais. A probabilidade de ocorrência de dois eventos independentes é o *produto* das probabilidades individuais. Como $\ln ab = \ln a + \ln b$, o logaritmo é a forma lógica de estabelecer uma ligação entre as duas grandezas.

A Tabela 20.4.1 mostra as entropias das configurações do sistema de seis moléculas da Fig. 20.4.1, calculadas usando a Eq. 20.4.2. A configuração IV, que possui a maior multiplicidade, possui também a maior entropia.

Quando usamos a Eq. 20.4.1 para determinar o valor de W, a calculadora exibe uma mensagem de erro se tentamos obter o fatorial de um número maior que algumas centenas. Felizmente, existe uma aproximação muito boa, conhecida como **aproximação de Stirling**, não para $N!$, mas para $\ln N!$, que é exatamente o que precisamos na Eq. 20.4.2. A aproximação de Stirling é a seguinte:

$$\text{Ln } N! \approx N(\ln N) - N \qquad \text{(aproximação de Stirling).} \qquad (20.4.3)$$

O Stirling dessa aproximação não é Robert Stirling, o inventor da máquina de Stirling, e sim um matemático escocês chamado James Stirling.

Teste 20.4.1

Uma caixa contém 1 mol de um gás. Considere duas configurações: (a) cada lado da caixa contém metade das moléculas e (b) cada terço da caixa contém um terço das moléculas. Qual das configurações possui mais microestados?

Exemplo 20.4.2 Cálculo do aumento de entropia associado a uma expansão livre usando microestados 20.7

Como foi visto no Exemplo 20.1.1, se n mols de um gás ideal passam a ocupar o dobro do volume em uma expansão livre, o aumento de entropia do estado inicial i para o estado final f é $S_f - S_i = nR \ln 2$. Mostre que esse resultado está correto usando os métodos da mecânica estatística.

IDEIA-CHAVE

Podemos relacionar a entropia S, de qualquer configuração das moléculas de um gás, à multiplicidade W dos microestados dessa configuração, utilizando a Eq. 20.4.2 ($S = k \ln W$).

Cálculos: Estamos interessados em duas configurações: a configuração final f (com as moléculas ocupando todo o volume do recipiente da Fig. 20.1.1*b*) e a configuração inicial i (com as moléculas ocupando o lado esquerdo do recipiente). Como as N moléculas contidas nos n mols do gás estão em um recipiente fechado, podemos calcular a multiplicidade W dos microestados usando a Eq. 20.4.1. Inicialmente, com todas as moléculas no lado esquerdo do recipiente, a configuração (n_1, n_2) é $(N, 0)$ e, de acordo com a Eq. 20.4.1,

$$W_i = \frac{N!}{N!\,0!} = 1.$$

Com as moléculas distribuídas por todo o volume, a configuração (n_1, n_2) é $(N/2, N/2)$. De acordo com a Eq. 20.4.1, temos

$$W_f = \frac{N!}{(N/2)!\,(N/2)!}.$$

De acordo com a Eq. 20.4.2, as entropias inicial e final são

$$S_i = k \ln W_i = k \ln 1 = 0$$

e

$$S_f = k \ln W_f = k \ln(N!) - 2k \ln[(N/2)!]. \qquad (20.4.4)$$

Para chegar à Eq. 20.4.4, usamos a relação

$$\ln \frac{a}{b^2} = \ln a - 2 \ln b.$$

Aplicando a aproximação de Stirling (Eq. 20.4.3) à Eq. 20.4.4, obtemos

$$\begin{aligned} S_f &= k \ln(N!) - 2k \ln[(N/2)!] \\ &= k[N(\ln N) - N] - 2k[(N/2)\ln(N/2) - (N/2)] \\ &= k[N(\ln N) - N - N\ln(N/2) + N] \\ &= k[N(\ln N) - N(\ln N - \ln 2) = Nk \ln 2. \qquad (20.4.5) \end{aligned}$$

De acordo com a Eq. 19.2.4, podemos substituir Nk por nR, em que R é a constante universal dos gases. Nesse caso, a Eq. 20.4.5 se torna

$$S_f = nR \ln 2.$$

A variação de entropia do estado inicial para o estado final é, portanto,

$$\begin{aligned} S_f - S_i &= nR \ln 2 - 0 \\ &= nR \ln 2, \qquad \text{(Resposta)} \end{aligned}$$

como queríamos demonstrar. No Exemplo 20.1.2, calculamos esse aumento de entropia para uma expansão livre a partir dos princípios da termodinâmica, encontrando um processo reversível equivalente e calculando a variação de entropia para *esse* processo em termos da temperatura e da transferência de calor. Neste exemplo, calculamos a mesma variação de entropia a partir dos princípios da mecânica estatística, usando o fato de que o sistema é formado por moléculas. Essas duas abordagens, muito diferentes, fornecem exatamente a mesma resposta.

Revisão e Resumo

Processos Unidirecionais Um **processo irreversível** é aquele que não pode ser desfeito por meio de pequenas mudanças no ambiente. O sentido no qual um processo irreversível ocorre é determinado pela *variação de entropia* ΔS do sistema no qual ocorre o processo. A entropia S é uma *propriedade de estado* (ou *função de estado*) do sistema, ou seja, uma função que depende apenas do estado do sistema e não da forma como o sistema atinge esse estado. O *postulado da entropia* afirma (em parte) o seguinte: *Se um processo irreversível acontece em um sistema fechado, a entropia do sistema sempre aumenta.*

Cálculo da Variação de Entropia A **variação de entropia** ΔS em um processo irreversível que leva um sistema de um estado inicial i para um estado final f é exatamente igual à variação de entropia ΔS em *qualquer processo reversível* que envolva os mesmos estados. Podemos calcular a segunda (mas não a primeira) usando a equação

$$\Delta S = S_f - S_i = \int_i^f \frac{dQ}{T}, \qquad (20.1.1)$$

em que Q é a energia absorvida ou cedida pelo sistema na forma de calor durante o processo e T é a temperatura do sistema em kelvins durante o processo.

No caso de um processo isotérmico reversível, a Eq. 20.1.1 se reduz a

$$\Delta S = S_f - S_i = \frac{Q}{T}. \qquad (20.1.2)$$

Se a variação de temperatura ΔT de um sistema é pequena em relação à temperatura (em kelvins) antes e depois do processo, a variação de entropia é dada aproximadamente por

$$\Delta S = S_f - S_i \approx \frac{Q}{T_{\text{méd}}}, \qquad (20.1.3)$$

em que $T_{\text{méd}}$ é a temperatura média do sistema durante o processo.

Quando um gás ideal passa reversivelmente de um estado inicial à temperatura T_i e volume V_i para um estado final à temperatura T_f e volume V_f, a variação ΔS da entropia do gás é dada por

$$\Delta S = S_f - S_i = nR \ln \frac{V_f}{V_i} + nC_V \ln \frac{T_f}{T_i}. \qquad (20.1.4)$$

Segunda Lei da Termodinâmica Essa lei, que é uma extensão do postulado da entropia, afirma o seguinte: *Se um processo ocorre em um sistema fechado, a entropia do sistema aumenta se o processo for irreversível e permanece constante se o processo for reversível.* Em forma de equação,

$$\Delta S \geq 0. \qquad (20.1.5)$$

Máquinas Térmicas Uma **máquina térmica** é um dispositivo que, operando ciclicamente, extrai uma energia térmica $|Q_Q|$ de uma fonte quente e realiza certa quantidade de trabalho $|W|$. A *eficiência* ε de uma máquina térmica é definida como

$$\varepsilon = \frac{\text{energia utilizada}}{\text{energia consumida}} = \frac{|W|}{|Q_Q|}. \qquad (20.2.4)$$

Em uma **máquina térmica ideal**, todos os processos são reversíveis e as transferências de energia são realizadas sem as perdas causadas por efeitos como o atrito e a turbulência. A **máquina de Carnot** é uma máquina ideal que segue o ciclo da Fig. 20.2.2. Sua eficiência é dada por

$$\varepsilon_C = 1 - \frac{|Q_F|}{|Q_Q|} = 1 - \frac{T_F}{T_Q}, \qquad (20.2.5, 20.2.6)$$

em que T_Q e T_F são as temperaturas da fonte quente e da fonte fria, respectivamente. As máquinas térmicas reais possuem sempre uma eficiência menor que a dada pela Eq. 20.2.6. As máquinas térmicas ideais que não são máquinas de Carnot também possuem uma eficiência menor.

Uma *máquina perfeita* é uma máquina imaginária na qual a energia extraída de uma fonte na forma de calor é totalmente convertida em trabalho. Uma máquina que se comportasse dessa forma violaria a segunda lei da termodinâmica, que pode ser reformulada da seguinte maneira: Não existe uma série de processos cujo único resultado seja a conversão total em trabalho da energia contida em uma fonte de calor.

Refrigeradores Um refrigerador é um dispositivo que, operando ciclicamente, usa trabalho para transferir uma energia $|Q_F|$ de uma fonte fria para uma fonte quente. O coeficiente de desempenho K de um refrigerador é definido como

$$K = \frac{\text{energia utilizada}}{\text{energia consumida}} = \frac{|Q_F|}{|W|}. \qquad (20.3.1)$$

Um **refrigerador de Carnot** é uma máquina de Carnot operando no sentido oposto. Para um refrigerador de Carnot, a Eq. 20.3.1 se torna

$$K_C = \frac{|Q_F|}{|Q_Q| - |Q_F|} = \frac{T_F}{T_Q - T_F}. \qquad (20.3.2, 20.3.3)$$

Um *refrigerador perfeito* é um refrigerador imaginário no qual a energia extraída de uma fonte fria na forma de calor é totalmente transferida para uma fonte quente, sem a necessidade de realizar trabalho. Um refrigerador que se comportasse dessa forma violaria a segunda lei da termodinâmica, que pode ser reformulada da seguinte maneira: Não existe uma série de processos cujo único resultado seja a transferência de energia na forma de calor de uma fonte fria para uma fonte quente.

Uma Visão Estatística da Entropia A entropia de um sistema pode ser definida em termos das possíveis distribuições das moléculas do sistema. No caso de moléculas iguais, cada distribuição possível de moléculas é chamada **microestado** do sistema. Todos os microestados equivalentes são agrupados em uma **configuração** do sistema. O número de microestados de uma configuração é a **multiplicidade** W da configuração.

Para um sistema de N moléculas que podem ser distribuídas nos dois lados de uma caixa, a multiplicidade é dada por

$$W = \frac{N!}{n_1!\, n_2!}, \qquad (20.4.1)$$

em que n_1 é o número de moléculas em um dos lados da caixa e n_2 é o número de moléculas no outro lado. Uma hipótese básica da **mecânica estatística** é a de que todos os microestados são igualmente prováveis. Assim, as configurações de alta multiplicidade ocorrem com maior frequência.

A multiplicidade W de uma configuração de um sistema e a entropia S do sistema nessa configuração estão relacionadas pela equação de entropia de Boltzmann:

$$S = k \ln W, \qquad (20.4.2)$$

em que $k = 1{,}38 \times 10^{-23}$ J/K é a constante de Boltzmann.

Perguntas

1 O ponto i da Fig. 20.1 representa o estado inicial de um gás ideal a uma temperatura T. Levando em conta os sinais algébricos, ordene as variações de entropia que o gás sofre ao passar, sucessiva e reversivelmente, do ponto i para os pontos a, b, c e d, em ordem decrescente.

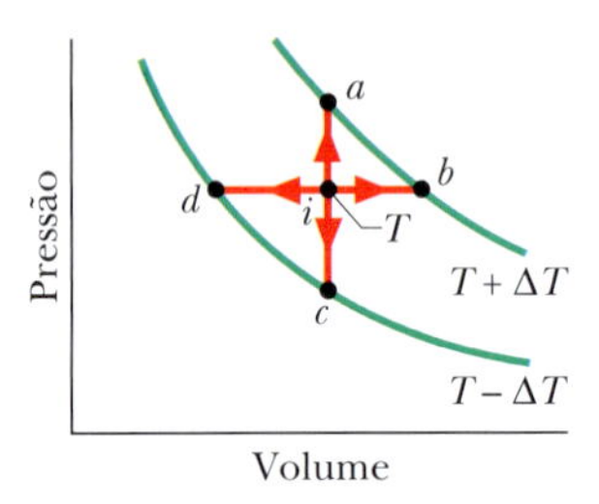

Figura 20.1 Pergunta 1.

2 Em quatro experimentos, os blocos A e B, inicialmente a temperaturas diferentes, foram colocados, juntos, em uma caixa isolada até atingirem uma temperatura final comum. As variações de entropia dos blocos nos quatro experimentos possuem, não necessariamente na ordem dada, os valores a seguir (em joules por kelvin). Determine a que valor de A corresponde cada valor de B.

Bloco	Valores			
A	8	5	3	9
B	−3	−8	−5	−2

3 Um gás, confinado em um cilindro isolado, é comprimido adiabaticamente até metade do volume inicial. A entropia do gás aumenta, diminui ou permanece constante durante o processo?

4 Um gás monoatômico ideal, a uma temperatura inicial T_0 (em kelvins), se expande de um volume inicial V_0 para um volume $2V_0$ por cinco processos indicados no diagrama T-V da Fig. 20.2. Em qual dos processos a expansão é (a) isotérmica, (b) isobárica (a pressão constante) e (c) adiabática? Justifique suas respostas. (d) Em quais dos processos a entropia do gás diminui?

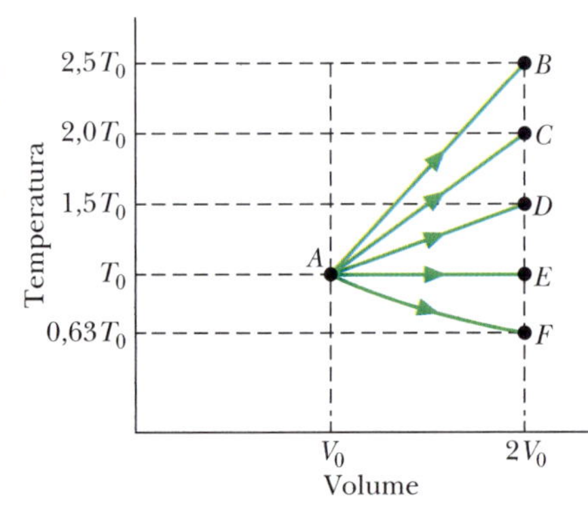

Figura 20.2 Pergunta 4.

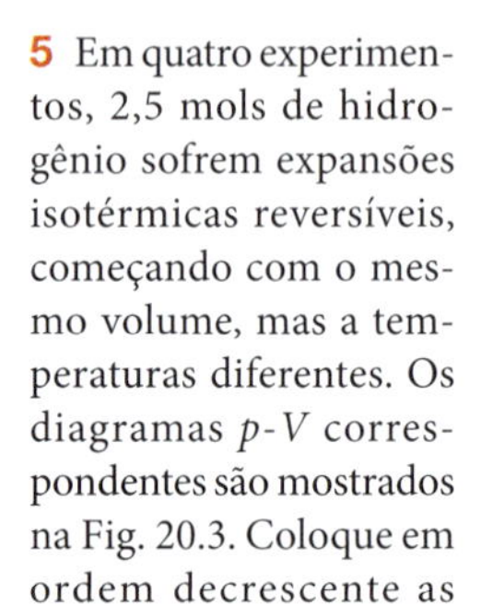

5 Em quatro experimentos, 2,5 mols de hidrogênio sofrem expansões isotérmicas reversíveis, começando com o mesmo volume, mas a temperaturas diferentes. Os diagramas p-V correspondentes são mostrados na Fig. 20.3. Coloque em ordem decrescente as situações de acordo com a variação da entropia do gás.

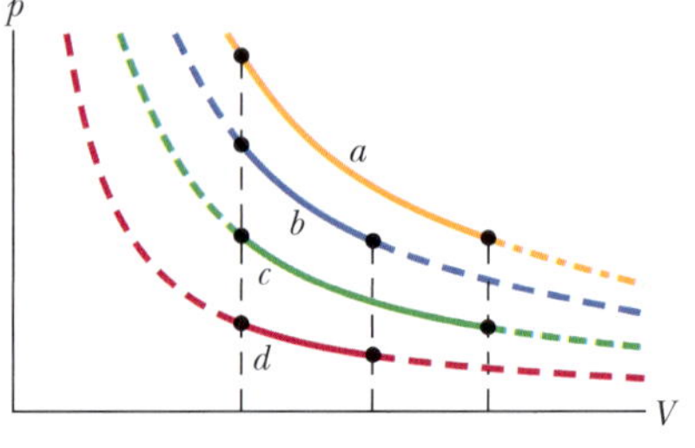

Figura 20.3 Pergunta 5.

6 Uma caixa contém 100 átomos em uma configuração na qual existem 50 átomos em cada lado da caixa. Suponha que você, usando um supercomputador, pudesse contar os diferentes microestados associados a essa configuração à taxa de 100 bilhões de estados por segundo. Sem realizar nenhum cálculo por escrito, estime quanto tempo seria necessário para executar a tarefa: um dia, um ano ou muito mais que um ano.

7 A entropia por ciclo aumenta, diminui ou permanece constante para (a) uma máquina térmica de Carnot, (b) uma máquina térmica real e (c) uma máquina térmica perfeita (que, obviamente, não pode ser construída na prática)?

8 Três máquinas de Carnot operam entre as temperaturas de (a) 400 e 500 K, (b) 500 e 600 K e (c) 400 e 600 K. Cada máquina extrai a mesma quantidade de energia por ciclo da fonte quente. Coloque em ordem decrescente os valores absolutos dos trabalhos realizados por ciclo pelas máquinas.

9 Um inventor afirma que inventou quatro máquinas, todas operando entre fontes de calor a temperaturas constantes de 400 K e 300 K. Os dados sobre cada máquina, por ciclo de operação, são os seguintes: máquina A, $Q_Q = 200$ J, $Q_F = -175$ J e $W = 40$ J; máquina B, $Q_Q = 500$ J, $Q_F = -200$ J e $W = 400$ J; máquina C, $Q_Q = 600$ J, $Q_F = -200$ J e $W = 400$ J; máquina D, $Q_Q = 100$ J, $Q_F = -90$ J e $W = 10$ J. Quais das máquinas violam a primeira lei da termodinâmica? Quais violam a segunda? Quais violam as duas leis? Quais não violam nenhuma?

10 A entropia por ciclo aumenta, diminui ou permanece a mesma (a) para um refrigerador de Carnot, (b) para um refrigerador real e (c) para um refrigerador perfeito (que, obviamente, não pode ser construído na prática)?

Problemas

F Fácil **M** Médio **D** Difícil **CALC** Requer o uso de derivadas e/ou integrais
CVF Informações adicionais disponíveis no e-book *O Circo Voador da Física*, de Jearl Walker, LTC Editora, Rio de Janeiro, 2008. **BIO** Aplicação biomédica

Módulo 20.1 Entropia

1 **F** **CALC** Suponha que 4,00 mols de um gás ideal sofram uma expansão reversível isotérmica do volume V_1 para o volume $V_2 = 2{,}00V_1$ a uma temperatura $T = 400$ K. Determine (a) o trabalho realizado pelo gás e (b) a variação de entropia do gás. (c) Se a expansão fosse reversível e adiabática em vez de isotérmica, qual seria a variação da entropia do gás?

2 **F** Um gás ideal sofre uma expansão reversível isotérmica a 77,0°C, na qual o volume aumenta de 1,30 L para 3,40 L. A variação de entropia do gás é 22,0 J/K. Quantos mols de gás estão presentes?

3 **F** Uma amostra de 2,50 mols de um gás ideal se expande reversível e isotermicamente a 360 K até que o volume seja duas vezes maior. Qual é o aumento da entropia do gás?

4 **F** Quanta energia deve ser transferida na forma de calor para uma expansão isotérmica reversível de um gás ideal a 132°C para que a entropia do gás aumente de 46,0 J/K?

5 **F** Determine (a) a energia absorvida na forma de calor e (b) a variação de entropia de um bloco de cobre, de 2,00 kg, cuja temperatura aumenta reversivelmente, de 25,0°C para 100°C. O calor específico do cobre é 386 J/kg · K.

6 **F** (a) Qual é a variação de entropia de um cubo de gelo de 12,0 g que se funde totalmente em um balde de água cuja temperatura está ligeiramente acima do ponto de congelamento da água? (b) Qual é a variação de entropia de uma colher de sopa de água, com uma massa de 5,00 g, que evapora totalmente ao ser colocada em uma placa quente, cuja temperatura está ligeiramente acima do ponto de ebulição da água?

7 **M** Um bloco de cobre de 50,0 g, cuja temperatura é 400 K, é colocado em uma caixa isolada junto com um bloco de chumbo de 100 g, cuja temperatura é 200 K. (a) Qual é a temperatura de equilíbrio do sistema de dois blocos? (b) Qual é a variação da energia interna do sistema do estado inicial para o estado de equilíbrio? (c) Qual é a variação da entropia do sistema? (*Sugestão*: Ver Tabela 18.4.1.)

8 **M** Em temperaturas muito baixas, o calor específico molar C_V de muitos sólidos é dado aproximadamente por $C_V = AT^3$, em que A depende da substância considerada. Para o alumínio, $A = 3{,}15 \times 10^{-5}$ J/mol · K^4. Determine a variação de entropia de 4,00 mols de alumínio quando a temperatura aumenta de 5,00 K para 10,0 K.

9 **M** **CALC** Um cubo de gelo, de 10 g a −10°C, é colocado em um lago cuja temperatura é 15°C. Calcule a variação da entropia do sistema cubo-lago quando o cubo de gelo entra em equilíbrio térmico com o lago. O calor específico do gelo é 2.220 J/kg · K. (*Sugestão*: O cubo de gelo afeta a temperatura do lago?)

10 **M** **CALC** Um bloco de 364 g é colocado em contato com uma fonte de calor. O bloco está inicialmente a uma temperatura mais baixa do que a da fonte. Suponha que a consequente transferência de energia na forma de calor da fonte para o bloco seja reversível. A Fig. 20.4 mostra a variação de entropia ΔS do bloco até que o equilíbrio térmico seja alcançado. A escala do eixo horizontal é definida por $T_a = 280$ K e $T_b = 380$ K. Qual é o calor específico do bloco?

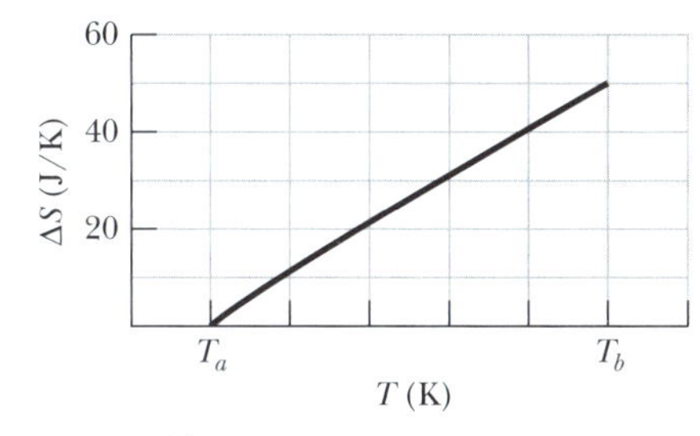

Figura 20.4 Problema 10.

11 **M** Em um experimento, 200 g de alumínio (com um calor específico de 900 J/kg · K) a 100°C são misturados com 50,0 g de água a 20,0°C, com a mistura isolada termicamente. (a) Qual é a temperatura de equilíbrio? Qual é a variação de entropia (b) do alumínio, (c) da água e (d) do sistema alumínio-água?

12 **M** Uma amostra de gás sofre uma expansão isotérmica reversível. A Fig. 20.5 mostra a variação ΔS da entropia do gás em função do volume final V_f do gás. A escala do eixo vertical é definida por $\Delta S_s = 64$ J/K. Quantos mols de gás existem na amostra?

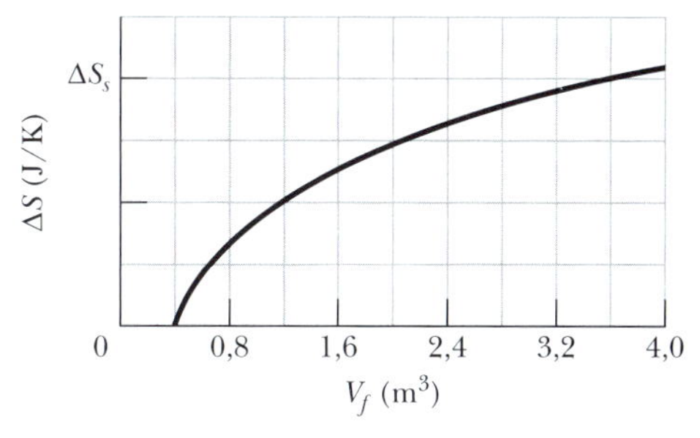

Figura 20.5 Problema 12.

13 **M** No processo irreversível da Fig. 20.1.5, as temperaturas iniciais dos blocos iguais E e D são 305,5 e 294,5 K, respectivamente, e 215 J é a energia que deve ser transferida de um bloco a outro para que o equilíbrio seja atingido. Para os processos reversíveis da Fig. 20.1.6, quanto é ΔS (a) para o bloco E, (b) para a fonte de calor do bloco E, (c) para o bloco D, (d) para a fonte de calor do bloco D, (e) para o sistema dos dois blocos e (f) para o sistema dos dois blocos e as duas fontes de calor?

14 **M** **CALC** (a) Para 1,0 mol de um gás monoatômico ideal submetido ao ciclo da Fig. 20.6, em que $V_1 = 4{,}00V_0$, qual é o valor de W/p_0V_0 quando o gás vai do estado a ao estado c ao longo da trajetória abc? Quanto é o valor de $\Delta E_{int}/p_0V_0$ quando o gás (b) vai de b a c e (c) descreve um ciclo completo? Quanto é o valor de ΔS quando o gás (d) vai de b a c e (e) descreve um ciclo completo?

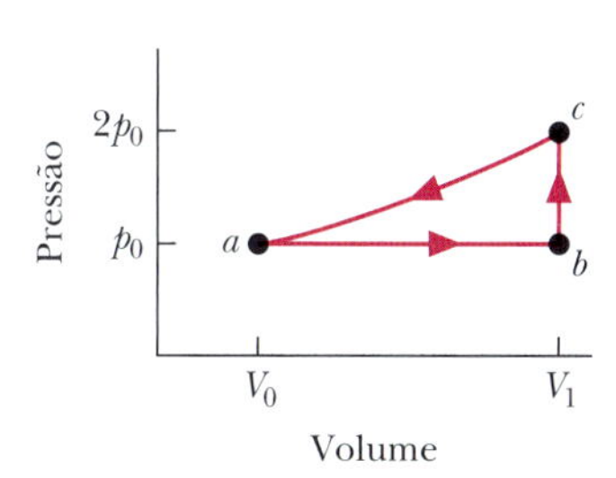

Figura 20.6 Problema 14.

15 **M** Uma mistura de 1.773 g de água e 227 g de gelo está inicialmente em equilíbrio a 0,000°C. A mistura é levada, por um processo reversível, a um segundo estado de equilíbrio no qual a razão água-gelo, em massa, é 1,00:1,00 a 0,000°C. (a) Calcule a variação de entropia do sistema durante esse processo. (O calor de fusão da água é 333 kJ/kg.) (b) O sistema é levado de volta ao estado de equilíbrio inicial por um processo irreversível (usando, por exemplo, um bico de Bunsen). Calcule a variação de entropia do sistema durante esse processo. (c) As respostas dos itens (a) e (b) são compatíveis com a segunda lei da termodinâmica?

16 **M** Um cubo de gelo de 8,0 g a −10°C é colocado em uma garrafa térmica com 100 cm³ de água a 20°C. De quanto varia a entropia do sistema cubo-água até o equilíbrio ser alcançado? O calor específico do gelo é 2.220 J/kg · K.

17 **M** Na Fig. 20.7, em que $V_{23} = 3{,}00V_1$, n mols de um gás diatômico ideal passam por um ciclo no qual as moléculas giram, mas não oscilam. Determine (a) p_2/p_1, (b) p_3/p_1 e (c) T_3/T_1. Para a trajetória $1 \rightarrow 2$, determine (d) W/nRT, (e) Q/nRT, (f) $\Delta E_{int}/nRT_1$ e (g) $\Delta S/nR$. Para a trajetória $2 \rightarrow 3$, determine (h) W/nRT_1, (i) Q/nRT_1, (j) $\Delta E_{int}/nRT_1$ e (k) $\Delta S/nR$. Para a trajetória $3 \rightarrow 1$, determine (l) W/nRT_1, (m) Q/nRT_1, (n) $\Delta E_{int}/nRT_1$ e (o) $\Delta S/nR$.

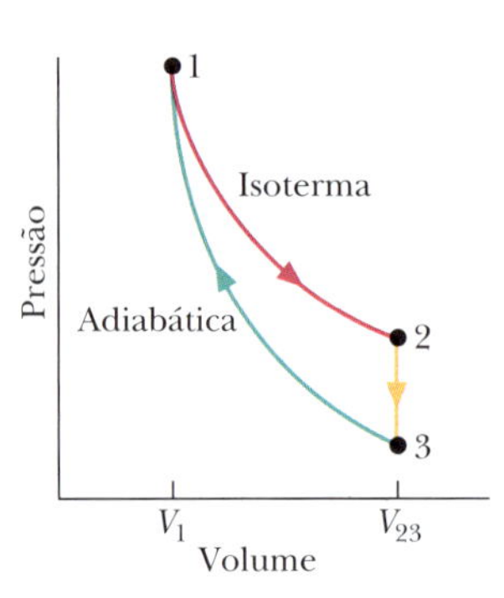

Figura 20.7 Problema 17.

18 **M** Uma amostra de 2,0 mols de um gás monoatômico ideal é submetida ao processo reversível da Fig. 20.8. A escala do eixo vertical é definida por $T_s = 400{,}0$ K e a escala do eixo horizontal é definida por $S_s = 20{,}0$ J/K. (a) Qual é a energia absorvida pelo gás na forma de calor? (b) Qual é a variação da energia interna do gás? (c) Qual é o trabalho realizado pelo gás?

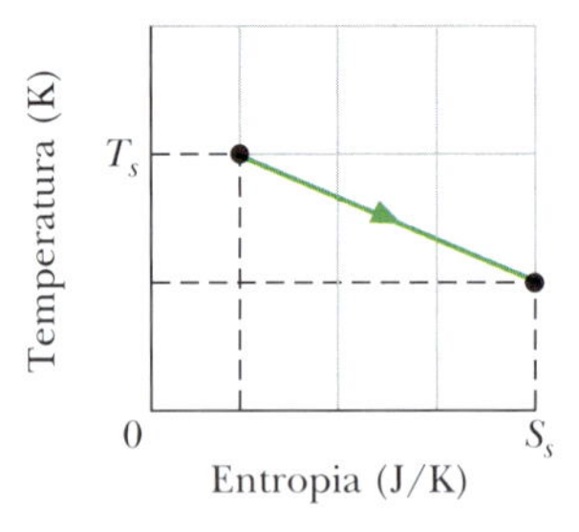

Figura 20.8 Problema 18.

19 **D** Suponha que 1,00 mol de um gás monoatômico ideal inicialmente à pressão p_1 e ocupando um volume V_1 seja submetido sucessivamente a dois processos: (1) uma expansão isotérmica até um volume $2{,}00V_1$ e (2) um aumento de pressão a volume constante até uma pressão $2{,}00p_1$. Qual é o valor de Q/p_1V_1 (a) para o processo 1 e (b) para o processo 2? Qual é o valor de W/p_1V_1 (c) para o processo 1 e (d) para o processo 2? Para o processo completo, qual é o valor (e) de $\Delta E_{int}/p_1V_1$ e (f) de ΔS? O gás retorna ao estado inicial e é levado ao mesmo estado final, mas desta vez pelos seguintes processos sucessivos: (1) uma compressão isotérmica até a pressão $2{,}00p_1$ e (2) um aumento de volume até $2{,}00V_1$ a pressão constante. Qual é o valor de Q/p_1V_1 (g) para o processo 1 e (h) para o processo 2? Qual é o valor de W/p_1V_1 (i) para o processo 1 e (j) para o processo 2? Quais são os valores de (k) $\Delta E_{int}/p_1V_1$ e (l) ΔS para o processo completo?

20 **D** **CALC** Expande-se 1,00 mol de um gás monoatômico ideal inicialmente a 5,00 kPa e 600 K do volume inicial $V_i = 1{,}00$ m³ para o volume final $V_f = 2{,}00$ m³. Em qualquer instante durante a expansão, a pressão p e o volume V do gás estão relacionados por $p = 5{,}00 \exp[(V_i - V)/a]$, com p em kPa, V_i e V em m³, e $a = 1{,}00$ m³. Qual é (a) a pressão e (b) a temperatura final do gás? (c) Qual é o trabalho realizado pelo gás durante a expansão? (d) Qual é o valor de ΔS para a expansão? (*Sugestão*: Use dois processos reversíveis simples para determinar ΔS.)

21 **D** **CVF** É possível remover energia, na forma de calor, de água à temperatura de congelamento (0,0°C à pressão atmosférica), ou mesmo abaixo dessa temperatura, sem que a água congele; quando isso acontece, dizemos que a água está *super-resfriada*. Suponha que uma gota d'água de 1,00 g seja super-resfriada até que a temperatura seja a mesma do ar nas vizinhanças, −5,00°C. Em seguida, a gota congela bruscamente, transferindo energia para o ar na forma de calor. Qual é a variação da entropia da gota? (*Sugestão*: Use um processo reversível de três estágios, como se a gota passasse pelo ponto normal de congelamento.) O calor específico do gelo é 2.220 J/kg · K.

22 **D** **CALC** Uma garrafa térmica isolada contém 130 g de água a 80,0°C. Um cubo de gelo de 12,0 g a 0°C é introduzido na garrafa térmica, formando um sistema *gelo + água original*. (a) Qual é a temperatura de equilíbrio do sistema? Qual é a variação de entropia da água que originalmente era gelo (b) ao derreter e (c) ao se aquecer até a temperatura de equilíbrio? (d) Qual é a variação de entropia da água original ao esfriar até a temperatura de equilíbrio? (e) Qual é a variação total de entropia do sistema *gelo + água original* ao atingir a temperatura de equilíbrio?

Módulo 20.2 Entropia no Mundo Real: Máquinas Térmicas

23 **F** Uma máquina de Carnot cuja fonte fria está a 17°C tem uma eficiência de 40%. De quanto deve ser elevada a temperatura da fonte quente para que a eficiência aumente para 50%?

24 **F** Uma máquina de Carnot absorve 52 kJ na forma de calor e rejeita 36 kJ na forma de calor em cada ciclo. Calcule (a) a eficiência da máquina e (b) o trabalho realizado por ciclo em quilojoules.

25 **F** Uma máquina de Carnot opera, com uma eficiência de 22,0%, entre duas fontes de calor. Se a diferença entre as temperaturas das fontes é 75,0C°, qual é a temperatura (a) da fonte fria e (b) da fonte quente?

26 **F** Em um reator de fusão nuclear hipotético, o combustível é o gás deutério a uma temperatura de 7×10^8 K. Se o gás pudesse ser usado para operar uma máquina de Carnot com $T_F = 100$°C, qual seria a eficiência da máquina? Tome as duas temperaturas como exatas e calcule a resposta com sete algarismos significativos.

27 **F** Uma máquina de Carnot opera entre 235°C e 115°C, absorvendo $6{,}30 \times 10^4$ J por ciclo na temperatura mais alta. (a) Qual é a eficiência da máquina? (b) Qual é o trabalho por ciclo que a máquina é capaz de realizar?

28 **M** No primeiro estágio de uma máquina de Carnot de dois estágios, uma energia Q_1 é absorvida na forma de calor à temperatura T_1, um trabalho W_1 é realizado, e uma energia Q_2 é liberada na forma de calor à temperatura T_2. O segundo estágio absorve essa energia Q_2, realiza um trabalho W_2 e libera energia na forma de calor Q_3 a uma temperatura ainda menor, T_3. Mostre que a eficiência da máquina é $(T_1 - T_3)/T_1$.

29 **M** A Fig. 20.9 mostra um ciclo reversível a que é submetido 1,00 mol de um gás monoatômico ideal. Suponha que $p = 2p_0$, $V = 2V_0$, $p_0 = 1{,}01 \times 10^5$ Pa e $V_0 = 0{,}0225$ m³. Calcule (a) o trabalho realizado durante o ciclo, (b) a energia adicionada em forma de calor durante o percurso abc e (c) a eficiência do ciclo. (d) Qual é a eficiência de uma máquina de Carnot operando entre a temperatura mais alta e a temperatura mais baixa do ciclo? (e) A eficiência calculada no item (d) é maior ou menor que a eficiência calculada no item (c)?

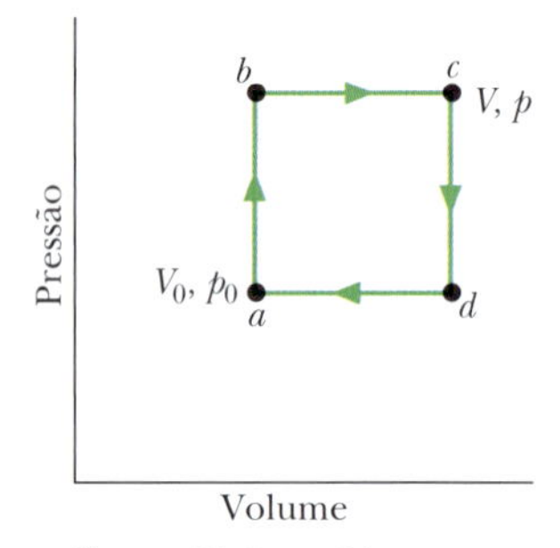

Figura 20.9 Problema 29.

30 **M** Uma máquina de Carnot de 500 W opera entre fontes de calor a temperaturas constantes de 100°C e 60,0°C. Qual é a taxa com a qual a energia é (a) absorvida pela máquina na forma de calor e (b) rejeitada pela máquina na forma de calor?

31 **M** A eficiência de um motor de automóvel é 25% quando o motor realiza um trabalho de 8,2 kJ por ciclo. Suponha que o processo é reversível. Determine (a) a energia Q_{ganho} que o motor ganha por ciclo em forma de calor graças à queima do combustível e (b) a energia $Q_{perdido}$ que o motor perde por ciclo em forma de calor por causa do atrito. Se uma regulagem do motor aumenta a eficiência para 31%, qual é o novo valor (c) de Q_{ganho} e (d) de $Q_{perdido}$ para o mesmo valor do trabalho realizado por ciclo?

32 **M** Uma máquina de Carnot é projetada para realizar certo trabalho W por ciclo. Em cada ciclo, uma energia Q_Q na forma de calor é transferida para a substância de trabalho da máquina a partir da fonte quente, que está a uma temperatura ajustável T_Q. A fonte fria é mantida à temperatura $T_F = 250$ K. A Fig. 20.10 mostra o valor de Q_Q em função de T_Q. A escala do eixo vertical é definida por $Q_{Qs} = 6{,}0$ kJ. Se T_Q é ajustada para 550 K, qual é o valor de Q_Q?

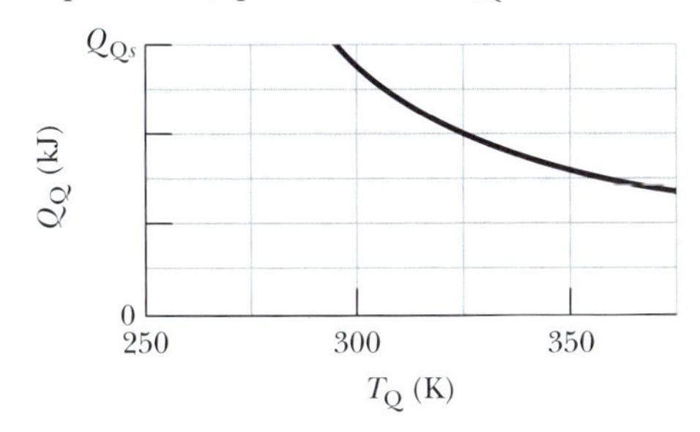

Figura 20.10 Problema 32.

33 **M** A Fig. 20.11 mostra um ciclo reversível a que é submetido 1,00 mol de um gás monoatômico ideal. O volume $V_c = 8{,}00V_b$. O processo *bc* é uma expansão adiabática, com $p_b = 10{,}0$ atm e $V_b = 1{,}00 \times 10^{-3}$ m³. Determine, para o ciclo completo, (a) a energia fornecida ao gás na forma de calor, (b) a energia liberada pelo gás na forma de calor e (c) o trabalho líquido realizado pelo gás. (d) Calcule a eficiência do ciclo.

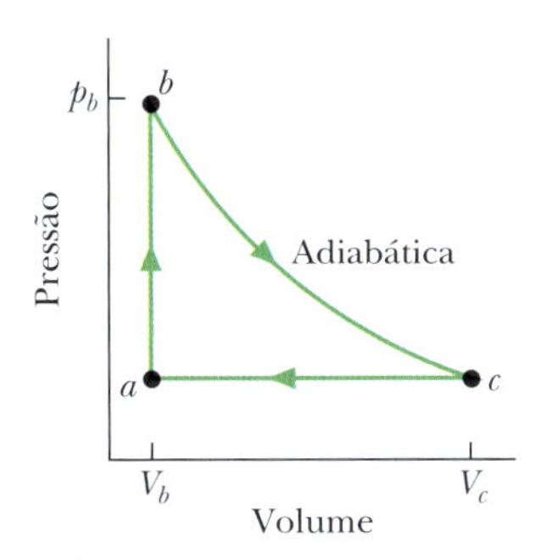

Figura 20.11 Problema 33.

34 **M** Um gás ideal (1,0 mol) é a substância de trabalho de uma máquina térmica que descreve o ciclo mostrado na Fig. 20.12. Os processos *BC* e *DA* são reversíveis e adiabáticos. (a) O gás é monoatômico, diatômico ou poliatômico? (b) Qual é a eficiência da máquina?

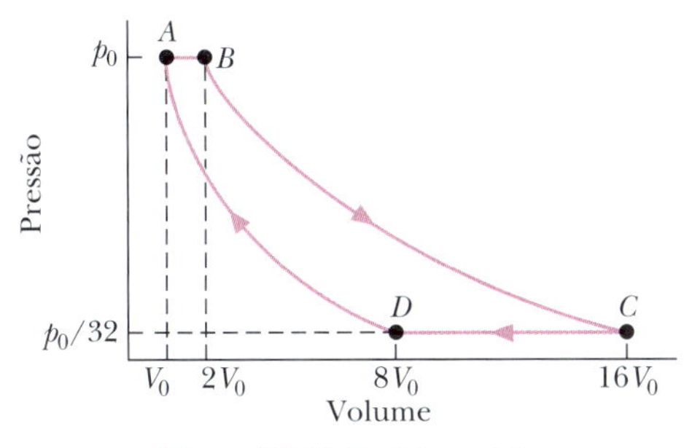

Figura 20.12 Problema 34.

35 **D** **CALC** O ciclo da Fig. 20.13 representa a operação de um motor de combustão interna a gasolina. O volume $V_3 = 4{,}00V_1$. Suponha que a mistura de admissão gasolina-ar é um gás ideal com $\gamma = 1{,}30$. Qual é a razão (a) T_2/T_1, (b) T_3/T_1, (c) T_4/T_1, (d) p_3/p_1 e (e) p_4/p_1? (f) Qual é a eficiência do motor?

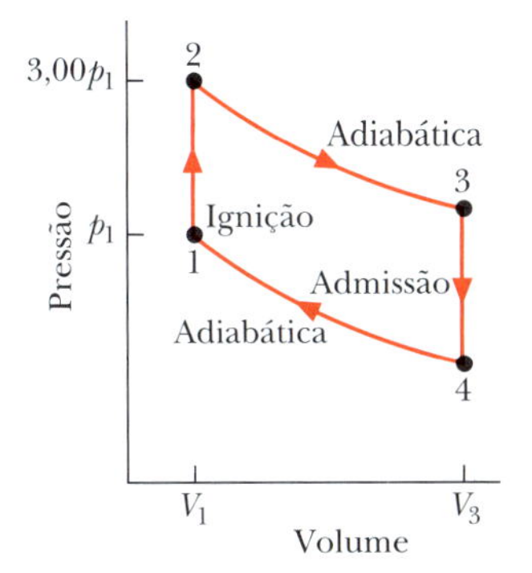

Figura 20.13 Problema 35.

Módulo 20.3 Refrigeradores e Máquinas Térmicas Reais

36 **F** Qual deve ser o trabalho realizado por um refrigerador de Carnot para transferir 1,0 J na forma de calor (a) de uma fonte de calor a 7,0 °C para uma fonte de calor a 27 °C, (b) de uma fonte a −73 °C para uma a 27 °C, (c) de uma fonte a −173 °C para uma a 27 °C e (d) de uma fonte a −223 °C para uma a 27 °C?

37 **F** Uma bomba térmica é usada para aquecer um edifício. A temperatura externa é −5,0 °C, e a temperatura no interior do edifício deve ser mantida em 22 °C. O coeficiente de desempenho da bomba é 3,8 e a bomba térmica fornece 7,54 MJ por hora ao edifício na forma de calor. Se a bomba térmica é uma máquina de Carnot trabalhando no sentido inverso, qual deve ser a potência de operação da bomba?

38 **F** O motor elétrico de uma bomba térmica transfere energia na forma de calor do exterior, que está a −5,0 °C, para uma sala que está a 17 °C. Se a bomba térmica fosse uma bomba térmica de Carnot (uma máquina de Carnot trabalhando no sentido inverso), que energia seria transferida na forma de calor para a sala para cada joule de energia elétrica consumida?

39 **F** Um condicionador de ar de Carnot extrai energia térmica de uma sala a 70 °F e a transfere na forma de calor para o ambiente, que está a 96 °F. Para cada joule da energia elétrica necessária para operar o condicionador de ar, quantos joules são removidos da sala?

40 **F** Para fazer gelo, um refrigerador, que é o inverso de uma máquina de Carnot, extrai 42 kJ na forma de calor a −15 °C durante cada ciclo, com um coeficiente de desempenho de 5,7. A temperatura ambiente é 30,3 °C. (a) Qual é a energia por ciclo fornecida ao ambiente na forma de calor e (b) qual o trabalho por ciclo necessário para operar o refrigerador?

41 **M** Um condicionador de ar operando entre 93 °F e 70 °F é especificado como tendo uma capacidade de refrigeração de 4.000 Btu/h. O coeficiente de desempenho é 27% do coeficiente de desempenho de um refrigerador de Carnot operando entre as mesmas temperaturas. Qual é a potência do motor do condicionador de ar em horsepower?

42 **M** O motor de um refrigerador tem uma potência de 200 W. Se o compartimento do congelador está a 270 K e o ar externo está a 300 K, e supondo que o refrigerador tem a mesma eficiência que um refrigerador de Carnot, qual é a quantidade máxima de energia que pode ser extraída, na forma de calor, do compartimento do congelador em 10,0 min?

43 **M** A Fig. 20.14 mostra uma máquina de Carnot que trabalha entre as temperaturas $T_1 = 400$ K e $T_2 = 150$ K e alimenta um refrigerador de Carnot que trabalha entre as temperaturas $T_3 = 325$ K e $T_4 = 225$ K. Qual é a razão Q_3/Q_1?

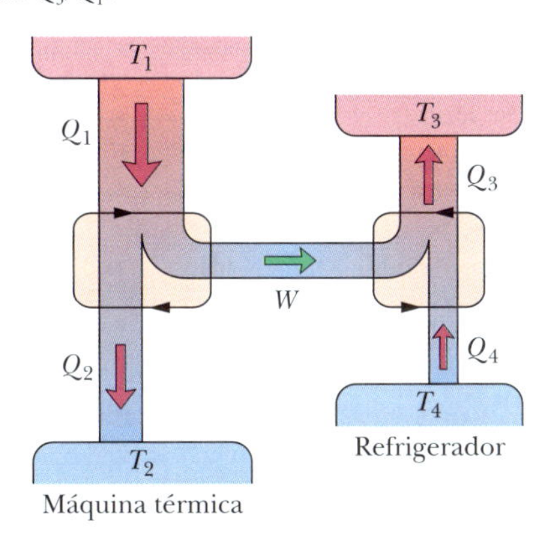

Figura 20.14 Problema 43.

44 **M** (a) Durante cada ciclo, uma máquina de Carnot absorve 750 J na forma de calor de uma fonte quente a 360 K, com a fonte fria a 280 K. Qual é o trabalho realizado por ciclo? (b) A máquina é operada no sentido inverso para funcionar como um refrigerador de Carnot entre as mesmas fontes. Que trabalho é necessário, durante um ciclo, para remover 1.200 J da fonte fria na forma de calor?

Módulo 20.4 Visão Estatística da Entropia

45 F Construa uma tabela como a Tabela 20.4.1 para oito moléculas.

46 M Uma caixa contém N moléculas iguais de um gás, igualmente divididas nos dois lados da caixa. Determine, para $N = 50$, (a) a multiplicidade W da configuração central, (b) o número total de microestados e (c) a porcentagem do tempo que o sistema passa na configuração central. Determine, para $N = 100$, (d) a multiplicidade W da configuração central, (e) o número total de microestados e (f) a porcentagem do tempo que o sistema passa na configuração central. Determine, para $N = 200$, (g) a multiplicidade W da configuração central, (h) o número total de microestados e (i) a porcentagem do tempo que o sistema passa na configuração central. (j) O tempo que o sistema passa na configuração central aumenta ou diminui quando N aumenta?

47 D Uma caixa contém N moléculas de um gás. A caixa é dividida em três partes iguais. (a) Por extensão da Eq. 20.4.1, escreva uma fórmula para a multiplicidade de qualquer configuração dada. (b) Considere duas configurações: a configuração A, com números iguais de moléculas nas três divisões da caixa, e a configuração B, com números iguais de moléculas em cada lado da caixa dividida em duas partes iguais em vez de em três. Qual é a razão W_A/W_B entre a multiplicidade da configuração A e a da configuração B? (c) Calcule W_A/W_B para $N = 100$. (Como 100 não é divisível por 3, ponha 34 moléculas em uma das três partes da configuração A e 33 moléculas nas duas outras partes.)

Problemas Adicionais

48 Quatro partículas estão na caixa isolada da Fig. 20.4.1. Determine (a) a menor multiplicidade, (b) a maior multiplicidade, (c) a menor entropia e (d) a maior entropia do sistema de quatro partículas.

49 Uma barra cilíndrica de cobre com 1,50 m de comprimento e 2,00 cm de raio é isolada para impedir a perda de calor pela superfície lateral. Uma das extremidades é colocada em contato com uma fonte de calor a 300 °C; a outra é colocada em contato com uma fonte de calor a 30,0 °C. Qual é a taxa de aumento de entropia do sistema barra-fontes?

50 Suponha que 0,550 mol de um gás ideal seja expandido isotérmica e reversivelmente nas quatro situações da tabela a seguir. Qual é a variação de entropia do gás para cada situação?

Situação	(a)	(b)	(c)	(d)
Temperatura (K)	250	350	400	450
Volume inicial (cm^3)	0,200	0,200	0,300	0,300
Volume final (cm^3)	0,800	0,800	1,20	1,20

51 Quando uma amostra de nitrogênio (N_2) sofre um aumento de temperatura a volume constante, a distribuição de velocidades das moléculas se altera, ou seja, a função distribuição de probabilidade $P(v)$ da velocidade das moléculas se torna mais larga, como mostra a Fig. 19.6.1*b*. Uma forma de descrever esse alargamento de $P(v)$ é medir a diferença Δv entre a velocidade mais provável v_P e a velocidade média quadrática v_{rms}. Quando $P(v)$ se estende para velocidades maiores, Δv aumenta. Suponha que o gás é ideal e que as moléculas de N_2 giram, mas não oscilam. Para 1,5 mol de N_2, uma temperatura inicial de 250 K e uma temperatura final de 500 K, (a) qual é a diferença inicial Δv_i, (b) qual é a diferença final Δv_f e (c) qual é a variação de entropia ΔS do gás?

52 Suponha que 1,0 mol de um gás monoatômico ideal inicialmente ocupando um volume de 10 L e a uma temperatura de 300 K seja aquecido a volume constante até 600 K, liberado para se expandir isotermicamente até a pressão inicial e, finalmente, contraído a pressão constante até os valores iniciais de volume, pressão e temperatura. Durante o ciclo, (a) qual é a energia líquida introduzida no sistema (o gás) na forma de calor e (b) qual o trabalho líquido realizado pelo gás? (c) Qual é a eficiência do ciclo?

53 CALC Suponha que um poço profundo seja cavado na crosta terrestre perto de um dos polos, onde a temperatura da superfície é −40 °C, até uma profundidade onde a temperatura é 800 °C. (a) Qual é o limite teórico para a eficiência de uma máquina térmica operando entre as duas temperaturas? (b) Se toda a energia liberada na forma de calor na fonte fria for usada para derreter gelo que se encontra inicialmente a −40 °C, a que taxa água líquida a 0 °C poderá ser produzida por uma usina de energia elétrica de 100 MW (tratada como uma máquina térmica)? O calor específico do gelo é 2.220 J/kg · K; o calor de fusão da água é 333 kJ/kg. (Observe que, nesse caso, a máquina térmica passará a operar entre 0 °C e 800 °C, já que a temperatura da fonte fria aumentará para 0 °C.)

54 Qual é a variação de entropia para 3,20 mols de um gás monoatômico ideal que sofrem um aumento reversível de temperatura de 380 K para 425 K a volume constante?

55 CALC Um lingote de cobre de 600 g a 80,0 °C é colocado em 70,0 g de água a 10,0 °C em um recipiente isolado. (Os calores específicos estão na Tabela 18.4.1.) (a) Qual é a temperatura de equilíbrio do sistema cobre-água? Que variação de entropia (b) o cobre, (c) a água e (d) o sistema cobre-água sofrem até atingirem a temperatura de equilíbrio?

56 CALC CVF A Fig. 20.15 mostra o módulo F da força em função do alongamento x de um elástico, com a escala do eixo F definida por $F_s = 1{,}50$ N e a escala do eixo x definida por $x_s = 3{,}50$ cm. A temperatura é 2,00 °C. Quando o elástico é alongado de $x = 1{,}70$ cm, qual é a taxa de variação da entropia do elástico com o alongamento para pequenos alongamentos?

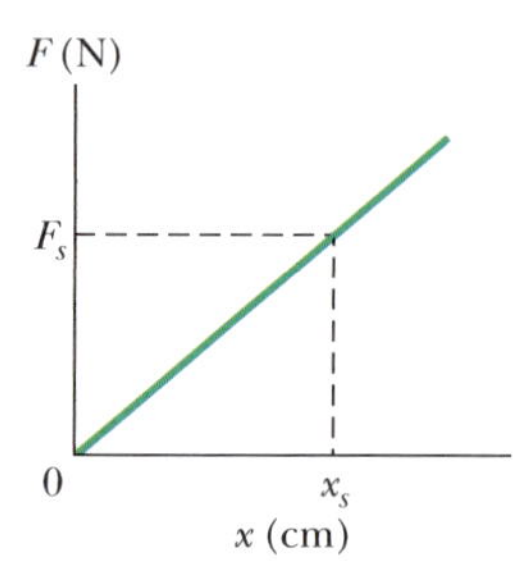

Figura 20.15 Problema 56.

57 CALC A temperatura de 1,00 mol de um gás monoatômico ideal é elevada reversivelmente de 300 para 400 K, com o volume mantido constante. Qual é a variação da entropia do gás?

58 Repita o Problema 57 supondo que é a pressão do gás que é mantida constante.

59 CALC Uma amostra de 0,600 kg de água está inicialmente na forma de gelo à temperatura de −20 °C. Qual será a variação de entropia da amostra se a temperatura aumentar para 40 °C?

60 Um ciclo de três etapas é realizado por 3,4 mols de um gás diatômico ideal: (1) a temperatura do gás é aumentada de 200 K para 500 K a volume constante; (2) o gás é expandido isotermicamente até a pressão original; (3) o gás é contraído a pressão constante de volta ao volume original. Durante o ciclo, as moléculas giram, mas não oscilam. Qual é a eficiência do ciclo?

61 Um inventor construiu uma máquina térmica X que, segundo ele, possui uma eficiência ε_X maior que a eficiência ε de uma máquina térmica ideal operando entre as mesmas temperaturas. Suponhamos que a máquina X seja acoplada a um refrigerador de Carnot (Fig. 20.16*a*) e os tempos do refrigerador de Carnot sejam ajustados para que o trabalho necessário por ciclo seja igual ao que é realizado pela máquina X. Trate o conjunto máquina X-refrigerador como um único sistema e mostre que, se a alegação do inventor fosse verdadeira (ou seja, se $\varepsilon_X > \varepsilon$), o conjunto se comportaria como um refrigerador perfeito (Fig. 20.16*b*), transferindo energia na forma de calor do reservatório frio para o reservatório quente sem necessidade de realizar trabalho.

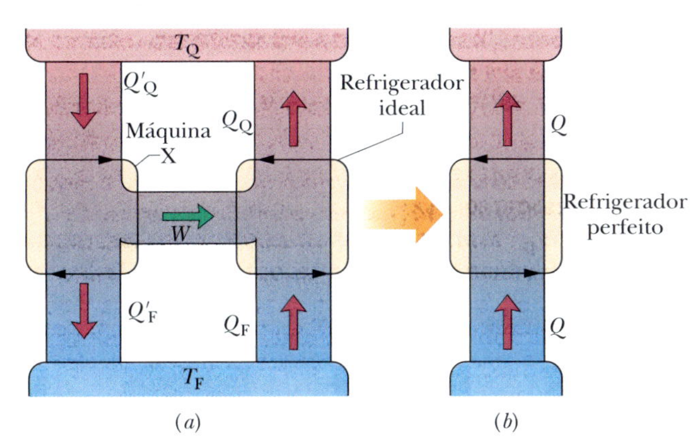

Figura 20.16 Problema 61.

62 CALC Suponha que 2,00 mols de um gás diatômico ideal sejam submetidos reversivelmente ao ciclo mostrado no diagrama T-S da Fig. 20.17, em que $S_1 = 6{,}00$ J/K e $S_2 = 8{,}00$ J/K. As moléculas não giram nem oscilam. Qual é a energia transferida na forma de calor Q (a) na trajetória $1 \rightarrow 2$, (b) na trajetória $2 \rightarrow 3$ e (c) no ciclo completo? (d) Qual é o trabalho W para o processo isotérmico? O volume V_1 no estado 1 é 0,200 m³. Qual é o volume (e) no estado 2 e (f) no estado 3?

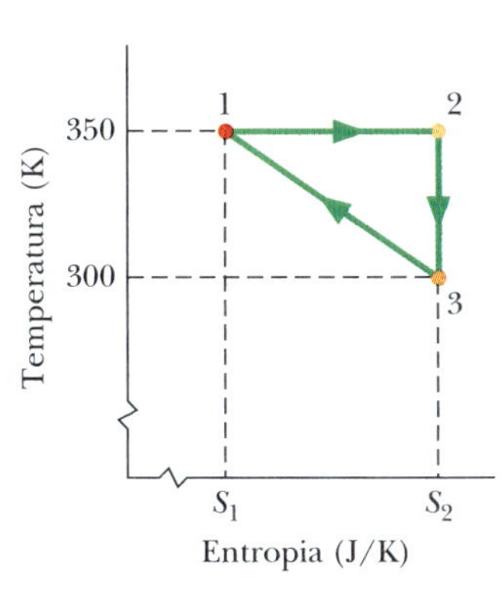

Figura 20.17 Problema 62.

Qual é a variação ΔE_{int} (g) na trajetória $1 \rightarrow 2$, (h) na trajetória $2 \rightarrow 3$ e (i) no ciclo completo? (*Sugestão*: O item (h) pode ser resolvido em uma ou duas linhas de cálculos usando os resultados do Módulo 19.7 ou em uma página de cálculos usando os resultados do Módulo 19.9.) (j) Qual é o trabalho W para o processo adiabático?

63 CALC Um ciclo de três etapas é executado reversivelmente por 4,00 mols de um gás ideal: (1) uma expansão adiabática que dá ao gás 2,00 vezes o volume inicial, (2) um processo a volume constante, (3) uma compressão isotérmica de volta ao estado inicial do gás. Não sabemos se o gás é monoatômico ou diatômico; se for diatômico, não sabemos se as moléculas estão girando ou oscilando. Qual é a variação de entropia (a) para o ciclo, (b) para o processo 1, (c) para o processo 3 e (d) para o processo 2?

64 (a) Uma máquina de Carnot opera entre uma fonte quente a 320 K e uma fonte fria a 260 K. Se a máquina absorve 500 J da fonte quente por ciclo na forma de calor, qual é o trabalho realizado por ciclo? (b) Se a máquina opera como um refrigerador entre as mesmas fontes, que trabalho por ciclo deve ser fornecido para remover 1.000 J da fonte fria na forma de calor?

65 Dois mols de um gás diatômico inicialmente a 300 K realizam o seguinte ciclo: o gás é (1) aquecido a volume constante até 800 K, (2) liberado para se expandir isotermicamente até a pressão inicial, (3) contraído a pressão constante para o estado inicial. Supondo que as moléculas do gás nem giram nem oscilam, determine (a) a energia líquida transferida para o gás em forma de calor, (b) o trabalho líquido realizado pelo gás e (c) a eficiência do ciclo.

66 Um refrigerador ideal realiza 150 J de trabalho para remover 560 J do compartimento frio na forma de calor. (a) Qual é o coeficiente de desempenho do refrigerador? (b) Qual é a quantidade de energia liberada para a cozinha, por ciclo, na forma de calor?

67 Suponha que 260 J sejam conduzidos de uma fonte à temperatura constante de 400 K para uma fonte (a) a 100 K, (b) a 200 K, (c) a 300 K e (d) a 360 K. Qual é a variação líquida da entropia das fontes, ΔS_{liq}, em cada caso? (e) Quando a diferença entre as temperaturas das fontes diminui, ΔS_{liq} aumenta, diminui ou permanece a mesma?

68 Um liquefator de hélio está em uma sala mantida a 300 K. Se a temperatura do hélio no interior do aparelho é 4,0 K, qual é o valor mínimo da razão Q_{sala}/Q_{He}, em que Q_{sala} é a energia fornecida à sala na forma de calor e Q_{He} é a energia removida do hélio na forma de calor?

69 Uma barra de latão está em contato térmico com uma fonte de calor a uma temperatura constante de 130 °C em uma extremidade e com uma fonte de calor a uma temperatura constante de 24,0 °C na outra extremidade. (a) Calcule a variação total da entropia do sistema barra-fontes quando 5.030 J de energia são transferidos de uma fonte para a outra por meio da barra. (b) A entropia da barra varia?

70 CALC Um bloco de tungstênio, de 45,0 g a 30,0 °C, e um bloco de prata, de 25,0 g a −120 °C, são colocados juntos em um recipiente isolado. (Os calores específicos estão na Tabela 18.4.1.) (a) Qual é a temperatura de equilíbrio? Que variação de entropia (b) o tungstênio, (c) a prata e (d) o sistema tungstênio-prata sofrem até atingirem a temperatura de equilíbrio?

71 *Turbina.* A turbina de um gerador de energia elétrica movido a vapor recebe vapor de uma caldeira a 520 °C e o descarrega em um condensador a 100 °C. Qual é a maior eficiência possível da turbina?

72 *Bomba de calor.* Uma bomba de calor pode ser usada para aquecer uma casa usando o calor do lado de fora da casa para realizar trabalho e descarregando calor no interior da casa. Qual é a menor taxa com a qual a energia deve ser fornecida à bomba de calor se a temperatura do lado de fora da casa é −10 °C, a temperatura no interior da casa é mantida em 22 °C e taxa de fornecimento de calor ao interior da casa deve ser 16 kW para compensar as perdas de calor?

73 *Máquina de Stirling.* A Fig. 20.2.6 é um diagrama p-V de uma versão ideal da máquina de Stirling, que recebeu esse nome em homenagem ao Reverendo Robert Stirling, da Igreja da Escócia, que foi o primeiro a propor esse tipo de máquina térmica em 1816. Suponha que a máquina usa $n = 8{,}1 \times 10^{-3}$ mol de um gás ideal, e opera entre fontes quente e fria a temperaturas de $T_Q = 95$ °C e $T_F = 24$ °C a uma taxa de 0,70 ciclo por segundo. Um ciclo consiste em uma expansão isotérmica (*ab*, de V_a a $1{,}5V_a$), uma compressão isotérmica (*cd*) e dois processos a volume constante (*bc* e *da*). (a) Qual é o trabalho líquido da máquina por ciclo? (b) Qual é a potência da máquina? (c) Qual é a transferência líquida de calor para o gás durante um ciclo? (d) Qual é a eficiência ε da máquina?

74 *Automóvel.* Um motor de automóvel com uma eficiência ε de 22,0% opera a 95,0 ciclos por segundo e realiza trabalho à taxa de 120 hp. (a) Qual é o trabalho, em joules, realizado pelo motor em cada ciclo? (b) Qual é quantidade de calor que o motor absorve (extrai da "fonte quente") em cada ciclo? (c) Qual é a quantidade de calor descartada pelo motor para a "fonte fria" em cada ciclo?

75 *Máquina térmica funcionando ao contrário.* Uma máquina térmica ideal tem uma eficiência ε. Mostre que se a máquina funcionar ao contrário como um refrigerador ideal, o coeficiente de desempenho será $K = (1 - \varepsilon)/\varepsilon$.

76 *Geladeira.* Uma geladeira doméstica cujo coeficiente de desempenho K é 4,70 extrai calor da fonte fria à taxa de 250 J por ciclo. (a) Qual é o trabalho necessário por ciclo realizado pela geladeira? (b) Qual é a quantidade de calor por ciclo transferida para a cozinha, que se comporta como a fonte quente da geladeira?

APÊNDICE A

SISTEMA INTERNACIONAL DE UNIDADES (SI)*

Tabela 1 Unidades Fundamentais do SI

Grandeza	Nome	Símbolo	Definição
comprimento	metro	m	"... a distância percorrida pela luz no vácuo em 1/299.792.458 de segundo." (1983)
massa	quilograma	kg	"... este protótipo [um certo cilindro de platina-irídio] será considerado daqui em diante como a unidade de massa." (1889)
tempo	segundo	s	"... a duração de 9.192.631.770 períodos da radiação correspondente à transição entre os dois níveis hiperfinos do estado fundamental do átomo de césio 133 em repouso a 0 K". (1997)
corrente elétrica	ampère	A	"... a corrente constante, que, se mantida em dois condutores paralelos retos de comprimento infinito, de seção transversal circular desprezível e separados por uma distância de 1 m no vácuo, produziria entre esses condutores uma força igual a 2×10^{-7} newton por metro de comprimento." (1946)
temperatura termodinâmica	kelvin	K	"... a fração 1/273,16 da temperatura termodinâmica do ponto triplo da água." (1967)
quantidade de matéria	mol	mol	"... a quantidade de matéria de um sistema que contém um número de entidades elementares igual ao número de átomos que existem em 0,012 quilograma de carbono 12." (1971)
intensidade luminosa	candela	cd	"... a intensidade luminosa, em uma dada direção, de uma fonte que emite radiação monocromática de frequência 540×10^{12} hertz e que irradia nesta direção com uma intensidade de 1/683 watt por esferorradiano." (1979)

*Adaptada de "The Interna-tional System of Units (SI)", Publicação Especial 330 do National Bureau of Standards, edição de 2008. As definições acima foram adotadas pela Conferência Nacional de Pesos e Medidas, órgão internacional, nas datas indicadas. A candela não é usada neste livro.

Tabela 2 Algumas Unidades Secundárias do SI

Grandeza	Nome da Unidade	Símbolo	
área	metro quadrado	m^2	
volume	metro cúbico	m^3	
frequência	hertz	Hz	s^{-1}
massa específica	quilograma por metro cúbico	kg/m^3	
velocidade	metro por segundo	m/s	
velocidade angular	radiano por segundo	rad/s	
aceleração	metro por segundo ao quadrado	m/s^2	
aceleração angular	radiano por segundo ao quadrado	rad/s^2	
força	newton	N	$kg \cdot m/s^2$
pressão	pascal	Pa	N/m^2
trabalho, energia, quantidade de calor	joule	J	$N \cdot m$
potência	watt	W	J/s
quantidade de carga elétrica	coulomb	C	$A \cdot s$
diferença de potencial, força eletromotriz	volt	V	W/A
intensidade de campo elétrico	volt por metro (ou newton por coulomb)	V/m	N/C
resistência elétrica	ohm	Ω	V/A
capacitância	farad	F	$A \cdot s/V$
fluxo magnético	weber	Wb	$V \cdot s$
indutância	henry	H	$V \cdot s/A$
densidade de fluxo magnético	tesla	T	Wb/m^2
intensidade de campo magnético	ampère por metro	A/m	
entropia	joule por kelvin	J/K	
calor específico	joule por quilograma-kelvin	$J/(kg \cdot K)$	
condutividade térmica	watt por metro-kelvin	$W/(m \cdot K)$	
intensidade radiante	watt por esferorradiano	W/sr	

Tabela 3 Unidades Suplementares do SI

Grandeza	Nome da Unidade	Símbolo
ângulo plano	radiano	rad
ângulo sólido	esferorradiano	sr

APÊNDICE B

ALGUMAS CONSTANTES FUNDAMENTAIS DA FÍSICA*

Constante	Símbolo	Valor Prático	Melhor Valor (2018)	
			Valor[a]	Incerteza[b]
Velocidade da luz no vácuo	c	$3{,}00 \times 10^{8}$ m/s	2,997 924 58	exata
Carga elementar	e	$1{,}60 \times 10^{-19}$ C	1,602 176 634	exata
Constante gravitacional	G	$6{,}67 \times 10^{-11}$ $m^3/s^2 \cdot kg$	6,674 38	22
Constante universal dos gases	R	8,31 J/mol · K	8,314 462 618	exata
Constante de Avogadro	N_A	$6{,}02 \times 10^{23}$ mol^{-1}	6,022 140 76	exata
Constante de Boltzmann	k	$1{,}38 \times 10^{-23}$ J/K	1,388 649	exata
Constante de Stefan-Boltzmann	σ	$5{,}67 \times 10^{-8}$ $W/m^2 \cdot K^4$	5,670 374 419	exata
Volume molar de um gás ideal nas CNTP[c]	V_m	$2{,}27 \times 10^{-2}$ m^3/mol	2,271 095 464	exata
Constante elétrica	ϵ_0	$8{,}85 \times 10^{-12}$ F/m	8,854 187 812 8	$1{,}5 \times 10^{-4}$
Constante magnética	μ_0	$1{,}26 \times 10^{-6}$ H/m	1,256 637 062 12	$1{,}5 \times 10^{-4}$
Constante de Planck	h	$6{,}63 \times 10^{-34}$ J · s	6,626 070 15	exata
Massa do elétron[d]	m_e	$9{,}11 \times 10^{-31}$ kg	9,109 383 7055	$3{,}0 \times 10^{-4}$
		$5{,}49 \times 10^{-4}$ u	5,485 799 090 65	$2{,}9 \times 10^{-5}$
Massa do próton[d]	m_p	$1{,}67 \times 10^{-27}$ kg	1,672 621 923 69	$3{,}1 \times 10^{-4}$
		1,0073 u	1,007 276 466 621	$5{,}3 \times 10^{-5}$
Razão entre a massa do próton e a massa do elétron	m_p/m_e	1840	1836,152 673 43	$6{,}0 \times 10^{-5}$
Razão entre a massa e a carga do elétron	e/m_e	$1{,}76 \times 10^{11}$ C/kg	−1,758 820 010 76	$3{,}0 \times 10^{-4}$
Massa do nêutron[d]	m_n	$1{,}68 \times 10^{-27}$ kg	1,674 927 498 04	$5{,}7 \times 10^{-4}$
		1,0087 u	1,007 825 092 15	$5{,}3 \times 10^{-5}$
Massa do átomo de hidrogênio[d]	$m_{^1H}$	1,0078 u	2,014 101 792 65	$2{,}0 \times 10^{-5}$
Massa do átomo de deutério[d]	$m_{^2H}$	2,0136 u	4,002 603 338 94	$1{,}6 \times 10^{-5}$
Massa do átomo de hélio[d]	$m_{^4He}$	4,0026 u	1,883 531 627	$2{,}2 \times 10^{-2}$
Massa do múon	m_μ	$1{,}88 \times 10^{-28}$ kg		
Momento magnético do elétron	μ_e	$9{,}28 \times 10^{-24}$ J/T	−9,284 764 7043	$3{,}0 \times 10^{-4}$
Momento magnético do próton	μ_p	$1{,}41 \times 10^{-26}$ J/T	1,410 606 797 36	$4{,}2 \times 10^{-4}$
Magnéton de Bohr	μ_B	$9{,}27 \times 10^{-24}$ J/T	9,274 010 0783	$3{,}0 \times 10^{-4}$
Magnéton nuclear	μ_N	$5{,}05 \times 10^{-27}$ J/T	5,050 783 7461	$3{,}1 \times 10^{-4}$
Raio de Bohr	a	$5{,}29 \times 10^{-11}$ m	5,291 772 109 03	$1{,}5 \times 10^{-4}$
Constante de Rydberg	R	$1{,}10 \times 10^{7}$ m^{-1}	1,097 373 156 8160	$1{,}9 \times 10^{-6}$
Comprimento de onda de Compton do elétron	λ_C	$2{,}43 \times 10^{-12}$ m	2,426 310 238 67	$3{,}0 \times 10^{-4}$

[a]Os valores desta coluna têm a mesma unidade e potência de 10 que o valor prático.

[b]Partes por milhão.

[c]CNTP significa condições normais de temperatura e pressão: 0°C e 1,0 atm (0,1 MPa).

[d]As massas dadas em u estão em unidades unificadas de massa atômica: 1 u = $1{,}660\,538\,782 \times 10^{-27}$ kg.

*Os valores desta tabela foram selecionados entre os valores recomendados pelo Codata (Internationally recommended 2018 values of the Fundamental Physical Constants) em 2018 (https://physics.nist.gov/cuu/Constants/index.html).

A P Ê N D I C E C

ALGUNS DADOS ASTRONÔMICOS

Algumas Distâncias da Terra

À Lua*	$3{,}82 \times 10^8$ m	Ao centro da nossa galáxia	$2{,}2 \times 10^{20}$ m
Ao Sol*	$1{,}50 \times 10^{11}$ m	À galáxia de Andrômeda	$2{,}1 \times 10^{22}$ m
À estrela mais próxima (*Proxima Centauri*)	$4{,}04 \times 10^{16}$ m	Ao limite do universo observável	$\sim 10^{26}$ m

*Distância média.

O Sol, a Terra e a Lua

Propriedade	Unidade	Sol		Terra	Lua
Massa	kg	$1{,}99 \times 10^{30}$		$5{,}98 \times 10^{24}$	$7{,}36 \times 10^{22}$
Raio médio	m	$6{,}96 \times 10^8$		$6{,}37 \times 10^6$	$1{,}74 \times 10^6$
Massa específica média	kg/m^3	1410		5520	3340
Aceleração de queda livre na superfície	m/s^2	274		9,81	1,67
Velocidade de escape	km/s	618		11,2	2,38
Período de rotação[a]	—	37 d nos polos[b]	26 d no equador[b]	23 h 56 min	27,3 d
Potência de radiação[c]	W	$3{,}90 \times 10^{26}$			

[a]Medido em relação às estrelas distantes.
[b]O Sol, uma bola de gás, não gira como um corpo rígido.
[c]Perto dos limites da atmosfera terrestre, a energia solar é recebida a uma taxa de 1340 W/m^2, supondo uma incidência normal.

Algumas Propriedades dos Planetas

	Mercúrio	Vênus	Terra	Marte	Júpiter	Saturno	Urano	Netuno	Plutão[d]
Distância média do Sol, 10^6 km	57,9	108	150	228	778	1430	2870	4500	5900
Período de revolução, anos	0,241	0,615	1,00	1,88	11,9	29,5	84,0	165	248
Período de rotação,[a] dias	58,7	−243[b]	0,997	1,03	0,409	0,426	−0,451[b]	0,658	6,39
Velocidade orbital, km/s	47,9	35,0	29,8	24,1	13,1	9,64	6,81	5,43	4,74
Inclinação do eixo em relação à órbita	<28°	≈3°	23,4°	25,0°	3,08°	26,7°	97,9°	29,6°	57,5°
Inclinação da órbita em relação à órbita da Terra	7,00°	3,39°		1,85°	1,30°	2,49°	0,77°	1,77°	17,2°
Excentricidade da órbita	0,206	0,0068	0,0167	0,0934	0,0485	0,0556	0,0472	0,0086	0,250
Diâmetro equatorial, km	4880	12 100	12 800	6790	143 000	120 000	51 800	49 500	2300
Massa (Terra = 1)	0,0558	0,815	1,000	0,107	318	95,1	14,5	17,2	0,002
Densidade (água = 1)	5,60	5,20	5,52	3,95	1,31	0,704	1,21	1,67	2,03
Valor de g na superfície,[c] m/s^2	3,78	8,60	9,78	3,72	22,9	9,05	7,77	11,0	0,5
Velocidade de escape,[c] km/s	4,3	10,3	11,2	5,0	59,5	35,6	21,2	23,6	1,3
Satélites conhecidos	0	0	1	2	79 + anel	82 + anéis	27 + anéis	14 + anéis	5

[a]Medido em relação às estrelas distantes.
[b]Vênus e Urano giram no sentido contrário ao do movimento orbital.
[c]Aceleração gravitacional medida no equador do planeta.
[d]Plutão é atualmente classificado como um planeta anão.

APÊNDICE D

FATORES DE CONVERSÃO

Os fatores de conversão podem ser lidos diretamente das tabelas a seguir. Assim, por exemplo, 1 grau = $2{,}778 \times 10^{-3}$ revoluções e, portanto, $16{,}7° = 16{,}7 \times 2{,}778 \times 10^{-3}$ revoluções. As unidades do SI estão em letras maiúsculas. Adaptada parcialmente de G. Shortley and D. Williams, *Elements of Physics*, 1971, Prentice-Hall, Englewood Cliffs, NJ.

Ângulo Plano

	°	′	″	RADIANOS	rev
1 grau	= 1	60	3600	$1{,}745 \times 10^{-2}$	$2{,}778 \times 10^{-3}$
1 minuto	= $1{,}667 \times 10^{-2}$	1	60	$2{,}909 \times 10^{-4}$	$4{,}630 \times 10^{-5}$
1 segundo	= $2{,}778 \times 10^{-4}$	$1{,}667 \times 10^{-2}$	1	$4{,}848 \times 10^{-6}$	$7{,}716 \times 10^{-7}$
1 RADIANO	= 57,30	3438	$2{,}063 \times 10^{5}$	1	0,1592
1 revolução	= 360	$2{,}16 \times 10^{4}$	$1{,}296 \times 10^{6}$	6,283	1

Ângulo Sólido

1 esfera = 4π esferorradianos = 12,57 esferorradianos

Comprimento

	cm	METROS	km	polegadas	pés	milhas
1 centímetro	= 1	10^{-2}	10^{-5}	0,3937	$3{,}281 \times 10^{-2}$	$6{,}214 \times 10^{-6}$
1 METRO	= 100	1	10^{-3}	39,37	3,281	$6{,}214 \times 10^{-4}$
1 quilômetro	= 10^{5}	1000	1	$3{,}937 \times 10^{4}$	3281	0,6214
1 polegada	= 2,540	$2{,}540 \times 10^{-2}$	$2{,}540 \times 10^{-5}$	1	$8{,}333 \times 10^{-2}$	$1{,}578 \times 10^{-5}$
1 pé	= 30,48	0,3048	$3{,}048 \times 10^{-4}$	12	1	$1{,}894 \times 10^{-4}$
1 milha	= $1{,}609 \times 10^{5}$	1609	1,609	$6{,}336 \times 10^{4}$	5280	1

1 angström = 10^{-10} m
1 milha marítima = 1852 m = 1,151 milha = 6076 pés
1 fermi = 10^{-15} m
1 ano-luz = $9{,}461 \times 10^{12}$ km
1 parsec = $3{,}084 \times 10^{13}$ km
1 braça = 6 pés
1 raio de Bohr = $5{,}292 \times 10^{-11}$ m
1 jarda = 3 pés
1 vara = 16,5 pés
1 mil = 10^{-3} polegadas
1 nm = 10^{-9} m

Área

	METROS²	cm²	pés²	polegadas²
1 METRO QUADRADO	= 1	10^{4}	10,76	1550
1 centímetro quadrado	= 10^{-4}	1	$1{,}076 \times 10^{-3}$	0,1550
1 pé quadrado	= $9{,}290 \times 10^{-2}$	929,0	1	144
1 polegada quadrada	= $6{,}452 \times 10^{-4}$	6,452	$6{,}944 \times 10^{-3}$	1

1 milha quadrada = $2{,}788 \times 10^{7}$ pés² = 640 acres
1 barn = 10^{-28} m²
1 acre = 43.560 pés²
1 hectare = 10^{4} m² = 2,471 acres

Volume

	METROS^3	cm^3	L	pés^3	polegadas^3
1 METRO CÚBICO	= 1	10^6	1000	35,31	$6{,}102 \times 10^4$
1 centímetro cúbico	= 10^{-6}	1	$1{,}000 \times 10^{-3}$	$3{,}531 \times 10^{-5}$	$6{,}102 \times 10^{-2}$
1 litro	= $1{,}000 \times 10^{-3}$	1000	1	$3{,}531 \times 10^{-2}$	61,02
1 pé cúbico	= $2{,}832 \times 10^{-2}$	$2{,}832 \times 10^4$	28,32	1	1728
1 polegada cúbica	= $1{,}639 \times 10^{-5}$	16,39	$1{,}639 \times 10^{-2}$	$5{,}787 \times 10^{-4}$	1

1 galão americano = 4 quartos de galão americano = 8 quartilhos americanos = 128 onças fluidas americanas = 231 polegadas^3

1 galão imperial britânico = 277,4 polegadas^3 = 1,201 galão americano

Massa

As grandezas nas áreas sombreadas não são unidades de massa, mas são frequentemente usadas como tais. Assim, por exemplo, quando escrevemos 1 kg "=" 2,205 lb, isso significa que um quilograma é a *massa* que *pesa* 2,205 libras em um local em que g tem o valor-padrão de 9,80665 m/s^2.

	g	QUILOGRAMAS	slug	u	onças	libras	toneladas
1 grama	= 1	0,001	$6{,}852 \times 10^{-5}$	$6{,}022 \times 10^{23}$	$3{,}527 \times 10^{-2}$	$2{,}205 \times 10^{-3}$	$1{,}102 \times 10^{-6}$
1 QUILOGRAMA	= 1000	1	$6{,}852 \times 10^{-2}$	$6{,}022 \times 10^{26}$	35,27	2,205	$1{,}102 \times 10^{-3}$
1 slug	= $1{,}459 \times 10^4$	14,59	1	$8{,}786 \times 10^{27}$	514,8	32,17	$1{,}609 \times 10^{-2}$
unidade de massa atômica (u)	= $1{,}661 \times 10^{-24}$	$1{,}661 \times 10^{-27}$	$1{,}138 \times 10^{-28}$	1	$5{,}857 \times 10^{-26}$	$3{,}662 \times 10^{-27}$	$1{,}830 \times 10^{-30}$
1 onça	= 28,35	$2{,}835 \times 10^{-2}$	$1{,}943 \times 10^{-3}$	$1{,}718 \times 10^{25}$	1	$6{,}250 \times 10^{-2}$	$3{,}125 \times 10^{-5}$
1 libra	= 453,6	0,4536	$3{,}108 \times 10^{-2}$	$2{,}732 \times 10^{26}$	16	1	0,0005
1 tonelada	= $9{,}072 \times 10^5$	907,2	62,16	$5{,}463 \times 10^{29}$	$3{,}2 \times 10^4$	2000	1

1 tonelada métrica = 1.000 kg

Massa Específica

As grandezas nas áreas sombreadas são pesos específicos e, como tais, dimensionalmente diferentes das massas específicas. Ver nota na tabela de massas.

	slug/pé^3	QUILOGRAMAS/ METRO^3	g/cm^3	lb/pé^3	lb/polegada^3
1 slug por pé^3	= 1	515,4	0,5154	32,17	$1{,}862 \times 10^{-2}$
1 QUILOGRAMA por METRO^3	= $1{,}940 \times 10^{-3}$	1	0,001	$6{,}243 \times 10^{-2}$	$3{,}613 \times 10^{-5}$
1 grama por centímetro^3	= 1,940	1000	1	62,43	$3{,}613 \times 10^{-2}$
1 libra por pé^3	= $3{,}108 \times 10^{-2}$	16,02	$16{,}02 \times 10^{-2}$	1	$5{,}787 \times 10^{-4}$
1 libra por polegada^3	= 53,71	$2{,}768 \times 10^4$	27,68	1728	1

Tempo

	ano	d	h	min	SEGUNDOS
1 ano	= 1	365,25	$8{,}766 \times 10^3$	$5{,}259 \times 10^5$	$3{,}156 \times 10^7$
1 dia	= $2{,}738 \times 10^{-3}$	1	24	1440	$8{,}640 \times 10^4$
1 hora	= $1{,}141 \times 10^{-4}$	$4{,}167 \times 10^{-2}$	1	60	3600
1 minuto	= $1{,}901 \times 10^{-6}$	$6{,}944 \times 10^{-4}$	$1{,}667 \times 10^{-2}$	1	60
1 SEGUNDO	= $3{,}169 \times 10^{-8}$	$1{,}157 \times 10^{-5}$	$2{,}778 \times 10^{-4}$	$1{,}667 \times 10^{-2}$	1

Velocidade

	pés/s	km/h	METROS/SEGUNDO	milhas/h	cm/s
1 pé por segundo =	1	1,097	0,3048	0,6818	30,48
1 quilômetro por hora =	0,9113	1	0,2778	0,6214	27,78
1 METRO por SEGUNDO =	3,281	3,6	1	2,237	100
1 milha por hora =	1,467	1,609	0,4470	1	44,70
1 centímetro por segundo =	$3{,}281 \times 10^{-2}$	$3{,}6 \times 10^{-2}$	0,01	$2{,}237 \times 10^{-2}$	1

1 nó = 1 milha marítima/h = 1,688 pé/s   1 milha/min = 88,00 pés/s = 60,00 milhas/h

Força

O grama-força e o quilograma-força são atualmente pouco usados. Um grama-força (= 1 gf) é a força da gravidade que atua sobre um objeto cuja massa é 1 grama em um local onde g possui o valor-padrão de 9,80665 m/s².

	dinas	NEWTONS	libras	poundals	gf	kgf
1 dina =	1	10^{-5}	$2{,}248 \times 10^{-6}$	$7{,}233 \times 10^{-5}$	$1{,}020 \times 10^{-3}$	$1{,}020 \times 10^{-6}$
1 NEWTON =	10^{5}	1	0,2248	7,233	102,0	0,1020
1 libra =	$4{,}448 \times 10^{5}$	4,448	1	32,17	453,6	0,4536
1 poundal =	$1{,}383 \times 10^{4}$	0,1383	$3{,}108 \times 10^{-2}$	1	14,10	$1{,}410 \times 10^{2}$
1 grama-força =	980,7	$9{,}807 \times 10^{-3}$	$2{,}205 \times 10^{-3}$	$7{,}093 \times 10^{-2}$	1	0,001
1 quilograma-força =	$9{,}807 \times 10^{5}$	9,807	2,205	70,93	1000	1

1 tonelada = 2.000 libras

Pressão

	atm	dinas/cm²	polegadas de água	cm Hg	PASCALS	libras/polegada²	libras/pé²
1 atmosfera =	1	$1{,}013 \times 10^{6}$	406,8	76	$1{,}013 \times 10^{5}$	14,70	2116
1 dina por centímetro² =	$9{,}869 \times 10^{-7}$	1	$4{,}015 \times 10^{-4}$	$7{,}501 \times 10^{-5}$	0,1	$1{,}405 \times 10^{-5}$	$2{,}089 \times 10^{-3}$
1 polegada de água[a] a 4°C =	$2{,}458 \times 10^{-3}$	2491	1	0,1868	249,1	$3{,}613 \times 10^{-2}$	5,202
1 centímetro de mercúrio[a] a 0°C =	$1{,}316 \times 10^{-2}$	$1{,}333 \times 10^{4}$	5,353	1	1333	0,1934	27,85
1 PASCAL =	$9{,}869 \times 10^{-6}$	10	$4{,}015 \times 10^{-3}$	$7{,}501 \times 10^{-4}$	1	$1{,}450 \times 10^{-4}$	$2{,}089 \times 10^{-2}$
1 libra por polegada² =	$6{,}805 \times 10^{-2}$	$6{,}895 \times 10^{4}$	27,68	5,171	$6{,}895 \times 10^{3}$	1	144
1 libra por pé² =	$4{,}725 \times 10^{-4}$	478,8	0,1922	$3{,}591 \times 10^{-2}$	47,88	$6{,}944 \times 10^{-3}$	1

[a]Onde a aceleração da gravidade possui o valor-padrão de 9,80665 m/s².

1 bar = 10^{6} dina/cm² = 0,1 MPa   1 milibar = 10^{3} dinas/cm² = 10^{2} Pa   1 torr = 1 mm Hg

Energia, Trabalho e Calor

As grandezas nas áreas sombreadas não são unidades de energia, mas foram incluídas por conveniência. Elas se originam da fórmula relativística de equivalência entre massa e energia $E = mc^2$ e representam a energia equivalente a um quilograma ou uma unidade unificada de massa atômica (u) (as duas últimas linhas) e a massa equivalente a uma unidade de energia (as duas colunas da extremidade direita).

	Btu	erg	pés-libras	hp · h	JOULES	cal	kW · h	eV	MeV	kg	u
1 Btu =	1	$1{,}055 \times 10^{10}$	777,9	$3{,}929 \times 10^{-4}$	1055	252,0	$2{,}930 \times 10^{-4}$	$6{,}585 \times 10^{21}$	$6{,}585 \times 10^{15}$	$1{,}174 \times 10^{-14}$	$7{,}070 \times 10^{12}$
1 erg =	$9{,}481 \times 10^{-11}$	1	$7{,}376 \times 10^{-8}$	$3{,}725 \times 10^{-14}$	10^{-7}	$2{,}389 \times 10^{-8}$	$2{,}778 \times 10^{-14}$	$6{,}242 \times 10^{11}$	$6{,}242 \times 10^{5}$	$1{,}113 \times 10^{-24}$	670,2
1 pé-libra =	$1{,}285 \times 10^{-3}$	$1{,}356 \times 10^{7}$	1	$5{,}051 \times 10^{-7}$	1,356	0,3238	$3{,}766 \times 10^{-7}$	$8{,}464 \times 10^{18}$	$8{,}464 \times 10^{12}$	$1{,}509 \times 10^{-17}$	$9{,}037 \times 10^{9}$
1 horsepower-hora =	2545	$2{,}685 \times 10^{13}$	$1{,}980 \times 10^{6}$	1	$2{,}685 \times 10^{6}$	$6{,}413 \times 10^{5}$	0,7457	$1{,}676 \times 10^{25}$	$1{,}676 \times 10^{19}$	$2{,}988 \times 10^{-11}$	$1{,}799 \times 10^{16}$
1 JOULE =	$9{,}481 \times 10^{-4}$	10^{7}	0,7376	$3{,}725 \times 10^{-7}$	1	0,2389	$2{,}778 \times 10^{-7}$	$6{,}242 \times 10^{18}$	$6{,}242 \times 10^{12}$	$1{,}113 \times 10^{-17}$	$6{,}702 \times 10^{9}$
1 caloria =	$3{,}968 \times 10^{-3}$	$4{,}1868 \times 10^{7}$	3,088	$1{,}560 \times 10^{-6}$	4,1868	1	$1{,}163 \times 10^{-6}$	$2{,}613 \times 10^{19}$	$2{,}613 \times 10^{13}$	$4{,}660 \times 10^{-17}$	$2{,}806 \times 10^{10}$
1 quilowat-hora =	3413	$3{,}600 \times 10^{13}$	$2{,}655 \times 10^{6}$	1,341	$3{,}600 \times 10^{6}$	$8{,}600 \times 10^{5}$	1	$2{,}247 \times 10^{25}$	$2{,}247 \times 10^{19}$	$4{,}007 \times 10^{-11}$	$2{,}413 \times 10^{16}$
1 elétron-volt =	$1{,}519 \times 10^{-22}$	$1{,}602 \times 10^{-12}$	$1{,}182 \times 10^{-19}$	$5{,}967 \times 10^{-26}$	$1{,}602 \times 10^{-19}$	$3{,}827 \times 10^{-20}$	$4{,}450 \times 10^{-26}$	1	10^{-6}	$1{,}783 \times 10^{-36}$	$1{,}074 \times 10^{-9}$
1 milhão de elétrons-volts =	$1{,}519 \times 10^{-16}$	$1{,}602 \times 10^{-6}$	$1{,}182 \times 10^{-13}$	$5{,}967 \times 10^{-20}$	$1{,}602 \times 10^{-13}$	$3{,}827 \times 10^{-14}$	$4{,}450 \times 10^{-20}$	10^{-6}	1	$1{,}783 \times 10^{-30}$	$1{,}074 \times 10^{-3}$
1 quilograma =	$8{,}521 \times 10^{13}$	$8{,}987 \times 10^{23}$	$6{,}629 \times 10^{16}$	$3{,}348 \times 10^{10}$	$8{,}987 \times 10^{16}$	$2{,}146 \times 10^{16}$	$2{,}497 \times 10^{10}$	$5{,}610 \times 10^{35}$	$5{,}610 \times 10^{29}$	1	$6{,}022 \times 10^{26}$
1 unidade unificada de massa atômica =	$1{,}415 \times 10^{-13}$	$1{,}492 \times 10^{-3}$	$1{,}101 \times 10^{-10}$	$5{,}559 \times 10^{-17}$	$1{,}492 \times 10^{-10}$	$3{,}564 \times 10^{-11}$	$4{,}146 \times 10^{-17}$	$9{,}320 \times 10^{8}$	932,0	$1{,}661 \times 10^{-27}$	1

Potência

	Btu/h	pés-libras/s	hp	cal/s	kW	WATTS
1 Btu por hora	= 1	0,2161	$3{,}929 \times 10^{-4}$	$6{,}998 \times 10^{-2}$	$2{,}930 \times 10^{-4}$	0,2930
1 pé-libra por segundo	= 4,628	1	$1{,}818 \times 10^{-3}$	0,3239	$1{,}356 \times 10^{-3}$	1,356
1 horsepower	= 2545	550	1	178,1	0,7457	745,7
1 caloria por segundo	= 14,29	3,088	$5{,}615 \times 10^{-3}$	1	$4{,}186 \times 10^{-3}$	4,186
1 quilowatt	= 3413	737,6	1,341	238,9	1	1000
1 WATT	= 3,413	0,7376	$1{,}341 \times 10^{-3}$	0,2389	0,001	1

Campo Magnético

	gauss	TESLAS	miligauss
1 gauss	= 1	10^{-4}	1000
1 TESLA	= 10^{4}	1	10^{7}
1 miligauss	= 0,001	10^{-7}	1

1 tesla = 1 weber/metro^2

Fluxo Magnético

	maxwell	WEBER
1 maxwell	= 1	10^{-8}
1 WEBER	= 10^{8}	1

APÊNDICE E

FÓRMULAS MATEMÁTICAS

Geometria

Círculo de raio r: circunferência $= 2\pi r$; área $= \pi r^2$.
Esfera de raio r: área $= 4\pi r^2$; volume $= \frac{4}{3}\pi r^3$.
Cilindro circular reto de raio r e altura h: área $= 2\pi r^2 + 2\pi rh$; volume $= \pi r^2 h$.
Triângulo de base a e altura h: área $= \frac{1}{2}ah$.

Fórmula de Báskara

Se $ax^2 + bx + c = 0$, então $x = \dfrac{-b \pm \sqrt{b^2 - 4ac}}{2a}$.

Funções Trigonométricas do Ângulo θ

$$\text{sen}\,\theta = \frac{y}{r} \qquad \cos\theta = \frac{x}{r}$$

$$\tan\theta = \frac{y}{x} \qquad \cot\theta = \frac{x}{y}$$

$$\sec\theta = \frac{r}{x} \qquad \csc\theta = \frac{r}{y}$$

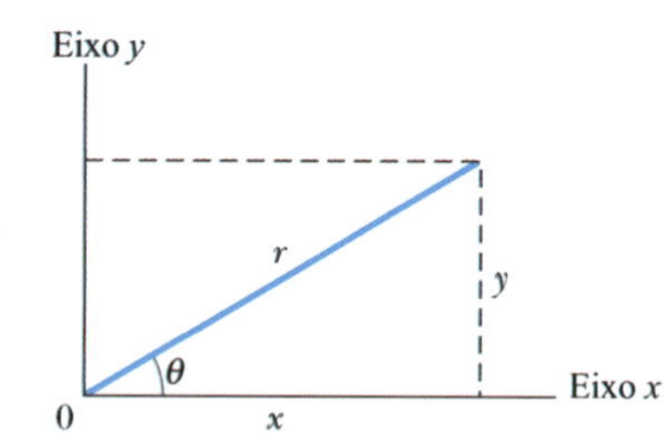

Teorema de Pitágoras

Neste triângulo retângulo,

$$a^2 + b^2 = c^2$$

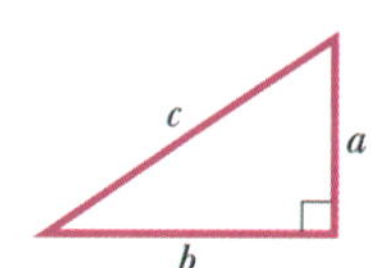

Triângulos

Ângulos: A, B, C
Lados opostos: a, b, c
$A + B + C = 180°$

$$\frac{\text{sen}\,A}{a} = \frac{\text{sen}\,B}{b} = \frac{\text{sen}\,C}{c}$$

$c^2 = a^2 + b^2 - 2ab\cos C$
Ângulo externo $D = A + C$

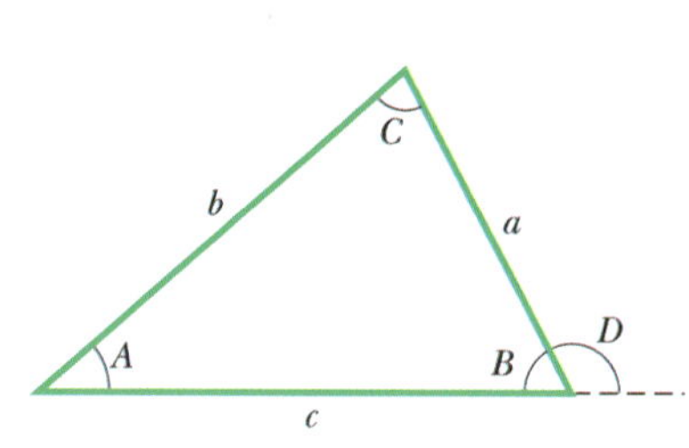

Sinais e Símbolos Matemáticos

$=$ igual a
$\approx$ aproximadamente igual a
$\sim$ da ordem de grandeza de
$\neq$ diferente de
$\equiv$ idêntico a, definido como
$>$ maior que ($\gg$ muito maior que)
$<$ menor que ($\ll$ muito menor que)
$\geq$ maior ou igual a (não menor que)
$\leq$ menor ou igual a (não maior que)
$\pm$ mais ou menos
$\propto$ proporcional a
Σ somatório de
$x_{\text{méd}}$ valor médio de x

Identidades Trigonométricas

$\text{sen}(90° - \theta) = \cos\theta$

$\cos(90° - \theta) = \text{sen}\,\theta$

$\text{sen}\,\theta/\cos\theta = \tan\theta$

$\text{sen}^2\theta + \cos^2\theta = 1$

$\sec^2\theta - \tan^2\theta = 1$

$\csc^2\theta - \cot^2\theta = 1$

$\text{sen}\,2\theta = 2\,\text{sen}\,\theta\cos\theta$

$\cos 2\theta = \cos^2\theta - \text{sen}^2\theta = 2\cos^2\theta - 1 = 1 - 2\,\text{sen}^2\theta$

$\text{sen}(\alpha \pm \beta) = \text{sen}\,\alpha\cos\beta \pm \cos\alpha\,\text{sen}\,\beta$

$\cos(\alpha \pm \beta) = \cos\alpha\cos\beta \mp \text{sen}\,\alpha\,\text{sen}\,\beta$

$$\tan(\alpha \pm \beta) = \frac{\tan\alpha \pm \tan\beta}{1 \mp \tan\alpha\tan\beta}$$

$\text{sen}\,\alpha \pm \text{sen}\,\beta = 2\,\text{sen}\,\frac{1}{2}(\alpha \pm \beta)\cos\frac{1}{2}(\alpha \mp \beta)$

$\cos\alpha + \cos\beta = 2\cos\frac{1}{2}(\alpha + \beta)\cos\frac{1}{2}(\alpha - \beta)$

$\cos\alpha - \cos\beta = -2\,\text{sen}\,\frac{1}{2}(\alpha + \beta)\,\text{sen}\,\frac{1}{2}(\alpha - \beta)$

Teorema Binomial

$$(1 + x)^n = 1 + \frac{nx}{1!} + \frac{n(n-1)x^2}{2!} + \cdots \qquad (x^2 < 1)$$

Expansão Exponencial

$$e^x = 1 + x + \frac{x^2}{2!} + \frac{x^3}{3!} + \cdots$$

Expansão Logarítmica

$$\ln(1 + x) = x - \tfrac{1}{2}x^2 + \tfrac{1}{3}x^3 - \cdots \qquad (|x| < 1)$$

Expansões Trigonométricas (θ em radianos)

$$\operatorname{sen}\theta = \theta - \frac{\theta^3}{3!} + \frac{\theta^5}{5!} - \cdots$$

$$\cos\theta = 1 - \frac{\theta^2}{2!} + \frac{\theta^4}{4!} - \cdots$$

$$\tan\theta = \theta + \frac{\theta^3}{3} + \frac{2\theta^5}{15} + \cdots$$

Regra de Cramer

Um sistema de duas equações lineares com duas incógnitas, x e y,

$$a_1x + b_1y = c_1 \quad \text{e} \quad a_2x + b_2y = c_2,$$

tem como soluções

$$x = \frac{\begin{vmatrix} c_1 & b_1 \\ c_2 & b_2 \end{vmatrix}}{\begin{vmatrix} a_1 & b_1 \\ a_2 & b_2 \end{vmatrix}} = \frac{c_1b_2 - c_2b_1}{a_1b_2 - a_2b_1}$$

e

$$y = \frac{\begin{vmatrix} a_1 & c_1 \\ a_2 & c_2 \end{vmatrix}}{\begin{vmatrix} a_1 & b_1 \\ a_2 & b_2 \end{vmatrix}} = \frac{a_1c_2 - a_2c_1}{a_1b_2 - a_2b_1}.$$

Produtos de Vetores

Sejam $\hat{\text{i}}$, $\hat{\text{j}}$ e $\hat{\text{k}}$ vetores unitários nas direções x, y e z, respectivamente. Nesse caso,

$$\hat{\text{i}}\cdot\hat{\text{i}} = \hat{\text{j}}\cdot\hat{\text{j}} = \hat{\text{k}}\cdot\hat{\text{k}} = 1, \quad \hat{\text{i}}\cdot\hat{\text{j}} = \hat{\text{j}}\cdot\hat{\text{k}} = \hat{\text{k}}\cdot\hat{\text{i}} = 0,$$

$$\hat{\text{i}}\times\hat{\text{i}} = \hat{\text{j}}\times\hat{\text{j}} = \hat{\text{k}}\times\hat{\text{k}} = 0,$$

$$\hat{\text{i}}\times\hat{\text{j}} = \hat{\text{k}}, \quad \hat{\text{j}}\times\hat{\text{k}} = \hat{\text{i}}, \quad \hat{\text{k}}\times\hat{\text{i}} = \hat{\text{j}}$$

Qualquer vetor $\vec{a}$ de componentes a_x, a_y e a_z ao longo dos eixos x, y e z pode ser escrito na forma

$$\vec{a} = a_x\hat{\text{i}} + a_y\hat{\text{j}} + a_z\hat{\text{k}}.$$

Sejam $\vec{a}$, $\vec{b}$ e $\vec{c}$ vetores arbitrários de módulos a, b e c. Nesse caso,

$$\vec{a}\times(\vec{b}+\vec{c}) = (\vec{a}\times\vec{b}) + (\vec{a}\times\vec{c})$$

$$(s\vec{a})\times\vec{b} = \vec{a}\times(s\vec{b}) = s(\vec{a}\times\vec{b}) \quad \text{(em que } s \text{ é um escalar).}$$

Seja θ o menor dos dois ângulos entre $\vec{a}$ e $\vec{b}$. Nesse caso,

$$\vec{a}\cdot\vec{b} = \vec{b}\cdot\vec{a} = a_xb_x + a_yb_y + a_zb_z = ab\cos\theta$$

$$\vec{a}\times\vec{b} = -\vec{b}\times\vec{a} = \begin{vmatrix} \hat{\text{i}} & \hat{\text{j}} & \hat{\text{k}} \\ a_x & a_y & a_z \\ b_x & b_y & b_z \end{vmatrix}$$

$$= \hat{\text{i}}\begin{vmatrix} a_y & a_z \\ b_y & b_z \end{vmatrix} - \hat{\text{j}}\begin{vmatrix} a_x & a_z \\ b_x & b_z \end{vmatrix} + \hat{\text{k}}\begin{vmatrix} a_x & a_y \\ b_x & b_y \end{vmatrix}$$

$$= (a_yb_z - b_ya_z)\hat{\text{i}} + (a_zb_x - b_za_x)\hat{\text{j}} + (a_xb_y - b_xa_y)\hat{\text{k}}$$

$$|\vec{a}\times\vec{b}| = ab\operatorname{sen}\theta$$

$$\vec{a}\cdot(\vec{b}\times\vec{c}) = \vec{b}\cdot(\vec{c}\times\vec{a}) = \vec{c}\cdot(\vec{a}\times\vec{b})$$

$$\vec{a}\times(\vec{b}\times\vec{c}) = (\vec{a}\cdot\vec{c})\vec{b} - (\vec{a}\cdot\vec{b})\vec{c}$$

Derivadas e Integrais

Nas fórmulas a seguir, as letras u e v representam duas funções de x, e a e m são constantes. A cada integral indefinida deve-se somar uma constante de integração arbitrária. O *Handbook of Chemistry and Physics* (CRC Press Inc.) contém uma tabela mais completa.

1. $\dfrac{dx}{dx} = 1$
2. $\dfrac{d}{dx}(au) = a\dfrac{du}{dx}$
3. $\dfrac{d}{dx}(u + v) = \dfrac{du}{dx} + \dfrac{dv}{dx}$
4. $\dfrac{d}{dx}x^m = mx^{m-1}$
5. $\dfrac{d}{dx}\ln x = \dfrac{1}{x}$
6. $\dfrac{d}{dx}(uv) = u\dfrac{dv}{dx} + v\dfrac{du}{dx}$
7. $\dfrac{d}{dx}e^x = e^x$
8. $\dfrac{d}{dx}\operatorname{sen} x = \cos x$
9. $\dfrac{d}{dx}\cos x = -\operatorname{sen} x$
10. $\dfrac{d}{dx}\tan x = \sec^2 x$
11. $\dfrac{d}{dx}\cot x = -\csc^2 x$
12. $\dfrac{d}{dx}\sec x = \tan x \sec x$
13. $\dfrac{d}{dx}\csc x = -\cot x \csc x$
14. $\dfrac{d}{dx}e^u = e^u\dfrac{du}{dx}$
15. $\dfrac{d}{dx}\operatorname{sen} u = \cos u\dfrac{du}{dx}$
16. $\dfrac{d}{dx}\cos u = -\operatorname{sen} u\dfrac{du}{dx}$

1. $\int dx = x$
2. $\int au\,dx = a\int u\,dx$
3. $\int (u + v)\,dx = \int u\,dx + \int v\,dx$
4. $\int x^m\,dx = \dfrac{x^{m+1}}{m+1} \quad (m \neq -1)$
5. $\int \dfrac{dx}{x} = \ln|x|$
6. $\int u\dfrac{dv}{dx}\,dx = uv - \int v\dfrac{du}{dx}\,dx$
7. $\int e^x\,dx = e^x$
8. $\int \operatorname{sen} x\,dx = -\cos x$
9. $\int \cos x\,dx = \operatorname{sen} x$
10. $\int \tan x\,dx = \ln|\sec x|$
11. $\int \operatorname{sen}^2 x\,dx = \frac{1}{2}x - \frac{1}{4}\operatorname{sen} 2x$
12. $\int e^{-ax}\,dx = -\dfrac{1}{a}e^{-ax}$
13. $\int xe^{-ax}\,dx = -\dfrac{1}{a^2}(ax + 1)\,e^{-ax}$
14. $\int x^2e^{-ax}\,dx = -\dfrac{1}{a^3}(a^2x^2 + 2ax + 2)e^{-ax}$
15. $\int_0^\infty x^ne^{-ax}\,dx = \dfrac{n!}{a^{n+1}}$
16. $\int_0^\infty x^{2n}e^{-ax^2}\,dx = \dfrac{1\cdot3\cdot5\cdots(2n-1)}{2^{n+1}a^n}\sqrt{\dfrac{\pi}{a}}$
17. $\int \dfrac{dx}{\sqrt{x^2 + a^2}} = \ln(x + \sqrt{x^2 + a^2})$
18. $\int \dfrac{x\,dx}{(x^2 + a^2)^{3/2}} = -\dfrac{1}{(x^2 + a^2)^{1/2}}$
19. $\int \dfrac{dx}{(x^2 + a^2)^{3/2}} = \dfrac{x}{a^2(x^2 + a^2)^{1/2}}$
20. $\int_0^\infty x^{2n+1}e^{-ax^2}\,dx = \dfrac{n!}{2a^{n+1}} \quad (a > 0)$
21. $\int \dfrac{x\,dx}{x + d} = x - d\ln(x + d)$

APÊNDICE F

PROPRIEDADES DOS ELEMENTOS

Todas as propriedades físicas são dadas para uma pressão de 1 atm, a menos que seja indicado em contrário.

Elemento	Símbolo	Número Atômico, Z	Massa Molar, g/mol	Massa Específica, g/cm^3 a 20°C	Ponto de Fusão, °C	Ponto de Ebulição, °C	Calor Específico, J/(g·°C) a 25°C
Actínio	Ac	89	(227)	10,06	1323	(3473)	0,092
Alumínio	Al	13	26,9815	2,699	660	2450	0,900
Amerício	Am	95	(243)	13,67	1541	—	—
Antimônio	Sb	51	121,75	6,691	630,5	1380	0,205
Argônio	Ar	18	39,948	$1{,}6626 \times 10^{-3}$	−189,4	−185,8	0,523
Arsênio	As	33	74,9216	5,78	817 (28 atm)	613	0,331
Astatínio	At	85	(210)	—	(302)	—	—
Bário	Ba	56	137,34	3,594	729	1640	0,205
Berílio	Be	4	9,0122	1,848	1287	2770	1,83
Berquélio	Bk	97	(247)	14,79	—	—	—
Bismuto	Bi	83	208,980	9,747	271,37	1560	0,122
Bóhrio	Bh	107	262,12	—	—	—	—
Boro	B	5	10,811	2,34	2030	—	1,11
Bromo	Br	35	79,909	3,12 (líquido)	−7,2	58	0,293
Cádmio	Cd	48	112,40	8,65	321,03	765	0,226
Cálcio	Ca	20	40,08	1,55	838	1440	0,624
Califórnio	Cf	98	(251)	—	—	—	—
Carbono	C	6	12,01115	2,26	3727	4830	0,691
Cério	Ce	58	140,12	6,768	804	3470	0,188
Césio	Cs	55	132,905	1,873	28,40	690	0,243
Chumbo	Pb	82	207,19	11,35	327,45	1725	0,129
Cloro	Cl	17	35,453	$3{,}214 \times 10^{-3}$ (0°C)	−101	−34,7	0,486
Cobalto	Co	27	58,9332	8,85	1495	2900	0,423
Cobre	Cu	29	63,54	8,96	1083,40	2595	0,385
Copernício	Cn	112	(285)	—	—	—	—
Criptônio	Kr	36	83,80	$3{,}488 \times 10^{-3}$	−157,37	−152	0,247
Cromo	Cr	24	51,996	7,19	1857	2665	0,448
Cúrio	Cm	96	(247)	13,3	—	—	—
Darmstádtio	Ds	110	(271)	—	—	—	—
Disprósio	Dy	66	162,50	8,55	1409	2330	0,172
Dúbnio	Db	105	262,114	—	—	—	—
Einstêinio	Es	99	(254)	—	—	—	—
Enxofre	S	16	32,064	2,07	119,0	444,6	0,707
Érbio	Er	68	167,26	9,15	1522	2630	0,167
Escândio	Sc	21	44,956	2,99	1539	2730	0,569
Estanho	Sn	50	118,69	7,2984	231,868	2270	0,226
Estrôncio	Sr	38	87,62	2,54	768	1380	0,737
Európio	Eu	63	151,96	5,243	817	1490	0,163
Férmio	Fm	100	(237)	—	—	—	—
Ferro	Fe	26	55,847	7,874	1536,5	3000	0,447

Elemento	Símbolo	Número Atômico, Z	Massa Molar, g/mol	Massa Específica, g/cm³ a 20°C	Ponto de Fusão, °C	Ponto de Ebulição, °C	Calor Específico, J/(g·°C) a 25°C
Fleróvio	Fl	114	(289)	—	—	—	—
Flúor	F	9	18,9984	$1{,}696 \times 10^{-3}$ (0°C)	−219,6	−188,2	0,753
Fósforo	P	15	30,9738	1,83	44,25	280	0,741
Frâncio	Fr	87	(223)	—	(27)	—	—
Gadolínio	Gd	64	157,25	7,90	1312	2730	0,234
Gálio	Ga	31	69,72	5,907	29,75	2237	0,377
Germânio	Ge	32	72,59	5,323	937,25	2830	0,322
Háfnio	Hf	72	178,49	13,31	2227	5400	0,144
Hássio	Hs	108	(265)	—	—	—	—
Hélio	He	2	4,0026	$0{,}1664 \times 10^{-3}$	−269,7	−268,9	5,23
Hidrogênio	H	1	1,00797	$0{,}08375 \times 10^{-3}$	−259,19	−252,7	14,4
Hólmio	Ho	67	164,930	8,79	1470	2330	0,165
Índio	In	49	114,82	7,31	156,634	2000	0,233
Iodo	I	53	126,9044	4,93	113,7	183	0,218
Irídio	Ir	77	192,2	22,5	2447	(5300)	0,130
Itérbio	Yb	70	173,04	6,965	824	1530	0,155
Ítrio	Y	39	88,905	4,469	1526	3030	0,297
Lantânio	La	57	138,91	6,189	920	3470	0,195
Laurêncio	Lr	103	(257)	—	—	—	—
Lítio	Li	3	6,939	0,534	180,55	1300	3,58
Livermório	Lv	116	(293)	—	—	—	—
Lutécio	Lu	71	174,97	9,849	1663	1930	0,155
Magnésio	Mg	12	24,312	1,738	650	1107	1,03
Manganês	Mn	25	54,9380	7,44	1244	2150	0,481
Meitnério	Mt	109	(266)	—	—	—	—
Mendelévio	Md	101	(256)	—	—	—	—
Mercúrio	Hg	80	200,59	13,55	−38,87	357	0,138
Molibdênio	Mo	42	95,94	10,22	2617	5560	0,251
Neodímio	Nd	60	144,24	7,007	1016	3180	0,188
Neônio	Ne	10	20,183	$0{,}8387 \times 10^{-3}$	−248,597	−246,0	1,03
Netúnio	Np	93	(237)	20,25	637	—	1,26
Níquel	Ni	28	58,71	8,902	1453	2730	0,444
Nióbio	Nb	41	92,906	8,57	2468	4927	0,264
Nitrogênio	N	7	14,0067	$1{,}1649 \times 10^{-3}$	−210	−195,8	1,03
Nobélio	No	102	(255)	—	—	—	—
Ósmio	Os	76	190,2	22,59	3027	5500	0,130
Ouro	Au	79	196,967	19,32	1064,43	2970	0,131
Oxigênio	O	8	15,9994	$1{,}3318 \times 10^{-3}$	−218,80	−183,0	0,913
Paládio	Pd	46	106,4	12,02	1552	3980	0,243
Platina	Pt	78	195,09	21,45	1769	4530	0,134
Plutônio	Pu	94	(244)	19,8	640	3235	0,130

Elemento	Símbolo	Número Atômico, Z	Massa Molar, g/mol	Massa Específica, g/cm^3 a 20°C	Ponto de Fusão, °C	Ponto de Ebulição, °C	Calor Específico, J/(g·°C) a 25°C
Polônio	Po	84	(210)	9,32	254	—	—
Potássio	K	19	39,102	0,862	63,20	760	0,758
Praseodímio	Pr	59	140,907	6,773	931	3020	0,197
Prata	Ag	47	107,870	10,49	960,8	2210	0,234
Promécio	Pm	61	(145)	7,22	(1027)	—	—
Protactínio	Pa	91	(231)	15,37 (estimada)	(1230)	—	—
Rádio	Ra	88	(226)	5,0	700	—	—
Radônio	Rn	86	(222)	$9{,}96 \times 10^{-3}$ (0°C)	(−71)	−61,8	0,092
Rênio	Re	75	186,2	21,02	3180	5900	0,134
Ródio	Rh	45	102,905	12,41	1963	4500	0,243
Roentgênio	Rg	111	(280)	—	—	—	—
Rubídio	Rb	37	85,47	1,532	39,49	688	0,364
Rutênio	Ru	44	101,107	12,37	2250	4900	0,239
Rutherfórdio	Rf	104	261,11	—	—	—	—
Samário	Sm	62	150,35	7,52	1072	1630	0,197
Seabórgio	Sg	106	263,118	—	—	—	—
Selênio	Se	34	78,96	4,79	221	685	0,318
Silício	Si	14	28,086	2,33	1412	2680	0,712
Sódio	Na	11	22,9898	0,9712	97,85	892	1,23
Tálio	Tl	81	204,37	11,85	304	1457	0,130
Tântalo	Ta	73	180,948	16,6	3014	5425	0,138
Tecnécio	Tc	43	(99)	11,46	2200	—	0,209
Telúrio	Te	52	127,60	6,24	449,5	990	0,201
Térbio	Tb	65	158,924	8,229	1357	2530	0,180
Titânio	Ti	22	47,90	4,54	1670	3260	0,523
Tório	Th	90	(232)	11,72	1755	(3850)	0,117
Túlio	Tm	69	168,934	9,32	1545	1720	0,159
Tungstênio	W	74	183,85	19,3	3380	5930	0,134
Ununóctio*	Uuo	118	(294)	—	—	—	—
Ununpêntio*	Uup	115	(288)	—	—	—	—
Ununséptio*	Uus	117	—	—	—	—	—
Ununtrio*	Uut	113	(284)	—	—	—	—
Urânio	U	92	(238)	18,95	1132	3818	0,117
Vanádio	V	23	50,942	6,11	1902	3400	0,490
Xenônio	Xe	54	131,30	$5{,}495 \times 10^{-3}$	−111,79	−108	0,159
Zinco	Zn	30	65,37	7,133	419,58	906	0,389
Zircônio	Zr	40	91,22	6,506	1852	3580	0,276

Os números entre parênteses na coluna das massas molares são os números de massa dos isótopos de vida mais longa dos elementos radioativos. Os pontos de fusão e pontos de ebulição entre parênteses são pouco confiáveis.

Os dados para os gases são válidos apenas quando eles estão no estado molecular mais comum, como H_2, He, O_2, Ne etc. Os calores específicos dos gases são os valores a pressão constante.

Fonte: Adaptada de J. Emsley, *The Elements*, 3a edição, 1998. Clarendon Press, Oxford. Ver também www.webelements.com para valores atualizados e, possivelmente, novos elementos.

*Nome provisório.

APÊNDICE G

TABELA PERIÓDICA DOS ELEMENTOS

Metais
Metaloides
Não metais

Metais alcalinos: IA — Gases nobres: 0 — Metais de transição: IIIB a IIB

PERÍODOS HORIZONTAIS	IA	IIA	IIIB	IVB	VB	VIB	VIIB	VIIIB	VIIIB	VIIIB	IB	IIB	IIIA	IVA	VA	VIA	VIIA	0
1	1 H																	2 He
2	3 Li	4 Be											5 B	6 C	7 N	8 O	9 F	10 Ne
3	11 Na	12 Mg											13 Al	14 Si	15 P	16 S	17 Cl	18 Ar
4	19 K	20 Ca	21 Sc	22 Ti	23 V	24 Cr	25 Mn	26 Fe	27 Co	28 Ni	29 Cu	30 Zn	31 Ga	32 Ge	33 As	34 Se	35 Br	36 Kr
5	37 Rb	38 Sr	39 Y	40 Zr	41 Nb	42 Mo	43 Tc	44 Ru	45 Rh	46 Pd	47 Ag	48 Cd	49 In	50 Sn	51 Sb	52 Te	53 I	54 Xe
6	55 Cs	56 Ba	57-71 *	72 Hf	73 Ta	74 W	75 Re	76 Os	77 Ir	78 Pt	79 Au	80 Hg	81 Tl	82 Pb	83 Bi	84 Po	85 At	86 Rn
7	87 Fr	88 Ra	89-103 †	104 Rf	105 Db	106 Sg	107 Bh	108 Hs	109 Mt	110 Ds	111 Rg	112 Cn	113 Uut	114 Fl	115 Uup	116 Lv	117 Uus	118 Uuo

Metais de transição

Série dos lantanídeos*	57 La	58 Ce	59 Pr	60 Nd	61 Pm	62 Sm	63 Eu	64 Gd	65 Tb	66 Dy	67 Ho	68 Er	69 Tm	70 Yb	71 Lu
Série dos actinídeos†	89 Ac	90 Th	91 Pa	92 U	93 Np	94 Pu	95 Am	96 Cm	97 Bk	98 Cf	99 Es	100 Fm	101 Md	102 No	103 Lr

Ver www.webelements.com para informações atualizadas e possíveis novos elementos.

RESPOSTAS

dos Testes, das Perguntas e dos Problemas Ímpares

Capítulo 12

T **12.1.1** *c*, *e*, *f* **12.2.1** (a) não; (b) no ponto de aplicação de $\vec{F}_1$, perpendicular ao plano da figura; (c) 45 N **12.3.1** *d*

P **1.** (a) 1 e 3, 2; (b) todas iguais; (c) 1 e 3, 2 (zero) **3.** *a* e *c* (as forças e os torques se equilibram) **5.** (a) 12 kg; (b) 3 kg; (c) 1 kg **7.** (a) em *C* (para eliminar da equação do torque as forças aplicadas a esse ponto); (b) positivo; (c) negativo; (d) igual **9.** aumenta **11.** *A* e *B* empatadas, depois *C*

PR **1.** (a) 1,00 m; (b) 2,00 m; (c) 0,987 m; (d) 1,97 m **3.** (a) 9,4 N; (b) 4,4 N **5.** 7,92 kN **7.** (a) $2{,}8 \times 10^2$ N; (b) $8{,}8 \times 10^2$ N; (c) 71° **9.** 74,4 g **11.** (a) 1,2 kN; (b) para baixo; (c) 1,7 kN; (d) para cima; (e) o de trás; (f) o da frente **13.** (a) 2,7 kN; (b) para cima; (c) 3,6 kN; (d) para baixo **15.** (a) 5,0 N; (b) 30 N; (c) 1,3 m **17.** (a) 0,64 m; (b) aumentar **19.** 8,7 N **21.** (a) 6,63 kN; (b) 5,74 kN; (c) 5,96 kN **23.** (a) 192 N; (b) 96,1 N; (c) 55,5 N **25.** 13,6 N **27.** (a) 1,9 kN; (b) para cima; (c) 2,1 kN; (d) para baixo **29.** (a) $(-80\ \text{N})\hat{\text{i}} + (1{,}3 \times 10^2\ \text{N})\hat{\text{j}}$; (b) $(80\ \text{N})\hat{\text{i}} + (1{,}3 \times 10^2\ \text{N})\hat{\text{j}}$ **31.** 2,20 m **33.** (a) 60,0°; (b) 300 N **35.** (a) 445 N; (b) 0,50; (c) 315 N **37.** 0,34 **39.** (a) 211 N; (b) 534 N; (c) 320 N **41.** (a) desliza; (b) 31°; (c) tomba; (d) 34° **43.** (a) $6{,}5 \times 10^6$ N/m²; (b) $1{,}1 \times 10^{-5}$ m **45.** (a) 0,80; (b) 0,20; (c) 0,25 **47.** (a) $1{,}4 \times 10^9$ N; (b) 75 **49.** (a) 866 N; (b) 143 N; (c) 0,165 **51.** (a) $1{,}2 \times 10^2$ N; (b) 68 N **53.** (a) $1{,}8 \times 10^7$ N; (b) $1{,}4 \times 10^7$ N; (c) 16 **55.** 0,29 **57.** 76 N **59.** (a) 8,01 kN; (b) 3,65 kN; (c) 5,66 kN **61.** 71,7 N **63.** (a) $L/2$; (b) $L/4$; (c) $L/6$; (d) $L/8$; (e) $25L/24$ **65.** (a) 88 N; (b) $(30\hat{\text{i}} + 97\hat{\text{j}})$ N **67.** $2{,}4 \times 10^9$ N/m² **69.** 60° **71.** (a) $\mu < 0{,}57$; (b) $\mu > 0{,}57$ **73.** (a) $(35\hat{\text{i}} + 200\hat{\text{j}})$ N; (b) $(-45\hat{\text{i}} + 200\hat{\text{j}})$ N; (c) $1{,}9 \times 10^2$ N **75.** (a) *BC*, *CD*, *DA*; (b) 535 N; (c) 757 N **77.** (a) 2,5 m; (b) 7,3° **79.** 340 N **81.** 1,9 km **83.** (a) $1{,}39 \times 10^5$ N; (b) $1{,}70 \times 10^5$ N; (c) $2{,}52 \times 10^5$ N; (d) $2{,}26 \times 10^8$ N/m²; (e) $2{,}76 \times 10^8$ N/m²; (f) $4{,}09 \times 10^8$ N/m²; (g) os pontos em d_1 e d_2 **85.** $1{,}8 \times 10^2$ N

Capítulo 13

T **13.1.1** todos iguais **13.2.1** (a) 1, 2 e 4, 3; (b) da horizontal **13.3.1** maior **13.4.1** (a) diminui; (b) a massa de uma esfera de raio *r* **13.5.1** (a) aumenta; (b) negativo **13.6.1** (a) 2; (b) 1 **13.7.1** (a) a trajetória 1 [a redução de *E* (tornando-a mais negativa) reduz o valor de *a*]; (b) menor (a redução de *a* resulta em uma redução de *T*)

P **1.** $3Gm^2/d^2$, para a esquerda **3.** Gm^2/r^2, para cima **5.** *b* e *c*, *a* (zero) **7.** 1, 2 e 4, 3 **9.** (a) $+y$; (b) sim, gira no sentido anti-horário até apontar para a partícula *B* **11.** *b*, *d* e *f* (os três empatados), *e*, *c*, *a*

PR **1.** 1/2 **3.** 19 m **5.** 0,8 m **7.** $-5{,}00d$ **9.** $2{,}60 \times 10^5$ km **11.** (a) $M = m$; (b) 0 **13.** $8{,}31 \times 10^{-9}$ N **15.** (a) $-1{,}88d$; (b) $-3{,}90d$; (c) $0{,}489d$ **17.** (a) 17 N; (b) 2,4 **19.** $2{,}6 \times 10^6$ m **21.** 5×10^{24} kg **23.** (a) 7,6 m/s²; (b) 4,2 m/s² **25.** (a) $(3{,}0 \times 10^{-7}\ \text{N/kg})m$; (b) $(3{,}3 \times 10^{-7}\ \text{N/kg})m$; (c) $(6{,}7 \times 10^{-7}\ \text{N/kg} \cdot \text{m})mr$ **27.** (a) 9,83 m/s²; (b) 9,84 m/s²; (c) 9,79 m/s² **29.** $5{,}0 \times 10^9$ J **31.** (a) 0,74; (b) 3,8 m/s²; (c) 5,0 km/s **33.** (a) 0,0451; (b) 28,5 **35.** $-4{,}82 \times 10^{-13}$ J **37.** (a) 0,50 pJ; (b) $-0{,}50$ pJ **39.** (a) 1,7 km/s; (b) $2{,}5 \times 10^5$ m; (c) 1,4 km/s **41.** (a) 82 km/s; (b) $1{,}8 \times 10^4$ km/s **43.** (a) 7,82 km/s; (b) 87,5 min **45.** $6{,}5 \times 10^{23}$ kg **47.** 5×10^{10} estrelas **49.** (a) $1{,}9 \times 10^{13}$ m; (b) $6{,}4R_P$ **51.** (a) $6{,}64 \times 10^3$ km; (b) 0,0136 ano **53.** $5{,}8 \times 10^6$ m **57.** 0,71 ano **59.** $(GM/L)^{0,5}$ **61.** (a) $3{,}19 \times 10^3$ km; (b) a energia para fazer o satélite subir **63.** (a) 2,8 anos; (b) $1{,}0 \times 10^{-4}$ **65.** (a) $r^{1,5}$; (b) r^{-1}; (c) $r^{0,5}$; (d) $r^{-0,5}$ **67.** (a) 7,5 km/s; (b) 97 min; (c) $4{,}1 \times 10^2$ km; (d) 7,7 km/s; (e) 93 min; (f) $3{,}2 \times 10^{-3}$ N; (g) não; (h) sim **69.** 1,1 s **71.** (a) $GMmx(x^2 + R^2)^{-3/2}$; (b) $[2GM(R^{-1} - (R^2 + x^2)^{-1/2})]^{1/2}$ **73.** (a) $1{,}0 \times 10^3$ kg; (b) 1,5 km/s **75.** $3{,}2 \times 10^{-7}$ N **77.** $0{,}37\hat{\text{j}}\ \mu\text{N}$ **79.** $2\pi r^{1,5}G^{-0,5}(M + m/4)^{-0,5}$ **81.** (a) $2{,}2 \times 10^{-7}$ rad/s; (b) 89 km/s **83.** (a) $2{,}15 \times 10^4$ s; (b) 12,3 km/s; (c) 12,0 km/s; (d) $2{,}17 \times 10^{11}$ J; (e) $-4{,}53 \times 10^{11}$ J; (f) $-2{,}35 \times 10^{11}$ J; (g) $4{,}04 \times 10^7$ m; (h) $1{,}22 \times 10^3$ s; (i) a elíptica **85.** $2{,}5 \times 10^4$ km **87.** (a) $1{,}4 \times 10^6$ m/s; (b) 3×10^6 m/s² **89.** $-7{,}67 \times 10^{28}$ J **91.** (a) $1{,}2 \times 10^{14}$ m; (b) $1{,}9 \times 10^{13}$ m; (c) $2{,}9 \times 10^7$ m; (d) $2{,}9 \times 10^3$ m; (e) $3{,}0 \times 10^{-35}$ m **93.** (a) $3{,}5 \times 10^{22}$ N; (b) 1 ano (o mesmo que o atual) **95.** $7{,}2 \times 10^{-9}$ N

Capítulo 14

T **14.1.1** 1, 2, 3 **14.2.1** todos empatados **14.3.1** 2, 1, 3 **14.4.1** (a) o êmbolo com a menor área; (b) o êmbolo com a maior área; (c) os dois êmbolos empatados **14.5.1** (a) são todas iguais (a força gravitacional a que o pinguim está submetido é a mesma); (b) $0{,}95\rho_0$; ρ_0; $1{,}1\rho_0$ **14.6.1** 13 cm³/s, para fora **14.7.1** (a) todas iguais; (b) 1, 2 e 3, 4 (quanto mais larga, mais lenta); (c) 4, 3, 2, 1 (quanto mais larga e mais baixa, maior a pressão)

P **1.** (a) desce; (b) desce **3.** (a) desce; (b) desce; (c) permanece o mesmo **5.** *b*, *a* e *d* empatados (zero), *c* **7.** (a) 1 e 4; (b) 2; (c) 3 **9.** *B*, *C*, *A*

PR **1.** 0,074 **3.** $1{,}1 \times 10^5$ Pa **5.** $2{,}9 \times 10^4$ N **7.** (b) 26 kN **9.** (a) $1{,}0 \times 10^3$ torr; (b) $1{,}7 \times 10^3$ torr **11.** (a) 94 torr; (b) $4{,}1 \times 10^2$ torr; (c) $3{,}1 \times 10^2$ torr **13.** $1{,}08 \times 10^3$ atm **15.** $-2{,}6 \times 10^4$ Pa **17.** $7{,}2 \times 10^5$ N **19.** $4{,}69 \times 10^5$ N **21.** 0,635 J **23.** 44 km **25.** 739,26 torr **27.** (a) 7,9 km; (b) 16 km **29.** 8,50 kg **31.** (a) $6{,}7 \times 10^2$ kg/m³; (b) $7{,}4 \times 10^2$ kg/m³ **33.** (a) $2{,}04 \times 10^{-2}$ m³; (b) 1,57 kN **35.** cinco **37.** 57,3 cm **39.** (a) 1,2 kg; (b) $1{,}3 \times 10^3$ kg/m³ **41.** (a) 0,10; (b) 0,083 **43.** (a) 637,8 cm³; (b) 5,102 m³; (c) $5{,}102 \times 10^3$ kg **45.** 0,126 m³ **47.** (a) 1,80 m³; (b) 4,75 m³ **49.** (a) 3,0 m/s; (b) 2,8 m/s **51.** 8,1 m/s **53.** 66 W **55.** $1{,}4 \times 10^5$ J **57.** (a) $1{,}6 \times 10^{-3}$ m³/s; (b) 0,90 m **59.** (a) 2,5 m/s; (b) $2{,}6 \times 10^5$ Pa

61. (a) 3,9 m/s; (b) 88 kPa **63.** $1{,}1 \times 10^2$ m/s **65.** (b) $2{,}0 \times 10^{-2}$ m^3/s **67.** (a) 74 N; (b) $1{,}5 \times 10^2$ m^3 **69.** (a) 0,0776 m^3/s; (b) 69,8 kg/s **71.** (a) 35 cm; (b) 30 cm; (c) 20 cm **73.** 1,5 g/cm^3 **75.** $5{,}11 \times 10^{-7}$ kg **77.** 44,2 g **79.** (a) 42 h; (b) sim **81.** (a) 0,10; (b) $2{,}94 \times 10^{15}$ N **83.** −1,1 kPa **85.** (a) 0,95 m; (b) de que o ar forme bolhas no sangue e nos tecidos. **87.** 6×10^9 **89.** (a) 1,5 m/s; (b) $R_V/2\pi r v_1$; (c) diminui; (d) 0,0042 cm; (e) 3,1 cm/s

Capítulo 15

T **15.1.1** (plote x em função de t) (a) $-x_m$; (b) $+x_m$; (c) 0 **15.1.2** c (a deve ter a forma da Eq. 15.1.8) **15.1.3** a (F deve ter a forma da Eq. 15.1.10) **15.2.1** (a) 5 J; (b) 2 J; (c) 5 J **15.3.1** (a) $1{,}5R_0$, $1{,}2R_0$, R_0; (b) k_0, $1{,}1k_0$, $1{,}3k_0$; (c) são todos iguais **15.4.1** são todos iguais (na Eq. 15.4.6, I é proporcional a m) **15.5.1** 1, 2, 3 (a razão m/b faz diferença, mas não o valor de k) **15.6.1** (a) diminui; (b) aumenta

P **1.** a e b **3.** (a) 2; (b) positiva; (c) entre 0 e $+x_m$ **5.** (a) entre D e E; (b) entre $3\pi/2$ rad e 2π rad **7.** (a) são todas iguais; (b) 3 e depois 1 e 2 empatadas; (c) 1, 2, 3 (zero); (d) 1, 2, 3 (zero); (e) 1, 3, 2 **9.** b (período infinito, não oscila), c, a **11.** (a) maior; (b) igual; (c) igual; (d) maior; (e) maior

PR **1.** (a) 0,50 s; (b) 2,0 Hz; (c) 18 cm **3.** 37,8 m/s^2 **5.** (a) 1,0 mm; (b) 0,75 m/s; (c) $5{,}7 \times 10^2$ m/s^2 **7.** (a) 498 Hz; (b) maior **9.** (a) 3,0 m; (b) −49 m/s; (c) $-2{,}7 \times 10^2$ m/s^2; (d) 20 rad; (e) 1,5 Hz; (f) 0,67 s **11.** 39,6 Hz **13.** (a) 0,500 s; (b) 2,00 Hz; (c) 12,6 rad/s; (d) 79,0 N/m; (e) 4,40 m/s; (f) 27,6 N **15.** (a) $0{,}18A$; (b) no mesmo sentido **17.** (a) 5,58 Hz; (b) 0,325 kg; (c) 0,400 m **19.** (a) 25 cm; (b) 2,2 Hz **21.** 54 Hz **23.** 3,1 cm **25.** (a) 0,525 m; (b) 0,686 s **27.** (a) 0,75; (b) 0,25; (c) $2^{-0,5}x_m$ **29.** 37 mJ **31.** (a) 2,25 Hz; (b) 125 J; (c) 250 J; (d) 86,6 cm **33.** (a) 1,1 m/s; (b) 3,3 cm **35.** (a) 3,1 ms; (b) 4,0 m/s; (c) 0,080 J; (d) 80 N; (e) 40 N **37.** (a) 2,2 Hz; (b) 56 cm/s; (c) 0,10 kg; (d) 20,0 cm **39.** (a) 39,5 rad/s; (b) 34,2 rad/s; (c) 124 rad/s^2 **41.** (a) 0,205 $kg \cdot m^2$; (b) 47,7 cm; (c) 1,50 s **43.** (a) 1,64 s; (b) igual **45.** 8,77 s **47.** 0,366 s **49.** (a) 0,845 rad; (b) 0,0602 rad **51.** (a) 0,53 m; (b) 2,1 s **53.** 0,0653 s **55.** (a) 2,26 s; (b) aumenta; (c) permanece o mesmo **57.** 6,0% **59.** (a) 14,3 s; (b) 5,27 **61.** (a) $F_m/b\omega$; (b) F_m/b **63.** 5,0 cm **65.** (a) $2{,}8 \times 10^3$ rad/s; (b) 2,1 m/s; (c) 5,7 km/s^2 **67.** (a) 1,1 Hz; (b) 5,0 cm **69.** 7,2 m/s **71.** (a) 7,90 N/m; (b) 1,19 cm; (c) 2,00 Hz **73.** (a) $1{,}3 \times 10^2$ N/m; (b) 0,62 s; (c) 1,6 Hz; (d) 5,0 cm; (e) 0,51 m/s **75.** (a) 16,6 cm; (b) 1,23% **77.** (a) 1,2 J; (b) 50 **79.** 1,53 m **81.** (a) 0,30 m; (b) 0,28 s; (c) $1{,}5 \times 10^2$ m/s^2; (d) 11 J **83.** (a) 1,23 kN/m; (b) 76,0 N **85.** 1,6 kg **87.** (a) 0,735 $kg \cdot m^2$; (b) 0,0240 $N \cdot m$; (c) 0,181 rad/s **89.** (a) 3,5 m; (b) 0,75 s **91.** (a) 0,35 Hz; (b) 0,39 Hz; (c) 0 (não há oscilações) **93.** (a) 245 N/m; (b) 0,284 s **95.** 0,079 $kg \cdot m^2$ **97.** (a) $8{,}11 \times 10^{-5}$ $kg \cdot m^2$; (b) 3,14 rad/s **99.** 14,0° **101.** (a) 3,2 Hz; (b) 0,26 m; (c) $x = (0{,}26 \text{ m}) \cos(20t - \pi/2)$, com t em segundos **103.** (a) 0,44 s; (b) 0,18 m **105.** 0,93 s **107.** $5{,}1 \times 10^2$ m/s^2 **109.** (a) 30°; (b) $6m_2R^2$; (c) 3,8 rad/s **111.** (a) 12 μm; (b) 2,8 cm/s

Capítulo 16

T **16.1.1** a, 2; b, 3; c, 1 (compare com a fase da Eq. 16.1.2 e ver Eq. 16.1.5) **16.1.2** (a) 2, 3, 1 (ver Eq. 16.1.12); (b) 3 e depois 1 e 2 empatados (determine a amplitude de dy/dt) **16.2.1** (a) permanece igual (é independente de f); (b) diminui ($\lambda = v/f$); (c) aumenta; (d) aumenta **16.3.1** (a) $P_2 = \sqrt{2}P_1$; (b) $P_3 = \sqrt{2}P_1$ **16.4.1** (a) deslocamento máximo; (b) deslocamento máximo **16.5.1** 0,20 e 0,80 empatados; 0,60; 0,45 **16.6.1** A, D, C, B **16.7.1** (a) l; (b) 3; (c) 2 **16.7.2** (a) 75 Hz; (b) 525 Hz

P **1.** (a) 1, 4, 2, 3; (b) 1, 4, 2, 3 **3.** a, para cima; b, para cima; c, para baixo; d, para baixo; e, para baixo; f, para baixo; g, para cima; h, para cima **5.** intermediária (mais próxima de destrutiva) **7.** (a) 0; 0,2 comprimento de onda; 0,5 comprimento de onda (zero); (b) $4P_{méd,1}$ **9.** d **11.** c, a, b

PR **1.** 1,1 ms **3.** (a) 3,49 m^{-1}; (b) 31,5 m/s **5.** (a) 0,680 s; (b) 1,47 Hz; (c) 2,06 m/s **7.** (a) 64 Hz; (b) 1,3 m; (c) 4,0 cm; (d) 5,0 m^{-1}; (e) $4{,}0 \times 10^2$ s^{-1}; (f) $\pi/2$ rad; (g) negativo **9.** (a) 3,0 mm; (b) 16 m^{-1}; (c) $2{,}4 \times 10^2$ s^{-1}; (d) negativo **11.** (a) negativa; (b) 4,0 cm; (c) 0,31 cm^{-1}; (d) 0,63 s^{-1}; (e) π rad; (f) negativo; (g) 2,0 cm/s; (h) −2,5 cm/s **13.** (a) 11,7 cm; (b) π rad **15.** (a) 0,12 mm; (b) 141 m^{-1}; (c) 628 s^{-1}; (d) positivo **17.** (a) 15 m/s; (b) 0,036 N **19.** 129 m/s **21.** 2,63 m **23.** (a) 5,0 cm; (b) 40 cm; (c) 12 m/s; (d) 0,033 s; (e) 9,4 m/s; (f) 16 m^{-1}; (g) $1{,}9 \times 10^2$ s^{-1}; (h) 0,93 rad; (i) positivo **27.** 3,2 mm **29.** 0,20 m/s **31.** $1{,}41y_m$ **33.** (a) 9,0 mm; (b) 16 m^{-1}; (c) $1{,}1 \times 10^3$ s^{-1}; (d) 2,7 rad; (e) positivo **35.** 5,0 cm **37.** (a) 3,29 mm; (b) 1,55 rad; (c) 1,55 rad **39.** 84° **41.** (a) 82,0 m/s; (b) 16,8 m; (c) 4,88 Hz **43.** (a) 7,91 Hz; (b) 15,8 Hz; (c) 23,7 Hz **45.** (a) 105 Hz; (b) 158 m/s **47.** 260 Hz **49.** (a) 144 m/s; (b) 60,0 cm; (c) 241 Hz **51.** (a) 0,50 cm; (b) 3,1 m^{-1}; (c) $3{,}1 \times 10^2$ s^1; (d) negativo **53.** (a) 0,25 cm; (b) $1{,}2 \times 10^2$ cm/s; (c) 3,0 cm; (d) 0 **55.** 0,25 m **57.** (a) 2,00 Hz; (b) 2,00 m; (c) 4,00 m/s; (d) 50,0 cm; (e) 150 cm; (f) 250 cm; (g) 0; (h) 100 cm; (i) 200 cm **59.** (a) 324 Hz; (b) oito **61.** 36 N **63.** (a) 75 Hz; (b) 13 ms **65.** (a) 2,0 mm; (b) 95 Hz; (c) +30 m/s; (d) 31 cm; (e) 1,2 m/s **67.** (a) 0,31 m; (b) 1,64 rad; (c) 2,2 mm **69.** (a) $0{,}83y_1$; (b) 37° **71.** (a) 3,77 m/s; (b) 12,3 N; (c) 0; (d) 46,4 W; (e) 0; (f) 0; (g) ±0,50 cm **73.** 1,2 rad **75.** (a) 300 m/s; (b) não **77.** (a) $[k\,\Delta\ell(\ell + \Delta\ell)/m]^{0,5}$ **79.** (a) 144 m/s; (b) 3,00 m; (c) 1,50 m; (d) 48,0 Hz; (e) 96,0 Hz **81.** (a) 1,00 cm; (b) $3{,}46 \times 10^3$ s^{-1}; (c) 10,5 m^{-1}; (d) positivo **83.** (a) $2\pi y_m/\lambda$; (b) não **85.** (a) 240 cm; (b) 120 cm; (c) 80 cm **87.** (a) 1,33 m/s; (b) 1,88 m/s; (c) 16,7 m/s^2; (d) 23,7 m/s^2 **89.** (a) 0,52 m; (b) 40 m/s; (c) 0,40 m **91.** (a) 0,16 m; (b) $2{,}4 \times 10^2$ N; (c) $y(x, t) = (0{,}16 \text{ m}) \operatorname{sen}[(1{,}57 \text{ m}^{-1})x] \operatorname{sen}[(31{,}4 \text{ s}^{-1})t]$ **93.** (a) $v_1 = 2v_2$; (b) $5L_2/8$ **95.** −0,64 rad

Capítulo 17

T **17.1.1** B **17.2.1** começando a diminuir (por exemplo: desloque mentalmente as curvas da Fig. 17.2.3 para a direita a partir do ponto x = 42 m) **17.3.1** C, então A e B empatam **17.4.1** (a) 1 e 2 empatados, 3 (ver Eq. 17.4.3); (b) 3 e depois 1 e 2 empatados (ver Eq. 17.4.1) **17.5.1** o segundo (ver Eqs. 17.5.2 e 17.5.4) **17.6.1** (a) A, B, C; (b) C, B, A **17.7.1** a, maior; b, menor; c, indefinido; d, indefinido; e, maior; f, menor **17.8.1** diminui

P **1.** (a) 0; 0,2 comprimento de onda; 0,5 comprimento de onda (zero); (b) $4P_{méd,1}$ **3.** C e depois A e B empatados **5.** E, A, D, C, B **7.** 1, 4, 3, 2 **9.** 150 Hz e 450 Hz **11.** 505, 507, 508 Hz ou 501, 503, 508 Hz

PR **1.** (a) 79 m; (b) 41 m; (c) 89 m **3.** (a) 2,6 km; (b) $2{,}0 \times 10^2$ **5.** $1{,}9 \times 10^3$ km **7.** 40,7 m **9.** 0,23 ms **11.** (a) 76,2 μm; (b) 0,333 mm **13.** 960 Hz **15.** (a) $2{,}3 \times 10^2$ Hz; (b) maior **17.** (a) 143 Hz; (b) 3; (c) 5; (d) 286 Hz; (e) 2; (f) 3 **19.** (a) 14; (b) 14 **21.** (a) 343 Hz; (b) 3; (c) 5; (d) 686 Hz; (e) 2; (f) 3 **23.** (a) 0; (b) construtiva; (c) aumenta; (d) 128 m; (e) 63,0 m; (f) 41,2 m **25.** 36,8 nm **27.** (a) $1{,}0 \times 10^3$; (b) 32 **29.** 15,0 mW **31.** 2 μW **33.** 0,76 μm **35.** (a) $5{,}97 \times 10^{-5}$ W/m²; (b) 4,48 nW **37.** (a) 0,34 nW; (b) 0,68 nW; (c) 1,4 nW; (d) 0,88 nW; (e) 0 **39.** (a) 405 m/s; (b) 596 N; (c) 44,0 cm; (d) 37,3 cm **41.** (a) 833 Hz; (b) 0,418 m **43.** (a) 3; (b) 1129 Hz; (c) 1506 Hz **45.** (a) 2; (b) 1 **47.** 12,4 m **49.** 45,3 N **51.** 2,25 ms **53.** 0,020 **55.** (a) 526 Hz; (b) 555 Hz **57.** 0 **59.** (a) 1,022 kHz; (b) 1,045 kHz **61.** 41 kHz **63.** 155 Hz **65.** (a) 2,0 kHz; (b) 2,0 kHz **67.** (a) 485,8 Hz; (b) 500,0 Hz; (c) 486,2 Hz; (d) 500,0 Hz **69.** (a) 42°; (b) 11 s **71.** 1 cm **73.** 2,1 m **75.** (a) 39,7 μW/m²; (b) 171 nm; (c) 0,893 Pa **77.** 0,25 **79.** (a) 2,10 m; (b) 1,47 m **81.** (a) 59,7; (b) $2{,}81 \times 10^{-4}$ **83.** (a) para a direita; (b) 0,90 m/s; (c) menor **85.** (a) 11 ms; (b) 3,8 m **87.** (a) $9{,}7 \times 10^2$ Hz; (b) 1,0 kHz; (c) 60 Hz, não **89.** (a) 21 nm; (b) 35 cm; (c) 24 nm; (d) 35 cm **91.** (a) 7,70 Hz; (b) 7,70 Hz **93.** (a) 5,2 kHz; (b) 2 **95.** (a) 10 W; (b) 0,032 W/m²; (c) 99 dB **97.** (a) 0; (b) 0,572 m; (c) 1,14 m **99.** 171 m **101.** (a) $4{,}25 \times 10^3$ Hz; (b) $7{,}24 \times 10^3$ Hz **103.** 3,74 Hz **105.** (a) ±0,001 cm; (b) ±1 parte em 6.000 **107.** 0,667 s **109.** (a) $5{,}0\lambda$; (b) totalmente construtiva; (c) $5{,}5\lambda$; (d) totalmente destrutiva

Capítulo 18

T **18.1.1** 1, depois um empate de 2 e 4, depois 3 **18.2.1** (a) são todos iguais; (b) 50°X, 50°Y, 50°W **18.3.1** (a) 2 e 3 empatados, 1, 4; (b) 3, 2 e, em seguida, 1 e 4 empatados (por analogia com as Eqs. 18.3.1 e 18.3.2, suponha que a variação da área é proporcional à área inicial) **18.4.1** *A* (ver Eq. 18.4.3) **18.5.1** *c* e *e* (maximizam a área limitada por um ciclo no sentido horário) **18.5.2** (a) são todas iguais (ΔE_{int} não depende da trajetória, mas apenas de *i* e *f*); (b) 4, 3, 2, 1 (comparando as áreas sob as curvas); (c) 4, 3, 2, 1 (ver Eq. 18.5.3) **18.5.3** (a) nula (ciclo fechado); (b) negativa (W_{tot} é negativo; ver Eq. 18.5.3) **18.6.1** *b* e *d* empatados, *a*, *c* (mesmo valor de P_{cond}; ver Eq. 18.6.1)

P **1.** *c*, e depois, *a*, *b* e *d* empatados **3.** *B* e depois, *A* e *C* empatados **5.** (a) *f*, porque a temperatura do gelo não pode aumentar até o ponto de congelamento e depois diminuir; (b) *b* e *c* no ponto de congelamento da água, *d* acima, *e* abaixo; (c) em *b*, o líquido congela parcialmente e o gelo não derrete; em *c*, o líquido não congela e o gelo não derrete; em *d*, o líquido não congela e o gelo derrete totalmente; em *e*, o líquido congela totalmente e o gelo não derrete **7.** (a) ambos no sentido horário; (b) ambos no sentido horário **9.** (a) maior; (b) 1, 2, 3; (c) 1, 3, 2; (d) 1, 2, 3; (e) 2, 3, 1 **11.** *c*, *b*, *a*

PR **1.** 1,366 **3.** 348 K **5.** (a) 320°F; (b) −12,3°F **7.** −92,1°X **9.** 2,731 cm **11.** 49,87 cm³ **13.** 29 cm³ **15.** 360°C **17.** 0,26 cm³ **19.** 0,13 mm **21.** 7,5 cm **23.** 160 s **25.** 94,6 L **27.** 42,7 kJ **29.** 33 m² **31.** 33 g **33.** 3,0 min **35.** 13,5C° **37.** (a) 5,3°C; (b) 0; (c) 0°C; (d) 60 g **39.** 742 kJ **41.** (a) 0°C; (b) 2,5°C **43.** (a) $1{,}2 \times 10^2$ J; (b) 75 J; (c) 30 J **45.** −30 J **47.** (a) 6,0 cal; (b) −43 cal; (c) 40 cal; (d) 18 cal; (e) 18 cal **49.** 60 J **51.** (a) 1,23 kW; (b) 2,28 kW; (c) 1,05 kW **53.** 1,66 kJ/s **55.** (a) 16 J/s; (b) 0,048 g/s **57.** (a) $1{,}7 \times 10^4$ W/m²; (b) 18 W/m² **59.** 0,50 min **61.** 0,40 cm/h **63.** −4,2°C **65.** 1,1 m **67.** 10% **69.** (a) 80 J; (b) 80 J **71.** $4{,}5 \times 10^2$ J/kg · K **73.** 0,432 cm³ **75.** $3{,}1 \times 10^2$ J **77.** 79,5°C **79.** 23 J **81.** (a) $11p_1V_1$; (b) $6p_1V_1$ **83.** $4{,}83 \times 10^{-2}$ cm³ **85.** 10,5°C **87.** (a) 90 W; (b) $2{,}3 \times 10^2$ W; (c) $3{,}3 \times 10^2$ W **89.** (a) $1{,}87 \times 10^4$; (b) 10,4 h **91.** 333 J **93.** 8,6 J **95.** (a) −45 J; (b) +45 J **97.** $4{,}0 \times 10^3$ min **99.** O sinal é negativo porque a massa específica diminui quando o volume aumenta. **101.** $2{,}8 \times 10^7$ N/m² **103.** 0,407 kW · h **105.** 5,5 mm **107.** 0,445 W **109.** 65 W

Capítulo 19

T **19.1.1** dividido por 2 **19.2.1** todos, menos *c* **19.3.1** *C*, *B*, *A* **19.4.1** (a) todos empatados; (b) 3, 2, 1 **19.5.1** o gás *A* **19.6.1** v_{rms}, $v_{méd}$, v_P **19.7.1** 5 (a maior variação de *T*), depois 1, 2, 3 e 4 empatados **19.8.1** (a) 3, depois 1 e 2 empatados; (b) todos empatados; (c) 3, depois 1 e 2 empatados **19.9.1** 1, 2, 3 ($Q_3 = 0$, Q_2 é produzido pelo trabalho W_2 e Q_1 é produzido por um trabalho maior W_1, que aumenta a temperatura do gás)

P **1.** *d*, depois *a* e *b* empatados, depois *c* **3.** 20 J **5.** (a) 3; (b) 1; (c) 4; (d) 2; (e) sim **7.** (a) 1, 2, 3, 4; (b) 1, 2, 3 **9.** a volume constante

PR **1.** 0,933 kg **3.** (a) 0,0388 mol; (b) 220°C **5.** 25 moléculas/cm³ **7.** (a) $3{,}14 \times 10^3$ J; (b) cedido **9.** 186 kPa **11.** 5,60 kJ **13.** (a) 1,5 mol; (b) $1{,}8 \times 10^3$ K; (c) $6{,}0 \times 10^2$ K; (d) 5,0 kJ **15.** 360 K **17.** $2{,}0 \times 10^5$ Pa **19.** (a) 511 m/s; (b) −200°C; (c) 899°C **21.** $1{,}8 \times 10^2$ m/s **23.** 1,9 kPa **25.** (a) $5{,}65 \times 10^{-21}$ J; (b) $7{,}72 \times 10^{-21}$ J; (c) 3,40 kJ; (d) 4,65 kJ **27.** (a) $6{,}76 \times 10^{-20}$ J; (b) 10,7 **29.** (a) 6×10^9 km **31.** (a) $3{,}27 \times 10^{10}$ moléculas/cm³; (b) 172 m **33.** (a) 6,5 km/s; (b) 7,1 km/s **35.** (a) 420 m/s; (b) 458 m/s; (c) sim **37.** (a) 0,67; (b) 1,2; (c) 1,3; (d) 0,33 **39.** (a) $1{,}0 \times 10^4$ K; (b) $1{,}6 \times 10^5$ K; (c) $4{,}4 \times 10^2$ K; (d) $7{,}0 \times 10^3$ K; (e) não; (f) sim **41.** (a) 7,0 km/s; (b) $2{,}0 \times 10^{-8}$ cm; (c) $3{,}5 \times 10^{10}$ colisões/s **43.** (a) 3,49 kJ; (b) 2,49 kJ; (c) 997 J; (d) 1,00 kJ **45.** (a) $6{,}6 \times 10^{-26}$ kg; (b) 40 g/mol **47.** (a) 0; (b) +374 J; (c) +374 J; (d) $+3{,}11 \times 10^{-22}$ J **49.** 15,8 J/mol·K **51.** 8,0 kJ **53.** (a) 6,98 kJ; (b) 4,99 kJ; (c) 1,99 kJ; (d) 2,99 kJ **55.** (a) 14 atm; (b) $6{,}2 \times 10^2$ K **57.** (a) diatômico; (b) 446 K; (c) 8,10 mol **59.** −15 J **61.** −20 J **63.** (a) 3,74 kJ; (b) 3,74 kJ; (c) 0; (d) 0; (e) −1,81 kJ; (f) 1,81 kJ; (g) −3,22 kJ; (h) −1,93 kJ; (i) −1,29 kJ; (j) 520 J; (k) 0; (1) 520 J; (m) 0,0246 m³; (n) 2,00 atm; (o) 0,0373 m³; (p) 1,00 atm **65.** (a) monoatômico; (b) $2{,}7 \times 10^4$ K; (c) $4{,}5 \times 10^4$ mol; (d) 3,4 kJ; (e) $3{,}4 \times 10^2$ kJ; (f) 0,010 **67.** (a) 2,00 atm; (b) 333 J; (c) 0,961 atm; (d) 236 J **69.** 349 K **71.** (a) −374 J; (b) 0; (c) +374 J; (d) $+3{,}11 \times 10^{-22}$ J **73.** $7{,}03 \times 10^9$ s⁻¹ **75.** (a) 900 cal; (b) 0; (c) 900 cal; (d) 450 cal; (e) 1200 cal; (f) 300 cal; (g) 900 cal; (h) 450 cal; (i) 0; (j) −900 cal; (k) 900 cal; (1) 450 cal **77.** (a) $3/v_0^3$; (b) $0{,}750v_0$; (c) $0{,}775v_0$ **79.** (a) −2,37 kJ; (b) 2,37 kJ **81.** (b) 125 J; (c) absorvida **83.** (a) 8,0 atm; (b) 300 K; (c) 4,4 kJ; (d) 3,2 atm; (e) 120 K; (f) 2,9 kJ; (g) 4,6 atm; (h) 170 K; (i) 3,4 kJ **85.** 1,0043 **87.** (a) $W = [nR/(1-\gamma)]\Delta T$ **89.** $1{,}93 \times 10^4$ K **91.** (a) $1{,}44 \times 10^3$ m/s; (b) $5{,}78 \times 10^{-4}$; (c) 71%; (d) $2{,}03 \times 10^3$ m/s; (e) $4{,}09 \times 10^{-4}$; (f) aumentou; (g) diminuiu

Capítulo 20

T **20.1.1** a, b, c **20.1.2** menor (Q é menor) **20.2.1** c, b, a **20.3.1** a, d, c, b **20.4.1** b

P **1.** *b*, *a*, c, *d* **3.** permanece constante **5.** *a* e *c* empatados e depois *b* e *d* empatados **7.** (a) permanece a mesma; (b) aumenta; (c) diminui **9.** A, primeira; B, primeira e segunda; C, segunda; D, nenhuma

PR **1.** (a) 9,22 kJ; (b) 23,1 J/K; (c) 0 **3.** 14,4 J/K **5.** (a) $5{,}79 \times 10^4$ J; (b) 173 J/K **7.** (a) 320 K; (b) 0; (c) +1,72 J/K **9.** +0,76 J/K **11.** (a) 57,0°C; (b) −22,1 J/K; (c) +24,9 J/K; (d) +2,8 J/K **13.** (a) −710 mJ/K; (b) +710 mJ/K; (c) +723 mJ/K; (d) −723 mJ/K; (e) +13 mJ/K; (f) 0 **15.** (a) −943 J/K; (b) +943 J/K; (c) sim **17.** (a) 0,333; (b) 0,215; (c) 0,644; (d) 1,10; (e) 1,10; (f) 0; (g) 1,10; (h) 0; (i) −0,889; (j) −0,889; (k) −1,10; (1) −0,889; (m) 0; (n) 0,889; (o) 0 **19.** (a) 0,693; (b) 4,50; (c) 0,693; (d) 0; (e) 4,50; (f) 23,0 J/K; (g) −0,693; (h) 7,50; (i) −0,693; (j) 3,00; (k) 4,50; (1) 23,0 J/K **21.** −1,18 J/K **23.** 97 K **25.** (a) 266 K; (b) 341 K **27.** (a) 23,6%; (b) $1{,}49 \times 10^4$ J **29.** (a) 2,27 kJ; (b) 14,8 kJ; (c) 15,4%; (d) 75,0%; (e) maior **31.** (a) 33 kJ; (b) 25 kJ; (c) 26 kJ; (d) 18 kJ **33.** (a) 1,47 kJ; (b) 554 J; (c) 918 J; (d) 62,4% **35.** (a) 3,00; (b) 1,98; (c) 0,660; (d) 0,495; (e) 0,165; (f) 34,0% **37.** 440 W **39.** 20 J **41.** 0,25 hp **43.** 2,03 **47.** (a) $W = N!/(n_1!n_2!n_3!)$; (b) $[(N/2)!(N/2)!]/[(N/3)!(N/3)!(N/3)!]$; (c) $4{,}2 \times 10^{16}$ **49.** 0,141 J/K · s **51.** (a) 87 m/s; (b) $1{,}2 \times 10^2$ m/s; (c) 22 J/K **53.** (a) 78%; (b) 82 kg/s **55.** (a) 40,9°C; (b) −27,1 J/K; (c) 30,5 J/K; (d) 3,4 J/K **57.** +3,59 J/K **59.** $1{,}18 \times 10^3$ J/K **63.** (a) 0; (b) 0; (c) −23,0 J/K; (d) 23,0 J/K **65.** (a) 25,5 kJ; (b) 4,73 kJ; (c) 18,5% **67.** (a) 1,95 J/K; (b) 0,650 J/K; (c) 0,217 J/K; (d) 0,072 J/K; (e) diminui **69.** (a) 4,45 J/K; (b) não **71.** 53% **73.** (a) 1,9 J; (b) 1,4 W; (c) 1,9 J; (d) 19%

ÍNDICE ALFABÉTICO